DÉCIMA EDIÇÃO

Ciência e Engenharia de Materiais

UMA INTRODUÇÃO

CB020749

O GEN | Grupo Editorial Nacional – maior plataforma editorial brasileira no segmento científico, técnico e profissional – publica conteúdos nas áreas de ciências exatas, humanas, jurídicas, da saúde e sociais aplicadas, além de prover serviços direcionados à educação continuada e à preparação para concursos.

As editoras que integram o GEN, das mais respeitadas no mercado editorial, construíram catálogos inigualáveis, com obras decisivas para a formação acadêmica e o aperfeiçoamento de várias gerações de profissionais e estudantes, tendo se tornado sinônimo de qualidade e seriedade.

A missão do GEN e dos núcleos de conteúdo que o compõem é prover a melhor informação científica e distribuí-la de maneira flexível e conveniente, a preços justos, gerando benefícios e servindo a autores, docentes, livreiros, funcionários, colaboradores e acionistas.

Nosso comportamento ético incondicional e nossa responsabilidade social e ambiental são reforçados pela natureza educacional de nossa atividade e dão sustentabilidade ao crescimento contínuo e à rentabilidade do grupo.

DÉCIMA EDIÇÃO

Ciência e Engenharia de Materiais
UMA INTRODUÇÃO

WILLIAM D. CALLISTER, JR.
Departamento de Engenharia Metalúrgica
The University of Utah

DAVID G. RETHWISCH
Departamento de Engenharia Química e Bioquímica
The University of Iowa

TRADUÇÃO

SÉRGIO MURILO STAMILE SOARES
M.Sc. Engenharia Química,
Diretor Técnico da Empresa Engenho Novo Tec. Ltda.

LUIZ CLAUDIO DE QUEIROZ FARIA
(tradução do Manual de Soluções de Questões
e Problemas Extras e dos Apêndices F, G e H)

REVISÃO TÉCNICA

WAGNER ANACLETO PINHEIRO
Doutor em Ciência dos Materiais,
Instituto Militar de Engenharia – IME

- Os autores deste livro e a editora empenharam seus melhores esforços para assegurar que as informações e os procedimentos apresentados no texto estejam em acordo com os padrões aceitos à época da publicação. Entretanto, tendo em conta a evolução das ciências, as atualizações legislativas, as mudanças regulamentares governamentais e o constante fluxo de novas informações sobre os temas que constam do livro, recomendamos enfaticamente que os leitores consultem sempre outras fontes fidedignas, de modo a se certificarem de que as informações contidas no texto estão corretas e de que não houve alterações nas recomendações ou na legislação regulamentadora.

- Data do fechamento do livro: 21/09/2020

- Os autores e a editora se empenharam para citar adequadamente e dar o devido crédito a todos os detentores de direitos autorais de qualquer material utilizado neste livro, dispondo-se a possíveis acertos posteriores caso, inadvertida e involuntariamente, a identificação de algum deles tenha sido omitida.

- **Atendimento ao cliente: (11) 5080-0751 | faleconosco@grupogen.com.br**

- Traduzido de
  MATERIALS SCIENCE AND ENGINEERING: AN INTRODUCTION, ENHANCED E-TEXT, TENTH EDITION
  Copyright © 2018, 2014, 2010, 2007, 2003, 2000 John Wiley & Sons, Inc.
  All Rights Reserved. This translation published under license with the original publisher John Wiley & Sons, Inc.
  ISBN-13: 978-1-119-72177-2

- Direitos exclusivos para a língua portuguesa
  Copyright © 2021, 2024 (2ª impressão) by
  LTC | Livros Técnicos e Científicos Editora Ltda.
  Uma editora integrante do GEN | Grupo Editorial Nacional
  Travessa do Ouvidor, 11
  Rio de Janeiro – RJ – 20040-040
  www.grupogen.com.br

- Reservados todos os direitos. É proibida a duplicação ou reprodução deste volume, no todo ou em parte, em quaisquer formas ou por quaisquer meios (eletrônico, mecânico, gravação, fotocópia, distribuição pela Internet ou outros), sem permissão, por escrito, da LTC | Livros Técnicos e Científicos Editora Ltda.

- Capa: Tom Nery
- Arte de capa: Roy Wiemann e William D. Callister, Jr.
- Imagem de capa: Representação de um plano (110) para o titanato de bário ($BaTiO_3$), que possui a estrutura cristalina da perovskita. As esferas vermelhas, púrpuras e verdes representam, respectivamente, os íons oxigênio, bário e titânio.
- Editoração eletrônica: IO Design

- Ficha catalográfica

CIP-BRASIL. CATALOGAÇÃO NA PUBLICAÇÃO
SINDICATO NACIONAL DOS EDITORES DE LIVROS, RJ

C162c
10. ed.

    Callister Jr., William D., 1940-
        Ciência e engenharia de materiais : uma introdução / William D. Callister Jr., David G. Rethwisch ; tradução Sérgio Murilo Stamile Soares, Luiz Claudio de Queiroz Faria ; revisão técnica Wagner Anacleto Pinheiro. - 10. ed. [2ª Reimp.] - Rio de Janeiro : LTC, 2024.
        il. ; 28 cm.

    Tradução de : Materials science and engineering
    Apêndice
    Inclui índice
    Glossário
    ISBN 978-85-216-3728-8

    1. Ciência dos materiais. 2. Engenharia de materiais. I. Rethwisch, David G. II. Soares, Sérgio Murilo Stamile. III. Faria, Luiz Claudio de Queiroz. IV. Pinheiro, Wagner Anacleto. V. Título.

20-65783   CDD: 620.11
                              CDU: 620.1

Camila Donis Hartmann - Bibliotecária - CRB-7/6472

Dedicado à memória de
Peter Joseph Rethwisch
Pai, madeireiro e amigo

Material Suplementar

Este livro conta com os seguintes materiais suplementares:

Para todos os leitores:

- Biblioteca de Estudos de Casos, em (.pdf) (requer PIN).
- Módulo *Online* para Engenharia Mecânica, em (.pdf) (requer PIN).
- Perguntas e Respostas das Seções de Verificação de Conceitos, em (.pdf) (requer PIN).
- Student Lecture Notes, arquivo em inglês com conteúdo do livro e espaço para anotações, em (.pdf) (requer PIN).
- Versão Estendida dos Objetivos do Aprendizado, em (.pdf) (requer PIN).

Para docentes:

- Biblioteca de Estudos de Casos – Solução de Problemas, em (.pdf) (restrito a docentes cadastrados).
- Ilustrações da obra em formato de apresentação, em (.pdf) (restrito a docentes cadastrados).
- Lecture PowerPoints, apresentações em inglês para uso em sala de aula, em (.pdf) (restrito a docentes cadastrados).
- Módulo *Online* para Engenharia Mecânica – Solução de Problemas, em (.pdf) (restrito a docentes cadastrados).
- Manual de Soluções de Questões e Problemas Extras, em (.pdf) (restrito a docentes cadastrados).
- Solutions Manual, manual de soluções em inglês, em (.pdf) (restrito a docentes cadastrados).

Os professores terão acesso a todos os materiais relacionados acima (para leitores e restritos a docentes). Basta estarem cadastrados no GEN.

O acesso ao material suplementar é gratuito. Basta que o leitor se cadastre, faça seu *login* em nosso *site* (www.grupogen.com.br) e, após, clique em Ambiente de aprendizagem. Em seguida, clique no *menu* retrátil ▤ e insira no canto superior esquerdo o código PIN de acesso localizado na orelha deste livro.

O acesso ao material suplementar online fica disponível até seis meses após a edição do livro ser retirada do mercado.

Caso haja alguma mudança no sistema ou dificuldade de acesso, entre em contato conosco (gendigital@grupogen.com.br).

Prefácio

Nesta décima edição mantivemos os objetivos e as técnicas de abordagem para o ensino da ciência e engenharia de materiais que foram apresentados em edições anteriores. Esses objetivos são os seguintes:

- Apresentar os fundamentos básicos em um nível apropriado para estudantes universitários.
- Apresentar a matéria segundo uma sequência lógica, partindo dos conceitos mais simples e avançando aos mais complexos.
- Se um assunto ou conceito for relevante para ser abordado, então ele deverá ser tratado em suficientes detalhe e profundidade para que os alunos tenham a oportunidade de compreender totalmente o assunto sem precisar consultar outras fontes.
- Incluir no livro características que acelerem o processo de aprendizado, como: fotografias/ilustrações; objetivos do aprendizado; seções "Por que estudar..." e "Materiais de Importância"; perguntas para a "Verificação de Conceitos"; perguntas e problemas; Respostas a Problemas Selecionados; tabelas de resumo contendo as equações importantes e os símbolos usados nas equações; e um glossário (para facilitar a referência).
- Emprego de novas tecnologias de instrução para aprimorar os processos de ensinamento e aprendizado.

Conteúdo Novo/Revisado

Esta nova edição contém várias novas seções, assim como revisões/ampliações de outras seções. Estas incluem o seguinte:

- Novas discussões sobre os Diagramas de Paradigmas de Materiais e Seleção de Materiais (Ashby) (Capítulo 1)
- Revisão do Exemplo de Projeto 8.1 — "Especificação de Material para um Tanque Cilíndrico Pressurizado" (Capítulo 8)
- Novas discussões sobre impressão 3D (fabricação de aditivos) — Capítulo 11 (metais), Capítulo 13 (cerâmicas) e Capítulo 15 (polímeros)
- Novas discussões sobre biomateriais — Capítulo 11 (metais), Capítulo 13 (cerâmicas) e Capítulo 15 (polímeros)
- Nova seção sobre diamante policristalino (Capítulo 13)
- Discussão revisada sobre o efeito Hall (Capítulo 18)
- Discussão revisada/expandida sobre questões de reciclagem na ciência e engenharia de materiais (Capítulo 22)
- Todos os problemas de fim de capítulo que exigem cálculos foram revisados

Feedback

Nós temos um sincero interesse em atender as necessidades de educadores e alunos da comunidade da ciência e engenharia de materiais e, portanto, gostaríamos de solicitar opiniões sobre esta edição. Comentários, sugestões e críticas podem ser enviados aos autores via e-mail, para o seguinte endereço: *billcallister2419@gmail.com*.

Agradecimentos

Desde que empreendemos a tarefa de escrever esta edição e as anteriores, incontáveis professores e alunos, numerosos demais para mencionar individualmente, compartilharam conosco suas opiniões e contribuições sobre como tornar este trabalho mais efetivo como uma ferramenta de ensino e aprendizado. A todos aqueles que deram sua contribuição, expressamos nosso sincero agradecimento.

Expressamos nossa apreciação àqueles que contribuíram para esta edição. Somos especialmente gratos às seguintes pessoas por seus comentários e sugestões para esta edição:

- Eric Hellstrom da Florida State University
- Marc Fry e Hannah Melia da Granta Design
- Dr. Carl Wood

viii • Prefácio

- Norman E. Dowling da Virginia Tech
- Tristan J. Tayag da Texas Christian University
- Jong-Sook Lee da Chonnam National University, Gwangju, Coreia.

Também somos gratos a Linda Ratts, Editora-Executiva; Agie Sznajdrowicz, Gerente de Projeto; Adria Giattino, Editora de Desenvolvimento Associada; Adriana Alecci, Assistente Editorial; Jen Devine, Gerente de Licenciamento; Ashley Patterson, Editora de Produção e MaryAnn Price, Editora Fotográfica Sênior.

Por fim, mas certamente não menos importante, agradecemos profunda e sinceramente o estímulo e o apoio contínuo de nossas famílias e amigos.

William D. Callister, Jr.
David G. Rethwisch
Setembro de 2017

Sumário

LISTA DE SÍMBOLOS   xv

1 Introdução 1

Objetivos do Aprendizado   2
1.1   Perspectiva Histórica   2
1.2   Ciência e Engenharia de Materiais   2
1.3   Por que Estudar a Ciência e a Engenharia de Materiais?   4
Estudo de Caso 1.1 – Falhas dos Navios Classe Liberty   5
1.4   Classificação dos Materiais   6
Estudo de Caso 1.2 – Recipientes para Bebidas Carbonatadas   10
1.5   Materiais Avançados   12
1.6   Necessidades dos Materiais Modernos   14
Resumo   15
Referências   16

2 Estrutura Atômica e Ligação Interatômica 17

Objetivos do Aprendizado   18
2.1   Introdução   18
ESTRUTURA ATÔMICA   18
2.2   Conceitos Fundamentais   18
2.3   Elétrons nos Átomos   20
2.4   A Tabela Periódica   25
LIGAÇÃO ATÔMICA NOS SÓLIDOS   27
2.5   Forças e Energias de Ligação   27
2.6   Ligações Interatômicas Primárias   29
2.7   Ligações Secundárias ou Ligações de Van Der Waals   35
Materiais de Importância 2.1 – Água (Sua Expansão de Volume Durante o Congelamento)   37
2.8   Ligação Mista   38
2.9   Moléculas   39
2.10   Correlações Tipo de Ligação-Classificação do Material   39
Resumo   40
Resumo das Equações   40
Lista de Símbolos   41
Termos e Conceitos Importantes   41
Referências   41

3 A Estrutura dos Sólidos Cristalinos 42

Objetivos do Aprendizado   43
3.1   Introdução   43
ESTRUTURAS CRISTALINAS   43
3.2   Conceitos Fundamentais   43
3.3   Células Unitárias   44
3.4   Estruturas Cristalinas dos Metais   44
3.5   Cálculos da Massa Específica   50
3.6   Polimorfismo e Alotropia   50
Materiais de Importância 3.1 – Estanho (Sua Transformação Alotrópica)   51
3.7   Sistemas Cristalinos   51
PONTOS, DIREÇÕES E PLANOS CRISTALOGRÁFICOS   52
3.8   Coordenadas dos Pontos   53
3.9   Direções Cristalográficas   56
3.10   Planos Cristalográficos   61
3.11   Densidades Linear e Planar   66
3.12   Estruturas Cristalinas Compactas   67
MATERIAIS CRISTALINOS E NÃO CRISTALINOS   69
3.13   Monocristais   69
3.14   Materiais Policristalinos   69
3.15   Anisotropia   70
3.16   Difração de Raios X: Determinação de Estruturas Cristalinas   71
3.17   Sólidos Não Cristalinos   76
Resumo   76
Resumo das Equações   78
Lista de Símbolos   78
Termos e Conceitos Importantes   79
Referências   79

4 Imperfeições nos Sólidos 80

Objetivos do Aprendizado   81
4.1   Introdução   81
DEFEITOS PONTUAIS   81
4.2   Lacunas e Autointersticiais   81
4.3   Impurezas nos Sólidos   83
4.4   Especificação da Composição   86
IMPERFEIÇÕES DIVERSAS   89
4.5   Discordâncias — Defeitos Lineares   89
4.6   Defeitos Interfaciais   92
Materiais de Importância 4.1 – Catalisadores (e Defeitos de Superfície)   94
4.7   Defeitos Volumétricos ou de Massa   95
4.8   Vibrações Atômicas   95
EXAMES MICROSCÓPICOS   96
4.9   Conceitos Básicos da Microscopia   96
4.10   Técnicas de Microscopia   96
4.11   Determinação do Tamanho de Grão   99
Resumo   103
Resumo das Equações   104
Lista de Símbolos   105
Termos e Conceitos Importantes   105
Referências   105

x • Sumário

5 Difusão 106

Objetivos do Aprendizado 107
5.1 Introdução 107
5.2 Mecanismos de Difusão 107
5.3 Primeira Lei de Fick 109
5.4 Segunda Lei de Fick — Difusão em Regime Não Estacionário 110
5.5 Fatores que Influenciam a Difusão 114
5.6 Difusão em Materiais Semicondutores 119
Materiais de Importância 5.1 – Alumínio para Interconexões de Circuitos Integrados 122
5.7 Outros Caminhos de Difusão 123
Resumo 123
Resumo das Equações 124
Lista de Símbolos 124
Termos e Conceitos Importantes 124
Referências 124

6 Propriedades Mecânicas dos Metais 125

Objetivos do Aprendizado 126
6.1 Introdução 126
6.2 Conceitos de Tensão e Deformação 126
DEFORMAÇÃO ELÁSTICA 130
6.3 Comportamento Tensão-Deformação 130
6.4 Anelasticidade 132
6.5 Propriedades Elásticas dos Materiais 134
DEFORMAÇÃO PLÁSTICA 136
6.6 Propriedades em Tração 136
6.7 Tensão e Deformação Verdadeira 142
6.8 Recuperação Elástica após Deformação Plástica 145
6.9 Deformações Compressiva, Cisalhante e Torcional 146
6.10 Dureza 146
VARIABILIDADE NAS PROPRIEDADES E FATORES DE PROJETO/SEGURANÇA 151
6.11 Variabilidade nas Propriedades dos Materiais 151
6.12 Fatores de Projeto e Segurança 153
Resumo 157
Resumo das Equações 158
Lista de Símbolos 159
Termos e Conceitos Importantes 159
Referências 159

7 Discordâncias e Mecanismos de Aumento da Resistência 160

Objetivos do Aprendizado 161
7.1 Introdução 161
DISCORDÂNCIAS E DEFORMAÇÃO PLÁSTICA 161
7.2 Conceitos Básicos 161
7.3 Características das Discordâncias 163
7.4 Sistemas de Escorregamento 165
7.5 Escorregamento em Monocristais 166
7.6 Deformação Plástica dos Materiais Policristalinos 169

7.7 Deformação por Maclação 171
MECANISMOS DE AUMENTO DA RESISTÊNCIA EM METAIS 172
7.8 Aumento da Resistência Pela Redução do Tamanho de Grão 172
7.9 Aumento da Resistência por Solução Sólida 173
7.10 Encruamento 175
RECUPERAÇÃO, RECRISTALIZAÇÃO E CRESCIMENTO DE GRÃO 177
7.11 Recuperação 178
7.12 Recristalização 178
7.13 Crescimento de Grão 182
Resumo 183
Resumo das Equações 185
Lista de Símbolos 185
Termos e Conceitos Importantes 185
Referências 185

8 Falha 186

Objetivos do Aprendizado 187
8.1 Introdução 187
FRATURA 187
8.2 Fundamentos da Fratura 187
8.3 Fratura Dúctil 188
8.4 Fratura Frágil 190
8.5 Princípios da Mecânica da Fratura 190
8.6 Ensaios de Tenacidade à Fratura 200
FADIGA 204
8.7 Tensões Cíclicas 204
8.8 A Curva S–N 205
8.9 Iniciação e Propagação de Trincas 210
8.10 Fatores que Afetam a Vida em Fadiga 212
8.11 Efeitos do Ambiente 214
FLUÊNCIA 214
8.12 Comportamento Geral em Fluência 214
8.13 Efeitos da Tensão e da Temperatura 216
8.14 Métodos de Extrapolação de Dados 218
8.15 Ligas para Uso em Altas Temperaturas 219
Resumo 219
Resumo das Equações 221
Lista de Símbolos 222
Termos e Conceitos Importantes 222
Referências 223

9 Diagramas de Fases 224

Objetivos do Aprendizado 225
9.1 Introdução 225
DEFINIÇÕES E CONCEITOS BÁSICOS 225
9.2 Limite de Solubilidade 226
9.3 Fases 226
9.4 Microestrutura 227
9.5 Equilíbrios de Fases 227
9.6 Diagramas de Fases de um Componente (ou Unários) 228
DIAGRAMAS DE FASES BINÁRIOS 229
9.7 Sistemas Isomorfos Binários 229

Sumário • xi

9.8 Interpretação dos Diagramas de Fases 231
9.9 Desenvolvimento da Microestrutura em Ligas Isomorfas 234
9.10 Propriedades Mecânicas de Ligas Isomorfas 237
9.11 Sistemas Eutéticos Binários 238
 Materiais de Importância 9.1 – Soldas Isentas de Chumbo 243
9.12 Desenvolvimento da Microestrutura em Ligas Eutéticas 244
9.13 Diagramas de Equilíbrio Contendo Fases ou Compostos Intermediários 249
9.14 Reações Eutetoides e Peritéticas 250
9.15 Transformações de Fases Congruentes 251
9.16 Diagramas de Fases Ternários e de Materiais Cerâmicos 252
9.17 A Regra das Fases de Gibbs 253

O Sistema Ferro-Carbono 255

9.18 O Diagrama de Fases Ferro-Carbeto de Ferro (FE-FE$_3$C) 255
9.19 Desenvolvimento da Microestrutura em Ligas Ferro-Carbono 257
9.20 A Influência de Outros Elementos de Liga 263
 Resumo 264
 Resumo das Equações 265
 Lista de Símbolos 266
 Termos e Conceitos Importantes 267
 Referências 267

10 Transformações de Fases: Desenvolvimento da Microestrutura e Alteração das Propriedades Mecânicas 268

 Objetivos do Aprendizado 269
10.1 Introdução 269

 Transformações de Fases 269

10.2 Conceitos Básicos 269
10.3 A Cinética das Transformações de Fases 270
10.4 Estados Metaestáveis *Versus* Estados de Equilíbrio 280

 Alterações Microestruturais e das Propriedades em Ligas Ferro-Carbono 281

10.5 Diagramas de Transformações Isotérmicas 281
10.6 Diagramas de Transformações por Resfriamento Contínuo 290
10.7 Comportamento Mecânico de Ligas Ferro-Carbono 293
10.8 Martensita Revenida 297
10.9 Revisão das Transformações de Fases e das Propriedades Mecânicas para Ligas Ferro-Carbono 299
 Materiais de Importância 10.1 – Ligas com Memória de Forma 302
 Resumo 305
 Resumo das Equações 306
 Lista de Símbolos 306
 Termos e Conceitos Importantes 307
 Referências 307

11 Aplicações e Processamento de Ligas Metálicas 308

 Objetivos do Aprendizado 309
11.1 Introdução 309

 Tipos de Ligas Metálicas 309

11.2 Ligas Ferrosas 310
11.3 Ligas Não Ferrosas 321
 Materiais de Importância 11.1 – Ligas Metálicas Usadas para as Moedas de Euro 331

 Fabricação de Metais 332

11.4 Operações de Conformação 332
11.5 Fundição 334
11.6 Técnicas Diversas 335
11.7 Impressão 3D (Manufatura Aditiva) 336

 Processamento Térmico de Metais 340

11.8 Processos de Recozimento 340
11.9 Tratamento Térmico dos Aços 343
11.10 Endurecimento por Precipitação 351
 Resumo 357
 Resumo das Equações 358
 Termos e Conceitos Importantes 358
 Referências 359

12 Estruturas e Propriedades das Cerâmicas 360

 Objetivos do Aprendizado 361
12.1 Introdução 361

 Estruturas Cerâmicas 361

12.2 Estruturas Cristalinas 362
12.3 Cerâmicas à Base de Silicatos 369
12.4 Carbono 373
12.5 Imperfeições nas Cerâmicas 374
12.6 Difusão em Materiais Iônicos 377
12.7 Diagramas de Fases das Cerâmicas 377

 Propriedades Mecânicas 381

12.8 Fratura Frágil das Cerâmicas 381
12.9 Comportamento Tensão-Deformação 385
12.10 Mecanismos de Deformação Plástica 386
12.11 Considerações Mecânicas Diversas 388
 Resumo 390
 Resumo das Equações 391
 Lista de Símbolos 392
 Termos e Conceitos Importantes 392
 Referências 392

13 Aplicações e Processamento das Cerâmicas 393

 Objetivos do Aprendizado 394
13.1 Introdução 394

 Tipos e Aplicações das Cerâmicas 395

13.2 Vidros 395
13.3 Vitrocerâmicas 395
13.4 Produtos à Base de Argila 396
13.5 Refratários 397
13.6 Abrasivos 399

xii • Sumário

13.7 Cimentos 401
13.8 Biomateriais Cerâmicos 402
13.9 Carbonos 403
13.10 Cerâmicas Avançadas 406

FABRICAÇÃO E PROCESSAMENTO DAS CERÂMICAS 410

13.11 Fabricação e Processamento dos Vidros e das Vitrocerâmicas 410
13.12 Fabricação e Processamento dos Produtos à Base de Argila 415
13.13 Prensagem de Pós 419
13.14 Fundição em Fita 421
13.15 Impressão 3D de Materiais Cerâmicos 422
     Resumo 424
     Termos e Conceitos Importantes 425
     Referências 426

14 Estruturas dos Polímeros 427

     Objetivos do Aprendizado 428
14.1 Introdução 428
14.2 Moléculas de Hidrocarbonetos 428
14.3 Moléculas de Polímeros 431
14.4 A Química das Moléculas dos Polímeros 431
14.5 Peso Molecular 435
14.6 Forma Molecular 437
14.7 Estrutura Molecular 438
14.8 Configurações Moleculares 440
14.9 Polímeros Termoplásticos e Termofixos 443
14.10 Copolímeros 444
14.11 Cristalinidade dos Polímeros 445
14.12 Cristais Poliméricos 448
14.13 Defeitos em Polímeros 450
14.14 Difusão em Materiais Poliméricos 450
     Resumo 452
     Resumo das Equações 454
     Lista de Símbolos 454
     Termos e Conceitos Importantes 454
     Referências 455

15 Características, Aplicações e Processamento dos Polímeros 456

     Objetivos do Aprendizado 456
15.1 Introdução 456

COMPORTAMENTO MECÂNICO DOS POLÍMEROS 457

15.2 Comportamento Tensão-Deformação 457
15.3 Deformação Macroscópica 458
15.4 Deformação Viscoelástica 460
15.5 Fratura de Polímeros 464
15.6 Características Mecânicas Diversas 464

MECANISMOS DE DEFORMAÇÃO E PARA O AUMENTO DA RESISTÊNCIA DE POLÍMEROS 466

15.7 Deformação de Polímeros Semicristalinos 467
15.8 Fatores que Influenciam as Propriedades Mecânicas dos Polímeros Semicristalinos 469
     Materiais de Importância 15.1 – Filmes Poliméricos Termorretráteis (com Capacidade de Encolhimento-Envolvimento — *Shrink-Wrap Polymer Films*) 471
15.9 Deformação de Elastômeros 471

FENÔMENOS DE CRISTALIZAÇÃO, FUSÃO E TRANSIÇÃO VÍTREA EM POLÍMEROS 474

15.10 Cristalização 474
15.11 Fusão 475
15.12 A Transição Vítrea 475
15.13 Temperaturas de Fusão e de Transição Vítrea 475
15.14 Fatores que Influenciam as Temperaturas de Fusão e de Transição Vítrea 476

TIPOS DE POLÍMEROS 478

15.15 Plásticos 478
     Materiais de Importância 15.2 – Bolas de Bilhar Fenólicas 481
15.16 Elastômeros 481
15.17 Fibras 483
15.18 Aplicações Diversas 483
15.19 Biomateriais Poliméricos 485
15.20 Materiais Poliméricos Avançados 486

SÍNTESE E PROCESSAMENTO DE POLÍMEROS 490

15.21 Polimerização 490
15.22 Aditivos para Polímeros 492
15.23 Técnicas de Conformação para Plásticos 493
15.24 Fabricação de Elastômeros 495
15.25 Fabricação de Fibras e Filmes 496
15.26 Impressão 3D de Polímeros 496
     Resumo 499
     Resumo das Equações 501
     Lista de Símbolos 502
     Termos e Conceitos Importantes 502
     Referências 502

16 Compósitos 503

     Objetivos do Aprendizado 504
16.1 Introdução 504

COMPÓSITOS REFORÇADOS COM PARTÍCULAS 506

16.2 Compósitos com Partículas Grandes 506
16.3 Compósitos Reforçados por Dispersão 509

COMPÓSITOS REFORÇADOS COM FIBRAS 510

16.4 Influência do Comprimento da Fibra 510
16.5 Influência da Orientação e da Concentração das Fibras 511
16.6 A Fase Fibra 519
16.7 A Fase Matriz 520
16.8 Compósitos com Matriz Polimérica 520
16.9 Compósitos com Matriz Metálica 525
16.10 Compósitos com Matriz Cerâmica 526
16.11 Compósitos Carbono-Carbono 528
16.12 Compósitos Híbridos 528
16.13 Processamento de Compósitos Reforçados com Fibras 529

COMPÓSITOS ESTRUTURAIS 531

16.14 Compósitos Laminados 531
16.15 Painéis-Sanduíche 532
     Materiais de Importância 16.1 – Uso de Compósitos no Boeing 787 Dreamliner 534
16.16 Nanocompósitos 535
     Resumo 537
     Resumo das Equações 539
     Lista de Símbolos 540
     Termos e Conceitos Importantes 540
     Referências 541

17 Corrosão e Degradação dos Materiais 542

Objetivos do Aprendizado 543
17.1 Introdução 543

CORROSÃO DE METAIS 543

17.2 Considerações Eletroquímicas 544
17.3 Taxas de Corrosão 549
17.4 Estimativa das Taxas de Corrosão 551
17.5 Passividade 557
17.6 Efeitos do Ambiente 558
17.7 Formas de Corrosão 558
17.8 Ambientes de Corrosão 565
17.9 Prevenção da Corrosão 565
17.10 Oxidação 567

CORROSÃO DE MATERIAIS CERÂMICOS 570

DEGRADAÇÃO DE POLÍMEROS 571

17.11 Inchamento e Dissolução 571
17.12 Ruptura da Ligação 572
17.13 Intemperismo 574
Resumo 574
Resumo das Equações 576
Lista de Símbolos 577
Termos e Conceitos Importantes 577
Referências 577

18 Propriedades Elétricas 579

Objetivos do Aprendizado 580
18.1 Introdução 580

CONDUÇÃO ELÉTRICA 580

18.2 Lei de OHM 580
18.3 Condutividade Elétrica 581
18.4 Condução Eletrônica e Iônica 582
18.5 Estruturas das Bandas de Energia nos Sólidos 582
18.6 Condução em Termos de Bandas e Modelos de Ligação Atômica 584
18.7 Mobilidade Eletrônica 586
18.8 Resistividade Elétrica dos Metais 587
18.9 Características Elétricas de Ligas Comerciais 589

SEMICONDUTIVIDADE 589

18.10 Semicondução Intrínseca 589
18.11 Semicondução Extrínseca 592
18.12 Dependência da Concentração de Portadores em Relação à Temperatura 595
18.13 Fatores que afetam a Mobilidade dos Portadores 596
18.14 O Efeito Hall 600
18.15 Dispositivos Semicondutores 602

CONDUÇÃO ELÉTRICA EM CERÂMICAS IÔNICAS E EM POLÍMEROS 607

18.16 Condução em Materiais Iônicos 608
18.17 Propriedades Elétricas dos Polímeros 608

COMPORTAMENTO DIELÉTRICO 609

18.18 Capacitância 609
18.19 Vetores de Campo e Polarização 611
18.20 Tipos de Polarização 614
18.21 Dependência da Constante Dielétrica em Relação à Frequência 615
18.22 Resistência Dielétrica 616
18.23 Materiais Dielétricos 616

OUTRAS CARACTERÍSTICAS ELÉTRICAS DOS MATERIAIS 616

18.24 Ferroeletricidade 616
18.25 Piezoeletricidade 617
Materiais de Importância 18.1 – Cabeçotes em Cerâmica Piezoelétrica para Impressoras Jato de Tinta 618
Resumo 619
Resumo das Equações 621
Lista de Símbolos 622
Termos e Conceitos Importantes 622
Referências 623

19 Propriedades Térmicas 624

Objetivos do Aprendizado 625
19.1 Introdução 625
19.2 Capacidade Calorífica 625
19.3 Expansão Térmica 628
Materiais de Importância 19.1 – Invar e Outras Ligas de Baixa Expansão 630
19.4 Condutividade Térmica 630
19.5 Tensões Térmicas 633
Resumo 635
Resumo das Equações 636
Lista de Símbolos 636
Termos e Conceitos Importantes 637
Referências 637

20 Propriedades Magnéticas 638

Objetivos do Aprendizado 639
20.1 Introdução 639
20.2 Conceitos Básicos 639
20.3 Diamagnetismo e Paramagnetismo 643
20.4 Ferromagnetismo 644
20.5 Antiferromagnetismo e Ferrimagnetismo 645
20.6 Influência da Temperatura sobre o Comportamento Magnético 648
20.7 Domínios e Histereses 649
20.8 Anisotropia Magnética 652
20.9 Materiais Magnéticos Moles 653
Materiais de Importância 20.1 – Uma Liga Ferro-Silício Usada nos Núcleos de Transformadores 654
20.10 Materiais Magnéticos Duros 655
20.11 Armazenamento Magnético 658
20.12 Supercondutividade 660
Resumo 663
Resumo das Equações 665
Lista de Símbolos 665
Termos e Conceitos Importantes 665
Referências 665

21 Propriedades Ópticas 666

Objetivos do Aprendizado 667
21.1 Introdução 667

CONCEITOS BÁSICOS 667

21.2 Radiação Eletromagnética 667
21.3 Interações da Luz com os Sólidos 669
21.4 Interações Atômicas e Eletrônicas 669

xiv • Sumário

PROPRIEDADES ÓPTICAS DOS METAIS   670

PROPRIEDADES ÓPTICAS DOS NÃO METAIS   671

21.5   Refração   671
21.6   Reflexão   672
21.7   Absorção   673
21.8   Transmissão   676
21.9   Cor   677
21.10 Opacidade e Translucidez em Isolantes   678

APLICAÇÕES DOS FENÔMENOS ÓPTICOS   679

21.11 Luminescência   679
21.12 Fotocondutividade   679
       Materiais de Importância 21.1 – Diodos
          Emissores de Luz   680
21.13 Lasers   682
21.14 Fibras Ópticas em Comunicações   684
       Resumo   687
       Resumo das Equações   689
       Lista de Símbolos   689
       Termos e Conceitos Importantes   690
       Referências   690

22   Questões Ambientais e Sociais na Ciência e Engenharia de Materiais   691

       Objetivos do Aprendizado   692
22.1   Introdução   692
22.2   Considerações Ambientais e Sociais   692
22.3   Questões sobre Reciclagem na Ciência e
          Engenharia de Materiais   695
       Materiais de Importância 22.1 – Polímeros/Plásticos
          Biodegradáveis e Biorrenováveis   699
       Resumo   700
       Referências   701

Questões e Problemas   Q-1

       Capítulo 1   Q-1
       Capítulo 2   Q-1
       Capítulo 3   Q-3
       Capítulo 4   Q-8
       Capítulo 5   Q-12
       Capítulo 6   Q-16
       Capítulo 7   Q-23
       Capítulo 8   Q-27
       Capítulo 9   Q-32
       Capítulo 10   Q-37
       Capítulo 11   Q-41
       Capítulo 12   Q-44
       Capítulo 13   Q-48

       Capítulo 14   Q-49
       Capítulo 15   Q-52
       Capítulo 16   Q-56
       Capítulo 17   Q-59
       Capítulo 18   Q-63
       Capítulo 19   Q-68
       Capítulo 20   Q-70
       Capítulo 21   Q-73
       Capítulo 22   Q-74

Apêndice A   O Sistema Internacional de Unidades (SI)   A-1

Apêndice B   Propriedades de Materiais de Engenharia Selecionados   A-3

B.1:   Massa Específica   A-3
B.2:   Módulo de Elasticidade   A-6
B.3:   Coeficiente de Poisson   A-10
B.4:   Resistência e Ductilidade   A-11
B.5:   Tenacidade à Fratura em Deformação Plana   A-16
B.6:   Coeficiente Linear de Expansão Térmica   A-17
B.7:   Condutividade Térmica   A-21
B.8:   Calor Específico   A-24
B.9:   Resistividade Elétrica   A-26
B.10: Composições de Ligas Metálicas   A-30

Apêndice C   Custos e Custos Relativos de Materiais de Engenharia Selecionados   A-32

Apêndice D   Estruturas de Unidades Repetidas para Polímeros Comuns   A-37

Apêndice E   Temperaturas de Transição Vítrea e de Fusão para Materiais Poliméricos Comuns   A-41

Apêndice F   Características de Elementos Selecionados   A-42

Apêndice G   Valores de Constantes Físicas Selecionadas, Abreviações de Unidades, Prefixos de Múltiplos e Submúltiplos de SI   A-43

Apêndice H   Fatores de Conversão de Unidades, Tabela Periódica dos Elementos   A-44

Glossário   G-1

Respostas de Problemas Selecionados   RP-1

Índice   I-1

Lista de Símbolos

O número da seção em que um símbolo é introduzido ou explicado está indicado entre parênteses.

A = área

Å = unidade de angström

A_i = peso (massa) atômico do elemento i (2.2)

FEA = fator de empacotamento (ou compactação) atômico (3.4)

a = parâmetro da rede cristalina: comprimento axial x da célula unitária (3.4)

a = comprimento da trinca em uma trinca de superfície (8.5)

%a = porcentagem atômica (4.4)

B = densidade do fluxo magnético (indução) (20.2)

B_r = remanência magnética (20.7)

CCC = estrutura cristalina cúbica de corpo centrado (3.4)

b = parâmetro da rede cristalina: comprimento axial y da célula unitária (3.7)

$\mathbf{b}$ = vetor de Burgers (4.5)

C = capacitância (18.18)

C_i = concentração (composição) do componente i em %p (4.4)

C_i' = concentração (composição) do componente i em %a (4.4)

C_v, C_p = capacidade calorífica, respectivamente, a volume constante e pressão constante (19.2)

TPC = taxa de penetração da corrosão (17.3)

CVN = entalhe em "V" de Charpy (8.6)

%TF = porcentagem de trabalho a frio (7.10)

c = parâmetro da rede cristalina: comprimento axial z da célula unitária (3.7)

c = velocidade da radiação eletromagnética no vácuo (21.2)

D = coeficiente de difusão (5.3)

D = deslocamento dielétrico (18.19)

GP = grau de polimerização (14.5)

d = diâmetro

d = diâmetro médio do grão (7.8)

d_{hkl} = espaçamento interplanar para planos com índices de Miller h, k e l (3.16)

E = energia (2.5)

E = módulo de elasticidade ou módulo de Young (6.3)

$\mathscr{E}$ = intensidade do campo elétrico (18.3)

E_f = Energia de Fermi (18.5)

E_e = energia do espaçamento entre bandas (18.6)

$E_r(t)$ = módulo de relaxação ou de alívio de tensões (15.4)

%AL = ductilidade, em porcentagem de alongamento (6.6)

e = carga elétrica por elétron (18.7)

e^- = elétron (17.2)

erf = função erro de Gauss (5.4)

exp = e, a base para logaritmos naturais

F = força, interatômica ou mecânica (2.5, 6.2)

$\mathscr{F}$ = constante de Faraday (17.2)

CFC = estrutura cristalina cúbica de faces centradas (3.4)

G = módulo de cisalhamento (6.3)

H = intensidade do campo magnético (20.2)

H_c = coercividade magnética (20.7)

HB = dureza Brinell (6.10)

HC = estrutura cristalina hexagonal compacta (3.4)

HK = dureza Knoop (6.10)

HRB, HRF = dureza Rockwell: escalas B e F, respectivamente (6.10)

HR15N, HR45W = dureza Rockwell superficial: escalas 15N e 45W, respectivamente (6.10)

HV = dureza Vickers (6.10)

h = constante de Planck (21.2)

(hkl) = índices de Miller para um plano cristalográfico (3.10)

$(hkil)$ = índices de Miller para um plano cristalográfico, cristais hexagonais (3.10)

I = corrente elétrica (18.2)

I = intensidade da radiação eletromagnética (21.3)

i = densidade de corrente (17.3)

i_c = densidade da corrente de corrosão (17.4)

J = fluxo difusional (5.3)

J = densidade de corrente elétrica (18.3)

K_c = tenacidade à fratura (8.5)

K_{Ic} = tenacidade à fratura em deformação plana para o modo I de deslocamento da superfície de trincas (8.5)

k = constante de Boltzmann (4.2)

k = condutividade térmica (19.4)

l = comprimento

l_c = comprimento crítico da fibra (16.4)

ln = logaritmo natural

log = logaritmo tomado na base 10

M = magnetização (20.2)

$\overline{M}_n$ = massa molar média ou peso molecular médio de um polímero pelo número de moléculas (14.5)

$\overline{M}_p$ = massa molar ponderal média ou peso molecular ponderal médio de um polímero pelo peso das moléculas (14.5)

%mol = porcentagem molar

N = número de ciclos até a fadiga (8.8)

N_A = número de Avogadro (3.5)

N_f = vida em fadiga (8.8)

n = número quântico principal (2.3)

n = número de átomos por célula unitária (3.5)

n = coeficiente de encruamento (6.7)

xvi • **Lista de Símbolos**

n = número de elétrons em uma reação eletro química (17.2)

n = número de elétrons condutores por metro cúbico (18.7)

n = índice de refração (21.5)

n' = para os materiais cerâmicos, o número de unidades constantes da fórmula química de uma substância por célula unitária (12.2)

n_i = concentração de portadores (elétrons e buracos) intrínsecos (18.10)

P = polarização dielétrica (18.19)

Razão P-B = razão de Pilling-Bedworth (17.10)

p = número de buracos por metro cúbico (18.10)

Q = energia de ativação

Q = magnitude da carga armazenada (18.18)

R = raio atômico (3.4)

R = constante dos gases

%RA = ductilidade, em termos da porcentagem de redução na área (6.6)

r = distância interatômica (2.5)

r = taxa de reação (17.3)

r_A, r_C = raios iônicos do ânion e do cátion, respectivamente (12.2)

S = amplitude de tensão de fadiga (8.8)

MEV = microscopia ou microscópio eletrônico de varredura

T = temperatura

T_c = temperatura Curie (20.6)

T_C = temperatura crítica supercondutora (20.12)

T_v = temperatura de transição vítrea (13.10, 15.12)

T_f = temperatura de fusão

MET = microscopia ou microscópio eletrônico por transmissão

LRT = limite de resistência à tração (6.6)

t = tempo

t_r = tempo de vida até a ruptura (8.12)

U_r = módulo de resiliência (6.6)

$[uvw]$ = índices para uma direção cristalográfica (3.9)

$[uvtw], [UVW]$ = índices para uma direção cristalográfica, cristais hexagonais (3.9)

V = diferença de potencial elétrico (voltagem) (17.2, 18.2)

V_C = volume da célula unitária (3.4)

V_C = potencial de corrosão (17.4)

V_H = voltagem de Hall (18.14)

V_i = fração volumétrica da fase i (9.8)

v = velocidade

%vol = porcentagem em volume

W_i = fração mássica da fase i (9.8)

%p = porcentagem em peso (4.4)

x = comprimento

x = coordenada espacial

Y = parâmetro adimensional ou função na expressão para a tenacidade à fratura (8.5)

y = coordenada espacial

z = coordenada espacial

α = parâmetro da rede cristalina: ângulo entre os eixos y e z da célula unitária (3.7)

α, β, γ = designações de fases

α_l = coeficiente linear de expansão térmica (19.3)

β = parâmetro da rede cristalina: ângulo entre os eixos x e z da célula unitária (3.7)

γ = parâmetro da rede cristalina: ângulo entre os eixos x e y da célula unitária (3.7)

γ = deformação cisalhante (6.2)

Δ = precede o símbolo de um parâmetro para indicar uma variação finita desse parâmetro

ε = deformação de engenharia (6.2)

ε = permissividade dielétrica (18.18)

ε_r = constante dielétrica ou permissividade relativa (18.18)

$\dot{\varepsilon}_S$ = taxa de fluência em regime estacionário (8.12)

ε_v = deformação verdadeira (6.7)

η = viscosidade (12.10)

η = sobretensão (17.4)

2θ = ângulo de difração de Bragg (3.16)

θ_D = temperatura Debye (19.2)

λ = comprimento de onda da radiação eletromagnética (3.16)

μ = permeabilidade magnética (20.2)

μ_B = magnéton de Bohr (20.2)

μ_r = permeabilidade magnética relativa (20.2)

μ_e = mobilidade eletrônica (18.7)

μ_b = mobilidade do buraco (18.10)

ν = coeficiente de Poisson (6.5)

ν = frequência da radiação eletromagnética (21.2)

ρ = massa específica (3.5)

ρ = resistividade elétrica (18.2)

ρ_e = raio de curvatura da extremidade de uma trinca (8.5)

σ = tensão de engenharia, em tração ou em compressão (6.2)

σ = condutividade elétrica (18.3)

σ^* = resistência longitudinal (compósito) (16.5)

σ_c = tensão crítica para a propagação de uma trinca (8.5)

σ_{rf} = resistência à flexão (12.9)

σ_m = tensão máxima (8.5)

σ_m = tensão média (8.7)

σ'_m = tensão na matriz na falha do compósito (16.5)

σ_v = tensão verdadeira (6.7)

σ_t = tensão admissível ou de trabalho (6.12)

σ_l = limite de escoamento (6.6)

τ = tensão cisalhante (6.2)

τ_c = resistência da ligação fibra-matriz/limite de escoamento em cisalhamento da matriz (16.4)

τ_{tcrc} = tensão cisalhante resolvida crítica (7.5)

χ_m = susceptibilidade magnética (20.2)

Índices Subscritos

c = compósito

cd = compósito com fibras descontínuas

cl = direção longitudinal (compósito com fibras alinhadas)

ct = direção transversal (compósito com fibras alinhadas)

f = final

f = na fratura

f = fibra

i = instantâneo

m = matriz

m, máx = máximo

mín = mínimo

0 = original

0 = em equilíbrio

0 = no vácuo

Capítulo 1   Introdução

Um item familiar fabricado a partir de três tipos de materiais diferentes é o vasilhame de bebidas. As bebidas são comercializadas em latas de alumínio (metal, foto superior), garrafas de vidro (cerâmica, foto central) e garrafas plásticas (polímeros, foto inferior).

1

Objetivos do Aprendizado

Após estudar este capítulo, você deverá ser capaz de fazer o seguinte:

1. Listar seis diferentes classificações das propriedades dos materiais as quais determinam sua aplicabilidade.
2. Citar os quatro componentes que estão envolvidos no projeto, produção e utilização dos materiais, e descrever sucintamente as inter-relações entre esses componentes.
3. Citar três critérios que são importantes no processo de seleção de materiais.
4. (a) Listar as três classificações principais dos materiais sólidos e depois citar as características químicas que distinguem cada uma delas.
   (b) Citar os quatro tipos de materiais avançados e, para cada um deles, sua(s) característica(s) distinta(s).
5. (a) Definir sucintamente um *material/sistema inteligente*.
   (b) Explicar sucintamente o conceito de *nanotecnologia* na medida em que este se aplica aos materiais.

1.1 PERSPECTIVA HISTÓRICA

Por favor, tire alguns instantes para refletir sobre como seria a sua vida sem todos os materiais que existem em nosso mundo moderno. Acredite ou não, sem esses materiais não teríamos automóveis, telefones celulares, internet, aviões, residências bonitas e suas mobílias, roupas estilosas, alimentos nutritivos (e também as porcarias), geladeiras, televisões, computadores... (e a lista continua). Virtualmente, todos os segmentos de nossas vidas diárias são influenciados em maior ou menor grau pelos materiais. Sem eles, nossa existência seria muito parecida com a dos nossos ancestrais da Idade da Pedra.

Historicamente, o desenvolvimento e o avanço das sociedades estiveram intimamente ligados às habilidades de seus membros em produzir e manipular materiais para satisfazer as próprias necessidades. De fato, as civilizações antigas foram designadas de acordo com seu nível de desenvolvimento em relação aos materiais (Idade da Pedra, Idade do Bronze, Idade do Ferro).[1]

Os primeiros seres humanos tiveram acesso a apenas um número muito limitado de materiais, aqueles que ocorrem naturalmente: pedra, madeira, argila, peles, e assim por diante. Com o tempo, eles descobriram técnicas para a produção de materiais que tinham propriedades superiores àquelas dos materiais naturais; esses novos materiais incluíam as cerâmicas e vários metais. Além disso, foi descoberto que as propriedades de um material podiam ser alteradas por meio de tratamentos térmicos e pela adição de outras substâncias. Naquela época, a utilização dos materiais era um processo totalmente seletivo que envolvia decidir, entre um conjunto específico e relativamente limitado de materiais, o que mais se adequava a uma dada aplicação em virtude das suas características. Não foi senão em tempos relativamente recentes que os cientistas compreenderam as relações entre os elementos estruturais dos materiais e suas propriedades. Esse conhecimento, adquirido aproximadamente ao longo dos últimos 100 anos, deu a eles as condições para moldar, de modo significativo, as características dos materiais. Nesse contexto, foram desenvolvidas dezenas de milhares de materiais diferentes, com características relativamente específicas, os quais atendem às necessidades da nossa moderna e complexa sociedade; esses materiais incluem metais, plásticos, vidros e fibras.

O desenvolvimento de muitas das tecnologias que tornam a nossa existência tão confortável está intimamente associado à acessibilidade a materiais adequados. Um avanço na compreensão de um tipo de material é com frequência o precursor de um progresso gradativo de alguma tecnologia. Por exemplo, os automóveis não teriam sido possíveis sem a disponibilidade a baixo custo de aço ou de algum outro material substituto comparável. Atualmente, os dispositivos eletrônicos sofisticados dependem de componentes fabricados a partir dos chamados *materiais semicondutores*.

1.2 CIÊNCIA E ENGENHARIA DE MATERIAIS

Às vezes é útil subdividir a disciplina de ciência e engenharia de materiais nas subdisciplinas *ciência de materiais* e *engenharia de materiais*. Rigorosamente falando, a ciência de materiais envolve a investigação das relações que existem entre as estruturas e as propriedades dos materiais (isto é, por que os materiais apresentam suas propriedades). Já a engenharia de materiais envolve, com base nessas correlações estrutura-propriedade, o projeto ou engenharia da estrutura de um material para produzir um conjunto predeterminado de propriedades. A partir de uma perspectiva funcional, o papel de um cientista de materiais é desenvolver ou sintetizar novos materiais, enquanto um engenheiro

---

[1]As datas aproximadas para os inícios das Idades da Pedra, do Bronze e do Ferro são 2,5 milhões a.C., 3500 a.C. e 1000 a.C., respectivamente.

de materiais é chamado para criar novos produtos ou sistemas usando materiais existentes e/ou para desenvolver técnicas para o processamento de materiais. A maioria dos formandos em programas de materiais é treinada para ser tanto cientista de materiais quanto engenheiro de materiais.

Estrutura é, a essa altura, um termo nebuloso que merece alguma explicação. Em suma, a estrutura de um material refere-se geralmente ao arranjo dos seus componentes internos. Os elementos estruturais podem ser classificados com base no tamanho e, nesse sentido, existem vários níveis:

- Estrutura subatômica — envolve os elétrons no interior dos átomos individuais, suas energias e interações com os núcleos.
- Estrutura atômica — está relacionada com a organização de átomos para gerar moléculas ou cristais.
- Nanoestrutura — trata de agregados de átomos que formam partículas (nanopartículas) que possuem dimensões em escala nanométrica (menores do que aproximadamente 100 nm).
- Microestrutura — aqueles elementos estruturais que estão sujeitos à observação direta usando algum tipo de microscópio (características estruturais que possuem dimensões entre 100 nm e vários milímetros).
- Macroestrutura — elementos estruturais que podem ser vistos a olho nu (com uma faixa de escalas entre vários milímetros e da ordem de um metro).

A estrutura atômica, a nanoestrutura e a microestrutura dos materiais são investigadas usando técnicas microscópicas discutidas na Seção 4.10.

A noção de *propriedade* merece alguma elaboração. Em serviço, todos os materiais são expostos a estímulos externos que causam algum tipo de resposta. Por exemplo, uma amostra submetida à ação de forças experimenta deformação, ou uma superfície metálica polida reflete a luz. Uma propriedade é uma característica de um dado material, em termos do tipo e da magnitude da sua resposta a um estímulo específico que lhe é imposto. Geralmente, as definições das propriedades são feitas de modo que elas sejam independentes da forma e do tamanho do material.

Virtualmente todas as propriedades importantes dos materiais sólidos podem ser agrupadas em seis categorias diferentes: mecânica, elétrica, térmica, magnética, óptica e deteriorativa. Para cada categoria existe um tipo característico de estímulo que é capaz de provocar diferentes respostas. Essas são observadas conforme a seguir:

- Propriedades mecânicas — relacionam a deformação a uma carga ou força que é aplicada; os exemplos incluem o módulo de elasticidade (rigidez), a resistência e a tenacidade.
- Propriedades elétricas — o estímulo é um campo elétrico aplicado; as propriedades típicas incluem a condutividade elétrica e a constante dielétrica.
- Propriedades térmicas — estão relacionadas a variações na temperatura ou gradientes de temperatura ao longo de um material; exemplos de comportamento térmico incluem a expansão térmica e a capacidade calorífica.
- Propriedades magnéticas — as respostas de um material à aplicação de um campo magnético; as propriedades magnéticas comuns incluem a susceptibilidade magnética e a magnetização.
- Propriedades ópticas — o estímulo é a radiação eletromagnética ou a radiação luminosa; o índice de refração e a refletividade são propriedades óticas representativas.
- Características deteriorativas — estão relacionadas com a reatividade química dos materiais; por exemplo, a resistência à corrosão dos metais.

Os capítulos a seguir discutem propriedades que se enquadram em cada uma dessas seis classificações.

Além da estrutura e das propriedades, dois outros componentes importantes estão envolvidos na ciência e engenharia de materiais, quais sejam: o *processamento* e o *desempenho*. No que se refere às relações entre esses quatro componentes, a estrutura de um material depende de como ele é processado. Além disso, o desempenho de um material é uma função das suas propriedades.

Apresentamos um exemplo desses princípios de processamento-estrutura-propriedades-desempenho na Figura 1.1, uma fotografia que mostra três amostras delgadas em forma de disco colocadas sobre um material impresso. Fica óbvio que as propriedades ópticas (isto é, a transmitância da luz) de cada um dos três materiais são diferentes; aquela à esquerda é transparente (ou seja, virtualmente toda a luz refletida da página impressa passa através dela), enquanto os discos no centro e à direita são, respectivamente, translúcido e opaco. Todas essas amostras são do mesmo material, óxido de alumínio, mas aquela mais à esquerda é o que chamamos de um *monocristal* — isto é, possui um alto grau de perfeição —, o que dá origem à sua transparência. A amostra no centro é composta por um grande número de monocristais muito pequenos, todos ligados entre si; as fronteiras entre esses pequenos cristais espalham uma fração da luz refletida da página impressa, o que torna esse material opticamente translúcido. Por fim, a amostra à direita é composta não apenas por um número muito grande de pequenos cristais interligados, mas também por um grande número de poros ou espaços vazios muito pequenos. Esses poros espalham a luz refletida em maior grau do que os contornos

Figura 1.1 Três amostras de discos delgados de óxido de alumínio que foram colocadas sobre uma página impressa com o objetivo de demonstrar suas diferenças em termos das características de transmitância da luz. O disco mais à esquerda é *transparente* (isto é, virtualmente toda luz que é refletida da página passa através dele), enquanto o disco no centro é *translúcido* (significando que uma parte dessa luz refletida é transmitida através do disco). O disco à direita é *opaco* — isto é, nenhuma luz passa através dele. Essas diferenças nas propriedades ópticas são uma consequência de diferenças nas estruturas desses materiais, as quais resultaram da maneira como os materiais foram processados.

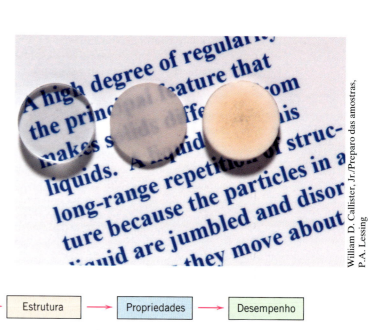

Figura 1.2 Os quatro componentes da disciplina ciência e engenharia de materiais e as suas inter-relações.

dos cristais e tornam esse material opaco. Assim, as estruturas dessas três amostras são diferentes em termos dos contornos entre os cristais e da presença de poros, o que afeta as propriedades de transmitância óptica. Além disso, cada material foi produzido usando uma técnica de processamento diferente. Se a transmitância óptica for um parâmetro importante em relação à aplicação final do material, o desempenho apresentado por cada material será diferente.

Essa inter-relação entre processamento, estrutura, propriedades e desempenho dos materiais pode ser representada de uma maneira linear como na ilustração esquemática mostrada na Figura 1.2. O modelo representado por esse diagrama foi chamado por alguns de *paradigma central da ciência e engenharia de materiais* ou às vezes simplesmente de *paradigma dos materiais*. (O termo "paradigma" significa um modelo ou conjunto de ideias.) Esse paradigma, formulado nos anos 1990 é, essencialmente, o núcleo da disciplina ciência e engenharia de materiais. Ele descreve o protocolo para a seleção e o projeto de materiais para aplicações específicas e bem definidas, e tem tido uma profunda influência sobre o campo dos materiais.[2] Antes desse tempo, a metodologia da ciência/engenharia de materiais era projetar componentes e sistemas usando o conjunto de materiais existentes. A significância desse novo paradigma está refletida na seguinte citação: "... sempre que um material está sendo criado, desenvolvido ou produzido, as propriedades ou fenômenos que o material exibe são uma preocupação central. A experiência mostra que as propriedades e os fenômenos associados a um material estão intimamente relacionados com sua composição e estrutura em todos os níveis, incluindo quais átomos estão presentes e como os átomos estão arranjados no material, e que essa estrutura é o resultado de síntese e processamento."[3]

Ao longo de todo este texto, chamamos atenção para as relações entre esses quatro componentes em termos do projeto, produção e utilização de materiais.

1.3 POR QUE ESTUDAR A CIÊNCIA E A ENGENHARIA DE MATERIAIS?

Por que os engenheiros e cientistas estudam os materiais? Simplesmente porque as coisas que os engenheiros projetam são feitas de materiais. Muitos cientistas ou engenheiros de aplicações (por exemplo, mecânicos, civis, químicos, elétricos) vão, uma vez ou outra, estar expostos a um problema de projeto que envolve materiais — por exemplo, uma engrenagem de transmissão, a superestrutura para um edifício, um componente de uma refinaria de petróleo ou um *chip* de circuito integrado. Obviamente, os cientistas e engenheiros de materiais são especialistas que estão totalmente envolvidos na investigação e no projeto de materiais.

---

[2] Esse paradigma foi atualizado recentemente para incluir o componente de sustentabilidade dos materiais no "Paradigma Modificado da Ciência e Engenharia de Materiais", conforme representado pelo seguinte diagrama:

Processamento → Estrutura → Propriedades → Desempenho → Reuso/Reciclabilidade.

[3] *"Materials Science and Engineering for the 1990s"*, p. 27, National Academies Press, Washington, DC, 1998.

Muitas vezes, um engenheiro tem a opção de selecionar um melhor material a partir de milhares que estão disponíveis. A decisão final é normalmente tomada com base em vários critérios. Primeiro, devem ser caracterizadas as condições em serviço, uma vez que elas ditam as propriedades que são exigidas do material. Apenas em raras ocasiões um material possui a combinação máxima ou ideal de propriedades. Dessa forma, pode ser necessário abrir mão de uma característica por outra. O exemplo clássico envolve a resistência e a ductilidade; normalmente, um material que possui alta resistência apresenta uma ductilidade apenas limitada. Em tais casos, pode ser necessário um meio-termo razoável entre duas ou mais propriedades.

Uma segunda consideração de seleção é qualquer deterioração das propriedades dos materiais que possa ocorrer durante a operação. Por exemplo, reduções significativas na resistência mecânica podem resultar da exposição a temperaturas elevadas ou a ambientes corrosivos.

Por fim, provavelmente a consideração definitiva está relacionada com aspectos econômicos: quanto custará o produto acabado? Pode ocorrer de um material apresentar o conjunto ideal de propriedades, mas ser proibitivamente caro. Mais uma vez, alguma concessão é inevitável. O custo de uma peça acabada também inclui quaisquer despesas incorridas durante o processo de fabricação para a obtenção da forma desejada.

Quanto mais um engenheiro ou cientista estiver familiarizado com as várias características e relações estrutura-propriedade, assim como com as técnicas de processamento dos materiais, mais capacitado e confiante estará para fazer escolhas ponderadas de materiais com base nesses critérios.

ESTUDO DE CASO 1.1

Falhas dos Navios Classe Liberty

O seguinte estudo de caso ilustra um papel que os cientistas e engenheiros de materiais são instados a assumir na área de desempenho dos materiais: analisar falhas mecânicas, determinar suas causas e então propor medidas apropriadas para evitar futuros incidentes.

A falha de muitos dos navios da classe *Liberty*[4] durante a Segunda Guerra Mundial é um exemplo bem conhecido e dramático da fratura frágil de um aço que era considerado dúctil.[5]

Alguns dos primeiros navios experimentaram danos estruturais quando surgiram trincas nos seus conveses e cascos. Três deles se dividiram ao meio de forma catastrófica quando as trincas se formaram, cresceram até tamanhos críticos e então se propagaram rápida e completamente ao redor das superfícies externas dos navios. A Figura 1.3 mostra um dos navios que fraturaram no dia seguinte após o seu lançamento.

Figura 1.3 O navio classe *Liberty S.S. Schenectady*, que, em 1943, falhou antes de deixar o estaleiro.
(Reimpressa com permissão de Earl R. Parker, *Brittle Behavior of Engineering Structures*, National Academy of Sciences, National Research Council, John Wiley & Sons, Nova York, 1957.)

[4] Durante a Segunda Guerra Mundial, 2.710 navios cargueiros da classe *Liberty* foram produzidos em massa pelos Estados Unidos para abastecer de alimentos e materiais os combatentes na Europa.
[5] Os metais dúcteis falham após níveis de deformação permanentes relativamente grandes; contudo, muito pouca, se é que alguma, deformação permanente acompanha a fratura de materiais frágeis. As fraturas frágeis podem ocorrer muito repentinamente, uma vez que as trincas se espalham rápido; a propagação da trinca é normalmente muito mais lenta nos materiais dúcteis, e a eventual fratura leva mais tempo. Por essas razões, a modalidade dúctil de fratura é geralmente preferida. As fraturas dúctil e frágil são discutidas nas Seções 8.3 e 8.4.

Investigações subsequentes concluíram que um ou mais dos seguintes fatores contribuíram para cada falha:[6]

- Quando algumas ligas metálicas normalmente dúcteis são resfriadas até temperaturas relativamente baixas, elas ficam suscetíveis a uma fratura frágil — isto é, elas experimentam uma transição de dúctil para frágil com o resfriamento através de uma faixa de temperaturas crítica. Esses navios da classe *Liberty* foram construídos a partir de um aço que experimentava uma transição de dúctil para frágil. Alguns deles foram posicionados no gelado Atlântico Norte, onde o metal originalmente dúctil experimentava fratura frágil quando as temperaturas caíam abaixo da temperatura de transição.[7]

- Os cantos de cada escotilha (isto é, porta) eram quadrados; esses cantos atuaram como pontos de concentração de tensões onde podia haver a formação de trincas.

- Os barcos alemães da classe U estavam afundando navios cargueiros mais rápido do que eles podiam ser repostos usando as técnicas de construção existentes. Consequentemente, tornou-se necessário revolucionar os métodos de construção para a fabricação de navios cargueiros mais rápido e em maiores números. Isso foi realizado com a utilização de lâminas de aço pré-fabricadas que eram montadas usando-se solda, em vez do método convencional e demorado de uso de rebites. Infelizmente, as trincas em estruturas soldadas podem se propagar sem impedimentos ao longo de grandes distâncias, o que pode levar a uma falha catastrófica. Contudo, quando as estruturas são rebitadas, uma trinca deixa de se propagar quando ela atinge a aresta de uma lâmina de aço.

- Defeitos nas soldas e *descontinuidades* (isto é, sítios onde pode haver a formação de trincas) foram introduzidos por operadores inexperientes.

Algumas medidas remediadoras que foram tomadas para corrigir esses problemas foram:

- Redução na temperatura da transição de dúctil para frágil do aço até um nível aceitável, mediante uma melhoria na qualidade do aço (por exemplo, pela redução nos teores das impurezas enxofre e fósforo).

- Arredondamento dos cantos das escotilhas, mediante a solda de uma tira de reforço curvada em cada canto.[8]

- Instalação de dispositivos de supressão de trincas, tais como tiras rebitadas e cordões de solda resistentes para interromper a propagação de trincas.

- Melhoria nas práticas de soldagem e estabelecimento de códigos de soldagem.

Apesar dessas falhas, o programa de embarcações da classe *Liberty* foi considerado um sucesso por várias razões, sendo a principal razão o fato de que os navios que sobreviveram à falha foram capazes de suprir as Forças Aliadas no teatro de operações e, muito provavelmente, encurtaram a guerra. Além disso, foram desenvolvidos aços estruturais com resistências amplamente aprimoradas às fraturas frágeis catastróficas. As análises detalhadas dessas falhas avançaram a compreensão da formação e do crescimento de uma trinca, o que acabou evoluindo para a disciplina da mecânica da fratura.

---

[6]As Seções 8.2 a 8.6 discutem vários aspectos da falha.

[7]Esse fenômeno de transição de dúctil para frágil e as técnicas que são usadas para medir e aumentar a faixa de temperaturas críticas são discutidos na Seção 8.6.

[8]O leitor pode observar que os cantos das janelas e portas de todas as estruturas marinhas e aeronáuticas atuais são arredondados.

1.4 CLASSIFICAÇÃO DOS MATERIAIS

Os materiais sólidos foram convenientemente agrupados em três categorias básicas: metais, cerâmicas e polímeros, um esquema baseado sobretudo na composição química e na estrutura atômica. A maioria dos materiais se enquadra em um ou outro grupo distinto. Adicionalmente, existem os compósitos, que são combinações engenheiradas de dois ou mais materiais diferentes. Uma explicação sucinta dessas classificações de materiais e das suas características representativas é apresentada a seguir. Outra categoria é a dos materiais avançados — aqueles que são usados em aplicações de alta tecnologia, como os semicondutores, os biomateriais, os materiais inteligentes e os materiais nanoengenheirados; esses são discutidos na Seção 1.5.

Metais

Os *metais* são compostos por um ou mais elementos metálicos (por exemplo, ferro, alumínio, cobre, titânio, ouro, níquel), e com frequência também elementos não metálicos (por exemplo, carbono, nitrogênio, oxigênio) em quantidades relativamente pequenas.[9] Os átomos nos metais e nas suas ligas estão arranjados segundo uma maneira muito ordenada (como discutido no Capítulo 3) e, em comparação às cerâmicas e aos polímeros, são relativamente densos (Figura 1.4). Em relação às características mecânicas, esses materiais são relativamente rígidos (Figura 1.5) e resistentes (Figura 1.6),

---

[9]O termo *liga metálica* refere-se a uma substância metálica que é composta por dois ou mais elementos.

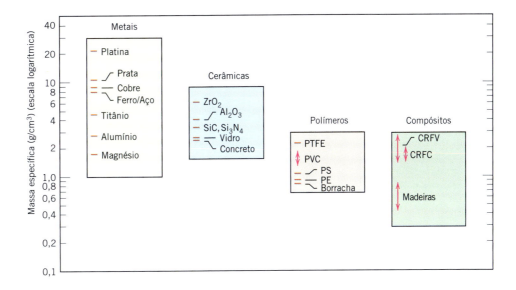

Figura 1.4 Gráfico de barras dos valores da massa específica à temperatura ambiente para vários materiais metálicos, cerâmicos, polímeros e compósitos.

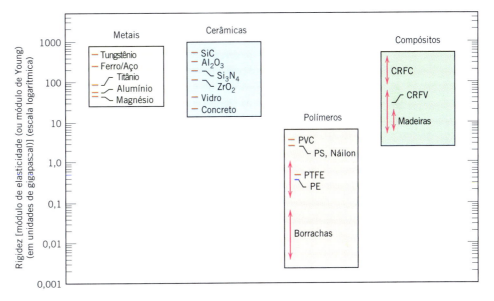

Figura 1.5 Gráfico de barras dos valores da rigidez (isto é, do módulo de elasticidade) à temperatura ambiente para vários materiais metálicos, cerâmicos, polímeros e compósitos.

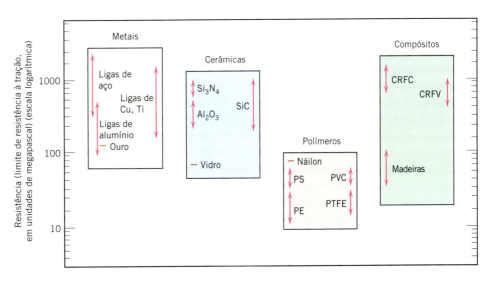

Figura 1.6 Gráfico de barras dos valores da resistência (isto é, do limite de resistência à tração) à temperatura ambiente para vários materiais metálicos, cerâmicos, polímeros e compósitos.

e ainda assim são dúcteis (ou seja, são capazes de grandes quantidades de deformação sem sofrer fratura) e são resistentes à fratura (Figura 1.7), o que é responsável pelo seu amplo uso em aplicações estruturais. Os materiais metálicos possuem grandes números de elétrons não localizados — isto é, esses elétrons não estão ligados a nenhum átomo em particular. Muitas das propriedades dos

Figura 1.7 Gráfico de barras da resistência à fratura (isto é, da tenacidade à fratura) à temperatura ambiente para vários materiais metálicos, cerâmicos, polímeros e compósitos.
(Reimpressa de *Engineering Materials 1: An Introduction to Properties, Applications and Design*, 3ª edição, M. F. Ashby e D. R. H. Jones, p. 177 e 178, Copyright 2005, com permissão da Elsevier.)

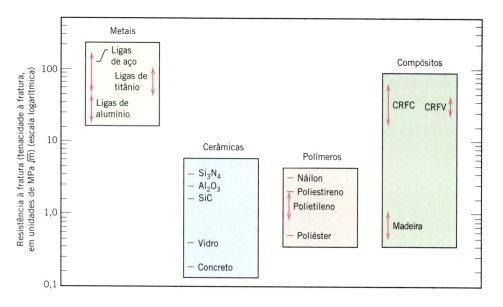

metais podem ser atribuídas diretamente a esses elétrons. Por exemplo, os metais são condutores de eletricidade (Figura 1.8) e de calor extremamente bons e não são transparentes à luz visível; uma superfície metálica polida possui uma aparência brilhosa. Além disso, alguns metais (isto é, Fe, Co e Ni) têm propriedades magnéticas desejáveis.

A Figura 1.9 mostra vários objetos comuns e familiares que são feitos de materiais metálicos. Adicionalmente, os tipos e as aplicações dos metais e das suas ligas são discutidos no Capítulo 11.

Cerâmicas

As *cerâmicas* são compostos formados entre elementos metálicos e não metálicos; com maior frequência, são óxidos, nitretos e carbetos. Por exemplo, os materiais cerâmicos comuns incluem o óxido de alumínio (ou *alumina*, Al_2O_3), o dióxido de silício (ou *sílica*, SiO_2), o carbeto de silício (SiC), o nitreto de silício (Si_3N_4) e, ainda, o que alguns chamam de as *cerâmicas tradicionais* — aqueles materiais compostos por minerais argilosos (por exemplo, a porcelana), assim como o cimento e o vidro. Em relação ao comportamento mecânico, os materiais cerâmicos são relativamente rígidos e resistentes — os valores de rigidez e de resistência são comparáveis aos dos metais (Figuras 1.5 e 1.6). Ademais, as cerâmicas são tipicamente muito duras. Historicamente, elas sempre exibiram extrema fragilidade (ausência de ductilidade) e são altamente suscetíveis à fratura (Figura 1.7). Entretanto, novas cerâmicas estão sendo engenheiradas para apresentar uma melhor resistência à fratura; esses materiais são usados como utensílios de cozinha, em cutelaria e até mesmo em peças de motores de automóveis. Além disso, os materiais cerâmicos são tipicamente isolantes à passagem

Figura 1.8 Gráfico de barras das faixas de condutividade elétrica à temperatura ambiente para vários materiais metálicos, cerâmicos, polímeros e semicondutores.

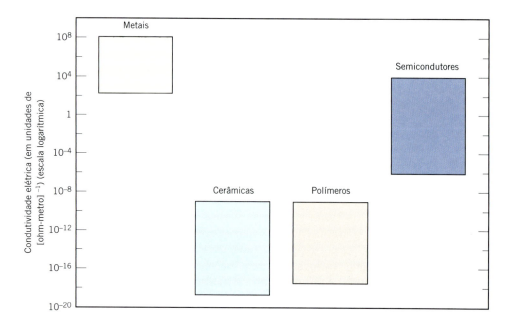

Figura 1.9 Objetos familiares feitos de metais e ligas metálicas (da esquerda para a direita): talheres (garfo e faca), tesoura, moedas, uma engrenagem, um anel de casamento, bem como uma porca e um parafuso.

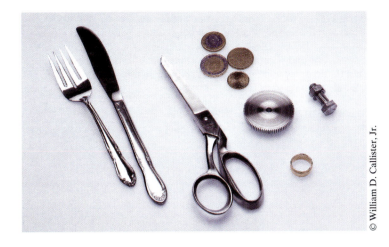

de calor e eletricidade (isto é, possuem baixas condutividades elétricas, Figura 1.8) e são mais resistentes a temperaturas elevadas e a ambientes severos que os metais e os polímeros. Em relação às suas características ópticas, as cerâmicas podem ser transparentes, translúcidas ou opacas (Figura 1.1), e alguns dos óxidos cerâmicos (por exemplo, Fe_3O_4) exibem comportamento magnético.

Vários objetos cerâmicos comuns são mostrados na Figura 1.10. As características, os tipos e as aplicações dessa classe de materiais são discutidos nos Capítulos 12 e 13.

Polímeros

Os polímeros incluem os conhecidos materiais plásticos e de borracha. Muitos deles são compostos orgânicos que têm sua química baseada no carbono, hidrogênio e outros elementos não metálicos (isto é, O, N e Si). Além disso, eles têm estruturas moleculares muito grandes, com frequência na forma de cadeias, que frequentemente possuem uma estrutura composta por átomos de carbono. Alguns dos polímeros comuns e conhecidos são polietileno (PE), náilon, poli(cloreto de vinila) (PVC), policarbonato (PC), poliestireno (PS) e a borracha de silicone. Tipicamente, esses materiais possuem baixas massas específicas (Figura 1.4), enquanto suas características mecânicas são, em geral, diferentes das características exibidas pelos materiais metálicos e cerâmicos — eles não são tão rígidos nem tão resistentes quanto esses outros tipos de materiais (Figuras 1.5 e 1.6). Entretanto, em função das suas densidades reduzidas, muitas vezes sua rigidez e sua resistência em relação à massa são comparáveis às dos metais e das cerâmicas. Ademais, muitos polímeros são extremamente dúcteis e flexíveis (isto é, plásticos), o que significa que são facilmente conformados em formas complexas. Em geral, quimicamente eles são relativamente inertes, não reagindo em um grande número de ambientes. Também possuem baixas condutividades elétricas (Figura 1.8) e não são magnéticos. Uma das maiores desvantagens dos polímeros é sua tendência a amolecer e/ou decompor em temperaturas modestas, o que, em algumas situações, limita seu uso.

A Figura 1.11 mostra vários artigos feitos de polímeros que são familiares ao leitor. Os Capítulos 14 e 15 são dedicados a discussões sobre as estruturas, propriedades, aplicações e processamento dos materiais poliméricos.

Figura 1.10 Objetos comuns feitos a partir de materiais cerâmicos: tesoura, uma xícara de chá de porcelana, um tijolo de construção, um azulejo de piso e um vaso de vidro.

Figura 1.11 Vários objetos comuns feitos de materiais poliméricos: talheres plásticos (colher, garfo e faca), bolas de bilhar, um capacete de bicicleta, dois dados, uma roda de cortador de grama (cubo de plástico e pneu de borracha) e um vasilhame plástico para leite.

ESTUDO DE CASO 1.2

Recipientes para Bebidas Carbonatadas

Um item comum que apresenta alguns requisitos interessantes em relação às propriedades dos materiais é o recipiente para bebidas carbonatadas. O material usado para essa aplicação deve satisfazer às seguintes restrições: (1) prover uma barreira à passagem do gás carbônico, que está sob pressão no interior do recipiente; (2) ser atóxico, não reativo com a bebida e, de preferência, reciclável; (3) ser relativamente resistente e capaz de sobreviver à queda de uma altura de alguns metros quando estiver cheio com a bebida; (4) ser barato, incluindo o custo para a fabricação da forma final; (5) se for opticamente transparente, deve reter sua clareza óptica; e (6) ser capaz de ser produzido em diferentes cores e/ou ser capaz de ser adornado com rótulos decorativos.

Todos os três tipos de materiais básicos — metal (alumínio), cerâmica (vidro) e polímero (plástico poliéster) — são usados em recipientes de bebidas carbonatadas (como pode ser visto nas fotografias que abrem este capítulo). Todos esses materiais são não tóxicos e não reagem com as bebidas. Além disso, cada material possui seus pontos positivos e negativos.

Por exemplo, a liga de alumínio é relativamente resistente (mas pode ser deformada com facilidade), é uma barreira muito boa contra a difusão do gás carbônico, é reciclada com facilidade, resfria as bebidas com rapidez e os rótulos podem ser pintados sobre a sua superfície. Por outro lado, as latas são opticamente opacas e relativamente caras para serem produzidas. O vidro é impermeável à passagem do gás carbônico, é um material relativamente barato e pode ser reciclado, mas racha e se quebra com facilidade, e as garrafas de vidro são relativamente pesadas. Embora o plástico seja relativamente resistente, possa ser fabricado opticamente transparente, seja barato e de baixo peso e seja reciclável, ele não é tão impermeável à passagem do gás carbônico quanto o alumínio e o vidro. Por exemplo, você pode ter observado que as bebidas em recipientes de alumínio e de vidro retêm sua carbonização (isto é, sua "efervescência") durante vários anos, enquanto as bebidas em garrafas plásticas de dois litros "ficam chocas" em apenas alguns meses.

Compósitos

Um *compósito* é composto por dois (ou mais) materiais individuais, os quais se enquadram nas categorias discutidas anteriormente — metais, cerâmicas e polímeros. O objetivo de projeto de um compósito é atingir uma combinação de propriedades que não é exibida por nenhum material isolado e também incorporar as melhores características de cada um dos materiais que o compõe. Um grande número de tipos de compósitos é representado por diferentes combinações de metais, cerâmicas e polímeros. Adicionalmente, alguns materiais de ocorrência natural também são compósitos — por exemplo, a madeira e o osso. Entretanto, a maioria dos compósitos que consideramos em nossas discussões são sintéticos (ou feitos pelo homem).

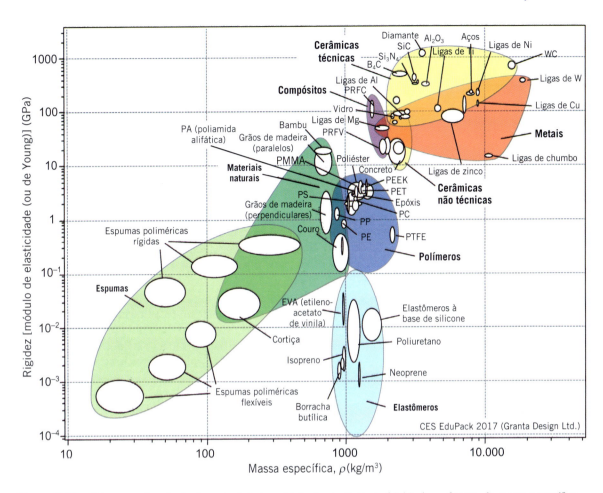

Figura 1.12 Diagrama de seleção de materiais do módulo de elasticidade (rigidez) em função da massa específica. (O diagrama foi criado usando CES EduPack 2017, Granta Design Ltd.)

Um dos compósitos mais comuns e conhecidos é o com fibra de vidro, em que pequenas fibras de vidro são encerradas em um material polimérico (normalmente um epóxi ou um poliéster).[10] As fibras de vidro são relativamente resistentes e rígidas (mas também são frágeis), enquanto o polímero é mais flexível. Dessa forma, o compósito com fibra de vidro é relativamente rígido, resistente (Figuras 1.5 e 1.6) e flexível. Além disso, possui baixa massa específica (Figura 1.4).

Outro material tecnologicamente importante é o compósito de polímero reforçado com fibras de carbono (PRFC) — em que fibras de carbono são colocadas no interior de um polímero. Esses materiais são mais rígidos e mais resistentes que os materiais reforçados com fibras de vidro (Figuras 1.5 e 1.6), porém são mais caros. Os compósitos de PRFC são usados em algumas aeronaves e em aplicações aeroespaciais, assim como em equipamentos esportivos de alta tecnologia (por exemplo, bicicletas, tacos de golfe, raquetes de tênis, esquis e pranchas de *snowboard*), e recentemente em para-choques de automóveis. A fuselagem do novo Boeing 787 é feita principalmente a partir desses compósitos de PRFC.

O Capítulo 16 é dedicado a uma discussão desses interessantes materiais compósitos.

Existe uma forma alternativa e mais ilustrativa de apresentar os valores de propriedades por tipo de material do que aquela representada pelas Figuras 1.4 a 1.8 — isto é, se traçamos os valores de uma propriedade em função daqueles de outra propriedade para um grande número de tipos de materiais diferentes. Ambos os eixos estão em escala logarítmica e em geral cobrem várias (pelo menos três) ordens de grandeza, de modo a incluir as propriedades de virtualmente todos os materiais. Por exemplo, a Figura 1.12 é um desses diagramas; aqui, o logaritmo da rigidez (módulo de elasticidade ou módulo de Young) é traçado em função do logaritmo da massa específica. Aqui pode ser observado que os valores de dados para um tipo (ou "família") específico de material (por exemplo, metais, cerâmicas, polímeros) estão agrupados e se encontram em uma área fechada (ou "bolha") delineada por uma linha contínua; assim, cada uma dessas áreas fechadas define a faixa de propriedades para essa família de materiais.

---

[10] Às vezes, a fibra de vidro também é denominada um compósito de *polímero reforçado com fibras de vidro* (PRFV).

12 • **Capítulo 1**

Essa é uma demonstração simples, abrangente e concisa do tipo das informações que estão contidas nas Figuras 1.4 e 1.5, que mostram como a massa específica e a rigidez se correlacionam entre si para os vários tipos de materiais. Diagramas como a Figura 1.12 podem ser construídos para quaisquer duas propriedades dos materiais — por exemplo, condutividade térmica em função da condutividade elétrica. Assim, um número relativamente grande de gráficos desse tipo está disponível dadas as possíveis combinações de pares das várias propriedades dos materiais. Eles são chamados com frequência de "diagramas de propriedades dos materiais", "diagramas de seleção de materiais", "diagramas de bolhas" ou "diagramas Ashby" (em nome de Michael F. Ashby, que os desenvolveu).[11]

Na Figura 1.12, estão incluídas as áreas fechadas para três famílias de materiais de engenharia importantes que não foram discutidas anteriormente nesta seção. São as seguintes:

- Elastômeros — materiais poliméricos que exibem comportamento como de uma borracha (altos níveis de deformação elástica).
- Materiais naturais — aqueles que ocorrem na natureza; por exemplo, madeira, couro e cortiça.
- Espumas — tipicamente materiais poliméricos que possuem altas porosidades (contêm uma grande fração volumétrica de pequenos poros), que são usados com frequência para amortecimento e embalagens.

Esses diagramas de bolhas são ferramentas extremamente úteis no projeto de engenharia e são usados extensivamente no processo de seleção de materiais tanto no mundo acadêmico quanto na indústria.[12] Quando diferentes materiais são considerados para um produto, com frequência um engenheiro se depara com objetivos que concorrem entre si (por exemplo, baixo peso e rigidez) e deve estar em uma posição de avaliar possíveis conflitos entre quaisquer exigências que concorram entre si. Ideias sobre as consequências das escolhas visando o equilíbrio podem ser vislumbradas pelo uso dos diagramas de bolha apropriados. Esse procedimento é demonstrado no estudo de caso de *Seleção de Materiais para um Eixo Cilíndrico Tensionado em Torção*, que é apresentado tanto na Biblioteca de Estudos de Casos quanto no Módulo *Online* para Engenharia Mecânica, ambos disponíveis no GEN-IO, ambiente virtual de aprendizagem do GEN.

1.5 MATERIAIS AVANÇADOS

Os materiais utilizados em aplicações de alta tecnologia (ou *high-tech*) são às vezes denominados *materiais avançados*. Por *alta tecnologia* subentendemos um dispositivo ou um produto que opera ou funciona usando princípios relativamente intrincados e sofisticados, incluindo os equipamentos eletrônicos (telefones celulares, reprodutores de DVD etc.), computadores, sistemas de fibras ópticas, baterias de alta densidade de energia, sistemas de conversão de energia e aeronaves. Tipicamente, esses materiais avançados são materiais tradicionais cujas propriedades foram aprimoradas e também materiais de alto desempenho que foram recentemente desenvolvidos. Além disso, eles podem pertencer a todos os tipos de materiais (por exemplo, metais, cerâmicas, polímeros) e são em geral de custo elevado. Os materiais avançados incluem os semicondutores, os biomateriais e o que podemos chamar de *materiais do futuro* (isto é, materiais inteligentes e materiais nanoengenheirados), que vamos discutir a seguir. As propriedades e as aplicações de vários desses materiais avançados — por exemplo, os materiais que são usados em lasers, baterias, para o armazenamento magnético de informações, em mostradores de cristal líquido (*LCD* — *Liquid Crystal Display*) e em fibras ópticas — também são discutidas em capítulos subsequentes.

Semicondutores

Os *semicondutores* possuem propriedades elétricas que são intermediárias entre aquelas exibidas pelos condutores elétricos (isto é, os metais e as ligas metálicas) e os isolantes (isto é, as cerâmicas e os polímeros) — ver a Figura 1.8. Além disso, as características elétricas desses materiais são extremamente sensíveis à presença de concentrações mínimas de átomos de impurezas, cujas concentrações podem ser controladas em regiões espaciais muito pequenas do material. Os semicondutores tornaram possível o advento dos circuitos integrados, os quais revolucionaram totalmente as indústrias de produtos eletrônicos e de computadores (para não mencionar as nossas vidas) ao longo das quatro últimas décadas.

---

[11]Uma coletânea desses diagramas pode ser encontrada no seguinte endereço na internet: www.grantadesign.com/education/teachingresources.
[12]O CES EduPack da Granta Design é um excelente conjunto de software para o ensino dos princípios da seleção de materiais em projetos que usa esses diagramas de bolhas.

Biomateriais

O tempo e a qualidade de nossas vidas estão sendo aumentados e melhorados, em parte, devido aos avanços na habilidade de substituir partes do corpo doentes e danificadas. Implantes de reposição são construídos a partir de *biomateriais* — materiais não vivos (ou seja, inanimados) que são implantados no corpo, de modo que eles funcionem de uma maneira confiável, segura e fisiologicamente satisfatória, enquanto interagem com o tecido vivo. Isto é, os biomateriais devem ser *biocompatíveis* — compatíveis com os tecidos e fluidos do corpo, com os quais eles ficam em contato ao longo de períodos de tempo aceitáveis. Os materiais biocompatíveis não devem causar rejeição, respostas fisiologicamente inaceitáveis, nem liberar substâncias tóxicas. Consequentemente, algumas restrições consideravelmente rigorosas são impostas sobre os materiais para que eles sejam considerados biocompatíveis.

São encontrados biomateriais adequados entre as várias classes de materiais discutidas anteriormente neste capítulo – isto é, ligas metálicas, cerâmicas, polímeros e materiais compósitos. Ao longo de todo o restante deste livro chamamos a atenção do leitor para aqueles materiais que são usados em aplicações biotecnológicas.

Ao longo dos últimos anos, o desenvolvimento de biomateriais novos e melhores acelerou rapidamente; hoje, essa é uma das áreas "quentes" dos materiais, com uma abundância de novas oportunidades de trabalho excitantes e com altos salários. Exemplos de aplicações de biomateriais incluem próteses de articulações (por exemplo, da bacia e do joelho) e de válvulas coronárias, enxertos vasculares (vasos sanguíneos), dispositivos para fixação de fraturas, restaurações dentárias e a geração de novos tecidos de órgãos.

Materiais Inteligentes

Os *materiais inteligentes* são um grupo de novos materiais de última geração que estão sendo desenvolvidos atualmente e que terão uma influência significativa sobre muitas das nossas tecnologias. O adjetivo *inteligente* significa que esses materiais são capazes de sentir mudanças nos seus ambientes e assim responder a essas mudanças segundo padrões predeterminados — características que também são encontradas nos organismos vivos. Além disso, esse conceito de *inteligente* está sendo estendido a sistemas razoavelmente sofisticados que consistem tanto em materiais inteligentes quanto tradicionais.

Os componentes de um material (ou sistema) inteligente incluem algum tipo de sensor (que detecta um sinal de entrada) e um atuador (que executa uma função de resposta e adaptação). Os atuadores podem provocar mudança de forma, de posição, da frequência natural ou das características mecânicas em resposta a mudanças na temperatura, nos campos elétricos e/ou nos campos magnéticos.

Quatro tipos de materiais são normalmente utilizados como atuadores: as ligas com memória de forma, as cerâmicas piezoelétricas, os materiais magnetoconstritivos e os fluidos eletrorreológicos/magnetorreológicos. As *ligas com memória de forma* são metais que, após terem sido deformados, retornam às suas formas originais quando a temperatura é modificada (ver o item Materiais de Importância após a Seção 10.9). As *cerâmicas piezoelétricas* expandem e contraem em resposta à aplicação de um campo elétrico (ou tensão); de maneira inversa, elas também geram um campo elétrico quando suas dimensões são alteradas (ver a Seção 18.25). O comportamento dos *materiais magnetoconstritivos* é análogo àquele exibido pelos materiais piezoelétricos, exceto pelo fato de que respondem à presença de campos magnéticos. Ainda, os *fluidos eletrorreológicos* e *magnetorreológicos* são líquidos que apresentam mudanças drásticas na sua viscosidade quando há a aplicação, respectivamente, de campos elétricos e campos magnéticos.

Entre os materiais/dispositivos empregados como sensores incluem-se as fibras ópticas (Seção 21.14), os materiais piezoelétricos (incluindo alguns polímeros) e os sistemas microeletromecânicos (MEMS — *microelectromechanical systems*, Seção 13.10).

Por exemplo, um tipo de sistema inteligente é usado em helicópteros para reduzir o ruído aerodinâmico na cabine que é criado pelas lâminas do rotor em movimento. Sensores piezoelétricos inseridos nas lâminas monitoram as tensões e deformações na lâmina; os sinais de retorno desses sensores são alimentados a um dispositivo adaptador controlado por computador, que gera um antirruído que cancela o ruído produzido pelas lâminas.

Nanomateriais

Uma nova classe de materiais com propriedades fascinantes e uma enorme promessa tecnológica é a dos *nanomateriais*, que podem ser de qualquer um dos quatro tipos básicos de materiais — metais, cerâmicas, polímeros e compósitos. No entanto, ao contrário desses outros materiais, eles não são diferenciados com base em sua química, mas, em lugar disso, em função do seu tamanho; o prefixo *nano*

14 • **Capítulo 1**

indica que as dimensões dessas entidades estruturais são da ordem do nanômetro (10^{-9} m) — como regra, menos de 100 nanômetros (nm; equivalente ao diâmetro de aproximadamente 500 átomos).

Antes do advento dos nanomateriais, o procedimento geral utilizado pelos cientistas para compreender a química e a física dos materiais consistia em partir do estudo de estruturas grandes e complexas e, então, investigar os blocos construtivos fundamentais que compõem essas estruturas, que são menores e mais simples. Essa abordagem é às vezes chamada de ciência *de cima para baixo*. Por outro lado, com o desenvolvimento dos microscópios de varredura por sonda (Seção 4.10), que permitem a observação de átomos e moléculas individuais, tornou-se possível projetar e construir novas estruturas a partir dos seus constituintes no nível atômico, um átomo ou uma molécula de cada vez (isto é, "materiais por projeto"). Essa habilidade em arranjar cuidadosamente os átomos oferece oportunidades para o desenvolvimento de propriedades mecânicas, elétricas, magnéticas e de outras naturezas que não seriam possíveis de qualquer outra maneira. A isso nós chamamos de abordagem *de baixo para cima*, e o estudo das propriedades desses materiais é denominado *nanotecnologia*.[13]

Algumas das características físicas e químicas exibidas pela matéria podem experimentar mudanças drásticas à medida que o tamanho da partícula se aproxima das dimensões atômicas. Por exemplo, materiais que são opacos no domínio macroscópico podem tornar-se transparentes na nanoescala; alguns sólidos tornam-se líquidos, materiais quimicamente estáveis tornam-se combustíveis e isolantes elétricos tornam-se condutores. Além disso, as propriedades podem depender do tamanho nesse domínio em nanoescala. Alguns desses efeitos têm sua origem na mecânica quântica, enquanto outros estão relacionados com *fenômenos de superfície* — a proporção de átomos localizados em sítios na superfície de uma partícula aumenta dramaticamente à medida que o tamanho da partícula diminui.

Devido a essas propriedades únicas e não usuais, os nanomateriais estão encontrando nichos na eletrônica, biomedicina, esportes, produção de energia e em outras aplicações industriais. Algumas são discutidas neste livro, incluindo as seguintes:

- Conversores catalíticos para automóveis (Materiais de Importância, Capítulo 4)
- Nanocarbonos — fulerenos, nanotubos de carbono e grafeno (Seção 13.10)
- Partículas de negro de fumo como reforço para pneus de automóveis (Seção 16.2)
- Nanocompósitos (Seção 16.16)
- Grãos magnéticos com nanodimensões que são usados para *drives* de discos rígidos (Seção 20.11)
- Partículas magnéticas que armazenam dados em fitas magnéticas (Seção 20.11)

Sempre que um novo material for desenvolvido, seu potencial para interações nocivas e toxicológicas com os seres humanos e animais deve ser considerado. As pequenas nanopartículas possuem razões de área superficial por volume que são extremamente grandes, o que pode levar a altas reatividades químicas. Embora a segurança dos nanomateriais seja uma área relativamente inexplorada, existem preocupações de que eles possam ser absorvidos para o interior do corpo através da pele, dos pulmões e do trato digestivo em taxas relativamente elevadas, e de que alguns, se presentes em concentrações suficientes, venham a apresentar riscos à saúde — tais como danos ao DNA ou o desenvolvimento de câncer de pulmão.

1.6 NECESSIDADES DOS MATERIAIS MODERNOS

Apesar do enorme progresso que tem sido obtido ao longo dos últimos anos na disciplina da ciência e engenharia de materiais, ainda existem desafios tecnológicos, incluindo o desenvolvimento de materiais cada vez mais sofisticados e especializados, assim como uma consideração do impacto ambiental causado pela produção dos materiais. Dessa forma, torna-se apropriado abordar essas questões a fim de tornar mais clara tal perspectiva.

Vários dos setores de importância tecnológica atuais envolvem energia. Existe uma necessidade reconhecida por descobrir fontes de energia novas e econômicas, sobretudo energia renovável, e usar os recursos atuais de forma mais eficiente. Os materiais certamente terão um papel significativo nesses desenvolvimentos — por exemplo, a conversão direta de energia solar em energia elétrica. As células solares empregam materiais relativamente complexos e caros. Para assegurar uma tecnologia viável, deve-se desenvolver materiais que sejam altamente eficientes nesse processo de conversão, mas que também sejam mais baratos.

Juntamente com materiais aprimorados para células solares, existe também uma clara necessidade de novos materiais para baterias que proporcionem maiores densidades de armazenamento de energia elétrica do que aqueles atualmente disponíveis e a menores custos. A tecnologia de ponta

---

[13]Uma sugestão lendária e profética em relação à possibilidade da existência de materiais "nanoengenheirados" foi dada por Richard Feynman na sua palestra de 1959 na Sociedade Americana de Física intitulada "There is Plenty of Room at the Bottom" (Existe bastante espaço no fundo).

atual usa baterias de íons de lítio; essas oferecem densidades de armazenamento relativamente altas, mas também apresentam alguns desafios tecnológicos.

Quantidades significativas de energia estão envolvidas na área de transportes. A redução no peso dos veículos de transporte (automóveis, aeronaves, trens etc.), assim como o aumento das temperaturas de operação dos motores, vai melhorar a eficiência dos combustíveis. Novos materiais estruturais de alta resistência e baixa massa específica ainda precisam ser desenvolvidos, assim como materiais que tenham capacidade de trabalhar sob temperaturas mais elevadas, para serem usados nos componentes dos motores.

A célula combustível de hidrogênio é outra tecnologia muito atrativa e factível para a conversão de energia, que possui a vantagem de não ser poluente. Ela está apenas começando a ser implementada em baterias para dispositivos eletrônicos e promete ser uma usina de energia para os automóveis. Novos materiais ainda precisam ser desenvolvidos para a fabricação de células combustíveis mais eficientes e, também, para que melhores catalisadores sejam usados na produção de hidrogênio.

A energia nuclear é promissora, mas as soluções para os muitos problemas que ainda permanecem envolvem necessariamente os materiais, tais como combustíveis, estruturas de contenção e instalações para o descarte dos rejeitos radioativos.

Além disso, a qualidade do meio ambiente depende da nossa habilidade em controlar a poluição do ar e da água. As técnicas de controle da poluição empregam vários materiais. Adicionalmente, os métodos de processamento e de refino dos materiais precisam ser melhorados, de modo que produzam menor degradação do meio ambiente — isto é, menos poluição e menor destruição do ambiente pela mineração das matérias-primas. Ainda, substâncias tóxicas são produzidas em alguns processos de fabricação de materiais e o impacto ecológico do seu descarte deve ser considerado.

Muitos dos materiais que usamos são derivados de recursos não renováveis — isto é, de recursos que não podem ser regenerados, entre eles a maioria dos polímeros, cuja matéria-prima principal é o petróleo, e alguns metais. Esses recursos não renováveis estão ficando gradualmente mais escassos, o que exige (1) a descoberta de reservas adicionais, (2) o desenvolvimento de novos materiais que possuam propriedades comparáveis e que apresentem um impacto ambiental menos adverso e/ou (3) maiores esforços de reciclagem e o desenvolvimento de novas tecnologias de reciclagem. Como uma consequência dos aspectos econômicos, não somente relativos à produção, mas também ao impacto ambiental e a fatores ecológicos, está se tornando cada vez mais importante considerar o ciclo de vida completo dos materiais, "desde o berço até o túmulo", levando em consideração o processo integral de fabricação.

Os papéis dos cientistas e engenheiros de materiais em relação a esses aspectos, assim como em relação a questões ambientais e sociais, são discutidos com mais detalhes no Capítulo 22.

RESUMO

Ciência e Engenharia de Materiais
- Seis classificações das propriedades dos materiais diferentes determinam as suas aplicações: mecânica, elétrica, térmica, magnética, óptica e de deterioração.
- Uma relação importante na ciência de materiais é a dependência das propriedades de um material em relação aos seus elementos estruturais. Por *estrutura*, queremos dizer a maneira como o(s) componente(s) interno(s) do material está(ão) arranjado(s). Em termos da dimensão (e com o seu aumento), os elementos estruturais incluem elementos subatômicos, atômicos, nanoscópicos, microscópicos e macroscópicos.
- Em relação ao projeto, produção e utilização dos materiais, existem quatro elementos a serem considerados — processamento, estrutura, propriedades e desempenho. O desempenho de um material depende das suas propriedades, que por sua vez são uma função da(s) sua(s) estrutura(s); a(s) estrutura(s) é(são) determinada(s) pela maneira como o material foi processado. A inter-relação entre esses quatro elementos é às vezes chamada de o paradigma central da ciência e engenharia de materiais.
- Três critérios importantes na seleção dos materiais são as condições em serviço às quais o material será submetido, qualquer deterioração das propriedades dos materiais durante a operação e os aspectos econômicos ou custo da peça fabricada.

Classificação dos Materiais
- Com base na química e na estrutura atômica, os materiais são classificados em três categorias gerais: metais (elementos metálicos), cerâmicas (compostos entre elementos metálicos e não metálicos) e polímeros (compostos cuja composição inclui carbono, hidrogênio e outros elementos não metálicos). Adicionalmente, os compósitos são compostos por pelo menos dois tipos de materiais diferentes.

Materiais Avançados
- Outra categoria dos materiais é a dos materiais avançados, que são usados em aplicações de alta tecnologia, incluindo os semicondutores (que possuem condutividades elétricas intermediárias entre os condutores e os isolantes), os biomateriais (que devem ser compatíveis com os tecidos do corpo), os materiais inteligentes (aqueles que sentem e respondem a mudanças nos seus ambientes segundo maneiras predeterminadas) e os nanomateriais (aqueles que possuem características estruturais na ordem do nanômetro, alguns dos quais podem ser projetados em uma escala atômica/molecular).

REFERÊNCIAS

ASHBY, M. F. e JONES, D. R. H. *Engineering Materials 1: An Introduction to Their Properties, Applications and Design*, 4ª ed. Oxford, Inglaterra: Butterworth-Heinemann, 2012.

ASHBY, M. F. e JONES, D. R. H. *Engineering Materials 2: An Introduction to Microstructures and Processing*, 4ª ed. Oxford, Inglaterra: Butterworth-Heinemann, 2012.

ASHBY, M. F., SHERCLIFF, H. e CEBON, D. *Materials: Engineering, Science, Processing and Design*, 3ª ed. Oxford, Inglaterra: Butterworth-Heinemann, 2014.

ASKELAND, D. R. e WRIGHT, W. J. *Essentials of Materials Science and Engineering*, 3ª ed. Stamford, CT: Cengage Learning, 2014.

ASKELAND, D. R. e WRIGHT, W. J. *The Science and Engineering of Materials*, 7ª ed. Stamford, CT: Cengage Learning, 2016.

BAILLIE, C. e VANASUPA, L. *Navigating the Materials World*. San Diego, CA: Academic Press, 2003.

DOUGLAS, E. P. *Introduction to Materials Science and Engineering: A Guided Inquiry*. Upper Saddle River, NJ: Pearson Education, 2014.

FISCHER, T. *Materials Science for Engineering Students*. San Diego, CA: Academic Press, 2009.

JACOBS, J. A. e KILDUFF, T. F. *Engineering Materials Technology*, 5ª ed. Paramus, NJ: Prentice Hall PTR, 2005.

MCMAHON, C. J., Jr. *Structural Materials*. Filadélfia, PA: Merion Books, 2006.

MURRAY, G. T., WHITE, C. V. e WEISE, W. *Introduction to Engineering Materials*, 2ª ed. Boca Raton, FL: CRC Press, 2007.

SCHAFFER, J. P., SAXENA, A., ANTOLOVICH, S. D., SANDERS, T. H., Jr. e WARNER, S. B. *The Science and Design of Engineering Materials*, 2ª ed. Nova York, NY: McGraw-Hill, 1999.

SHACKELFORD, J. F. *Introduction to Materials Science for Engineers*, 8ª ed. Paramus, NJ: Prentice Hall PTR, 2014.

SMITH, W. F. e HASHEMI, J. *Foundations of Materials Science and Engineering*, 5ª ed. Nova York, NY: McGraw-Hill, 2010.

VAN VLACK, L. H. *Elements of Materials Science and Engineering*, 6ª ed. Boston, MA: Addison-Wesley Longman, 1989.

WHITE, M. A. *Physical Properties of Materials*, 2ª ed. Boca Raton, FL: CRC Press, 2012.

Capítulo 2 Estrutura Atômica e Ligação Interatômica

A fotografia na parte inferior desta página é de uma lagartixa.

As lagartixas, lagartos tropicais inofensivos, são animais extremamente fascinantes e extraordinários. Elas possuem patas extremamente aderentes (uma das quais é mostrada na terceira fotografia), que se grudam virtualmente a qualquer superfície. Essa característica torna possível que elas subam rapidamente por paredes verticais e se desloquem ao longo da parte inferior de superfícies horizontais. Na verdade, uma lagartixa pode suportar a massa do seu corpo com um único dedo! O segredo para essa habilidade marcante é a presença de um número extremamente grande de pelos microscopicamente pequenos em cada uma das plantas dos seus dedos. Quando esses pelos entram em contato com uma superfície, são estabelecidas pequenas forças de atração (isto é, forças de van der Waals) entre as moléculas dos pelos e as moléculas da superfície. O fato de esses pelos serem tão pequenos e tão numerosos explica o porquê de as lagartixas se grudarem tão fortemente às superfícies. Para liberar a sua pega, a lagartixa simplesmente dobra os dedos, deslocando os pelos da superfície.

Usando seu conhecimento desse mecanismo de adesão, os cientistas desenvolveram vários adesivos sintéticos ultrafortes. Um desses é uma fita adesiva (mostrada na segunda fotografia) que é uma ferramenta especialmente promissora para uso em procedimentos cirúrgicos como uma alternativa às suturas e aos grampos para fechar ferimentos e incisões. Esse material retém sua natureza adesiva em ambientes molhados, é biodegradável e não libera substâncias tóxicas ao se dissolver durante o processo de recuperação. As características microscópicas dessa fita adesiva são mostradas na fotografia de cima.

17

POR QUE ESTUDAR *Estrutura Atômica e Ligação Interatômica?*

Uma razão importante para se ter uma compreensão das ligações interatômicas nos sólidos deve-se ao fato de que, em alguns casos, o tipo de ligação nos permite explicar as propriedades de um material. Por exemplo, vamos considerar o carbono, que pode existir tanto na forma de grafita quanto na de diamante. Enquanto a grafita é um material relativamente macio e dá a sensação ao toque "de uma graxa", o diamante é um dos materiais mais duros conhecidos na natureza. Além disso, as propriedades elétricas do diamante e da grafita são diferentes: o diamante é um mau condutor de eletricidade, enquanto a grafita é um condutor razoavelmente bom. Essas disparidades nas propriedades são atribuídas diretamente a um tipo de ligação interatômica que é encontrado na grafita e que não existe no diamante (veja a Seção 12.4).

Objetivos do Aprendizado

Após estudar este capítulo, você deverá ser capaz de fazer o seguinte:

1. Identificar os dois modelos atômicos citados e identificar as diferenças que existem entre eles.
2. Descrever o importante princípio quântico-mecânico que está relacionado com as energias dos elétrons.
3. (a) Representar de forma esquemática as energias de atração, repulsão e resultante *versus* a separação interatômica para dois átomos ou íons.

    (b) Identificar nesse diagrama a separação de equilíbrio e a energia de ligação.
4. (a) Descrever de forma sucinta as ligações iônica, covalente, metálica, de hidrogênio e de van der Waals.

    (b) Identificar quais materiais exibem cada um desses tipos de ligação.

2.1 INTRODUÇÃO

Algumas propriedades importantes dos materiais sólidos dependem dos arranjos geométricos dos átomos e também das interações que existem entre os seus átomos ou moléculas constituintes. Este capítulo, com o objetivo de preparar o leitor para discussões subsequentes, aborda vários conceitos fundamentais e importantes — quais sejam: estrutura atômica, configurações eletrônicas nos átomos e a tabela periódica, bem como os vários tipos de ligações interatômicas primárias e secundárias que mantêm unidos os átomos que compõem um sólido. Esses tópicos são revistos resumidamente, considerando que uma parte desse material seja familiar ao leitor.

Estrutura Atômica

2.2 CONCEITOS FUNDAMENTAIS

Cada átomo consiste em um núcleo muito pequeno composto por prótons e nêutrons, o qual está envolto por elétrons em movimento.[1] Tanto os elétrons quanto os prótons possuem cargas elétricas, cuja magnitude é de $1,602 \times 10^{-19}$ C. A carga dos elétrons possui sinal negativo, enquanto a carga dos prótons possui sinal positivo; os nêutrons são eletricamente neutros. As massas dessas partículas subatômicas são extremamente pequenas; os prótons e os nêutrons possuem aproximadamente a mesma massa, de $1,67 \times 10^{-27}$ kg, que é significativamente maior que a massa de um elétron, de $9,11 \times 10^{-31}$ kg.

número atômico (Z)

Cada elemento químico é caracterizado pelo número de prótons no seu núcleo, ou seu **número atômico (Z)**.[2] Para um átomo eletricamente neutro ou completo, o número atômico também é igual ao número de elétrons. Esse número atômico varia em unidades inteiras entre 1, para o hidrogênio, e 92, para o urânio, que é o elemento com o maior número atômico entre os que ocorrem naturalmente.

A *massa atômica* (A) de um átomo específico pode ser expressa como a soma das massas dos prótons e dos nêutrons no interior do seu núcleo. Embora o número de prótons seja o mesmo para todos os átomos de um dado elemento, o número de nêutrons (N) pode ser variável. Dessa forma,

---

[1]Os prótons, nêutrons e elétrons são compostos por outras partículas subatômicas, tais como os quarks, neutrinos e bósons. No entanto, essa discussão está relacionada apenas com os prótons, nêutrons e elétrons.

[2]Os termos que aparecem em **negrito** estão definidos no Glossário, que é apresentado após o Apêndice H.

Estrutura Atômica e Ligação Interatômica • **19**

isótopo

peso atômico

unidade de massa atômica (uma)

os átomos de alguns elementos possuem duas ou mais massas atômicas diferentes. Esses átomos são chamados de **isótopos**. O **peso atômico** de um elemento corresponde à média ponderada das massas atômicas dos isótopos do átomo que ocorrem naturalmente.[3] A **unidade de massa atômica (uma)** pode ser usada para calcular o peso atômico. Foi estabelecida uma escala em que 1 uma foi definida como o equivalente a $\frac{1}{12}$ da massa atômica do isótopo mais comum do carbono, o carbono 12 (^{12}C) (A = 12,00000). Dentro desse contexto, as massas de prótons e nêutrons são ligeiramente maiores que a unidade, e

$$A \cong Z + N \tag{2.1}$$

mol

O peso atômico de um elemento ou o peso molecular de um composto pode ser especificado em termos de uma por átomo (molécula) ou de massa por mol de material. Em um **mol** de uma substância existem $6,022 \times 10^{23}$ (número de Avogadro) átomos ou moléculas. Esses dois conceitos de peso atômico estão relacionados pela seguinte equação:

$$1 \text{ uma/átomo (ou molécula)} = 1 \text{ g/mol}$$

Por exemplo, o peso atômico do ferro é de 55,85 uma/átomo, ou 55,85 g/mol. Às vezes o uso de uma/átomo ou molécula é conveniente; em outras ocasiões, gramas (ou quilogramas)/mol é preferível. Essa última forma é a usada neste livro.

PROBLEMA-EXEMPLO 2.1

Cálculo do Peso Atômico Médio para o Cério

O cério possui quatro isótopos de ocorrência natural: 0,185% de ^{136}Ce, com um peso atômico de 135,907 uma; 0,251% de ^{138}Ce, com um peso atômico de 137,906 uma; 88,450% de ^{140}Ce, com um peso atômico de 139,905 uma; e 11,114% de ^{142}Ce, com um peso atômico de 141,909 uma. Calcule o peso atômico médio do Ce.

Solução

O peso atômico médio de um elemento hipotético M, $\overline{A}_M$, é calculado pela adição ponderada dos pesos atômicos de todos os seus isótopos segundo a sua fração de ocorrência; isto é,

$$\overline{A}_M = \sum_i f_{i_M} A_{i_M} \tag{2.2}$$

Nessa expressão, f_{i_M} é a fração de ocorrência do isótopo i para o elemento M (isto é, a porcentagem de ocorrência dividida por 100), enquanto A_{i_M} é o peso atômico do isótopo.

Para o cério, a Equação 2.2 assume a forma

$$\overline{A}_{Ce} = f_{^{136}Ce}A_{^{136}Ce} + f_{^{138}Ce}A_{^{138}Ce} + f_{^{140}Ce}A_{^{140}Ce} + f_{^{142}Ce}A_{^{142}Ce}$$

Incorporando os valores fornecidos no enunciado do problema para os vários parâmetros, obtém-se

$$\overline{A}_{Ce} = \left(\frac{0,185\%}{100}\right)(135,907 \text{ uma}) + \left(\frac{0,251\%}{100}\right)(137,906 \text{ uma}) + \left(\frac{88,450\%}{100}\right)(139,905 \text{ uma})$$

$$+ \left(\frac{11,114\%}{100}\right)(141,909 \text{ uma})$$

$$= (0,00185)(135,907 \text{ uma}) + (0,00251)(137,906 \text{ uma}) + (0,8845)(139,905 \text{ uma})$$

$$+ (0,11114)(141,909 \text{ uma})$$

$$= 140,115 \text{ uma}$$

✓ **Verificação de Conceitos 2.1**   Por que, em geral, os pesos atômicos dos elementos não são números inteiros? Cite duas razões.

[A resposta está disponível no GEN-IO, ambiente virtual de aprendizagem do GEN.]

---

[3]O termo *massa atômica* é realmente mais preciso que *peso atômico*, uma vez que, neste contexto, estamos lidando com massas e não com pesos. Entretanto, peso atômico é, por convenção, a terminologia preferida, e será utilizada ao longo de todo este livro. O leitor deve observar que *não* é necessário dividir o peso molecular pela constante gravitacional.

2.3 ELÉTRONS NOS ÁTOMOS

Modelos Atômicos

Durante a última parte do século XIX foi observado que muitos dos fenômenos que envolviam os elétrons nos sólidos não podiam ser explicados em termos da mecânica clássica. O que se seguiu foi o estabelecimento de um conjunto de princípios e leis que regem os sistemas das entidades atômicas e subatômicas, que veio a ser conhecido como **mecânica quântica**. Uma compreensão do comportamento dos elétrons nos átomos e nos sólidos cristalinos envolve necessariamente a discussão de conceitos quânticos-mecânicos. Contudo, uma exploração detalhada desses princípios está além do escopo deste livro, e apenas um tratamento muito superficial e simplificado será dado aqui.

mecânica quântica

Um dos primeiros precursores da mecânica quântica foi o **modelo atômico de Bohr** simplificado, no qual se supõe que os elétrons circulam ao redor do núcleo atômico em orbitais discretos e a posição de qualquer elétron particular está mais ou menos bem definida em termos do seu orbital. Esse modelo do átomo é representado na Figura 2.1.

modelo atômico de Bohr

Outro princípio quântico-mecânico importante estipula que as energias dos elétrons são *quantizadas* — isto é, aos elétrons só são permitidos valores de energia específicos. A energia de um elétron pode mudar, mas para fazê-lo o elétron deve realizar um salto quântico para um estado de energia permitido mais elevado (com a absorção de energia) ou para um estado de energia permitido mais baixo (com a emissão de energia). Com frequência, torna-se conveniente pensar nessas energias eletrônicas permitidas como estando associadas a *níveis* ou *estados de energia*. Esses estados não variam de uma forma contínua com a energia — isto é, os estados adjacentes estão separados por quantidades de energia finitas. Por exemplo, os estados permitidos para o átomo de hidrogênio de Bohr estão representados na Figura 2.2a. Essas energias são consideradas como negativas, enquanto o zero de referência é o elétron sem nenhuma ligação, ou elétron livre. Obviamente, o único elétron que está associado ao átomo de hidrogênio preencherá apenas um desses estados.

Dessa forma, o modelo de Bohr representa uma tentativa precoce de descrever os elétrons nos átomos, em termos tanto da posição (orbitais eletrônicos) quanto da energia (níveis de energia quantizados).

Por fim, esse modelo de Bohr foi considerado como tendo algumas limitações significativas, devido à incapacidade de explicar vários fenômenos envolvendo os elétrons. Uma solução foi obtida com um **modelo mecânico-ondulatório**, no qual foi considerado que o elétron possui características tanto de uma onda como de uma partícula. Com esse modelo, um elétron não é mais tratado como uma partícula que se move em um orbital discreto; em lugar disso, a posição do elétron é considerada como a probabilidade de um elétron estar em vários locais ao redor do núcleo. Em outras palavras, a posição é descrita por uma distribuição de probabilidades, ou uma nuvem eletrônica. A Figura 2.3 compara os modelos de Bohr e mecânico-ondulatório para o átomo de hidrogênio. Ambos os modelos são usados ao longo deste livro; a escolha de um ou de outro modelo depende de qual deles permite uma explicação mais simples.

modelo mecânico-ondulatório

Números Quânticos

Na mecânica ondulatória, cada elétron em um átomo é caracterizado por quatro parâmetros conhecidos como **números quânticos**. O tamanho, a forma e a orientação espacial da densidade de probabilidade de um elétron (ou *orbital*) são especificados por três desses números quânticos. Adicionalmente, os níveis energéticos de Bohr se separam em subcamadas eletrônicas e os números quânticos definem o número de estados em cada subcamada. As camadas são especificadas

número quântico

Figura 2.1 Representação esquemática do átomo de Bohr.

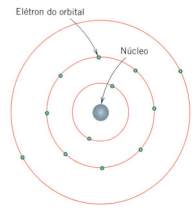

Figura 2.2 (*a*) Os três primeiros estados de energia eletrônicos para o átomo de hidrogênio de Bohr. (*b*) Estados de energia eletrônicos para as três primeiras camadas do átomo de hidrogênio segundo o modelo mecânico-ondulatório.
(Adaptada de MOFFATT, W. G., PEARSALL, G. W. e WULFF, J. *The Structure and Properties of Materials*, vol. I. *Structure*. John Wiley & Sons, 1964. Reproduzida com permissão de Janet M. Moffatt.)

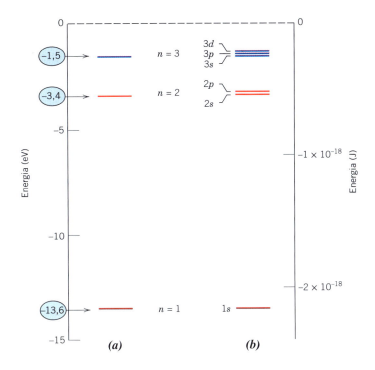

por um *número quântico principal*, *n*, que pode assumir valores inteiros a partir da unidade; às vezes essas camadas são designadas pelas letras *K*, *L*, *M*, *N*, *O*, e assim por diante, que correspondem, respectivamente, a *n* = 1, 2, 3, 4, 5, ..., como indicado na Tabela 2.1. Além disso, deve ser observado que esse número quântico, e somente ele, também está associado ao modelo de Bohr. Esse número quântico está relacionado com o tamanho de um orbital eletrônico (ou com sua distância média até o núcleo).

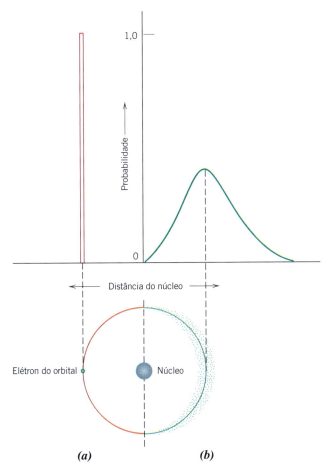

Figura 2.3 Comparação entre os modelos atômicos de (*a*) Bohr e (*b*) mecânico-ondulatório em termos da distribuição eletrônica.
(Adaptada de JASTRZEBSKI, Z. D. *The Nature and Properties of Engineering Materials*, 3ª ed., p. 4. Copyright © 1987 por John Wiley & Sons, New York. Reimpressão sob permissão da John Wiley & Sons, Inc.)

Tabela 2.1 Resumo das Relações entre os Números Quânticos n, l, m_l e os Números de Orbitais e Elétrons

Valor de n	Valor de l	Valores de m_l	Subcamada	Número de Orbitais	Número de Elétrons
1	0	0	1s	1	2
2	0	0	2s	1	2
	1	−1, 0, +1	2p	3	6
3	0	0	3s	1	2
	1	−1, 0, +1	3p	3	6
	2	−2, −1, 0, +1, +2	3d	5	10
4	0	0	4s	1	2
	1	−1, 0, +1	4p	3	6
	2	−2, −1, 0, +1, +2	4d	5	10
	3	−3, −2, −1, 0, +1, +2, +3	4f	7	14

Fonte: De BRADY, J. E. e SENESE, F. *Chemistry: Matter and Its Changes*, 4ª ed., 2004. Reimpressa com permissão de John Wiley & Sons, Inc.

O segundo número quântico (ou *azimutal*), l, define a subcamada. Os valores de l estão restritos pela magnitude de n e podem assumir valores inteiros que variam entre $l = 0$ e $l = (n − 1)$. Cada subcamada é designada por uma letra minúscula — um s, p, d ou f — que está relacionada com os valores de l da seguinte maneira:

Valor de l	Designação de Letra
0	s
1	p
2	d
3	f

Adicionalmente, as formas dos orbitais eletrônicos dependem de l. Por exemplo, os orbitais s são esféricos e estão centrados no núcleo (Figura 2.4). Existem três orbitais para uma subcamada p (como será explicado a seguir); cada um deles possui uma superfície nodal na forma de um haltere (Figura 2.5). Os eixos para esses três orbitais estão mutuamente perpendiculares entre si, como aqueles em um sistema de coordenadas *x-y-z*; dessa forma, é conveniente identificar esses orbitais como p_x, p_y e p_z (veja a Figura 2.5). As configurações dos orbitais para as subcamadas d são mais complexas e não serão discutidas neste texto.

O número de orbitais eletrônicos para cada subcamada é determinado pelo terceiro número quântico (ou *magnético*), m_l; m_l pode assumir valores inteiros entre $−l$ e $+l$, incluindo 0. Quando $l = 0$, m_l pode ter apenas um valor de 0, pois +0 e −0 são os mesmos. Isso corresponde a uma subcamada s, que pode ter apenas um orbital. Além disso, para $l = 1$, m_l pode assumir os valores de −1, 0 e +1, e são possíveis três orbitais p. De maneira semelhante, pode ser mostrado que as subcamadas d possuem cinco orbitais e as subcamadas f têm sete. Na ausência de um campo magnético externo, todos os orbitais dentro de cada

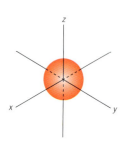

Figura 2.4 Forma esférica de um orbital eletrônico s.

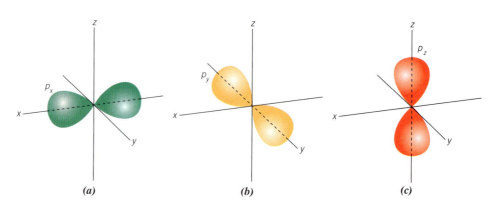

Figura 2.5 Orientações e formas de orbitais eletrônicos (a) p_x, (b) p_y e (c) p_z.

Figura 2.6 Representação esquemática das energias relativas dos elétrons para as várias camadas e subcamadas.
(De RALLS, K. M., COURTNEY, T. H. e WULFF, J. *Introduction to Materials Science and Engineering*, p. 22. Copyright © 1976 por John Wiley & Sons, New York. Reimpressão sob permissão da John Wiley & Sons, Inc.)

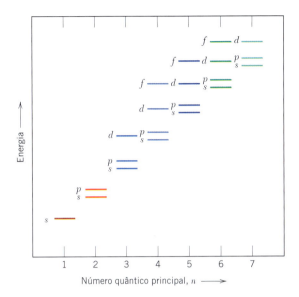

subcamada são idênticos em termos de energia. Contudo, quando é aplicado um campo magnético, esses estados das subcamadas se dividem, com cada orbital assumindo uma energia ligeiramente diferente. A Tabela 2.1 apresenta um resumo dos valores e das relações entre os números quânticos n, l e m_l.

Associado a cada elétron há um *momento de spin* (momento de rotação), que deve estar orientado para cima ou para baixo. O quarto número quântico, m_s, está relacionado com esse momento de *spin*, para o qual existem dois valores possíveis: $+\frac{1}{2}$ (para o *spin* para cima) e $-\frac{1}{2}$ (para o *spin* para baixo).

Dessa maneira, o modelo de Bohr foi subsequentemente refinado pela mecânica ondulatória, em que a introdução de três novos números quânticos dá origem a subcamadas eletrônicas dentro de cada camada. Uma comparação desses dois modelos com base nesse aspecto é ilustrada para o átomo de hidrogênio nas Figuras 2.2a e 2.2b.

Um diagrama completo de níveis energéticos para as diversas camadas e subcamadas usando o modelo mecânico-ondulatório é mostrado na Figura 2.6. Várias características do diagrama são dignas de comentário. Em primeiro lugar, quanto menor é o número quântico principal, menor é o nível energético; por exemplo, a energia de um estado 1s é menor que a de um estado 2s, que por sua vez é menor que a de um estado 3s. Em segundo lugar, dentro de cada camada a energia de uma subcamada aumenta com o valor do número quântico l. Por exemplo, a energia de um estado 3d é maior que a de um estado 3p, que por sua vez é maior que a de um estado 3s. Finalmente, podem existir superposições da energia de um estado em uma camada com os estados em uma camada adjacente. Isso é especialmente verdadeiro para os estados d e f; por exemplo, a energia de um estado 3d é geralmente maior que aquela de um estado 4s.

Configurações Eletrônicas

estado eletrônico

princípio da exclusão de Pauli

estado fundamental

configuração eletrônica

A discussão anterior tratou principalmente dos **estados eletrônicos** — valores de energia que são permitidos para os elétrons. Para determinar a maneira como esses estados são preenchidos com os elétrons fazemos uso do **princípio da exclusão de Pauli**, que é outro conceito quântico-mecânico. Esse princípio estipula que cada estado eletrônico pode comportar um número máximo de dois elétrons, os quais devem possuir *spins* opostos. Assim, as subcamadas s, p, d e f podem acomodar, cada uma, um número total de 2, 6, 10 e 14 elétrons, respectivamente. A coluna da direita na Tabela 2.1 resume o número máximo de elétrons que podem ocupar cada orbital para as quatro primeiras camadas eletrônicas.

Obviamente, nem todos os estados eletrônicos possíveis em um átomo estão preenchidos com elétrons. Para a maioria dos átomos, os elétrons preenchem os estados energéticos mais baixos possíveis nas camadas e subcamadas eletrônicas, dois elétrons (que possuem *spins* opostos) por estado. A estrutura energética para um átomo de sódio é representada esquematicamente na Figura 2.7. Quando todos os elétrons ocupam as menores energias possíveis de acordo com as restrições anteriores, diz-se que um átomo está no seu **estado fundamental**. Contudo, são possíveis transições eletrônicas para estados de maior energia, como será discutido nos Capítulos 18 e 21. A **configuração eletrônica** ou estrutura de um átomo representa a maneira como esses estados são ocupados. Na notação convencional, o número de elétrons em cada subcamada é indicado por um índice sobrescrito após a designação da camada e da subcamada. Por exemplo, as configurações eletrônicas para hidrogênio, hélio e sódio são, respectivamente, $1s^1$, $1s^2$ e $1s^2 2s^2 2p^6 3s^1$. As configurações eletrônicas para alguns dos elementos mais comuns estão listadas na Tabela 2.2.

Figura 2.7 Representação esquemática dos estados de energia preenchidos e do menor estado de energia não preenchido para um átomo de sódio.

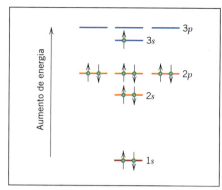

Tabela 2.2
Configurações Eletrônicas Esperadas para Alguns Elementos Comuns[a]

Elemento	Símbolo	Número Atômico	Configuração Eletrônica
Hidrogênio	H	1	$1s^1$
Hélio	He	2	$1s^2$
Lítio	Li	3	$1s^2 2s^1$
Berílio	Be	4	$1s^2 2s^2$
Boro	B	5	$1s^2 2s^2 2p^1$
Carbono	C	6	$1s^2 2s^2 2p^2$
Nitrogênio	N	7	$1s^2 2s^2 2p^3$
Oxigênio	O	8	$1s^2 2s^2 2p^4$
Flúor	F	9	$1s^2 2s^2 2p^5$
Neônio	Ne	10	$1s^2 2s^2 2p^6$
Sódio	Na	11	$1s^2 2s^2 2p^6 3s^1$
Magnésio	Mg	12	$1s^2 2s^2 2p^6 3s^2$
Alumínio	Al	13	$1s^2 2s^2 2p^6 3s^2 3p^1$
Silício	Si	14	$1s^2 2s^2 2p^6 3s^2 3p^2$
Fósforo	P	15	$1s^2 2s^2 2p^6 3s^2 3p^3$
Enxofre	S	16	$1s^2 2s^2 2p^6 3s^2 3p^4$
Cloro	Cl	17	$1s^2 2s^2 2p^6 3s^2 3p^5$
Argônio	Ar	18	$1s^2 2s^2 2p^6 3s^2 3p^6$
Potássio	K	19	$1s^2 2s^2 2p^6 3s^2 3p^6 4s^1$
Cálcio	Ca	20	$1s^2 2s^2 2p^6 3s^2 3p^6 4s^2$
Escândio	Sc	21	$1s^2 2s^2 2p^6 3s^2 3p^6 3d^1 4s^2$
Titânio	Ti	22	$1s^2 2s^2 2p^6 3s^2 3p^6 3d^2 4s^2$
Vanádio	V	23	$1s^2 2s^2 2p^6 3s^2 3p^6 3d^3 4s^2$
Cromo	Cr	24	$1s^2 2s^2 2p^6 3s^2 3p^6 3d^5 4s^1$
Manganês	Mn	25	$1s^2 2s^2 2p^6 3s^2 3p^6 3d^5 4s^2$
Ferro	Fe	26	$1s^2 2s^2 2p^6 3s^2 3p^6 3d^6 4s^2$
Cobalto	Co	27	$1s^2 2s^2 2p^6 3s^2 3p^6 3d^7 4s^2$
Níquel	Ni	28	$1s^2 2s^2 2p^6 3s^2 3p^6 3d^8 4s^2$
Cobre	Cu	29	$1s^2 2s^2 2p^6 3s^2 3p^6 3d^{10} 4s^1$
Zinco	Zn	30	$1s^2 2s^2 2p^6 3s^2 3p^6 3d^{10} 4s^2$
Gálio	Ga	31	$1s^2 2s^2 2p^6 3s^2 3p^6 3d^{10} 4s^2 4p^1$
Germânio	Ge	32	$1s^2 2s^2 2p^6 3s^2 3p^6 3d^{10} 4s^2 4p^2$
Arsênio	As	33	$1s^2 2s^2 2p^6 3s^2 3p^6 3d^{10} 4s^2 4p^3$
Selênio	Se	34	$1s^2 2s^2 2p^6 3s^2 3p^6 3d^{10} 4s^2 4p^4$
Bromo	Br	35	$1s^2 2s^2 2p^6 3s^2 3p^6 3d^{10} 4s^2 4p^5$
Criptônio	Kr	36	$1s^2 2s^2 2p^6 3s^2 3p^6 3d^{10} 4s^2 4p^6$

[a]Quando alguns elementos se ligam covalentemente, eles formam ligações de orbitais híbridos sp. Isso é especialmente verdadeiro para os átomos C, Si e Ge.

elétron de valência

Nesta altura são necessários alguns comentários em relação a essas configurações eletrônicas. Em primeiro lugar, os **elétrons de valência** são aqueles que ocupam a camada mais externa. Esses elétrons são extremamente importantes; como será visto, eles participam da ligação entre os átomos para formar agregados atômicos e moleculares. Além disso, muitas das propriedades físicas e químicas dos sólidos estão baseadas nesses elétrons de valência.

Adicionalmente, alguns átomos possuem o que é denominado *configurações eletrônicas estáveis* — isto é, os estados na camada eletrônica mais externa, ou de valência, estão completamente preenchidos. Em geral, isso corresponde somente à ocupação dos estados *s* e *p* da camada eletrônica mais externa por um total de oito elétrons, como no neônio, argônio e criptônio; uma exceção é o hélio, que contém apenas dois elétrons 1*s*. Esses elementos (Ne, Ar, Kr e He) são os gases inertes, ou gases nobres, que são, virtualmente, quimicamente não reativos. Alguns átomos dos elementos que possuem camadas de valência não totalmente preenchidas assumem configurações eletrônicas estáveis ganhando ou perdendo elétrons para formar íons carregados ou partilhando elétrons com outros átomos. Essa é a base para algumas reações químicas e também para as ligações atômicas nos sólidos, como explicado na Seção 2.6.

Verificação de Conceitos 2.2 Dê as configurações eletrônicas para os íons Fe^{3+} e S^{2-}.

[*A resposta está disponível no GEN-IO, ambiente virtual de aprendizagem do GEN.*]

2.4 A TABELA PERIÓDICA

tabela periódica

Todos os elementos foram classificados de acordo com suas configurações eletrônicas na **tabela periódica** (Figura 2.8). Nela, os elementos estão posicionados em ordem crescente de número atômico, em sete fileiras horizontais chamadas de *períodos*. O arranjo é tal que todos os elementos localizados em uma dada coluna ou grupo possuem estruturas semelhantes dos seus elétrons de valência, assim como propriedades químicas e físicas similares. Essas propriedades variam de forma gradual ao se mover horizontalmente ao longo de cada período e verticalmente para baixo em cada coluna.

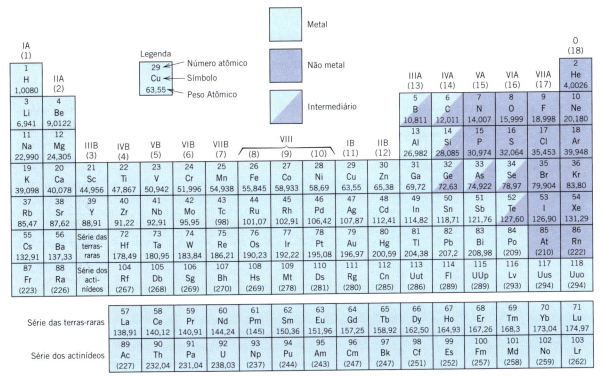

Figura 2.8 A tabela periódica dos elementos. Os números entre parênteses são os pesos atômicos dos isótopos mais estáveis ou mais comuns.

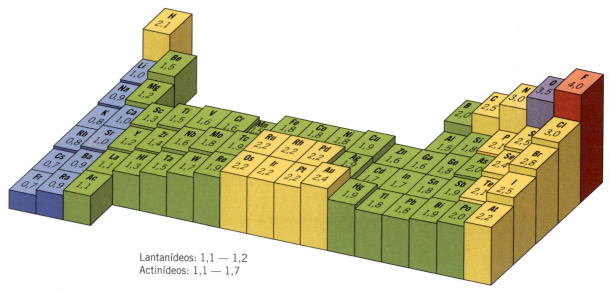

Lantanídeos: 1,1 — 1,2
Actinídeos: 1,1 — 1,7

Figura 2.9 Os valores de eletronegatividade para os elementos.
(De BRADY, J. E. e SENESE, F. *Chemistry: Matter and Its* Changes, 4ª ed., 2004. Este material está reproduzido com permissão da John Wiley & Sons, Inc.)

Os elementos localizados no Grupo 0, o grupo mais à direita, são os *gases inertes*, que possuem camadas eletrônicas preenchidas e configurações eletrônicas estáveis.[4] Os elementos nos Grupos VIIA e VIA possuem, respectivamente, uma deficiência de um e de dois elétrons para terem estruturas estáveis. Os elementos do Grupo VIIA (F, Cl, Br, I e At) são às vezes chamados de *halogênios*. Os metais alcalinos e alcalinoterrosos (Li, Na, K, Be, Mg, Ca etc.) são identificados como os Grupos IA e IIA, que possuem, respectivamente, um e dois elétrons em excesso em relação às estruturas estáveis. Os elementos nos três períodos mais longos, Grupos IIIB a IIB, são chamados de *metais de transição* e possuem estados eletrônicos d parcialmente preenchidos e, em alguns casos, um ou dois elétrons na próxima camada energética mais elevada. Os Grupos IIIA, IVA e VA (B, Si, Ge, As etc.) apresentam características intermediárias entre as dos metais e dos ametais (ou não metais) em virtude das estruturas dos seus elétrons de valência.

eletropositivo

eletronegativo

Como pode ser observado a partir da tabela periódica, a maioria dos elementos enquadra-se realmente sob a classificação de metal. Estes são às vezes chamados de elementos **eletropositivos**, indicando que são capazes de ceder seus poucos elétrons de valência para se tornarem íons carregados positivamente. Adicionalmente, os elementos que estão situados no lado direito da tabela são **eletronegativos** — isto é, prontamente aceitam elétrons para formar íons carregados negativamente, ou às vezes compartilham elétrons com outros átomos. A Figura 2.9 exibe os valores de eletronegatividade atribuídos aos vários elementos distribuídos na tabela periódica. Como regra geral, a eletronegatividade aumenta ao se deslocar da esquerda para a direita e de baixo para cima. Os átomos apresentam maior tendência em aceitar elétrons se suas camadas mais externas estiverem quase totalmente preenchidas e se estiverem menos "protegidas" (isto é, mais próximas) do núcleo.

Além do comportamento químico, as propriedades físicas dos elementos também tendem a variar de forma sistemática com a posição na tabela periódica. Por exemplo, a maioria dos metais que residem no centro da tabela (Grupos IIIB a IIB) é de relativamente bons condutores de eletricidade e calor; os não metais são em geral isolantes elétricos e térmicos. Mecanicamente, os elementos metálicos exibem graus variáveis de *ductilidade* — a habilidade em ser deformado plasticamente sem fraturar (por exemplo, a habilidade em ser laminado na forma de folhas finas). A maioria dos não metais é de gases ou líquidos, ou no estado sólido é de natureza frágil. Adicionalmente, para os elementos do Grupo IVA [C (diamante), Si, Ge, Sn e Pb], a condutividade elétrica aumenta à medida que se move para baixo ao longo dessa coluna. Os metais do Grupo VB (V, Nb e Ta) possuem temperaturas de fusão muito altas, que aumentam ao se descer ao longo dessa coluna.

Deve ser observado que nem sempre existe essa consistência nas variações das propriedades dentro da tabela periódica. As propriedades físicas variam de uma maneira mais ou menos regular; entretanto, existem algumas mudanças um tanto quanto abruptas quando se move ao longo de um período ou de um grupo.

---

[4]São usados dois esquemas de designações de grupo diferentes na Figura 2.8, os quais aparecem acima de cada coluna. A convenção usada antes de 1988 era identificar cada grupo com um numeral romano, na maioria dos casos seguido por um "A" ou "B". Com o sistema atual, concebido por uma convenção de nomeação internacional, os grupos são identificados numericamente de 1 a 18, movendo-se da coluna mais à esquerda (os metais alcalinos) para a coluna mais à direita (os gases inertes). Esses números aparecem entre parênteses na Figura 2.8.

Ligação Atômica nos Sólidos

2.5 FORÇAS E ENERGIAS DE LIGAÇÃO

Uma compreensão de muitas das propriedades físicas dos materiais é aumentada por um conhecimento das forças interatômicas que unem os átomos uns aos outros. Possivelmente, os princípios das ligações atômicas são mais bem ilustrados considerando-se como dois átomos isolados interagem conforme se aproximam um do outro a partir de uma distância de separação infinita. A grandes distâncias, as interações são desprezíveis, pois os átomos estão muito distantes para se influenciarem; no entanto, em pequenas distâncias de separação cada átomo exerce forças sobre os outros. Essas forças são de dois tipos, atrativa (F_A) e repulsiva (F_R), e a magnitude de cada uma depende da distância de separação ou interatômica (r); a Figura 2.10a é um diagrama esquemático de F_A e F_R em função de r. A origem de uma força atrativa F_A depende do tipo particular de ligação que existe entre os dois átomos, como será discutido em breve. As forças repulsivas surgem de interações entre as nuvens eletrônicas carregadas negativamente dos dois átomos e são importantes apenas para pequenos valores de r, à medida que as camadas eletrônicas mais externas dos dois átomos começam a se sobrepor (Figura 2.10a).

A força resultante ou líquida F_L entre os dois átomos é simplesmente a soma das componentes de atração e de repulsão; isto é,

$$F_L = F_A + F_R \qquad (2.3)$$

que também é uma função da separação interatômica, como também está representado na Figura 2.10a. Quando F_A e F_R são iguais em magnitude, mas com sinais opostos, ou seja, quando se contrabalançam, não há nenhuma força resultante; isto é,

$$F_A + F_R = 0 \qquad (2.4)$$

e existe um estado de equilíbrio. Os centros dos dois átomos permanecem separados pela distância de equilíbrio r_0, como indicado na Figura 2.10a. Para muitos átomos, r_0 é de aproximadamente 0,3 nm. Uma vez nessa posição, qualquer tentativa de mover os dois átomos para separá-los é contrabalançada pela força atrativa, enquanto uma tentativa de aproximar os átomos sofre a resistência da crescente força repulsiva.

Figura 2.10 (*a*) A dependência das forças repulsiva, atrativa e resultante em relação à separação interatômica para dois átomos isolados. (*b*) A dependência das energias potenciais repulsiva, atrativa e resultante em relação à separação interatômica para dois átomos isolados.

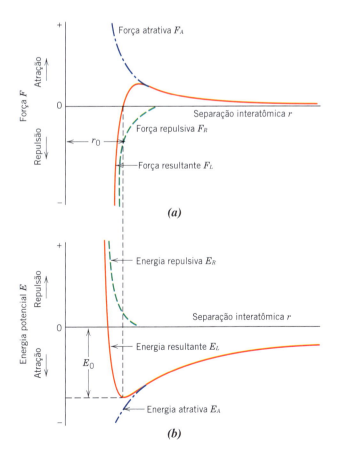

28 • **Capítulo 2**

Às vezes é mais conveniente trabalhar com as energias potenciais entre dois átomos, em lugar das forças entre eles. Matematicamente, a energia (E) e a força (F) estão relacionadas por

Relação força-energia potencial para dois átomos

$$E = \int F \, dr \tag{2.5a}$$

E, para sistemas atômicos,

$$E_L = \int_r^\infty F_L \, dr \tag{2.6}$$

$$= \int_r^\infty F_A \, dr + \int_r^\infty F_R \, dr \tag{2.7}$$

$$= E_A + E_R \tag{2.8a}$$

em que E_L, E_A e E_R são, respectivamente, as energias resultante, atrativa e repulsiva para dois átomos isolados e adjacentes.[5]

A Figura 2.10b mostra as energias potenciais atrativa, repulsiva e resultante em função da separação interatômica para dois átomos. A partir da Equação 2.8a, a curva da energia resultante é a soma das curvas para as energias atrativa e repulsiva. O mínimo na curva da energia resultante corresponde **energia de ligação** à distância de equilíbrio, r_0. Adicionalmente, a **energia de ligação** para esses dois átomos, E_0, corresponde à energia nesse ponto de mínimo (também mostrado na Figura 2.10b); ela representa a energia que seria necessária para separar esses dois átomos até uma distância de separação infinita.

Embora o tratamento anterior trate de uma situação ideal envolvendo apenas dois átomos, uma condição semelhante, porém mais complexa, existe para os materiais sólidos, uma vez que devem ser consideradas as interações de força e de energia entre muitos átomos. Não obstante, uma energia de ligação, análoga a E_0 acima, pode ser associada a cada átomo. A magnitude dessa energia de ligação e a forma da curva da energia em função da separação interatômica variam de material para material, e ambas dependem do tipo da ligação atômica. Além disso, inúmeras propriedades dos materiais dependem do valor de E_0, da forma da curva e do tipo da ligação. Por exemplo, materiais que possuem grandes energias de ligação em geral também possuem temperaturas de fusão elevadas; à temperatura ambiente, a formação de substâncias sólidas é favorecida por energias de ligação elevadas, enquanto o estado gasoso é favorecido por pequenas energias de ligação; os líquidos prevalecem quando as energias de ligação possuem magnitude intermediária. Adicionalmente, como será discutido na Seção 6.3, a rigidez mecânica (ou módulo de elasticidade) de um material depende da forma da sua curva de força *versus* separação interatômica (Figura 6.7). Para um material relativamente rígido, a inclinação da curva na posição $r = r_0$ será bastante íngreme; as inclinações são menos íngremes para materiais mais flexíveis. Além disso, o quanto um material se expande durante o aquecimento ou se contrai no resfriamento (isto é, seu coeficiente linear de expansão térmica) está relacionado com a forma da sua curva de E *versus* r (veja a Seção 19.3). Um "vale" profundo e estreito, que ocorre tipicamente para os materiais que possuem energias de ligação elevadas, em geral está relacionado com um baixo coeficiente de expansão térmica e com alterações dimensionais relativamente pequenas em resposta a mudanças na temperatura.

ligação primária Três tipos diferentes de **ligações primárias** ou ligações químicas são encontrados nos sólidos — iônica, covalente e metálica. Para cada tipo, a ligação envolve necessariamente os elétrons de valência; além disso, a natureza da ligação depende das estruturas eletrônicas dos átomos constituintes. Em geral, cada um desses três tipos de ligação origina-se da tendência dos átomos adquirirem estruturas eletrônicas estáveis, como aquelas dos gases inertes, mediante o preenchimento completo da camada eletrônica mais externa.

Também são encontradas forças e energias secundárias, ou físicas, em muitos materiais sólidos; elas são mais fracas que as primárias, mas ainda assim influenciam as propriedades físicas de alguns materiais. As seções a seguir explicam os vários tipos de ligações interatômicas primárias e secundárias.

---

[5] A força na Equação 2.5a também pode ser expressa como

$$F = \frac{dE}{dr} \tag{2.5b}$$

De maneira semelhante, o equivalente à Equação 2.8a para a força é o seguinte:

$$F_L = F_A + F_R \tag{2.3}$$

$$= \frac{dE_A}{dr} + \frac{dE_R}{dr} \tag{2.8b}$$

Estrutura Atômica e Ligação Interatômica • 29

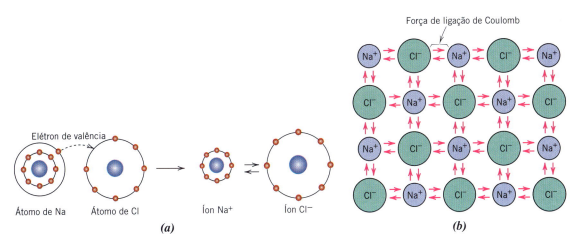

Figura 2.11 Representações esquemáticas da (*a*) formação de íons Na⁺ e Cl⁻ e da (*b*) ligação iônica no cloreto de sódio (NaCl).

2.6 LIGAÇÕES INTERATÔMICAS PRIMÁRIAS

Ligação Iônica

ligação iônica

Talvez a **ligação iônica** seja a mais fácil de ser descrita e visualizada. Ela é encontrada sempre nos compostos cuja composição envolve tanto elementos metálicos quanto não metálicos, ou seja, elementos que estão localizados nas extremidades horizontais da tabela periódica. Os átomos de um elemento metálico perdem com facilidade seus elétrons de valência para os átomos de elementos não metálicos. Nesse processo, todos os átomos adquirem configurações estáveis ou de gás inerte (isto é, camadas orbitais completamente preenchidas) e, além disso, uma carga elétrica — isto é, eles se tornam íons. O cloreto de sódio (NaCl) é o material iônico clássico. Um átomo de sódio pode assumir a estrutura eletrônica do neônio (e uma carga resultante positiva unitária com uma redução no tamanho) pela transferência do seu único elétron de valência 3s para um átomo de cloro (Figura 2.11a). Após essa transferência, o íon de cloro adquire uma carga resultante negativa e uma configuração eletrônica idêntica àquela do argônio; ele também é maior do que o átomo de cloro. A ligação iônica está ilustrada esquematicamente na Figura 2.11b.

força de Coulomb

As forças de ligação atrativas são **de Coulomb** — isto é, os íons positivos e negativos, em virtude das suas cargas elétricas resultantes, atraem-se uns aos outros. Para dois íons isolados, a energia atrativa E_A é uma função da distância interatômica de acordo com

Relação entre a energia atrativa e a separação interatômica

$$E_A = -\frac{A}{r} \tag{2.9}$$

Teoricamente, a constante A é igual a

$$A = \frac{1}{4\pi\varepsilon_0}(|Z_1|e)(|Z_2|e) \tag{2.10}$$

Aqui, ε_0 representa a permissividade do vácuo (8,85 × 10⁻¹² F/m), $|Z_1|$ e $|Z_2|$ são os valores absolutos das valências dos dois tipos de íons, e e é a carga de um elétron (1,602 × 10⁻¹⁹ C). O valor de A na Equação 2.9 supõe que a ligação entre os íons 1 e 2 seja totalmente iônica (veja a Equação 2.16). Uma vez que as ligações na maioria desses materiais não são 100% iônicas, o valor de A é determinado normalmente a partir de dados experimentais, em lugar de ser computado usando a Equação 2.10.

Uma equação análoga para a energia de repulsão é[6]

Relação entre a energia repulsiva e a separação interatômica

$$E_R = \frac{B}{r^n} \tag{2.11}$$

Nessa expressão, B e n são constantes cujos valores dependem do sistema iônico particular. O valor de n é de aproximadamente 8.

---

[6] Na Equação 2.11, o valor da constante B também é ajustado usando dados experimentais.

30 · **Capítulo 2**

Tabela 2.3
Energias de Ligação e
Temperaturas de Fusão
para Várias Substâncias

Substância	Energia de Ligação (kJ/mol)	Temperatura de Fusão (°C)
Iônica		
NaCl	640	801
LiF	850	848
MgO	1000	2800
CaF_2	1548	1418
Covalente		
Cl_2	121	−102
Si	450	1410
InSb	523	942
C (diamante)	713	>3550
SiC	1230	2830
Metálica		
Hg	62	−39
Al	330	660
Ag	285	962
W	850	3414
van der Waals[a]		
Ar	7,7	−189 (@ 69 kPa)
Kr	11,7	−158 (@ 73,2 kPa)
CH_4	18	−182
Cl_2	31	−101
Hidrogênio[a]		
HF	29	−83
NH_3	35	−78
H_2O	51	0

[a]Os valores para as ligações de van der Waals e de hidrogênio são as energias *entre* moléculas ou átomos (*inter*moleculares), não entre átomos dentro de uma molécula (*intra*moleculares).

A ligação iônica é denominada *não direcional* — isto é, a magnitude da ligação é igual em todas as direções ao redor do íon. Como consequência disso, para que os materiais iônicos sejam estáveis, em um arranjo tridimensional todos os íons positivos devem possuir, como seus vizinhos mais próximos, íons carregados negativamente e vice-versa. Alguns dos arranjos iônicos para esses materiais são discutidos no Capítulo 12.

As energias de ligação, que variam geralmente entre 600 e 1500 kJ/mol, são relativamente grandes, o que se reflete em temperaturas de fusão elevadas.[7] A Tabela 2.3 contém as energias de ligação e as temperaturas de fusão para vários materiais iônicos. As ligações interatômicas são representativas dos materiais cerâmicos, que são caracteristicamente duros e frágeis e, além disso, isolantes elétricos e térmicos. Como discutido em capítulos subsequentes, essas propriedades são uma consequência direta das configurações eletrônicas e/ou da natureza da ligação iônica.

PROBLEMA-EXEMPLO 2.2

Cálculo das Forças Atrativa e Repulsiva entre Dois Íons

Os raios atômicos dos íons K+ e Br− são de 0,138 e 0,196 nm, respectivamente.
(a) Usando as Equações 2.9 e 2.10, calcule a força de atração entre esses dois íons na sua separação interiônica de equilíbrio (isto é, quando os íons apenas se tocam um no outro).
(b) Qual é a força de repulsão nessa mesma distância de separação?

---

[7]Às vezes, as energias de ligação são expressas por átomo ou por íon. Sob essas circunstâncias, o elétron-volt (eV) é uma unidade de energia convenientemente pequena. Ela é, por definição, a energia concedida a um elétron quando ele se desloca através de um potencial elétrico de um volt. O equivalente em Joule a um elétron-volt é o seguinte: $1,602 \times 10^{-19}$ J = 1 eV.

Solução

(a) A partir da Equação 2.5b, a força de atração entre dois íons é

$$F_A = \frac{dE_A}{dr}$$

Enquanto, de acordo com a Equação 2.9,

$$E_A = -\frac{A}{r}$$

Agora, tomando a derivada de E_A em relação a r obtém-se a seguinte expressão para a força de atração F_A:

$$F_A = \frac{dE_A}{dr} = \frac{d\left(-\dfrac{A}{r}\right)}{dr} = -\left(\frac{-A}{r^2}\right) = \frac{A}{r^2} \tag{2.12}$$

A substituição nessa equação de A pela expressão (Equação 2.10) fornece

$$F_A = \frac{1}{4\pi\varepsilon_0 r^2}(|Z_1|e)(|Z_2|e) \tag{2.13}$$

Incorporando nessa equação os valores para e e ε_0, obtém-se

$$F_A = \frac{1}{4\pi(8,85 \times 10^{-12}\ \text{F/m})(r^2)}[|Z_1|(1,602 \times 10^{-19}\ \text{C})][|Z_2|(1,602 \times 10^{-19}\ \text{C})]$$

$$= \frac{(2,31 \times 10^{-28}\ \text{N}\cdot\text{m}^2)(|Z_1|)(|Z_2|)}{r^2} \tag{2.14}$$

Para esse problema, r é tomado como a separação interiônica r_0 para o KBr, que é igual à soma dos raios iônicos do K^+ e do Br^-, uma vez que os íons se tocam um no outro — isto é,

$$r_0 = r_{K^+} + r_{Br^-} \tag{2.15}$$

$$= 0{,}138\ \text{nm} + 0{,}196\ \text{nm}$$

$$= 0{,}334\ \text{nm}$$

$$= 0{,}334 \times 10^{-9}\ \text{m}$$

Quando substituímos r por esse valor na Equação 2.14, e tomamos o íon 1 como o K^+ e o íon 2 como o Br^- (isto é, $Z_1 = +1$ e $Z_2 = -1$), então a força de atração é igual a

$$F_A = \frac{(2,31 \times 10^{-28}\ \text{N}\cdot\text{m}^2)(|+1|)(|-1|)}{(0,334 \times 10^{-9}\ \text{m})^2} = 2,07 \times 10^{-9}\ \text{N}$$

(b) Na distância de separação de equilíbrio a soma das forças atrativa e repulsiva é zero de acordo com a Equação 2.4. Isso significa que

$$F_R = -F_A = -(2{,}07 \times 10^{-9}\ \text{N}) = -2{,}07 \times 10^{-9}\ \text{N}$$

Ligação Covalente

ligação covalente

Um segundo tipo de ligação, a **ligação covalente**, é encontrado em materiais cujos átomos possuem pequenas diferenças em eletronegatividade — isto é, que estão localizados próximos um do outro na tabela periódica. Para esses materiais, as configurações eletrônicas estáveis são adquiridas pelo compartilhamento de elétrons entre átomos adjacentes. Dois átomos que estão ligados de maneira covalente vão contribuir, cada um, com pelo menos um elétron para a ligação, e os elétrons compartilhados podem ser considerados como pertencentes a ambos os átomos. A ligação covalente é ilustrada esquematicamente na Figura 2.12 para uma molécula de hidrogênio (H_2). O átomo de hidrogênio possui um único elétron $1s$. Cada um dos átomos pode adquirir uma configuração eletrônica igual à do hélio (dois elétrons de valência $1s$) quando eles compartilham seus únicos elétrons (lado direito da Figura 2.12). Adicionalmente, existe uma superposição de orbitais eletrônicos

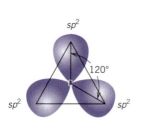

Figura 2.17 Diagrama esquemático mostrando três orbitais sp^2 que são coplanares e apontam para os cantos de um triângulo; o ângulo entre orbitais adjacentes é de 120°. (De BRADY, J. E. e SENESE, F. *Chemistry: Matter and Its Changes*, 4ª ed. 2004. Reimpressa com permissão de John Wiley & Sons, Inc.)

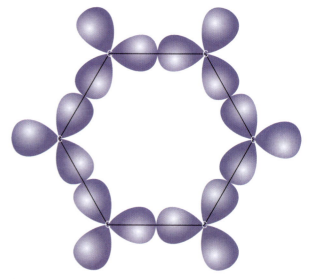

Figura 2.18 A formação de um hexágono pela ligação de seis triângulos sp^2 uns aos outros.

Essas ligações de orbitais sp^2 são encontradas na grafita, outra forma de carbono, que possui uma estrutura e propriedades distintamente diferentes daquelas apresentadas pelo diamante (conforme discutido na Seção 12.4). A grafita é composta por camadas paralelas de hexágonos que se interconectam. Os hexágonos se formam a partir de triângulos planares sp^2 que se ligam uns aos outros da maneira que mostra a Figura 2.18 — um átomo de carbono está localizado em cada vértice. As ligações planares de orbitais sp^2 são fortes; por outro lado, uma ligação interplanar fraca resulta das forças de van der Waals que envolvem os elétrons que se originam dos orbitais não hibridizados $2p_z$. A estrutura da grafita é mostrada na Figura 12.17.

Ligação Metálica

ligação metálica

A **ligação metálica**, o último tipo de ligação primária, é encontrada nos metais e nas suas ligas. Foi proposto um modelo relativamente simples que muito se aproxima da configuração dessa ligação. Nesse modelo, os elétrons de valência não estão ligados a nenhum átomo em particular no sólido e estão mais ou menos livres para se movimentar ao longo de todo o metal. Eles podem ser considerados como pertencentes ao metal como um todo, ou como se formassem um "mar de elétrons" ou uma "nuvem de elétrons". Os elétrons restantes, os que não são elétrons de valência, juntamente com os núcleos atômicos, formam o que é denominado *núcleos iônicos*, os quais possuem uma carga resultante positiva com magnitude equivalente à carga total dos elétrons de valência por átomo. A Figura 2.19 ilustra a ligação metálica. Os elétrons livres protegem os núcleos iônicos carregados positivamente das forças eletrostáticas mutuamente repulsivas que os núcleos, de outra forma, exerceriam uns sobre os outros; consequentemente, a ligação metálica exibe uma natureza não direcional. Além disso, esses elétrons livres atuam como uma "cola", que mantém unidos os núcleos iônicos. As energias de ligação e as temperaturas de fusão para vários metais são listadas na Tabela 2.3. A ligação pode ser fraca ou forte; as energias variam entre 62 kJ/mol para o mercúrio e 850 kJ/mol para o tungstênio. As respectivas temperaturas de fusão são de −39°C e 3414°C (−39°F e 6177°F).

A ligação metálica é encontrada na tabela periódica para os elementos nos Grupos IA e IIA e, na realidade, para todos os metais elementares.

Figura 2.19 Ilustração esquemática da ligação metálica.

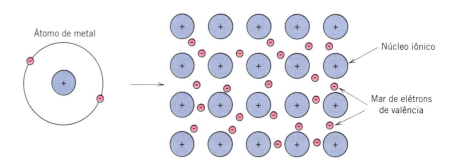

Os metais são bons condutores tanto de eletricidade quanto de calor, como consequência dos seus elétrons livres (veja as Seções 18.5, 18.6 e 19.4). Além disso, na Seção 7.4 vamos observar que à temperatura ambiente a maioria dos metais e suas ligas falha de uma maneira dúctil — isto é, a fratura ocorre após os materiais apresentarem níveis significativos de deformação permanente. Esse comportamento é explicado em termos do mecanismo da deformação (Seção 7.2), o qual está implicitamente relacionado com as características da ligação metálica.

Verificação de Conceitos 2.3 Explique por que os materiais ligados covalentemente são, em geral, menos densos que os materiais ligados ionicamente ou por ligações metálicas.

[*A resposta está disponível no GEN-IO, ambiente virtual de aprendizagem do GEN.*]

2.7 LIGAÇÕES SECUNDÁRIAS OU LIGAÇÕES DE VAN DER WAALS

ligação secundária

ligação de van der Waals

As **ligações secundárias**, ou de **van der Waals** (físicas), são ligações fracas quando comparadas às ligações primárias ou químicas; as energias de ligação variam entre aproximadamente 4 e 30 kJ/mol. As ligações secundárias existem entre virtualmente todos os átomos ou moléculas, mas sua presença pode ficar obscurecida se qualquer um dos três tipos de ligação primária estiver presente. A ligação secundária fica evidente nos gases inertes, que possuem estruturas eletrônicas estáveis. Além disso, as ligações secundárias (ou *inter*moleculares) são possíveis entre átomos ou grupos de átomos, os quais, eles próprios, estão unidos entre si por meio de ligações primárias (ou *intra*moleculares) iônicas ou covalentes.

dipolo

As forças de ligação secundárias surgem a partir de **dipolos** atômicos ou moleculares. Essencialmente, um dipolo elétrico existe sempre que há alguma separação entre as partes positiva e negativa de um átomo ou molécula. A ligação resulta da atração de Coulomb entre a extremidade positiva de um dipolo e a região negativa de um dipolo adjacente, como indicado na Figura 2.20. As interações de dipolo ocorrem entre dipolos induzidos, entre dipolos induzidos e moléculas polares (que possuem dipolos permanentes) e entre moléculas polares. A **ligação de hidrogênio**, um tipo especial de ligação secundária, é encontrada entre algumas moléculas que possuem hidrogênio como um dos seus átomos constituintes. Esses mecanismos de ligação serão discutidos a seguir de maneira sucinta.

ligação de hidrogênio

Ligações de Dipolos Induzidos Flutuantes

Um dipolo pode ser criado ou induzido em um átomo ou molécula que normalmente é eletricamente simétrico — isto é, a distribuição espacial global dos elétrons é simétrica em relação ao núcleo carregado positivamente, como mostra a Figura 2.21a. Todos os átomos apresentam movimentos constantes de vibração, que podem causar distorções instantâneas e de curta duração nessa simetria elétrica em alguns átomos ou moléculas, com a consequente criação de pequenos dipolos elétricos. Um desses dipolos pode, por sua vez, produzir um deslocamento na distribuição eletrônica de uma molécula ou átomo adjacente, o que induz a segunda molécula ou átomo a também se tornar um dipolo, que fica então fracamente atraído ou ligado ao primeiro (Figura 2.21b); esse é um tipo de ligação de van der Waals. Essas forças atrativas podem existir entre grandes números de átomos ou moléculas, cujas forças são temporárias e flutuam ao longo do tempo.

A liquefação e, em alguns casos, a solidificação dos gases inertes e de outras moléculas eletricamente neutras e simétricas, tais como o H_2 e o Cl_2, são consequências desse tipo de ligação. As temperaturas de fusão e de ebulição são extremamente baixas para os materiais em que há uma predominância da ligação por dipolos induzidos; entre todos os tipos de ligações intermoleculares possíveis, essas são as mais fracas. As energias de ligação e as temperaturas de fusão para o argônio, criptônio, metano e cloro também são listadas na Tabela 2.3.

Figura 2.20 Ilustração esquemática da ligação de van der Waals entre dois dipolos.

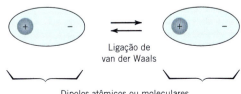

Figura 2.21 Representações esquemáticas de (*a*) um átomo eletricamente simétrico e (*b*) como um dipolo elétrico induz um átomo/molécula eletricamente simétrico a se tornar um dipolo — também a ligação de van der Waals entre os dipolos.

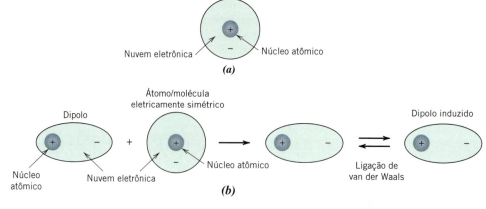

Ligações entre Moléculas Polares e Dipolos Induzidos

molécula polar

Em algumas moléculas, existem momentos dipolo permanentes em virtude de um arranjo assimétrico de regiões carregadas positivamente e negativamente; tais moléculas são denominadas **moléculas polares**. A Figura 2.22*a* é uma representação esquemática de uma molécula de cloreto de hidrogênio; um momento dipolo permanente surge das cargas positiva e negativa resultantes, que estão associadas, respectivamente, às extremidades contendo o hidrogênio e o cloro na molécula de HCl.

As moléculas polares também podem induzir dipolos em moléculas apolares adjacentes, e uma ligação se forma como resultado das forças de atração entre as duas moléculas; esse esquema de ligação é representado esquematicamente na Figura 2.22*b*. Além disso, a magnitude dessa ligação é maior que aquela associada aos dipolos induzidos flutuantes.

Ligações de Dipolos Permanentes

Também existem forças de Coulomb entre moléculas polares adjacentes como na Figura 2.20. As energias de ligação associadas são significativamente maiores que aquelas para as ligações que envolvem dipolos induzidos.

O tipo mais forte de ligação secundária, a ligação de hidrogênio, é um caso especial de ligação entre moléculas polares. Ela ocorre entre moléculas nas quais o hidrogênio está ligado covalentemente ao flúor (como no HF), oxigênio (como na H_2O) ou nitrogênio (como no NH_3). Em cada ligação H—F, H—O ou H—N, o único elétron do hidrogênio é compartilhado com o outro átomo. Dessa forma, a extremidade da ligação contendo o hidrogênio é essencialmente um próton isolado carregado positivamente que não é neutralizado por nenhum elétron. Essa extremidade carregada, altamente positiva, da molécula é capaz de exercer uma grande força de atração sobre a extremidade negativa de uma molécula adjacente, como demonstra a Figura 2.23 para o HF. Essencialmente, esse único próton forma uma ponte entre dois átomos com cargas negativas. A magnitude da ligação de hidrogênio é geralmente maior que aquela para os outros tipos de ligações secundárias e pode alcançar 51 kJ/mol, como mostra a Tabela 2.3. As temperaturas de fusão e de ebulição para o fluoreto de hidrogênio, a amônia e a água são anormalmente elevadas para os seus baixos pesos moleculares como consequência da ligação de hidrogênio.

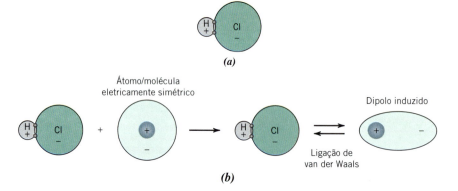

Figura 2.22 Representações esquemáticas de (*a*) uma molécula de cloreto de hidrogênio (dipolo) e (*b*) como uma molécula de HCl induz um átomo/molécula eletricamente simétrico a se tornar um dipolo — também a ligação de van der Waals entre esses dipolos.

Figura 2.23 Representação esquemática da ligação de hidrogênio no fluoreto de hidrogênio (HF).

Apesar das pequenas energias associadas às ligações secundárias, elas ainda assim estão envolvidas em uma variedade de fenômenos naturais e em muitos produtos que nós usamos diariamente. Os exemplos de fenômenos físicos incluem a solubilidade de uma substância em outra, a tensão superficial e a ação de capilaridade, a pressão de vapor, a volatilidade e a viscosidade. Aplicações comuns que fazem uso desses fenômenos incluem os *adesivos* — há a formação de ligações de van der Waals entre duas superfícies, e elas se aderem uma à outra (como discutido na abertura desse capítulo); os *surfactantes* — compostos que reduzem a tensão superficial de um líquido e que são encontrados em sabões, detergentes e agentes espumantes; os *emulsificantes* — substâncias que, quando adicionadas a dois materiais imiscíveis (geralmente líquidos), permitem que as partículas de um material fiquem suspensas no outro (emulsões comuns incluem os protetores solares, os molhos para saladas, o leite e a maionese); e os *dessecantes* — materiais que formam ligações de hidrogênio com moléculas de água (e removem a umidade de recipientes fechados — por exemplo, os pequenos sachês que são encontrados com frequência nas caixas de papelão de mercadorias embaladas); e, por fim, as resistências, rigidezes e temperaturas de amolecimento de polímeros, em certo grau, dependem das ligações secundárias que se formam entre as moléculas da cadeia.

MATERIAIS DE IMPORTÂNCIA 2.1

Água (Sua Expansão de Volume Durante o Congelamento)

Ao congelar (isto é, ao transformar-se de um líquido em um sólido durante o resfriamento), a maioria das substâncias apresenta um aumento de massa específica (ou, de maneira correspondente, uma diminuição no volume). Uma exceção é a água, que exibe um comportamento anômalo, e familiar, de expansão ao congelar-se — com uma expansão de aproximadamente 9% no seu volume. Esse comportamento pode ser explicado com base nas ligações de hidrogênio. Cada molécula de H_2O possui dois átomos de hidrogênio que podem ligar-se a átomos de oxigênio; além disso, seu único átomo de oxigênio pode ligar-se a dois átomos de hidrogênio de outras moléculas de H_2O. Dessa forma, no gelo sólido cada molécula de água participa de quatro ligações de hidrogênio, como mostra o desenho esquemático tridimensional na Figura 2.24a; aqui, as ligações de hidrogênio estão representadas por linhas pontilhadas e cada molécula de água possui 4 moléculas vizinhas mais próximas. Essa é uma estrutura relativamente aberta — isto é, as moléculas não estão compactadas umas em relação às outras — e, como consequência, a

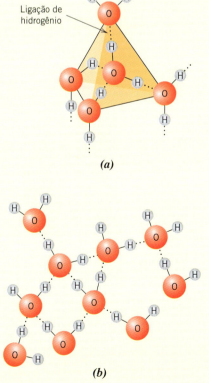

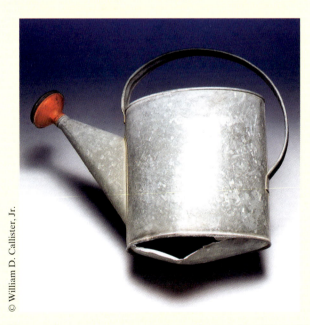

Um regador que se rompeu ao longo da costura entre o painel lateral e o fundo. A água deixada no regador durante uma noite fria do final do outono expandiu-se ao congelar, causando a ruptura.

Figura 2.24 O arranjo das moléculas de água (H_2O) no (*a*) gelo sólido e na (*b*) água líquida.

massa específica é comparativamente baixa. Com o derretimento, essa estrutura é parcialmente destruída e as moléculas de água ficam mais compactadas umas em relação às outras (Figura 2.24b) — à temperatura ambiente, o número médio de moléculas de água vizinhas mais próximas aumenta para aproximadamente 4,5; isso leva a um aumento na massa específica.

As consequências desse fenômeno de congelamento anômalo são conhecidas; ele explica por que os icebergs flutuam; por que, em climas frios, é necessário adicionar anticongelante ao sistema de refrigeração de um automóvel (para evitar trincas no bloco do motor); e por que os ciclos de congelamento e descongelamento trincam a pavimentação de ruas e causam a formação de buracos.

2.8 LIGAÇÃO MISTA

Às vezes é ilustrativo representar os quatro tipos de ligações — iônica, covalente, metálica e van der Waals — no que é denominado um *tetraedro de ligação*, que consiste em um tetraedro tridimensional com um desses tipos "extremos" localizado em cada vértice, como mostra a Figura 2.25a. Adicionalmente, devemos observar que para muitos materiais reais as ligações atômicas são misturas de dois ou mais desses extremos (isto é, *ligações mistas*). Três tipos de ligações mistas — covalente-iônica, covalente-metálica e metálica-iônica — também estão incluídas sobre as arestas desse tetraedro; agora vamos discutir cada uma delas.

Nas ligações mistas covalente-iônica, existe alguma natureza iônica na maioria das ligações covalentes e alguma natureza covalente nas ligações iônicas. Como tal, existe uma continuidade entre esses dois tipos extremos de ligações. Na Figura 2.25a, esse tipo de ligação está representado entre os vértices das ligações iônica e covalente. O grau de cada tipo de ligação depende das posições relativas dos seus átomos constituintes na tabela periódica (veja a Figura 2.8), ou da diferença entre as suas eletronegatividades (veja a Figura 2.9). Quanto maior for a separação (tanto horizontalmente, em relação ao Grupo IVA, quanto verticalmente) do canto inferior esquerdo para o canto superior direito (isto é, quanto maior for a diferença entre as eletronegatividades), mais iônica será a ligação. De maneira contrária, quanto mais próximos estiverem os átomos (isto é, quanto menor for a diferença entre as suas eletronegatividades), maior será o grau de covalência. O percentual de caráter iônico (%CI) de uma ligação entre dois elementos A e B (em que A é o elemento mais eletronegativo) pode ser aproximado pela expressão

$$\%\text{CI} = \{1 - \exp[-(0{,}25)(X_A - X_B)^2]\} \times 100 \qquad (2.16)$$

em que X_A e X_B representam as eletronegatividades dos respectivos elementos.

Outro tipo de ligação mista é encontrado para alguns elementos nos Grupos IIIA, IVA e VA da tabela periódica (a saber, B, Si, Ge, As, Sb, Te, Po e At). As ligações interatômicas para esses elementos são misturas entre metálica e covalente, como observado na Figura 2.25a. Esses materiais são chamados *metaloides* ou *semimetais*, e suas propriedades são intermediárias entre os metais e os

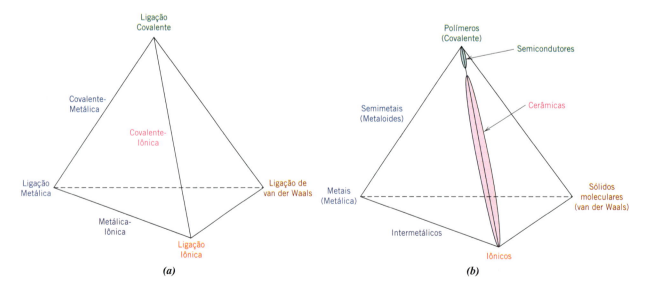

Figura 2.25 (a) Tetraedro de ligação: cada um dos quatro tipos de ligação extremos (ou puros) estão localizados em um vértice do tetraedro; três tipos de ligações mistas estão incluídos ao longo das arestas do tetraedro. (b) Tetraedro do tipo de material: correlação de cada classificação de material (metais, cerâmicas, polímeros etc.) com seu(s) tipo(s) de ligação.

não metais. Adicionalmente, para os elementos do Grupo IV, existe uma transição gradual de ligação covalente para metálica à medida que se move verticalmente para baixo ao longo dessa coluna — por exemplo, a ligação no carbono (diamante) é puramente covalente, enquanto para o estanho e o chumbo a ligação é predominantemente metálica.

As ligações mistas metálica-iônica são observadas em compostos cuja composição envolve dois metais em que há uma diferença significativa entre as suas eletronegatividades. Isso significa que alguma transferência de elétrons está associada à ligação, uma vez que ela possui um componente iônico. Adicionalmente, quanto maior for essa diferença de eletronegatividades, maior será o grau de ionicidade. Por exemplo, existe pouco caráter iônico na ligação titânio-alumínio no composto inter-metálico $TiAl_3$, uma vez que as eletronegatividades tanto do Al quanto do Ti são as mesmas (1,5; veja a Figura 2.9). Contudo, um grau muito maior de caráter iônico está presente no $AuCu_3$; a diferença de eletronegatividades entre o cobre e o ouro é de 0,5.

PROBLEMA-EXEMPLO 2.3

Cálculo do Percentual de Caráter Iônico para a Ligação C–H

Calcule o percentual de caráter iônico (%CI) da ligação interatômica que se forma entre o carbono e o hidrogênio.

Solução

O %CI de uma ligação entre dois átomos/íons A e B (em que A é o mais eletronegativo) é uma função das suas eletronegatividades X_A e X_B de acordo com a Equação 2.16. As eletronegatividades do C e do H (veja a Figura 2.9) são $X_C = 2,5$ e $X_H = 2,1$. Portanto, o %CI é de

$$\%CI = \{1 - \exp[-(0{,}25)(X_C - X_H)^2]\} \times 100$$
$$= \{1 - \exp[-(0{,}25)(2{,}5 - 2{,}1)^2]\} \times 100$$
$$= 3{,}9\%$$

Dessa forma, a ligação C—H é principalmente covalente (96,1%).

2.9 MOLÉCULAS

Muitas das moléculas comuns são compostas por grupos de átomos que estão ligados entre si por fortes ligações covalentes; elas incluem moléculas diatômicas elementares (F_2, O_2, H_2 etc.), assim como uma gama de compostos (H_2O, CO_2, HNO_3, C_6H_6, CH_4 etc.). Nos estados de líquido condensado e sólido, as ligações entre as moléculas são ligações secundárias fracas. Consequentemente, os materiais moleculares possuem temperaturas de fusão e de ebulição relativamente baixas. A maioria dos materiais que possuem moléculas pequenas, compostas por apenas uns poucos átomos, é gasosa em temperaturas e pressões usuais, ou ambientes. Por outro lado, muitos dos polímeros modernos, sendo materiais moleculares compostos por moléculas extremamente grandes, existem como sólidos; algumas das suas propriedades são fortemente dependentes da presença de ligações secundárias de van der Waals e de hidrogênio.

2.10 CORRELAÇÕES TIPO DE LIGAÇÃO-CLASSIFICAÇÃO DO MATERIAL

Em discussões anteriores neste capítulo, algumas correlações foram definidas entre o tipo de ligação e a classificação do material, quais sejam: ligação iônica (cerâmicas), ligação covalente (polímeros), ligação metálica (metais) e ligação de van der Waals (sólidos moleculares). Resumimos essas correlações no tetraedro do tipo de material mostrado na Figura 2.25b, que é o tetraedro de ligação da Figura 2.25a, em que estão superpostos o local/região de ligação tipificado por cada uma das quatro classes de materiais.[11] Também estão incluídos aqueles materiais que possuem ligações mistas: inter-metálicos e semimetais. A ligação mista iônica-covalente para as cerâmicas também está anotada. Além disso, o tipo de ligação predominante para os materiais semicondutores é covalente, com a possibilidade de uma contribuição iônica.

---

[11]Embora a maioria dos átomos nas moléculas de polímeros estejam ligados covalentemente, normalmente está presente alguma ligação de van der Waals. Escolhemos por não incluir as ligações de van der Waals para os polímeros porque elas (van der Waals) são *inter*moleculares (isto é, entre moléculas), em contraste com as ligações *intra*moleculares (dentro das moléculas), e não são o tipo de ligação principal.

40 • Capítulo 2

RESUMO

Elétrons nos Átomos
- Os dois modelos atômicos são o de Bohr e o mecânico-ondulatório. Enquanto o modelo de Bohr supõe que os elétrons sejam partículas que orbitam o núcleo em trajetórias distintas, na mecânica ondulatória eles são considerados semelhantes a ondas e a posição do elétron é tratada em termos de uma distribuição de probabilidades.
- As energias dos elétrons são *quantizadas* — isto é, são permitidos apenas valores de energia específicos.
- Os quatro números quânticos eletrônicos são n, l, m_l e m_s. Eles especificam, respectivamente, o tamanho do orbital eletrônico, a forma do orbital, o número de orbitais eletrônicos e o momento de *spin*.
- De acordo com o princípio da exclusão de Pauli, cada estado eletrônico pode acomodar não mais do que dois elétrons, que devem possuir *spins* (rotações) opostos.

A Tabela Periódica
- Os elementos em cada uma das colunas (ou grupos) da tabela periódica possuem configurações eletrônicas distintas. Por exemplo:
  Os elementos no Grupo 0 (os gases inertes) possuem camadas eletrônicas preenchidas.
  Os elementos no Grupo IA (os metais alcalinos) possuem um elétron a mais que uma camada eletrônica preenchida.

Forças e Energias de Ligação
- A *força de ligação* e a *energia de ligação* estão relacionadas entre si de acordo com as Equações 2.5a e 2.5b.
- As energias atrativa, repulsiva e resultante para dois átomos ou íons dependem da separação interatômica segundo o gráfico esquemático da Figura 2.10*b*.

Ligações Interatômicas Primárias
- Nas ligações iônicas, íons carregados eletricamente são formados pela transferência de elétrons de valência de um tipo de átomo para outro.
- Existe um compartilhamento de elétrons de valência entre átomos adjacentes quando a ligação é covalente.
- Os orbitais eletrônicos para algumas ligações covalentes podem se sobrepor ou hibridizar. Foi discutida a hibridação de orbitais s e p para formar orbitais sp^3 e sp^2 no carbono. As configurações desses orbitais híbridos também foram observadas.
- Na ligação metálica, os elétrons de valência formam um "mar de elétrons" que está uniformemente disperso ao redor dos núcleos dos íons metálicos e que atua como um tipo de cola para eles.

Ligações Secundárias ou Ligações de van der Waals
- Ligações de van der Waals relativamente fracas resultam de forças atrativas entre dipolos elétricos, os quais podem ser induzidos ou permanentes.
- Na ligação de hidrogênio são formadas moléculas altamente polares quando o hidrogênio se liga covalentemente a um elemento não metálico tal como o flúor.

Ligação Mista
- Além da ligação de van der Waals e dos três tipos de ligações primárias, existem ligações mistas dos tipos covalente-iônica, covalente-metálica e metálica-iônica.
- O percentual de caráter iônico (%CI) de uma ligação entre dois elementos (A e B) depende das suas eletronegatividades (X's) de acordo com a Equação 2.16.

Correlações Tipo de Ligação-Classificação do Material
- Foram observadas correlações entre o tipo de ligação e a classe do material:
  Polímeros — covalente
  Metais — metálica
  Cerâmicas — iônica/mista iônica-covalente
  Sólidos moleculares — van der Waals
  Semimetais — mista covalente-metálica
  Intermetálicos — mista metálica-iônica

Resumo das Equações

Número da Equação	Equação	Resolvendo para
2.5a	$E = \int F\,dr$	Energia potencial entre dois átomos
2.5b	$F = \dfrac{dE}{dr}$	Força entre dois átomos
2.9	$E_A = -\dfrac{A}{r}$	Energia de atração entre dois átomos
2.11	$E_R = \dfrac{B}{r^n}$	Energia de repulsão entre dois átomos

continua

continuação

Número da Equação	Equação	Resolvendo para
2.13	$F_A = \dfrac{1}{4\pi\varepsilon_0 r^2}(|Z_1|e)(|Z_2|e)$	Força de atração entre dois íons isolados
2.16	$\%CI = \{1 - \exp[-(0,25)(X_A - X_B)^2]\} \times 100$	Percentual de caráter iônico

Lista de Símbolos

Símbolo	Significado
A, B, n	Constantes do material
E	Energia potencial entre dois átomos/íons
E_A	Energia de atração entre dois átomos/íons
E_R	Energia de repulsão entre dois átomos/íons
e	Carga eletrônica
ε_0	Permissividade do vácuo
F	Força entre dois átomos/íons
r	Distância de separação entre dois átomos/íons
X_A	Valor da eletronegatividade do elemento mais eletronegativo no composto BA
X_B	Valor da eletronegatividade do elemento mais eletropositivo no composto BA
Z_1, Z_2	Valores de valência para os íons 1 e 2

Termos e Conceitos Importantes[12]

configuração eletrônica
dipolo (elétrico)
elétron de valência
eletronegativo
eletropositivo
energia de ligação
estado eletrônico
estado fundamental
força de Coulomb
isótopo

ligação covalente
ligação de hidrogênio
ligação de van der Waals
ligação iônica
ligação metálica
ligação primária
ligação secundária
mecânica quântica
modelo atômico de Bohr
modelo mecânico-ondulatório

mol
molécula polar
número atômico (Z)
número quântico
peso atômico (A)
princípio da exclusão de Pauli
tabela periódica
unidade de massa atômica (uma)

REFERÊNCIAS

A maioria do material neste capítulo é abordada em livros-textos de química de nível universitário. Dois desses livros-textos são listados aqui como referência.

EBBING, D. D., GAMMON, S. D. e RAGSDALE, R. O. *Essentials of General Chemistry*, 2ª ed. Boston, MA: Cengage Learning, 2006.

JESPERSEN, N. D. e HYSLOP, A. *Chemistry: The Molecular Nature of Matter*, 7ª ed. Hoboken, NJ: John Wiley & Sons, 2014.

[12]*Observação:* Em cada capítulo, a maioria dos termos listados na Seção Termos e Conceitos Importantes está definida no Glossário, que é apresentado após o Apêndice H. Os demais são importantes o suficiente para garantir seu tratamento em uma seção completa do livro e podem ser consultados a partir do Sumário ou do Índice Alfabético.

Capítulo 3 A Estrutura dos Sólidos Cristalinos

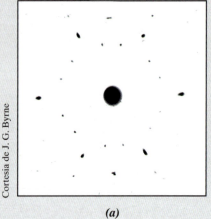
(a)

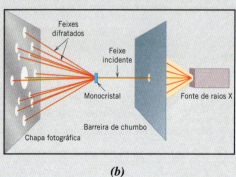
(b)

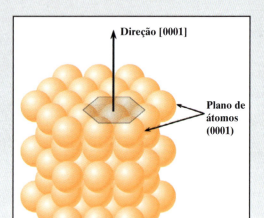
(c)

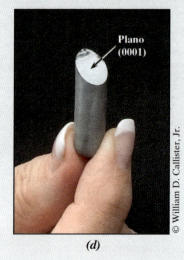
(d)

(e)

(a) Fotografia de difração de raios X [ou fotografia de Laue (Seção 3.16)] para um monocristal de magnésio. (b) Diagrama esquemático que ilustra como são produzidos os pontos (isto é, o padrão de difração) em (a). A barreira de chumbo bloqueia todos os feixes gerados pela fonte de raios X, exceto um feixe estreito que se desloca em uma única direção. Esse feixe incidente é difratado por planos cristalográficos individuais no monocristal (que possuem diferentes orientações), o que dá origem aos vários feixes difratados que incidem sobre a chapa fotográfica. As interseções desses feixes com a chapa aparecem como pontos quando o filme é revelado. A grande mancha no centro de (a) é oriunda do feixe incidente, que é paralelo a uma direção cristalográfica [0001]. Deve ser observado que a simetria hexagonal da estrutura cristalina hexagonal compacta do magnésio [mostrada em (c)] é indicada pelo padrão de pontos de difração que foi gerado.

(d) Fotografia de um monocristal de magnésio que foi clivado (ou dividido) ao longo de um plano (0001) — a superfície plana é um plano (0001). Além disso, a direção perpendicular a esse plano é uma direção [0001].

(e) Fotografia de uma *roda de magnésio* — uma roda de automóvel de liga leve feita em magnésio.

[A Figura (b) é de J. E. Brady e F. Senese, *Chemistry: Matter and Its Changes*, 4th edition. Copyright © 2004 por John Wiley & Sons, Hoboken, NJ. Reimpressa sob permissão de John Wiley & Sons, Inc.]

POR QUE ESTUDAR *A Estrutura dos Sólidos Cristalinos?*

As propriedades de alguns materiais estão diretamente relacionadas com suas estruturas cristalinas. Por exemplo, o magnésio e o berílio puros e não deformados, que possuem uma determinada estrutura cristalina, são muito mais frágeis (isto é, fraturam sob menores níveis de deformação) do que metais puros e não deformados tais como o ouro e a prata, que possuem outra estrutura cristalina (veja a Seção 7.4).

Além disso, existem diferenças significativas de propriedades entre materiais cristalinos e não cristalinos que possuem a mesma composição. Por exemplo, as cerâmicas e os polímeros não cristalinos são, em geral, opticamente transparentes; os mesmos materiais na forma cristalina (ou semicristalina) tendem a ser opacos ou, na melhor das hipóteses, translúcidos.

Objetivos do Aprendizado

Após estudar este capítulo, você deverá ser capaz de fazer o seguinte:

1. Descrever a diferença entre a estrutura atômica/molecular dos materiais cristalinos e não cristalinos.
2. Desenhar células unitárias para as estruturas cristalinas cúbica de faces centradas, cúbica de corpo centrado e hexagonal compacta.
3. Desenvolver as relações entre o comprimento da aresta da célula unitária e o raio atômico para as estruturas cristalinas cúbica de faces centradas e cúbica de corpo centrado.
4. Calcular as massas específicas para metais com as estruturas cristalinas cúbica de faces centradas e cúbica de corpo centrado dadas as dimensões das suas células unitárias.

5. Dados os três índices inteiros de direção, esboçar a direção correspondente a esses índices em uma célula unitária.
6. Especificar os índices de Miller para um plano traçado no interior de uma célula unitária.
7. Descrever como as estruturas cristalinas cúbica de faces centradas e hexagonal compacta podem ser geradas por meio do empilhamento de planos compactos de átomos.
8. Distinguir entre materiais monocristalinos e policristalinos.
9. Definir *isotropia* e *anisotropia* em relação às propriedades dos materiais.

3.1 INTRODUÇÃO

O Capítulo 2 tratou principalmente dos vários tipos de ligações atômicas, as quais são determinadas pelas estruturas eletrônicas dos átomos individuais. A presente discussão se dedica ao próximo nível da estrutura dos materiais, especificamente, a alguns dos arranjos que os átomos no estado sólido podem assumir. Dentro desse contexto, são introduzidos os conceitos de cristalinidade e não cristalinidade. Para os sólidos cristalinos, apresenta-se a noção de estrutura cristalina, especificada em termos de uma célula unitária. Em seguida, detalhamos as três estruturas cristalinas comumente encontradas nos metais, juntamente com o esquema por meio do qual são expressos os pontos, as direções e os planos cristalográficos. São tratados os materiais monocristalinos, policristalinos e não cristalinos. Outra seção deste capítulo descreve sucintamente como as estruturas cristalinas são determinadas experimentalmente por meio de técnicas de difração de raios X.

Estruturas Cristalinas

3.2 CONCEITOS FUNDAMENTAIS

cristalino

Os materiais sólidos podem ser classificados de acordo com a regularidade pela qual seus átomos ou íons estão arranjados uns em relação aos outros. Um material **cristalino** é aquele no qual os átomos estão posicionados segundo um arranjo periódico ou repetitivo ao longo de grandes distâncias atômicas — isto é, existe uma ordem de longo alcance, tal que, quando ocorre solidificação, os átomos se posicionarão segundo um padrão tridimensional repetitivo, no qual cada átomo está ligado aos seus átomos vizinhos mais próximos. Todos os metais, muitos materiais cerâmicos e certos polímeros formam estruturas cristalinas sob condições normais de solidificação. Naqueles materiais que não se cristalizam, essa ordem atômica de longo alcance está ausente; esses materiais *não cristalinos* ou *amorfos* são discutidos sucintamente ao final deste capítulo.

estrutura cristalina

Algumas das propriedades dos sólidos cristalinos dependem da **estrutura cristalina** do material, ou seja, da maneira como os átomos, íons ou moléculas estão arranjados no espaço. Existe um

43

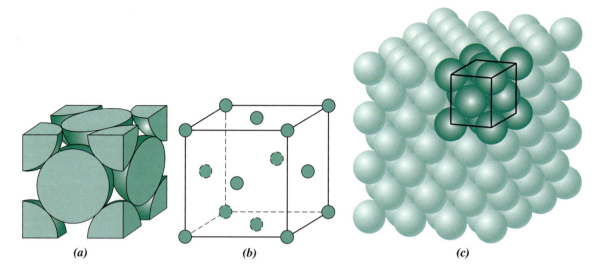

Figura 3.1 Para a estrutura cristalina cúbica de faces centradas, (a) uma representação da célula unitária por meio de esferas rígidas, (b) uma célula unitária por esferas reduzidas e (c) um agregado de muitos átomos. [A Figura (c) foi adaptada de MOFFATT, W. G., PEARSALL, G. W. e WULFF, J. *The Structure and Properties of Materials*, vol. I, *Structure*. John Wiley & Sons, 1964. Reproduzida com permissão de Janet M. Moffatt.]

número extremamente grande de estruturas cristalinas diferentes, todas possuindo uma ordenação atômica de longo alcance; essas estruturas variam desde as relativamente simples, nos metais, até as excessivamente complexas, como aquelas exibidas por alguns materiais cerâmicos e poliméricos. A presente discussão trata de várias estruturas cristalinas comumente encontradas nos metais. Os Capítulos 12 e 14 são dedicados às estruturas cristalinas das cerâmicas e dos polímeros, respectivamente.

Na descrição das estruturas cristalinas, os átomos (ou íons) são considerados como esferas sólidas com diâmetros bem definidos. Isso é conhecido como o *modelo atômico da esfera rígida*, no qual as esferas que representam os átomos vizinhos mais próximos se tocam umas nas outras. Um exemplo do modelo de esferas rígidas para o arranjo atômico encontrado em alguns metais elementares comuns é mostrado na Figura 3.1c. Nesse caso particular, todos os átomos são idênticos. Às vezes, o termo **rede cristalina** é usado no contexto das estruturas cristalinas; nesse sentido, *rede cristalina* significa um arranjo tridimensional de pontos que coincidem com as posições dos átomos (ou com os centros das esferas).

rede cristalina

3.3 CÉLULAS UNITÁRIAS

célula unitária

A ordem dos átomos nos sólidos cristalinos indica que pequenos grupos de átomos formam um padrão repetitivo. Dessa forma, ao descrever as estruturas cristalinas, é frequentemente conveniente subdividir a estrutura em pequenas entidades que se repetem, chamadas **células unitárias**. As células unitárias para a maioria das estruturas cristalinas são paralelepípedos ou prismas com três conjuntos de faces paralelas; uma dessas células unitárias está desenhada no agregado de esferas (Figura 3.1c), tendo nesse caso o formato de um cubo. Uma célula unitária é escolhida para representar a simetria da estrutura cristalina, de forma que todas as posições dos átomos no cristal possam ser geradas por translações da célula unitária segundo fatores inteiros de distância ao longo de cada uma das suas arestas. Nesse sentido, a célula unitária é a unidade estrutural básica, ou bloco construtivo, da estrutura cristalina e define a estrutura cristalina por meio da sua geometria e das posições dos átomos no seu interior. Em geral, a conveniência dita que os vértices do paralelepípedo devem coincidir com os centros dos átomos, representados como esferas rígidas. Além disso, mais do que uma única célula unitária pode ser escolhida para uma estrutura cristalina particular; contudo, usamos normalmente a célula unitária que possui o mais alto nível de simetria geométrica.

3.4 ESTRUTURAS CRISTALINAS DOS METAIS

A ligação atômica nesse grupo de materiais é metálica e, dessa forma, é de natureza não direcional. Consequentemente, são mínimas as restrições em relação à quantidade e à posição dos átomos vizinhos mais próximos; isso leva a números relativamente elevados de vizinhos mais próximos e a arranjos atômicos compactos para a maioria das estruturas cristalinas dos metais. Além disso, para os metais, quando se usa o modelo de esferas rígidas para representar estruturas cristalinas, cada

A Estrutura dos Sólidos Cristalinos • **45**

Tabela 3.1
Raios Atômicos e
Estruturas Cristalinas
para 16 Metais

Metal	Estrutura Cristalina[a]	Raio Atômico[b] (nm)	Metal	Estrutura Cristalina	Raio Atômico (nm)
Alumínio	CFC	0,1431	Molibdênio	CCC	0,1363
Cádmio	HC	0,1490	Níquel	CFC	0,1246
Cromo	CCC	0,1249	Platina	CFC	0,1387
Cobalto	HC	0,1253	Prata	CFC	0,1445
Cobre	CFC	0,1278	Tântalo	CCC	0,1430
Ouro	CFC	0,1442	Titânio (α)	HC	0,1445
Ferro (α)	CCC	0,1241	Tungstênio	CCC	0,1371
Chumbo	CFC	0,1750	Zinco	HC	0,1332

[a]CFC = cúbica de faces centradas; HC = hexagonal compacta; CCC = cúbica de corpo centrado.
[b]Um nanômetro (nm) equivale a 10^{-9} m; para converter de nanômetros para unidades de angströms (Å), multiplicar o valor em nanômetros por 10.

esfera representa um núcleo iônico. A Tabela 3.1 apresenta os raios atômicos para diversos metais. Três estruturas cristalinas relativamente simples são encontradas na maioria dos metais mais comuns: cúbica de faces centradas, cúbica de corpo centrado e hexagonal compacta.

A Estrutura Cristalina Cúbica de Faces Centradas

cúbica de faces centradas (CFC)

A estrutura cristalina encontrada em muitos metais possui uma célula unitária com geometria cúbica na qual os átomos estão localizados em cada um dos vértices e nos centros de todas as faces do cubo. Essa estrutura é chamada apropriadamente de estrutura cristalina **cúbica de faces centradas (CFC)**. Alguns dos metais conhecidos que possuem essa estrutura cristalina são o cobre, o alumínio, a prata e o ouro (veja também a Tabela 3.1). A Figura 3.1a mostra um modelo de esferas rígidas para a célula unitária CFC, enquanto na Figura 3.1b os centros dos átomos são representados como pequenos círculos, para proporcionar uma melhor perspectiva das posições dos átomos. O agregado de átomos na Figura 3.1c representa uma seção de um cristal formado por muitas células unitárias CFC. Essas esferas ou núcleos iônicos se tocam umas nas outras ao longo de uma diagonal da face; o comprimento da aresta do cubo a e o raio atômico R estão relacionados por

Comprimento da aresta de uma célula unitária para estrutura cúbica de faces centradas

$$a = 2R\sqrt{2} \tag{3.1}$$

Esse resultado é obtido no Problema-Exemplo 3.1.

Ocasionalmente, precisamos determinar o número de átomos associados a cada célula unitária. Dependendo da localização do átomo, ele pode ser considerado como compartilhado por células unitárias adjacentes — isto é, somente uma fração do átomo está atribuída a uma célula específica. Por exemplo, nas células unitárias cúbicas, um átomo completamente no interior da célula "pertence" àquela célula unitária, um átomo em uma face da célula é compartilhado com outra célula, enquanto um átomo que está localizado em um vértice é compartilhado por oito células. O número de átomos por célula unitária, N, pode ser calculado usando a seguinte fórmula:

$$N = N_i + \frac{N_f}{2} + \frac{N_v}{8} \tag{3.2}$$

em que

$$N_i = \text{o número de átomos no interior da célula}$$
$$N_f = \text{o número de átomos nas faces da célula}$$
$$N_v = \text{o número de átomos nos vértices da célula}$$

Na estrutura cristalina CFC, existem oito átomos em vértices da célula ($N_v = 8$), seis átomos em faces da célula ($N_f = 6$) e nenhum átomo no interior da célula ($N_i = 0$). Assim, a partir da Equação 3.2,

$$N = 0 + \frac{6}{2} + \frac{8}{8} = 4$$

ou um total de quatro átomos inteiros pode ser atribuído a uma dada célula unitária. Isso é mostrado na Figura 3.1a, na qual estão representadas apenas as frações das esferas que estão dentro dos limites do cubo. A célula unitária engloba o volume do cubo, que é gerado a partir dos centros dos átomos nos vértices, como mostra a figura.

Na verdade, as posições nos vértices e nas faces são equivalentes — isto é, uma translação do vértice do cubo a partir de um átomo originalmente no vértice para o centro de um átomo localizado em uma das faces não vai alterar a estrutura da célula unitária.

Duas outras características importantes de uma estrutura cristalina são o **número de coordenação** e o **fator de empacotamento atômico (FEA)**. Nos metais, todos os átomos possuem o mesmo número de vizinhos mais próximos ou átomos em contato, o que define o número de coordenação. Nas estruturas cúbicas de faces centradas, o número de coordenação é 12. Isso pode ser confirmado por meio de um exame da Figura 3.1a; o átomo na face frontal possui como vizinhos mais próximos quatro átomos localizados nos vértices ao seu redor, quatro átomos localizados nas faces em contato pelo lado de trás e quatro outros átomos de faces equivalentes posicionados na próxima célula unitária, à sua frente (os quais não estão mostrados na figura).

O FEA é a soma dos volumes das esferas de todos os átomos no interior de uma célula unitária (assumindo o modelo atômico de esferas rígidas) dividida pelo volume da célula unitária — isto é,

$$\text{FEA} = \frac{\text{volume dos átomos em uma célula unitária}}{\text{volume total da célula unitária}} \qquad (3.3)$$

Para a estrutura CFC, o fator de empacotamento atômico é 0,74, que é o máximo empacotamento possível para esferas que possuem o mesmo diâmetro. O cálculo desse FEA também está incluído como um problema-exemplo. Tipicamente, os metais possuem fatores de empacotamento atômico relativamente grandes, de forma a maximizar a proteção conferida pela nuvem de elétrons livres.

Estrutura Cristalina Cúbica de Corpo Centrado

Outra estrutura cristalina comumente encontrada nos metais também possui uma célula unitária cúbica em que existem átomos localizados em todos os oito vértices e um único átomo no centro do cubo. Essa estrutura é denominada estrutura cristalina **cúbica de corpo centrado (CCC)**. Um conjunto de esferas representando essa estrutura cristalina é mostrado na Figura 3.2c, enquanto as Figuras 3.2a e 3.2b são diagramas de células unitárias CCC com os átomos representados pelos modelos de esferas rígidas e de esferas reduzidas, respectivamente. Os átomos no centro e nos vértices se tocam uns nos outros ao longo das diagonais do cubo, e o comprimento da célula unitária a e o raio atômico R estão relacionados por

$$a = \frac{4R}{\sqrt{3}} \qquad (3.4)$$

O cromo, o ferro e o tungstênio, assim como vários outros metais listados na Tabela 3.1 exibem uma estrutura CCC.

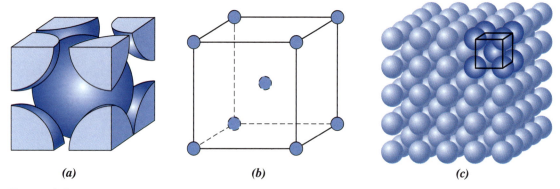

Figura 3.2 Para a estrutura cristalina cúbica de corpo centrado, (a) uma representação da célula unitária por meio de esferas rígidas, (b) uma célula unitária segundo esferas reduzidas e (c) um agregado de muitos átomos.
[A Figura (c) foi adaptada de MOFFATT, W. G., PEARSALL, G. W. e WULFF, J. *The Structure and Properties of Materials*, vol. I, *Structure*. John Wiley & Sons, 1964. Reproduzida com permissão de Janet M. Moffatt.]

Figura 3.3 Para a estrutura cristalina cúbica simples, (a) uma célula unitária por esferas rígidas e (b) uma célula unitária por esferas reduzidas.

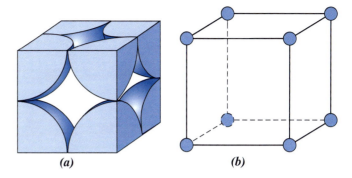

Cada célula unitária CCC possui oito átomos em vértices e um único átomo no centro, o qual está totalmente contido no interior da sua célula; portanto, a partir da Equação 3.2, o número de átomos por célula unitária CCC é

$$N = N_i + \frac{N_f}{2} + \frac{N_v}{8}$$

$$= 1 + 0 + \frac{8}{8} = 2$$

O número de coordenação para a estrutura cristalina CCC é 8; cada átomo central possui os oito átomos localizados nos vértices como seus vizinhos mais próximos. Como o número de coordenação é menor na estrutura CCC do que na estrutura CFC, o fator de empacotamento atômico na estrutura CCC também é menor — 0,68 contra 0,74.

Também é possível existir uma célula unitária que consiste em átomos situados apenas nos vértices de um cubo. Essa é denominada uma *estrutura cristalina cúbica simples* (*CS*); os modelos de esferas rígidas e de esferas reduzidas são mostrados, respectivamente, nas Figuras 3.3a e 3.3b. Nenhum dos elementos metálicos possui essa estrutura cristalina devido ao seu fator de empacotamento atômico relativamente pequeno (veja a Verificação de Conceitos 3.1). O único elemento com estrutura cristalina cúbica simples é o polônio, que é considerado um metaloide (ou semimetal).

A Estrutura Cristalina Hexagonal Compacta

Nem todos os metais possuem células unitárias com simetria cúbica; a última estrutura cristalina comumente encontrada nos metais a ser discutida possui uma célula unitária hexagonal. A Figura 3.4a mostra uma célula unitária com esferas reduzidas para essa estrutura, que é chamada de **hexagonal compacta (HC)**; um conjunto de várias células unitárias HC é representado na Figura 3.4b.[1] As faces superior e inferior da célula unitária são compostas por seis átomos, que formam hexágonos regulares e envolvem um único átomo central. Outro plano, que contribui com três átomos adicionais para a célula unitária, está localizado entre os planos superior e inferior. Os átomos nesse plano intermediário possuem como vizinhos mais próximos os átomos nos dois planos adjacentes.

hexagonal compacta (HC)

Para calcular o número de átomos por célula unitária para a estrutura cristalina HC, a Equação 3.2 é modificada para a seguinte forma:

$$N = N_i + \frac{N_f}{2} + \frac{N_v}{6} \qquad (3.5)$$

Isto é, um sexto de cada átomo em um vértice é atribuído a uma célula unitária (em lugar de 8, como na estrutura cúbica). Uma vez que na estrutura HC existem 6 átomos em vértices em cada uma das faces superior e inferior (para um total de 12 átomos em vértices), 2 átomos nos centros de faces (um em cada uma das faces superior e inferior), e 3 átomos interiores no plano intermediário, o valor de *N* para a estrutura HC é determinado usando a Equação 3.5, sendo igual a

$$N = 3 + \frac{2}{2} + \frac{12}{6} = 6$$

Dessa forma, 6 átomos são atribuídos a cada célula unitária.

---

[1]Alternativamente, a célula unitária HC pode ser especificada em termos do paralelepípedo definido pelos átomos identificados de A a H na Figura 3.4a. Como tal, o átomo identificado como J está localizado no interior da célula unitária.

Figura 3.4 Para a estrutura cristalina hexagonal compacta, (*a*) uma célula unitária com esferas reduzidas (*a* e *c* representam os comprimentos das arestas menor e maior, respectivamente) e (*b*) um agregado de muitos átomos.

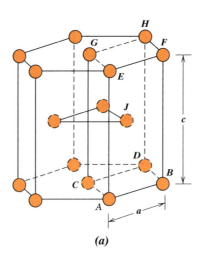
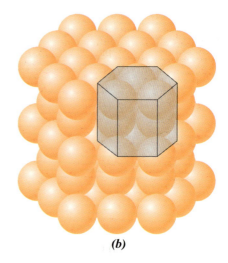

(a)   (b)

Se *a* e *c* representam, respectivamente, a menor e a maior dimensão da célula unitária mostrada na Figura 3.4*a*, a razão *c*/*a* deverá valer 1,633; entretanto, em alguns metais HC tal razão apresenta um desvio em relação a esse valor ideal.

O número de coordenação e o fator de empacotamento atômico para a estrutura cristalina HC são os mesmos que para a estrutura CFC: 12 e 0,74, respectivamente. Os metais HC incluem o cádmio, o magnésio, o titânio e o zinco; alguns desses estão listados na Tabela 3.1.

PROBLEMA-EXEMPLO 3.1

Determinação do Volume da Célula Unitária CFC

Calcule o volume de uma célula unitária CFC em função do raio atômico *R*.

Solução

Na célula unitária CFC ilustrada, os átomos se tocam ao longo de uma diagonal na face do cubo, cujo comprimento vale 4*R*. Como a célula unitária é um cubo, seu volume é igual a a^3, em que *a* é o comprimento da aresta da célula. A partir do triângulo retângulo na face,

$$a^2 + a^2 = (4R)^2$$

ou, resolvendo para *a*,

$$a = 2R\sqrt{2} \quad (3.1)$$

O volume V_C da célula unitária CFC pode ser calculado a partir de

$$V_C = a^3 = (2R\sqrt{2})^3 = 16R^3\sqrt{2} \quad (3.6)$$

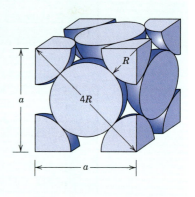

PROBLEMA-EXEMPLO 3.2

Cálculo do Fator de Empacotamento Atômico para a Estrutura CFC

Mostre que o fator de empacotamento atômico para a estrutura cristalina CFC é 0,74.

Solução

O FEA é definido como a fração do volume das esferas sólidas em uma célula unitária, ou

$$\text{FEA} = \frac{\text{volume de átomos em uma célula unitária}}{\text{volume total da célula unitária}} = \frac{V_E}{V_C}$$

Tanto o volume total dos átomos quanto o volume da célula unitária podem ser calculados em termos do raio atômico *R*. O volume para uma esfera é $\frac{4}{3}\pi R^3$ e, uma vez que existem quatro átomos por célula unitária CFC, o volume total dos átomos (ou esferas) em uma célula unitária CFC é

$$V_E = (4)\tfrac{4}{3}\pi R^3 = \tfrac{16}{3}\pi R^3$$

A partir do Problema-Exemplo 3.1, o volume total da célula unitária é de

$$V_C = 16R^3\sqrt{2}$$

Portanto, o fator de empacotamento atômico é de

$$\text{FEA} = \frac{V_E}{V_C} = \frac{\left(\tfrac{16}{3}\right)\pi R^3}{16R^3\sqrt{2}} = 0{,}74$$

Verificação de Conceitos 3.1

(a) Qual é o número de coordenação para a estrutura cristalina cúbica simples?

(b) Calcule o fator de empacotamento atômico para a estrutura cristalina cúbica simples.

[*A resposta está disponível no GEN-IO, ambiente virtual de aprendizagem do GEN.*]

PROBLEMA-EXEMPLO 3.3

Determinação do Volume da Célula Unitária HC

(a) Calcule o volume de uma célula unitária HC em termos dos seus parâmetros da rede cristalina a e c.

(b) Então, forneça uma expressão para esse volume em termos do raio atômico, R, e do parâmetro da rede cristalina c.

Solução

(a) Usamos a célula unitária por esferas reduzidas HC adjacente para resolver este problema.

Então, o volume da célula unitária é simplesmente o produto da área da base vezes a altura da célula, c. Essa área da base é simplesmente três vezes a área do paralelogramo $ACDE$ mostrado a seguir. (Esse paralelogramo $ACDE$ também está identificado na célula unitária acima.)

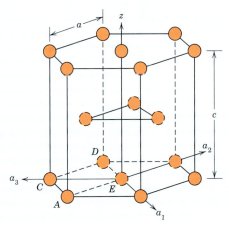

A área de $ACDE$ é simplesmente o comprimento de $\overline{CD}$ vezes a altura $\overline{BC}$. Mas $\overline{CD}$ é simplesmente igual a a, enquanto $\overline{BC}$ é igual a

$$\overline{BC} = a\cos(30°) = \frac{a\sqrt{3}}{2}$$

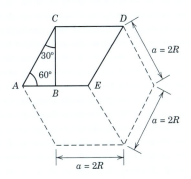

Dessa forma, a área da base é igual a

$$\text{ÁREA} = (3)(\overline{CD})(\overline{BC}) = (3)(a)\left(\frac{a\sqrt{3}}{2}\right) = \frac{3a^2\sqrt{3}}{2}$$

Novamente, o volume da célula unitária V_C é simplesmente o produto da ÁREA vezes c; assim,

$$\begin{aligned}
V_C &= \text{ÁREA}(c) \\
&= \left(\frac{3a^2\sqrt{3}}{2}\right)(c) \\
&= \frac{3a^2c\sqrt{3}}{2}
\end{aligned}$$

(3.7a)

(b) Para essa parte do problema, tudo o que temos que fazer é concluir que o parâmetro da rede cristalina a está relacionado com o raio atômico R da seguinte maneira:

$$a = 2R$$

Agora, fazendo essa substituição de a na Equação 3.7a, temos

$$V_C = \frac{3(2R)^2 c \sqrt{3}}{2}$$
$$= 6R^2 c \sqrt{3} \tag{3.7b}$$

3.5 CÁLCULOS DA MASSA ESPECÍFICA

Um conhecimento da estrutura cristalina de um sólido metálico permite o cálculo da sua massa específica teórica ρ por meio da relação

Massa específica teórica para metais

$$\rho = \frac{nA}{V_C N_A} \tag{3.8}$$

em que

n = número de átomos associados a cada célula unitária
A = peso atômico
V_C = volume da célula unitária
N_A = número de Avogadro ($6,022 \times 10^{23}$ átomos/mol)

PROBLEMA-EXEMPLO 3.4

Cálculo da Massa Específica Teórica para o Cobre

O cobre possui um raio atômico de 0,128 nm, uma estrutura cristalina CFC e um peso atômico de 63,5 g/mol. Calcule sua massa específica teórica e compare a resposta com sua massa específica medida experimentalmente.

Solução

A Equação 3.8 é empregada na solução deste problema. Uma vez que a estrutura cristalina é CFC, n, o número de átomos por célula unitária, é igual a 4. Além disso, o peso atômico A_{Cu} é dado como 63,5 g/mol. O volume da célula unitária V_C para a estrutura CFC foi determinado no Problema-Exemplo 3.1 como igual a $16R^3 \sqrt{2}$, em que o valor de R, o raio atômico, é 0,128 nm.

A substituição dos vários parâmetros na Equação 3.8 fornece

$$\rho_{Cu} = \frac{nA_{Cu}}{V_C N_A} = \frac{nA_{Cu}}{(16R^3 \sqrt{2}) N_A}$$
$$= \frac{(4 \text{ átomos/célula unitária})(63,5 \text{ g/mol})}{[16 \sqrt{2}(1,28 \times 10^{-8} \text{ cm})^3/\text{célula unitária}](6,022 \times 10^{23} \text{átomos/mol})}$$
$$= 8,89 \text{ g/cm}^3$$

O valor encontrado na literatura para a massa específica do cobre é de 8,94 g/cm³, que está em excelente concordância com o resultado anterior.

3.6 POLIMORFISMO E ALOTROPIA

**polimorfismo
alotropia**

Alguns metais, assim como alguns ametais, podem ter mais do que uma estrutura cristalina, um fenômeno que é conhecido como **polimorfismo**. Quando encontrada em sólidos elementares, essa condição é frequentemente denominada **alotropia**. A estrutura cristalina que prevalece depende tanto da temperatura quanto da pressão externa. Um exemplo conhecido é encontrado no carbono: a grafita é o polimorfo estável sob as condições ambientes, enquanto o diamante é formado sob pressões extremamente elevadas. Ainda, o ferro puro possui uma estrutura cristalina CCC à temperatura ambiente, que muda para CFC a 912°C (1674°F). Na maioria das vezes, uma transformação polimórfica é acompanhada de uma mudança na massa específica e em outras propriedades físicas.

MATERIAIS DE IMPORTÂNCIA 3.1

Estanho (Sua Transformação Alotrópica)

Outro metal comum que apresenta uma mudança alotrópica é o estanho. O estanho branco (ou β), que possui uma estrutura cristalina tetragonal de corpo centrado à temperatura ambiente, transforma-se, a 13,2°C (55,8°F), em estanho cinza (ou α), que possui uma estrutura cristalina semelhante à do diamante (isto é, a estrutura cristalina cúbica do diamante); essa transformação é representada esquematicamente na figura a seguir:

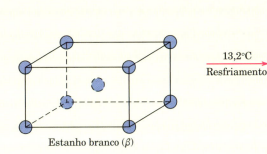

Estanho branco (β) → 13,2°C Resfriamento → Estanho cinza (α)

A taxa à qual essa mudança ocorre é extremamente lenta; entretanto, quanto menor a temperatura (abaixo de 13,2°C), mais rápida é a taxa de transformação. Acompanhando essa transformação do estanho branco em estanho cinza ocorre um aumento no volume (27%) e, de maneira correspondente, uma diminuição na massa específica (de 7,30 g/cm³ para 5,77 g/cm³). Consequentemente, essa expansão no volume resulta na desintegração do estanho branco metálico em um pó grosseiro do alótropo cinza. Em temperaturas subambientes normais, não há necessidade de preocupação com esse processo de desintegração em produtos de estanho, uma vez que a transformação ocorre a uma taxa muito lenta.

Essa transição de estanho branco em estanho cinza produziu alguns resultados dramáticos na Rússia em 1850. O inverno naquele ano foi particularmente frio, com a ocorrência de temperaturas mínimas recordes durante longos períodos de tempo. Os uniformes de alguns soldados russos tinham botões de estanho, muitos dos quais se desfizeram devido a essas condições extremamente frias, assim como também ocorreu com muitos dos tubos de estanho usados em órgãos de igrejas. Esse problema veio a ser conhecido como a *doença do estanho*.

Amostra de estanho branco (esquerda). Outra amostra desintegrada devido à sua transformação em estanho cinza (direita), após ser resfriada e mantida em uma temperatura abaixo de 13,2°C durante um período de tempo prolongado.
(Esta fotografia é uma cortesia do Professor Bill Plumbridge, Departamento de Engenharia de Materiais, The Open University, Milton Keynes, Inglaterra.)

3.7 SISTEMAS CRISTALINOS

Como existem muitas estruturas cristalinas diferentes possíveis, às vezes é conveniente dividi-las em grupos, de acordo com as configurações das células unitárias e/ou dos arranjos atômicos. Um desses esquemas se baseia na geometria da célula unitária, isto é, na forma do paralelepípedo apropriado para representar a célula unitária, a despeito das posições dos átomos na célula. Nesse contexto, é estabelecido um sistema de coordenadas *x-y-z* que tem sua origem localizada em um dos vértices da célula unitária; cada um dos eixos *x*, *y* e *z* coincide com uma das três arestas do paralelepípedo que se estendem a partir desse vértice, como ilustrado na Figura 3.5. A geometria da célula unitária é completamente definida em termos de seis parâmetros: os comprimentos das três arestas, *a*, *b* e *c*, e os três ângulos entre os eixos, α, β e γ. Esses parâmetros estão indicados na Figura 3.5 e são às vezes denominados **parâmetros da rede cristalina** de uma estrutura cristalina.

parâmetros da rede cristalina

Figura 3.5 Uma célula unitária com os eixos coordenados x, y e z, mostrando os comprimentos axiais (a, b e c) e os ângulos entre os eixos (α, β e γ).

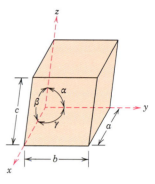

sistema cristalino

Com base nesse princípio, existem sete possíveis combinações diferentes de a, b e c, e α, β e γ, cada uma das quais representando um **sistema cristalino** distinto. Esses sete sistemas cristalinos são os sistemas cúbico, tetragonal, hexagonal, ortorrômbico, romboédrico,[2] monoclínico e triclínico. As relações para os parâmetros da rede e as representações das células unitárias para cada um desses sistemas são apresentadas na Tabela 3.2. O sistema cúbico, para o qual $a = b = c$ e $\alpha = \beta = \gamma = 90°$, possui o maior grau de simetria. A menor simetria é exibida pelo sistema triclínico, uma vez que nele $a \neq b \neq c$ e $\alpha \neq \beta \neq \gamma$.[3]

A partir da discussão das estruturas cristalinas dos metais, deve estar claro que tanto a estrutura CFC quanto a CCC pertencem ao sistema cristalino cúbico, enquanto a estrutura HC se enquadra no hexagonal. A célula unitária hexagonal convencional é formada, na realidade, por três paralelepípedos posicionados como mostra a Tabela 3.2.

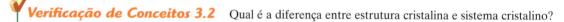

Verificação de Conceitos 3.2 Qual é a diferença entre estrutura cristalina e sistema cristalino?

[*A resposta está disponível no GEN-IO, ambiente virtual de aprendizagem do GEN.*]

É importante observar que muitos dos princípios e conceitos abordados nas discussões anteriores neste capítulo também são aplicáveis aos sistemas cristalinos cerâmicos e poliméricos (Capítulos 12 e 14). Por exemplo, as estruturas cristalinas são mais frequentemente descritas em termos de células unitárias, que são normalmente mais complexas que as das estruturas CFC, CCC e HC. Também, para esses outros sistemas, estamos frequentemente interessados em determinar os fatores de empacotamento atômico e as massas específicas, usando formas modificadas das Equações 3.3 e 3.8. Além disso, de acordo com a geometria da célula unitária, as estruturas cristalinas desses outros tipos de materiais também estão agrupadas nos sete sistemas cristalinos.

Pontos, Direções e Planos Cristalográficos

Ao lidar com materiais cristalinos, frequentemente torna-se necessário especificar um ponto particular no interior de uma célula unitária, uma direção cristalográfica ou algum plano cristalográfico de átomos. Foram estabelecidas convenções de identificação em que três números ou índices são empregados para designar as localizações de pontos, as direções e os planos. A base para a determinação dos valores dos índices é a célula unitária, com um sistema de coordenadas, para a direita, que consiste em três eixos (x, y e z) com origem em um dos vértices e coincidentes com as arestas da célula unitária, como ilustrado na Figura 3.5. Para alguns sistemas cristalinos — quais sejam, os sistemas hexagonal, romboédrico, monoclínico e triclínico — os três eixos *não* são mutuamente perpendiculares, como no conhecido sistema de coordenadas cartesianas.

---

[2]Também chamado *trigonal*.
[3]Em termos simples, o grau de simetria do cristal pode ser identificado pelo número de parâmetros únicos da célula unitária — isto é, as maiores simetrias estão associadas a menos parâmetros. Por exemplo, as estruturas cúbicas possuem a maior simetria, uma vez que existe apenas um único parâmetro da rede cristalina — ou seja, o comprimento da aresta da célula unitária, a. Por outro lado, para a estrutura triclínica, que possui o menor grau de simetria, existem seis parâmetros únicos — três comprimentos de aresta da célula unitária e três ângulos interaxiais.

A Estrutura dos Sólidos Cristalinos • **53**

Tabela 3.2

Relações entre os Parâmetros da Rede Cristalina e Figuras Mostrando as Geometrias das Células Unitárias para os Sete Sistemas Cristalinos

Sistema Cristalino	Relações Axiais	Ângulos entre os Eixos	Geometria da Célula Unitária
Cúbico	$a = b = c$	$\alpha = \beta = \gamma = 90°$	
Hexagonal	$a = b \neq c$	$\alpha = \beta = 90°, \gamma = 120°$	
Tetragonal	$a = b \neq c$	$\alpha = \beta = \gamma = 90°$	
Romboédrico (Trigonal)	$a = b = c$	$\alpha = \beta = \gamma \neq 90°$	
Ortorrômbico	$a \neq b \neq c$	$\alpha = \beta = \gamma = 90°$	
Monoclínico	$a \neq b \neq c$	$\alpha = \gamma = 90° \neq \beta$	
Triclínico	$a \neq b \neq c$	$\alpha \neq \beta \neq \gamma \neq 90°$	

3.8 COORDENADAS DOS PONTOS

Às vezes é necessário especificar uma posição na rede cristalina dentro de uma célula unitária. A posição na rede cristalina é definida em termos de três *coordenadas de posição da rede cristalina*, que estão associadas aos eixos x, y e z — optamos por identificar essas coordenadas como P_x, P_y e P_z. As especificações de coordenadas são possíveis usando três índices de coordenadas de ponto: q, r e s. Esses índices são múltiplos fracionários dos comprimentos das arestas das células unitárias a, b e c — isto é, q é algum comprimento fracionário de a ao longo do eixo x, r é algum comprimento fracionário de b ao longo do eixo y e, de maneira semelhante, para s. Em outras palavras, as coordenadas de posição na rede cristalina (isto é, os Ps) são iguais aos produtos dos seus respectivos índices de ponto com os comprimentos de aresta da célula unitária — quais sejam:

$$P_x = qa \tag{3.9a}$$

$$P_y = rb \tag{3.9b}$$

$$P_z = sc \tag{3.9c}$$

Figura 3.6 A maneira como são determinadas as coordenadas q, r e s do ponto P no interior da célula unitária. O índice q (que é uma fração) corresponde à distância qa ao longo do eixo x, em que a é o comprimento da aresta da célula unitária. Os respectivos índices r e s para os eixos y e z são determinados de maneira semelhante.

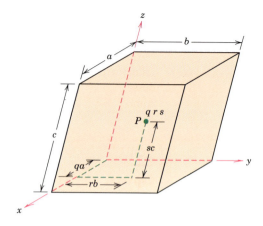

Para ilustrar, considere a célula unitária na Figura 3.6, o sistema coordenado x-y-z com sua origem localizada em um vértice da célula unitária, e o local na rede cristalina localizado no ponto P. Observe como a posição de P está relacionada com os produtos entre os seus índices de ponto q, r e s e os comprimentos das arestas das células unitárias.[4]

PROBLEMA-EXEMPLO 3.5

Localização de um Ponto com Coordenadas Específicas

Para a célula unitária mostrada na figura (a) abaixo, localize o ponto com índices $\frac{1}{4}\,1\,\frac{1}{2}$.

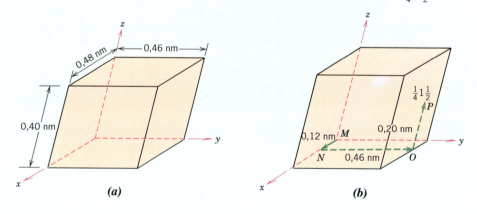

Solução

A partir da figura (a), os comprimentos das arestas para essa célula unitária são os seguintes: $a = 0{,}48$ nm, $b = 0{,}46$ nm e $c = 0{,}40$ nm. Além disso, em função da discussão anterior, os três índices de coordenadas do ponto são $q = \frac{1}{4}$, $r = 1$ e $s = \frac{1}{2}$. Usamos as Equações 3.9a a 3.9c para determinar as coordenadas de posição de rede para esse ponto da seguinte maneira:

$$P_x = qa$$
$$= \left(\frac{1}{4}\right)a = \frac{1}{4}(0{,}48 \text{ nm}) = 0{,}12 \text{ nm}$$

$$P_y = rb$$
$$= (1)b = 1(0{,}46 \text{ nm}) = 0{,}46 \text{ nm}$$

$$P_z = sc$$
$$= \left(\frac{1}{2}\right)c = \frac{1}{2}(0{,}40 \text{ nm}) = 0{,}20 \text{ nm}$$

---

[4]Optamos por não separar os índices q, r e s por meio de vírgulas ou quaisquer outras marcas de pontuação (que é a convenção normal).

Para localizar o ponto que possui essas coordenadas dentro da célula unitária, primeiro usamos a posição x na rede cristalina e nos movemos a partir da origem da célula unitária (ponto M) 0,12 nm ao longo do eixo x (até o ponto N), como mostra a figura (b). De maneira semelhante, usando a posição y na rede cristalina, prosseguimos 0,46 nm paralelamente ao eixo y, do ponto N até o ponto O. Finalmente, movemos dessa posição 0,20 nm paralelamente ao eixo z, até o ponto P (conforme a posição z na rede cristalina), como também está assinalado na figura (b). Assim, o ponto P corresponde aos índices de ponto $\frac{1}{4}\ 1\ \frac{1}{2}$.

PROBLEMA-EXEMPLO 3.6

Especificação de Índices das Coordenadas de Ponto

Especifique os índices das coordenadas para todos os pontos numerados da célula unitária na ilustração a seguir.

Solução

Para essa célula unitária, os pontos coordenados estão localizados em todos os oito vértices com um único ponto na posição central.

O ponto 1 está localizado na origem do sistema de coordenadas, e, portanto, as suas coordenadas de posição na rede cristalina em referência aos eixos x, y e z são $0a$, $0b$ e $0c$, respectivamente. E, a partir das Equações 3.9a a 3.9c,

$$P_x = qa = 0a$$
$$P_y = rb = 0b$$
$$P_z = sc = 0c$$

Resolvendo as três expressões acima para os valores dos índices q, r e s, obtemos

$$q = \frac{0a}{a} = 0 \qquad r = \frac{0b}{b} = 0 \qquad s = \frac{0c}{c} = 0$$

Portanto, esse é o ponto 0 0 0.

Uma vez que o ponto de número 2 está localizado a um comprimento da aresta da célula unitária ao longo do eixo x, as suas coordenadas de posição na rede cristalina em referência aos eixos x, y e z são a, $0b$ e $0c$, e

$$P_x = qa = a$$
$$P_y = rb = 0b$$
$$P_z = sc = 0c$$

Assim, determinamos os valores para os índices q, r e s da seguinte maneira:

$$q = 1 \qquad r = 0 \qquad s = 0$$

Dessa forma, o ponto 2 é 1 0 0.

Esse mesmo procedimento é conduzido para os sete pontos restantes na célula unitária. Os índices dos pontos para todas as nove posições estão listados na tabela a seguir.

Número do Ponto	q	r	s
1	0	0	0
2	1	0	0
3	1	1	0
4	0	1	0
5	$\frac{1}{2}$	$\frac{1}{2}$	$\frac{1}{2}$
6	0	0	1
7	1	0	1
8	1	1	1
9	0	1	1

3.9 DIREÇÕES CRISTALOGRÁFICAS

Uma *direção cristalográfica* é definida como uma linha direcionada entre dois pontos, ou um *vetor*. As seguintes etapas são usadas para determinar os três índices direcionais:

1. Em primeiro lugar, constrói-se um sistema de coordenadas *x-y-z* para a direita. Por questão de conveniência, sua origem pode estar localizada em um vértice da célula unitária.
2. São determinadas as coordenadas de dois pontos que estejam no mesmo vetor direção (em referência ao sistema de coordenadas) — por exemplo, para a parte traseira do vetor, o ponto 1: x_1, y_1 e z_1; enquanto, para a parte dianteira do vetor, o ponto 2: x_2, y_2 e z_2.[5]
3. As coordenadas do ponto traseiro são subtraídas dos componentes do ponto dianteiro — isto é, $x_2 - x_1, y_2 - y_1$ e $z_2 - z_1$.
4. Essas diferenças nas coordenadas são então normalizadas em termos dos (isto é, divididas pelos) seus respectivos parâmetros da rede cristalina *a*, *b* e *c* — ou seja,

$$\frac{x_2 - x_1}{a} \quad \frac{y_2 - y_1}{b} \quad \frac{z_2 - z_1}{c}$$

que fornece um conjunto de três números.

5. Se necessário, esses três números são multiplicados ou divididos por um fator comum para reduzi-los aos menores valores inteiros.
6. Os três índices resultantes, sem separação por vírgulas, são colocados entre colchetes: [*uvw*]. Os inteiros *u*, *v* e *w* correspondem às diferenças de coordenadas normalizadas com referência aos eixos *x*, *y* e *z*, respectivamente.

Em resumo, os índices *u*, *v* e *w* podem ser determinados usando as seguintes equações:

$$u = n\left(\frac{x_2 - x_1}{a}\right) \tag{3.10a}$$

$$v = n\left(\frac{y_2 - y_1}{b}\right) \tag{3.10b}$$

$$w = n\left(\frac{z_2 - z_1}{c}\right) \tag{3.10c}$$

Nessas expressões, *n* é o fator que pode ser exigido para reduzir *u*, *v* e *w* a números inteiros.

Para cada um dos três eixos existirão tanto coordenadas positivas quanto negativas. Dessa forma, também são possíveis índices negativos, os quais são representados por uma barra sobre o índice apropriado. Por exemplo, a direção [1$\bar{1}$1] tem um componente na direção –*y*. Além disso, a mudança dos sinais de todos os índices produz uma direção antiparalela; isto é, a direção [$\bar{1}$1$\bar{1}$] é diretamente oposta à direção [1$\bar{1}$1]. Se mais de uma direção (ou plano) tiver que ser especificada para uma estrutura cristalina específica, torna-se imperativo para manter a consistência que uma convenção positiva-negativa, uma vez estabelecida, não seja mudada.

As direções [100], [110] e [111] são direções comuns; elas estão representadas na célula unitária na Figura 3.7.

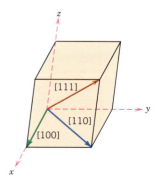

Figura 3.7 As direções [100], [110] e [111] dentro de uma célula unitária.

---

[5]Essas coordenadas dianteira e traseira são coordenadas de posições na rede cristalina, e seus valores são determinados usando o procedimento descrito na Seção 3.8.

PROBLEMA-EXEMPLO 3.7

Determinação de Índices Direcionais

Determine os índices para a direção que está mostrada na figura ao lado.

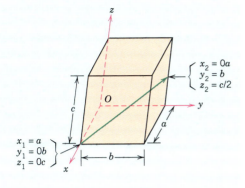

Solução

Primeiro é necessário anotar as coordenadas das partes traseira e dianteira do vetor. A partir da ilustração, as coordenadas da parte traseira são as seguintes:

$$x_1 = a \qquad y_1 = 0b \qquad z_1 = 0c$$

Para as coordenadas da parte dianteira,

$$x_2 = 0a \qquad y_2 = b \qquad z_2 = c/2$$

Agora, tomando as diferenças entre as coordenadas dos pontos,

$$x_2 - x_1 = 0a - a = -a$$
$$y_2 - y_1 = b - 0b = b$$
$$z_2 - z_1 = c/2 - 0c = c/2$$

Agora é possível usar as Equações 3.10a a 3.10c para calcular os valores de u, v e w. Contudo, uma vez que a diferença $z_2 - z_1$ é uma fração (isto é, $c/2$), nós antecipamos que para obter valores inteiros para os três índices será necessário atribuir um valor de 2 a n. Dessa forma,

$$u = n\left(\frac{x_2 - x_1}{a}\right) = 2\left(\frac{-a}{a}\right) = -2$$

$$v = n\left(\frac{y_2 - y_1}{b}\right) = 2\left(\frac{b}{b}\right) = 2$$

$$w = n\left(\frac{z_2 - z_1}{c}\right) = 2\left(\frac{c/2}{c}\right) = 1$$

Finalmente, a colocação dos índices –2, 2 e 1 entre colchetes leva a $[\bar{2}21]$ como a designação de direção.[6]
Esse procedimento pode ser resumido como a seguir:

	x	y	z
Coordenadas da parte dianteira (x_2, y_2, z_2)	$0a$	b	$c/2$
Coordenadas da parte traseira (x_1, y_1, z_1)	a	$0b$	$0c$
Diferenças de coordenadas	$-a$	b	$c/2$
Valores calculados de u, v e w	$u = -2$	$v = 2$	$w = 1$
Colocação entre colchetes		$[\bar{2}21]$	

PROBLEMA-EXEMPLO 3.8

Construção de uma Direção Cristalográfica Específica

Dentro da célula unitária a seguir, desenhe uma direção $[1\bar{1}0]$ com a sua parte traseira na origem do sistema de coordenadas, o ponto O.

Solução

Este problema é resolvido invertendo o procedimento do exemplo anterior. Para essa direção $[1\bar{1}0]$,

---

[6]Se esses valores de u, v e w não forem inteiros, será necessário escolher outro valor para n.

$$u = 1$$
$$v = -1$$
$$w = 0$$

Uma vez que a parte traseira do vetor direção está posicionada na origem, as suas coordenadas são as seguintes:

$$x_1 = 0a$$
$$y_1 = 0b$$
$$z_1 = 0c$$

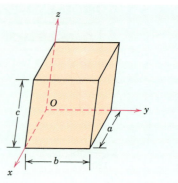

Agora queremos resolver para as coordenadas da parte dianteira do vetor — isto é, x_2, y_2 e z_2. Isso é possível usando formas rearranjadas das Equações 3.10a a 3.10c e incorporando os valores acima para os três índices direcionais (u, v e w), além das coordenadas para a parte traseira do vetor. Tomando o valor de n como igual a 1, pois todos os três índices direcionais são inteiros, temos

$$x_2 = ua + x_1 = (1)(a) + 0a = a$$
$$y_2 = vb + y_1 = (-1)(b) + 0b = -b$$
$$z_2 = wc + z_1 = (0)(c) + 0c = 0c$$

O processo de construção para esse vetor direção é mostrado na figura ao lado.

Uma vez que a parte traseira do vetor está posicionada na origem, começamos no ponto identificado como O e então nos movemos passo a passo para localizar a parte dianteira do vetor. Uma vez que a coordenada x para a parte dianteira do vetor (x_2) é igual a a, prosseguimos, a partir do ponto O, a unidades ao longo do eixo x, até o ponto Q. A partir do ponto Q, movemos b unidades paralelamente ao eixo $-y$, até o ponto P, já que a coordenada y para a parte dianteira do vetor (y_2) é igual a $-b$. Não existe componente z para o vetor, já que a coordenada z para a parte dianteira do vetor (z_2) é igual a $0c$. Finalmente, constrói-se o vetor correspondente a essa direção [1$\bar{1}$0] traçando-se uma linha desde o ponto O até o ponto P, como mostra a ilustração.

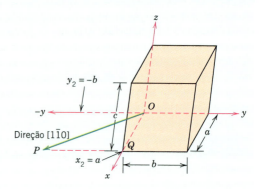

Para algumas estruturas cristalinas, várias direções não paralelas com índices diferentes são *cristalograficamente equivalentes*, significando que o espaçamento entre os átomos ao longo de cada direção é o mesmo. Por exemplo, nos cristais cúbicos todas as direções representadas pelos seguintes índices são equivalentes: [100], [$\bar{1}$00], [010], [0$\bar{1}$0], [001] e [00$\bar{1}$]. Por conveniência, as direções equivalentes são agrupadas como uma *família*, que é representada entre colchetes angulados: ⟨100⟩. Além disso, nos cristais cúbicos, as direções que possuem índices iguais, a despeito da ordem em que esses índices aparecem ou dos seus sinais — por exemplo, [123] e [$\bar{2}$1$\bar{3}$], são equivalentes. No entanto, em geral isso não é válido para outros sistemas cristalinos. Por exemplo, nos cristais com simetria tetragonal, as direções [100] e [010] são equivalentes, enquanto as direções [100] e [001] não são.

Direções nos Cristais Hexagonais

Um problema surge quando se consideram cristais com simetria hexagonal, pois algumas direções cristalográficas equivalentes não possuem o mesmo conjunto de índices. Essa situação é resolvida com a utilização de um sistema de coordenadas com quatro eixos, ou de *Miller-Bravais*, como ilustrado na Figura 3.8a. Os três eixos a_1, a_2 e a_3 estão contidos em um único plano (chamado de *plano basal*) e formam ângulos de 120° entre si. O eixo z é perpendicular a esse plano basal. Os índices direcionais, que são obtidos como descrito anteriormente, são representados por quatro índices, no formato [$uvtw$]; por convenção, os índices u, v e t estão relacionados com diferenças nas coordenadas do vetor em referência aos respectivos eixos a_1, a_2 e a_3 no plano basal; o quarto índice diz respeito ao eixo z.

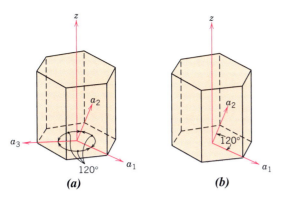

Figura 3.8 Sistema de eixos coordenados para uma célula unitária hexagonal: (*a*) Miller-Bravais com quatro eixos; (*b*) três eixos.

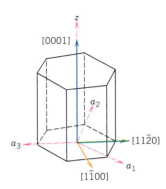

Figura 3.9 Para o sistema cristalino hexagonal, as direções [0001], [1$\bar{1}$00] e [11$\bar{2}$0].

A conversão do sistema com três índices (usando os eixos coordenados a_1-a_2-z da Figura 3.8*b*) para o sistema com quatro índices conforme

$$[UVW] \rightarrow [uvtw]$$

é realizada com o emprego das seguintes fórmulas:[7]

$$u = \frac{1}{3}(2U - V) \tag{3.11a}$$

$$v = \frac{1}{3}(2V - U) \tag{3.11b}$$

$$t = -(u + v) \tag{3.11c}$$

$$w = W \tag{3.11d}$$

Aqui, os índices em letras maiúsculas U, V e W estão associados ao sistema com três índices (em lugar de u, v e w, conforme anteriormente), enquanto os índices em letras minúsculas u, v, t e w estão associados ao novo sistema com quatro índices de Miller-Bravais. Por exemplo, usando essas equações, a direção [010] torna-se [$\bar{1}$2$\bar{1}$0]; adicionalmente, [$\bar{1}$2$\bar{1}$0] também é equivalente ao seguinte: [1210], [1$\bar{2}$10], [$\bar{1}$2$\bar{1}$0].

Várias direções diferentes estão indicadas na célula unitária hexagonal na Figura 3.9.

A determinação dos índices de direção é conduzida usando um procedimento similar ao usado para outros sistemas cristalinos — pela subtração das coordenadas para o ponto da parte traseira do vetor das coordenadas para o ponto da parte dianteira do vetor. Para simplificar a demonstração desse procedimento, primeiro determinamos os índices U, V e W usando o sistema de coordenadas de três eixos a_1-a_2-z da Figura 3.8*b*, e então convertemos aos índices u, v, t e w usando as Equações 3.11a-3.11d.

O esquema de designação para os três conjuntos de coordenadas para as partes dianteira e traseira do vetor é o seguinte:

Eixo	Coordenada da Parte Dianteira	Coordenada da Parte Traseira
a_1	a_1''	a_1'
a_2	a_2''	a_2'
z	z''	z'

---

[7] A redução ao menor conjunto de inteiros pode ser necessária, conforme discutido anteriormente.

Usando esse esquema, os equivalentes às Equações 3.10a a 3.10c para os índices hexagonais U, V e W são os seguintes:

$$U = n\left(\frac{a_1'' - a_1'}{a}\right) \quad (3.12a)$$

$$V = n\left(\frac{a_2'' - a_2'}{a}\right) \quad (3.12b)$$

$$W = n\left(\frac{z'' - z'}{c}\right) \quad (3.12c)$$

Nessas expressões, o parâmetro n está incluído para facilitar, se necessário, a redução de U, V e W a valores inteiros.

PROBLEMA-EXEMPLO 3.9

Determinação dos Índices Direcionais para uma Célula Unitária Hexagonal

Para a direção mostrada na figura ao lado, faça o seguinte:

(a) Determine os índices de direção em referência ao sistema de coordenadas com três eixos da Figura 3.8b.

(b) Converta esses índices em um conjunto de índices referenciado ao esquema de quatro eixos (Figura 3.8a).

Solução

(a) A primeira coisa que precisamos fazer é determinar os índices U, V e W para o vetor em referência ao esquema com três eixos que é representado na figura; isso é possível usando as Equações 3.12a a 3.12c. Uma vez que o vetor passa pela origem do sistema de coordenadas, $a_1' = a_2' = 0a$ e $z' = 0c$. Além disso, a partir da figura, as coordenadas para a parte dianteira do vetor são as seguintes:

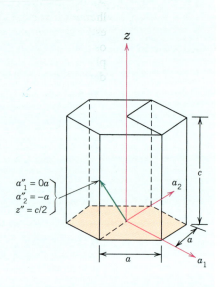

$$a_1'' = 0a$$
$$a_2'' = -a$$
$$z'' = \frac{c}{2}$$

Uma vez que o denominador em z'' é igual a 2, presumimos que $n = 2$. Portanto,

$$U = n\left(\frac{a_1'' - a_1'}{a}\right) = 2\left(\frac{0a - 0a}{a}\right) = 0$$

$$V = n\left(\frac{a_2'' - a_2'}{a}\right) = 2\left(\frac{-a - 0a}{a}\right) = -2$$

$$W = n\left(\frac{z'' - z'}{c}\right) = 2\left(\frac{c/2 - 0c}{c}\right) = 1$$

Essa direção é representada colocando os índices acima entre colchetes — ou seja, $[0\bar{2}1]$.

(b) Para converter esses índices em um conjunto de índices em referência ao esquema com quatro eixos, exige-se o uso das Equações 3.11a-3.11d. Para essa direção $[0\bar{2}1]$

$$U = 0 \quad V = -2 \quad W = 1$$

e

$$u = \frac{1}{3}(2U - V) = \frac{1}{3}[(2)(0) - (-2)] = \frac{2}{3}$$

A Estrutura dos Sólidos Cristalinos • **61**

$$v = \frac{1}{3}(2V - U) = \frac{1}{3}[(2)(-2) - 0] = -\frac{4}{3}$$

$$t = -(u + v) = -\left(\frac{2}{3} - \frac{4}{3}\right) = \frac{2}{3}$$

$$w = W = 1$$

A multiplicação dos índices anteriores por 3 os reduz ao menor conjunto de inteiros, que fornece os valores de 2, –4, 2 e 3 para u, v, t e w, respectivamente. Assim, o vetor direção mostrado na figura é $[2\bar{4}23]$.

O procedimento usado para traçar vetores direção em cristais com simetria hexagonal dados seus conjuntos de índices é relativamente complicado; portanto, optamos por omitir uma descrição desse procedimento.

3.10 PLANOS CRISTALOGRÁFICOS

As orientações dos planos em uma estrutura cristalina são representadas de uma maneira seme-lhante. Novamente, a célula unitária é a base, com o sistema de coordenadas com três eixos como está representado na Figura 3.5. Em todos os sistemas cristalinos, à exceção do sistema hexagonal, os planos cristalográficos são especificados por três **índices de Miller** na forma (hkl). Quaisquer dois planos paralelos entre si são equivalentes e possuem índices idênticos. O procedimento utilizado para determinar os valores dos índices h, k e l é o seguinte:

índices de Miller

1. Se o plano passa pela origem que foi selecionada, ou outro plano paralelo deve ser construído no interior da célula unitária mediante uma translação apropriada, ou uma nova origem deve ser estabelecida no vértice de outra célula unitária.[8]

2. Desse modo, ou o plano cristalográfico intercepta ou é paralelo a cada um dos três eixos. A coor-denada para a interseção do plano cristalográfico com cada um dos eixos é determinada (em referência à origem do sistema de coordenadas). Essas interseções para os eixos x, y e z serão designadas por A, B e C, respectivamente.[9]

3. Os valores inversos desses números são obtidos. Um plano paralelo a um eixo pode ser conside-rado como tendo uma interseção no infinito e, portanto, um índice igual a zero.

4. Os inversos das interseções são então normalizados em termos de (isto é, multiplicados por) seus respectivos parâmetros da rede cristalina a, b e c. Isto é,

$$\frac{a}{A} \quad \frac{b}{B} \quad \frac{c}{C}$$

5. Se necessário, esses três números são mudados para o conjunto de menores números inteiros pela multiplicação ou divisão por um fator comum.[10]

6. Finalmente, os índices inteiros, não separados por vírgulas, são colocados entre parênteses: (hkl). Os inteiros h, k e l correspondem aos inversos das interseções normalizados, com referência aos eixos x, y e z, respectivamente.

Em resumo, os índices h, k e l podem ser determinados usando as seguintes equações:

$$h = \frac{na}{A} \tag{3.13a}$$

---

[8]Sugere-se o seguinte procedimento para selecionar uma nova origem:

Se o plano cristalográfico que intercepta a origem está sobre uma das faces da célula unitária, mova a origem a distância de uma unidade da célula unitária paralelamente ao eixo que intercepta esse plano.

Se o plano cristalográfico que intercepta a origem passa por um dos eixos da célula unitária, mova a origem a uma distância de uma unidade da célula unitária paralelamente a qualquer um dos outros dois eixos.

Em todos os casos, mova a origem a uma distância de uma unidade da célula unitária paralelamente a qualquer um desses três eixos da célula unitária.

[9]Esses pontos de interseção são coordenadas de posição da rede cristalina, e seus valores são determinados usando o procedi-mento descrito na Seção 3.8.

[10]Ocasionalmente, a redução dos índices não é realizada (por exemplo, para os estudos de difração de raios X descritos na Seção 3.16); por exemplo, o plano (002) não é reduzido a (001). Além disso, nos materiais cerâmicos o arranjo iônico para um plano com índices reduzidos pode ser diferente daquele para um plano que não teve seus índices reduzidos.

62 • Capítulo 3

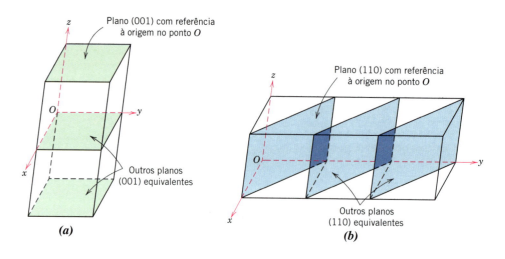

Figura 3.10
Representações de uma série de planos cristalográficos, cada um equivalente a (a) (001), (b) (110) e (c) (111).

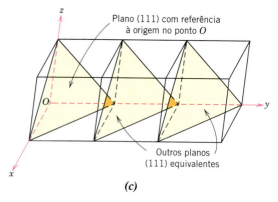

$$k = \frac{nb}{B} \quad (3.13b)$$

$$l = \frac{nc}{C} \quad (3.13c)$$

Nessas expressões, n é o fator que pode ser exigido para reduzir h, k e l a números inteiros.

Uma interseção no lado negativo da origem é indicada por uma barra ou um sinal de menos posicionado sobre o índice apropriado. Além disso, a inversão das direções de todos os índices especifica outro plano, que é paralelo e está do lado oposto e de maneira equidistante à origem. Vários planos com índices reduzidos são representados na Figura 3.10.

Uma característica interessante e exclusiva dos cristais cúbicos é o fato de que os planos e direções com índices iguais são perpendiculares entre si; contudo, para os demais sistemas cristalinos não existem relações geométricas simples entre planos e direções com índices iguais.

PROBLEMA-EXEMPLO 3.10

Determinação de Índices Planares (Miller)

Determine os índices de Miller para o plano mostrado na figura (a) a seguir.

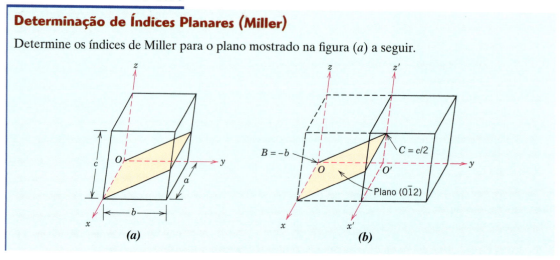

Solução

Uma vez que o plano passa pela origem selecionada O, uma nova origem deve ser escolhida no vértice de uma célula unitária adjacente. Ao escolher essa nova célula unitária, movemos a distância de uma unidade da célula unitária paralelamente ao eixo y, como mostra a figura (b). Assim, x'-y-z' é o novo sistema de eixos coordenados, que possui a sua origem localizada em O'. Uma vez que esse plano é paralelo ao eixo x', a sua interseção é ∞a — isto é, $A = \infty a$. Adicionalmente, a partir da ilustração (b), as interseções com os eixos y e z' são as seguintes:

$$B = -b \qquad C = c/2$$

Agora é possível usar as Equações 3.13a-3.13c para determinar os valores de h, k e l. Nesse ponto, vamos escolher um valor de 1 para n. Assim,

$$h = \frac{na}{A} = \frac{1a}{\infty a} = 0$$

$$k = \frac{nb}{B} = \frac{1b}{-b} = -1$$

$$l = \frac{nc}{C} = \frac{1c}{c/2} = 2$$

Por fim, colocando entre parênteses os índices 0, −1 e 2, temos $(0\bar{1}2)$ como a designação para essa direção.[11]

Esse procedimento é resumido a seguir:

	x	y	z
Interseções (A, B, C)	∞a	$-b$	$c/2$
Valores calculados de h, k e l (Equações 3.13a–3.13c)	$h = 0$	$k = -1$	$l = 2$
Colocação entre parênteses		$(0\bar{1}2)$	

PROBLEMA-EXEMPLO 3.11

Construção de um Plano Cristalográfico Específico

Construa um plano (101) dentro da seguinte célula unitária.

Solução

Para resolver esse problema, conduza o procedimento empregado no exemplo anterior na ordem inversa. Para essa direção (101),

$$h = 1$$
$$k = 0$$
$$l = 1$$

Usando esses índices h, k e l, queremos resolver para os valores de A, B e C usando formas rearranjadas das Equações 3.13a-3.13c. Supondo o valor de n igual a 1 — já que esses três índices de Miller são números inteiros — temos o seguinte:

$$A = \frac{na}{h} = \frac{(1)(a)}{1} = a$$

$$B = \frac{nb}{k} = \frac{(1)(b)}{0} = \infty b$$

$$C = \frac{nc}{l} = \frac{(1)(c)}{1} = c$$

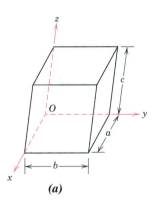

(a)

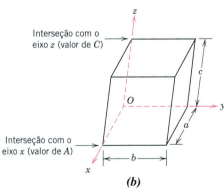

(b)

---
[11]Se h, k e l não forem números inteiros, será necessário escolher outro valor para n.

Assim, esse plano (101) intercepta o eixo x em a (pois $A = a$), é paralelo ao eixo y (pois $B = \infty b$) e intercepta o eixo z em c. Na célula unitária mostrada na figura (b) estão anotados os locais das interseções para esse plano.

O único plano que é paralelo ao eixo y e que intercepta os eixos x e z nas coordenadas axiais a e c, respectivamente, é mostrado na figura (c).

Note que a representação de um plano cristalográfico com referência a uma célula unitária é por meio de linhas que são desenhadas para indicar as interseções desse plano com as faces da célula unitária (ou extensões dessas faces). As seguintes diretrizes são úteis na representação de planos cristalográficos:

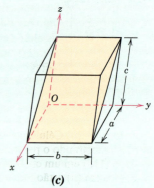

(c)

- Se dois dos índices h, k e l forem iguais a zero [como em (100)], o plano será paralelo a uma das faces da célula unitária (como na Figura 3.10a).
- Se um dos índices for igual a zero [como em (110)], o plano será um paralelogramo com dois lados que coincidem com arestas opostas da célula unitária (ou arestas de células unitárias adjacentes) (como na Figura 3.10b).
- Se nenhum dos índices for igual a zero [como em (111)], todas as interseções passarão através das faces da célula unitária (como na Figura 3.10c).

Arranjos Atômicos

O arranjo atômico para um plano cristalográfico, que frequentemente é de interesse, depende da estrutura cristalina. Os planos atômicos (110) para as estruturas cristalinas CFC e CCC estão representados nas Figuras 3.11 e 3.12, respectivamente. Também estão incluídas as células unitárias representadas com esferas reduzidas. Observe que o empacotamento atômico é diferente para cada caso. Os círculos representam os átomos que estão localizados nos planos cristalográficos como seriam obtidos se fosse tirada uma fatia através dos centros das esferas rígidas em tamanho real.

Uma "família" de planos contém todos os planos que são *cristalograficamente equivalentes* — ou seja, aqueles que têm a mesma compactação atômica; uma família é designada por índices que são colocados entre chaves — tal como {100}. Por exemplo, nos cristais cúbicos, os planos (111), ($\bar{1}\bar{1}\bar{1}$), ($\bar{1}11$), ($1\bar{1}\bar{1}$), ($11\bar{1}$), ($\bar{1}\bar{1}1$), ($\bar{1}1\bar{1}$) e ($1\bar{1}1$), pertencem todos à família {111}. Por outro lado, em estruturas cristalinas tetragonais, a família {100} contém apenas os planos (100), ($\bar{1}00$), (010) e ($0\bar{1}0$) uma vez que os planos (001) e ($00\bar{1}$) não são cristalograficamente equivalentes. Além disso, apenas no sistema cúbico, os planos que possuem os mesmos índices, a despeito da ordem e do sinal dos índices, são equivalentes. Por exemplo, tanto ($1\bar{2}3$) quanto ($3\bar{1}2$) pertencem à família {123}.

Cristais Hexagonais

Para cristais que possuem simetria hexagonal, é desejável que os planos equivalentes possuam os mesmos índices; como ocorre com as direções, isso é obtido pelo sistema de Miller-Bravais, que é mostrado na Figura 3.8a. Essa convenção leva ao esquema de quatro índices (*hkil*), que é favorecido na maioria dos casos, uma vez que ele identifica de maneira mais clara a orientação de um plano em um cristal hexagonal. Existe alguma redundância no fato de que o índice i é determinado pela soma dos índices h e k, por intermédio da relação

$$i = -(h + k) \tag{3.14}$$

Nos demais aspectos, os três índices h, k e l são idênticos para ambos os sistemas de indexação.

Figura 3.11 (a) Célula unitária CFC representada com esferas reduzidas, mostrando o plano (110). (b) Compactação atômica de um plano (110) em um cristal CFC. As posições que correspondem aos átomos em (a) estão indicadas.

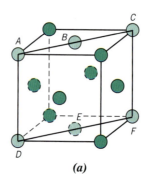
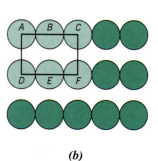

(a)   (b)

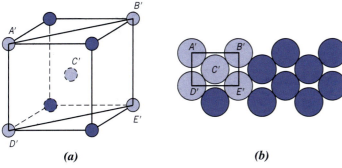
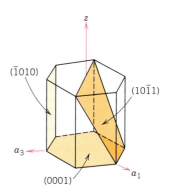

Figura 3.12 (*a*) Célula unitária CCC representada com esferas reduzidas, mostrando o plano (110). (*b*) Compactação atômica de um plano (110) em um cristal CCC. As posições que correspondem aos átomos em (*a*) estão indicadas.

Figura 3.13 Para o sistema cristalino hexagonal, os planos (0001), ($10\bar{1}1$) e ($\bar{1}010$).

Nós determinamos esses índices de uma maneira análoga àquela usada para outros sistemas cristalográficos, conforme anteriormente descrito — isto é, tirando os inversos normalizados das interseções com os eixos, como descrito no seguinte problema-exemplo.

A Figura 3.13 apresenta vários dos planos comuns encontrados em cristais com simetria hexagonal.

PROBLEMA-EXEMPLO 3.12

Determinação dos Índices de Miller-Bravais para um Plano em uma Célula Unitária Hexagonal

Determine os índices de Miller-Bravais para o plano que é mostrado na célula unitária hexagonal.

Solução

Esses índices podem ser determinados da mesma maneira que foi usada para a situação de coordenadas *x-y-z* e que foi descrita no Problema-Exemplo 3.10. Contudo, neste caso os eixos a_1, a_2 e z são usados e estão correlacionados, respectivamente, aos eixos *x*, *y* e *z* da discussão anterior. Se novamente tomamos *A*, *B* e *C* para representar as interseções com os respectivos eixos a_1, a_2 e z, os inversos das interseções normalizados podem ser escritos como

$$\frac{a}{A} \quad \frac{a}{B} \quad \frac{c}{C}$$

Agora, uma vez que as três interseções anotadas na célula unitária são

$$A = a \quad B = -a \quad C = c$$

os valores de *h*, *k* e *l* podem ser determinados usando as Equações 3.13a-3.13c, da seguinte maneira (supondo $n = 1$):

$$h = \frac{na}{A} = \frac{(1)(a)}{a} = 1$$

$$k = \frac{na}{B} = \frac{(1)(a)}{-a} = -1$$

$$l = \frac{nc}{C} = \frac{(1)(c)}{c} = 1$$

E, finalmente, o valor de *i* é encontrado usando a Equação 3.14, da seguinte maneira:

$$i = -(h + k) = -[1 + (-1)] = 0$$

Portanto, os índices (*hkil*) são ($1\bar{1}01$).

Observe que o terceiro índice é zero (isto é, o seu inverso = ∞), o que significa que esse plano é paralelo ao eixo a_3. A inspeção da figura anterior mostra que esse é de fato o caso.

66 • **Capítulo 3**

Tabela 3.3
Resumo das Equações Usadas para Determinar os Índices de Pontos, Direções e Planos Cristalográficos

Tipo de Coordenada	Símbolos dos Índices	Equação Representativa[a]	Símbolos das Equações
Ponto	$q\,r\,s$	$q = \dfrac{a}{P_x}$	P_x = coordenada da posição na rede cristalina
Direção			
Não hexagonal	$[uvw]$	$u = n\left(\dfrac{x_2 - x_1}{a}\right)$	x_1 = coordenada da parte traseira — eixo x x_2 = coordenada da parte dianteira — eixo x
Hexagonal	$[UVW]$	$U = n\left(\dfrac{a_1'' - a_1'}{a}\right)$	a_1' = coordenada da parte traseira — eixo a_1 a_1'' = coordenada da parte dianteira — eixo a_1
	$[uvtw]$	$u = \dfrac{1}{3}(2U - V)$	—
Plano			
Não hexagonal	(hkl)	$h = \dfrac{na}{A}$	A = interseção com o plano — eixo x
Hexagonal	$(hkil)$	$i = -(h + k)$	—

[a]Nessas equações, a e n representam, respectivamente, o parâmetro da rede cristalina para o eixo x e um parâmetro para redução ao inteiro.

Isso conclui nossa discussão sobre os pontos, direções e planos cristalográficos. Uma revisão e resumo desses tópicos são encontrados na Tabela 3.3.

3.11 DENSIDADES LINEAR E PLANAR

As duas seções anteriores discutiram a equivalência de direções e planos cristalográficos não paralelos. A equivalência direcional está relacionada com a *densidade linear* no sentido de que, para um material específico, as direções equivalentes possuem densidades lineares idênticas. O parâmetro correspondente para planos cristalográficos é a *densidade planar*, e os planos que possuem os mesmos valores para a densidade planar também são equivalentes.

A *densidade linear* (*DL*) é definida como o número de átomos, por unidade de comprimento, cujos centros estão no vetor direção para uma direção cristalográfica específica; isto é,

$$DL = \frac{\text{número de átomos centrados no vetor direção}}{\text{comprimento do vetor direção}} \tag{3.15}$$

As unidades para a densidade linear são o inverso do comprimento (por exemplo, nm^{-1}, m^{-1}).

Por exemplo, vamos determinar a densidade linear da direção [110] para a estrutura cristalina CFC. Uma célula unitária CFC (representada por meio de esferas reduzidas) e a direção [110] no seu interior são mostradas na Figura 3.14a. Na Figura 3.14b estão representados os cinco átomos que estão na face inferior dessa célula unitária; aqui o vetor direção [110] passa do centro do átomo X, através do átomo Y e, por fim, até o centro do átomo Z. Em relação aos números de átomos, é necessário levar em consideração o compartilhamento dos átomos com as células unitárias adjacentes (como discutido na Seção 3.4 em relação aos cálculos para o fator de empacotamento atômico). Cada um dos átomos dos vértices, X e Z, também é compartilhado com outra célula unitária adjacente ao longo dessa direção [110] (isto é, metade de cada um desses átomos pertence à célula unitária que está sendo considerada), enquanto o átomo Y está localizado totalmente dentro da célula unitária. Dessa forma, existe o equivalente a dois átomos ao longo do vetor direção [110] na célula unitária. Agora, o comprimento do vetor direção é igual a $4R$ (Figura 3.14b); dessa forma, a partir da Equação 3.15, a densidade linear de [110] para a estrutura CFC é de

$$DL_{110} = \frac{2 \text{ átomos}}{4R} = \frac{1}{2R} \tag{3.16}$$

Figura 3.14 (*a*) Célula unitária CFC por esferas reduzidas com a indicação da direção [110]. (*b*) O plano da face inferior da célula unitária CFC em (*a*) no qual está mostrado o espaçamento atômico na direção [110], por meio dos átomos identificados como *X*, *Y* e *Z*.

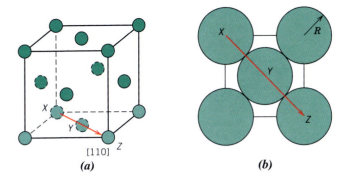

De maneira análoga, a *densidade planar* (*DP*) é definida como o número de átomos por unidade de área que estão centrados em um plano cristalográfico particular, ou seja:

$$DP = \frac{\text{número de átomos centrados em um plano}}{\text{área do plano}} \quad (3.17)$$

As unidades para a densidade planar são o inverso da área (por exemplo, nm^{-2}, m^{-2}).

Por exemplo, considere a seção de um plano (110) no interior de uma célula unitária CFC, como representado nas Figuras 3.11*a* e 3.11*b*. Embora seis átomos tenham centros localizados nesse plano (Figura 3.11*b*), apenas um quarto de cada um dos átomos *A*, *C*, *D* e *F*, e metade dos átomos *B* e *E*, levando ao equivalente total de apenas 2 átomos, estão naquele plano. Além disso, a área dessa seção retangular é igual ao produto do seu comprimento pela sua largura. A partir da Figura 3.11*b*, o comprimento (dimensão horizontal) é igual a 4*R*, enquanto a largura (dimensão vertical) é igual a 2$R\sqrt{2}$, uma vez que ela corresponde ao comprimento da aresta da célula unitária CFC (Equação 3.1). Dessa forma, a área dessa região planar é de $(4R)(2R\sqrt{2}) = 8R^2\sqrt{2}$, e a densidade planar é determinada da seguinte maneira:

$$DP_{110} = \frac{2 \text{ átomos}}{8R^2\sqrt{2}} = \frac{1}{4R^2\sqrt{2}} \quad (3.18)$$

As densidades linear e planar são considerações importantes relacionadas com o processo de *escorregamento* — isto é, com o mecanismo pelo qual os metais se deformam plasticamente (Seção 7.4). O escorregamento ocorre nos planos cristalográficos mais compactos e, nesses planos, ao longo das direções que possuem o maior empacotamento atômico.

3.12 ESTRUTURAS CRISTALINAS COMPACTAS

Podemos lembrar da discussão sobre as estruturas cristalinas dos metais (Seção 3.4) que tanto a estrutura cristalina cúbica de faces centradas quanto a estrutura cristalina hexagonal compacta possuem um fator de empacotamento atômico de 0,74, que é o empacotamento mais eficiente de esferas ou átomos com o mesmo tamanho. Além das representações das células unitárias, essas duas estruturas cristalinas podem ser descritas em termos dos planos compactos de átomos (isto é, dos planos que possuem uma densidade máxima de compactação dos átomos ou esferas); uma fração de um desses planos está ilustrada na Figura 3.15*a*. Ambas as estruturas cristalinas podem ser geradas pelo empilhamento desses planos compactos, uns sobre os outros; a diferença entre as duas estruturas está na sequência desse empilhamento.

Vamos chamar de *A* os centros de todos os átomos em um plano compacto. Associados a esse plano existem dois conjuntos de depressões triangulares equivalentes, formadas por três átomos adjacentes, nos quais o próximo plano compacto de átomos pode se apoiar. As depressões que possuem o vértice do triângulo apontado para cima são designadas arbitrariamente como posições *B*, enquanto as demais depressões, aquelas que têm o vértice do triângulo apontando para baixo, estão marcadas com um *C* na Figura 3.15*a*.

Um segundo plano compacto pode ser posicionado com os centros dos seus átomos tanto sobre os sítios marcados com a letra *B* quanto sobre os sítios marcados com a letra *C*; até esse ponto, ambos são equivalentes. Suponha que as posições *B* sejam escolhidas arbitrariamente; essa sequência de empilhamento é denominada *AB*, e está ilustrada na Figura 3.15*b*. A verdadeira distinção entre as estruturas CFC e HC reside no local onde a terceira camada compacta está posicionada. Na estrutura HC, os centros dessa terceira camada estão alinhados diretamente sobre as posições *A* originais. Essa sequência de empilhamento, *ABABAB*..., se repete uma camada após a outra. Obviamente, um arranjo *ACACAC*... seria equivalente. Esses planos compactos para a estrutura HC são planos do tipo (0001), e a correspondência entre eles e a representação da célula unitária é mostrada na Figura 3.16.

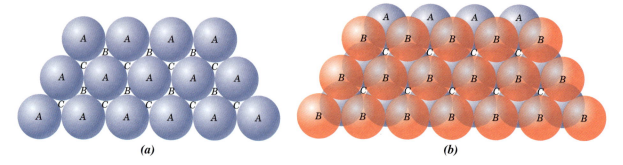

Figura 3.15 (*a*) Uma fração de um plano compacto de átomos; as posições *A*, *B* e *C* estão indicadas. (*b*) A sequência de empilhamento *AB* para planos atômicos compactos.
(Adaptada de MOFFATT, W. G., PEARSALL, G. W. e WULFF, J. *The Structure and Properties of Materials*, vol. I, *Structure*. John Wiley & Sons, 1964. Reproduzida com permissão de Janet M. Moffatt.)

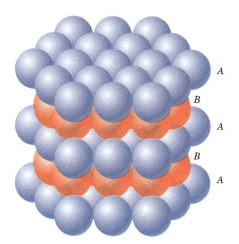

Figura 3.16 Sequência de empilhamento de planos compactos para a estrutura hexagonal compacta.
(Adaptada de MOFFATT, W. G., PEARSALL, G. W. e WULFF, J. *The Structure and Properties of Materials*, vol. I, *Structure*. John Wiley & Sons, 1964. Reproduzida com permissão de Janet M. Moffatt.)

Na estrutura cristalina cúbica de faces centradas, os centros do terceiro plano estão localizados sobre os sítios *C* do primeiro plano (Figura 3.17*a*). Isso produz uma sequência de empilhamento *ABCABCABC*...; isto é, o alinhamento atômico se repete a cada três planos. É mais difícil correlacionar o empilhamento de planos compactos à célula unitária CFC. Entretanto, tal relação está ilustrada na Figura 3.17*b*. Esses planos são do tipo (111); uma célula unitária CFC está representada na face anterior superior esquerda da Figura 3.17*b*, com o objetivo de dar uma perspectiva. A importância desses planos compactos CFC e HC ficará evidente no Capítulo 7.

Figura 3.17 (*a*) Sequência de empilhamento de planos compactos para a estrutura cristalina cúbica de faces centradas. (*b*) Um vértice foi removido para mostrar a relação entre o empilhamento de planos compactos de átomos e a estrutura cristalina CFC; o triângulo em destaque delineia um plano (111).
[Figura (*b*) adaptada de MOFFATT, W. G., PEARSALL, G. W. e WULFF, J. *The Structure and Properties of Materials*, vol. I, *Structure*. John Wiley & Sons, 1964. Reproduzida com permissão de Janet M. Moffatt.]

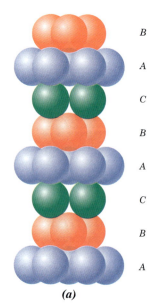
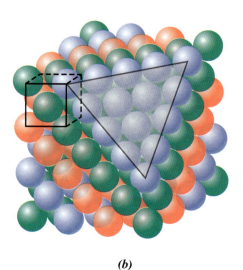

Os conceitos detalhados nas quatro seções anteriores também estão relacionados com os materiais cristalinos cerâmicos e poliméricos, que são discutidos nos Capítulos 12 e 14. Podemos especificar planos e direções cristalográficos em termos de índices direcionais e de Miller; além disso, ocasionalmente é importante determinar os arranjos atômico e iônico de planos cristalográficos específicos. Ainda, as estruturas cristalinas de diversos materiais cerâmicos podem ser geradas pelo empilhamento de planos compactos de íons (Seção 12.2).

Materiais Cristalinos e Não Cristalinos

3.13 MONOCRISTAIS

monocristal

Em um sólido cristalino, quando o arranjo periódico e repetido dos átomos é perfeito ou se estende por toda a amostra, sem interrupções, o resultado é um **monocristal**. Todas as células unitárias interligam-se da mesma maneira e possuem a mesma orientação. Os monocristais existem na natureza, mas também podem ser produzidos artificialmente. Normalmente, eles são difíceis de serem crescidos, pois seu ambiente deve ser controlado com cuidado.

Se for permitido que as extremidades de um monocristal cresçam sem nenhuma restrição externa, o cristal assumirá uma forma geométrica regular, com faces planas, como acontece com algumas pedras preciosas; a forma é um indicativo da estrutura cristalina. Uma fotografia de um monocristal de pirita de ferro é mostrada na Figura 3.18. Nos últimos anos, os monocristais tornaram-se extremamente importantes em muitas de nossas tecnologias modernas, em particular nos microcircuitos eletrônicos, os quais empregam monocristais de silício e outros semicondutores.

3.14 MATERIAIS POLICRISTALINOS

grão
policristalino

A maioria dos sólidos cristalinos é composta por um conjunto de muitos cristais pequenos ou **grãos**; tais materiais são chamados **policristalinos**. Vários estágios na solidificação de uma amostra policristalina são representados de maneira esquemática na Figura 3.19. Inicialmente, pequenos cristais ou núcleos se formam em várias posições. Esses cristais possuem orientações cristalográficas aleatórias, como indicam os retículos quadrados. Os pequenos grãos crescem pela adição sucessiva de átomos à sua estrutura, oriundos do líquido circunvizinho. À medida que o processo de solidificação se aproxima do fim, as extremidades de grãos adjacentes são forçadas umas contra as outras. Como indicado na Figura 3.19, a orientação cristalográfica varia de grão para grão. Além disso, existem alguns desajustes dos átomos na região onde dois grãos se encontram; essa área, chamada de **contorno de grão**, é discutida em mais detalhe na Seção 4.6.

contorno de grão

Figura 3.18 Um monocristal de pirita de ferro que foi encontrado em Navajún, La Rioja, Espanha.

Figura 3.19 Diagramas esquemáticos dos vários estágios na solidificação de um material policristalino; os retículos quadrados representam células unitárias. (*a*) Pequenos núcleos de cristalização. (*b*) Crescimento dos cristalitos; também é mostrada a obstrução de alguns grãos adjacentes. (*c*) Após a conclusão da solidificação, foram formados grãos com formas irregulares. (*d*) A estrutura de grãos como ela apareceria sob um microscópio; as linhas escuras são os contornos dos grãos. (Adaptada de ROSENHAIN, W. *An introduction to the Study of Physical Metallurgy*, 2ª ed. Londres: Constable & Company Ltd., 1915.)

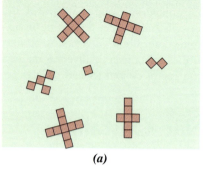
(a)

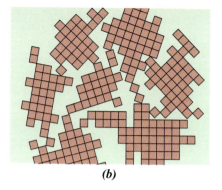
(b)

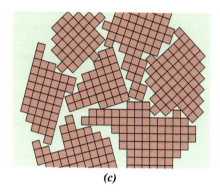
(c)

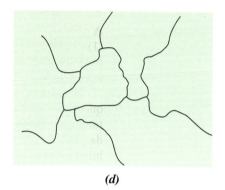
(d)

3.15 ANISOTROPIA

anisotropia

isotrópico

As propriedades físicas dos monocristais de algumas substâncias dependem da direção cristalográfica na qual as medições são feitas. Por exemplo, o módulo de elasticidade, a condutividade elétrica e o índice de refração podem ter valores diferentes nas direções [100] e [111]. Essa direcionalidade das propriedades é denominada **anisotropia** e está associada à variação do espaçamento atômico ou iônico em função da direção cristalográfica. As substâncias nas quais as propriedades medidas são independentes da direção da medição são **isotrópicas**. A extensão e a magnitude dos efeitos da anisotropia nos materiais cristalinos são funções da simetria da estrutura cristalina; o grau de anisotropia aumenta com a diminuição da simetria estrutural — as estruturas triclínicas são, em geral, altamente anisotrópicas. Os valores do módulo de elasticidade para as orientações [100], [110] e [111] de vários metais são apresentados na Tabela 3.4.

Para muitos materiais policristalinos, as orientações cristalográficas dos grãos individuais são totalmente aleatórias. Sob essas circunstâncias, embora cada grão possa ser anisotrópico, uma amostra composta pelo agregado de grãos se comporta de maneira isotrópica. Além disso, a magnitude de uma propriedade medida representa uma média dos valores direcionais. Às vezes os grãos nos materiais policristalinos possuem uma orientação cristalográfica preferencial; nesse caso, diz-se que o material possui uma "textura".

As propriedades magnéticas de algumas ligas de ferro usadas em núcleos de transformadores são anisotrópicas — isto é, os grãos (ou monocristais) se magnetizam em uma direção do tipo ⟨100⟩ mais facilmente que em qualquer outra direção cristalográfica. As perdas de energia nos núcleos dos transformadores são minimizadas pelo uso de lâminas policristalinas dessas ligas nas quais foi introduzida

Tabela 3.4
Valores do Módulo de Elasticidade para Vários Metais em Várias Orientações Cristalográficas

Metal	Módulo de Elasticidade (GPa)		
	[*100*]	[*110*]	[*111*]
Alumínio	63,7	72,6	76,1
Cobre	66,7	130,3	191,1
Ferro	125,0	210,5	272,7
Tungstênio	384,6	384,6	384,6

Fonte: HERTZBERG, R. W. *Deformation and Fracture Mechanics of Engineering Materials*, 3ª ed. Copyright © 1989 por John Wiley & Sons, Nova York. Reimpressa sob permissão de John Wiley & Sons, Inc.

uma *textura magnética*: a maioria dos grãos em cada lâmina possui uma direção cristalográfica do tipo ⟨100⟩ que está alinhada (ou quase alinhada) na mesma direção, a qual está orientada paralelamente à direção do campo magnético aplicado. As texturas magnéticas para as ligas de ferro são discutidas em detalhes no item Materiais de Importância do Capítulo 20, após a Seção 20.9.

3.16 DIFRAÇÃO DE RAIOS X: DETERMINAÇÃO DE ESTRUTURAS CRISTALINAS

Historicamente, muito da nossa compreensão dos arranjos atômicos e moleculares nos sólidos resultou de investigações da difração de raios X; além disso, os raios X ainda são muito importantes no desenvolvimento de novos materiais. A seguir é apresentada uma visão geral sucinta do fenômeno da difração e de como as distâncias atômicas interplanares e as estruturas cristalinas são deduzidas usando raios X.

O Fenômeno da Difração

A *difração* ocorre quando uma onda encontra uma série de obstáculos regularmente separados que (1) são capazes de espalhar a onda e (2) possuem espaçamentos comparáveis em magnitude ao comprimento de onda. Além disso, a difração é uma consequência de relações de fase específicas estabelecidas entre duas ou mais ondas que foram espalhadas pelos obstáculos.

Considere as ondas 1 e 2 na Figura 3.20a, que possuem o mesmo comprimento de onda (λ) e que estão em fase no ponto O-O′. Agora, vamos supor que ambas as ondas sejam espalhadas de tal maneira que elas percorram trajetórias diferentes. A relação de fases entre as ondas espalhadas, que irá depender da diferença nos comprimentos das trajetórias, é importante. Uma possibilidade resulta quando essa diferença no comprimento das trajetórias é um número inteiro de comprimentos de onda. Como indicado na Figura 3.20a, essas ondas espalhadas (agora identificadas como 1′ e 2′) ainda estão em fase. Diz-se que elas se reforçam mutuamente (ou interferem de maneira construtiva uma na outra); quando as amplitudes são somadas, o resultado é a onda que é mostrada no lado direito da figura. Isso é uma manifestação da **difração**, e nos referimos a um *feixe difratado* como aquele composto por um grande número de ondas espalhadas que se reforçam mutuamente.

difração

Figura 3.20 (*a*) Demonstração de como duas ondas (identificadas como 1 e 2) que possuem o mesmo comprimento de onda λ e permanecem em fase após um evento de espalhamento (ondas 1′ e 2′) interferem mutuamente de maneira construtiva. As amplitudes das ondas espalhadas somam-se na onda resultante. (*b*) Demonstração de como duas ondas (identificadas como 3 e 4) que possuem o mesmo comprimento de onda e ficam fora de fase após um evento de espalhamento (ondas 3′ e 4′) interferem mutuamente de maneira destrutiva. As amplitudes das duas ondas espalhadas cancelam-se mutuamente.

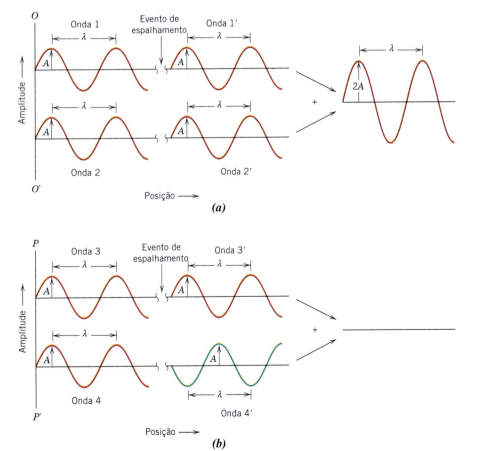

São possíveis outras relações de fases entre ondas espalhadas que não levarão a esse reforço mútuo. O outro extremo é aquele demonstrado na Figura 3.20b, em que a diferença entre os comprimentos das trajetórias após o espalhamento é algum número inteiro de *meios* comprimentos de onda. As ondas espalhadas estão fora de fase — ou seja, as amplitudes correspondentes se cancelam ou se anulam mutuamente, ou interferem de maneira destrutiva (isto é, a onda resultante possui uma amplitude igual a zero), como indicado no lado direito da figura. Obviamente, existem relações de fase intermediárias entre esses dois extremos e que resultam em um reforço apenas parcial.

Difração de Raios X e a Lei de Bragg

Os raios X são uma forma de radiação eletromagnética que possui altas energias e comprimentos de onda pequenos — comprimentos de onda da ordem dos espaçamentos atômicos nos sólidos. Quando um feixe de raios X incide sobre um material sólido, uma fração desse feixe é espalhada em todas as direções pelos elétrons que estão associados a cada átomo ou íon que se encontra na trajetória do feixe. Vamos agora examinar as condições necessárias para a difração de raios X por um arranjo periódico de átomos.

Considere os dois planos atômicos paralelos A-A' e B-B' na Figura 3.21, os quais possuem os mesmos índices de Miller h, k e l, e que estão separados por um espaçamento interplanar d_{hkl}. Suponha agora que um feixe de raios X paralelo, monocromático e coerente (em fase), de comprimento de onda λ, incida sobre esses dois planos segundo um ângulo θ. Dois raios nesse feixe, identificados como 1 e 2, são espalhados pelos átomos P e Q. Se a diferença entre os comprimentos das trajetórias 1-P-1′ e 2-Q-2′ (isto é, $\overline{SQ} + \overline{QT}$) for igual a um número inteiro, n, de comprimentos de onda, uma interferência construtiva dos raios espalhados 1′ e 2′ também ocorrerá em um ângulo θ em relação aos planos — isto é, a condição para a difração é

Lei de Bragg — relação entre o comprimento de onda dos raios X, o espaçamento interplanar e o ângulo de difração para uma interferência construtiva

$$n\lambda = \overline{SQ} + \overline{QT} \tag{3.19}$$

ou

$$n\lambda = d_{hkl}\,\text{sen}\,\theta + d_{hkl}\,\text{sen}\,\theta$$
$$= 2d_{hkl}\,\text{sen}\,\theta \tag{3.20}$$

lei de Bragg

A Equação 3.20 é conhecida como **lei de Bragg**; n é a ordem da reflexão, que pode ser qualquer número inteiro (1, 2, 3, ...) consistente com o fato de que sen θ não pode exceder a unidade. Dessa forma, temos uma expressão simples que relaciona o comprimento de onda dos raios X e o espaçamento interatômico ao ângulo do feixe difratado. Se a lei de Bragg não for satisfeita, então a interferência será de natureza não construtiva e será produzido um feixe difratado de muito baixa intensidade.

A magnitude da distância entre dois planos de átomos adjacentes e paralelos (isto é, o espaçamento interplanar d_{hkl}) é uma função dos índices de Miller (h, k e l), assim como do(s) parâmetro(s) da rede cristalina. Por exemplo, para as estruturas cristalinas com simetria cúbica,

Espaçamento interplanar para um plano que possui os índices h, k e l

$$d_{hkl} = \frac{a}{\sqrt{h^2 + k^2 + l^2}} \tag{3.21}$$

Figura 3.21 Difração de raios X por planos de átomos (A-A' e B-B').

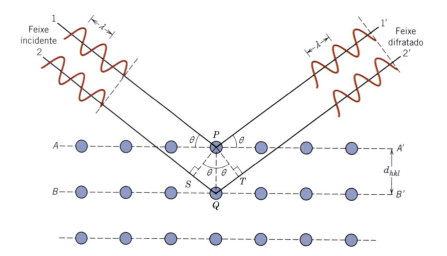

A Estrutura dos Sólidos Cristalinos • **73**

Tabela 3.5
Regras de Reflexão de Difração de Raios X e Índices de Reflexão para as Estruturas Cristalinas Cúbica de Corpo Centrado, Cúbica de Faces Centradas e Cúbica Simples

Estrutura Cristalina	Reflexões Presentes	Índices de Reflexão para os Seis Primeiros Planos
CCC	$(h + k + l)$ par	110, 200, 211, 220, 310, 222
CFC	h, k e l são todos ímpares ou todos pares	111, 200, 220, 311, 222, 400
Cúbica simples	Todos	100, 110, 111, 200, 210, 211

em que a é o parâmetro da rede cristalina (comprimento da aresta da célula unitária). Existem relações semelhantes à Equação 3.21, porém mais complexas, para os outros seis sistemas cristalinos incluídos na Tabela 3.2.

A lei de Bragg, Equação 3.20, é uma condição necessária, mas não suficiente, para a difração por cristais reais. Ela especifica quando a difração ocorrerá para células unitárias que possuem átomos posicionados somente nos vértices da célula. Contudo, os átomos situados em outras posições (por exemplo, em posições nas faces e no interior das células unitárias, como ocorre nas estruturas CFC e CCC) atuam como centros de espalhamento adicionais, que podem produzir um espalhamento fora de fase em certos ângulos de Bragg. O resultado final é a ausência de alguns feixes difratados que, de acordo com a Equação 3.20, deveriam estar presentes. Conjuntos específicos de planos cristalográficos que não dão origem a feixes difratados dependem da estrutura cristalina. Para a estrutura cristalina CCC, a soma $h + k + l$ deve ser par para que ocorra a difração, enquanto, para a estrutura CFC, h, k e l devem ser todos pares ou ímpares; feixes difratados para todos os conjuntos de planos cristalográficos estão presentes na estrutura cristalina cúbica simples (Figura 3.3). Essas restrições, chamadas *regras de reflexão*, estão resumidas na Tabela 3.5.[12]

✓ *Verificação de Conceitos 3.3*   Nos cristais cúbicos, à medida que os valores dos índices planares h, k e l aumentam, a distância entre planos adjacentes e paralelos (isto é, o espaçamento interplanar) aumenta ou diminui? Por quê?

[*A resposta está disponível no GEN-IO, ambiente virtual de aprendizagem do GEN.*]

Técnicas de Difração

Uma técnica de difração usual emprega uma amostra pulverizada ou policristalina composta por inúmeras partículas finas e orientadas aleatoriamente, as quais são expostas a uma radiação X monocromática. Cada partícula pulverizada (ou grão) é um cristal, e a existência de um número muito grande de cristais com orientações aleatórias assegura que algumas partículas estejam orientadas de maneira adequada, tal que todos os conjuntos de planos cristalográficos possíveis estejam disponíveis para difração.

O *difratômetro* é um aparelho empregado para determinar os ângulos nos quais ocorre a difração em amostras pulverizadas; suas características estão representadas esquematicamente na Figura 3.22. Uma amostra S no formato de uma chapa plana é posicionada de forma que são possíveis rotações ao redor do eixo identificado por O; esse eixo é perpendicular ao plano da página. O feixe monocromático de raios X é gerado no ponto T, e as intensidades dos feixes difratados são detectadas por um contador, identificado pela letra C na figura. A amostra, a fonte de raios X e o contador estão todos no mesmo plano.

O contador está montado sobre uma plataforma móvel que também pode ser girada ao redor do eixo O; sua posição angular em termos de 2θ está marcada sobre uma escala graduada.[13] A plataforma e a amostra estão acopladas mecanicamente, tal que uma rotação da amostra por um ângulo θ é acompanhada de uma rotação de 2θ do contador; isso assegura que os ângulos incidente e de reflexão são mantidos iguais um ao outro (Figura 3.22). Colimadores são incorporados na trajetória do feixe para produzir um feixe focado e bem definido. A utilização de um filtro proporciona um feixe praticamente monocromático.

---

[12]O zero é considerado um número inteiro par.

[13]Note que o símbolo θ foi usado em dois contextos diferentes nesta discussão. Aqui, θ representa as posições angulares tanto da fonte de raios X quanto do contador em relação à superfície da amostra. Anteriormente (por exemplo, na Equação 3.20), ele representava o ângulo no qual o critério de Bragg para a difração era satisfeito.

74 • **Capítulo 3**

Figura 3.22 Diagrama esquemático de um difratômetro de raios X; T = fonte de raios X, S = amostra, C = detector e O = o eixo ao redor do qual giram a amostra e o detector.

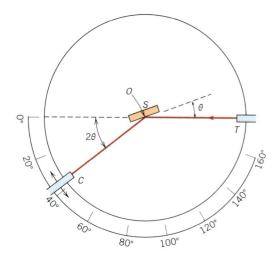

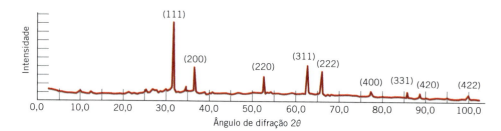

Figura 3.23 Difratograma para uma amostra pulverizada de chumbo.

À medida que o contador se move a uma velocidade angular constante, um registrador traça automaticamente a intensidade do feixe difratado (monitorada pelo contador) em função de 2θ; 2θ é chamado de *ângulo de difração* e é medido experimentalmente. A Figura 3.23 mostra um padrão de difração para uma amostra pulverizada de chumbo. Os picos de alta intensidade ocorrem quando a condição de difração de Bragg é satisfeita por algum conjunto de planos cristalográficos. Na figura, esses picos estão identificados de acordo com os planos a que se referem.

Foram desenvolvidas outras técnicas para materiais pulverizados nas quais a intensidade e a posição do feixe difratado são registradas em um filme fotográfico, em lugar de serem medidas por um contador.

Um dos principais empregos da difratometria de raios X é a determinação da estrutura cristalina. O tamanho e a geometria da célula unitária podem ser obtidos a partir das posições angulares dos picos de difração, enquanto o arranjo dos átomos no interior da célula unitária está associado às intensidades relativas desses picos.

Os raios X, assim como os feixes de elétrons e de nêutrons, também são usados em outros tipos de investigações dos materiais. Por exemplo, é possível determinar as orientações cristalográficas de monocristais usando fotografias de difração de raios X (método de Laue). A fotografia (*a*) no início deste capítulo foi gerada usando um feixe incidente de raios X direcionado sobre um cristal de magnésio; cada ponto (à exceção daquele mais escuro, próximo ao centro da fotografia) é resultante de um feixe de raios X que foi difratado por um conjunto específico de planos cristalográficos. Outros usos para os raios X incluem identificações químicas qualitativas e quantitativas, além da determinação de tensões residuais e de tamanhos de cristais.

PROBLEMA-EXEMPLO 3.13

Cálculos do Espaçamento Interplanar e do Ângulo de Difração

Para o ferro CCC, calcule **(a)** o espaçamento interplanar e **(b)** o ângulo de difração para o conjunto de planos (220). O parâmetro de rede para o Fe é 0,2866 nm. Considere que seja usada uma radiação monocromática com comprimento de onda de 0,1790 nm e que a ordem da reflexão seja 1.

Solução

(a) O valor do espaçamento interplanar d_{hkl} é determinado usando a Equação 3.21, com a = 0,2866 nm e h = 2, k = 2 e l = 0, uma vez que estamos considerando os planos (220). Portanto,

$$d_{hkl} = \frac{a}{\sqrt{h^2 + k^2 + l^2}}$$

$$= \frac{0{,}2866 \text{ nm}}{\sqrt{(2)^2 + (2)^2 + (0)^2}} = 0{,}1013 \text{ nm}$$

(b) O valor de θ pode agora ser calculado usando a Equação 3.20, com $n = 1$, uma vez que essa é uma reflexão de primeira ordem:

$$\text{sen}\,\theta = \frac{n\lambda}{2d_{hkl}} = \frac{(1)(0{,}1790\,\text{nm})}{(2)(0{,}1013\,\text{nm})} = 0{,}884$$

$$\theta = \text{sen}^{-1}(0{,}884) = 62{,}13°$$

O ângulo de difração é 2θ, ou

$$2\theta = (2)(62{,}13°) = 124{,}26°$$

PROBLEMA-EXEMPLO 3.14

Cálculos do Espaçamento Interplanar e de Parâmetros da Rede Cristalina para o Chumbo

A Figura 3.23 mostra um difratograma de raios X para o chumbo que foi tomado usando um difratômetro e radiação X monocromática com comprimento de onda de 0,1542 nm; cada pico de difração no difratograma foi identificado. Calcule o espaçamento interplanar para cada conjunto de planos identificado; determine também o parâmetro da rede cristalina do Pb para cada um dos picos. Para todos os picos, considere uma ordem de difração de 1.

Solução

Para cada pico, a fim de calcular o espaçamento interplanar e o parâmetro da rede cristalina, devemos empregar as Equações 3.20 e 3.21, respectivamente. O primeiro pico na Figura 3.23, que resulta da difração pelo conjunto de planos (111), ocorre em $2\theta = 31{,}3°$; o espaçamento interplanar correspondente para esse conjunto de planos, usando a Equação 3.20, é igual a

$$d_{111} = \frac{n\lambda}{2\,\text{sen}\,\theta} = \frac{(1)(0{,}1542 \text{ nm})}{(2)\left[\text{sen}\left(\dfrac{31{,}3°}{2}\right)\right]} = 0{,}2858 \text{ nm}$$

E, a partir da Equação 3.21, o parâmetro da rede cristalina a é determinado conforme

$$a = d_{hkl}\sqrt{h^2 + k^2 + l^2}$$

$$= d_{111}\sqrt{(1)^2 + (1)^2 + (1)^2}$$

$$= (0{,}2858 \text{ nm})\sqrt{3} = 0{,}4950 \text{ nm}$$

Cálculos semelhantes são feitos para os próximos quatro picos; os resultados estão tabulados abaixo:

Índice do Pico	*2θ*	*d_{hkl} (nm)*	*a (nm)*
200	36,6	0,2455	0,4910
220	52,6	0,1740	0,4921
311	62,5	0,1486	0,4929
222	65,5	0,1425	0,4936

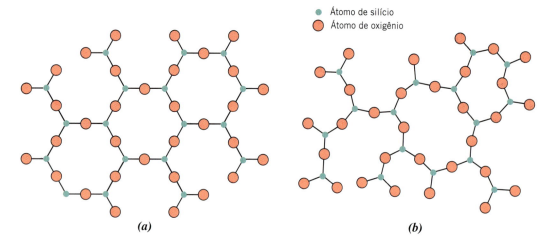

Figura 3.24 Esquemas bidimensionais para a estrutura do (a) dióxido de silício cristalino e (b) dióxido de silício não cristalino.

3.17 SÓLIDOS NÃO CRISTALINOS

não cristalino

amorfo

Foi mencionado que os sólidos **não cristalinos** carecem de um arranjo atômico regular e sistemático ao longo de distâncias atômicas relativamente grandes. Às vezes esses materiais também são chamados de **amorfos** (significando, literalmente, "sem forma"), ou de líquidos super-resfriados, visto que suas estruturas atômicas lembram as de um líquido.

Uma condição amorfa pode ser ilustrada comparando as estruturas cristalina e não cristalina do composto cerâmico dióxido de silício (SiO_2), o qual pode existir em ambos os estados. As Figuras 3.24a e 3.24b apresentam diagramas esquemáticos bidimensionais para ambas as estruturas do SiO_2. Embora cada íon silício se ligue a três íons oxigênio (e a um quarto íon oxigênio acima do plano) em ambos os estados, além disso, a estrutura é muito mais desordenada e irregular para a estrutura não cristalina.

O fato de o sólido que se forma ser cristalino ou amorfo depende da facilidade pela qual uma estrutura atômica aleatória no estado líquido pode se transformar em um estado ordenado durante a solidificação. Portanto, os materiais amorfos são caracterizados por estruturas atômicas ou moleculares relativamente complexas e se tornam ordenados somente com alguma dificuldade. Além disso, o resfriamento rápido a temperaturas inferiores à temperatura de congelamento favorece a formação de um sólido não cristalino, uma vez que se dispõe de pouco tempo para o processo de ordenação.

Os metais formam normalmente sólidos cristalinos, mas alguns materiais cerâmicos são cristalinos, enquanto outros — os vidros inorgânicos — são amorfos. Os polímeros podem ser completamente não cristalinos ou semicristalinos, com graus variáveis de cristalinidade. Mais a respeito das estruturas e propriedades das cerâmicas e polímeros amorfos é discutido nos Capítulos 12 e 14.

Verificação de Conceitos 3.4 Os materiais não cristalinos exibem o fenômeno da alotropia (ou polimorfismo)? Por que sim ou por que não?

[*A resposta está disponível no GEN-IO, ambiente virtual de aprendizagem do GEN.*]

RESUMO

Conceitos Fundamentais
- Os átomos nos sólidos cristalinos estão posicionados segundo padrões ordenados e repetidos que contrastam com a distribuição atômica aleatória e desordenada encontrada nos materiais não cristalinos ou amorfos.

Células Unitárias
- As estruturas cristalinas são especificadas em termos de células unitárias com a forma de paralelepípedos, as quais são caracterizadas por sua geometria e pelas posições dos átomos no seu interior.

A Estrutura dos Sólidos Cristalinos • 77

Estruturas Cristalinas dos Metais
- A maioria dos metais comuns existe em pelo menos uma de três estruturas cristalinas relativamente simples:
  - Cúbica de faces centradas (CFC), que possui uma célula unitária cúbica (Figura 3.1).
  - Cúbica de corpo centrado (CCC), que também possui uma célula unitária cúbica (Figura 3.2).
  - Hexagonal compacta, que possui uma célula unitária com simetria hexagonal [Figura 3.4(*a*)].
- Duas características de uma estrutura cristalina são:
  - Número de coordenação — o número de átomos vizinhos mais próximos, e
  - Fator de empacotamento atômico — a fração do volume de uma célula unitária ocupada por esferas sólidas.

Cálculos da Massa Específica
- A massa específica teórica de um metal (ρ) é uma função do número de átomos equivalentes por célula unitária, do peso atômico, do volume da célula unitária e do número de Avogadro (Equação 3.8).

Polimorfismo e Alotropia
- O *polimorfismo* ocorre quando um material específico pode apresentar mais de uma estrutura cristalina. A *alotropia* é o polimorfismo para sólidos elementares.

Sistemas Cristalinos
- O conceito de sistema cristalino é empregado para classificar as estruturas cristalinas com base na geometria da célula unitária — isto é, dos comprimentos das arestas da célula unitária e dos ângulos entre os eixos. Existem sete sistemas cristalinos: cúbico, tetragonal, hexagonal, ortorrômbico, romboédrico (trigonal), monoclínico e triclínico.

Coordenadas dos Pontos
Direções Cristalográficas
Planos Cristalográficos
- Os pontos, direções e planos cristalográficos são especificados em termos de esquemas de indexação. A base para a determinação de cada índice é um sistema de eixos coordenados definido pela célula unitária para a estrutura cristalina específica.
  - A localização de um ponto no interior de uma célula unitária é especificada usando coordenadas que são múltiplos fracionários dos comprimentos das arestas das células (Equações 3.9a-3.9c).
  - Os índices direcionais são calculados em termos de diferenças entre as coordenadas das partes dianteira e traseira do vetor direção (Equações 3.10a-3.10c).
  - Os índices planares (ou de Miller) são determinados a partir dos inversos das interseções com os eixos (Equações 3.13a-3.13c).
- Para as células unitárias hexagonais, um esquema com quatro índices, tanto para as direções quanto para os planos, é considerado mais conveniente. As direções podem ser determinadas usando as Equações 3.11a-3.11d e 3.12a-3.12c.

Densidades Linear e Planar
- As equivalências cristalográficas direcional e planar estão relacionadas com as densidades atômicas linear e planar, respectivamente.
- Para uma dada estrutura cristalina, planos que possuem empacotamentos atômicos idênticos, porém índices de Miller diferentes, pertencem à mesma família.

Estruturas Cristalinas Compactas
- Tanto a estrutura cristalina CFC quanto a HC podem ser geradas pelo empilhamento de planos compactos de átomos, uns sobre os outros. Com esse procedimento, *A*, *B* e *C* representam possíveis posições atômicas em um plano compacto.
  - A sequência de empilhamento para a estrutura HC é *ABABAB...*
  - A sequência de empilhamento para a estrutura CFC é *ABCABCABC...*

Monocristais
Materiais Policristalinos
- Os *monocristais* são materiais em que a ordem atômica se estende sem interrupções por toda a extensão da amostra; sob algumas circunstâncias, os monocristais podem apresentar faces planas e formas geométricas regulares.
- A grande maioria dos sólidos cristalinos, no entanto, é de materiais *policristalinos*, sendo esses compostos por muitos pequenos cristais ou grãos que possuem diferentes orientações cristalográficas.
- Um *contorno de grão* é a região de fronteira que separa dois grãos onde existe algum desajuste atômico.

Anisotropia
- *Anisotropia* é a dependência das propriedades em relação à direção. Nos materiais isotrópicos, as propriedades são independentes da direção da medição.

Difração de Raios X: Determinação de Estruturas Cristalinas
- A *difratometria de raios X* é usada para determinações da estrutura cristalina e do espaçamento interplanar. Um feixe de raios X direcionado sobre um material cristalino pode sofrer difração (interferência construtiva) como resultado da sua interação com uma série de planos atômicos paralelos.
- A lei de Bragg especifica a condição para a difração dos raios X — Equação 3.20.

Sólidos Não Cristalinos
- Os materiais sólidos não cristalinos carecem de um arranjo sistemático e regular dos átomos ou íons ao longo de distâncias relativamente grandes (em uma escala atômica). Às vezes, o termo *amorfo* também é considerado para descrever esses materiais.

78 • Capítulo 3

Resumo das Equações

Número da Equação	Equação	Resolvendo para
3.1	$a = 2R\sqrt{2}$	Comprimento da aresta da célula unitária, CFC
3.3	$\text{FEA} = \dfrac{\text{volume de átomos em uma célula unitária}}{\text{volume total da célula unitária}} = \dfrac{V_E}{V_C}$	Fator de empacotamento atômico
3.4	$a = \dfrac{4R}{\sqrt{3}}$	Comprimento da aresta da célula unitária, CCC
3.8	$\rho = \dfrac{nA}{V_C N_A}$	Massa específica teórica de um metal
3.9a	$q = \dfrac{a}{P_x}$	Índice para o ponto em referência ao eixo x
3.10a	$u = n\left(\dfrac{x_2 - x_1}{a}\right)$	Índice direcional em referência ao eixo x
3.11a	$u = \dfrac{1}{3}(2U - V)$	Conversão do índice direcional para hexagonal
3.12a	$U = n\left(\dfrac{a_1'' - a_1'}{a}\right)$	Índice direcional hexagonal em referência ao eixo a_1 (esquema de três eixos)
3.13a	$h = \dfrac{na}{A}$	Índice planar (Miller) em referência ao eixo x
3.15	$\text{DL} = \dfrac{\text{número de átomos centrados no vetor direção}}{\text{comprimento do vetor direção}}$	Densidade linear
3.17	$\text{DP} = \dfrac{\text{número de átomos centrados em um plano}}{\text{área do plano}}$	Densidade Planar
3.20	$n\lambda = 2d_{hkl}\,\text{sen}\,\theta$	Lei de Bragg; comprimento de onda-espaçamento interplanar-ângulo do feixe difratado
3.21	$d_{hkl} = \dfrac{a}{\sqrt{h^2 + k^2 + l^2}}$	Espaçamento interplanar para cristais com simetria cúbica

Lista de Símbolos

Símbolo	Significado
a	Comprimento da aresta da célula unitária para estruturas cúbicas; comprimento do eixo x de uma célula unitária
a_1'	Coordenada para a parte traseira do vetor, hexagonal
a_1''	Coordenada para a parte dianteira do vetor, hexagonal
A	Peso atômico
A	Interseção planar sobre o eixo x
d_{hkl}	Espaçamento interplanar para planos cristalográficos que possuem índices h, k e l
n	Ordem da reflexão para difração de raios X
n	Número de átomos associados a uma célula unitária

(continua)

(continuação)

Símbolo	Significado
n	Fator de normalização — redução dos índices direcional/planar a números inteiros
N_A	Número de Avogadro ($6,022 \times 10^{23}$ átomos/mol)
P_x	Coordenada da posição na rede cristalina
R	Raio atômico
V_C	Volume da célula unitária
x_1	Coordenada para a parte traseira do vetor
x_2	Coordenada para a parte dianteira do vetor
λ	Comprimento de onda dos raios X
ρ	Massa específica; massa específica teórica

Termos e Conceitos Importantes

alotropia
amorfo
anisotropia
célula unitária
contorno de grão
cristalino
cúbica de corpo centrado (CCC)
cúbica de faces centradas (CFC)

difração
estrutura cristalina
fator de empacotamento atômico (FEA)
grão
hexagonal compacta (HC)
índices de Miller
isotrópico
lei de Bragg

monocristal
não cristalino
número de coordenação
parâmetros da rede cristalina
policristalino
polimorfismo
rede cristalina
sistema cristalino

REFERÊNCIAS

BUERGER, M. J. *Elementary Crystallography*. Nova York, NY: John Wiley & Sons, 1956.

CULLITY, B. D. e STOCK, S. R. *Elements of X-Ray Diffraction*, 3ª ed. Upper Saddle River, NJ: Pearson Education, 2001.

DEGRAEF, M. e MCHENRY, M. E. *Structure of Materials: An Introduction to Crystallography, Diffraction, and Symmetry*, 2ª ed. Nova York, NY: Cambridge University Press, 2014.

HAMMOND, C. *The Basics of Crystallography and Diffraction*, 4ª ed. New York, NY: Oxford University Press, 2014.

JULIAN, M. M. *Foundations of Crystallography with Computer Applications*, 2ª ed. Boca Raton, FL: CRC Press, 2014.

MASSA, W. *Crystal Structure Determination*. Nova York, NY: Springer, 2010.

SANDS, D. E. *Introduction to Crystallography*. Mineola, NY: Dover, 1975.

Capítulo 4 Imperfeições nos Sólidos

(a) Diagrama esquemático mostrando a localização do conversor catalítico no sistema de exaustão de um automóvel.

(b) Diagrama esquemático de um conversor catalítico.

(c) Monólito cerâmico sobre o qual o substrato catalítico metálico é depositado.

(d) Micrografia eletrônica de transmissão de alta resolução que mostra os defeitos de superfície em monocristais de um material usado em conversores catalíticos.

Os defeitos atômicos são responsáveis pelas reduções nas emissões de gases poluentes dos motores dos automóveis atuais. Um conversor catalítico é o dispositivo de redução de poluentes, o qual está localizado no sistema de exaustão dos automóveis. As moléculas dos gases poluentes ficam presas a defeitos na superfície de materiais metálicos cristalinos no conversor catalítico. Enquanto estão presas nesses sítios, as moléculas sofrem reações químicas que as convertem em outras substâncias não poluentes ou menos poluentes. A seção Materiais de Importância, depois da Seção 4.6, contém uma descrição detalhada desse processo.

[Figura (d) de STARK, W. J, MÄDLER, L., MACIEJEWSKI, M., PRATSINIS, S. E. e BAIKER, A. "Flame-Synthesis of Nanocrystalline Ceria/Zirconia: Effect of Carrier Liquid", Chem. Comm., 588-589 (2003). Reproduzida sob permissão da The Royal Society of Chemistry.]

POR QUE ESTUDAR *Imperfeições nos Sólidos?*

As propriedades de alguns materiais são profundamente influenciadas pela presença de imperfeições. Consequentemente, é importante ter um conhecimento sobre os tipos de imperfeições que existem e sobre os papéis que elas desempenham ao afetar o comportamento dos materiais. Por exemplo, as propriedades mecânicas dos metais puros apresentam alterações significativas quando esses materiais são ligados (isto é, quando são adicionados átomos de impurezas) — por exemplo, o latão (70% cobre–30% zinco) é muito mais duro e resistente que o cobre puro (Seção 7.9).

Também, os dispositivos microeletrônicos nos circuitos integrados encontrados em nossos computadores, calculadoras e eletrodomésticos funcionam devido a concentrações altamente controladas de impurezas específicas, as quais são incorporadas em regiões pequenas e localizadas de materiais semicondutores (Seções 18.11 e 18.15).

Objetivos do Aprendizado

Após estudar este capítulo, você deverá ser capaz de fazer o seguinte:

1. Descrever os defeitos cristalinos de lacuna e autointersticial.
2. Dadas as constantes relevantes, calcular o número de lacunas em equilíbrio em um material a uma temperatura específica.
3. Citar os dois tipos de soluções sólidas e fornecer uma definição sucinta por escrito e/ou um esboço esquemático de cada um deles.
4. Dados as massas e os pesos atômicos de dois ou mais elementos em uma liga metálica, calcular a porcentagem em peso e a porcentagem atômica de cada elemento.
5. Para as discordâncias em aresta, em espiral e mista:
   (a) descrever e fazer um desenho esquemático da discordância,
   (b) observar a localização da linha da discordância e
   (c) indicar a direção ao longo da qual a linha da discordância se estende.
6. Descrever a estrutura atômica na vizinhança de (a) um contorno de grão e (b) um contorno de macla.

4.1 INTRODUÇÃO

imperfeição

Até o momento, tem-se presumido tacitamente que, em uma escala atômica, existe uma ordenação perfeita por todo o material cristalino. Entretanto, esse tipo de sólido ideal não existe; todos os materiais contêm grandes números de uma variedade de defeitos ou **imperfeições**. Na realidade, muitas das propriedades dos materiais são profundamente sensíveis a desvios em relação à perfeição cristalina; a influência não é sempre adversa e, com frequência, características específicas são deliberadamente obtidas pela introdução de quantidades ou números controlados de defeitos específicos, como será detalhado em capítulos subsequentes.

defeito pontual

Por *defeito cristalino* designamos uma irregularidade na rede cristalina com uma ou mais das suas dimensões na ordem do diâmetro atômico. Com frequência, a classificação de imperfeições cristalinas é feita de acordo com a geometria ou com a dimensionalidade do defeito. Várias imperfeições diferentes são discutidas neste capítulo, incluindo os **defeitos pontuais** (aqueles associados a uma ou a duas posições atômicas), os defeitos lineares (ou unidimensionais) e os defeitos interfaciais, ou contornos, que são bidimensionais. As impurezas nos sólidos também são discutidas, uma vez que os átomos de impurezas podem existir como defeitos pontuais. Por fim, são descritas sucintamente técnicas para o exame microscópico dos defeitos e da estrutura dos materiais.

Defeitos Pontuais

4.2 LACUNAS E AUTOINTERSTICIAIS

lacuna

O defeito pontual mais simples é a **lacuna**, ou um sítio vago na rede cristalina, que normalmente deveria estar ocupado, mas no qual está faltando um átomo (Figura 4.1). Todos os sólidos cristalinos contêm lacunas e, na realidade, não é possível criar um material que esteja livre desse tipo de defeito. A necessidade da existência das lacunas é explicada considerando os princípios da termodinâmica; essencialmente, a presença das lacunas aumenta a entropia (isto é, a aleatoriedade) do cristal.

82 • Capítulo 4

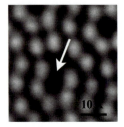

Micrografia de varredura por sonda que mostra uma lacuna em um plano de superfície tipo (111) para o silício. Ampliação de aproximadamente 7.000.000×. (Esta micrografia é uma cortesia de D. Huang, Stanford University.)

Dependência do número de lacunas em condições de equilíbrio em relação à temperatura

constante de Boltzmann

autointersticial

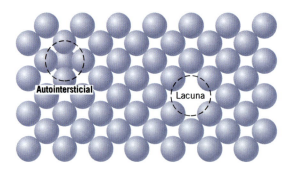

Figura 4.1 Representações bidimensionais de uma lacuna e de um autointersticial.
(Adaptada de MOFFATT, W. G., PEARSALL, G. W. e WULFF, J. *The Structure and Properties of Materials*, vol. I, *Structure*. John Wiley & Sons, 1964. Reproduzida com permissão de Janet M. Moffatt.)

O número de lacunas em equilíbrio N_l para uma dada quantidade de material (geralmente por metro cúbico) depende da temperatura e aumenta em função desse parâmetro de acordo com

$$N_l = N \exp\left(-\frac{Q_l}{kT}\right) \quad (4.1)$$

Nessa expressão, N é o número total de sítios atômicos (mais comumente por metro cúbico), Q_l é a energia necessária para a formação de uma lacuna (J/mol ou eV/átomo), T é a temperatura absoluta em kelvin[1] e k é a constante dos gases ou **constante de Boltzmann**. O valor de k equivale a $1{,}38 \times 10^{-23}$ J/átomo·K, ou $8{,}62 \times 10^{-5}$ eV/átomo·K, dependendo das unidades de Q_l.[2] Dessa maneira, o número de lacunas aumenta exponencialmente em função da temperatura — isto é, à medida em que o valor de T na Equação 4.1 aumenta, o mesmo acontece com a expressão $\exp(-Q_l/kT)$. Para a maioria dos metais, a fração de lacunas N_l/N em uma temperatura imediatamente inferior à sua temperatura de fusão é da ordem de 10^{-4} — isto é, um sítio em cada 10.000 sítios da rede encontra-se vazio. Como as discussões a seguir indicam, diversos outros parâmetros dos materiais possuem uma dependência exponencial em relação à temperatura semelhante àquela da Equação 4.1.

Um **autointersticial** é um átomo do cristal que se encontra comprimido em um *sítio intersticial* — um pequeno espaço vazio que sob circunstâncias normais não estaria ocupado. Esse tipo de defeito também está representado na Figura 4.1. Nos metais, um autointersticial introduz distorções relativamente grandes em sua vizinhança na rede cristalina, pois o átomo é substancialmente maior que a posição intersticial onde ele está localizado. Por consequência, a formação desse defeito não é muito provável e ele existe apenas em concentrações muito reduzidas, que são significativamente menores que as exibidas pelas lacunas.

PROBLEMA-EXEMPLO 4.1

Cálculo do Número de Lacunas em uma Temperatura Específica

Calcule o número de lacunas em equilíbrio por metro cúbico de cobre a 1000°C. A energia para a formação de uma lacuna é de 0,9 eV/átomo; o peso atômico e a massa específica (a 1000°C) para o cobre são de 63,5 g/mol e 8,4 g/cm³, respectivamente.

Solução

Esse problema pode ser resolvido usando a Equação 4.1; contudo, primeiro é necessário determinar o valor de N_{Cu} — o número de sítios atômicos por metro cúbico no cobre, a partir do seu peso atômico, A_{Cu}, da sua massa específica, ρ, e do número de Avogadro, N_A, de acordo com

Número de átomos por unidade de volume para um metal

$$N_{Cu} = \frac{N_A \rho}{A_{Cu}} \quad (4.2)$$

$$= \frac{(6{,}022 \times 10^{23} \text{ átomos/mol})(8{,}4 \text{ g/cm}^3)(10^6 \text{ cm}^3/\text{m}^3)}{63{,}5 \text{ g/mol}}$$

$$= 8{,}0 \times 10^{28} \text{ átomos/m}^3$$

---

[1] A temperatura absoluta em kelvin (K) é igual a °C + 273.
[2] A constante de Boltzmann por mol de átomos se torna a constante dos gases R; nesse caso, $R = 8{,}31$ J/mol·K.

Dessa forma, o número de lacunas a 1000°C (1273 K) é igual a

$$N_l = N \exp\left(-\frac{Q_l}{kT}\right)$$

$$= (8,0 \times 10^{28}\,\text{átomos/m}^3)\exp\left[-\frac{(0,9\,\text{eV})}{(8,62 \times 10^{-5}\,\text{eV/K})(1273\,\text{K})}\right]$$

$$= 2,2 \times 10^{25}\,\text{lacunas/m}^3$$

4.3 IMPUREZAS NOS SÓLIDOS

Um metal puro formado apenas por um tipo de átomo é simplesmente impossível; impurezas ou átomos diferentes estão sempre presentes e alguns existem como defeitos pontuais nos cristais. Na realidade, mesmo com técnicas relativamente sofisticadas é difícil refinar metais até uma pureza superior a 99,9999%. Nesse nível, da ordem de 10^{22} a 10^{23} átomos de impurezas estão presentes em cada 1 m³ de material. A maioria dos metais familiares não são altamente puros; em vez disso, eles são **ligas**, em que intencionalmente foram adicionados átomos de impurezas para conferir características específicas ao material. Ordinariamente, a formação de ligas é utilizada em metais para aumentar a resistência mecânica e a resistência à corrosão. Por exemplo, a prata de lei é uma liga composta por 92,5% de prata e 7,5% de cobre. Sob condições ambientes normais, a prata pura é altamente resistente à corrosão, mas também é muito macia. A formação de uma liga com o cobre aumenta significativamente sua resistência mecânica sem diminuir de maneira apreciável a resistência à corrosão.

liga

A adição de átomos de impurezas a um metal resulta na formação de uma **solução sólida** e/ou de uma nova *segunda fase*, dependendo dos tipos de impurezas, das suas concentrações e da temperatura da liga. A presente discussão está relacionada com a noção de uma solução sólida; a consideração sobre a formação de uma nova fase ficará adiada ao Capítulo 9.

solução sólida

Vários termos relacionados com as impurezas e as soluções sólidas merecem menção. Em relação às ligas, os termos **soluto** e **solvente** são comumente empregados. *Solvente* representa o elemento ou composto que está presente em maior quantidade; ocasionalmente, os átomos do solvente também são denominados *átomos hospedeiros*. O termo *soluto* é usado para indicar um elemento ou composto que está presente em menor concentração.

soluto, solvente

Soluções Sólidas

Uma solução sólida se forma quando, à medida que os átomos de soluto são adicionados ao material hospedeiro, a estrutura cristalina é mantida e nenhuma estrutura nova é formada. Talvez seja útil fazer uma analogia com uma solução líquida. Se dois líquidos solúveis entre si (tais como a água e o álcool) são combinados, é produzida uma solução líquida conforme as moléculas se misturam, e a composição se mantém homogênea como um todo. Uma solução sólida também é homogênea em termos da sua composição; os átomos de impurezas estão distribuídos aleatória e uniformemente no sólido.

Defeitos pontuais em razão da presença de impurezas são encontrados nas soluções sólidas, as quais podem ser de dois tipos: **substitucional** e **intersticial**. Nos defeitos substitucionais, os átomos de soluto ou átomos de impurezas repõem ou substituem os átomos hospedeiros (Figura 4.2). Várias características dos átomos do soluto e do solvente determinam o grau no qual os primeiros se dissolvem nos últimos. Essas são expressas como as quatro *regras de Hume-Rothery*, quais sejam:

solução sólida substitucional

solução sólida intersticial

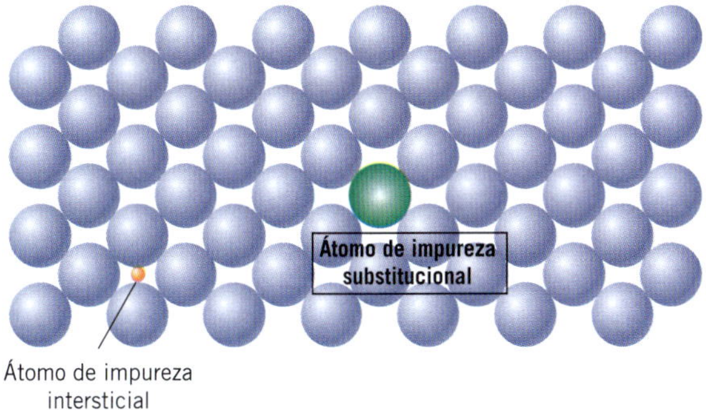

Figura 4.2 Representações esquemáticas bidimensionais de átomos de impureza substitucional e intersticial. (Adaptada de MOFFATT, W. G., PEARSALL, G. W. e WULFF, J. *The Structure and Properties of Materials*, vol. I, *Structure*. John Wiley & Sons, 1964. Reproduzida com permissão de Janet M. Moffatt.)

1. *Fator do tamanho atômico.* Quantidades apreciáveis de um soluto podem ser acomodadas nesse tipo de solução sólida apenas quando a diferença entre os raios atômicos dos dois tipos de átomos é menor que aproximadamente ±15%. De outra forma, os átomos do soluto criam distorções significativas na rede e uma nova fase se forma.
2. *Estrutura cristalina.* Para que a solubilidade sólida seja apreciável, as estruturas cristalinas dos metais de ambos os tipos de átomos devem ser as mesmas.
3. *Fator de eletronegatividade.* Quanto mais eletropositivo for um elemento e mais eletronegativo for o outro, maior será a probabilidade de eles formarem um composto intermetálico em vez de uma solução sólida substitucional.
4. *Valências.* Sendo iguais os demais fatores, um metal terá maior tendência a dissolver outro metal de maior valência do que um metal de menor valência.

Um exemplo de solução sólida substitucional é encontrado para o cobre e o níquel. Esses dois elementos são completamente solúveis um no outro, em todas as proporções. Em relação às regras mencionadas anteriormente que governam o grau de solubilidade, os raios atômicos para o cobre e para o níquel são 0,128 e 0,125 nm, respectivamente; ambos possuem estruturas cristalinas CFC e suas eletronegatividades são 1,9 e 1,8 (Figura 2.9). Por fim, as valências mais comuns são +1 para o cobre (embora possa ser às vezes +2) e +2 para o níquel.

Nas soluções sólidas intersticiais, os átomos de impureza preenchem os espaços vazios ou interstícios entre os átomos hospedeiros (Figura 4.2). Para as estruturas cristalinas CFC e CCC, existem dois tipos de sítios intersticiais — *tetraédrico* e *octaédrico*; esses são distinguidos pelo número de átomos hospedeiros vizinhos mais próximos — isto é, pelo número de coordenação. Os sítios tetraédricos possuem um número de coordenação de 4; as linhas retas traçadas dos centros dos átomos hospedeiros vizinhos formam um tetraedro de quatro lados. Contudo, nos sítios octaédricos, o número de coordenação é 6; um octaedro é produzido ao se unir esses seis centros de esferas.[3] Para a estrutura cristalina CFC, existem dois tipos de sítios octaédricos com coordenadas de pontos representativas de $0\frac{1}{2}1$ e $\frac{1}{2}\frac{1}{2}\frac{1}{2}$. As coordenadas representativas para um único tipo de sítio tetraédrico são $\frac{1}{4}\frac{3}{4}\frac{1}{4}$.[4] As localizações desses sítios dentro da célula unitária CFC estão destacadas na Figura 4.3a. De maneira similar, para a estrutura cristalina CCC existem dois tipos octaédricos e um tetraédrico. As coordenadas representativas para os sítios octaédricos são as seguintes: $\frac{1}{2}1\frac{1}{2}$ e $\frac{1}{2}10$; para o tetraédrico da CCC, $1\frac{1}{2}\frac{1}{4}$ é uma coordenada representativa. A Figura 4.3b mostra as posições desses sítios dentro de uma célula unitária CCC.[4]

Os materiais metálicos possuem fatores de empacotamento atômico relativamente elevados, o que significa que essas posições intersticiais são relativamente pequenas. Por consequência, o diâmetro atômico de uma impureza intersticial deve ser substancialmente menor que aquele dos átomos hospedeiros. Normalmente, a concentração máxima permissível de átomos de impureza intersticial é baixa (inferior a 10%). Mesmo os átomos de impurezas muito pequenos são normalmente maiores que os sítios intersticiais e, como consequência, eles introduzem algumas deformações na rede dos átomos hospedeiros adjacentes. Os Problemas 4.8 e 4.9 pedem a determinação dos raios dos átomos de impurezas r (em termos de R, o raio atômico dos átomos hospedeiros) que se ajustam exatamente nas posições intersticiais tetraédricas e octaédricas sem introduzir nenhuma deformação na rede, tanto para a estrutura cristalina CFC quanto para a CCC.

Figura 4.3 Localizações dos sítios intersticiais tetraédricos e octaédricos dentro das células unitárias (a) CFC e (b) CCC.

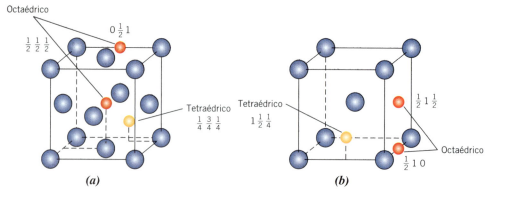

---
[3] As geometrias desses tipos de sítios podem ser observadas na Figura 12.7.
[4] Outros interstícios octaédricos e tetraédricos estão localizados em posições dentro da célula unitária que são equivalentes a esses sítios representativos.

O carbono forma uma solução sólida intersticial quando adicionado ao ferro; a concentração máxima de carbono é de aproximadamente 2%. O raio atômico do átomo de carbono é muito menor que o do ferro: 0,071 nm contra 0,124 nm.

Também são possíveis soluções sólidas para os materiais cerâmicos, como discutido na Seção 12.5.

PROBLEMA-EXEMPLO 4.2

Cálculo do Raio de um Sítio Intersticial da Célula Unitária CCC

Calcule o raio r de um átomo de impureza que se ajusta exatamente no interior de um sítio octaédrico da célula unitária CCC em termos do raio atômico R do átomo hospedeiro (sem introduzir deformações na rede cristalina).

Solução

Como mostra a Figura 4.3b, para a estrutura CCC um sítio intersticial octaédrico está situado no centro de uma aresta da célula unitária. Para que um átomo intersticial fique posicionado nesse sítio sem a introdução de deformações na rede cristalina, o átomo deve exatamente tocar os dois átomos hospedeiros adjacentes, os quais são átomos dos vértices da célula unitária. O desenho mostra átomos na face (100) de uma célula unitária CCC; os círculos grandes representam os átomos hospedeiros — o círculo pequeno representa um átomo intersticial que está posicionado em um sítio octaédrico na aresta do cubo.

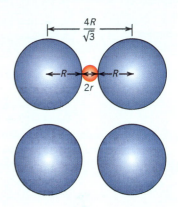

Nesse desenho é indicado o comprimento da aresta da célula unitária — a distância entre os centros dos átomos nos vértices — que, a partir da Equação 3.4, é igual a

$$\text{Comprimento da aresta da célula unitária} = \frac{4R}{\sqrt{3}}$$

Também é mostrado que o comprimento da aresta da célula unitária é igual a duas vezes a soma do raio atômico do átomo hospedeiro $2R$ com duas vezes o raio do átomo intersticial $2r$; isto é,

$$\text{Comprimento da aresta da célula unitária} = 2R + 2r$$

Agora, igualando essas duas expressões para o comprimento da aresta da célula unitária, obtemos

$$2R + 2r = \frac{4R}{\sqrt{3}}$$

e resolvendo para r em termos de R

$$2r = \frac{4R}{\sqrt{3}} - 2R = \left(\frac{2}{\sqrt{3}} - 1\right)(2R)$$

ou

$$r = \left(\frac{2}{\sqrt{3}} - 1\right)R = 0{,}155R$$

✓ **Verificação de Conceitos 4.1** É possível que três ou mais elementos formem uma solução sólida? Explique sua resposta.

[*A resposta está disponível no GEN-IO, ambiente virtual de aprendizagem do GEN.*]

✓ **Verificação de Conceitos 4.2** Explique por que pode ocorrer uma solubilidade sólida completa para soluções sólidas substitucionais, mas não para soluções sólidas intersticiais.

[*A resposta está disponível no GEN-IO, ambiente virtual de aprendizagem do GEN.*]

86 · Capítulo 4

4.4 ESPECIFICAÇÃO DA COMPOSIÇÃO

composição

porcentagem em peso

Cálculo da porcentagem em peso (para uma liga com dois elementos)

porcentagem atômica

Cálculo da porcentagem atômica (para uma liga com dois elementos)

Conversão de porcentagem em peso para porcentagem atômica (para uma liga com dois elementos)

Com frequência, é necessário expressar a **composição** (ou *concentração*)[5] de uma liga em termos dos seus elementos constituintes. As duas maneiras mais comuns para especificar a composição são pela porcentagem em peso (ou massa) e pela porcentagem atômica. A base para a **porcentagem em peso** (%p) é o peso de um elemento específico em relação ao peso total da liga. Para uma liga que contém dois átomos hipotéticos identificados como 1 e 2, a concentração do átomo 1 em %p, C_1, é definida como

$$C_1 = \frac{m_1}{m_1 + m_2} \times 100 \tag{4.3a}$$

em que m_1 e m_2 representam o peso (ou massa) dos elementos 1 e 2, respectivamente. A concentração do átomo 2 seria calculada de uma maneira análoga.[6]

A base para os cálculos da **porcentagem atômica** (%a) é o número de mols de um elemento em relação ao número total de mols de todos os elementos na liga. O número de mols em uma dada massa de um elemento hipotético 1, n_{m1}, pode ser calculado da seguinte maneira:

$$n_{m1} = \frac{m_1'}{A_1} \tag{4.4}$$

Aqui, m_1' e A_1 representam, respectivamente, a massa (em gramas) e o peso atômico para o elemento 1.

A concentração para o elemento 1 em termos da porcentagem atômica em uma liga contendo os átomos dos elementos 1 e 2, C_1', é definida por[7]

$$C_1' = \frac{n_{m1}}{n_{m1} + n_{m2}} \times 100 \tag{4.5a}$$

De maneira semelhante, pode ser determinada a porcentagem atômica para o elemento 2.[8]

Os cálculos da porcentagem atômica também podem ser conduzidos com base no número de átomos, em vez do número de mols, já que um mol de todas as substâncias contém o mesmo número de átomos.

Conversões entre Composições

Às vezes é necessário converter de um tipo de composição para outro — por exemplo, converter de porcentagem em peso em porcentagem atômica. Vamos agora apresentar as equações usadas para realizar essas conversões em termos dos dois elementos hipotéticos 1 e 2. Usando a convenção adotada na seção anterior (isto é, porcentagens em peso representadas por C_1 e C_2, porcentagens atômicas por C_1' e C_2' e pesos atômicos como A_1 e A_2), essas expressões de conversão são as seguintes:

$$C_1' = \frac{C_1 A_2}{C_1 A_2 + C_2 A_1} \times 100 \tag{4.6a}$$

$$C_2' = \frac{C_2 A_1}{C_1 A_2 + C_2 A_1} \times 100 \tag{4.6b}$$

---

[5]Neste livro, será considerado que os termos *composição* e *concentração* têm o mesmo significado (isto é, o teor relativo de um elemento ou constituinte específico em uma liga) e eles serão usados sem discriminação.

[6]Quando uma liga contém mais do que dois (digamos n) elementos, a Equação (4.3a) assume a forma

$$C_1 = \frac{m_1}{m_1 + m_2 + m_3 + \cdots + m_n} \times 100 \tag{4.3b}$$

[7]Com o objetivo de evitar confusão nas notações e nos símbolos usados nesta seção, deve ser observado que a "linha" (como no caso de C_1' e m_1') é usada para designar tanto a composição, em porcentagem atômica, quanto a massa do material em unidades de grama.

[8]Quando uma liga contém mais do que dois (digamos n) elementos, a Equação (4.5a) assume a forma

$$C_1' = \frac{n_{m1}}{n_{m1} + n_{m2} + n_{m3} + \cdots + n_{mn}} \times 100 \tag{4.5b}$$

Conversão de porcentagem atômica para porcentagem em peso (para uma liga com dois elementos)

$$C_1 = \frac{C'_1 A_1}{C'_1 A_1 + C'_2 A_2} \times 100 \tag{4.7a}$$

$$C_2 = \frac{C'_2 A_2}{C'_1 A_1 + C'_2 A_2} \times 100 \tag{4.7b}$$

Uma vez que estamos considerando apenas dois elementos, os cálculos envolvendo as equações anteriores podem ser simplificados quando se observa que

$$C_1 + C_2 = 100 \tag{4.8a}$$

$$C'_1 + C'_2 = 100 \tag{4.8b}$$

Ademais, às vezes torna-se necessário converter a concentração de porcentagem em peso para a massa de um componente por unidade de volume do material (isto é, de unidades de %p para kg/m³); essa última forma de representação da composição é empregada com frequência em cálculos da difusão (Seção 5.3). As concentrações em termos dessa base são representadas com a utilização de "duas linhas" (isto é, C''_1 e C''_2), e as equações relevantes são as seguintes:

Conversão de porcentagem em peso para massa por unidade de volume (para uma liga com dois elementos)

$$C''_1 = \left(\frac{C_1}{\dfrac{C_1}{\rho_1} + \dfrac{C_2}{\rho_2}} \right) \times 10^3 \tag{4.9a}$$

$$C''_2 = \left(\frac{C_2}{\dfrac{C_1}{\rho_1} + \dfrac{C_2}{\rho_2}} \right) \times 10^3 \tag{4.9b}$$

Para a massa específica ρ em unidades de g/cm³, essas expressões fornecem C''_1 e C''_2 em kg/m³.

Além disso, ocasionalmente desejamos determinar a massa específica e o peso atômico de uma liga binária tendo sido dada a composição em termos ou da porcentagem em peso ou da porcentagem atômica. Se representarmos a massa específica e o peso atômico da liga por $\rho_{méd}$ e $A_{méd}$, respectivamente, então

Cálculo da massa específica (para uma liga metálica com dois elementos)

$$\rho_{méd} = \frac{100}{\dfrac{C_1}{\rho_1} + \dfrac{C_2}{\rho_2}} \tag{4.10a}$$

$$\rho_{méd} = \frac{C'_1 A_1 + C'_2 A_2}{\dfrac{C'_1 A_1}{\rho_1} + \dfrac{C'_2 A_2}{\rho_2}} \tag{4.10b}$$

Cálculo do peso atômico (para uma liga metálica com dois elementos)

$$A_{méd} = \frac{100}{\dfrac{C_1}{A_1} + \dfrac{C_2}{A_2}} \tag{4.11a}$$

$$A_{méd} = \frac{C'_1 A_1 + C'_2 A_2}{100} \tag{4.11b}$$

Deve ser observado que as Equações 4.9 e 4.11 nem sempre são exatas. No desenvolvimento dessas equações, supôs-se que o volume total da liga é exatamente igual à soma dos volumes dos seus elementos individuais. Normalmente, isso não ocorre para a maioria das ligas; entretanto, essa é uma hipótese razoavelmente válida, que não leva a erros significativos quando aplicada a soluções diluídas e em faixas de composição nas quais existem soluções sólidas.

88 • Capítulo 4

PROBLEMA-EXEMPLO 4.3

Desenvolvimento da Equação para Conversão de Composições

Desenvolva a Equação 4.6a.

Solução

Para simplificar esse desenvolvimento, supomos que as massas estejam expressas em unidades de grama e sejam representadas com uma "linha" (por exemplo, m_1'). Além disso, a massa total da liga (em gramas), M', é

$$M' = m_1' + m_2' \tag{4.12}$$

Usando a definição para C_1' (Equação 4.5a) e incorporando a expressão para n_{m1}, Equação 4.4, assim como a expressão análoga para n_{m2}, temos

$$C_1' = \frac{n_{m1}}{n_{m1} + n_{m2}} \times 100$$

$$= \frac{\dfrac{m_1'}{A_1}}{\dfrac{m_1'}{A_1} + \dfrac{m_2'}{A_2}} \times 100 \tag{4.13}$$

O rearranjo do equivalente à Equação 4.3a com a massa expressa em gramas leva a

$$m_1' = \frac{C_1 M'}{100} \tag{4.14}$$

A substituição dessa expressão e do seu equivalente para m_2' na Equação 4.13 fornece

$$C_1' = \frac{\dfrac{C_1 M'}{100 A_1}}{\dfrac{C_1 M'}{100 A_1} + \dfrac{C_2 M'}{100 A_2}} \times 100 \tag{4.15}$$

Após simplificação, temos

$$C_1' = \frac{C_1 A_2}{C_1 A_2 + C_2 A_1} \times 100$$

que é idêntica à Equação 4.6a.

PROBLEMA-EXEMPLO 4.4

Conversão de Composições — de Porcentagem em Peso para Porcentagem Atômica

Determine a composição, em porcentagem atômica, de uma liga com 97%p alumínio e 3%p cobre.

Solução

Se representarmos as respectivas composições em porcentagem em peso como $C_{Al} = 97$ e $C_{Cu} = 3$, a substituição nas Equações 4.6a e 4.6b fornece

$$C_{Al}' = \frac{C_{Al} A_{Cu}}{C_{Al} A_{Cu} + C_{Cu} A_{Al}} \times 100$$

$$= \frac{(97)(63{,}55 \text{ g/mol})}{(97)(63{,}55 \text{ g/mol}) + (3)(26{,}98 \text{ g/mol})} \times 100$$

$$= 98{,}7 \,\%a$$

e

$$C'_{Cu} = \frac{C_{Cu}A_{Al}}{C_{Cu}A_{Al} + C_{Al}A_{Cu}} \times 100$$

$$= \frac{(3)(26,98 \text{ g/mol})}{(3)(26,98 \text{ g/mol}) + (97)(63,55 \text{ g/mol})} \times 100$$

$$= 1,30 \text{ \%a}$$

Imperfeições Diversas

4.5 DISCORDÂNCIAS — DEFEITOS LINEARES

Uma *discordância* é um defeito linear ou unidimensional em torno do qual alguns átomos estão desalinhados. Um tipo de discordância está representado na Figura 4.4: uma porção extra de um plano de átomos, ou semiplano, cuja aresta termina no interior do cristal. Essa discordância é conhecida como **discordância em aresta**; é um defeito linear que fica centralizado sobre a linha definida ao longo da extremidade do semiplano extra de átomos. Essa é às vezes denominada **linha da discordância**, a qual, para a discordância em aresta mostrada na Figura 4.4, é perpendicular ao plano da página. Na região em torno da linha da discordância existe uma distorção localizada da rede cristalina. Os átomos acima da linha da discordância na Figura 4.4 estão comprimidos, enquanto os átomos abaixo da linha da discordância estão afastados; isso se reflete na ligeira curvatura dos planos verticais de átomos à medida que eles se curvam em torno desse semiplano extra. A magnitude dessa distorção diminui com o aumento da distância da linha da discordância; em posições afastadas, a rede cristalina é virtualmente perfeita. Às vezes, a discordância em aresta na Figura 4.4 é representada pelo símbolo ⊥, que também indica a posição da linha da discordância. Uma discordância em aresta também pode ser formada por um semiplano extra de átomos incluído na parte de baixo do cristal; sua designação é feita pelo símbolo ⊤.

Outro tipo de discordância, denominada **discordância em espiral**, pode ser considerada como a consequência da tensão cisalhante que é aplicada para produzir a distorção mostrada na Figura 4.5a: a região anterior superior do cristal é deslocada uma distância atômica para a direita em relação à porção inferior. A distorção atômica associada a uma discordância em espiral também é linear e está localizada ao longo da linha da discordância, a linha AB na Figura 4.5b. A discordância em espiral tem seu nome derivado da trajetória ou inclinação em espiral ou helicoidal que é traçada ao redor da linha da discordância pelos planos atômicos de átomos. Às vezes, o símbolo ↻ é empregado para designar uma discordância em espiral.

A maioria das discordâncias encontradas nos materiais cristalinos provavelmente não é nem puramente em aresta nem puramente em espiral, mas exibe componentes de ambos os tipos; essas discordâncias são denominadas **discordâncias mistas**. Todos os três tipos de discordâncias estão representados esquematicamente na Figura 4.6; a distorção da rede produzida longe das duas faces é mista, exibindo níveis variáveis de natureza em espiral e em aresta.

discordância em aresta

linha da discordância

discordância em espiral

discordância mista

Figura 4.4 As posições atômicas em torno de uma discordância em aresta; o semiplano extra de átomos é mostrado em perspectiva.

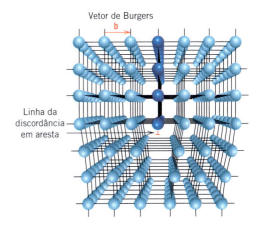

Figura 4.5 (*a*) Uma discordância em espiral em um cristal. (*b*) A discordância em espiral em (*a*) vista de cima. A linha da discordância se estende ao longo da linha *AB*. As posições atômicas acima do plano de deslizamento estão assinaladas por meio de círculos vazios; aquelas abaixo do plano de deslizamento estão assinaladas por pontos.
[A Figura (*b*) foi tirada de READ, W. T., Jr. *Dislocations in Crystals*. Nova York: McGraw-Hill Book Company, 1953.]

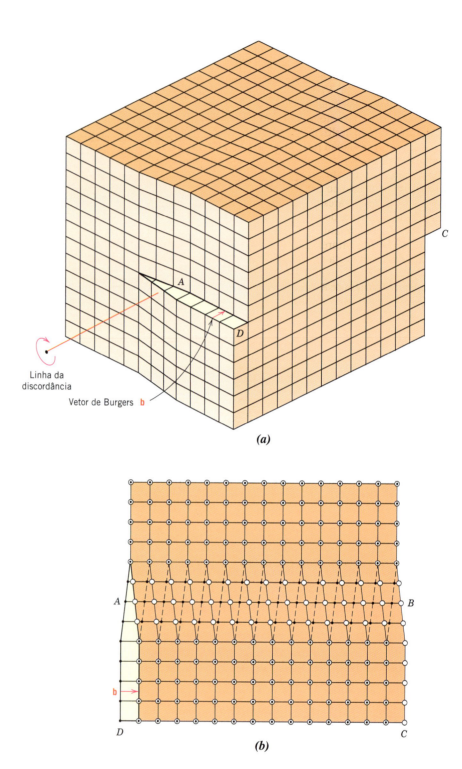

vetor de Burgers

A magnitude e a direção da distorção da rede associada a uma discordância são expressas em termos de um **vetor de Burgers**, representado por um **b**. Os vetores de Burgers associados, respectivamente, às discordâncias em aresta e em espiral estão indicados nas Figuras 4.4 e 4.5. Adicionalmente, a natureza de uma discordância (isto é, em aresta, em espiral ou mista) é definida pelas orientações relativas da linha da discordância e do vetor de Burgers. Em uma discordância em aresta eles são perpendiculares (Figura 4.4), enquanto em uma discordância em espiral são paralelos (Figura 4.5); eles não são nem perpendiculares nem paralelas em uma discordância mista. Além disso, embora uma discordância possa mudar de direção e de natureza no interior de um cristal (por exemplo, de uma discordância em aresta para uma discordância mista, para uma discordância em espiral), seu vetor de Burgers é o mesmo em todos os pontos ao longo da sua linha. Por exemplo, todas as posições da discordância em curva mostradas na Figura 4.6 têm o vetor de Burgers mostrado na figura. Para os materiais metálicos, o vetor de Burgers para uma discordância aponta para uma direção cristalográfica compacta e tem uma magnitude igual à do espaçamento interatômico.

Figura 4.6 (*a*) Representação esquemática de uma discordância que possui natureza em aresta, em espiral e mista. (*b*) Vista superior, em que os círculos vazios representam posições atômicas acima do plano de deslizamento e os pontos representam posições atômicas abaixo do plano. No ponto *A*, a discordância é puramente em espiral, enquanto no ponto *B* ela é puramente em aresta. Para as regiões entre esses dois pontos, onde existe uma curvatura na linha da discordância, a natureza é de uma discordância mista entre em aresta e em espiral.
[A Figura (*b*) foi tirada de READ, W. T., Jr. *Dislocations in Crystals*. Nova York: McGraw-Hill Book Company, 1953.]

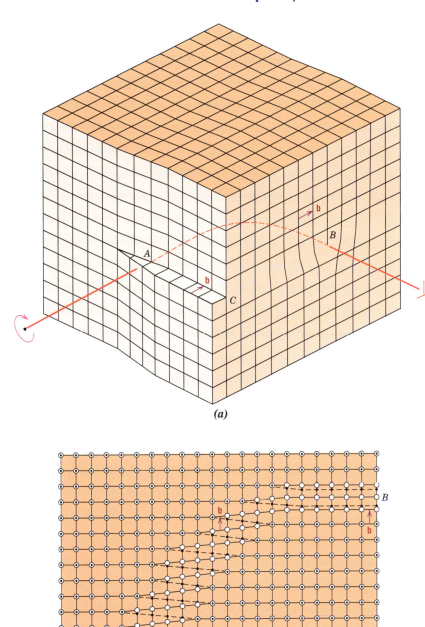

Como observamos na Seção 7.2, a deformação permanente da maioria dos materiais cristalinos ocorre pelo movimento de discordâncias. Além disso, o vetor de Burgers é um elemento da teoria que foi desenvolvido para explicar esse tipo de deformação.

As discordâncias podem ser observadas nos materiais cristalinos por meio de técnicas de microscopia eletrônica. Na Figura 4.7, que mostra uma micrografia eletrônica de transmissão sob grande ampliação, as linhas escuras são as discordâncias.

Virtualmente todos os materiais cristalinos contêm algumas discordâncias que foram introduzidas durante a solidificação, durante uma deformação plástica e como consequência de tensões térmicas resultantes de um resfriamento rápido. As discordâncias estão envolvidas na deformação plástica dos materiais cristalinos, tanto metálicos quanto cerâmicos, como discutido nos Capítulos 7 e 12. Elas também são observadas em materiais poliméricos e são discutidas na Seção 14.13.

Figura 4.7 Micrografia eletrônica de transmissão de uma liga de titânio em que as linhas escuras são discordâncias. Ampliação de 50.000×.
(Cortesia de PLICHTA, M. R. Michigan Technological University.)

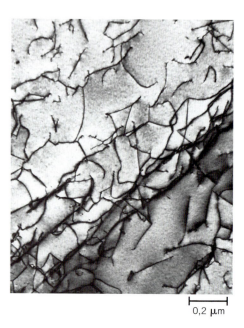

0,2 μm

4.6 DEFEITOS INTERFACIAIS

Os defeitos interfaciais são contornos que possuem duas dimensões e normalmente separam regiões dos materiais que possuem estruturas cristalinas e/ou orientações cristalográficas diferentes. Essas imperfeições incluem as superfícies externas, os contornos de grão, os contornos de fase, os contornos de macla e as falhas de empilhamento.

Superfícies Externas

Um dos contornos mais óbvios é a superfície externa, ao longo da qual termina a estrutura do cristal. Os átomos na superfície não estão ligados ao número máximo de vizinhos mais próximos e estão, portanto, em um estado de maior energia que os átomos nas posições interiores. As ligações desses átomos na superfície, que não estão completas, dão origem a uma energia de superfície, que é expressa em unidades de energia por unidade de área (J/m^2 ou erg/cm^2). Para reduzir essa energia, os materiais tendem a minimizar, se isso for possível, a área total de sua superfície. Por exemplo, os líquidos assumem uma forma que minimiza a área — as gotículas tornam-se esféricas. Obviamente, isso não é possível nos sólidos, que são mecanicamente rígidos.

Contornos de Grão

Outro defeito interfacial, o contorno do grão, foi introduzido na Seção 3.14 como o contorno que separa dois pequenos grãos ou cristais com diferentes orientações cristalográficas nos materiais policristalinos. Um contorno de grão está representado esquematicamente, sob uma perspectiva atômica, na Figura 4.8. Na região do contorno, que provavelmente possui uma largura de apenas alguns poucos átomos, existe algum desajuste atômico na transição da orientação cristalina de um grão para a orientação de um grão adjacente.

São possíveis vários graus de desalinhamento cristalográfico entre grãos adjacentes (Figura 4.8). Quando esse desajuste da orientação é pequeno, da ordem de uns poucos graus, então o termo *contorno de grão de baixo* (ou *pequeno*) *ângulo* é usado. Esses contornos podem ser descritos em termos de arranjos de discordâncias. Um contorno de grão de baixo ângulo simples é formado quando discordâncias em aresta são alinhadas da maneira mostrada na Figura 4.9. Esse contorno é chamado de *contorno de inclinação*; o ângulo de desorientação, θ, também está indicado na figura. Quando o ângulo de desorientação é paralelo ao contorno, tem-se como resultado um *contorno de torção*, que pode ser descrito por um arranjo de discordâncias em espiral.

Os átomos estão ligados de maneira menos regular ao longo de um contorno de grão (por exemplo, os ângulos de ligação são maiores) e, consequentemente, existe uma energia interfacial, ou de contorno de grão, semelhante à energia de superfície descrita anteriormente. A magnitude dessa energia é uma função do grau de desorientação, sendo maior para contornos de alto ângulo. Os contornos de grão são quimicamente mais reativos que os grãos propriamente ditos, como uma consequência dessa energia de contorno. Além disso, com frequência os átomos de impurezas segregam-se preferencialmente ao longo desses contornos, devido aos seus maiores níveis de energia. A energia

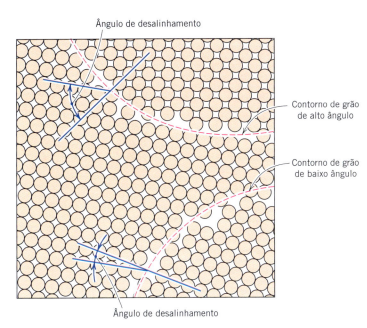

Figura 4.8 Diagrama esquemático mostrando contornos de grão de baixo e de alto ângulo e as posições atômicas adjacentes.

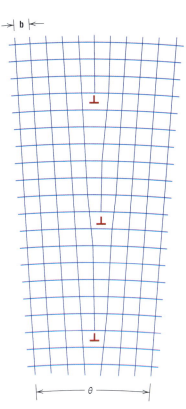

Figura 4.9 Demonstração de como um contorno de inclinação com um ângulo de desorientação θ resulta de um alinhamento de discordâncias em aresta.

interfacial total é menor nos materiais com grãos maiores ou mais grosseiros que nos materiais com grãos mais finos, uma vez que a área total de contorno é menor nos materiais com grãos maiores. Os grãos crescem em temperaturas elevadas para reduzir a energia total dos contornos, um fenômeno que será explicado na Seção 7.13.

Apesar desse arranjo desordenado dos átomos e da falta de uma ligação regular ao longo dos contornos de grão, um material policristalino ainda é muito resistente; estão presentes forças de coesão no interior e através dos contornos. Além disso, a massa específica de uma amostra policristalina é virtualmente idêntica àquela de um monocristal do mesmo material.

Contornos de Fase

Os *contornos de fase* existem nos materiais multifásicos (Seção 9.3), nos quais há uma fase diferente em cada lado do contorno; adicionalmente, cada uma das fases constituintes possui suas próprias características físicas e/ou químicas distintas. Como veremos em capítulos subsequentes, os contornos de fase têm um papel importante na determinação das características mecânicas de algumas ligas metálicas multifásicas.

Contornos de Macla

Um *contorno de macla* é um tipo especial de contorno de grão, por meio do qual existe uma simetria em espelho específica da rede cristalina; isto é, os átomos em um dos lados do contorno estão localizados em posições de imagem em espelho em relação aos átomos no outro lado do contorno (Figura 4.10). A região de material entre esses contornos é, apropriadamente, denominada uma *macla*. As maclas resultam de deslocamentos atômicos produzidos a partir da aplicação de forças mecânicas de cisalhamento (maclas de deformação) e também durante tratamentos térmicos de recozimento realizados após deformações (maclas de recozimento). A maclagem ocorre em um plano cristalográfico definido e em uma direção específica, ambos os quais dependem da estrutura cristalina. As maclas de recozimento são encontradas tipicamente nos metais que possuem estrutura cristalina CFC, enquanto as maclas de deformação são observadas nos metais CCC e HC. O papel das maclas de deformação no processo de deformação é discutido na Seção 7.7. Maclas de recozimento podem ser observadas na fotomicrografia de uma amostra de latão policristalino, mostrada na Figura 4.14*c*.

Figura 4.10 Diagrama esquemático mostrando um plano ou contorno de macla e as posições atômicas adjacentes (círculos coloridos). Os átomos identificados com letras correspondentes com e sem "linha" (por exemplo, A e A') estão localizados em posições em espelho através do contorno de macla.

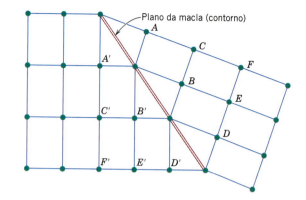

As maclas correspondem àquelas regiões que possuem lados relativamente retos e paralelos e com um contraste visual diferente daquele apresentado pelas regiões não macladas dos grãos no interior dos quais elas se encontram. Uma explicação para a variedade de contrastes de textura nessa fotomicrografia é dada na Seção 4.10.

Defeitos Interfaciais Diversos

Outros defeitos interfaciais possíveis incluem as falhas de empilhamento e as paredes de domínio ferromagnético. As falhas de empilhamento são encontradas nos metais CFC quando existe uma interrupção na sequência de empilhamento $ABCABCABC$... dos planos compactos (Seção 3.12). Nos materiais ferromagnéticos e ferrimagnéticos, o contorno que separa regiões com diferentes direções de magnetização é denominado *parede de domínio* e é discutido na Seção 20.7.

Uma energia interfacial está associada a cada um dos defeitos discutidos nesta seção, cuja magnitude depende do tipo de contorno e que varia de material para material. Normalmente, a energia interfacial é maior para as superfícies externas e menor para as paredes de domínio.

Verificação de Conceitos 4.3   A energia de superfície de um monocristal depende da orientação cristalográfica. Essa energia de superfície aumenta ou diminui com um aumento da densidade planar? Por quê?

[*A resposta está disponível no GEN-IO, ambiente virtual de aprendizagem do GEN.*]

MATERIAIS DE IMPORTÂNCIA 4.1

Catalisadores (e Defeitos de Superfície)

Um *catalisador* é uma substância que acelera a taxa de uma reação química sem participar da reação propriamente dita (isto é, sem ser consumido). Um tipo de catalisador existe como um sólido; as moléculas reagentes em uma fase gasosa ou líquida são adsorvidas[9] sobre a superfície do catalisador, em um local onde ocorre algum tipo de interação que promove um aumento em sua taxa de reatividade química.

Os sítios de adsorção em um catalisador são normalmente defeitos superficiais associados a planos de átomos; uma ligação interatômica/intermolecular é formada entre um sítio de defeito e uma espécie molecular adsorvida. Os vários tipos de defeitos de superfície, representados esquematicamente na Figura 4.11, incluem degraus, dobras, terraços, lacunas e adátomos individuais (isto é, átomos adsorvidos à superfície).

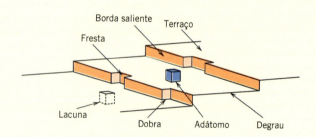

Figura 4.11 Representações esquemáticas de defeitos de superfície que são sítios de adsorção potenciais para catálise. Os sítios de átomos individuais estão representados como cubos.

---

[9] A *adsorção* é a adesão de moléculas de um gás ou líquido a uma superfície sólida. Ela não deve ser confundida com a *absorção*, que é a assimilação de moléculas no interior de um sólido ou líquido.

Um emprego importante dos catalisadores é nos conversores catalíticos de automóveis, os quais reduzem a emissão de poluentes nos gases de exaustão, tais como monóxido de carbono (CO), óxidos de nitrogênio (NO_x, no qual x é uma variável) e hidrocarbonetos não queimados. (Veja os diagramas e a fotografia na abertura deste capítulo.) Introduz-se ar nas emissões de exaustão do motor do automóvel; essa mistura de gases passa, então, pelo catalisador, que adsorve moléculas de CO, NO_x e O_2 na sua superfície. O NO_x dissocia-se nos átomos de N e O, enquanto o O_2 dissocia-se nos seus componentes atômicos. Pares de átomos de nitrogênio combinam-se para formar moléculas de N_2 e o monóxido de carbono é oxidado para formar dióxido de carbono (CO_2). Além disso, qualquer hidrocarboneto que não tenha sido queimado também é oxidado a CO_2 e H_2O.

Um dos materiais usados como catalisador nessa aplicação é o $(Ce_{0,5}Zr_{0,5})O_2$. A Figura 4.12 mostra uma micrografia eletrônica de transmissão de alta resolução que mostra vários monocristais desse material. A resolução da micrografia mostra os átomos individuais, assim como alguns dos defeitos apresentados na Figura 4.11. Esses defeitos de superfície atuam como sítios de adsorção para as espécies atômicas e moleculares citadas no parágrafo anterior. Consequentemente, as reações de dissociação, combinação e oxidação envolvendo essas espécies são facilitadas, de tal modo que o teor de espécies poluentes (CO, NO_x e hidrocarbonetos não queimados) na corrente de gases de exaustão é reduzido significativamente.

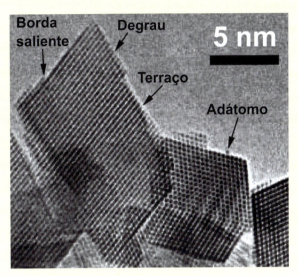

Figura 4.12 Micrografia eletrônica de transmissão de alta resolução que mostra monocristais de $(Ce_{0,5}Zr_{0,5})O_2$; esse material é usado em conversores catalíticos para automóveis. Defeitos de superfície que foram representados esquematicamente na Figura 4.11 podem ser vistos nos cristais.
[De STARK, W. J., MÄDLER, L., MACIEJEWSKI, M., PRATSINIS, S. E. e BAIKER, A. "Flame-Synthesis of Nanocrystalline Ceria/Zirconia: Effect of Carrier Liquid", *Chem. Comm.*, 588-589 (2003). Reproduzida sob permissão de The Royal Society of Chemistry.]

4.7 DEFEITOS VOLUMÉTRICOS OU DE MASSA

Existem outros defeitos em todos os materiais sólidos que são muito maiores que todos os que foram discutidos até o momento. Eles incluem os poros, trincas, inclusões exógenas e outras fases. Normalmente, são introduzidos durante as etapas de processamento e fabricação dos materiais. Alguns desses defeitos e seus efeitos sobre as propriedades dos materiais são discutidos em capítulos subsequentes.

4.8 VIBRAÇÕES ATÔMICAS

vibração atômica

Todos os átomos presentes em um material sólido estão vibrando muito rapidamente em torno da sua posição na rede em um cristal. Em certo sentido, essas **vibrações atômicas** podem ser consideradas como imperfeições ou defeitos. Em um dado momento, nem todos os átomos em um material estão vibrando na mesma frequência ou amplitude, tampouco com a mesma energia. Em uma dada temperatura existe uma distribuição de energias para os átomos constituintes em torno de um valor médio de energia. Ao longo do tempo, a energia vibracional de qualquer átomo específico também varia de maneira aleatória. Com o aumento da temperatura, essa energia média aumenta e, de fato, a temperatura de um sólido é realmente apenas uma medida da atividade vibracional média dos átomos e moléculas. À temperatura ambiente, a frequência de vibração típica é da ordem de 10^{13} vibrações por segundo, enquanto a amplitude é de uns poucos milésimos de nanômetro.

Muitas propriedades e processos nos sólidos são manifestações desse movimento de vibração dos átomos. Por exemplo, a fusão ocorre quando as vibrações são suficientemente vigorosas para romper um grande número de ligações atômicas. Uma discussão mais detalhada das vibrações atômicas e suas influências sobre as propriedades dos materiais é apresentada no Capítulo 19.

98 • Capítulo 4

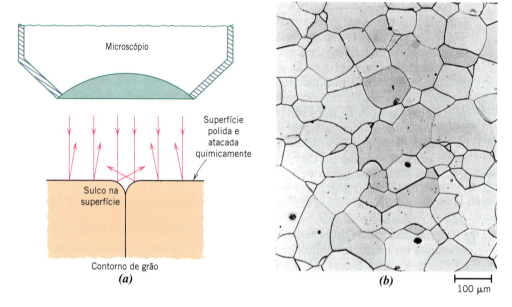

Figura 4.15 (*a*) Seção de um contorno de grão e o sulco superficial produzido por um ataque químico; as características de reflexão da luz na vizinhança do sulco também são mostradas. (*b*) Fotomicrografia da superfície de uma amostra policristalina de uma liga ferro-cromo, polida e atacada quimicamente, em que os contornos dos grãos aparecem escuros. Ampliação de 100×. [Esta fotomicrografia é uma cortesia de L. C. Smith e C. Brady, the National Bureau of Standards, Washington, DC (agora, National Institute of Standards and Technology, Gaithersburg, MD).]

Uma imagem da estrutura sob investigação é formada usando feixes de elétrons, em lugar de radiação luminosa. De acordo com a mecânica quântica, um elétron a alta velocidade terá características ondulatórias, com um comprimento de onda inversamente proporcional à sua velocidade. Quando acelerados por grandes voltagens, os elétrons podem adquirir comprimentos de onda da ordem de 0,003 nm (3 pm). As grandes ampliações e resolução desses microscópios são consequências dos pequenos comprimentos de onda dos feixes de elétrons. O feixe de elétrons é focado e a imagem é formada com lentes magnéticas; em todos os demais aspectos, a geometria dos componentes do microscópio é essencialmente a mesma dos sistemas ópticos. Para os microscópios eletrônicos são possíveis as modalidades de operação tanto com feixes transmitidos quanto com feixes refletidos.

Microscopia Eletrônica de Transmissão

microscópio eletrônico de transmissão (MET)

A imagem vista com um **microscópio eletrônico de transmissão (MET)** é formada por um feixe de elétrons que passa através da amostra. Os detalhes das características da microestrutura interna tornam-se acessíveis à observação; os contrastes na imagem são produzidos por diferenças no espalhamento ou difração do feixe que são produzidas entre os vários elementos da microestrutura ou defeitos. Uma vez que os materiais sólidos absorvem fortemente os feixes de elétrons, para que uma amostra possa ser examinada ela deve ser preparada na forma de uma folha muito fina; isso assegura a transmissão através da amostra de uma fração apreciável do feixe incidente. O feixe transmitido é projetado sobre uma tela fluorescente ou um filme fotográfico, de modo que a imagem pode ser vista. Ampliações que se aproximam de 1.000.000× são possíveis por meio da microscopia eletrônica de transmissão, que é empregada com frequência no estudo das discordâncias.

Microscopia Eletrônica de Varredura

microscópio eletrônico de varredura (MEV)

Uma ferramenta de investigação mais recente e extremamente útil é o **microscópio eletrônico de varredura (MEV)**. A superfície de uma amostra a ser examinada é varrida com um feixe de elétrons e o feixe de elétrons refletido (ou *retroespalhado*) é coletado e, então, exibido segundo a mesma taxa de varredura em um tubo de raios catódicos (semelhante à tela de uma TV). A imagem na tela, que pode ser fotografada, representa as características da superfície da amostra. A superfície pode ou não estar polida e ter sido atacada quimicamente, porém deve ser condutora de eletricidade; um revestimento metálico superficial muito fino deve ser aplicado sobre materiais não condutores. São possíveis ampliações que variam entre 10× e mais de 50.000×, da mesma forma que também são possíveis profundidades de campo muito grandes. Equipamentos acessórios permitem análises qualitativas e semiquantitativas da composição elementar em áreas muito localizadas da superfície.

Microscopia de varredura por sonda (MVS)

microscópio de varredura por sonda (MVS)

Nas duas últimas décadas, o campo da microscopia sofreu uma revolução com o desenvolvimento de uma nova família de microscópios de varredura por sonda. O **microscópio de varredura por sonda (MVS)**, do qual existem diversas variedades, difere dos microscópios ópticos e eletrônicos pelo fato de que nem a luz nem elétrons são usados para formar uma imagem. Em vez disso, o microscópio gera um mapa topográfico, em uma escala atômica, que é uma representação dos detalhes e das características da superfície da amostra que está sendo examinada. Algumas das características que diferenciam a MVS das outras técnicas de microscopia são as seguintes:

- É possível a realização de análise na escala nanométrica, uma vez que são possíveis ampliações de até $10^9\times$; são obtidas resoluções muito melhores que as obtidas com outras técnicas de microscopia.

- São geradas imagens tridimensionais ampliadas, as quais fornecem informações topográficas sobre as características de interesse.

- Alguns MVS podem ser operados em diversos ambientes (por exemplo, vácuo, ar, líquidos); dessa forma, uma amostra particular pode ser examinada em seu ambiente mais apropriado.

Os microscópios de varredura por sonda empregam uma sonda minúscula com uma extremidade muito fina, que é colocada muito próxima (isto é, em uma distância da ordem do nanômetro) da superfície da amostra. Essa sonda é então submetida a uma varredura de exploração ao longo do plano da superfície. Durante a varredura, a sonda sofre deflexões perpendiculares a esse plano, em resposta a interações eletrônicas ou de outra natureza entre a sonda e a superfície da amostra. Os movimentos da sonda no plano da superfície e para fora do plano da superfície são controlados por componentes cerâmicos piezelétricos (Seção 18.25) que possuem resoluções da ordem do nanômetro. Além disso, esses movimentos da sonda são monitorados eletronicamente e transferidos e armazenados em um computador, o que gera então a imagem tridimensional da superfície.

Esses novos MVS, que permitem o exame da superfície dos materiais nos níveis atômico e molecular, forneceram uma riqueza de informações sobre uma gama de materiais, desde *chips* de circuitos integrados até moléculas biológicas. De fato, o advento da MVS alavancou a entrada na era dos *nanomateriais* — materiais cujas propriedades são projetadas a partir da engenharia das suas estruturas atômicas e moleculares.

A Figura 4.16*a* é um gráfico de barras em que podem ser vistas as faixas de dimensões para os vários tipos de estruturas encontrados nos materiais (observe que os eixos estão em escala logarítmica). As faixas de resolução dimensional úteis para as várias técnicas de microscopia discutidas neste capítulo (além do olho nu) estão apresentadas no gráfico de barras da Figura 4.16*b*. Para três dessas técnicas (MVS, MET e MEV), as características do microscópio não impõem um valor superior de resolução e, portanto, esse limite é um tanto arbitrário e não está bem definido. Além disso, pela comparação entre as Figuras 4.16*a* e 4.16*b*, é possível decidir qual(is) técnica(s) de microscopia é(são) mais adequada(s) para o exame de cada tipo de estrutura.

4.11 DETERMINAÇÃO DO TAMANHO DE GRÃO

tamanho de grão

Com frequência, o **tamanho de grão** é determinado quando as propriedades de materiais policristalinos e monofásicos estão sendo consideradas. Nesse sentido, é importante considerar que para cada material os grãos constituintes possuem uma variedade de formas e uma distribuição de tamanhos. O tamanho de grão pode ser especificado em termos do diâmetro médio de grão, e uma variedade de técnicas foi desenvolvida para medir esse parâmetro.

Antes do advento da era digital, as determinações do tamanho de grão eram realizadas manualmente, usando fotomicrografias. Contudo, atualmente, a maioria das técnicas é automatizada e utiliza imagens digitais e analisadores de imagens com a capacidade de registrar, detectar e medir de maneira precisa as características da estrutura do grão (isto é, contagens de interseção de grãos, comprimentos de contornos de grãos e áreas de grãos).

Agora descrevemos sucintamente duas técnicas de determinação comuns para o tamanho de grão: (1) *interseção linear* — contagem da quantidade de interseções de contornos de grãos por linhas retas de teste; e (2) *comparação* — comparação das estruturas dos grãos com gráficos padronizados, os quais têm por base as áreas dos grãos (isto é, o número de grãos por unidade de área). As discussões dessas técnicas são feitas a partir de uma perspectiva de determinação manual (usando fotomicrografias).

No método da interseção linear, são desenhadas linhas aleatórias por meio de várias fotomicrografias que mostram a estrutura dos grãos (todas tomadas sob uma mesma ampliação). Os contornos de grãos interceptados por todos os segmentos de linhas são contados. Vamos representar a soma do

PROBLEMA-EXEMPLO 4.5

Cálculos do Tamanho de Grão Usando os Métodos da ASTM e da Interseção

Se representarmos as respectivas composições em porcentagem em peso como $C_{Al} = 97$ e $C_{Cu} = 3$, a substituição nas Equações 4.6a e 4.6b fornece
Determine o seguinte:

(a) O comprimento médio entre interseções.
(b) O número do tamanho de grão ASTM, G, usando a Equação 4.19a.

Solução

(a) Primeiro determinamos a ampliação da micrografia usando a Equação 4.20. O comprimento da barra de escala é medido e determinado ser de 16 mm, o que é igual a 16.000 μm; e, uma vez que a legenda da barra de escalas é 100 μm, a ampliação é de

$$M = \frac{16.000 \, \mu m}{100 \, \mu m} = 160\times$$

O desenho seguinte é a mesma micrografia sobre a qual foram desenhadas sete linhas retas (em vermelho), que foram numeradas.

O comprimento total de cada linha é de 50 mm, e dessa forma o comprimento total das linhas (L_T na Equação 4.16) é

$$(7 \text{ linhas})(50 \text{ mm/linha}) = 350 \text{ mm}$$

Em seguida, é tabulado o número de interseções de contornos de grão para cada linha:

Número da Linha	Número de Interseções de Contornos de Grãos
1	8
2	8
3	8
4	9
5	9
6	9
7	7
Total	58

Dessa forma, uma vez que $L_T = 350$ mm, $P = 58$ interseções de contornos de grão, e a ampliação $M = 160\times$, o comprimento médio entre interseções $\bar{\ell}$ (em milímetros no espaço real), Equação 4.16, é igual a

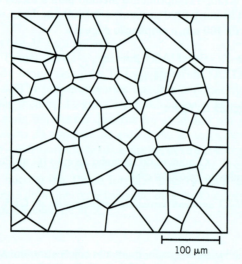
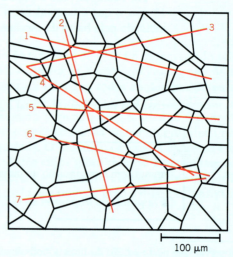

$$\bar{\ell} = \frac{L_T}{PM}$$

$$= \frac{350 \text{ mm}}{(58 \text{ interseções de contornos de grão})(160\times)} = 0{,}0377 \text{ mm}$$

(b) O valor de G é determinado pela substituição desse valor para $\bar{\ell}$ na Equação 4.19a; portanto,

$$G = -6{,}6457 \log \bar{\ell} - 3{,}298$$
$$= (-6{,}6457) \log(0{,}0377) - 3{,}298$$
$$= 6{,}16$$

RESUMO

Lacunas e Autointersticiais

- Os defeitos pontuais são aqueles associados a uma ou a duas posições atômicas; eles incluem as lacunas (ou sítios vagos na rede cristalina) e os autointersticiais (átomos hospedeiros que ocupam sítios intersticiais).
- O número de lacunas em equilíbrio depende da temperatura de acordo com a Equação 4.1.

Impurezas nos Sólidos

- Uma *liga* é uma substância metálica composta por dois ou mais elementos.
- Uma solução sólida pode formar-se quando átomos de impurezas são adicionados a um sólido, em cujo caso a estrutura cristalina original é mantida e nenhuma nova fase é formada.
- Nas soluções sólidas substitucionais, átomos de impureza substituem átomos hospedeiros.
- As soluções sólidas intersticiais formam-se para átomos de impureza relativamente pequenos que ocupam sítios intersticiais entre os átomos hospedeiros.
- É possível um alto grau de solubilidade sólida substitucional de um tipo de átomo em outro quando são obedecidas as regras de Hume-Rothery.

Especificação da Composição

- A composição de uma liga pode ser especificada em porcentagem em peso (com base na fração mássica, Equações 4.3a e 4.3b) ou porcentagem atômica (com base na fração molar ou atômica, Equações 4.5a e 4.5b).
- Foram dadas expressões que permitem a conversão de porcentagem em peso em porcentagem atômica (Equação 4.6a) e vice-versa (Equação 4.7a).

Discordâncias — Defeitos Lineares

- As *discordâncias* são defeitos cristalinos unidimensionais para os quais existem dois tipos básicos: em aresta e em espiral.

  Uma discordância em *aresta* pode ser considerada em termos da distorção da rede cristalina ao longo da extremidade de um semiplano extra de átomos.

  Uma discordância em *espiral* é como uma rampa plana helicoidal.

  Nas discordâncias *mistas* são encontrados componentes tanto das discordâncias puramente em aresta quanto das discordâncias puramente em espiral.
- A magnitude e a direção da distorção da rede associadas a uma discordância são especificadas por seu vetor de Burgers.
- As orientações relativas do vetor de Burgers e da linha da discordância são (1) perpendiculares entre si para as discordâncias em aresta, (2) paralelas entre si para as discordâncias em espiral e (3) nem paralela nem perpendicular para as discordâncias mistas.

Defeitos Interfaciais

- Na vizinhança de um contorno de grão (que possui vários comprimentos atômicos de largura), existe algum desajuste atômico entre dois grãos adjacentes que têm orientações cristalográficas diferentes.
- Através de um contorno de macla, os átomos em um dos lados situam-se em posições de imagem em espelho em relação aos átomos no outro lado.

Exames Microscópicos

- A microestrutura de um material consiste em defeitos e elementos estruturais que têm dimensões microscópicas. A *microscopia* é a observação da microestrutura usando algum tipo de microscópio.
- Em geral, tanto microscópios ópticos quanto microscópios eletrônicos são empregados em conjunto com equipamentos fotográficos.
- Para cada tipo de microscópio são possíveis as modalidades de transmissão e de reflexão; a preferência é ditada pela natureza da amostra, assim como pelo elemento estrutural ou defeito a ser examinado.

104 · **Capítulo 4**

- Os dois tipos de microscópios eletrônicos são o de transmissão (MET) e o de varredura (MEV).

  No MET, uma imagem é formada a partir de um feixe de elétrons que, ao passar através da amostra, é espalhado e/ou difratado.

  O MEV emprega um feixe de elétrons que varre a superfície da amostra; uma imagem é produzida a partir dos elétrons retroespalhados ou refletidos.

- Um microscópio de varredura por sonda emprega uma pequena sonda com ponta afilada que varre a superfície da amostra. O resultado é uma imagem tridimensional da superfície gerada por computador, com resolução na ordem do nanômetro.

Determinação do Tamanho de Grão
- Com o método da interseção, empregado para medir o tamanho de grão, uma série de segmentos de linhas retas são desenhados sobre uma fotomicrografia. O número de contornos de grãos interceptados por essas linhas é contado, e o *comprimento médio entre interseções* (uma medida do tamanho de grão) é calculado usando a Equação 4.16.

- A comparação de uma fotomicrografia (tomada em uma ampliação de 100×) com quadros comparativos padrão preparados pela ASTM pode ser usada para especificar o tamanho de grão em termos de um número do tamanho de grão.

Resumo das Equações

Número da Equação	*Equação*	*Resolvendo para*
4.1	$N_l = N \exp\left(-\dfrac{Q_l}{kT}\right)$	Número de lacunas por unidade de volume
4.2	$N = \dfrac{N_A \rho}{A}$	Número de sítios atômicos por unidade de volume
4.3a	$C_1 = \dfrac{m_1}{m_1 + m_2} \times 100$	Composição em porcentagem em peso
4.5a	$C_1' = \dfrac{n_{m1}}{n_{m1} + n_{m2}} \times 100$	Composição em porcentagem atômica
4.6a	$C_1' = \dfrac{C_1 A_2}{C_1 A_2 + C_2 A_1} \times 100$	Conversão de porcentagem em peso para porcentagem atômica
4.7a	$C_1 = \dfrac{C_1' A_1}{C_1' A_1 + C_2' A_2} \times 100$	Conversão de porcentagem atômica para porcentagem em peso
4.9a	$C_1'' = \left(\dfrac{C_1}{\dfrac{C_1}{\rho_1} + \dfrac{C_2}{\rho_2}}\right) \times 10^3$	Conversão de porcentagem em peso para massa por unidade de volume
4.10a	$\rho_{méd} = \dfrac{100}{\dfrac{C_1}{\rho_1} + \dfrac{C_2}{\rho_2}}$	Massa específica média de uma liga com dois componentes
4.11a	$A_{méd} = \dfrac{100}{\dfrac{C_1}{A_1} + \dfrac{C_2}{A_2}}$	Peso atômico médio de uma liga com dois componentes
4.16	$\bar{\ell} = \dfrac{L_T}{PM}$	Comprimento médio entre interseções (medida do diâmetro médio de grão)
4.17	$n = 2^{G-1}$	Número de grãos por polegada quadrada sob uma ampliação de 100×
4.18	$n_M = (2^{G-1})\left(\dfrac{100}{M}\right)^2$	Número de grãos por polegada quadrada sob uma ampliação diferente de 100×

Lista de Símbolos

Símbolo	Significado
A	Peso atômico
G	Número do tamanho de grão da ASTM
k	Constante de Boltzmann ($1,38 \times 10^{-23}$ J/átomo·K, $8,62 \times 10^{-5}$ eV/átomo·K)
L_T	Comprimento total das linhas (técnica da interseção)
M	Ampliação
m_1, m_2	Massas dos elementos 1 e 2 em uma liga
N_A	Número de Avogadro ($6,022 \times 10^{23}$ átomos/mol)
n_{m_1}, n_{m_2}	Número de mols dos elementos 1 e 2 em uma liga
P	Número de interseções de contornos de grão
Q_l	Energia necessária para a formação de uma lacuna
ρ	Massa específica

Termos e Conceitos Importantes

autointersticial
composição
constante de Boltzmann
defeito pontual
discordância em aresta
discordância em espiral
discordância mista
fotomicrografia
imperfeição
lacuna

liga
linha da discordância
microestrutura
microscopia
microscópio de varredura por sonda (MVS)
microscópio eletrônico de transmissão (MET)
microscópio eletrônico de varredura (MEV)

porcentagem atômica
porcentagem em peso
solução sólida
solução sólida intersticial
solução sólida substitucional
soluto
solvente
tamanho de grão
vetor de Burgers
vibração atômica

REFERÊNCIAS

ASM Handbook, vol. 9, *Metallography and Microstructures*. ASM International, Materials Park, OH, 2004.

BRANDON, D. e KAPLAN, W. D. *Microstructural Characterization of Materials*, 2ª ed. Hoboken, NJ: John Wiley & Sons, 2008.

CLARKE, A. R. e EBERHARDT, C. N. *Microscopy Techniques for Materials Science*. Cambridge, UK: Woodhead Publishing, 2002.

KELLY, A., GROVES, G. W. e KIDD, P. *Crystallography and Crystal Defects*. Hoboken, NJ: John Wiley & Sons, 2000.

TILLEY, R. J. D. *Defects in Solids*. Hoboken, NJ: John Wiley & Sons, 2008.

VAN BUEREN, H. G. *Imperfections in Crystals*. North-Holland, Amsterdam, 1960.

VANDER VOORT, G. F. *Metallography, Principles and Practice*. ASM International, Materials Park, OH, 1999.

Capítulo 5 Difusão

A primeira fotografia nesta página é de uma engrenagem de aço que foi *endurecida superficialmente* — isto é, sua camada superficial mais externa foi seletivamente endurecida por meio de um tratamento térmico a alta temperatura durante o qual o carbono da atmosfera circundante se difundiu para dentro da superfície. A "superfície endurecida" aparece como a borda escura daquele segmento da engrenagem que foi seccionado. Esse aumento no teor de carbono eleva a dureza da superfície (como explicado na Seção 10.7), que por sua vez leva a uma melhoria na resistência da engrenagem ao desgaste. Além disso, são introduzidas tensões residuais compressivas na região superficial; essas tensões residuais melhoram a resistência da engrenagem a uma falha por fadiga durante sua operação (Capítulo 8).

Engrenagens de aço com endurecimento superficial são usadas nas transmissões de automóveis, semelhantes àquela mostrada na fotografia diretamente abaixo da engrenagem.

POR QUE ESTUDAR *Difusão?*

Com frequência, materiais de todos os tipos são submetidos a tratamentos térmicos para melhorar suas propriedades. Os fenômenos que ocorrem durante um tratamento térmico envolvem quase sempre difusão atômica. Geralmente se deseja aumentar a taxa de difusão; ocasionalmente, no entanto, são tomadas medidas para reduzi-la. As temperaturas e os tempos de duração dos tratamentos térmicos e/ou as taxas de resfriamento podem ser estimados com frequência aplicando a matemática da difusão e constantes de difusão apropriadas. A engrenagem de aço mostrada na figura no início deste capítulo (topo) teve sua superfície endurecida (Seção 8.10) — isto é, sua dureza e resistência a falhas por fadiga foram aumentadas pela difusão de carbono ou nitrogênio para o interior da camada superficial mais externa.

Objetivos do Aprendizado

Após estudar este capítulo, você deverá ser capaz de fazer o seguinte:

1. Citar e descrever os dois mecanismos atômicos da difusão.
2. Distinguir entre a difusão em regime estacionário e a difusão em regime não estacionário.
3. (a) Escrever a primeira e a segunda lei de Fick na forma de equações e definir todos os seus parâmetros.
   (b) Observar o tipo do processo de difusão para o qual cada uma dessas equações é normalmente aplicada.
4. Escrever a solução para a segunda lei de Fick para a difusão em um sólido semi-infinito quando a concentração da espécie em difusão na superfície do sólido é mantida constante. Definir todos os parâmetros nessa equação.
5. Calcular o coeficiente de difusão para um dado material em uma temperatura específica, dadas as constantes de difusão apropriadas.

5.1 INTRODUÇÃO

difusão

Muitas reações e processos importantes no tratamento de materiais dependem da transferência de massa tanto no interior de um sólido específico (ordinariamente em um nível microscópico) quanto a partir de um líquido, um gás ou outra fase sólida. Isso é alcançado obrigatoriamente por **difusão**, que é o fenômeno de transporte de matéria por movimento atômico. Este capítulo discute os mecanismos atômicos pelos quais ocorre difusão, a matemática da difusão e a influência da temperatura e da espécie que está se difundindo sobre a taxa de difusão.

O fenômeno da difusão pode ser demonstrado com o auxílio de um *par de difusão*, o qual é formado unindo barras de dois metais diferentes tal que haja um contato íntimo entre as duas faces; isso está ilustrado para o cobre e o níquel na Figura 5.1a, que também inclui as representações esquemáticas das posições dos átomos e da composição através da interface. Esse par é aquecido a uma temperatura elevada (porém abaixo da temperatura de fusão de ambos os metais) durante um período de tempo prolongado e depois é resfriado até a temperatura ambiente. Uma análise química revela uma condição semelhante àquela representada na Figura 5.1b — qual seja, cobre e níquel puros localizados nas duas extremidades do par, separados por uma região onde existe uma liga dos dois metais. As concentrações de ambos os metais variam de acordo com a posição, como mostrado na Figura 5.1b (parte de baixo). Esse resultado indica que átomos de cobre migraram ou se difundiram para o níquel e que o níquel se difundiu para o cobre. O processo no qual os átomos de um metal se difundem para o interior de outro metal é denominado **interdifusão**, ou **difusão de impurezas**.

interdifusão

difusão de impurezas

A interdifusão pode ser observada de uma perspectiva macroscópica pelas mudanças na concentração que ocorrem ao longo do tempo, como no exemplo do par de difusão Cu−Ni. Existe uma corrente ou transporte líquido dos átomos das regiões de alta concentração para regiões de baixa concentração. A difusão também ocorre em metais puros, mas nesse caso todos os átomos que estão mudando de posição são do mesmo tipo; isso é denominado **autodifusão**. Obviamente, em geral a autodifusão não pode ser observada por meio do acompanhamento de mudanças na composição.

autodifusão

5.2 MECANISMOS DE DIFUSÃO

De uma perspectiva atômica, a difusão consiste simplesmente na migração passo a passo dos átomos de uma posição para outra na rede cristalina. De fato, os átomos nos materiais sólidos estão em constante movimento, mudando rapidamente de posições. Para um átomo fazer esse movimento,

Figura 5.1 Comparação de um par de difusão cobre-níquel (*a*) antes e (*b*) após ser submetido a um tratamento térmico a temperatura elevada. Os três diagramas para as partes (*a*) e (*b*) representam o seguinte: em cima — características do par de difusão; centro — representações esquemáticas das distribuições das posições atômicas do Cu (círculos vermelhos) e do Ni (círculos azuis) no interior do par de difusão; e embaixo — concentrações de cobre e de níquel em função da posição ao longo do par.

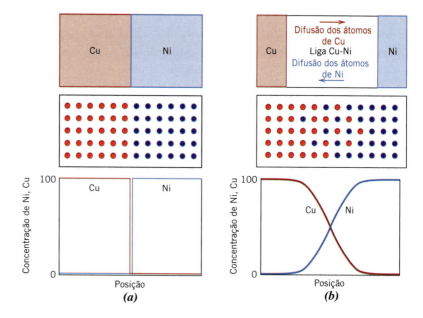

duas condições devem ser atendidas: (1) deve existir uma posição adjacente vazia, e (2) o átomo deve possuir energia suficiente para quebrar as ligações atômicas com seus átomos vizinhos e então causar alguma distorção da rede durante o seu deslocamento. Essa energia é de natureza vibracional (Seção 4.8). Em uma temperatura específica, uma pequena fração do número total de átomos é capaz de se mover por difusão, em virtude das magnitudes de suas energias vibracionais. Essa fração aumenta com o aumento da temperatura.

Foram propostos vários modelos diferentes para esse movimento dos átomos; entre essas possibilidades, duas são dominantes para a difusão nos metais.

Difusão por Lacunas

difusão por lacunas

Um mecanismo envolve a troca de um átomo de uma posição normal da rede para uma posição adjacente vaga ou lacuna na rede cristalina, como está representado esquematicamente na Figura 5.2*a*. Esse mecanismo é apropriadamente denominado **difusão por lacunas**. Obviamente, esse processo necessita da presença de lacunas, e a extensão até a qual a difusão por lacunas pode ocorrer é uma função do número desses defeitos que estejam presentes; em temperaturas elevadas, podem existir concentrações significativas de lacunas nos metais (Seção 4.2). Uma vez que os átomos em difusão e as lacunas trocam de posições entre si, a difusão dos átomos em uma direção corresponde a um movimento de lacunas na direção oposta. Tanto a autodifusão quanto a interdifusão ocorrem por esse mecanismo; nesse último caso, os átomos de impureza devem substituir átomos hospedeiros.

Difusão Intersticial

O segundo tipo de difusão envolve átomos que migram de uma posição intersticial para uma posição intersticial vizinha que esteja vazia. Esse mecanismo é encontrado para a interdifusão de impurezas tais como hidrogênio, carbono, nitrogênio e oxigênio, que têm átomos pequenos o suficiente para

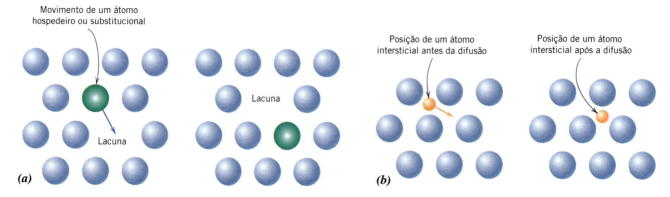

Figura 5.2 Representações esquemáticas da (*a*) difusão por lacunas e (*b*) difusão intersticial.

Difusão • **109**

se encaixar nas posições intersticiais. Os átomos hospedeiros ou de impurezas substitucionais raras vezes formam intersticiais e, normalmente, não se difundem por esse mecanismo. Esse fenômeno é apropriadamente denominado **difusão intersticial** (Figura 5.2b).

difusão intersticial

Na maioria das ligas metálicas a difusão intersticial ocorre muito mais rapidamente que a difusão pela modalidade de lacunas, uma vez que os átomos intersticiais são menores e, dessa forma, também são mais móveis. Adicionalmente, existem mais posições intersticiais vazias que lacunas; dessa forma, a probabilidade de um movimento atômico intersticial é maior que para uma difusão por lacunas.

5.3 PRIMEIRA LEI DE FICK

A difusão é um *processo dependente do tempo* — ou seja, em um sentido macroscópico, a quantidade de um elemento que é transportado no interior de outro elemento é uma função do tempo. Muitas vezes é necessário saber o quão rápido ocorre a difusão, ou a *taxa de transferência de massa*. Essa taxa é frequentemente expressa como um **fluxo difusional** (J), que é definido como a massa (ou, de forma equivalente, o número de átomos) M que se difunde através e perpendicularmente a uma seção transversal de área unitária do sólido, por unidade de tempo. Matematicamente, isso pode ser representado como:

fluxo difusional

Definição do fluxo difusional

$$J = \frac{M}{At} \tag{5.1}$$

em que A representa a área através da qual a difusão está ocorrendo e t é o tempo de difusão decorrido. As unidades para J são quilogramas ou átomos por metro quadrado por segundo (kg/m$^2 \cdot$ s ou átomos/m$^2 \cdot$ s).

A matemática da difusão em regime estacionário em uma única direção (x) é relativamente simples, no sentido de que o fluxo é proporcional ao gradiente de concentração, $\dfrac{dC}{dx}$, por meio da expressão

Primeira lei de Fick — fluxo difusional para a difusão em regime estacionário (unidirecional)

$$J = -D\frac{dC}{dx} \tag{5.2}$$

primeira lei de Fick

coeficiente de difusão

Essa equação é às vezes chamada de **primeira lei de Fick**. A constante de proporcionalidade D é chamada de **coeficiente de difusão** e é expressa em metros quadrados por segundo. O sinal negativo nessa expressão indica que a direção da difusão se dá contra o gradiente de concentração, isto é, da concentração mais alta para a mais baixa.

A primeira lei de Fick pode ser aplicada à difusão dos átomos de um gás através de uma placa metálica delgada para a qual as concentrações (ou pressões) da espécie em difusão em ambas as superfícies da placa são mantidas constantes, uma situação que está representada esquematicamente na Figura 5.3a. Esse processo de difusão acaba atingindo um estado em que o fluxo difusional não varia com o tempo — isto é, a massa da espécie em difusão que entra na placa pelo lado de alta pressão é igual à massa que sai pela superfície de baixa pressão — tal que não existe acúmulo resultante da espécie em difusão no interior da placa. Esse é um exemplo do que é denominado **difusão em regime estacionário**.

difusão em regime estacionário

perfil de concentrações
gradiente de concentração

Quando a concentração C é representada em função da posição (ou da distância) no interior do sólido x, a curva resultante é denominada **perfil de concentrações**; além disso, a declividade em um ponto particular sobre essa curva é o **gradiente de concentração**. No presente tratamento, o perfil de concentrações é considerado ser linear, como mostra a Figura 5.3b, e

$$\text{gradiente de concentração} = \frac{dC}{dx} = \frac{\Delta C}{\Delta x} = \frac{C_A - C_B}{x_A - x_B} \tag{5.3}$$

Em problemas de difusão, às vezes é conveniente expressar a concentração em termos da massa da espécie que está em difusão por unidade de volume do sólido (kg/m^3 ou g/cm^3).[1]

força motriz

Às vezes, o termo **força motriz** é aplicado no contexto de caracterizar o que induz a ocorrência de uma reação. Para reações de difusão, várias dessas forças são possíveis; entretanto, quando a difusão ocorre de acordo com a Equação 5.2, o gradiente de concentração é a força motriz.[2]

Um exemplo prático de difusão em regime estacionário é encontrado na purificação do gás hidrogênio. Um dos lados de uma lâmina delgada do metal paládio é exposto ao gás impuro, composto pelo hidrogênio e por outras espécies gasosas tais como nitrogênio, oxigênio e vapor d'água. O hidrogênio difunde-se seletivamente através da lâmina até o lado oposto, que é mantido sob uma pressão constante, porém menor, de hidrogênio.

---

[1] A conversão da concentração de porcentagem em peso para massa por unidade de volume (kg/m^3) é possível usando a Equação 4.9.
[2] Outra força motriz é responsável pelas transformações de fases. As transformações de fases são o tópico da discussão dos Capítulos 9 e 10.

Figura 5.3 (*a*) Difusão em regime estacionário através de uma placa delgada. (*b*) Um perfil de concentrações linear para a situação de difusão representada em (*a*).

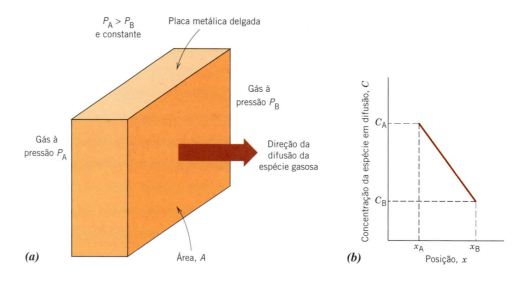

PROBLEMA-EXEMPLO 5.1

Cálculo do Fluxo Difusional

Uma placa de ferro é exposta a uma atmosfera carbonetante (rica em carbono) em um de seus lados e a uma atmosfera descarbonetante (deficiente em carbono) no outro lado a 700°C (1300°F). Se uma condição de regime estacionário é atingida, calcule o fluxo difusional do carbono através da placa se as concentrações de carbono nas posições a 5 e a 10 mm (5×10^{-3} e 10^{-2} m) abaixo da superfície carbonetante são de 1,2 e 0,8 kg/m³, respectivamente. Considere um coeficiente de difusão de 3×10^{-11} m²/s nessa temperatura.

Solução

A primeira lei de Fick, Equação 5.2, é usada para determinar o fluxo difusional. A substituição dos valores acima nessa expressão fornece

$$J = -D \frac{C_A - C_B}{x_A - x_B} = -(3 \times 10^{-11}\,\text{m}^2/\text{s}) \frac{(1{,}2 - 0{,}8)\,\text{kg/m}^3}{(5 \times 10^{-3} - 10^{-2})\,\text{m}}$$

$$= 2{,}4 \times 10^{-9}\,\text{kg/m}^2 \cdot \text{s}$$

5.4 SEGUNDA LEI DE FICK — DIFUSÃO EM REGIME NÃO ESTACIONÁRIO

A maioria das situações práticas envolvendo difusão ocorre em regime não estacionário — isto é, o fluxo difusional e o gradiente de concentração em um ponto específico no interior de um sólido variam com o tempo, havendo um acúmulo ou um esgotamento resultante da espécie que está se difundindo. Isso está ilustrado na Figura 5.4, que mostra os perfis de concentrações em três momentos diferentes durante o processo de difusão. Sob condições de regime não estacionário, o emprego da Equação 5.2 é possível, mas não é conveniente; em lugar disso, a equação diferencial parcial

$$\frac{\partial C}{\partial t} = \frac{\partial}{\partial x}\left(D\frac{\partial C}{\partial x}\right) \tag{5.4a}$$

segunda lei de Fick

Segunda lei de Fick — equação difusional para a difusão em regime não estacionário (unidirecional)

conhecida como a **segunda lei de Fick** deve ser usada. Se o coeficiente de difusão for independente da composição (o que deve ser verificado para cada caso de difusão específico), a Equação 5.4a é simplificada para

$$\frac{\partial C}{\partial t} = D\frac{\partial^2 C}{\partial x^2} \tag{5.4b}$$

Quando são especificadas condições de contorno com significado físico, é possível obter soluções para essa expressão (concentração em termos tanto da posição quanto do tempo). Uma coletânea abrangente dessas soluções é apresentada por Crank, e Carslaw e Jaeger (veja as Referências).

Figura 5.4 Perfis de concentrações para a difusão em regime não estacionário tomados em três tempos diferentes, t_1, t_2 e t_3.

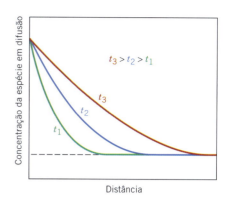

Uma solução importante na prática é aquela para um sólido semi-infinito[3] no qual a concentração na superfície é mantida constante. Com frequência, a fonte da espécie em difusão é uma fase gasosa, cuja pressão parcial é mantida em um valor constante. Adicionalmente, são feitas as seguintes hipóteses:

1. Antes da difusão, todos os átomos do soluto em difusão que estão no sólido estão distribuídos de maneira uniforme, em uma concentração C_0.
2. O valor de x na superfície é zero e aumenta com a distância para o interior do sólido.
3. O tempo zero é tomado como o instante imediatamente anterior ao início do processo de difusão.

Essas condições podem ser representadas simplesmente como:

Condição inicial

Para $t = 0$, $C = C_0$ em $0 \leq x \leq \infty$

Condições de contorno

Para $t > 0$, $C = C_s$ (a concentração constante na superfície do sólido) em $x = 0$
Para $t > 0$, $C = C_0$ em $x = \infty$

A aplicação dessas condições à Equação 5.4b fornece a solução

Solução para a segunda lei de Fick para a condição de concentração constante na superfície (para um sólido semi-infinito)

$$\frac{C_x - C_0}{C_s - C_0} = 1 - \mathrm{erf}\left(\frac{x}{2\sqrt{Dt}}\right) \tag{5.5}$$

em que C_x representa a concentração em uma profundidade x após um tempo t. A expressão $\mathrm{erf}(x/2\sqrt{Dt})$ é a função erro de Gauss,[4] cujos valores são dados em tabelas matemáticas para diferentes valores de $x/2\sqrt{Dt}$; uma lista parcial é dada na Tabela 5.1. Os parâmetros de concentração que aparecem na Equação 5.5 estão destacados na Figura 5.5, que representa o perfil de concentrações em um determinado tempo. A Equação 5.5 demonstra, dessa forma, a relação entre a concentração, a posição e o tempo — qual seja, que C_x, sendo uma função do parâmetro adimensional $x/\sqrt{Dt}$, pode ser determinado em qualquer tempo e para qualquer posição se os parâmetros C_0, C_s e D forem conhecidos.

Suponha que se deseje atingir uma determinada concentração de soluto, C_1, em uma liga; o lado esquerdo da Equação 5.5 se torna então

$$\frac{C_1 - C_0}{C_s - C_0} = \text{constante}$$

Sendo esse o caso, o lado direito da Equação 5.5 também é uma constante, e subsequentemente,

$$\frac{x}{2\sqrt{Dt}} = \text{constante} \tag{5.6a}$$

---

[3] Uma barra sólida é considerada semi-infinita se nenhum dos átomos em difusão atinge a extremidade da barra durante o tempo ao longo do qual se dá o processo de difusão. Uma barra com comprimento l é considerada semi-infinita quando $l > 10\sqrt{Dt}$.
[4] Essa função erro de Gauss é definida pela expressão

$$\mathrm{erf}(z) = \frac{2}{\sqrt{\pi}}\int_0^z e^{-y^2}dy$$

em que $x/2\sqrt{Dt}$ foi substituído pela variável z.

Tabela 5.1
Tabulação de Valores para a Função Erro

z	erf(z)	z	erf(z)	z	erf(z)
0	0	0,55	0,5633	1,3	0,9340
0,025	0,0282	0,60	0,6039	1,4	0,9523
0,05	0,0564	0,65	0,6420	1,5	0,9661
0,10	0,1125	0,70	0,6778	1,6	0,9763
0,15	0,1680	0,75	0,7112	1,7	0,9838
0,20	0,2227	0,80	0,7421	1,8	0,9891
0,25	0,2763	0,85	0,7707	1,9	0,9928
0,30	0,3286	0,90	0,7970	2,0	0,9953
0,35	0,3794	0,95	0,8209	2,2	0,9981
0,40	0,4284	1,0	0,8427	2,4	0,9993
0,45	0,4755	1,1	0,8802	2,6	0,9998
0,50	0,5205	1,2	0,9103	2,8	0,9999

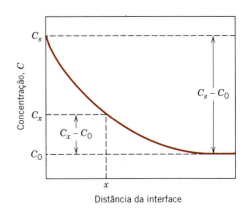

Figura 5.5 Perfil de concentrações para a difusão em regime não estacionário; os parâmetros de concentração estão relacionados com a Equação 5.5.

ou

$$\frac{x^2}{Dt} = \text{constante} \tag{5.6b}$$

Alguns cálculos de difusão são facilitados com base nessa relação, como demonstrado no Problema-Exemplo 5.3.

PROBLEMA-EXEMPLO 5.2

Cálculo do Tempo de Difusão em Regime Não Estacionário I

Para algumas aplicações, é necessário endurecer a superfície de um aço (ou liga ferro-carbono) a níveis superiores ao do seu interior. Uma maneira de conseguir isso é aumentando a concentração de carbono na superfície por meio de um processo denominado **carbonetação**. A peça de aço é exposta, em uma temperatura elevada, a uma atmosfera rica em um hidrocarboneto gasoso, tal como o metano (CH_4).

Considere uma dessas ligas contendo uma concentração inicial uniforme de carbono de 0,25%p, que deve ser tratada a 950°C (1750°F). Se a concentração de carbono na superfície for repentinamente elevada e mantida em 1,20%p, quanto tempo será necessário para atingir um teor de carbono de 0,80%p em uma posição 0,5 mm abaixo da superfície? O coeficiente de difusão para o carbono no ferro nessa temperatura é de $1,6 \times 10^{-11}$ m²/s; considere que a peça de aço seja semi-infinita.

carbonetação

Solução

Uma vez que este é um problema de difusão em regime não estacionário em que a composição na superfície é mantida constante, a Equação 5.5 é usada. Os valores para todos os parâmetros nessa expressão, à exceção do tempo t, estão especificados no enunciado do problema, conforme abaixo:

$$C_0 = 0{,}25\%\text{p C}$$
$$C_s = 1{,}20\%\text{p C}$$
$$C_x = 0{,}80\%\text{p C}$$
$$x = 0{,}50 \text{ mm} = 5 \times 10^{-4} \text{ m}$$
$$D = 1{,}6 \times 10^{-11} \text{ m}^2/\text{s}$$

Dessa forma,

$$\frac{C_x - C_0}{C_s - C_0} = \frac{0{,}80 - 0{,}25}{1{,}20 - 0{,}25} = 1 - \text{erf}\left[\frac{(5 \times 10^{-4} \text{ m})}{2\sqrt{(1{,}6 \times 10^{-11}\,\text{m}^2/\text{s})(t)}}\right]$$

$$0{,}4210 = \text{erf}\left(\frac{62{,}5 \text{ s}^{1/2}}{\sqrt{t}}\right)$$

Agora devemos determinar, a partir da Tabela 5.1, o valor de z para o qual a função erro vale 0,4210. É necessária uma interpolação, tal que

z	$erf(z)$
0,35	0,3794
z	0,4210
0,40	0,4284

$$\frac{z - 0{,}35}{0{,}40 - 0{,}35} = \frac{0{,}4210 - 0{,}3794}{0{,}4284 - 0{,}3794}$$

ou

$$z = 0{,}392$$

Portanto,

$$\frac{62{,}5 \text{ s}^{1/2}}{\sqrt{t}} = 0{,}392$$

e resolvendo para t, encontramos

$$t = \left(\frac{62{,}5 \text{ s}^{1/2}}{0{,}392}\right)^2 = 25.400 \text{ s} = 7{,}1 \text{ h}$$

PROBLEMA-EXEMPLO 5.3

Cálculo do Tempo de Difusão em Regime Não Estacionário II

Os coeficientes de difusão para o cobre no alumínio a 500°C e 600°C são de $4{,}8 \times 10^{-14}$ e $5{,}3 \times 10^{-13}$ m²/s, respectivamente. Determine o tempo aproximado a 500°C que produzirá o mesmo resultado de difusão (em termos da concentração de Cu em algum ponto específico no Al) que um tratamento térmico de 10 h a 600°C.

Solução

Este é um problema de difusão para o qual a Equação 5.6b pode ser empregada. Uma vez que tanto a 500°C quanto em 600°C a composição permanece a mesma em uma dada posição, por exemplo x_0, a Equação 5.6b pode ser escrita como

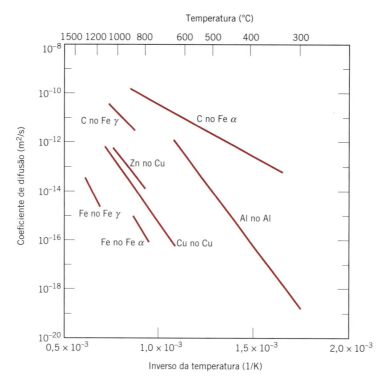

Figura 5.6 Gráfico do logaritmo do coeficiente de difusão *versus* o inverso da temperatura absoluta para vários metais.
[Dados extraídos de BRANDES, E. A. e BROOK, G. B. (eds.). *Smithells Metals Reference Book*, 7ª ed. Oxford: Butterworth-Heinemann, 1992.]

Uma vez que D_0, Q_d e R são todos valores constantes, a Equação 5.9b assume a forma da equação de uma linha reta:

$$y = b + mx$$

em que y e x são análogos, respectivamente, às variáveis log D e $1/T$. Dessa forma, se o valor de log D for representado em função do inverso da temperatura absoluta, o resultado deverá ser uma linha reta, com coeficientes angular e linear de $-Q_d/2{,}3R$ e log D_0, respectivamente. Essa é, na realidade, a maneira como os valores de Q_d e D_0 são determinados experimentalmente. A partir desse tipo de gráfico para vários sistemas de ligas (Figura 5.6), pode ser observado que existem relações lineares para todos os casos mostrados.

Verificação de Conceitos 5.1
Classifique em ordem decrescente as magnitudes dos coeficientes de difusão para os seguintes sistemas:

N no Fe a 700°C
Cr no Fe a 700°C
N no Fe a 900°C
Cr no Fe a 900°C

Justifique então essa ordenação. (*Nota:* Tanto o Fe quanto o Cr possuem estrutura cristalina CCC e os raios atômicos para o Fe, Cr e N são 0,124, 0,125 e 0,065 nm, respectivamente. Caso necessário, consulte também a Seção 4.3.)

[*A resposta está disponível no GEN-IO, ambiente virtual de aprendizagem do GEN.*]

Verificação de Conceitos 5.2
Considere a autodifusão de dois metais hipotéticos, A e B. Em um gráfico esquemático de ln D em função de $1/T$, represente (e identifique) as linhas para ambos os metais, dado que $D_0(A) > D_0(B)$ e $Q_d(A) > Q_d(B)$.

[*A resposta está disponível no GEN-IO, ambiente virtual de aprendizagem do GEN.*]

PROBLEMA-EXEMPLO 5.4

Determinação do Coeficiente de Difusão

Usando os dados na Tabela 5.2, calcule o coeficiente de difusão para o magnésio no alumínio a 550°C.

Solução

Esse coeficiente de difusão pode ser determinado aplicando-se a Equação 5.8; os valores de D_0 e Q_d obtidos da Tabela 5.2 são, respectivamente, $1{,}2 \times 10^{-4}$ m²/s e 130 kJ/mol. Dessa forma,

$$D = (1{,}2 \times 10^{-4} \text{ m}^2/\text{s}) \exp\left[-\frac{(130.000 \text{ J/mol})}{(8{,}31 \text{ J/mol·K})(550 + 273 \text{ K})}\right]$$

$$= 6{,}7 \times 10^{-13} \text{ m}^2/\text{s}$$

PROBLEMA-EXEMPLO 5.5

Cálculos da Energia de Ativação e da Constante Pré-Exponencial para o Coeficiente de Difusão

Na Figura 5.7 é mostrado um gráfico do logaritmo (na base 10) do coeficiente de difusão em função do inverso da temperatura absoluta para a difusão do cobre no ouro. Determine os valores para a energia de ativação e para a constante pré-exponencial.

Solução

A partir da Equação 5.9b, a declividade do segmento de linha mostrado na Figura 5.7 é igual a $-Q_d/2{,}3R$, e a interseção em $1/T = 0$ fornece o valor de $\log D_0$. Dessa forma, a energia de ativação pode ser determinada como

$$Q_d = -2{,}3R(\text{coeficiente angular}) = -2{,}3R \left[\frac{\Delta(\log D)}{\Delta\left(\dfrac{1}{T}\right)}\right]$$

$$= -2{,}3R \left[\frac{\log D_1 - \log D_2}{\dfrac{1}{T_1} - \dfrac{1}{T_2}}\right]$$

em que D_1 e D_2 são os valores do coeficiente de difusão em $1/T_1$ e $1/T_2$, respectivamente. Vamos tomar arbitrariamente $1/T_1 = 0{,}8 \times 10^{-3}$ (K)$^{-1}$ e $1/T_2 = 1{,}1 \times 10^{-3}$ (K)$^{-1}$. Podemos agora ler no gráfico os valores correspondentes para $\log D_1$ e $\log D_2$ a partir do segmento de linha mostrado na Figura 5.7.

[Antes de fazer isso, no entanto, vale um alerta de cautela. O eixo vertical na Figura 5.7 está em escala logarítmica (base 10); contudo, os valores reais para o coeficiente de difusão estão anotados nesse eixo. Por exemplo, para $D = 10^{-14}$ m²/s, o logaritmo de D é $-14{,}0$ e *não* 10^{-14}. Além disso, essa escala logarítmica afeta as leituras entre os valores em décadas; por exemplo, em uma posição a meio caminho entre 10^{-14} e 10^{-15}, o valor não é de 5×10^{-15}, mas sim de $10^{-14{,}5} = 3{,}2 \times 10^{-15}$.]

Figura 5.7 Gráfico do logaritmo do coeficiente de difusão em função do inverso da temperatura absoluta para a difusão do cobre no ouro.

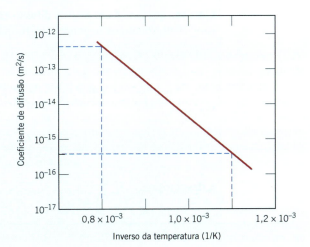

Normalmente, dois tratamentos térmicos são usados nesse processo. No primeiro, ou *etapa de pré-deposição*, os átomos de impureza são difundidos para o interior do silício, frequentemente a partir de uma fase gasosa, cuja pressão parcial é mantida constante. Dessa forma, a composição de impureza na superfície também permanece constante ao longo do tempo, tal que a concentração de impurezas no interior do silício é uma função da posição e do tempo de acordo com a Equação 5.5 — isto é,

$$\frac{C_x - C_0}{C_s - C_0} = 1 - \text{erf}\left(\frac{x}{2\sqrt{Dt}}\right)$$

Os tratamentos de pré-deposição são conduzidos normalmente na faixa de temperaturas de 900°C a 1.000°C e durante tempos tipicamente inferiores a 1 h.

O segundo tratamento, às vezes chamado de *difusão de redistribuição*, é usado para transportar os átomos de impureza mais para o interior do silício, com o objetivo de gerar uma distribuição de concentrações mais adequada sem aumentar o teor global de impurezas. Esse tratamento é conduzido a uma temperatura mais elevada que a etapa de pré-deposição (até aproximadamente 1200°C) e também em uma atmosfera oxidante, de maneira a formar uma camada de óxido sobre a superfície. As taxas de difusão através dessa camada de SiO_2 são relativamente baixas, tal que muito poucos átomos de impurezas se difundem para fora, saindo do silício. Perfis de concentrações esquemáticos tomados para essa situação de difusão em três tempos diferentes são mostrados na Figura 5.8; esses perfis podem ser comparados e contrastados com aqueles na Figura 5.4 para o caso em que a concentração da espécie em difusão na superfície é mantida constante. Além disso, a Figura 5.9 compara (esquematicamente) os perfis de concentrações para os tratamentos de pré-deposição e de redistribuição.

Se considerarmos que os átomos de impureza introduzidos durante o tratamento de pré-deposição estão confinados a uma camada muito fina na superfície do silício (o que, obviamente, é apenas uma aproximação), então a solução para a segunda lei de Fick (Equação 5.4b) para a difusão de redistribuição toma a forma

$$C(x,t) = \frac{Q_0}{\sqrt{\pi Dt}} \exp\left(-\frac{x^2}{4Dt}\right) \tag{5.11}$$

Aqui, Q_0 representa a quantidade total de impurezas no sólido que foram introduzidas durante o tratamento de pré-deposição (em número de átomos de impureza por unidade de área); todos os demais parâmetros nessa equação possuem os mesmos significados que anteriormente. Além disso, pode ser mostrado que

$$Q_0 = 2C_s\sqrt{\frac{D_p t_p}{\pi}} \tag{5.12}$$

em que C_s é a concentração superficial para a etapa de pré-deposição (Figura 5.9), que foi mantida constante, D_p é o coeficiente de difusão, e t_p é o tempo de duração do tratamento de pré-deposição.

Outro parâmetro de difusão importante é a *profundidade de junção*, x_j. Ela representa a profundidade (isto é, o valor de x) na qual a concentração da impureza em difusão é exatamente igual à concentração de fundo daquela impureza no silício (C_F) (Figura 5.9). Para a difusão de redistribuição, o valor de x_j pode ser calculado empregando a Equação 5.13.

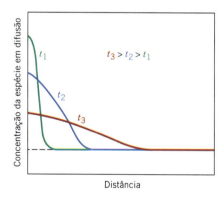

Figura 5.8 Perfis de concentrações esquemáticos para a difusão de redistribuição de semicondutores em três tempos diferentes t_1, t_2 e t_3.

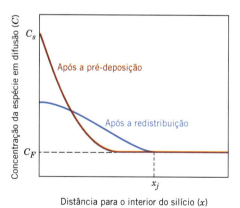

Figura 5.9 Perfis de concentrações esquemáticos tirados após os tratamentos térmicos de (1) pré-deposição e (2) redistribuição para semicondutores. Também é mostrada a profundidade de junção, x_j.

$$x_j = \left[(4D_r t_r)\ln\left(\frac{Q_0}{C_F\sqrt{\pi D_r t_r}}\right)\right]^{1/2} \qquad (5.13)$$

Aqui, D_r e t_r representam, respectivamente, o coeficiente e o tempo de difusão para o tratamento de redistribuição.

PROBLEMA-EXEMPLO 5.6

Difusão do Boro no Silício

Átomos de boro devem difundir-se em uma pastilha de silício usando ambos os tratamentos térmicos de pré-deposição e de redistribuição; sabe-se que a concentração de fundo do B nessa pastilha de silício é de 1×10^{20} átomos/m^3. O tratamento de pré-deposição deve ser conduzido a 900°C durante 30 minutos; a concentração de B na superfície deve ser mantida em um nível constante de 3×10^{26} átomos/m^3. A difusão de redistribuição será conduzida a 1100°C por um período de 2 h. Para o coeficiente de difusão do B no Si, os valores de Q_d e D_0 são 3,87 eV/átomo e $2,4 \times 10^{-3}$ m^2/s, respectivamente.

(a) Calcule o valor de Q_0.
(b) Determine o valor de x_j para o tratamento de difusão de redistribuição.
(c) Além disso, para o tratamento de redistribuição, calcule a concentração de átomos de B em uma posição 1 μm abaixo da superfície da pastilha de silício.

Solução

(a) O valor de Q_0 é calculado usando a Equação 5.12. Contudo, antes de isso ser possível, primeiro é necessário determinar o valor de D para o tratamento de pré-deposição [D_p a $T = T_p = 900$°C (1173 K)] aplicando a Equação 5.8. (*Nota:* Para a constante dos gases R na Equação 5.8, consideramos a constante de Boltzmann k, que possui um valor de $8,62 \times 10^{-5}$ eV/átomo · K.) Dessa forma,

$$D_p = D_0 \exp\left(-\frac{Q_d}{kT_p}\right)$$

$$= (2,4 \times 10^{-3}\ \text{m}^2/\text{s})\exp\left[-\frac{3,87\ \text{eV/átomo}}{(8,62 \times 10^{-5}\ \text{eV/átomo} \cdot \text{K})(1173\ \text{K})}\right]$$

$$= 5,73 \times 10^{-20}\ \text{m}^2/\text{s}$$

O valor de Q_0 pode ser determinado conforme a seguir:

$$Q_0 = 2C_s\sqrt{\frac{D_p t_p}{\pi}}$$

$$= (2)(3 \times 10^{26}\ \text{átomos/m}^3)\sqrt{\frac{(5,73 \times 10^{-20}\ \text{m}^2/\text{s})(30\ \text{min})(60\ \text{s/min})}{\pi}}$$

$$= 3,44 \times 10^{18}\ \text{átomos/m}^2$$

(b) O cálculo da profundidade de junção requer o uso da Equação 5.13. Contudo, antes de isso ser possível, é necessário calcular o valor de D na temperatura do tratamento de redistribuição [D_r a 1100°C (1373 K)]. Dessa forma,

$$D_d = (2,4 \times 10^{-3}\ \text{m}^2/\text{s})\exp\left[-\frac{3,87\ \text{eV/átomo}}{(8,62 \times 10^{-5}\ \text{eV/átomo} \cdot \text{K})(1373\ \text{K})}\right]$$

$$= 1,51 \times 10^{-17}\ \text{m}^2/\text{s}$$

Agora, a partir da Equação 5.13,

$$x_j = \left[(4D_r t_r)\ln\left(\frac{Q_0}{C_F\sqrt{\pi D_r t_r}}\right)\right]^{1/2}$$

$$= \left\{(4)(1,51 \times 10^{-17}\ \text{m}^2/\text{s})(7200\ \text{s}) \times \right.$$

$$\left. \ln\left[\frac{3,44 \times 10^{18}\ \text{átomos/m}^2}{(1 \times 10^{20}\ \text{átomos/m}^3)\sqrt{(\pi)(1,51 \times 10^{-17}\ \text{m}^2/\text{s})(7200\ \text{s})}}\right]\right\}^{1/2}$$

$$= 2,19 \times 10^{-6}\ \text{m} = 2,19\ \mu\text{m}$$

(c) Em $x = 1$ μm para o tratamento de redistribuição, calculamos a concentração de átomos de B considerando a Equação 5.11 e os valores para Q_0 e D_r determinados anteriormente, conforme a seguir:

$$C(x, t) = \frac{Q_0}{\sqrt{\pi D_r t}} \exp\left(-\frac{x^2}{4D_r t}\right)$$

$$= \frac{3{,}44 \times 10^{18} \text{ átomos/m}^2}{\sqrt{(\pi)(1{,}51 \times 10^{-17} \text{ m}^2/\text{s})(7200 \text{ s})}} \exp\left[-\frac{(1 \times 10^{-6} \text{ m})^2}{(4)(1{,}51 \times 10^{-17} \text{ m}^2/\text{s})(7200 \text{ s})}\right]$$

$$= 5{,}90 \times 10^{23} \text{ átomos/m}^3$$

MATERIAIS DE IMPORTÂNCIA 5.1

Alumínio para Interconexões de Circuitos Integrados

Após os tratamentos térmicos de pré-deposição e redistribuição que acabaram de ser descritos, outra etapa importante no processo de fabricação de um CI é a deposição de trilhas muito finas e estreitas de circuitos condutores para facilitar a passagem da corrente de um dispositivo para outro; essas trilhas são chamadas de interconexões, e várias delas são mostradas na Figura 5.10, uma micrografia eletrônica de varredura de um chip de CI. Obviamente, o material a ser empregado para as interconexões deve possuir uma condutividade elétrica elevada — um metal, uma vez que, entre todos os materiais, os metais possuem as maiores condutividades. A Tabela 5.3 lista valores para prata, cobre, ouro e alumínio, que são os metais mais condutores. Com base nessas condutividades, e descontando o custo dos materiais, a Ag é o metal selecionado, seguida pelo Cu, Au e Al.

Uma vez que essas interconexões tenham sido depositadas, ainda é necessário submeter o *chip* de CI a outros tratamentos térmicos, que podem ser conduzidos em temperaturas que chegam a 500°C. Se durante esses tratamentos ocorrer uma difusão significativa do metal da interconexão para o silício, a funcionalidade elétrica do CI será destruída. Dessa forma, uma vez que a extensão da difusão depende da magnitude do coeficiente de difusão, é necessário selecionar um metal de interconexão que possua um pequeno valor de D no silício. A Figura 5.11 representa o logaritmo de D em função de $1/T$ para a difusão, no silício, de cobre, ouro, prata e alumínio. Além disso, foi

Tabela 5.3 Valores da Condutividade Elétrica à Temperatura Ambiente para Prata, Cobre, Ouro e Alumínio (os Quatro Metais de Maior Condutividade Elétrica)

Metal	Condutividade Elétrica [(ohm-m)$^{-1}$]
Prata	$6{,}8 \times 10^7$
Cobre	$6{,}0 \times 10^7$
Ouro	$4{,}3 \times 10^7$
Alumínio	$3{,}8 \times 10^7$

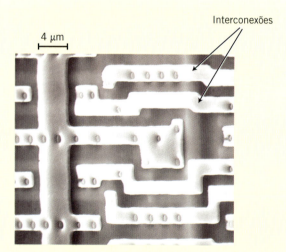

Figura 5.10 Micrografia eletrônica de varredura de um *chip* de circuito integrado no qual podem ser observadas as regiões das interconexões de alumínio. Ampliação de aproximadamente 2000×.
(Essa fotografia é uma cortesia da National Semiconductor Corporation.)

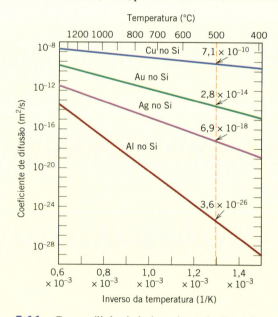

Figura 5.11 Curvas (linhas) do logaritmo de D em função de $1/T$ (K) para a difusão de cobre, ouro, prata e alumínio no silício. Também estão indicados os valores de D a 500°C.

Difusão • **123**

construída uma linha vertical tracejada a 500°C, a partir da qual estão indicados os valores de D para os quatro metais nessa temperatura. Aqui pode ser observado que o coeficiente de difusão do alumínio no silício ($3,6 \times 10^{-26}$ m²/s) é pelo menos oito ordens de grandeza (isto é, um fator de 10^8) menor que os valores para os outros três metais.

O alumínio é, de fato, empregado nas interconexões em alguns circuitos integrados; embora sua condutividade elétrica seja ligeiramente menor que os valores para prata, cobre e ouro, seu coeficiente de difusão extremamente baixo o torna o material apropriado para essa aplicação. Uma liga alumínio-cobre-silício (94,5%p Al-4%p Cu-1,5%p Si) também é usada às vezes em interconexões; ela não somente se liga com facilidade à superfície do *chip*, mas também é mais resistente à corrosão que o alumínio puro.

Mais recentemente, também têm sido usadas interconexões de cobre. Entretanto, primeiro é necessário depositar uma camada muito fina de tântalo ou de nitreto de tântalo sob o cobre, a qual atua como uma barreira para deter a difusão do cobre no silício.

5.7 OUTROS CAMINHOS DE DIFUSÃO

A migração atômica também pode ocorrer ao longo de discordâncias, contornos de grão e superfícies externas. Esses são às vezes chamados de *percursos de difusão de curto-circuito*, uma vez que as taxas de difusão são muito maiores que aquelas para a difusão volumétrica. Entretanto, na maioria das situações, as contribuições da difusão de curto-circuito para o fluxo global da difusão são insignificantes, pois as áreas das seções transversais desses percursos são extremamente pequenas.

RESUMO

Introdução
- A difusão no estado sólido é um meio de transporte de massa que ocorre no interior de materiais sólidos segundo um movimento atômico em etapas.
- O termo *interdifusão* refere-se à migração de átomos de impureza; para os átomos hospedeiros, é empregado o termo *autodifusão*.

Mecanismos de Difusão
- Dois mecanismos são possíveis para a difusão: por lacunas e intersticial.
    - A *difusão por lacunas* ocorre por meio da troca de um átomo que está localizado em uma posição normal da rede com uma lacuna adjacente.
    - Na *difusão intersticial*, um átomo migra de uma posição intersticial para uma posição intersticial vazia adjacente.
- Para um dado metal hospedeiro, em geral as espécies atômicas intersticiais difundem-se mais rapidamente.

Primeira Lei de Fick
- O fluxo difusional é proporcional ao negativo do gradiente de concentração de acordo com a primeira lei de Fick, Equação 5.2.
- A condição de difusão para a qual o fluxo é independente do tempo é conhecida como *regime estacionário*.
- A força motriz para a difusão em regime estacionário é o gradiente de concentração (dC/dx).

Segunda Lei de Fick — Difusão em Regime Não Estacionário
- Para a difusão em regime não estacionário existe um acúmulo ou consumo resultante da espécie em difusão, e o fluxo é dependente do tempo.
- O equacionamento matemático para a difusão em regime não estacionário em uma única direção (x) (e quando o coeficiente de difusão é independente da concentração) é descrito pela segunda lei de Fick, Equação 5.4b.
- Para uma condição de contorno na qual a composição na superfície é constante, a solução para a segunda lei de Fick (Equação 5.4b) é a Equação 5.5, que envolve a função erro de Gauss (erf).

Fatores que Influenciam a Difusão
- A magnitude do coeficiente de difusão é indicativa da taxa de movimentação dos átomos e depende tanto das espécies hospedeiras e em difusão, quanto da temperatura.
- O coeficiente de difusão é uma função da temperatura de acordo com a Equação 5.8.

Difusão em Materiais Semicondutores
- Os dois tratamentos térmicos usados para a difusão de impurezas no silício durante a fabricação de circuitos integrados são a pré-deposição e a redistribuição.
    - Durante a pré-deposição, os átomos de impureza são difundidos para o interior do silício, frequentemente a partir de uma fase gasosa, cuja pressão parcial é mantida constante.
    - Na etapa de redistribuição, os átomos de impureza são transportados mais para o interior do silício, de forma a gerar uma distribuição de concentrações mais adequada, porém sem aumentar o teor global de impurezas.
- As interconexões de circuitos integrados são feitas normalmente de alumínio — em lugar de metais como cobre, prata e ouro, que possuem maiores condutividades elétricas — com base em considerações relacionadas com a difusão. Durante tratamentos térmicos em temperaturas elevadas, os átomos metálicos das interconexões se difundem para o interior do silício; concentrações apreciáveis comprometerão o funcionamento do *chip*.

124 • **Capítulo 5**

Resumo das Equações

Número da Equação	Equação	Resolvendo para
5.1	$J = \dfrac{M}{At}$	Fluxo difusional
5.2	$J = -D\dfrac{dC}{dx}$	Primeira lei de Fick
5.4b	$\dfrac{\partial C}{\partial t} = D\dfrac{\partial^2 C}{\partial x^2}$	Segunda lei de Fick
5.5	$\dfrac{C_x - C_0}{C_s - C_0} = 1 - \mathrm{erf}\left(\dfrac{x}{2\sqrt{Dt}}\right)$	Solução para a segunda lei de Fick — para uma composição constante na superfície
5.8	$D = D_0 \exp\left(-\dfrac{Q_d}{RT}\right)$	Dependência do coeficiente de difusão em relação à temperatura

Lista de Símbolos

Símbolo	Significado
A	Área da seção transversal perpendicular à direção da difusão
C	Concentração da espécie em difusão
C_0	Concentração inicial da espécie em difusão antes do início do processo de difusão
C_s	Concentração superficial da espécie em difusão
C_x	Concentração na posição x após um tempo de difusão t
D	Coeficiente de difusão
D_0	Constante independente da temperatura
M	Massa de material em difusão
Q_d	Energia de ativação para a difusão
R	Constante dos gases (8,31 J/mol · K)
t	Tempo decorrido no processo de difusão
x	Coordenada de posição (ou distância) medida na direção da difusão, normalmente a partir de uma superfície sólida

Termos e Conceitos Importantes

autodifusão
carbonetação
coeficiente de difusão
difusão
difusão em regime estacionário
difusão em regime não estacionário

difusão intersticial
difusão por lacunas
energia de ativação
fluxo difusional
força motriz
gradiente de concentração

interdifusão (difusão de impurezas)
perfil de concentrações
primeira lei de Fick
segunda lei de Fick

REFERÊNCIAS

CARSLAW, H. S. e JAEGER, J. C. *Conduction of Heat in Solids*, 2ª ed. Oxford: Oxford University Press, 1986.

CRANK, J. *The Mathematics of Diffusion*. Oxford: Oxford University Press, 1980.

GALE, W. F. e TOTEMEIER, T. C. (eds.). *Smithells Metals Reference Book*, 8ª ed. Oxford: Elsevier Butterworth-Heinemann, 2004.

GLICKSMAN, M. *Diffusion in Solids*. Nova York: Wiley-Interscience, 2000.

SHEWMON, P. G. *Diffusion in Solids*, 2ª ed. Warrendale, PA: The Minerals, Metals and Materials Society, 1989.

Capítulo 6 Propriedades Mecânicas dos Metais

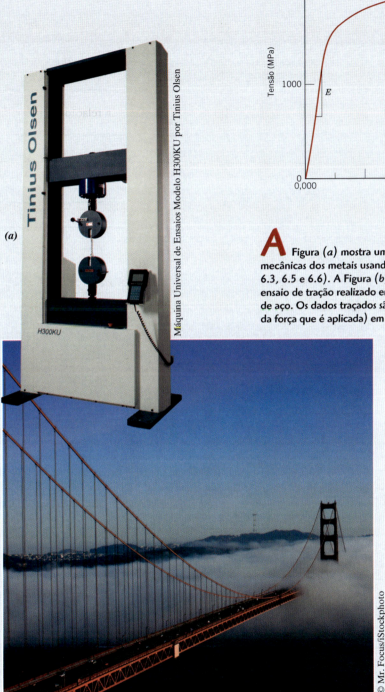

A Figura (*a*) mostra um aparelho que mede as propriedades mecânicas dos metais usando a aplicação de forças de tração (Seções 6.3, 6.5 e 6.6). A Figura (*b*) é um gráfico que foi gerado a partir de um ensaio de tração realizado em um aparelho como esse em uma amostra de aço. Os dados traçados são a tensão (eixo vertical — uma medida da força que é aplicada) em função da deformação (eixo horizontal — relacionada com o grau de alongamento da amostra). As propriedades mecânicas do módulo de elasticidade (rigidez, *E*), limite de escoamento (σ_l) e limite de resistência à tração (*LRT*) são determinadas como mostram esses gráficos.

A Figura (*c*) mostra uma ponte suspensa. O peso do pavimento da ponte e dos automóveis impõe forças de tração sobre os cabos de suspensão verticais. Essas forças são transferidas ao cabo de suspensão principal, que adquire uma forma mais ou menos parabólica. A(s) liga(s) metálica(s) a partir da(s) qual(is) esses cabos são construídos deve(m) atender certos critérios de rigidez e resistência. A rigidez e a resistência da(s) liga(s) podem ser avaliadas a partir de ensaios realizados usando aparelhos de ensaio de tração (e os gráficos tensão-deformação resultantes) semelhantes àqueles mostrados.

POR QUE ESTUDAR *As Propriedades Mecânicas dos Metais?*

É obrigação dos engenheiros compreender como as várias propriedades mecânicas são medidas e o que essas propriedades representam; elas podem ser necessárias para o projeto de estruturas/componentes que utilizem materiais predeterminados, a fim de que não ocorram níveis inaceitáveis de deformação e/ou falhas. Nos Exemplos de Projeto 6.1 e 6.2 apresentamos dois tipos de protocolos de projeto típicos; esses exemplos demonstram, respectivamente, um procedimento usado para projetar um aparelho para ensaios de tração e como as exigências de materiais podem ser determinadas para um tubo cilíndrico pressurizado.

Objetivos do Aprendizado

Após estudar este capítulo, você deverá ser capaz de fazer o seguinte:

1. Definir tensão de engenharia e deformação de engenharia.
2. Formular a lei de Hooke e observar as condições sob as quais ela é válida.
3. Definir o coeficiente de Poisson.
4. Dado um diagrama tensão-deformação de engenharia, determinar (a) o módulo de elasticidade, (b) o limite de escoamento (na pré-deformação de 0,002) e (c) o limite de resistência à tração e (d) estimar o alongamento percentual.
5. Para a deformação por tração de um corpo de prova cilíndrico dúctil, descrever as mudanças no perfil do corpo de prova até ele atingir seu ponto de fratura.
6. Calcular a ductilidade em termos tanto do alongamento percentual quanto da redução percentual na área para um material que é carregado em tração até a fratura.
7. Dar definições sucintas e as unidades para o módulo de resiliência e a tenacidade (estática).
8. Para um corpo de prova carregado em tração, dados a carga aplicada, as dimensões instantâneas da seção transversal e os comprimentos original e instantâneo, ser capaz de calcular os valores da tensão verdadeira e da deformação verdadeira.
9. Citar as duas técnicas mais comuns de ensaios de dureza; destacar duas diferenças entre elas.
10. (a) Citar e descrever sucintamente as duas técnicas diferentes para ensaios de microdureza por impressão, e (b) citar casos para os quais essas técnicas são geralmente utilizadas.
11. Calcular a tensão de trabalho para um material dúctil.

6.1 INTRODUÇÃO

Muitos materiais, quando em serviço, são submetidos a forças ou cargas; alguns exemplos incluem a liga de alumínio a partir da qual a asa de um avião é construída e o aço no eixo de um automóvel. Em tais situações, é necessário conhecer as características do material e projetar o membro a partir do qual ele é feito de maneira que qualquer deformação resultante não seja excessiva e não cause fratura. O comportamento mecânico de um material reflete sua resposta ou deformação em relação à aplicação de uma carga ou força. Propriedades mecânicas importantes para um projeto são rigidez, resistência, dureza, ductilidade e tenacidade.

As propriedades mecânicas dos materiais são verificadas por meio da realização de experimentos de laboratório cuidadosamente planejados que reproduzem da forma mais fiel possível as condições de serviço. Entre os fatores a serem considerados, incluem-se a natureza da carga aplicada e a duração da sua aplicação, assim como as condições ambientais. A carga pode ser de tração, de compressão ou de cisalhamento, e sua magnitude pode ser constante ao longo do tempo ou pode variar continuamente. O tempo de aplicação pode ser de apenas uma fração de segundo ou pode se estender ao longo de um período de muitos anos. A temperatura de operação também pode ser um fator importante.

As propriedades mecânicas são objeto de atenção de diversos grupos (por exemplo, produtores e consumidores de materiais, organizações de pesquisa, agências governamentais) que possuem diferentes interesses. Consequentemente, é imperativo que exista alguma consistência na maneira como são conduzidos os testes e como são interpretados seus resultados. Essa consistência é conseguida com o emprego de técnicas de ensaio padronizadas. O estabelecimento e a publicação dessas normas de padronização são coordenados com frequência por sociedades profissionais. Nos Estados Unidos, a organização mais ativa é a Sociedade Americana para Ensaios e Materiais (ASTM — American Society for Testing and Materials). Seu *Annual Book of ASTM Standards* (Anuário de padrões da ASTM) (http://www.astm.org) compreende numerosos

Propriedades Mecânicas dos Metais • **127**

volumes, que são lançados e atualizados anualmente; um grande número dessas normas está relacionado com as técnicas para ensaios mecânicos. Várias dessas normas são citadas como notas de rodapé neste e em capítulos subsequentes.

O papel dos engenheiros de estruturas é determinar as tensões e as distribuições de tensões em elementos estruturais submetidos a cargas bem definidas. Isso pode ser conseguido por técnicas experimentais de ensaio e/ou por análises teóricas e matemáticas de tensões. Esses tópicos são tratados em livros tradicionais sobre análise de tensões e resistência de materiais.

Os engenheiros de materiais e os engenheiros metalúrgicos, por outro lado, estão preocupados com a produção e a fabricação de materiais para atender as exigências de serviço previstas por essas análises de tensão. Isso envolve necessariamente o entendimento das relações entre a microestrutura (isto é, as características internas) dos materiais e suas propriedades mecânicas.

Com frequência, os materiais são selecionados para aplicações estruturais por terem combinações desejáveis de características mecânicas. A presente discussão está restrita primariamente ao comportamento mecânico dos metais; os polímeros e as cerâmicas são tratados em separado, uma vez que esses materiais são, em muitos aspectos, mecanicamente diferentes dos metais. Este capítulo discute o comportamento tensão-deformação dos metais e as propriedades mecânicas que estão relacionadas e também examina outras características mecânicas importantes. As discussões dos aspectos microscópicos dos mecanismos de deformação e dos métodos para aumentar a resistência e regular o comportamento mecânico dos metais foram postergadas para outros capítulos.

6.2 CONCEITOS DE TENSÃO E DEFORMAÇÃO

Se uma carga é estática ou se varia de uma maneira relativamente lenta ao longo do tempo e está sendo aplicada uniformemente sobre uma seção transversal ou sobre a superfície de um elemento, o comportamento mecânico pode ser averiguado por meio de um simples ensaio tensão-deformação. Tais ensaios são mais comumente conduzidos para os metais à temperatura ambiente. Existem três maneiras principais pelas quais uma carga pode ser aplicada, quais sejam: tração, compressão e cisalhamento (Figuras 6.1a, b, c). Na prática da engenharia, muitas cargas são de torção, em vez de serem puramente cisalhantes; esse tipo de carregamento está ilustrado na Figura 6.1d.

Ensaios de Tração[1]

Um dos ensaios mecânicos de tensão-deformação mais comuns é conduzido sob *tração*. Como será visto, o ensaio de tração pode ser empregado para caracterizar várias propriedades mecânicas dos materiais que são importantes para projetos. Uma amostra é deformada, em geral até sua fratura, por uma carga de tração que é aumentada gradativamente e é aplicada uniaxialmente ao longo do eixo de um corpo de prova. Um corpo de prova de tração padrão está representado na Figura 6.2. Normalmente, a seção transversal é circular, mas também são utilizados corpos de prova com seção retangular. Essa configuração de corpo de prova, com a forma de um "osso de cachorro", foi escolhida porque, durante os ensaios, a deformação fica confinada à região central mais estreita (que possui uma seção transversal uniforme ao longo do seu comprimento) e, ainda, para reduzir a probabilidade de fratura nas extremidades do corpo de prova. O diâmetro-padrão é de aproximadamente 12,8 mm (0,5 in), enquanto o comprimento da seção reduzida deve ser o equivalente a pelo menos quatro vezes esse diâmetro; o comprimento de 60 mm ($2\frac{1}{4}$ in) é comum. O comprimento útil é aplicado nos cálculos da ductilidade, como discutido na Seção 6.6; o valor-padrão é 50 mm (2,0 in). O corpo de prova é preso pelas suas extremidades nas garras de fixação do dispositivo de testes (Figura 6.3). A máquina de ensaios de tração é projetada para alongar o corpo de prova segundo uma taxa constante, ao mesmo tempo que mede contínua e simultaneamente a carga instantânea que está sendo aplicada (com uma célula de carga) e os alongamentos resultantes (usando um extensômetro). Tipicamente, um ensaio tensão-deformação leva vários minutos para ser realizado e é destrutivo; isto é, a amostra testada é deformada permanentemente e, com frequência, é fraturada. [A fotografia (a) na abertura deste capítulo mostra um aparelho de ensaios de tração moderno.]

O resultado de um ensaio de tração desse tipo é registrado (geralmente em um computador) como carga ou força em função do alongamento. Essas características carga-deformação são dependentes do tamanho do corpo de prova. Por exemplo, serão necessárias duas vezes a carga para produzir um mesmo alongamento se a área da seção transversal do corpo de prova for dobrada. Para minimizar esses fatores geométricos, a carga e o alongamento são normalizados em relação aos seus

---

[1]Normas ASTM E8 e E8M, "Standard Test Methods for Tension Testing of Metallic Materials" (Métodos Padrões de Ensaio para Testes de Tração em Materiais Metálicos).

Figura 6.1 (*a*) Ilustração esquemática de como uma carga de tração produz um alongamento e uma deformação linear positiva. (*b*) Ilustração esquemática de como uma carga de compressão produz uma contração e uma deformação linear negativa. (*c*) Representação esquemática da deformação cisalhante γ, em que γ = tan θ. (*d*) Representação esquemática da deformação torcional (isto é, com ângulo de torção φ) produzida pela aplicação de um torque *T*.

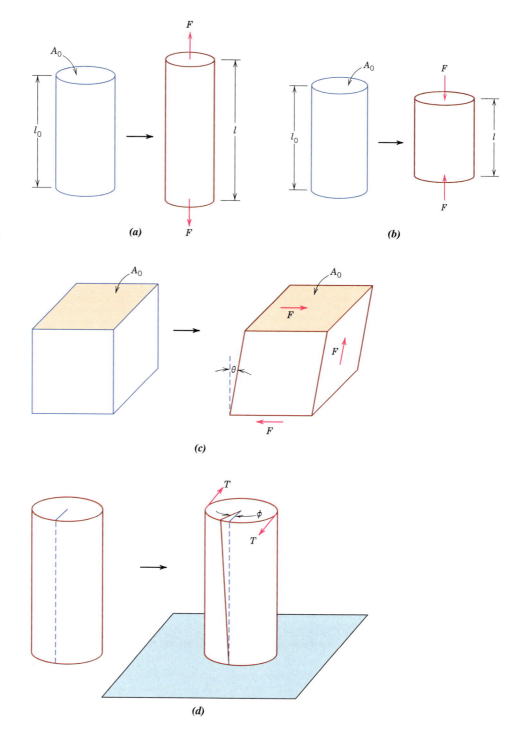

tensão de engenharia
deformação de engenharia

Definição da tensão de engenharia (para tração e compressão)

respectivos parâmetros de **tensão de engenharia** e **deformação de engenharia**. A tensão de engenharia σ é definida pela relação

$$\sigma = \frac{F}{A_0} \tag{6.1}$$

na qual *F* é a carga instantânea aplicada em uma direção perpendicular à seção transversal do corpo de prova, em unidades de newton (N) ou libras-força (lb$_f$), e A_0 é a área da seção transversal original antes da aplicação de qualquer carga (em m^2 ou in^2). As unidades para a tensão de engenharia (doravante chamada somente de *tensão*) são megapascals, MPa (SI) (em que 1 MPa = 10^6 N/m^2), e libras-força por polegada quadrada, psi (unidade usual nos Estados Unidos).[2]

---

[2] A conversão de um sistema de unidades de tensão para o outro é obtida pela relação 145 psi = 1 MPa.

Figura 6.2 Um corpo de prova padrão para ensaios de tração com seção transversal circular.

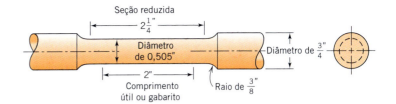

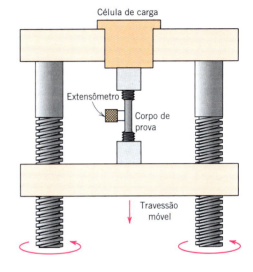

Figura 6.3 Representação esquemática do dispositivo usado para a condução de ensaios tensão-deformação sob tração. O corpo de prova é alongado pelo travessão móvel; uma célula de carga e um extensômetro medem, respectivamente, a magnitude da carga aplicada e o alongamento.
(Adaptada de HAYDEN, H. W., MOFFATT, W. G. e J. WULFF. *The Structure and Properties of Materials*, vol. III, *Mechanical Behavior*. John Wiley & Sons, 1965. Reproduzida com permissão de Kathy Hayden.)

A deformação de engenharia ε é definida de acordo com

Definição da deformação de engenharia (para tração e compressão)

$$\varepsilon = \frac{l_i - l_0}{l_0} = \frac{\Delta l}{l_0} \tag{6.2}$$

em que l_0 é o comprimento original antes de qualquer carga ser aplicada e l_i é o comprimento instantâneo. Às vezes a grandeza $l_i - l_0$ é simbolizada como Δl, que representa o alongamento ou a variação no comprimento em um dado instante, em referência ao comprimento original. A deformação de engenharia (doravante denominada somente *deformação*) não possui unidades, porém "metros por metro" ou "polegadas por polegada" são usadas com frequência; o valor da deformação é, obviamente, independente do sistema de unidades. Às vezes a deformação também é expressa em porcentagem, em que o valor da deformação é multiplicado por 100.

Ensaios de Compressão[3]

Ensaios tensão-deformação sob compressão podem ser realizados se as forças em serviço forem desse tipo. Um ensaio de compressão é conduzido de maneira semelhante à de um ensaio de tração, exceto pelo fato de que a força é compressiva e o corpo de prova se contrai ao longo da direção da tensão. As Equações 6.1 e 6.2 são consideradas para calcular a tensão e a deformação de compressão, respectivamente. Por convenção, uma força compressiva é considerada negativa, o que leva a uma tensão negativa. Adicionalmente, uma vez que l_0 é maior que l_i, as deformações compressivas calculadas a partir da Equação 6.2 também são necessariamente negativas. Os ensaios de tração são mais comuns, pois são mais fáceis de serem executados; além disso, para a maioria dos materiais usados em aplicações estruturais, muito pouca informação adicional é obtida a partir de ensaios de compressão. Os ensaios de compressão são empregados quando se deseja conhecer o comportamento de um material submetido a deformações grandes e permanentes (isto é, deformações plásticas), como ocorre em operações de fabricação, ou quando o material é frágil sob tração.

---

[3]Norma ASTM E9, "Standard Test Methods of Compression Testing of Metallic Materials at Room Temperature" (Métodos-Padrão de Ensaio para Testes de Compressão em Materiais Metálicos à Temperatura Ambiente).

Ensaios de Cisalhamento e de Torção[4]

Para os ensaios realizados sob uma força cisalhante pura, como mostra a Figura 6.1c, a tensão cisalhante τ é calculada de acordo com

Definição da tensão cisalhante

$$\tau = \frac{F}{A_0} \qquad (6.3)$$

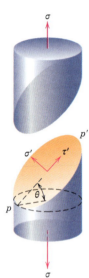

Figura 6.4 Representação esquemática que mostra as tensões normal (σ') e cisalhante (τ') que atuam em um plano orientado segundo um ângulo θ em relação ao plano perpendicular à direção ao longo da qual é aplicada uma tensão puramente de tração (σ).

em que F é a carga ou força imposta paralelamente às faces superior e inferior, cada uma delas com uma área A_0. A deformação cisalhante γ é definida como a tangente do ângulo de deformação θ, como indicado na figura. As unidades para tensão e deformação cisalhantes são as mesmas dos seus equivalentes de tração.

A *torção* é uma variação do cisalhamento puro, na qual um elemento estrutural é torcido da maneira mostrada na Figura 6.1d; as forças de torção produzem um movimento de rotação em torno do eixo longitudinal de uma das extremidades do elemento em relação à outra extremidade. São encontrados exemplos de torção nos eixos de máquinas e nos eixos de engrenagens, assim como em brocas. Os ensaios de torção são executados, normalmente, com tubos ou eixos sólidos cilíndricos. Uma tensão cisalhante τ é uma função do torque aplicado T, enquanto a deformação cisalhante γ está relacionada com o ângulo de torção, representado por ϕ na Figura 6.1d.

Considerações Geométricas a Respeito do Estado de Tensão

As tensões calculadas a partir dos estados de força de tração, compressão, cisalhamento e torção, representados na Figura 6.1, atuam paralela ou perpendicularmente às faces planas dos corpos representados nessas ilustrações. Deve ser observado que o estado de tensão é uma função das orientações dos planos sobre os quais as tensões atuam. Por exemplo, considere o corpo de prova cilíndrico de tração mostrado na Figura 6.4, o qual é submetido a uma tensão de tração σ aplicada paralelamente ao seu eixo. Além disso, considere também o plano $p\text{-}p'$ que está orientado segundo algum ângulo arbitrário θ em relação ao plano da face na extremidade do corpo de prova. Sobre esse plano $p\text{-}p'$, a tensão aplicada não é mais uma tensão puramente de tração. Em vez disso, está presente um estado de tensão mais complexo, que consiste em uma tensão de tração (ou normal) σ' que atua em uma direção normal ao plano $p\text{-}p'$ e, ainda, uma tensão cisalhante τ', que atua em uma direção paralela a esse plano; essas duas tensões estão representadas na figura. Usando princípios da mecânica dos materiais,[5] é possível desenvolver equações para σ' e τ' em termos de σ e θ, conforme a seguir:

$$\sigma' = \sigma \cos^2\theta = \sigma\left(\frac{1 + \cos 2\theta}{2}\right) \qquad (6.4a)$$

$$\tau' = \sigma \,\text{sen}\,\theta \cos\theta = \sigma\left(\frac{\text{sen}\,2\theta}{2}\right) \qquad (6.4b)$$

Esses mesmos princípios da mecânica permitem a transformação dos componentes de tensão de um sistema de coordenadas em outro sistema de coordenadas que possua uma orientação diferente. Tais tratamentos estão além do escopo da presente discussão.

Deformação Elástica

6.3 COMPORTAMENTO TENSÃO-DEFORMAÇÃO

Lei de Hooke — relação entre a tensão de engenharia e a deformação de engenharia para uma deformação elástica (tração e compressão)

O grau segundo o qual uma estrutura se deforma depende da magnitude da tensão imposta. Para a maioria dos metais submetidos a uma tensão de tração em níveis relativamente baixos, a tensão e a deformação são proporcionais entre si segundo a relação

$$\sigma = E\varepsilon \qquad (6.5)$$

---

[4]Norma ASTM E143, "Standard Test Method for Shear Modulus at Room Temperature" (Método de Ensaio-Padrão para o Módulo de Cisalhamento à Temperatura Ambiente).
[5]Veja, por exemplo, RILEY, W. F., STURGES, L. D. e MORRIS, D. H. *Mechanics of Materials*, 6ª ed. Hoboken, NJ: John Wiley & Sons, 2006.

Tabela 6.1
Módulos de Elasticidade e de Cisalhamento e Coeficiente de Poisson para Várias Ligas Metálicas à Temperatura Ambiente

Liga Metálica	Módulo de Elasticidade GPa	Módulo de Elasticidade 10⁶ psi	Módulo de Cisalhamento GPa	Módulo de Cisalhamento 10⁶ psi	Coeficiente de Poisson
Alumínio	69	10	25	3,6	0,33
Latão	97	14	37	5,4	0,34
Cobre	110	16	46	6,7	0,34
Magnésio	45	6,5	17	2,5	0,29
Níquel	207	30	76	11,0	0,31
Aço	207	30	83	12,0	0,30
Titânio	107	15,5	45	6,5	0,34
Tungstênio	407	59	160	23,2	0,28

módulo de elasticidade

Essa relação é conhecida como *lei de Hooke*, e a constante de proporcionalidade E (com unidades de GPa ou psi)[6] é o **módulo de elasticidade**, ou *módulo de Young*. Para a maioria dos metais típicos, a magnitude desse módulo varia entre 45 GPa ($6,5 \times 10^6$ psi), para o magnésio, e 407 GPa (59×10^6 psi), para o tungstênio. Os valores dos módulos de elasticidade à temperatura ambiente para diversos metais estão apresentados na Tabela 6.1.

deformação elástica

O processo de deformação em que a tensão e a deformação são proporcionais é chamado de **deformação elástica**; um gráfico da tensão (ordenada) em função da deformação (abscissa) resulta em uma relação linear, como mostra a Figura 6.5. A inclinação desse segmento linear corresponde ao módulo de elasticidade E. Esse módulo pode ser considerado como rigidez, ou uma resistência do material à deformação elástica. Quanto maior o módulo, mais rígido será o material, ou menor será a deformação elástica resultante da aplicação de uma dada tensão. O módulo é um importante parâmetro de projeto empregado para calcular deflexões elásticas.

A deformação elástica *não é permanente*, o que significa que, quando a carga aplicada é liberada, a peça retorna à sua forma original. Como demonstrado no gráfico tensão-deformação (Figura 6.5), a aplicação da carga corresponde a um movimento para cima a partir da origem, ao longo da linha reta. Com a liberação da carga, a linha é percorrida na direção oposta, retornando à origem.

Existem alguns materiais (por exemplo, ferro fundido cinzento, concreto e muitos polímeros) para os quais essa porção elástica da curva tensão-deformação não é linear (Figura 6.6); assim,

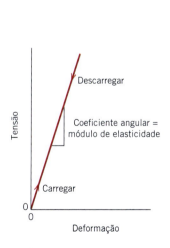

Figura 6.5 Diagrama esquemático tensão-deformação mostrando a deformação elástica linear para ciclos de carga e descarga.

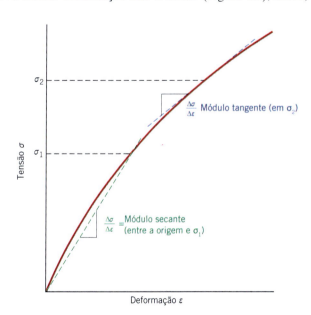

Figura 6.6 Diagrama esquemático tensão-deformação mostrando um comportamento elástico não linear e como os módulos secante e tangente são determinados.

---

[6] A unidade no sistema SI para o módulo de elasticidade é o *gigapascal* (GPa), em que 1 GPa = 10^9 N/m² = 10^3 MPa.

não é possível determinar um módulo de elasticidade como foi descrito anteriormente. Para esse comportamento não linear, utiliza-se normalmente o *módulo tangente* ou o *módulo secante*. O módulo tangente é tomado como a inclinação da curva tensão-deformação em um nível de tensão específico, enquanto o módulo secante representa a inclinação de uma secante construída desde a origem até algum ponto específico sobre a curva σ-ε. A determinação desses módulos está ilustrada na Figura 6.6.

Em uma escala atômica, a deformação elástica macroscópica é manifestada como pequenas alterações no espaçamento interatômico e no estiramento das ligações interatômicas. Como consequência, a magnitude do módulo de elasticidade é uma medida da resistência à separação de átomos adjacentes, isto é, das forças de ligação interatômicas. Adicionalmente, esse módulo é proporcional à inclinação da curva força interatômica-separação interatômica (Figura 2.10a) na posição do espaçamento de equilíbrio:

$$E \propto \left(\frac{dF}{dr}\right)_{r_0} \quad (6.6)$$

A Figura 6.7 mostra as curvas força-separação para materiais que possuem tanto ligações interatômicas fortes quanto fracas; a inclinação em r_0 está indicada para cada caso.

Os valores para os módulos de elasticidade dos materiais cerâmicos são aproximadamente os mesmos para os metais; para os polímeros, eles são menores (Figura 1.5). Essas diferenças são uma consequência direta dos diferentes tipos de ligações atômicas que existem nos três tipos de materiais. Além disso, o módulo de elasticidade diminui com o aumento da temperatura, como é mostrado para vários metais na Figura 6.8.

Como seria esperado, a imposição de tensões de compressão, cisalhamento ou torção também induz um comportamento elástico. As características tensão-deformação sob baixos níveis de tensão são virtualmente as mesmas tanto para situações de tração quanto de compressão, incluindo a magnitude do módulo de elasticidade. A tensão e a deformação cisalhante são proporcionais uma à outra de acordo com a expressão

> Relação entre a tensão cisalhante e a deformação cisalhante para uma deformação elástica

$$\tau = G\gamma \quad (6.7)$$

em que G é o *módulo de cisalhamento*, a inclinação da região elástica linear da curva tensão-deformação cisalhante. A Tabela 6.1 também fornece os módulos de cisalhamento para diversos metais comuns.

6.4 ANELASTICIDADE

Até aqui, foi presumido que a deformação elástica é independente do tempo — isto é, que uma tensão aplicada produz uma deformação elástica instantânea, a qual permanece constante durante o período de tempo em que a tensão é mantida. Também foi presumido que, ao liberar a carga, a deformação é totalmente recuperada — isto é, que a deformação retorna imediatamente a zero.

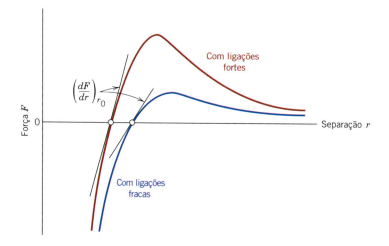

Figura 6.7 Relação da força em função da separação interatômica para átomos fraca e fortemente ligados. A magnitude do módulo de elasticidade é proporcional à inclinação de cada curva na separação interatômica de equilíbrio r_0.

Figura 6.8 Gráfico do módulo de elasticidade em função da temperatura para tungstênio, aço e alumínio.
(Adaptada de RALLS, K. M., COURTNEY, T. H. e WULFF, J. *Introduction to Materials Science and Engineering*. Copyright © 1976 por John Wiley & Sons, New York. Reimpressa sob permissão de John Wiley & Sons, Inc.)

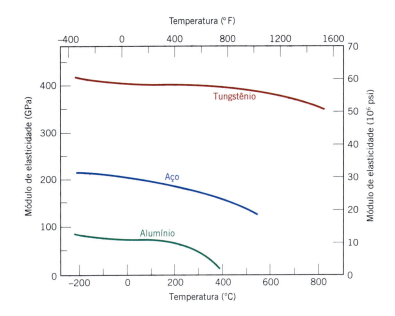

Na maioria dos materiais de engenharia, no entanto, existirá também uma componente da deformação elástica que é dependente do tempo — isto é, a deformação elástica permanecerá após a aplicação da tensão, e com a liberação da carga será necessário um tempo finito para haver uma recuperação completa. Esse comportamento elástico dependente do tempo é conhecido como **anelasticidade** e é devido a processos microscópicos e atomísticos dependentes do tempo, os quais acompanham a deformação. Para os metais, a componente anelástica é normalmente pequena, sendo frequentemente desprezada. Entretanto, para alguns materiais poliméricos, sua magnitude é significativa; nesse caso, isso é denominado *comportamento viscoelástico*, o qual é o tópico da discussão na Seção 15.4.

anelasticidade

PROBLEMA-EXEMPLO 6.1

Cálculo do Alongamento (Elástico)

Uma peça de cobre originalmente com 305 mm (12 in) de comprimento é puxada em tração com uma tensão de 276 MPa (40.000 psi). Se a deformação é inteiramente elástica, qual será o alongamento resultante?

Solução

Uma vez que a deformação é elástica, ela depende da tensão de acordo com a Equação 6.5. Além disso, o alongamento Δl está relacionado com o comprimento original l_0 por meio da Equação 6.2. Combinando essas duas expressões e resolvendo para Δl, tem-se

$$\sigma = \varepsilon E = \left(\frac{\Delta l}{l_0}\right) E$$

$$\Delta l = \frac{\sigma l_0}{E}$$

Os valores de σ e de l_0 são dados como 276 MPa e 305 mm, respectivamente, e a magnitude de E para o cobre, obtida da Tabela 6.1, é 110 GPa (16×10^6 psi). O alongamento é obtido pela substituição desses valores na expressão anterior

$$\Delta l = \frac{(276 \text{ MPa})(305 \text{ mm})}{110 \times 10^3 \text{ MPa}} = 0{,}77 \text{ mm } (0{,}03 \text{ in})$$

Figura 6.9 Ilustração esquemática mostrando o alongamento axial (z) (deformação positiva, ε_z) e a contração lateral (x) (deformação negativa, ε_x) que resultam da aplicação de uma tensão de tração axial (σ_z).

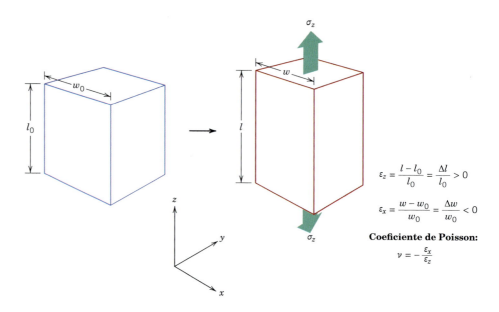

6.5 PROPRIEDADES ELÁSTICAS DOS MATERIAIS

Quando uma tensão de tração é imposta sobre uma amostra de metal, um alongamento elástico e sua deformação correspondente ε_z resultam na direção da tensão aplicada (aqui tomada arbitrariamente como a direção z), como indicado na Figura 6.9. Como resultado desse alongamento, haverá constrições nas direções laterais (x e y) perpendiculares à tensão aplicada; a partir dessas contrações, as deformações compressivas ε_x e ε_y podem ser determinadas. Se a tensão aplicada for uniaxial (apenas na direção z) e o material for isotrópico, então $\varepsilon_x = \varepsilon_y$. Um parâmetro denominado **coeficiente de Poisson** ν é definido como a razão entre as deformações lateral e axial, ou

coeficiente de Poisson

Definição do coeficiente de Poisson em termos das deformações lateral e axial

$$\nu = -\frac{\varepsilon_x}{\varepsilon_z} = -\frac{\varepsilon_y}{\varepsilon_z} \tag{6.8}$$

Para virtualmente todos os materiais estruturais, ε_x e ε_z terão sinais opostos; dessa forma, o sinal de negativo foi incluído na expressão anterior para assegurar que o valor de ν seja positivo.[7] Teoricamente, o coeficiente de Poisson para os materiais isotrópicos deveria ser $\frac{1}{4}$; além disso, o valor máximo para ν (ou aquele valor para o qual não existe nenhuma alteração resultante no volume) é 0,50. Para muitos metais e outras ligas, os valores para o coeficiente de Poisson variam entre 0,25 e 0,35. A Tabela 6.1 apresenta os valores de ν para vários materiais metálicos comuns.

Para os materiais isotrópicos, os módulos de cisalhamento e de elasticidade estão relacionados entre si e ao coeficiente de Poisson de acordo com a expressão

Relação entre os parâmetros elásticos — módulo de elasticidade, módulo de cisalhamento e coeficiente de Poisson

$$E = 2G(1 + \nu) \tag{6.9}$$

Na maioria dos metais, G equivale a aproximadamente $0{,}4E$; dessa forma, se o valor de um dos módulos for conhecido, o outro pode ser aproximado.

Muitos materiais são elasticamente anisotrópicos; ou seja, o comportamento elástico (isto é, a magnitude de E) varia com a direção cristalográfica (veja a Tabela 3.4). Para esses materiais, as propriedades elásticas são completamente caracterizadas somente com a especificação de várias constantes elásticas, em que o número dessas constantes depende das características da estrutura cristalina. Mesmo para os materiais isotrópicos, pelo menos duas constantes devem ser dadas para a completa caracterização das propriedades elásticas. Uma vez que a orientação dos grãos é aleatória na maioria

---

[7]Alguns materiais (por exemplo, espumas poliméricas especialmente preparadas), quando estirados em tração, na verdade se expandem na direção transversal. Nesses materiais, tanto ε_x quanto ε_z na Equação 6.8 são positivos, de modo que o coeficiente de Poisson é negativo. Os materiais que exibem esse efeito são chamados *auxéticos*.

dos materiais policristalinos, esses materiais podem ser considerados isotrópicos; os vidros cerâmicos inorgânicos também são isotrópicos. A discussão subsequente a respeito do comportamento mecânico supõe a existência de isotropia e de policristalinidade, pois essas são características exibidas pela maioria dos materiais de engenharia.

PROBLEMA-EXEMPLO 6.2

Cálculo da Carga Necessária para Produzir uma Alteração Específica no Diâmetro

Uma tensão de tração deve ser aplicada ao longo do eixo do comprimento de uma barra cilíndrica de latão com diâmetro de 10 mm (0,4 in). Determine a magnitude da carga necessária para produzir uma variação de $2,5 \times 10^{-3}$ mm (10^{-4} in) no diâmetro se a deformação for puramente elástica.

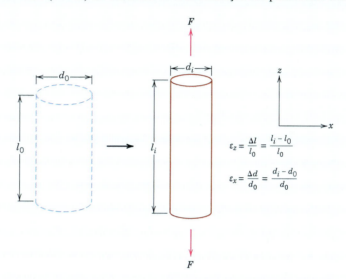

Solução

Essa situação de deformação está representada na figura a seguir.

Quando a força F é aplicada, a amostra se alonga na direção z e ao mesmo tempo sofre uma redução no seu diâmetro, Δd, de $2,5 \times 10^{-3}$ mm na direção x. Para a deformação na direção x,

$$\varepsilon_x = \frac{\Delta d}{d_0} = \frac{-2,5 \times 10^{-3} \text{ mm}}{10 \text{ mm}} = -2,5 \times 10^{-4}$$

que é negativa, uma vez que o diâmetro é reduzido.

A seguir, torna-se necessário calcular a deformação na direção z empregando a Equação 6.8. O valor do coeficiente de Poisson para o latão é 0,34 (Tabela 6.1) e dessa forma,

$$\varepsilon_z = -\frac{\varepsilon_x}{\nu} = -\frac{(-2,5 \times 10^{-4})}{0,34} = 7,35 \times 10^{-4}$$

A tensão aplicada pode então ser calculada usando a Equação 6.5 e o módulo de elasticidade, dado na Tabela 6.1 como 97 GPa (14×10^6 psi). Assim,

$$\sigma = \varepsilon_z E = (7,35 \times 10^{-4})(97 \times 10^3 \text{ MPa}) = 71,3 \text{ MPa}$$

Por fim, a partir da Equação 6.1, a força aplicada pode ser determinada como

$$F = \sigma A_0 = \sigma \left(\frac{d_0}{2}\right)^2 \pi$$

$$= (71,3 \times 10^6 \text{ N/m}^2)\left(\frac{10 \times 10^{-3} \text{ m}}{2}\right)^2 \pi = 5600 \text{ N (1293 lb}_f)$$

Deformação Plástica

deformação plástica

Para a maioria dos materiais metálicos, a deformação elástica ocorre apenas até deformações de aproximadamente 0,005. Conforme o material é deformado além desse ponto, a tensão não é mais proporcional à deformação (a lei de Hooke, Equação 6.5, deixa de ser válida), e ocorre uma deformação permanente, não recuperável, ou **deformação plástica**. A Figura 6.10a mostra um gráfico esquemático do comportamento tensão-deformação em tração até a região plástica para um metal típico. A transição do comportamento elástico para o plástico é gradual para a maioria dos metais; ocorre uma curvatura no início da deformação plástica, que aumenta mais rapidamente com o aumento da tensão.

De uma perspectiva atômica, a deformação plástica corresponde à quebra de ligações entre átomos vizinhos originais, seguida pela formação de novas ligações com novos átomos vizinhos, à medida que um grande número de átomos ou moléculas se movem uns em relação aos outros; com a remoção da tensão, eles não retornam às suas posições originais. O mecanismo dessa deformação é diferente para os materiais cristalinos e os materiais amorfos. Nos sólidos cristalinos, a deformação é obtida por meio de um processo chamado *escorregamento*, que envolve o movimento de discordâncias, como discutido na Seção 7.2. A deformação plástica nos sólidos não cristalinos (assim como nos líquidos) ocorre por um mecanismo de escoamento viscoso, descrito na Seção 12.10.

6.6 PROPRIEDADES EM TRAÇÃO

Escoamento e Resistência ao Escoamento

escoamento

limite de proporcionalidade

A maioria das estruturas é projetada para assegurar que ocorra apenas deformação elástica quando uma tensão for aplicada. Uma estrutura ou componente que tenha sido deformado plasticamente — ou que tenha sofrido uma mudança permanente em sua forma — pode não ser capaz de funcionar como programado. Portanto, torna-se desejável conhecer o nível de tensão no qual tem início a deformação plástica, ou no qual ocorre o fenômeno do **escoamento**. Para metais que apresentam essa transição gradual de deformação elástica para deformação plástica, o ponto de escoamento pode ser determinado como aquele onde ocorre o afastamento inicial da linearidade na curva tensão-deformação; esse ponto é às vezes chamado de **limite de proporcionalidade**, como indicado pelo ponto P na Figura 6.10a, e representa o início da deformação plástica ao nível microscópico. A posição desse ponto P é difícil de ser medida com precisão. Como consequência dessa dificuldade, foi estabelecida uma convenção na qual uma linha reta é construída paralelamente à porção elástica da curva tensão-deformação em alguma pré-deformação especificada, geralmente de 0,002. A tensão correspondente à interseção dessa linha com

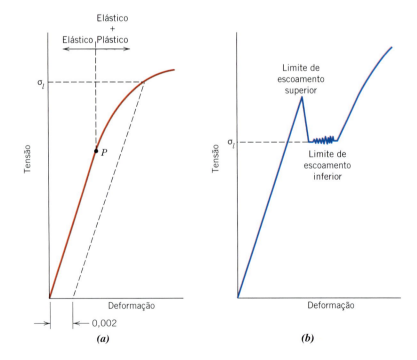

Figura 6.10 (a) Comportamento tensão-deformação típico de um metal mostrando as deformações elástica e plástica, o limite de proporcionalidade P e a resistência ao escoamento σ_l, determinada usando o método da pré-deformação de 0,002. (b) Comportamento tensão-deformação representativo de alguns aços que apresentam o fenômeno do ponto de escoamento.

Propriedades Mecânicas dos Metais • **137**

resistência ao escoamento

a curva tensão-deformação conforme esta se inclina na região plástica é definida como o **limite de escoamento**, ou a **resistência ao escoamento**, σ_l.[8] Isso está demonstrado na Figura 6.10a. As unidades do limite de escoamento são MPa ou psi.[9]

Para aqueles materiais que possuem região elástica não linear (Figura 6.6), o emprego do método da pré-deformação não é possível, e a prática usual consiste em se definir o limite de escoamento como a tensão necessária para produzir uma determinada quantidade de deformação (por exemplo, $\varepsilon = 0,005$).

Alguns aços e outros materiais exibem o comportamento tensão-deformação em tração mostrado na Fig. 6.10b. A transição elastoplástica é muito bem definida e ocorre de forma abrupta, no que é denominado *fenômeno do limite de escoamento*. A deformação plástica inicia no limite de escoamento superior, havendo uma diminuição aparente na tensão de engenharia. A deformação a seguir flutua ligeiramente em torno de algum valor de tensão constante, denominado *limite de escoamento inferior*; subsequentemente, a tensão aumenta com o aumento da deformação. Para os metais que exibem esse efeito, o limite de escoamento é tomado como a tensão média associada ao limite de escoamento inferior, uma vez que esse ponto é bem definido e relativamente insensível ao procedimento de ensaio.[10] Dessa forma, para esses materiais não é necessário empregar o método da pré-deformação.

A magnitude do limite de escoamento para um metal é uma medida da sua resistência à deformação plástica. Os limites de escoamento podem variar desde 35 MPa (5000 psi), para um alumínio de baixa resistência, até acima de 1400 MPa (200.000 psi), para aços de alta resistência.

✓ *Verificação de Conceitos 6.1* Cite as principais diferenças entre os comportamentos das deformações elástica, anelástica e plástica.

[*A resposta está disponível no GEN-IO, ambiente virtual de aprendizagem do GEN.*]

Limite de Resistência à Tração

limite de resistência à tração

Após o escoamento, a tensão necessária para continuar a deformação plástica nos metais aumenta até um valor máximo, o ponto *M* na Figura 6.11, e então diminui até a posterior fratura do material, no ponto *F*. O **limite de resistência à tração**, *LRT* (MPa ou psi), é a tensão no ponto máximo da curva tensão-deformação de engenharia (Figura 6.11). Esse ponto corresponde à tensão máxima suportada por uma estrutura sob tração; se essa tensão for aplicada e mantida, ocorrerá fratura. Toda deformação até esse ponto está uniformemente distribuída por toda a região estreita do corpo de prova de tração. Contudo, nessa tensão máxima, uma pequena constrição, ou pescoço, começa a se formar em algum ponto, e toda deformação subsequente fica confinada nesse pescoço, como nas representações esquemáticas do corpo de prova mostradas nos detalhes da Figura 6.11. Esse fenômeno é denominado *estricção (empescoçamento)*, e a fratura enfim tem lugar nesse pescoço.[11] A resistência à fratura corresponde à tensão no ponto de ruptura.

Os limites de resistência à tração podem variar de 50 MPa (7000 psi), para um alumínio, a um valor tão elevado quanto 3000 MPa (450.000 psi), para aços de alta resistência. Normalmente, quando a resistência de um metal é citada para fins de projeto, o limite de escoamento é o parâmetro utilizado, pois, no momento em que a tensão correspondente ao limite de resistência à tração chega a ser aplicada, com frequência uma estrutura já sofreu tanta deformação plástica que já se tornou imprestável. Além disso, em geral as resistências à fratura não são especificadas para fins de projeto de engenharia.

---

[8]*Resistência* é empregado em lugar de *tensão*, pois a resistência é uma propriedade do metal, enquanto a tensão está relacionada com a magnitude da carga aplicada.

[9]Nas unidades usuais nos Estados Unidos, a unidade de quilolibras por polegada quadrada (ksi) é às vezes usada por questões de conveniência, em que 1 ksi = 1000 psi.

[10]Note que, para que seja possível a observação do fenômeno do limite de escoamento descontínuo, deve ser empregado um dispositivo de ensaios de tração "rígido"; por "rígido" subentende-se que exista uma deformação elástica muito pequena do equipamento durante o carregamento.

[11]A aparente diminuição na tensão de engenharia com a continuidade da deformação após o ponto máximo na Figura 6.11 se deve ao fenômeno de estricção. Como explicado na Seção 6.7, na verdade, a tensão verdadeira [no interior do estrangulamento (pescoço)] aumenta.

Figura 6.11 Comportamento típico da curva tensão-deformação de engenharia até a fratura, ponto F. O limite de resistência à tração LRT está indicado pelo ponto M. Os detalhes dentro dos círculos representam a geometria do corpo de prova deformado em vários pontos ao longo da curva.

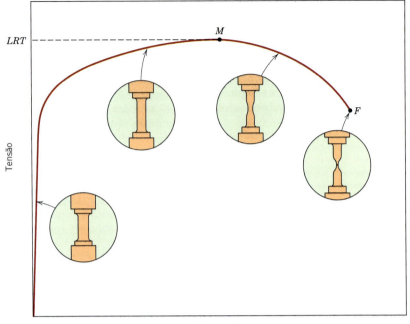

PROBLEMA-EXEMPLO 6.3

Determinações de Propriedades Mecânicas a Partir de um Gráfico Tensão-Deformação

A partir do comportamento tensão-deformação em tração para o corpo de prova de latão mostrado na Figura 6.12, determine o seguinte:

(a) O módulo de elasticidade.
(b) A tensão limite de escoamento para uma pré-deformação de 0,002.
(c) A carga máxima que pode ser suportada por um corpo de prova cilíndrico que possui um diâmetro original de 12,8 mm (0,505 in).
(d) A variação no comprimento de um corpo de provas originalmente com 250 mm (10 in) de comprimento e que foi submetido a uma tensão de tração de 345 MPa (50.000 psi).

Solução

(a) O módulo de elasticidade é a inclinação da porção elástica, ou linear, inicial da curva tensão-deformação. O eixo da deformação foi expandido no detalhe na Figura 6.12 para facilitar esse cálculo. A inclinação, ou coeficiente angular da reta, dessa região linear é dada pela altura em relação à distância, ou a variação na tensão dividida pela variação correspondente na deformação; em termos matemáticos,

$$E = \text{coeficiente angular} = \frac{\Delta\sigma}{\Delta\varepsilon} = \frac{\sigma_2 - \sigma_1}{\varepsilon_2 - \varepsilon_1} \qquad (6.10)$$

Uma vez que o segmento de linha passa pela origem, é conveniente tomar tanto σ_1 quanto ε_1 iguais a zero. Se σ_2 for tomado arbitrariamente como 150 MPa, então ε_2 terá um valor de 0,0016. Dessa forma,

$$E = \frac{(150 - 0)\ \text{MPa}}{0{,}0016 - 0} = 93{,}8\ \text{GPa}\ (13{,}6 \times 10^6\ \text{psi})$$

que está muito próximo do valor de 97 GPa (14×10^6 psi) dado para o latão na Tabela 6.1.

(b) A linha que passa pela pré-deformação de 0,002 é construída como no detalhe; sua interseção com a curva tensão-deformação encontra-se em aproximadamente 250 MPa (36.000 psi), que corresponde ao limite de escoamento do latão.

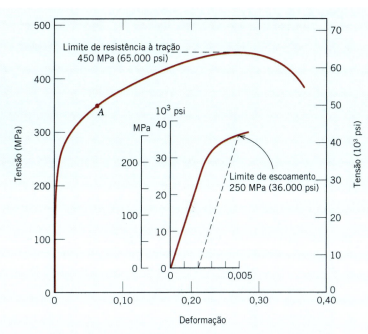

Figura 6.12 O comportamento tensão-deformação para o corpo de provas de latão discutido no Problema-Exemplo 6.3.

(c) A carga máxima suportada pelo corpo de prova é calculada aplicando a Equação 6.1, na qual σ é tomado como o limite de resistência à tração que, a partir da Figura 6.12, é de 450 MPa (65.000 psi). Resolvendo a equação para F, a carga máxima, tem-se

$$F = \sigma A_0 = \sigma \left(\frac{d_0}{2}\right)^2 \pi$$

$$= (450 \times 10^6 \text{ N/m}^2)\left(\frac{12,8 \times 10^{-3} \text{ m}}{2}\right)^2 \pi = 57.900 \text{ N } (13.000 \text{ lb}_f)$$

(d) Para calcular a variação no comprimento, Δl, na Equação 6.2, é necessário, em primeiro lugar, determinar a deformação produzida por uma tensão de 345 MPa. Isso é feito localizando esse ponto de tensão sobre a curva tensão-deformação, ponto A, e lendo a deformação correspondente sobre o eixo da deformação, que é de aproximadamente 0,06. Uma vez que $l_0 = 250$ mm, temos

$$\Delta l = \varepsilon l_0 = (0,06)(250 \text{ mm}) = 15 \text{ mm } (0,6 \text{ in})$$

Ductilidade

ductilidade

A **ductilidade** é outra propriedade mecânica importante. Ela é uma medida do grau de deformação plástica que foi suportado até a fratura. Um metal que sofra uma deformação plástica muito pequena ou mesmo nenhuma deformação plástica até a fratura é denominado *frágil*. Os comportamentos tensão-deformação em tração para metais dúcteis e frágeis estão ilustrados esquematicamente na Figura 6.13.

A ductilidade pode ser expressa quantitativamente tanto como um *alongamento percentual* quanto como uma *redução percentual na área*.* O alongamento percentual (%AL) é a porcentagem de deformação plástica na fratura, ou

Ductilidade, como alongamento percentual

$$\%\text{AL} = \left(\frac{l_f - l_0}{l_0}\right) \times 100 \tag{6.11}$$

---

*Também denominada coeficiente percentual de estricção segundo a Norma ABNT NBR6152. (N.T.)

Figura 6.13 Representações esquemáticas do comportamento tensão-deformação em tração para metais frágeis e dúcteis carregados até a fratura.

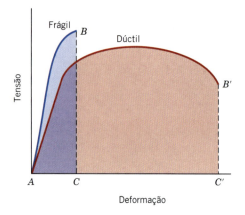

em que l_f é o comprimento no momento da fratura[12] e l_0 o comprimento útil original, conforme definido anteriormente. Uma vez que uma proporção significativa da deformação plástica no momento da fratura está confinada à região do pescoço, a magnitude de %AL dependerá do comprimento útil do corpo de prova. Quanto menor o valor de l_0, maior a fração do alongamento total devido ao pescoço e, consequentemente, maior o valor de %AL. Portanto, o valor de l_0 deve ser especificado quando forem citados os valores do alongamento percentual; frequentemente, ele é de 50 mm (2 in).

A *redução percentual na área* (%RA) é definida como

Ductilidade, como redução percentual na área

$$\%\mathrm{RA} = \left(\frac{A_0 - A_f}{A_0}\right) \times 100 \qquad (6.12)$$

em que A_0 é a área da seção transversal original e A_f é a área da seção transversal no ponto de fratura.[12] Os valores da redução percentual na área são independentes tanto de l_0 quanto de A_0. Além disso, para um dado material, as magnitudes de %AL e %RA serão, em geral, diferentes. A maioria dos metais possui pelo menos um grau de ductilidade moderado à temperatura ambiente; entretanto, alguns se tornam frágeis conforme a temperatura é reduzida (Seção 8.6).

Um conhecimento da ductilidade dos materiais é importante por pelo menos duas razões. Em primeiro lugar, ela indica ao projetista o grau ao qual uma estrutura vai se deformar plasticamente antes de fraturar. Em segundo lugar, ela especifica o grau de deformação permitido durante as operações de fabricação. Nós às vezes nos referimos aos materiais relativamente dúcteis como "generosos", no sentido de que eles podem apresentar uma deformação local sem fraturar, caso exista um erro de magnitude no cálculo da tensão de projeto.

Os materiais frágeis são considerados, *de maneira aproximada*, como aqueles que possuem uma deformação de fratura menor que aproximadamente 5%.

Dessa forma, várias propriedades mecânicas importantes dos metais podem ser determinadas a partir de ensaios tensão-deformação em tração. A Tabela 6.2 apresenta alguns valores típicos à temperatura ambiente para o limite de escoamento, o limite de resistência à tração e a ductilidade de alguns metais comuns. Essas propriedades são sensíveis a qualquer deformação anterior, à presença de impurezas e/ou a qualquer tratamento térmico ao qual o metal tenha sido submetido. O módulo de elasticidade é um parâmetro mecânico insensível a esses tratamentos. Da mesma forma que para o módulo de elasticidade, as magnitudes tanto do limite de escoamento quanto do limite de resistência à tração diminuem com o aumento da temperatura; justamente o contrário é observado para a ductilidade — a ductilidade geralmente aumenta com o aumento da temperatura. A Figura 6.14 mostra como o comportamento tensão-deformação do ferro varia com a temperatura.

Resiliência

resiliência

A **resiliência** é a capacidade de um material de absorver energia quando ele é deformado elasticamente e, depois, com a remoção da carga, permitir a recuperação dessa energia. A propriedade associada é o *módulo de resiliência*, U_r, que é a energia de deformação por unidade de volume necessária para tensionar um material desde um estado sem carga até o limite de escoamento.

---

[12]Tanto l_f quanto A_f são medidos após a fratura e após as duas extremidades quebradas terem sido colocadas novamente juntas.

Tabela 6.2 Propriedades Mecânicas Típicas de Vários Metais e Ligas em um Estado Recozido

Liga Metálica	Limite de Escoamento, MPa (ksi)	Limite de Resistência à Tração, MPa (ksi)	Ductilidade, %AL [em 50 mm (2 in)]
Alumínio	35 (5)	90 (13)	40
Cobre	69 (10)	200 (29)	45
Latão (70 Cu-30 Zn)	75 (11)	300 (44)	68
Ferro	130 (19)	262 (38)	45
Níquel	138 (20)	480 (70)	40
Aço (1020)	180 (26)	380 (55)	25
Titânio	450 (65)	520 (75)	25
Molibdênio	565 (82)	655 (95)	35

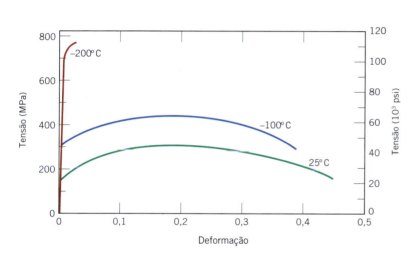

Figura 6.14 Comportamento tensão-deformação de engenharia para o ferro em três temperaturas.

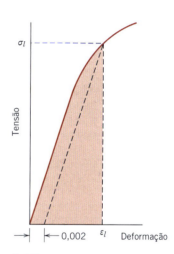

Figura 6.15 Representação esquemática que mostra como o módulo de resiliência (que corresponde à área sombreada) é determinado a partir do comportamento tensão-deformação em tração de um material.

Em termos de cálculo, o módulo de resiliência para um corpo de prova submetido a um ensaio de tração uniaxial é simplesmente a área sob a curva tensão-deformação de engenharia calculada até o escoamento (Figura 6.15), ou seja

Definição do módulo de resiliência

$$U_r = \int_0^{\varepsilon_l} \sigma d\varepsilon \tag{6.13a}$$

Supondo uma região elástica linear, temos

Módulo de resiliência para um comportamento elástico linear

$$U_r = \frac{1}{2}\sigma_l \varepsilon_l \tag{6.13b}$$

em que ε_l é a deformação no escoamento.

As unidades da resiliência são o produto das unidades de cada um dos dois eixos do gráfico tensão-deformação. Em unidades SI, é joule por metro cúbico (J/m³, que é equivalente a Pa), enquanto em unidades usuais dos Estados Unidos é polegada-libras-força por polegada cúbica (in-lb$_f$/in³, que é equivalente a psi). Tanto joule quanto polegada-libras-força são unidades de energia e, portanto, essa área sob a curva tensão-deformação representa a absorção de energia por unidade de volume (em metros cúbicos ou polegadas cúbicas) do material.

Módulo de resiliência para um comportamento elástico linear, com a incorporação da lei de Hooke

A incorporação da Equação 6.5 na Equação 6.13b fornece

$$U_r = \frac{1}{2}\sigma_l \varepsilon_l = \frac{1}{2}\sigma_l \left(\frac{\sigma_l}{E}\right) = \frac{\sigma_l^2}{2E} \tag{6.14}$$

Dessa forma, os materiais resilientes são aqueles que possuem limites de escoamento elevados e módulos de elasticidade baixos; tais ligas são usadas como molas.

Tenacidade

tenacidade

A **tenacidade** é um termo mecânico que pode ser usado sob vários contextos. Em um deles, a tenacidade (ou mais especificamente, a *tenacidade à fratura*) é uma propriedade indicativa da resistência de um material à fratura quando uma trinca (ou outro defeito concentrador de tensões) está presente (como discutido na Seção 8.5). Como é praticamente impossível (como também muito caro) fabricar materiais sem defeitos (ou prevenir danos durante o serviço), a tenacidade à fratura é uma das principais considerações para todos os materiais estruturais.

Outra maneira de definir a tenacidade é como a capacidade de um material absorver energia e se deformar plasticamente antes de fraturar. Para condições de carregamento dinâmico (elevada taxa de deformação) e quando um entalhe (ou ponto de concentração de tensões) está presente, a *tenacidade ao entalhe* é averiguada por meio de um ensaio de impacto, como discutido na Seção 8.6.

Para uma situação estática (pequena taxa de deformação), uma medida da tenacidade nos metais (inferida a partir da deformação plástica) pode ser determinada a partir dos resultados de um ensaio tensão-deformação em tração. Ela é a área sob a curva σ-ε até o ponto da fratura. As unidades são as mesmas para a resiliência (isto é, energia por unidade de volume do material). Para que um metal seja tenaz, ele precisa exibir tanto resistência quanto ductilidade. Isso é demonstrado na Figura 6.13, onde estão representadas graficamente curvas tensão-deformação para ambos os tipos de metais. Assim, apesar de o metal frágil ter maiores limite de escoamento e limite de resistência à tração, ele possui uma tenacidade menor que o material dúctil, como pode ser visto comparando as áreas *ABC* e *AB'C'* na Figura 6.13.

Verificação de Conceitos 6.2 Entre aqueles metais listados na Tabela 6.3,
(a) Qual terá a maior redução percentual em área? Por quê?
(b) Qual é o mais resistente? Por quê?
(c) Qual é o mais rígido? Por quê?

[*A resposta está disponível no GEN-IO, ambiente virtual de aprendizagem do GEN.*]

Tabela 6.3 Dados Tensão-Deformação em Tração para Vários Metais Hipotéticos para Serem Usados nas Verificações de Conceitos 6.2 e 6.4

Material	Limite de Escoamento (MPa)	Limite de Resistência à Tração (MPa)	Deformação na Fratura	Resistência à Fratura (MPa)	Módulo de Elasticidade (GPa)
A	310	340	0,23	265	210
B	100	120	0,40	105	150
C	415	550	0,15	500	310
D	700	850	0,14	720	210
E	Fratura antes do escoamento			650	350

6.7 TENSÃO E DEFORMAÇÃO VERDADEIRA

A partir da Figura 6.11, a diminuição da tensão necessária para continuar a deformação após o ponto máximo — ponto *M* — parece indicar que o metal está se tornando menos resistente. Isso está longe de ser verdade; na realidade, sua resistência está aumentando. Contudo, a área da seção transversal está diminuindo rapidamente na região da estricção, onde a deformação está ocorrendo. Isso resulta em uma redução na capacidade da amostra de suportar carga. A tensão, calculada a partir da Equação

6.1, é dada com base na área da seção transversal original, antes de qualquer deformação, e não leva em consideração essa redução da área na região do pescoço.

Às vezes, é mais significativo usar um procedimento baseado na tensão verdadeira-deformação verdadeira. A **tensão verdadeira** σ_V é definida como a carga F dividida pela área da seção transversal instantânea A_i na qual a deformação está ocorrendo (isto é, o pescoço, após o limite de resistência à tração), ou

tensão verdadeira

Definição da tensão verdadeira

$$\sigma_V = \frac{F}{A_i} \quad (6.15)$$

deformação verdadeira

Além disso, ocasionalmente é mais conveniente representar a deformação como **deformação verdadeira** ε_V, definida pela expressão

Definição da deformação verdadeira

$$\varepsilon_V = \ln \frac{l_i}{l_0} \quad (6.16)$$

Se nenhuma variação ocorrer no volume durante a deformação — isto é, se

$$A_i l_i = A_0 l_0 \quad (6.17)$$

Conversão da tensão de engenharia em tensão verdadeira

— então as tensões e deformações verdadeiras e de engenharia estão relacionadas de acordo com as seguintes expressões

$$\sigma_V = \sigma(1 + \varepsilon) \quad (6.18a)$$

Conversão da deformação de engenharia em deformação verdadeira

$$\varepsilon_V = \ln(1 + \varepsilon) \quad (6.18b)$$

As Equações 6.18a e 6.18b são válidas apenas até o início da estricção; além desse ponto, a tensão verdadeira e a deformação verdadeira devem ser calculadas a partir de medidas da carga, da área da seção transversal e do comprimento útil reais.

Uma comparação esquemática entre os comportamentos tensão-deformação de engenharia e verdadeira é feita na Figura 6.16. É importante observar que a tensão verdadeira necessária para manter uma deformação crescente continua a aumentar após o limite de resistência à tração, ponto M'.

Paralelamente à formação de um pescoço, ocorre a introdução de um complexo estado de tensões na região do pescoço (isto é, a existência de outros componentes de tensão além da tensão axial). Como consequência disso, a tensão corrigida (*axial*) no pescoço é ligeiramente menor do que a tensão calculada a partir da carga aplicada e da área da seção transversal do pescoço. Isso leva à curva "corrigida" mostrada na Figura 6.16.

Para alguns metais e ligas, a região da curva tensão-deformação verdadeira desde o início da deformação plástica até o ponto onde tem início o pescoço pode ser aproximada pela relação

Relação tensão verdadeira-deformação verdadeira na região plástica da deformação (até o ponto de estricção)

$$\sigma_V = K \varepsilon_V^n \quad (6.19)$$

Nessa expressão, K e n são constantes, cujos valores variam de uma liga para outra e que também dependem da condição do material (isto é, se ele foi deformado plasticamente, tratado termicamente etc.). O parâmetro n é denominado, com frequência, de *coeficiente de encruamento* e possui um valor inferior à unidade. Os valores de n e de K para diversas ligas são apresentados na Tabela 6.4.

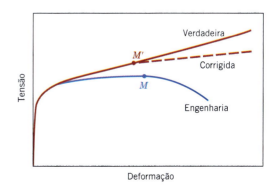

Figura 6.16 Uma comparação entre os comportamentos tensão-deformação de engenharia e tensão-deformação verdadeira típicos em tração. O pescoço começa no ponto M na curva de engenharia, que corresponde ao ponto M' na curva verdadeira. A curva tensão-deformação verdadeira "corrigida" leva em consideração o complexo estado de tensão na região do pescoço.

144 • **Capítulo 6**

Tabela 6.4
Tabulação dos Valores de *n* e de *K* (Equação 6.19) para Várias Ligas

		K	
Material	*n*	*MPa*	*psi*
Aço de baixo teor de carbono (aço doce) (recozido)	0,21	600	87.000
Liga 4340 (revenido a 315°C)	0,12	2650	385.000
Aço inoxidável 304 (recozido)	0,44	1400	205.000
Cobre (recozido)	0,44	530	76.500
Latão naval (recozido)	0,21	585	85.000
Liga de alumínio 2024 (tratada termicamente — T3)	0,17	780	113.000
Liga de magnésio AZ-31B (recozida)	0,16	450	66.000

PROBLEMA-EXEMPLO 6.4

Cálculos da Ductilidade e da Tensão Verdadeira na Fratura

Um corpo de prova cilíndrico feito em aço e com diâmetro original de 12,8 mm (0,505 in) é testado sob tração até sua fratura, tendo sido determinado que ele possui uma resistência à fratura, expressa em tensão de engenharia, σ_f, de 460 MPa (67.000 psi). Se o diâmetro de sua seção transversal no momento da fratura for de 10,7 mm (0,422 in), determine:

(a) A ductilidade em termos da redução percentual na área.
(b) A tensão verdadeira na fratura.

Solução

(a) A ductilidade é calculada empregando-se a Equação 6.12, conforme

$$\% \, RA = \frac{\left(\dfrac{12,8 \text{ mm}}{2}\right)^2 \pi - \left(\dfrac{10,7 \text{ mm}}{2}\right)^2 \pi}{\left(\dfrac{12,8 \text{ mm}}{2}\right)^2 \pi} \times 100$$

$$= \frac{128,7 \text{ mm}^2 - 89,9 \text{ mm}^2}{128,7 \text{ mm}^2} \times 100 = 30\%$$

(b) A tensão verdadeira é definida pela Equação 6.15, para a qual, nesse caso, a área é tomada como a área no momento da fratura, A_f. Contudo, a carga na fratura deve antes ser calculada a partir da resistência à fratura, segundo

$$F = \sigma_f A_0 = (460 \times 10^6 \text{ N/m}^2)(128,7 \text{ mm}^2)\left(\frac{1 \text{ m}^2}{10^6 \text{ mm}^2}\right) = 59.200 \text{ N}$$

Dessa forma, a tensão verdadeira é calculada como

$$\sigma_V = \frac{F}{A_f} = \frac{59.200 \text{ N}}{(89,9 \text{ mm}^2)\left(\dfrac{1 \text{ m}^2}{10^6 \text{ mm}^2}\right)}$$

$$= 6,6 \times 10^8 \text{ N/m}^2 = 660 \text{ MPa } (95.700 \text{ psi})$$

PROBLEMA-EXEMPLO 6.5

Cálculo do Coeficiente de Encruamento

Calcule o coeficiente de encruamento *n* na Equação 6.19 para uma liga na qual uma tensão verdadeira de 415 MPa (60.000 psi) produz uma deformação verdadeira de 0,10; suponha um valor de 1035 MPa (150.000 psi) para *K*.

Solução

Isso exige alguma manipulação algébrica da Equação 6.19 para que n se torne o parâmetro dependente. Primeiro tomamos os logaritmos de ambos os lados da Equação 6.19 conforme a seguir:

$$\log \sigma_V = \log(K\varepsilon_V^n) = \log K + \log(\varepsilon_V^n)$$

Isso leva a

$$\log \sigma_V = \log K + n \log \varepsilon_V$$

O rearranjo dessa expressão fornece

$$n \log \varepsilon_V = \log \sigma_V - \log K$$

E, quando resolvemos para n, obtemos o seguinte resultado:

$$n = \frac{\log \sigma_V - \log K}{\log \varepsilon_V}$$

Agora resolvemos para o valor de n inserindo os valores para σ_v (415 MPa), K (1035 MPa) e ε_v (0,10) fornecidos no enunciado do problema, conforme a seguir:

$$n = \frac{\log(415 \text{ MPa}) - \log(1035 \text{ MPa})}{\log(0,1)} = 0,40$$

6.8 RECUPERAÇÃO ELÁSTICA APÓS DEFORMAÇÃO PLÁSTICA

Com a liberação da carga durante o desenrolar de um ensaio tensão-deformação, uma fração da deformação total é recuperada como deformaçao elástica. Esse comportamento é demonstrado na Figura 6.17, um gráfico esquemático tensão-deformação de engenharia. Durante o ciclo de descarregamento, a curva percorre uma trajetória aproximadamente linear a partir do ponto de descarregamento (ponto D), e sua inclinação é virtualmente idêntica ao módulo de elasticidade, isto é, paralela à porção elástica, inicial da curva. A magnitude dessa deformação elástica, que é recuperada durante o descarregamento, corresponde à recuperação da deformação, como mostra a Figura 6.17. Se a carga for reaplicada, a curva percorrerá essencialmente essa mesma porção linear, porém na direção oposta àquela que foi percorrida durante o descarregamento; o escoamento ocorrerá novamente no nível de tensão de descarregamento em que este teve início. Também existirá uma recuperação da deformação elástica associada à fratura.

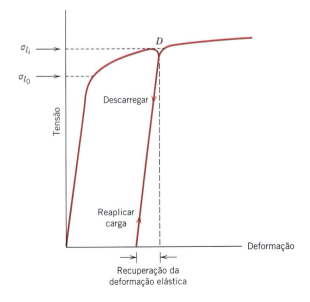

Figura 6.17 Diagrama esquemático tensão-deformação em tração mostrando os fenômenos de recuperação da deformação elástica e de encruamento. O limite de escoamento inicial é designado como σ_{l_0}; σ_{l_i} é o limite de escoamento após a liberação da carga no ponto D e a subsequente reaplicação da carga.

146 • **Capítulo 6**

6.9 DEFORMAÇÕES COMPRESSIVA, CISALHANTE E TORCIONAL

Obviamente, os metais podem sofrer deformação plástica sob a influência da aplicação de cargas compressivas, cisalhantes e de torção. O comportamento tensão-deformação resultante na região plástica será semelhante ao exibido pela componente de tração (Figura 6.10*a*: escoamento e a curvatura associada). Contudo, na compressão não existe um valor máximo, uma vez que não há formação de pescoço; adicionalmente, o modo de fratura é diferente daquele que ocorre para a tração.

> ✔ *Verificação de Conceitos 6.3*   Trace um gráfico esquemático mostrando o comportamento tensão-deformação de engenharia em tração para uma liga metálica típica até o ponto de fratura. Em seguida, superponha nesse gráfico uma curva esquemática tensão-deformação de engenharia em compressão para a mesma liga. Explique quaisquer diferenças que existam entre as duas curvas.
>
> [*A resposta está disponível no GEN-IO, ambiente virtual de aprendizagem do GEN.*]

6.10 DUREZA

dureza

Outra propriedade mecânica que pode ser importante considerar é a **dureza**, que é uma medida da resistência de um material a uma deformação plástica localizada (por exemplo, uma pequena impressão ou um risco). Os primeiros ensaios de dureza foram baseados em minerais naturais, com uma escala construída unicamente em função da habilidade de um material riscar outro material mais macio. Foi concebido um sistema qualitativo e um tanto quanto arbitrário de indexação da dureza, denominado *escala Mohs*, que variava de 1, para o talco, na extremidade de menor dureza da escala, até 10, para o diamante. Ao longo dos anos têm sido desenvolvidas técnicas quantitativas de dureza, nas quais um pequeno penetrador é forçado contra a superfície de um material a ser ensaiado, sob condições controladas de carga e de taxa de aplicação. A profundidade ou o tamanho da impressão (indentação) resultante é medida e então relacionada a um número de dureza; quanto mais macio é o material, maior e mais profunda é a impressão, e menor é o número-índice de dureza. As durezas medidas são apenas relativas (em vez de absolutas), e deve-se tomar cuidado ao comparar valores determinados por técnicas diferentes.

Os ensaios de dureza são realizados com maior frequência que qualquer outro ensaio mecânico por diversas razões:

1. Eles são simples e baratos — ordinariamente, nenhum corpo de prova especial precisa ser preparado e os equipamentos de ensaio são relativamente baratos.

2. O ensaio é não destrutivo — o corpo de prova não é fraturado nem excessivamente deformado; uma pequena impressão é a única deformação.

3. Com frequência, outras propriedades mecânicas podem ser estimadas a partir dos dados de dureza, tal como o limite de resistência à tração (veja a Figura 6.19).

Ensaios de Dureza Rockwell[13]

Os ensaios Rockwell constituem o método mais comumente utilizado para medir a dureza, pois são muito simples de executar e não exigem nenhumas habilidades especiais. Várias escalas diferentes podem ser aplicadas a partir de combinações possíveis de vários penetradores e diferentes cargas, que permitem o ensaio de virtualmente todas as ligas metálicas (assim como de alguns polímeros). Os penetradores incluem esferas de aço endurecido, com diâmetros de $\frac{1}{16}$, $\frac{1}{8}$, $\frac{1}{4}$ e $\frac{1}{2}$ de polegada (1,588; 3,175; 6,350 e 12,70 mm, respectivamente), assim como um penetrador cônico de diamante (Brale), que é usado para os materiais mais duros.

Com esse sistema, um número de dureza é determinado pela diferença na profundidade de penetração que resulta da aplicação de uma carga inicial menor, seguida por uma carga principal maior; a utilização de uma carga menor aumenta a precisão do ensaio. Com base nas

---

[13]Norma ASTM E18, "Standard Test Methods for Rockwell Hardness of Metallic Materials" (Métodos-Padrão de Ensaio para Dureza Rockwell de Materiais Metálicos).

magnitudes das cargas menor e principal, existem dois tipos de ensaios: Rockwell e Rockwell superficial. No ensaio Rockwell, a carga menor é de 10 kg, enquanto as cargas principais são de 60, 100 e 150 kg. Cada escala é representada por uma letra do alfabeto; várias delas estão listadas com seus penetradores e suas cargas correspondentes nas Tabelas 6.5 e 6.6a. Para os ensaios superficiais, a carga menor é de 3 kg; os valores possíveis para a carga principal são 15, 30 e 45 kg. Essas escalas são identificadas pelos números 15, 30 ou 45 (de acordo com a carga), seguidos pelas letras N, T, W, X ou Y, dependendo do penetrador. Os ensaios superficiais são realizados com frequência para corpos de prova finos. A Tabela 6.6b apresenta várias escalas superficiais.

Ao se especificarem as durezas Rockwell e superficial, tanto o número de dureza quanto o símbolo da escala devem ser indicados. A escala é designada pelo símbolo HR seguido pela identificação de escala apropriada.[14] Por exemplo, 80 HRB representa uma dureza Rockwell de 80 na escala B, enquanto 60 HR30W indica uma dureza superficial de 60 na escala 30W.

Para cada escala, a dureza pode variar até 130; contudo, conforme os valores de dureza passam de 100 ou caem abaixo de 20 em qualquer escala, eles se tornam imprecisos; uma vez que as escalas apresentam alguma superposição, em tais casos é melhor utilizar a próxima escala de maior ou de menor dureza.

Imprecisões também resultam quando o corpo de prova é muito fino, se uma impressão é feita muito próxima à borda ou se duas impressões são feitas muito próximas uma da outra. A espessura do corpo de prova deve ser de pelo menos 10 vezes a profundidade da impressão, enquanto deve ser dado um espaçamento de pelo menos três diâmetros da impressão entre o centro de uma impressão e a borda do corpo de prova, ou até o centro de uma segunda impressão. Adicionalmente, o ensaio de corpos de prova empilhados uns sobre os outros não é recomendado. Por fim, a precisão depende de a impressão ser feita sobre uma superfície lisa e plana.

O dispositivo moderno para efetuar medições da dureza Rockwell é automatizado e muito simples de ser usado; a leitura da dureza é direta e cada medição exige apenas alguns segundos. Esse dispositivo também permite uma variação no tempo de aplicação da carga. Essa variável também deve ser considerada ao se interpretarem os dados de dureza.

Ensaios de Dureza Brinell[15]

Nos ensaios Brinell, assim como nas medições Rockwell, um penetrador esférico e duro é forçado contra a superfície do metal a ser ensaiado. O diâmetro do penetrador de aço endurecido (ou de carbeto de tungstênio) é de 10,00 mm (0,394 in). As cargas-padrão variam entre 500 e 3000 kg, em incrementos de 500 kg; durante um ensaio, a carga é mantida constante por um tempo especificado (entre 10 e 30 s). Os materiais mais duros exigem a aplicação de cargas maiores. O número de dureza Brinell, HB, é uma função tanto da magnitude da carga quanto do diâmetro da impressão resultante (veja a Tabela 6.5).[16] Esse diâmetro é medido com um microscópio especial de baixo aumento, empregando uma escala que está gravada na ocular. O diâmetro medido é então convertido no número HB apropriado com o auxílio de um gráfico; apenas uma única escala é empregada com essa técnica.

Existem técnicas semiautomáticas para a medição da dureza Brinell. Elas empregam sistemas de varredura óptica que consistem em uma câmera digital montada sobre uma sonda flexível, que permite o posicionamento da câmera sobre a impressão. Os dados da câmera são transferidos para um computador que analisa a impressão, determina seu tamanho e então calcula o número de dureza Brinell. Para essa técnica, as exigências de acabamento superficial são normalmente mais restritivas que para as medições manuais.

As exigências de espessura máxima do corpo de prova, assim como de posição da impressão (em relação às bordas do corpo de prova) e de espaçamento mínimo entre impressões, são as mesmas para os ensaios Rockwell. Adicionalmente, é necessária uma impressão bem definida; isso obriga que se tenha uma superfície lisa e plana em que é feita a impressão.

---

[14]Com frequência, as escalas Rockwell também são designadas por um R seguido pela letra da escala apropriada como subscrito; por exemplo, R_C representa a escala Rockwell C.

[15]Norma ASTM E10, "Standard Test Method for Brinell Hardness of Metallic Materials" (Método-Padrão de Ensaio para Dureza Brinell de Materiais Metálicos).

[16]O número de dureza Brinell também é representado por BHN.

Tabela 6.5 Técnicas de Ensaio de Dureza

		Forma da Impressão			
Ensaio	*Penetrador*	*Vista Lateral*	*Vista Superior*	*Carga*	*Fórmula para o Número de Dureza[a]*
Brinell	Esfera de aço ou carbeto de tungstênio com 10 mm	D $\longrightarrow$ d	d	P	$HB = \dfrac{2P}{\pi D[D - \sqrt{D^2 - d^2}]}$
Microdureza Vickers	Pirâmide de diamante	136°	d_1 d_1	P	$HV = 1{,}854 P/d_1^2$
Microdureza Knoop	Pirâmide de diamante	t $l/b = 7{,}11$ $b/t = 4{,}00$	b l	P	$HK = 14{,}2 P/l^2$
Rockwell e Rockwell Superficial	Cone de diamante; esferas de aço com diâmetros de $\frac{1}{16}$-, $\frac{1}{8}$-, $\frac{1}{4}$-, $\frac{1}{2}$-in	120°		$\left.\begin{array}{l}60\text{ kg}\\100\text{ kg}\\150\text{ kg}\end{array}\right\}$ Rockwell $\left.\begin{array}{l}15\text{ kg}\\30\text{ kg}\\45\text{ kg}\end{array}\right\}$ Rockwell superficial	

[a]Para as fórmulas de dureza dadas, P (a carga aplicada) está em kg, enquanto D, d, d_1 e l estão todos em mm.

Fonte: Adaptada de HAYDEN, H. W., MOFFATT, W. G. e WULFF, J. *The Structure and Properties of Materials*, vol. III, *Mechanical Behavior*. John Wiley & Sons, 1965. Reproduzida com permissão de Kathy Hayden.

Propriedades Mecânicas dos Metais • **149**

Tabela 6.6a
Escalas de
Dureza
Rockwell

Símbolo da Escala	Penetrador	Carga Principal (kg)
A	Diamante	60
B	Esfera com $\frac{1}{16}$ in	100
C	Diamante	150
D	Diamante	100
E	Esfera com $\frac{1}{8}$ in	100
F	Esfera com $\frac{1}{16}$ in	60
G	Esfera com $\frac{1}{16}$ in	150
H	Esfera com $\frac{1}{8}$ in	60
K	Esfera com $\frac{1}{8}$ in	150

Tabela 6.6b
Escalas de
Dureza
Rockwell
Superficial

Símbolo da Escala	Penetrador	Carga Principal (kg)
15N	Diamante	15
30N	Diamante	30
45N	Diamante	45
15T	Esfera com $\frac{1}{16}$ in	15
30T	Esfera com $\frac{1}{16}$ in	30
45T	Esfera com $\frac{1}{16}$ in	45
15W	Esfera com $\frac{1}{8}$ in	15
30W	Esfera com $\frac{1}{8}$ in	30
45W	Esfera com $\frac{1}{8}$ in	45

Ensaios de Microdureza Knoop e Vickers[17]

Duas outras técnicas de ensaio de dureza são a Knoop (pronunciado *np*) e a Vickers (às vezes também chamada de *pirâmide de diamante*). Em cada um desses ensaios, um penetrador de diamante muito pequeno e com geometria piramidal é forçado contra a superfície do corpo de prova. As cargas aplicadas são muito menores que para os ensaios Rockwell e Brinell, variando entre 1 e 1000 g. A impressão resultante é observada sob um microscópio e medida; essa medição é então convertida em um número de dureza (Tabela 6.5). Pode ser necessário um preparo cuidadoso da superfície do corpo de prova (lixamento e polimento) para assegurar uma impressão bem definida, capaz de ser medida com precisão. Os números de dureza Knoop e Vickers são designados por HK e HV, respectivamente,[18] e as escalas de dureza para ambas as técnicas são aproximadamente equivalentes. Os métodos Knoop e Vickers são conhecidos como *métodos de ensaio de microdureza* (*microindentação*) com base no tamanho do penetrador. Ambos os métodos são bem adequados para a medição da dureza em regiões pequenas e selecionadas de um corpo de prova; além disso, o método Knoop é aplicado para o ensaio de materiais frágeis, tais como os materiais cerâmicos (Seção 12.11).

Os equipamentos modernos para ensaios de microdureza têm sido automatizados mediante o acoplamento do dispositivo penetrador a um analisador de imagens, que incorpora um computador e um pacote de software. O software controla importantes funções do sistema, inclusive a localização da impressão, o espaçamento entre impressões, o cálculo dos valores de dureza e a representação gráfica dos dados.

Outras técnicas para ensaios de dureza também são empregadas com frequência, mas não serão discutidas neste texto; essas técnicas incluem a microdureza ultrassônica, os ensaios de dureza dinâmica (escleroscópio), os ensaios com durômetro (para materiais plásticos e elastoméricos) e os ensaios de dureza ao risco. Tais métodos estão descritos nas referências fornecidas ao final do capítulo.

Conversão da Dureza

É muito desejável poder converter a dureza medida em uma escala na dureza medida em outra. No entanto, uma vez que a dureza não é uma propriedade bem definida dos materiais, e devido às diferenças experimentais entre as várias técnicas, não foi desenvolvido um sistema de conversão abrangente. Os dados de conversão de dureza foram determinados experimentalmente, e foi observado que eles dependem do tipo e das características do material. Os dados de conversão mais confiáveis existentes são para os aços, e alguns desses são apresentados na Figura 6.18 para as escalas Knoop, Vickers, Brinell e duas escalas Rockwell; a escala Mohs também está incluída. Tabelas de conversão detalhadas para vários outros metais e ligas estão incluídas na Norma ASTM E140, "Standard Hardness Conversion Tables for Metals" (Tabelas-Padrão para a Conversão da Dureza de Metais). Com base na discussão anterior, deve-se tomar cuidado ao se extrapolar os dados de conversão de um sistema de ligas para outro.

---

[17]Norma ASTM E92, "Standard Test Method for Vickers Hardness of Metallic Materials" (Método-Padrão de Ensaio para Dureza Vickers de Materiais Metálicos) e Norma ASTM E384 "Standard Test Method for Microindentation Hardness of Materials" (Método-Padrão de Ensaio para a Microdureza de Materiais).

[18]Às vezes KHN e VHN são considerados para representar os números de dureza Knoop e Vickers, respectivamente.

Figura 6.18 Comparação entre várias escalas de dureza. (Adaptada com permissão de ASM International. *ASM Handbook: Mechanical Testing and Evaluation*, vol. 8, 2000, p. 936.)

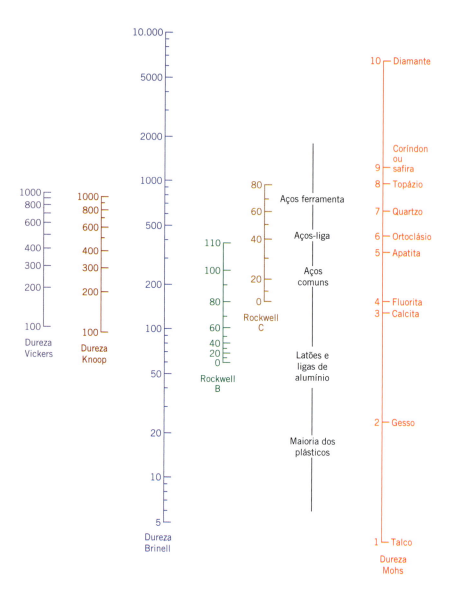

Correlação entre a Dureza e o Limite de Resistência à Tração

Tanto o limite de resistência à tração quanto a dureza são indicadores da resistência de um metal à deformação plástica. Consequentemente, eles são aproximadamente proporcionais, como mostra a Figura 6.19, para o limite de resistência à tração em função da dureza HB para o ferro fundido, o aço e o latão. A mesma relação de proporcionalidade indicada na Figura 6.19 não ocorre para todos os metais. Como regra geral, para a maioria dos aços, a dureza HB e o limite de resistência à tração estão relacionados de acordo com

Para as ligas de aço, a conversão da dureza Brinell em limite de resistência à tração

$$LRT(\text{MPa}) = 3{,}45 \times \text{HB} \tag{6.20a}$$

$$LRT(\text{psi}) = 500 \times \text{HB} \tag{6.20b}$$

Verificação de Conceitos 6.4 Entre os metais listados na Tabela 6.3, qual tem a maior dureza? Por quê?

[*A resposta está disponível no GEN-IO, ambiente virtual de aprendizagem do GEN.*]

Isso conclui nossa discussão sobre as propriedades de tração dos metais. Para fins de resumo, a Tabela 6.7 lista essas propriedades, os seus símbolos e as suas características (qualitativamente).

Figura 6.19 Relações entre a dureza e o limite de resistência à tração para aço, latão e ferro fundido.
[Adaptada de BARDES, B. (ed.). *Metals Handbook: Properties and Selection: Irons and Steels*, vol. 1, 9ª ed., 1978; e BAKER, H. (ed.). *Metals Handbook: Properties and Selection: Nonferrous Alloys and Pure Metals*, vol. 2, 9ª ed., 1979. Reproduzida sob permissão da ASM International, Materials Park, OH.]

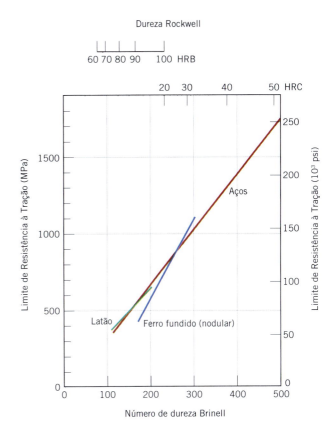

Tabela 6.7 Resumo das Propriedades Mecânicas dos Metais	Propriedade	Símbolo	Medida de
	Módulo de elasticidade	E	Rigidez — resistência à deformação elástica
	Limite de escoamento	σ_l	Resistência à deformação plástica
	Limite de resistência à tração	LRT	Capacidade máxima de sustentação de carga
	Ductilidade	%AL, %RA	Grau de deformação plástica na fratura
	Módulo de resiliência	U_r	Absorção de energia — deformação elástica
	Tenacidade (estática)	—	Absorção de energia — deformação plástica
	Dureza	por exemplo, HB, HRC	Resistência a uma deformação localizada na superfície

Variabilidade nas Propriedades e Fatores de Projeto/Segurança

6.11 VARIABILIDADE NAS PROPRIEDADES DOS MATERIAIS

Neste ponto, vale a pena discutir uma questão que às vezes se mostra problemática para muitos estudantes de engenharia — qual seja, a de que as propriedades medidas para os materiais não são grandezas exatas. Isto é, mesmo se dispusermos do mais preciso dispositivo de medição e de um procedimento de ensaio altamente controlado, sempre existirá alguma dispersão ou variabilidade nos dados coletados a partir de diferentes amostras do mesmo material. Por exemplo, considere uma quantidade de amostras de tração idênticas, preparadas a partir de uma única barra de alguma liga metálica, em que as amostras são subsequentemente ensaiadas em um mesmo equipamento para determinar seu comportamento tensão-deformação. O mais provável é que observemos que cada gráfico tensão-deformação resultante é ligeiramente diferente dos demais. Isso pode levar a uma variedade de valores para o módulo de elasticidade, o limite de escoamento e

Figura 6.21 Representação esquemática de um tubo cilíndrico, o objeto do Exemplo de Projeto 6.2.

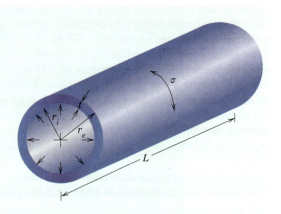

na Equação 6.25 pelo limite de escoamento do material do tubo dividido pelo fator de segurança, N — isto é,

$$\frac{\sigma_l}{N} = \frac{r_i \Delta p}{t}$$

E, resolvendo essa expressão para σ_l, temos

$$\sigma_l = \frac{N r_i \Delta p}{t} \quad (6.26)$$

Agora incorporamos nessa equação os valores de N, r_i, Δp e t dados no enunciado do problema e resolvemos para σ_l. As ligas na Tabela 6.8 que possuem limites de escoamento maiores que esse valor são possíveis candidatas para o tubo. Portanto,

$$\sigma_l = \frac{(4,0)(50 \times 10^{-3} \text{ m})(2,027 \text{ MPa} - 0,057 \text{ MPa})}{(2 \times 10^{-3} \text{ m})} = 197 \text{ MPa}$$

Quatro das seis ligas na Tabela 6.8 têm limites de escoamento maiores do que 197 MPa e satisfazem o critério de projeto para esse tubo, quais sejam: aço, cobre, latão e titânio.

(b) Para determinar o custo do tubo para cada liga, primeiro é necessário calcular o volume do tubo V, que é igual ao produto entre a área de seção transversal A e o comprimento L — isto é,

$$V = AL$$
$$= \pi(r_e^2 - r_i^2)L \quad (6.27)$$

Aqui, r_e e r_i são, respectivamente, os raios externo e interno do tubo. A partir da Figura 6.21, pode ser observado que $r_e = r_i + t$, ou que

$$V = \pi(r_e^2 - r_i^2)L = \pi[(r_i + t)^2 - r_i^2]L$$
$$= \pi(r_i^2 + 2r_i t + t^2 - r_i^2)L$$
$$= \pi(2r_i t + t^2)L \quad (6.28)$$

Uma vez que o comprimento do tubo L não foi especificado, para fins de conveniência, supomos um valor de 1,0 m. Incorporando os valores de r_i e t, fornecidos no enunciado do problema, temos o seguinte valor para V:

$$V = \pi[(2)(50 \times 10^{-3} \text{ m})(2 \times 10^{-3} \text{ m}) + (2 \times 10^{-3} \text{ m})^2](1 \text{ m})$$
$$= 6,28 \times 10^{-4} \text{ m}^3 = 628 \text{ cm}^3$$

Em seguida é necessário determinar a massa de cada liga (em quilogramas), multiplicando esse valor de V pela massa específica da liga, ρ (Tabela 6.8), e então dividindo por 1000, que é um fator de conversão de unidades, já que 1000 g = 1 kg. Por fim, o custo de cada liga (em US$) é calculado a partir do produto dessa massa e o custo por unidade de massa ($\bar{c}$) (Tabela 6.8). Esse procedimento é expresso em forma de equação da seguinte maneira:

$$\text{Custo} = \left(\frac{V\rho}{1000}\right)(\bar{c}) \quad (6.29)$$

Por exemplo, para o aço,

$$\text{Custo (aço)} = \left[\frac{(628 \text{ cm}^3)(7{,}8 \text{ g/cm}^3)}{(1000 \text{ g/kg})}\right](1{,}25 \text{ US\$/kg}) = \$6{,}10$$

Os custos para o aço e as outras três ligas, determinados da mesma maneira, estão tabulados abaixo.

Liga	*Custo* (US\$)
Aço	6,10
Cobre	35,00
Latão	40,00
Titânio	113,00

Portanto, o aço é de longe a liga de menor custo para uso como tubo pressurizado.

RESUMO

Introdução
- Três fatores que devem ser considerados na concepção de ensaios de laboratório para avaliar as características mecânicas de materiais para uso em serviço são a natureza da carga aplicada (isto é, tração, compressão, cisalhamento), a duração da aplicação da carga e as condições do ambiente.

Conceitos de Tensão e Deformação
- Para a aplicação de uma carga em tração e compressão:
    - A tensão de engenharia σ é definida como a carga instantânea dividida pela área original da seção transversal da amostra (Equação 6.1).
    - A deformação de engenharia ε é expressa como a mudança no comprimento (na direção da aplicação da carga) dividida pelo comprimento original (Equação 6.2).

Comportamento Tensão-Deformação
- Um material submetido à tensão primeiro sofre uma deformação elástica, ou não permanente.
- Quando a maioria dos materiais é deformada elasticamente, a tensão e a deformação são proporcionais — isto é, um gráfico da tensão em função da deformação é linear.
- Para a aplicação de cargas de tração e de compressão, a inclinação da região elástica linear da curva tensão-deformação é o módulo de elasticidade (E), segundo a lei de Hooke (Equação 6.5).
- Para um material que exibe comportamento elástico não linear, são considerados os módulos tangente e secante.
- A deformação elástica dependente do tempo é denominada *anelástica*.

Propriedades Elásticas dos Materiais
- Outro parâmetro elástico, o coeficiente de Poisson (ν), representa a razão negativa entre as deformações transversal e longitudinal (ε_x e ε_z, respectivamente) — Equação 6.8.

Propriedades em Tração
- O fenômeno do escoamento ocorre no início da deformação plástica ou permanente.
- O limite de escoamento é indicativo da tensão na qual a deformação plástica tem início. Para a maioria dos materiais, o limite de escoamento é determinado a partir de um gráfico tensão-deformação usando a técnica da pré-deformação de 0,002.
- O limite de resistência à tração corresponde ao nível de tensão no ponto máximo da curva tensão-deformação de engenharia; ele representa a tensão de tração máxima que pode ser suportada por um corpo de prova.
- A *ductilidade* é uma medida do grau de deformação plástica que um material terá no momento em que ocorrer a fratura.
- Quantitativamente, a ductilidade é medida em termos do alongamento percentual e da redução na área.
- O limite de escoamento, o limite de resistência à tração e a ductilidade são sensíveis a qualquer deformação anterior, à presença de impurezas e/ou a qualquer tratamento térmico. O módulo de elasticidade é relativamente insensível a essas condições.
- Com o aumento da temperatura, os valores para o módulo de elasticidade, assim como para o limite de resistência à tração e o limite de escoamento, diminuem, enquanto a ductilidade aumenta.
- O *módulo de resiliência* é a energia de deformação por unidade de volume de material necessária para tensionar um material até o ponto de escoamento — ou a área sob a porção elástica da curva tensão-deformação de engenharia.
- Uma medida da tenacidade é a energia absorvida durante a fratura de um material, conforme medida pela área sob a totalidade da curva tensão-deformação de engenharia. Os metais dúcteis são normalmente mais tenazes que os metais frágeis.

158 · Capítulo 6

Tensão e Deformação Verdadeira
- A *tensão verdadeira* (σ_v) é definida como a carga instantânea aplicada dividida pela área instantânea da seção transversal (Equação 6.15).
- A deformação verdadeira (ε_v) é igual ao logaritmo natural da razão entre os comprimentos instantâneo e original do corpo de prova, segundo a Equação 6.16.

Recuperação Elástica após Deformação Plástica
- Para uma amostra que tenha sido deformada plasticamente, se a carga for liberada ocorre recuperação da deformação elástica. Esse fenômeno está ilustrado no gráfico tensão-deformação da Figura 6.17.

Dureza
- A dureza é uma medida da resistência de um material a deformações plásticas localizadas.
- As duas técnicas de ensaio de dureza mais comuns são os ensaios Rockwell e Brinell.
- As duas técnicas de ensaio de microdureza por impressão são os ensaios Knoop e Vickers. Pequenos penetradores e cargas relativamente pequenas são empregados nessas duas técnicas.
- Para alguns metais, um gráfico da dureza em função do limite de resistência à tração é linear — isto é, esses dois parâmetros são proporcionais entre si.

Variabilidade nas Propriedades dos Materiais
- Cinco fatores que podem levar à dispersão nas propriedades medidas para os materiais são os seguintes: método de ensaio, variações no procedimento de fabricação dos corpos de prova, influências do operador, calibração do dispositivo de ensaio e não homogeneidades e/ou variações na composição de uma amostra para outra.
- Uma propriedade típica de um material é especificada, com frequência, em termos de um valor médio ($\bar{x}$), enquanto a magnitude da dispersão pode ser expressa como um desvio padrão (s).

Fatores de Projeto e Segurança
- Como resultado das incertezas tanto nas medições das propriedades mecânicas quanto nas tensões que são aplicadas em serviço, as tensões de projeto ou tensões admissíveis são normalmente utilizadas para fins de projeto. Para os materiais dúcteis, a tensão admissível (ou de trabalho) σ_t é dependente do limite de escoamento e de um fator de segurança, como descrito na Equação 6.24.

Resumo das Equações

Número da Equação	Equação	Resolvendo para
6.1	$\sigma = \dfrac{F}{A_0}$	Tensão de engenharia
6.2	$\varepsilon = \dfrac{l_i - l_0}{l_0} = \dfrac{\Delta l}{l_0}$	Deformação de engenharia
6.5	$\sigma = E\varepsilon$	Módulo de elasticidade (lei de Hooke)
6.8	$\nu = -\dfrac{\varepsilon_x}{\varepsilon_z} = -\dfrac{\varepsilon_y}{\varepsilon_z}$	Coeficiente de Poisson
6.11	$\%\mathrm{AL} = \left(\dfrac{l_f - l_0}{l_0}\right) \times 100$	Ductilidade, alongamento percentual
6.12	$\%\mathrm{RA} = \left(\dfrac{A_0 - A_f}{A_0}\right) \times 100$	Ductilidade, redução percentual na área
6.15	$\sigma_V = \dfrac{F}{A_i}$	Tensão verdadeira
6.16	$\varepsilon_V = \ln\dfrac{l_i}{l_0}$	Deformação verdadeira
6.19	$\sigma_V = K\varepsilon_V^n$	Tensão verdadeira e deformação verdadeira (região plástica até o ponto de estricção)
6.20a	$LRT\,(\mathrm{MPa}) = 3{,}45 \times \mathrm{HB}$	Limite de resistência à tração a partir da dureza Brinell
6.20b	$LRT\,(\mathrm{psi}) = 500 \times \mathrm{HB}$	
6.24	$\sigma_t = \dfrac{\sigma_l}{N}$	Tensão admissível (de trabalho)

Lista de Símbolos

Símbolo	Significado
A_0	Área da seção transversal da amostra antes da aplicação da carga
A_f	Área da seção transversal da amostra no ponto de fratura
A_i	Área instantânea da seção transversal da amostra durante a aplicação da carga
E	Módulo de elasticidade (tração e compressão)
F	Força aplicada
HB	Dureza Brinell
K	Constante do material
l_0	Comprimento da amostra antes da aplicação da carga
l_f	Comprimento da amostra na fratura
l_i	Comprimento instantâneo da amostra durante a aplicação da carga
N	Fator de segurança
n	Coeficiente de encruamento
LRT	Limite de resistência à tração
$\varepsilon_x, \varepsilon_y$	Valores da deformação perpendicular à direção de aplicação da carga (isto é, na direção transversal)
ε_z	Valor da deformação na direção de aplicação da carga (isto é, na direção longitudinal)
σ_l	Limite de escoamento

Termos e Conceitos Importantes

anelasticidade
cisalhamento
coeficiente de Poisson
deformação de engenharia
deformação elástica
deformação plástica
deformação verdadeira

ductilidade
dureza
escoamento
limite de escoamento
limite de proporcionalidade
limite de resistência à tração
módulo de elasticidade

recuperação elástica
resiliência
tenacidade
tensão admissível
tensão de engenharia
tensão de projeto
tensão verdadeira

REFERÊNCIAS

ASM Handbook, vol. 8, *Mechanical Testing and Evaluation*. Materials Park, OH: ASM International, 2000.

BOWMAN, K. *Mechanical Behavior of Materials*. Hoboken, NJ: Wiley, 2004.

BOYER, H. E. (ed.). *Atlas of Stress-Strain Curves*, 2ª ed. Materials Park, OH: ASM International, 2002.

CHANDLER, H. (ed.). *Hardness Testing,* 2ª ed. ASM International, Materials Park, OH, 2000.

COURTNEY, T. H. *Mechanical Behavior of Materials*, 2ª ed. Long Grove, IL: Waveland Press, 2005.

DAVIS, J. R. (ed.). *Tensile Testing*, 2ª ed. Materials Park, OH: ASM International, 2004.

DIETER, G. E. *Mechanical Metallurgy*, 3ª ed. Nova York: McGraw-Hill, 1986.

DOWLING, N. E. *Mechanical Behavior of Materials*, 4ª ed. Upper Saddle River, NJ: Prentice Hall (Pearson Education), 2012.

HOSFORD, W. F. *Mechanical Behavior of Materials*, 2ª ed. Nova York: Cambridge University Press, 2010.

MEYERS, M. A. e CHAWLA, K. K. *Mechanical Behavior of Materials*, 2ª ed. Nova York: Cambridge University Press, 2009.

Capítulo 7 Discordâncias e Mecanismos de Aumento da Resistência

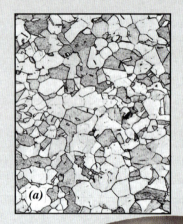

A fotografia mostrada na Figura (b) é de uma lata de bebida de alumínio parcialmente conformada. A fotomicrografia associada na Figura (a) representa a aparência da estrutura dos grãos de alumínio — isto é, os grãos são equiaxiais (tendo aproximadamente as mesmas dimensões em todas as direções).

A Figura (c) mostra uma lata de bebida totalmente conformada, cuja fabricação é feita por meio de uma série de operações de estiramento profundo durante as quais as paredes da lata são deformadas plasticamente (ou seja, são estiradas). Os grãos de alumínio nessas paredes mudam de forma — isto é, eles se alongam na direção do estiramento. A estrutura resultante dos grãos aparece semelhante àquela mostrada na fotomicrografia anexa, Figura (d).

A ampliação das Figuras (a) e (d) é de 150×.

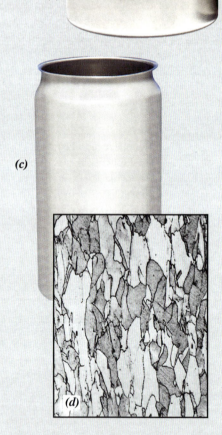

[As fotomicrografias nas Figuras (a) e (d) foram extraídas de MOFFATT, W. G., PEARSALL, G. W. e WULFF, J. *The Structure and Properties of Materials*, vol. I, *Structure*. John Wiley & Sons, 1964. Reproduzidas com permissão de Janet M. Moffatt. As Figuras (b) e (c) são © William D. Callister, Jr.]

POR QUE ESTUDAR *Discordâncias e Mecanismos de Aumento da Resistência?*

Com um conhecimento da natureza das discordâncias e do papel que elas desempenham no processo de deformação plástica, somos capazes de compreender os mecanismos que estão por trás das técnicas usadas para aumentar a resistência e endurecer os metais e suas ligas. Dessa forma, torna-se possível projetar e adaptar as propriedades mecânicas dos materiais — por exemplo, a resistência ou a tenacidade de um compósito de matriz metálica.

Objetivos do Aprendizado

Após estudar este capítulo, você deverá ser capaz de fazer o seguinte:

1. Descrever o movimento das discordâncias em aresta e em espiral a partir de uma perspectiva atômica.
2. Descrever como ocorre uma deformação plástica pelo movimento de discordâncias em aresta e em espiral em resposta a tensões de cisalhamento aplicadas.
3. Definir sistema de escorregamento e citar um exemplo.
4. Descrever como a estrutura dos grãos de um metal policristalino é alterada quando ele é deformado plasticamente.
5. Explicar como os contornos de grão impedem o movimento das discordâncias e por que um metal que possui grãos pequenos é mais resistente que um com grãos grandes.
6. Descrever e explicar o aumento da resistência por solução sólida para átomos de impureza substitucional em termos das interações das deformações da rede com as discordâncias.
7. Descrever e explicar o fenômeno do encruamento (ou trabalho a frio) em termos das interações entre as discordâncias e os campos de deformação.
8. Descrever a recristalização em termos tanto da alteração da microestrutura quanto das características mecânicas do material.
9. Descrever o fenômeno do crescimento de grãos a partir das perspectivas macroscópica e atômica.

7.1 INTRODUÇÃO

No Capítulo 6 foi mostrado que os materiais podem sofrer dois tipos de deformação: elástica e plástica. A deformação plástica é permanente, e a resistência e a dureza são medidas da resistência de um material a essa deformação. Em uma escala microscópica, a deformação plástica corresponde ao movimento resultante de um grande número de átomos em resposta à aplicação de uma tensão. Durante esse processo, ligações interatômicas devem ser rompidas e então novamente formadas. Nos sólidos cristalinos, a deformação plástica envolve, na maioria das vezes, o movimento de discordâncias, que são defeitos cristalinos lineares que foram apresentados na Seção 4.5. Este capítulo discute as características das discordâncias e o seu envolvimento na deformação plástica. A maclação, outro processo pelo qual alguns metais se deformam plasticamente, também é tratada. Além disso, e provavelmente mais importante, são apresentadas várias técnicas para aumentar a resistência de metais monofásicos, cujos mecanismos são descritos em termos de discordâncias. Por fim, as últimas seções deste capítulo estão relacionadas com a recuperação e a recristalização — processos que ocorrem em metais deformados plasticamente, em geral sob temperaturas elevadas — e, ainda, o crescimento de grão.

Discordâncias e Deformação Plástica

Os primeiros estudos dos materiais levaram ao cálculo das resistências teóricas de cristais perfeitos, que eram muitas vezes maiores que aquelas efetivamente medidas. Durante a década de 1930, foi postulado que essa discrepância nas resistências mecânicas poderia ser explicada por um tipo de defeito cristalino linear, que desde então ficou conhecido como *discordância*. Entretanto, apenas na década de 1950 foi demonstrada a existência de tais defeitos, por meio da observação direta por um microscópio eletrônico. Desde então, foi desenvolvida uma teoria de discordâncias que explica muitos dos fenômenos físicos e mecânicos que ocorrem nos metais [assim como nas cerâmicas cristalinas (Seção 12.10)].

7.2 CONCEITOS BÁSICOS

Os dois tipos fundamentais de discordâncias são a discordância em aresta e a discordância em espiral. Em uma discordância em aresta existe uma distorção localizada da rede ao longo da extremidade

161

de um semiplano extra de átomos, que também define a linha da discordância (Figura 4.4). Uma discordância em espiral pode ser considerada como resultante de uma distorção por cisalhamento; sua linha da discordância passa através do centro de uma rampa em espiral de planos atômicos (Figura 4.5). Muitas discordâncias em materiais cristalinos possuem tanto componentes em aresta quanto em espiral; essas são as discordâncias mistas (Figura 4.6).

A deformação plástica corresponde ao movimento de grandes números de discordâncias. Uma discordância em aresta se move em resposta à aplicação de uma tensão cisalhante em uma direção perpendicular à sua linha; a mecânica do movimento de uma discordância está representada na Figura 7.1. Considere que o plano A seja o semiplano de átomos extra inicial. Quando a tensão cisalhante é aplicada como indicado (Figura 7.1a), o plano A é forçado para a direita; isso, por sua vez, empurra as metades superiores dos planos B, C, D, e assim por diante, nessa mesma direção. Se a tensão cisalhante aplicada possui magnitude suficiente, as ligações interatômicas do plano B são rompidas ao longo do plano de cisalhamento, e a metade superior do plano B se torna o semiplano extra, conforme o plano A se liga à metade inferior do plano B (Figura 7.1b). Esse processo se repete subsequentemente para os outros planos, de tal modo que o semiplano extra, por meio de passos discretos, move-se da esquerda para a direita por meio de sucessivas e repetidas quebras de ligações e deslocamentos de distâncias interatômicas de semiplanos superiores. Antes e depois do movimento de uma discordância através de uma região específica do cristal, o arranjo atômico é ordenado e perfeito; é tão somente durante a passagem do semiplano extra que a estrutura da rede é rompida. Ao final do processo, esse semiplano extra pode emergir da superfície à direita do cristal, formando uma aresta que possui a largura de uma distância atômica; isso é mostrado na Figura 7.1c.

escorregamento

O processo segundo o qual uma deformação plástica é produzida pelo movimento de uma discordância é denominado **escorregamento**; o plano cristalográfico ao longo do qual a linha da discordância passa é o *plano de escorregamento*, como indicado na Figura 7.1. A deformação plástica macroscópica corresponde simplesmente a uma deformação permanente resultante do movimento das discordâncias, ou escorregamento, em resposta à aplicação de uma tensão cisalhante, como representado na Figura 7.2a.

O movimento das discordâncias é análogo ao modo de locomoção empregado por uma lagarta (Figura 7.3). A lagarta forma uma corcova próxima à sua extremidade posterior, puxando para a frente seu último par de pernas o equivalente a uma unidade de comprimento da perna. A corcova é impelida para a frente pelo movimento repetido de elevação e de mudança dos pares de pernas. Quando a corcova atinge a extremidade anterior, toda a lagarta terá se movido para a frente o equivalente a uma distância de separação entre os pares de pernas. A corcova da lagarta e seu movimento correspondem ao semiplano de átomos extra no modelo da deformação plástica por discordâncias.

O movimento de uma discordância em espiral em resposta à aplicação de uma tensão cisalhante é mostrado na Figura 7.2b; a direção do movimento é perpendicular à direção da tensão. Para a discordância em aresta, o movimento é paralelo à tensão cisalhante. Entretanto, a deformação plástica resultante para os movimentos de ambos os tipos de discordâncias é a mesma (veja a Figura 7.2). A direção do movimento da linha da discordância mista não é nem perpendicular nem paralela à tensão aplicada, mas está entre essas duas situações.

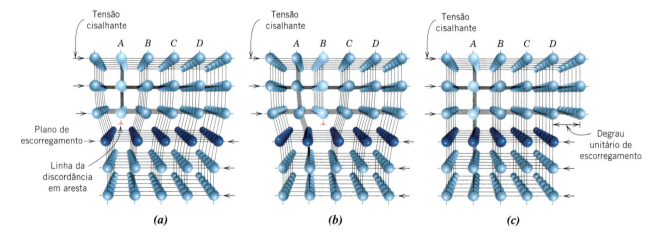

Figura 7.1 Rearranjos atômicos que acompanham o movimento de uma discordância em aresta conforme ela se move em resposta à aplicação de uma tensão cisalhante. (*a*) O semiplano de átomos extra é identificado como A. (*b*) A discordância se move uma distância atômica para a direita conforme A se liga à porção inferior do plano B; nesse processo, a porção superior de B se torna o semiplano extra. (*c*) Um degrau se forma na superfície do cristal conforme o semiplano extra atinge a superfície.

Figura 7.2 A formação de um degrau na superfície de um cristal pelo movimento de (*a*) uma discordância em aresta e (*b*) uma discordância em espiral. Observe que, para a discordância em aresta, a linha da discordância se move na direção da tensão cisalhante aplicada τ; para a discordância em espiral, o movimento da linha da discordância é perpendicular à direção da tensão.
(Adaptada de HAYDEN, H. W., MOFFATT, W. G. e WULFF, J. *The Structure and Properties of Materials*, vol. III, *Mechanical Behavior*. John Wiley & Sons, 1965. Reproduzida com permissão de Kathy Hayden.)

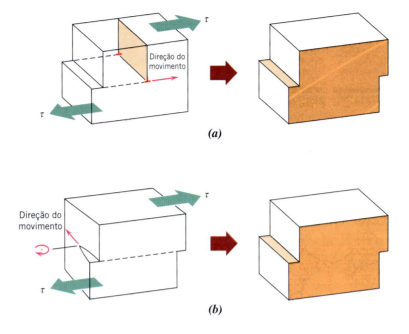

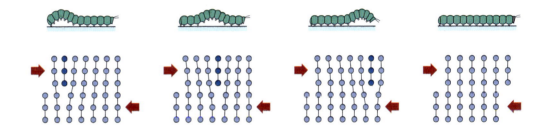

Figura 7.3 Representação da analogia entre os movimentos de uma lagarta e de uma discordância.

densidade de discordâncias

Todos os metais e ligas contêm algumas discordâncias que foram introduzidas durante a solidificação, durante a deformação plástica e como consequência das tensões térmicas que resultam de um resfriamento rápido. O número de discordâncias, ou **densidade de discordâncias**, em um material é expresso como o comprimento total de discordâncias por unidade de volume, ou, de maneira equivalente, o número de discordâncias que intercepta uma área unitária de uma seção aleatória. As unidades da densidade de discordâncias são milímetros de discordância por milímetro cúbico ou, simplesmente, por milímetro quadrado. Densidades de discordâncias tão baixas quanto 10^3 mm^{-2} são em geral encontradas em cristais metálicos cuidadosamente solidificados. Para metais altamente deformados, a densidade pode chegar a 10^9 a 10^{10} mm^{-2}. O tratamento térmico da amostra de um metal deformado pode reduzir a densidade para em torno de 10^5 a 10^6 mm^{-2}. Por outro lado, a densidade de discordâncias típica dos materiais cerâmicos fica entre 10^2 e 10^4 mm^{-2}; para os monocristais de silício empregados em circuitos integrados, normalmente os valores se encontram entre 0,1 e 1 mm^{-2}.

7.3 CARACTERÍSTICAS DAS DISCORDÂNCIAS

Várias características das discordâncias são importantes em relação às propriedades mecânicas dos metais. Entre elas estão incluídos os campos de deformação que existem ao redor das discordâncias, que são importantes na determinação da mobilidade das discordâncias, assim como em relação às suas habilidades em se multiplicar.

Quando os metais são deformados plasticamente, uma fração da energia de deformação (cerca de 5%) é retida internamente; o restante é dissipado na forma de calor. A maior parcela dessa energia armazenada é como energia de deformação, que está associada às discordâncias. Considere a discordância em aresta representada na Figura 7.4. Como já foi mencionado, existe alguma distorção da rede atômica ao redor da linha da discordância devido à presença do semiplano de átomos extra. Como consequência, existem regiões onde **deformações da rede** compressivas, de tração e cisalhantes são impostas sobre os átomos vizinhos. Por exemplo, os átomos imediatamente acima e adjacentes à linha da discordância estão comprimidos uns contra os outros. Como resultado, esses átomos podem

deformações da rede

Figura 7.4 Regiões de compressão (em verde, parte superior) e de tração (em amarelo, parte inferior) localizadas ao redor de uma discordância em aresta.
(Adaptada de MOFFATT, W. G., PEARSALL, G. W. e WULFF, J. *The Structure and Properties of Materials*, vol. I, *Structure*. John Wiley & Sons, 1964. Reproduzida com permissão de Janet M. Moffatt.)

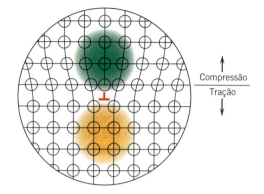

ser considerados como se estivessem sofrendo uma deformação de compressão em relação aos átomos posicionados no cristal perfeito e localizados distantes da discordância; isso está ilustrado na Figura 7.4. Diretamente abaixo do semiplano, o efeito é justamente o oposto; os átomos da rede suportam a imposição de uma deformação de tração, como está mostrado. Também existem deformações de cisalhamento na vizinhança da discordância em aresta. Para uma discordância em espiral, as deformações da rede são apenas puramente cisalhantes. Essas distorções da rede podem ser consideradas como se fossem campos de deformação irradiando a partir da linha da discordância. As deformações se estendem para os átomos vizinhos, e suas magnitudes diminuem com a distância radial a partir da discordância.

Os campos de deformação ao redor das discordâncias próximas umas das outras podem interagir entre si tal que forças são impostas sobre cada discordância devido às interações combinadas de todas as discordâncias vizinhas. Por exemplo, considere duas discordâncias em aresta que possuem o mesmo sinal e um plano de escorregamento idêntico, como está representado na Figura 7.5a. Os campos de deformação de compressão e de tração para ambas as discordâncias se encontram no mesmo lado do plano de escorregamento; a interação do campo de deformação é tal que existe uma força de repulsão mútua entre essas duas discordâncias isoladas, a qual tende a afastá-las. Contudo, duas discordâncias de sinais opostos e que possuem o mesmo plano de escorregamento são atraídas uma em direção à outra, como indicado na Figura 7.5b, e quando elas se encontrarem ocorre uma aniquilação de discordâncias. Isto é, os dois semiplanos extras de átomos se alinham e se tornam um plano completo. As interações de discordâncias são possíveis entre discordâncias em aresta, em espiral, e/ou mista, e em diversas orientações. Esses campos de deformação e as forças associadas são importantes nos mecanismos de aumento de resistência dos metais.

Durante a deformação plástica, o número de discordâncias aumenta drasticamente. A densidade de discordâncias em um metal que foi altamente deformado pode chegar a 10^{10} mm^{-2}. Uma fonte importante dessas novas discordâncias são as discordâncias existentes, que se multiplicam; além disso, os contornos de grão, assim como defeitos internos e irregularidades superficiais, tais como riscos e entalhes, que atuam como concentrações de tensões, podem servir como sítios para a formação de discordâncias durante a deformação.

Figura 7.5 (a) Duas discordâncias em aresta com o mesmo sinal e localizadas sobre o mesmo plano de escorregamento exercem uma força de repulsão entre si; C e T representam as regiões de compressão e de tração, respectivamente. (b) Discordâncias em aresta com sinais opostos e localizadas sobre o mesmo plano de escorregamento exercem uma força de atração entre si. Ao se encontrarem, as discordâncias se aniquilam mutuamente, formando uma região perfeita de cristal.
(Adaptada de HAYDEN, H. W., MOFFATT, W. G. e WULFF, J. *The Structure and Properties of Materials*, vol. III, *Mechanical Behavior*. John Wiley & Sons, 1965. Reproduzida com permissão de Kathy Hayden.)

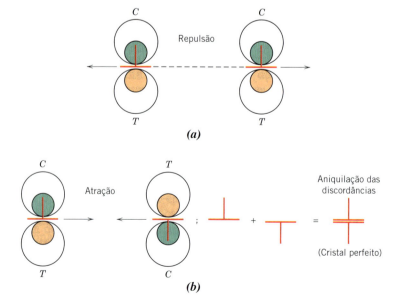

7.4 SISTEMAS DE ESCORREGAMENTO

sistema de escorregamento

As discordâncias não se movem com o mesmo grau de facilidade em todos os planos cristalográficos de átomos e em todas as direções cristalográficas. Normalmente, existe um plano preferencial e, nesse plano, existem direções específicas ao longo das quais ocorre o movimento das discordâncias. Esse plano é chamado de *plano de escorregamento*; e, de maneira análoga, a direção do movimento é chamada de *direção de escorregamento*. Essa combinação de plano de escorregamento e direção de escorregamento é denominada **sistema de escorregamento**. O sistema de escorregamento depende da estrutura cristalina do metal e é tal que a distorção atômica que acompanha o movimento de uma discordância é mínima. Para uma estrutura cristalina específica, o plano de escorregamento é aquele que possui o empacotamento atômico mais denso — isto é, aquele que possui a maior densidade planar. A direção do escorregamento corresponde à direção, nesse plano, que está mais densamente compactada com átomos — isto é, aquela que possui a maior densidade linear. As densidades atômicas planar e linear foram discutidas na Seção 3.11.

Considere, por exemplo, a estrutura cristalina CFC, para a qual uma célula unitária é mostrada na Figura 7.6a. Existe um conjunto de planos, a família {111}, no qual todos os planos são densamente compactados. Um plano do tipo (111) está indicado na célula unitária; na Figura 7.6b, esse plano está posicionado no plano da página, onde os átomos estão, agora, representados como vizinhos mais próximos que se tocam.

O escorregamento ocorre ao longo de direções do tipo ⟨110⟩ nos planos {111}, como indicado pelas setas na Figura 7.6. Portanto, o sistema {111}⟨110⟩ representa a combinação de plano de escorregamento e direção de escorregamento, ou o sistema de escorregamento para a estrutura CFC. A Figura 7.6b demonstra que um dado plano de escorregamento pode conter mais que uma única direção de escorregamento. Assim, podem existir vários sistemas de escorregamento para uma estrutura cristalina particular; o número de sistemas de escorregamento independentes representa as diferentes combinações possíveis de planos e direções de escorregamento. Por exemplo, para a estrutura cúbica de faces centradas, existem 12 sistemas de escorregamento: quatro planos {111} diferentes e, dentro de cada plano, três direções ⟨110⟩ independentes.

Os sistemas de escorregamento possíveis para as estruturas cristalinas CCC e HC estão listados na Tabela 7.1. Para cada uma dessas estruturas, o escorregamento é possível em mais de uma família de

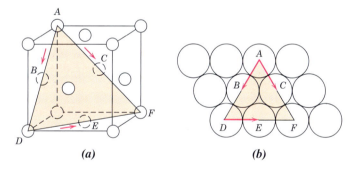

Figura 7.6 (a) Um sistema de escorregamento {111}⟨110⟩ mostrado em uma célula unitária CFC. (b) O plano (111) mostrado em (a) e três direções de escorregamento ⟨110⟩ (indicadas pelas setas) contidas naquele plano formam possíveis sistemas de escorregamento.

Tabela 7.1 Sistemas de Escorregamento para Metais Cúbicos de Faces Centradas, Cúbicos de Corpo Centrado e Hexagonais Compactos

Metais	Plano de Escorregamento	Direção de Escorregamento	Número de Sistemas de Escorregamento
Cúbico de Faces Centradas			
Cu, Al, Ni, Ag, Au	{111}	⟨110⟩	12
Cúbico de Corpo Centrado			
α-Fe, W, Mo	{110}	⟨111⟩	12
α-Fe, W	{211}	⟨111⟩	12
α-Fe, K	{321}	⟨111⟩	24
Hexagonal Compacto			
Cd, Zn, Mg, Ti, Be	{0001}	⟨11$\bar{2}$0⟩	3
Ti, Mg, Zr	{10$\bar{1}$0}	⟨11$\bar{2}$0⟩	3
Ti, Mg	{10$\bar{1}$1}	⟨11$\bar{2}$0⟩	6

166 • **Capítulo 7**

planos (por exemplo, {110}, {211} e {321} para a estrutura CCC). Para os metais que possuem essas duas estruturas cristalinas, alguns sistemas de escorregamento são com frequência operacionais apenas em temperaturas elevadas.

Os metais com estruturas cristalinas CFC e CCC possuem um número relativamente grande de sistemas de escorregamento (pelo menos 12). Esses metais são bastante dúcteis, pois, em geral, é possível ocorrer deformação plástica extensa ao longo dos vários sistemas. De maneira contrária, os metais HC, que possuem poucos sistemas de escorregamento ativos, são normalmente bastante frágeis.

O conceito do vetor de Burgers, **b**, foi apresentado na Seção 4.5 e foi representado para as discordâncias em aresta, em espiral e mista nas Figuras 4.4, 4.5 e 4.6, respectivamente. Em relação ao processo de escorregamento, a direção do vetor de Burgers corresponde à direção de escorregamento das discordâncias, enquanto sua magnitude é igual à distância de escorregamento unitária (ou à separação interatômica nessa direção). Obviamente, tanto a direção quanto a magnitude de **b** dependem da estrutura cristalina, e é conveniente especificar um vetor de Burgers em termos do comprimento da aresta da célula unitária (a) e dos índices das direções cristalográficas. Os vetores de Burgers para as estruturas cristalinas cúbica de faces centradas, cúbica de corpo centrado e hexagonal compacta são dados conforme a seguir:

$$\mathbf{b}(\text{CFC}) = \frac{a}{2}\langle 110 \rangle \tag{7.1a}$$

$$\mathbf{b}(\text{CCC}) = \frac{a}{2}\langle 111 \rangle \tag{7.1b}$$

$$\mathbf{b}(\text{HC}) = \frac{a}{3}\langle 11\bar{2}0 \rangle \tag{7.1c}$$

✓ **Verificação de Conceitos 7.1**   Qual dos seguintes sistemas é o sistema de escorregamento para a estrutura cristalina cúbica simples? Por quê?

$$\{100\}\langle 110 \rangle$$
$$\{110\}\langle 110 \rangle$$
$$\{100\}\langle 010 \rangle$$
$$\{110\}\langle 111 \rangle$$

(*Nota:* Uma célula unitária para a estrutura cristalina cúbica simples é mostrada na Figura 3.3.)

[*A resposta está disponível no GEN-IO, ambiente virtual de aprendizagem do GEN.*]

7.5 ESCORREGAMENTO EM MONOCRISTAIS

Uma explicação adicional para o escorregamento pode ser simplificada tratando desse processo em monocristais e, em seguida, fazendo a extrapolação apropriada para os materiais policristalinos. Como mencionado anteriormente, as discordâncias em aresta, em espiral e mista se movem em resposta à aplicação de tensões de cisalhamento ao longo de um plano de escorregamento e em uma direção de escorregamento. Como observado na Seção 6.2, apesar de uma tensão aplicada poder ser puramente de tração (ou de compressão), existem componentes de cisalhamento em todas as direções, à exceção daquelas paralelas e perpendiculares à direção da tensão (Equação 6.4b). Esses componentes são denominados **tensões cisalhantes resolvidas (ou tensões cisalhantes rebatidas)**, e suas magnitudes não dependem apenas da tensão aplicada, mas também da orientação tanto do plano de escorregamento quanto da direção dentro desse plano. Se ϕ representa o ângulo entre a normal ao plano de escorregamento e a direção da tensão aplicada, e se λ representa o ângulo entre as direções de escorregamento e da tensão, como indicado na Figura 7.7, então pode ser mostrado que a tensão cisalhante resolvida τ_R é dada por

$$\tau_R = \sigma \cos\phi \cos\lambda \tag{7.2}$$

em que σ é a tensão aplicada. Em geral, $\phi + \lambda \neq 90°$, uma vez que não é necessário que o eixo de tração, a normal ao plano de escorregamento e a direção do escorregamento estejam todos no mesmo plano.

> **tensão cisalhante resolvida**
>
> Tensão cisalhante resolvida — dependência em relação à tensão aplicada e à orientação da direção da tensão em relação à normal ao plano de escorregamento e à direção do escorregamento

Figura 7.7 Relações geométricas entre o eixo de tração, o plano de escorregamento e a direção de escorregamento usadas para calcular a tensão cisalhante resolvida para um monocristal.

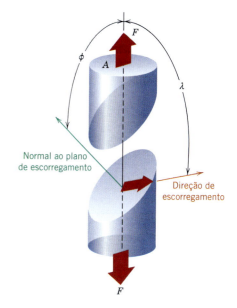

Um monocristal metálico possui diversos sistemas de escorregamento diferentes que são capazes de ficar operacionais. Normalmente, a tensão cisalhante resolvida difere para cada um deles, pois a orientação de cada um em relação ao eixo da tensão (ângulos ϕ e λ) também é diferente. Entretanto, um sistema de escorregamento se encontra, em geral, orientado mais favoravelmente — isto é, possui a maior tensão cisalhante resolvida, $\tau_R(\text{máx})$:

$$\tau_R(\text{máx}) = \sigma(\cos\phi \cos\lambda)_{\text{máx}} \tag{7.3}$$

tensão cisalhante resolvida crítica

Limite de escoamento de um monocristal — dependência em relação à tensão cisalhante resolvida crítica e à orientação do sistema de escorregamento mais favoravelmente orientado

Em resposta à aplicação de uma tensão de tração ou de compressão, o escorregamento em um monocristal começa no sistema de escorregamento que está orientado da maneira mais favorável quando a tensão cisalhante resolvida atinge um dado valor crítico, denominado **tensão cisalhante resolvida crítica**, τ_{tcrc}; ela representa a tensão cisalhante mínima necessária para iniciar o escorregamento e é uma propriedade do material que determina quando ocorre o escoamento. O monocristal se deforma plasticamente ou escoa quando $\tau_R(\text{máx}) = \tau_{\text{tcrc}}$, e a magnitude da tensão aplicada necessária para iniciar o escoamento (isto é, o limite de escoamento σ_l) é

$$\sigma_l = \frac{\tau_{\text{tcrc}}}{(\cos\phi \cos\lambda)_{\text{máx}}} \tag{7.4}$$

A tensão mínima necessária para causar escoamento ocorre quando um monocristal está orientado tal que $\phi = \lambda = 45°$; sob essas condições,

$$\sigma_l = 2\tau_{\text{tcrc}} \tag{7.5}$$

Para uma amostra de monocristal tensionada em tração, a deformação se dá como na Figura 7.8, com o escorregamento ocorrendo ao longo de diversos planos e direções equivalentes, orientados da maneira mais favorável, em várias posições ao longo do comprimento da amostra. Essa deformação por escorregamento se forma como pequenos degraus sobre a superfície do monocristal, os quais são paralelos entre si e circundam a circunferência da amostra, como na Figura 7.8. Cada degrau resulta do movimento de um grande número de discordâncias ao longo do mesmo plano de escorregamento. Sobre a superfície de uma amostra polida de um monocristal, esses degraus aparecem como linhas, chamadas de *linhas de escorregamento*. Uma representação esquemática de linhas de escorregamento sobre uma amostra cilíndrica que foi deformada plasticamente em tração é mostrada na Figura 7.9.

Com o alongamento prolongado de um monocristal, tanto o número de linhas de escorregamento quanto a largura do degrau de escorregamento aumentam. Nos metais CFC e CCC, o escorregamento eventualmente começa ao longo de um segundo sistema de escorregamento, aquele que possui a próxima orientação mais favorável em relação ao eixo de tração. Além disso, nos cristais HC, que possuem poucos sistemas de escorregamento, se o eixo da tensão para o sistema de escorregamento mais favorável for perpendicular à direção do escorregamento ($\lambda = 90°$) ou paralelo ao plano de escorregamento ($\phi = 90°$), a tensão cisalhante resolvida crítica será igual a zero. Para essas orientações extremas, o cristal normalmente fratura, em vez de se deformar plasticamente.

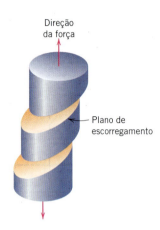

Figura 7.8 Escorregamento macroscópico em um monocristal.

Figura 7.9 Linhas de escorregamento sobre a superfície de um monocristal cilíndrico que foi deformado plasticamente em tração (representação esquemática).

Verificação de Conceitos 7.2 Explique a diferença entre a tensão cisalhante resolvida e a tensão cisalhante resolvida crítica.

[*A resposta está disponível no GEN-IO, ambiente virtual de aprendizagem do GEN.*]

PROBLEMA-EXEMPLO 7.1

Cálculos da Tensão Cisalhante Resolvida e da Tensão para o Início do Escoamento

Considere um monocristal de ferro com estrutura CCC orientado de modo que uma tensão de tração seja aplicada ao longo de uma direção [010].

(a) Calcule a tensão cisalhante resolvida ao longo de um plano (110) e em uma direção [$\bar{1}$11] quando uma tensão de tração de 52 MPa (7500 psi) é aplicada.

(b) Se o escorregamento ocorre em um plano (110) e em uma direção [$\bar{1}$11], e a tensão cisalhante resolvida crítica é de 30 MPa (4350 psi), calcule a magnitude da tensão de tração aplicada necessária para iniciar o escoamento.

Solução

(a) Uma célula unitária CCC, juntamente com a direção e o plano de escorregamento, assim como a direção da tensão aplicada, é mostrada no diagrama adiante. Para resolver este problema, devemos aplicar a Equação 7.2. Entretanto, primeiro é necessário determinar os valores para ϕ e λ, em que, a partir desse diagrama, ϕ é o ângulo entre a normal ao plano de escorregamento (110) (isto é, a direção [110]) e a direção [010], enquanto λ é o ângulo entre as direções [$\bar{1}$11] e [010]. Em geral, para as células unitárias cúbicas, o ângulo θ entre as direções 1 e 2, representadas por $[u_1v_1w_1]$ e $[u_2v_2w_2]$, respectivamente, é dado por

$$\theta = \cos^{-1}\left[\frac{u_1u_2 + v_1v_2 + w_1w_2}{\sqrt{(u_1^2 + v_1^2 + w_1^2)(u_2^2 + v_2^2 + w_2^2)}}\right] \qquad (7.6)$$

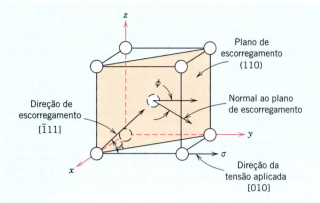

Para a determinação do valor de ϕ, vamos considerar $[u_1v_1w_1] = [110]$ e $[u_2v_2w_2] = [010]$, tal que

$$\phi = \cos^{-1}\left\{\frac{(1)(0) + (1)(1) + (0)(0)}{\sqrt{[(1)^2 + (1)^2 + (0)^2][(0)^2 + (1)^2 + (0)^2]}}\right\}$$

$$= \cos^{-1}\left(\frac{1}{\sqrt{2}}\right) = 45°$$

Entretanto, para λ tomamos $[u_1v_1w_1] = [\bar{1}11]$ e $[u_2v_2w_2] = [010]$, e

$$\lambda = \cos^{-1}\left[\frac{(-1)(0) + (1)(1) + (1)(0)}{\sqrt{[(-1)^2 + (1)^2 + (1)^2][(0)^2 + (1)^2 + (0)^2]}}\right]$$

$$= \cos^{-1}\left(\frac{1}{\sqrt{3}}\right) = 54{,}7°$$

Dessa forma, de acordo com a Equação 7.2,

$$\tau_R = \sigma \cos\phi \cos\lambda = (52\,\text{MPa})(\cos 45°)(\cos 54{,}7°)$$

$$= (52\,\text{MPa})\left(\frac{1}{\sqrt{2}}\right)\left(\frac{1}{\sqrt{3}}\right)$$

$$= 21{,}3\,\text{MPa (3060 psi)}$$

(b) O limite de escoamento σ_l pode ser calculado a partir da Equação 7.4; ϕ e λ são os mesmos usados no item (a), e

$$\sigma_l = \frac{30\,\text{MPa}}{(\cos 45°)(\cos 54{,}7°)} = 73{,}4\,\text{MPa}\,(10.600\,\text{psi})$$

7.6 DEFORMAÇÃO PLÁSTICA DOS MATERIAIS POLICRISTALINOS

A deformação e o escorregamento nos materiais policristalinos são razoavelmente mais complexos. Devido às orientações cristalográficas aleatórias do grande número de grãos, a direção do escorregamento varia de um grão para outro. Em cada grão, o movimento das discordâncias ocorre ao longo do sistema de escorregamento que possui a orientação mais favorável, como definido anteriormente. Isso está exemplificado na fotomicrografia de uma amostra policristalina de cobre que foi deformada plasticamente (Figura 7.10); antes da deformação, a superfície foi polida. As linhas de escorregamento[1] estão visíveis, e parece que dois sistemas de escorregamento operaram para a maioria dos grãos, como fica evidenciado pelos dois conjuntos de linhas paralelas que se interceptam. Além disso, a variação na orientação de grão é indicada pela diferença no alinhamento das linhas de escorregamento para os vários grãos.

---

[1] Essas linhas de escorregamento são bordas salientes microscópicas produzidas pelas discordâncias (Figura 7.1c) que afloraram de um grão e que parecem linhas quando vistas com um microscópio. Elas são análogas aos degraus macroscópicos encontrados sobre as superfícies de monocristais deformados (Figuras 7.8 e 7.9).

Figura 7.10 Linhas de escorregamento na superfície de uma amostra policristalina de cobre que foi polida e subsequentemente deformada. Ampliação de 173×.
[Fotomicrografia cortesia de C. Brady, National Bureau of Standards (atualmente, National Institute of Standards and Technology, Gaithersburg, MD).]

A deformação plástica generalizada de uma amostra policristalina corresponde à distorção comparável dos grãos individuais por meio de escorregamento. Durante a deformação, a integridade mecânica e a coesão são mantidas ao longo dos contornos de grão — isto é, os contornos de grão geralmente não se afastam ou se abrem. Em consequência, cada grão individual está restrito, em certo grau, à forma que pode assumir junto aos seus grãos vizinhos. A maneira pela qual os grãos se distorcem como resultado de uma deformação plástica generalizada está indicada na Figura 7.11. Antes da deformação os grãos são *equiaxiais*, ou seja, possuem aproximadamente a mesma dimensão em todas as direções. Nesse tipo específico de deformação, os grãos se tornam alongados ao longo da direção na qual a amostra foi estendida.

Os metais policristalinos são mais resistentes que os seus equivalentes monocristalinos, o que significa que são necessárias maiores tensões para iniciar o escorregamento e o consequente escoamento. Isso ocorre, em grande parte, também como resultado das restrições geométricas impostas aos grãos durante a deformação. Embora um único grão possa estar favoravelmente orientado em relação à tensão aplicada para o escorregamento, ele não poderá se deformar até que os grãos adjacentes e menos favoravelmente orientados também sejam capazes de sofrer escorregamento; isso requer um nível de aplicação de tensão mais elevado.

Figura 7.11 Alteração da estrutura dos grãos de um metal policristalino como resultado de uma deformação plástica. (*a*) Antes da deformação os grãos são equiaxiais. (*b*) A deformação produziu grãos alongados. Ampliação de 170×.
(Adaptada de MOFFATT, W. G., PEARSALL, G. W. e WULFF, J. *The Structure and Properties of Materials*, vol. I, *Structure*. John Wiley & Sons, 1964. Reproduzida com permissão de Janet M. Moffatt.)

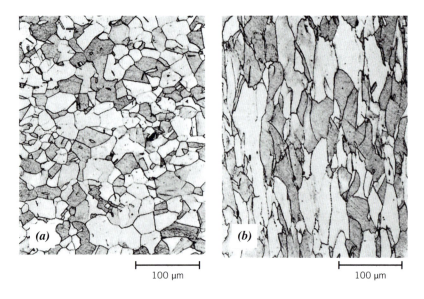

7.7 DEFORMAÇÃO POR MACLAÇÃO

Além de ocorrer por escorregamento, a deformação plástica em alguns materiais metálicos pode ocorrer pela formação de maclas de deformação, ou *maclação*. O conceito de uma macla foi apresentado na Seção 4.6 — isto é, uma força de cisalhamento pode produzir deslocamentos atômicos tais que em um dos lados de um plano (o contorno da macla) os átomos estejam localizados em posições de imagem de espelho em relação aos átomos no outro lado do plano. A maneira pela qual isso é conseguido é demonstrada na Figura 7.12. Os círculos azuis na Figura 7.12b representam átomos que não se moveram — os círculos vermelhos representam aqueles que se deslocaram durante a maclação; a magnitude do deslocamento está representada por setas vermelhas. Adicionalmente, a maclação ocorre em um plano cristalográfico definido e em uma direção específica que depende da estrutura do cristal. Por exemplo, para metais CCC, o plano e a direção da macla são (112) e [111], respectivamente.

As deformações por escorregamento e maclação são comparadas na Figura 7.13 para um monocristal submetido a uma tensão cisalhante τ. Bordas de escorregamento cuja formação foi descrita na Seção 7.5 são mostradas na Figura 7.13a. Na maclação, a deformação cisalhante é homogênea (Figura 7.13b). Esses dois processos diferem entre si em vários aspectos. Em primeiro lugar, no escorregamento, a orientação cristalográfica acima e abaixo do plano de escorregamento é a mesma tanto antes quanto depois da deformação; na maclação existirá uma reorientação por meio do plano da macla. Adicionalmente, o escorregamento ocorre em múltiplos distintos do espaçamento atômico, enquanto o deslocamento atômico na maclação é menor que a separação interatômica.

As maclas de deformação ocorrem em metais que possuem estruturas cristalinas CCC e HC, em baixas temperaturas, e sob taxas de carregamento elevadas (cargas de impacto), condições sob as quais o processo de escorregamento é restringido — isto é, existem poucos sistemas de escorregamento operacionais. A quantidade da deformação plástica global obtida por maclação é normalmente pequena em relação à que resulta de escorregamento. Entretanto, a real importância da maclação está nas reorientações cristalográficas que acompanham esse processo; a maclação pode colocar novos sistemas de escorregamento em orientações favoráveis em relação ao eixo da tensão, tal que o processo de escorregamento pode então ocorrer.

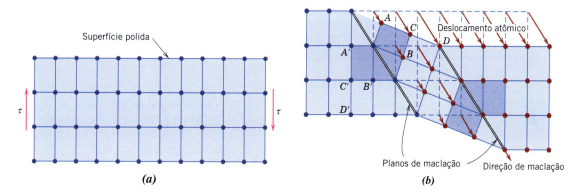

Figura 7.12 Diagrama esquemático mostrando como a macla resulta da aplicação de uma tensão cisalhante τ. (a) Posições dos átomos antes da maclação. (b) Após a maclação, os círculos azuis representam átomos que não mudaram de posição; os círculos vermelhos representam átomos que se deslocaram. Os átomos identificados por letras com e sem linhas (por exemplo, A' e A) estão localizados em posições de imagem em espelho através do contorno da macla.
(De HAYDEN, H. W., MOFFATT, W. G. e WULFF, J. *The Structure and Properties of Materials*, vol. III, *Mechanical Behavior*. John Wiley & Sons, 1965. Reproduzida com permissão de Kathy Hayden.)

Figura 7.13 Para um monocristal submetido a uma tensão cisalhante τ, (a) deformação por escorregamento; (b) deformação por maclação.

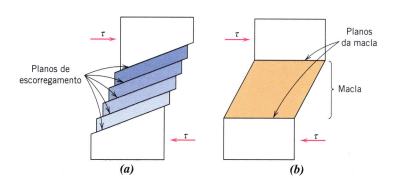

Mecanismos de Aumento da Resistência em Metais

Com frequência se pede aos engenheiros metalúrgicos e de materiais para projetar ligas que possuam altas resistências, mas também alguma ductilidade e tenacidade; normalmente, a ductilidade é sacrificada quando uma liga tem sua resistência aumentada. Várias técnicas de endurecimento estão à disposição de um engenheiro, e frequentemente a seleção de uma liga depende da capacidade que um material tem de ser adaptado às características mecânicas necessárias para uma dada aplicação.

A relação entre o movimento das discordâncias e o comportamento mecânico dos metais é importante para a compreensão dos mecanismos de aumento da resistência. Uma vez que a deformação plástica macroscópica corresponde ao movimento de grande número de discordâncias, *a habilidade de um metal se deformar plasticamente depende da habilidade de as discordâncias se moverem.* Uma vez que a dureza e a resistência (tanto o limite de escoamento quanto o limite de resistência à tração) estão relacionadas com a facilidade pela qual a deformação plástica pode ser induzida, pela redução na mobilidade das discordâncias, a resistência mecânica pode ser melhorada — isto é, forças mecânicas maiores são necessárias para iniciar a deformação plástica. Por outro lado, quanto menos restrito estiver o movimento das discordâncias, maior é a facilidade com que um metal pode se deformar, e mais dúctil e menos resistente ele se torna. Virtualmente todas as técnicas de aumento da resistência dependem desse princípio simples: *a restrição ou o impedimento ao movimento das discordâncias confere maior dureza e resistência ao material.*

A presente discussão está restrita aos mecanismos de aumento da resistência para metais monofásicos por meio de redução no tamanho de grão, formação de ligas por solução sólida e encruamento. A deformação e o aumento da resistência de ligas multifásicas são mais complicados e envolvem conceitos que estão além do escopo da presente discussão; o Capítulo 10 e a Seção 11.10 tratam de técnicas empregadas para aumentar a resistência de ligas multifásicas.

7.8 AUMENTO DA RESISTÊNCIA PELA REDUÇÃO DO TAMANHO DE GRÃO

O tamanho dos grãos, ou o diâmetro médio de grão, em um metal policristalino influencia suas propriedades mecânicas. Os grãos adjacentes normalmente possuem orientações cristalográficas diferentes e, obviamente, um contorno de grão comum, como indicado na Figura 7.14. Durante a deformação plástica, o escorregamento ou movimento das discordâncias deve ocorrer através desse contorno comum — digamos, do grão A para o grão B na Figura 7.14. O contorno de grão atua como uma barreira ao movimento das discordâncias por duas razões:

1. Uma vez que os dois grãos têm orientações diferentes, uma discordância que passe para o grão B terá que mudar a direção do seu movimento; isso se torna mais difícil conforme aumenta a diferença na orientação cristalográfica.
2. A falta de ordem atômica na região do contorno de grão resulta em uma descontinuidade dos planos de escorregamento de um grão para o outro.

Deve ser mencionado que, para os contornos de grão de alto ângulo, pode não ocorrer de as discordâncias atravessarem os contornos de grão durante a deformação; em vez disso, as discordâncias tendem a se "acumular" (ou empilhar) nos contornos de grão. Esses empilhamentos introduzem concentrações de tensão à frente dos seus planos de escorregamento, o que gera novas discordâncias nos grãos adjacentes.

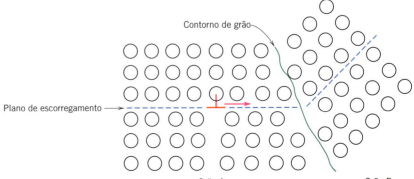

Figura 7.14 O movimento de uma discordância conforme ela encontra um contorno de grão, ilustrando como o contorno atua como barreira à continuidade do escorregamento. Os planos de escorregamento são descontínuos e mudam de direção através do contorno.
(De VAN VLACK, L. H. *A Textbook of Materials Technology.* Addison-Wesley, 1973. Reproduzida com a permissão do espólio de Lawrence H. Van Vlack.)

Figura 7.15 A influência do tamanho de grão sobre o limite de escoamento de um latão 70 Cu-30 Zn. Observe que o diâmetro de grão aumenta da direita para a esquerda e não é linear.
(Adaptada de SUZUKI, H. "The Relation between the Structure and Mechanical Properties of Metals", vol. II, *National Physical Laboratory*, *Symposium No. 15*, 1963, p. 524.)

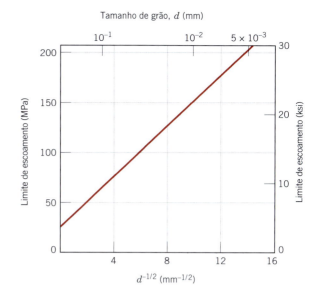

Um material com granulação fina (um que possui grãos pequenos) tem dureza maior e é mais resistente que um material com granulação grosseira, uma vez que o primeiro possui maior área total de contornos de grão para impedir o movimento das discordâncias. Para muitos materiais, o limite de escoamento σ_l varia com o tamanho de grão de acordo com

Equação de Hall-Petch — dependência do limite de escoamento em relação ao tamanho de grão

$$\sigma_l = \sigma_0 + k_l d^{-1/2} \tag{7.7}$$

Nessa expressão, denominada *Equação de Hall-Petch*, d é o diâmetro médio de grão, e σ_0 e k_l são constantes para cada material específico. Deve ser observado que a Equação 7.7 não é válida para os materiais policristalinos com grãos muito grandes (isto é, grosseiros) ou com grãos extremamente finos. A Figura 7.15 demonstra a dependência do limite de escoamento em relação ao tamanho de grão para uma liga de latão. O tamanho de grão pode ser regulado pela taxa de solidificação a partir da fase líquida e, também, por meio de deformação plástica seguida por um tratamento térmico apropriado, como discutido na Seção 7.13.

Também deve ser mencionado que a redução no tamanho de grão não melhora apenas a resistência, mas também a tenacidade de muitas ligas.

Os contornos de grão de baixo ângulo (Seção 4.6) não são eficazes na interferência com o processo de escorregamento devido ao pequeno desalinhamento cristalográfico através do contorno. Por outro lado, os contornos de macla (Seção 4.6) efetivamente bloqueiam o escorregamento e aumentam a resistência do material. Os contornos entre duas fases diferentes também são impedimentos ao movimento das discordâncias; isso é importante no aumento de resistência de ligas mais complexas. Os tamanhos e as formas das fases constituintes afetam de maneira significativa as propriedades mecânicas das ligas multifásicas; esses tópicos são discutidos nas Seções 10.7, 10.8 e 16.1.

7.9 AUMENTO DA RESISTÊNCIA POR SOLUÇÃO SÓLIDA

Outra técnica para aumentar a resistência e endurecer metais consiste na formação de ligas com átomos de impurezas que formam uma solução sólida substitucional ou intersticial. Nesse sentido, isso é chamado **aumento da resistência por solução sólida**. Os metais com alta pureza têm quase sempre menor dureza e menor resistência que as ligas compostas pelo mesmo metal base. O aumento da concentração de impurezas resulta em um consequente aumento no limite de resistência à tração e no limite de escoamento, como indicado nas Figuras 7.16a e 7.16b, respectivamente, para o níquel no cobre; a dependência da ductilidade em relação à concentração de níquel está apresentada na Figura 7.16c.

aumento da resistência por solução sólida

As ligas são mais resistentes que os metais puros porque os átomos de impurezas que estão participando na solução sólida normalmente impõem deformações de rede sobre os átomos hospedeiros vizinhos. Assim, resultam interações do campo de deformação da rede entre as discordâncias e esses átomos de impurezas, e, consequentemente, o movimento das discordâncias fica restrito. Por exemplo, um átomo de impureza menor que o átomo hospedeiro que ele está substituindo exerce deformações de tração sobre a rede cristalina vizinha, como ilustrado na Figura 7.17a. De maneira oposta, um átomo substitucional maior impõe deformações compressivas sobre sua vizinhança (Figura 7.18a). Esses átomos de soluto tendem a se difundir e a se segregar ao redor das discordâncias, de maneira a

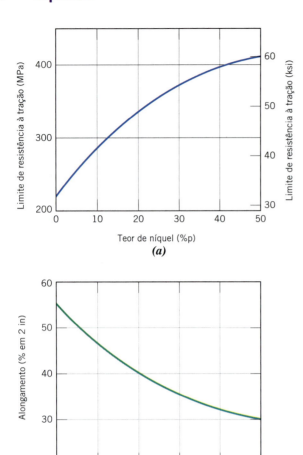
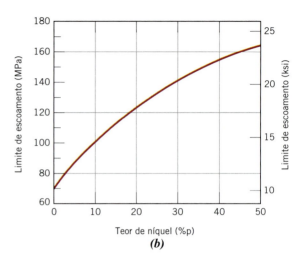

Figura 7.16 Variação do (*a*) limite de resistência à tração, (*b*) limite de escoamento e (*c*) ductilidade (%AL), mostrando o aumento da resistência, em função do teor de níquel para ligas cobre-níquel.

reduzir a energia de deformação total — isto é, de modo a cancelar parte da deformação na rede que está vizinha a uma discordância. Para conseguir isso, um átomo de impureza menor se localiza onde sua deformação de tração anula parcialmente a deformação compressiva causada pela discordância. Para a discordância em aresta mostrada na Figura 7.17*b*, essa localização é adjacente à linha da discordância e acima do plano de escorregamento. Um átomo de impureza maior estaria localizado como mostrado na Figura 7.18*b*.

A resistência ao escorregamento é maior quando os átomos de impurezas estão presentes, pois a deformação global da rede deve aumentar se uma discordância for separada deles. Adicionalmente, as mesmas interações das deformações de rede (Figuras 7.17*b* e 7.18*b*) existem entre os átomos de

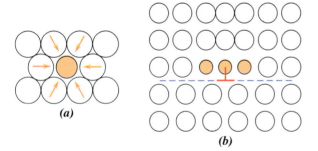

Figura 7.17 (*a*) Representação das deformações de tração da rede que são impostas sobre os átomos hospedeiros por um átomo de impureza substitucional menor. (*b*) Possíveis localizações dos átomos de impureza menores em relação a uma discordância em aresta, de modo que existe um cancelamento parcial das deformações de rede causadas pelas impurezas e pela discordância.

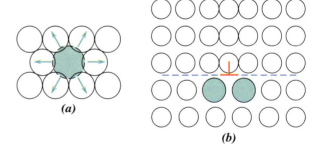

Figura 7.18 (*a*) Representação das deformações compressivas impostas sobre os átomos hospedeiros por um átomo de impureza substitucional maior. (*b*) Possíveis localizações dos átomos de impureza maiores em relação a uma discordância em aresta, de modo que existe um cancelamento parcial das deformações de rede causadas pelas impurezas e pela discordância.

Discordâncias e Mecanismos de Aumento da Resistência • **175**

impureza e as discordâncias que estão em movimento durante a deformação plástica. Dessa forma, é necessária a aplicação de uma tensão maior para, primeiro, iniciar e, então, dar continuidade à deformação plástica em ligas com solução sólida, de maneira oposta ao que ocorre nos metais puros; isso fica evidenciado pelo aumento da resistência e da dureza.

7.10 ENCRUAMENTO

encruamento

trabalho a frio

Porcentagem de trabalho a frio — dependência em relação às áreas de seção transversal original e deformada

Encruamento, ou endurecimento por deformação, é o fenômeno pelo qual um metal dúctil se torna mais duro e mais resistente à medida que é deformado plasticamente. Às vezes esse fenômeno também é chamado de *endurecimento por trabalho*, ou, pelo fato de a temperatura na qual a deformação ocorre ser "fria" em relação à temperatura absoluta de fusão do metal, de **trabalho a frio**. A maioria dos metais encrua à temperatura ambiente.

Às vezes é conveniente expressar o grau de deformação plástica como *porcentagem de trabalho a frio*, em lugar de deformação. A porcentagem de trabalho a frio (%TF) é definida como

$$\%\mathrm{TF} = \left(\frac{A_0 - A_d}{A_0} \right) \times 100 \tag{7.8}$$

em que A_0 é a área original da seção transversal que sofre deformação e A_d é a área de seção transversal após a deformação.

As Figuras 7.19*a* e 7.19*b* demonstram como aumentam o limite de escoamento e o limite de resistência à tração do aço, do latão e do cobre com o aumento do trabalho a frio. O preço a ser pago por esse aumento na dureza e na resistência está na ductilidade do metal. Isso é mostrado na Figura 7.19*c*, na qual a ductilidade, em termos do alongamento percentual, apresenta redução com o aumento da porcentagem de trabalho a frio para essas mesmas três ligas. A influência do trabalho a frio sobre o comportamento tensão-deformação de um aço com baixo teor de carbono é mostrada na Figura 7.20; nessa figura, as curvas tensão-deformação estão traçadas para 0%TF, 4%TF e 24%TF.

O encruamento é demonstrado em um diagrama tensão-deformação que foi apresentado anteriormente (Figura 6.17). Inicialmente, o metal com um limite de escoamento σ_{i_0} é deformado plasticamente até o ponto *D*. A tensão é liberada e, então, reaplicada, resultando em um novo limite de escoamento, σ_{i_i}. O metal ficou, dessa forma, mais resistente durante o processo, uma vez que σ_{i_i} é maior que σ_{i_0}.

O fenômeno do encruamento é explicado com base nas interações entre as discordâncias e os campos de deformação das discordâncias, de modo semelhante ao discutido na Seção 7.3. A densidade de discordâncias em um metal aumenta com a deformação ou o trabalho a frio, devido à multiplicação das discordâncias ou à formação de novas discordâncias, como observado anteriormente. Como consequência, a distância média de separação entre as discordâncias diminui — elas ficam posicionadas mais próximas umas às outras. Na média, as interações de deformações de discordância–discordância são repulsivas. O resultado global é tal que o movimento de uma discordância é dificultado pela presença de outras discordâncias. Conforme a densidade das discordâncias aumenta, essa resistência ao movimento das discordâncias causada pelas demais discordâncias se torna mais pronunciada. Assim, a tensão imposta, necessária para deformar um metal, aumenta com o aumento do trabalho a frio.

O encruamento é usado comercialmente com frequência para melhorar as propriedades mecânicas dos metais durante procedimentos de fabricação. Os efeitos do encruamento podem ser removidos por um tratamento térmico de recozimento, como discutido na Seção 11.8.

Na expressão matemática que relaciona a tensão verdadeira à deformação verdadeira, Equação 6.19, o parâmetro *n* é chamado *coeficiente de encruamento*, que é uma medida da habilidade de um metal encruar; quanto maior a magnitude de *n*, maior será o encruamento para uma dada quantidade de deformação plástica.

> ✓ **Verificação de Conceitos 7.3** Ao se realizar medições da dureza, qual será o efeito de fazer uma impressão muito próxima a uma impressão preexistente? Por quê?
>
> [*A resposta está disponível no GEN-IO, ambiente virtual de aprendizagem do GEN.*]
>
> **Verificação de Conceitos 7.4** Você esperaria que um material cerâmico cristalino encruasse à temperatura ambiente? Por que sim, ou por que não?
>
> [*A resposta está disponível no GEN-IO, ambiente virtual de aprendizagem do GEN.*]

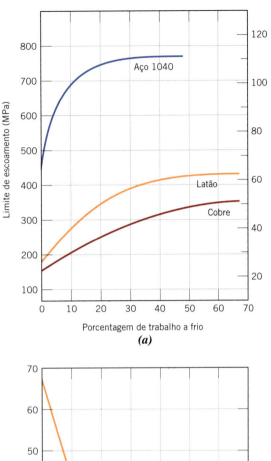
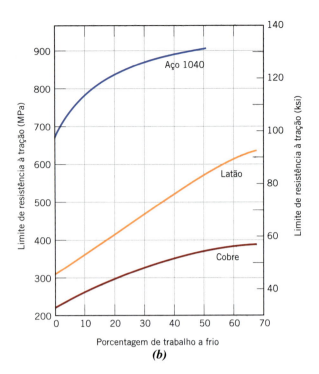
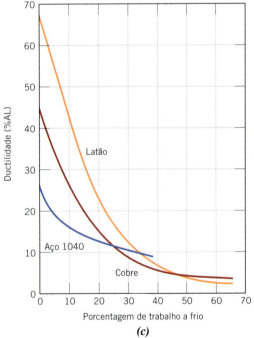

Figura 7.19 Para o aço 1040, o latão e o cobre, (a) o aumento no limite de escoamento, (b) o aumento no limite de resistência à tração e (c) a redução na ductilidade (%AL) em função da porcentagem de trabalho a frio. [Adaptada de BARDES, B. (ed.). *Metals Handbook: Properties and Selection: Irons and Steels*, vol. 1, 9ª ed., 1978; e BAKER, H. (ed.). *Metals Handbook: Properties and Selection: Nonferrous Alloys and Pure Metals*, vol. 2, 9ª ed., 1979. Reproduzida sob permissão de ASM International, Materials Park, OH.]

PROBLEMA-EXEMPLO 7.2

Determinação do Limite de Resistência à Tração e da Ductilidade para o Cobre Trabalhado a Frio

Calcule o limite de resistência à tração e a ductilidade (%AL) de uma barra cilíndrica de cobre quando ela é submetida a trabalho a frio tal que o diâmetro é reduzido de 15,2 mm para 12,2 mm (0,60 in para 0,48 in).

Solução

Primeiro, é necessário determinar a porcentagem de trabalho a frio resultante da deformação. Isso é possível usando a Equação 7.8:

Figura 7.20 A influência do trabalho a frio sobre o comportamento tensão-deformação de um aço com baixo teor de carbono; são mostradas as curvas para 0%TF, 4%TF e 24%TF.

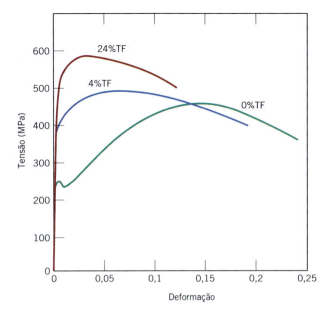

$$\%\text{TF} = \frac{\left(\dfrac{15,2 \text{ mm}}{2}\right)^2 \pi - \left(\dfrac{12,2 \text{ mm}}{2}\right)^2 \pi}{\left(\dfrac{15,2 \text{ mm}}{2}\right)^2 \pi} \times 100 = 35,6\%$$

O limite de resistência à tração é lido diretamente na curva para o cobre (Figura 7.19*b*) como 340 MPa (50.000 psi). A partir da Figura 7.19*c*, a ductilidade a 35,6%TF é de aproximadamente 7%AL.

Em resumo, discutimos os três mecanismos que podem ser aplicados para aumentar a resistência e endurecer ligas metálicas monofásicas: o aumento da resistência pela redução no tamanho de grão, o aumento da resistência por solução sólida e o encruamento. Obviamente, eles podem ser usados em conjunto; por exemplo, uma liga que tenha tido sua resistência aumentada por solução sólida também pode ser encruada.

Também deve ser observado que os efeitos do aumento da resistência causados pela redução do tamanho de grão e pelo encruamento podem ser eliminados, ou pelo menos reduzidos, por um tratamento térmico em alta temperatura (Seções 7.12 e 7.13). Por outro lado, o aumento de resistência por solução sólida não é afetado por um tratamento térmico.

Como será visto nos Capítulos 10 e 11, outras técnicas, além daquelas que acabaram de ser discutidas, podem ser usadas para melhorar as propriedades mecânicas de algumas ligas metálicas. Essas ligas são multifásicas e as alterações nas suas propriedades resultam de transformações de fases, as quais são induzidas por tratamentos térmicos especificamente projetados.

Recuperação, Recristalização e Crescimento de Grão

Como observado anteriormente neste capítulo, a deformação plástica de uma amostra metálica policristalina em temperaturas que são baixas em comparação à sua temperatura absoluta de fusão produz alterações microestruturais e de propriedades que incluem (1) alteração na forma do grão (Seção 7.6), (2) encruamento (Seção 7.10) e (3) aumento na densidade das discordâncias (Seção 7.3). Uma parcela da energia gasta na deformação é armazenada no metal como energia de deformação, associada a zonas de tração, compressão e cisalhamento ao redor das discordâncias recém-criadas (Seção 7.3). Além disso, outras propriedades, tais como a condutividade elétrica (Seção 18.8) e a resistência à corrosão, podem ser modificadas como consequência da deformação plástica.

Tais propriedades e estruturas podem ser revertidas aos seus estados anteriores ao trabalho a frio mediante um tratamento térmico apropriado (às vezes denominado *tratamento de recozimento*). Essa restauração resulta de dois processos diferentes que ocorrem em temperaturas elevadas: *recuperação* e *recristalização*, que podem ser seguidos por *crescimento de grão*.

178 • **Capítulo 7**

7.11 RECUPERAÇÃO

recuperação

Durante a **recuperação**, uma parcela da energia de deformação interna armazenada é liberada em virtude do movimento das discordâncias (na ausência de aplicação de uma tensão externa), como resultado da maior difusão atômica em temperaturas elevadas. Existe certa redução no número de discordâncias, e são produzidas configurações de discordâncias (semelhantes àquela mostrada na Figura 4.9) que possuem baixas energias de deformação. Além disso, algumas propriedades físicas, tais como as condutividades elétrica e térmica, são recuperadas aos estados de antes do trabalho a frio.

7.12 RECRISTALIZAÇÃO

recristalização

Mesmo após a recuperação estar completa, os grãos ainda estão em um estado de energia de deformação relativamente elevado. A **recristalização** é a formação de um novo conjunto de grãos livres de deformação e equiaxiais (isto é, com dimensões aproximadamente iguais em todas as direções), com baixas densidades de discordâncias e que são característicos das condições anteriores ao trabalho a frio. A força motriz para produzir essa nova estrutura de grãos é a diferença de energia interna entre o material deformado e o material não deformado. Os novos grãos se formam como núcleos muito pequenos e crescem até consumirem por completo seu material de origem, em processos que envolvem difusão de curto alcance. Vários estágios do processo de recristalização estão representados nas Figuras 7.21*a* a 7.21*d*; nessas fotomicrografias, os pequenos grãos salpicados são aqueles que foram recristalizados. Dessa forma, a recristalização de metais trabalhados a frio pode ser empregada para refinar a estrutura de grão.

Além disso, durante a recristalização, as propriedades mecânicas que foram alteradas como consequência do trabalho a frio são restauradas aos seus valores anteriores ao trabalho a frio — isto é, o metal se torna menos resistente e tem menor dureza, entretanto é mais dúctil. Alguns tratamentos térmicos são projetados para permitir que a recristalização ocorra com essas modificações nas características mecânicas (Seção 11.8).

A recristalização é um processo cuja extensão depende tanto do tempo quanto da temperatura. O grau (ou fração) de recristalização aumenta com o tempo, como pode ser observado nas fotomicrografias mostradas nas Figuras 7.21*a* a 7.21*d*. A dependência explícita da recristalização em relação ao tempo é discutida em mais detalhes ao final da Seção 10.3.

A influência da temperatura é demonstrada na Figura 7.22, que, para um tempo constante de tratamento térmico de 1 h, mostra um gráfico do limite de resistência à tração e da ductilidade (à temperatura ambiente) em função da temperatura para um latão. As estruturas de grão encontradas nos vários estágios do processo também estão apresentadas de forma esquemática.

temperatura de recristalização

O comportamento da recristalização de uma determinada liga metálica é às vezes especificado em termos de uma **temperatura de recristalização**, que é a temperatura na qual a recristalização termina em exatamente 1 h. Dessa forma, a temperatura de recristalização para o latão mostrado na Figura 7.22 é de aproximadamente 450°C (850°F). Tipicamente, ela se encontra entre um terço e metade da temperatura absoluta de fusão de um metal ou liga e depende de vários fatores, que incluem a quantidade de trabalho a frio a que o material foi submetido e a pureza da liga. O aumento da porcentagem de trabalho a frio aumenta a taxa de recristalização, resultando na redução da temperatura de recristalização, que tende a um valor constante ou limite sob deformações elevadas; esse efeito é mostrado na Figura 7.23. Além disso, é essa temperatura de recristalização mínima, ou limite, que é normalmente especificada na literatura. Existe um nível crítico de trabalho a frio abaixo do qual a recristalização não pode ser induzida, como mostra a figura; normalmente, esse nível crítico está entre 2% e 20% de trabalho a frio.

A recristalização prossegue mais rapidamente nos metais puros que nas ligas. Durante a recristalização, ocorre o movimento dos contornos de grão conforme novos núcleos de grãos se formam e então crescem. Acredita-se que os átomos de impurezas segregam-se preferencialmente nos contornos de grão recristalizados e interagem com eles, de forma a diminuir suas mobilidades (isto é, dos contornos de grão); isso resulta em uma diminuição na taxa de recristalização e aumenta a temperatura de recristalização, às vezes de maneira bastante substancial. Para os metais puros, a temperatura de recristalização é normalmente de $0,4T_f$, em que T_f é a temperatura absoluta de fusão; para algumas ligas comerciais, ela pode chegar a $0,7T_f$. As temperaturas de recristalização e de fusão para diversos metais e ligas estão listadas na Tabela 7.2.

Deve ser observado que, uma vez que a taxa de recristalização depende de inúmeras variáveis, como foi discutido anteriormente, existe alguma arbitrariedade em relação às temperaturas de recristalização citadas na literatura. Além disso, algum grau de recristalização pode ocorrer para uma liga que seja termicamente tratada em temperaturas abaixo da sua temperatura de recristalização.

Figura 7.21
Fotomicrografias mostrando vários estágios da recristalização e do crescimento de grãos do latão. (*a*) Estrutura de grão trabalhado a frio (33%TF). (*b*) Estágio inicial da recristalização após aquecimento durante 3 s a 580°C (1075°F); os grãos muito pequenos são aqueles que recristalizaram. (*c*) Substituição parcial dos grãos trabalhados a frio por grãos recristalizados (4 s a 580°C). (*d*) Recristalização completa (8 s a 580°C). (*e*) Crescimento dos grãos após 15 min a 580°C. (*f*) Crescimento dos grãos após 10 min a 700°C (1290°F). Todas as fotomicrografias estão com ampliação de 70×. (Todas as fotomicrografias são de BURKE, J. E. *Grain Control in Metallurgy*, em "The Fundamentals of Recrystallization and Grain Growth", Thirtieth National Metal Congress and Exposition, American Society for Metals, 1948. Sob permissão da ASM International, Materials Park, OH. www.asminternational.org.)

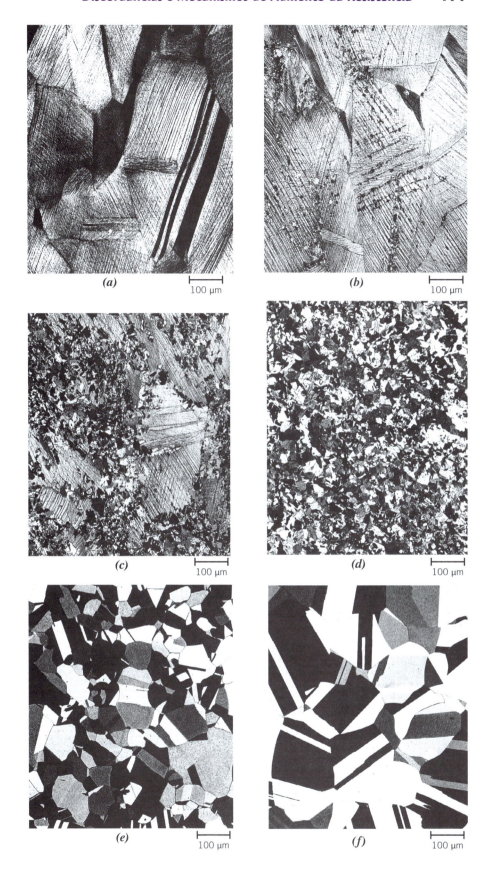

As operações de deformação plástica são realizadas frequentemente em temperaturas acima da temperatura de recristalização, em um processo denominado *trabalho a quente*, descrito na Seção 11.4. O material permanece relativamente com baixa dureza e dúctil durante a deformação, pois não encrua; dessa forma, são possíveis grandes deformações.

$$21{,}5\%\text{TF} = \frac{\left(\dfrac{d_0'}{2}\right)^2 \pi - \left(\dfrac{5{,}1\text{ mm}}{2}\right)^2 \pi}{\left(\dfrac{d_0'}{2}\right)^2 \pi} \times 100$$

Agora, resolvendo para d_0' a partir da expressão acima, temos

$$d_0' = 5{,}8 \text{ mm } (0{,}226 \text{ in})$$

7.13 CRESCIMENTO DE GRÃO

crescimento de grão

Após a conclusão da recristalização, os grãos isentos de deformações continuarão a crescer se a amostra do metal for deixada sob uma temperatura elevada (Figuras 7.21*d* a 7.21*f*); esse fenômeno é chamado **crescimento de grão**. O crescimento de grão não precisa ser precedido por recuperação e recristalização; ele pode ocorrer em todos os materiais policristalinos, tanto nos metais quanto nas cerâmicas.

Uma energia está associada aos contornos de grão, como foi explicado na Seção 4.6. Conforme os grãos aumentam de tamanho, a área total dos contornos diminui, produzindo uma consequente redução na energia total; essa é a força motriz para o crescimento de grão.

O crescimento de grão ocorre pela migração dos contornos de grão. Obviamente, nem todos os grãos podem aumentar de tamanho, porém grãos maiores crescem à custa de grãos menores que diminuem. Dessa forma, o tamanho médio de grão aumenta com o tempo e, em qualquer instante específico, existe uma faixa de tamanhos de grão. O movimento dos contornos consiste simplesmente na difusão, em curta distância, dos átomos de um lado para outro do contorno. As direções do movimento do contorno e do movimento dos átomos são opostas entre si, como ilustrado na Figura 7.24.

Para muitos materiais policristalinos, o diâmetro de grão *d* varia em função do tempo *t* de acordo com a relação

Para o crescimento de grão, a dependência do tamanho de grão em relação ao tempo

$$d^n - d_0^n = Kt \tag{7.9}$$

na qual d_0 é o diâmetro inicial de grão em $t = 0$, e K e n são constantes independentes do tempo; o valor de n é geralmente igual ou maior que 2.

A dependência do tamanho de grão em relação ao tempo e à temperatura é demonstrada na Figura 7.25, que apresenta um gráfico do logaritmo do tamanho de grão em função do logaritmo do tempo para um latão em várias temperaturas. Nas temperaturas mais baixas, as curvas são lineares. Além disso, o

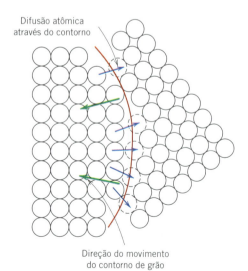

Figura 7.24 Representação esquemática do crescimento de grão por difusão atômica.
(De VAN VLACK, L. H. *A Textbook of Materials Technology*. Addison-Wesley, 1973. Reproduzida com permissão do espólio de Lawrence H. Van Vlack.)

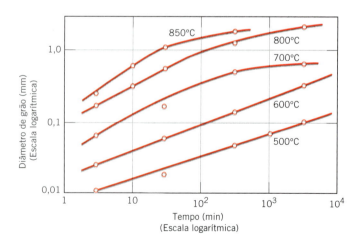

Figura 7.25 O logaritmo do diâmetro de grão em função do logaritmo do tempo para o crescimento de grão no latão em várias temperaturas.
(De BURKE, J. E. "Some Factors Affecting the Rate of Grain Growth in Metals". Reimpressa sob permissão de *Metallurgical Transactions*, vol. 180, 1949, uma publicação da The Metallurgical Society of AIME, Warrendale, Pennsylvania.)

Discordâncias e Mecanismos de Aumento da Resistência • 183

crescimento de grão prossegue mais rapidamente conforme a temperatura aumenta — isto é, as curvas são deslocadas para cima, para maiores tamanhos de grão. Isso é explicado pelo aumento da taxa de difusão com o aumento da temperatura.

As propriedades mecânicas à temperatura ambiente de um metal com granulação fina são, em geral, superiores (isto é, apresentam maiores resistência e tenacidade) às do metal com grãos grosseiros. Se a estrutura de grão de uma liga monofásica for mais grosseira que o desejado, o refino de grão pode ser obtido deformando plasticamente o material e, em seguida, submetendo-o a um tratamento térmico de recristalização, como descrito anteriormente.

PROBLEMA-EXEMPLO 7.3

Cálculo do Tamanho de Grão após o Tratamento Térmico

Quando um metal hipotético que possui um diâmetro de grão de $8,2 \times 10^{-3}$ mm é aquecido a 500°C durante 12,5 min, o diâmetro de grão aumenta para $2,7 \times 10^{-2}$ mm. Calcule o diâmetro de grão quando uma amostra do material original é aquecida a 500°C durante 100 min. Considere que o expoente do diâmetro de grão n tenha um valor de 2.

Solução

Para esse problema, a Equação 7.9 se torna

$$d^2 - d_0^2 = Kt \tag{7.10}$$

Primeiro é necessário resolver para o valor de K. Isso é possível incorporando o primeiro conjunto de dados no enunciado do problema — isto é,

$d_0 = 8,2 \times 10^{-3}$ mm

$d = 2,7 \times 10^{-2}$ mm

$t = 12,5$ min

na seguinte forma rearranjada da Equação 7.10:

$$K = \frac{d^2 - d_0^2}{t}$$

Isso leva a

$$K = \frac{(2,7 \times 10^{-2} \text{ mm})^2 - (8,2 \times 10^{-3} \text{ mm})^2}{12,5 \text{ min}}$$
$$= 5,29 \times 10^{-5} \text{ mm}^2/\text{min}$$

Para determinar o diâmetro de grão após um tratamento térmico a 500°C com duração de 100 min, devemos manipular a Equação 7.10 para que d seja a variável dependente — isto é,

$$d = \sqrt{d_0^2 + Kt}$$

Com a substituição nessa expressão de $t = 100$ min, assim como dos valores de d_0 e K, tem-se

$$d = \sqrt{(8.2 \times 10^{-3} \text{ mm})^2 + (5,29 \times 10^{-5} \text{ mm}^2/\text{min})(100 \text{ min})}$$
$$= 0,0732 \text{ mm}$$

RESUMO

Conceitos Básicos
- Em um nível microscópico, a deformação plástica corresponde ao movimento de discordâncias em resposta à aplicação de uma tensão cisalhante externa.
- Para as discordâncias em aresta, o movimento da linha da discordância e a direção da tensão cisalhante aplicada são paralelos; para as discordâncias em espiral, essas direções são perpendiculares.
- Em uma discordância em aresta, existem deformações de tração, compressão e cisalhante na vizinhança da linha da discordância. Apenas deformações por cisalhamento são encontradas na rede junto às discordâncias puramente em espiral.

184 • Capítulo 7

Sistemas de Escorregamento

- O movimento de discordâncias em resposta à aplicação de uma tensão cisalhante externa é denominado *escorregamento*.

- O escorregamento ocorre em planos cristalográficos específicos e, nesses planos, somente em certas direções. Um sistema de escorregamento representa uma combinação de plano de escorregamento-direção de escorregamento.

- Os sistemas de escorregamento ativos dependem da estrutura cristalina do material. O *plano de escorregamento* é aquele que possui a compactação atômica mais densa, e a *direção de escorregamento* é a direção nesse plano que é mais compacta em átomos.

Escorregamento em Monocristais

- A *tensão cisalhante resolvida* é a tensão cisalhante resultante da aplicação de uma tensão de tração que está resolvida sobre um plano o qual não é nem paralelo nem perpendicular à direção da tensão aplicada.

- A *tensão cisalhante resolvida crítica* é a tensão cisalhante resolvida mínima necessária para iniciar o movimento das discordâncias (ou escorregamento).

- Para um monocristal tracionado, pequenos degraus se formam sobre a superfície, os quais são paralelos e circundam a amostra.

Deformação Plástica dos Materiais Policristalinos

- Para os metais policristalinos, o escorregamento ocorre dentro de cada grão ao longo daqueles sistemas de escorregamento que estiverem mais favoravelmente orientados em relação à tensão aplicada. Além disso, durante a deformação, os grãos mudam de forma e se alongam naquelas direções nas quais ocorre deformação plástica generalizada.

Deformação por Maclação

- Sob algumas circunstâncias, nos metais CCC e HC pode ocorrer uma deformação plástica limitada por maclação — maclas de deformação se formam em resposta à aplicação de forças cisalhantes.

Mecanismos de Aumento da Resistência em Metais

- A facilidade com que um metal é capaz de deformar plasticamente é função da mobilidade das discordâncias — isto é, a restrição ao movimento das discordâncias leva a um aumento da dureza e da resistência.

Aumento da Resistência pela Redução do Tamanho de Grão

- Os *contornos de grão* são barreiras ao movimento das discordâncias por duas razões:

  Ao cruzar um contorno de grão, a direção do movimento de uma discordância deve mudar.

  Existe uma descontinuidade dos planos de escorregamento na vizinhança de um contorno de grão.

- Um metal que possui grãos pequenos é mais resistente que um com grãos maiores, pois o primeiro possui maior área de contornos de grão e, dessa forma, mais barreiras ao movimento das discordâncias.

Aumento da Resistência por Solução Sólida

- A resistência e a dureza de um metal aumentam com o aumento da concentração de átomos de impureza que formam uma solução sólida (tanto substitucional quanto intersticial).

- O aumento da resistência por solução sólida resulta de interações da deformação da rede entre os átomos de impurezas e as discordâncias; essas interações produzem diminuição na mobilidade das discordâncias.

Encruamento

- O *encruamento* é o aumento da resistência (e a diminuição da ductilidade) de um metal conforme ele é deformado plasticamente.

- O limite de escoamento, o limite de resistência à tração e a dureza de um metal aumentam com o aumento da porcentagem de trabalho a frio (Figuras 7.19a e 7.19b); a ductilidade diminui (Figura 7.19c).

- Durante a deformação plástica, a densidade de discordâncias aumenta e as interações repulsivas entre as discordâncias e os campos de deformação das discordâncias aumentam; isso leva a menores mobilidades das discordâncias e aumentos na resistente e na dureza.

Recuperação

- Durante a recuperação:

  Existe algum alívio da energia de deformação interna pelo movimento das discordâncias.

  A densidade de discordâncias diminui, e as discordâncias assumem configurações de baixa energia.

  Algumas propriedades dos materiais revertem aos valores existentes antes do trabalho a frio.

Recristalização

- Durante a recristalização:

  Forma-se um novo conjunto de grãos equiaxiais e isentos de deformação, com densidades de discordâncias relativamente baixas.

  O metal fica com menor dureza, menos resistente e mais dúctil.

- Para um metal trabalhado a frio que sofre recristalização, conforme a temperatura aumenta (para um tempo de tratamento térmico constante) o limite de resistência à tração diminui e a ductilidade aumenta (segundo a Figura 7.22).

- A temperatura de recristalização de uma liga metálica é aquela temperatura na qual a recristalização é total em 1 h.

- Dois fatores que influenciam a temperatura de recristalização são a porcentagem de trabalho a frio e o teor de impurezas.

  A temperatura de recristalização diminui com o aumento da porcentagem de trabalho a frio.

  Ela aumenta com o aumento das concentrações de impurezas.

Discordâncias e Mecanismos de Aumento da Resistência • 185

- A deformação plástica de um metal acima da sua temperatura de recristalização é um *trabalho a quente*; a deformação abaixo da temperatura de recristalização é denominada *trabalho a frio*.

Crescimento de Grão
- O *crescimento de grão* é o aumento do tamanho médio dos grãos de materiais policristalinos, que ocorre pelo movimento dos contornos de grão.
- A dependência do tamanho de grão em relação ao tempo é representada pela Equação 7.9.

Resumo das Equações

Número da Equação	Equação	Resolvendo para
7.2	$\tau_R = \sigma \cos\phi \cos\lambda$	Tensão cisalhante resolvida
7.4	$\tau_{\text{tcrc}} = \sigma_l\,(\cos\phi \cos\lambda)_{\text{máx}}$	Tensão cisalhante resolvida crítica
7.7	$\sigma_l = \sigma_0 + k_l\,d^{-1/2}$	Limite de escoamento (em função do tamanho médio de grão) — equação de Hall-Petch
7.8	$\%\text{TF} = \left(\dfrac{A_0 - A_d}{A_0}\right) \times 100$	Porcentagem de trabalho a frio
7.9	$d^n - d_0^n = Kt$	Tamanho médio de grão (durante o crescimento de grão)

Lista de Símbolos

Símbolo	Significado
A_0	Área da seção transversal da amostra antes da deformação
A_d	Área da seção transversal da amostra após a deformação
d	Tamanho médio de grão; tamanho médio de grão durante o crescimento de grão
d_0	Tamanho médio de grão antes do crescimento de grão
K, k_l	Constantes dos materiais
t	Tempo ao longo do qual ocorreu o crescimento de grão
n	Expoente do tamanho de grão — para alguns materiais, possui um valor de aproximadamente 2
λ	Ângulo entre o eixo de tração e a direção do escorregamento para um monocristal tensionado em tração (Figura 7.7)
ϕ	Ângulo entre o eixo de tração e a normal ao plano de escorregamento para um monocristal tensionado em tração (Figura 7.7)
σ_0	Constante do material
σ_l	Limite de escoamento

Termos e Conceitos Importantes

aumento da resistência por solução sólida
crescimento de grão
deformação da rede
densidade de discordâncias

encruamento
escorregamento
recristalização
recuperação
sistema de escorregamento

temperatura de recristalização
tensão cisalhante resolvida
tensão cisalhante resolvida crítica
trabalho a frio

REFERÊNCIAS

ARGON, A. S. *Strengthening Mechanisms in Crystal Plasticity*. Oxford, UK: Oxford University Press, 2008.

HIRTH, J. P. e LOTHE, J. *Theory of Dislocations*, 2ª ed. Nova York: Wiley-Interscience, 1982. Reimpresso por Krieger, Malabar, FL, 1992.

HULL, D. e BACON, D. J. *Introduction to Dislocations*, 5ª ed. Oxford, UK: Butterworth-Heinemann, 2011.

READ, W. T., Jr., *Dislocations in Crystals*. Nova York: McGraw-Hill, 1953.

WEERTMAN, J. e WEERTMAN, J. R. *Elementary Dislocation Theory*. Nova York: Macmillan, 1964. Reimpresso por Oxford University Press, Nova York, 1992.

Capítulo 8 Falha

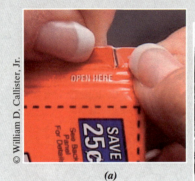

(a)

(b)

Você já teve o incômodo de gastar um esforço considerável para rasgar e abrir uma pequena embalagem plástica contendo amendoins, balas ou algum outro confeito? Provavelmente também notou que quando um pequeno rasgo (ou corte) é feito na aresta, como aparece na fotografia (*a*), uma força mínima é necessária para rasgar e abrir a embalagem. Esse fenômeno está relacionado com uma das características básicas da mecânica da fratura: uma tensão de tração que esteja sendo aplicada é amplificada na extremidade de um pequeno rasgo ou entalhe.

A fotografia (*b*) é de um navio-tanque que fraturou de maneira frágil como resultado da propagação de uma trinca completamente ao redor do seu casco. Essa trinca iniciou como algum tipo de pequeno entalhe ou defeito afiado. Quando o navio-tanque foi submetido a turbulências no mar, as tensões resultantes foram amplificadas na extremidade desse entalhe ou defeito, e uma trinca se formou e rapidamente cresceu, o que ao final levou a uma fratura completa do navio-tanque.

A fotografia (*c*) é de um jato comercial Boeing 737-200 (Aloha Airlines, voo 243) que sofreu uma descompressão explosiva e uma falha estrutural em 28 de abril de 1988. Uma investigação do acidente concluiu que a causa foi fadiga metálica agravada por corrosão por frestas (Seção 17.7), já que o avião operava em um ambiente costeiro (úmido e salino). A fuselagem foi submetida a ciclos de tensões, resultantes da compressão e da descompressão da cabine durante voos de curta duração. Um programa de manutenção corretamente executado pela companhia aérea teria detectado o dano por fadiga e prevenido esse acidente.

(c)

POR QUE ESTUDAR *as Falhas?*

O projeto de um componente ou estrutura exige, com frequência, que o engenheiro minimize a possibilidade de uma falha. Nesse contexto, é importante compreender a mecânica dos vários tipos de falha — isto é, fratura, fadiga e fluência — além de estar familiarizado com os princípios de projeto apropriados que podem ser empregados para prevenir falhas durante o serviço. Por exemplo, nas Seções M.7 e M.8 do Módulo *Online* para Engenharia Mecânica discutimos a seleção e o processamento de materiais em relação à fadiga de uma mola de válvula de automóvel.

Objetivos do Aprendizado

Após estudar este capítulo, você deverá ser capaz de fazer o seguinte:

1. Descrever o mecanismo da propagação de trincas para as modalidades de fraturas dúctil e frágil.
2. Explicar por que as resistências dos materiais frágeis são muito menores que as previstas por cálculos teóricos.
3. Definir tenacidade à fratura em termos de (a) uma definição sucinta e (b) uma equação; definir todos os parâmetros nessa equação.
4. Fazer uma distinção entre *tenacidade à fratura e tenacidade à fratura em deformação plana*.
5. Citar e descrever as duas técnicas de ensaio de fratura por impacto.
6. Definir *fadiga* e especificar as condições sob as quais ela ocorre.
7. A partir de um gráfico de fadiga para um material específico, determinar (a) a vida em fadiga (para um nível de tensão específico) e (b) a resistência à fadiga (para um número de ciclos específico).
8. Definir *fluência* e especificar as condições sob as quais ela ocorre.
9. Dado um gráfico de fluência para um material específico, determinar (a) a taxa de fluência em regime estacionário e (b) o tempo de vida até a ruptura.

8.1 INTRODUÇÃO

A falha de materiais de engenharia é quase sempre um evento indesejável por várias razões, como vidas humanas que são colocadas em risco, perdas econômicas e a interferência na disponibilidade de produtos e serviços. Embora as causas das falhas e o comportamento dos materiais possam ser conhecidos, a prevenção de falhas é difícil de ser garantida. As causas comuns são a seleção e o processamento inapropriados de materiais, além do projeto inadequado ou da má utilização de um componente. Também podem ocorrer danos às partes estruturais durante o serviço, e a inspeção regular e o reparo ou substituição são críticos para um projeto seguro. É responsabilidade do engenheiro antecipar e planejar levando em consideração possíveis falhas e, no caso de uma falha de fato ocorrer, avaliar sua causa e então tomar as medidas de prevenção apropriadas contra futuros incidentes.

Os tópicos a seguir são abordados neste capítulo: fratura simples (tanto dúctil quanto frágil), fundamentos da mecânica da fratura, ensaios de tenacidade à fratura, transição dúctil-frágil, fadiga e fluência. Essas discussões incluem os mecanismos das falhas, as técnicas de ensaio e os métodos pelos quais as falhas podem ser prevenidas ou controladas.

Verificação de Conceitos 8.1   Cite duas situações nas quais a possibilidade de falha é parte integrante do projeto de um componente ou produto.

[*A resposta está disponível no GEN-IO, ambiente virtual de aprendizagem do GEN.*]

Fratura

8.2 FUNDAMENTOS DA FRATURA

A *fratura simples* consiste na separação de um corpo em duas ou mais partes em resposta à imposição de uma tensão estática (isto é, que é constante ou que varia lentamente ao longo do tempo) e

188 • Capítulo 8

em temperaturas que são baixas em relação à temperatura de fusão do material. Uma fratura também pode ocorrer em razão da fadiga (quando são impostas tensões cíclicas) e da fluência (deformação que varia com o tempo e que ocorre normalmente sob temperaturas elevadas); os tópicos de fadiga e fluência são abordados posteriormente neste capítulo (Seções 8.7 a 8.15). Embora as tensões aplicadas possam ser de tração, compressão, cisalhamento ou torção (ou combinações dessas), a presente discussão ficará restrita às fraturas que resultam de cargas de tração uniaxiais.

**fratura dúctil,
fratura frágil**

Para os metais, são possíveis dois modos de fratura: **dúctil** e **frágil**. A classificação se baseia na habilidade de um material sofrer deformação plástica. Os metais dúcteis exibem tipicamente uma deformação plástica substancial com grande absorção de energia antes da fratura. Entretanto, acompanhando uma fratura frágil, há normalmente pouca ou nenhuma deformação plástica e baixa absorção de energia. Os comportamentos tensão-deformação em tração de ambos os tipos de fratura podem ser revistos na Figura 6.13.

Dúctil e *frágil* são termos relativos; se uma fratura específica é de um tipo ou de outro depende da situação. A ductilidade pode ser quantificada em termos do alongamento percentual (Equação 6.11) e da redução percentual na área (Equação 6.12). Além disso, a ductilidade é uma função da temperatura do material, da taxa de deformação e do estado de tensão. A possibilidade de materiais normalmente dúcteis falharem de uma maneira frágil é discutida na Seção 8.6.

Qualquer processo de fratura envolve duas etapas — formação e propagação de trincas — em resposta à imposição de uma tensão. O tipo da fratura é altamente dependente do mecanismo de propagação da trinca. A fratura dúctil é caracterizada por uma extensa deformação plástica na vizinhança de uma trinca que está avançando. O processo prossegue de maneira relativamente lenta conforme o comprimento da trinca aumenta. Com frequência, esse tipo de trinca é dito ser *estável* — isto é, resiste a qualquer extensão adicional, a menos que exista um aumento na tensão aplicada. Além disso, normalmente há evidência de deformação generalizada apreciável nas superfícies da fratura (por exemplo, torção e rasgamento). Contudo, para a fratura frágil, as trincas podem se propagar de maneira extremamente rápida, acompanhadas de muito pouca deformação plástica. Tais trincas podem ser consideradas *instáveis*, e a propagação da trinca, uma vez iniciada, continua espontaneamente sem aumento na magnitude da tensão aplicada.

A fratura dúctil é quase sempre preferível à frágil por duas razões: em primeiro lugar, a fratura frágil ocorre repentina e catastroficamente, sem nenhum aviso; isso é uma consequência da espontânea e rápida propagação da trinca. Por outro lado, para as fraturas dúcteis, a presença de uma deformação plástica dá um alerta de que a falha é iminente, permitindo que sejam tomadas medidas preventivas. Em segundo lugar, é necessária mais energia de deformação para induzir uma fratura dúctil, uma vez que os materiais dúcteis são, em geral, mais tenazes. Sob a ação de uma tensão de tração aplicada, muitas ligas metálicas são dúcteis, enquanto os materiais cerâmicos são tipicamente frágeis, e os polímeros podem exibir uma gama de comportamentos.

8.3 FRATURA DÚCTIL

As superfícies da fratura dúctil têm características distintas tanto ao nível macroscópico quanto microscópico. A Figura 8.1 mostra representações esquemáticas para dois perfis de fratura macroscópicos característicos. A configuração na Figura 8.1a é encontrada nos metais extremamente dúcteis, tais como o ouro puro e o chumbo puro à temperatura ambiente, além de outros metais, polímeros e vidros inorgânicos em temperaturas elevadas. Esses materiais altamente dúcteis formam um pescoço até uma fratura pontual, exibindo uma redução de área de virtualmente 100%.

O tipo mais comum de perfil de fratura por tração para os metais dúcteis é o que está representado na Figura 8.1b, em que a fratura é precedida por apenas uma quantidade moderada de empescoçamento (estricção). Normalmente, o processo de fratura ocorre em vários estágios (Figura 8.2). Primeiro, após o início do empescoçamento, pequenas cavidades ou *microvazios* se formam no interior da seção transversal do material, como indicado na Figura 8.2b. Em seguida, com o prosseguimento da deformação, esses microvazios aumentam em tamanho, aproximam-se e coalescem para formar uma trinca elíptica, que tem seu eixo maior perpendicular à direção da tensão. A trinca continua a crescer paralela à direção do seu eixo principal, por meio desse processo de coalescência de microvazios (Figura 8.2c). Por fim, a fratura ocorre pela rápida propagação de uma trinca ao redor do perímetro externo do pescoço (Figura 8.2d), mediante uma deformação cisalhante que ocorre em um ângulo de aproximadamente 45° em relação ao *eixo de tração* — esse é o ângulo em que a tensão cisalhante é máxima. Às vezes, uma fratura que possui esse contorno superficial característico é denominada *fratura taça e cone*, pois uma das superfícies possui a forma de uma taça, enquanto a outra lembra um cone. Nesse tipo de amostra fraturada (Figura 8.3a), a região interna central da superfície tem uma aparência irregular e fibrosa, o que é indicativo de deformação plástica.

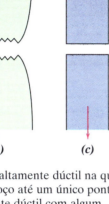

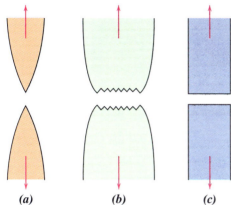

Figura 8.1 (a) Fratura altamente dúctil na qual a amostra forma um pescoço até um único ponto. (b) Fratura moderadamente dúctil com algum empescoçamento (estricção). (c) Fratura frágil sem nenhuma deformação plástica.

Figura 8.2 Estágios de uma fratura tipo taça e cone. (a) Empescoçamento inicial. (b) Formação de pequenas cavidades. (c) Coalescência de cavidades para formar uma trinca. (d) Propagação da trinca. (e) Fratura final por cisalhamento em um ângulo de 45° em relação à direção da tração.
(De RALLS, K. M., COURTNEY, T. H. e WULFF, J. *Introduction to Materials Science and Engineering*, p. 468. Copyright © 1976 por John Wiley & Sons, Nova York. Reimpressa sob permissão de John Wiley & Sons, Inc.)

Figura 8.3 (a) Fratura do tipo taça e cone em alumínio. (b) Fratura frágil em ferro fundido cinzento.

Estudos Fractográficos

Uma informação muito mais detalhada em relação ao mecanismo da fratura está disponível a partir de uma análise microscópica, normalmente com a utilização de um microscópio eletrônico de varredura. Os estudos dessa natureza são denominados *fractográficos*. O microscópio eletrônico de varredura é preferido para as análises fractográficas, pois possui resolução e profundidade de campo muito melhores que um microscópio óptico; essas características são necessárias para revelar as particularidades topográficas das superfícies de fratura.

Quando a região central fibrosa de uma superfície de fratura do tipo taça e cone é examinada com auxílio do microscópio eletrônico em uma grande ampliação, observa-se que ela consiste em numerosas "microcavidades" esféricas (Figura 8.4a); essa estrutura é característica de uma fratura resultante de uma falha por tração uniaxial. Cada microcavidade consiste na metade de um microvazio que se formou e que então se separou durante o processo de fratura. As microcavidades também se formam na borda de cisalhamento a 45° da fratura do tipo taça e cone. Entretanto, elas serão alongadas ou em forma de "C", como na Figura 8.4b. Esse formato parabólico pode ser indicativo de uma falha por cisalhamento. Adicionalmente, também são possíveis outras características microscópicas na superfície de fratura. Fractografias como as mostradas nas Figuras 8.4a e 8.4b fornecem informações valiosas para a análise de uma fratura, tais como o tipo de fratura, o estado de tensão e o ponto onde a trinca teve seu início.

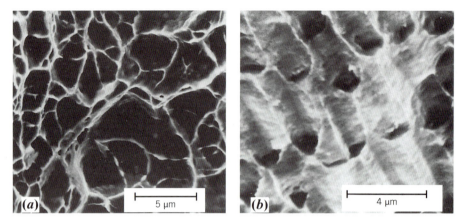

Figura 8.4 (a) Fractografia eletrônica de varredura mostrando microcavidades (*dimples*) esféricas características de uma fratura dúctil que resulta de cargas de tração uniaxiais. Ampliação de 3300×. (b) Fractografia eletrônica de varredura mostrando microcavidades com formato parabólico características de fratura dúctil que resulta de uma carga cisalhante. Ampliação de 5000×.
(De HERTZBERG, R. W. *Deformation and Fracture Mechanics of Engineering Materials*, 3ª ed. Copyright © 1989 por John Wiley & Sons, Nova York. Reimpressa sob permissão de John Wiley & Sons, Inc.)

8.4 FRATURA FRÁGIL

A fratura frágil ocorre sem nenhuma deformação apreciável e por meio da rápida propagação de uma trinca. A direção do movimento da trinca é aproximadamente perpendicular à direção da tensão de tração aplicada e produz uma superfície de fratura relativamente plana, como indicado na Figura 8.1c.

As superfícies de fratura dos materiais que falham de maneira frágil têm seus próprios padrões característicos; estão ausentes quaisquer sinais de deformação plástica generalizada. Por exemplo, em algumas peças de aço, uma série de "marcas de sargento" em forma de "V" pode se formar próximo ao centro da seção transversal da fratura, apontando para trás, em direção ao ponto de iniciação da trinca (Figura 8.5a). Outras superfícies de fratura frágil contêm linhas ou nervuras que se irradiam a partir do ponto de origem da trinca, seguindo um padrão em forma de leque (Figura 8.5b). Com frequência, esses padrões de marcas são suficientemente grosseiros para serem discernidos a olho nu. Nos metais muito duros e com granulação fina, não há padrões de fratura distinguíveis. A fratura frágil nos materiais amorfos, tais como os vidros cerâmicos, produz uma superfície relativamente brilhante e lisa.

Para a maioria dos materiais cristalinos frágeis, a propagação da trinca corresponde a uma ruptura sucessiva e repetida de ligações atômicas ao longo de planos cristalográficos específicos (Figura 8.6a); tal processo é denominado *clivagem*. Esse tipo de fratura é chamado de **transgranular** (ou *transcristalino*), uma vez que as trincas da fratura passam através dos grãos. Macroscopicamente, a superfície da fratura pode exibir uma textura granulada ou facetada (Figura 8.3b), como resultado das mudanças na orientação dos planos de clivagem de um grão para o outro. Essa característica da clivagem é mostrada sob maior ampliação na micrografia eletrônica de varredura da Figura 8.6b.

fratura transgranular

Em algumas ligas, a propagação das trincas ocorre ao longo dos contornos dos grãos (Figura 8.7a); esse tipo de fratura é denominado **intergranular**. A Figura 8.7b é uma micrografia eletrônica de varredura mostrando uma fratura intergranular típica, na qual pode ser observada a natureza tridimensional dos grãos. Normalmente, esse tipo de fratura resulta após processos que reduzem a resistência ou fragilizam as regiões dos contornos de grão.

fratura intergranular

8.5 PRINCÍPIOS DA MECÂNICA DA FRATURA[1]

A fratura frágil de materiais normalmente dúcteis, tal como aquela mostrada na Figura b na página inicial deste capítulo (foto do navio-tanque), demonstrou a necessidade de melhor compreender os mecanismos de fratura. Extensos esforços de pesquisas ao longo do último século levaram à evolução do campo da **mecânica da fratura**. Essa disciplina permite a quantificação das relações entre as propriedades dos materiais, o nível de tensão, a presença de defeitos geradores de trincas e os mecanismos de propagação de trincas. Os engenheiros de projeto estão agora mais bem equipados para

mecânica da fratura

---

[1]Uma discussão mais detalhada dos princípios da mecânica da fratura pode ser encontrada na Seção M.2 do Módulo *Online* para Engenharia Mecânica, o qual está disponível no GEN-IO, ambiente virtual de aprendizagem do GEN.

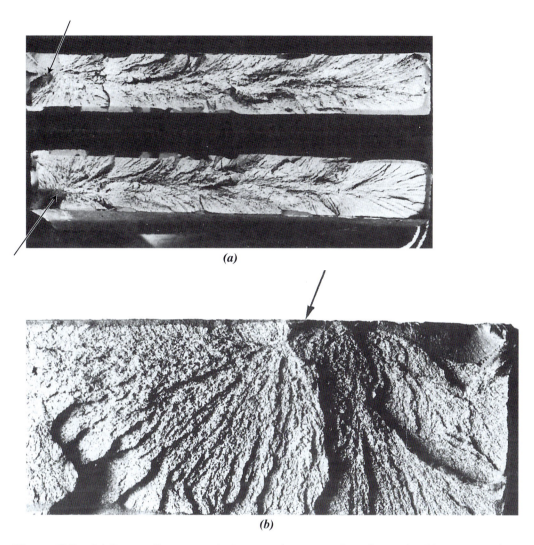

Figura 8.5 (*a*) Fotografia mostrando "marcas de sargento" em forma de "V", características de uma fratura frágil. As setas indicam a origem da trinca. Aproximadamente em tamanho real. (*b*) Fotografia de uma superfície de fratura frágil mostrando nervuras radiais em formato de leque. A seta indica a origem da trinca. Ampliação de aproximadamente 2×.
[(*a*) De HERTZBERG, R. W. *Deformation and Fracture Mechanics of Engineering Materials*, 3ª ed. Copyright © 1989 por John Wiley & Sons, Nova York. Reimpressa sob permissão de John Wiley & Sons, Inc. A fotografia é uma cortesia de Roger Slutter, Lehigh University. (*b*) De WULPI, D. J. *Understanding How Components Fail*, 1985. Reproduzida sob permissão da ASM International, Materials Park, OH.]

antecipar e, dessa forma, prevenir falhas estruturais. A presente discussão está centrada em alguns dos princípios fundamentais da mecânica da fratura.

Concentração de Tensões

A resistência à fratura medida para a maioria dos materiais é significativamente menor que a prevista a partir de cálculos teóricos com base nas energias das ligações atômicas. Essa discrepância é explicada pela presença de defeitos ou trincas microscópicas que sob condições normais sempre existem na superfície e no interior do corpo de um material. Esses defeitos são um fator negativo para a resistência à fratura, pois uma tensão aplicada pode ser amplificada ou concentrada na extremidade do defeito, em que a magnitude dessa amplificação depende da orientação e da geometria da trinca. Esse fenômeno está demonstrado na Figura 8.8 — que mostra um perfil de tensões ao longo de uma seção transversal contendo uma trinca interna. Como indicado por esse perfil, a magnitude dessa tensão localizada diminui com a distância ao se afastar da extremidade da trinca. Em posições mais distantes, a tensão é simplesmente a tensão nominal σ_0, ou seja, a carga aplicada dividida pela área da seção transversal da amostra (perpendicular a essa carga). Por causa de suas habilidades de amplificar uma tensão aplicada em suas posições, esses defeitos são às vezes chamados **concentradores de tensões**.

concentrador de tensão

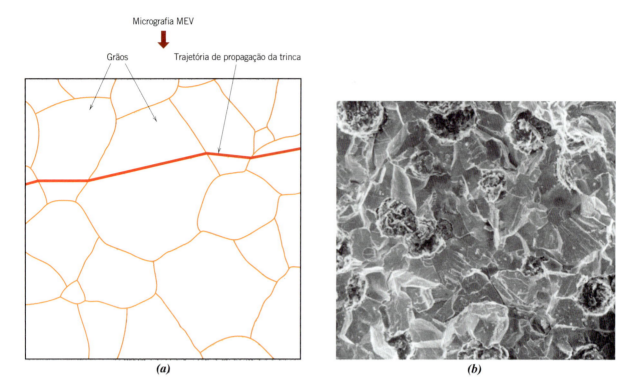

Figura 8.6 (*a*) Perfil esquemático de uma seção transversal mostrando a propagação de uma trinca através do interior dos grãos em uma fratura transgranular. (*b*) Fractografia eletrônica de varredura de um ferro fundido nodular mostrando uma superfície de fratura transgranular. Ampliação desconhecida.
[Figura (*b*) de COLANGELO, V. J. e HEISER, F. A. *Analysis of Metallurgical Failures*, 2ª ed. Copyright © 1987 por John Wiley & Sons, Nova York. Reimpressa sob permissão de John Wiley & Sons, Inc.]

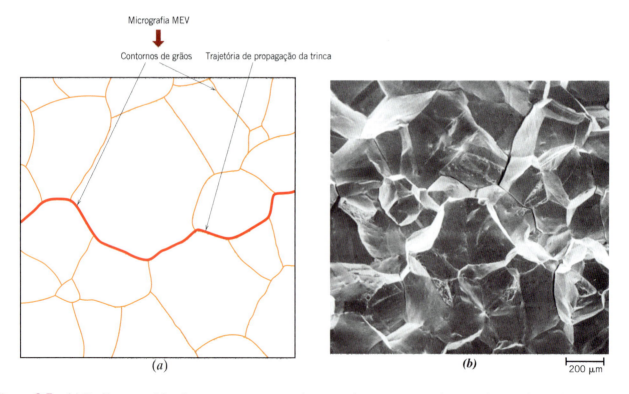

Figura 8.7 (*a*) Perfil esquemático de uma seção transversal mostrando a propagação de uma trinca ao longo dos contornos de grão em uma fratura intergranular. (*b*) Fractografia eletrônica de varredura mostrando uma superfície de fratura intergranular. Ampliação de 50×.
[Figura (*b*) reproduzida sob permissão de *ASM Handbook*, vol. 12, *Fractography*, ASM International, Materials Park, OH, 1987.]

Figura 8.8 (*a*) Geometria de trincas superficiais e internas. (*b*) Perfil de tensões esquemático ao longo da linha *X-X′* em (*a*), demonstrando a amplificação da tensão nas extremidades da trinca.

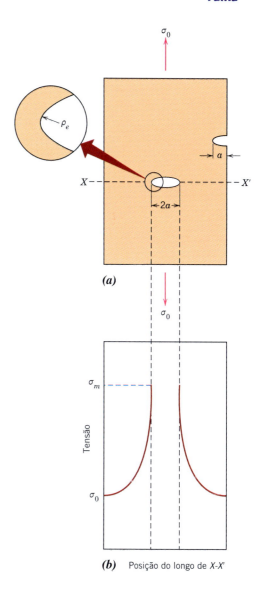

Se for considerado que uma trinca é semelhante a um orifício elíptico que atravessa uma placa e está orientado perpendicularmente à direção da tensão aplicada, a tensão máxima, σ_m, ocorre na extremidade da trinca e pode ser aproximada pela expressão

$$\sigma_m = 2\sigma_0 \left(\frac{a}{\rho_e}\right)^{1/2} \tag{8.1}$$

Para um carregamento em tração, o cálculo da tensão máxima na extremidade de uma trinca

em que σ_0 é a magnitude da tensão de tração nominal aplicada, ρ_e é o raio de curvatura da extremidade da trinca (Figura 8.8*a*), e *a* é o comprimento de uma trinca superficial, ou metade do comprimento de uma trinca interna. Para uma microtrinca relativamente longa que possui um pequeno raio de curvatura na extremidade, o fator $(a/\rho_e)^{1/2}$ pode ser muito grande. Isso leva a um valor de σ_m muitas vezes maior do que o valor de σ_0.

Às vezes, a razão σ_m/σ_0 é conhecida como *fator de concentração de tensões* K_e:

$$K_e = \frac{\sigma_m}{\sigma_0} = 2\left(\frac{a}{\rho_e}\right)^{1/2} \tag{8.2}$$

que é simplesmente uma medida do grau até o qual uma tensão externa é amplificada na extremidade de uma trinca.

Observe que a amplificação da tensão não está restrita a esses defeitos microscópicos; ela também pode ocorrer em descontinuidades internas macroscópicas (por exemplo, vazios ou inclusões), em arestas vivas, arranhões e entalhes.

194 • Capítulo 8

Adicionalmente, o efeito de um concentrador de tensões é mais significativo nos materiais frágeis que nos dúcteis. Em um metal dúctil, a deformação plástica inicia quando a tensão máxima excede o limite de escoamento. Isso leva a uma distribuição de tensões mais uniforme na vizinhança do concentrador de tensões e ao desenvolvimento de um fator de concentração de tensões máximo menor que o valor teórico. Esse escoamento e essa redistribuição de tensões não ocorrem em nenhuma extensão apreciável ao redor de defeitos e descontinuidades nos materiais frágeis; portanto resultará, essencialmente, em concentração de tensões teórica.

Considerando os princípios da mecânica da fratura, é possível mostrar que a tensão crítica σ_c necessária para a propagação de uma trinca em um material frágil é descrita pela expressão

> *Tensão crítica para a propagação de uma trinca em um material frágil*

$$\sigma_c = \left(\frac{2E\gamma_s}{\pi a}\right)^{1/2} \tag{8.3}$$

em que E é o módulo de elasticidade, γ_s é a energia de superfície específica e a é a metade do comprimento de uma trinca interna.

Todos os materiais frágeis contêm uma população de pequenas trincas e defeitos com tamanhos, geometrias e orientações diversos. Quando a magnitude de uma tensão de tração na extremidade de um desses defeitos excede o valor dessa tensão crítica, ocorre a formação de uma trinca que então se propaga, o que resulta em fratura. Têm sido desenvolvidos filamentos (*whiskers*) metálicos e cerâmicos muito pequenos e virtualmente isentos de defeitos, os quais possuem resistências à fratura que se aproximam dos seus valores teóricos.

PROBLEMA-EXEMPLO 8.1

Cálculo do Comprimento Máximo de um Defeito

Uma placa relativamente grande de um vidro é submetida a uma tensão de tração de 40 MPa. Se a energia de superfície específica e o módulo de elasticidade para esse vidro são de 0,3 J/m² e 69 GPa, respectivamente, determine o comprimento máximo de um defeito de superfície que pode existir sem que ocorra fratura.

Solução

Para resolver este problema é necessário empregar a Equação 8.3. O rearranjo dessa expressão para que a seja a variável dependente, e a observação de que $\sigma = 40$ MPa, $\gamma_s = 0,3$ J/m² e $E = 69$ GPa, leva a

$$a = \frac{2E\gamma_s}{\pi\sigma^2}$$

$$= \frac{(2)(69 \times 10^9 \text{ N/m}^2)(0,3 \text{ N/m})}{\pi(40 \times 10^6 \text{ N/m}^2)^2}$$

$$= 8,2 \times 10^{-6} \text{ m} = 0,0082 \text{ mm} = 8,2 \text{ } \mu\text{m}$$

Tenacidade à Fratura

> *Tenacidade à fratura — dependência em relação à tensão crítica para a propagação de uma trinca e o comprimento de uma trinca*

Usando os princípios da mecânica da fratura, foi desenvolvida uma expressão que relaciona essa tensão crítica para a propagação de uma trinca (σ_c) e o comprimento de trinca (a):

$$K_c = Y\sigma_c\sqrt{\pi a} \tag{8.4}$$

Nessa expressão, K_c é a **tenacidade à fatura**, uma propriedade que mede a resistência de um material a uma fratura frágil quando uma trinca está presente. É importante observar que K_c possui as unidades não usuais de MPa$\sqrt{\text{m}}$ ou psi$\sqrt{\text{in}}$ (alternativamente, ksi$\sqrt{\text{in}}$). Adicionalmente, Y é um parâmetro ou função adimensional que depende tanto dos tamanhos quanto das geometrias da trinca e da amostra, assim como do modo de aplicação da carga.

> **tenacidade à fratura**

Em relação a esse parâmetro Y, para amostras planas contendo trincas muito menores que a largura da amostra, Y é aproximadamente igual à unidade. Por exemplo, para uma placa com largura infinita que possui uma trinca que atravessa toda a sua espessura (Figura 8.9*a*), $Y = 1,0$, enquanto, para uma placa com largura semi-infinita que contém uma trinca na sua borda de comprimento a (veja a Figura 8.9*b*), $Y \cong 1,1$. Determinaram-se expressões matemáticas para o valor de Y para diversas geometrias de trincas e amostras; com frequência, essas expressões são relativamente complexas.

Figura 8.9 Representações esquemáticas de (*a*) uma trinca interna em uma placa com largura infinita e (*b*) uma trinca na borda de uma placa com largura semi-infinita.

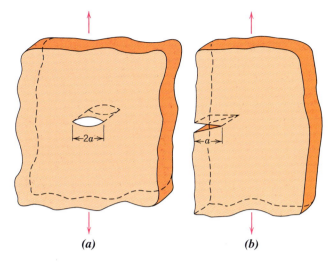

Figura 8.10 Os três modos de deslocamento da superfície de uma trinca. (*a*) Modo I, modo de abertura ou de tração; (*b*) modo II, modo de cisalhamento; e (*c*) modo III, modo de rasgamento.

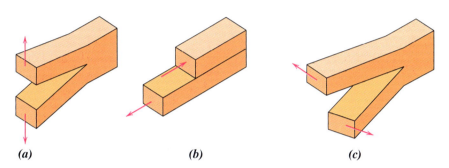

deformação plana

tenacidade à fratura em deformação plana

Tenacidade à fratura em deformação plana para o modo I de deslocamento da superfície de uma trinca

Em amostras relativamente finas, o valor de K_c depende da espessura da amostra. Entretanto, quando a espessura da amostra é muito maior que as dimensões da trinca, o valor de K_c torna-se independente da espessura; sob tais condições existe uma condição de **deformação plana**. Por *deformação plana* queremos dizer que, quando uma carga atua em uma trinca da maneira como está representada na Figura 8.9*a*, não existe nenhum componente de deformação perpendicular às faces anterior e posterior. O valor de K_c para essa situação de amostra espessa é conhecido como **tenacidade à fratura em deformação plana**, K_{Ic}; ele também é definido pela expressão

$$K_{Ic} = Y\sigma\sqrt{\pi a} \qquad (8.5)$$

K_{Ic} é a tenacidade à fratura citada na maioria das situações. O subscrito *I* (isto é, o numeral romano "um") em K_{Ic} indica que a tenacidade à fratura em deformação plana se aplica ao modo I de deslocamento da trinca, como ilustrado na Figura 8.10*a*.[2]

Os materiais frágeis, para os quais não é possível uma deformação plástica apreciável na frente de uma trinca que está avançando, possuem baixos valores de K_{Ic} e são vulneráveis a falhas catastróficas. Entretanto, os valores de K_{Ic} para os materiais dúcteis são relativamente grandes. A mecânica da fratura é especialmente útil para prever falhas catastróficas em materiais com ductilidades intermediárias. Os valores de tenacidade à fratura em deformação plana para vários materiais diferentes estão apresentados na Tabela 8.1 (e na Figura 1.7); a Tabela B.5, no Apêndice B, contém uma lista mais completa de valores de K_{Ic}.

A tenacidade à fratura em deformação plana, K_{Ic}, é uma propriedade fundamental dos materiais que depende de muitos fatores, entre os quais os de maior influência são a temperatura, a taxa de deformação e a microestrutura. A magnitude de K_{Ic} diminui com o aumento da taxa de deformação e a diminuição da temperatura. Adicionalmente, o aumento no limite de escoamento causado pela formação de soluções sólidas ou por adições de dispersões ou por encruamento produz, em geral, uma diminuição correspondente no valor de K_{Ic}. Além disso, K_{Ic} aumenta geralmente com uma redução no tamanho de grão se a composição e outras variáveis microestruturais forem mantidas constantes. Na Tabela 8.1 estão incluídos os limites de escoamento para alguns dos materiais listados.

---

[2] Dois outros modos de deslocamento de trincas, indicados por II e III e ilustrados nas Figuras 8.10*b* e 8.10*c*, também são possíveis; entretanto, o modo I é o mais comumente encontrado.

196 · **Capítulo 8**

Tabela 8.1
Dados de Limite de Escoamento e Tenacidade à Fratura em Deformação Plana à Temperatura Ambiente para Materiais de Engenharia Selecionados

Material	Limite de Escoamento		K_{Ic}	
	MPa	ksi	$MPa\sqrt{m}$	$ksi\sqrt{in}$
Metais				
Liga de alumínio[a] (7075-T651)	495	25	24	22
Liga de alumínio[a] (2024-T3)	345	50	44	40
Liga de titânio[a] (Ti-6Al-4V)	910	132	55	40
Aço-liga[a] (4340 revenido a 260°C)	1640	238	50,0	45,8
Aço-liga[a] (4340 revenido a 425°C)	1420	206	87,4	80,0
Cerâmicas				
Concreto	—	—	0,2–1,4	0,18–1,27
Vidro de soda-cal	—	—	0,7–0,8	0,64–0,73
Óxido de alumínio	—	—	2,7–5,0	2,5–4,6
Polímeros				
Poliestireno (PS)	25,0–69,0	3,63–10,0	0,7–1,1	0,64–1,0
Poli(metacrilato de metila) (PMMA)	53,8–73,1	7,8–10,6	0,7–1,6	0,64–1,5
Policarbonato (PC)	62,1	9,0	2,2	2,0

[a] **Fonte:** Reimpressa sob permissão, *Advanced Materials and Processes*, ASM International, © 1990.

Várias técnicas de ensaio diferentes são empregadas para medir K_{Ic} (veja a Seção 8.6). Virtualmente qualquer tamanho e formato de amostra consistente com o modo I de deslocamento de trincas pode ser utilizado, e valores precisos são obtidos desde que o parâmetro de escala Y na Equação 8.5 tenha sido determinado apropriadamente.

Projetos Utilizando a Mecânica da Fratura

De acordo com as Equações 8.4 e 8.5, três variáveis devem ser consideradas em relação à possibilidade de fratura de um dado componente estrutural — quais sejam: a tenacidade à fratura (K_c) ou a tenacidade à fratura em deformação plana (K_{Ic}), a tensão imposta (σ) e o tamanho do defeito (a) — supondo, obviamente, que o valor de Y tenha sido determinado. Ao projetar um componente, em primeiro lugar é importante decidir quais dessas variáveis apresentam restrições impostas pela aplicação e quais estão sujeitas a controle pelo projeto. Por exemplo, a seleção de materiais (e, portanto, de K_c ou K_{Ic}) é ditada com frequência por fatores tais como a massa específica (para aplicações que requerem baixo peso) ou as características de corrosão do ambiente. Alternativamente, o tamanho admissível para o defeito é medido ou especificado pelas limitações das técnicas disponíveis para detecção de defeitos. No entanto, é importante compreender que uma vez que tenha sido estabelecida qualquer combinação de dois dos parâmetros citados anteriormente, o terceiro parâmetro se torna dependente (Equações 8.4 e 8.5). Por exemplo, considere que K_{Ic} e a magnitude de a sejam especificados por restrições da aplicação; assim, a tensão de projeto (ou crítica) σ_c, é dada por

Cálculo da tensão de projeto

$$\sigma_c = \frac{K_{Ic}}{Y\sqrt{\pi a}} \tag{8.6}$$

Contudo, se o nível de tensão e a tenacidade à fratura em deformação plana forem fixados por uma condição de projeto, então o tamanho máximo admissível do defeito, a_c, é dado por

Cálculo do comprimento máximo permissível para um defeito

$$a_c = \frac{1}{\pi}\left(\frac{K_{Ic}}{\sigma Y}\right)^2 \tag{8.7}$$

Foram desenvolvidas diversas técnicas de ensaios não destrutivos (END ou NDT — *nondestructive test*) que permitem a detecção e a medição de defeitos tanto internos quanto superficiais.[3]

---

[3]Às vezes, os termos *avaliação não destrutiva* (NDE — *nondestructive evaluation*) e *inspeção não destrutiva* (NDI — *nondestructive inspection*) também são usados para essas técnicas.

Tabela 8.2
Uma Lista de Várias Técnicas Comuns de Ensaios Não Destrutivos (END)

Técnica	Localização do Defeito	Sensibilidade do Tamanho do Defeito (mm)	Local do Ensaio
Microscopia eletrônica de varredura (MEV)	Superficial	>0,001	Laboratório
Líquido penetrante	Superficial	0,025–0,25	Laboratório/no campo
Ultrassom	Subsuperficial	>0,050	Laboratório/no campo
Microscopia ótica	Superficial	0,1–0,5	Laboratório
Inspeção visual	Superficial	>0,1	Laboratório/no campo
Emissão acústica	Superficial/subsuperficial	>0,1	Laboratório/no campo
Radiografia (raios X/raios gama)	Subsuperficial	>2% da espessura da amostra	Laboratório/no campo

Tais técnicas são usadas para analisar componentes estruturais que estão em serviço, na busca de defeitos que possam levar a uma falha prematura; além disso, os ENDs são empregados como meio de controle de qualidade em processos de fabricação. Como o próprio nome indica, essas técnicas não destroem o material/estrutura sob exame. Ademais, alguns métodos de ensaio devem ser conduzidos em um ambiente de laboratório; outros podem ser adaptados para uso no campo. Várias técnicas de END comumente utilizadas, assim como suas características, estão listadas na Tabela 8.2.[4]

Um exemplo importante da aplicação de um END é para a detecção de trincas e vazamentos nas paredes de oleodutos localizados em áreas remotas, tais como no Alasca. A análise por ultrassom é usada em conjunto com um "analisador robótico" que pode trafegar distâncias relativamente longas no interior da tubulação.

EXEMPLO DE PROJETO 8.1

Especificação de Material para um Tanque Cilíndrico Pressurizado

Considere um tanque cilíndrico de paredes finas de raio 0,5 m (500 mm) e espessura de parede de 8,0 mm que deve ser usado como um vaso de pressão para conter um fluido a uma pressão de 2,0 MPa. Considere que exista uma trinca no interior da parede do tanque que se propaga de seu interior para seu exterior, como mostra a Figura 8.11.[5] Em relação à probabilidade de uma falha desse vaso de pressão, são possíveis dois cenários:

1. *Vazar antes de quebrar*. Usando os princípios da mecânica da fratura, é permitido que a trinca cresça através da espessura da parede do vaso antes da propagação rápida. Dessa forma, a trinca penetrará completamente a parede sem causar uma falha catastrófica, permitindo sua detecção pelo vazamento do fluido pressurizado.

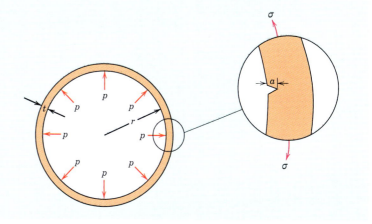

Figura 8.11 Diagrama esquemático que mostra a seção transversal de um vaso de pressão cilíndrico sujeito a uma pressão interna p e que tem uma trinca radial de comprimento a localizada na parede interna.

---
[4]A Seção M.3 do Módulo *Online* para Engenharia Mecânica discute como os NDTs são usados na detecção de defeitos e trincas. [O Módulo está disponível no GEN-IO, ambiente virtual de aprendizagem do GEN.]
[5]A propagação da trinca pode ocorrer devido ao carregamento cíclico associado a flutuações na pressão, ou como resultado de um ataque químico agressivo ao material da parede.

2. *Fratura frágil.* Quando a trinca que avança atinge um comprimento crítico, que é menor do que o para vazamento antes da quebra, a fratura ocorre pela sua rápida propagação através da totalidade da parede. Esse evento resulta tipicamente na expulsão explosiva do fluido contido no vaso.

Obviamente, o cenário de vazamento antes da quebra é quase sempre o preferido.

Para um vaso de pressão cilíndrico, a tensão circunferencial (ou de aro) σ_a sobre a parede é uma função da pressão p no vaso, do raio r e da espessura da parede t de acordo com a seguinte expressão:

$$\sigma_a = \frac{pr}{t} \qquad (8.8)$$

Usando os valores de p, r e t fornecidos anteriormente, calculamos a tensão de aro para esse vaso conforme:

$$\sigma_a = \frac{(2,0 \text{ MPa})(0,5 \text{ m})}{8 \times 10^{-3} \text{ m}}$$

$$= 125 \text{ MPa}$$

Considerando as ligas metálicas listadas na Tabela B.5 do Apêndice B, determine quais satisfazem os seguintes critérios:

(a) Vazamento antes da quebra
(b) Fratura frágil

Use os valores mínimos da tenacidade à fratura quando forem especificadas faixas na Tabela B.5. Considere um valor de fator de segurança de 3,0 para esse problema.

Solução

(a) Uma trinca de superfície que se propaga assumirá uma configuração mostrada esquematicamente na Figura 8.12 — tendo uma forma semicircular em um plano perpendicular à direção da tensão e um comprimento de $2c$ (e também uma profundidade de a, em que $a = c$). Pode ser mostrado[6] que, à medida que a trinca penetra a superfície externa da parede, $2c = 2t$ (isto é, $c = t$). Dessa forma, a condição de vazamento antes da quebra é satisfeita quando um comprimento de trinca é igual

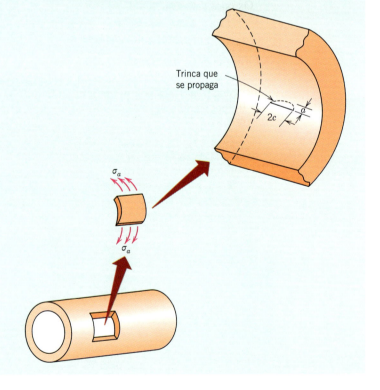

Figura 8.12 Diagrama esquemático que mostra a tensão de aro circunferencial (σ_a) gerada em um segmento de parede de um vaso de pressão cilíndrico; também é mostrada a geometria de uma trinca de comprimento $2c$ e profundidade a que está se propagando da parede interna para a parede externa.

---

[6]IRWIN, G. R. "Fracture of Pressure Vessels", in PARKER, E. R. (ed.). *Materials for Missiles and Spacecraft*. McGraw-Hill, 1963, pp. 204-209.

ou maior do que a espessura da parede do vaso — isto é, existe um comprimento crítico de trinca para o vazamento antes da quebra c_c definido da seguinte maneira:

$$c_c \geq t \tag{8.9}$$

O comprimento crítico de trinca c_c pode ser calculado usando uma forma da Equação 8.7. Além disso, uma vez que o comprimento de trinca é muito menor do que a largura da parede do vaso, condição semelhante àquela representada na Figura 8.9a, consideramos $Y = 1$. Incorporando um fator de segurança N e tomando a tensão como a tensão de aro, a Equação 8.7 assume a forma

$$c_c = \frac{1}{\pi}\left(\frac{\dfrac{K_{Ic}}{N}}{\sigma_a}\right)^2$$

$$= \frac{1}{\pi N^2}\left(\frac{K_{Ic}}{\sigma_a}\right)^2 \tag{8.10}$$

Portanto, para um material de parede específico, o vazamento antes da quebra é possível quando o valor do seu comprimento crítico de trinca (segundo a Equação 8.10) é igual ou maior que a espessura da parede do vaso de pressão.

Por exemplo, considere o aço 4140 que foi revenido a 370°C. Uma vez que os valores de K_{Ic} para essa liga variam entre 55 e 65 , usamos o valor mínimo (55), como estabelecido. Incorporando os valores para N (3,0) e σ_a (125 MPa, como determinado anteriormente) na Equação 8.10, calculamos c_c da seguinte maneira:

$$c_c = \frac{1}{\pi N^2}\left(\frac{K_{Ic}}{\sigma_a}\right)^2$$

$$= \frac{1}{\pi(3)^2}\left(\frac{55\,\text{MPa}\sqrt{\text{m}}}{125\,\text{MPa}}\right)^2$$

$$= 6,8 \times 10^{-3}\,\text{m} = 6,8\,\text{mm}$$

Uma vez que esse valor (6,8 mm) é menor do que a espessura da parede do vaso (8,0 mm), o vazamento antes da quebra para esse aço é improvável.

Os comprimentos críticos de trinca para o vazamento antes da quebra para as outras ligas na Tabela B.5 são determinados de maneira semelhante; seus valores estão tabulados na Tabela 8.3.

Tabela 8.3
Comprimentos Críticos de Trinca para 10 Ligas Metálicas para o Vazamento antes da Quebra de um Vaso de Pressão Cilíndrico*

Liga	c_c (Vazamento antes da Quebra) (mm)
Aço alloy 1040	6,6
Aço alloy 4140	
(revenido a 370°C)	6,8
(revenido a 482°C)	12,7 (VAQ)
Aço alloy 4340	
(revenido a 260°C)	5,7
(revenido a 425°C)	17,3 (VAQ)
Aço inoxidável 17-4PH	6,4
Alumínio 2024-T3	4,4
Alumínio 7075-T651	1,3
Magnésio AZ31B	1,8
Titânio Ti-5Al-2,5Sn	11,5 (VAQ)
Titânio Ti-6Al-4V / 11	4,4

*A notação "VAQ" identifica aquelas ligas que atendem ao critério de vazamento antes da quebra para esse problema.

200 • **Capítulo 8**

> Três dessas ligas têm valores de c_c que satisfazem os critérios de vazamento antes da quebra (VAQ) $[c_c > t\ (8,0\ mm)]$ — quais sejam:
>
> - aço 4140 (revenido a 482°C)
> - aço 4340 (revenido a 425°C)
> - titânio Ti-5Al-2,5Sn
>
> A identificação "(VAQ)" aparece ao lado dos comprimentos críticos da trinca para essas três ligas.
>
> **(b)** Para uma liga que não atende às condições de vazamento antes da quebra, uma fratura frágil pode ocorrer quando, durante o crescimento da trinca, c atinge o comprimento crítico de trinca c_c. Portanto, a fratura frágil é provável de ocorrer para as demais oito ligas na Tabela 8.3.

8.6 ENSAIOS DE TENACIDADE À FRATURA

Foram desenvolvidos diversos ensaios padronizados para medir os valores de tenacidade à fratura dos materiais estruturais.[7] Nos Estados Unidos, esses métodos-padrão de ensaio são desenvolvidos pela ASTM. Os procedimentos e as configurações dos corpos de prova para a maioria dos ensaios são relativamente complicados, e não tentaremos fornecer explicações detalhadas. Sucintamente, para cada tipo de ensaio, o corpo de prova (com tamanho e geometria especificados) contém um defeito preexistente, geralmente uma trinca afilada que foi introduzida. O dispositivo de ensaio aplica uma carga sobre o corpo de prova em uma taxa especificada e também mede os valores para a carga e o deslocamento da trinca. Os dados estão sujeitos a análises para garantir que atendam aos critérios estabelecidos antes que os valores para a tenacidade à fratura sejam considerados aceitáveis. A maioria dos ensaios é para metais, mas alguns também têm sido desenvolvidos para cerâmicas, polímeros e compósitos.

Técnicas de Ensaio de Impacto

Antes do advento da mecânica da fratura como uma disciplina científica, foram estabelecidas técnicas de ensaio de impacto com o objetivo de determinar as características de fratura dos materiais sob altas taxas de carregamento. Concluiu-se que os resultados obtidos em laboratório para ensaios de tração (sob baixas taxas de carregamento) não podiam ser extrapolados para prever o comportamento à fratura. Por exemplo, sob algumas circunstâncias, metais que são normalmente dúcteis fraturam de forma abrupta e com muito pouca deformação plástica sob taxas de carregamento elevadas. As condições dos ensaios de impacto eram escolhidas para representar as condições mais severas em relação ao potencial para uma fratura ocorrer — quais sejam, (1) deformação a uma temperatura relativamente baixa, (2) taxa de deformação elevada e (3) estado de tensão triaxial (que pode ser introduzido pela presença de um entalhe).

ensaios Charpy, Izod

energia de impacto

Dois ensaios padronizados,[8] o **Charpy** e o **Izod**, são usados para medir a **energia de impacto** (às vezes também denominada *tenacidade ao entalhe*). A técnica Charpy do entalhe em "V" (CVN — *Charpy V-Notch*) é a mais comumente utilizada nos Estados Unidos. Tanto na técnica Charpy quanto na Izod, o corpo de prova possui a forma de uma barra com seção transversal quadrada, na qual é usinado um entalhe em forma de "V" (Figura 8.13*a*). O equipamento para a realização dos ensaios de impacto com entalhe em "V" está ilustrado esquematicamente na Figura 8.13*b*. A carga é aplicada como um impacto instantâneo, transmitida a partir de um martelo pendular balanceado, que é liberado de uma posição predeterminada a uma altura fixa *h*. O corpo de prova fica posicionado na base, como mostra a figura. Com a liberação, a aresta afilada do pêndulo atinge e fratura o corpo de prova no entalhe, que atua como um ponto de concentração de tensões para esse impacto a alta velocidade. O pêndulo continua o seu trajeto, elevando-se até uma altura máxima *h'*, que é menor que *h*. A absorção de energia, calculada a partir da diferença entre *h* e *h'*, é uma medida da

---

[7]Veja, por exemplo, a Norma ASTM E399, "Standard Test Method for Linear-Elastic Plane-Strain Fracture Toughness K_{Ic} of Metallic Materials" (Método-Padrão de Ensaio para a Tenacidade à Fratura Linear-Elástica em Deformação Plana K_{Ic} de Materiais Metálicos). [Essa técnica de ensaio está descrita na Seção M.4 do Módulo *Online* para Engenharia Mecânica que está disponível no GEN-IO, ambiente virtual de aprendizagem do GEN.] Duas outras técnicas para ensaios da tenacidade à fratura são a Norma ASTM E561-05E1, "Standard Test Method for K-R Curve Determinations" (Método-Padrão de Ensaio para Determinações da Curva K-R), e a Norma ASTM E1290-08, "Standard Test Method for Crack-Tip Opening Displacement (CTOD) Fracture Toughness Measurement" [Método-Padrão de Ensaio para Medição da Tenacidade à Fratura por Deslocamento da Abertura da Extremidade de uma Trinca (CTOD)].

[8]Norma ASTM E23, "Standard Test Methods for Notched Bar Impact Testing of Metallic Materials" (Métodos-Padrão de Ensaio para Testes de Impacto em Barras com Entalhe para Materiais Metálicos).

energia do impacto. A diferença principal entre as técnicas Charpy e Izod está na maneira como o corpo de prova é suportado, como ilustrado na Figura 8.13b. Esses testes são denominados *ensaios de impacto*, tendo em vista a maneira como é feita a aplicação da carga. Variáveis que incluem o tamanho e a forma do corpo de prova, assim como a configuração e a profundidade do entalhe, influenciam os resultados dos ensaios.

Tanto os ensaios de tenacidade à fratura em deformação plana quanto esses ensaios de impacto têm sido empregados para determinar as propriedades à fratura dos materiais. Os primeiros são de natureza quantitativa, pelo fato de que uma propriedade específica do material (isto é, K_{Ic}) é determinada. Os resultados dos ensaios de impacto, por outro lado, são mais qualitativos, e são de pouca utilidade para fins de projeto. As energias de impacto são de interesse principalmente em uma avaliação relativa e para fazer comparações — os valores absolutos têm pouco significado. Têm sido realizadas tentativas para correlacionar as tenacidades à fratura em deformação plana às energias de CVN, com um sucesso apenas limitado. Os ensaios de tenacidade à fratura em deformação plana não são tão simples de serem realizados quanto os ensaios de impacto; além disso, os equipamentos e os corpos de prova são mais caros.

Figura 8.13 (*a*) Corpo de prova usado nos ensaios de impacto Charpy e Izod. (*b*) Desenho esquemático de um equipamento para ensaios de impacto. O martelo é liberado a partir de uma altura fixa *h* e atinge o corpo de prova; a energia consumida na fratura é refletida na diferença entre *h* e a altura de balanço *h′*. Também são mostrados os posicionamentos dos corpos de prova para os ensaios Charpy e Izod.
[A Figura (*b*) foi adaptada de HAYDEN, H. W., MOFFATT, W. G. e WULFF, J. *The Structure and Properties of Materials*, vol. III, *Mechanical Behavior*. John Wiley & Sons, 1965. Reproduzida com permissão de Kathy Hayden.]

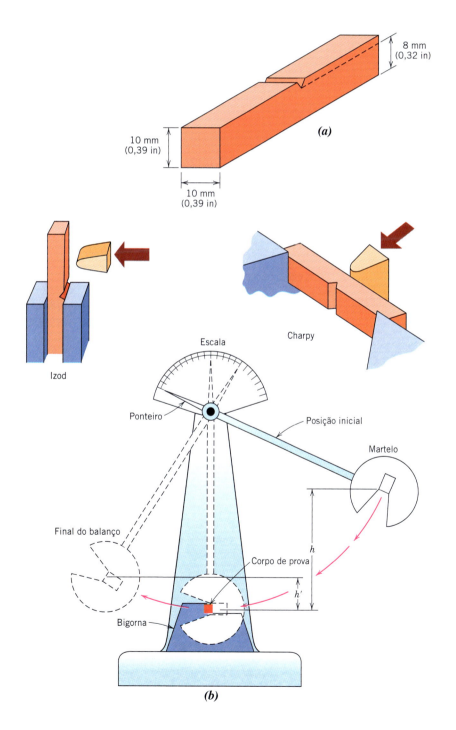

Transição Dúctil-Frágil

transição dúctil-frágil

Uma das principais funções dos ensaios Charpy e Izod consiste em determinar se um material apresenta uma **transição dúctil-frágil** com a diminuição da temperatura e, se esse for o caso, a faixa de temperaturas na qual isso acontece. Como pode ser observado na fotografia do navio-tanque fraturado na abertura deste capítulo (e também na embarcação de transporte na Figura 1.3), aços amplamente utilizados podem exibir essa transição dúctil-frágil com consequências desastrosas. A transição dúctil-frágil está relacionada com a dependência da absorção da energia de impacto em relação à temperatura. Para um aço, essa transição é representada pela curva A na Figura 8.14. Em temperaturas mais elevadas, a energia de CVN é relativamente grande, o que corresponde a uma fratura dúctil. Conforme a temperatura é reduzida, a energia de impacto cai repentinamente ao longo de uma faixa de temperaturas relativamente estreita, abaixo da qual a energia possui um valor constante, porém pequeno — isto é, ocorre uma fratura frágil.

Alternativamente, a aparência da superfície de falha serve como indicativo da natureza da fratura e pode ser usada em determinações da temperatura de transição. Para a fratura dúctil, essa superfície parece fibrosa ou opaca (ou com características de cisalhamento), como no corpo de prova de aço na Figura 8.15, o qual foi ensaiado a 79°C. De maneira contrária, as superfícies totalmente frágeis possuem uma textura granular (brilhosa), ou com características de clivagem (a amostra a –59°C na Figura 8.15). Ao longo da transição dúctil-frágil, existirão características de ambos os tipos de fratura (na Figura 8.15, isso pode ser observado nas amostras ensaiadas a –12°C, 4°C, 16°C e 24°C). Com frequência, o percentual de cisalhamento na fratura é traçado em função da temperatura — curva B na Figura 8.14.

Para muitas ligas, existe uma faixa de temperaturas ao longo da qual ocorre a transição dúctil-frágil (Figura 8.14); isso apresenta certa dificuldade na especificação de uma única temperatura de transição dúctil-frágil. Nenhum critério explícito foi estabelecido e, assim, com frequência essa temperatura é definida como aquela na qual a energia de CVN assume um dado valor (por exemplo, 20 J ou 15 ft·lb$_f$), ou que corresponde a uma dada aparência da fratura (por exemplo, fratura 50% fibrosa). A questão fica ainda mais complicada na medida em que uma temperatura de transição diferente pode ser obtida por meio de cada um desses critérios. Talvez a temperatura de transição mais conservadora seja aquela para a qual a superfície da fratura se torna 100% fibrosa; com base nesse critério, para a liga de aço retratada na Figura 8.14, a temperatura de transição é de aproximadamente 110°C (230°F).

As estruturas construídas a partir de ligas que exibem esse comportamento dúctil-frágil devem ser usadas somente em temperaturas acima da temperatura de transição, a fim de evitar falhas frágeis e catastróficas. Exemplos clássicos desse tipo de falha foram discutidos no estudo de caso encontrado no Capítulo 1. Durante a Segunda Guerra Mundial, diversos navios de transporte com soldas, distantes das áreas de combate, abruptamente se partiram ao meio. As embarcações eram construídas com um aço que possuía ductilidade adequada de acordo com ensaios de tração realizados à

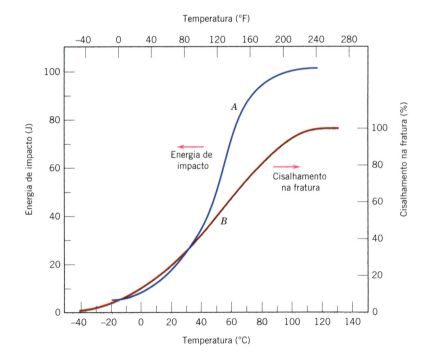

Figura 8.14 Dependência da energia de impacto Charpy com entalhe em "V" (curva A) e do percentual de cisalhamento na fratura (curva B) em relação à temperatura para um aço A283.
(MCNICOL, R. C. "Correlation of Charpy Test Results for Standard and Non-standard Size Specimens", *Welding Research a Supplement to the Welding Journal*, vol. 44, n. 9, Copyright 1965. Cortesia do *Welding Journal*, American Welding Society, Miami, Flórida.)

Figura 8.15 Fotografia de superfícies de fratura de corpos de prova Charpy com entalhe em "V" de aço A36 ensaiados nas temperaturas indicadas (em °C).
(De HERTZBERG, R. W. *Deformation and Fracture Mechanics of Engineering Materials*, 3ª ed., Fig. 9.6, p. 329. Copyright © 1989 por John Wiley & Sons, Inc., Nova York. Reimpressa sob permissão de John Wiley & Sons, Inc.)

temperatura ambiente. As fraturas frágeis ocorreram sob temperatura ambiente relativamente baixa, de aproximadamente 4°C (40°F), na vizinhança da temperatura de transição da liga. Cada trinca de fratura teve sua origem em algum ponto de concentração de tensões, provavelmente em um canto agudo ou em algum defeito de fabricação e, então, se propagou ao redor de todo o casco do navio.

Além da transição dúctil-frágil representada na Figura 8.14, dois outros tipos gerais de comportamento da energia de impacto em função da temperatura foram observados; eles estão representados esquematicamente pelas curvas superior e inferior na Figura 8.16. Na figura, pode ser observado que os metais CFC de baixa resistência (algumas ligas de cobre e alumínio) e a maioria dos metais HC não apresentam uma transição dúctil-frágil (correspondendo à curva superior na Figura 8.16), e retêm elevadas energias de impacto (isto é, permanecem tenazes) com a diminuição da temperatura. Para materiais de alta resistência (por exemplo, aços de alta resistência e ligas de titânio), a energia de impacto também é relativamente insensível à temperatura (curva inferior na Figura 8.16); entretanto, esses materiais também são muito frágeis, como refletido pelos baixos valores das suas energias de impacto. A transição dúctil-frágil característica está representada pela curva central na Figura 8.16. Como observado, esse comportamento é encontrado tipicamente nos aços de baixa resistência que possuem a estrutura cristalina CCC.

Para esses aços de baixa resistência, a temperatura de transição é sensível tanto à composição da liga quanto à microestrutura. Por exemplo, uma diminuição no tamanho médio dos grãos resulta em um abaixamento da temperatura de transição. Assim, o refinamento do tamanho de grão aumenta tanto a resistência (Seção 7.8) quanto a tenacidade dos aços. Por outro lado, um aumento no teor de carbono, embora aumente a resistência dos aços, também eleva a transição CVN dos aços, como indicado na Figura 8.17.

A maioria das cerâmicas e dos polímeros também apresenta uma transição dúctil-frágil. Nas cerâmicas a transição ocorre apenas em temperaturas elevadas, ordinariamente acima de 1000°C (1850°F). Em relação aos polímeros, esse comportamento é discutido na Seção 15.6.

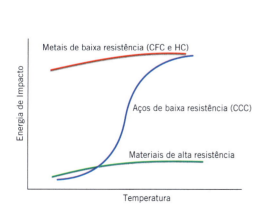

Figura 8.16 Curvas esquemáticas para os três tipos genéricos de comportamento da energia de impacto em função da temperatura.

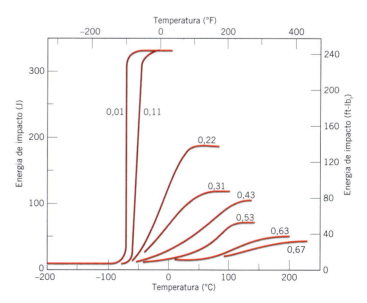

Figura 8.17 Influência do teor de carbono sobre o comportamento da energia Charpy com entalhe em "V" em função da temperatura para o aço.
(Reimpressa sob permissão da ASM International, Materials Park, OH 44073-9989, EUA; REINBOLT, J. A. e HARRIS, W. J., Jr. "Effect of Alloying Elements on Notch Toughness of Pearlitic Steels", *Transactions of ASM*, vol. 43, 1951.)

Fadiga

fadiga

A **fadiga** é uma forma de falha que ocorre em estruturas submetidas a tensões dinâmicas e variáveis (por exemplo, pontes, aeronaves e componentes de máquinas). Sob tais circunstâncias, é possível ocorrer uma falha sob um nível de tensão consideravelmente inferior ao limite de resistência à tração ou ao limite de escoamento para uma carga estática. O termo *fadiga* é empregado porque esse tipo de falha ocorre normalmente após um longo período sob tensões repetidas ou ciclos de deformação. A fadiga é importante uma vez que é a maior causa individual de falhas nos metais, sendo estimado que compreenda aproximadamente 90% de todas as falhas de metais; os polímeros e as cerâmicas (à exceção dos vidros) também são suscetíveis a esse tipo de falha. Além disso, a fadiga é catastrófica e traiçoeira, ocorrendo muito repentinamente e sem nenhum aviso prévio.

Mesmo em metais normalmente dúcteis, a falha por fadiga é de natureza frágil, existindo muito pouca, se alguma, deformação plástica generalizada associada à falha. O processo ocorre pela iniciação e propagação de trincas e, em geral, a superfície da fratura é perpendicular à direção de uma tensão de tração aplicada.

8.7 TENSÕES CÍCLICAS

A tensão aplicada pode ser de natureza axial (tração-compressão), de flexão (dobramento) ou de torção. Em geral, são possíveis três modos diferentes de tensão variável em função do tempo. Uma está representada esquematicamente na Figura 8.18*a* como uma dependência regular e senoidal em relação ao tempo, em que a amplitude é simétrica em relação a um nível médio de tensão igual a zero, por exemplo, alternando entre uma tensão de tração máxima ($\sigma_{máx}$) e uma tensão de compressão mínima ($\sigma_{mín}$) de igual magnitude; isso é denominado *ciclo de tensões alternadas*. Outro tipo, conhecido como *ciclo de tensões repetidas*, está ilustrado na Figura 8.18*b*; os valores máximos e mínimos são assimétricos em relação ao nível de tensão zero. Por fim, o nível de tensão pode variar aleatoriamente em amplitude e frequência, como exemplificado na Figura 8.18*c*.

Também estão indicados na Figura 8.18*b* vários parâmetros usados para caracterizar os ciclos de tensões variáveis. A amplitude da tensão oscila em relação a uma *tensão média* σ_m, definida como a média entre as tensões máxima e mínima no ciclo, ou

Tensão média para um carregamento cíclico — dependência em relação aos níveis de tensão máximo e mínimo

$$\sigma_m = \frac{\sigma_{máx} + \sigma_{mín}}{2} \tag{8.11}$$

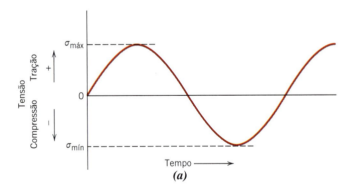

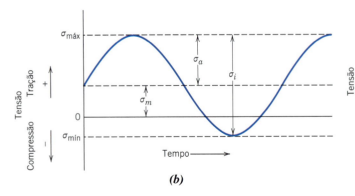

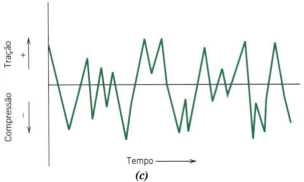

Figura 8.18 Variação da tensão com o tempo, que é responsável por falhas em fadiga. (*a*) Ciclo de tensões alternadas, no qual a tensão alterna entre uma tensão de tração máxima (+) e uma tensão de compressão máxima (−) de igual magnitude. (*b*) Ciclo de tensões repetidas, no qual as tensões máxima e mínima são assimétricas em relação ao nível de tensão zero; a tensão média σ_m, o intervalo de tensões σ_i e a amplitude de tensão σ_a estão indicados. (*c*) Ciclo de tensões aleatórias.

Cálculo do intervalo de tensões para um carregamento cíclico

O *intervalo de tensões* σ_i é a diferença entre $\sigma_{máx}$ e $\sigma_{mín}$, isto é,

$$\sigma_i = \sigma_{máx} - \sigma_{mín} \tag{8.12}$$

A amplitude de tensão σ_a é a metade desse intervalo de tensões, ou

Cálculo da amplitude da tensão para um carregamento cíclico

$$\sigma_a = \frac{\sigma_i}{2} = \frac{\sigma_{máx} - \sigma_{mín}}{2} \tag{8.13}$$

Por fim, a *razão de tensões* R é a razão entre as amplitudes das tensões mínima e máxima:

Cálculo da razão de tensões

$$R = \frac{\sigma_{mín}}{\sigma_{máx}} \tag{8.14}$$

Por convenção, as tensões de tração são positivas e as tensões de compressão são negativas. Por exemplo, para o ciclo de tensões alternadas, o valor de R é -1.

Verificação de Conceitos 8.2 Faça um gráfico esquemático da tensão em função do tempo para uma situação em que a razão de tensões R é de $+1$.

[*A resposta está disponível no GEN-IO, ambiente virtual de aprendizagem do GEN.*]

Verificação de Conceitos 8.3 Considerando as Equações 8.13 e 8.14, demonstre que um aumento no valor da razão de tensões R produz uma diminuição na amplitude da tensão σ_a.

[*A resposta está disponível no GEN-IO, ambiente virtual de aprendizagem do GEN.*]

8.8 A CURVA S–N

Como ocorre com outras características mecânicas, as propriedades em fadiga dos materiais podem ser determinadas a partir de ensaios de simulação em laboratório.[9] Um aparato de ensaios deve ser projetado para duplicar, o tanto quanto for possível, as condições de tensão em serviço (nível de tensão, frequência temporal, padrão de tensões etc.). O tipo mais comum de ensaio conduzido em um ambiente de laboratório emprega um eixo com rotação e flexão: tensões alternadas de tração e de compressão com igual magnitude são impostas sobre o corpo de prova na medida em que ele é simultaneamente flexionado e rotacionado (ensaio de flexão rotativa). Nesse caso, o ciclo de tensões é alternado — isto é, $R = -1$. Diagramas esquemáticos da máquina de ensaios e do corpo de prova normalmente usados para esse tipo de ensaio de fadiga estão mostrados nas Figuras 8.19a e 8.19b, respectivamente. A partir da Figura 8.19a, durante a rotação, a superfície inferior do corpo de prova está sujeita a uma tensão de tração (isto é, positiva), enquanto a superfície superior está submetida a uma tensão de compressão (isto é, negativa).

Além disso, as condições de serviço esperadas podem ser tais que recomendem a condução de ensaios de fadiga simulados em laboratório que utilizem ou ciclos de tensões de tração e compressão ou ciclos de tensões de torção, em lugar de ensaios de flexão rotativa.

Uma série de ensaios é iniciada submetendo-se um corpo de prova a um ciclo de tensões sob uma tensão máxima relativamente grande ($\sigma_{máx}$), geralmente da ordem de dois terços do limite de resistência à tração estático; o número de ciclos até a falha é contado e registrado. Esse procedimento é repetido com outros corpos de prova sob níveis máximos de tensão progressivamente menores. Os dados são traçados em um gráfico da tensão S em função do logaritmo do número de ciclos N que causa falha, para cada um dos corpos de prova. O parâmetro S é tomado normalmente ou como a tensão máxima ($\sigma_{máx}$) ou como a amplitude da tensão (σ_a) (Figuras 8.18a e b).

---

[9]Veja a Norma ASTM E466, "Standard Practice for Conducting Force Controlled Constant Amplitude Axial Fatigue Tests of Metallic Materials" (Prática-Padrão para a Condução de Ensaios de Fadiga Axial com Amplitude Constante e Força Controlada em Materiais Metálicos), e a Norma ASTM E468, "Standard Practice for Presentation of Constant Amplitude Fatigue Test Results for Metallic Materials" (Prática-Padrão para a Apresentação de Resultados de Ensaios de Fadiga com Amplitude Constante em Materiais Metálicos).

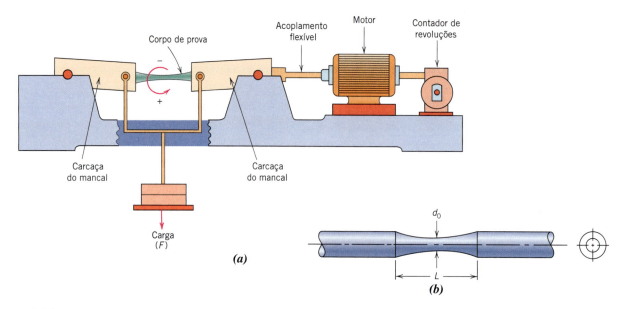

Figura 8.19 Para ensaios de fadiga por flexão rotativa, diagramas esquemáticos de (*a*) uma máquina de ensaios e de (*b*) um corpo de prova.

São observados dois tipos de comportamento *S-N* distintos, os quais são representados esquematicamente na Figura 8.20. Como esses gráficos indicam, quanto maior a magnitude da tensão, menor é o número de ciclos que o material é capaz de suportar antes de falhar. Para algumas ligas ferrosas e de titânio, a curva *S-N* (Figura 8.20*a*) fica horizontal para os valores de *N* mais altos; ou seja, existe um nível de tensão limite, chamado **limite de resistência à fadiga** (às vezes também chamado de *limite de durabilidade*), abaixo do qual não vai ocorrer uma falha por fadiga. Esse limite de resistência à fadiga representa o maior valor da tensão variável que *não* causará falha após, essencialmente, um número infinito de ciclos. Para muitos aços, os limites de resistência à fadiga variam entre 35 e 60% do limite de resistência à tração.

A maioria das ligas não ferrosas (por exemplo, de alumínio e cobre) não possui limite de resistência à fadiga, no sentido de que a curva *S-N* continua sua tendência decrescente nos maiores valores de *N* (Figura 8.20*b*). Dessa forma, ao final, ocorre uma fadiga a despeito da magnitude da tensão. Para esses materiais, a resposta à fadiga é especificada como uma **resistência à fadiga**, definida como o nível de tensão no qual a falha ocorrerá para algum número de ciclos específico (por exemplo, 10^7 ciclos). A determinação da resistência à fadiga também é demonstrada na Figura 8.20*b*.

Outro parâmetro importante que caracteriza o comportamento em fadiga de um material é a **vida em fadiga** N_f. Ela corresponde ao número de ciclos necessário para causar a falha sob um nível de tensão específico, conforme determinada a partir do gráfico *S-N* (Figura 8.20*b*).

As curvas *S-N* de fadiga para várias ligas metálicas são mostradas na Figura 8.21; os dados foram gerados usando ensaios de flexão rotativa e ciclos de tensões alternadas (isto é, $R = -1$). As curvas para o titânio, magnésio e ligas de aço, assim como para o ferro fundido, exibem limites de resistência à fadiga; as curvas para o latão e as ligas de alumínio não possuem tais limites.

Infelizmente, existe sempre uma dispersão considerável nos dados de fadiga — isto é, uma variação nos valores de *N* medidos para vários corpos de prova ensaiados sob o mesmo nível de tensão. Essa variação pode levar a incertezas de projeto significativas quando a vida em fadiga e/ou o limite de resistência à fadiga (ou a resistência à fadiga) estiverem sendo considerados. A dispersão nos resultados é uma consequência da sensibilidade da fadiga a diversos parâmetros do ensaio e do material, impossíveis de serem controlados com precisão. Esses parâmetros incluem a fabricação do corpo de prova e o preparo da sua superfície, variáveis metalúrgicas, o alinhamento do corpo de prova na máquina de ensaios, a tensão média e a frequência do ensaio.

As Curvas *S-N* de fadiga mostradas na Figura 8.21 representam curvas de "melhor ajuste" que foram traçadas através de valores médios de pontos experimentais. É um tanto quanto inquietante concluir que aproximadamente metade dos corpos de prova que foram testados na realidade falhou sob níveis de tensão que se encontravam quase 25% abaixo da curva (como determinado por meio de tratamentos estatísticos).

Figura 8.20 Amplitude de tensão (S) em função do logaritmo do número de ciclos até a falha por fadiga (N) para (a) um material que exibe limite de resistência à fadiga e (b) um material que não exibe limite de resistência à fadiga.

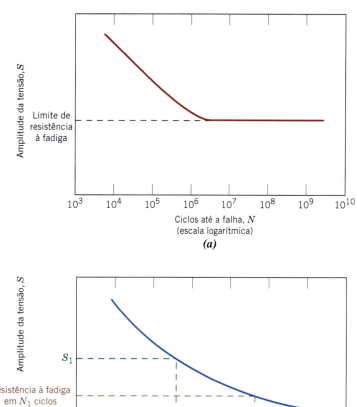

Figura 8.21 Tensão máxima (S) em função do logaritmo do número de ciclos até a falha por fadiga (N) para sete ligas metálicas. As curvas foram geradas usando ensaios de flexão rotativa e ciclos de tensões alternadas.
(Reproduzida com permissão da ASM International, Materials Park, OH, 44073: *ASM Handbook*, vol. I, *Properties and Selection: Irons, Steels and High-Performance Alloys*, 1990; *ASM Handbook*, vol. 2, *Properties and Selection; Nonferrous Alloys and Special-Purpose Materials*, 1990; SINCLAIR, G. M. e CRAIG, W. J. "Influence of Grain Size on Work Hardening and Fatigue Characteristics of Alpha Brass", *Transactions of ASM*, vol. 44, 1952.)

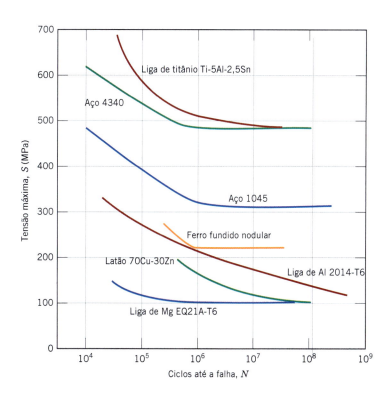

Figura 8.22 Curvas S-N de probabilidade de falha por fadiga em uma liga de alumínio 7075-T6; P representa a probabilidade de falha.
(De SINCLAIR, G. M. e DOLAN, T. J. *Trans. ASME*, 75, 1953, p. 867. Reimpressa com permissão da American Society of Mechanical Engineers.)

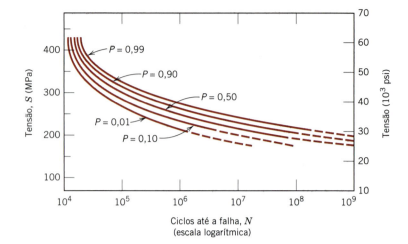

Têm sido desenvolvidas várias técnicas estatísticas para especificar a vida em fadiga e o limite de resistência à fadiga em termos de probabilidades. Uma forma conveniente de representar os dados tratados dessa maneira é por meio de uma série de curvas de probabilidade constante, várias das quais estão traçadas na Figura 8.22. O valor de P associado a cada curva representa a probabilidade de falha. Por exemplo, sob uma tensão de 200 MPa (30.000 psi), esperaríamos que 1% das amostras falhassem em aproximadamente 10^6 ciclos, que 50% das amostras falhassem em aproximadamente 2×10^7 ciclos, e assim por diante. Deve ser lembrado que as curvas S-N apresentadas na literatura representam normalmente valores médios, a menos que seja feita uma observação em contrário.

Os comportamentos em fadiga representados nas Figuras 8.20a e 8.20b podem ser classificados em dois domínios. Um está associado a cargas relativamente altas que produzem não somente deformações elásticas, mas também alguma deformação plástica durante cada ciclo. Consequentemente, as vidas em fadiga são relativamente curtas; esse domínio é chamado *fadiga de baixo ciclo* e ocorre com menos que aproximadamente 10^4 a 10^5 ciclos. Para os níveis de tensão mais baixos, nos quais as deformações são totalmente elásticas, temos como resultado vidas mais longas. Isso é chamado de *fadiga de alto ciclo*, uma vez que números de ciclos relativamente grandes são necessários para produzir uma falha por fadiga. A fadiga de alto ciclo está associada a vidas em fadiga superiores a aproximadamente 10^4 a 10^5 ciclos.

PROBLEMA-EXEMPLO 8.2

Cálculo da Carga Máxima para Evitar Fadiga em Ensaios de Flexão Rotativa

Uma barra cilíndrica de aço 1045 que possui o comportamento S-N mostrado na Figura 8.21 é submetida a ensaios de flexão rotativa segundo ciclos de tensões alternadas (conforme a Figura 8.19). Se o diâmetro da barra é de 15,0 mm, determine a carga cíclica máxima que pode ser aplicada para assegurar que não vai ocorrer uma falha por fadiga. Considere um fator de segurança de 2,0 e que a distância entre os pontos de aplicação de carga seja de 60,0 mm (0,0600 m).

Solução

A partir da Figura 8.21, o aço 1045 possui um limite de resistência à fadiga (tensão máxima) de magnitude 310 MPa. Para uma barra cilíndrica de diâmetro d_0 (Figura 8.19b), a tensão máxima para ensaios de flexão rotativa pode ser determinada usando a seguinte expressão:

$$\sigma = \frac{16FL}{\pi d_0^3} \tag{8.15}$$

Aqui, L é igual à distância entre os dois pontos de aplicação de carga (Figura 8.19b), σ é a tensão máxima (em nosso caso o limite de resistência à fadiga), e F é a carga máxima aplicada. Quando σ é dividido pelo fator de segurança (N), a Equação 8.15 assume a forma

$$\frac{\sigma}{N} = \frac{16FL}{\pi d_0^3} \tag{8.16}$$

e resolvendo para F tem-se

$$F = \frac{\sigma \pi d_0^3}{16NL} \qquad (8.17)$$

Incorporando os valores de d_0, L e N dados no enunciado do problema, assim como o limite de resistência à fadiga extraído da Figura 8.21 (310 MPa, ou 310×10^6 N/m^2), obtém-se o seguinte:

$$F = \frac{(310 \times 10^6 \text{ N/m}^2)(\pi)(15 \times 10^{-3} \text{ m})^3}{(16)(2)(0{,}0600 \text{ m})}$$

$$= 1712 \text{ N}$$

Portanto, para ensaios de flexão rotativa e ciclos alternados, uma carga máxima de 1712 N pode ser aplicada sem causar uma falha por fadiga na barra de aço 1045.

PROBLEMA-EXEMPLO 8.3

Cálculo do Diâmetro Mínimo do Corpo de Prova para Produzir uma Vida em Fadiga Específica em Ensaios de Tração-Compressão

Uma barra cilíndrica de latão 70Cu-30Zn (Figura 8.21) é submetida a um ensaio de tensões axiais de tração e compressão com ciclos alternados. Se a amplitude da carga é de 10.000 N, calcule o diâmetro mínimo permissível da barra para assegurar que não vai ocorrer uma falha por fadiga em 10^7 ciclos. Considere um fator de segurança de 2,5, que os dados na Figura 8.21 tenham sido tomados de ensaios de tração e compressão com ciclos alternados, e que S seja a amplitude da tensão.

Solução

A partir da Figura 8.21, a resistência à fadiga a 10^7 ciclos para essa liga é de 115 MPa (115×10^6 N/m^2). As tensões de tração e de compressão são definidas na Equação 6.1 como iguais a

$$\sigma = \frac{F}{A_0} \qquad (6.1)$$

Aqui, F é a carga aplicada e A_0 é a área da seção transversal. Para uma barra cilíndrica de diâmetro d_0,

$$A_0 = \pi \left(\frac{d_0}{2} \right)^2$$

A substituição de A_0 por essa expressão na Equação 6.1 leva a

$$\sigma = \frac{F}{A_0} = \frac{F}{\pi \left(\dfrac{d_0}{2} \right)^2} = \frac{4F}{\pi d_0^2} \qquad (8.18)$$

Agora resolvemos para d_0, substituindo a tensão pela resistência à fadiga dividida pelo fator de segurança (isto é, σ/N). Dessa forma,

$$d_0 = \sqrt{\frac{4F}{\pi \left(\dfrac{\sigma}{N} \right)}} \qquad (8.19)$$

Incorporando os valores de F, N e σ citados anteriormente ficamos com

$$d_0 = \sqrt{\frac{(4)(10.000 \text{ N})}{(\pi) \left(\dfrac{115 \times 10^6 \text{ N/m}^2}{2{,}5} \right)}}$$

$$= 16{,}6 \times 10^{-3} \text{ m} = 16{,}6 \text{ mm}$$

Assim, o diâmetro da barra de latão deve ser de pelo menos 16,6 mm para assegurar que não vai ocorrer uma falha por fadiga.

8.9 INICIAÇÃO E PROPAGAÇÃO DE TRINCAS[10]

O processo da falha por fadiga é caracterizado por três etapas distintas: (1) iniciação da trinca, na qual uma pequena trinca se forma em um determinado ponto com alta concentração de tensões; (2) propagação da trinca, durante a qual essa trinca avança em incrementos com cada ciclo de tensão; e (3) a falha final, que ocorre muito rapidamente uma vez que a trinca que está avançando tenha atingido um tamanho crítico. As trincas associadas a falhas por fadiga quase sempre se iniciam (ou nucleiam) na superfície de um componente em algum ponto de concentração de tensões. Os sítios de nucleação de trincas incluem riscos superficiais, ângulos vivos, rasgos de chaveta, fios de roscas, mossas e afins. Adicionalmente, o carregamento cíclico pode produzir descontinuidades superficiais microscópicas que resultam dos degraus do escorregamento de discordâncias, os quais também podem atuar como concentradores de tensão e, portanto, como sítios para a iniciação de trincas.

A região de uma superfície de fratura que se formou durante a etapa de propagação de uma trinca pode ser caracterizada por dois tipos de marcas, denominadas *marcas de praia* e *estrias*. Essas duas características indicam a posição da extremidade da trinca em um dado momento e aparecem como nervuras concêntricas que se expandem para longe do(s) sítio(s) de iniciação da trinca, com frequência segundo um padrão circular ou semicircular. As marcas de praia (às vezes também chamadas de *marcas de conchas*) possuem dimensões macroscópicas (Figura 8.23) e podem ser observadas a olho nu. Essas marcas são encontradas em componentes que sofreram paradas durante o estágio de propagação da trinca — por exemplo, com uma máquina que operou somente durante as horas normais dos turnos de trabalho. Cada faixa de marca de praia representa um período de tempo ao longo do qual ocorreu o crescimento da trinca.

Contudo, as estrias de fadiga têm dimensões microscópicas e estão sujeitas à observação por meio de um microscópio eletrônico (tanto por MET quanto por MEV). A Figura 8.24 é uma fractografia eletrônica que mostra essa característica. Considera-se que cada estria representa a distância de avanço de uma frente de trinca durante um único ciclo de aplicação da carga. A largura entre as estrias depende de, e aumenta com, o aumento da faixa de tensões.

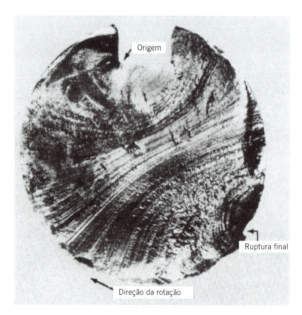

Figura 8.23 Superfície de fratura de um eixo rotativo de aço que apresentou falha por fadiga. Nervuras de marcas de praia estão visíveis na fotografia.
(De WULPI, D. J. *Understanding How Components Fail*, 1985. Reproduzida sob permissão da ASM International, Materials Park, OH.)

Figura 8.24 Fractografia eletrônica de transmissão mostrando estrias de fadiga no alumínio. Ampliação de 9000×.
(De COLANGELO, V. J. e HEISER, F. A. *Analysis of Metallurgical Failures*, 2ª ed. Copyright © 1987 por John Wiley & Sons, Nova York. Reimpressa sob permissão de John Wiley & Sons, Inc.)

---

[10]Uma discussão mais detalhada e completa sobre a propagação de trincas de fadiga pode ser encontrada nas Seções M.5 e M.6 do Módulo *Online* para Engenharia Mecânica, o qual está disponível no GEN-IO, ambiente virtual de aprendizagem do GEN.

Durante a propagação de trincas de fadiga e em uma escala microscópica, existe uma deformação plástica muito localizada nas extremidades das trincas, embora a tensão máxima aplicada à qual o objeto está exposto em cada ciclo de tensões fique abaixo do limite de escoamento do metal. Essa tensão aplicada é amplificada nas extremidades das trincas a ponto de os níveis de tensão locais excederem o limite de escoamento. A geometria das estrias de fadiga é uma manifestação dessa deformação plástica.[11]

Deve ser enfatizado que, embora tanto as marcas de praia quanto as estrias sejam características da superfície de fratura por fadiga que possuem aparências semelhantes, elas são, no entanto, diferentes tanto na origem quanto no tamanho. Podem existir milhares de estrias em uma única marca de praia.

Com frequência, a causa de uma falha pode ser deduzida após um exame das superfícies de falha. A presença de marcas de praia e/ou de estrias em uma superfície de fratura confirma que a causa da falha foi fadiga. Entretanto, a ausência de qualquer uma ou de ambas não exclui a fadiga como a causa da falha. As estrias não são observadas em todos os metais que experimentam fadiga. Além disso, a probabilidade de aparecimento de estrias pode depender do estado de tensões. A detectabilidade das estrias diminui com a passagem do tempo, devido à formação de produtos de corrosão de superfície e/ou películas de óxidos. Ainda, durante o ciclo de aplicação de tensões, as estrias podem ser destruídas por ação abrasiva, na medida em que as superfícies de trincas opostas se esfregam umas contra as outras.

Um comentário final em relação às superfícies de falha por fadiga: as marcas de praia e as estrias não aparecerão naquela região na qual ocorre a falha repentina. Ao contrário, a falha repentina pode ser dúctil ou frágil; a evidência de deformação plástica estará presente nas falhas dúcteis e ausente nas frágeis. Essa região de falha pode ser observada na Figura 8.25.

✓ **Verificação de Conceitos 8.4**   As superfícies de algumas amostras de aço que falharam por fadiga têm uma aparência granular ou cristalina, brilhante. Os leigos podem explicar a falha dizendo que o metal cristalizou enquanto estava em serviço. Apresente uma crítica a essa explicação.

[*A resposta está disponível no GEN-IO, ambiente virtual de aprendizagem do GEN.*]

Figura 8.25 Superfície de falha por fadiga. Uma trinca se formou na borda superior. A região lisa, também próxima ao topo, corresponde à área na qual a trinca se propagou lentamente. A falha repentina ocorreu na área que possui uma textura opaca e fibrosa (a área maior). Ampliação de aproximadamente 0,5×.
[De BOYER H. E. (ed.). *Metals Handbook: Fractography and Atlas of Fractographs*, vol. 9, 8ª ed. 1974. Reproduzida sob permissão da ASM International, Materials Park, OH.]

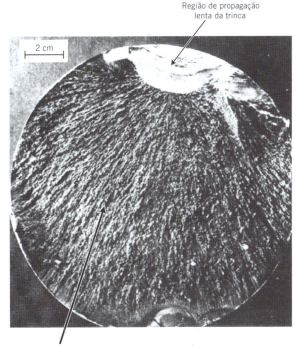

---

[11]O leitor deve consultar a Seção M.5 do Módulo *Online* para Engenharia Mecânica que explica e mostra em diagramas o mecanismo proposto para a formação de estrias de fadiga. (O Módulo *Online* para Engenharia Mecânica está disponível no GEN-IO, ambiente virtual de aprendizagem do GEN.)

8.10 FATORES QUE AFETAM A VIDA EM FADIGA[12]

Como mencionado na Seção 8.8, o comportamento em fadiga de materiais de engenharia é altamente sensível a diversas variáveis, incluindo o nível médio de tensão, o projeto geométrico, efeitos de superfície e variáveis metalúrgicas, assim como o ambiente. Esta seção é dedicada a uma discussão desses fatores e a medidas que podem ser tomadas para melhorar a resistência à fadiga de componentes estruturais.

Tensão Média

A dependência da vida em fadiga em relação à amplitude da tensão é representada no gráfico S-N. Tais dados são levantados para uma tensão média constante σ_m, com frequência para o caso de um ciclo de tensões alternadas ($\sigma_m = 0$). A tensão média, no entanto, também afeta a vida em fadiga; essa influência pode ser representada por uma série de curvas S-N, cada uma medida sob um valor de σ_m diferente, como mostrado esquematicamente na Figura 8.26. Como pode ser observado, o aumento no nível da tensão média leva a uma diminuição da vida em fadiga.

Efeitos da Superfície

Para muitas situações comuns de aplicação de carga, a tensão máxima em um componente ou estrutura ocorre em sua superfície. Consequentemente, a maioria das trincas que levam a uma falha por fadiga tem sua origem em posições superficiais, especificamente em sítios de amplificação de tensão. Portanto, observou-se que a vida em fadiga é especialmente sensível às condições e configurações da superfície do componente. Inúmeros fatores influenciam a resistência à fadiga, e um gerenciamento apropriado desses fatores levará a uma melhoria na vida em fadiga. Esses fatores incluem critérios de projeto, assim como diferentes tratamentos superficiais.

Variáveis de Projeto

O projeto de um componente pode ter uma influência significativa sobre suas características em fadiga. Qualquer entalhe ou descontinuidade geométrica pode atuar como um concentrador de tensões e como sítio para a iniciação de uma trinca de fadiga; essas características de projeto incluem sulcos, orifícios, rasgos de chaveta, fios de roscas e assim por diante. Quanto mais afilada for uma descontinuidade (isto é, quanto menor for seu raio de curvatura), mais severa será a concentração de tensões. A probabilidade de falhas por fadiga pode ser reduzida se essas irregularidades estruturais forem evitadas (quando possível), ou então fazendo modificações no projeto em que sejam eliminados os contornos com mudanças bruscas de geometria, que levam à formação de cantos agudos — por exemplo, em um eixo rotativo, isso pode ser feito utilizando-se filetes arredondados (adoçados) com grandes raios de curvatura nos pontos onde há mudança no diâmetro (Figura 8.27).

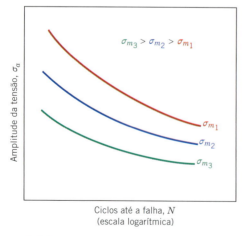

Figura 8.26 Demonstração da influência da tensão média σ_m sobre o comportamento S-N em fadiga.

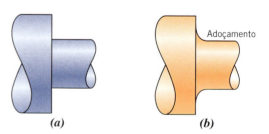

Figura 8.27 Demonstração de como o projeto pode reduzir a amplificação de uma tensão. (*a*) Projeto ruim: aresta viva. (*b*) Projeto bom: a vida em fadiga é melhorada pela incorporação de um filete adoçado no eixo rotativo no ponto onde existe mudança no diâmetro.

---

[12] O estudo de caso sobre a mola de válvula de um automóvel nas Seções M.7 e M.8 do Módulo *Online* para Engenharia Mecânica está relacionado com a discussão nesta seção. (O Módulo *Online* para Engenharia Mecânica está disponível no GEN-IO, ambiente virtual de aprendizagem do GEN.)

Tratamentos de Superfície

Durante as operações de usinagem, pequenos riscos e sulcos são invariavelmente introduzidos na superfície da peça de trabalho pela ação da ferramenta de corte. Essas marcas superficiais podem limitar a vida em fadiga. Observou-se que uma melhoria no acabamento da superfície por polimento aumenta significativamente a vida em fadiga.

Um dos métodos mais eficazes para aumentar o desempenho em fadiga consiste em impor tensões residuais de compressão em uma fina camada da superfície. Assim, uma tensão de tração de origem externa atuando na superfície do material é parcialmente anulada e reduzida em magnitude pela tensão residual de compressão. O efeito resultante que se tem é que a probabilidade de formação de uma trinca e, portanto, de uma falha por fadiga é reduzida.

Comumente, as tensões residuais de compressão são introduzidas mecanicamente nos metais dúcteis mediante uma deformação plástica localizada na região superficial mais externa. Com frequência, isso é feito comercialmente por um processo denominado *jateamento* (*shot peening*). Partículas pequenas e duras (projéteis), com diâmetros entre 0,1 e 1,0 mm, são projetadas a altas velocidades contra a superfície a ser tratada. A deformação resultante induz a criação de tensões de compressão até uma profundidade que varia entre um quarto e metade do diâmetro do projétil. A influência de um processo de jateamento sobre o comportamento de um aço à fadiga está demonstrada esquematicamente na Figura 8.28.

endurecimento da camada superficial

O **endurecimento da camada superficial** é uma técnica pela qual tanto a dureza superficial quanto a vida em fadiga de aços são aumentadas. Isso é obtido por um processo de carbonetação (cementação) ou de nitretação em que um componente é exposto a uma atmosfera rica em carbono ou rica em nitrogênio em uma temperatura elevada. Uma camada superficial (ou *casca*) rica em carbono ou em nitrogênio é introduzida por difusão atômica a partir da fase gasosa. Essa camada superficial endurecida possui normalmente uma profundidade da ordem de 1 mm e é mais dura que o núcleo do material. (A influência do teor de carbono sobre a dureza de ligas Fe-C está demonstrada na Figura 10.30a.) A melhoria das propriedades em fadiga resulta do aumento da dureza nessa camada superficial endurecida, assim como das desejadas tensões residuais de compressão, cuja formação acompanha o processo de carbonetação ou nitretação. Uma camada superficial endurecida rica em carbono pode ser observada na engrenagem mostrada na fotografia superior na página de abertura do Capítulo 5; ela aparece como uma borda externa escura no segmento que foi seccionado. O aumento na dureza da camada superficial é demonstrado na fotomicrografia apresentada na Figura 8.29. As marcas escuras e alongadas em forma de losango são impressões de microdureza Knoop. A impressão na parte de cima, que está na camada carbonetada, é menor que a impressão no corpo da amostra.

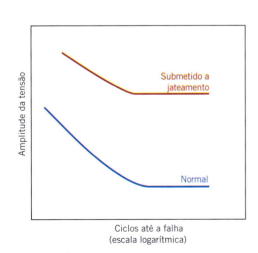

Figura 8.28 Curvas esquemáticas *S-N* para a fadiga de um aço normal e um aço submetido a jateamento.

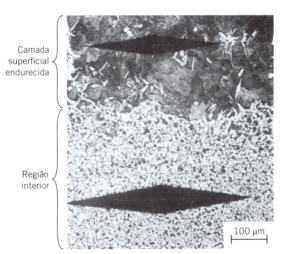

Figura 8.29 Fotomicrografia mostrando as regiões interior (embaixo) e da camada externa carbonetada (topo) de um aço cementado. A camada superficial é mais dura, como comprovado pela menor impressão de microdureza. Ampliação de 100×.
(De HERTZBERG, R. W. *Deformation and Fracture Mechanics of Engineering Materials*, 3ª ed. Copyright © 1989 por John Wiley & Sons, New York. Reimpressa sob permissão de John Wiley & Sons, Inc.)

214 · Capítulo 8

8.11 EFEITOS DO AMBIENTE

Os fatores ambientais também podem afetar o comportamento em fadiga dos materiais. Alguns comentários sucintos serão feitos em relação a dois tipos de falhas por fadiga assistidas pelo ambiente: a fadiga térmica e a fadiga associada à corrosão.

fadiga térmica

A **fadiga térmica** é induzida normalmente em temperaturas elevadas por tensões térmicas variáveis; não precisam estar presentes tensões mecânicas de uma fonte externa. A origem dessas tensões térmicas está na restrição à expansão e/ou contração dimensional que normalmente deveria ocorrer em um membro estrutural sujeito a variações de temperatura. A magnitude de uma tensão térmica desenvolvida por uma variação de temperatura ΔT depende do coeficiente de expansão térmica, α_l, e do módulo de elasticidade, E, de acordo com

Tensão térmica — dependência em relação ao coeficiente de expansão térmica, ao módulo de elasticidade e à variação na temperatura

$$\sigma = \alpha_l E \Delta T \tag{8.20}$$

(Os tópicos relacionados com a expansão térmica e com as tensões térmicas são discutidos nas Seções 19.3 e 19.5.) Obviamente, as tensões térmicas não surgem se essa restrição mecânica estiver ausente. Portanto, uma alternativa óbvia para a prevenção desse tipo de fadiga é eliminar, ou pelo menos reduzir, a fonte das restrições, permitindo, portanto, que as alterações dimensionais decorrentes das variações na temperatura ocorram sem bloqueios, ou então selecionando materiais que possuam propriedades físicas apropriadas.

fadiga associada à corrosão

A falha que ocorre pela ação simultânea de uma tensão cíclica e de um ataque químico é denominada **fadiga associada à corrosão**. Os ambientes corrosivos têm influência negativa e produzem menores vidas em fadiga. Mesmo a atmosfera ambiente normal afeta o comportamento em fadiga de alguns materiais. Pequenos pites podem se formar como resultado de reações químicas entre o ambiente e o material, os quais podem servir como pontos de concentração de tensões e, portanto, como sítios para a nucleação de trincas. Adicionalmente, a taxa de propagação das trincas é aumentada como resultado do ambiente corrosivo. A natureza dos ciclos de tensão influencia o comportamento em fadiga; por exemplo, uma redução na frequência de aplicação da carga leva a períodos mais longos durante os quais a trinca aberta está em contato com o ambiente e a uma redução na vida em fadiga.

Existem vários procedimentos para a prevenção da fadiga associada à corrosão. Por um lado, podemos tomar medidas para reduzir a taxa de corrosão, adotando algumas das técnicas discutidas no Capítulo 17 — por exemplo, a aplicação de revestimentos superficiais de proteção, a seleção de materiais mais resistentes à corrosão e a redução da corrosividade do ambiente. Por outro lado, pode ser aconselhável tomar medidas para minimizar a probabilidade de uma falha normal por fadiga, como destacado anteriormente — por exemplo, pela redução no nível da tensão de tração aplicada e pela imposição de tensões residuais de compressão na superfície do componente.

Fluência

Com frequência, os materiais são colocados em serviço sob condições de temperaturas elevadas e são expostos a tensões mecânicas estáticas (por exemplo, os rotores de turbinas em motores a jato e geradores de vapor, os quais sofrem tensões centrífugas, e as linhas de vapor de alta pressão).

fluência

A deformação sob tais circunstâncias é denominada **fluência**. Definida como a deformação permanente e dependente do tempo de materiais submetidos a uma carga ou tensão constante, a fluência é geralmente um fenômeno indesejável e, com frequência, o fator limitante na vida útil de uma peça. Ela é observada em todos os tipos de materiais; para os metais, ela se torna importante apenas em temperaturas maiores que aproximadamente $0,4T_f$, em que T_f é a temperatura absoluta de fusão. Os polímeros amorfos, que incluem os plásticos e as borrachas, são especialmente sensíveis à deformação por fluência, como discutido na Seção 15.4.

8.12 COMPORTAMENTO GERAL EM FLUÊNCIA

Um ensaio típico de fluência[13] consiste em submeter um corpo de prova a uma carga ou tensão constante, ao mesmo tempo que também se mantém a temperatura constante; o alongamento ou a deformação é medida e traçada em função do tempo decorrido. A maioria dos ensaios é do tipo

---

[13]Norma ASTM E139, "Standard Test Method for Conducting Creep, Creep-Rupture, and Stress-Rupture Tests of Metallic Materials" (Método-Padrão de Ensaio para a Condução de Ensaios de Fluência, Ruptura por Fluência e Ruptura sob Tensão em Materiais Metálicos).

Figura 8.30 Curva típica de fluência mostrando a deformação em função do tempo sob uma carga constante e a uma temperatura elevada constante. A taxa de fluência mínima $\Delta\varepsilon/\Delta t$ é a inclinação do segmento linear na região secundária. O tempo de vida até a ruptura t_r é o tempo total até a ruptura.

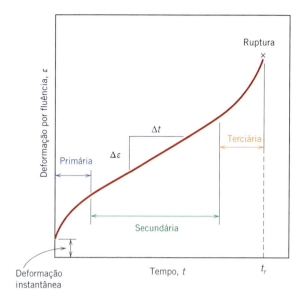

com carga constante, os quais fornecem informações de uma natureza que pode ser empregada em engenharia; os ensaios com tensão constante são empregados para proporcionar melhor compreensão dos mecanismos de fluência.

A Figura 8.30 é uma representação esquemática do comportamento típico dos metais para a fluência sob uma carga constante. Como indicado na figura, com a aplicação da carga existe uma deformação instantânea, que é totalmente elástica. A curva de fluência resultante consiste em três regiões, cada uma das quais tem sua própria e distinta característica deformação-tempo. A *fluência primária* ou *transiente* ocorre primeiro, sendo caracterizada por uma taxa de fluência continuamente decrescente — isto é, a inclinação da curva diminui ao longo do tempo. Isso sugere que o material está apresentando um aumento na resistência à fluência ou encruamento (Seção 7.10) — a deformação se torna mais difícil conforme o material é deformado. Para a *fluência secundária*, às vezes denominada *fluência estacionária*, a taxa é constante — isto é, a curva no gráfico se torna linear. Com frequência, esse é o estágio de fluência que apresenta maior duração. A constância da taxa de fluência é explicada com base em um equilíbrio entre os processos concorrentes de encruamento e de recuperação. A recuperação (Seção 7.11) é o processo pelo qual um material tem a dureza reduzida e retém sua habilidade de sofrer deformação. Por fim, durante a *fluência terciária* existe uma aceleração da taxa e, por fim, ocorre a falha. Essa falha é denominada, com frequência, *ruptura*, e resulta de alterações microestruturais e/ou metalúrgicas — por exemplo, separação do contorno de grão e formação de trincas, cavidades e vazios internos. Além disso, para as cargas de tração, pode ocorrer a formação de um pescoço em algum ponto na região deformada. Tudo isso leva a uma diminuição na área efetiva da seção transversal e a um aumento na taxa de deformação.

Para os materiais metálicos, a maioria dos ensaios de fluência é conduzida sob tração uniaxial, utilizando-se um corpo de prova com a mesma geometria empregada para os ensaios de tração (Figura 6.2). Contudo, os ensaios de compressão uniaxial são mais apropriados para os materiais frágeis; esses proporcionam melhor medida das propriedades intrínsecas de fluência, uma vez que não existe amplificação de tensões e propagação de trincas, como ocorre com as cargas de tração. Os corpos de prova de compressão são geralmente cilindros ou paralelepípedos com razões comprimento-diâmetro que variam entre aproximadamente 2 e 4. Para a maioria dos materiais, as propriedades de fluência são virtualmente independentes da direção de aplicação da carga.

Possivelmente, o parâmetro mais importante em um ensaio de fluência é a inclinação da porção secundária da curva de fluência ($\Delta\varepsilon/\Delta t$ na Figura 8.30); com frequência, esse parâmetro é chamado de taxa de fluência mínima ou *taxa de fluência estacionária* $\dot{\varepsilon}_s$. Esse é o parâmetro de projeto de engenharia levado em consideração em aplicações de longo prazo, tais como para um componente de uma usina de energia nuclear que está programado para operar durante várias décadas e para o qual uma falha ou uma deformação muito grande não podem ser consideradas. Contudo, para muitas situações de fluência com vidas relativamente curtas (por exemplo, palhetas de turbinas em aeronaves militares e tubeiras dos motores de foguetes), o *tempo para a ruptura*, ou o *tempo de vida até a ruptura* t_r, é a consideração de projeto predominante; esse parâmetro também está indicado na Figura 8.30. Obviamente, para sua determinação, devem ser conduzidos ensaios de fluência até o ponto de falha; esses são denominados ensaios de *ruptura por fluência*. Assim, um conhecimento dessas características de fluência para um material permite que o engenheiro de projetos assegure a adequação desse material para uma aplicação específica.

216 • Capítulo 8

> ✓ *Verificação de Conceitos 8.5* Sobreponha em um mesmo gráfico da deformação em função do tempo as curvas esquemáticas de fluência para uma tensão de tração constante e para uma carga de tração constante, e explique as diferenças no comportamento.
>
> [*A resposta está disponível no GEN-IO, ambiente virtual de aprendizagem do GEN.*]

8.13 EFEITOS DA TENSÃO E DA TEMPERATURA

Tanto a temperatura quanto o nível da tensão aplicada influenciam as características da fluência (Figura 8.31). A uma temperatura substancialmente abaixo de $0,4T_f$, e após a deformação inicial, a deformação é virtualmente independente do tempo. Com o aumento da tensão ou da temperatura, será observado o seguinte: (1) a deformação instantânea no momento da aplicação da tensão aumenta, (2) a taxa de fluência estacionária aumenta e (3) o tempo de vida até a ruptura diminui.

Os resultados dos ensaios de ruptura por fluência são mais comumente apresentados na forma do logaritmo da tensão em função do logaritmo do tempo de vida até a ruptura. A Figura 8.32 mostra um desses gráficos para uma liga S-590, no qual pode ser visto que existe um conjunto de relações lineares a cada temperatura. Para algumas ligas e ao longo de intervalos de tensão relativamente grandes, é observada não linearidade para essas curvas.

Foram desenvolvidas relações empíricas nas quais a taxa de fluência estacionária é expressa em função da tensão e da temperatura. Sua dependência em relação à tensão pode ser escrita como

Dependência da taxa de deformação em fluência em relação à tensão

$$\dot{\varepsilon}_r = K_1 \sigma^n \tag{8.21}$$

em que K_1 e n são constantes do material. Um gráfico do logaritmo de em função do logaritmo de σ produz uma linha reta com inclinação n; isso é mostrado na Figura 8.33 para uma liga S-590 em quatro temperaturas. Fica claro que um ou dois segmentos de linha reta são traçados para cada temperatura.

Agora, quando a influência da temperatura é incluída,

Dependência da taxa de deformação em fluência em relação à tensão e à temperatura (em K)

$$\dot{\varepsilon}_r = K_2 \sigma^n \exp\left(-\frac{Q_f}{RT}\right) \tag{8.22}$$

em que K_2 e Q_f são constantes; Q_f é denominada *energia de ativação para o processo de fluência*; ainda, R é a constante dos gases, 8,31 J/mol·K.

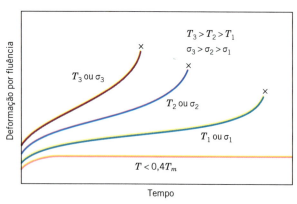

Figura 8.31 Influência da tensão σ e da temperatura T sobre o comportamento da fluência.

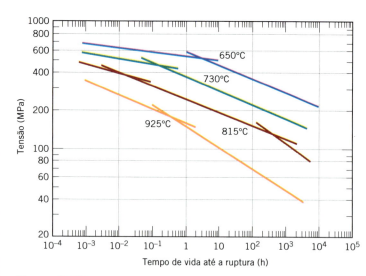

Figura 8.32 Gráfico da tensão (escala logarítmica) em função do tempo de vida até a ruptura (escala logarítmica) para uma liga S-590 em quatro temperaturas. [A composição (em %p) da liga S-590 é a seguinte: 20,0 Cr; 19,4 Ni; 19,3 Co; 4,0 W; 4,0 Nb; 3,8 Mo; 1,35 Mn; 0,43 C; e o restante Fe.]
(Reimpressa com permissão da ASM International.® Todos os direitos reservados. www.asminternational.org.)

Figura 8.33 Gráfico da tensão (escala logarítmica) em função da taxa de fluência estacionária (escala logarítmica) para uma liga S-590 em quatro temperaturas.
(Reimpressa com permissão da ASM International.® Todos os direitos reservados. www.asminternational.org)

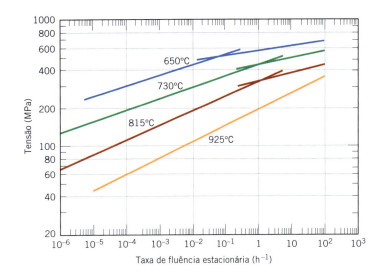

PROBLEMA-EXEMPLO 8.4

Cálculo da Taxa de Fluência Estacionária

Na tabela a seguir são apresentados dados da taxa de fluência estacionária para o alumínio a 260°C (533 K):

$\dot{\varepsilon}_r (h^{-1})$	σ (MPa)
$2,0 \times 10^{-4}$	3
3,65	25

Calcule a taxa de fluência estacionária sob uma tensão de 10 MPa à temperatura de 260°C.

Solução

Uma vez que a temperatura é constante (260°C), a Equação 8.21 pode ser usada para resolver este problema. Uma forma mais útil dessa equação resulta tomando-se os logaritmos naturais de ambos os lados da equação, conforme

$$\ln \dot{\varepsilon}_r = \ln K_1 + n \ln \sigma \tag{8.23}$$

O enunciado do problema nos fornece dois valores tanto de $\dot{\varepsilon}_r$ quanto de σ; assim, podemos resolver para K_1 e n a partir de duas equações independentes, e usando os valores para esses dois parâmetros é possível determinar $\dot{\varepsilon}_r$ sob uma tensão de 10 MPa.

Incorporando os dois conjuntos de dados na Equação 8.23, temos as duas seguintes expressões independentes:

$$\ln(2,0 \times 10^{-4} \text{ h}^{-1}) = \ln K_1 + (n)\ln(3 \text{ MPa})$$
$$\ln(3,65 \text{ h}^{-1}) = \ln K_1 + (n)\ln(25 \text{ MPa})$$

Se subtraímos a segunda equação da primeira, o termo $\ln K_1$ desaparece, o que gera o seguinte:

$$\ln(2,0 \times 10^{-4} \text{ h}^{-1}) - \ln(3,65 \text{ h}^{-1}) = (n)[\ln(3 \text{ MPa}) - \ln(25 \text{ MPa})]$$

E resolvendo para n,

$$n = \frac{\ln(2,0 \times 10^{-4} \text{ h}^{-1}) - \ln(3,65 \text{ h}^{-1})}{[\ln(3 \text{ MPa}) - \ln(25 \text{ MPa})]} = 4,63$$

Agora é possível calcular K_1 pela substituição desse valor de n em qualquer uma das equações anteriores. Usando a primeira,

$$\ln K_1 = \ln(2,0 \times 10^{-4} \text{ h}^{-1}) - (4,63)\ln(3 \text{ MPa})$$
$$= -13,60$$

Portanto,

$$K_1 = \exp(-13{,}60) = 1{,}24 \times 10^{-6}$$

E, por fim, resolvemos para $\dot{\varepsilon}_r$ em $\sigma = 10$ MPa pela incorporação desses valores de n e K_1 na Equação 8.21:

$$\dot{\varepsilon}_r = K_1 \sigma^n = (1{,}24 \times 10^{-6})(10 \text{ MPa})^{4{,}63}$$

$$= 5{,}3 \times 10^{-2} \text{ h}^{-1}$$

Diversos mecanismos teóricos foram propostos para explicar o comportamento da fluência para vários materiais; esses mecanismos envolvem a difusão de lacunas induzida pela tensão, a difusão nos contornos de grão, o movimento de discordâncias e o escorregamento dos contornos de grão. Cada mecanismo leva a um valor diferente do expoente de tensão n nas Equações 8.21 e 8.22. Tem sido possível elucidar o mecanismo da fluência para um material específico comparando o valor experimental de n com os valores estimados para os diferentes mecanismos. Além disso, foram feitas correlações entre a energia de ativação para a fluência (Q_f) e a energia de ativação para a difusão (Q_d, Equação 5.8).

Para alguns sistemas bem estudados, os dados de fluência dessa natureza são representados por meio de ilustrações, na forma de diagramas tensão-temperatura, os quais são denominados *mapas de mecanismos de deformação*. Esses mapas indicam os regimes (ou áreas) tensão-temperatura nos quais vários mecanismos operam. Com frequência, também são incluídos os contornos para taxas de deformação constante. Dessa forma, para uma determinada situação de fluência, dado o mapa de mecanismos de deformação apropriado e quaisquer dois dos três parâmetros — temperatura, nível de tensão e taxa de deformação de fluência —, o terceiro parâmetro pode ser determinado.

8.14 MÉTODOS DE EXTRAPOLAÇÃO DE DADOS

Com frequência, surge a necessidade de se obter dados de fluência para uso em engenharia cuja obtenção por meio de ensaios normais em laboratório é impraticável. Isso é especialmente verdadeiro para exposições prolongadas (da ordem de anos). Uma solução para esse problema envolve a execução de ensaios de fluência e/ou de ruptura por fluência em temperaturas acima daquelas necessárias, por períodos de tempo mais curtos e sob um nível de tensão comparável, para então fazer uma extrapolação apropriada dos resultados para as condições de serviço. Um procedimento de extrapolação comumente utilizado emprega o parâmetro de Larson-Miller, m, definido como

O parâmetro de Larson-Miller em termos da temperatura e do tempo de vida útil até a ruptura

$$m = T(C + \log t_r) \qquad (8.24)$$

em que C é uma constante (geralmente da ordem de 20), para T em Kelvin e o tempo de vida até a ruptura t_r em horas. O tempo de vida até a ruptura de um dado material, em algum nível de tensão específico, varia com a temperatura tal que esse parâmetro permanece constante. Alternativamente, os dados podem ser traçados como o logaritmo da tensão em função do parâmetro de Larson-Miller, como ilustrado na Figura 8.34. A utilização dessa técnica é demonstrada no exemplo de projeto a seguir.

EXEMPLO DE PROJETO 8.2

Estimativa do Tempo de Vida até a Ruptura

Considerando os dados de Larson-Miller para a liga S-590 mostrados na Figura 8.34, estime o tempo de vida até a ruptura para um componente submetido a uma tensão de 140 MPa (20.000 psi) a 800°C (1073 K).

Solução

A partir da Figura 8.34, para 140 MPa (20.000 psi), o valor do parâmetro de Larson-Miller é de $24{,}0 \times 10^3$, para T em K e t_r em h; portanto,

$$24{,}0 \times 10^3 = T(20 + \log t_r)$$
$$= 1073(20 + \log t_r)$$

e, resolvendo para o tempo até a ruptura, obtemos

$$22{,}37 = 20 + \log t_r$$
$$t_r \cong 233 \text{ h } (9{,}7 \text{ dias})$$

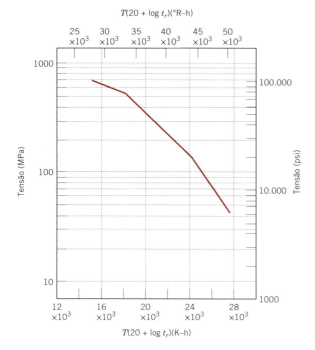

Figura 8.34 Gráfico do logaritmo da tensão em função do parâmetro de Larson-Miller para uma liga S-590. (De LARSON, F. R. e MILLER, J. *Trans. ASME*, 74, 1952, p. 765. Reimpressa sob permissão da ASME.)

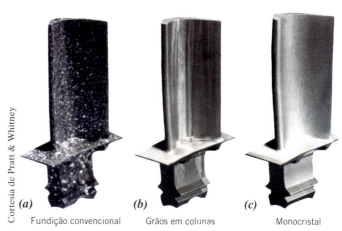

Figura 8.35 (*a*) Palheta de turbina policristalina produzida por uma técnica de fundição convencional. A resistência à fluência em altas temperaturas é melhorada devido à estrutura colunar e orientada dos grãos (*b*) produzida por uma técnica sofisticada de solidificação direcional. A resistência à fluência é aumentada ainda mais quando são usadas palhetas monocristalinas (*c*).

8.15 LIGAS PARA USO EM ALTAS TEMPERATURAS

Diversos fatores afetam as características de fluência dos metais. Esses fatores incluem a temperatura de fusão, o módulo de elasticidade e o tamanho de grão. Em geral, quanto maior a temperatura de fusão, maior o módulo de elasticidade, e quanto maior o tamanho de grão, melhor a resistência do material à fluência. Em relação ao tamanho de grão, os grãos menores permitem maior escorregamento dos contornos de grão, o que resulta em maiores taxas de fluência. Esse efeito pode ser contrastado com a influência do tamanho do grão sobre o comportamento mecânico em baixas temperaturas [isto é, o aumento tanto da resistência (Seção 7.8) quanto da tenacidade (Seção 8.6)].

Os aços inoxidáveis (Seção 11.2) e as superligas (Seção 11.3) são especialmente resistentes à fluência e são comumente empregados em aplicações que envolvem a operação sob altas temperaturas. A resistência à fluência das superligas é aumentada pela formação de solução sólida e também pela formação de fases precipitadas. Além disso, técnicas de processamento avançadas têm sido utilizadas; uma dessas técnicas é a solidificação direcional, que produz ou grãos altamente alongados ou componentes monocristalinos (Figura 8.35).

RESUMO

Introdução
- As três causas usuais de uma falha são
    - Seleção e processamento impróprios dos materiais
    - Projeto inadequado dos componentes
    - Mau uso dos componentes

Fundamentos da Fratura
- A fratura em resposta a uma carga de tração e em temperaturas relativamente baixas pode ocorrer de modo dúctil e frágil.
- A fratura dúctil é normalmente preferível pois
    - Podem ser tomadas medidas preventivas, uma vez que evidências de deformação plástica indicam que a fratura é iminente.
    - É necessária mais energia para induzir uma fratura dúctil que uma fratura frágil.
- As trincas nos materiais dúcteis são ditas *estáveis* (isto é, resistem ao crescimento sem um aumento na tensão aplicada).
- Nos materiais frágeis, as trincas são *instáveis* — isto é, a propagação de uma trinca, uma vez iniciada, continua espontaneamente sem aumento no nível de tensão.

O conceito de solução sólida foi introduzido na Seção 4.3. Para fins de revisão, uma solução sólida consiste em átomos de pelo menos dois tipos diferentes; os átomos de soluto ocupam posições substitucionais ou intersticiais na rede do solvente, sem alterar a estrutura cristalina deste.

9.2 LIMITE DE SOLUBILIDADE

limite de solubilidade

Para muitos sistemas de ligas e em alguma temperatura específica, existe uma concentração máxima de átomos de soluto que pode se dissolver no solvente para formar uma solução sólida; isso é chamado de **limite de solubilidade**. A adição de soluto em excesso, além desse limite de solubilidade, resulta na formação de outra solução sólida ou outro composto, com uma composição marcadamente diferente. Para ilustrar este conceito, considere o sistema açúcar-água ($C_{12}H_{22}O_{11}$–H_2O). Inicialmente, conforme o açúcar é adicionado à água, uma solução ou xarope açúcar-água se forma. À medida que se introduz mais açúcar, a solução fica mais concentrada, até que o limite de solubilidade seja atingido, quando então a solução fica saturada com açúcar. A partir desse momento, a solução não é mais capaz de dissolver nenhuma quantidade de açúcar, e as adições subsequentes simplesmente se sedimentam no fundo do recipiente. Dessa forma, o sistema consiste agora em duas substâncias separadas: uma solução líquida de xarope açúcar-água e cristais sólidos de açúcar que não foram dissolvidos.

Esse limite de solubilidade do açúcar na água depende da temperatura da água e pode ser representado na forma de um gráfico, em que a temperatura é traçada ao longo da ordenada e a composição (em porcentagem em peso de açúcar) é traçada ao longo da abscissa, como mostrado na Figura 9.1. Ao longo do eixo da composição, o aumento na concentração de açúcar se dá da esquerda para a direita, e a porcentagem de água é lida da direita para a esquerda. Uma vez que apenas dois componentes estão envolvidos (açúcar e água), a soma das concentrações em qualquer composição será igual a 100%p. O limite de solubilidade é representado pela linha praticamente vertical mostrada na figura. Para composições e temperaturas à esquerda da linha de solubilidade, existe apenas a solução líquida de xarope; à direita da linha, coexistem o xarope e o açúcar sólido. O limite de solubilidade a uma dada temperatura é a composição que corresponde à interseção da respectiva coordenada de temperatura com a linha do limite de solubilidade. Por exemplo, a 20°C, a solubilidade máxima do açúcar na água é de 65%p. Como a Figura 9.1 indica, o limite de solubilidade aumenta ligeiramente com a elevação da temperatura.

9.3 FASES

fase

Também crucial para a compreensão dos diagramas de fases é o conceito de **fase**. Uma fase pode ser definida como uma porção homogênea de um sistema que possui características físicas e químicas uniformes. Todo material puro é considerado uma fase; da mesma forma, também o são todas as soluções sólidas, líquidas e gasosas. Por exemplo, a solução de xarope açúcar-água que acabamos de discutir é uma fase, enquanto o açúcar sólido é outra fase. Cada fase possui propriedades físicas diferentes (uma é um líquido, enquanto a outra é um sólido); além disso, cada uma é quimicamente diferente (isto é, possui uma composição química diferente); uma é virtualmente açúcar puro, enquanto a outra é uma solução de H_2O e $C_{12}H_{22}O_{11}$. Se mais de uma fase estiver presente em um dado sistema, cada uma terá suas próprias propriedades individuais e existirá uma fronteira separando as fases, através da qual haverá uma mudança descontínua e abrupta nas características

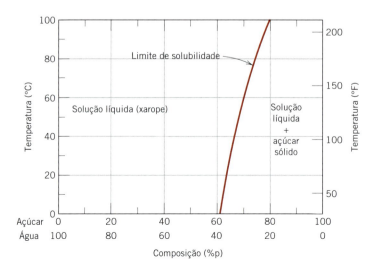

Figura 9.1 Solubilidade do açúcar ($C_{12}H_{22}O_{11}$) em um xarope açúcar-água.

físicas e/ou químicas. Quando duas fases estão presentes em um sistema, não é necessário que existam diferenças tanto nas propriedades físicas quanto nas propriedades químicas; uma disparidade em um ou outro conjunto de propriedades é suficiente. Quando água e gelo estão presentes em um recipiente, existem duas fases separadas; elas são fisicamente diferentes (uma é um sólido, enquanto a outra é um líquido), porém ambas são idênticas em composição química. Além disso, quando uma substância pode existir em duas ou mais formas polimórficas (por exemplo, tendo tanto estrutura CFC quanto CCC), cada uma dessas estruturas é uma fase separada, pois suas respectivas características físicas são diferentes.

Às vezes um sistema monofásico é denominado *homogêneo*. Os sistemas compostos por duas ou mais fases são denominados *misturas* ou *sistemas heterogêneos*. A maioria das ligas metálicas e, no que concerne a esse assunto, os sistemas cerâmicos, poliméricos e compósitos são heterogêneos. Normalmente, as fases interagem de tal maneira que a combinação das propriedades do sistema multifásico é diferente e mais atrativa que as propriedades de qualquer uma das fases individualmente.

9.4 MICROESTRUTURA

Muitas vezes, as propriedades físicas e, em particular, o comportamento mecânico de um material dependem da microestrutura. A microestrutura está sujeita a uma observação direta por meio de um microscópio, com a utilização de aparelhos ópticos ou eletrônicos; esse tópico foi abordado nas Seções 4.9 e 4.10. Nas ligas metálicas, a microestrutura é caracterizada pelo número de fases presentes, por suas proporções e pela maneira como elas estão distribuídas ou arranjadas. A microestrutura de uma liga depende de variáveis tais como os elementos de liga presentes, suas concentrações e o tratamento térmico da liga (isto é, a temperatura, o tempo de aquecimento a essa temperatura e a taxa de resfriamento até a temperatura ambiente).

O procedimento de preparo da amostra para o exame ao microscópico é descrito sucintamente na Seção 4.10. Após um polimento e um ataque químico apropriados, as diferentes fases podem ser distinguidas por suas aparências. Por exemplo, para uma liga bifásica, uma fase pode aparecer clara, enquanto a outra fase aparece escura. Quando somente uma única fase ou uma solução sólida está presente, a textura será uniforme, exceto pelos contornos dos grãos que poderão ser revelados (Figura 4.15b).

9.5 EQUILÍBRIOS DE FASES

equilíbrio
energia livre

Equilíbrio é outro conceito essencial e pode ser mais bem descrito em termos de uma grandeza termodinâmica chamada **energia livre**. Sucintamente, a *energia livre* é uma função da energia interna de um sistema e, também, da aleatoriedade ou desordem dos átomos ou moléculas (ou *entropia*). Um sistema está em equilíbrio se sua energia livre está em um valor mínimo sob uma combinação específica de temperatura, pressão e composição. Em um sentido macroscópico, isso significa que as características do sistema não mudam ao longo do tempo, mas persistem indefinidamente — isto é, o sistema é estável. Uma alteração na temperatura, pressão e/ou composição de um sistema em equilíbrio resulta em um aumento na energia livre e em uma possível mudança espontânea para outro estado no qual a energia livre é reduzida.

equilíbrio de fases

O termo **equilíbrio de fases**, empregado com frequência no contexto dessa discussão, refere-se ao equilíbrio na medida em que este se aplica a sistemas nos quais pode existir mais que uma única fase. O equilíbrio de fases se reflete por uma constância nas características das fases de um sistema ao longo do tempo. Talvez um exemplo ilustre melhor esse conceito. Suponha que um xarope açúcar-água esteja contido em um vaso fechado e que a solução esteja em contato com açúcar sólido a 20°C. Se o sistema estiver em equilíbrio, a composição do xarope será de 65%p $C_{12}H_{22}O_{11}$–35%p H_2O (Figura 9.1), e as quantidades e composições do xarope e do açúcar sólido permanecerão constantes ao longo do tempo. Se a temperatura do sistema for aumentada repentinamente — digamos, para 100°C — esse equilíbrio ou balanço fica temporariamente perturbado, e o limite de solubilidade aumenta para 80%p $C_{12}H_{22}O_{11}$ (Figura 9.1). Dessa forma, uma parte do açúcar sólido entrará em solução no xarope. Esse fenômeno prosseguirá até que a nova concentração de equilíbrio do xarope seja estabelecida para a temperatura mais elevada.

Esse exemplo açúcar-xarope ilustra o princípio do equilíbrio de fases usando um sistema líquido-sólido. Em muitos sistemas metalúrgicos e de materiais de interesse, o equilíbrio de fases envolve apenas fases sólidas. Nesse sentido, o estado do sistema é refletido nas características da microestrutura, o que inclui necessariamente não apenas as fases presentes e suas composições, mas, além disso, as quantidades relativas das fases e seus arranjos ou distribuições espaciais.

Considerações em relação à energia livre e diagramas semelhantes à Figura 9.1 fornecem informações sobre as características de equilíbrio de um sistema específico, o que é importante, mas não

228 • Capítulo 9

metaestável

indicam o tempo necessário para que um novo estado de equilíbrio seja atingido. Com frequência ocorre, sobretudo nos sistemas sólidos, que um estado de equilíbrio nunca seja completamente atingido, pois a taxa para alcançar o equilíbrio é extremamente lenta; diz-se que um sistema desse tipo se encontra em um estado de não equilíbrio ou **metaestável**. Um estado ou microestrutura metaestável pode persistir indefinidamente, apresentando apenas mudanças extremamente pequenas e quase imperceptíveis com o passar do tempo. Com frequência, estruturas metaestáveis têm importância prática maior que estruturas em equilíbrio. Por exemplo, a resistência de alguns aços e ligas de alumínio depende do desenvolvimento de microestruturas metaestáveis durante tratamentos térmicos cuidadosamente projetados (Seções 10.5 e 11.10).

Dessa forma, é importante compreender não apenas os estados e estruturas em equilíbrio, mas também a velocidade ou taxa na qual esses estados e estruturas são estabelecidos, além dos fatores que afetam essa taxa. Este capítulo se dedica quase exclusivamente às estruturas em equilíbrio; a abordagem das taxas de reação e das estruturas fora do equilíbrio foi adiada até o Capítulo 10 e a Seção 11.10.

✓
Verificação de Conceitos 9.1   Qual é a diferença entre os estados de equilíbrio de fases e de metaestabilidade?

[*A resposta está disponível no GEN-IO, ambiente virtual de aprendizagem do GEN.*]

9.6 DIAGRAMAS DE FASES DE UM COMPONENTE (OU UNÁRIOS)

diagrama de fases

Muitas das informações sobre o controle da estrutura das fases de um sistema específico são mostradas de maneira conveniente e concisa no que é chamado um **diagrama de fases**, que também é denominado com frequência *diagrama de equilíbrio*. Três parâmetros que podem ser controlados externamente afetam a estrutura das fases — temperatura, pressão e composição —, e os diagramas de fases são construídos quando várias combinações desses parâmetros são traçadas umas em função das outras.

Provavelmente, o tipo de diagrama de fases mais simples e mais fácil de compreender é aquele para um sistema com um único componente, no qual a composição é mantida constante (isto é, o diagrama de fases é para uma substância pura); isso significa que a pressão e a temperatura são as variáveis. Esse diagrama de fases para um único componente (ou *diagrama de fases unário*, às vezes também chamado *diagrama pressão-temperatura* [ou *P-T*]) é representado como um gráfico bidimensional da pressão (nas ordenadas, ou eixo vertical) em função da temperatura (nas abscissas, ou eixo horizontal). Mais frequentemente, o eixo da pressão é traçado em escala logarítmica.

Ilustramos esse tipo de diagrama de fases e demonstramos sua interpretação usando como exemplo o diagrama para H_2O, que é mostrado na Figura 9.2. Pode-se observar que as regiões para três fases diferentes — sólido, líquido e vapor — estão indicadas no gráfico. Cada uma das fases existe sob condições de equilíbrio ao longo das faixas de temperatura-pressão da sua área correspondente. As três curvas mostradas no gráfico (identificadas como aO, bO e cO) são as fronteiras entre as fases; em qualquer ponto sobre uma dessas curvas, as duas fases em ambos os lados da curva estão em equilíbrio uma com a outra (ou coexistem). O equilíbrio entre as fases sólido e vapor ocorre ao longo da curva aO; e de forma semelhante para a fronteira sólido-líquido, curva bO, e para a fronteira líquido-vapor, curva cO. Ao se cruzar uma fronteira (conforme a temperatura e/ou a pressão é alterada), uma fase se transforma na outra. Por exemplo, sob 1 atm de pressão, durante o aquecimento, a fase sólido se transforma na fase líquido (isto é, ocorre fusão) no ponto identificado como 2 na Figura 9.2 (isto é, na interseção da linha horizontal tracejada com a fronteira entre as fases sólido e líquido); esse ponto corresponde a uma temperatura de 0°C. A transformação inversa (líquido para sólido, ou *solidificação*) ocorre no mesmo ponto durante o resfriamento. De maneira semelhante, na interseção da linha tracejada com a fronteira entre as fases líquido e vapor (ponto 3 na Figura 9.2, a 100°C), o líquido se transforma na fase vapor (ou *vaporiza*) no aquecimento; a condensação ocorre no resfriamento. Por fim, o gelo sólido sublima ou vaporiza ao se cruzar a curva identificada como aO.

Como também pode ser observado a partir da Figura 9.2, todas as três curvas das fronteiras entre fases se interceptam em um ponto comum, identificado como O (para esse sistema H_2O, em uma temperatura de 273,16 K e uma pressão de $6,04 \times 10^{-3}$ atm). Isso significa que apenas nesse ponto todas as fases — sólido, líquido e vapor — estão simultaneamente em equilíbrio entre si. Apropriadamente, esse, e qualquer outro ponto em um diagrama de fases *P-T* no qual três fases estão em equilíbrio, é chamado *ponto triplo*; às vezes ele também é denominado *ponto invariante*, uma vez que

Figura 9.2 Diagrama de fases pressão-temperatura para H$_2$O. A interseção da linha horizontal tracejada na pressão de 1 atm com a fronteira entre as fases sólido-líquido (ponto 2) corresponde ao ponto de fusão nessa pressão ($T = 0°C$). De maneira semelhante, o ponto 3, na interseção com a fronteira entre as fases líquido-vapor, representa o ponto de ebulição ($T = 100°C$).

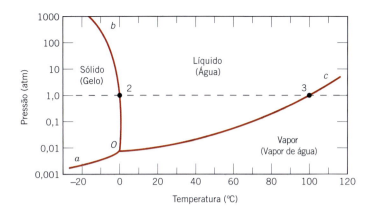

sua posição é definida, ou fixada, por valores definidos de pressão e temperatura. Qualquer desvio desse ponto devido a uma variação na temperatura e/ou na pressão causará o desaparecimento de pelo menos uma das fases.

Os diagramas de fases pressão-temperatura para diversas substâncias têm sido determinados experimentalmente, nos quais também estão presentes as regiões para as fases sólido, líquido e vapor. Naqueles casos em que existem múltiplas fases sólidas (isto é, quando existem alótropos, Seção 3.6), o diagrama tem uma região para cada fase sólida e também outros pontos triplos.

Diagramas de Fases Binários

Outro tipo de diagrama de fases extremamente comum é aquele em que a temperatura e a composição são os parâmetros variáveis, enquanto a pressão é mantida constante — normalmente em 1 atm. Existem vários tipos de diagramas diferentes; na presente discussão, vamos nos concentrar nas ligas binárias — aquelas que contêm dois componentes. Se mais de dois componentes estiverem presentes, os diagramas de fases se tornam extremamente complicados e difíceis de serem representados. Uma explicação dos princípios que regem os diagramas de fases e sua interpretação pode ser obtida por meio das ligas binárias, apesar de a maioria das ligas conter mais de dois componentes.

Os diagramas de fases binários são mapas que representam as relações entre a temperatura e as composições e quantidades das fases em equilíbrio, as quais influenciam a microestrutura de uma liga. Muitas microestruturas se desenvolvem a partir de *transformações de fases*, que são as alterações que ocorrem quando a temperatura é modificada (normalmente, durante o resfriamento). Isso pode envolver a transição de uma fase em outra, ou o aparecimento ou desaparecimento de uma fase. Os diagramas de fases binários são úteis para prever as transformações de fases e as microestruturas resultantes, que podem ser de equilíbrio ou fora de equilíbrio.

9.7 SISTEMAS ISOMORFOS BINÁRIOS

Possivelmente, o tipo de diagrama de fases binário mais fácil de compreender e interpretar é aquele caracterizado pelo sistema cobre-níquel (Figura 9.3a). A temperatura é traçada ao longo da ordenada, enquanto a abscissa representa a composição da liga, em porcentagem em peso de níquel. A composição varia entre 0%p Ni (100%p Cu), na extremidade horizontal à esquerda, e 100%p Ni (0%p Cu), à direita. Três regiões, ou *campos*, de fases diferentes aparecem no diagrama: um campo alfa (α), um campo líquido (L) e um campo bifásico $\alpha + L$. Cada região é definida pela fase ou pelas fases que existem ao longo das faixas de temperaturas e composições delimitadas pelas curvas de fronteira entre as fases.

O líquido L é uma solução líquida homogênea composta tanto por cobre quanto por níquel. A fase α é uma solução sólida substitucional contendo átomos de Cu e de Ni, que possui estrutura cristalina CFC. Em temperaturas abaixo de aproximadamente 1080°C, o cobre e o níquel são mutuamente solúveis um no outro no estado sólido para todas as composições. Essa solubilidade completa é explicada pelo fato de que tanto o Cu quanto o Ni possuem a mesma estrutura cristalina (CFC), raios atômicos e eletronegatividades praticamente idênticos, e valências semelhantes, como foi discutido na Seção 4.3. O sistema cobre-níquel é denominado **isomorfo** em razão dessa completa solubilidade dos dois componentes nos estados líquido e sólido.

isomorfo

Figura 9.3 (*a*) O diagrama de fases cobre-níquel. (*b*) Uma parte do diagrama de fases cobre-níquel no qual as composições e as quantidades das fases estão determinadas para o ponto *B*.
(Adaptada de NASH, P. (ed.) *Phase Diagrams of Binary Nickel Alloys*, 1991. Reimpressa sob permissão da ASM International, Materials Park, OH.)

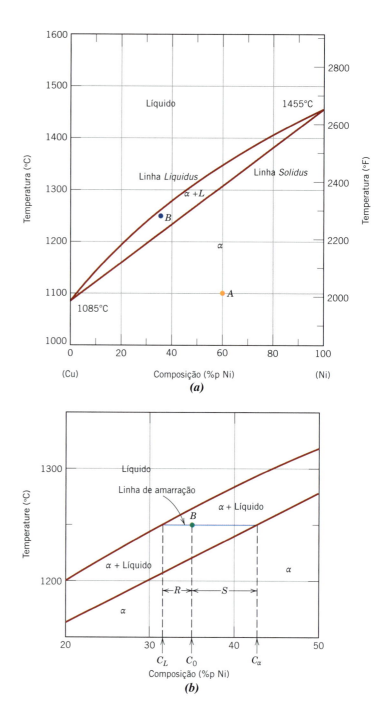

Alguns comentários são importantes em relação à nomenclatura. Em primeiro lugar, para as ligas metálicas as soluções sólidas são designadas usualmente por meio de letras gregas minúsculas (α, β, γ etc.). Além disso, em relação às fronteiras entre as fases, a curva que separa os campos das fases L e $\alpha + L$ é denominada *linha liquidus*, como indicado na Figura 9.3*a*; a fase líquida está presente em todas as temperaturas e composições acima dessa curva. A *linha solidus* está localizada entre as regiões α e $\alpha + L$, e abaixo dela existe somente a fase sólida α.

Para a Figura 9.3*a*, as linhas *solidus* e *liquidus* se interceptam nas duas extremidades de composição; esses pontos correspondem às temperaturas de fusão dos componentes puros. Por exemplo, as temperaturas de fusão do cobre puro e do níquel puro são de 1085°C e 1455°C, respectivamente. O aquecimento do cobre puro corresponde a um movimento vertical, para cima, ao longo do eixo da temperatura à esquerda. O cobre permanece sólido até ser atingida sua temperatura de fusão. A transformação de sólido para líquido ocorre na temperatura de fusão, e nenhum aquecimento adicional é possível até que essa transformação tenha sido completada.

Para qualquer composição que não aquelas dos componentes puros, esse fenômeno de fusão ocorre ao longo de uma faixa de temperaturas entre as linhas *solidus* e *liquidus*; as duas fases, sólido α e líquido, estão em equilíbrio nessa faixa de temperaturas. Por exemplo, ao aquecer uma liga com composição de 50%p Ni-50%p Cu (Figura 9.3*a*), a fusão tem início em aproximadamente 1280°C (2340°F); a quantidade da fase líquida aumenta continuamente com a elevação da temperatura até aproximadamente 1320°C (2410°F), quando a liga fica completamente líquida.

> ✓ ***Verificação de Conceitos 9.2*** O diagrama de fases para o sistema cobalto-níquel é do tipo iso-morfo. Com base nas temperaturas de fusão para esses dois metais, descreva e/ou desenhe um esboço esque-mático do diagrama de fases para o sistema Co-Ni.
>
> [*A resposta está disponível no GEN-IO, ambiente virtual de aprendizagem do GEN.*]

9.8 INTERPRETAÇÃO DOS DIAGRAMAS DE FASES

Para um sistema binário com composição e temperatura conhecidas e que se encontra em equilíbrio, pelo menos três tipos de informações estão disponíveis: (1) as fases que estão presentes, (2) as com-posições dessas fases e (3) as porcentagens ou frações das fases. Os procedimentos para efetuar essas determinações serão demonstrados considerando o sistema cobre-níquel.

Fases Presentes

O estabelecimento de quais fases estão presentes é relativamente simples. Deve-se apenas localizar o ponto temperatura-composição no diagrama e observar a(s) fase(s) correspondente(s) ao campo de fases identificado. Por exemplo, uma liga com composição de 60%p Ni–40%p Cu a 1100°C estaria localizada no ponto *A* na Figura 9.3*a*; uma vez que esse ponto está na região α, apenas a fase α estará presente. Contudo, uma liga com 35%p Ni–65%p Cu a 1250°C (ponto *B*) consiste tanto na fase α quanto na fase líquido em equilíbrio.

Determinação das Composições das Fases

A primeira etapa na determinação das composições das fases (em termos das concentrações dos com-ponentes) consiste em localizar o ponto temperatura-composição no diagrama de fases. São usados diferentes métodos para as regiões monofásicas e bifásicas. Se apenas uma fase estiver presente, o pro-cedimento é trivial: a composição dessa fase é simplesmente a mesma que a composição global da liga. Por exemplo, considere a liga com 60%p Ni–40%p Cu a 1100°C (ponto *A*, Figura 9.3*a*). Nessa com-posição e temperatura, apenas a fase α está presente, tendo uma composição de 60%p Ni–40%p Cu.

Para uma liga com composição e temperatura localizadas em uma região bifásica, a situação é mais complicada. Em todas as regiões bifásicas (e somente nas regiões bifásicas) pode ser imaginada a existência de uma série de linhas horizontais, uma para cada temperatura; cada uma dessas linhas é

linha de amarração   conhecida como uma **linha de amarração**, ou às vezes como uma *isoterma*. Essas linhas de amarração se estendem pela região bifásica e terminam, em ambas as extremidades, nas curvas de fronteira entre as fases. Para calcular as concentrações de equilíbrio das duas fases, o seguinte procedimento é usado:

1. Uma linha de amarração é construída pela região bifásica na temperatura em que a liga se encontra.
2. São anotadas as interseções, em ambas as extremidades, da linha de amarração com as fronteiras entre as fases.
3. A partir dessas interseções, são traçadas linhas perpendiculares à linha de amarração até o eixo horizontal das composições, onde é lida a composição de cada uma das respectivas fases.

Por exemplo, considere novamente a liga com 35%p Ni–65%p Cu a 1250°C, localizada no ponto *B* na Figura 9.3*b* e que está no interior da região $\alpha + L$. Assim, o problema consiste em determinar a composição (em %p Ni e %p Cu) tanto para fase α quanto para fase líquida. A linha de amarração é construída pela região da fase $\alpha + L$, como mostrado na Figura 9.3*b*. A linha perpendicular traçada a partir da interseção da linha de amarração com a fronteira *liquidus* encontra o eixo das composições em 31,5%p Ni–68,5%p Cu, que corresponde à composição da fase líquida, C_L. De maneira seme-lhante, para a interseção da linha de amarração com a linha *solidus*, encontramos uma composição para a fase de solução sólida α, C_α, de 42,5%p Ni–57,5%p Cu.

Determinação das Quantidades das Fases

As quantidades relativas (como fração ou como porcentagem) das fases presentes em equilíbrio tam-bém podem ser calculadas com o auxílio dos diagramas de fases. Novamente, as regiões monofásicas

232 • **Capítulo 9**

e bifásicas devem ser tratadas em separado. A solução é óbvia para uma região monofásica. Como apenas uma fase está presente, a liga é composta integralmente por aquela fase — isto é, a fração da fase é 1,0 ou, de outra forma, a porcentagem é de 100%. A partir do exemplo anterior para a liga com 60%p Ni–40%p Cu a 1100°C (ponto A na Figura 9.3a), somente a fase α está presente; portanto, a liga é composta totalmente, ou em 100%, pela fase α.

Se a posição para a combinação de composição e temperatura estiver localizada em uma região bifásica, a complexidade será maior. A linha de amarração deve ser usada em conjunto com um pro

regra da alavanca   cedimento chamado frequentemente de **regra da alavanca** (ou *regra da alavanca inversa*), o qual é aplicado da seguinte forma:

1. A linha de amarração é construída pela região bifásica na temperatura em que se encontra a liga.
2. A composição global da liga é localizada sobre a linha de amarração.
3. A fração de uma fase é calculada tomando-se o comprimento da linha de amarração desde a composição global da liga até a fronteira entre fases para a *outra* fase e, então, dividindo esse valor pelo comprimento total da linha de amarração.
4. A fração da outra fase é determinada de maneira análoga.
5. Se forem desejadas as porcentagens das fases, a fração de cada fase é multiplicada por 100. Quando o eixo da composição tem sua escala em porcentagem em peso, as frações das fases calculadas usando a regra da alavanca são *frações mássicas* — a massa (ou peso) de uma fase específica dividida pela massa (ou peso) total da liga. A massa de cada fase é calculada a partir do produto entre a fração de cada fase e a massa total da liga.

No emprego da regra da alavanca, os comprimentos dos segmentos da linha de amarração podem ser determinados ou pela medição direta no diagrama de fases empregando uma régua linear, de preferência graduada em milímetros, ou subtraindo-se as composições lidas no eixo das composições.

Considere novamente o exemplo mostrado na Figura 9.3b, em que a 1250°C ambas as fases, α e líquido, estão presentes para uma liga com 35%p Ni–65%p Cu. O problema consiste em calcular a fração de cada uma das fases, α e líquido. A linha de amarração é construída para a determinação das composições das fases α e L. A composição global da liga é localizada ao longo da linha de amarração e é identificada como C_0, enquanto as frações mássicas são representadas por W_L e W_α para as respectivas fases L e α. A partir da regra da alavanca, W_L pode ser calculado de acordo com

$$W_L = \frac{S}{R + S} \tag{9.1a}$$

Expressão da regra da alavanca para o cálculo da fração mássica de líquido (de acordo com a Figura 9.3b)

ou, pela subtração das composições,

$$W_L = \frac{C_\alpha - C_0}{C_\alpha - C_L} \tag{9.1b}$$

Para uma liga binária, a composição precisa ser especificada apenas em termos de um dos seus constituintes; para o cálculo acima, a porcentagem em peso de níquel é usada (isto é, $C_0 = 35$%p Ni, $C_\alpha = 42{,}5$%p Ni e $C_L = 31{,}5$%p Ni), e

$$W_L = \frac{42{,}5 - 35}{42{,}5 - 31{,}5} = 0{,}68$$

De maneira semelhante, para a fase α,

$$W_\alpha = \frac{R}{R + S} \tag{9.2a}$$

Expressão da regra da alavanca para o cálculo da fração mássica de fase α (de acordo com a Figura 9.3b)

$$= \frac{C_0 - C_L}{C_\alpha - C_L} \tag{9.2b}$$

$$= \frac{35 - 31{,}5}{42{,}5 - 31{,}5} = 0{,}32$$

Obviamente, respostas idênticas são obtidas se as composições são expressas em porcentagem em peso de cobre em lugar da porcentagem em peso de níquel.

Dessa forma, para uma liga binária, a regra da alavanca pode ser empregada para determinar as quantidades ou as frações relativas das fases em qualquer região bifásica se a temperatura e a composição forem conhecidas e se o equilíbrio tiver sido estabelecido. A derivação da regra da alavanca está apresentada como um problema-exemplo.

É fácil confundir os procedimentos anteriores para determinar as composições das fases e as frações de cada fase; assim, é feito um breve resumo. As *composições* das fases são expressas em termos das porcentagens em peso dos componentes (por exemplo, %p Cu, %p Ni). Para qualquer liga monofásica, a composição dessa fase é a mesma que a composição global da liga. Se duas fases estiverem presentes, deve ser empregada uma linha de amarração, cujas extremidades determinam as composições das respectivas fases. Em relação às *frações das fases* (por exemplo, a fração mássica da fase α ou da fase líquida), quando existe uma única fase, a liga é composta totalmente por essa fase. Para uma liga bifásica, é usada a regra da alavanca, na qual é determinada a razão entre os comprimentos dos segmentos da linha de amarração.

> **Verificação de Conceitos 9.3** Uma liga cobre-níquel com composição de 70%p Ni–30%p Cu é aquecida lentamente a partir de uma temperatura de 1300°C (2370°F).
>
> (a) Em qual temperatura se forma a primeira fração da fase líquida?
> (b) Qual é a composição dessa fase líquida?
> (c) Em qual temperatura ocorre a fusão completa da liga?
> (d) Qual é a composição da última fração de sólido antes da fusão completa?
>
> **Verificação de Conceitos 9.4** É possível existir uma liga cobre-níquel que, no equilíbrio, consista em uma fase α com composição de 37%p Ni–63%p Cu e também uma fase líquida com composição de 20%p Ni–80%p Cu? Se for possível, qual será a temperatura aproximada da liga? Se não for possível, explique por quê.
>
> [A resposta está disponível no GEN-IO, ambiente virtual de aprendizagem do GEN.]

PROBLEMA-EXEMPLO 9.1

Desenvolvimento da Regra da Alavanca

Desenvolva a regra da alavanca.

Solução

Considere o diagrama de fases para o cobre e o níquel (Figura 9.3b) e a liga com composição C_0 a 1250°C. Os símbolos C_α, C_L, W_α e W_L representam os mesmos parâmetros descritos anteriormente. Esse desenvolvimento é feito por meio de duas expressões para a conservação de massa. Com a primeira expressão, uma vez que apenas duas fases estão presentes, a soma das frações mássicas das duas fases deve ser igual à unidade; isto é,

$$W_\alpha + W_L = 1 \tag{9.3}$$

Para a segunda expressão, a massa de um dos componentes (Cu ou Ni) que está presente em ambas as fases deve ser igual à massa total desse componente na liga, ou seja,

$$W_\alpha C_\alpha + W_L C_L = C_0 \tag{9.4}$$

A solução simultânea dessas duas equações leva às expressões da regra da alavanca para essa situação específica,

$$W_L = \frac{C_\alpha - C_0}{C_\alpha - C_L} \tag{9.1b}$$

$$W_\alpha = \frac{C_0 - C_L}{C_\alpha - C_L} \tag{9.2b}$$

234 • **Capítulo 9**

Fração volumétrica da fase α — dependência em relação aos volumes das fases α e β

Para as ligas multifásicas, com frequência é mais conveniente especificar as quantidades relativas das fases em termos das frações volumétricas, em vez das frações mássicas. As frações volumétricas das fases são preferíveis porque elas (em vez das frações mássicas) podem ser determinadas a partir de um exame da microestrutura; adicionalmente, as propriedades de uma liga multifásica podem ser estimadas com base nas frações volumétricas.

Para uma liga formada pelas fases α e β, a fração volumétrica da fase α, V_α, é definida como

$$V_\alpha = \frac{v_\alpha}{v_\alpha + v_\beta} \tag{9.5}$$

em que v_α e v_β representam os volumes das respectivas fases na liga. Existe uma expressão análoga para V_β, e, para uma liga formada apenas por duas fases, tem-se que $V_\alpha + V_\beta = 1$.

Ocasionalmente, é desejada a conversão de fração mássica em fração volumétrica (ou vice-versa). As equações que facilitam essas conversões são as seguintes:

Conversão das frações mássicas das fases α e β em frações volumétricas

$$V_\alpha = \frac{\dfrac{W_\alpha}{\rho_\alpha}}{\dfrac{W_\alpha}{\rho_\alpha} + \dfrac{W_\beta}{\rho_\beta}} \tag{9.6a}$$

$$V_\beta = \frac{\dfrac{W_\beta}{\rho_\beta}}{\dfrac{W_\alpha}{\rho_\alpha} + \dfrac{W_\beta}{\rho_\beta}} \tag{9.6b}$$

e

Conversão das frações volumétricas das fases α e β em frações mássicas

$$W_\alpha = \frac{V_\alpha \rho_\alpha}{V_\alpha \rho_\alpha + V_\beta \rho_\beta} \tag{9.7a}$$

$$W_\beta = \frac{V_\beta \rho_\beta}{V_\alpha \rho_\alpha + V_\beta \rho_\beta} \tag{9.7b}$$

Nessas expressões, ρ_α e ρ_β são as massas específicas das respectivas fases; elas podem ser determinadas de forma aproximada usando as Equações 4.10a e 4.10b.

Quando as massas específicas das fases em uma liga bifásica diferem significativamente, existe uma grande disparidade entre as frações mássica e volumétrica; de maneira contrária, se as massas específicas das fases forem as mesmas, as frações mássica e volumétrica são idênticas.

9.9 DESENVOLVIMENTO DA MICROESTRUTURA EM LIGAS ISOMORFAS

Resfriamento em Equilíbrio

Nesta altura, é instrutivo examinar o desenvolvimento da microestrutura que ocorre nas ligas isomorfas durante a solidificação. Em primeiro lugar, vamos tratar da situação em que o resfriamento ocorre muito devagar, de modo que o equilíbrio entre as fases é mantido continuamente.

Vamos considerar o sistema cobre-níquel (Figura 9.3a), especificamente uma liga com composição de 35%p Ni–65%p Cu, à medida que ela é resfriada a partir de 1300°C. A região do diagrama de fases Cu–Ni na vizinhança dessa composição é mostrada na Figura 9.4. O resfriamento de uma liga com essa composição corresponde a um movimento para baixo ao longo da linha vertical tracejada. A 1300°C, no ponto *a*, a liga está completamente líquida (com uma composição de 35%p Ni–65%p Cu) e tem a microestrutura representada no detalhe na figura. Conforme o resfriamento tem início, nenhuma alteração microestrutural ou de composição ocorrerá até que a linha *liquidus* (ponto *b*, ~1260°C) seja alcançada. Nesse momento, o primeiro sólido α começa a se formar, com a composição especificada pela linha de amarração traçada nessa temperatura [isto é, 46%p Ni–54%p Cu, representada como α(46 Ni)]; a composição do líquido ainda é de aproximadamente 35%p Ni–65%p Cu [L(35 Ni)], que é diferente daquela do sólido α. Com o prosseguimento do resfriamento, tanto as composições quanto

Figura 9.4 Representação esquemática do desenvolvimento da microestrutura durante a solidificação em equilíbrio para uma liga com 35%p Ni–65%p Cu.

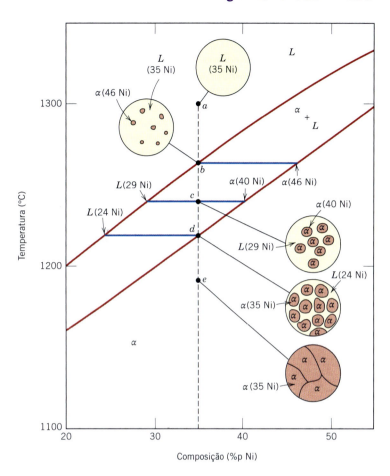

as quantidades relativas de cada uma das fases mudarão. As composições das fases líquida e α seguirão as linhas *liquidus* e *solidus*, respectivamente. Além disso, a fração da fase α aumentará com o prosseguimento do resfriamento. Observe que a composição global da liga (35%p Ni–65%p Cu) permanece inalterada durante o resfriamento, apesar de haver uma redistribuição do cobre e do níquel entre as fases.

A 1240°C, no ponto *c* da Figura 9.4, as composições das fases líquida e α são de 29%p Ni–71%p Cu [*L*(29 Ni)] e 40%p Ni–60%p Cu [α(40 Ni)], respectivamente.

O processo de solidificação está virtualmente concluído por volta de 1220°C, ponto *d*; a composição do sólido α é de aproximadamente 35%p Ni–65%p Cu (a composição global da liga), enquanto a composição da última fração de líquido remanescente é de 24%p Ni–76%p Cu. Ao cruzar a linha *solidus*, esse líquido remanescente se solidifica; o produto final é, então, uma solução sólida policristalina da fase α, com uma composição uniforme de 35%p Ni–65%p Cu (ponto *e*, Figura 9.4). O resfriamento subsequente não produz nenhuma alteração microestrutural ou de composição.

Resfriamento Fora do Equilíbrio

As condições da solidificação em equilíbrio e o desenvolvimento de microestruturas, como foram descritos na seção anterior, são conseguidos somente para taxas de resfriamento extremamente lentas. A razão para tal é que, com as mudanças na temperatura, deve haver reajustes nas composições das fases líquida e sólida de acordo com o diagrama de fases (isto é, com as linhas *liquidus* e *solidus*), como foi discutido. Esses reajustes são obtidos por processos de difusão — isto é, por difusão tanto na fase sólida quanto na fase líquida, e também através da interface sólido-líquido. Uma vez que a difusão é um fenômeno dependente do tempo (Seção 5.3), para manter o equilíbrio durante o resfriamento, o sistema deve permanecer tempo suficiente em cada temperatura para que ocorram os reajustes de composição apropriados. As *taxas de difusão* (isto é, as magnitudes dos coeficientes de difusão) são especialmente baixas para a fase sólida e, para ambas as fases, diminuem com a redução na temperatura. Em virtualmente todos os casos práticos de solidificação, as taxas de resfriamento são rápidas demais para permitir que ocorram esses reajustes na composição e para manter o equilíbrio; consequentemente, são desenvolvidas microestruturas distintas daquelas que foram descritas anteriormente.

Figura 9.5 Representação esquemática do desenvolvimento da microestrutura durante a solidificação fora de equilíbrio para uma liga 35%p Ni–65%p Cu.

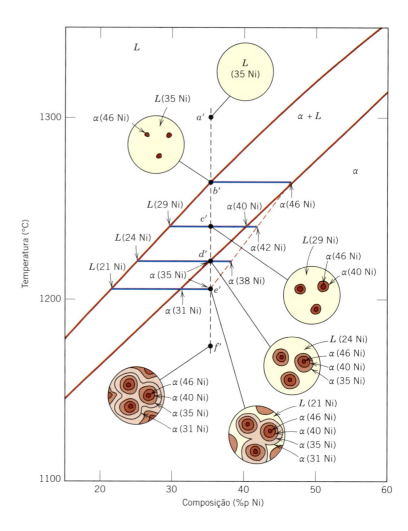

Algumas das consequências de uma solidificação fora do equilíbrio para as ligas isomorfas serão discutidas agora considerando uma liga 35%p Ni–65%p Cu, a mesma composição usada para o resfriamento em equilíbrio na seção anterior. A parte do diagrama de fases próxima a essa composição é mostrada na Figura 9.5; adicionalmente, as microestruturas e as composições das fases associadas às várias temperaturas durante o resfriamento estão destacadas nos círculos. Para simplificar essa discussão, vamos supor que as taxas de difusão na fase líquida sejam suficientemente rápidas para manter o equilíbrio no líquido.

Vamos começar o resfriamento em uma temperatura de aproximadamente 1300°C; essa condição é indicada pelo ponto a' na região do líquido. Esse líquido tem uma composição de 35%p Ni–65%p Cu [representada como L(35 Ni) na figura] e nenhuma mudança ocorre enquanto o resfriamento se dá através da região da fase líquida (ao se mover verticalmente para baixo a partir do ponto a'). No ponto b' (aproximadamente a 1260°C), partículas da fase α começam a se formar, as quais, a partir da linha de amarração construída, têm uma composição de 46%p Ni–54%p Cu [α(46 Ni)].

Com o prosseguimento do resfriamento até o ponto c' (aproximadamente a 1240°C), a composição do líquido variou para 29%p Ni–71%p Cu; além disso, nessa temperatura a composição da fase α que se solidificou é de 40%p Ni–60%p Cu [α(40 Ni)]. Entretanto, uma vez que a difusão na fase sólida α é relativamente lenta, a fase α que se formou no ponto b' não mudou sua composição apreciavelmente — isto é, ela ainda é de aproximadamente 46%p Ni — e a composição dos grãos da fase α mudou continuamente ao longo da posição radial, desde 46%p Ni no centro dos grãos até 40%p Ni nos perímetros externos dos grãos. Assim, no ponto c' a *composição média* dos grãos de α formados é uma composição média ponderada em relação ao volume, ficando entre 46 e 40%p Ni. Para fins de argumentação, vamos considerar que essa composição média seja de 42%p Ni–58%p Cu [α(42 Ni)]. Adicionalmente, também determinaríamos que, com base nos cálculos pela regra da alavanca, uma proporção maior de líquido está presente nessas condições fora de equilíbrio do que em um resfriamento em equilíbrio. A implicação desse fenômeno da solidificação fora do equilíbrio é que a linha *solidus* no diagrama de fases foi deslocada para maiores teores de Ni — para as composições médias da fase α (por exemplo, 42%p Ni a 1240°C) — e é representada pela linha tracejada na

Fotomicrografia mostrando a microestrutura de uma liga de bronze fundida que foi encontrada na Síria e que foi datada do século XIX a.C. O procedimento de ataque químico revelou as estruturas zonadas como variações nas matizes de cor ao longo dos grãos. Ampliação de 30×. (Cortesia de George F. Vander Voort, Struers Inc.)

Figura 9.5. Não existe uma alteração equivalente na linha *liquidus*, pois está sendo considerado que o equilíbrio é mantido na fase líquida durante o resfriamento, como consequência de taxas de difusão suficientemente rápidas.

No ponto d' (~1220°C) e para taxas de resfriamento em equilíbrio, a solidificação deveria estar concluída. Entretanto, para essa situação fora de equilíbrio ainda existe uma proporção apreciável de líquido, e a fase α que está se formando tem uma composição de 35%p Ni [α(35 Ni)]; além disso, a composição *média* da fase α nesse ponto será de 38%p Ni [α(38 Ni)].

A solidificação fora do equilíbrio atinge finalmente o seu fim no ponto e' (~1205°C). A composição da última porção de fase α a se solidificar nesse ponto é de aproximadamente 31%p Ni; a composição *média* da fase α ao final da solidificação é de 35%p Ni. O detalhe para o ponto f' mostra a microestrutura do material totalmente solidificado.

O grau de deslocamento da linha *solidus* fora de equilíbrio em relação à linha de equilíbrio dependerá da taxa de resfriamento; quanto mais lenta for a taxa de resfriamento, menor será esse deslocamento — isto é, a diferença entre a linha *solidus* de equilíbrio e a composição média do sólido será menor. Além disso, se a taxa de difusão na fase sólida for aumentada, esse deslocamento diminui.

Existem algumas consequências importantes para as ligas isomorfas que foram solidificadas sob condições fora de equilíbrio. Como discutido anteriormente, a distribuição dos dois elementos nos grãos não é uniforme, em um fenômeno denominado *segregação* — isto é, são estabelecidos gradientes de concentração ao longo dos grãos, os quais são apresentados nos detalhes na Figura 9.5. O centro de cada grão, que é a primeira fração a solidificar, é rico no elemento com maior ponto de fusão (por exemplo, o níquel para esse sistema Cu-Ni), enquanto a concentração do elemento com menor ponto de fusão aumenta de acordo com a posição a partir dessa região para a fronteira do grão. Essa estrutura é denominada *zonada* e dá origem a propriedades inferiores às ótimas. Conforme um material fundido que possui uma estrutura zonada é reaquecido, as regiões dos contornos dos grãos se fundem primeiro, uma vez que são mais ricas no componente com menor temperatura de fusão. Isso produz uma perda repentina na integridade mecânica devido à fina película de líquido que separa os grãos. Além disso, essa fusão pode começar em uma temperatura abaixo da temperatura *solidus* de equilíbrio da liga. As estruturas zonadas podem ser eliminadas por um tratamento térmico de homogeneização, conduzido em uma temperatura abaixo do ponto *solidus* para a composição específica da liga. Durante esse processo, ocorre difusão atômica que produz grãos com composição homogênea.

9.10 PROPRIEDADES MECÂNICAS DE LIGAS ISOMORFAS

Agora devemos explorar sucintamente como as propriedades mecânicas das ligas isomorfas sólidas são afetadas pela composição enquanto as demais variáveis estruturais (por exemplo, o tamanho do grão) são mantidas constantes. Para todas as temperaturas e composições abaixo da temperatura de fusão do componente com menor ponto de fusão, existe apenas uma única fase sólida. Portanto, cada componente tem um aumento de resistência por solução sólida (Seção 7.9) ou um aumento na resistência e na dureza pelas adições do outro componente. Esse efeito é demonstrado na Figura 9.6a na forma do limite de resistência à tração em função da composição para o sistema cobre-níquel à temperatura ambiente; em uma dada composição intermediária, a curva passa necessariamente por um valor máximo. O comportamento ductilidade (%AL)-composição está traçado na Figura 9.6b e é simplesmente o oposto ao exibido pelo limite de resistência à tração — isto é, a ductilidade diminui com as adições do segundo componente e a curva exibe um valor mínimo.

Figura 9.6 Para o sistema cobre-níquel, (a) o limite de resistência à tração em função da composição e (b) a ductilidade (%AL) em função da composição à temperatura ambiente. Existe uma solução sólida para todas as composições nesse sistema.

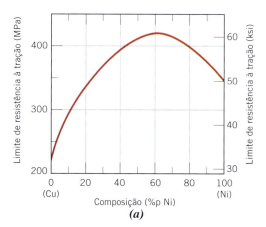
(a)

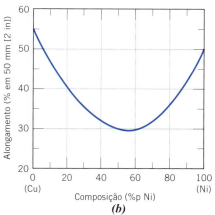
(b)

9.11 SISTEMAS EUTÉTICOS BINÁRIOS

Outro tipo comum e relativamente simples de diagrama de fases encontrado para as ligas binárias é mostrado na Figura 9.7 para o sistema cobre-prata; esse diagrama é conhecido como *diagrama de fases eutético binário*. Diversas características desse diagrama de fases são importantes e dignas de observação. Em primeiro lugar, são encontradas três regiões monofásicas no diagrama: α, β e líquido. A fase α é uma solução sólida rica em cobre; ela tem a prata como o componente soluto, além de uma estrutura cristalina CFC. A solução sólida de fase β também tem uma estrutura CFC, mas nela o cobre é o soluto. O cobre puro e a prata pura também são considerados como as fases α e β, respectivamente.

Dessa forma, a solubilidade em cada uma dessas fases sólidas é limitada, pois em qualquer temperatura abaixo da linha *BEG* apenas uma concentração limitada de prata se dissolve no cobre (para a fase α), e de maneira análoga para o cobre na prata (para a fase β). O limite de solubilidade para a fase α corresponde à linha fronteiriça, identificada por *CBA*, entre as regiões das fases $\alpha/(\alpha + \beta)$ e $\alpha/(\alpha + L)$; ele aumenta com o aumento da temperatura até um valor máximo [8,0%p Ag a 779°C (1434°F)], no ponto *B*, e diminui novamente a zero na temperatura de fusão do cobre puro, ponto *A* [1085°C (1985°F)]. Nas temperaturas abaixo de 779°C (1434°F), a linha do limite de solubilidade do sólido, separando as regiões das fases α e $\alpha + \beta$, é denominada **linha *solvus***; a fronteira *AB* entre os campos α e $\alpha + L$ é a **linha *solidus***, como indicado na Figura 9.7. Para a fase β, as linhas *solvus* e *solidus* também existem, e são as linhas *HG* e *GF*, respectivamente, como é mostrado. A solubilidade máxima do cobre na fase β, ponto *G* (8,8%p Cu), também ocorre a 779°C (1434°F). A linha horizontal *BEG*, que é paralela ao eixo das composições e que se estende entre essas posições de solubilidades máximas, também pode ser considerada uma linha *solidus*; ela representa a temperatura mais baixa na qual pode existir uma fase líquida para qualquer liga cobre-prata que esteja em equilíbrio.

linha *solvus*
linha *solidus*

Também existem três regiões bifásicas no sistema cobre-prata (Figura 9.7): $\alpha + L$, $\beta + L$ e $\alpha + \beta$. As soluções sólidas das fases α e β coexistem em todas as composições e temperaturas dentro do campo das fases $\alpha + \beta$; as fases α + líquido e β + líquido também coexistem nas suas respectivas regiões. Além disso, as composições e as quantidades relativas das fases podem ser determinadas utilizando linhas de amarração e a regra da alavanca, como descrito anteriormente.

linha *liquidus*

Conforme a prata é adicionada ao cobre, a temperatura na qual a liga se torna totalmente líquida diminui ao longo da **linha *liquidus***, curva *AE*; dessa forma, a temperatura de fusão do cobre é reduzida por adições de prata. O mesmo pode ser dito para a prata: a introdução do cobre reduz a temperatura para a fusão completa ao longo da outra linha *liquidus*, *FE*. Essas linhas *liquidus* se encontram no ponto *E* do diagrama de fases, que é designado pela composição C_E e pela temperatura T_E; para

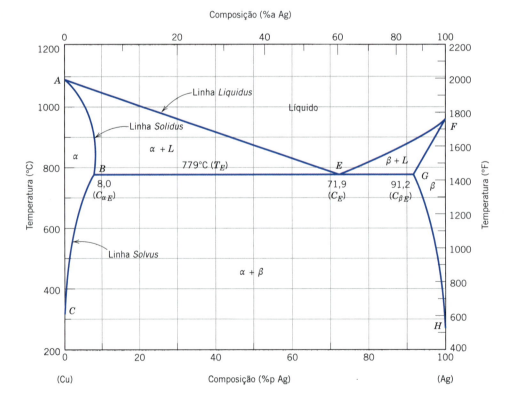

Figura 9.7 Diagrama de fases cobre-prata. [Adaptada de MASSALSKI, T. B. (ed.). *Binary Alloy Phase Diagrams*, 2ª ed., vol. 1, 1990. Reimpressa sob permissão da ASM International, Materials Park, OH.]

o sistema cobre-prata, os valores desses dois parâmetros, C_E e T_E, são 71,9%p Ag e 779°C (1434°F), respectivamente. Também deve ser observado que existe uma isoterma horizontal a 779°C e que está representada pela linha identificada como *BEG* que também passa através do ponto *E*.

Uma importante reação ocorre para uma liga com composição C_E conforme ela muda de temperatura ao passar pela temperatura T_E; essa reação pode ser escrita da seguinte maneira:

A reação eutética (de acordo com a Figura 9.7)

$$L(C_E) \underset{\text{aquecimento}}{\overset{\text{resfriamento}}{\rightleftharpoons}} \alpha(C_{\alpha E}) + \beta(C_{\beta E}) \tag{9.8}$$

Em outras palavras, mediante um resfriamento, uma fase líquida se transforma em duas fases sólidas, α e β, na temperatura T_E; a reação oposta ocorre quando a liga é aquecida. Essa é chamada **reação eutética** **reação eutética** (*eutético* significa "que se funde com facilidade"), e o ponto *E* no diagrama é chamado o *ponto eutético*; além disso, C_E e T_E representam a composição e a temperatura do eutético, respectivamente. Como também anotado na Figura 9.7, $C_{\alpha E}$ e $C_{\beta E}$ são as respectivas composições das fases α e β na temperatura T_E. Dessa forma, para o sistema cobre-prata, a reação eutética, Equação 9.8, pode ser escrita da seguinte maneira:

$$L(71,9\ \%\text{p Ag}) \underset{\text{aquecimento}}{\overset{\text{resfriamento}}{\rightleftharpoons}} \alpha(8,0\ \%\text{p Ag}) + \beta(91,2\ \%\text{p Ag})$$

Essa reação eutética é denominada uma *reação invariante*, já que ocorre sob condições de equilíbrio em uma temperatura específica (T_E) e em composições específicas (C_E, $C_{\alpha E}$ e $C_{\beta E}$), que são constantes (isto é, invariáveis) para um sistema binário específico.[1] Além disso, a linha *solidus* horizontal *BEG* em T_E é às vezes chamada de *isoterma eutética*.

A reação eutética, no resfriamento, é semelhante à solidificação dos componentes puros, no sentido de que a reação prossegue até sua conclusão em uma temperatura constante, ou *isotermicamente*, em T_E. Entretanto, o produto sólido da solidificação eutética consiste sempre em duas fases sólidas, enquanto para um componente puro é formada apenas uma única fase. Por causa dessa reação eutética, os diagramas de fases semelhantes àquele da Figura 9.7 são denominados *diagramas de fases eutéticos*; os componentes que exibem esse comportamento formam um *sistema eutético*.

Na construção dos diagramas de fases binários, é importante compreender que uma ou no máximo duas fases podem estar em equilíbrio em um campo de fases. Isso também é verdadeiro para os diagramas de fases nas Figuras 9.3*a* e 9.7. Para um sistema eutético, três fases (α, β e *L*) podem estar em equilíbrio, porém somente nos pontos ao longo da isoterma eutética. Outra regra geral é a de que as regiões monofásicas estão sempre separadas umas das outras por uma região bifásica, a qual é composta pelas duas fases únicas que ela separa. Por exemplo, o campo $\alpha + \beta$ está localizado entre as regiões monofásicas α e β na Figura 9.7.

Outro sistema eutético comum é aquele para o chumbo e o estanho; o diagrama de fases (Figura 9.8) para esse sistema tem um formato geral semelhante àquele do sistema cobre-prata. No sistema chumbo-estanho, as fases das soluções sólidas também são designadas por α e β; nesse caso, α representa uma solução sólida de estanho no chumbo; para β, o estanho é o solvente e o chumbo é o soluto. O ponto eutético está localizado em 61,9%p Sn e 183°C (361°F). Obviamente, as composições para as solubilidades sólidas máximas, assim como as temperaturas de fusão dos componentes, são diferentes para os sistemas cobre-prata e chumbo-estanho, como pode ser observado comparando seus diagramas de fases.

Ocasionalmente, são preparadas ligas com baixas temperaturas de fusão e composições próximas às do eutético. Um exemplo conhecido é a solda de estanho 60-40, que contém 60%p Sn e 40%p Pb. A Figura 9.8 indica que uma liga com essa composição está completamente fundida ao redor de 185°C (365°F), o que torna esse material especialmente atrativo como uma solda de baixa temperatura, uma vez que ela pode ser fundida com facilidade.

> *Verificação de Conceitos 9.5*   A 700°C (1290°F), qual é a solubilidade máxima **(a)** do Cu na Ag? **(b)** E da Ag no Cu?

---

[1] Para diagramas de fases binários, uma linha horizontal como *BEG* na Figura 9.7 está sempre associada a uma reação invariante. Discutimos outras reações invariantes e os seus diagramas de fases em seções posteriores deste capítulo — quais sejam, as reações eutetoide e peritética. Por outro lado, nem todas as reações invariantes têm linhas horizontais; por exemplo, a fusão (e solidificação) dos componentes puros (neste caso, chumbo e estanho) são reações invariantes.

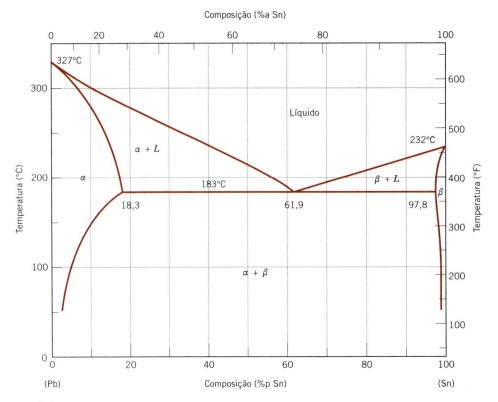

Figura 9.8 Diagrama de fases chumbo-estanho.
[Adaptada de MASSALSKI, T. B. (ed.). *Binary Alloy Phase Diagrams*, 2ª ed., vol. 3, 1990. Reimpressa sob permissão da ASM International, Materials Park, OH.]

Verificação de Conceitos 9.6 Abaixo está uma parte do diagrama de fases H_2O-NaCl:

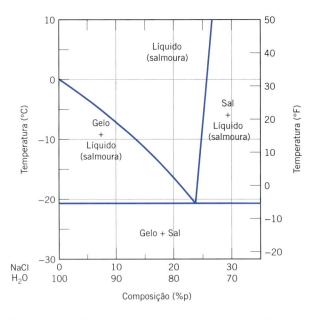

(a) Considerando esse diagrama, explique de maneira sucinta como o espalhamento de sal sobre o gelo que se encontra a uma temperatura abaixo de 0°C (32°F) pode causar o derretimento do gelo.

(b) Em que temperatura o sal não é mais útil para causar o derretimento do gelo?

[*A resposta está disponível no GEN-IO, ambiente virtual de aprendizagem do GEN.*]

PROBLEMA-EXEMPLO 9.2

Determinação das Fases Presentes e Cálculos das Composições das Fases

Para uma liga com 40%p Sn-60%p Pb a 150°C (300°F), **(a)** qual(is) fase(s) está(ão) presente(s)? **(b)** Qual(is) é(são) a(s) composição(ões) dessa(s) fase(s)?

Solução

(a) Localize esse ponto temperatura-composição no diagrama de fases (ponto B na Figura 9.9). Uma vez que ele está dentro da região $\alpha + \beta$, tanto a fase α quanto a fase β coexistirão.

(b) Uma vez que duas fases estão presentes, torna-se necessário construir uma linha de amarração pelo campo das fases $\alpha + \beta$ a 150°C, como indicado na Figura 9.9. A composição da fase α corresponde à interseção da linha de amarração com a linha *solvus* entre fases $\alpha/(\alpha + \beta)$ — em aproximadamente 11%p Sn-89%p Pb, representada como C_α. De maneira semelhante para a fase β, sua composição é de aproximadamente 98%p Sn-2%p Pb (C_β).

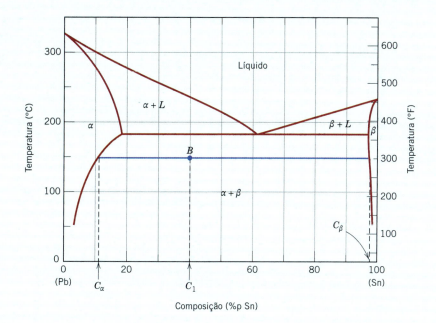

Figura 9.9 Diagrama de fases chumbo-estanho. Nos Problemas-Exemplo 9.2 e 9.3, as composições e as quantidades relativas das fases são calculadas para a liga 40%p Sn–60%p Pb a 150°C (ponto B).

PROBLEMA-EXEMPLO 9.3

Determinações das Quantidades Relativas das Fases — Frações Mássicas e Volumétricas

Para a liga chumbo-estanho do Problema-Exemplo 9.2, calcule as quantidades relativas de cada fase presente em termos de **(a)** fração mássica e **(b)** fração volumétrica. As massas específicas do Pb e do Sn a 150°C são 11,35 e 7,29 g/cm³, respectivamente.

Solução

(a) Uma vez que a liga consiste em duas fases, torna-se necessário empregar a regra da alavanca. Se C_1 representa a composição global da liga, as frações mássicas podem ser calculadas pela subtração das composições, em termos da porcentagem em peso de estanho, da seguinte maneira:[2]

---

[2]*Favor observar:* A regra da alavanca **não pode** ser usada na temperatura da isoterma eutética T_E para composições entre $C_{\alpha E}$ e $C_{\beta E}$ (Figura 9.7), pois três fases estão em equilíbrio. Contudo, a regra da alavanca pode ser usada para amostras nessa faixa de composições nas regiões bifásicas que existem em temperaturas que são maiores ou menores do que T_E por até uma fração de um grau. Em geral, a regra da alavanca não pode ser usada em **nenhum** invariante horizontal em um diagrama de fases de dois componentes.

$$W_\alpha = \frac{C_\beta - C_1}{C_\beta - C_\alpha} = \frac{98 - 40}{98 - 11} = 0,67$$

$$W_\beta = \frac{C_1 - C_\alpha}{C_\beta - C_\alpha} = \frac{40 - 11}{98 - 11} = 0,33$$

(b) Para calcular as frações volumétricas é necessário, em primeiro lugar, determinar a massa específica de cada fase empregando a Equação 4.10a. Dessa forma,

$$\rho_\alpha = \frac{100}{\dfrac{C_{Sn(\alpha)}}{\rho_{Sn}} + \dfrac{C_{Pb(\alpha)}}{\rho_{Pb}}}$$

em que $C_{Sn(\alpha)}$ e $C_{Pb(\alpha)}$ representam as concentrações em porcentagem em peso de estanho e de chumbo na fase α, respectivamente. A partir do Problema-Exemplo 9.2, esses valores são de 11%p e 89%p. A incorporação desses valores, com as massas específicas dos dois componentes, leva a

$$\rho_\alpha = \frac{100}{\dfrac{11}{7,29 \text{ g/cm}^3} + \dfrac{89}{11,35 \text{ g/cm}^3}} = 10,69 \text{ g/cm}^3$$

De maneira semelhante para a fase β:

$$\rho_\beta = \frac{100}{\dfrac{C_{Sn(\beta)}}{\rho_{Sn}} + \dfrac{C_{Pb(\beta)}}{\rho_{Pb}}}$$

$$= \frac{100}{\dfrac{98}{7,29 \text{ g/cm}^3} + \dfrac{2}{11,35 \text{ g/cm}^3}} = 7,34 \text{ g/cm}^3$$

Agora, torna-se necessário empregar as Equações 9.6a e 9.6b para determinar V_α e V_β, da seguinte maneira:

$$V_\alpha = \frac{\dfrac{W_\alpha}{\rho_\alpha}}{\dfrac{W_\alpha}{\rho_\alpha} + \dfrac{W_\beta}{\rho_\beta}}$$

$$= \frac{\dfrac{0,67}{10,69 \text{ g/cm}^3}}{\dfrac{0,67}{10,69 \text{ g/cm}^3} + \dfrac{0,33}{7,34 \text{ g/cm}^3}} = 0,58$$

$$V_\beta = \frac{\dfrac{W_\beta}{\rho_\beta}}{\dfrac{W_\alpha}{\rho_\alpha} + \dfrac{W_\beta}{\rho_\beta}}$$

$$= \frac{\dfrac{0.33}{7,34 \text{ g/cm}^3}}{\dfrac{0,67}{10,69 \text{ g/cm}^3} + \dfrac{0,33}{7,34 \text{ g/cm}^3}} = 0,42$$

MATERIAIS DE IMPORTÂNCIA 9.1

Soldas Isentas de Chumbo

As soldas são ligas metálicas empregadas para colar ou unir dois ou mais componentes (geralmente, outras ligas metálicas). Elas são usadas extensivamente na indústria eletrônica para unir fisicamente componentes uns aos outros; elas devem permitir a expansão e a contração dos vários componentes, devem transmitir sinais elétricos e dissipar qualquer calor que seja gerado. A ação de união é obtida com a fusão do material da solda, permitindo que este flua por entre e faça contato com os componentes a serem unidos (os quais não se fundem); por fim, ao solidificar, ela forma uma união física com todos esses componentes.

No passado, a ampla maioria das soldas eram ligas chumbo-estanho. Esses materiais são confiáveis, baratos e apresentam temperaturas de fusão relativamente baixas. A solda chumbo-estanho mais comum tem uma composição de 63%p Sn-37 %p Pb. De acordo com o diagrama de fases chumbo-estanho, Figura 9.8, essa composição está próxima à do eutético e tem uma temperatura de fusão de aproximadamente 183°C, a menor temperatura possível com a existência de uma fase líquida (em equilíbrio) para o sistema chumbo-estanho. Essa liga é chamada com frequência de *solda eutética chumbo-estanho*.

Infelizmente, o chumbo é um metal moderadamente tóxico, e há uma séria preocupação em relação ao impacto ambiental causado pelo descarte de produtos contendo chumbo, que pode percolar para os lençóis freáticos a partir de aterros sanitários ou poluir o ar quando os produtos são incinerados.[3] Consequentemente, em alguns países foram criadas leis que banem o uso de soldas contendo chumbo. Isso forçou o desenvolvimento de soldas isentas de chumbo, as quais, entre outras coisas, devem apresentar temperaturas (ou faixas de temperaturas) de fusão relativamente baixas. Muitas dessas consistem em ligas de estanho que contêm concentrações relativamente baixas de cobre, prata, bismuto e/ou antimônio. As composições, assim como as temperaturas *liquidus* e *solidus* de várias soldas isentas de chumbo estão listadas na Tabela 9.1. Duas soldas que contêm chumbo também estão incluídas nessa tabela.

As temperaturas (ou faixas de temperaturas) de fusão são importantes no desenvolvimento e seleção dessas novas ligas para soldas; essa informação está disponível a partir de diagramas de fases. Por exemplo, uma fração do lado rico em estanho do diagrama de fases prata-estanho é apresentada na Figura 9.10. Nele, pode ser observado que existe um eutético em 96,5%p Sn e 221°C; essas são de fato a composição e a temperatura de fusão, respectivamente, da solda 96,5 Sn-3,5 Ag na Tabela 9.1.

Tabela 9.1 Composições, Temperaturas *Solidus* e Temperaturas *Liquidus* para Duas Soldas Contendo Chumbo e Cinco Soldas Isentas de Chumbo

Composição (%p)	Temperatura Solidus (°C)	Temperatura Liquidus (°C)
Soldas Contendo Chumbo		
63 Sn–37 Pb[a]	183	183
50 Sn–50 Pb	183	214
Soldas Isentas de Chumbo		
99,3 Sn–0,7 Cu[a]	227	227
96,5 Sn–3,5 Ag[a]	221	221
95,5 Sn–3,8 Ag–0,7 Cu	217	220
91,8 Sn–3,4 Ag–4,8 Bi	211	213
97,0 Sn–2,0 Cu–0,85 Sb–0,2 Ag	219	235

[a]As composições dessas ligas são composições eutéticas; portanto, suas temperaturas *solidus* e *liquidus* são idênticas.

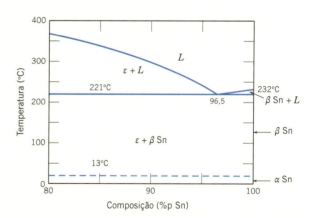

Figura 9.10 O lado rico em estanho do diagrama de fases prata-estanho.
[Adaptada de BAKER, H. (ed.). *ASM Handbook*, vol. 3, *Alloy Phase Diagrams*, ASM International, 1992. Reimpressa sob permissão da ASM International, Materials Park, OH.]

---

[3]O chumbo em soldas chumbo-estanho é um dos metais tóxicos frequentemente encontrados em lixos eletrônicos (ou e-lixo), que está discutido na Seção 22.3, Questões sobre Reciclagem na Ciência e Engenharia de Materiais.

9.12 DESENVOLVIMENTO DA MICROESTRUTURA EM LIGAS EUTÉTICAS

Dependendo da composição, são possíveis vários tipos de microestruturas diferentes para o resfriamento lento de ligas que pertencem aos sistemas eutéticos binários. Essas possibilidades serão consideradas em termos do diagrama de fases chumbo-estanho, Figura 9.8.

O primeiro caso se aplica às composições que variam entre um componente puro e a solubilidade sólida máxima para aquele componente à temperatura ambiente [20°C (70°F)]. Para o sistema chumbo-estanho, isso inclui as ligas ricas em chumbo que contêm entre 0 e aproximadamente 2%p Sn (para a solução sólida da fase α) e também entre aproximadamente 99%p Sn e o estanho puro (para a fase β). Por exemplo, considere uma liga com composição C_1 (Figura 9.11) à medida que ela é resfriada lentamente a partir de uma temperatura na região da fase líquida, digamos, 350°C; isso corresponde a um deslocamento vertical para baixo ao longo da linha tracejada ww' na figura. A liga permanece totalmente líquida e com composição C_1 até a linha *liquidus* ser cruzada em aproximadamente 330°C, quando a fase α sólida começa a se formar. Ao passar por essa estreita região bifásica $\alpha + L$, a solidificação prossegue da mesma maneira como foi descrito para a liga cobre-níquel na seção anterior — isto é, com o prosseguimento do resfriamento, uma quantidade maior da fase α sólida se forma. Além disso, as composições das fases líquida e sólida são diferentes, seguindo, respectivamente, ao longo das fronteiras entre fases *liquidus* e *solidus*. A solidificação atinge seu término no ponto em que a linha ww' cruza a linha *solidus*. A liga resultante é policristalina com uma composição uniforme C_1, e nenhuma mudança subsequente ocorre no resfriamento até a temperatura ambiente. Essa microestrutura está representada esquematicamente no detalhe no ponto c na Figura 9.11.

O segundo caso considerado aplica-se às composições que se encontram na faixa entre o limite de solubilidade à temperatura ambiente e a solubilidade sólida máxima na temperatura do eutético. Para o sistema chumbo-estanho (Figura 9.8), essas composições se estendem desde aproximadamente 2%p Sn até 18,3%p Sn (para as ligas ricas em chumbo), e desde 97,8%p Sn até aproximadamente 99%p Sn (para as ligas ricas em estanho). Vamos examinar uma liga com composição C_2 à medida que ela é resfriada ao longo da linha vertical xx' na Figura 9.12. Até a interseção da linha xx' com a linha *solvus*, as mudanças que ocorrem são semelhantes ao caso anterior, conforme passamos pelas regiões de fases correspondentes (como demonstrado pelos detalhes nos pontos d, e e f). Imediatamente acima da interseção com a linha *solvus*, ponto f, a microestrutura consiste em grãos da fase α com composição C_2. Ao cruzar a linha *solvus*, a solubilidade sólida de α é excedida, o que resulta na

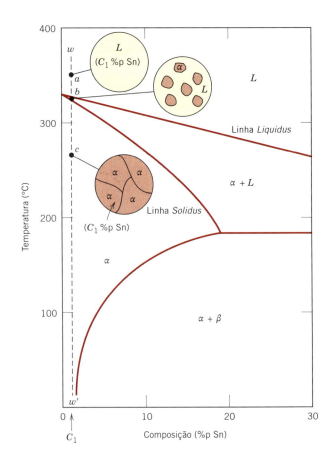

Figura 9.11 Representações esquemáticas das microestruturas em equilíbrio para uma liga chumbo-estanho com composição C_1 à medida que ela é resfriada a partir da região da fase líquida.

Figura 9.12 Representações esquemáticas das microestruturas em equilíbrio para uma liga chumbo-estanho com composição C_2 conforme ela é resfriada a partir da região da fase líquida.

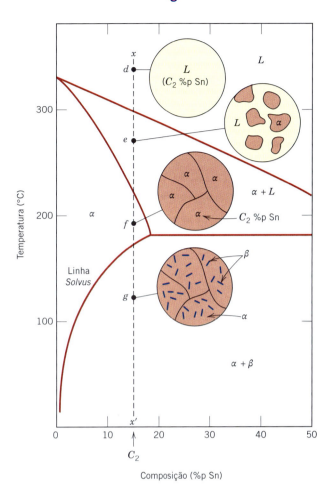

formação de pequenas partículas da fase β; essas partículas estão indicadas no detalhe da microestrutura no ponto g. Com o prosseguimento do resfriamento, essas partículas crescem em tamanho, pois a fração mássica da fase β aumenta ligeiramente com a diminuição da temperatura.

O terceiro caso envolve a solidificação da composição eutética, 61,9%p Sn (C_3 na Figura 9.13). Vamos considerar uma liga com essa composição que seja resfriada a partir de uma temperatura na região da fase líquida (por exemplo, 250°C) ao longo da linha vertical yy' na Figura 9.13. Conforme a temperatura é reduzida, nenhuma alteração ocorre até alcançar a temperatura do eutético, 183°C. Ao cruzar a isoterma eutética, o líquido se transforma nas duas fases α e β. Essa transformação pode ser representada pela reação

$$L(61,9\ \%p\ Sn) \underset{\text{aquecimento}}{\overset{\text{resfriamento}}{\rightleftharpoons}} \alpha(18,3\ \%p\ Sn) + \beta(97,8\ \%p\ Sn) \qquad (9.9)$$

em que as composições das fases α e β são ditadas pelos pontos nas extremidades da isoterma eutética.

Durante essa transformação, deve haver necessariamente uma redistribuição dos componentes chumbo e estanho, visto que as fases α e β têm composições diferentes, e nenhuma dessas composições é igual àquela do líquido (como indicado na Equação 9.9). Essa redistribuição ocorre por difusão atômica. A microestrutura do sólido que resulta dessa transformação consiste em camadas alternadas (às vezes chamadas de *lamelas*) das fases α e β, as quais se formam simultaneamente durante a transformação. Essa microestrutura, representada esquematicamente na Figura 9.13, ponto i, é chamada **estrutura eutética**, e é característica dessa reação. Uma fotomicrografia dessa estrutura para o eutético do sistema chumbo-estanho é mostrada na Figura 9.14. O resfriamento subsequente da liga desde uma posição imediatamente abaixo da temperatura eutética até a temperatura ambiente resulta apenas em alterações microestruturais de menor importância.

estrutura eutética

A mudança microestrutural que acompanha essa transformação eutética está representada esquematicamente na Figura 9.15, que mostra o crescimento das camadas α e β do eutético para o interior da fase líquida, substituindo-a. O processo de redistribuição do chumbo e do estanho ocorre por difusão no líquido localizado imediatamente à frente da interface eutético-líquido. As setas indicam as direções da difusão dos átomos de chumbo e de estanho; os átomos de chumbo difundem-se em direção às camadas da fase α, uma vez que essa fase α é rica em chumbo (18,3%p Sn-81,7%p Pb);

Figura 9.13
Representações esquemáticas das microestruturas em equilíbrio para uma liga chumbo-estanho com a composição eutética C_3, acima e abaixo da temperatura do eutético.

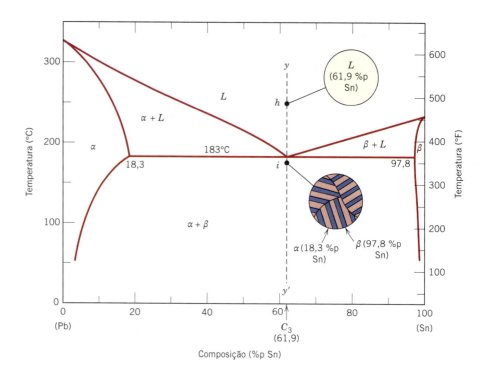

Figura 9.14 Fotomicrografia mostrando a microestrutura de uma liga chumbo-estanho com a composição eutética. Essa microestrutura consiste em camadas alternadas de uma solução sólida da fase α rica em chumbo (camadas escuras) e de uma solução sólida da fase β rica em estanho (camadas claras). Ampliação de 375×. (De *Metals Handbook*, 9ª ed., vol. 9, *Metallography and Microstructures*, 1985. Reproduzida com a permissão da ASM International, Materials Park, OH.)

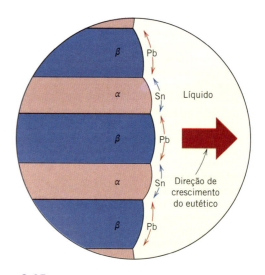

Figura 9.15 Representação esquemática da formação da estrutura eutética para o sistema chumbo-estanho. As direções da difusão dos átomos de estanho e chumbo estão indicadas pelas setas azuis e vermelhas, respectivamente.

de maneira oposta, a difusão dos átomos de estanho se dá em direção às camadas da fase β, rica em estanho (97,8%p Sn-2,2%p Pb). A estrutura eutética se forma nessas camadas alternadas, pois nessa configuração lamelar a difusão atômica do chumbo e do estanho deve ocorrer ao longo de apenas distâncias relativamente curtas.

O quarto e último caso microestrutural para esse sistema inclui todas as composições, à exceção da eutética, que, quando resfriadas, cruzam a isoterma eutética. Considere, por exemplo, a composição C_4 na Figura 9.16, a qual se encontra à esquerda do eutético; conforme a temperatura é reduzida, movemo-nos para baixo a partir do ponto j, ao longo da linha zz'. O desenvolvimento da microestrutura entre os pontos j e l é semelhante àquele do segundo caso, tal que imediatamente antes do cruzamento da isoterma eutética (ponto l) as fases α e líquida estão presentes e apresentam composições de aproximadamente 18,3%p Sn e 61,9%p Sn, respectivamente, como determinado a partir da linha de amarração apropriada. Conforme a temperatura é reduzida para imediatamente abaixo daquela do eutético, a fase líquida, que possui a composição eutética, se transformará na estrutura eutética (isto é, lamelas alternadas de α e β); ocorrem alterações insignificantes com a fase α que se formou durante o resfriamento pela região α + L. Essa microestrutura está representada esquematicamente no detalhe do ponto *m* na Figura 9.16. Dessa forma, a fase α está presente tanto na estrutura eutética quanto na fase que se formou durante o resfriamento pelo campo das fases α + L. Para distinguir uma fase α da outra, a que se encontra na estrutura eutética é denominada α **eutética**, enquanto a outra, que se formou antes do cruzamento da isoterma eutética, é denominada α **primária**; ambas estão identificadas na Figura 9.16. A fotomicrografia na Figura 9.17 é de uma liga chumbo-estanho em que são mostradas as estruturas α primária e eutética.

fase eutética
fase primária

microconstituinte

Ao lidar com microestruturas, às vezes é conveniente usar o termo **microconstituinte** — um elemento da microestrutura que possui uma estrutura característica e identificável. Por exemplo, no detalhe no ponto *m*, Figura 9.16, existem dois microconstituintes — a fase α primária e a estrutura eutética. Nesse sentido, a estrutura eutética é um microconstituinte, apesar de ser uma mistura de duas fases, já que tem uma estrutura lamelar distinta com uma razão fixa entre as duas fases.

É possível calcular as quantidades relativas de ambos os microconstituintes eutético e α primário. Uma vez que o microconstituinte eutético sempre se forma a partir do líquido com a composição eutética, pode-se presumir que esse microconstituinte tem uma composição de 61,9%p Sn. Assim, a regra da alavanca é aplicada utilizando uma linha de amarração entre a fronteira entre as fases α – (α + β) (18,3%p Sn) e a composição eutética. Por exemplo, considere a liga com composição C'_4 na Figura 9.18. A fração do microconstituinte eutético W_e é simplesmente a mesma que a fração do líquido W_L a partir do qual ele se transformou, ou seja

Expressão da regra da alavanca para o cálculo das frações mássicas do microconstituinte eutético e da fase líquida (composição C'_4, Figura 9.18)

$$W_e = W_L = \frac{P}{P + Q}$$
$$= \frac{C'_4 - 18,3}{61,9 - 18,3} = \frac{C'_4 - 18,3}{43,6} \qquad (9.10)$$

Adicionalmente, a fração de α primária, $W_{\alpha'}$, é simplesmente a fração da fase α que existia antes da transformação eutética, ou, a partir da Figura 9.18,

Fotomicrografia mostrando uma interface de matriz reversível (isto é, uma inversão do padrão preto no branco para o padrão branco no preto à la Escher) para uma liga eutética alumínio-cobre. Ampliação desconhecida.
(De *Metals Handbook*, vol. 9, 9ª ed. *Metallography and Microstructures*, 1985. Reproduzida sob permissão da ASM International, Materials Park, OH.)

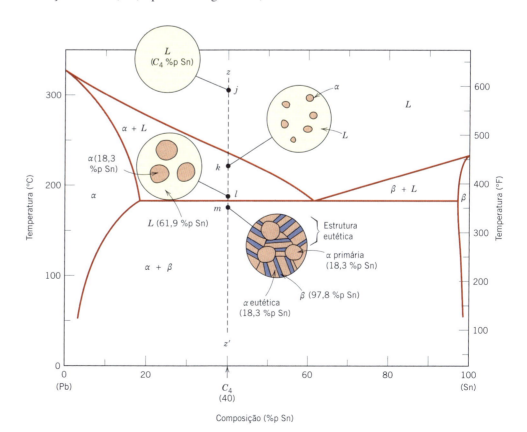

Figura 9.16 Representações esquemáticas das microestruturas em equilíbrio para uma liga chumbo-estanho com a composição C_4 conforme é resfriada a partir da região da fase líquida.

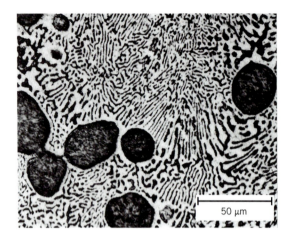

Figura 9.17 Fotomicrografia mostrando a microestrutura de uma liga chumbo-estanho de composição 50%p Sn–50%p Pb. Essa microestrutura é composta por uma fase α primária rica em chumbo (grandes regiões escuras) em uma estrutura eutética lamelar que consiste em uma fase β rica em estanho (camadas claras) e uma fase α rica em chumbo (camadas escuras). Ampliação de 400×.
(De *Metals Handbook*, vol. 9, 9ª ed., *Metallography and Microstructures*, 1985. Reproduzida com permissão da ASM International, Materials Park, OH.)

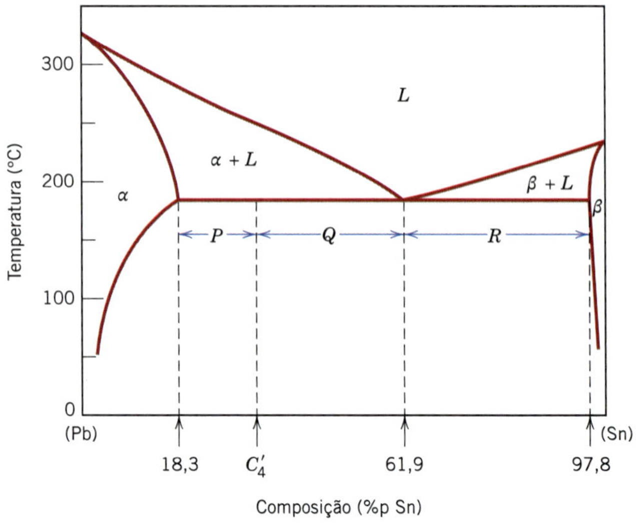

Figura 9.18 O diagrama de fases chumbo-estanho empregado nos cálculos para as quantidades relativas dos microconstituintes α primário e eutético para uma liga com composição C'_4.

Expressão da regra da alavanca para o cálculo da fração mássica da fase α primária

$$W_{\alpha'} = \frac{Q}{P+Q}$$
$$= \frac{61,9 - C'_4}{61,9 - 18,3} = \frac{61,9 - C'_4}{43,6} \tag{9.11}$$

As frações da fase α total, W_α (tanto eutética quanto primária) e, também, da fase β total, W_β, são determinadas usando a regra da alavanca e uma linha de amarração que se estende *totalmente pelo campo das fases α + β*. Novamente, para uma liga que apresenta a composição C'_4,

Expressão da regra da alavanca para o cálculo da fração mássica total da fase α

$$W_\alpha = \frac{Q+R}{P+Q+R}$$
$$= \frac{97,8 - C'_4}{97,8 - 18,3} = \frac{97,8 - C'_4}{79,5} \tag{9.12}$$

e

Expressão da regra da alavanca para o cálculo da fração mássica total da fase β

$$W_\beta = \frac{P}{P+Q+R}$$
$$= \frac{C'_4 - 18,3}{97,8 - 18,3} = \frac{C'_4 - 18,3}{79,5} \tag{9.13}$$

Transformações e microestruturas análogas resultam para as ligas que apresentam composições à direita do eutético (isto é, entre 61,9%p Sn e 97,8%p Sn). Entretanto, abaixo da temperatura eutética, a microestrutura consistirá nos microconstituintes eutético e β primário, uma vez que no resfriamento a partir do líquido passamos pelo campo das fases β + líquido.

Quando, para o quarto caso (representado na Figura 9.16), não são mantidas condições de equilíbrio ao se passar pela região das fases α (ou β) + líquido, as seguintes consequências resultarão para a microestrutura após a isoterma eutética ser atravessada: (1) os grãos do microconstituinte primário ficarão zonados, isto é, possuirão uma distribuição não uniforme do soluto em seu interior; e (2) a fração do microconstituinte eutético formado será maior que para a situação de equilíbrio.

9.13 DIAGRAMAS DE EQUILÍBRIO CONTENDO FASES OU COMPOSTOS INTERMEDIÁRIOS

solução sólida terminal
solução sólida intermediária

Os diagramas de fases isomorfos e eutéticos discutidos até agora são relativamente simples, mas aqueles para muitos sistemas de ligas binárias são muito mais complexos. Os diagramas de fases eutéticos cobre-prata e chumbo-estanho (Figuras 9.7 e 9.8) têm apenas duas fases sólidas, α e β; essas são às vezes denominadas **soluções sólidas terminais**, pois existem em faixas de composições próximas às extremidades de concentração do diagrama de fases. Em outros sistemas de ligas, podem ser encontradas **soluções sólidas intermediárias** (ou *fases intermediárias*) em outras composições que não nos dois extremos de composições. Esse é o caso para o sistema cobre-zinco. Seu diagrama de fases (Figura 9.19) pode, a princípio, parecer formidável, pois há algumas reações invariantes semelhantes à do eutético que ainda não foram discutidas. Além disso, existem seis soluções sólidas diferentes — duas terminais (α e η) e quatro intermediárias (β, γ, δ e ε). (A fase β' é denominada uma *solução sólida ordenada*, na qual os átomos de cobre e de zinco estão situados segundo um arranjo específico e ordenado em cada célula unitária.) Algumas linhas de fronteiras entre fases próximas à parte inferior da Figura 9.19 estão tracejadas para indicar que suas posições não foram determinadas com exatidão. A razão para tal é que em baixas temperaturas as taxas de difusão são muito lentas e são necessários tempos excessivamente longos para alcançar o equilíbrio. Novamente, apenas regiões monofásicas e bifásicas são encontradas no diagrama, e as mesmas regras estabelecidas na Seção 9.8 são aplicadas para calcular as composições e as quantidades relativas das fases. Os latões comerciais são ligas cobre-zinco ricas em cobre; por exemplo, o latão para cartuchos apresenta uma composição de 70%p Cu-30%p Zn, e uma microestrutura formada por uma única fase α.

Para alguns sistemas, em vez de soluções sólidas, podem ser encontrados no diagrama de fases compostos intermediários discretos, que apresentam fórmulas químicas específicas; nos sistemas

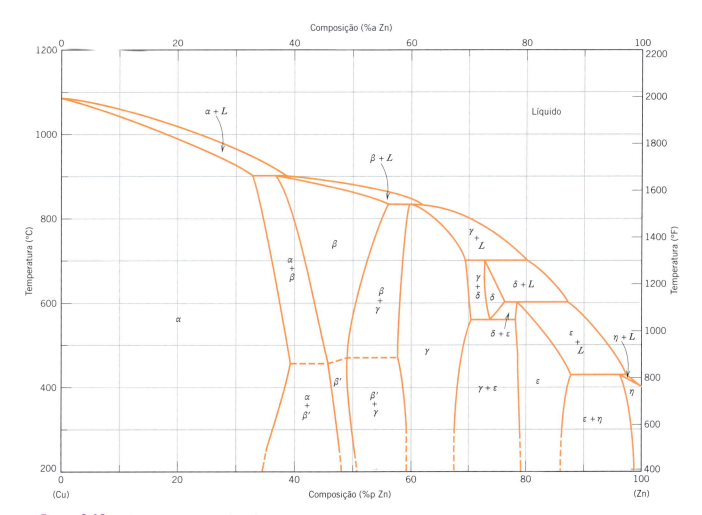

Figura 9.19 Diagrama de fases cobre-zinco.
[Adaptada de MASSALSKI, T. B. (ed.). *Binary Alloy Phase Diagrams*, 2ª ed., vol. 2, 1990. Reimpressa sob permissão da ASM International, Materials Park, OH.]

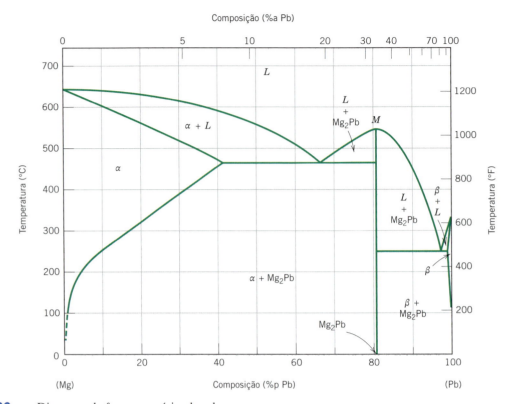

Figura 9.20 Diagrama de fases magnésio-chumbo.
[Adaptada de NAYEB-HASHEMI, A. A. e CLARK, J. B. (eds.). *Phase Diagrams of Binary Magnesium Alloys*, 1988. Reimpressa sob permissão da ASM International, Materials Park, OH.]

composto intermetálico

metal-metal, esses compostos são chamados **compostos intermetálicos**. Por exemplo, considere o sistema magnésio-chumbo (Figura 9.20). O composto Mg$_2$Pb tem uma composição de 19%p Mg-81%p Pb (33%a Pb) e é representado no diagrama como uma linha vertical, em vez de uma região de fases com largura finita; dessa forma, o Mg$_2$Pb só pode existir isoladamente nessa exata composição.

Várias outras características merecem ser observadas nesse sistema magnésio-chumbo. Em primeiro lugar, o composto Mg$_2$Pb se funde a aproximadamente 550°C (1020°F), como indicado pelo ponto *M* na Figura 9.20. Além disso, a solubilidade do chumbo no magnésio é razoavelmente extensa, como indicado pela extensão de composição relativamente grande para o campo da fase α. Contudo, a solubilidade do magnésio no chumbo é extremamente limitada. Isso fica evidente a partir da região muito estreita para a solução sólida terminal β, na extremidade direita, ou rica em chumbo, do diagrama. Por fim, esse diagrama de fases pode ser considerado como se fossem dois diagramas eutéticos simples unidos lado a lado, um para o sistema Mg-Mg$_2$Pb e o outro para o sistema Mg$_2$Pb-Pb; como tal, o composto Mg$_2$Pb é realmente considerado um componente. Essa separação de diagramas de fases complexos em unidades componentes menores pode simplificá-los e, ainda, acelerar sua interpretação.

9.14 REAÇÕES EUTETOIDES E PERITÉTICAS

Além do eutético, outras reações invariantes envolvendo três fases diferentes são encontradas para alguns sistemas de ligas. Uma dessas ocorre para o sistema cobre-zinco (Figura 9.19) a 560°C (1040°F) e 74%p Zn-26%p Cu. Uma parte do diagrama de fases nessa vizinhança aparece ampliada na Figura 9.21. No resfriamento, uma fase sólida δ se transforma em duas outras fases sólidas (γ e ε), de acordo com a reação

A reação eutetoide (conforme o ponto *E*, Figura 9.21)

$$\delta \underset{\text{aquecimento}}{\overset{\text{resfriamento}}{\rightleftharpoons}} \gamma + \varepsilon \tag{9.14}$$

reação eutetoide

A reação inversa ocorre no aquecimento. Ela é chamada **reação eutetoide** (ou semelhante à eutética); o ponto eutetoide é identificado como *E* na Figura 9.21. Para essa reação, 560°C é a isoterma eutetoide, 74%p Zn-26%p Cu é a composição eutetoide, enquanto as fases dos produtos γ e ε têm

Figura 9.21 Uma região do diagrama de fases cobre-zinco que foi ampliada para mostrar os pontos eutetoide e peritético, identificados como *E* (560°C, 74%p Zn) e *P* (598°C, 78,6%p Zn), respectivamente.
[Adaptada de MASSALSKI, T. B. (ed.). *Binary Alloy Phase Diagrams*, vol. 2, 2ª ed., 1990. Reimpressa sob permissão da ASM International, Materials Park, OH.]

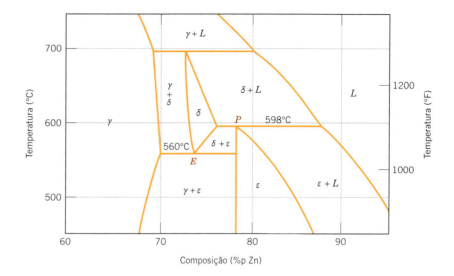

composições de 70%p Zn-30%p Cu e 78%p Zn-22%p Cu, respectivamente. A característica que distingue um *eutetoide* de um *eutético* é o fato de que uma fase sólida, em lugar de um líquido, transforma-se em duas outras fases sólidas em uma única temperatura. Uma reação eutetoide encontrada no sistema ferro-carbono (Seção 9.18) é muito importante no tratamento térmico de aços.

reação peritética

A **reação peritética** é outra reação invariante envolvendo três fases em equilíbrio. Com essa reação, no aquecimento, uma fase sólida se transforma em uma fase líquida e outra fase sólida. Existe um peritético para o sistema cobre-zinco (Figura 9.21, ponto *P*) a 598°C (1108°F) com 78,6%p Zn-21,4%p Cu; essa reação é a seguinte:

A reação peritética (conforme o ponto *P*, Figura 9.21)

$$\delta + L \underset{\text{aquecimento}}{\overset{\text{resfriamento}}{\rightleftarrows}} \varepsilon \tag{9.15}$$

A fase sólida à baixa temperatura pode ser uma solução sólida intermediária (por exemplo, ε na reação anterior), ou pode ser uma solução sólida terminal. Um exemplo desse último tipo de peritético existe em aproximadamente 97%p Zn e 435°C (815°F) (veja a Figura 9.19), em que a fase η, quando aquecida, transforma-se nas fases ε e líquido. Três outros peritéticos são encontrados no sistema Cu-Zn, cujas reações envolvem as soluções sólidas intermediárias β, δ e γ como as fases à baixa temperatura que se transformam ao serem aquecidas.

9.15 TRANSFORMAÇÕES DE FASES CONGRUENTES

transformação congruente

As transformações de fases podem ser classificadas de acordo com se há ou não alguma mudança na composição das fases envolvidas. Aquelas transformações para as quais não existem alterações na composição são chamadas **transformações congruentes**. De maneira contrária, nas *transformações incongruentes*, pelo menos uma das fases apresenta uma mudança em sua composição. Exemplos de transformações congruentes incluem as transformações alotrópicas (Seção 3.6) e a fusão de materiais puros. As reações eutéticas e eutetoides, assim como a fusão de uma liga que pertence a um sistema isomorfo, representam, todas, transformações incongruentes.

As fases intermediárias são às vezes classificadas com base no fato de elas fundirem de maneira congruente ou incongruente. O composto intermetálico Mg_2Pb funde de maneira congruente no ponto designado por *M* no diagrama de fases magnésio-chumbo, Figura 9.20. Para o sistema níquel-titânio, Figura 9.22, existe um ponto de fusão congruente para a solução sólida γ que corresponde ao ponto de tangência para os pares de linhas *liquidus* e *solidus*, a 1310°C e 44,9%p Ti. A reação peritética é um exemplo de fusão incongruente para uma fase intermediária.

> ✓ *Verificação de Conceitos 9.7* A figura a seguir mostra o diagrama de fases háfnio-vanádio, para o qual apenas as regiões monofásicas estão identificadas. Especifique os pontos temperatura-composição em que ocorrem todos os eutéticos, eutetoides, peritéticos e transformações de fases congruentes. Além disso, para cada um desses pontos, escreva a reação que ocorre no resfriamento. [Diagrama de fases do BAKER, H. (ed.). *ASM Handbook*, vol. 3, *Alloy Phase Diagrams*, 1992, p. 2.244. Reimpresso sob permissão da ASM International, Materials Park, OH.]

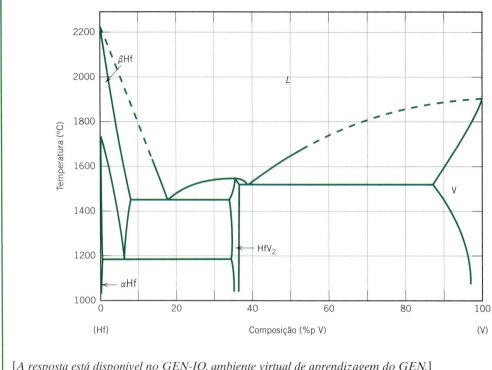

[*A resposta está disponível no GEN-IO, ambiente virtual de aprendizagem do GEN.*]

Figura 9.22 Uma região do diagrama de fases níquel-titânio onde é mostrado um ponto de fusão congruente para a solução sólida da fase γ a 1310°C e 44,9%p Ti.
[Adaptada de NASH, P. (ed.). *Phase Diagrams of Binary Nickel Alloys*, 1991. Reimpressa sob permissão da ASM International, Materials Park, OH.]

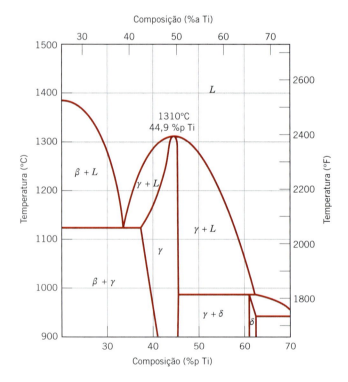

9.16 DIAGRAMAS DE FASES TERNÁRIOS E DE MATERIAIS CERÂMICOS

Não se deve presumir que os diagramas de fases existem somente para os sistemas metal-metal; na realidade, foram determinados experimentalmente diagramas de fases muito úteis para o projeto e processamento de inúmeros sistemas cerâmicos. Os diagramas de fases para as cerâmicas são discutidos na Seção 12.7.

Também foram determinados diagramas de fases para sistemas metálicos (assim como cerâmicos) contendo mais que dois componentes; entretanto, a representação e a interpretação desses diagramas podem ser excepcionalmente complexas. Por exemplo, para que um diagrama de fases composição-temperatura ternário, ou com três componentes, seja representado em sua totalidade, ele precisa ser retratado por um modelo tridimensional. É possível a representação de características do diagrama ou do modelo em duas dimensões, mas isso não é muito simples.

9.17 A REGRA DAS FASES DE GIBBS

regra das fases de Gibbs

A construção dos diagramas de fases — assim como alguns dos princípios que governam as condições para os equilíbrios entre as fases — é ditada pelas leis da termodinâmica. Uma dessas leis é a **regra das fases de Gibbs**, proposta pelo físico do século XIX J. Willard Gibbs. Essa regra representa um critério para o número de fases que coexistem em um sistema em equilíbrio e é expressa pela simples equação

Forma geral da regra das fases de Gibbs

$$P + F = C + N \tag{9.16}$$

em que P é o número de fases presentes (o conceito de fases foi discutido na Seção 9.3). O parâmetro F é denominado *número de graus de liberdade*, ou o número de variáveis que podem ser controladas externamente (por exemplo, temperatura, pressão, composição), que deve ser especificado para definir por completo o estado do sistema. Expresso de outra maneira, F é o número dessas variáveis que podem ser modificadas de maneira independente sem alterar o número de fases que coexistem em equilíbrio. O parâmetro C na Equação 9.16 representa o número de componentes no sistema. Os componentes são, em geral, elementos ou compostos estáveis e, no caso dos diagramas de fases, são os materiais nas duas extremidades do eixo horizontal das composições (por exemplo, H_2O e $C_{12}H_{22}O_{11}$, e Cu e Ni, para os diagramas de fases mostrados nas Figuras 9.1 e 9.3a, respectivamente). Por fim, N na Equação 9.16 é o número de variáveis não relacionadas com a composição (por exemplo, temperatura e pressão).

Vamos demonstrar a regra das fases aplicando-a em diagramas de fases temperatura-composição binários, especificamente o sistema cobre-prata, Figura 9.7. Uma vez que a pressão é constante (1 atm), o parâmetro N é igual a 1 — a temperatura é a única variável não relacionada com a composição. A Equação 9.16 toma então a forma

$$P + F = C + 1 \tag{9.17}$$

O número de componentes C é igual a 2 (quais sejam, Cu e Ag), e

$$P + F = 2 + 1 = 3$$

ou

$$F = 3 - P$$

Considere o caso de campos monofásicos no diagrama de fases (por exemplo, as regiões α, β e líquida). Uma vez que apenas uma fase está presente, $P = 1$, e

$$F = 3 - P$$
$$= 3 - 1 = 2$$

Isso significa que para descrever completamente as características de qualquer liga que exista em um desses campos de fases devemos especificar dois parâmetros — composição e temperatura, que localizam, respectivamente, as posições horizontal e vertical da liga no diagrama de fases.

Para a situação em que coexistem duas fases — por exemplo, nas regiões das fases $\alpha + L$, $\beta + L$ e $\alpha + \beta$ (Figura 9.7) — a regra das fases estipula que existe apenas um grau de liberdade, pois

$$F = 3 - P$$
$$= 3 - 2 = 1$$

Dessa forma, é preciso especificar a temperatura ou a composição de uma das fases para definir completamente o sistema. Por exemplo, suponha que seja decidido especificar a temperatura para a região das fases $\alpha + L$, digamos, T_1 na Figura 9.23. As composições das fases α e líquida (C_α e C_L) são assim definidas pelas extremidades da linha de amarração construída em T_1 pelo campo $\alpha + L$. Deve ser observado que apenas a natureza das fases é importante nesse tratamento, e não as quantidades relativas das fases. Isso significa dizer que a composição global da liga poderia estar localizada sobre

Figura 9.23 Ampliação da seção rica em cobre do diagrama de fases Cu-Ag no qual está demonstrada a regra das fases de Gibbs para a coexistência de duas fases (α e L). Uma vez que a composição de qualquer uma das fases (C_α ou C_L) ou a temperatura (T_1) seja especificada, os valores para os dois parâmetros restantes ficam estabelecidos pela construção da linha de amarração apropriada.

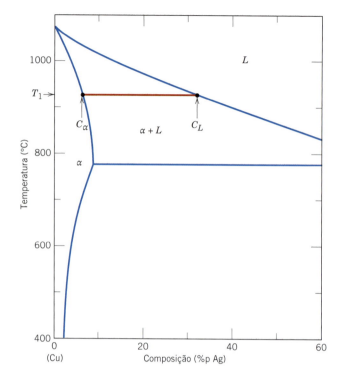

qualquer ponto ao longo dessa linha de amarração construída à temperatura T_1 e ainda assim forneceria as composições C_α e C_L para as respectivas fases α e líquida.

A segunda alternativa consiste em estipular a composição de uma das fases para essa situação bifásica, o que, por sua vez, fixa completamente o estado do sistema. Por exemplo, se especificamos C_α como a composição para a fase α que está em equilíbrio com o líquido (Figura 9.23), então tanto a temperatura da liga (T_1) quanto a composição da fase líquida (C_L) são estabelecidas, novamente pela linha de amarração traçada pelo campo das fases $\alpha + L$, de modo a dar essa composição C_α.

Nos sistemas binários, quando três fases estão presentes, não existem graus de liberdade, uma vez que

$$F = 3 - P$$
$$= 3 - 3 = 0$$

Isso significa que as composições de todas as três fases — assim como a temperatura — ficam estabelecidas. Em um sistema eutético, essa condição é atendida pela isoterma eutética; no sistema Cu-Ag (Figura 9.7), essa é a linha horizontal que se estende entre os pontos B e G. Nessa temperatura de 779°C, os pontos em que cada um dos campos das fases α, L e β tocam a linha da isoterma correspondem às respectivas composições das fases; nominalmente: a composição da fase α está estabelecida em 8,0%p Ag, aquela para a líquida em 71,9%p Ag e aquela da fase β em 91,2%p Ag. Dessa forma, o equilíbrio trifásico não é representado por um campo de fases, mas em lugar disso pela exclusiva linha isoterma horizontal. Além disso, todas as três fases estão em equilíbrio para qualquer composição de liga localizada ao longo da isoterma eutética (por exemplo, para o sistema Cu-Ag a 779°C e em composições entre 8,0 e 91,2%p Ag).

Um dos empregos para a regra das fases de Gibbs é na análise de condições fora do equilíbrio. Por exemplo, uma microestrutura para uma liga binária que se desenvolva ao longo de uma faixa de temperaturas e consista em três fases é uma microestrutura fora de equilíbrio; sob essas circunstâncias, três fases só existem em uma única temperatura.

Verificação de Conceitos 9.8 Em um sistema ternário, três componentes estão presentes; a temperatura também é uma variável. Qual é o número máximo de fases que podem estar presentes em um sistema ternário, presumindo que a pressão seja mantida constante?

[*A resposta está disponível no GEN-IO, ambiente virtual de aprendizagem do GEN.*]

O Sistema Ferro-Carbono

De todos os sistemas de ligas binárias, aquele que é possivelmente o mais importante é o formado pelo ferro e o carbono. Tanto os aços quanto os ferros fundidos, que são os principais materiais estruturais em toda cultura tecnologicamente avançada, são essencialmente ligas ferro-carbono. Esta seção se dedica ao estudo do diagrama de fases para esse sistema e ao desenvolvimento de várias das suas possíveis microestruturas. As relações entre o tratamento térmico, a microestrutura e as propriedades mecânicas são exploradas nos Capítulos 10 e 11.

9.18 O DIAGRAMA DE FASES FERRO-CARBETO DE FERRO (FE-FE₃C)

ferrita
austenita

Uma parte do diagrama de fases ferro-carbono é apresentada na Figura 9.24. O ferro puro, ao ser aquecido, apresenta duas mudanças de estrutura cristalina antes de fundir. À temperatura ambiente, a forma estável, chamada **ferrita**, ou ferro α, apresenta uma estrutura cristalina CCC. A 912°C (1674°F), a ferrita apresenta uma transformação polimórfica para **austenita** CFC, ou ferro γ. Essa austenita persiste até 1394°C (2541°F), quando a austenita CFC reverte novamente a uma fase CCC, conhecida como ferrita δ, que por fim funde a 1538°C (2800°F). Todas essas mudanças ficam evidentes ao longo do eixo vertical à esquerda no diagrama de fases.[4]

cementita

O eixo das composições na Figura 9.24 se estende apenas até 6,70%p C; nessa concentração se forma o composto intermediário carbeto de ferro, ou **cementita** (Fe₃C), representado por uma linha vertical no diagrama de fases. Dessa forma, o sistema ferro-carbono pode ser dividido em duas partes: uma fração rica em ferro, como na Figura 9.24; e outra (que não está mostrada) para composições entre 6,70 e 100%p C (grafita pura). Na prática, todos os aços e ferros fundidos apresentam teores

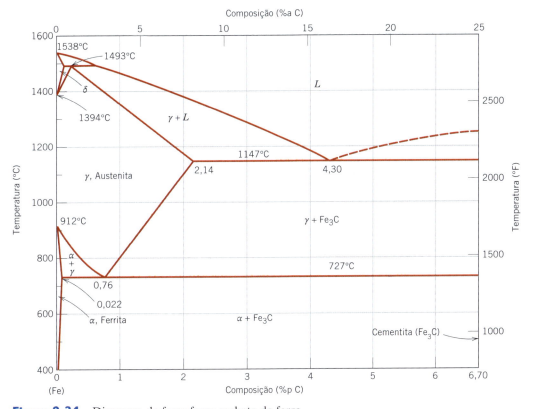

Figura 9.24 Diagrama de fases ferro-carbeto de ferro.
[Adaptada de MASSALSKI, T. B. (ed.). *Binary Alloy Phase Diagrams*, vol. 1, 2ª ed., 1990. Reimpressa sob permissão da ASM International, Materials Park, OH.]

---

[4]O leitor pode estar curioso para saber por que não é encontrada uma fase β no diagrama de fases Fe-Fe₃C, Figura 9.24 (o que seria consistente com o esquema de identificação α, β, γ etc. descrito anteriormente). Os primeiros investigadores observaram que o comportamento ferromagnético do ferro desaparecia a 768°C e atribuíram esse fenômeno a uma transformação de fases; a designação "β" foi atribuída a essa fase a alta temperatura. Posteriormente, descobriu-se que essa perda de magnetismo não era resultado de uma transformação de fases (veja a Seção 20.6) e, portanto, a presumida fase β não existia.

Figura 9.25
Fotomicrografias de (*a*) ferrita α (ampliação de 90×) e (*b*) austenita (ampliação de 325×). (Copyright de 1971, United States Steel Corporation.)

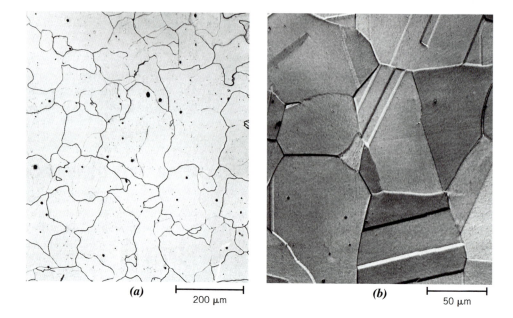

de carbono inferiores a 6,70%p C; portanto, consideramos apenas o sistema ferro-carbeto de ferro. A Figura 9.24 poderia ser identificada de maneira mais apropriada como o diagrama de fases Fe-Fe$_3$C, uma vez que o Fe$_3$C é considerado agora um componente. A convenção e a conveniência ditam que a composição ainda seja expressa em termos de "%p C", em vez de "%p Fe$_3$C"; 6,70%p C corresponde a 100%p Fe$_3$C.

O carbono é uma impureza intersticial no ferro e forma uma solução sólida tanto com a ferrita α quanto com a ferrita δ, e também com a austenita, como indicado pelos campos monofásicos α, δ e γ na Figura 9.24. Na ferrita α CCC, somente pequenas concentrações de carbono são solúveis; a solubilidade máxima é de 0,022%p a 727°C (1341°F). A solubilidade limitada é explicada pela forma e pelo tamanho das posições intersticiais CCC, que tornam difícil acomodar os átomos de carbono. Embora presente em concentrações relativamente baixas, o carbono influencia de maneira significativa as propriedades mecânicas da ferrita. Essa fase ferro-carbono específica é relativamente macia, pode se tornar magnética em temperaturas abaixo de 768°C (1414°F) e apresenta massa específica de 7,88 g/cm^3. A Figura 9.25*a* é uma fotomicrografia da ferrita α.

A austenita, ou fase γ do ferro, quando ligada somente com o carbono, não é estável abaixo de 727°C (1341°F), como indicado na Figura 9.24. A solubilidade máxima do carbono na austenita, 2,14%p, ocorre a 1147°C (2097°F). Essa solubilidade é aproximadamente 100 vezes maior que o valor máximo para a ferrita CCC, uma vez que os sítios octaédricos na estrutura CFC são maiores do que os sítios tetraédricos CCC (compare os resultados dos Problemas 4.8a e 4.9), e, portanto, as deformações impostas sobre os átomos de ferro circunvizinhos são muito menores. Como as discussões a seguir demonstram, as transformações de fases envolvendo a austenita são muito importantes no tratamento térmico dos aços. A propósito, deve ser mencionado que a austenita não é magnética. A Figura 9.25*b* mostra uma fotomicrografia dessa fase austenítica.[5]

A ferrita δ é virtualmente a mesma que a ferrita α, exceto pela faixa de temperaturas ao longo da qual cada uma existe. Uma vez que a ferrita δ é estável somente em temperaturas relativamente elevadas, ela não apresenta nenhuma importância tecnológica e não será mais discutida.

A cementita (Fe$_3$C) forma-se quando o limite de solubilidade para o carbono na ferrita α é excedido abaixo de 727°C (1341°F) (para composições na região das fases α + Fe$_3$C). Como indicado na Figura 9.24, o Fe$_3$C também coexiste com a fase γ entre 727°C e 1147°C (1341°F e 2097°F). Mecanicamente, a cementita é muito dura e frágil; a resistência de alguns aços é aumentada substancialmente por sua presença.

Rigorosamente falando, a cementita é apenas metaestável; isto é, à temperatura ambiente, ela permanece indefinidamente como um composto. Entretanto, se aquecida entre 650°C e 700°C (1200°F e 1300°F) durante vários anos, ela muda ou se transforma em ferro α e carbono, na forma de grafita, os quais permanecerão após um resfriamento subsequente até a temperatura ambiente. Dessa forma, o diagrama de fases mostrado na Figura 9.24 não é um verdadeiro diagrama de equilíbrio, pois a cementita não é um composto em equilíbrio. Entretanto, uma vez que a taxa de decomposição da cementita é extremamente lenta, virtualmente todo o carbono no aço está na forma de Fe$_3$C, em

---

[5] Maclas de recozimento, encontradas em ligas com estrutura cristalina CFC (Seção 4.6), podem ser observadas nessa fotomicrografia da austenita. Elas não ocorrem nas ligas CCC, o que explica sua ausência na micrografia da ferrita, Figura 9.25*a*.

Diagramas de Fases • **257**

vez de grafita, e o diagrama de fases ferro-carbeto de ferro é válido para todas as finalidades práticas. Como será visto na Seção 11.2, a adição de silício aos ferros fundidos acelera enormemente essa reação de decomposição da cementita para a formação de grafita.

As regiões bifásicas estão identificadas na Figura 9.24. É possível observar que existe um eutético para o sistema ferro-carbeto de ferro em 4,30%p C e 1147°C (2097°F); para essa reação eutética,

> **Reação eutética para o sistema ferro-carbeto de ferro**

$$L \underset{\text{aquecimento}}{\overset{\text{resfriamento}}{\rightleftharpoons}} \gamma + Fe_3C \tag{9.18}$$

o líquido solidifica para formar as fases austenita e cementita. O resfriamento subsequente até a temperatura ambiente promove mudanças de fases adicionais.

Observe que existe um ponto invariante eutetoide para uma composição de 0,76%p C e uma temperatura de 727°C (1341°F). Essa reação eutetoide pode ser representada por

> **Reação eutetoide para o sistema ferro-carbeto de ferro**

$$\gamma(0{,}76 \%p\ C) \underset{\text{aquecimento}}{\overset{\text{resfriamento}}{\rightleftharpoons}} \alpha(0{,}022 \%p\ C) + Fe_3C(6{,}7 \%p\ C) \tag{9.19}$$

ou, no resfriamento, a fase sólida γ se transforma em ferro α e cementita. (As transformações de fases eutetoides foram abordadas na seção 9.14.) As mudanças de fases eutetoides descritas pela Equação 9.19 são muito importantes, sendo fundamentais para o tratamento térmico dos aços, como explicado em discussões subsequentes.

As ligas ferrosas são aquelas nas quais o ferro é o componente principal, mas o carbono, assim como outros elementos de liga, pode estar presente. No esquema de classificação das ligas ferrosas com base no teor de carbono existem três tipos de ligas: ferro, aço e ferro fundido. O ferro comercialmente puro contém menos que 0,008%p C e, a partir do diagrama de fases, é composto à temperatura ambiente quase exclusivamente pela fase ferrita. As ligas ferro-carbono que contêm entre 0,008 e 2,14%p C são classificadas como aços. Na maioria dos aços, a microestrutura consiste tanto na fase α quanto na fase Fe_3C. No resfriamento até a temperatura ambiente, uma liga nessa faixa de composições deve passar por pelo menos uma porção do campo da fase γ; subsequentemente, são produzidas microestruturas distintas, como será discutido em breve. Embora um aço possa conter até 2,14%p C, na prática, as concentrações de carbono raramente excedem 1,0%p. As propriedades e as várias classificações dos aços são tratadas na Seção 11.2. Os ferros fundidos são classificados como ligas ferrosas que contêm entre 2,14 e 6,70%p C. Entretanto, os ferros fundidos comerciais contêm normalmente menos de 4,5%p C. Essas ligas são discutidas mais detalhadamente na Seção 11.2.

9.19 DESENVOLVIMENTO DA MICROESTRUTURA EM LIGAS FERRO-CARBONO

Muitas das várias microestruturas que podem ser produzidas em aços, assim como suas relações com o diagrama de fases ferro-carbeto de ferro, serão agora discutidas, e mostraremos que a microestrutura que se desenvolve depende tanto do teor de carbono quanto do tratamento térmico. Essa discussão vai ficar restrita ao resfriamento muito lento dos aços, em que o equilíbrio é mantido continuamente. Uma exploração mais detalhada da influência do tratamento térmico sobre a microestrutura e, por fim, sobre as propriedades mecânicas dos aços, está incluída no Capítulo 10.

As mudanças de fases que ocorrem ao se passar da região γ para o campo das fases $\alpha + Fe_3C$ (Figura 9.24) são relativamente complexas e semelhantes àquelas descritas para os sistemas eutéticos na Seção 9.12. Considere, por exemplo, uma liga com composição eutetoide (0,76%p C) à medida que ela é resfriada desde uma temperatura na região da fase γ, digamos, 800°C — isto é, começando no ponto a na Figura 9.26 e se movendo para baixo ao longo da linha vertical xx'. Inicialmente, a liga é composta inteiramente pela fase austenita, com uma composição de 0,76%p C e a microestrutura correspondente, também indicada na Figura 9.26. Com o resfriamento da liga, não há mudanças até a temperatura eutetoide (727°C) ser atingida. Ao cruzar essa temperatura e até o ponto b, a austenita se transforma de acordo com a Equação 9.19.

A microestrutura para esse aço eutetoide que é lentamente resfriado pela temperatura eutetoide consiste em camadas alternadas ou lamelas das duas fases (α e Fe_3C), que se formam simultaneamente durante a transformação. Nesse caso, a espessura relativa das camadas é de aproximadamente 8 para 1. Essa microestrutura, representada esquematicamente na Figura 9.26, ponto b, é

> **perlita**

chamada **perlita**, devido à sua aparência de madrepérola quando vista sob um microscópio em baixas ampliações. A Figura 9.27 é uma fotomicrografia de um aço eutetoide exibindo a perlita. A perlita existe como grãos, denominados frequentemente colônias; dentro de cada colônia as camadas estão orientadas essencialmente na mesma direção, a qual varia de uma colônia para outra. As camadas claras, mais grossas, são a fase ferrita, enquanto a fase cementita aparece como

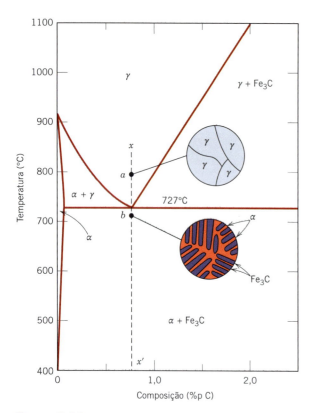

Figura 9.26 Representações esquemáticas das microestruturas para uma liga ferro-carbono com composição eutetoide (0,76%p C) acima e abaixo da temperatura eutetoide.

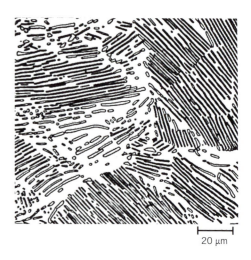

Figura 9.27 Fotomicrografia de um aço eutetoide mostrando a microestrutura da perlita, a qual consiste em camadas alternadas de ferrita α (fase clara) e Fe$_3$C (camadas finas, a maioria das quais aparece escura). Ampliação de 470×.
(De *Metals Handbook*, vol. 9, 9ª ed., *Metallography and Microstructures*, 1985. Reproduzida sob permissão da ASM International, Materials Park, OH.)

lamelas finas, a maioria das quais apresenta coloração escura. Muitas camadas de cementita são tão finas que as fronteiras entre as fases adjacentes estão tão próximas que não podem ser distinguidas sob essa ampliação e, portanto, aparecem escuras. Mecanicamente, a perlita apresenta propriedades intermediárias entre aquelas da ferrita, macia e dúctil, e da cementita, dura e frágil.

As camadas alternadas de α e Fe$_3$C na perlita se formam como tal pela mesma razão que a estrutura eutética se forma (Figuras 9.13 e 9.14) — porque a composição da fase que lhe deu origem [nesse caso, a austenita (0,76%p C)] é diferente de ambas as fases geradas como produto [ferrita (0,022%p C) e cementita (6,70%p C)], e porque a transformação de fases requer que haja uma redistribuição do carbono por difusão. A Figura 9.28 ilustra esquematicamente as mudanças microestruturais que acompanham essa reação eutetoide; aqui, as direções da difusão do carbono são indicadas por setas. Os átomos de carbono se difundem para longe das regiões de ferrita contendo 0,022%p C e em direção às camadas de cementita com 6,70%p C, conforme a perlita se estende do contorno do grão para o interior do grão

Figura 9.28 Representação esquemática da formação da perlita a partir da austenita; a direção da difusão do carbono é a indicada pelas setas.

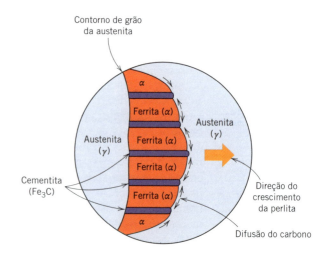

Figura 9.29 Representações esquemáticas das microestruturas para uma liga ferro-carbono com composição hipoeutetoide C_0 (contendo menos que 0,76%p C) conforme ela é resfriada desde a região da fase austenita até abaixo da temperatura eutetoide.

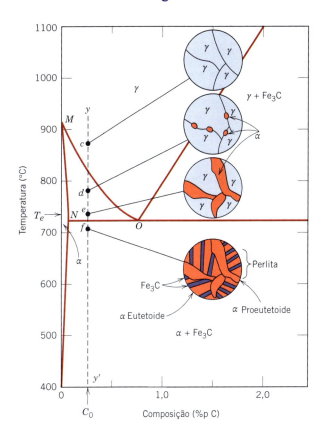

não reagido de austenita. A perlita se forma em camadas, pois para formar uma estrutura desse tipo os átomos de carbono precisam se difundir somente ao longo de distâncias mínimas.

O resfriamento subsequente da perlita a partir do ponto *b* na Figura 9.26 produz mudanças microestruturais relativamente insignificantes.

Ligas Hipoeutetoides

liga hipoeutetoide

As microestruturas para as ligas ferro-carbeto de ferro que têm composições diferentes da composição eutetoide serão agora exploradas; elas são análogas ao quarto caso descrito na Seção 9.12 e ilustrado na Figura 9.16 para o sistema eutético. Considere uma composição C_0 à esquerda do eutetoide, entre 0,022%p C e 0,76%p C; ela é denominada **liga hipoeutetoide** ("menos que o eutetoide"). O resfriamento de uma liga com essa composição é representado pelo movimento vertical, para baixo, ao longo da linha yy' na Figura 9.29. A aproximadamente 875°C, ponto *c*, a microestrutura consiste inteiramente em grãos da fase γ, como é mostrado esquematicamente na figura. Com o resfriamento até o ponto *d*, em aproximadamente 775°C, e que se encontra na região das fases $\alpha + \gamma$, essas duas fases coexistem como mostrado na microestrutura esquemática. A maioria das pequenas partículas α se forma ao longo dos contornos originais dos grãos γ. As composições das fases α e γ podem ser determinadas usando a linha de amarração apropriada; essas composições correspondem, respectivamente, a aproximadamente 0,020%p C e 0,40%p C.

Ao se resfriar uma liga através da região das fases $\alpha + \gamma$, a composição da fase ferrita muda com a temperatura ao longo da fronteira entre fases $\alpha - (\alpha + \gamma)$, linha *MN*, tornando-se ligeiramente mais rica em carbono. Contudo, a mudança na composição da austenita é mais drástica, prosseguindo ao longo da fronteira $(\alpha + \gamma) - \gamma$, linha *MO*, conforme a temperatura é reduzida.

O resfriamento do ponto *d* até o ponto *e*, imediatamente acima da eutetoide, mas ainda na região $\alpha + \gamma$, produz uma maior proporção da fase α e uma microestrutura semelhante àquela que também é mostrada: as partículas α terão crescido. Nesse ponto, as composições das fases α e γ são determinadas pela construção de uma linha de amarração na temperatura T_e; a fase α contém 0,022%p C, enquanto a fase γ tem a composição eutetoide, 0,76%p C.

Com a redução da temperatura até imediatamente abaixo da eutetoide, ponto *f*, toda fase γ que estava presente na temperatura T_e (e que possuía a composição eutetoide) se transforma em perlita, de acordo com a reação na Equação 9.19. Ao cruzar a temperatura eutetoide, virtualmente não há nenhuma mudança na fase α que existia no ponto *e* — normalmente, ela está presente como uma fase matriz contínua que envolve as colônias de perlita isoladas. A microestrutura no ponto *f* aparece como mostrada no detalhe esquemático correspondente na Figura 9.29. Assim, a fase ferrita está presente

Micrografia eletrônica de varredura mostrando a microestrutura de um aço que contém 0,44%p C. As grandes áreas escuras são a ferrita proeutetoide. As regiões que possuem a estrutura lamelar alternada clara e escura são a perlita; as camadas escuras e claras na perlita correspondem, respectivamente, às fases ferrita e cementita. Ampliação de 700×. (Esta micrografia é uma cortesia da Republic Steel Corporation.)

ferrita proeutetoide

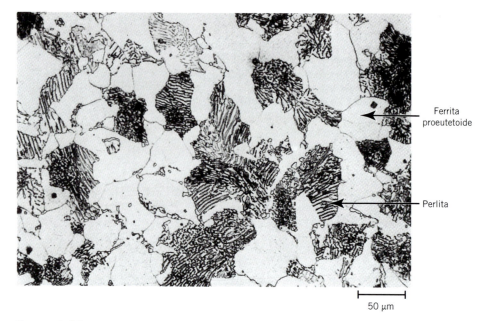

Figura 9.30 Fotomicrografia de um aço com 0,38%p C com microestrutura composta por perlita e ferrita proeutetoide. Ampliação de 635×.
(Esta fotomicrografia é cortesia da Republic Steel Corporation.)

tanto na perlita quanto na fase que se formou enquanto se resfriava pela região das fases $\alpha + \gamma$. A ferrita que está presente na perlita é chamada *ferrita eutetoide*, enquanto a outra, aquela que se formou acima de T_e, é denominada **ferrita proeutetoide** (significando "pré- ou antes do eutetoide"), como identificado na Figura 9.29. A Figura 9.30 é uma fotomicrografia de um aço com 0,38%p C; as regiões brancas e maiores correspondem à ferrita proeutetoide. Para a perlita, o espaçamento entre as camadas α e Fe_3C varia de grão para grão; uma parte da perlita aparece escura, pois as muitas camadas com pequeno espaçamento entre si não estão definidas na ampliação da fotomicrografia. Deve ser observado que estão presentes nessa micrografia dois microconstituintes— a ferrita proeutetoide e a perlita — que aparecem em todas as ligas ferro-carbono hipoeutetoides que são resfriadas lentamente até uma temperatura abaixo da temperatura eutetoide.

As quantidades relativas de α proeutetoide e de perlita podem ser determinadas de maneira semelhante àquela descrita na Seção 9.12 para os microconstituintes primário e eutético. Usamos a regra da alavanca em conjunto com uma linha de amarração que se estende da fronteira entre fases $\alpha - (\alpha + Fe_3C)$ (0,022%p C) até a composição eutetoide (0,76%p C), uma vez que a perlita é o produto da transformação da austenita com essa composição. Por exemplo, vamos considerar uma liga com composição C_0' na Figura 9.31. A fração de perlita, W_p, pode ser determinada de acordo com

Expressão da regra da alavanca para o cálculo da fração mássica de perlita (composição C_0', Figura 9.31)

$$W_p = \frac{T}{T + U}$$
$$= \frac{C_0' - 0,022}{0,76 - 0,022} = \frac{C_0' - 0,022}{0,74} \tag{9.20}$$

A fração de α proeutetoide, $W_{\alpha'}$, é calculada conforme a seguir:

Expressão da regra da alavanca para o cálculo da fração mássica de ferrita

$$W_{\alpha'} = \frac{U}{T + U}$$
$$= \frac{0,76 - C_0'}{0,76 - 0,022} = \frac{0,76 - C_0'}{0,74} \tag{9.21}$$

As frações tanto de α total (eutetoide e proeutetoide) quanto de cementita são determinadas usando a regra da alavanca e uma linha de amarração que cruza totalmente a região das fases $\alpha + Fe_3C$, desde 0,022 até 6,70%p C.

Figura 9.31 Uma parte do diagrama de fases Fe-Fe₃C usada nos cálculos das quantidades relativas dos microconstituintes proeutetoide e perlita para composições hipoeutetoides C_0' e hipereutetoides C_1'.

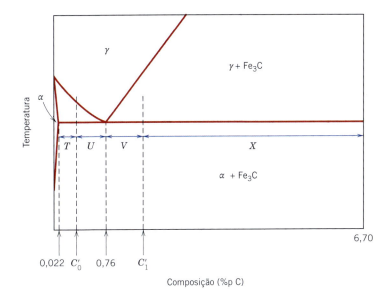

Ligas Hipereutetoides

liga hipereutetoide

Transformações e microestruturas análogas resultam para as **ligas hipereutetoides** — aquelas que contêm entre 0,76 e 2,14%p C — quando são resfriadas a partir de temperaturas no campo da fase γ. Considere uma liga com composição C_1 na Figura 9.32, a qual, no resfriamento, move-se verticalmente para baixo ao longo da linha zz'. No ponto g, apenas a fase γ está presente com uma composição C_1; a microestrutura aparece como mostrada, apresentando apenas grãos da fase γ. Com o resfriamento para o campo das fases γ + Fe₃C — digamos, até o ponto h — a fase cementita começa a se formar ao longo dos contornos dos grãos da fase γ inicial, de maneira semelhante à fase α na Figura 9.29, ponto d. Essa cementita é chamada **cementita proeutetoide** — aquela que se forma antes da reação eutetoide. A composição da cementita permanece constante (6,70%p C) conforme a temperatura varia. Contudo, a composição da fase austenita move-se ao longo da linha PO em

cementita proeutetoide

Figura 9.32 Representações esquemáticas das microestruturas para uma liga ferro-carbono com composição hipereutetoide C_1 (contendo entre 0,76%p C e 2,14%p C) conforme ela é resfriada da região da fase austenita até abaixo da temperatura eutetoide.

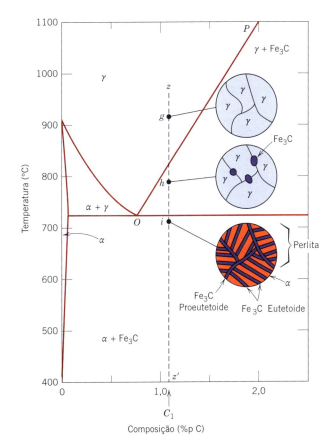

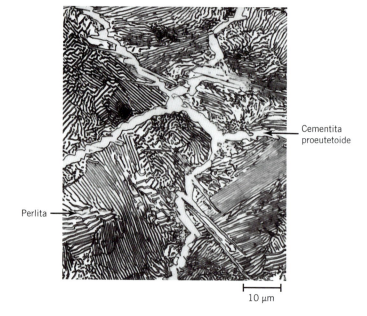

Figura 9.33 Fotomicrografia de um aço contendo 1,4%p C com microestrutura composta por uma rede de cementita proeutetoide branca que envolve as colônias de perlita. Ampliação de 1000×.
(Copyright de 1971, United States Steel Corporation.)

direção à composição eutetoide. Conforme a temperatura é reduzida através da eutetoide, até o ponto *i*, toda a austenita restante, com composição eutetoide, é convertida em perlita; dessa forma, a microestrutura resultante consiste em perlita e cementita proeutetoide como microconstituintes (Figura 9.32). Na fotomicrografia de um aço com 1,4%p C (Figura 9.33), observe que a cementita proeutetoide aparece clara. Uma vez que ela tem aparência semelhante à da ferrita proeutetoide (Figura 9.30), existe alguma dificuldade em distinguir entre os aços hipoeutetoides e hipereutetoides com base na microestrutura.

As quantidades relativas dos microconstituintes perlita e Fe$_3$C proeutetoide podem ser calculadas para os aços hipereutetoides de maneira análoga à empregada para os materiais hipoeutetoides; a linha de amarração apropriada estende-se entre 0,76%p C e 6,70%p C. Assim, para uma liga com composição C'_1 na Figura 9.31, as frações de perlita, W_p, e de cementita proeutetoide, $W_{Fe_3C'}$, são determinadas a partir das seguintes expressões para a regra da alavanca:

$$W_p = \frac{X}{V+X} = \frac{6,70 - C'_1}{6,70 - 0,76} = \frac{6,70 - C'_1}{5,94} \tag{9.22}$$

e

$$W_{Fe_3C'} = \frac{V}{V+X} = \frac{C'_1 - 0,76}{6,70 - 0,76} = \frac{C'_1 - 0,76}{5,94} \tag{9.23}$$

✓ *Verificação de Conceitos 9.9* Explique sucintamente por que uma fase proeutetoide (ferrita ou cementita) se forma ao longo dos contornos dos grãos da austenita. *Sugestão:* Consulte a Seção 4.6.

[*A resposta está disponível no GEN-IO, ambiente virtual de aprendizagem do GEN.*]

PROBLEMA-EXEMPLO 9.4

Determinação das Quantidades Relativas dos Microconstituintes Ferrita, Cementita e Perlita

Para uma liga com 99,65%p Fe–0,35%p C em uma temperatura imediatamente abaixo da eutetoide, determine o seguinte:

(a) as frações das fases ferrita total e cementita,

(b) as frações de ferrita proeutetoide e perlita, e

(c) a fração de ferrita eutetoide.

Solução

(a) Esta parte do problema é resolvida pela aplicação das expressões para a regra da alavanca com o emprego de uma linha de amarração que se estende ao longo de todo o campo das fases $\alpha + Fe_3C$. Assim, C_0' é igual a 0,35%p C, e

$$W_\alpha = \frac{6,70 - 0,35}{6,70 - 0,022} = 0,95$$

e

$$W_{Fe_3C} = \frac{0,35 - 0,022}{6,70 - 0,022} = 0,05$$

(b) As frações de ferrita proeutetoide e de perlita são determinadas usando a regra da alavanca e uma linha de amarração que se estende apenas até a composição eutetoide (isto é, as Equações 9.20 e 9.21). Temos

$$W_p = \frac{0,35 - 0,022}{0,76 - 0,022} = 0,44$$

e

$$W_{\alpha'} = \frac{0,76 - 0,35}{0,76 - 0,022} = 0,56$$

(c) Toda ferrita está ou como proeutetoide ou como eutetoide (na perlita). Portanto, a soma dessas duas frações de ferrita é igual à fração total de ferrita; isto é,

$$W_{\alpha'} + W_{\alpha e} = W_\alpha$$

em que $W_{\alpha e}$ representa a fração da totalidade da liga composta por ferrita eutetoide. Os valores para W_α e $W_{\alpha'}$ foram determinados nos itens (a) e (b) como 0,95 e 0,56, respectivamente. Portanto,

$$W_{\alpha e} = W_\alpha - W_{\alpha'} = 0,95 - 0,56 = 0,39$$

Resfriamento Fora do Equilíbrio

Nessa discussão sobre o desenvolvimento microestrutural de ligas ferro-carbono foi presumido que durante o resfriamento eram mantidas continuamente condições de equilíbrio metaestável;[6] isto é, era dado tempo suficiente em cada nova temperatura para qualquer ajuste necessário nas composições e nas quantidades relativas das fases, conforme previsto pelo diagrama de fases $Fe–Fe_3C$. Para a maioria das situações, essas taxas de resfriamento são impraticavelmente lentas e realmente desnecessárias; de fato, em muitas ocasiões são desejáveis condições fora de equilíbrio. Dois efeitos de importância prática de condições fora do equilíbrio são (1) a ocorrência de mudanças ou transformações de fases em temperaturas diferentes daquelas previstas pelas linhas das fronteiras entre as fases no diagrama de fases, e (2) a existência à temperatura ambiente de fases que estão fora de equilíbrio, as quais não aparecem no diagrama de fases. Esses dois efeitos são discutidos no Capítulo 10.

9.20 A INFLUÊNCIA DE OUTROS ELEMENTOS DE LIGA

Adições de outros elementos de liga (Cr, Ni, Ti etc.) causam mudanças drásticas no diagrama de fases binário ferro-carbeto de ferro, Figura 9.24. A extensão dessas mudanças sobre as posições das fronteiras entre as fases e sobre as formas dos campos das fases depende do elemento de liga específico e da sua concentração. Uma das importantes mudanças é o deslocamento da posição do eutetoide em relação à temperatura e à concentração de carbono. Esses efeitos estão ilustrados nas Figuras 9.34 e 9.35, nas quais a temperatura eutetoide e a composição eutetoide (em %p C) são traçadas, respectivamente, em função da concentração para vários outros elementos de liga. Dessa forma, outras adições não alteram somente a temperatura da reação eutetoide, mas também as frações relativas das fases perlita e proeutetoide que se formam. No entanto, em geral os aços são ligados por outras razões — normalmente ou para melhorar sua resistência à corrosão ou para torná-los suscetíveis a um tratamento térmico (veja a Seção 11.8).

---

[6]O termo *equilíbrio metaestável* é usado nessa discussão, uma vez que o Fe_3C é um composto apenas metaestável.

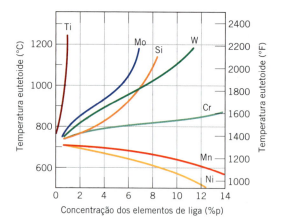

Figura 9.34 Dependência da temperatura eutetoide em relação à concentração de vários elementos de liga no aço.
(De BAIN, Edgar C. *Functions of the Alloying Elements in Steel*, 1939. Reproduzida sob permissão da ASM International, Materials Park, OH.)

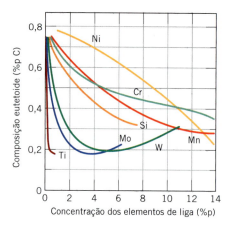

Figura 9.35 Dependência da composição eutetoide (%p C) em relação à concentração de vários elementos de liga no aço.
(De BAIN, Edgar C. *Functions of the Alloying Elements in Steel*, 1939. Reproduzida sob permissão da ASM International, Materials Park, OH.)

RESUMO

Introdução
- Os diagramas de fases de equilíbrio são uma maneira conveniente e concisa de representar as relações mais estáveis entre as fases em sistemas de ligas.

Fases
- Uma *fase* é alguma porção de um corpo de material através da qual as características físicas e químicas são homogêneas.

Microestrutura
- Três características microestruturais importantes para as ligas multifásicas são:
    - O número de fases presente
    - As proporções relativas das fases
    - A maneira na qual as fases estão arranjadas
- Três fatores que afetam a microestrutura de uma liga:
    - Quais elementos de liga estão presentes
    - As concentrações desses elementos de liga
    - O tratamento térmico da liga

Equilíbrios de Fases
- Um sistema em equilíbrio está no seu estado mais estável — isto é, as características das suas fases não mudam ao longo do tempo.
- Os sistemas metaestáveis são sistemas fora de equilíbrio que se mantêm indefinidamente e apresentam mudanças imperceptíveis com o passar do tempo.

Diagramas de Fases de Um Componente (ou Unários)
- Nos diagramas de fases para um único componente, o logaritmo da pressão é traçado em função da temperatura; as regiões das fases sólido, líquido e vapor são encontradas nesse tipo de diagrama.

Diagramas de Fases Binários
- Para os sistemas binários, a temperatura e a composição são variáveis, enquanto a pressão externa é mantida constante. Áreas, ou regiões de fases, são definidas nesses gráficos temperatura-composição nos quais existe uma ou duas fases.

Sistemas Isomorfos Binários
- Os diagramas isomorfos são aqueles para os quais existe solubilidade completa na fase sólida; o sistema cobre-níquel (Figura 9.3a) exibe esse comportamento.

Interpretação dos Diagramas de Fases
- Para uma liga com uma dada composição, em uma temperatura conhecida e que está em equilíbrio, o seguinte pode ser determinado:
    - Qual(is) fase(s) está(ão) presente(s) — a partir da localização do ponto temperatura-composição no diagrama de fases.
    - A(s) composição(ões) da(s) fase(s) — para o caso bifásico, é empregada uma linha de amarração horizontal.
    - A(s) fração(ões) mássica(s) da(s) fase(s) — a regra da alavanca [que utiliza comprimentos de segmentos de linha de amarração (Equações 9.1 e 9.2)] é aplicada nas regiões bifásicas.

Diagramas de Fases • **265**

Sistemas Eutéticos Binários	• Em uma reação eutética, como a encontrada em alguns sistemas de ligas, no resfriamento, uma fase líquida transforma-se isotermicamente em duas fases sólidas diferentes (isto é, $L \rightarrow \alpha + \beta$). • O limite de solubilidade em uma dada temperatura corresponde à concentração máxima de um componente que ficará em solução em uma fase específica. Para um sistema eutético binário, os limites de solubilidade são encontrados ao longo das fronteiras entre fases, linhas *solidus* e *solvus*.
Desenvolvimento da Microestrutura em Ligas Eutéticas	• A solidificação de uma liga (líquido) com composição eutética produz uma microestrutura que consiste em camadas alternadas das duas fases sólidas. • Uma fase primária (ou pré-eutética) e a estrutura eutética em camadas são os produtos da solidificação para todas as composições (diferentes da composição do eutético) que estão ao longo da isoterma eutética.
Diagramas de Equilíbrio Contendo Fases ou Compostos Intermediários	• Outros diagramas de equilíbrio são mais complexos, no sentido de que podem apresentar fases/soluções sólidas/compostos que não estão localizados nos extremos de concentração (isto é, na horizontal) do diagrama. Esses diagramas incluem soluções sólidas intermediárias e compostos intermetálicos. • Além da eutética, podem ocorrer outras reações invariantes envolvendo três fases em pontos específicos em um diagrama de fases: Em uma reação eutetoide, no resfriamento, uma fase sólida transforma-se em duas outras fases sólidas (por exemplo, $\alpha \rightarrow \beta + \gamma$). Em uma reação peritética, no resfriamento, um líquido e uma fase sólida transformam-se em outra fase sólida (por exemplo, $L + \alpha \rightarrow \beta$). • Uma transformação em que não existe nenhuma mudança na composição para as fases envolvidas é congruente.
A Regra das Fases de Gibbs	• A regra das fases de Gibbs é uma equação simples (Equação 9.16 na sua forma mais geral) que relaciona o número de fases presentes em um sistema em equilíbrio com o número de graus de liberdade, o número de componentes e o número de variáveis diferentes da composição.
O Diagrama de Fases Ferro-Carbeto de Ferro (Fe-Fe$_3$C)	• As fases importantes encontradas no diagrama de fases ferro-carbeto de ferro (Figura 9.24) são ferrita α (CCC), austenita γ (CFC) e o composto intermetálico carbeto de ferro [ou cementita (Fe$_3$C)]. • Com base na composição, as ligas ferrosas têm três classificações: Ferros (<0,008%p C) Aços (0,008%p C a 2,14%p C) Ferros fundidos (>2,14%p C)
Desenvolvimento da Microestrutura em Ligas Ferro-Carbono	• O desenvolvimento da microestrutura em muitas ligas ferro-carbono e aços depende de uma reação eutetoide na qual a fase austenita com composição 0,76%p C transforma-se isotermicamente (a 727°C) em ferrita α (0,022%p C) e cementita (isto é, $\gamma \rightarrow \alpha + Fe_3C$). • O produto microestrutural de uma liga ferro-carbono com composição eutetoide é a perlita, um microconstituinte que consiste em camadas alternadas de ferrita e cementita. • As microestruturas das ligas com teores de carbono inferiores à composição eutetoide (isto é, ligas hipoeutetoides) são compostas por uma fase ferrita proeutetoide além da perlita. • A perlita e a cementita proeutetoide são os microconstituintes das ligas hipereutetoides — aquelas com teores de carbono superiores à composição eutetoide.

Resumo das Equações

Número da Equação	Equação	Resolvendo para
9.1b	$W_L = \dfrac{C_\alpha - C_0}{C_\alpha - C_L}$	Fração mássica da fase líquida, sistema isomorfo binário
9.2b	$W_\alpha = \dfrac{C_0 - C_L}{C_\alpha - C_L}$	Fração mássica da fase de solução sólida α, sistema isomorfo binário
9.5	$V_\alpha = \dfrac{v_\alpha}{v_\alpha + v_\beta}$	Fração volumétrica de fase α
9.6a	$V_\alpha = \dfrac{\dfrac{W_\alpha}{\rho_\alpha}}{\dfrac{W_\alpha}{\rho_\alpha} + \dfrac{W_\beta}{\rho_\beta}}$	Para a fase α, conversão de fração mássica em fração volumétrica

(continua)

266 • **Capítulo 9**

(continuação)

Número da Equação	Equação	Resolvendo para
9.7a	$W_\alpha = \dfrac{V_\alpha \rho_\alpha}{V_\alpha \rho_\alpha + V_\beta \rho_\beta}$	Para a fase α, conversão de fração volumétrica em fração mássica
9.10	$W_e = \dfrac{P}{P + Q}$	Fração mássica do microconstituinte eutético em um sistema eutético binário (segundo a Figura 9.18)
9.11	$W_{\alpha'} = \dfrac{Q}{P + Q}$	Fração mássica do microconstituinte α primário em um sistema eutético binário (segundo a Figura 9.18)
9.12	$W_\alpha = \dfrac{Q + R}{P + Q + R}$	Fração mássica de fase α total em um sistema eutético binário (segundo a Figura 9.18)
9.13	$W_\beta = \dfrac{P}{P + Q + R}$	Fração mássica de fase β em um sistema eutético binário (segundo a Figura 9.18)
9.16	$P + F = C + N$	Regra das fases de Gibbs (forma geral)
9.20	$W_p = \dfrac{C_0' - 0{,}022}{0{,}74}$	Para uma liga Fe–C *hipo*eutetoide, a fração mássica de perlita (segundo a Figura 9.31)
9.21	$W_{\alpha'} = \dfrac{0{,}76 - C_0'}{0{,}74}$	Para uma liga Fe–C *hipo*eutetoide, a fração mássica da fase ferrita α proeutetoide (segundo a Figura 9.31)
9.22	$W_p = \dfrac{6{,}70 - C_1'}{5{,}94}$	Para uma liga Fe–C *hiper*eutetoide, a fração mássica de perlita (segundo a Figura 9.31)
9.23	$W_{Fe_3C'} = \dfrac{C_1' - 0{,}76}{5{,}94}$	Para uma liga Fe–C *hiper*eutetoide, a fração mássica de Fe_3C proeutetoide (segundo a Figura 9.31)

Lista de Símbolos

Símbolo	Significado
C (Regra das fases de Gibbs)	Número de componentes em um sistema
C_0	Composição de uma liga (em termos de um dos componentes)
C_0'	Composição de uma liga hipoeutetoide (em porcentagem em peso de carbono)
C_1'	Composição de uma liga hipereutetoide (em porcentagem em peso de carbono)
F	Número de variáveis que podem ser controladas externamente que devem ser especificadas para definir completamente o estado de um sistema
N	Número de variáveis não relacionadas com a composição para um sistema
P, Q, R	Comprimentos dos segmentos das linhas de amarração
P (Regra das fases de Gibbs)	Número de fases presentes em um dado sistema
v_α, v_β	Volumes das fases α e β
ρ_α, ρ_β	Massas específicas das fases α e β

Termos e Conceitos Importantes

austenita
cementita
cementita proeutetoide
componente
composto intermetálico
diagrama de fases
energia livre
equilíbrio
equilíbrio de fases
estrutura eutética
fase
fase eutética

fase primária
ferrita
ferrita proeutetoide
isomorfo
liga hipereutetoide
liga hipoeutetoide
limite de solubilidade
linha de amarração
linha *liquidus*
linha *solidus*
linha *solvus*
metaestável

microconstituinte
perlita
reação eutética
reação eutetoide
reação peritética
regra da alavanca
regra das fases de Gibbs
sistema
solução sólida intermediária
solução sólida terminal
transformação congruente

REFERÊNCIAS

ASM Handbook, vol. 3, *Alloy Phase Diagrams.* Materials Park, OH: ASM International, 2016.

ASM Handbook, vol. 9, *Metallography and Microstructures.* Materials Park, OH: ASM International, 2004.

CAMPBELL, F. C. *Phase Diagrams: Understanding the Basics.* Materials Park, OH: ASM International, 2012.

MASSALSKI, T. B., OKAMOTO, H., SUBRAMANIAN, P. R. e KACPRZAK, L. (eds.). *Binary Phase Diagrams*, 2ª ed. Materials Park, OH: ASM International, 1990. Três volumes. Também em CD-ROM com atualizações.

OKAMOTO, H. *Desk Handbook: Phase Diagrams for Binary Alloys*, 2ª ed. Materials Park, OH: ASM International, 2010.

VILLARS, P., PRINCE, A. e OKAMOTO, H. (eds.). *Handbook of Ternary Alloy Phase Diagrams*. Materials Park, OH: ASM International, 1995. Dez volumes. Também em CD-ROM.

Capítulo 10 Transformações de Fases: Desenvolvimento da Microestrutura e Alteração das Propriedades Mecânicas

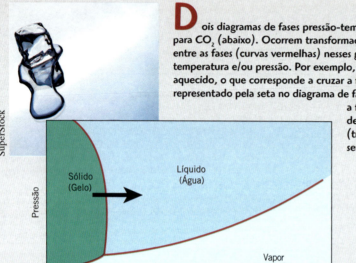

Dois diagramas de fases pressão-temperatura são apresentados: para H_2O (acima) e para CO_2 (abaixo). Ocorrem transformações de fases quando são cruzadas as fronteiras entre as fases (curvas vermelhas) nesses gráficos como consequência de uma variação na temperatura e/ou pressão. Por exemplo, o gelo derrete (transforma-se em água) quando aquecido, o que corresponde a cruzar a fronteira entre as fases sólido-líquido, como representado pela seta no diagrama de fases para o H_2O. De maneira semelhante, ao cruzar a fronteira entre as fases sólido-gás do diagrama de fases do CO_2, o gelo seco (CO_2 sólido) sublima (transforma-se em CO_2 gasoso). Novamente, uma seta delineia essa transformação de fases.

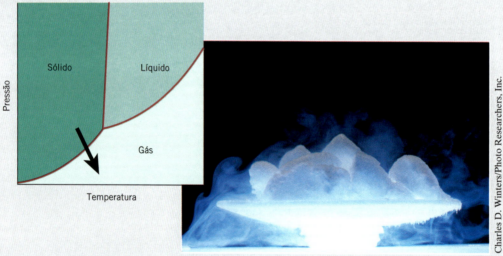

POR QUE ESTUDAR *Transformações de Fases?*

O desenvolvimento de um conjunto de características mecânicas desejáveis para um material resulta, com frequência, de uma transformação de fases decorrente de um tratamento térmico. As dependências em relação ao tempo e à temperatura de algumas transformações de fases são representadas convenientemente em diagramas de fases modificados. É importante saber como usar esses diagramas a fim de projetar um tratamento térmico para uma dada liga que produza as propriedades mecânicas desejadas à temperatura ambiente. Por exemplo, o limite de resistência à tração de uma liga ferro-carbono com composição eutetoide (0,76%p C) pode ser variado entre aproximadamente 700 MPa (100.000 psi) e 2000 MPa (300.000 psi), dependendo do tratamento térmico empregado.

Objetivos do Aprendizado

Após estudar este capítulo, você deverá ser capaz de fazer o seguinte:

1. Construir um diagrama esquemático da fração transformada em função do logaritmo do tempo para uma típica transformação sólido-sólido; citar a equação que descreve esse comportamento.
2. Descrever sucintamente a microestrutura para cada um dos seguintes microconstituintes encontrados nos aços: perlita fina, perlita grosseira, esferoidita, bainita, martensita e martensita revenida.
3. Citar as características mecânicas gerais para cada um dos seguintes microconstituintes: perlita fina, perlita grosseira, esferoidita, bainita, martensita e martensita revenida; explicar sucintamente esses comportamentos em termos da microestrutura (ou da estrutura cristalina).
4. Dado o diagrama de transformações isotérmicas (ou de transformação por resfriamento contínuo) para uma dada liga ferro-carbono, projetar um tratamento térmico que produza uma microestrutura específica.

10.1 INTRODUÇÃO

Uma razão para a versatilidade dos materiais metálicos está no fato de que suas propriedades mecânicas (resistência, dureza, ductilidade etc.) estão sujeitas a controle e modificação ao longo de faixas relativamente amplas. Três mecanismos para o aumento da resistência foram discutidos no Capítulo 7: o refino do tamanho de grão, o aumento da resistência pela formação de uma solução sólida e o encruamento. Existem outras técnicas nas quais o comportamento mecânico de uma liga metálica é influenciado por sua microestrutura.

O desenvolvimento da microestrutura em ligas tanto monofásicas quanto bifásicas envolve normalmente algum tipo de transformação de fases — uma mudança no número e/ou na natureza das fases. A primeira parte deste capítulo se dedica a uma breve discussão de alguns dos princípios básicos relacionados com as transformações envolvendo fases sólidas. Uma vez que a maioria das transformações de fases não ocorre instantaneamente, são feitas considerações da dependência do progresso da reação em relação ao tempo, ou à **taxa de transformação**. Essa discussão é seguida por uma abordagem do desenvolvimento de microestruturas bifásicas para ligas ferro-carbono. São introduzidos diagramas de fases modificados que permitem a determinação da microestrutura resultante de um tratamento térmico específico. Por fim, são apresentados outros microconstituintes além da perlita e, para cada um deles, são discutidas as propriedades mecânicas.

taxa de transformação

Transformações de Fases

10.2 CONCEITOS BÁSICOS

transformação de fases

Diversas **transformações de fases** são importantes no processamento de materiais e, geralmente, elas envolvem alguma mudança na microestrutura. Para os objetivos dessa discussão, essas transformações foram divididas em três categorias. Em um grupo estão as transformações simples que dependem da difusão nas quais não existe nenhuma mudança nas quantidades e nas composições das fases presentes. Essas transformações incluem a solidificação de um metal puro, as transformações alotrópicas e a recristalização e o crescimento dos grãos (veja as Seções 7.12 e 7.13).

270 · Capítulo 10

Em outro tipo de transformação dependente da difusão, existe alguma mudança nas composições das fases e, com frequência, no número de fases presentes; geralmente, a microestrutura final consiste em duas fases. A reação eutetoide, descrita pela Equação 9.19, é desse tipo; ela recebe atenção adicional na Seção 10.5.

O terceiro tipo de transformação ocorre sem difusão, havendo a geração de uma fase metaestável. Como discutido na Seção 10.5, uma transformação martensítica, a qual pode ser induzida em alguns aços, enquadra-se nessa categoria.

10.3 A CINÉTICA DAS TRANSFORMAÇÕES DE FASES

Nas transformações de fases, normalmente é formada pelo menos uma nova fase que possui características físicas/químicas diferentes e/ou uma estrutura diferente daquela da fase original. Além disso, a maioria das transformações de fases não ocorre instantaneamente. Em vez disso, elas começam pela formação de numerosas pequenas partículas da(s) nova(s) fase(s), as quais aumentam em tamanho até a conclusão da transformação. O progresso de uma transformação de fases pode ser dividido em dois estágios distintos: **nucleação** e **crescimento**. A nucleação envolve o surgimento de partículas muito pequenas, ou núcleos, da nova fase (que consistem, com frequência, em apenas umas poucas centenas de átomos), os quais são capazes de crescer. Durante o estágio de crescimento, esses núcleos aumentam em tamanho, o que resulta no desaparecimento de parte (ou de toda) a fase original. A transformação chega ao seu final se for permitido que o crescimento dessas partículas da nova fase prossiga até ser alcançada uma fração em equilíbrio. Vamos agora discutir a mecânica desses dois processos e como eles se relacionam com as transformações no estado sólido.

nucleação, crescimento

Nucleação

Existem dois tipos de nucleação: *homogênea* e *heterogênea*. A distinção entre eles é feita de acordo com o sítio em que ocorrem os eventos de nucleação. Na nucleação homogênea, os núcleos da nova fase se formam uniformemente por toda a fase original, enquanto na nucleação heterogênea os núcleos se formam preferencialmente em heterogeneidades estruturais, tais como superfícies de recipientes, impurezas insolúveis, contornos dos grãos e discordâncias. Começamos pela discussão da nucleação homogênea, uma vez que sua descrição e sua teoria são mais simples de serem tratadas. Esses princípios são então extrapolados para uma discussão da nucleação heterogênea.

Nucleação Homogênea

Uma discussão da teoria da nucleação envolve um parâmetro termodinâmico chamado **energia livre** (ou *energia livre de Gibbs*), G. Sucintamente, a energia livre é uma função de outros parâmetros termodinâmicos, um dos quais é a energia interna do sistema (isto é, a *entalpia*, H), e outro é uma medida da aleatoriedade ou desordem dos átomos ou moléculas (isto é, a *entropia*, S). Não é nosso objetivo fornecer uma discussão detalhada dos princípios da termodinâmica, na medida em que estes se aplicam aos sistemas de materiais. Contudo, em relação às transformações de fases, um parâmetro termodinâmico importante é a variação na energia livre ΔG; uma transformação ocorre espontaneamente apenas quando ΔG tem um valor negativo.

energia livre

Para simplificar, vamos primeiro considerar a solidificação de um material puro, supondo que os núcleos da fase sólida se formam no interior do líquido à medida que os átomos se aglomeram para formar um arranjo semelhante àquele encontrado na fase sólida. Será presumido que cada núcleo é esférico e tem um raio r. Essa situação está representada esquematicamente na Figura 10.1.

Existem duas contribuições para a variação na energia livre total que acompanham uma transformação de solidificação. A primeira é a diferença na energia livre entre as fases sólido e líquido, ou a energia livre de volume, ΔG_v. Seu valor é negativo se a temperatura está abaixo da temperatura de solidificação de equilíbrio, e a magnitude da sua contribuição é o produto de ΔG_v e do volume do núcleo esférico (isto é, $\frac{4}{3}\pi r^3$). A segunda contribuição de energia resulta da formação da interface entre as fases sólido-líquido durante a transformação de solidificação. Uma energia livre de superfície γ, que é positiva, está associada a essa interface; além disso, a magnitude dessa contribuição é o produto de γ e da área de superfície do núcleo (isto é, $4\pi r^2$). Por fim, a variação total na energia livre é igual à soma dessas duas contribuições:

Variação na energia livre total para uma transformação de solidificação

$$\Delta G = \frac{4}{3}\pi r^3 \Delta G_v + 4\pi r^2 \gamma \tag{10.1}$$

Essas contribuições das energias livres de volume, de superfície e total estão traçadas esquematicamente como uma função do raio do núcleo nas Figuras 10.2a e 10.2b. A Figura 10.2a mostra que, para

Figura 10.1 Diagrama esquemático mostrando a nucleação de uma partícula sólida esférica em um líquido.

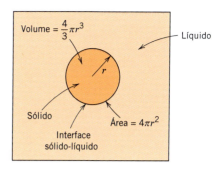

a curva correspondente ao primeiro termo no lado direito da Equação 10.1, a energia livre (que é negativa) diminui proporcionalmente à terceira potência de *r*. Além disso, para a curva resultante do segundo termo na Equação 10.1, os valores de energia são positivos e aumentam com o quadrado do raio. Consequentemente, a curva associada à soma de ambos os termos (Figura 10.2*b*) primeiro aumenta, passa por um valor máximo e por fim diminui. Em um sentido físico, isso significa que, conforme uma partícula sólida começa a se formar como um aglomerado de átomos no interior do líquido, sua energia livre primeiro aumenta. Se esse aglomerado atinge um tamanho correspondente ao do raio crítico *r**, então o crescimento continuará acompanhado de uma diminuição na energia livre. Contudo, um aglomerado com raio menor que o crítico vai encolher e redissolver na fase líquida. Essa partícula subcrítica é um *embrião*, enquanto a partícula com raio maior que *r** é denominada *núcleo*. Uma energia livre crítica, ΔG^*, ocorre no raio crítico e, consequentemente, no ponto máximo da curva na Figura 10.2*b*. Esse valor de ΔG^* corresponde a uma *energia livre de ativação*, que é a energia livre necessária para a formação de um núcleo estável. De maneira equivalente, ela pode ser considerada como uma barreira de energia para o processo de nucleação.

Uma vez que *r** e ΔG^* aparecem no ponto máximo da curva da energia livre em função do raio na Figura 10.2*b*, a obtenção de expressões para esses dois parâmetros é uma questão simples. Para *r**, derivamos a equação para ΔG (Equação 10.1) em relação a *r*, igualamos a expressão resultante a zero e então resolvemos para *r* (= *r**). Isto é,

$$\frac{d(\Delta G)}{dr} = \tfrac{4}{3}\pi \Delta G_v (3r^2) + 4\pi\gamma(2r) = 0 \qquad (10.2)$$

o que resulta em

Para uma nucleação homogênea, o raio crítico de um núcleo de uma partícula sólida estável

$$r^* = -\frac{2\gamma}{\Delta G_v} \qquad (10.3)$$

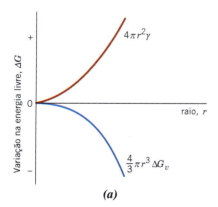

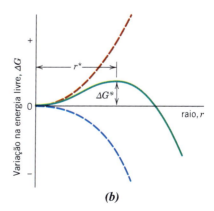

(*a*)   (*b*)

Figura 10.2 (*a*) Curvas esquemáticas para as contribuições da energia livre de volume e da energia livre de superfície para a variação total na energia livre associada à formação de um embrião/núcleo esférico durante a solidificação. (*b*) Gráfico esquemático da energia livre em função do raio do embrião/núcleo, no qual são mostrados a variação na energia livre crítica (ΔG^*) e o raio do núcleo crítico (*r**).

Para uma nucleação homogênea, a energia livre de ativação exigida para a formação de um núcleo estável

Agora, a substituição de r^* por essa expressão na Equação 10.1 fornece a seguinte expressão para ΔG^*:

$$\Delta G^* = \frac{16\pi\gamma^3}{3(\Delta G_v)^2} \tag{10.4}$$

Essa variação na energia livre de volume ΔG_v é a força motriz para a transformação durante a solidificação, e sua magnitude é uma função da temperatura. Na temperatura de solidificação de equilíbrio T_f, o valor de ΔG_v é igual a zero, e com a diminuição da temperatura seu valor torna-se cada vez mais negativo.

Pode ser demonstrado que ΔG_v é uma função da temperatura de acordo com

$$\Delta G_v = \frac{\Delta H_f (T_f - T)}{T_f} \tag{10.5}$$

Dependência do raio crítico em relação à energia livre de superfície, ao calor latente de fusão, à temperatura de fusão e à temperatura de transformação

em que ΔH_f é o calor latente de fusão (isto é, o calor liberado durante a solidificação) e T_f e a temperatura T estão em Kelvin. A substituição de ΔG_v por essa expressão nas Equações 10.3 e 10.4 fornece

$$r^* = \left(-\frac{2\gamma T_f}{\Delta H_f}\right)\left(\frac{1}{T_f - T}\right) \tag{10.6}$$

e

Expressão para a energia livre de ativação

$$\Delta G^* = \left(\frac{16\pi\gamma^3 T_f^2}{3\Delta H_f^2}\right)\frac{1}{(T_f - T)^2} \tag{10.7}$$

Assim, a partir dessas duas equações, tanto o raio crítico r^* quanto a energia livre de ativação ΔG^* diminuem conforme a temperatura T diminui. (Os parâmetros γ e ΔH_f nessas expressões são relativamente insensíveis a variações na temperatura.) A Figura 10.3, um gráfico esquemático de ΔG em função de r, mostra curvas para duas temperaturas diferentes e ilustra essas relações. Fisicamente, isso significa que, com um abaixamento da temperatura em temperaturas abaixo da temperatura de solidificação em equilíbrio (T_f), a nucleação ocorre de maneira mais imediata. Além disso, o número de núcleos estáveis n^* (aqueles com raios maiores que r^*) é uma função da temperatura de acordo com

$$n^* = K_1 \exp\left(-\frac{\Delta G^*}{kT}\right) \tag{10.8}$$

em que a constante K_1 está relacionada com o número total de núcleos da fase sólida. Para o termo exponencial dessa expressão, as variações na temperatura têm maior efeito sobre a magnitude do termo ΔG^* no numerador do que sobre o termo T no denominador. Consequentemente, conforme a temperatura é reduzida abaixo de T_f, o termo exponencial na Equação 10.8 também diminui, tal que a magnitude de n^* aumenta. Essa dependência em relação à temperatura (n^* versus T) está representada no gráfico esquemático na Figura 10.4a.

Figura 10.3 Curvas esquemáticas para a energia livre em função do raio do embrião/núcleo para duas temperaturas diferentes. A variação na energia livre crítica (ΔG^*) e o raio do núcleo crítico (r^*) são indicados para cada temperatura.

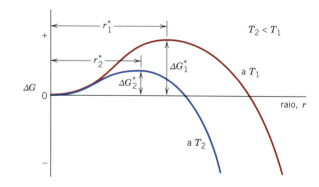

Figura 10.4 Para a solidificação, gráficos esquemáticos (*a*) do número de núcleos estáveis *versus* a temperatura, (*b*) da frequência de adesão atômica *versus* a temperatura e (*c*) da taxa de nucleação *versus* a temperatura (as curvas tracejadas são reproduzidas dos itens *a* e *b*).

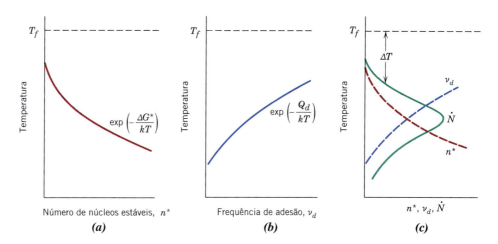

Outra importante etapa dependente da temperatura que está envolvida e que também influencia a nucleação é a aglomeração dos átomos pela difusão de curta distância durante a formação dos núcleos. A influência da temperatura sobre a taxa de difusão (isto é, a magnitude do coeficiente de difusão, D) é dada na Equação 5.8. Além disso, esse efeito de difusão está relacionado com a frequência na qual os átomos do líquido aderem ao núcleo sólido, v_d. A dependência de v_d em relação à temperatura é a mesma que para o coeficiente de difusão — qual seja:

$$v_d = K_2 \exp\left(-\frac{Q_d}{kT}\right) \qquad (10.9)$$

em que Q_d é um parâmetro independente da temperatura — a energia de ativação para a difusão — e K_2 é uma constante independente da temperatura. Dessa forma, a partir da Equação 10.9, uma diminuição na temperatura resulta em uma redução em v_d. Esse efeito, representado pela curva mostrada na Figura 10.4*b*, é simplesmente o inverso daquele observado para n^*, como discutido anteriormente.

Os princípios e conceitos que acabaram de ser desenvolvidos são agora estendidos à discussão de outro importante parâmetro para a nucleação, a taxa de nucleação $\dot{N}$ (que possui unidades de núcleos por unidade de volume por segundo). Essa taxa é simplesmente proporcional ao produto de n^* (Equação 10.8) e v_d (Equação 10.9) — isto é,

Expressão para a taxa de nucleação em uma nucleação homogênea

$$\dot{N} = K_3 n^* v_d = K_1 K_2 K_3 \left[\exp\left(-\frac{\Delta G^*}{kT}\right)\exp\left(-\frac{Q_d}{kT}\right)\right] \qquad (10.10)$$

Aqui, K_3 é o número de átomos na superfície de um núcleo. A Figura 10.4*c* traça esquematicamente a taxa de nucleação em função da temperatura e, além dela, as curvas nas Figuras 10.4*a* e 10.4*b* a partir das quais a curva para $\dot{N}$ é obtida. A Figura 10.4*c* mostra que, com um abaixamento na temperatura a partir de um ponto abaixo de T_f, a taxa de nucleação primeiro aumenta, atinge um valor máximo e subsequentemente diminui.

A forma dessa curva para $\dot{N}$ é explicada da seguinte maneira: na região superior da curva (um aumento repentino e drástico de $\dot{N}$ com a diminuição de T), ΔG^* é maior que Q_d, o que significa que o termo $\exp(-\Delta G^*/kT)$ na Equação 10.10 é muito menor que $\exp(-Q_d/kT)$. Em outras palavras, a taxa de nucleação é suprimida em temperaturas elevadas devido a uma pequena força motriz de ativação. Com o prosseguimento da diminuição de temperatura, chega-se a um ponto em que ΔG^* torna-se menor que o parâmetro independente da temperatura Q_d, com o resultado de que $\exp(-Q_d/kT) < \exp(-\Delta G^*/kT)$, ou que, em temperaturas mais baixas, uma baixa mobilidade atômica suprime a taxa de nucleação. Isso é responsável pelo formato do segmento inferior da curva (uma drástica redução em $\dot{N}$ com a continuação do abaixamento da temperatura). Adicionalmente, a curva para $\dot{N}$ na Figura 10.4*c* passa necessariamente por um valor máximo ao longo da faixa intermediária de temperaturas, em que os valores de ΔG^* e Q_d têm aproximadamente a mesma magnitude.

Vários comentários qualitativos são apropriados em relação à discussão anterior. Em primeiro lugar, embora tenhamos presumido uma forma esférica para os núcleos, esse método pode ser aplicado a qualquer forma, com o mesmo resultado final. Além disso, esse tratamento pode ser usado para outros tipos de transformações diferentes da solidificação (isto é, líquido-sólido) —

274 • **Capítulo 10**

Tabela 10.1
Valores para o Grau de Super-Resfriamento (ΔT) (em uma Nucleação Homogênea) para Vários Metais

Metal	ΔT (°C)
Antimônio	135
Germânio	227
Prata	227
Ouro	230
Cobre	236
Ferro	295
Níquel	319
Cobalto	330
Paládio	332

Fonte: TURNBULL, D. e CECH, R. E., "Microscopic Observation of the Solidification of Small Metal Droplets," J. Appl. Phys., 21, 1950, p. 808.

por exemplo, sólido-vapor e sólido-sólido. Contudo, as magnitudes de ΔG_v e γ, além das taxas de difusão dos componentes atômicos, vão sem dúvida diferir entre os vários tipos de transformação. Adicionalmente, nas transformações sólido-sólido podem existir mudanças no volume associadas à formação de novas fases. Essas mudanças podem levar à introdução de deformações microscópicas, que devem ser levadas em consideração na expressão para ΔG da Equação 10.1 e que, consequentemente, afetarão as magnitudes de r^* e ΔG^*.

A partir da Figura 10.4c, fica aparente que, durante o resfriamento de um líquido, uma taxa de nucleação apreciável (isto é, solidificação) só terá início após a temperatura ter sido reduzida até abaixo da temperatura de solidificação (ou de fusão) de equilíbrio (T_f). Esse fenômeno é denominado *super-resfriamento* (ou *sub-resfriamento*), e o grau de super-resfriamento para uma nucleação homogênea pode ser significativo (da ordem de várias centenas de graus Celsius) para alguns sistemas. A Tabela 10.1 mostra, para vários materiais, os graus típicos de super-resfriamento para uma nucleação homogênea.

PROBLEMA-EXEMPLO 10.1

Cálculo do Raio do Núcleo Crítico e da Energia Livre de Ativação

(a) Para a solidificação do ouro puro, calcule o raio crítico r^* e a energia livre de ativação ΔG^* se a nucleação é homogênea. Os valores para o calor latente de fusão e para a energia livre de superfície são $-1,16 \times 10^9$ J/m³ e 0,132 J/m², respectivamente. Use o valor de super-resfriamento na Tabela 10.1.

(b) Agora, calcule o número de átomos encontrados em um núcleo de tamanho crítico. Suponha um parâmetro da rede de 0,413 nm para o ouro sólido na sua temperatura de fusão.

Solução

(a) Com o objetivo de calcular o raio crítico, empregamos a Equação 10.6, usando a temperatura de fusão de 1064°C para o ouro, supondo um valor de super-resfriamento de 230°C (Tabela 10.1) e observando que o valor de ΔH_f é negativo. Dessa forma,

$$r^* = \left(-\frac{2\gamma T_f}{\Delta H_f}\right)\left(\frac{1}{T_f - T}\right)$$

$$= \left[-\frac{(2)(0,132 \text{ J/m}^2)(1064 + 273 \text{ K})}{-1,16 \times 10^9 \text{ J/m}^3}\right]\left(\frac{1}{230 \text{ K}}\right)$$

$$= 1,32 \times 10^{-9} \text{ m} = 1,32 \text{ nm}$$

Transformações de Fases: Desenvolvimento da Microestrutura e Alteração das Propriedades Mecânicas • **275**

Para o cálculo da energia livre de ativação, a Equação 10.7 é empregada. Assim,

$$\Delta G^* = \left(\frac{16\pi\gamma^3 T_f^2}{3\Delta H_f^2}\right)\frac{1}{(T_f - T)^2}$$

$$= \left[\frac{(16)(\pi)(0,132 \text{ J/m}^2)^3(1064 + 273 \text{ K})^2}{(3)(-1,16 \times 10^9 \text{ J/m}^3)^2}\right]\left[\frac{1}{(230 \text{ K})^2}\right]$$

$$= 9,64 \times 10^{-19} \text{ J}$$

(b) Para calcular o número de átomos em um núcleo com o tamanho crítico (supondo um núcleo esférico com raio r^*), em primeiro lugar é necessário determinar o número de células unitárias, o qual então multiplicamos pelo número de átomos por célula unitária. O número de células unitárias encontrado nesse núcleo crítico é simplesmente a razão entre o volume do núcleo crítico e o volume da célula unitária. Uma vez que o ouro possui uma estrutura cristalina CFC (e uma célula unitária cúbica), o volume da sua célula unitária é simplesmente a^3, para o qual a é o parâmetro da rede (isto é, o comprimento da aresta da célula unitária); seu valor é de 0,413 nm, como foi citado no enunciado do problema. Portanto, o número de células unitárias encontrado em um raio com o tamanho crítico é simplesmente

$$\text{n}^\text{o} \text{ de células unitárias/partícula} = \frac{\text{volume do núcleo crítico}}{\text{volume da célula unitária}} = \frac{\frac{4}{3}\pi r^{*3}}{a^3} \tag{10.11}$$

$$= \frac{\left(\frac{4}{3}\right)(\pi)(1,32 \text{ nm})^3}{(0,413 \text{ nm})^3} = 137 \text{ células unitárias}$$

Uma vez que existe a equivalência de quatro átomos por célula unitária CFC (Seção 3.4), o número total de átomos por núcleo crítico é simplesmente

(137 células unitárias/núcleo crítico)(4 átomos/célula unitária) = 548 átomos/núcleo crítico.

Nucleação Heterogênea

Embora os níveis de super-resfriamento para a nucleação homogênea possam ser significativos (ocasionalmente de várias centenas de graus Celsius), em situações práticas eles são, com frequência, da ordem de apenas alguns graus Celsius. A razão para isso é que a energia de ativação (isto é, a barreira energética) para a nucleação (ΔG^* na Equação 10.4) é diminuída quando os núcleos se formam sobre superfícies ou interfaces preexistentes, uma vez que a energia livre de superfície (γ na Equação 10.4) é reduzida. Em outras palavras, é mais fácil para a nucleação ocorrer em superfícies e interfaces que em outros locais. Novamente, esse tipo de nucleação é denominado nucleação *heterogênea*.

Para compreender esse fenômeno, vamos considerar a nucleação de uma partícula sólida sobre uma superfície plana, a partir de uma fase líquida. É presumido que tanto a fase líquida quanto a fase sólida "molham" essa superfície plana — isto é, ambas as fases se espalham e cobrem a superfície; essa configuração está representada esquematicamente na Figura 10.5. Também estão destacadas na figura as três energias interfaciais (representadas como vetores) que existem nas fronteiras entre as duas fases — γ_{SL}, γ_{SI} e γ_{IL} —, assim como o ângulo de contato θ (o ângulo entre os vetores γ_{SI} e γ_{SL}). Fazendo o balanço das forças de tensão superficial no plano da superfície plana, a seguinte expressão é obtida:

> Para a nucleação heterogênea de uma partícula sólida, a relação entre as energias interfaciais sólido-superfície, sólido-líquido e líquido-superfície, e o ângulo de contato

$$\gamma_{IL} = \gamma_{SI} + \gamma_{SL}\cos\theta \tag{10.12}$$

Agora, usando um procedimento um tanto quanto trabalhoso, semelhante àquele apresentado anteriormente para a nucleação homogênea (o qual optamos por omitir), é possível obter equações para r^* e ΔG^*, que são as seguintes:

> Para uma nucleação heterogênea, o raio crítico de um núcleo de uma partícula sólida estável

$$r^* = -\frac{2\gamma_{SL}}{\Delta G_v} \tag{10.13}$$

Figura 10.5 Nucleação heterogênea de um sólido a partir de um líquido. As energias interfaciais sólido-superfície (γ_{SI}), sólido-líquido (γ_{SL}) e líquido-superfície (γ_{IL}) estão representadas por vetores. O ângulo de contato (θ) também é mostrado.

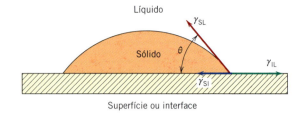

> Para uma nucleação heterogênea, a energia livre de ativação exigida para a formação de um núcleo estável

$$\Delta G^* = \left(\frac{16\pi\gamma_{SL}^3}{3\Delta G_v^2}\right) S(\theta) \tag{10.14}$$

O termo $S(\theta)$ nessa última equação é uma função apenas de θ (isto é, da forma do núcleo) e tem valor numérico entre zero e a unidade.[1]

A partir da Equação 10.13, é importante observar que o raio crítico r^* para a nucleação heterogênea é o mesmo que para a nucleação homogênea, uma vez que γ_{SL} é a mesma energia de superfície que γ na Equação 10.3. Também é evidente que a barreira da energia de ativação para a nucleação heterogênea (Equação 10.14) é menor que a barreira para a nucleação homogênea (Equação 10.4) por uma quantidade correspondente ao valor dessa função $S(\theta)$, ou

$$\Delta G^*_{het} = \Delta G^*_{hom} S(\theta) \tag{10.15}$$

A Figura 10.6, um gráfico esquemático de ΔG em função do raio do núcleo, mostra curvas para ambos os tipos de nucleação e indica a diferença nas magnitudes de ΔG^*_{het} e ΔG^*_{hom}, além da constância de r^*. Esse menor valor de ΔG^* para a nucleação heterogênea significa que uma menor energia deve ser superada durante o processo de nucleação (em relação à nucleação homogênea), e, portanto, a nucleação heterogênea ocorre mais prontamente (Equação 10.10). Em termos da taxa de nucleação, na nucleação heterogênea a curva de $\dot{N}$ em função de T (Figura 10.4c) é deslocada para valores de temperatura mais elevados. Esse efeito está representado na Figura 10.7, que também mostra que um grau muito menor de super-resfriamento (ΔT) é necessário para a nucleação heterogênea.

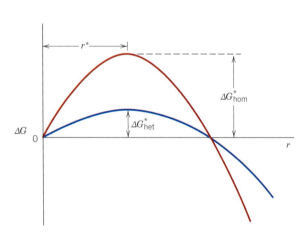

Figura 10.6 Gráfico esquemático para a energia livre em função do raio do embrião/núcleo em que são apresentadas curvas tanto para a nucleação homogênea quanto para a nucleação heterogênea. As energias livres críticas e o raio crítico também são mostrados.

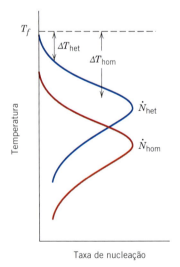

Figura 10.7 Taxa de nucleação em função da temperatura tanto para a nucleação homogênea quanto para a nucleação heterogênea. Os graus de super-resfriamento (ΔT) para cada curva também são mostrados.

---

[1] Por exemplo, para ângulos θ de 30° e 90°, os valores de $S(\theta)$ são aproximadamente 0,01 e 0,5, respectivamente.

Transformações de Fases: Desenvolvimento da Microestrutura e Alteração das Propriedades Mecânicas • 277

Crescimento

A etapa de crescimento em uma transformação de fases começa assim que um embrião tenha excedido o tamanho crítico, r^*, e se torne um núcleo estável. Observe que a nucleação continuará ocorrendo simultaneamente ao crescimento das partículas da nova fase; obviamente, a nucleação não pode ocorrer nas regiões que já se transformaram na nova fase. Além disso, o processo de crescimento cessará em qualquer região onde partículas da nova fase se encontrem, uma vez que aqui a transformação terá sido concluída.

O crescimento das partículas ocorre por difusão atômica de longa distância, o que envolve normalmente várias etapas — por exemplo, a difusão pela fase original, através de um contorno entre fases, e então para o interior do núcleo. Consequentemente, a taxa de crescimento $\dot{G}$ é determinada pela taxa de difusão, e sua dependência em relação à temperatura é a mesma que para o coeficiente de difusão (Equação 5.8) — qual seja:

$$\dot{G} = C \exp\left(-\frac{Q}{kT}\right) \tag{10.16}$$

Dependência da taxa de crescimento das partículas em relação à energia de ativação para a difusão e à temperatura

na qual Q (a energia de ativação) e C (um termo pré-exponencial) são independentes da temperatura.[2] A dependência de $\dot{G}$ em relação à temperatura é representada por uma das curvas na Figura 10.8; também é mostrada uma curva para a taxa de nucleação, $\dot{N}$ (novamente, quase sempre a taxa para nucleação heterogênea). Agora, em uma dada temperatura, a taxa de transformação global é igual a algum produto de $\dot{N}$ e $\dot{G}$. A terceira curva na Figura 10.8, que representa a taxa total, mostra esse efeito combinado. A forma geral dessa curva é a mesma da curva para a taxa de nucleação, no sentido de que ela possui um pico ou valor máximo que se deslocou para cima em relação à curva para $\dot{N}$.

Embora esse tratamento sobre as transformações tenha sido desenvolvido para a solidificação, os mesmos princípios gerais também se aplicam às transformações sólido-sólido e sólido-gás.

Como veremos mais adiante, a taxa de transformação e o tempo necessário para que a transformação prossiga até certo grau de conclusão (por exemplo, o tempo para que 50% da reação seja completada, $t_{0,5}$) são inversamente proporcionais um ao outro (Equação 10.18). Dessa forma, se o logaritmo desse tempo de transformação (isto é, log $t_{0,5}$) for traçado em função da temperatura, resulta uma curva com o formato geral mostrado na Figura 10.9b. Essa curva em forma de "C" é uma imagem virtual em espelho (por meio de um plano vertical) da curva para a taxa de transformação mostrada na Figura 10.8, como demonstrado na Figura 10.9. Com frequência, a cinética das transformações de fases é representada usando gráficos do logaritmo do tempo (até um determinado grau de transformação) em função da temperatura (por exemplo, veja a Seção 10.5).

Vários fenômenos físicos podem ser explicados em termos da curva da taxa de transformação em função da temperatura na Figura 10.8. Em primeiro lugar, o tamanho das partículas da fase resultante depende da temperatura da transformação. Por exemplo, nas transformações que ocorrem em temperaturas próximas a T_f, que correspondem a baixas taxas de nucleação e altas taxas de crescimento, há a formação de poucos núcleos, os quais crescem rapidamente. Dessa forma, a microestrutura resultante consistirá em poucas e relativamente grandes partículas da fase (por exemplo, grãos de grandes dimensões). De maneira oposta, para as transformações em temperaturas mais baixas, as taxas de nucleação são altas e as taxas de crescimento são baixas, o que resulta em muitas partículas pequenas (por exemplo, grãos finos).

Além disso, a partir da Figura 10.8, quando um material é resfriado muito rapidamente através da faixa de temperaturas abrangida pela curva da taxa de transformação até uma temperatura relativamente baixa na qual a taxa é extremamente pequena, é possível produzir estruturas de fase fora de equilíbrio (por exemplo, veja as Seções 10.5 e 11.10).

Considerações Cinéticas Sobre as Transformações no Estado Sólido

A discussão anterior nesta seção enfocou as dependências em relação à temperatura das taxas de nucleação, crescimento e transformação. A dependência da taxa em relação ao *tempo* (que é, com frequência, denominada **cinética** de uma transformação) também é uma consideração importante, especialmente no tratamento térmico de materiais. Além disso, uma vez que muitas transformações de interesse para os cientistas e engenheiros de materiais envolvem apenas fases sólidas, decidimos dedicar a discussão a seguir à cinética das transformações no estado sólido.

cinética

transformação termicamente ativada

---

[2]Os processos cujas taxas dependem da temperatura, como $\dot{G}$ na Equação 10.16, são às vezes denominados **termicamente ativados**. Além disso, uma equação para a taxa com essa forma (isto é, que possui uma dependência exponencial em relação à temperatura) é denominada uma *equação de Arrhenius para a taxa*.

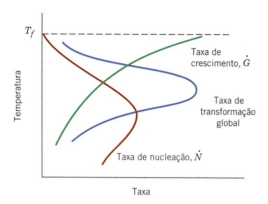

Figura 10.8 Gráfico esquemático mostrando as curvas para a taxa de nucleação ($\dot{N}$), a taxa de crescimento ($\dot{G}$) e a taxa de transformação global em função da temperatura.

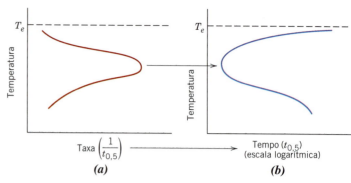

Figura 10.9 Gráficos esquemáticos (a) da taxa de transformação em função da temperatura e (b) do logaritmo do tempo [até certo grau de transformação (por exemplo, uma fração de 0,5)] em função da temperatura. As curvas tanto em (a) quanto em (b) são geradas a partir do mesmo conjunto de dados — isto é, para eixos horizontais, o tempo [em escala logarítmica no gráfico (b)] é simplesmente o inverso da taxa no gráfico (a).

Com muitas investigações cinéticas, a fração da reação que ocorreu é medida como uma função do tempo, enquanto a temperatura é mantida constante. O progresso da transformação é verificado geralmente ou por meio de um exame microscópico ou pela medição de alguma propriedade física (tal como a condutividade elétrica) cuja magnitude seja característica da nova fase. Os dados são representados como a fração de material transformado em função do logaritmo do tempo; uma curva em forma de "S", com formato semelhante àquela mostrada na Figura 10.10, representa o comportamento cinético típico da maioria das reações no estado sólido. Os estágios de nucleação e de crescimento também estão indicados na figura.

Para transformações no estado sólido que exibem o comportamento cinético da Figura 10.10, a fração transformada y é uma função do tempo t de acordo com a seguinte relação:

Equação de Avrami — dependência da fração da transformação em relação ao tempo

$$y = 1 - \exp(-kt^n) \tag{10.17}$$

em que k e n são constantes que independem do tempo para a reação específica. Essa expressão é frequentemente referida como a *equação de Avrami*.

Por convenção, a taxa de uma transformação é tomada como o inverso do tempo necessário para que a transformação prossiga até a metade da sua conclusão, $t_{0,5}$, ou seja,

Taxa de transformação — inverso do tempo de transformação para a conclusão de metade da reação

$$\text{taxa} = \frac{1}{t_{0,5}} \tag{10.18}$$

Figura 10.10 Gráfico da fração reagida em função do logaritmo do tempo, típico para muitas transformações em estado sólido nas quais a temperatura é mantida constante.

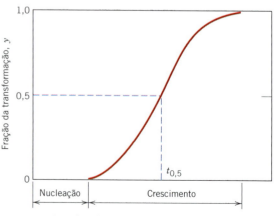

Figura 10.11 Porcentagem de recristalização em função do tempo e a uma temperatura constante para o cobre puro. (Reimpressa com permissão de *Metallurgical Transactions*, vol. 188, 1950, uma publicação da The Metallurgical Society of AIME, Warrendale, PA. Adaptada de DECKER, B. F. e HARKER, D. "Recrystallization in Rolled Copper", *Trans. AIME*, 188, 1950, p. 888.)

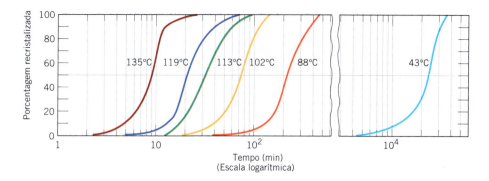

A temperatura possui uma influência profunda sobre a cinética e, dessa forma, sobre a taxa de uma transformação. Isso é demonstrado na Figura 10.11, na qual são mostradas as curvas em forma de "S" para y em função de $\log t$ para a recristalização do cobre em diferentes temperaturas.

Uma discussão detalhada sobre a influência tanto da temperatura quanto do tempo sobre as transformações de fases é dada na Seção 10.5.

PROBLEMA-EXEMPLO 10.2

Cálculo da Taxa de Recristalização

Sabe-se que a cinética da recristalização para algumas ligas obedece a equação de Avrami e que o valor de n é 3,1. Se a fração recristalizada é de 0,30 após 20 min, determine a taxa de recristalização.

Solução

A taxa de uma reação é definida pela Equação 10.18 como

$$\text{taxa} = \frac{1}{t_{0,5}}$$

Portanto, para este problema é necessário calcular o valor de $t_{0,5}$, que é o tempo que leva para a reação progredir até 50% da sua conclusão — ou para a fração da reação y ser igual a 0,50. Além disso, podemos determinar $t_{0,5}$ usando a equação de Avrami, Equação 10.17:

$$y = 1 - \exp(-kt^n)$$

O enunciado do problema fornece o valor de y (0,30) em um determinado tempo t (20 min) e também o valor de n (3,1), a partir dos quais é possível calcular o valor da constante k. Para realizar esse cálculo, é necessária uma manipulação algébrica da Equação 10.17. Primeiro, rearranjamos essa expressão da seguinte maneira:

$$\exp(-kt^n) = 1 - y$$

Aplicando-se o logaritmo natural em ambos os lados, temos

$$-kt^n = \ln(1 - y) \tag{10.17a}$$

Então, resolvendo para k,

$$k = -\frac{\ln(1 - y)}{t^n}$$

Incorporando os valores citados acima para y, n e t, tem-se o seguinte valor para k:

$$k = -\frac{\ln(1 - 0{,}30)}{(20 \text{ min})^{3,1}} = 3{,}30 \times 10^{-5}$$

Nessa altura, queremos calcular $t_{0,5}$ — o valor de t para $y = 0{,}5$ —, o que significa que é necessário estabelecer uma forma da Equação 10.17 na qual t seja a variável dependente. Isso é obtido usando uma forma rearranjada da Equação 10.17a, como

$$t^n = -\frac{\ln(1-y)}{k}$$

A partir da qual resolvemos para t

$$t = \left[-\frac{\ln(1-y)}{k} \right]^{1/n}$$

E, para $t = t_{0,5}$, essa equação se torna

$$t_{0,5} = \left[-\frac{\ln(1-0,5)}{k} \right]^{1/n}$$

Agora, substituindo nessa expressão o valor de k determinado acima, assim como o valor de n citado no enunciado do problema (qual seja, 3.1), calculamos $t_{0,5}$ da seguinte maneira:

$$t_{0,5} = \left[-\frac{\ln(1-0,5)}{3,30 \times 10^{-5}} \right]^{1/3,1} = 24,8 \text{ min}$$

E, por fim, a partir da Equação 10.18, a taxa é igual a

$$\text{taxa} = \frac{1}{t_{0,5}} = \frac{1}{24,8 \text{ min}} = 4,0 \times 10^{-2} \text{ (min)}^{-1}$$

10.4 ESTADOS METAESTÁVEIS *VERSUS* ESTADOS DE EQUILÍBRIO

As transformações de fases podem ser realizadas em sistemas de ligas metálicas mediante variação na temperatura, na composição e na pressão externa; entretanto, as variações na temperatura por meio de tratamentos térmicos são a maneira mais convenientemente utilizada para induzir transformações de fases. Isso corresponde a cruzar uma fronteira entre fases no diagrama de fases composição-temperatura, conforme uma liga com uma dada composição é aquecida ou resfriada.

Durante uma transformação de fases, uma liga prossegue em direção a um estado de equilíbrio, que é caracterizado pelo diagrama de fases em termos das fases resultantes, das suas composições e das suas quantidades relativas. Como observado na Seção 10.3, a maioria das transformações de fases exige um tempo finito para ser concluída, e a velocidade ou taxa é, com frequência, importante na relação entre o tratamento térmico e o desenvolvimento da microestrutura. Uma limitação dos diagramas de fases é sua incapacidade de indicar o tempo necessário para o equilíbrio ser atingido.

A taxa de aproximação do equilíbrio para os sistemas sólidos é tão lenta que estruturas em verdadeiro equilíbrio raramente são atingidas. Quando as transformações de fases são induzidas por variações na temperatura, as condições de equilíbrio só são mantidas se o aquecimento ou o resfriamento forem conduzidos sob taxas extremamente lentas e inviáveis na prática. Em um resfriamento que não seja o de equilíbrio, as transformações são deslocadas para temperaturas mais baixas que aquelas indicadas no diagrama de fases; no aquecimento, o deslocamento se dá para temperaturas mais elevadas. Esses fenômenos são denominados **super-resfriamento** e **superaquecimento**, respectivamente. O grau de cada um depende da taxa de variação da temperatura; quanto mais rápido for o resfriamento ou aquecimento, maior será o super-resfriamento ou superaquecimento. Por exemplo, em taxas de resfriamento normais, a reação eutetoide ferro-carbono é deslocada tipicamente de 10°C a 20°C (18°F a 36°F) para baixo da temperatura de transformação de equilíbrio.[3]

super-resfriamento
superaquecimento

Para muitas ligas tecnologicamente importantes, o estado ou microestrutura preferido é uma microestrutura metaestável, intermediária entre os estados inicial e de equilíbrio; ocasionalmente, deseja-se uma estrutura bastante distante da estrutura que existe em equilíbrio. Assim, torna-se fundamental investigar a influência do tempo sobre as transformações de fases. Essa informação cinética é, em muitos casos, de maior valor que o conhecimento do estado final em equilíbrio.

---

[3]É importante observar que os tratamentos relacionados com a cinética das transformações de fases da Seção 10.3 estão restritos à condição de temperatura constante. De maneira contrária, a discussão nesta seção diz respeito a transformações de fases que ocorrem com mudanças na temperatura. Essa mesma distinção existe entre as Seções 10.5 (Diagramas de Transformações Isotérmicas) e 10.6 (Diagramas de Transformações por Resfriamento Contínuo).

Alterações Microestruturais e das Propriedades em Ligas Ferro-Carbono

Alguns dos princípios cinéticos básicos das transformações no estado sólido são agora estendidos e aplicados especificamente às ligas ferro-carbono em termos das relações entre o tratamento térmico, o desenvolvimento da microestrutura e as propriedades mecânicas. Esse sistema foi escolhido porque ele é conhecido e também porque é possível uma grande variedade de microestruturas e propriedades mecânicas para as ligas ferro-carbono (ou aços).

10.5 DIAGRAMAS DE TRANSFORMAÇÕES ISOTÉRMICAS

Perlita

Considere novamente a reação eutetoide ferro-carbeto de ferro,

Reação eutetoide para o sistema ferro-carbeto de ferro

$$\gamma(0,76\ \%p\ C) \underset{aquecimento}{\overset{resfriamento}{\rightleftharpoons}} \alpha(0,022\ \%p\ C) + Fe_3C\ (6,70\ \%p\ C) \quad (10.19)$$

que é fundamental para o desenvolvimento da microestrutura dos aços. No resfriamento, a austenita, que possui uma concentração de carbono intermediária, transforma-se em uma fase ferrita, com teor de carbono muito mais baixo, e também em cementita, que tem concentração de carbono muito mais alta. A perlita é um produto microestrutural dessa transformação (Figura 9.27); o mecanismo de formação da perlita foi discutido anteriormente (Seção 9.19) e demonstrado na Figura 9.28.

A temperatura tem um papel importante na taxa da transformação da austenita em perlita. A dependência em relação à temperatura para uma liga ferro-carbono com composição eutetoide está indicada na Figura 10.12, na qual estão traçadas curvas em forma de "S" das porcentagens transformadas em função do logaritmo do tempo para três temperaturas diferentes. Para cada curva, os dados foram coletados após o resfriamento rápido de uma amostra composta de 100% de austenita até a temperatura indicada; tal temperatura foi mantida constante ao longo de toda a reação.

Uma maneira mais conveniente de representar a dependência dessa transformação, tanto em relação ao tempo quanto em relação à temperatura, é apresentada na parte inferior da Figura 10.13. Nessa figura, os eixos vertical e horizontal são, respectivamente, a temperatura e o logaritmo do tempo. Duas curvas contínuas estão traçadas; uma representa o tempo necessário em cada temperatura para a iniciação ou o começo da transformação; a outra curva representa a conclusão da transformação. A curva tracejada corresponde a 50% da transformação concluída. Essas curvas foram geradas a partir de uma série de gráficos para a porcentagem transformada em função do logaritmo do tempo, medida ao longo de uma faixa de temperaturas. A curva em forma de "S" [para 675°C (1247°F)] na parte superior da Figura 10.13 ilustra como é feita a transferência dos dados.

Ao interpretar esse diagrama, deve-se observar em primeiro lugar que a temperatura eutetoide [727°C (1341°F)] está indicada por uma linha horizontal; em temperaturas acima da eutetoide e para qualquer tempo, existe apenas a austenita, como indicado na figura. A transformação da austenita em perlita ocorre somente se uma liga é super-resfriada até abaixo da temperatura eutetoide;

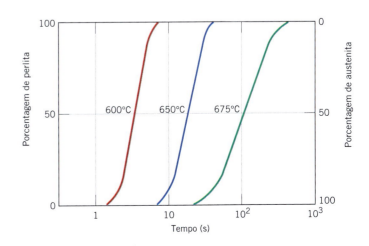

Figura 10.12 A fração que reagiu isotermicamente em função do logaritmo do tempo para a transformação da austenita em perlita em uma liga ferro-carbono com composição eutetoide (0,76%p C).

Figura 10.13 Demonstração de como um diagrama para uma transformação isotérmica (parte inferior) é gerado a partir de medições da porcentagem transformada em função do logaritmo do tempo (parte superior).
[Adaptada de BOYER, H. (ed.). *Atlas of Isothermal Transformation and Cooling Transformation Diagrams*, 1977. Reproduzida sob permissão da ASM International, Materials Park, OH.]

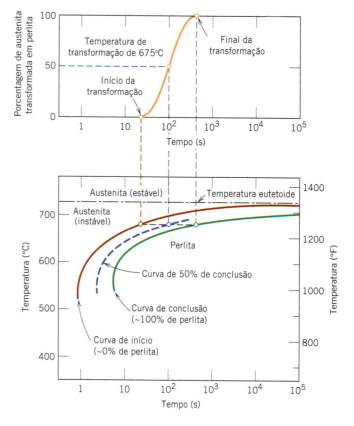

como indicado pelas curvas, o tempo necessário para que a transformação comece e então termine depende da temperatura. As curvas para o início e o término da reação são praticamente paralelas e se aproximam assintoticamente da linha eutetoide. À esquerda da curva de início da transformação, apenas a austenita (que é instável) está presente, enquanto à direita da curva de término da transformação existe apenas perlita. Entre as duas curvas, a austenita está em um processo de transformação em perlita e, dessa forma, ambos os microconstituintes estão presentes.

De acordo com a Equação 10.18, a taxa de transformação em uma dada temperatura é inversamente proporcional ao tempo necessário para que a reação prossiga até 50% da sua conclusão (até a curva tracejada na Figura 10.13). Isto é, quanto menor for esse tempo, maior a taxa. Dessa forma, a partir da Figura 10.13, em temperaturas imediatamente abaixo da eutetoide (o que corresponde a apenas um pequeno grau de sub-resfriamento) são necessários tempos muito longos (da ordem de 10^5 s) para haver transformação de 50%, e, portanto, a taxa da reação é muito lenta. A taxa de transformação aumenta com a diminuição da temperatura, tal que a 540°C (1000°F) apenas cerca de 3 s são necessários para a reação prosseguir até 50% da sua conclusão.

Várias restrições são impostas ao emprego de diagramas como o da Figura 10.13. Em primeiro lugar, esse gráfico específico é válido apenas para uma liga ferro-carbono com composição eutetoide; para outras composições, as curvas têm configurações diferentes. Além disso, esses gráficos são precisos somente para as transformações em que a temperatura da liga é mantida constante ao longo de toda duração da reação. As condições de temperatura constante são denominadas *isotérmicas*; dessa forma, os gráficos como o da Figura 10.13 são conhecidos como **diagramas de transformações isotérmicas**, ou às vezes como gráficos *transformação-tempo-temperatura* (ou *T-T-T*).

diagrama de transformações isotérmicas

Uma curva real de um tratamento térmico isotérmico (*ABCD*) está superposta ao diagrama de transformação isotérmica para uma liga ferro-carbono com composição eutetoide na Figura 10.14. Um resfriamento muito rápido da austenita até uma dada temperatura está indicado pela linha *AB*, praticamente vertical, e o tratamento isotérmico nessa temperatura está representado pelo segmento horizontal *BCD*. O tempo aumenta da esquerda para a direita ao longo dessa linha. A transformação da austenita em perlita começa na interseção, ponto *C* (após aproximadamente 3,5 s), e termina em cerca de 15 s, o que corresponde ao ponto *D*. A Figura 10.14 também mostra microestruturas esquemáticas em vários instantes durante a progressão da reação.

A razão entre as espessuras das camadas de ferrita e de cementita na perlita é de aproximadamente 8 para 1. Contudo, a espessura absoluta das camadas depende da temperatura na qual a transformação isotérmica ocorre. Em temperaturas logo abaixo da eutetoide, são produzidas camadas relativamente grossas tanto da fase ferrita α quanto da fase Fe_3C; essa microestrutura é chamada de **perlita grosseira**, e a região na qual ela se forma está indicada à direita da curva de conclusão da

perlita grosseira

Figura 10.14
Diagrama de transformação isotérmica para uma liga ferro-carbono com composição eutetoide, com a superposição da curva de tratamento térmico isotérmico (*ABCD*). As microestruturas antes, durante e depois da transformação da austenita em perlita são mostradas. [Adaptada de BOYER, H. (ed.). *Atlas of Isothermal Transformation and Cooling Transformation Diagrams*, 1977. Reproduzida sob permissão da ASM International, Materials Park, OH.]

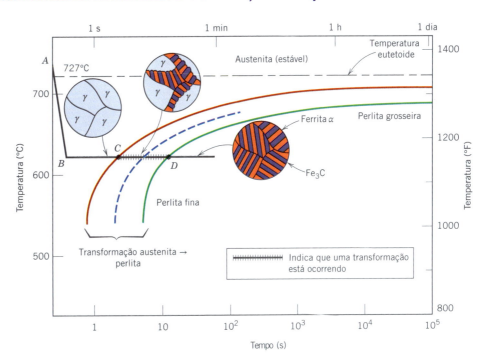

transformação na Figura 10.14. Nessas temperaturas, as taxas de difusão são relativamente altas, de modo que durante a transformação ilustrada na Figura 9.28 os átomos de carbono podem difundir-se ao longo de distâncias relativamente grandes, o que resulta na formação de lamelas grossas. Com a diminuição da temperatura, a taxa de difusão do carbono diminui e as camadas tornam-se progressivamente mais finas. A estrutura com camadas finas produzida na vizinhança de 540°C é denominada **perlita fina** e também está indicada na Figura 10.14. (A "perlita média" existe para espessuras de camada intermediárias entre aquelas das perlitas grosseira e fina.) A dependência das propriedades mecânicas em relação à espessura das lamelas vai ser discutida na Seção 10.7. Fotomicrografias da perlita grosseira e da perlita fina para uma composição eutetoide são mostradas na Figura 10.15.

perlita fina

Figura 10.15 Fotomicrografias (*a*) da perlita grosseira e (*b*) da perlita fina. Ampliação de 3000×. (De RALLS, K. M. et al. *An Introduction to Materials Science and Engineering*, p. 361. Copyright © 1976 por John Wiley & Sons, Nova York. Reimpressa sob permissão de John Wiley & Sons, Inc.)

Figura 10.16 Diagrama de transformação isotérmica para uma liga ferro-carbono com 1,13%p C: A, austenita; C, cementita proeutetoide; P, perlita. [Adaptada de BOYER, H. (ed.). *Atlas of Isothermal Transformation and Cooling Transformation Diagrams*, 1977. Reproduzida sob permissão da ASM International, Materials Park, OH.]

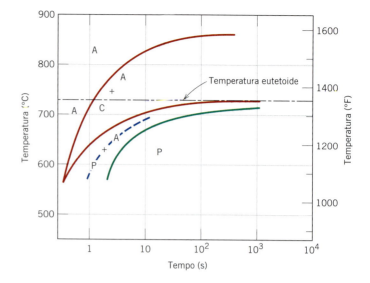

Para as ligas ferro-carbono com outras composições, uma fase proeutetoide (ou ferrita ou cementita) coexiste com a perlita, como foi discutido na Seção 9.19. Dessa forma, curvas adicionais correspondentes a uma transformação proeutetoide também devem ser incluídas no diagrama de transformação isotérmica. Uma parte de um diagrama desse tipo para uma liga com 1,13%p C é mostrada na Figura 10.16.

Bainita

Além da perlita, existem outros microconstituintes que são produtos da transformação austenítica; um desses microconstituintes é chamado de **bainita**. A microestrutura da bainita consiste nas fases ferrita e cementita e, dessa forma, processos difusionais estão envolvidos na sua formação. A bainita se forma como agulhas ou placas, dependendo da temperatura da transformação; os detalhes microestruturais da bainita são tão finos que sua resolução só é possível usando microscopia eletrônica. A Figura 10.17 é uma micrografia eletrônica que mostra um grão de bainita (posicionado diagonalmente do canto inferior esquerdo para o superior direito). Ele é composto por uma matriz de ferrita e partículas alongadas de Fe$_3$C; as diferentes fases foram identificadas nessa micrografia. Adicionalmente, a fase que envolve a agulha é martensita, que é o tópico de uma seção subsequente. Além disso, nenhuma fase proeutetoide se forma com a bainita.

A dependência tempo-temperatura da transformação da bainita também pode ser representada no diagrama de transformações isotérmicas. A bainita ocorre em temperaturas abaixo daquelas nas

Figura 10.17 Micrografia eletrônica de transmissão mostrando a estrutura da bainita. Um grão de bainita passa do canto inferior esquerdo para o canto superior direito; ele consiste em partículas alongadas e em forma de agulha de Fe$_3$C em uma matriz de ferrita. A fase envolvendo a bainita é a martensita. (De *Metals Handbook*, vol. 8, 8ª ed., *Metallography, Structures and Phase Diagrams*, 1973. Reproduzida sob permissão da ASM International, Materials Park, OH.)

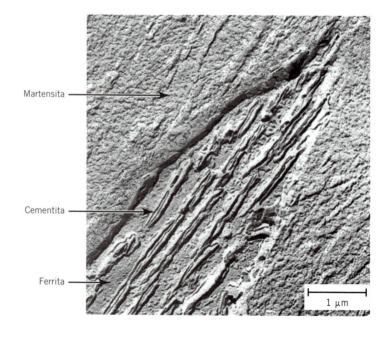

Figura 10.18 Diagrama de transformações isotérmicas para uma liga ferro-carbono com composição eutetoide, incluindo as transformações da austenita em perlita (A-P) e da austenita em bainita (A-B).
[Adaptada de BOYER, H. (ed.). *Atlas of Isothermal Transformation and Cooling Transformation Diagrams*, 1977. Reproduzida sob permissão da ASM International, Materials Park, OH.]

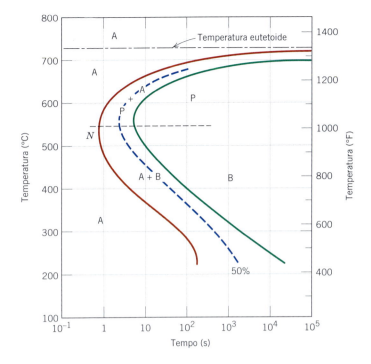

quais a perlita se forma; as curvas para o início, o final e a metade da reação são simplesmente extensões daquelas para a transformação perlítica, como mostra a Figura 10.18, que exibe o diagrama de transformações isotérmicas para uma liga ferro-carbono com composição eutetoide estendido até temperaturas mais baixas. Todas as três curvas têm um formato em "C" e um "nariz" no ponto *N*, em que a taxa de transformação é máxima. Como pode ser observado, enquanto a perlita se forma acima do ponto de inflexão [isto é, ao longo da faixa de temperaturas entre aproximadamente 540°C e 727°C (1000°F a 1341°F)], em temperaturas entre cerca de 215°C e 540°C (420°F e 1000°F), o produto da transformação é a bainita.

Observe que as transformações perlítica e bainítica são concorrentes entre si e, uma vez que uma dada porção de uma liga tenha se transformado em perlita ou em bainita, a transformação no outro microconstituinte não é possível sem um reaquecimento para formar austenita.

Esferoidita

esferoidita

Se um aço tendo uma microestrutura perlítica ou bainítica for aquecido e deixado em uma temperatura abaixo da eutetoide durante um período de tempo suficientemente longo — por exemplo, em aproximadamente 700°C (1300°F) durante 18 a 24 horas —, vai se formar outra microestrutura, chamada de **esferoidita** ou **cementita globulizada** (Figura 10.19). Em vez das lamelas alternadas de ferrita e cementita (perlita), ou da microestrutura observada para a bainita, a fase Fe_3C aparece na forma de partículas com aspecto esférico, dispersas em uma matriz contínua da fase α. Essa transformação ocorre mediante uma difusão adicional do carbono, sem nenhuma mudança nas composições ou nas quantidades relativas das fases ferrita e cementita. A fotomicrografia na Figura 10.20 mostra um aço perlítico que foi parcialmente transformado em esferoidita. A força motriz para essa transformação é a redução na área da fronteira entre as fases α e Fe_3C. A cinética da formação da esferoidita não está incluída nos diagramas de transformações isotérmicas.

> ✓ **Verificação de Conceitos 10.1** Qual microestrutura é mais estável: a perlítica ou a esferoidita? Por quê?
>
> [A resposta está disponível no GEN-IO, ambiente virtual de aprendizagem do GEN.]

Martensita

martensita

Outro microconstituinte ou fase chamado **martensita** ainda se forma quando as ligas ferro-carbono austenitizadas são resfriadas rapidamente (ou temperadas) até uma temperatura relativamente baixa (na vizinhança da temperatura ambiente). A martensita é uma estrutura monofásica fora de

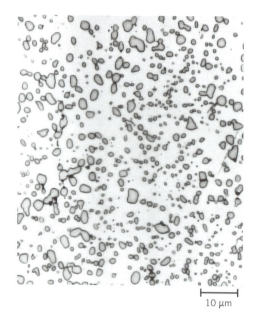

Figura 10.19 Fotomicrografia de um aço com microestrutura de esferoidita. As partículas pequenas são cementita; a fase contínua é ferrita α. Ampliação de 1000×.
(Copyright 1971 pela United States Steel Corporation.)

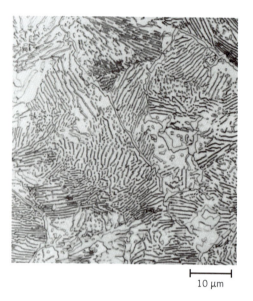

Figura 10.20 Fotomicrografia de um aço perlítico que foi parcialmente transformado em esferoidita. Ampliação de 1000×.
(Cortesia da United States Steel Corporation.)

equilíbrio que resulta de uma transformação da austenita em que não há difusão. Ela pode ser considerada como um produto da transformação que compete com a perlita e a bainita. A transformação martensítica ocorre quando a taxa de resfriamento brusco é rápida o suficiente para prevenir a difusão do carbono. Qualquer difusão que ocorra posteriormente resulta na formação das fases ferrita e cementita.

A transformação martensítica não é bem compreendida. Entretanto, um grande número de átomos exibe movimentos cooperativos, no sentido de que existe apenas um ligeiro deslocamento de cada átomo em relação aos seus vizinhos. Isso ocorre de maneira tal que a austenita CFC sofre uma transformação polimórfica para uma martensita tetragonal de corpo centrado (TCC). Uma célula unitária dessa estrutura cristalina (Figura 10.21) consiste simplesmente em um cubo de corpo centrado que foi alongado ao longo de uma das suas dimensões; essa estrutura é bastante diferente daquela da ferrita CCC. Todos os átomos de carbono permanecem como impurezas intersticiais na martensita; como tal, eles formam uma solução sólida supersaturada capaz de se transformar rapidamente em outras estruturas se aquecida a temperaturas nas quais as taxas de difusão se tornam apreciáveis. Muitos aços, no entanto, retêm quase que indefinidamente sua estrutura martensítica à temperatura ambiente.

A transformação martensítica não é, contudo, exclusiva das ligas ferro-carbono. Ela é encontrada em outros sistemas e é caracterizada, em parte, por uma transformação em que não há difusão.

Uma vez que a transformação martensítica não envolve difusão, ela ocorre quase instantaneamente; os grãos de martensita nucleiam e crescem segundo uma taxa muito rápida — na velocidade do som no interior da matriz de austenita. Dessa forma, a taxa da transformação martensítica, para todos os fins práticos, é independente do tempo.

Os grãos de martensita assumem a aparência ou de placas ou de agulhas, como indicado na Figura 10.22. A fase branca na micrografia é austenita (austenita residual ou retida) que não se transformou durante o resfriamento rápido. Como mencionado anteriormente, a martensita e outros microconstituintes (por exemplo, a perlita) podem coexistir.

Sendo uma fase fora de equilíbrio, a martensita não aparece no diagrama de fases ferro-carbeto de ferro (Figura 9.24). No entanto, a transformação da austenita em martensita está representada no diagrama de transformações isotérmicas. Uma vez que a transformação martensítica ocorre sem difusão e é instantânea, ela não está representada nesse diagrama da mesma forma como estão as reações perlítica e bainítica. O início dessa transformação é representado por uma linha horizontal designada por M (início) (Figura 10.23). Duas outras linhas horizontais e tracejadas, identificadas como $M(50\%)$ e $M(90\%)$, indicam os percentuais da transformação da austenita em martensita. As temperaturas nas quais essas linhas estão localizadas variam de acordo com a composição da liga, mas elas devem ser relativamente baixas, já que a difusão do carbono deve ser virtualmente

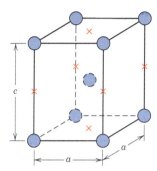

Figura 10.21 A célula unitária tetragonal de corpo centrado para o aço martensítico mostrando os átomos de ferro (círculos) e as posições que podem ser ocupadas por átomos de carbono (cruzes). Para essa célula unitária tetragonal, $c > a$.

Figura 10.22 Fotomicrografia mostrando a microestrutura martensítica. Os grãos em forma de agulha são a fase martensítica, enquanto as regiões brancas são austenita que não se transformou durante o resfriamento brusco. Ampliação de 1220×. (Essa fotomicrografia é uma cortesia da United States Steel Corporation.)

transformação atérmica

inexistente.[4] A característica horizontal e linear dessas linhas indica que a transformação martensítica é independente do tempo; ela é função exclusivamente da temperatura até a qual a liga é resfriada rapidamente ou temperada. Uma transformação desse tipo é denominada **transformação atérmica**.

Considere uma liga com a composição eutetoide que é resfriada muito rapidamente desde uma temperatura acima de 727°C (1341°F) até, digamos, 165°C (330°F). A partir do diagrama de transformações isotérmicas (Figura 10.23), pode ser observado que 50% da austenita se transformará imediatamente em martensita; enquanto essa temperatura for mantida, não existirá nenhuma transformação adicional.

A presença de outros elementos de liga além do carbono (por exemplo, Cr, Ni, Mo e W) pode causar alterações significativas nas posições e formas das curvas dos diagramas de transformações isotérmicas. Essas alterações incluem (1) o deslocamento da inflexão ("nariz") da transformação da austenita em perlita para tempos mais longos (e também uma inflexão da fase proeutetoide, se ela existir) e (2) a formação de uma inflexão separada para a bainita. Essas alterações podem ser observadas comparando-se as Figuras 10.23 e 10.24, que são diagramas de transformações isotérmicas para o aço-carbono e um aço-liga, respectivamente.

aço-carbono
aço-liga

Os aços em que o carbono é o principal elemento de liga são denominados **aços-carbono**, enquanto os **aços-liga** apresentam concentrações apreciáveis de outros elementos, incluindo aqueles que foram citados no parágrafo anterior. A Seção 11.2 aborda mais acerca da classificação e das propriedades das ligas ferrosas.

✓ *Verificação de Conceitos 10.2* Cite duas diferenças principais entre as transformações martensítica e perlítica.

[*A resposta está disponível no GEN-IO, ambiente virtual de aprendizagem do GEN.*]

---

[4]A liga apresentada na Figura 10.22 não é uma liga ferro-carbono com composição eutetoide; além disso, sua temperatura de transformação em 100% de martensita encontra-se abaixo da temperatura ambiente. Uma vez que a fotomicrografia foi tirada à temperatura ambiente, alguma austenita (isto é, a austenita residual) está presente, não tendo se transformado em martensita.

Figura 10.23 Diagrama de transformações isotérmicas completo para uma liga ferro-carbono com composição eutetoide: A, austenita; B, bainita; M, martensita; P, perlita.

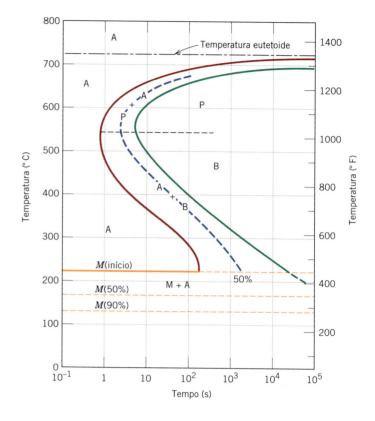

Figura 10.24 Diagrama de transformações isotérmicas para um aço-liga (tipo 4340): A, austenita; B, bainita; P, perlita; M, martensita; F, ferrita proeutetoide.
[Adaptada de BOYER, H. (ed.). *Atlas of Isothermal Transformation and Cooling Transformation Diagrams*, 1977. Reproduzida sob permissão da ASM International, Materials Park, OH.]

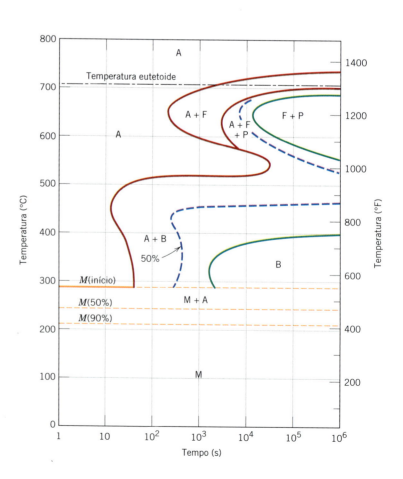

Transformações de Fases: Desenvolvimento da Microestrutura e Alteração das Propriedades Mecânicas • 289

PROBLEMA-EXEMPLO 10.3

Determinações Microestruturais para Três Tratamentos Térmicos Isotérmicos

Considerando o diagrama de transformações isotérmicas para uma liga ferro-carbono com composição eutetoide (Figura 10.23), especifique a natureza da microestrutura final (em termos dos microconstituintes presentes e das porcentagens aproximadas) de uma pequena amostra que foi submetida aos seguintes tratamentos tempo-temperatura. Em cada caso, considere que inicialmente a amostra estava a 760°C (1400°F) e que havia sido mantida nessa temperatura tempo suficiente para ser obtida uma estrutura austenítica completa e homogênea.

(a) Resfriamento rápido até 350°C (660°F), manutenção durante 10^4 s e têmpera até a temperatura ambiente.

(b) Resfriamento rápido até 250°C (480°F), manutenção durante 100 s e têmpera até a temperatura ambiente.

(c) Resfriamento rápido até 650°C (1200°F), manutenção durante 20 s, resfriamento rápido até 400°C (750°F), manutenção durante 10^3 s e têmpera até a temperatura ambiente.

Solução

Os trajetos tempo-temperatura para todos os três tratamentos são mostrados na Figura 10.25. Em cada caso, o resfriamento inicial é rápido o suficiente para prevenir a ocorrência de qualquer transformação.

(a) A 350°C, a austenita transforma-se isotermicamente em bainita; essa reação começa após aproximadamente 10 s e está concluída depois de transcorridos cerca de 500 s. Portanto, passados 10^4 s, como estipulado no problema, 100% da amostra é bainita, e nenhuma transformação adicional é possível, apesar da linha de têmpera final passar através da região da martensita no diagrama.

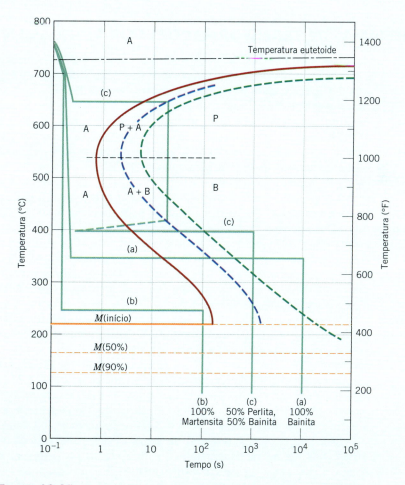

Figura 10.25 Diagrama de transformações isotérmicas para uma liga ferro-carbono com composição eutetoide e os tratamentos térmicos isotérmicos (a), (b) e (c) do Problema-Exemplo 10.3.

290 · **Capítulo 10**

> **(b)** Nesse caso, leva-se cerca de 150 s a 250°C para que a transformação bainítica inicie, de modo que após 100 s a amostra ainda é 100% austenita. Conforme a amostra é resfriada pela região da martensita, iniciando em cerca de 215°C, progressivamente uma maior quantidade da austenita transforma-se instantaneamente em martensita. Essa transformação já está concluída no momento em que a temperatura ambiente é atingida, tal que a microestrutura final consiste em 100% martensita.
>
> **(c)** Para a linha isotérmica a 650°C, a perlita começa a se formar após cerca de 7 s; depois de transcorridos 20 s, apenas aproximadamente 50% da amostra se transformou em perlita. O resfriamento rápido até 400°C é indicado pela linha vertical; durante esse resfriamento, uma quantidade muito pequena, se alguma, da austenita residual vai se transformar em perlita ou bainita, apesar de a curva de resfriamento passar através das regiões da perlita e da bainita no diagrama. A 400°C, começamos a cronometrar o tempo, essencialmente a partir de zero (como indicado na Figura 10.25); dessa forma, depois de transcorridos 10^3 segundos, todos os 50% residuais de austenita terão se transformado completamente em bainita. Na têmpera até a temperatura ambiente, nenhuma transformação adicional é possível, uma vez que não existe nenhuma austenita residual; dessa forma, a microestrutura final à temperatura ambiente consiste em 50% perlita e 50% bainita.

> **Verificação de Conceitos 10.3**   Faça uma cópia do diagrama de transformações isotérmicas para uma liga ferro-carbono com composição eutetoide (Figura 10.23) e então esboce e identifique nesse diagrama um percurso tempo-temperatura que produzirá 100% de perlita fina.
>
> *[A resposta está disponível no GEN-IO, ambiente virtual de aprendizagem do GEN.]*

10.6 DIAGRAMAS DE TRANSFORMAÇÕES POR RESFRIAMENTO CONTÍNUO

Os tratamentos térmicos isotérmicos não são os mais práticos de realizar, pois uma liga deve ser resfriada rapidamente desde uma temperatura mais alta, acima da eutetoide, e ser mantida em uma temperatura também elevada. A maioria dos tratamentos térmicos para os aços envolve o resfriamento contínuo de uma amostra até a temperatura ambiente. Um diagrama de transformações isotérmicas só é válido para condições em que a temperatura é mantida constante; tal diagrama deve ser modificado para as transformações que ocorrem conforme a temperatura é variada constantemente. No resfriamento contínuo, os tempos necessários para o início e o término da reação são retardados. Dessa forma, as curvas isotérmicas são deslocadas para tempos mais longos e temperaturas mais baixas, como indicado na Figura 10.26 para uma liga ferro-carbono com composição eutetoide. Um gráfico contendo essas curvas

diagrama de transformações por resfriamento contínuo

modificadas para o início e o término da reação é denominado **diagrama de transformações por resfriamento contínuo** (*TRC*). Algum controle pode ser mantido sobre a taxa de variação da temperatura, dependendo do meio de resfriamento. Duas curvas de resfriamento correspondendo a taxas moderadamente rápida e lenta estão superpostas e identificadas na Figura 10.27, novamente para um aço eutetoide. A transformação começa após um intervalo de tempo correspondente à interseção da curva de resfriamento com a curva de início da reação, e termina ao se cruzar a curva para o término da transformação. Os produtos microestruturais para as curvas equivalentes às taxas de resfriamento moderadamente rápido e lento na Figura 10.27 são a perlita fina e a perlita grosseira, respectivamente.

Normalmente, a bainita não vai se formar quando uma liga com composição eutetoide ou, na prática, qualquer aço-carbono comum for resfriado continuamente até a temperatura ambiente. Isso ocorre porque toda a austenita já terá se transformado em perlita no momento em que a transformação bainítica se tornar possível. Dessa forma, a região que representa a transformação da austenita em perlita termina imediatamente abaixo da inflexão (Figura 10.27), como indicado pela curva *AB*. Para qualquer curva de resfriamento que passe por *AB* na Figura 10.27, a transformação é interrompida no ponto de interseção; com a continuação do resfriamento, a austenita que não reagiu começa a se transformar em martensita após o cruzamento da linha *M*(início).

Em relação à representação da transformação martensítica, as linhas *M*(início), *M*(50%) e *M*(90%) ocorrem em temperaturas idênticas tanto no diagrama de transformações isotérmicas quanto no de transformações por resfriamento contínuo. Isso pode ser verificado para uma liga ferro-carbono com composição eutetoide comparando-se as Figuras 10.23 e 10.26.

Para o resfriamento contínuo de um aço, existe uma taxa de resfriamento brusco crítica, a qual representa a taxa mínima de resfriamento brusco (têmpera) que produz uma estrutura totalmente martensítica. Essa taxa de resfriamento crítica, quando incluída no diagrama de transformações por

Transformações de Fases: Desenvolvimento da Microestrutura e Alteração das Propriedades Mecânicas • **291**

Figura 10.26 Superposição dos diagramas de transformações isotérmicas e de resfriamento contínuo para uma liga ferro-carbono com composição eutetoide. [Adaptada de BOYER, H. (ed.). *Atlas of Isothermal Transformation and Cooling Transformation Diagrams*, 1977. Reproduzida sob permissão da ASM International, Materials Park, OH.]

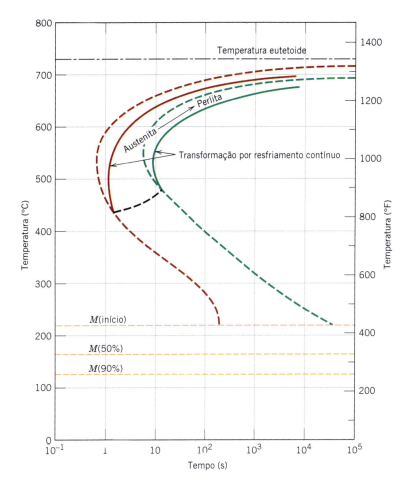

Figura 10.27 Curvas de resfriamento moderadamente rápido e lento superpostas em um diagrama de transformações por resfriamento contínuo para uma liga ferro-carbono com composição eutetoide.

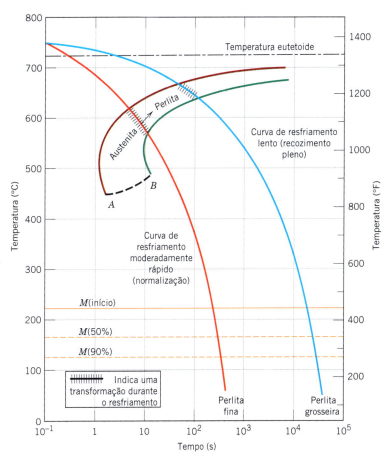

Figura 10.28 Diagrama de transformações por resfriamento contínuo para uma liga ferro-carbono com composição eutetoide e a superposição das curvas de resfriamento, demonstrando a dependência da microestrutura final em relação às transformações que ocorrem durante o resfriamento.

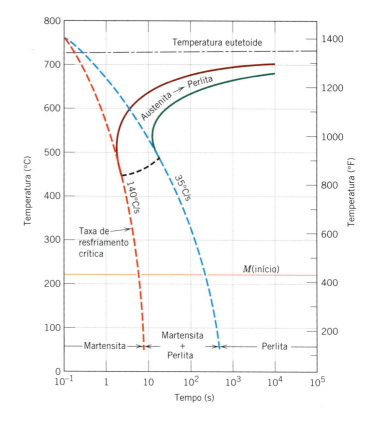

resfriamento contínuo, é praticamente tangente ao ponto de inflexão em que começa a transformação perlítica, como ilustrado na Figura 10.28. Como a figura também mostra, existe apenas martensita para as taxas de resfriamento rápido superiores à crítica; além disso, existe uma faixa de taxas de resfriamento ao longo da qual são produzidas tanto a perlita quanto a martensita. Por fim, uma estrutura totalmente perlítica se desenvolve para baixas taxas de resfriamento.

O carbono e outros elementos de liga também deslocam as inflexões da perlita (assim como da fase proeutetoide) e da bainita para tempos mais longos, diminuindo, dessa forma, a taxa de resfriamento crítica. De fato, uma das razões para a adição de elementos de liga aos aços é facilitar a formação da martensita, de modo que estruturas totalmente martensíticas possam ser desenvolvidas em seções transversais relativamente grossas. A Figura 10.29 mostra o diagrama de transformações por resfriamento contínuo para o mesmo aço-liga cujo diagrama de transformações isotérmicas é apresentado na Figura 10.24. A presença da inflexão da bainita é responsável pela possibilidade de formação da bainita durante um tratamento térmico por resfriamento contínuo. Várias curvas de resfriamento superpostas na Figura 10.29 indicam a taxa de resfriamento crítica, e também como o comportamento da transformação e a microestrutura final são influenciados pela taxa de resfriamento.

De interesse é o fato de que a taxa de resfriamento crítica é diminuída até mesmo pela presença de carbono. De fato, as ligas ferro-carbono que contêm menos que aproximadamente 0,25%p de carbono não são normalmente tratadas termicamente para formar martensita, uma vez que são necessárias taxas de resfriamento muito rápidas que, na prática, não são factíveis. Outros elementos de liga que são particularmente efetivos em tornar os aços tratáveis termicamente são o cromo, níquel, molibdênio, manganês, silício e tungstênio; contudo, esses elementos devem estar em solução sólida na austenita no momento da têmpera.

Em resumo, os diagramas de transformações isotérmicas e por resfriamento contínuo são, em certo sentido, diagramas de fases em que o parâmetro tempo é introduzido. Cada um deles é determinado experimentalmente para uma liga com uma composição específica, em que as variáveis são a temperatura e o tempo. Esses diagramas permitem prever a microestrutura após um dado intervalo de tempo em tratamentos térmicos sob, respectivamente, temperatura constante e com resfriamento contínuo.

Verificação de Conceitos 10.4 Descreva sucintamente o procedimento mais simples de tratamento térmico por resfriamento contínuo que poderia ser usado para converter um aço 4340 de (martensita + bainita) em (ferrita + perlita).

[*A resposta está disponível no GEN-IO, ambiente virtual de aprendizagem do GEN.*]

Figura 10.29 Diagrama de transformações por resfriamento contínuo para um aço-liga (tipo 4340) e a superposição de várias curvas de resfriamento demonstrando a dependência da microestrutura final dessa liga em relação às transformações que ocorrem durante o resfriamento.
[Adaptada de MCGANNON, H. E. (ed.). *The Making, Shaping and Treating of Steel*, 9ª ed., United States Steel Corporation, Pittsburgh, 1971, p. 1096.]

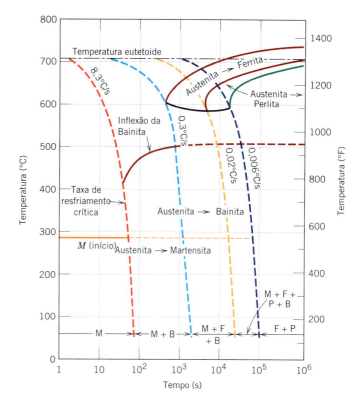

10.7 COMPORTAMENTO MECÂNICO DE LIGAS FERRO-CARBONO

Vamos agora discutir o comportamento mecânico de ligas ferro-carbono com as microestruturas discutidas até o momento — quais sejam, perlita fina e grosseira, esferoidita, bainita e martensita. Para todas as microestruturas, à exceção da martensita, duas fases estão presentes (ferrita e cementita) e, dessa forma, há oportunidade para explorar as várias relações entre as propriedades mecânicas e as microestruturas que existem para essas ligas.

Perlita

A cementita é muito mais dura, porém muito mais frágil, que a ferrita. Dessa forma, o aumento da fração de Fe_3C em um aço, enquanto outros elementos microestruturais são mantidos constantes, resultará em um material mais duro e mais resistente. Isso é demonstrado na Figura 10.30a, na qual os limites de resistência à tração e de escoamento, assim como os números de dureza Brinell, estão traçados em função da porcentagem em peso de carbono (ou, de maneira equivalente, da porcentagem de Fe_3C) para aços compostos por perlita fina. Todos os três parâmetros aumentam com o aumento da concentração de carbono. Uma vez que a cementita é mais frágil, o aumento em seu teor resulta em uma diminuição tanto na ductilidade quanto na tenacidade (ou energia de impacto). Esses efeitos são mostrados na Figura 10.30b para os mesmos aços com perlita fina.

A espessura da camada de cada fase, ferrita e cementita, na microestrutura também influencia o comportamento mecânico do material. A perlita fina é mais dura e mais resistente que a perlita grosseira, como demonstrado pelas duas curvas superiores na Figura 10.31a, na qual a dureza está traçada em função da concentração de carbono.

As razões para esse comportamento estão relacionadas com os fenômenos que ocorrem nos contornos entre as fases α-Fe_3C. Em primeiro lugar, existe um elevado grau de aderência entre as duas fases através do contorno. Portanto, a fase cementita, que é resistente e rígida, restringe severamente a deformação da fase ferrita, mais dúctil, nas regiões adjacentes ao contorno; dessa forma, pode ser dito que a cementita reforça a ferrita. O grau desse reforço é substancialmente maior na perlita fina, devido à maior área de contorno entre fases por unidade de volume do material. Adicionalmente, os contornos entre fases servem como barreiras ao movimento das discordâncias, da mesma maneira que os contornos de grão (Seção 7.8). Na perlita fina existem mais contornos através dos quais uma discordância tem que passar durante a deformação plástica. Dessa forma, o maior grau de reforço e a maior restrição ao movimento das discordâncias na perlita fina são responsáveis por sua maior dureza e resistência.

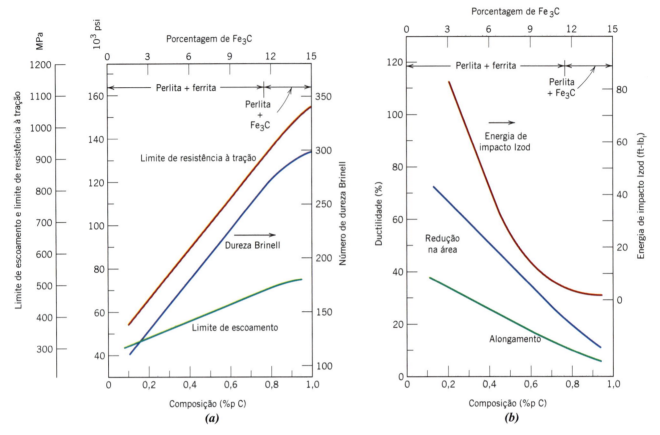

Figura 10.30 (*a*) Limite de escoamento, limite de resistência à tração e dureza Brinell em função da concentração de carbono para aços-carbono comuns com microestruturas compostas por perlita fina. (*b*) Ductilidade (%AL e %RA) e energia de impacto Izod em função da concentração de carbono para aços-carbono comuns com microestruturas compostas por perlita fina.
[Dados obtidos de MASSERIA, V. (ed.). *Metals Handbook: Heat Treating*, vol. 4, 9ª ed., 1981. Reproduzida sob permissão da ASM International, Materials Park, OH.]

A perlita grosseira é mais dúctil que a perlita fina, como ilustrado na Figura 10.31*b*, que mostra a redução percentual na área em função da concentração de carbono para ambos os tipos de microestrutura. Esse comportamento resulta da maior restrição à deformação plástica na perlita fina.

Esferoidita

Outros elementos da microestrutura estão relacionados com a forma e a distribuição das fases. Nesse sentido, a fase cementita tem formas e arranjos distintamente diferentes nas microestruturas da perlita e da esferoidita (Figuras 10.15 e 10.19). As ligas com microestruturas perlíticas têm maior resistência e dureza que aquelas com esferoidita. Isso é demonstrado na Figura 10.31*a*, que compara a dureza em função da porcentagem em peso de carbono para esferoidita com ambos os tipos de estrutura perlítica. Esse comportamento é explicado novamente em termos do reforço e da restrição ao movimento das discordâncias através das fronteiras entre a ferrita e a cementita, como discutido anteriormente. Existe uma menor área de fronteiras por unidade de volume na esferoidita, e, consequentemente, a deformação plástica não é tão restringida, o que dá origem a um material relativamente dúctil e pouco resistente. De fato, entre todos os aços, aqueles que têm menor dureza e são menos resistentes possuem uma microestrutura de esferoidita.

Como seria esperado, os aços esferoidizados são extremamente dúcteis, muito mais que aqueles com perlita fina ou grosseira (Figura 10.31*b*). Adicionalmente, eles são notavelmente tenazes, pois qualquer trinca pode encontrar apenas uma fração muito pequena das frágeis partículas de cementita na medida em que ela se propaga pela matriz dúctil de ferrita.

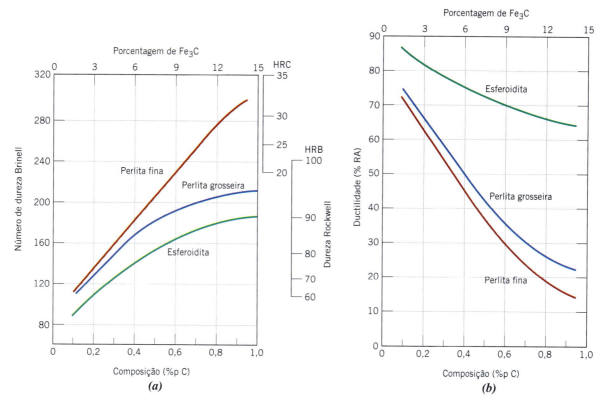

Figura 10.31 (a) Durezas Brinell e Rockwell em função da concentração de carbono para aços-carbono comuns com microestruturas compostas por perlita fina e grosseira, assim como por esferoidita. (b) Ductilidade (%RA) em função da concentração de carbono para aços-carbono comuns com microestruturas compostas por perlita fina e grosseira, assim como por esferoidita.
[Dados obtidos de MASSERIA, V. (ed.). *Metals Handbook: Heat Treating*, vol. 4, 9ª ed., 1981. Reproduzida sob permissão da ASM International, Materials Park, OH.)

Bainita

Uma vez que os aços bainíticos apresentam uma estrutura mais fina (isto é, menores partículas de ferrita α e de Fe_3C), eles são, em geral, mais resistentes e mais duros que os aços perlíticos; ainda assim, exibem uma combinação desejável de resistência e ductilidade. As Figuras 10.32a e 10.32b mostram, respectivamente, a influência da temperatura de transformação sobre a resistência/dureza e a ductilidade para uma liga ferro-carbono com composição eutetoide. As faixas de temperatura nas quais a perlita e a bainita se formam (consistente com o diagrama de transformações isotérmicas para essa liga, Figura 10.18) estão indicadas nas partes superiores das Figuras 10.32a e 10.32b.

Martensita

Das várias microestruturas que podem ser produzidas para um determinado aço, a martensita é a mais dura e mais resistente e, além disso, a mais frágil; na realidade, ela tem ductilidade desprezível. Sua dureza depende do teor de carbono até aproximadamente 0,6%p, como demonstrado na Figura 10.33, na qual está traçada a dureza da martensita e da perlita fina em função da porcentagem em peso de carbono. Ao contrário dos aços perlíticos, acredita-se que a resistência e a dureza da martensita não estejam relacionadas com a sua microestrutura. Em vez disso, essas propriedades são atribuídas à eficiência dos átomos intersticiais de carbono em restringir o movimento das discordâncias (como o efeito de uma solução sólida, Seção 7.9) e ao número relativamente pequeno de sistemas de escorregamento (ao longo dos quais as discordâncias se movem) existentes na estrutura TCC.

A austenita é ligeiramente mais densa que a martensita e, portanto, na transformação de fases durante a têmpera, ocorre um aumento de volume. Consequentemente, quando peças relativamente grandes são temperadas, elas podem trincar como resultado de tensões internas; isso se torna um problema sobretudo quando o teor de carbono é maior que aproximadamente 0,5%p.

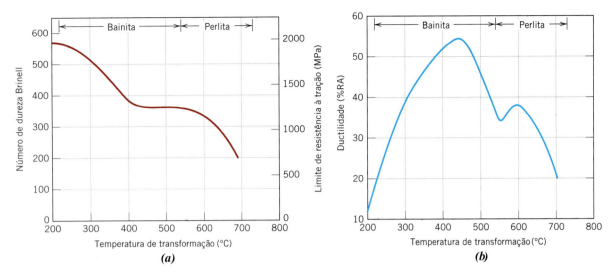

Figura 10.32 (a) A dureza Brinell e o limite de resistência à tração, e (b) a ductilidade (%RA) (à temperatura ambiente) em função da temperatura de transformação isotérmica para uma liga ferro-carbono com composição eutetoide, medidos ao longo da faixa de temperaturas na qual as microestruturas bainítica e perlítica são formadas.
[A Figura (a) foi adaptada de DAVENPORT, E. S. "Isothermal Transformation in Steels", *Trans. ASM*, 27, 1939, p. 847. Reimpressa sob permissão da ASM International, Materials Park, OH.]

Figura 10.33 A dureza (à temperatura ambiente) em função da concentração de carbono para um aço-carbono martensítico comum, um aço martensítico revenido [revenido a 371°C (700°F)] e um aço perlítico. (Adaptada de BAIN, Edgar C. *Functions of the Alloying Elements in Steel*, 1939; e GRANGE, R. A., HRIBAL, C. R. e PORTER, L. F. *Metall. Trans. A*, vol. 8A. Reproduzida sob permissão da ASM International, Materials Park, OH.)

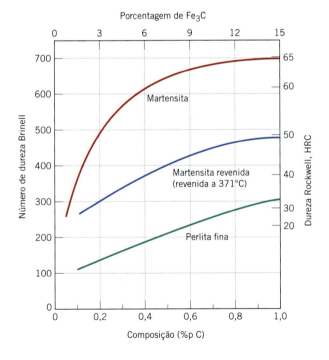

✓ **Verificação de Conceitos 10.5** Classifique as seguintes ligas ferro-carbono e suas microestruturas associadas em ordem decrescente do limite de resistência à tração:

   0,25%p C com esferoidita

   0,25%p C com perlita grosseira

   0,60%p C com perlita fina

   0,60%p C com perlita grosseira

   Justifique essa classificação.

Transformações de Fases: Desenvolvimento da Microestrutura e Alteração das Propriedades Mecânicas • **297**

> ***Verificação de Conceitos 10.6***   Descreva um tratamento térmico isotérmico que seja capaz de produzir uma amostra com dureza de 93 HRB para um aço com composição eutetoide.
>
> [*As respostas estão disponíveis no GEN-IO, ambiente virtual de aprendizagem do GEN.*]

10.8 MARTENSITA REVENIDA

No estado temperado, a martensita, além de ser muito dura, é tão frágil que não pode ser empregada na maioria das aplicações; além disso, quaisquer tensões internas que possam ter sido introduzidas durante a têmpera têm um efeito de reduzir a resistência. A ductilidade e a tenacidade da martensita podem ser aprimoradas, e essas tensões internas podem ser aliviadas por meio de um tratamento térmico conhecido como *revenido*.

O revenido é obtido mediante o aquecimento de um aço martensítico até uma temperatura abaixo da temperatura eutetoide por um período de tempo específico. Normalmente, o revenido é conduzido em temperaturas entre 250°C e 650°C (480°F e 1200°F); as tensões internas, no entanto, podem ser aliviadas em temperaturas tão baixas quanto 200°C (390°F). Esse tratamento térmico de revenido permite, por meio de processos de difusão, a formação da **martensita revenida**, de acordo com a reação

martensita revenida

Reação de transformação da martensita em martensita revenida

$$\text{martensita (TCC, monofásica)} \rightarrow \text{martensita revenida (fases } \alpha + Fe_3C) \quad (10.20)$$

na qual a martensita TCC monofásica, que está supersaturada com carbono, transforma-se em martensita revenida, composta pelas fases estáveis ferrita e cementita, como indicado no diagrama de fases ferro-carbeto de ferro.

A microestrutura da martensita revenida consiste em partículas de cementita extremamente pequenas e uniformemente dispersas em uma matriz contínua de ferrita. Essa microestrutura é semelhante à da esferoidita, exceto que as partículas de cementita são muito, muito menores. Uma micrografia eletrônica que mostra a microestrutura da martensita revenida sob uma ampliação muito grande é apresentada na Figura 10.34.

A martensita revenida pode ser quase tão dura e resistente quanto a martensita, porém com uma ductilidade e uma tenacidade substancialmente aumentadas. Por exemplo, no gráfico da dureza em função da porcentagem em peso de carbono, Figura 10.33, está incluída uma curva para a martensita revenida. A dureza e a resistência podem ser explicadas pela grande área de contornos por unidade de volume entre as fases ferrita e cementita que existe para as partículas de cementita, numerosas e muito finas. Novamente, a fase cementita, dura, reforça a matriz de ferrita ao longo dos contornos, e esses contornos também atuam como barreiras contra o movimento das discordâncias durante a deformação plástica. A fase contínua de ferrita também é muito dúctil e relativamente tenaz, o que responde pela melhoria dessas duas propriedades para a martensita revenida.

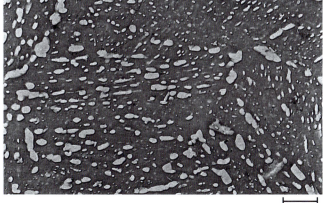

Figura 10.34   Micrografia eletrônica da martensita revenida. O revenido foi realizado a 594°C (1100°F). As partículas pequenas são a fase cementita; a fase matriz é a ferrita α. Ampliação de 9300×.
(Copyright 1971 pela United States Steel Corporation.)

Figura 10.35 O limite de resistência à tração, o limite de escoamento e a ductilidade (%RA) (à temperatura ambiente) em função da temperatura de revenido para um aço-liga (tipo 4340) temperado em óleo.
(Adaptada de uma figura fornecida como cortesia pela Republic Steel Corporation.)

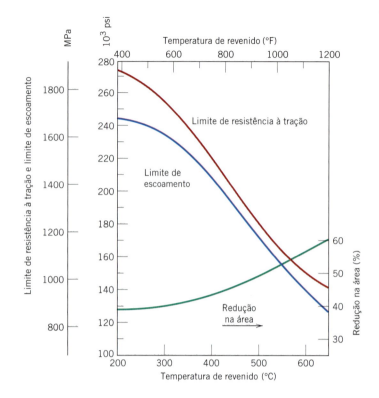

O tamanho das partículas de cementita influencia o comportamento mecânico da martensita revenida; o aumento no tamanho das partículas diminui a área de contornos entre as fases ferrita e cementita e, consequentemente, resulta em um material com menor dureza e menos resistente, embora mais tenaz e mais dúctil. Adicionalmente, o tratamento térmico de revenido determina o tamanho das partículas de cementita. As variáveis do tratamento térmico são a temperatura e o tempo, e a maioria dos tratamentos térmicos são processos realizados a temperatura constante. Uma vez que a difusão do carbono está envolvida na transformação da martensita em martensita revenida, o aumento da temperatura acelera o processo de difusão, a taxa de crescimento das partículas de cementita e, subsequentemente, a taxa de amolecimento. As dependências do limite de resistência à tração e do limite de escoamento, assim como da ductilidade, em relação à temperatura de revenido para um aço-liga são mostradas na Figura 10.35. Antes do revenido, o material foi temperado em óleo para produzir a estrutura martensítica; o tempo de revenido em cada temperatura foi de 1 h. Esse tipo de dado sobre o revenido é fornecido normalmente pelo fabricante do aço.

A dependência da dureza em relação ao tempo em várias temperaturas diferentes é apresentada na Figura 10.36 para um aço com composição eutetoide temperado em água; a escala do tempo é logarítmica. Com o aumento do tempo, a dureza diminui, o que corresponde ao crescimento e à coalescência das partículas de cementita. Em temperaturas que se aproximam da eutetoide [700°C (1300°F)], e após várias horas, a microestrutura terá se tornado esferoidita (Figura 10.19), com grandes esferas de cementita em uma fase contínua de ferrita. De maneira correspondente, a martensita com excesso de revenido tem relativamente baixa dureza e é dúctil.

Verificação de Conceitos 10.7 Um aço é temperado em água de uma temperatura na região da fase austenita até a temperatura ambiente, de modo a formar martensita; a liga é, a seguir, revenida em uma temperatura elevada, que é mantida constante.

(a) Faça um gráfico esquemático que mostre como a ductilidade à temperatura ambiente varia em função do logaritmo do tempo de revenido na temperatura elevada. (Certifique-se de identificar os eixos.)

(b) Superponha e identifique nesse mesmo gráfico o comportamento à temperatura ambiente resultante do revenido em uma temperatura mais elevada e explique sucintamente a diferença entre os comportamentos nessas duas temperaturas.

[*A resposta está disponível no GEN-IO, ambiente virtual de aprendizagem do GEN.*]

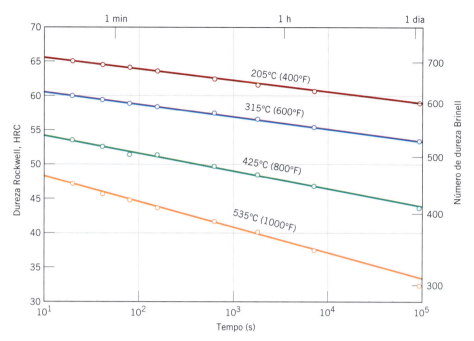

Figura 10.36 A dureza (à temperatura ambiente) em função do tempo de revenido para um aço-carbono comum (1080) com composição eutetoide que foi temperado em água.
(Adaptada de BAIN, Edgar C. *Functions of the Alloying Elements in Steel*, American Society for Metals, 1939, p. 233.)

O revenido de alguns aços pode resultar em uma redução da tenacidade conforme medida por meio de ensaios de impacto (Seção 8.6); isso é denominado *fragilização por revenido*. O fenômeno ocorre quando o aço é revenido em uma temperatura acima de aproximadamente 575°C (1070°F) seguido por um resfriamento lento até a temperatura ambiente, ou quando o revenido é conduzido entre aproximadamente 375°C e 575°C (700°F e 1070°F). Foi determinado que os aços suscetíveis à fragilização por revenido contêm concentrações apreciáveis dos elementos de liga manganês, níquel ou cromo e, adicionalmente, uma ou mais das impurezas antimônio, fósforo, arsênio e estanho em concentrações relativamente baixas. A presença desses elementos de liga e das impurezas desloca a transição dúctil-frágil para temperaturas significativamente mais elevadas; a temperatura ambiente está, dessa forma, abaixo dessa transição no regime de fragilidade. Foi observado que a propagação de trincas nesses materiais fragilizados é *intergranular* (Figura 8.7) — isto é, a trajetória da fratura ocorre ao longo dos contornos dos grãos da fase austenítica precursora. Além disso, foi determinado que os elementos de liga e as impurezas se segregam, preferencialmente, nessas regiões.

A fragilização por revenido pode ser evitada por (1) controle da composição e/ou (2) revenido acima de 575°C ou abaixo de 375°C, seguido por têmpera até a temperatura ambiente. Além disso, a tenacidade de aços que foram fragilizados pode ser aumentada significativamente pelo aquecimento até cerca de 600°C (1100°F), seguido por um resfriamento rápido até abaixo de 300°C (570°F).

10.9 REVISÃO DAS TRANSFORMAÇÕES DE FASES E DAS PROPRIEDADES MECÂNICAS PARA LIGAS FERRO-CARBONO

Neste capítulo, discutimos várias microestruturas diferentes que podem ser produzidas em ligas ferro-carbono dependendo do tratamento térmico. A Figura 10.37 resume os caminhos das transformações que produzem essas várias microestruturas. Aqui, presume-se que a perlita, a bainita e a martensita resultam de tratamentos por resfriamento contínuo; além disso, a formação da bainita só é possível para os aços-liga (não para os aços-carbono comuns), como foi destacado anteriormente.

As características microestruturais e as propriedades mecânicas dos vários microconstituintes das ligas ferro-carbono estão resumidas na Tabela 10.2.

Figura 10.37 Transformações possíveis envolvendo a decomposição da austenita. As setas contínuas representam transformações que envolvem difusão; a seta tracejada representa uma transformação em que não há difusão.

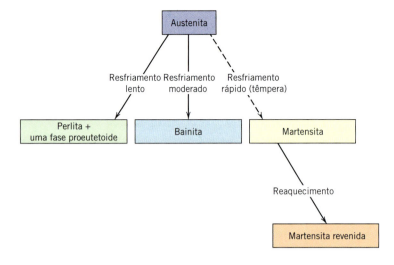

Tabela 10.2 Microestruturas e Propriedades Mecânicas para Ligas Ferro-Carbono

Microconstituinte	Fases Presentes	*Arranjo das Fases*	*Propriedades Mecânicas (Relativas)*
Esferoidita	Ferrita α + Fe$_3$C	Partículas relativamente pequenas de Fe$_3$C com formato próximo ao esférico em uma matriz de ferrita α	De baixa dureza e dúctil
Perlita grosseira	Ferrita α + Fe$_3$C	Camadas alternadas de ferrita α e Fe$_3$C que são relativamente grossas	Mais dura e mais resistente que a esferoidita, mas não tão dúctil quanto a esferoidita
Perlita fina	Ferrita α + Fe$_3$C	Camadas alternadas de ferrita α e Fe$_3$C que são relativamente finas	Mais dura e mais resistente que a perlita grosseira, mas não tão dúctil quanto a perlita grosseira
Bainita	Ferrita α + Fe$_3$C	Partículas muito finas e alongadas de Fe$_3$C em uma matriz de ferrita α	A dureza e a resistência são maiores que as da perlita fina; dureza menor que a da martensita; a ductilidade é maior que a da martensita
Martensita revenida	Ferrita α + Fe$_3$C	Partículas muito pequenas de Fe$_3$C com formato próximo ao esférico em uma matriz de ferrita α	Resistente; não é tão dura quanto a martensita, mas é muito mais dúctil que a martensita
Martensita	Tetragonal de corpo centrado, monofásica	Grãos com forma de agulha	Muito dura e muito frágil

PROBLEMA-EXEMPLO 10.4

Determinação de Propriedades para uma Liga Fe-Fe₃C com Composição Eutetoide Sujeita a um Tratamento Térmico Isotérmico

Determine o limite de resistência à tração e a ductilidade (%RA) de uma liga Fe–Fe₃C com composição eutetoide que foi submetida ao tratamento térmico (c) no Problema-Exemplo 10.3.

Solução

De acordo com a Figura 10.25, a microestrutura final para o tratamento térmico (c) consiste em aproximadamente 50% perlita que se formou durante o tratamento térmico isotérmico a 650°C, enquanto os 50% de austenita restantes se transformaram em bainita a 400°C; dessa forma, a microestrutura final consiste em 50% perlita e 50% bainita. O limite de resistência à tração pode ser determinado usando a Figura 10.32a. Para a perlita, que se formou em uma temperatura de transformação isotérmica de 650°C, o limite de resistência à tração é de aproximadamente 950 MPa, enquanto usando esse mesmo gráfico, a bainita que se formou a 400°C possui um limite de resistência à tração aproximado de 1300 MPa. A determinação desses dois valores de limite de resistência à tração é demonstrada na ilustração a seguir.

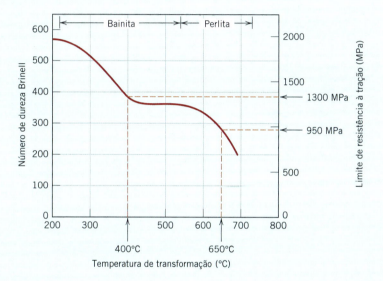

O limite de resistência à tração dessa liga com dois microconstituintes pode ser aproximado usando uma relação para a "regra das misturas" — isto é, o limite de resistência à tração da liga é igual à média ponderada pela fração dos dois microconstituintes, o que pode ser expresso pela seguinte equação:

$$\overline{LRT} = W_p(LRT)_p + W_b(LRT)_b \qquad (10.21)$$

em que

$\overline{LRT}$ = limite de resistência à tração da liga,

W_p e W_b = frações mássicas de perlita e bainita, respectivamente, e

$(LRT)_p$ e $(LRT)_b$ = limites de resistência à tração dos respectivos microconstituintes.

Dessa maneira, incorporando os valores para esses quatro parâmetros na Equação 10.21 leva-se ao seguinte limite de resistência à tração da liga:

$$\overline{LRT} = (0{,}50)(950\ \text{MPa}) + (0{,}50)(1300\ \text{MPa})$$
$$= 1125\ \text{MPa}$$

Essa mesma técnica é usada para o cálculo da ductilidade. Nesse caso, os valores aproximados para as ductilidades dos dois microconstituintes, tomados a 650°C (para a perlita) e 400°C (para a bainita), são, respectivamente, 32%RA e 52%RA, conforme tomados da seguinte adaptação da Figura 10.32b:

A adaptação da expressão para a regra das misturas (Equação 10.21) para esse caso é a seguinte:

$$\%\overline{\text{RA}} = W_p(\%\text{RA})_p + W_b(\%\text{RA})_b$$

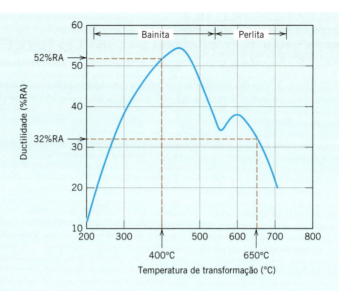

Quando os valores para os Ws e %RAs são inseridos nessa expressão, a ductilidade aproximada é calculada como

$$\%\overline{RA} = (0{,}50)(32\%RA) + (0{,}50)(52\%RA)$$
$$= 42\%RA$$

Em resumo, para a liga eutetoide sujeita ao tratamento térmico isotérmico especificado, os valores para o limite de resistência à tração e a ductilidade são de aproximadamente 1125 MPa e 42%RA, respectivamente.

MATERIAIS DE IMPORTÂNCIA 10.1

Ligas com Memória de Forma

Um grupo relativamente novo de metais que exibem um fenômeno interessante (e prático) é o das *ligas com memória de forma* (ou *SMA — shape-memory alloys*). Um material desse tipo, após ter sido deformado, tem a habilidade de voltar ao seu tamanho e forma anteriores à deformação ao ser submetido a um tratamento térmico apropriado — isto é, o material "lembra" do seu tamanho e forma anteriores. A deformação é conduzida normalmente em uma temperatura relativamente baixa, enquanto a memória de forma ocorre com o aquecimento.[5] Foram descobertos materiais capazes de recuperar quantidades significativas de deformação, como as ligas níquel-titânio (Nitinol[6] é o seu nome comercial) e algumas ligas à base de cobre (ligas Cu–Zn–Al e Cu–Al–Ni).

Uma liga com memória de forma é polimórfica (Seção 3.6) — isto é, pode apresentar duas estruturas cristalinas (ou fases), e o efeito de memória de forma envolve transformações de fases entre essas estruturas. Uma fase (denominada *fase austenita*) tem uma estrutura cúbica de corpo centrado que existe em temperaturas elevadas; sua estrutura está representada esquematicamente pelo destaque mostrado para o estágio 1 da Figura 10.38. Com o resfriamento, a austenita se transforma espontaneamente em uma fase martensita, em transformação semelhante à transformação martensítica para o sistema ferro-carbono (Seção 10.5) — isto é, a transformação ocorre sem difusão e envolve uma mudança ordenada de grandes grupos de átomos, muito rapidamente, e o grau de transformação depende da temperatura; as temperaturas nas quais a transformação começa e termina estão indicadas, respectivamente, pelas legendas M_i e M_f no eixo vertical à esquerda na Figura 10.38. Além disso, essa martensita está altamente maclada,[7] como representado esquematicamente no destaque para o estágio 2 na Figura 10.38. Sob a influência da

---

[5] As ligas que demonstram esse fenômeno apenas quando aquecidas são ditas possuírem uma memória de forma *unidirecional*. Alguns desses materiais apresentam mudanças no tamanho/forma tanto no aquecimento quanto no resfriamento; esses materiais são denominados ligas com memória de forma *bidirecional*. Nessa discussão, abordaremos somente o mecanismo para as ligas com memória de forma unidirecional.
[6] *Nitinol* é um acrônimo do inglês para Laboratório de Ordenança Naval níquel-titânio (*ni*ckel-*ti*tanium *N*aval *O*rdnance *L*aboratory), onde essa liga foi descoberta.
[7] O fenômeno da maclação foi descrito na Seção 7.7.

Transformações de Fases: Desenvolvimento da Microestrutura e Alteração das Propriedades Mecânicas • 303

Fotografia tirada em intervalos de tempo que demonstra o efeito de memória de forma. Um arame feito a partir de uma liga com memória de forma (Nitinol) foi dobrado e tratado tal que sua memória de forma escrevesse a palavra *Nitinol*. O arame foi então deformado e, com seu aquecimento (pela passagem de uma corrente elétrica), deformou-se voltando à sua forma pré-deformada; esse processo de recuperação da forma está registrado na fotografia. [Essa fotografia é uma cortesia do Centro de Guerra Naval de Superfície (Naval Surface Warfare Center), conhecido anteriormente como Laboratório de Ordenança Naval (Naval Ordnance Laboratory)].

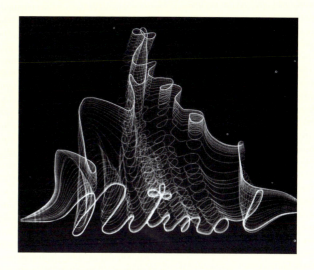

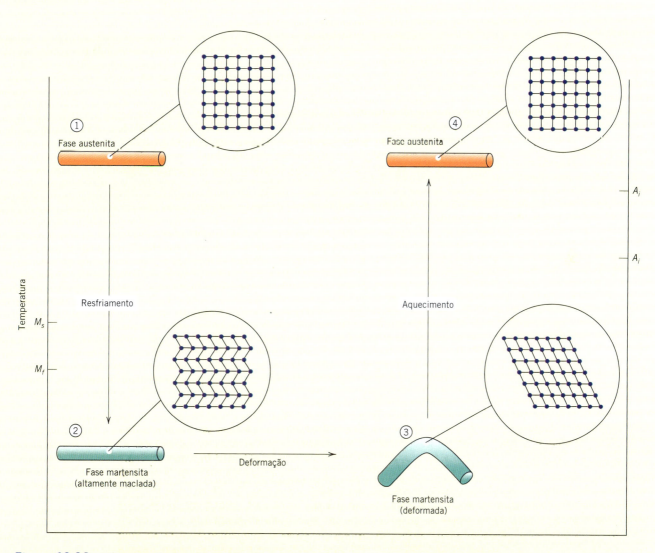

Figura 10.38 Diagrama ilustrando o efeito da memória de forma. Os destaques são representações esquemáticas das estruturas cristalinas nos quatro estágios. M_i e M_f representam as temperaturas nas quais a transformação martensítica começa e termina, respectivamente. De maneira semelhante, para a transformação da austenita, A_i e A_f representam, respectivamente, as temperaturas de começo e de término da transformação.

aplicação de uma tensão, a deformação da martensita (isto é, a passagem do estágio 2 para o estágio 3, Figura 10.38) ocorre pela migração de contornos de maclas — algumas regiões macladas crescem enquanto outras encolhem; essa estrutura martensítica deformada está representada no destaque do estágio 3. Adicionalmente, quando a tensão é removida, a forma deformada é retida nessa temperatura. Por fim, no aquecimento subsequente até a temperatura inicial, o material reverte (isto é, "lembra") ao seu tamanho e forma originais (estágio 4). Esse processo do estágio 3 para o estágio 4 é acompanhado por uma transformação de fases da martensita deformada para a fase austenita original de alta temperatura. Para essas ligas com memória de forma, a transformação da martensita em austenita ocorre ao longo de uma faixa de temperaturas, entre as temperaturas representadas por A_i (início da austenita) e A_f (final da austenita) no eixo vertical à direita na Figura 10.38. Esse ciclo deformação-transformação pode ser repetido para o material com memória de forma.

A forma original (aquela a ser lembrada) é criada pelo aquecimento até bem acima da temperatura A_f (tal que a transformação em austenita seja total) e então pela restrição do material na forma que se deseja memorizar por um período de tempo suficiente. Por exemplo, para as ligas Nitinol, é necessário um tratamento a 500°C com duração de 1 hora.

Embora a deformação apresentada pelas ligas com memória de forma seja semipermanente, ela não é uma deformação verdadeiramente "plástica", como foi discutido na Seção 6.6, tampouco ela é estritamente "elástica" (Seção 6.3). Em vez disso, é denominada *termoelástica*, uma vez que a deformação não é permanente quando o material deformado é posteriormente submetido a um tratamento térmico. O comportamento tensão-deformação-temperatura de um material termoelástico é apresentado na Figura 10.39. As deformações recuperáveis máximas para esses materiais são da ordem de 8%.

Para essas ligas da família Nitinol, pode-se fazer com que as temperaturas de transformação variem em uma ampla faixa de temperaturas (entre aproximadamente −200°C e 110°C) pela alteração da razão Ni-Ti e também pela adição de outros elementos.

Uma importante aplicação das SMA é em conexões com ajuste por contração de tubulações, sem solda, usadas para as linhas hidráulicas em aeronaves, para junções em tubulações submarinas e para encanamentos em navios e submarinos. Cada acoplamento (na forma de uma luva cilíndrica) é fabricado de forma a ter um diâmetro interno ligeiramente menor que o diâmetro externo das tubulações a serem unidas. O acoplamento é então alongado (circunferencialmente) em alguma temperatura bem abaixo da temperatura ambiente. Em seguida, o acoplamento é colocado sobre a junção dos tubos e então aquecido até a temperatura ambiente; o aquecimento faz com que o acoplamento contraia novamente ao seu diâmetro original, criando dessa forma uma vedação estanque entre as duas seções de tubo.

Existe uma gama de outras aplicações para ligas que exibem esse efeito — por exemplo, armações de óculos, aparelhos para a correção de dentes, antenas retráteis, mecanismos para abertura de janelas de estufas, válvulas de controle antiqueimadura para chuveiros, saltos de sapatos femininos, válvulas de chuveiros contra incêndios (*sprinkler*) e em aplicações biomédicas (como em filtros para coágulos no sangue, extensores coronários autoextensíveis e suportes para os ossos). As ligas com memória de forma também se enquadram na classificação dos "materiais inteligentes" (Seção 1.5), uma vez que elas são sensíveis e respondem a mudanças no ambiente (isto é, à temperatura).

Figura 10.39 Comportamento tensão-deformação-temperatura típico de uma liga com memória de forma, demonstrando seu comportamento termoelástico. A deformação da amostra, correspondente à curva de *A* até *B*, é conduzida em uma temperatura abaixo daquela na qual a transformação martensítica está concluída (isto é, M_f na Figura 10.38). A liberação da tensão aplicada (também em M_f) é representada pela curva *BC*. O aquecimento subsequente até acima da temperatura na qual a transformação em austenita está completa (A_f na Figura 10.38) faz com que a peça deformada volte à sua forma original (ao longo da curva do ponto *C* ao ponto *D*).
[De HELSEN, J. A. e BREME, H. J. (eds.). *Metals as Biomaterials*, John Wiley & Sons, Chichester, Reino Unido, 1998. Reimpressa com permissão de John Wiley & Sons Inc.]

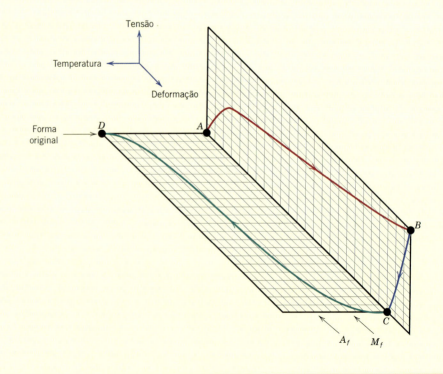

Transformações de Fases: Desenvolvimento da Microestrutura e Alteração das Propriedades Mecânicas • 305

RESUMO

A Cinética das Transformações de Fases

- A nucleação e o crescimento são as duas etapas envolvidas na produção de uma nova fase.
- São possíveis dois tipos de nucleação: homogênea e heterogênea.

  Na nucleação homogênea, os núcleos da nova fase formam-se uniformemente por toda a fase original.

  Na nucleação heterogênea, os núcleos formam-se preferencialmente nas superfícies de não homogeneidades estruturais (por exemplo, as superfícies dos recipientes, junto a impurezas insolúveis etc.).

- Na teoria da nucleação, a energia livre de ativação (ΔG^*) representa uma barreira de energia que deve ser superada para que ocorra a nucleação.
- Quando um aglomerado de átomos atinge um raio crítico (r^*), o crescimento do núcleo continua espontaneamente.
- A energia livre de ativação para a nucleação heterogênea é menor que ΔG^* para a nucleação homogênea.
- Para as transformações induzidas por mudanças na temperatura, quando a taxa de variação na temperatura é tal que não são mantidas condições de equilíbrio, a temperatura de transformação é elevada (para o aquecimento) e reduzida (para o resfriamento). Esses fenômenos são denominados superaquecimento e super-resfriamento, respectivamente.
- Um menor grau de super-resfriamento (ou superaquecimento) é exigido para a nucleação heterogênea do que para a nucleação homogênea — isto é $\Delta T_{\text{het}} < \Delta T_{\text{hom}}$.
- Para as transformações sólidas típicas, um gráfico da fração transformada em função do logaritmo do tempo gera uma curva em forma de "S", como representado esquematicamente na Figura 10.10.
- A dependência em relação ao tempo do grau de transformação é representada pela equação de Avrami, Equação 10.17.
- A taxa de transformação é tomada como o inverso do tempo necessário para que uma transformação prossiga até metade da sua conclusão, Equação 10.18.

Diagramas de Transformações Isotérmicas

Diagramas de Transformações por Resfriamento Contínuo

- Os diagramas de transformações isotérmicas (ou transformação tempo-temperatura, TTT) apresentam a dependência do progresso da transformação em relação ao tempo enquanto a temperatura é mantida constante. Cada diagrama é gerado para uma liga específica e traça a temperatura em função do logaritmo do tempo; são incluídas curvas para o início, 50% e 100% de conclusão da transformação.
- Os diagramas de transformações isotérmicas podem ser modificados para tratamentos térmicos por resfriamento contínuo, mediante o deslocamento das curvas para o começo e o fim da transformação para tempos maiores e temperaturas mais baixas; os gráficos resultantes são denominados diagramas de transformações por resfriamento contínuo (TRC).
- Os tempos em que as transformações por resfriamento contínuo começam e terminam são determinados pelas interseções das curvas de resfriamento com as respectivas curvas de início e de fim da transformação nos diagramas TRC.
- Os diagramas de transformações isotérmicas e por resfriamento contínuo tornam possível a previsão de produtos microestruturais para tratamentos térmicos específicos. Essa característica foi demonstrada para ligas de ferro e carbono.
- Os produtos microestruturais para as ligas ferro-carbono são os seguintes:

  Perlita grosseira e perlita fina — as camadas alternadas de ferrita α e cementita são mais finas para a perlita fina que para a perlita grosseira. A perlita grosseira forma-se em temperaturas mais altas (isotermicamente) e para taxas de resfriamento mais lentas (resfriamento contínuo).

  Bainita — possui uma estrutura muito fina, composta por uma matriz de ferrita e partículas alongadas de cementita. Forma-se em temperaturas mais baixas/taxas de resfriamento mais altas que a perlita fina.

  Esferoidita — é composta por partículas de cementita em forma de esfera (cementita globulizada) que estão em uma matriz de ferrita. O aquecimento da perlita fina/grosseira ou da bainita a aproximadamente 700°C durante várias horas produz a esferoidita.

  Martensita — grãos em forma de placas ou agulhas de uma solução sólida ferro-carbono com estrutura cristalina tetragonal de corpo centrado. A martensita é produzida por meio de uma têmpera rápida da austenita até uma temperatura suficientemente baixa, de modo a prevenir a difusão do carbono e a formação de perlita e/ou bainita.

  Martensita revenida — consiste em partículas muito pequenas de cementita em uma matriz de ferrita. O aquecimento da martensita a temperaturas na faixa de aproximadamente 250 a 650°C resulta na sua transformação em martensita revenida.

- A adição de alguns elementos de liga (diferentes do carbono) desloca as inflexões da perlita e da bainita em um diagrama de transformações por resfriamento contínuo para tempos mais longos, tornando a transformação em martensita mais favorável (e uma liga mais tratável termicamente).

306 • **Capítulo 10**

Comportamento Mecânico de Ligas Ferro-Carbono
- Os aços martensíticos são os mais duros e resistentes, mas também os mais frágeis.
- A martensita revenida é muito resistente, porém relativamente dúctil.
- A bainita apresenta uma combinação desejável de resistência e ductilidade, mas não é tão resistente quanto a martensita revenida.
- A perlita fina é mais dura, mais resistente e mais frágil que a perlita grosseira.
- A esferoidita tem a menor dureza e é a mais dúctil das microestruturas discutidas.
- A fragilização de alguns aços resulta quando estão presentes elementos de liga e impurezas específicos e quando o revenido ocorre em uma faixa de temperaturas definida.

Ligas com Memória de Forma
- Essas ligas podem ser deformadas e então retornar aos seus tamanhos/formas pré-deformados quando aquecidas.
- A deformação ocorre pela migração de contornos de maclas. Uma transformação de fases de martensita em austenita acompanha a reversão ao tamanho e forma originais.

Resumo das Equações

Número da Equação	Equação	Resolvendo para
10.3	$r^* = -\dfrac{2\gamma}{\Delta G_v}$	Raio crítico para uma partícula sólida estável (nucleação homogênea)
10.4	$\Delta G^* = \dfrac{16\pi\gamma^3}{3(\Delta G_v)^2}$	Energia livre de ativação para a formação de uma partícula sólida estável (nucleação homogênea)
10.6	$r^* = \left(-\dfrac{2\gamma T_f}{\Delta H_f}\right)\left(\dfrac{1}{T_f - T}\right)$	Raio crítico — em termos do calor latente de fusão e da temperatura de fusão
10.7	$\Delta G^* = \left(\dfrac{16\pi\gamma^3 T_f^2}{3\Delta H_f^2}\right)\dfrac{1}{(T_f - T)^2}$	Energia livre de ativação — em termos do calor latente de fusão e da temperatura de fusão
10.12	$\gamma_{IL} = \gamma_{SI} + \gamma_{SL}\cos\theta$	Relação entre as energias interfaciais para a nucleação heterogênea
10.13	$r^* = -\dfrac{2\gamma_{SL}}{\Delta G_v}$	Raio crítico para uma partícula sólida estável (nucleação heterogênea)
10.14	$\Delta G^* = \left(\dfrac{16\pi\gamma_{SL}^3}{3\Delta G_v^2}\right)S(\theta)$	Energia livre de ativação para a formação de uma partícula sólida estável (nucleação heterogênea)
10.17	$y = 1 - \exp(-kt^n)$	Fração transformada (equação de Avrami)
10.18	$\text{taxa} = \dfrac{1}{t_{0,5}}$	Taxa de transformação

Lista de Símbolos

Símbolo	Significado
ΔG_v	Energia livre de volume
ΔH_f	Calor latente de fusão
k, n	Constantes independentes do tempo
$S(\theta)$	Função da forma do núcleo
T	Temperatura (K)
T_f	Temperatura de solidificação em equilíbrio (K)
$t_{0,5}$	Tempo necessário para que uma transformação prossiga até 50% da sua conclusão

(continua)

Transformações de Fases: Desenvolvimento da Microestrutura e Alteração das Propriedades Mecânicas • 307

(continuação)

Símbolo	Significado
γ	Energia livre de superfície
γ_{IL}	Energia interfacial líquido-superfície (Figura 10.5)
γ_{SL}	Energia interfacial sólido-líquido
γ_{SI}	Energia interfacial sólido-superfície
θ	Ângulo de contato (ângulo entre os vetores γ_{SI} e γ_{SL}) (Figura 10.5)

Termos e Conceitos Importantes

aço-carbono
aço-liga
bainita
cinética
crescimento (partícula de uma fase)
diagrama de transformações
  isotérmicas

diagrama de transformações por
  resfriamento contínuo
energia livre
esferoidita
martensita
martensita revenida
nucleação
perlita fina

perlita grosseira
superaquecimento
super-resfriamento
taxa de transformação
transformação atérmica
transformação de fases
transformação termicamente
  ativada

REFERÊNCIAS

BROOKS, C. R. *Principles of the Heat Treatment of Plain Carbon and Low Alloy Steels.* Materials Park, OH: ASM International, 1996.

KRAUSS, G. *Steels: Processing, Structure, and Performance*, 2ª ed. Materials Park, OH: ASM International, 2015.

PORTER, D. A., EASTERLING, K. E. e SHERIF, M. *Phase Transformations in Metals and Alloys*, 3ª ed. Boca Raton, FL: CRC Press, 2009.

SHEWMON, P. G. *Transformations in Metals.* Abbotsford, B.C., Canada: Indo American Books, 2007.

TARIN, P. e PÉREZ, J. *SteCal®* 3.0 (Livro e CD). Materials Park, OH: ASM International, 2004.

VANDER VOORT, G. (ed.). *Atlas of Time-Temperature Diagrams for Irons and Steels.* Materials Park: OH, ASM International, 1991.

VANDER VOORT, G. (ed.). *Atlas of Time-Temperature Diagrams for Nonferrous Alloys.* Materials Park, OH: ASM International, 1991.

Capítulo 11 Aplicações e Processamento de Ligas Metálicas

(a)

(a) A lata de alumínio para bebidas em vários estágios da sua produção. A lata é conformada a partir de uma única lâmina de uma liga de alumínio. As operações de produção incluem estiramento, conformação do domo, recorte de aparas, limpeza, decoração e a conformação do pescoço e do flange.
(b) Um trabalhador inspecionando um rolo de lâmina de alumínio.

(b)

308

POR QUE ESTUDAR *Aplicações e Processamento de Ligas Metálicas?*

Com frequência, os engenheiros se veem envolvidos em decisões a respeito da seleção de materiais, o que demanda que eles tenham alguma familiaridade com as características gerais de uma ampla variedade de metais e de suas ligas (assim como outros tipos de materiais). Além disso, pode ser exigido o acesso a bases de dados contendo os valores das propriedades para um grande número de materiais.

Ocasionalmente, os procedimentos de fabricação e de processamento afetam adversamente algumas das propriedades dos metais. Por exemplo, na Seção 10.8, observamos que alguns aços podem ficar fragilizados durante tratamentos térmicos de revenido. Ainda, alguns aços inoxidáveis se tornam suscetíveis à corrosão intergranular (Seção 17.7) quando são aquecidos durante longos períodos de tempo dentro de uma faixa de temperaturas específica. Adicionalmente, como discutimos na Seção 11.6, as regiões adjacentes às junções por solda podem apresentar uma diminuição na sua resistência e tenacidade como resultado de alterações microestruturais indesejáveis. É importante que os engenheiros se familiarizem com as possíveis consequências advindas dos procedimentos de processamento e fabricação, a fim de prevenir falhas não antecipadas dos materiais.

Objetivos do Aprendizado

Após estudar este capítulo, você deverá ser capaz de fazer o seguinte:

1. Citar quatro tipos diferentes de aços e, para cada tipo, citar as diferenças na composição, as propriedades que os distinguem e algumas aplicações típicas.
2. Citar os cinco tipos de ferro fundido e, para cada tipo, descrever sua microestrutura e observar as características mecânicas gerais.
3. Citar sete tipos diferentes de ligas não ferrosas e, para cada uma, citar as características físicas e mecânicas que as distinguem. Listar ainda pelo menos três aplicações típicas.
4. Citar e descrever quatro operações de conformação que são usadas para dar forma às ligas metálicas.
5. Citar e descrever cinco técnicas de fundição.
6. Enunciar os objetivos e descrever os procedimentos para os seguintes tratamentos térmicos: recozimento intermediário, recozimento para alívio de tensões, normalização, recozimento pleno e esferoidização.

7. Definir *temperabilidade.*
8. Gerar um perfil de dureza para uma amostra de aço cilíndrica que tenha sido austenitizada e em seguida temperada, sendo dada a curva de temperabilidade para a liga específica, assim como as informações a respeito da taxa de têmpera em função do diâmetro da barra.
9. Usando um diagrama de fases, descrever e explicar os dois tratamentos térmicos utilizados para endurecer por precipitação uma liga metálica.
10. Construir um gráfico esquemático para a resistência (ou dureza) à temperatura ambiente em função do logaritmo do tempo para um tratamento térmico de precipitação à temperatura constante. Explicar a forma dessa curva em termos do mecanismo do endurecimento por precipitação.

11.1 INTRODUÇÃO

Com frequência, um problema relacionado com materiais consiste, na realidade, na seleção de um material com a combinação correta de características para uma aplicação específica. Portanto, as pessoas que estão envolvidas no processo de tomada de decisões devem ter algum conhecimento das opções disponíveis. A primeira parte deste capítulo fornece uma visão geral resumida de algumas ligas comerciais e das suas propriedades e limitações gerais.

As decisões na seleção de materiais também podem ser influenciadas pela facilidade com que as ligas metálicas podem ser conformadas ou fabricadas em componentes úteis. As propriedades das ligas são modificadas pelos processos de fabricação e, além disso, modificações adicionais nas propriedades podem ser induzidas pelo emprego de tratamentos térmicos apropriados. Portanto, nas seções finais deste capítulo, consideramos os detalhes de alguns desses tratamentos, incluindo os procedimentos de recozimento, o tratamento térmico de aços e o endurecimento por precipitação.

Tipos de Ligas Metálicas

As ligas metálicas, em virtude de sua composição, frequentemente são agrupadas em duas classes — ferrosas e não ferrosas. As ligas ferrosas são aquelas nas quais o ferro é o principal constituinte, e incluem os aços e os ferros fundidos. Essas ligas e suas características compõem os primeiros tópicos de discussão nesta seção. As ligas não ferrosas — todas as ligas que não são baseadas no ferro — são tratadas na sequência.

11.2 LIGAS FERROSAS

ligas ferrosas

Ligas ferrosas — aquelas em que o ferro é o constituinte principal — são produzidas em maiores quantidades que qualquer outro tipo de metal. Essas ligas são especialmente importantes como materiais de construção em engenharia. Seu amplo uso é o resultado de três fatores: (1) os compostos contendo ferro existem em quantidades abundantes na crosta terrestre; (2) o ferro metálico e os aços podem ser produzidos usando técnicas de extração, beneficiamento, formação de ligas e fabricação relativamente econômicas; e (3) as ligas ferrosas são extremamente versáteis, no sentido de que podem ser fabricadas com uma ampla variedade de propriedades físicas e mecânicas. A principal desvantagem de muitas ligas ferrosas é sua suscetibilidade à corrosão. Esta seção discute as composições, as microestruturas e as propriedades de inúmeras classes de aços e ferros fundidos. Um esquema de classificação taxonômica para as várias ligas ferrosas é apresentado na Figura 11.1.

Aços

Os aços são ligas ferro-carbono que podem conter concentrações apreciáveis de outros elementos de liga; existem milhares de ligas com diferentes composições e/ou tratamentos térmicos. As propriedades mecânicas são sensíveis ao teor de carbono, que normalmente é inferior a 1,0%p. Alguns dos aços mais comuns são classificados de acordo com a concentração de carbono, nos tipos com baixo, médio e alto teor de carbono. Também existem subclasses dentro de cada grupo, de acordo com as concentrações de outros elementos de liga. Os **aços-carbono comuns** contêm apenas concentrações residuais de impurezas além do carbono, e um pouco de manganês. Nos **aços-liga**, mais elementos de liga são intencionalmente adicionados em concentrações específicas.

aço-carbono comum

aço-liga

Aços com Baixo Teor de Carbono

Entre todos os diferentes tipos de aços, aqueles produzidos em maiores quantidades se enquadram na classificação de baixo teor de carbono. Esses aços contêm em geral menos que

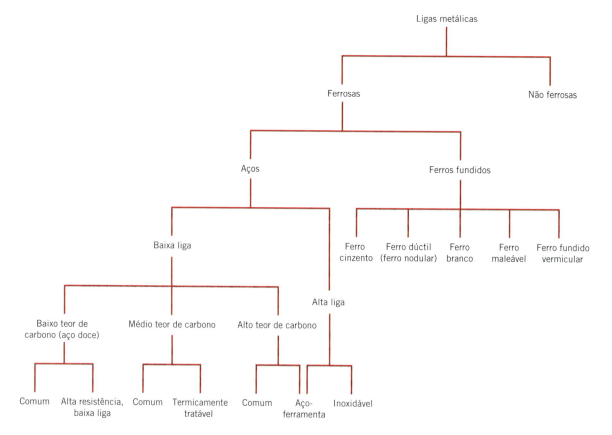

Figura 11.1 Esquema de classificação para as várias ligas ferrosas.

Aplicações e Processamento de Ligas Metálicas • 311

aproximadamente 0,25%p C e não respondem a tratamentos térmicos realizados para formar martensita; um aumento na resistência é conseguido por trabalho a frio. As microestruturas consistem nos constituintes ferrita e perlita. Como consequência disso, essas ligas apresentam relativamente baixa dureza e baixa resistência, mas ductilidade e tenacidade excepcionais; além disso, elas são usináveis, soldáveis e, de todos os aços, são os de menor custo para serem produzidos. Aplicações típicas incluem componentes das carcaças de automóveis, formas estruturais (por exemplo, vigas "I", canaletas e cantoneiras) e chapas que são usadas em tubulações, edificações, pontes e latas estanhadas. As Tabelas 11.1a e 11.1b apresentam as composições e as propriedades mecânicas de vários

Tabela 11.1a
Composições de Quatro Aços-Carbono Comuns com Baixo Teor de Carbono e de Três Aços de Alta Resistência e Baixa Liga

Especificação[a]		*Composição (%p)[b]*		
Número AISI/ SAE ou ASTM	*Número UNS*	*C*	*Mn*	*Outros*
Aços-Carbono Comuns com Baixo Teor de Carbono				
1010	G10100	0,10	0,45	
1020	G10200	0,20	0,45	
A36	K02600	0,29	1,00	0,20 Cu (mín)
A516 Classe 70	K02700	0,31	1,00	0,25 Si
Aços de Alta Resistência e Baixa Liga				
A572 Classe 42	–	0,21	1,35	0,30 Si, 0,20 Cu (mín)
A633 Classe E	K12002	0,22	1,35	0,30 Si, 0,08 V, 0,02 N, 0,03 Nb
A656 Tipo 3	–	0,18	1,65	0,60 Si, 0,08 V, 0,02 N, 0,10 Nb

[a]Os códigos usados pelo Instituto Americano do Ferro e do Aço (AISI — American Iron and Steel Institute), pela Sociedade de Engenheiros Automotivos (SAE — Society of Automotive Engineers) e pela Sociedade Americana para Ensaios e Materiais (ASTM — American Society for Testing and Materials), assim como no Sistema de Numeração Uniforme (UNS — Uniform Numbering System) estão explicados no texto.
[b]Também, um máximo de 0,04%p P; 0,05%p S e 0,30%p Si (a menos de indicação ao contrário).
Fonte: Adaptada de BARDES, B. (ed.). *Metals Handbook*: *Properties and Selection: Irons and Steels*, vol. 1, 9ª ed., 1978. Reproduzida sob permissão da ASM International, Materials Park, OH.

Tabela 11.1b
Características Mecânicas de Materiais Laminados a Quente e Aplicações Típicas para Vários Aços-Carbono Comuns com Baixo Teor de Carbono e Aços de Alta Resistência e Baixa Liga

Número AISI/ SAE ou ASTM	*Limite de Resistência à Tração [MPa (ksi)]*	*Limite de Escoamento [MPa (ksi)]*	*Ductilidade [%AL em 50 mm (2 in)]*	*Aplicações Típicas*
Aços-Carbono Comuns com Baixo Teor de Carbono				
1010	325 (47)	180 (26)	28	Painéis de automóveis, pregos e arames
1020	380 (55)	210 (30)	25	Tubos; aço estrutural e em chapas
A36	400 (58)	220 (32)	23	Estrutural (pontes e edificações)
A516 Classe 70	485 (70)	260 (38)	21	Vasos de pressão para baixas temperaturas
Aços de Alta Resistência e Baixa Liga				
A572 Classe 42	415 (60)	290 (42)	24	Estruturas que são aparafusadas ou rebitadas
A633 Classe E	515 (75)	380 (55)	23	Estruturas usadas em baixas temperaturas ambientes
A656 Tipo 3	655 (95)	552 (80)	15	Chassis de caminhões e vagões de trem

Tabela 11.5 Especificações, Propriedades Mecânicas Mínimas, Composições Aproximadas e Aplicações Típicas para Vários Ferros Fundidos Cinzentos, Nodulares, Maleáveis e Vermiculares

Classe	Número UNS	Composição (%p)[a]	Estrutura da Matriz	Propriedades Mecânicas			Aplicações Típicas
				Limite de Resistência à Tração [MPa (ksi)]	Limite de Escoamento [MPa (ksi)]	Ductilidade [%AL em 50 mm (2 in)]	
Ferro Cinzento							
SAE G1800	F10004	3,40–3,7 C, 2,55 Si, 0,7 Mn	Ferrita + perlita	124 (18)	—	—	Fundidos diversos de ferro de baixa dureza para os quais a resistência não é uma das principais considerações
SAE G2500	F10005	3,2–3,5 C, 2,20 Si, 0,8 Mn	Ferrita + perlita	173 (25)	—	—	Blocos pequenos para cilindros, cabeçotes de cilindros, pistões, placas de embreagem, caixas de transmissão
SAE G4000	F10008	3,0–3,3 C, 2,0 Si, 0,8 Mn	Perlita	276 (40)	—	—	Fundições de motores a diesel, revestimentos, cilindros e pistões
Ferro Dúctil (Nodular)							
ASTM A536							
60–40–18	F32800	3,5–3,8 C, 2,0–2,8 Si, 0,05 Mg, <0,20 Ni, <0,10 Mo	Ferrita	414 (60)	276 (40)	18	Peças que suportam pressões, tais como os corpos de válvulas e bombas
100–70–03	F34800		Perlita	689 (100)	483 (70)	3	Engrenagens e componentes de máquinas de alta resistência
120–90–02	F36200		Martensita revenida	827 (120)	621 (90)	2	Pinhões, engrenagens, cilindros, peças com movimentos deslizantes
Ferro Maleável							
32510	F22200	2,3–2,7 C, 1,0–1,75 Si, < 0,55 Mn	Ferrita	345 (50)	224 (32)	10	Serviços gerais em engenharia sob temperaturas normais e elevadas
45006	F23131	2,4–2,7 C, 1,25–1,55 Si, < 0,55 Mn	Ferrita + perlita	448 (65)	310 (45)	6	
Ferro Fundido Vermicular							
ASTM A842							
Classe 250	—	3,1–4,0 C, 1,7–3,0 Si, 0,015–0,035 Mg, 0,06–0,13 Ti	Ferrita	250 (36)	175 (25)	3	Blocos de motores a diesel, distribuidores de exaustão, discos de freio para trens de alta velocidade
Classe 450	—		Perlita	450 (65)	315 (46)	1	

[a]O restante da composição é constituído por ferro.

Fonte: Adaptada de *ASM Handbook*, vol. 1, *Properties and Selection: Irons, Steels, and High-Performance Alloys*, 1990. Reimpressa sob permissão da ASM International, Materials Park, OH.

Figura 11.4 Comparação entre as capacidades relativas de amortecimento às vibrações (*a*) do aço e (*b*) do ferro fundido cinzento. (De *Metals Engineering Quarterly*, fevereiro de 1961. Copyright © 1961. Reproduzida sob permissão da ASM International, Materials Park, OH.)

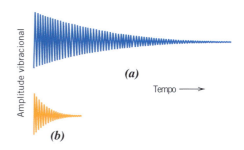

Podem ser produzidos ferros cinzentos com microestruturas diferentes daquela mostrada na Figura 11.3*a* mediante o ajuste da composição e/ou usando um tratamento apropriado. Por exemplo, a redução do teor de silício ou o aumento da taxa de resfriamento pode prevenir a dissociação completa da cementita para formar grafita (Equação 11.1). Sob essas circunstâncias, a microestrutura consiste em flocos de grafita envolvidos em uma matriz de perlita. A Figura 11.5 compara esquematicamente as várias microestruturas do ferro fundido que são obtidas pela variação da composição e do tratamento térmico.

Ferro Dúctil (ou Nodular)

A adição de uma pequena quantidade de magnésio e/ou cério ao ferro cinzento antes da fundição produz uma microestrutura e um conjunto de propriedades mecânicas bastante distintos. A grafita ainda se forma, porém em nódulos, ou partículas com formato esférico, em vez de flocos. A liga

Figura 11.5 Faixas de composição para os ferros fundidos comerciais, a partir do diagrama de fases ferro-carbono. Também são mostradas as microestruturas esquemáticas que resultam de uma variedade de tratamentos térmicos. G_f, grafita em flocos; G_r, grafita em rosetas; G_n, grafita em nódulos; P, perlita; α, ferrita. (Adaptada de W. G. Moffatt, G. W. Pearsall and J. Wulff, *The Structure and Properties of Materials*, vol. I, *Structure*, John Wiley & Sons, 1964. Reproduzida com permissão de Janet M. Moffatt.)

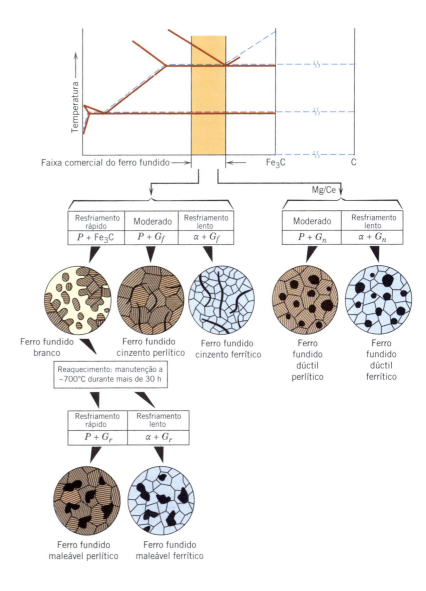

320 · **Capítulo 11**

ferro dúctil (nodular)

resultante é chamada **ferro nodular** ou **ferro dúctil**, e uma microestrutura típica dessa liga é mostrada na Figura 11.3b. A fase matriz que envolve essas partículas é ou perlita ou ferrita, dependendo do tratamento térmico (Figura 11.5); normalmente, em uma peça que acaba de ser fundida, ela é perlita. Entretanto, um tratamento térmico realizado durante várias horas em aproximadamente 700°C (1300°F) produz uma matriz de ferrita, como a da fotomicrografia. Os fundidos são mais resistentes e muito mais dúcteis que o ferro cinzento, como mostra a comparação das suas propriedades mecânicas na Tabela 11.5. De fato, o ferro dúctil possui características mecânicas que se aproximam das do aço. Por exemplo, os ferros dúcteis ferríticos têm limites de resistência à tração que variam entre 380 MPa e 480 MPa (55.000 psi e 70.000 psi) e ductilidades (na forma do alongamento percentual) entre 10% e 20%. As aplicações típicas para esse material incluem válvulas, corpos de bombas, virabrequins, engrenagens e outros componentes automotivos e de máquinas.

Ferro Branco e Ferro Maleável

ferro fundido branco

Para os ferros fundidos com baixo teor de silício (que contêm menos que 1,0%p Si) e para taxas de resfriamento rápidas, a maioria do carbono existe como cementita, em vez de grafita, como indicado na Figura 11.5. A superfície de fratura dessa liga tem uma aparência clara e, dessa forma, é denominada **ferro fundido branco**. Uma fotomicrografia óptica mostrando a microestrutura do ferro branco é apresentada na Figura 11.3c. Seções grossas podem apresentar apenas uma camada superficial de ferro branco, a qual foi "resfriada mais rapidamente" durante o processo de fundição; o ferro cinzento se forma nas regiões do interior, que se resfriam mais lentamente. Como uma consequência da presença de grandes quantidades da fase cementita, o ferro branco é extremamente duro, mas também muito frágil, a ponto da sua usinagem ser virtualmente impossível. Seu uso está limitado a aplicações que necessitam de uma superfície muito dura e resistente à abrasão, sem um elevado grau de ductilidade — por exemplo, como os cilindros de laminação em laminadores. Em geral, o ferro branco é usado como um intermediário na produção de outro tipo de ferro fundido, o **ferro maleável**.

ferro maleável

O aquecimento do ferro branco em temperaturas entre 800°C e 900°C (1470°F e 1650°F) por um período de tempo prolongado e em uma atmosfera neutra (para prevenir a oxidação) causa uma decomposição da cementita, formando grafita, que existe na forma de aglomerados ou rosetas envolvidas por uma matriz de ferrita ou perlita, dependendo da taxa de resfriamento, como indicado na Figura 11.5. Uma fotomicrografia de um ferro maleável ferrítico é apresentada na Figura 11.3d. A microestrutura é semelhante àquela do ferro nodular (Figura 11.3b), o que é responsável por uma resistência relativamente elevada e uma ductilidade ou maleabilidade considerável. Algumas características mecânicas típicas também estão listadas na Tabela 11.5. Aplicações representativas incluem barras de ligação, engrenagens de transmissão e cárteres do diferencial para a indústria automotiva, e também flanges, conexões de tubulações e peças de válvulas para serviços marítimos, em ferrovias e em outros serviços pesados.

Os ferros fundidos cinzento e dúctil são produzidos em quantidades aproximadamente iguais; entretanto, os ferros fundidos brancos e maleáveis são produzidos em quantidades menores.

✓ **Verificação de Conceitos 11.2** É possível produzir ferros fundidos que consistem em uma matriz de martensita na qual a grafita se encontra na forma de flocos, nódulos ou rosetas. Descreva sucintamente o tratamento necessário para produzir cada uma dessas três microestruturas.

[*A resposta está disponível no GEN-IO, ambiente virtual de aprendizagem do GEN.*]

Ferro Fundido Vermicular

ferro fundido vermicular

Uma adição relativamente recente à família dos ferros fundidos é o **ferro fundido vermicular** ou **de grafita compactada** (abreviado *CGI — compacted graphite iron*). Como ocorre com os ferros cinzento, dúctil e maleável, o carbono existe como grafita, cuja formação é promovida pela presença de silício. O teor de silício varia entre 1,7%p e 3,0%p, enquanto a concentração de carbono está normalmente entre 3,1%p e 4,0%p. Dois materiais CGI estão incluídos na Tabela 11.5.

Microestruturalmente, a grafita nas ligas CGI tem forma semelhante à de um verme (ou vermicular); uma microestrutura CGI típica é mostrada na micrografia óptica da Figura 11.3e. Em certo sentido, essa microestrutura é intermediária entre as do ferro cinzento (Figura 11.3a) e do ferro dúctil (nodular) (Figura 11.3b) e, de fato, uma parte da grafita (menos de 20%) pode estar na forma de nódulos. Entretanto, devem ser evitadas arestas vivas (características dos flocos de grafita); a presença dessa característica leva a uma redução na resistência à fratura e na resistência à fadiga do material. Também é adicionado magnésio e/ou cério, mas as concentrações são mais baixas que no ferro dúctil. As reações químicas nos CGIs são mais complexas que nos outros tipos de ferro fundido; as composições de magnésio, cério e outros aditivos devem ser controladas para produzir uma microestrutura que consista em partículas de grafita com forma vermicular, ao mesmo tempo que se limita o grau de nodularidade da grafita e se previne a formação de flocos de grafita. Dependendo do tratamento térmico, a fase matriz será perlita e/ou ferrita.

Como ocorre com outros tipos de ferros fundidos, as propriedades mecânicas dos CGIs estão relacionadas com a microestrutura: à forma das partículas de grafita, assim como à fase/microconstituinte da matriz. Um aumento no grau de nodularidade das partículas de grafita leva a melhorias tanto na resistência quanto na ductilidade. Além disso, os CGIs com matrizes ferríticas apresentam menores resistências e maiores ductilidades que aqueles com matrizes perlíticas. Os limites de resistência à tração e de escoamento para os ferros fundidos vermiculares são comparáveis em valores aos dos ferros dúcteis e maleáveis, e são maiores que aqueles observados para os ferros cinzentos de maior resistência (Tabela 11.5). Adicionalmente, as ductilidades dos CGIs são intermediárias entre os valores para os ferros cinzento e dúctil; os módulos de elasticidade variam entre 140 GPa e 165 GPa (20×10^6 psi e 24×10^6 psi).

Em comparação aos outros tipos de ferro fundido, as características desejáveis dos CGIs incluem o seguinte:

- Maior condutividade térmica
- Melhor resistência a choques térmicos (isto é, a fratura que resulta de mudanças rápidas na temperatura)
- Menor oxidação em temperaturas elevadas

Os ferros fundidos vermiculares estão sendo empregados atualmente em diversas aplicações importantes, como blocos de motores diesel, distribuidores de exaustão, carcaças de caixas de engrenagens, discos de freio para trens de alta velocidade e volantes de motores.

11.3 LIGAS NÃO FERROSAS

O aço e outras ligas ferrosas são consumidos em quantidades extraordinariamente grandes, pois têm uma enorme variedade de propriedades mecânicas, podem ser fabricados com relativa facilidade e são produzidos de forma econômica. Entretanto, eles possuem algumas limitações características, sobretudo (1) massa específica relativamente elevada, (2) condutividade elétrica comparativamente baixa e (3) suscetibilidade inerente à corrosão em alguns ambientes comuns. Assim, para muitas aplicações, é vantajoso ou até mesmo necessário usar outras ligas com combinações de propriedades mais adequadas. Os sistemas de ligas são classificados ou de acordo com seu metal básico ou de acordo com alguma característica específica que seja compartilhada por um grupo de ligas. Esta seção discute os seguintes sistemas metálicos e de ligas: ligas de cobre, alumínio, magnésio e titânio; os metais refratários; as superligas; os metais nobres e ligas diversas, incluindo aquelas com níquel, chumbo, estanho, zircônio e zinco como metais básicos. A Figura 11.6 representa um esquema de classificação para as ligas não ferrosas discutidas nesta seção.

Ocasionalmente, é feita uma distinção entre as ligas fundidas e as ligas forjadas. As ligas que são tão frágeis que não é possível modelar ou conformar por meio de uma deformação apreciável são, normalmente, fundidas; essas ligas são classificadas como *ligas fundidas*. Entretanto, aquelas que são suscetíveis a uma deformação mecânica são denominadas **ligas forjadas**.

liga forjada

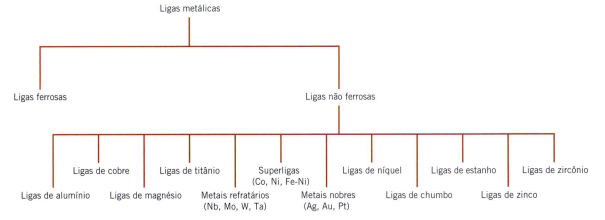

Figura 11.6 Esquema de classificação para as várias ligas não ferrosas.

Além disso, a tratabilidade térmica de um sistema de ligas é mencionada com frequência. O termo "termicamente tratável" designa uma liga cuja resistência mecânica é aumentada por endurecimento por precipitação (Seção 11.10) ou por uma transformação martensítica (normalmente o primeiro processo), ambos os quais envolvem procedimentos específicos de tratamento térmico.

Cobre e Suas Ligas

O cobre e as ligas à base de cobre que apresentam uma combinação desejável de propriedades físicas têm sido utilizados em uma grande variedade de aplicações desde a Antiguidade. O cobre sem elementos de liga é tão macio e dúctil que é muito difícil de ser usinado; além disso, tem capacidade quase ilimitada de ser trabalhado a frio. Adicionalmente, ele é altamente resistente à corrosão em diversos ambientes, que incluem a atmosfera ambiente, a água do mar e alguns produtos químicos industriais. As propriedades mecânicas e de resistência à corrosão do cobre podem ser melhoradas pela formação de ligas. A maioria das ligas de cobre não pode ser endurecida ou ter sua resistência aumentada por procedimentos de tratamento térmico; consequentemente, o trabalho a frio e/ou a formação de ligas por solução sólida devem ser utilizados para melhorar essas propriedades mecânicas.

latão

As ligas de cobre mais comuns são os **latões**, em que o zinco, como uma impureza substitucional, é o elemento de liga predominante. Como pode ser observado no diagrama de fases cobre-zinco (Figura 9.19), a fase α é estável para concentrações de até aproximadamente 35%p Zn. Essa fase tem estrutura cristalina CFC, e os latões α são relativamente macios, dúcteis e facilmente trabalhados a frio. Os latões com maior teor de zinco contêm tanto a fase α quanto a fase β' à temperatura ambiente. A fase β' apresenta estrutura cristalina CCC ordenada e é mais dura e mais resistente que a fase α; consequentemente, as ligas $\alpha + \beta'$ são, em geral, trabalhadas a quente.

Alguns dos tipos de latão comuns são o latão amarelo, o latão naval, o latão para cartuchos, o metal muntz e o metal de douradura. As composições, propriedades e aplicações típicas de várias dessas ligas estão listadas na Tabela 11.6. Alguns dos usos comuns para os latões incluem bijuterias, cartuchos de munição, radiadores automotivos, instrumentos musicais, placas de componentes eletrônicos e moedas.

bronze

Os **bronzes** são ligas de cobre e vários outros elementos, como estanho, alumínio, silício e níquel. Essas ligas são relativamente mais resistentes que os latões, mas ainda assim têm alto grau de resistência à corrosão. A Tabela 11.6 apresenta várias ligas de bronze, suas composições, propriedades e aplicações. Em geral, elas são utilizadas quando, além de resistência à corrosão, também são necessárias boas propriedades de tração.

As ligas de cobre tratáveis termicamente mais comuns são as cobre-berílio. Elas têm excelente combinação de propriedades: limites de resistência à tração tão altos quanto 1400 MPa (200.000 psi), excelentes propriedades elétricas e de resistência à corrosão, e resistência à abrasão quando lubrificadas da maneira apropriada; elas podem ser fundidas, trabalhadas a quente ou a frio. Resistências elevadas são obtidas por tratamentos térmicos de endurecimento por precipitação (Seção 11.10). Essas ligas são caras devido às adições de berílio, que variam entre 1,0%p e 2,5%p. Suas aplicações incluem os mancais e as buchas dos trens de pouso de aeronaves a jato, molas e instrumentos cirúrgicos e dentários. Uma dessas ligas (C17200) está incluída na Tabela 11.6.

Verificação de Conceitos 11.3   Qual é a diferença principal entre o latão e o bronze?

[A resposta está disponível no GEN-IO, ambiente virtual de aprendizagem do GEN.]

Alumínio e Suas Ligas

O alumínio e suas ligas são caracterizados por uma massa específica relativamente baixa (2,7 g/cm^3, em comparação com 7,9 g/cm^3 para o aço), condutividades elétrica e térmica elevadas, e resistência à corrosão em alguns ambientes comuns, incluindo a atmosfera ambiente. Muitas dessas ligas são conformadas com facilidade em virtude de suas ductilidades elevadas; isso fica evidenciado nas finas folhas de papel-alumínio nas quais o material relativamente puro pode ser laminado. Uma vez que o alumínio tem estrutura cristalina CFC, sua ductilidade é mantida mesmo em temperaturas muito baixas. A principal limitação do alumínio é sua baixa temperatura de fusão [660°C (1220°F)], o que restringe a temperatura máxima na qual ele pode ser utilizado.

Aplicações e Processamento de Ligas Metálicas • **323**

Tabela 11.6 Composições, Propriedades Mecânicas e Aplicações Típicas para Oito Ligas de Cobre

Nome da Liga	Número UNS	Composição (%p)[a]	Condição	Limite de Resistência à Tração [MPa (ksi)]	Limite de Escoamento [MPa (ksi)]	Ductilidade [%AL em 50 mm (2 in)]	Aplicações Típicas
				Propriedades Mecânicas			
				Ligas Forjadas			
Cobre eletrolítico tenaz	C11000	0,04 O	Recozido	220 (32)	69 (10)	45	Fios elétricos, rebites, telas para filtração, gaxetas, panelas, pregos, coberturas para telhados
Cobre-berílio	C17200	1,9 Be, 0,20 Co	Endurecido por precipitação	1140–1310 (165–190)	965–1205 (140–175)	4–10	Molas, foles, percussores, buchas, válvulas, diafragmas
Latão para cartuchos	C26000	30 Zn	Recozido / Trabalhado a frio (dureza H04)	300 (44) / 525 (76)	75 (11) / 435 (63)	68 / 8	Núcleos de radiadores automotivos, componentes de munições, bocais de luminárias e de lanternas, placas contra recuos
Bronze fosforoso, 5% A	C51000	5 Sn, 0,2 P	Recozido / Trabalhado a frio (dureza H04)	325 (47) / 560 (81)	130 (19) / 515 (75)	64 / 10	Foles, discos de embreagem, diafragmas, grampos de fusíveis, molas, eletrodos de solda
Cobre-níquel, 30%	C71500	30 Ni	Recozido / Trabalhado a frio (dureza H02)	380 (55) / 515 (75)	125 (18) / 485 (70)	36 / 15	Componentes de condensadores e trocadores de calor, tubulações para água salgada
				Ligas Fundidas			
Latão amarelo com chumbo	C85400	29 Zn, 3 Pb, 1 Sn	Bruto de fundição	234 (34)	83 (12)	35	Peças de mobília, conexões de radiadores, acessórios de iluminação, grampos de bateria
Bronze ao estanho	C90500	10 Sn, 2 Zn	Bruto de fundição	310 (45)	152 (22)	25	Mancais, buchas, anéis de pistões, conexões para vapor, engrenagens
Bronze ao alumínio	C95400	4 Fe, 11 Al	Bruto de fundição	586 (85)	241 (35)	18	Mancais, engrenagens, roscas-sem-fim, buchas, sedes e proteções de válvulas, ganchos de decapagem

[a]O restante da composição é constituído por cobre.

Fonte: Adaptada de *ASM Handbook*, vol. 2, *Properties and Selection: Nonferrous Alloys and Special-Purpose Materials*, 1990. Reimpressa sob permissão da ASM International, Materials Park, OH.

A resistência mecânica do alumínio pode ser aumentada por trabalho a frio e pela formação de ligas; entretanto, ambos os processos tendem a diminuir a resistência à corrosão. Os principais elementos de liga incluem cobre, magnésio, silício, manganês e zinco. As ligas que não são tratáveis termicamente consistem em uma única fase, e um aumento na resistência é obtido por endurecimento por solução sólida. Outras ligas tornam-se termicamente tratáveis (capazes de serem endurecidas

324 · **Capítulo 11**

por precipitação) como resultado da adição de elementos de ligas. Em várias dessas ligas, o endurecimento por precipitação é devido à precipitação de dois elementos, diferentes do alumínio, para formar um composto intermetálico tal como o $MgZn_2$.

Em geral, as ligas de alumínio são classificadas como fundidas ou forjadas. As composições para ambos os tipos são especificadas por um número com quatro dígitos, que indica as principais impurezas presentes e, em alguns casos, o nível de pureza. Para as ligas fundidas, um ponto decimal é posicionado entre os dois últimos dígitos. Após esses dígitos, existe um hífen e a **designação de estado** básica — uma letra e às vezes um número com um a três dígitos, o que indica o tratamento mecânico e/ou térmico ao qual a liga foi submetida. Por exemplo, F, H e O representam, respectivamente, os estados de como fabricado, encruado (endurecido por deformação) e recozido. A Tabela 11.7 apresenta o esquema de designação de estado para ligas de alumínio. Além disso, as composições, propriedades e aplicações de diversas ligas forjadas e fundidas são listadas na Tabela 11.8. Algumas das aplicações mais comuns das ligas de alumínio incluem peças estruturais de aeronaves, latas de bebidas, carrocerias de ônibus e peças automotivas (blocos de motores, pistões e distribuidores).

desginação de estado

Tabela 11.7
Esquema de Designação de Estado para Ligas de Alumínio

Especificação	Descrição
	Estados Básicos
F	Como fabricado — por fundição ou trabalho a frio
O	Recozido — tratamento de mais baixa resistência (apenas produtos forjados)
H	Encruado (apenas produtos forjados)
W	Tratado termicamente por solubilização — usado somente em produtos que endurecem por precipitação naturalmente à temperatura ambiente ao longo de períodos de meses ou anos
T	Tratado termicamente por solubilização — usado em produtos cuja resistência estabiliza dentro de algumas semanas — seguido por um ou mais dígitos
	Estados de Encruamento[a]
H1	Apenas encruado
H2	Encruado e então parcialmente recozido
H3	Encruado e então estabilizado
	Estados de Tratamento Térmico[b]
T1	Resfriado de um processo de conformação em temperatura elevada e envelhecido naturalmente
T2	Resfriado de um processo de conformação em temperatura elevada, trabalhado a frio e envelhecido naturalmente
T3	Tratado termicamente por solubilização, trabalhado a frio e envelhecido naturalmente
T4	Tratado termicamente por solubilização e envelhecido naturalmente
T5	Resfriado de um processo de conformação em temperatura elevada e envelhecido artificialmente
T6	Tratado termicamente por solubilização e envelhecido artificialmente
T7	Tratado termicamente por solubilização e superenvelhecido ou estabilizado
T8	Tratado termicamente por solubilização, trabalhado a frio e envelhecido artificialmente
T9	Tratado termicamente por solubilização, envelhecido artificialmente e trabalhado a frio
T10	Resfriado de um processo de conformação em temperatura elevada, trabalhado a frio e envelhecido artificialmente

[a]Podem ser adicionados dois dígitos adicionais para representar o grau de encruamento.
[b]São usados dígitos adicionais (o primeiro dos quais não pode ser zero) para representar variações desses 10 tratamentos.
Fonte: Adaptada de *ASM Handbook*, vol. 2, *Properties and Selection: Nonferrous Alloys and Special-Purpose Materials*, 1990. Reproduzida com permissão da ASM International, Materials Park, OH, 44073.

Aplicações e Processamento de Ligas Metálicas • **325**

Tabela 11.8 Composições, Propriedades Mecânicas e Aplicações Típicas para Várias Ligas de Alumínio Comuns

Número da Associação do Alumínio	Número UNS	Composição (%p)[a]	Condição (Especificação do Tratamento)	Propriedades Mecânicas			Aplicações/Características Típicas
				Limite de Resistência à Tração [MPa (ksi)]	Limite de Escoamento [MPa (ksi)]	Ductilidade [%AL em 50 mm (2 in)]	
Ligas Forjadas, Não Tratáveis Termicamente							
1100	A91100	0,12 Cu	Recozida (O)	90 (13)	35 (5)	35–45	Equipamentos para o manuseio e armazenamento de alimentos e produtos químicos, trocadores de calor, refletores de luz
3003	A93003	0,12 Cu, 1,2 Mn, 0,1 Zn	Recozida (O)	110 (16)	40 (6)	30–40	Utensílios de cozinha, vasos de pressão e tubulações
5052	A95052	2,5 Mg, 0,25 Cr	Encruada (H32)	230 (33)	195 (28)	12–18	Linhas de combustível e de óleo de aeronaves, tanques de combustível, utensílios, rebites e arames
Ligas Forjadas, Tratáveis Termicamente							
2024	A92024	4,4 Cu, 1,5 Mg, 0,6 Mn	Tratada termicamente (T4)	470 (68)	325 (47)	20	Estruturas de aeronaves, rebites, rodas de caminhões, peças de máquinas de parafuso transportador
6061	A96061	1,0 Mg, 0,6 Si, 0,30 Cu, 0,20 Cr	Tratada termicamente (T4)	240 (35)	145 (21)	22–25	Caminhões, canoas, vagões de trem, mobílias, tubulações
7075	A97075	5,6 Zn, 2,5 Mg, 1,6 Cu, 0,23 Cr	Tratada termicamente (T6)	570 (83)	505 (73)	11	Peças estruturais de aeronaves e outras aplicações submetidas a tensões elevadas
Ligas Fundidas, Tratáveis Termicamente							
295,0	A02950	4,5 Cu, 1,1 Si	Tratada termicamente (T4)	221 (32)	110 (16)	8,5	Alojamentos de volantes de motores e de eixos traseiros, rodas de ônibus e de aeronaves, cárteres
356,0	A03560	7,0 Si, 0,3 Mg	Tratada termicamente (T6)	228 (33)	164 (24)	3,5	Peças de bombas de aeronaves, caixas de transmissão automotivas, blocos de cilindros resfriados a água
Ligas Alumínio-Lítio							
2090	—	2,7 Cu, 0,25 Mg, 2,25 Li, 0,12 Zr	Tratada termicamente, trabalhada a frio (T83)	455 (66)	455 (66)	5	Estruturas de aeronaves e estruturas de tancagem criogênica
8090	—	1,3 Cu, 0,95 Mg, 2,0 Li, 0,1 Zr	Tratada termicamente, trabalhada a frio (T651)	465 (67)	360 (52)	—	Estruturas de aeronaves com alta tolerância a danos

[a]O restante da composição é constituído por alumínio.

Fonte: Adaptada de *ASM Handbook*, vol. 2, *Properties and Selection: Nonferrous Alloys and Special-Purpose Materials*, 1990. Reimpressa sob permissão da ASM International, Materials Park, OH.

330 • Capítulo 11

Tabela 11.11 Composições de Várias Superligas

Nome da Liga	Composição (%p)									
	Ni	Fe	Co	Cr	Mo	W	Ti	Al	C	Outros
Ferro-Níquel (Forjadas)										
A-286	26	55,2	—	15	1,25	—	2,0	0,2	0,04	0,005 B, 0,3 V
Incoloy 925	44	29	—	20,5	2,8	—	2,1	0,2	0,01	1,8 Cu
Níquel (Forjadas)										
Inconel-718	52,5	18,5	—	19	3.0	—	0,9	0,5	0,08	5,1 Nb, 0,15 máx. Cu
Waspaloy	57,0	2,0 máx.	13,5	19,5	4.3	—	3,0	1,4	0,07	0,006 B, 0,09 Zr
Níquel (Fundidas)										
Rene 80	60	—	9,5	14	4	4	5	3	0,17	0,015 B, 0,03 Zr
Mar-M-247	59	0,5	10	8,25	0,7	10	1	5,5	0,15	0,015 B, 3 Ta, 0,05 Zr, 1,5 Hf
Cobalto (Forjada)										
Haynes 25 (L-605)	10	1	54	20	—	15	—	—	0,1	
Cobalto (Fundida)										
X-40	10	1,5	57,5	22	—	7,5	—	—	0,50	0,5 Mn, 0,5 Si

Fonte: Reimpressa sob permissão da ASM International.® Todos os direitos reservados. www.asminternational.org.

Os Metais Nobres

Os metais nobres ou preciosos são um grupo de oito elementos que compartilham algumas características físicas. Eles são caros (preciosos) e apresentam propriedades superiores ou notáveis (nobres) — isto é, caracteristicamente, têm baixa dureza, são dúcteis e resistentes à oxidação. Os metais nobres são prata, ouro, platina, paládio, ródio, rutênio, irídio e ósmio; os três primeiros são mais comuns, e são usados extensivamente em joalheria. A prata e o ouro podem ter a resistência aumentada pela formação de ligas por solução sólida com o cobre; a prata de lei é uma liga prata-cobre que contém aproximadamente 7,5%p Cu. As ligas tanto de prata quanto de ouro são empregadas como materiais para restauração dentária. Alguns contatos elétricos em circuitos integrados são feitos em ouro. A platina é utilizada em equipamentos de laboratórios químicos, como um catalisador (especialmente na fabricação de gasolina), e em termopares para medir temperaturas elevadas.

Ligas Não Ferrosas Diversas

A discussão anterior cobre a grande maioria das ligas não ferrosas; entretanto, várias outras ligas são encontradas em diversas aplicações em engenharia, e uma breve exposição dessas ligas é importante.

O níquel e suas ligas são altamente resistentes à corrosão em muitos ambientes, sobretudo aqueles de natureza básica (alcalina). O níquel é empregado frequentemente como revestimento de metais que são suscetíveis à corrosão, como uma medida de proteção. O monel, uma liga à base de níquel que contém aproximadamente 65%p Ni e 28%p Cu (o restante é ferro), possui resistência muito elevada e é extremamente resistente à corrosão; ele é usado em bombas, válvulas e outros componentes que estão em contato com alguma solução ácida ou à base de petróleo. Como já foi mencionado, o níquel é um dos principais elementos de liga nos aços inoxidáveis, e um dos principais constituintes das superligas.

Chumbo, estanho e suas ligas encontram algum uso como materiais de engenharia. Tanto o chumbo quanto o estanho são mecanicamente de baixa dureza e baixa resistência, apresentam baixas temperaturas de fusão, são bastante resistentes a muitos ambientes corrosivos e possuem temperaturas de recristalização abaixo da temperatura ambiente. Muitas soldas comuns são de ligas chumbo-estanho, que possuem baixas temperaturas de fusão. As aplicações para o chumbo e suas ligas incluem barreiras contra raios X e baterias de armazenamento de energia. O uso principal para o estanho é como um revestimento muito fino no lado de dentro de latas feitas de aço-carbono comum (latas estanhadas) empregadas como recipientes para alimentos; esse revestimento inibe as reações químicas entre o aço e os produtos alimentícios.

O zinco não ligado também é um metal de relativamente baixa dureza, com baixa temperatura de fusão e uma temperatura de recristalização abaixo da ambiente. Quimicamente, ele é reativo em diversos ambientes comuns e, portanto, suscetível à corrosão. O aço galvanizado é simplesmente um aço-carbono comum que foi revestido com uma fina camada de zinco; o zinco é corroído preferencialmente e protege o aço (Seção 17.9). As aplicações típicas para o aço galvanizado são conhecidas (chapas metálicas, cercas, telas, parafusos etc.). Aplicações usuais para as ligas de zinco incluem cadeados, acessórios para encanamentos hidráulicos, peças automotivas (maçanetas de portas e grelhas) e equipamentos de escritório.

Embora o zircônio seja relativamente abundante na crosta terrestre, até bem recentemente não haviam sido desenvolvidas técnicas para o refino comercial desse metal. O zircônio e suas ligas são dúcteis e têm outras características mecânicas comparáveis àquelas das ligas de titânio e dos aços inoxidáveis austeníticos. Entretanto, o principal valor dessas ligas é sua resistência à corrosão em inúmeros meios corrosivos, incluindo a água superaquecida. Adicionalmente, o zircônio é transparente aos nêutrons térmicos, de modo que suas ligas têm sido empregadas como revestimento para o urânio combustível em reatores nucleares resfriados a água. Em termos de custo, essas ligas também são, com frequência, os materiais escolhidos para trocadores de calor, vasos reatores e sistemas de tubulações para as indústrias de processamento químico e nuclear. Elas também são usadas em materiais bélicos incendiários e em dispositivos de vedação para tubos de vácuo.

No Apêndice B está tabulada uma ampla variedade de propriedades (massa específica, módulo de elasticidade, limite de escoamento, limite de resistência à tração, resistividade elétrica, coeficiente de expansão térmica etc.) para um grande número de metais e ligas.

MATERIAIS DE IMPORTÂNCIA 11.1

Ligas Metálicas Usadas para as Moedas de Euro

Em primeiro de janeiro de 2002, o euro tornou-se a única moeda legal em doze países europeus; desde aquela data, várias outras nações também integraram a união monetária europeia e adotaram o euro como sua moeda oficial. As moedas de euro são cunhadas em oito valores diferentes: 1 e 2 euros, assim como 50, 20, 10, 5, 2 e 1 centavos de euro. Cada moeda apresenta um desenho comum em uma das faces; o desenho na outra face é um entre vários escolhidos pelos países da união monetária. Várias dessas moedas são mostradas na fotografia da Figura 11.7.

Ao se decidir por quais ligas metálicas seriam empregadas para essas moedas, várias questões foram consideradas, a maioria delas relacionada com as propriedades dos materiais.

Figura 11.7 Fotografia que mostra as moedas de 1 euro, 2 euros, 20 centavos de euro e 50 centavos de euro. (Essa fotografia é uma cortesia da Outokumpu Copper.)

- A habilidade de distinguir a moeda de um valor daquela de outro valor é importante. Isso pode ser realizado com moedas de diferentes tamanhos, cores e formas. Em relação à cor, devem ser escolhidas ligas que mantenham suas cores específicas, o que significa que elas não devem perder seu brilho com facilidade quando expostas ao ar e a outros ambientes comumente encontrados.

- A segurança é uma questão importante — isto é, devem ser produzidas moedas que sejam de difícil falsificação. A maioria das máquinas de vendas utiliza a condutividade elétrica para identificar as moedas, a fim de prevenir o uso de moedas falsas. Isso significa que cada moeda deve ter sua própria *assinatura eletrônica*, que depende da composição da sua liga.

- As ligas escolhidas devem ser *fáceis de cunhar* — isto é, devem ser suficientemente macias e dúcteis para permitir que os relevos do desenho sejam estampados nas superfícies da moeda.

- As ligas devem ser resistentes ao desgaste (isto é, duras e resistentes) para serem usadas por longo período e para que os relevos estampados nas superfícies da moeda sejam retidos. Ocorre encruamento (Seção 7.10) durante a operação de cunhagem, o que melhora a dureza.

- São exigidos altos níveis de resistência à corrosão em ambientes comuns para as ligas selecionadas, de forma a assegurar perdas mínimas do material ao longo da vida útil das moedas.

- É altamente desejável empregar ligas de um metal (ou metais) de base que retenha(m) seu(s) valor(es) intrínseco(s).

- A reciclabilidade da liga é outra exigência para a(s) liga(s) utilizada(s).
- A(s) liga(s) a partir da(s) qual(is) as moedas são feitas também deve(m) contribuir para a saúde humana — isto é, deve(m) ter características antibacterianas, de modo que microrganismos indesejáveis não cresçam em suas superfícies.

O cobre foi selecionado como o metal básico para todas as moedas de euro, uma vez que ele e suas ligas satisfazem esses critérios. Várias ligas e combinações de ligas de cobre diferentes são empregadas nas oito moedas diferentes. Elas são as seguintes:

- Moeda de 2 euros: Essa moeda é denominada *bimetálica* — ela consiste em um anel exterior e um disco interno. Para o anel exterior, é usada uma liga 75Cu–25Ni, que possui uma coloração prateada. O disco interno é composto por uma estrutura em três camadas — níquel de alta pureza que é revestido em ambos os lados com um latão com níquel (75Cu–20Zn–5Ni); essa liga apresenta coloração dourada.
- Moeda de 1 euro: Essa moeda também é bimetálica, mas as ligas usadas para o anel exterior e o disco interno são invertidas em relação à moeda de 2 euros.
- Moedas de 50, 20 e 10 centavos de euro: Essas moedas são feitas da liga de "Ouro Nórdico" — 89Cu–5Al–5Zn–1Sn.
- Moedas de 5, 2 e 1 centavo de euro: Aços revestidos com cobre são empregados nessas moedas.

Fabricação de Metais

As técnicas de fabricação de metais são precedidas normalmente por processos de refino, formação de ligas e, com frequência, de tratamento térmico que produzem ligas com as características desejadas. As classificações das técnicas de fabricação incluem vários métodos de conformação de metais, fundição, metalurgia do pó, soldagem, usinagem e impressão 3D; com frequência, duas ou mais dessas técnicas devem ser usadas antes que uma peça esteja acabada. Os métodos escolhidos dependem de vários fatores; os mais importantes são as propriedades do metal, o tamanho e a forma da peça acabada, além do custo. As técnicas de fabricação de metais aqui discutidas são classificadas de acordo com o esquema ilustrado na Figura 11.8.

11.4 OPERAÇÕES DE CONFORMAÇÃO

As operações de conformação são aquelas em que a forma de uma peça metálica é alterada por meio de deformação plástica; por exemplo, forjamento, laminação, extrusão e trefilação/estiramento são técnicas de conformação usuais. A deformação deve ser induzida por uma força ou tensão externa, cuja magnitude deve exceder o limite de escoamento do material. A maioria dos materiais metálicos é especialmente suscetível a esses procedimentos, sendo pelo menos moderadamente dúcteis e capazes de sofrer alguma deformação permanente sem trincar ou fraturar.

trabalho a quente Quando a deformação é obtida em uma temperatura acima daquela em que ocorre a recristalização, o processo é denominado **trabalho a quente** (Seção 7.12); de maneira contrária, o processo é um trabalho a frio. Para a maioria das técnicas de conformação, tanto o procedimento de trabalho a quente quanto o de trabalho a frio são possíveis. Nas operações de trabalho a quente, são possíveis grandes deformações, que podem ser repetidas sucessivamente, já que o metal permanece macio e dúctil. Além disso, as exigências em relação à energia de deformação são menores que no trabalho a frio. Entretanto, a maioria dos metais apresenta alguma oxidação superficial, o que resulta em perda

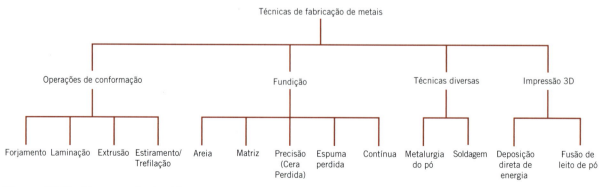

Figura 11.8 Esquema de classificação das técnicas de fabricação de metais discutidas neste capítulo.

Figura 11.9 Deformação de um metal durante (*a*) forjamento, (*b*) laminação, (*c*) extrusão e (*d*) trefilação.

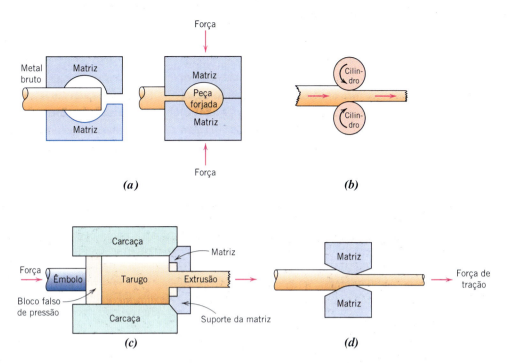

trabalho a frio

de material e em um acabamento final de má qualidade da superfície. O **trabalho a frio** produz aumento na resistência com consequente diminuição na ductilidade, uma vez que o metal encrua; as vantagens em relação ao trabalho a quente incluem melhor qualidade do acabamento superficial, melhores propriedades mecânicas e maior variedade dessas propriedades, além de controle dimensional mais preciso da peça acabada. Ocasionalmente, a deformação total é obtida em uma série de etapas em que a peça é sucessivamente submetida a pequenas magnitudes de trabalho a frio e, então, a um recozimento intermediário (Seção 11.7); entretanto, esse é um procedimento caro e inconveniente.

As operações de conformação a serem discutidas estão ilustradas esquematicamente na Figura 11.9.

Forjamento

forjamento

O **forjamento** consiste no trabalho ou deformação mecânica de uma única peça de um metal que se encontra normalmente quente; isso pode ser obtido pela aplicação de golpes sucessivos ou por compressão contínua. Os forjamentos são classificados como de matriz fechada ou de matriz aberta. Na matriz fechada, uma força atua sobre duas ou mais partes de uma matriz que tem a forma da peça acabada, tal que o metal é deformado dentro da cavidade formada entre as partes (Figura 11.9*a*). Na matriz aberta, são empregadas duas matrizes com formas geométricas simples (por exemplo, chapas planas paralelas, semicírculos), normalmente sobre grandes peças de trabalho. Os itens forjados têm estruturas de grãos excepcionais e a melhor combinação de propriedades mecânicas. Chaves e ferramentas, virabrequins automotivos e barras de conexão dos pistões são itens típicos conformados usando essa técnica.

Laminação

laminação

A **laminação**, que é o processo de deformação mais amplamente utilizado, consiste em passar uma peça metálica entre dois cilindros; uma redução na espessura resulta das tensões de compressão exercidas pelos cilindros. A laminação a frio pode ser empregada na produção de chapas, tiras e folhas com uma elevada qualidade de acabamento superficial. Formas circulares, assim como vigas "I" e trilhos ferroviários, são fabricadas usando cilindros com ranhuras.

Extrusão

extrusão

Em uma **extrusão**, uma barra metálica é forçada através de um orifício em uma matriz por uma força de compressão, a qual é aplicada sobre um êmbolo; a peça extrudada que emerge tem a forma desejada e uma área de seção transversal reduzida. Os produtos extrudados incluem barras e tubos com geometrias de seção transversal relativamente complexas; tubos sem costura também podem ser extrudados.

334 · Capítulo 11

Trefilação

trefilação

A **trefilação**, ou **estiramento**, consiste em se puxar uma peça metálica através de uma matriz dotada de um orifício cônico, pela aplicação de uma força de tração pelo lado de saída do material. Tem-se como resultado uma redução na área de seção transversal, com um aumento correspondente no comprimento. A operação completa de trefilação pode consistir em várias matrizes posicionadas em sequência. Barras, arames e produtos tubulares são comumente fabricados dessa maneira.

11.5 FUNDIÇÃO

A *fundição* é um processo de fabricação no qual um metal totalmente fundido é derramado na cavidade de um molde que apresenta a forma desejada; com a solidificação, o metal assume a forma do molde, mas sofre certa contração. As técnicas de fundição são empregadas quando (1) a forma acabada é tão grande ou complicada que qualquer outro método seria impraticável; (2) uma liga específica tem ductilidade tão baixa que a conformação por meio de trabalho a quente ou trabalho a frio seria difícil; e (3) em comparação com outros processos de fabricação a fundição é o processo mais econômico. Além disso, a etapa final no processo de refino, até mesmo de metais dúcteis, pode envolver um processo de fundição. Técnicas diversas de fundição são comumente empregadas, entre elas a fundição em molde de areia, com matriz, de precisão, com espuma perdida e a fundição contínua. Somente um tratamento introdutório de cada uma dessas técnicas é dado neste texto.

Fundição em Molde de Areia

Na fundição em molde de areia, que é provavelmente o método mais comum, a areia comum é utilizada como o material do molde. Um molde em duas partes é formado pela compactação da areia ao redor de um modelo que tem a forma da peça que se deseja fundir. Um *sistema de canais de alimentação* é geralmente incorporado ao molde para acelerar o escoamento do metal fundido para o interior da cavidade e minimizar defeitos de fundição internos. As peças fundidas em areia incluem blocos de cilindros automotivos, hidrantes de incêndio e conexões de tubulações de grandes bitolas.

Fundição com Matriz

Na fundição com matriz, o metal líquido é forçado, sob pressão, para o interior de um molde e a uma velocidade relativamente elevada, solidificando enquanto a pressão é mantida. Um molde ou matriz permanente, feito em aço e composto por duas partes, é empregado; quando unidas, as duas partes compõem a forma desejada. Quando a solidificação total é atingida, as partes da matriz são abertas e a peça fundida é ejetada. São possíveis altas taxas de fundição, o que o torna um método de baixo custo; além disso, um único conjunto de matrizes pode ser empregado para milhares de fundições. No entanto, essa técnica se presta apenas a peças relativamente pequenas e para as ligas de zinco, alumínio e magnésio, as quais apresentam baixas temperaturas de fusão.

Fundição de Precisão

Na fundição de precisão (às vezes chamada de *cera perdida*), o modelo é feito a partir de uma cera ou plástico com baixa temperatura de fusão. Despeja-se uma lama fluida ao redor do modelo, a qual endurece formando um molde ou revestimento sólido; geralmente utiliza-se gesso. O molde é então aquecido, de modo que o modelo se funde e é queimado, deixando uma cavidade no molde com a forma desejada. Essa técnica é empregada quando são necessários alta precisão dimensional, reprodução de pequenos detalhes e excelente acabamento — por exemplo, em joalheria e em coroas e obturações dentárias. Além disso, lâminas para turbinas a gás e propulsores de motores a jato são fabricados usando essa técnica de fundição.

Fundição com Espuma Perdida

Uma variação da fundição de precisão é a *fundição com espuma perdida* (ou com *modelo consumível*). Nesse caso, o modelo consumível é uma espuma que pode ser conformada na forma desejada pela compressão de pelotas de poliestireno, que são então unidas por aquecimento. Alternativamente, as partes do modelo podem ser cortadas de chapas e montadas com cola. A areia é então compactada ao redor do modelo para formar o molde. Conforme o metal fundido é derramado no molde, ele substitui o modelo, que vaporiza. A areia compactada permanece no local e, na solidificação, o metal assume a forma do molde.

Com a fundição com espuma perdida, geometrias complexas e tolerâncias rigorosas podem ser obtidas. Em comparação à fundição em molde de areia, a fundição com espuma perdida é mais simples, mais rápida e mais barata, além de gerar menos resíduos ambientais. As ligas metálicas que mais comumente utilizam essa técnica são os ferros fundidos e as ligas de alumínio; além disso, as aplicações incluem blocos de motores de automóveis, cabeçotes de cilindros, virabrequins, blocos de motores marítimos e estruturas de motores elétricos.

Fundição Contínua

Ao término dos processos de extração, muitos metais fundidos são solidificados por sua fundição em grandes lingoteiras. Esses lingotes são submetidos normalmente a uma operação primária de laminação a quente, cujo produto é uma chapa plana ou um tarugo; esses produtos são formas mais convenientes para serem usadas como precursores para as operações secundárias subsequentes de conformação dos metais (isto é, forjamento, extrusão, trefilação). Essas etapas de fundição e laminação podem ser combinadas em um processo de *fundição contínua* (às vezes também denominada *fundição por lingotamento contínuo*). Ao se utilizar essa técnica, o metal refinado e fundido é moldado diretamente na forma de veio contínuo que pode ter uma seção transversal retangular ou circular; a solidificação ocorre em uma matriz resfriada com água que tem a geometria de seção transversal desejada. A composição química e as propriedades mecânicas são mais uniformes em todas as seções transversais nos processos de fundição contínua que nos produtos de fundição em lingotes. Adicionalmente, a fundição contínua é altamente automatizada e mais eficiente.

11.6 TÉCNICAS DIVERSAS

Metalurgia do Pó

metalurgia do pó

Outra técnica de fabricação envolve a compactação de pós metálicos seguida por um tratamento térmico para produzir uma peça mais densa. O processo é chamado apropriadamente de **metalurgia do pó**, sendo designado frequentemente por P/M (*powder metallurgy*). A metalurgia do pó torna possível produzir uma peça virtualmente sem poros com propriedades quase equivalentes àquelas do material de origem completamente denso. Os processos de difusão durante o tratamento térmico são fundamentais para o desenvolvimento dessas propriedades. Esse método é especialmente adequado para metais com baixas ductilidades, uma vez que há a necessidade de apenas uma pequena deformação plástica das partículas pulverizadas. Metais com temperaturas de fusão elevadas são difíceis de serem derretidos e fundidos, e a fabricação é acelerada com a utilização da metalurgia do pó. Além disso, peças que requerem tolerâncias dimensionais muito restritas (por exemplo, buchas e engrenagens) podem ser economicamente produzidas usando essa técnica.

Verificação de Conceitos 11.6 (a) Cite duas vantagens da metalurgia do pó em relação à fundição. (b) Cite duas desvantagens.

[*A resposta está disponível no GEN-IO, ambiente virtual de aprendizagem do GEN.*]

Soldagem

soldagem

Em certo sentido, a soldagem pode ser considerada uma técnica de fabricação. Na **soldagem**, duas ou mais peças metálicas são unidas para formar uma única peça quando a fabricação da peça em uma única parte é cara ou inconveniente. Tanto metais similares quanto diferentes podem ser soldados. A ligação da união é metalúrgica (envolvendo alguma difusão), em vez de ser simplesmente mecânica, como acontece com as peças rebitadas e aparafusadas. Existem diversos métodos de soldagem, entre eles a soldagem a arco e gás, assim como a brasagem e a solda branca.

Durante a soldagem a arco e gás, as peças a serem unidas e o material de enchimento (isto é, o eletrodo de solda) são aquecidos até uma temperatura suficientemente elevada para fazer com que ambos se fundam; na solidificação, o material de enchimento forma uma junção fundida entre as peças de trabalho. Dessa forma, existe uma região adjacente à solda que pode apresentar alterações microestruturais e de propriedades; essa região é denominada *zona termicamente afetada* (às vezes abreviada como ZTA). Entre as possíveis alterações nessa região, incluem-se as seguintes:

Figura 11.10 Representação esquemática da seção transversal mostrando as zonas na vizinhança de uma solda por fusão típica.
[De WALTON, C. F. e OPAR, T. J. (eds.). *Iron Castings Handbook*. Des Plaines, IL: Iron Casting Society, 1981.]

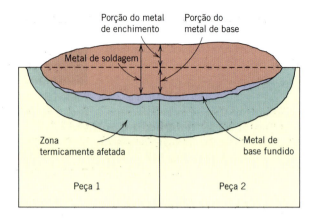

1. Se o material da peça de trabalho tiver sido previamente trabalhado a frio, essa zona termicamente afetada pode ter sofrido recristalização e crescimento dos grãos e, dessa forma, uma diminuição da resistência, dureza e tenacidade. A *ZTA* para essa situação está representada esquematicamente na Figura 11.10.
2. No resfriamento, pode haver a formação de tensões residuais nessa região que enfraqueçam a junção.
3. Para os aços, o material nessa zona pode ter sido aquecido até temperaturas suficientemente elevadas para formar austenita. No resfriamento até a temperatura ambiente, os produtos microestruturais formados dependem da taxa de resfriamento e da composição da liga. Nos aços-carbono comuns, normalmente estarão presentes a perlita e uma fase proeutetoide. Entretanto, nos aços-liga, um produto microestrutural pode ser a martensita, que é normalmente indesejável, já que ela é muito frágil.
4. Alguns aços inoxidáveis podem ser "sensibilizados" durante a soldagem, o que os torna suscetíveis à corrosão intergranular, como explicado na Seção 17.7.

Uma técnica de junção relativamente moderna é a soldagem por feixe de laser, em que um feixe de laser intenso e altamente focado é empregado como a fonte de calor. O feixe de laser funde o metal original e, na solidificação, é produzida uma junção fundida; com frequência, não há necessidade de utilizar um material de enchimento. Algumas das vantagens dessa técnica são as seguintes: (1) esse é um processo em que não existe contato, o que elimina a distorção mecânica das peças de trabalho; (2) ela pode ser rápida e altamente automatizada; (3) a energia transferida à peça é baixa e, portanto, o tamanho da zona termicamente afetada é mínimo; (4) as soldas podem ser de pequeno tamanho e muito precisas; (5) uma grande variedade de metais e ligas pode ser unida utilizando-se essa técnica; e (6) é possível a obtenção de soldas sem porosidade, com resistências iguais ou superiores àquelas do metal de base. A soldagem a laser é usada extensivamente nas indústrias automotiva e eletrônica, nas quais são necessárias soldas de alta qualidade e taxas de soldagem elevadas.

> **Verificação de Conceitos 11.7** Quais são as principais diferenças entre a soldagem, a brasagem e a solda branca? Você pode precisar consultar outras referências.
>
> [*A resposta está disponível no GEN-IO, ambiente virtual de aprendizagem do GEN.*]

11.7 IMPRESSÃO 3D (MANUFATURA ADITIVA)

Ao longo dos últimos anos, a indústria de fabricação de materiais sofreu uma revolução com a introdução do que é denominado *impressão tridimensional* ou *3D*, também conhecida como MA — *manufatura aditiva* ou FA — *fabricação aditiva* (AM — *additive manufacturing*).[1] O adjetivo "aditivo" indica que um objeto funcional é criado pela adição incremental de matéria-prima, frequentemente por camadas, uma camada por vez, a partir de dados de CAD (CAD — *computer-aided design* = projeto auxiliado por computador). Isso contrasta com as tecnologias de fabricação

---
[1] Os militares dos Estados Unidos preferem usar "FDD — fabricação digital direta" (DDM — *direct digital manufacturing*) em lugar de impressão 3D ou fabricação aditiva. Em alguns países é usado o termo "fabricação aditiva de camadas" (ALM — *additive layer manufacturing*).

"subtrativas" em que os componentes são formados pela remoção de material, tal como em um processo de usinagem. Algumas pessoas se referem ao advento da fabricação aditiva como o começo de uma terceira revolução industrial (sucedendo à montagem em linha de produção, a segunda revolução). A fabricação aditiva também foi caracterizada como uma tecnologia potencialmente perturbadora; ela vai com toda certeza tornar algumas tecnologias obsoletas, assim como criar novas.

Em certo sentido, a fabricação aditiva opera em três dimensões de maneira semelhante como funcionam em duas dimensões as impressoras jato de tinta e laser — isto é, um objeto físico sólido tridimensional é criado a partir de um modelo digital pela "impressão" de uma série de camadas de material, umas sobre as outras. Com a MA, é possível criar componentes que possuem formas e geometrias complexas que não poderiam ser produzidas usando técnicas de fabricação convencionais. Produtos customizados, "únicos", podem ser fabricados a custos razoáveis e em pouco tempo. Quaisquer mudanças no projeto são feitas simplesmente de maneira digital; nenhuma refabricação ou mudança de ferramentas cara ou demorada é exigida, como na fabricação convencional. Além disso, com a MA, existe menor geração de resíduos; ela usa normalmente a quantidade de material exigida para fabricar o objeto desejado.

Existem algumas desvantagens e compensações relacionadas com a MA. Os custos são mais elevados que para a fabricação convencional para grandes níveis de produção. Além disso, o número de materiais disponíveis é um pouco limitado e existem poucas opções de cores e de acabamentos para escolher. Contudo, a gama de opções de materiais para impressão 3D está crescendo continuamente. As propriedades mecânicas (por exemplo, resistência e durabilidade) das peças impressas em 3D são frequentemente inferiores àquelas de peças que fabricadas usando tecnologias tradicionais. Adicionalmente, há a necessidade de melhorar a reprodutibilidade em termos de propriedades e dimensões de peça para peça em uma mesma máquina de impressão 3D e da mesma peça em diferentes máquinas.

Existe uma variedade de tecnologias, materiais e tipos de impressoras de MA; no entanto, todos se baseiam no mesmo conjunto de protocolos básicos de fluxo de processo, que está representado esquematicamente na Figura 11.11. O primeiro deles consiste em gerar um modelo digital e capaz de ser impresso (tendo a forma e a aparência do modelo físico), usando ou um software de CAD, um *scanner* 3D ou uma câmera digital em conjunto com um software de fotogrametria. Se necessário, esse modelo digital é em seguida convertido em outro formato de arquivo (o mais comum é "STL"), que define a geometria da superfície do modelo sólido. Esse arquivo é então processado pelo software "fatiador", que corta o modelo em muitas camadas horizontais e produz um caminho que o cabeçote de impressão pode seguir linha por linha e camada por camada. O código nesse software envia instruções à impressora à medida que ela cria (ou "imprime") o objeto físico. Por fim, após a impressão, pode ser necessário o acabamento da peça terminada (por exemplo, jateamento ou pintura).

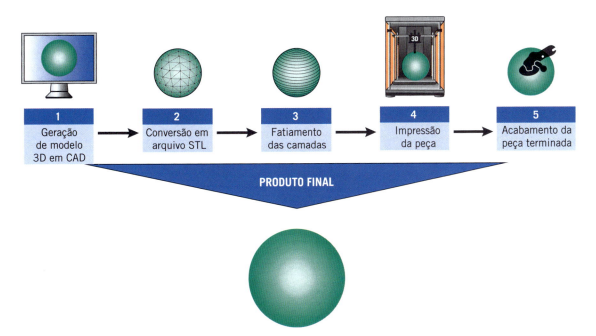

Figura 11.11 Diagrama esquemático ilustrando os protocolos de fluxo de processo para a impressão 3D (ou manufatura aditiva).

Todos os tipos de materiais são suscetíveis à impressão 3D — metais, cerâmicas, polímeros e compósitos (também alguns alimentos — por exemplo, chocolate). Adicionalmente, a matéria-prima pode ser suprida na forma de pós, suspensões, pastas, arames/filamentos ou lâminas, que vão depender do material, das suas propriedades, assim como do tipo da impressora. As características de escoamento da matéria-prima são cruciais para a deposição de camadas com a espessura exigida (conforme determinado pela resolução do cabeçote da impressora).

O tipo de impressora e a tecnologia dependerão da classe de material a ser impresso e das suas características. Na próxima seção, discutimos técnicas usadas principalmente para materiais metálicos. A impressão 3D de cerâmicas e polímeros é tratada nas Seções 13.15 e 15.26, respectivamente.

Impressão 3D de Materiais Metálicos

Para a maioria das técnicas de impressão 3D usadas para os materiais metálicos, a matéria-prima se encontra na forma de um pó ou de um arame; uma fonte de energia é exigida para aquecer e/ou fundir a matéria-prima, a qual consiste normalmente em um feixe de laser ou de elétrons.[2] O processamento com feixe de elétrons ocorre em alto vácuo. Com base em como a matéria-prima é processada, a maioria das técnicas de impressão se enquadra em duas classificações: *deposição direta de energia* (DED — *direct energy deposition*) e *fusão de leito de pó* (PBF — *powder bed fusion*); as subclassificações são de acordo com o tipo de fonte de energia: feixe de laser ou de elétrons.

Deposição Direta de Energia

Para as tecnologias de deposição direta de energia (DED), um feixe de laser concentrado ou um feixe de elétrons funde o pó metálico ou arame à medida que ele é depositado por um bocal em forma de camadas sobre a superfície da peça de trabalho, onde ele se solidifica (Figura 11.12). Para facilitar esse processo, o bocal fica montado em um braço que pode se mover em múltiplas direções e depositar o metal fundido a partir de praticamente qualquer ângulo. Em certo sentido, a DED é semelhante às técnicas convencionais de soldagem com múltiplos passos. Portanto, alguns dos parâmetros de processamento para aquelas técnicas de soldagem são relevantes para a impressão 3D (por exemplo, exigências de energia, necessidade de proteção com gás, velocidade de fusão).

O grau de homogeneidade assim como o desenvolvimento e a uniformidade da microestrutura são importantes na determinação da integridade das peças impressas por DED. Durante a impressão, podem ser introduzidas não homogeneidades químicas e porosidade, as camadas depositadas podem fundir novamente, a fusão pode ser incompleta, e podem ocorrer transformações de fases. Se não for possível um controle adequado desses fatores, então pode ser necessário um pós-processamento adicional (tal como uma prensagem isostática a quente).

Fusão de Leito de Pó

Como o seu nome indica, para a fusão de leito de pó (PBF), a matéria-prima é fornecida na forma de um pó. Os componentes para essa tecnologia incluem uma plataforma de construção, um suprimento de energia, um espalhador de pó (um rolo ou lâmina), uma fonte de calor (feixe de laser

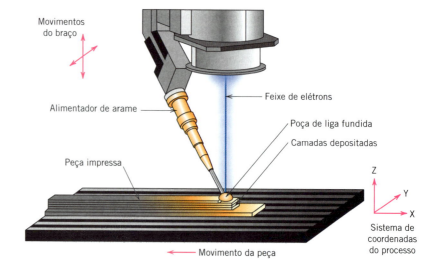

Figura 11.12 Representação esquemática do processo de impressão 3D por deposição direta de energia para metais usando um feixe de elétrons.
(Usado com permissão de Sciaky, Inc.)

---

[2]Outras fontes de energia são aquelas usadas para soldagem a arco e soldagem ultrassônica.

Figura 11.13 Diagrama esquemático que demonstra o processo de fusão de leito de pó para a impressão 3D de metais. (Adaptada da Figura 19-11 de BLACK, J. T. e KOHSER, Ronald A. *DeGarmo's Materials and Processes in Manufacturing*, 11ª ed. John Wiley & Sons, 2012, p. 518.)

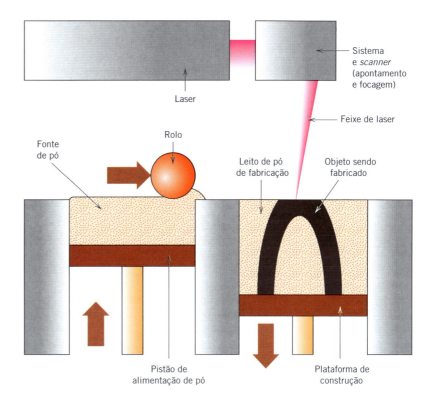

ou de elétrons) e sistemas de apontamento e focagem; esses componentes, assim como o processo de PBF, estão representados no diagrama esquemático da Figura 11.13. O rolo espalha uma fina camada de pó sobre a plataforma de construção, acima de uma camada previamente depositada. O feixe de laser/elétrons varre o leito de pó e seletivamente funde ou sinteriza[3] apenas aquelas partículas de pó nessa camada que são designadas de acordo com o caminho da ferramenta gerado pelo modelo em CAD. Dessa maneira, é produzida uma única camada, sólida, com uma seção transversal do objeto desejado. Esse processo é repetido até que o processo de fabricação esteja completo; todo o pó não fundido/não sinterizado que permanece é recuperado durante um tratamento de pós-processamento, e pode ser usado novamente.

Os materiais metálicos fabricados tipicamente usando impressão 3D incluem os seguintes: ouro, cobre, titânio, tântalo e nióbio puros, assim como ligas de alumínio, cobre, cobalto, níquel, ferro e titânio. As aplicações atuais para materiais metálicos impressos em 3D estão concentradas nas indústrias biomédica e aeroespacial.

Aplicações da Impressão 3D

A quantidade e a diversidade dos produtos atuais e potenciais para fabricação usando impressão 3D iria surpreendê-lo. São encontradas aplicações em quase todos os campos e indústrias e indubitavelmente continuarão aumentando drasticamente. Algumas aplicações atuais e potenciais para a impressão 3D são as seguintes:

- Automotiva — Pode chegar o dia em que os automóveis sejam completamente fabricados usando tecnologias de impressão 3D. Na verdade, em 2014, um veículo elétrico funcional para duas pessoas foi inteiramente (à exceção do trem de força) impresso em 3D em 40 horas. No presente, muitos fabricantes de automóveis estão usando impressoras 3D comerciais para produzir peças de protótipo que são idênticas às peças de reposição produzidas em massa, as quais são de maior custo para serem fabricadas e exigem a manutenção de estoque. Adicionalmente, é possível imprimir peças para modelos antigos e fora de linha.
- Aeronáutica e Aeroespacial — Uma variedade de componentes aeronáuticos e aeroespaciais está sendo atualmente fabricada por meio de impressão 3D, sobretudo peças de motores com formas complexas — por exemplo, injetores de combustível e câmaras do motor. Adicionalmente, os projetos de motores são mais aerodinâmicos, o que resulta em economia de combustível e

---

[3] O processo de *sinterização* está descrito para os materiais cerâmicos na Seção 13.13 (Figura 13.23). Com o aquecimento, o pó não se funde; entretanto, as partículas de pó que se tocam umas nas outras coalescem (crescem em conjunto). Dessa forma, ao final, uma massa sólida e densa se forma a partir desse leito de partículas pulverizadas. Quando é usada uma fonte de energia por feixe de laser, o processo é denominado *sinterização seletiva a laser* (SLS — *Selective Laser Sintering*).

340 • **Capítulo 11**

aumenta a potência. Outras peças impressas em 3D incluem os tanques de líquidos e de combustível, os dutos de escoamento de ar e algumas superfícies de controle.

- Arquitetura — Usando a impressão 3D, os arquitetos criam modelos em escala de edifícios, diretamente dos dados em CAD que foram usados para gerar as plantas de projeto.
- Médica — Produtos médicos personalizados impressos em 3D, entre eles aparelhos auditivos, próteses do joelho e da bacia, instrumentos cirúrgicos, substitutos para gesso, aparelhos dentários, membros protéticos, implantes faciais e guias cirúrgicos.
- Biomédica — A habilidade de projetar e criar dispositivos biomédicos complexos e intrincados é crucial na engenharia e regeneração de tecidos. Por exemplo, podem ser "semeadas" células-tronco em carcaças (estruturas de suporte) biodegradáveis microarquiteturalmente fabricadas em 3D, as quais, quando cultivadas da forma apropriada, se tornam um tecido vivo. Esse tecido é então implantado no corpo para restaurar a função de um tecido doente ou machucado. Medicamentos de liberação controlada também podem ser impressos em 3D. Uma perspectiva nova e excitante é aquela denominada *bioimpressão* — o crescimento de órgãos pela impressão 3D de tecido humano à medida que células são depositadas camada a camada.
- Dental — A partir de uma varredura em 3D da mandíbula e dos dentes de um paciente, é possível imprimir em 3D com precisão uma ampla variedade de produtos dentários personalizados, tais como utensílios ortodônticos, coroas, pontes, implantes, vernizes, obturações, proteções noturnas e dentaduras.
- Calçados — Várias empresas de calçados imprimem em 3D pares de sapatos personalizados (na loja) que se ajustam perfeitamente aos pés dos seus clientes. Além disso, está disponível um tênis de corrida personalizado com uma sola intermediária impressa em 3D, que consiste em camadas impressas de um material elastomérico. Esses sapatos possuem flexibilidade, resistência e amortecimento que são personalizados para as necessidades das pessoas que os calçam.
- Vestimentas — No futuro não muito distante, muitos de nós estarão vestindo roupas personalizadas e feitas a nosso gosto impressas em 3D. Peças de vestuários prontas para uso serão compradas *online* e impressas a partir de matérias-primas em uma única operação de fabricação, em um intervalo de horas. Essas vestimentas serão totalmente personalizadas; elas se ajustarão perfeitamente ao seu corpo, com muito poucas restrições em relação ao estilo e às cores. Atualmente estão sendo desenvolvidos materiais têxteis poliméricos que podem ser impressos em 3D para servirem como vestuário.

Processamento Térmico de Metais

Capítulos anteriores discutiram diversos fenômenos que ocorrem nos metais e nas ligas em temperaturas elevadas — por exemplo, a recristalização e a decomposição da austenita. Esses fenômenos são eficazes na alteração das características mecânicas quando são empregados tratamentos térmicos ou processos térmicos apropriados. Na verdade, o uso de tratamentos térmicos em ligas comerciais é uma prática extremamente comum. Portanto, consideramos a seguir os detalhes de alguns desses processos, incluindo os procedimentos de recozimento, o tratamento térmico dos aços e o endurecimento por precipitação.

11.8 PROCESSOS DE RECOZIMENTO

recozimento

O termo **recozimento** refere-se a um tratamento térmico em que um material é exposto a uma temperatura elevada durante um período de tempo prolongado e então é resfriado lentamente. Normalmente, o recozimento é realizado para (1) aliviar tensões; (2) reduzir a dureza e aumentar a ductilidade e tenacidade; e/ou (3) produzir uma microestrutura específica. Diversos tratamentos térmicos de recozimento são possíveis; esses tratamentos são caracterizados pelas mudanças que são induzidas, as quais muitas vezes são microestruturais e são responsáveis pela alteração das propriedades mecânicas.

Qualquer processo de recozimento consiste em três estágios: (1) aquecimento até a temperatura desejada, (2) manutenção ou "encharque" naquela temperatura e (3) resfriamento, geralmente até a temperatura ambiente. O tempo é um parâmetro importante nesses procedimentos. Durante o aquecimento e o resfriamento existem gradientes de temperatura entre as partes externas e internas da peça; as magnitudes desses gradientes dependem do tamanho e da geometria da peça. Se a taxa de variação da temperatura for muito grande, podem ser induzidos gradientes de temperatura e tensões internas que podem levar ao empenamento ou até mesmo ao trincamento. Além disso, o tempo de recozimento real deve ser longo o suficiente para permitir que ocorram quaisquer reações de transformação necessárias. A temperatura de recozimento também é uma consideração importante; o recozimento pode ser acelerado pelo aumento da temperatura, uma vez que normalmente estão envolvidos processos de difusão.

Recozimento Intermediário

recozimento intermediário

O **recozimento intermediário**, ou **recozimento subcrítico**, é um tratamento térmico aplicado para anular os efeitos do trabalho a frio — isto é, para reduzir a dureza e aumentar a ductilidade de um metal que foi previamente encruado. O recozimento intermediário é utilizado comumente durante procedimentos de fabricação que requerem extensa deformação plástica, para permitir a continuidade da deformação sem fratura ou um consumo excessivo de energia. Permite-se que os processos de recuperação e recristalização ocorram. Normalmente, deseja-se uma microestrutura com grãos finos e, portanto, o tratamento térmico é encerrado antes que ocorra um crescimento apreciável dos grãos. A oxidação ou escamação da superfície pode ser prevenida ou minimizada pelo recozimento em uma temperatura relativamente baixa (porém acima da temperatura de recristalização) ou em uma atmosfera não oxidante.

Alívio de Tensões

Tensões residuais internas podem se desenvolver em peças metálicas em razão de: (1) processos de deformação plástica, tais como usinagem e lixamento; (2) resfriamento não uniforme de uma peça que foi processada ou fabricada em uma temperatura elevada, tal como em uma soldagem ou fundição; e (3) uma transformação de fases induzida por um resfriamento em que as fases original e produto apresentam massas específicas diferentes. Distorção e empenamento podem resultar se essas tensões residuais não forem removidas. Elas podem ser eliminadas por um tratamento térmico de recozimento para **alívio de tensões**, em que a peça é aquecida até a temperatura recomendada, mantida nessa temperatura tempo suficiente para que uma temperatura uniforme seja atingida, e por fim resfriada ao ar até a temperatura ambiente. A temperatura de recozimento é, em geral, relativamente baixa, tal que os efeitos resultantes de um trabalho a frio e de outros tratamentos térmicos não sejam afetados.

alívio de tensão

Recozimento de Ligas Ferrosas

Vários procedimentos de recozimento diferentes são empregados para melhorar as propriedades dos aços. Entretanto, antes desses métodos serem discutidos, são necessários alguns comentários em relação à identificação das fronteiras entre as fases. A Figura 11.14 mostra a parte do diagrama de fases ferro-carbeto de ferro na vizinhança do eutetoide. A linha horizontal na temperatura eutetoide, identificada por convenção como A_1, é denominada **temperatura crítica inferior**, abaixo da qual, sob condições de equilíbrio, toda a austenita terá se transformado nas fases ferrita e cementita. As fronteiras entre fases identificadas como A_3 e A_{cm} representam, respectivamente, as linhas para a **temperatura crítica superior** para os aços hipoeutetoides e hipereutetoides. Para temperaturas e composições acima dessas fronteiras, somente a fase austenita prevalecerá. Como explicado na Seção 9.20, outros elementos de liga deslocam o eutetoide e as posições dessas linhas de fronteira entre as fases.

temperatura crítica inferior

temperatura crítica superior

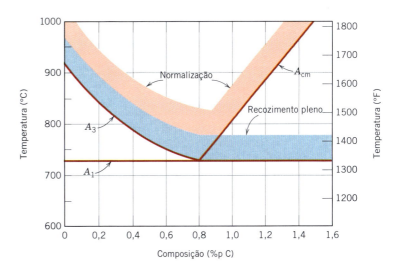

Figura 11.14 Diagrama de fases ferro-carbeto de ferro na vizinhança do eutetoide, indicando as faixas de temperatura para os tratamentos térmicos de aços-carbono comuns. (Adaptada de KRAUSS, G. *Steels: Heat Treatment and Processing Principles*. ASM International, 1990, p. 108.)

342 · **Capítulo 11**

Normalização

Os aços deformados plasticamente mediante, por exemplo, uma operação de laminação, consistem em grãos de perlita (e, muito provavelmente, uma fase proeutetoide), com formas irregulares e relativamente grandes, que variam substancialmente em tamanho. Um tratamento térmico de recozimento denominado **normalização** é aplicado para refinar os grãos (isto é, para diminuir o tamanho médio dos grãos) e produzir uma distribuição de tamanhos mais uniforme e desejável; os aços perlíticos com grãos finos são mais tenazes que os com grãos mais grosseiros. A normalização é obtida pelo aquecimento até pelo menos 55°C (100°F) acima da temperatura crítica superior — isto é, acima de A_3 para composições menores que a eutetoide (0,76%p C) e acima de A_{cm} para composições maiores que a eutetoide, como representado na Figura 11.14. Após tempo suficiente para a liga transformar-se completamente em austenita — um procedimento denominado **austenitização** —, o tratamento é encerrado por resfriamento ao ar. Uma curva de resfriamento de normalização está superposta ao diagrama de transformação por resfriamento contínuo (Figura 10.27).

normalização

austenitização

Recozimento Pleno

recozimento pleno

Um tratamento térmico conhecido como **recozimento pleno** é empregado com frequência em aços com baixo e médio teor de carbono que serão usinados ou que sofrerão extensa deformação plástica durante uma operação de conformação. Em geral, a liga é tratada pelo seu aquecimento até uma temperatura aproximadamente 50°C acima da curva A_3 (para formar a austenita) para as composições menores que a eutetoide ou, para composições acima da eutetoide, 50°C acima da curva A_1 (para formar as fases austenita e Fe_3C), conforme a representação na Figura 11.14. A liga é então resfriada em um forno — isto é, o forno de tratamento térmico é desligado, e tanto o forno quanto o aço resfriam até a temperatura ambiente à mesma taxa, o que demanda várias horas. O produto microestrutural desse recozimento é perlita grosseira (além de qualquer fase proeutetoide), a qual é relativamente macia e dúctil. O procedimento de resfriamento em um recozimento pleno (também mostrado na Figura 10.27) demanda tempo; entretanto, tem-se como resultado uma microestrutura com grãos pequenos e uma estrutura de grãos uniforme.

Esferoidização

Os aços com médio e alto teor de carbono e com uma microestrutura composta por perlita grosseira ainda podem ser muito duros para serem convenientemente usinados ou plasticamente deformados. Esses aços, e na realidade qualquer aço, podem ser termicamente tratados ou recozidos para desenvolver a estrutura da esferoidita (cementita globulizada), como foi descrito na Seção 10.5. Os aços com esferoidita têm ductilidade máxima e menor dureza e são usinados ou deformados com facilidade. O tratamento térmico de **esferoidização**, **globulização** ou **coalescimento**, durante o qual existe uma coalescência do Fe_3C para formar partículas esferoides, pode ser conduzido por diferentes métodos, conforme a seguir:

esferoidização

- Aquecimento da liga até uma temperatura imediatamente abaixo da eutetoide [curva A_1 na Figura 11.14, ou até aproximadamente 700°C (1300°F)] na região $\alpha + Fe_3C$ do diagrama de fases. Se a microestrutura original contiver perlita, os tempos de esferoidização ficarão geralmente na faixa entre 15 h e 25 h.

- Aquecimento até uma temperatura imediatamente acima da temperatura eutetoide, e então ou um resfriamento muito lento no forno ou a manutenção a uma temperatura imediatamente abaixo da temperatura eutetoide.

- Aquecimento e resfriamento alternados dentro de aproximadamente ±50°C da curva A_1 na Figura 11.14.

Em certo grau, a taxa na qual a cementita globulizada se forma depende da microestrutura previamente existente. Por exemplo, ela é a mais lenta para a perlita, e quanto mais fina for a perlita mais rápida será a taxa. Além disso, um trabalho a frio prévio aumenta a taxa da reação de formação da cementita globulizada.

Também são possíveis outros tratamentos de recozimento. Por exemplo, os vidros são recozidos, como descrito na Seção 13.11, para remover tensões internas residuais que tornam o material excessivamente fraco. Além disso, as alterações microestruturais e as consequentes modificações nas propriedades mecânicas dos ferros fundidos, como discutidos na Seção 11.2, resultam do que são, em certo sentido, tratamentos de recozimento.

11.9 TRATAMENTO TÉRMICO DOS AÇOS

Os procedimentos convencionais de tratamento térmico para a produção de aços martensíticos envolvem normalmente o resfriamento rápido e contínuo de uma amostra austenitizada em algum tipo de meio de têmpera, tais como a água, o óleo ou o ar. As propriedades ótimas de um aço que foi temperado e então revenido só podem ser obtidas se, durante o tratamento térmico por têmpera, a amostra tiver sido convertida a um alto teor de martensita; a formação de qualquer perlita e/ou de bainita resultará em uma combinação que não é a melhor combinação de características mecânicas. Durante o tratamento por têmpera, é impossível resfriar toda a amostra segundo uma taxa uniforme — a superfície sempre resfriará mais rapidamente que as regiões internas. Portanto, a austenita se transforma ao longo de uma faixa de temperaturas, produzindo uma possível variação da microestrutura e das propriedades em função da posição no interior de uma amostra.

O sucesso de um tratamento térmico de aços para produzir uma microestrutura predominantemente martensítica em toda a seção transversal depende sobretudo de três fatores: (1) a composição da liga, (2) o tipo e a natureza do meio de têmpera e (3) o tamanho e a forma da amostra. A influência de cada um desses fatores será agora discutida.

Temperabilidade

temperabilidade

A influência da composição da liga sobre a capacidade de um aço transformar-se em martensita para um tratamento por têmpera específico está relacionada com um parâmetro chamado **temperabilidade**. Para cada aço diferente existe uma relação específica entre as propriedades mecânicas e a taxa de resfriamento. *Temperabilidade* é um termo empregado para descrever a habilidade de uma liga em ser endurecida pela formação de martensita como resultado de um dado tratamento térmico. Temperabilidade não é o mesmo que "dureza", que é a resistência à indentação; em vez disso, a temperabilidade é uma medida qualitativa da taxa segundo a qual a dureza cai em função da distância para o interior de uma amostra, como resultado de um menor teor de martensita. Um aço com temperabilidade elevada é aquele que endurece, ou que forma martensita, não apenas na sua superfície, mas também em elevado grau ao longo de todo o seu interior.

O Ensaio Jominy da Extremidade Temperada

ensaio Jominy da extremidade temperada

Um procedimento padrão amplamente utilizado para determinar a temperabilidade é o **ensaio Jominy da extremidade temperada**.[4] Com esse procedimento, à exceção da composição da liga, todos os fatores que podem influenciar a profundidade até a qual uma peça endurece (isto é, o tamanho e a forma da amostra, e o tratamento térmico por têmpera) são mantidos constantes. Um corpo de provas cilíndrico com 25,4 mm (1,0 in) de diâmetro e 100 mm (4 in) de comprimento é austenitizado em uma temperatura predeterminada durante um tempo predeterminado. Após sua remoção do forno, ele é montado rapidamente em um suporte, como esquematizado na Figura 11.15a. A extremidade inferior é temperada por um jato de água com vazão e temperatura especificadas. Dessa forma, a taxa de resfriamento é máxima na extremidade temperada e diminui em função da posição desde esse ponto ao longo do comprimento do corpo de provas. Após a peça ter resfriado até a temperatura ambiente, chanfros planos com 0,4 mm (0,015 in) de profundidade são usinados ao longo do comprimento do corpo de provas e são realizadas medidas de dureza Rockwell para os primeiros 50 mm (2 in) ao longo de cada chanfro (Figura 11.15b); para os primeiros 12,8 mm (0,5 in), as leituras de dureza são tiradas em intervalos de 1,6 mm ($\frac{1}{16}$ in), e para os demais 38,4 mm ($1\frac{1}{2}$in) as leituras são tomadas a cada 3,2 mm ($\frac{1}{8}$ in). Uma curva de temperabilidade é produzida quando a dureza é representada em função da posição a partir da extremidade temperada.

Curvas de Temperabilidade

Uma curva de temperabilidade típica está representada na Figura 11.16. A extremidade temperada é resfriada mais rapidamente e exibe a maior dureza; para a maioria dos aços, o produto nessa posição é 100% martensita. A taxa de resfriamento diminui com a distância a partir da extremidade temperada, e a dureza também diminui, como indicado na figura. Com a diminuição da taxa de resfriamento, há mais tempo disponível para a difusão do carbono e a formação de maior proporção de perlita, que tem menor dureza, e que pode estar misturada com a martensita e a bainita. Dessa forma, um aço que é altamente temperável retém grandes valores de dureza ao longo de distâncias relativamente grandes; um aço com baixa temperabilidade não retém grandes valores de dureza. Além disso, cada aço tem sua própria e exclusiva curva de temperabilidade.

---

[4] Norma ASTM A 255, "Métodos de Ensaio Padronizados para Determinação da Temperabilidade de Aços" ("Standard Test Methods for Determining Hardenability of Steel").

Figura 11.15 Diagrama esquemático de um corpo de provas para o ensaio Jominy da extremidade temperada (*a*) montado durante a têmpera e (*b*) após o ensaio de dureza a partir da extremidade temperada e ao longo de um chanfro plano.

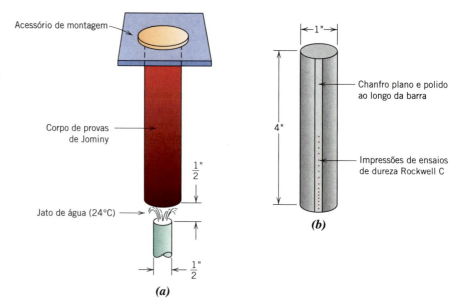

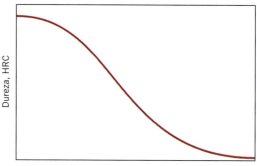

Figura 11.16 Gráfico típico de temperabilidade mostrando a dureza Rockwell C em função da distância a partir da extremidade temperada.

Às vezes, torna-se conveniente relacionar a dureza à taxa de resfriamento, em vez de relacioná-la à localização a partir da extremidade temperada de um corpo de provas Jominy padrão. A taxa de resfriamento [tomada a 700°C (1300°F)] é mostrada geralmente no eixo horizontal superior de um diagrama de temperabilidade; essa escala está incluída nos gráficos de temperabilidade aqui apresentados. Essa correlação entre a posição e a taxa de resfriamento é a mesma para os aços-carbono comuns e para muitos aços-liga, uma vez que a taxa de transferência de calor é praticamente independente da composição. Ocasionalmente, a taxa de resfriamento ou a posição a partir da extremidade temperada é especificada em termos da distância Jominy [uma unidade de distância Jominy é equivalente a 1,6 mm ($\frac{1}{16}$ in)].

Pode ser desenvolvida uma correlação entre a posição ao longo do corpo de provas Jominy e as transformações por resfriamento contínuo. Por exemplo, a Figura 11.17 é um diagrama de transformação por resfriamento contínuo para uma liga ferro-carbono eutetoide sobre o qual estão superpostas as curvas de resfriamento para quatro posições Jominy diferentes e as microestruturas correspondentes resultantes para cada uma delas. A curva de temperabilidade para essa liga também está incluída.

As curvas de temperabilidade para cinco aços diferentes, todos contendo 0,40%p C, porém com diferentes quantidades de outros elementos de liga, são mostradas na Figura 11.18. Uma das amostras é um aço-carbono comum (1040); as outras quatro (4140, 4340, 5140 e 8640) são aços-liga. As composições dos quatro aços-liga estão incluídas na figura. O significado dos números na especificação das ligas (por exemplo, 1040) está explicado na Seção 11.2. Vários detalhes são importantes e devem ser observados nessa figura. Em primeiro lugar, todas as cinco ligas têm durezas idênticas na extremidade temperada (57 HRC); essa dureza é uma função exclusivamente do teor de carbono, que é o mesmo para todas as ligas.

Provavelmente a característica mais significativa dessas curvas é sua forma, que se relaciona com a temperabilidade. A temperabilidade do aço-carbono comum 1040 é baixa, pois a dureza cai de maneira brusca (até aproximadamente 30 HRC) após uma distância Jominy relativamente curta (16,4 mm, 1/4 in). Por outro lado, as reduções na dureza para os outros quatro aços-liga são distintamente mais graduais. Por exemplo, em uma distância Jominy de 50 mm (2 in), as durezas das ligas 4340 e 8640 são de cerca de 50 e 32 HRC, respectivamente; dessa forma, comparando essas duas ligas, a 4340 é mais

Figura 11.17 Correlação de informações da temperabilidade e do resfriamento contínuo para uma liga ferro-carbono com composição eutetoide.
[Adaptada de BOYER, H. (ed.). *Atlas of Isothermal Transformation and Cooling Transformation Diagrams*, 1977. Reproduzida sob permissão da ASM International, Materials Park, OH.]

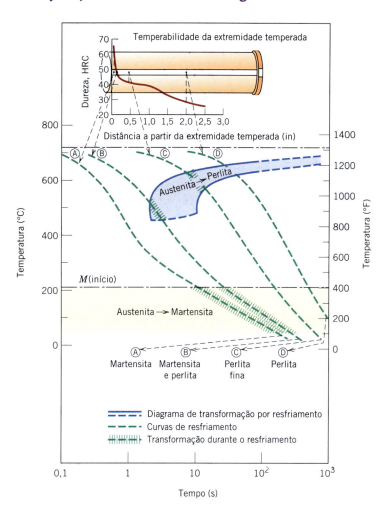

Figura 11.18 Curvas de temperabilidade para cinco aços diferentes, todos contendo 0,4%p C. As composições (em %p) aproximadas das ligas são as seguintes: 4340—1,85 Ni, 0,80 Cr e 0,25 Mo; 4140—1,0 Cr e 0,20 Mo; 8640—0,55 Ni, 0,50 Cr e 0,20 Mo; 5140—0,85 Cr; enquanto o 1040 não é um aço-liga.
(Adaptada de figura fornecida em cortesia pela Republic Steel Corporation.)

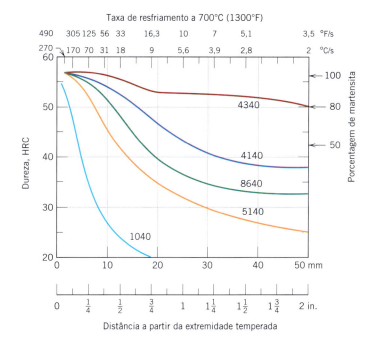

temperável. Quando temperado em água, um corpo de prova do aço-carbono comum 1040 endurece apenas até uma profundidade pequena abaixo da superfície, enquanto nos outros quatro aços-liga a dureza mais alta obtida na têmpera se mantém até uma profundidade muito maior.

Os perfis de dureza na Figura 11.18 são indicativos da influência da taxa de resfriamento sobre a microestrutura. Na extremidade temperada, onde a taxa de resfriamento é de aproximadamente 600°C/s

Figura 11.19 Curvas de temperabilidade para quatro ligas da série 8600 contendo o teor de carbono indicado. (Adaptada de figura fornecida em cortesia pela Republic Steel Corporation.)

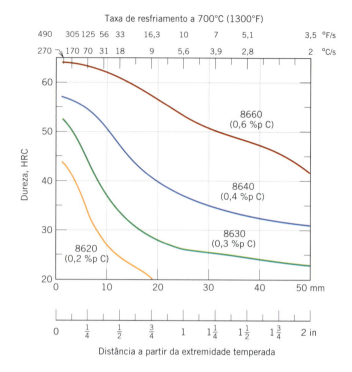

(1100°F/s), 100% de martensita está presente em todas as cinco ligas. Para taxas de resfriamento inferiores a aproximadamente 70°C/s (125°F/s) ou para distâncias Jominy maiores que cerca de 6,4 mm (1/4 in), a microestrutura do aço 1040 é predominantemente perlítica, com a presença de alguma ferrita proeutetoide. Entretanto, as microestruturas dos quatro aços-liga consistem sobretudo em uma mistura de martensita e bainita; o teor de bainita aumenta com a diminuição da taxa de resfriamento.

Essa disparidade no comportamento da temperabilidade para as cinco ligas mostradas na Figura 11.18 é explicada pela presença de níquel, cromo e molibdênio nos aços-liga. Esses elementos de liga retardam as reações de transformação da austenita em perlita e/ou bainita, como explicado anteriormente; isso permite que mais martensita se forme para uma taxa de resfriamento específica, produzindo maior dureza. O eixo da direita na Figura 11.18 mostra a porcentagem aproximada de martensita que está presente em diferentes durezas para essas ligas.

As curvas de temperabilidade também dependem do teor de carbono. Esse efeito é demonstrado na Figura 11.19 para uma série de aços-liga onde somente a concentração de carbono é variada. A dureza em qualquer posição Jominy aumenta em função da concentração de carbono.

Além disso, durante a produção industrial do aço, existe sempre uma ligeira e inevitável variação na composição e no tamanho médio dos grãos de um lote para outro. Essa variação resulta em alguma dispersão nos dados de temperabilidade medidos, que são representados frequentemente como uma faixa que representa os valores máximo e mínimo esperados para a liga específica. Tal faixa de temperabilidade está representada na Figura 11.20 para um aço 8640. Um H após a especificação de uma liga (por exemplo, 8640H) indica que a composição e as características da liga são tais que a sua curva de temperabilidade se encontra dentro de uma faixa especificada.

Influência do Meio de Têmpera, do Tamanho e da Geometria da Amostra

O tratamento anterior da temperabilidade discutiu a influência tanto da composição da liga quanto da taxa de resfriamento ou de têmpera sobre a dureza. A taxa de resfriamento de uma amostra depende da taxa de remoção da energia térmica, a qual é uma função das características do meio de têmpera que está em contato com a superfície da amostra, assim como do tamanho e da geometria da amostra.

A *severidade da têmpera* é um termo usado com frequência para indicar a taxa de resfriamento; quanto mais rápido é o resfriamento, mais severa é a têmpera. Entre os três meios de têmpera mais comuns — água, óleo e ar —, a água produz o resfriamento mais severo, seguida pelo óleo, que por sua vez é mais eficaz que o ar.[5] O grau de agitação de cada meio também influencia a taxa de remoção de calor. O aumento da velocidade do meio de resfriamento ao longo da superfície da amostra melhora a eficiência da têmpera. As têmperas em óleo são adequadas para o tratamento térmico de

---

[5] Recentemente, foram desenvolvidos agentes de têmpera poliméricos aquosos [soluções compostas por água e um polímero — normalmente, poli(alquileno glicol) ou PAG)] que fornecem taxas de resfriamento entre aquelas da água e do óleo. A taxa de têmpera pode ser ajustada a exigências específicas, variando a concentração de polímero e a temperatura do banho de têmpera.

Figura 11.20 A faixa de temperabilidade para um aço 8640 indicando os limites máximo e mínimo. (Adaptada de figura fornecida em cortesia pela Republic Steel Corporation.)

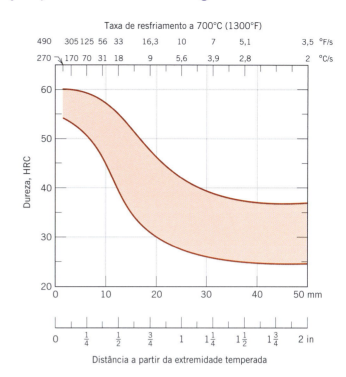

muitos aços-liga. De fato, para os aços com maiores teores de carbono, a têmpera em água é muito severa, pois podem ser produzidas trincas ou ocorrer empenamento. O resfriamento ao ar de aços-carbono comuns austenitizados produz normalmente uma estrutura quase exclusivamente perlítica.

Durante a têmpera de uma amostra de aço, a energia térmica deve ser transportada para a superfície antes que possa ser dissipada para o meio de têmpera. Como consequência, a taxa de resfriamento no interior de uma estrutura de aço varia de acordo com a posição e depende da geometria e do tamanho da estrutura. As Figuras 11.21a e 11.21b mostram a taxa de têmpera a 700°C (1300°F) em função do diâmetro de barras cilíndricas em quatro posições radiais (na superfície, a três-quartos do raio, na metade do raio e no centro). A têmpera é feita em água (Figura 11.21a) e em óleo (Figura 11.21b) com agitação moderada; a taxa de resfriamento também está expressa em termos da distância Jominy equivalente, uma vez que esses dados são empregados com frequência em combinação com as curvas de temperabilidade. Também foram gerados diagramas semelhantes aos da Figura 11.21 para outras geometrias diferentes da cilíndrica (por exemplo, para chapas planas).

Uma utilidade desses diagramas é a previsão do perfil da dureza ao longo da seção transversal de uma amostra. Por exemplo, a Figura 11.22a compara as distribuições radiais da dureza em amostras cilíndricas de aço-carbono comum (1040) e aço-liga (4140); ambas as amostras têm diâmetro de 50 mm (2 in) e são temperadas em água. A diferença na temperabilidade fica evidente a partir desses dois perfis. O diâmetro da amostra também influencia a distribuição da dureza, como demonstrado na Figura 11.22b, em que são traçados os perfis de dureza para cilindros de aço 4140 com diâmetros de 50 e 75 mm (2 e 3 in) temperados em óleo. O Problema-Exemplo 11.1 ilustra como esses perfis de dureza são determinados.

No que se refere à forma da amostra, uma vez que a energia térmica é dissipada para o meio de têmpera na superfície da amostra, a taxa de resfriamento para um tratamento por têmpera específico depende da razão entre a área da superfície e a massa da amostra. Quanto maior for essa razão, mais rápida será a taxa de resfriamento e, consequentemente, mais profundo será o efeito de endurecimento. As formas irregulares com arestas e cantos apresentam maiores razões superfície-massa que as formas regulares e arredondadas (por exemplo, esferas e cilindros) e são, dessa forma, mais suscetíveis ao endurecimento por têmpera.

Inúmeros aços são suscetíveis a um tratamento térmico para formar martensita, e um dos critérios mais importantes no processo de seleção é a temperabilidade. As curvas de temperabilidade, quando usadas em conjunto com gráficos como aqueles da Figura 11.21 para vários meios de resfriamento, podem ser usadas para garantir a adequação de um aço específico para uma dada aplicação. Ou, de maneira inversa, pode ser determinada a adequação de um procedimento de têmpera para uma dada liga. Para peças que devem ser empregadas em aplicações envolvendo tensões relativamente elevadas, um mínimo de 80% de martensita deve ser produzido em todo o interior do material em consequência do procedimento de têmpera. Um mínimo de apenas 50% é necessário para peças submetidas a tensões moderadas.

348 • **Capítulo 11**

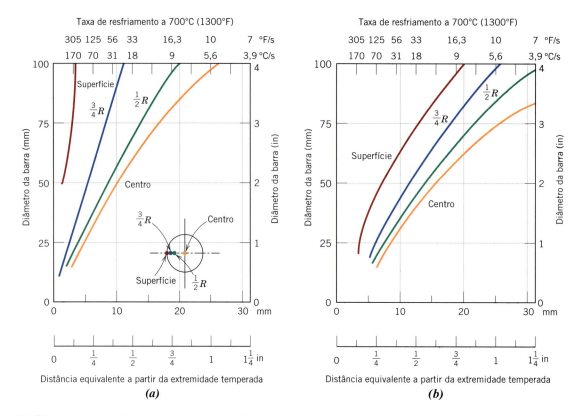

Figura 11.21 Taxa de resfriamento em função do diâmetro em posições na superfície, a três-quartos do raio (3/4R), na metade do raio (1/2R) e no centro, para barras cilíndricas temperadas com (a) água e (b) óleo sob agitação moderada. As posições Jominy equivalentes estão incluídas ao longo dos eixos inferiores.
[Adaptada de BARDES, B. (ed.). *Metals Handbook: Properties and Selection: Irons and Steels*, vol. 1, 9ª ed., 1978. Reproduzida sob permissão da ASM International, Materials Park, OH.]

Figura 11.22 Perfis radiais de dureza para (a) amostras cilíndricas de aços 1040 e 4140 com diâmetro de 50 mm (2 in) temperadas em água moderadamente agitada e (b) amostras cilíndricas de aço 4140 com diâmetros de 50 e 75 mm (2 e 3 in) temperadas em óleo moderadamente agitado.

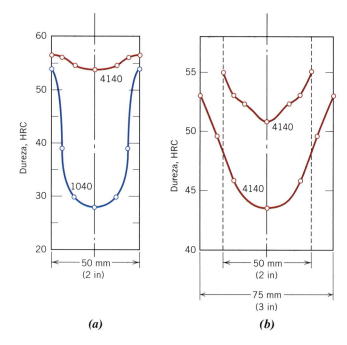

✓ ***Verificação de Conceitos 11.8*** Cite os três fatores que influenciam o grau segundo o qual a martensita é formada ao longo de toda a seção transversal de uma amostra de aço. Para cada um deles, diga como a quantidade da martensita formada pode ser aumentada.

[*A resposta está disponível no GEN-IO, ambiente virtual de aprendizagem do GEN.*]

PROBLEMA-EXEMPLO 11.1

Determinação do Perfil de Dureza para um Aço 1040 Tratado Termicamente

Determine o perfil radial da dureza para uma amostra cilíndrica de um aço 1040 com 50 mm (2 in) de diâmetro que foi temperada em água moderadamente agitada.

Solução

Em primeiro lugar, deve-se avaliar a taxa de resfriamento (em termos da distância a partir da extremidade temperada no ensaio Jominy) em posições radiais no centro, na superfície, na metade do raio e a três-quartos do raio da amostra cilíndrica. Isso é conseguido com o auxílio do gráfico para a taxa de resfriamento em função do diâmetro da barra para o meio de resfriamento apropriado — nesse caso, a Figura 11.21a. Então, deve-se converter a taxa de resfriamento em cada uma dessas posições radiais em um valor de dureza a partir de um gráfico da temperabilidade para a liga em questão. Por fim, deve-se determinar o perfil de dureza traçando a dureza em função da posição radial.

Esse procedimento é demonstrado na Figura 11.23 para a posição central. Observe que, para um cilindro temperado em água com 50 mm (2 in) de diâmetro, a taxa de resfriamento no centro é equivalente àquela a aproximadamente 9,5 mm ($\frac{3}{8}$ in) da extremidade temperada de um corpo de provas de Jominy (Figura 11.23a). Isso corresponde a uma dureza de aproximadamente 28 HRC, como pode ser observado no gráfico da temperabilidade para o aço 1040 (Figura 11.23b). Por fim, esse ponto é marcado no perfil de durezas da Figura 11.23c.

Figura 11.23 Emprego de dados de temperabilidade para a geração de perfis de dureza. (*a*) A taxa de resfriamento no centro de um corpo de provas com 50 mm (2 in) de diâmetro, temperado em água, é determinada. (*b*) A taxa de resfriamento é convertida em dureza HRC para um aço 1040. (*c*) A dureza Rockwell é traçada no perfil radial de durezas.

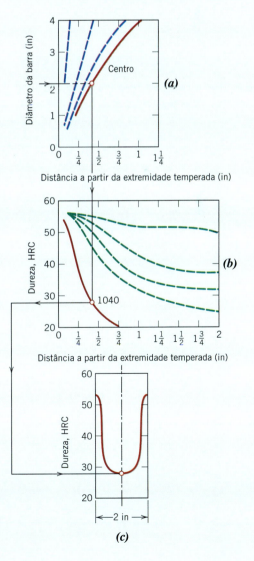

As durezas na superfície, na metade do raio e a três-quartos do raio podem ser determinadas de maneira semelhante. O perfil completo foi incluído na figura, e os dados usados são mostrados na tabela a seguir.

Posição Radial	Distância Equivalente a partir da Extremidade Temperada [mm (in)]	Dureza (HRC)
Centro	9,5 ($\frac{3}{8}$)	28
Metade do raio	8 ($\frac{5}{16}$)	30
Três-quartos do raio	4,8 ($\frac{3}{16}$)	39
Superfície	1,6 ($\frac{1}{16}$)	54

EXEMPLO DE PROJETO 11.1

Seleção de um Aço e do Tratamento Térmico

É necessário selecionar um aço para um eixo de saída de uma caixa de engrenagens. O projeto pede um eixo cilíndrico com diâmetro de 1 in, com dureza superficial de pelo menos 38 HRC e uma ductilidade mínima de 12%AL. Especifique uma liga e um tratamento para atender esses critérios.

Solução

Em primeiro lugar, o custo também é, muito provavelmente, uma importante consideração de projeto. Isso provavelmente eliminaria aços relativamente caros, tais como os inoxidáveis e aqueles que são endurecíveis por precipitação. Portanto, vamos começar analisando os aços-carbono comuns e os aços de baixa liga, e quais tratamentos estão disponíveis para alterar suas características mecânicas.

É improvável que um simples trabalho a frio em um desses aços venha a produzir a combinação desejada de dureza e ductilidade. Por exemplo, a partir da Figura 6.19, uma dureza de 38 HRC corresponde a um limite de resistência à tração de 1200 MPa (175.000 psi). O limite de resistência à tração em função da porcentagem de trabalho a frio para um aço 1040 está representado na Figura 7.19b. Nela, pode-se observar que para 50%TF obtém-se um limite de resistência à tração de apenas aproximadamente 900 MPa (130.000 psi); além disso, a ductilidade correspondente é de aproximadamente 10%AL (Figura 7.19c). Assim, essas duas propriedades não atendem às condições de projeto especificadas; além disso, o trabalho a frio de outros aços-carbono comuns ou aços de baixa liga provavelmente também não atingiriam os valores mínimos exigidos.

Outra possibilidade consiste em realizar uma série de tratamentos térmicos nos quais o aço é austenitizado, temperado (para formar martensita) e por fim revenido. Vamos agora examinar as propriedades mecânicas de vários aços-carbono comuns e de aços de baixa liga que foram tratados termicamente dessa maneira. A dureza superficial do material temperado (que, por fim, afeta a dureza do material revenido) depende tanto do teor de elementos de liga quanto do diâmetro do eixo, como foi discutido nas duas seções anteriores. Por exemplo, o grau no qual a dureza superficial diminui em função do diâmetro está representado na Tabela 11.12 para um aço 1060 que foi temperado em óleo. Adicionalmente, a dureza superficial após o revenido também depende da temperatura e do tempo de revenimento.

Tabela 11.12 Durezas Superficiais para Cilindros de Aço 1060 com Diferentes Diâmetros e Temperados em Óleo

Diâmetro (in)	Dureza Superficial (HRC)
0,5	59
1	34
2	30,5
4	29

Foram levantados dados da dureza e da ductilidade após a têmpera e após o revenido para um aço-carbono comum (AISI/SAE 1040) e para vários aços de baixa liga comuns e facilmente disponíveis. Eles são apresentados na Tabela 11.13. O meio de têmpera (óleo ou água) está indicado e as temperaturas de revenido foram de 540°C (1000°F), 595°C (1100°F) e 650°C (1200°F). Como pode ser observado, as únicas combinações liga-tratamento térmico que atendem aos critérios estipulados são a liga 4150 temperada em óleo e revenida a 540°C, a liga 4340 temperada em óleo e revenida a 540°C, e a liga 6150 temperada em óleo e revenida a 540°C; os dados para essas ligas/tratamentos térmicos estão em negrito na tabela. Os custos desses três materiais são provavelmente comparáveis; entretanto, uma análise de custos deve ser conduzida. Adicionalmente, a liga 6150 apresenta a maior ductilidade (por uma pequena margem), o que daria a essa liga uma pequena vantagem no processo de seleção.

Tabela 11.13 Valores da Dureza Rockwell C (Superficial) e do Alongamento Percentual para Cilindros com 1 in de Diâmetro de Seis Aços Diferentes na Condição após a Têmpera e para Vários Tratamentos Térmicos de Revenido

Especificação da Liga/ Meio de Têmpera	Após a Têmpera Dureza (HRC)	Revenido a 540°C (1000°F) Dureza (HRC)	Ductilidade (%AL)	Revenido a 595°C (1100°F) Dureza (HRC)	Ductilidade (%AL)	Revenido a 650°C (1200°F) Dureza (HRC)	Ductilidade (%AL)
1040/óleo	23	(12,5)[a]	26,5	(10)[a]	28,2	(5,5)[a]	30,0
1040/água	50	(17,5)[a]	23,2	(15)[a]	26,0	(12,5)[a]	27,7
4130/água	51	31	18,5	26,5	21,2	—	—
4140/óleo	55	33	16,5	30	18,8	27,5	21,0
4150/óleo	62	**38**	**14,0**	35,5	15,7	30	18,7
4340/óleo	57	**38**	**14,2**	35,5	16,5	29	20,0
6150/óleo	60	**38**	**14,5**	33	16,0	31	18,7

[a]Esses valores de dureza são apenas aproximados, pois são inferiores a 20 HRC.

Como a seção anterior destaca, para amostras cilíndricas de aços que foram temperadas, a dureza superficial depende não apenas da composição da liga e do meio de têmpera, mas também do diâmetro da amostra. Da mesma maneira, as características mecânicas de amostras de aço que foram temperadas e subsequentemente revenidas também serão uma função do diâmetro da amostra. Esse fenômeno está ilustrado na Figura 11.24, que mostra os gráficos do limite de resistência à tração, do limite de escoamento e da ductilidade (%AL) em função da temperatura de revenido para quatro diâmetros — 12,5 mm (0,5 in), 25 mm (1 in), 50 mm (2 in) e 100 mm (4 in) — de um aço 4140 temperado em óleo.

Nesta altura, concluímos nossos comentários a respeito dos vários tipos de aços — seus tratamentos térmicos, microestruturas e propriedades —, discussões encontradas nos Capítulos 9 e 10, assim como no presente capítulo. Compilamos um resumo dessas informações, o qual é apresentado no diagrama esquemático na Figura 11.25.

11.10 ENDURECIMENTO POR PRECIPITAÇÃO

endurecimento por precipitação

A resistência e a dureza de algumas ligas metálicas podem ser melhoradas pela formação de partículas extremamente pequenas e uniformemente dispersas de uma segunda fase no interior da matriz da fase original; isso deve ocorrer por transformações de fases que são induzidas por tratamentos térmicos apropriados. O processo é chamado de **endurecimento por precipitação**, pois as pequenas partículas da nova fase são denominadas *precipitados*. O termo *endurecimento por envelhecimento* também é usado para designar esse procedimento, pois a resistência se desenvolve ao longo do tempo, ou à medida que a liga envelhece. Exemplos de ligas que são endurecidas por tratamentos de precipitação incluem as ligas alumínio-cobre, cobre-berílio, cobre-estanho e magnésio-alumínio; algumas ligas ferrosas também são endurecidas por precipitação.

O endurecimento por precipitação e o tratamento de aços para formar martensita revenida são fenômenos totalmente diferentes, apesar de os procedimentos de tratamento térmico serem

Figura 11.24 Para amostras cilíndricas de um aço 4140 temperado em óleo, (*a*) o limite de resistência à tração, (*b*) o limite de escoamento e (*c*) a ductilidade (porcentagem de alongamento) em função da temperatura de revenido para diâmetros de 12,5 mm (0,5 in), 25 mm (1 in), 50 mm (2 in) e 100 mm (4 in).

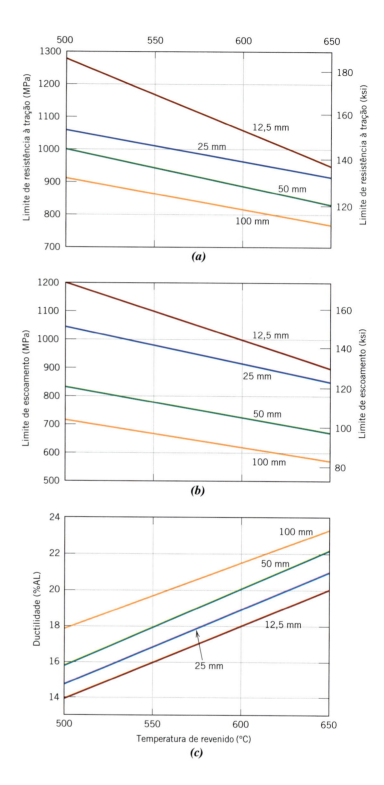

semelhantes; portanto, os processos não devem ser confundidos. A principal diferença está nos mecanismos pelos quais o endurecimento e o aumento da resistência são obtidos. Essas diferenças devem ficar evidentes à medida que o endurecimento por precipitação seja explicado.

Tratamentos Térmicos

Uma vez que o endurecimento por precipitação resulta do desenvolvimento de partículas de uma nova fase, uma explicação para o procedimento de tratamento térmico fica facilitada com o uso de um diagrama de fases. Embora, na prática, muitas ligas que podem ser endurecidas por precipitação contenham dois ou mais elementos de liga, a discussão fica simplificada quando se faz referência a um sistema binário. O diagrama de fases deve possuir a forma que é mostrada para o sistema hipotético A-B na Figura 11.26.

Aplicações e Processamento de Ligas Metálicas • 353

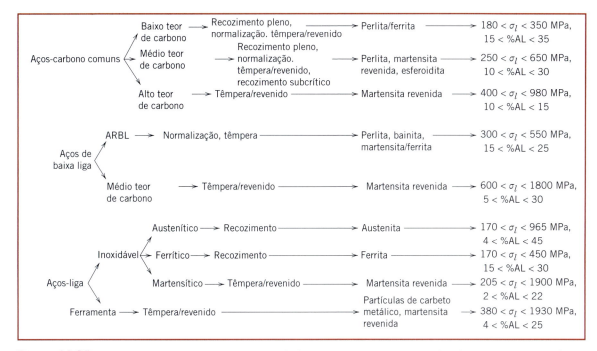

Figura 11.25 Para as três classes de aços e suas subclasses, um resumo esquemático de tratamentos térmicos, constituintes microestruturais e propriedades mecânicas típicas.

Figura 11.26 Diagrama de fases hipotético para uma liga que pode ser endurecida por precipitação com composição C_0.

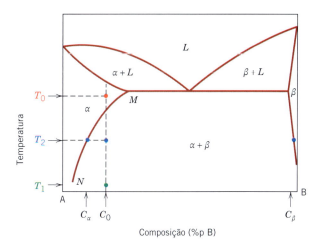

Duas características obrigatórias devem ser exibidas pelos diagramas de fases dos sistemas de liga para haver endurecimento por precipitação: haver uma solubilidade máxima apreciável de um componente no outro, da ordem de vários pontos percentuais; e haver um limite de solubilidade que diminua rapidamente na concentração do componente principal com a redução da temperatura. Essas duas condições são satisfeitas por esse diagrama de fases hipotético (Figura 11.26). A solubilidade máxima corresponde à composição no ponto M. Adicionalmente, a fronteira do limite de solubilidade entre os campos de fases α e $\alpha + \beta$ diminui dessa concentração máxima até um teor muito baixo de B em A, no ponto N. Além disso, a composição de uma liga endurecível por precipitação deve ser menor que a solubilidade máxima. Essas condições são necessárias, porém *não* suficientes, para que ocorra o endurecimento por precipitação em uma liga. Uma exigência adicional será discutida a seguir.

Tratamento Térmico de Solubilização

tratamento térmico de solubilização

O endurecimento por precipitação é obtido por dois tratamentos térmicos diferentes. O primeiro é um **tratamento térmico de solubilização**, no qual todos os átomos de soluto são dissolvidos para formar uma solução sólida monofásica. Na Figura 11.26, considere uma liga com composição C_0. O tratamento consiste em aquecer a liga até uma temperatura no campo de fases α — digamos, T_0 — e aguardar até que toda a fase β que possa ter estado presente seja completamente dissolvida. Nesse momento, a liga consiste apenas em uma fase α com composição C_0. Esse procedimento é seguido pelo resfriamento rápido, ou têmpera, até uma temperatura T_1, que para muitas ligas é a temperatura ambiente, de modo que se previne qualquer processo de difusão e a formação a ele associada de qualquer fração da fase β. Assim, existe uma situação fora de equilíbrio em que apenas a solução sólida da fase α, supersaturada com átomos de B, está presente em T_1; nesse estado, a liga é relativamente dúctil e pouco resistente. Além disso, para a maioria das ligas, as taxas de difusão em T_1 são extremamente baixas, de modo que apenas a fase α é mantida nessa temperatura durante períodos de tempo relativamente longos.

Tratamento Térmico de Precipitação

tratamento térmico de precipitação

Para o segundo tratamento, ou **tratamento térmico de precipitação**, a solução sólida α supersaturada é normalmente aquecida até uma temperatura intermediária T_2 (Figura 11.26) na região bifásica $\alpha + \beta$, em cuja temperatura as taxas de difusão tornam-se apreciáveis. Precipitados da fase β começam a se formar como partículas finamente dispersas com composição C_β, em um processo que é às vezes denominado *envelhecimento*. Após o tempo de envelhecimento apropriado em T_2, a liga é resfriada até a temperatura ambiente; normalmente, essa taxa de resfriamento não é uma consideração importante. Tanto o tratamento térmico de solubilização quanto o de precipitação estão representados em um gráfico da temperatura em função do tempo, Figura 11.27. A natureza dessas partículas da fase β e, subsequentemente, a resistência e a dureza da liga dependem tanto da temperatura de precipitação T_2 quanto do tempo de envelhecimento nessa temperatura. Para algumas ligas, o envelhecimento ocorre espontaneamente à temperatura ambiente ao longo de períodos de tempo prolongados.

A dependência do crescimento das partículas β precipitadas em relação ao tempo e à temperatura sob condições isotérmicas de tratamento térmico pode ser representada por curvas em forma de "C" semelhantes àquelas da Figura 10.18 para a transformação eutetoide nos aços. Entretanto, é mais útil e conveniente apresentar os dados como o limite de resistência à tração, limite de escoamento ou dureza à temperatura ambiente em função do logaritmo do tempo de envelhecimento, à temperatura constante T_2. O comportamento para uma liga típica endurecível por precipitação está representado esquematicamente na Figura 11.28. Com o aumento do tempo, a resistência, ou a dureza, aumenta, atinge um máximo e, por fim, diminui. Essa redução na resistência e na dureza, que ocorre após longos períodos de tempo, é conhecida como **superenvelhecimento**. A influência da temperatura é incorporada pela superposição, em um único gráfico, das curvas em diversas temperaturas.

superenvelhecimento

Mecanismo de Endurecimento

O endurecimento por precipitação é empregado comumente em ligas de alumínio de alta resistência. Embora inúmeras dessas ligas tenham diferentes proporções e combinações de elementos de liga, o mecanismo de endurecimento talvez tenha sido mais extensivamente estudado para as ligas alumínio-cobre. A Figura 11.29 apresenta a região rica em alumínio do diagrama de fases alumínio-cobre. A fase α é uma solução sólida substitucional do cobre no alumínio, enquanto o composto intermetálico $CuAl_2$ é designado como a fase θ. Para uma liga alumínio-cobre com composição de, por exemplo, 96%p Al–4%p Cu, no desenvolvimento dessa fase θ de equilíbrio durante o tratamento térmico de precipitação, várias fases de transição são primeiramente formadas segundo uma sequência específica. As propriedades mecânicas são influenciadas pela natureza das partículas dessas fases de transição.

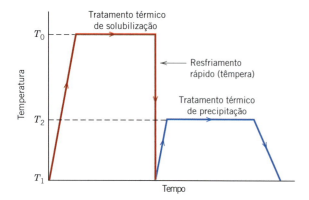

Figura 11.27 Gráfico esquemático da temperatura em função do tempo mostrando tanto o tratamento térmico de solubilização quanto o de precipitação para o endurecimento por precipitação.

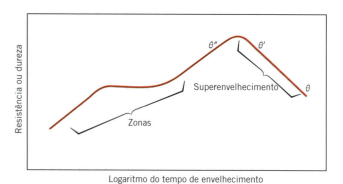

Figura 11.28 Diagrama esquemático mostrando a resistência e a dureza em função do logaritmo do tempo de envelhecimento à temperatura constante durante o tratamento térmico de precipitação.

Figura 11.29 A região rica em alumínio do diagrama de fases alumínio-cobre. (Adaptada de MURRAY, J. L. *International Metals Review*, 30, 5, 1985. Reimpressa sob permissão da ASM International.)

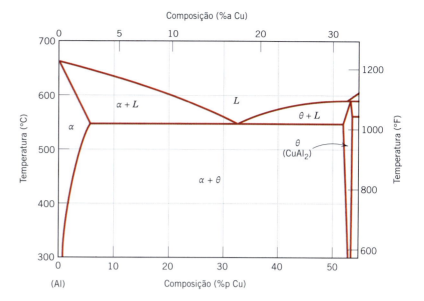

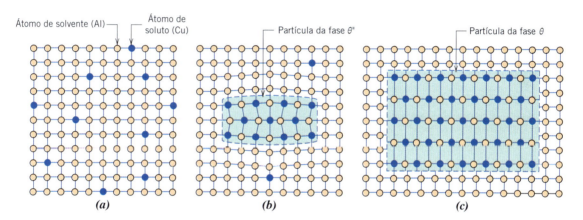

Figura 11.30 Representação esquemática de vários estágios na formação da fase precipitada de equilíbrio (θ). (*a*) Uma solução sólida α supersaturada. (*b*) Uma fase precipitada de transição θ'. (*c*) A fase de equilíbrio θ na fase matriz α.

Durante o estágio inicial de endurecimento (para tempos curtos, Figura 11.28), os átomos de cobre aglomeram-se na forma de discos muito pequenos e finos com espessura de apenas um ou dois átomos e aproximadamente 25 átomos de diâmetro; esses aglomerados formam-se em incontáveis posições no interior da fase α. Os aglomerados, às vezes chamados de *zonas*, são tão pequenos que não são realmente considerados como partículas distintas de precipitado. Entretanto, com o transcorrer do tempo e a subsequente difusão dos átomos de cobre, as zonas tornam-se partículas conforme aumentam de tamanho. Essas partículas de precipitado passam então por duas fases de transição (representadas como θ'' e θ'), antes da formação da fase de equilíbrio θ (Figura 11.30*c*). As partículas da fase de transição para uma liga de alumínio 7150 endurecida por precipitação são mostradas na micrografia eletrônica da Figura 11.31.

Os efeitos de aumento de resistência e de endurecimento mostrados na Figura 11.28 resultam das inúmeras partículas dessas fases de transição e metaestáveis. Como observado na figura, a resistência máxima coincide com a formação da fase θ'', que pode ser preservada no resfriamento da liga até a temperatura ambiente. O superenvelhecimento resulta da continuação do crescimento das partículas e do desenvolvimento das fases θ' e θ.

O processo de aumento de resistência é acelerado conforme a temperatura é aumentada. Isso é demonstrado na Figura 11.32*a*, um gráfico do limite de resistência à tração em função do logaritmo do tempo para uma liga de alumínio 2014 em várias temperaturas de precipitação diferentes. De maneira ideal, a temperatura e o tempo para o tratamento térmico de precipitação devem ser projetados para produzir uma dureza ou resistência próxima à máxima. Uma redução na ductilidade está associada ao aumento da resistência, o que é demonstrado na Figura 11.32*b* para a mesma liga de alumínio 2014 nas mesmas temperaturas.

Figura 11.31 Micrografia eletrônica de transmissão mostrando a microestrutura de uma liga de alumínio 7150-T651 (6,2%p Zn; 2,3%p Cu; 2,3%p Mg; 0,12%p Zr, sendo o restante Al) que foi endurecida por precipitação. A fase matriz, mais clara na micrografia, é uma solução sólida de alumínio. A maior parte das pequenas partículas escuras de precipitado em forma de placas é uma fase de transição η', sendo o restante a fase de equilíbrio η ($MgZn_2$). Observe que os contornos dos grãos estão "decorados" por algumas dessas partículas. Ampliação de 90.000×.
(Cortesia de G. H. Narayanan e A. G. Miller, Boeing Commercial Airplane Company.)

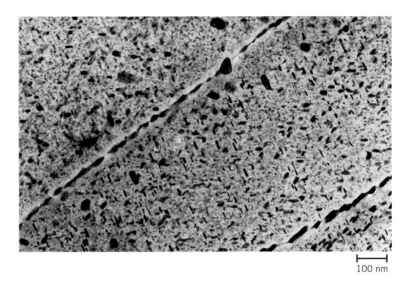

Figura 11.32 Características do endurecimento por precipitação de uma liga de alumínio 2014 (0,9%p Si; 4,4%p Cu; 0,8%p Mn; 0,5%p Mg) em quatro temperaturas de envelhecimento diferentes: (*a*) limite de resistência à tração e (*b*) ductilidade (%AL).
[Adaptada de BAKER, H. (ed.) *Metals Handbook: Properties and Selection: Nonferrous Alloys and Pure Metals*, vol. 2, 9ª ed., 1979. Reproduzida sob permissão da ASM International, Materials Park, OH.]

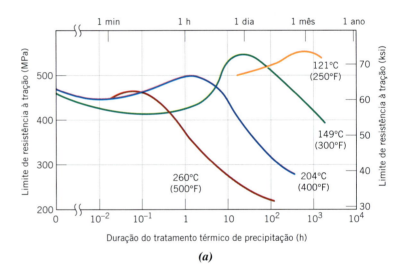

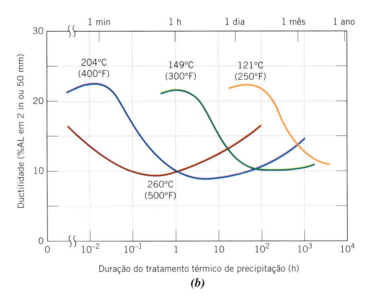

Nem todas as ligas que satisfazem as condições citadas anteriormente em relação à composição e à configuração do diagrama de fases são suscetíveis a um endurecimento por precipitação. Adicionalmente, devem ocorrer deformações na rede na interface precipitado-matriz. Para as ligas alumínio-cobre existe uma distorção da estrutura da rede cristalina em torno e na vizinhança das partículas dessas fases de transição (Figura 11.30*b*). Durante a deformação plástica, os movimentos

Aplicações e Processamento de Ligas Metálicas · 357

das discordâncias são efetivamente impedidos como resultado dessas distorções e, por isso, a liga torna-se mais dura e mais resistente. Conforme a fase θ se forma, o superenvelhecimento resultante (amolecimento e perda de resistência) é explicado por uma redução na resistência ao escorregamento que é proporcionada por essas partículas de precipitado.

As ligas que apresentam um endurecimento por precipitação apreciável à temperatura ambiente e após intervalos de tempo relativamente curtos devem ser temperadas e armazenadas sob condições refrigeradas. Várias ligas de alumínio usadas como rebites exibem esse comportamento. Elas são preparadas enquanto ainda estão macias, e então endurecem por envelhecimento à temperatura ambiente normal. Esse processo é denominado **envelhecimento natural**; o **envelhecimento artificial** é conduzido sob temperaturas elevadas.

envelhecimento natural, envelhecimento artificial

Considerações Diversas

Os efeitos combinados do encruamento e do endurecimento por precipitação podem ser empregados em ligas de alta resistência. A sequência desses procedimentos de endurecimento é importante na produção de ligas que apresentam a combinação ótima de propriedades mecânicas. Normalmente, a liga é tratada termicamente por solubilização e então temperada. Isso é seguido por um trabalho a frio e, por fim, pelo tratamento térmico de endurecimento por precipitação. No tratamento final ocorre uma pequena perda de resistência como um resultado de recristalização. Se a liga é endurecida por precipitação antes do trabalho a frio, mais energia deve ser gasta em sua deformação; adicionalmente, também podem ocorrer trincas devido à redução na ductilidade que acompanha o endurecimento por precipitação.

A maioria das ligas endurecidas por precipitação tem limites em relação às suas temperaturas máximas de serviço. A exposição a temperaturas nas quais ocorre envelhecimento pode levar a uma perda de resistência devido ao superenvelhecimento.

RESUMO

Ligas Ferrosas
- As *ligas ferrosas* (aços e ferros fundidos) são aquelas nas quais o ferro é o constituinte principal. A maioria dos aços contém menos de 1,0%p C e, além disso, outros elementos de liga, os quais tornam esses materiais suscetíveis a tratamentos térmicos (e a uma melhoria das propriedades mecânicas) e/ou mais resistentes à corrosão.
- As ligas ferrosas são empregadas extensivamente como materiais de engenharia, pois:
    - Os compostos contendo ferro são abundantes.
    - Estão disponíveis técnicas econômicas de extração, refino e fabricação.
    - Elas podem ser projetadas para exibir uma ampla variedade de propriedades mecânicas e físicas.
- As limitações das ligas ferrosas incluem o seguinte:
    - Massas específicas relativamente altas
    - Condutividades elétricas comparativamente baixas
    - Suscetibilidade à corrosão em ambientes comuns
- Os tipos de aços mais usuais são os aços-carbono comuns com baixo teor de carbono, os aços de baixa liga e alta resistência, os aços com médio teor de carbono, os aços-ferramenta e os aços inoxidáveis.
- Os aços-carbono comuns contêm (além do carbono) um pouco de manganês e apenas concentrações residuais de outras impurezas.
- Os aços inoxidáveis são classificados de acordo com o principal constituinte microestrutural. As três classes são ferríticos, austeníticos e martensíticos.
- Os ferros fundidos têm um teor de carbono mais elevado que os aços — normalmente entre 3,0%p e 4,5%p C —, assim como outros elementos de liga, notadamente o silício. Nesses materiais, a maioria do carbono existe na forma de grafita, em vez de estar combinado com o ferro como cementita.
- Os ferros cinzento, dúctil (ou nodular), maleável e vermicular são os quatro tipos de ferro fundido mais largamente utilizados; os três últimos são razoavelmente dúcteis.

Ligas Não Ferrosas
- Todas as demais ligas enquadram-se na categoria de não ferrosas, que é ainda subdividida de acordo com o metal base ou com alguma característica distinta compartilhada por um grupo de ligas.
- Foram discutidas sete classificações de ligas não ferrosas — as ligas de cobre, alumínio, magnésio, titânio, os metais refratários, as superligas e os metais nobres —, assim como as ligas diversas (níquel, chumbo, estanho, zinco e zircônio).

Operações de Conformação
- As *operações de conformação* são aquelas nas quais uma peça metálica é moldada por deformação plástica.
- Quando a deformação é realizada acima da temperatura de recristalização, ela é denominada *trabalho a quente*; de outra maneira, é denominada *trabalho a frio*.
- Forjamento, laminação, extrusão e trefilação são quatro das técnicas de conformação mais comuns (Figura 11.9).

358 • **Capítulo 11**

Fundição
- Dependendo das propriedades e da forma da peça acabada, a fundição pode ser o processo de fabricação mais desejável e econômico.
- As técnicas de fundição mais comuns são a fundição em areia, com matriz, de precisão, com espuma perdida e contínua.

Técnicas Diversas
- A metalurgia do pó envolve a compactação de partículas metálicas pulverizadas em uma forma desejada, que é então densificada por um tratamento térmico. A P/M é usada principalmente para metais com baixas ductilidades e/ou temperaturas de fusão elevadas.
- A soldagem é aplicada para unir duas ou mais peças; uma ligação de fusão se forma pela fusão de partes das peças de trabalho e, em algumas situações, de um material de enchimento.

Impressão 3D
- A impressão 3D (ou manufatura aditiva), uma tecnologia nova e revolucionária, é usada para fabricar metais e suas ligas. Objetos tridimensionais são criados pela "impressão" de uma série de camadas de um material, umas sobre as outras. São produzidas peças únicas, customizadas, a um custo efetivo e em pequenos períodos de tempo.
- Duas técnicas de impressão 3D usadas para os materiais metálicos são a deposição direta de energia e a fusão de leito de pó. A fonte de energia para ambas as técnicas é um laser ou um feixe de elétrons.

Processos de Recozimento
- O *recozimento* é a exposição de um material a uma temperatura elevada durante um período de tempo prolongado, seguida pelo resfriamento até a temperatura ambiente segundo uma taxa relativamente lenta.
- Durante o recozimento intermediário, uma peça trabalhada a frio é tornada mais macia e mais dúctil como consequência de recristalização.
- Tensões internas residuais que tenham sido introduzidas são eliminadas durante um recozimento para alívio de tensões.
- Nas ligas ferrosas, a normalização é empregada para refinar e melhorar a estrutura dos grãos.

Tratamento Térmico de Aços
- Para os aços de alta resistência, a melhor combinação de características mecânicas pode ser obtida se uma microestrutura predominantemente martensítica for desenvolvida em toda a seção transversal; essa microestrutura é convertida em martensita revenida durante um tratamento térmico de revenido.
- A *temperabilidade* é um parâmetro usado para avaliar a influência da composição na suscetibilidade à formação de uma estrutura predominantemente martensítica para um tratamento térmico específico.
- A determinação da temperabilidade é feita por meio do ensaio Jominy da extremidade temperada padronizado (Figura 11.15), a partir do qual são geradas curvas de temperabilidade.
- Uma *curva de temperabilidade* traça a dureza em função da distância a partir da extremidade temperada de um corpo de provas Jominy. A dureza diminui com a distância a partir da extremidade temperada (Figura 11.16), uma vez que a taxa de têmpera diminui com essa distância, assim como também ocorre com o teor de martensita. Cada aço tem sua própria curva de temperabilidade distinta.
- O meio de têmpera também influencia a porcentagem de formação da martensita. Entre os meios de têmpera comuns, a água é o mais eficiente, seguida pelos polímeros aquosos, óleo e ar, nessa ordem.

Endurecimento por Precipitação
- Algumas ligas são suscetíveis ao *endurecimento por precipitação* — isto é, ao aumento da resistência pela formação de partículas muito pequenas de uma segunda fase, ou precipitados.
- O controle do tamanho da partícula e, subsequentemente, da resistência é obtido por meio de dois tratamentos térmicos:

  No primeiro, ou tratamento térmico de *solubilização*, todos os átomos de soluto são dissolvidos para formar uma solução sólida monofásica; a têmpera até uma temperatura relativamente baixa preserva esse estado.

  Durante o segundo tratamento, ou tratamento por *precipitação* (a uma temperatura constante), partículas de precipitado se formam e crescem; a resistência, a dureza e a ductilidade são dependentes do tempo de tratamento térmico (e do tamanho das partículas).

- A resistência e a dureza aumentam com o tempo até um valor máximo e então diminuem durante o superenvelhecimento (Figura 11.28). Esse processo é acelerado com o aumento da temperatura (Figura 11.32*a*).
- O fenômeno de aumento da resistência pode ser explicado em termos de uma maior resistência ao movimento das discordâncias por deformações na rede que são geradas na vizinhança dessas partículas de precipitado microscopicamente pequenas.

Termos e Conceitos Importantes

aço de alta resistência e baixa liga (ARBL)
aço inoxidável
aço-carbono comum
aço-liga
alívio de tensões

austenitização
bronze
designação de estado
endurecimento por precipitação
ensaio Jominy da extremidade temperada

envelhecimento artificial
envelhecimento natural
esferoidização
extrusão
ferro dúctil (nodular)
ferro fundido

ferro fundido branco
ferro fundido cinzento
ferro fundido maleável
ferro fundido vermicular
forjamento
laminação
latão
liga ferrosa
liga forjada

liga não ferrosa
metalurgia do pó (P/M)
normalização
recozimento
recozimento intermediário
recozimento pleno
resistência específica
soldagem
superenvelhecimento

temperabilidade
temperatura crítica inferior
temperatura crítica superior
trabalho a frio
trabalho a quente
tratamento térmico de precipitação
tratamento térmico de
  solubilização
trefilação

REFERÊNCIAS

ASM Handbook, vol. 1, *Properties and Selection: Irons, Steels, and High-Performance Alloys*. Materials Park, OH: ASM International, 1990.

ASM Handbook, vol. 2, *Properties and Selection: Nonferrous Alloys and Special-Purpose Materials*. Materials Park, OH: ASM International, 1990.

ASM Handbook, vol. 4, *Heat Treating*, Materials Park, OH: ASM International, 1991.

ASM Handbook, vol. 4A, *Steel Heat Treating Fundamentals and Processes*. Materials Park, OH: ASM International, 2016.

ASM Handbook, vol. 4D, *Heat Treating of Irons and Steels*. Materials Park, OH: ASM International, 2016.

ASM Handbook, vol. 4E, *Heat Treating of Nonferrous Alloys*. Materials Park, OH: ASM International, 2016.

ASM Handbook, vol. 6, *Welding, Brazing and Soldering*. Materials Park, OH: ASM International, 1993.

ASM Handbook, vol. 6A, *Welding Fundamentals and Processes*. Materials Park, OH: ASM International, 2011.

ASM Handbook, vol. 7, *Powder Metallurgy*. Materials Park, OH: ASM International, 2015.

ASM Handbook, vol. 14A, *Metalworking: Bulk Forming*. Materials Park, OH: ASM International, 2005.

ASM Handbook, vol. 14B, *Metalworking: Sheet Forming*. Materials Park, OH: ASM International, 2006.

ASM Handbook, vol. 15, *Casting*. Materials Park, OH: ASM International, 2008.

DAVIS, J. R. (ed.). *Cast Irons*. Materials Park, OH: ASM International, 1996.

DIETER, G. E. *Mechanical Metallurgy*, 3ª ed. Nova York: McGraw-Hill, 1986. Os Capítulos 15 a 21 fornecem uma excelente discussão a respeito de várias técnicas de conformação de metais.

FRICK, J. (ed.). *Woldman's Engineering Alloys*, 9ª ed. Materials Park, OH: ASM International, 2000.

Heat Treater's Guide: Standard Practices and Procedures for Irons and Steels, 2ª ed. Materials Park, OH: ASM International, 1995.

KALPAKJIAN, S. e SCHMID, S. R. *Manufacturing Processes for Engineering Materials*, 6ª ed. Upper Saddle River, NJ: Prentice Hall, 2016.

KRAUSS, G. *Steels: Processing, Structure, and Performance*, 2ª ed. Materials Park, OH: ASM International, 2015.

Metals and Alloys in the Unified Numbering System, 12ª ed. Warrendale, PA: Society of Automotive Engineers and American Society for Testing and Materials, 2012.

Worldwide Guide to Equivalent Irons and Steels, 5ª ed. Materials Park, OH: ASM International, 2006.

Worldwide Guide to Equivalent Nonferrous Metals and Alloys, 4ª ed. Materials Park, OH: ASM International, 2001.

Capítulo 12 Estruturas e Propriedades das Cerâmicas

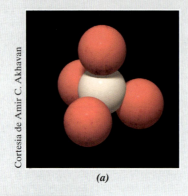

As ilustrações mostradas apresentam a estrutura do quartzo (SiO_2) a partir de três perspectivas dimensionais diferentes. As esferas brancas e escuras representam, respectivamente, os átomos de silício e de oxigênio.

(a) Representação esquemática da unidade estrutural mais básica para o quartzo (assim como para todos os silicatos). Cada átomo de silício está ligado e envolvido por quatro átomos de oxigênio, cujos centros estão localizados nos vértices de um tetraedro. Quimicamente, essa unidade é representada como SiO_4^{4-}.

(a)

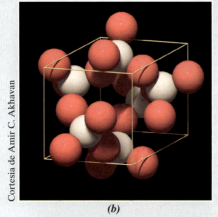

(b) Esboço de uma célula unitária do quartzo, a qual é composta por vários tetraedros de SiO_4^{4-} interconectados.

(b)

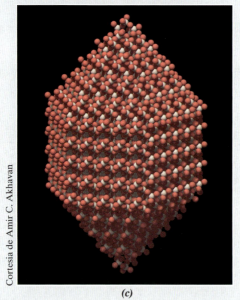

(c) Diagrama esquemático mostrando um grande número de tetraedros de SiO_4^{4-} interconectados. A forma dessa estrutura é característica daquela adotada por um monocristal de quartzo.

(d) Fotografia de dois monocristais de quartzo. Observe que a forma do maior cristal na fotografia assemelha-se à forma da estrutura mostrada em (c).

(c)

(d)

POR QUE ESTUDAR *Estruturas e Propriedades das Cerâmicas?*

Algumas das propriedades das cerâmicas podem ser explicadas por suas estruturas. Por exemplo: (a) a transparência óptica dos materiais vítreos inorgânicos deve-se, em parte, à não cristalinidade desses materiais; (b) a hidroplasticidade das argilas (isto é, o desenvolvimento de plasticidade pela adição de água) está relacionada com as interações entre as moléculas da água e as estruturas das argilas (Seções 12.3 e 13.12 e Figura 12.14); e (c) os comportamentos magnético permanente e ferroelétrico de alguns materiais cerâmicos são explicados por suas estruturas cristalinas (Seções 20.5 e 18.24).

Objetivos do Aprendizado

Após estudar este capítulo, você deverá ser capaz de fazer o seguinte:

1. Esboçar/descrever as células unitárias para as estruturas cristalinas do cloreto de sódio, cloreto de césio, blenda de zinco, cúbica do diamante, fluorita e perovskita. Fazer o mesmo para as estruturas atômicas da grafita e de um vidro à base de sílica.

2. Dados as fórmulas químicas para um composto cerâmico e os raios iônicos dos seus íons componentes, determinar a estrutura cristalina.

3. Citar e descrever oito defeitos pontuais iônicos diferentes encontrados nos compostos cerâmicos.

4. Explicar sucintamente por que existe normalmente um espalhamento significativo na resistência à fratura para amostras idênticas de um mesmo material cerâmico.

5. Calcular a resistência à flexão de amostras de barras cerâmicas que foram dobradas até a fratura em um carregamento em três pontos.

6. Com base em considerações de escorregamento, explicar por que os materiais cerâmicos cristalinos normalmente são frágeis.

12.1 INTRODUÇÃO

Os materiais cerâmicos foram discutidos sucintamente no Capítulo 1, em que se observou que eles são materiais inorgânicos e não metálicos. A maioria das cerâmicas é de compostos formados entre elementos metálicos e não metálicos, para os quais as ligações interatômicas ou são totalmente iônicas ou são predominantemente iônicas, mas com alguma natureza covalente. O termo *cerâmica* vem da palavra grega *keramikos*, que significa "matéria queimada", indicando que as propriedades desejáveis desses materiais são obtidas normalmente por meio de um processo de tratamento térmico a alta temperatura chamado queima ou cozimento.

Até cerca de 60 anos atrás, os materiais mais importantes nessa categoria eram denominados "cerâmicas tradicionais", para os quais a matéria-prima principal é a argila; os produtos considerados cerâmicas tradicionais são a porcelana usada em louças, porcelana, tijolos, telhas e, além desses, os vidros e as cerâmicas de alta temperatura. Recentemente, foi feito um progresso significativo em relação à compreensão da natureza fundamental desses materiais e dos fenômenos que ocorrem neles responsáveis por suas propriedades únicas. Consequentemente, uma nova geração desses materiais foi desenvolvida, e o termo *cerâmica* tomou um significado muito mais amplo. Em um grau ou outro, esses novos materiais causam um efeito consideravelmente drástico sobre nossas vidas; as indústrias de componentes eletrônicos, computadores, comunicação, aeroespacial e uma gama de outras indústrias dependem do uso desses materiais.

Este capítulo discute os tipos de estruturas cristalinas e os defeitos atômicos pontuais encontrados nos materiais cerâmicos, além de algumas das suas características mecânicas. As aplicações e as técnicas de fabricação para essa classe de materiais são tratadas no próximo capítulo.

Estruturas Cerâmicas

Uma vez que as cerâmicas são compostas por pelo menos dois elementos e, frequentemente, mais que isso, suas estruturas cristalinas são, em geral, mais complexas que as dos metais. A ligação atômica nesses materiais varia desde puramente iônica até totalmente covalente; muitas cerâmicas exibem uma combinação desses dois tipos de ligação, sendo o grau do caráter ou natureza iônica dependente das eletronegatividades dos átomos. A Tabela 12.1 apresenta o percentual de caráter iônico para vários materiais cerâmicos comuns; esses valores foram determinados usando a Equação 2.16 e as eletronegatividades na Figura 2.9.

Tabela 12.1 Percentual de Caráter Iônico das Ligações Interatômicas para Vários Materiais Cerâmicos

Material	Percentual de Caráter Iônico
CaF_2	89
MgO	73
NaCl	67
Al_2O_3	63
SiO_2	51
Si_3N_4	30
ZnS	18
SiC	12

12.2 ESTRUTURAS CRISTALINAS

cátion
ânion

Para aqueles materiais cerâmicos nos quais a ligação atômica é predominantemente iônica, as estruturas cristalinas podem ser consideradas como compostas por íons eletricamente carregados, em vez de átomos. Os íons metálicos, ou **cátions**, são carregados positivamente, pois doaram seus elétrons de valência para os íons não metálicos, ou **ânions**, que são carregados negativamente. Duas características dos íons componentes em materiais cerâmicos cristalinos influenciam a estrutura do cristal: a magnitude da carga elétrica em cada um dos íons componentes e os tamanhos relativos dos cátions e dos ânions. Em relação à primeira característica, o cristal deve ser eletricamente neutro; isto é, todas as cargas positivas dos cátions devem ser equilibradas por igual número de cargas negativas dos ânions. A fórmula química de um composto indica a razão entre cátions e ânions, ou a composição que atinge esse equilíbrio de cargas. Por exemplo, no fluoreto de cálcio, cada íon cálcio tem uma carga +2 (Ca^{2+}), e cada íon flúor tem associado uma única carga negativa (F^-). Dessa forma, devem existir duas vezes mais íons F^- que íons Ca^{2+}, o que reflete na fórmula química para o fluoreto de cálcio, CaF_2.

O segundo critério envolve os tamanhos ou raios iônicos dos cátions e ânions, r_C e r_A, respectivamente. Uma vez que os elementos metálicos cedem elétrons quando ionizados, os cátions são normalmente menores que os ânions e, como consequência, a razão r_C/r_A é menor que a unidade. Cada cátion prefere ter tantos ânions como vizinhos mais próximos quanto possível. Os ânions também desejam um número máximo de cátions como vizinhos mais próximos.

Estruturas cristalinas cerâmicas estáveis são formadas quando os ânions que envolvem um cátion estão todos em contato com o cátion, como ilustrado na Figura 12.1. O número de coordenação (isto é, o número de ânions vizinhos mais próximos para um cátion) está relacionado com a razão entre os raios do cátion e do ânion. Para um número de coordenação específico existe uma razão r_C/r_A crítica ou mínima para a qual esse contato cátion-ânion é estabelecido (Figura 12.1); essa razão pode ser determinada a partir de considerações puramente geométricas (veja o Problema-Exemplo 12.1).

Os números de coordenação e as geometrias dos vizinhos mais próximos para vários valores da razão r_C/r_A são apresentados na Tabela 12.2. Para razões r_C/r_A menores que 0,155, o cátion, que é muito pequeno, está ligado a dois ânions de forma linear. Se a razão r_C/r_A tem valor entre 0,155 e 0,225, o número de coordenação para o cátion é 3. Isso significa que cada cátion está envolvido por três ânions, na forma de um triângulo equilátero plano, com o cátion localizado no centro do triângulo. O número de coordenação é 4 para os valores de r_C/r_A entre 0,225 e 0,414; o cátion está localizado no centro de um tetraedro, com os ânions posicionados em cada um dos quatro vértices. Para r_C/r_A entre 0,414 e 0,732, o cátion pode ser considerado situado no centro de um octaedro, circundado por seis ânions, um em cada vértice do octaedro, como também é mostrado na tabela.

Figura 12.1 Configurações de coordenação cátion-ânion estável e instável. Os círculos maiores representam os ânions; os círculos menores representam os cátions.

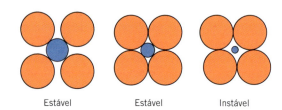

Estável   Estável   Instável

Estruturas e Propriedades das Cerâmicas • 363

O número de coordenação vale 8 para r_C/r_A entre 0,732 e 1,0, com ânions localizados em todos os vértices de um cubo e um cátion posicionado no centro. Para uma razão entre os raios maior que a unidade, o número de coordenação vale 12. Os números de coordenação mais comuns para os materiais cerâmicos são 4, 6 e 8. A Tabela 12.3 fornece os raios iônicos para vários ânions e cátions comuns em materiais cerâmicos.

As relações entre o número de coordenação e as razões entre os raios do cátion e do ânion (conforme observadas na Tabela 12.2) se baseiam em considerações geométricas e considerando os íons como "esferas rígidas"; portanto, essas relações são apenas aproximadas e existem exceções. Por exemplo, alguns compostos cerâmicos com razões r_C/r_A maiores que 0,414, para os quais a ligação é altamente covalente (e direcional), apresentam um número de coordenação de 4 (em vez de 6).

O tamanho de um íon depende de diversos fatores. Um desses fatores é o número de coordenação: o raio iônico tende a aumentar conforme o número de íons vizinhos mais próximos de carga oposta aumenta. Os raios iônicos dados na Tabela 12.3 são para um número de coordenação de 6. Portanto, o raio é maior para um número de coordenação 8 e menor quando o número de coordenação é 4.

Além disso, a carga de um íon influenciará seu raio. Por exemplo, a partir da Tabela 12.3, os raios para os íons Fe^{2+} e Fe^{3+} são de 0,077 e 0,069 nm, respectivamente, cujos valores podem ser comparados ao raio de um átomo de ferro — 0,124 nm. Quando um elétron é removido de um átomo ou íon, os elétrons de valência remanescentes ficam mais fortemente ligados ao núcleo, o que resulta em uma diminuição do raio iônico. Por outro lado, o tamanho iônico aumenta quando elétrons são adicionados a um átomo ou íon.

Tabela 12.2
Números de Coordenação e Geometrias para Várias Razões entre os Raios do Cátion e do Ânion (r_C/r_A).

Número de Coordenação	Razão entre Raios Cátion-Ânion	Geometria de Coordenação
2	<0,155	
3	0,155–0,225	
4	0,225–0,414	
6	0,414–0,732	
8	0,732–1,0	

Fonte: KINGERY, W. D., BOWEN, H. K. e UHLMANN, D. R. *Introduction to Ceramics*, 2ª ed. Copyright © 1976 por John Wiley & Sons, Nova York. Reimpressa sob permissão de John Wiley & Sons, Inc.

Tabela 12.3
Raios Iônicos para Vários Cátions e Ânions para um Número de Coordenação de 6

Cátion	Raio Iônico (nm)	Ânion	Raio Iônico (nm)
Al^{3+}	0,053	Br^-	0,196
Ba^{2+}	0,136	Cl^-	0,181
Ca^{2+}	0,100	F^-	0,133
Cs^+	0,170	I^-	0,220
Fe^{2+}	0,077	O^{2-}	0,140
Fe^{3+}	0,069	S^{2-}	0,184
K^+	0,138		
Mg^{2+}	0,072		
Mn^{2+}	0,067		
Na^+	0,102		
Ni^{2+}	0,069		
Si^{4+}	0,040		
Ti^{4+}	0,061		

PROBLEMA-EXEMPLO 12.1

Cálculo da Razão Mínima entre os Raios do Cátion e do Ânion para um Número de Coordenação de 3

Mostre que a razão mínima entre os raios do cátion e do ânion para um número de coordenação 3 é de 0,155.

Solução

Nessa coordenação, o pequeno cátion está envolvido por três ânions para formar um triângulo equilátero, triângulo ABC, como mostrado a seguir; os centros de todos os quatros íons são coplanares.

Isso leva a um problema relativamente simples de trigonometria plana. A avaliação do triângulo retângulo APO torna claro que os comprimentos dos lados estão relacionados com os raios do ânion e do cátion, r_A e r_C, por

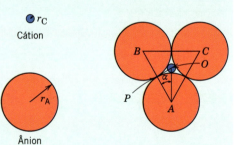

$$\overline{AP} = r_A$$

e

$$\overline{AO} = r_A + r_C$$

Além disso, a razão entre os comprimentos dos lados, $\overline{AP}/\overline{AO}$, é uma função do ângulo α segundo

$$\frac{\overline{AP}}{\overline{AO}} = \cos \alpha$$

A magnitude de α é 30°, uma vez que a linha $\overline{AO}$ é a bissetriz do ângulo BAC, de 60°. Dessa forma,

$$\frac{\overline{AP}}{\overline{AO}} = \frac{r_A}{r_A + r_C} = \cos 30° = \frac{\sqrt{3}}{2}$$

Resolvendo para a razão entre os raios do cátion e do ânion, tem-se

$$\frac{r_C}{r_A} = \frac{1 - \sqrt{3}/2}{\sqrt{3}/2} = 0,155$$

Estruturas Cristalinas do Tipo AX

Alguns materiais cerâmicos comuns são aqueles em que existem números iguais de cátions e de ânions. Com frequência, esses materiais são designados como compostos AX, nos quais A representa o cátion e X o ânion. Existem várias estruturas cristalinas diferentes para os compostos AX; normalmente, cada uma delas é denominada em referência a um material comum que assume aquela estrutura em particular.

Estrutura do Sal-gema

Talvez a estrutura cristalina AX mais comum seja a do tipo *cloreto de sódio* (NaCl), ou *sal-gema*. O número de coordenação tanto para os cátions quanto para os ânions é 6 e, portanto, a razão entre os raios do cátion e do ânion está entre aproximadamente 0,414 e 0,732. Uma célula unitária para essa estrutura cristalina (Figura 12.2) é gerada a partir de um arranjo CFC para os ânions com um cátion localizado no centro do cubo e um cátion no centro de cada uma das 12 arestas do cubo. Uma estrutura cristalina equivalente resulta de um arranjo no qual os cátions estão localizados nos centros das faces. Dessa forma, a estrutura cristalina do sal-gema pode ser considerada como duas redes CFC que se interpenetram — uma composta pelos cátions e outra pelos ânions. Alguns dos materiais cerâmicos comuns que se formam com essa estrutura cristalina são NaCl, MgO, MnS, LiF e FeO.

Estrutura do Cloreto de Césio

A Figura 12.3 mostra uma célula unitária para a estrutura cristalina do *cloreto de césio* (CsCl); o número de coordenação para ambos os tipos de íons é 8. Os ânions estão localizados em cada um dos vértices de um cubo, enquanto o centro do cubo contém um único cátion. O intercâmbio dos ânions pelos cátions, e vice-versa, produz a mesma estrutura cristalina. Essa *não* é uma estrutura cristalina CCC, uma vez que estão envolvidos íons de dois tipos diferentes.

Estrutura da Blenda de Zinco

Uma terceira estrutura AX é aquela em que o número de coordenação é 4 — isto é, todos os íons estão coordenados tetraedricamente. Essa estrutura é chamada de *blenda de zinco*, ou *esfalerita*, em função do termo mineralógico para o sulfeto de zinco (ZnS). Uma célula unitária é apresentada na Figura 12.4; todos os vértices e todas as posições nas faces da célula cúbica estão ocupados por átomos de S, enquanto os átomos de Zn preenchem posições tetraédricas no interior. Uma estrutura equivalente resulta se as posições dos átomos de Zn e de S forem invertidas. Dessa forma, cada átomo de Zn está ligado a quatro átomos de S, e vice-versa. Na maioria das vezes, a ligação atômica nos compostos que exibem essa estrutura cristalina é altamente covalente (Tabela 12.1), estando incluídos entre esses compostos o ZnS, ZnTe e SiC.

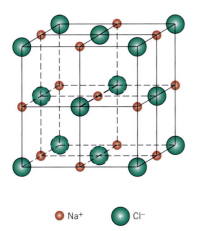

Figura 12.2 Célula unitária para a estrutura cristalina do sal-gema, ou cloreto de sódio (NaCl).

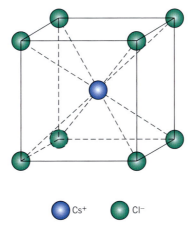

Figura 12.3 Célula unitária para a estrutura cristalina do cloreto de césio (CsCl).

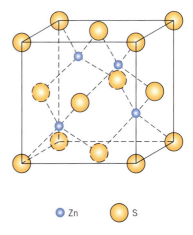

Figura 12.4 Célula unitária para a estrutura cristalina da blenda de zinco (ZnS).

Estruturas Cristalinas do Tipo A$_m$X$_p$

Se as cargas dos cátions e dos ânions não são as mesmas, pode existir um composto com a fórmula química A$_m$X$_p$, em que m e/ou $p \neq 1$. Um exemplo é o composto AX$_2$, para o qual uma estrutura cristalina típica é aquela encontrada na *fluorita* (CaF$_2$). A razão entre os raios iônicos, r_C/r_A, para o CaF$_2$ é de aproximadamente 0,8, o que, de acordo com a Tabela 12.2, estabelece um número de coordenação de 8. Os íons cálcio estão posicionados nos centros de cubos, enquanto os íons de flúor estão nos vértices. A fórmula química mostra que existe apenas metade do número de íons Ca^{2+} em relação ao número de íons F$^-$ e, portanto, a estrutura cristalina é semelhante à do CsCl (Figura 12.3), exceto pelo fato de que apenas metade das posições centrais nos cubos está ocupada com íons Ca^{2+}. Uma célula unitária consiste em oito cubos, como indicado na Figura 12.5. Outros compostos com essa estrutura cristalina incluem ZrO$_2$ (cúbico), UO$_2$, PuO$_2$ e ThO$_2$.

Estruturas Cristalinas do Tipo A$_m$B$_n$X$_p$

Também é possível para os compostos cerâmicos possuir mais que um tipo de cátion; no caso de dois tipos de cátions (representados por A e B), suas fórmulas químicas podem ser designadas como A$_m$B$_n$X$_p$. O titanato de bário (BaTiO$_3$), que possui tanto cátions Ba^{2+} quanto Ti^{4+}, enquadra-se nessa classificação. Esse material tem uma *estrutura cristalina da perovskita* e propriedades eletromecânicas bastante interessantes, as quais são discutidas posteriormente. Em temperaturas acima de 120°C (248°F), a estrutura cristalina é cúbica. Uma célula unitária dessa estrutura é mostrada na Figura 12.6; os íons Ba^{2+} estão localizados em todos os oito vértices do cubo, enquanto um único íon Ti^{4+} está no centro do cubo, com os íons O^{2-} localizados no centro de cada uma das seis faces.

A Tabela 12.4 resume as estruturas cristalinas para o sal-gema, cloreto de césio, blenda de zinco, fluorita e perovskita em termos das razões entre os cátions e os ânions e dos números de coordenação, fornecendo exemplos para cada uma delas. Obviamente, são possíveis muitas outras estruturas cristalinas para as cerâmicas.

Estruturas Cristalinas a partir de Ânions com Arranjo Compacto

Pode ser recordado (Seção 3.12) que, para os metais, o empilhamento de planos compactos de átomos uns sobre os outros gera estruturas cristalinas tanto do tipo CFC quanto do tipo HC. De maneira semelhante, diversas estruturas cristalinas cerâmicas, assim como células unitárias, podem ser consideradas em termos de planos compactos de íons. Ordinariamente, os planos compactos são compostos pelos ânions, que são maiores. Conforme esses planos são empilhados uns sobre os outros, pequenos sítios intersticiais são criados entre eles, onde os cátions podem se alojar.

Existem dois tipos diferentes dessas posições intersticiais, como ilustra a Figura 12.7. Quatro átomos (três em um plano e um único átomo no plano adjacente) circundam um dos tipos; essa posição é denominada **posição tetraédrica**, já que linhas retas traçadas a partir dos centros das esferas circundantes formam um tetraedro. O outro tipo de sítio representado na Figura 12.7 envolve seis esferas de íons, três em cada um dos dois planos. Uma vez que um octaedro é produzido pela união dos seis centros dessas esferas, esse sítio é denominado **posição octaédrica**. Dessa forma, os números de

posição tetraédrica

posição octaédrica

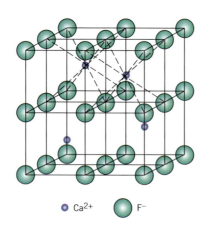

Figura 12.5 Célula unitária para a estrutura cristalina da fluorita (CaF$_2$).

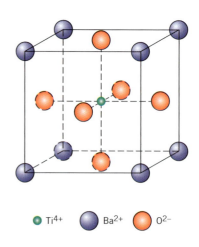

Figura 12.6 Célula unitária para a estrutura cristalina da perovskita.

Tabela 12.4
Resumo de Algumas Estruturas Cristalinas Cerâmicas Comuns

Nome da Estrutura	Tipo da Estrutura	Compactação dos Ânions	Número de Coordenação Cátion	Número de Coordenação Ânion	Exemplos
Sal-gema (cloreto de sódio)	AX	CFC	6	6	NaCl, MgO, FeO
Cloreto de césio	AX	Cúbica simples	8	8	CsCl
Blenda de zinco (esfalerita)	AX	CFC	4	4	ZnS, SiC
Fluorita	AX_2	Cúbica simples	8	4	CaF_2, UO_2, ThO_2
Perovskita	ABX_3	CFC	12 (A) 6 (B)	6	$BaTiO_3$, $SrZrO_3$, $SrSnO_3$
Espinélio	AB_2X_4	CFC	4 (A) 6 (B)	4	$MgAl_2O_4$, $FeAl_2O_4$

coordenação para os cátions que preenchem as posições tetraédricas e octaédricas são 4 e 6, respectivamente. Além disso, para cada uma dessas esferas de ânions, haverá uma posição octaédrica e duas posições tetraédricas.

As estruturas cristalinas cerâmicas desse tipo dependem de dois fatores: (1) do empilhamento das camadas compactas de ânions (são possíveis tanto arranjos CFC quanto HC, os quais correspondem às sequências *ABCABC*... e *ABABAB*..., respectivamente) e (2) da maneira como os sítios intersticiais são preenchidos com os cátions. Por exemplo, considere a estrutura cristalina do sal-gema que foi discutida anteriormente. A célula unitária tem simetria cúbica, e cada cátion (íon Na^+) apresenta seis íons Cl^- como vizinhos mais próximos, como pode ser verificado a partir da Figura 12.2. Isto é, o íon Na^+, no centro da célula unitária, tem como vizinhos mais próximos os seis íons Cl^- que estão localizados nos centros de cada uma das faces do cubo. A estrutura cristalina, com simetria cúbica, pode ser considerada em termos de um arranjo CFC de planos compactos de ânions, em que todos os planos são do tipo {111}. Os cátions encontram-se em posições octaédricas, pois apresentam seis ânions como vizinhos mais próximos. Adicionalmente, todas as posições octaédricas estão preenchidas, uma vez que existe um único sítio octaédrico para cada ânion e a relação entre o número de ânions e o de cátions é de 1:1. Para essa estrutura cristalina, a relação entre a célula unitária e os esquemas para o empilhamento de planos compactos de ânions está ilustrada na Figura 12.8.

Outras estruturas cristalinas cerâmicas, porém não todas, podem ser tratadas de maneira semelhante; entre essas estruturas estão as estruturas da blenda de zinco e da perovskita. A *estrutura do espinélio* é uma daquelas do tipo $A_m B_n X_p$, encontrada para o aluminato de magnésio ou espinélio ($MgAl_2O_4$). Nessa estrutura, os íons O^{2-} formam uma rede CFC, enquanto os íons Mg^{2+} preenchem sítios tetraédricos e os íons Al^{3+} alojam-se em posições octaédricas. As cerâmicas magnéticas, ou ferritas, apresentam uma estrutura cristalina que é uma ligeira variação dessa estrutura do espinélio, e as características magnéticas são afetadas pela ocupação das posições tetraédricas e octaédricas (veja a Seção 20.5).

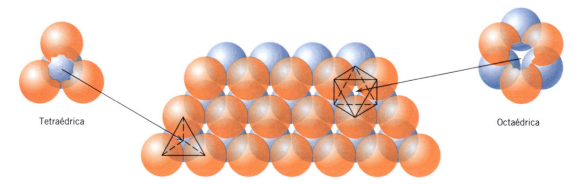

Figura 12.7 Empilhamento de um plano compacto de esferas (alaranjadas) (ânions) sobre outro (esferas azuis); estão destacadas as geometrias das posições tetraédricas e octaédricas entre os planos.
(Adaptada de MOFFATT, W. G., PEARSALL, G. W. e WULFF, J. *The Structure and Properties of Materials*, vol. I, *Structure*. John Wiley & Sons, 1964. Reproduzida com permissão de Janet M. Moffatt.)

Figura 12.8 Uma seção da estrutura cristalina do sal-gema da qual um dos vértices foi removido. O plano de ânions que está exposto (esferas verdes no triângulo) é um plano do tipo (111); os cátions (esferas vermelhas) ocupam as posições octaédricas intersticiais.

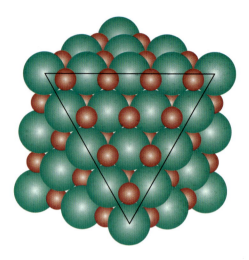

PROBLEMA-EXEMPLO 12.2

Previsão da Estrutura Cristalina de Materiais Cerâmicos

Com base nos raios iônicos (Tabela 12.3), qual estrutura cristalina você esperaria para o FeO?

Solução

Em primeiro lugar, deve ser observado que o FeO é um composto do tipo AX. Em seguida, a razão entre os raios do cátion e do ânion deve ser determinada, a qual, a partir da Tabela 12.3, é

$$\frac{r_{Fe^{2+}}}{r_{O^{2-}}} = \frac{0,077 \text{ nm}}{0,140 \text{ nm}} = 0,550$$

Esse valor está entre 0,414 e 0,732 e, portanto, considerando-se a Tabela 12.2, o número de coordenação para o íon Fe^{2+} é 6; esse também é o número de coordenação para o O^{2-}, uma vez que existem números iguais de cátions e ânions. A estrutura cristalina esperada é a do sal-gema, que é uma estrutura cristalina do tipo AX com número de coordenação 6, como dado na Tabela 12.4.

Verificação de Conceitos 12.1 A Tabela 12.3 fornece os raios iônicos para os íons K^+ e O^{2-} como iguais a 0,138 e 0,140 nm, respectivamente.

(a) Qual é o número de coordenação para cada íon O^{2-}?

(b) Descreva sucintamente a estrutura cristalina resultante para o K_2O.

(c) Explique por que essa estrutura é chamada de estrutura antifluorita.

[*A resposta está disponível no GEN-IO, ambiente virtual de aprendizagem do GEN.*]

Cálculos da Massa Específica das Cerâmicas

É possível calcular a massa específica teórica de um material cerâmico cristalino a partir dos dados da sua célula unitária, de maneira semelhante àquela descrita na Seção 3.5 para os metais. Nesse caso, a massa específica ρ pode ser determinada usando uma forma modificada da Equação 3.8, da seguinte maneira:

Massa específica teórica para materiais cerâmicos

$$\rho = \frac{n'(\Sigma A_C + \Sigma A_A)}{V_C N_A} \tag{12.1}$$

em que

n' = número de fórmulas unitárias em cada célula unitária[1]

ΣA_C = soma dos pesos atômicos de todos os cátions na fórmula unitária

ΣA_A = soma dos pesos atômicos de todos os ânions na fórmula unitária

V_C = volume da célula unitária

N_A = número de Avogadro, $6,022 \times 10^{23}$ fórmulas unitárias/mol

PROBLEMA-EXEMPLO 12.3

Cálculo da Massa Específica Teórica para o Cloreto de Sódio

Com base na estrutura cristalina, calcule a massa específica teórica para o cloreto de sódio. Como o valor encontrado se compara à massa específica medida?

Solução

A massa específica teórica pode ser determinada usando a Equação 12.1, na qual n', o número de unidades de NaCl por célula unitária, é igual a 4, uma vez que tanto os íons sódio quanto os íons cloreto formam redes CFC. Além disso,

$$\Sigma A_C = A_{Na} = 22,99 \text{ g/mol}$$
$$\Sigma A_A = A_{Cl} = 35,45 \text{ g/mol}$$

Uma vez que a célula unitária é cúbica, $V_C = a^3$, na qual a é o comprimento da aresta da célula unitária. Para a face da célula unitária cúbica mostrada na figura a seguir,

$$a = 2r_{Na^+} + 2r_{Cl^-}$$

em que r_{Na^+} e r_{Cl^-} representam os raios iônicos do sódio e do cloro, respectivamente, que são dados na Tabela 12.3 como 0,102 e 0,181 nm.

Dessa forma,

$$V_C = a^3 = (2r_{Na^+} + 2r_{Cl^-})^3$$

Por fim,

$$\rho = \frac{n'(A_{Na} + A_{Cl})}{(2r_{Na^+} + 2r_{Cl^-})^3 N_A}$$

$$= \frac{4(22,99 + 35,45)}{[2(0,102 \times 10^{-7}) + 2(0,181 \times 10^{-7})]^3 (6,022 \times 10^{23})}$$

$$= 2,14 \text{ g/cm}^3$$

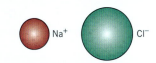

Esse resultado compara-se de maneira muito favorável com o valor experimental de 2,16 g/cm³.

12.3 CERÂMICAS À BASE DE SILICATOS

Os *silicatos* são materiais compostos principalmente por silício e oxigênio, os dois elementos mais abundantes na crosta terrestre; consequentemente, a maior parte dos solos, rochas, argilas e areia enquadram-se na classificação de silicatos. Em vez de caracterizar as estruturas cristalinas desses materiais em termos de células unitárias, é mais conveniente usar vários arranjos de um tetraedro de SiO_4^{4-} (Figura 12.9). Cada átomo de silício está ligado a quatro átomos de oxigênio, localizados nos vértices do tetraedro; o átomo de silício está posicionado no centro do tetraedro. Uma vez que essa é a unidade básica dos silicatos, em geral ela é tratada como uma entidade carregada negativamente.

---
[1] Por *fórmula unitária* queremos indicar todos os íons que estão incluídos em uma unidade da fórmula química. Por exemplo, para o $BaTiO_3$, uma fórmula unitária consiste em um íon bário, um íon titânio e três íons oxigênio.

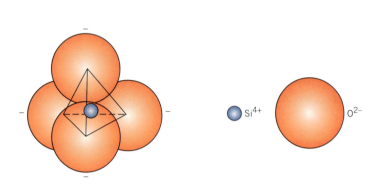

Figura 12.9 Tetraedro silício-oxigênio (SiO_4^{4-}).

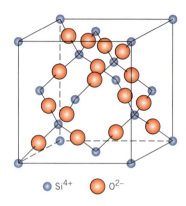

Figura 12.10 Arranjo dos átomos de silício e oxigênio em uma célula unitária de cristobalita, um polimorfo do SiO_2.

Com frequência, os silicatos não são considerados iônicos, pois existe uma natureza covalente significativa nas ligações interatômicas Si-O (Tabela 12.1), que são direcionais e relativamente fortes. Independente da natureza da ligação Si-O, existe uma carga de –4 associada a cada tetraedro de SiO_4^{4-}, uma vez que cada um dos quatro átomos de oxigênio requer um elétron adicional para atingir uma estrutura eletrônica estável. Várias estruturas de silicatos surgem das diferentes maneiras nas quais as unidades de SiO_4^{4-} podem ser combinadas em arranjos unidimensionais, bidimensionais e tridimensionais.

Sílica

Quimicamente, o silicato mais simples é o dióxido de silício, ou sílica (SiO_2). Estruturalmente, esse material forma uma rede tridimensional que é gerada quando os átomos de oxigênio localizados nos vértices de cada tetraedro são compartilhados por tetraedros adjacentes. Dessa forma, o material é eletricamente neutro e todos os átomos têm estruturas eletrônicas estáveis. Sob essas circunstâncias, a razão entre o número de átomos de silício e o número de átomos de O é de 1:2, como indicado pela fórmula química.

Se esses tetraedros forem arranjados de maneira regular e ordenada, é formada uma estrutura cristalina. Existem três formas cristalinas polimórficas principais para a sílica: quartzo, cristobalita (Figura 12.10) e tridimita. Suas estruturas são relativamente complicadas e comparativamente abertas — isto é, os átomos não estão densamente compactados. Como consequência, essas sílicas cristalinas apresentam massas específicas relativamente baixas; por exemplo, à temperatura ambiente, o quartzo tem uma massa específica de apenas 2,65 g/cm³. A força das ligações interatômicas Si-O reflete-se em uma temperatura de fusão relativamente elevada, de 1710°C (3110°F).

Vidros à Base de Sílica

A sílica também pode existir como um sólido ou vidro não cristalino com elevado grau de aleatoriedade atômica, que é característico dos líquidos; tal material é chamado de *sílica fundida* ou *sílica vítrea*. Como ocorre com a sílica cristalina, o tetraedro de SiO_4^{4-} é a unidade básica; além dessa unidade, existe um grau considerável de desordem. As estruturas para a sílica cristalina e não cristalina estão comparadas esquematicamente na Figura 3.24. Outros óxidos (por exemplo, B_2O_3 e GeO_2) também podem formar estruturas vítreas (e estruturas de óxidos poliédricos semelhantes àquela mostrada na Figura 12.9); esses materiais, assim como o SiO_2, são denominados *formadores de rede*.

Os vidros inorgânicos comuns, usados para recipientes, janelas, entre outros, são vidros à base de sílica, aos quais foram adicionados outros óxidos, tais como CaO e Na_2O. Esses óxidos não formam redes poliédricas. Em vez disso, seus cátions são incorporados no interior da rede de SiO_4^{4-} e a modificam; por essa razão, esses óxidos aditivos são denominados *modificadores de rede*. Por exemplo, a Figura 12.11 é uma representação esquemática da estrutura de um vidro de sódio-silicato. Outros óxidos, tais como o TiO_2 e o Al_2O_3, ainda que não sejam formadores de rede, substituem o silício e tornam-se parte da rede, estabilizando-a; esses são chamados *intermediários*. A partir de um ponto de vista prático, a adição desses modificadores e intermediários reduz o ponto de fusão e a viscosidade de um vidro, tornando mais fácil sua conformação em temperaturas mais baixas (Seção 13.11).

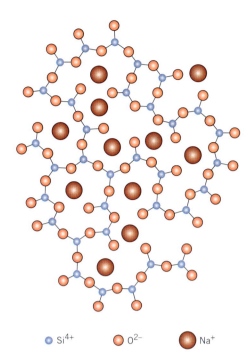

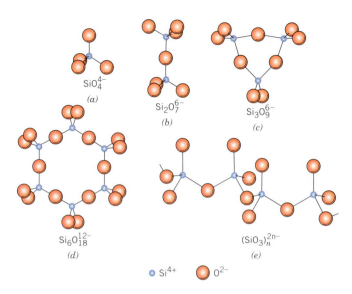

Figura 12.11 Representação esquemática das posições dos íons em um vidro de sódio-silicato.

Figura 12.12 Cinco estruturas do íon silicato formadas a partir de tetraedros de SiO$_4^{4-}$.

Os Silicatos

Para os vários minerais à base de silicato, um, dois ou três dos átomos de oxigênio nos vértices dos tetraedros de SiO$_4^{4-}$ são compartilhados com outros tetraedros para formar algumas estruturas bastante complexas. Algumas dessas estruturas, representadas na Figura 12.12, têm fórmulas SiO$_4^{4-}$, Si$_2$O$_7^{6-}$, Si$_3$O$_9^{6-}$ e assim por diante; também são possíveis estruturas em cadeia única, como mostra a Figura 12.12e. Os cátions carregados positivamente, tais como Ca^{2+}, Mg^{2+} e Al^{3+}, servem a dois propósitos. Em primeiro lugar, eles compensam as cargas negativas das unidades de SiO$_4^{4-}$, proporcionando a neutralidade de carga; em segundo lugar, esses cátions ligam ionicamente os tetraedros de SiO$_4^{4-}$ uns aos outros.

Silicatos Simples

Entre esses silicatos, aqueles estruturalmente mais simples envolvem tetraedros isolados (Figura 12.12a). Por exemplo, a forsterita (Mg$_2$SiO$_4$) apresenta o equivalente a dois íons Mg^{2+} associados a cada tetraedro, de tal modo que cada íon Mg^{2+} tem seis átomos de oxigênio como vizinhos mais próximos.

O íon Si$_2$O$_7^{6-}$ é formado quando dois tetraedros compartilham um átomo de oxigênio em comum (Figura 12.12b). A aquermanita (Ca$_2$MgSi$_2$O$_7$) é um mineral que possui o equivalente a dois íons Ca^{2+} e um íon Mg^{2+} ligados a cada unidade Si$_2$O$_7^{6-}$.

Silicatos em Camadas

Uma estrutura bidimensional em lâminas ou camadas também pode ser produzida pelo compartilhamento de três íons oxigênio em cada um dos tetraedros (Figura 12.13); para essa estrutura, a fórmula unitária que se repete pode ser representada por (Si$_2$O$_5$)$^{2-}$. A carga negativa resultante está associada aos átomos de oxigênio não ligados, que se projetam para fora do plano da página. A eletroneutralidade é estabelecida normalmente por uma segunda estrutura laminar plana com excesso de cátions e que se liga a esses átomos de oxigênio não ligados da lâmina de Si$_2$O$_5$. Tais materiais são chamados de silicatos em lâminas ou em camadas, e sua estrutura básica é característica das argilas e de outros minerais.

Um dos minerais argilosos mais comuns, a caulinita, tem uma estrutura laminar de silicatos relativamente simples com duas camadas. A argila caulinita apresenta a fórmula Al$_2$(Si$_2$O$_5$)(OH)$_4$, na qual a camada tetraédrica de sílica, representada por (Si$_2$O$_5$)$^{2-}$, é neutralizada eletricamente por uma camada adjacente de Al$_2$(OH)$_4^{2+}$. Uma única lâmina dessa estrutura é mostrada na Figura 12.14, que está alargada na direção vertical para proporcionar melhor perspectiva das posições dos íons; as

12.5 IMPERFEIÇÕES NAS CERÂMICAS

Defeitos Pontuais Atômicos

Podem existir defeitos atômicos envolvendo átomos hospedeiros nos compostos cerâmicos. Como ocorre com os metais, são possíveis tanto lacunas quanto intersticiais; entretanto, uma vez que os materiais cerâmicos contêm íons de pelo menos dois tipos, pode haver defeitos para cada espécie de íon. Por exemplo, no NaCl pode haver defeitos por lacunas e intersticiais para o Na e defeitos por lacunas e intersticiais para o Cl. Contudo, é muito pouco provável que existam concentrações apreciáveis de defeitos intersticiais do ânion. O ânion é relativamente grande e, para se ajustar no interior de uma pequena posição intersticial, devem ser introduzidas deformações substanciais sobre os íons vizinhos. Os defeitos por lacuna de ânions e cátions e um defeito intersticial do cátion estão representados na Figura 12.18.

estrutura de defeito   A expressão **estrutura de defeitos** é usada com frequência para designar os tipos e concentrações de defeitos atômicos nas cerâmicas. Uma vez que os átomos existem como íons carregados, quando as estruturas de defeitos são consideradas, devem ser mantidas condições de eletroneu-
eletroneutralidade   tralidade. **Eletroneutralidade** é o estado que existe quando estão presentes números iguais de cargas positivas e negativas dos íons. Como consequência, os defeitos nas cerâmicas não ocorrem isolados. Um desses tipos de defeito envolve um par composto por uma lacuna de cátion e um
defeito de Frenkel   cátion intersticial. Esse tipo de defeito é chamado **defeito de Frenkel** (Figura 12.19). Ele pode ser considerado como formado por um cátion que deixa sua posição normal e se move para um sítio intersticial. Não existe alteração global na carga, uma vez que o cátion mantém a mesma carga positiva como um intersticial.

Outro tipo de defeito encontrado em materiais do tipo AX é um par composto por uma lacuna de
defeito de Schottky   cátion e uma lacuna de ânion, conhecido como **defeito de Schottky** e que também é mostrado esquematicamente na Figura 12.19. Esse defeito pode ser considerado como tendo sido criado pela remoção de um cátion e de um ânion do interior do cristal, seguido pela colocação de ambos os íons em uma superfície externa. Uma vez que tanto os cátions quanto os ânions têm a mesma carga, e como para cada lacuna de ânion existe uma lacuna de cátion, a neutralidade de cargas do cristal é mantida.

A razão entre o número de cátions e o número de ânions não é alterada pela formação de um defeito de Frenkel ou um defeito de Schottky. Se nenhum outro tipo de defeito estiver presente, o
estequiometria   material é dito ser estequiométrico. A **estequiometria** pode ser definida como o estado para os compostos iônicos em que existe a razão exata entre cátions e ânions prevista pela fórmula química. Por exemplo, o NaCl é estequiométrico se a razão entre os íons Na$^+$ e os íons Cl$^-$ for exatamente 1:1. Um composto cerâmico é *não estequiométrico* se houver qualquer desvio dessa razão exata.

Pode ocorrer falta de estequiometria para alguns materiais cerâmicos em que existem dois estados de valência (ou iônicos) para um dos tipos de íon. O óxido de ferro (wustita, FeO) é um desses materiais, pois o ferro pode estar presente tanto no estado Fe^{2+} quanto Fe^{3+}; as quantidades de cada um desses tipos de íons dependem da temperatura e da pressão de oxigênio no ambiente. A formação de um íon Fe^{3+} perturba a eletroneutralidade do cristal pela introdução de uma carga +1 em excesso, a qual deve ser compensada por algum tipo de defeito. Isso pode ser conseguido pela formação de uma lacuna de Fe^{2+} (ou pela remoção de duas cargas positivas) para cada dois íons Fe^{3+} formados (Figura 12.20). O cristal não é mais estequiométrico, pois existe um íon O a mais que os íons Fe;

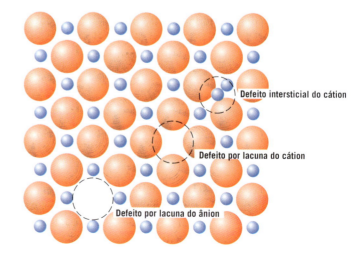

Figura 12.18   Representações esquemáticas de lacunas do cátion e do ânion e de um cátion intersticial.
(De MOFFATT, W. G., PEARSALL, G. W. e WULFF, J. *The Structure and Properties of Materials*, vol. I, *Structure*. John Wiley & Sons, 1964. Reproduzida com permissão de Janet M. Moffatt.)

Figura 12.19 Diagrama esquemático mostrando defeitos de Frenkel e de Schottky em sólidos iônicos.
(De MOFFATT, W. G., PEARSALL, G. W. e WULFF, J. *The Structure and Properties of Materials*, vol. I, *Structure*. John Wiley & Sons, 1964. Reproduzida com permissão de Janet M. Moffatt.)

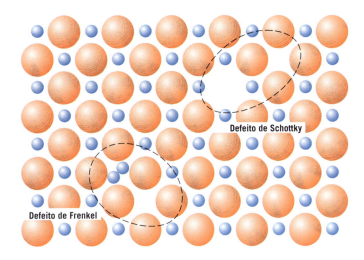

entretanto, o cristal permanece eletricamente neutro. Esse fenômeno é muito comum no óxido de ferro e, na verdade, sua fórmula química é escrita com frequência como $Fe_{1-x}O$ (em que x é uma fração pequena e variável, substancialmente menor que a unidade) para indicar uma condição de não estequiometria com uma deficiência de Fe.

✓ **Verificação de Conceitos 12.2** É possível existir um defeito de Schottky no K_2O? Se isso for possível, descreva sucintamente esse tipo de defeito. Se não for possível, então explique a razão.

[*A resposta está disponível no GEN-IO, ambiente virtual de aprendizagem do GEN.*]

As quantidades em equilíbrio tanto dos defeitos de Frenkel quanto dos defeitos de Schottky aumentam e dependem da temperatura de maneira semelhante ao número de lacunas nos metais (Equação 4.1). Para os defeitos de Frenkel, a quantidade de pares de defeitos lacuna de cátion/cátion intersticial (N_{fr}) depende da temperatura de acordo com a seguinte expressão:

$$N_{fr} = N \exp\left(-\frac{Q_{fr}}{2kT}\right) \tag{12.2}$$

em que Q_{fr} é a energia necessária para a formação de cada defeito de Frenkel, e N é o número total de sítios da rede. (Como em discussões anteriores, k e T representam a constante de Boltzmann e a temperatura absoluta, respectivamente.) O fator 2 está presente no denominador da exponencial porque dois defeitos (um cátion ausente e um cátion intersticial) estão associados a cada defeito de Frenkel.

De maneira semelhante, para os defeitos de Schottky em um composto do tipo AX, o número de defeitos em equilíbrio (N_s) é uma função da temperatura, conforme

$$N_s = N \exp\left(-\frac{Q_s}{2kT}\right) \tag{12.3}$$

em que Q_s representa a energia de formação de um defeito de Schottky.

Figura 12.20 Representação esquemática de uma lacuna de Fe^{2+} no FeO que resulta da formação de dois íons Fe^{3+}.

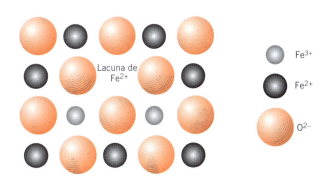

PROBLEMA-EXEMPLO 12.4

Cálculo do Número de Defeitos de Schottky no KCl

Calcule o número de defeitos de Schottky por metro cúbico no cloreto de potássio a 500°C. A energia necessária para a formação de cada defeito de Schottky é de 2,6 eV, enquanto a massa específica do KCl (a 500°C) é de 1,955 g/cm³.

Solução

Para resolver este problema é necessário aplicar a Equação 12.3. Entretanto, primeiro devemos calcular o valor de N (o número de sítios na rede cristalina por metro cúbico); isso é possível usando uma forma modificada da Equação 4.2:

$$N = \frac{N_A \rho}{A_K + A_{Cl}} \quad (12.4)$$

na qual N_A é o número de Avogadro ($6,022 \times 10^{23}$ átomos/mol), ρ é a massa específica, e A_K e A_{Cl} são os pesos atômicos para o potássio e o cloro (isto é, 39,10 e 35,45 g/mol), respectivamente. Portanto,

$$N = \frac{(6,022 \times 10^{23} \text{ átomos/mol})(1,955 \text{ g/cm}^3)(10^6 \text{ cm}^3/\text{m}^3)}{39,10 \text{ g/mol} + 35,45 \text{ g/mol}}$$

$$= 1,58 \times 10^{28} \text{ sítios da rede cristalina/m}^3$$

Agora, a incorporação desse valor na Equação 12.3 leva ao seguinte valor para N_s:

$$N_s = N \exp\left(-\frac{Q_s}{2kT}\right)$$

$$= (1,58 \times 10^{28} \text{ sítios da rede cristalina/m}^3) \exp\left[-\frac{2,6 \text{ eV}}{(2)(8,62 \times 10^{-5} \text{ eV/K})(500 + 273 \text{ K})}\right]$$

$$= 5,31 \times 10^{19} \text{ defeitos/m}^3$$

Impurezas nas Cerâmicas

Os átomos de impureza podem formar soluções sólidas em materiais cerâmicos da mesma forma como fazem nos metais. São possíveis soluções sólidas dos tipos substitucional e intersticial. Para uma solução sólida intersticial, o raio iônico da impureza deve ser relativamente pequeno em comparação ao raio do ânion. Uma vez que existem tanto ânions quanto cátions, uma impureza substitucional substitui o íon hospedeiro ao qual ela mais se assemelha no aspecto elétrico: se o átomo de impureza forma normalmente um cátion em um material cerâmico, mais provavelmente ele substituirá um cátion hospedeiro. Por exemplo, no cloreto de sódio, os íons de impurezas Ca^{2+} e O^{2-} substituiriam, mais provavelmente, os íons Na^+ e Cl^-, respectivamente. As representações esquemáticas para impurezas substitucionais do cátion e do ânion, assim como para impurezas intersticiais, são mostradas na Figura 12.21. Para alcançar

Figura 12.21 Representações esquemáticas de átomos de impurezas intersticial, substitucional do ânion e substitucional do cátion em um composto iônico.
(Adaptada de MOFFATT, W. G., PEARSALL, G. W. e WULFF, J. *The Structure and Properties of Materials*, vol. I, *Structure*. John Wiley & Sons, 1964. Reproduzida com permissão de Janet M. Moffatt.)

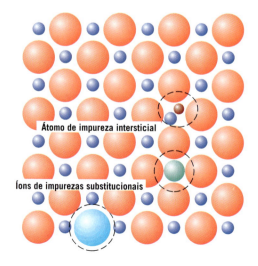

qualquer solubilidade sólida apreciável dos átomos de impureza substitucionais, o tamanho e a carga iônica da impureza devem ser muito próximos daqueles de um dos íons hospedeiros. Para um íon de impureza com carga diferente daquela do íon hospedeiro que ele está substituindo, o cristal deve compensar essa diferença de carga de modo que a eletroneutralidade do sólido seja mantida. Uma maneira pela qual isso pode ocorrer é pela formação de defeitos na rede — lacunas ou intersticiais de ambos os tipos de íons, como discutido anteriormente.

PROBLEMA-EXEMPLO 12.5

Determinação de Possíveis Tipos de Defeitos Pontuais no NaCl Devido à Presença de Íons Ca^{2+}

Se a eletroneutralidade deve ser preservada, quais defeitos pontuais são possíveis no NaCl quando um íon Ca^{2+} substitui um íon Na^+? Quantos desses defeitos existem para cada íon Ca^{2+}?

Solução

A substituição de um íon Na^+ por um íon Ca^{2+} introduz uma carga positiva adicional. A eletroneutralidade é mantida quando uma única carga positiva é eliminada ou quando outra carga negativa unitária é adicionada. A remoção de uma carga positiva é obtida pela formação de uma lacuna de Na^+. Alternativamente, um intersticial de Cl^- fornece uma carga negativa adicional, anulando o efeito de cada íon Ca^{2+}. Entretanto, como mencionado anteriormente, a formação desse defeito é altamente improvável.

Verificação de Conceitos 12.3 Quais defeitos pontuais são possíveis para o MgO como impureza no Al_2O_3? Quantos íons Mg^{2+} devem ser adicionados para formar cada um desses defeitos?

[A resposta está disponível no GEN-IO, ambiente virtual de aprendizagem do GEN.]

12.6 DIFUSÃO EM MATERIAIS IÔNICOS

Para os compostos iônicos, o fenômeno da difusão é mais complicado que para os metais, uma vez que é necessário considerar o movimento de difusão de dois tipos de íons com cargas opostas. A difusão nesses materiais ocorre geralmente por meio de um mecanismo por lacunas (Figura 5.2a). Como observado na Seção 12.5, para manter a neutralidade das cargas em um material iônico, o seguinte pode ser dito a respeito das lacunas: (1) as lacunas de íons ocorrem em pares [como nos defeitos de Schottky (Figura 12.19)], (2) elas se formam em compostos não estequiométricos (Figura 12.20) e (3) elas são criadas por íons de impurezas substitucionais com cargas diferentes dos íons hospedeiros (Problema-Exemplo 12.5). Em qualquer caso, uma transferência de carga elétrica está associada ao movimento de difusão de um único íon. Com o objetivo de manter uma neutralidade local das cargas na vizinhança desse íon em movimento, é necessário que outra espécie com uma carga igual e oposta acompanhe o movimento de difusão do íon. Possíveis espécies carregadas incluem outra lacuna, um átomo de impureza ou um portador eletrônico [isto é, um elétron livre ou um buraco (Seção 18.6)]. Como consequência, a taxa de difusão desses pares eletricamente carregados é limitada pela taxa de difusão da espécie que se move mais lentamente.

Quando um campo elétrico externo é aplicado através de um sólido iônico, os íons eletricamente carregados migram (isto é, difundem) em resposta às forças que são aplicadas sobre eles. Como discutimos na Seção 18.16, esse movimento iônico dá origem a uma corrente elétrica. Além disso, a condutividade elétrica é uma função do coeficiente de difusão (Equação 18.23). Consequentemente, muitos dos dados de difusão para os sólidos iônicos são oriundos de medições da condutividade elétrica.

12.7 DIAGRAMAS DE FASES DAS CERÂMICAS

Foram determinados experimentalmente diagramas de fases para um grande número de sistemas cerâmicos. Para os diagramas de fases binários ou de dois componentes, ocorre, com frequência, que os dois componentes são compostos que compartilham um elemento comum, geralmente o oxigênio. Esses diagramas podem ter configurações semelhantes às dos sistemas metal-metal e são interpretados da mesma maneira. Para uma revisão da interpretação de diagramas de fases, o leitor deve se referir à Seção 9.8.

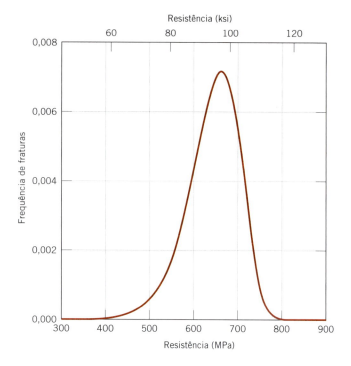

Figura 12.26 A distribuição de frequências observada para as resistências à fratura para um material de nitreto de silício.

da aplicação de uma tensão de tração e da umidade atmosférica nas extremidades das trincas faz com que as ligações iônicas se rompam; isso leva a um afilamento e a um aumento no comprimento das trincas, até que, por fim, uma trinca cresce até um tamanho em que é capaz de uma propagação rápida de acordo com a Equação 8.3. Além disso, a duração da aplicação da tensão que antecede a fratura diminui com o aumento da tensão. Consequentemente, ao se especificar a *resistência à fadiga estática*, o tempo de aplicação da tensão também deve ser estipulado. Os vidros à base de silicatos são especialmente suscetíveis a esse tipo de fratura; isso também foi observado em outros materiais cerâmicos, como a porcelana, o cimento portland, as cerâmicas com altos teores de alumina, o titanato de bário e o nitreto de silício.

Existe geralmente uma variação e dispersão consideráveis na resistência à fratura entre muitas amostras de um material cerâmico frágil específico. Uma distribuição das resistências à fratura para o nitreto de silício é mostrada na Figura 12.26. Esse fenômeno pode ser explicado pela dependência da resistência à fratura em relação à probabilidade de existência de um defeito que seja capaz de iniciar uma trinca. Essa probabilidade varia de uma amostra para outra do mesmo material e depende da técnica de fabricação e de qualquer tratamento subsequente. O tamanho ou o volume da amostra também influenciam a resistência à fratura; quanto maior for uma amostra, maior será a probabilidade de existência de defeitos e menor será a resistência à fratura.

Para tensões de compressão, não há nenhuma amplificação de tensão associada a qualquer defeito existente. Por essa razão, as cerâmicas frágeis mostram resistências muito maiores em compressão que em tração (da ordem de um fator de 10), tal que elas são usadas geralmente quando as condições de aplicação de carga são de compressão. Além disso, a resistência à fratura de uma cerâmica frágil pode, ainda, ser melhorada substancialmente pela imposição de tensões de compressão residuais na sua superfície. Uma maneira pela qual isso pode ser conseguido é por revenimento térmico (veja a Seção 13.11).

Foram desenvolvidas teorias estatísticas que, em conjunto com dados experimentais, são usadas para determinar o risco de fratura para um dado material; uma discussão dessas teorias está além do escopo do presente tratamento. Entretanto, devido à dispersão das resistências à fratura medidas para os materiais cerâmicos frágeis, valores médios e fatores de segurança, como discutidos nas Seções 6.11 e 6.12, em geral não são empregados para fins de projeto.

Fractografia das Cerâmicas

Às vezes, é necessário coletar informações em relação à causa da fratura de uma cerâmica a fim de que possam ser tomadas medidas para reduzir a probabilidade de futuros incidentes. Uma análise de falha foca normalmente na determinação da localização, do tipo e da fonte do defeito que iniciou a trinca. Um estudo fractográfico (Seção 8.3) é normalmente uma parte de uma análise dessa natureza, a qual envolve o exame do percurso de propagação da trinca, assim como das características microscópicas da superfície da fratura. Frequentemente, é possível conduzir uma investigação desse tipo

Figura 12.27 Representações esquemáticas das origens e das configurações de trincas para materiais cerâmicos frágeis que resultam de (*a*) uma carga de impacto (contato pontual), (*b*) flexão, (*c*) uma carga de torção e (*d*) pressão interna.
(De RICHERSON, D. W. *Modern Ceramic Engineering*, 2ª ed. Marcel Dekker, Inc., Nova York, 1992. Reimpresso de *Modern Ceramic Engineering*, 2ª ed., p. 681, por cortesia de Marcel Dekker, Inc.)

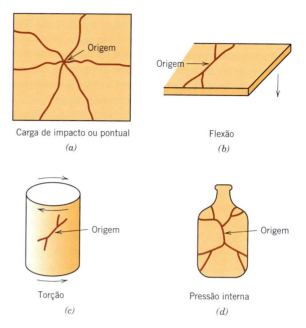

usando equipamentos simples e de custo reduzido — por exemplo, uma lente de aumento e/ou um microscópio óptico binocular estéreo de baixa potência em conjunto com uma fonte de luz. Quando são necessárias ampliações maiores, o microscópio eletrônico de varredura é utilizado.

Após a nucleação e durante a propagação, uma trinca acelera até ser atingida uma velocidade crítica (ou terminal); para o vidro, esse valor crítico é de aproximadamente a metade da velocidade do som. Ao atingir essa velocidade crítica, uma trinca pode se ramificar (ou bifurcar), em um processo que pode se repetir sucessivamente até que seja produzido um conjunto de trincas. As configurações típicas de trincas para quatro situações comuns de aplicação de carga são mostradas na Figura 12.27. Frequentemente, o local da nucleação pode ser rastreado até o ponto em que um conjunto de trincas converge ou se une. Além disso, a taxa de aceleração das trincas aumenta com a elevação do nível de tensão; de maneira correspondente, a intensidade das ramificações também aumenta com a elevação da tensão. Por exemplo, por experiência, sabemos que quando uma grande pedra atinge (e provavelmente quebra) uma janela são formadas mais ramificações de trincas [isto é, são formadas mais e menores trincas (ou mais fragmentos quebrados são produzidos)] do que quando o impacto é causado por uma pedra pequena.

Durante a propagação, uma trinca interage com a microestrutura do material, com a tensão e com as ondas elásticas que são geradas; essas interações produzem características distintas na superfície da fratura. Adicionalmente, essas características fornecem informações importantes sobre onde a trinca se iniciou e sobre a fonte do defeito que a produziu. Além disso, a medição da tensão aproximada que produziu a fratura pode ser útil; a magnitude da tensão indica se a peça cerâmica era excessivamente fraca ou se a tensão de serviço foi maior que a antecipada.

Várias características microscópicas normalmente encontradas nas superfícies das trincas de peças cerâmicas que falharam são mostradas no diagrama esquemático da Figura 12.28, e também na fotomicrografia na Figura 12.29. A superfície da trinca que se formou durante o estágio de aceleração inicial da propagação é plana e lisa, e denominada apropriadamente região *espelhada* (Figura 12.28). Nas fraturas em vidros, essa região espelhada é extremamente plana e altamente reflexiva; por outro lado, nas cerâmicas policristalinas, as superfícies espelhadas planas são mais rugosas e apresentam textura granular. O perímetro externo da região espelhada é aproximadamente circular, com a origem da trinca em seu centro.

Ao atingir sua velocidade crítica, a trinca começa a ramificar — isto é, a superfície da trinca muda a direção de propagação. Nesse momento, em uma escala microscópica, existe um aumento na rugosidade da interface da trinca e a formação de duas outras superfícies características — *nebulosa* e *rugosa*; essas superfícies características também estão destacadas nas Figuras 12.28 e 12.29. A região *nebulosa* é uma região anular tênue imediatamente após a região espelhada; nas peças cerâmicas policristalinas, frequentemente ela não é observável. Além da região nebulosa, encontra-se a região *rugosa*, que apresenta textura com rugosidade ainda mais acentuada. A rugosidade é composta por um conjunto de linhas ou estrias que se irradiam em direção contrária à origem da trinca, na direção de propagação da trinca; além disso, essas linhas interceptam-se próximo ao ponto de iniciação da trinca e podem ser usadas para determinar com precisão a localização desse ponto.

Figura 12.28 Diagrama esquemático que mostra as características típicas observadas na superfície de fratura de uma cerâmica frágil. (Adaptada de MECHOLSKY, J. J., RICE, R. W. e FREIMAN, S. W. "Prediction of Fracture Energy and Flaw Size in Glasses from Measurements of Mirror Size", *J. Am. Ceram. Soc.*, 57 [10], 1974, p. 440. Reimpressa sob permissão de The American Ceramic Society, *www.ceramics.org*. Copyright 1974. Todos os direitos reservados.)

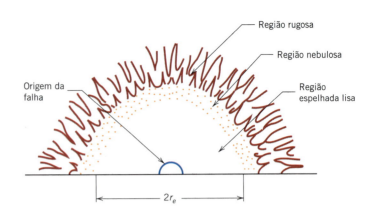

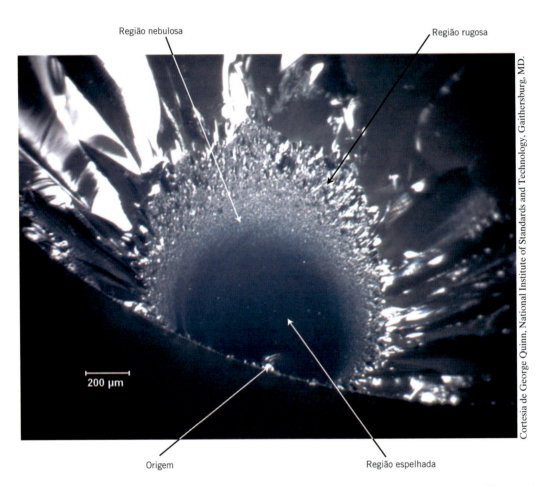

Figura 12.29 Fotomicrografia da superfície de fratura de um bastão de sílica fundida com 6 mm de diâmetro fraturado em flexão em quatro pontos. As características típicas desse tipo de fratura estão destacadas — a origem, assim como as regiões espelhada, nebulosa e rugosa. Ampliação de 60×.

A partir da medição do raio da região espelhada (r_e na Figura 12.28), estão disponíveis informações qualitativas sobre a magnitude da tensão que produziu a fratura. Esse raio é uma função da taxa de aceleração de uma trinca recém-formada — isto é, quanto maior for essa taxa de aceleração, mais cedo a trinca atinge sua velocidade crítica e menor será o raio da região espelhada. Além disso, a taxa de aceleração aumenta com o nível de tensão. Dessa forma, conforme o nível da tensão de fratura aumenta, o raio da região espelhada diminui; experimentalmente, foi observado que

$$\sigma_f \propto \frac{1}{r_e^{0,5}} \tag{12.6}$$

Aqui, σ_f é o nível de tensão no qual ocorreu a fratura.

Ondas elásticas (sonoras) também são geradas durante um evento de fratura, e o lócus das interseções dessas ondas com a frente de uma trinca que está se propagando dá origem a outro tipo de característica superficial, conhecida como *linha de Wallner*. As linhas de Wallner têm a forma de um arco e fornecem informações sobre as distribuições das tensões e as direções de propagação da trinca.

12.9 COMPORTAMENTO TENSÃO-DEFORMAÇÃO

Resistência à Flexão

Geralmente, o comportamento tensão-deformação das cerâmicas frágeis não é avaliado por um ensaio de tração como foi apresentado na Seção 6.2, por três razões. Em primeiro lugar, é difícil preparar e testar amostras com a geometria necessária. Em segundo lugar, é difícil prender materiais frágeis sem fraturá-los. Em terceiro lugar, as cerâmicas falham após uma deformação de apenas cerca de 0,1%, o que exige que os corpos de provas de tração estejam perfeitamente alinhados para evitar a presença de tensões de flexão, que não são calculadas com facilidade. Portanto, mais frequentemente se emprega um ensaio de flexão transversal que é mais adequado em que um corpo de provas na forma de uma barra com seção transversal circular ou retangular é flexionado até a fratura, utilizando uma técnica de aplicação de cargas em três ou em quatro pontos.[3] O esquema do carregamento em três pontos está ilustrado na Figura 12.30. No ponto de aplicação da carga, a superfície superior do corpo de provas é colocada em um estado de compressão, enquanto a superfície inferior está sob tração. A tensão é calculada a partir da espessura do corpo de provas, do momento fletor e do momento de inércia da seção transversal; esses parâmetros estão destacados na Figura 12.30 para seções transversais retangular e circular. A tensão de tração máxima (determinada considerando essas expressões para a tensão) ocorre na superfície inferior do corpo de provas, diretamente abaixo do ponto de aplicação da carga. Uma vez que os limites de resistência à tração dos materiais cerâmicos são aproximadamente um décimo das suas resistências à compressão, e uma vez que a fratura ocorre na face do corpo de provas sob tração, o ensaio de flexão é um substituto razoável ao ensaio de tração.

resistência à flexão

A tensão no momento da fratura quando se emprega esse ensaio de flexão é conhecida como *resistência à flexão*, *módulo de ruptura, resistência à fratura* ou *resistência ao dobramento*, e é um importante parâmetro mecânico para as cerâmicas frágeis. Para uma seção transversal retangular, a resistência à flexão σ_{rf} é dada por

Resistência à flexão para um corpo de provas que possui seção transversal retangular

$$\sigma_{rf} = \frac{3F_f L}{2bd^2} \quad (12.7a)$$

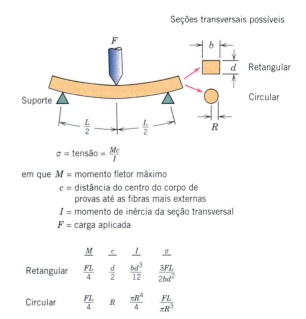

Figura 12.30 Um esquema do carregamento em três pontos para a medição do comportamento tensão-deformação e da resistência à flexão de cerâmicas frágeis, incluindo as expressões para o cálculo da tensão para seções transversais retangulares e circulares.

σ = tensão = $\frac{Mc}{I}$

em que M = momento fletor máximo
c = distância do centro do corpo de provas até as fibras mais externas
I = momento de inércia da seção transversal
F = carga aplicada

	M	c	I	σ
Retangular	$\frac{FL}{4}$	$\frac{d}{2}$	$\frac{bd^3}{12}$	$\frac{3FL}{2bd^2}$
Circular	$\frac{FL}{4}$	R	$\frac{\pi R^4}{4}$	$\frac{FL}{\pi R^3}$

---

[3]Norma ASTM C1161, "Standard Test Method for Flexural Strength of Advanced Ceramics at Ambient Temperature" (Método Padronizado para Ensaio de Resistência à Flexão de Materiais Cerâmicos Avançados na Temperatura Ambiente).

386 · Capítulo 12

em que F_f é a carga na fratura, L é a distância entre os pontos de apoio, e os demais parâmetros são os indicados na Figura 12.30. Quando a seção transversal é circular, tem-se

Resistência à flexão para um corpo de provas que possui seção transversal circular

$$\sigma_{rf} = \frac{F_f L}{\pi R^3}$$

(12.7b)

em que R é o raio do corpo de prova.

Valores característicos para a resistência à flexão de vários materiais cerâmicos são apresentados na Tabela 12.5. Adicionalmente, σ_{rf} depende do tamanho do corpo de prova; como explicado anteriormente, com o aumento do volume do corpo de prova (isto é, o volume do corpo de prova que está exposto a uma tensão de tração), existe um aumento na probabilidade de existência de um defeito capaz de produzir uma trinca e, consequentemente, uma diminuição na resistência à flexão. Além disso, a magnitude da resistência à flexão para um material cerâmico específico será maior que sua resistência à fratura medida a partir de um ensaio de tração. Esse fenômeno pode ser explicado por diferenças nos volumes dos corpos de provas que são submetidos às tensões de tração: a totalidade de um corpo de prova de tração está sob uma tensão de tração, enquanto apenas uma fração do volume de uma amostra de flexão está submetida a tensões de tração — aquelas regiões na vizinhança da superfície do corpo de prova que estão opostas ao ponto de aplicação da carga (veja a Figura 12.30).

Comportamento Elástico

O comportamento tensão-deformação elástico para os materiais cerâmicos usando esses ensaios de flexão é semelhante aos resultados obtidos dos ensaios de tração em metais: existe uma relação linear entre a tensão e a deformação. A Figura 12.31 compara o comportamento tensão-deformação até a fratura para o óxido de alumínio e o vidro. Mais uma vez, a inclinação na região elástica é o módulo de elasticidade; a faixa dos módulos de elasticidade dos materiais cerâmicos está entre aproximadamente 70 e 500 GPa (10×10^6 psi e 70×10^6 psi), sendo ligeiramente superior à dos metais. A Tabela 12.5 lista os valores para vários materiais cerâmicos. Uma tabulação mais completa é apresentada na Tabela B.2, no Apêndice B. Ainda, a partir da Figura 12.31, observa-se que nenhum material apresenta deformação plástica antes da fratura.

12.10 MECANISMOS DE DEFORMAÇÃO PLÁSTICA

Embora à temperatura ambiente a maioria dos materiais cerâmicos sofra fratura antes do surgimento da deformação plástica, vale a pena fazer uma exploração sucinta dos seus possíveis mecanismos. A deformação plástica é diferente nas cerâmicas cristalinas e nas não cristalinas; ambos os comportamentos são discutidos a seguir.

Tabela 12.5
Tabulação da Resistência à Flexão (Módulo de Ruptura) e do Módulo de Elasticidade para Dez Materiais Cerâmicos Comuns

Material	Resistência à Flexão		Módulo de Elasticidade	
	MPa	ksi	GPa	10^6 psi
Nitreto de silício (Si_3N_4)	250–1000	35–145	304	44
Zircônia[a] (ZrO_2)	800–1500	115–215	205	30
Carbeto de silício (SiC)	100–820	15–120	345	50
Óxido de alumínio (Al_2O_3)	275–700	40–100	393	57
Vidrocerâmica (Piroceram)	247	36	120	17
Mulita ($3Al_2O_3–2SiO_2$)	185	27	145	21
Espinélio ($MgAl_2O_4$)	110–245	16–35,5	260	38
Óxido de magnésio (MgO)	105[b]	15[b]	225	33
Sílica fundida (SiO_2)	110	16	73	11
Vidro de soda-cal	69	10	69	10

[a]Parcialmente estabilizada com 3%mol Y_2O_3.
[b]Sinterizado e contendo aproximadamente 5% de porosidade.

Figura 12.31 Comportamento tensão-deformação típico até a fratura para o óxido de alumínio e o vidro.

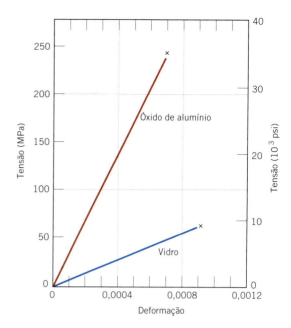

Cerâmicas Cristalinas

Para as cerâmicas cristalinas, a deformação plástica ocorre, como nos metais, pelo movimento de discordâncias (Capítulo 7). Uma razão para a dureza e a fragilidade desses materiais é a dificuldade do escorregamento (ou do movimento das discordâncias). Nos materiais cerâmicos cristalinos para os quais a ligação é predominantemente iônica, há muito poucos sistemas de escorregamento (planos e direções cristalográficas dentro dos planos) ao longo dos quais as discordâncias podem se mover. Isso é uma consequência da natureza eletricamente carregada dos íons. Para o escorregamento em algumas direções, íons com mesma carga são colocados próximos uns aos outros; devido à repulsão eletrostática, essa modalidade de escorregamento é muito restrita, ao nível em que a deformação plástica nos materiais cerâmicos é raramente mensurável à temperatura ambiente. Já nos metais, uma vez que todos os átomos são eletricamente neutros, uma quantidade consideravelmente maior de sistemas de escorregamento é operacional e, por isso, o movimento das discordâncias é muito mais fácil.

Entretanto, para as cerâmicas nas quais as ligações são altamente covalentes, o escorregamento também é difícil, e elas são frágeis pelas seguintes razões: (1) as ligações covalentes são relativamente fortes; (2) existe também um número limitado de sistemas de escorregamento e (3) as estruturas das discordâncias são complexas.

Cerâmicas Não Cristalinas

Nas cerâmicas não cristalinas, a deformação plástica não ocorre pelo movimento de discordâncias, uma vez que não existe uma estrutura atômica regular. Em vez disso, esses materiais deformam-se por *escoamento viscoso*, da mesma maneira como os líquidos se deformam; a taxa de deformação é proporcional à tensão aplicada. Em resposta à aplicação de uma tensão de cisalhamento, os átomos ou íons deslizam uns sobre os outros pela quebra e reconstrução de ligações interatômicas. No entanto, não existe maneira ou direção predeterminada para que isso ocorra, como acontece com as discordâncias. O escoamento viscoso em uma escala macroscópica é demonstrado na Figura 12.32.

viscosidade

A propriedade característica de um escoamento viscoso, a **viscosidade**, é uma medida da resistência de um material não cristalino à deformação. Para o escoamento viscoso de um líquido devido a tensões de cisalhamento impostas por duas placas planas e paralelas, a viscosidade η é a razão entre a tensão de cisalhamento aplicada, τ, e a variação na velocidade, dv, em função da distância, dy, em uma direção perpendicular e que se afasta das placas, ou seja,

$$\eta = \frac{\tau}{dv/dy} = \frac{F/A}{dv/dy} \quad (12.8)$$

Esse esquema está representado na Figura 12.32.

Figura 12.32 Representação do escoamento viscoso de um líquido ou vidro fluido em resposta à aplicação de uma força de cisalhamento.

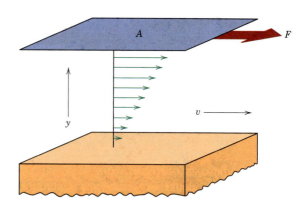

As unidades para a viscosidade são o poise (P) e o pascal-segundo (Pa · s); 1 P = 1 dina · s/cm² e 1 Pa · s = 1 N · s/m². A conversão de um sistema de unidades para o outro se dá de acordo com

$$10\ P = 1\ Pa \cdot s$$

Os líquidos têm viscosidades relativamente baixas; por exemplo, a viscosidade da água à temperatura ambiente é de aproximadamente 10^{-3} Pa · s. Entretanto, os vidros têm viscosidades extremamente elevadas à temperatura ambiente, o que é causado pelas fortes ligações interatômicas. Conforme a temperatura é elevada, a magnitude da ligação é reduzida, o movimento de escorregamento ou o escoamento dos átomos ou íons é facilitado e, consequentemente, há uma concomitante redução da viscosidade. Uma discussão da dependência da viscosidade dos vidros em relação à temperatura fica adiada até a Seção 13.11.

12.11 CONSIDERAÇÕES MECÂNICAS DIVERSAS

Influência da Porosidade

Como discutido nas Seções 13.12 e 13.13, para algumas técnicas de fabricação de cerâmicas, a matéria-prima está na forma de um pó. Após a compactação ou a conformação dessas partículas pulverizadas na forma desejada, haverá poros ou espaços vazios entre as partículas do pó. Durante o tratamento térmico subsequente, a maior parte dessa porosidade será eliminada; entretanto, com frequência esse processo de eliminação de poros é incompleto e certa porosidade residual permanecerá (Figura 13.24). Qualquer porosidade residual terá uma influência negativa tanto sobre as propriedades elásticas quanto sobre a resistência. Por exemplo, para alguns materiais cerâmicos, a magnitude do módulo de elasticidade E diminui em função da fração volumétrica da porosidade P de acordo com

Dependência do módulo de elasticidade em relação à fração volumétrica de porosidade

$$E = E_0(1 - 1{,}9P + 0{,}9P^2) \tag{12.9}$$

em que E_0 é o módulo de elasticidade do material sem porosidade. A influência da fração volumétrica de porosidade sobre o módulo de elasticidade para o óxido de alumínio é mostrada na Figura 12.33; a curva representada na figura está de acordo com a Equação 12.9.

A porosidade tem efeito negativo sobre a resistência à flexão por duas razões: (1) os poros reduzem a área da seção transversal através da qual uma carga é aplicada e (2) eles também atuam como concentradores de tensões — para um poro esférico isolado, uma tensão de tração aplicada é amplificada por um fator de 2. A influência da porosidade sobre a resistência é bem drástica; por exemplo, com frequência, uma porosidade de 10%vol reduz em 50% a resistência à flexão em relação ao valor medido para o material sem porosidade. O nível de influência do volume dos poros sobre a resistência à flexão é demonstrado na Figura 12.34, novamente para o óxido de alumínio. Experimentalmente, tem sido demonstrado que a resistência à flexão diminui exponencialmente com a fração volumétrica de porosidade (P), de acordo com

Dependência da resistência à flexão em relação à fração volumétrica de porosidade

$$\sigma_{rf} = \sigma_0 \exp(-nP) \tag{12.10}$$

em que, σ_0 e n são constantes experimentais.

Figura 12.33 Influência da porosidade sobre o módulo de elasticidade para o óxido de alumínio à temperatura ambiente. A curva traçada está de acordo com a Equação 12.9.
(De COBLE, R. L. e KINGERY, W. D. "Effect of Porosity on Physical Properties of Sintered Alumina", *J. Am. Ceram. Soc.*, 39[11], 1956, p. 381. Reimpressa sob permissão da *American Ceramic Society*.)

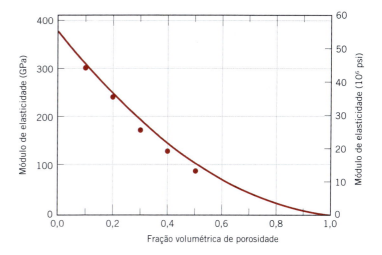

Figura 12.34 Influência da porosidade sobre a resistência à flexão para o óxido de alumínio à temperatura ambiente.
(De COBLE, R. L. e KINGERY, W. D. "Effect of Porosity on Physical Properties of Sintered Alumina", *J. Am. Ceram. Soc.*, 39[11], 1956, p. 382. Reimpressa sob permissão da American Ceramic Society.)

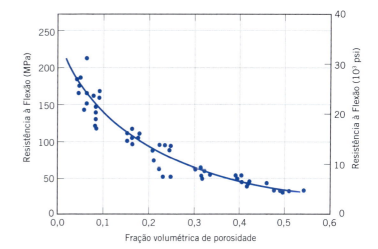

Dureza

Medições precisas da dureza são difíceis de serem realizadas, uma vez que os materiais cerâmicos são frágeis e altamente suscetíveis ao trincamento quando penetradores são forçados contra suas superfícies; a formação de muitas trincas leva a leituras imprecisas. Os penetradores esféricos (como nos ensaios Rockwell e Brinell) em geral não são usados para os materiais cerâmicos, pois produzem trincamento severo. Em vez disso, as durezas dessa classe de materiais são medidas usando as técnicas Vickers e Knoop, que empregam penetradores com formas piramidais (Seção 6.10, Tabela 6.5).[4] A dureza Vickers é usada amplamente para medir a dureza de cerâmicas; entretanto, para materiais cerâmicos muito frágeis, a dureza Knoop é geralmente a preferida. Para ambas as técnicas, a dureza diminui com o aumento da carga (ou o tamanho da indentação), mas ao final atinge um platô de dureza constante que é independente da carga; o valor da dureza nesse platô varia de cerâmica para cerâmica. Um ensaio de dureza ideal seria projetado de modo a empregar uma carga suficientemente alta que estivesse próxima desse platô, porém com uma magnitude que não introduzisse um trincamento excessivo.

Possivelmente, a característica mecânica mais desejável das cerâmicas é sua dureza; os materiais mais duros conhecidos pertencem a esse grupo. Uma lista com vários materiais cerâmicos diferentes é apresentada na Tabela 12.6 de acordo com suas durezas Vickers.[5] Com frequência, esses materiais são usados quando é necessária uma ação abrasiva ou de polimento (Seção 13.6).

---

[4]Norma ASTM C1326, "Standard Test Method for Knoop Indentation Hardness of Advanced Ceramics" (Método Padronizado para o Ensaio Knoop de Dureza à Indentação de Cerâmicas Avançadas) e Norma ASTM C1327, "Standard Test Method for Vickers Indentation Hardness of Advanced Ceramics" (Método Padronizado para o Ensaio Vickers de Dureza à Indentação de Cerâmicas Avançadas).

[5]No passado, as unidades para a dureza Vickers eram kg/mm^2; na Tabela 12.6, usamos as unidades SI de GPa.

390 · Capítulo 12

Tabela 12.6
Durezas Vickers (e Knoop) para Oito Materiais Cerâmicos

Material	Dureza Vickers (GPa)	Dureza Knoop (GPa)	Comentários
Diamante (carbono)	130	103	Monocristal, face (100)
Carbeto de boro (B_4C)	44,2	—	Policristalino, sinterizado
Óxido de alumínio (Al_2O_3)	26,5	—	Policristalino, sinterizado, 99,7% puro
Carbeto de silício (SiC)	25,4	19,8	Policristalino, colado por reação, sinterizado
Carbeto de tungstênio (WC)	22,1	—	Fundido
Nitreto de silício (Si_3N_4)	16,0	17,2	Policristalino, prensado a quente
Zircônia (ZrO_2) (parcialmente estabilizada)	11,7	—	Policristalino, 9%mol Y_2O_3
Vidro de soda-cal	6,1	—	

Fluência

Com frequência, os materiais cerâmicos apresentam deformação por fluência como resultado da exposição a tensões (geralmente de compressão) em temperaturas elevadas. Normalmente, o comportamento tempo-deformação em fluência das cerâmicas é semelhante àquele dos metais (Seção 8.12); entretanto, nas cerâmicas a fluência ocorre em temperaturas mais elevadas. Ensaios de fluência sob compressão em altas temperaturas são realizados em materiais cerâmicos para avaliar a deformação por fluência em função da temperatura e do nível de tensão.

RESUMO

Estruturas Cristalinas
- A ligação interatômica nas cerâmicas varia desde puramente iônica até totalmente covalente.
- Para uma ligação predominantemente iônica:
    - Os cátions metálicos estão carregados positivamente, enquanto os íons não metálicos têm cargas negativas.
    - A estrutura cristalina é determinada: (1) pela magnitude da carga em cada íon e (2) pelo raio de cada tipo de íon.
- Muitas das estruturas cristalinas mais simples são descritas em termos de células unitárias:
    - Sal-gema (Figura 12.2)
    - Cloreto de césio (Figura 12.3)
    - Blenda de zinco (Figura 12.4)
    - Fluorita (Figura 12.5)
    - Perovskita (Figura 12.6)
- Algumas estruturas cristalinas podem ser geradas a partir do empilhamento de planos compactos de ânions; os cátions preenchem posições intersticiais tetraédricas e/ou octaédricas que existem entre planos adjacentes.
- A massa específica teórica de um material cerâmico pode ser calculada usando a Equação 12.1.

Cerâmicas à Base de Silicatos
- Para os silicatos, a estrutura é mais convenientemente representada em termos de tetraedros de SiO_4^{4-} que se interconectam (Figura 12.9). Estruturas relativamente complexas podem resultar quando outros cátions (por exemplo, Ca^{2+}, Mg^{2+}, Al^{3+}) e ânions (por exemplo, OH^-) são adicionados.
- As cerâmicas à base de silicatos incluem as seguintes:
    - Sílica cristalina (SiO_2) (como cristobalita, Figura 12.10)
    - Silicatos em camadas (Figuras 12.13 e 12.14)
    - Vidros não cristalinos à base de sílica (Figura 12.11)

Carbono
- O carbono (às vezes também considerado uma cerâmica) pode existir em várias formas polimórficas, que incluem:
    - Diamante (Figura 12.16)
    - Grafita (Figura 12.17)

Imperfeições nas Cerâmicas
- Em relação a defeitos atômicos pontuais, são possíveis intersticiais e lacunas para os ânions e cátions (Figura 12.18).

Estruturas e Propriedades das Cerâmicas • 391

- Uma vez que cargas elétricas estão associadas aos defeitos atômicos pontuais nos materiais cerâmicos, os defeitos às vezes ocorrem em pares (por exemplo, Frenkel e Schottky), de forma a manter a neutralidade de cargas.
- Uma cerâmica estequiométrica é aquela em que a razão entre cátions e ânions é exatamente a mesma que a prevista pela fórmula química.
- Materiais não estequiométricos são possíveis nos casos em que um dos íons pode existir em mais de um estado iônico (por exemplo, $Fe_{(1-x)}O$ para o Fe^{2+} e Fe^{3+}).
- A adição de átomos de impurezas pode resultar na formação de soluções sólidas substitucionais ou intersticiais. Nas substitucionais, um átomo de impureza substitui aquele átomo hospedeiro ao qual ele mais se assemelha em um sentido elétrico.

Difusão em Materiais Iônicos
- A difusão em materiais iônicos ocorre normalmente por um mecanismo de lacunas; a neutralidade local de cargas é mantida pelo movimento difusivo acoplado de uma lacuna carregada e alguma outra entidade carregada.

Diagramas de Fases das Cerâmicas
- As características gerais dos diagramas de fases das cerâmicas são semelhantes àquelas dos sistemas metálicos.
- Foram discutidos os diagramas de fases Al_2O_3–Cr_2O_3 (Figura 12.22), MgO–Al_2O_3 (Figura 12.23), ZrO_2–CaO (Figura 12.24) e SiO_2–Al_2O_3 (Figura 12.25).

Fratura Frágil das Cerâmicas
- Para os materiais cerâmicos, microtrincas, cuja presença é muito difícil de controlar, resultam na amplificação das tensões de tração aplicadas e são responsáveis por resistências à fratura relativamente baixas (resistências à flexão).
- Existe uma variação considerável na resistência à fratura para as amostras de um material específico, uma vez que o tamanho de um defeito iniciador de trinca varia de amostra para amostra.
- Essa amplificação de tensões não ocorre com as cargas de compressão; consequentemente, as cerâmicas são mais resistentes em compressão.
- A análise fractográfica da superfície de fratura de um material cerâmico pode revelar a localização e a fonte do defeito que produziu uma trinca (Figura 12.29).

Comportamento Tensão-Deformação
- Os comportamentos tensão-deformação e as resistências à fratura dos materiais cerâmicos são determinados usando ensaios de flexão transversais.
- As resistências à flexão, medidas por meio de ensaios de flexão transversal em três pontos, podem ser determinadas para seções transversais retangular e circular usando, respectivamente, as Equações 12.7a e 12.7b.

Mecanismos de Deformação Plástica
- Qualquer deformação plástica de cerâmicas cristalinas é resultado do movimento de discordâncias; a fragilidade desses materiais é explicada, em parte, pelo número limitado de sistemas de escorregamento que são operacionais.
- O modo de deformação plástica para os materiais não cristalinos é por escoamento viscoso; a resistência de um material à deformação é expressa por sua viscosidade (em unidades de Pa · s). À temperatura ambiente, as viscosidades de muitas cerâmicas não cristalinas são extremamente elevadas.

Influência da Porosidade
- Muitos corpos cerâmicos contêm porosidade residual, o que é negativo tanto para os seus módulos de elasticidade quanto para as suas resistências à fratura.

  O módulo de elasticidade é dependente e diminui com a fração volumétrica de porosidade, de acordo com a Equação 12.9.

  A diminuição da resistência à flexão com a fração volumétrica de porosidade é descrita pela Equação 12.10.

Dureza
- É difícil medir a dureza dos materiais cerâmicos devido à sua fragilidade e suscetibilidade ao trincamento quando submetidos a uma impressão.
- Normalmente são utilizadas as técnicas de microimpressão Knoop e Vickers, as quais empregam penetradores com forma piramidal.
- Os materiais mais duros conhecidos são cerâmicas; essa característica as torna especialmente atrativas para uso como abrasivos (Seção 13.6).

Resumo das Equações

Número da Equação	Equação	Resolvendo para
12.1	$\rho = \dfrac{n'(\Sigma A_C + \Sigma A_A)}{V_C N_A}$	Massa específica de um material cerâmico
12.7a	$\sigma_{rf} = \dfrac{3F_f L}{2bd^2}$	Resistência à flexão para uma amostra em forma de barra com seção transversal retangular

(continua)

392 · Capítulo 12

(*continuação*)

Número da Equação	Equação	Resolvendo para
12.7b	$\sigma_{rf} = \dfrac{F_f L}{\pi R^3}$	Resistência à flexão para uma amostra em forma de barra com seção transversal circular
12.9	$E = E_0(1 - 1{,}9P + 0{,}9P^2)$	Módulo de elasticidade de uma cerâmica porosa
12.10	$\sigma_{rf} = \sigma_0 \exp(-nP)$	Resistência à flexão de uma cerâmica porosa

Lista de Símbolos

Símbolo	Significado
ΣA_A	Soma dos pesos atômicos de todos os ânions em uma fórmula unitária
ΣA_C	Soma dos pesos atômicos de todos os cátions em uma fórmula unitária
b, d	Largura e altura de uma amostra de flexão com seção transversal retangular
E_0	Módulo de elasticidade de uma cerâmica não porosa
F_f	Carga aplicada na fratura
L	Distância entre os pontos de apoio para uma amostra de flexão
n	Constante experimental
n'	Número de unidades da fórmula unitária em uma célula unitária
N_A	Número de Avogadro ($6{,}022 \times 10^{23}$ unidades da fórmula unitária/mol)
P	Fração volumétrica de porosidade
R	Raio de uma amostra cilíndrica de ensaio de flexão
V_C	Volume da célula unitária
σ_0	Resistência à flexão de uma cerâmica não porosa

Termos e Conceitos Importantes

ânion
cátion
defeito de Frenkel
defeito de Schottky

eletroneutralidade
estequiometria
estrutura de defeito
posição octaédrica

posição tetraédrica
resistência à flexão
viscosidade

REFERÊNCIAS

BARSOUM, M. W. *Fundamentals of Ceramics*. Boca Raton, FL: CRC Press, 2002.

BERGERON, C. G. e RISBUD, S. H. *Introduction to Phase Equilibria in Ceramics*. Westerville, OH: American Ceramic Society, 1984.

CARTER, C. B. e NORTON, M. G. *Ceramic Materials Science and Engineering*, 2ª ed. Nova York: Springer, 2013.

CHIANG, Y. M., BIRNIE, D. P., III e KINGERY, W. D. *Physical Ceramics: Principles for Ceramic Science and Engineering*. Nova York: John Wiley & Sons, 1997.

Engineered Materials Handbook, vol. 4, *Ceramics and Glasses*. Materials Park, OH: ASM International, 1991.

GREEN, D. J. *An Introduction to the Mechanical Properties of Ceramics*. Cambridge: Cambridge University Press, 1998.

HAUTH, W. E. "Crystal Chemistry in Ceramics", *American Ceramic Society Bulletin*, vol. 30, 1951: n. 1, pp. 5-7; n. 2, pp. 47-49; n. 3, pp. 76-77; n. 4, pp. 137-142; n. 5, pp. 165-167; n. 6, pp. 203-205. Uma boa visão geral das estruturas dos silicatos.

HUMMEL, F. A. *Introduction to Phase Equilibria in Ceramic Systems*. Nova York: Marcel Dekker, 1984.

KINGERY, W. D., BOWEN, H. K. e UHLMANN, D. R. *Introduction to Ceramics*, 2ª ed. Nova York: John Wiley & Sons, 1976. Capítulos 1-4, 14 e 15.

Phase Equilibria Diagrams (for Ceramists). Westerville, OH: American Ceramic Society. Em catorze volumes, publicados entre 1964 e 2005. Também em CD-ROM.

RICHERSON, D. W. *The Magic of Ceramics*, 2ª ed. Westerville, OH: American Ceramic Society, 2012.

RICHERSON, D. W. *Modern Ceramic Engineering*, 3ª ed. Boca Raton, FL: CRC Press, 2006.

RIEDEL, R. e CHEN, I. W. (eds.). *Ceramics Science and Technology*, vol. 1, *Structure*. Weinheim, Alemanha: Wiley-VCH, 2008.

RIEDEL, R. e CHEN, I. W. (eds.). *Ceramics Science and Technology*, vol. 2, *Materials and Properties*. Weinheim, Alemanha: Wiley-VCH, 2010.

WACHTMAN, J. B., CANNON, W. R. e MATTHEWSON, M. J. *Mechanical Properties of Ceramics*, 2ª ed. Hoboken, NJ: John Wiley & Sons, 2009.

Capítulo 13 Aplicações e Processamento das Cerâmicas

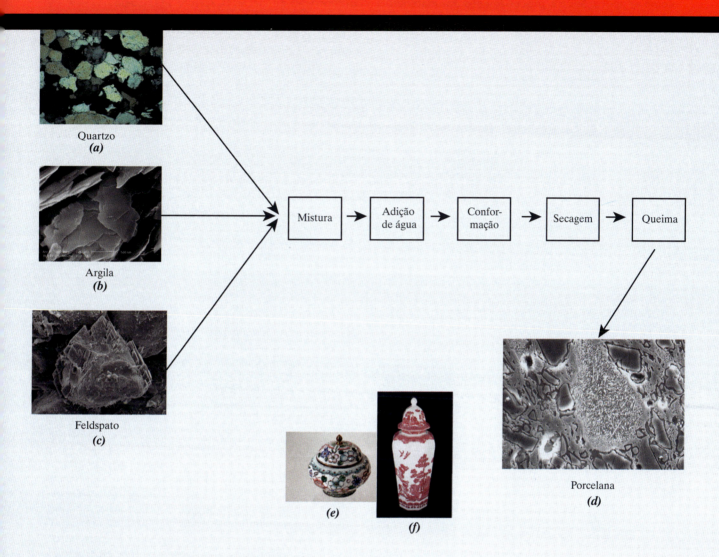

Micrografias que mostram partículas de (a) quartzo, (b) argila e (c) feldspato — os principais constituintes da porcelana. Para produzir um objeto de porcelana, esses três componentes são misturados nas proporções corretas, adiciona-se água, e o objeto com a forma desejada é conformado (ou por fundição em suspensão ou por conformação hidroplástica). Em seguida, a maior parte da água é removida durante uma operação de secagem e o objeto é queimado em uma temperatura elevada para melhorar sua resistência e gerar outras propriedades desejáveis. A decoração dessa peça de porcelana é possível pela aplicação de um esmalte sobre sua superfície.

(d) Micrografia eletrônica de varredura de uma porcelana queimada.

(e) e (f) Objetos de arte em porcelana queimada e esmaltada.

[A figura (a) é uma cortesia de Gregory C. Finn, Brock University; a figura (b) é uma cortesia de Hefa Cheng e Martin Reinhard, Stanford University; a figura (c) é uma cortesia de Martin Lee, University of Glasgow; a figura (d) é uma cortesia de H. G. Brinkies, Swinburne University of Technology, Hawthorn Campus, Hawthorn, Victoria, Austrália; (e) © Maria Natalia Morales/iStockphoto e (f) © arturoli/iStockphoto.]

POR QUE ESTUDAR *Aplicações e Processamento das Cerâmicas?*

É importante para o engenheiro compreender como as aplicações e o processamento dos materiais cerâmicos são influenciados por suas propriedades mecânicas e térmicas, tais como dureza, fragilidade e temperaturas de fusão elevadas. Por exemplo, as peças cerâmicas normalmente não podem ser fabricadas utilizando técnicas convencionais de conformação de metais (Capítulo 11). Como discutimos neste capítulo, com frequência os materiais cerâmicos são conformados utilizando métodos de compactação de pós, sendo em seguida queimados (isto é, tratados termicamente).

Objetivos do Aprendizado

Após estudar este capítulo, você deverá ser capaz de fazer o seguinte:

1. Descrever o processo usado para produção de vitrocerâmicas.
2. Citar os dois tipos de produtos à base de argila e dar dois exemplos de cada.
3. Citar três exigências importantes que normalmente devem ser atendidas pelas cerâmicas refratárias e pelas cerâmicas abrasivas.
4. Descrever o mecanismo pelo qual o cimento endurece quando se adiciona água.
5. Citar três formas de carbono discutidas neste capítulo e, para cada uma, observar pelo menos duas características distintas.
6. Citar e descrever sucintamente quatro métodos de conformação empregados para fabricar peças de vidro.
7. Descrever e explicar sucintamente o procedimento pelo qual as peças de vidro são temperadas termicamente.
8. Descrever sucintamente os processos que ocorrem durante a secagem e a queima de peças cerâmicas à base de argila.
9. Descrever/esquematizar sucintamente o processo de sinterização de agregados de partículas pulverizadas.

13.1 INTRODUÇÃO

As discussões anteriores em relação às propriedades dos materiais demonstraram que existe uma disparidade significativa entre as características físicas dos metais e das cerâmicas. Como consequência, esses materiais são usados em tipos de aplicações totalmente diferentes e, nesse sentido, tendem a se complementar mutuamente e também aos polímeros. A maioria dos materiais cerâmicos enquadra-se em um esquema de aplicação-classificação que inclui os seguintes grupos: vidros, produtos estruturais à base de argila, louças brancas, refratários, abrasivos, cimentos, biomateriais cerâmicos, carbonos e as recentemente desenvolvidas cerâmicas avançadas. A Figura 13.1 apresenta uma taxonomia desses vários tipos de materiais; neste capítulo será dedicada alguma discussão a cada um desses tipos de materiais.

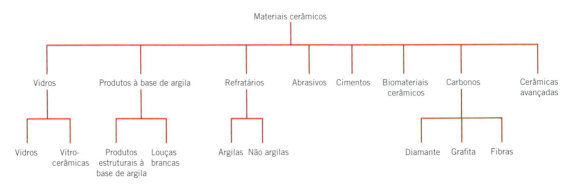

Figura 13.1 Classificação dos materiais cerâmicos com base em sua aplicação.

Aplicações e Processamento das Cerâmicas • **395**

Tipos e Aplicações das Cerâmicas

13.2 VIDROS

Os vidros são um grupo conhecido de cerâmicas; os recipientes, as lentes e a fibra de vidro representam aplicações típicas dos vidros. Como mencionado anteriormente, eles consistem em silicatos não cristalinos que contêm outros óxidos, notadamente CaO, Na_2O, K_2O e Al_2O_3, os quais influenciam suas propriedades. Um vidro de soda-cal típico consiste em aproximadamente 70%p SiO_2, sendo o restante formado principalmente por Na_2O (soda) e CaO (cal). As composições de vários vidros comuns estão listadas na Tabela 13.1. Possivelmente, as duas principais características desses materiais são sua transparência óptica e a relativa facilidade com a qual eles podem ser fabricados.

13.3 VITROCERÂMICAS

cristalização
vitrocerâmica

A maioria dos vidros inorgânicos pode ser transformada de um estado não cristalino em um estado cristalino por meio de um tratamento térmico apropriado conduzido a altas temperaturas. Esse processo é denominado **cristalização**, e o produto é um material policristalino com grãos finos chamado frequentemente de **vitrocerâmica**. A formação desses pequenos grãos vitrocerâmicos é, em certo sentido, uma transformação de fases, a qual envolve os estágios de nucleação e de crescimento. Como consequência, a cinética (isto é, a taxa) de cristalização pode ser descrita empregando os mesmos princípios que foram aplicados às transformações de fases dos sistemas metálicos na Seção 10.3. Por exemplo, a dependência do grau de transformação em relação à temperatura e ao tempo pode ser expressa utilizando diagramas de transformação isotérmica e de transformação por resfriamento contínuo (Seções 10.5 e 10.6). O diagrama de transformação por resfriamento contínuo para a cristalização de um vidro lunar é apresentado na Figura 13.2; as curvas para o início e o final da transformação nesse gráfico têm a mesma forma geral que aquelas para uma liga ferro-carbono com composição eutetoide (Figura 10.26). Também estão incluídas duas curvas de resfriamento contínuo, identificadas como 1 e 2; a taxa de resfriamento representada pela curva 2 é muito maior que a da curva 1. Como também está indicado nesse gráfico, para a trajetória de resfriamento contínuo representada pela curva 1, a cristalização começa na sua interseção com a curva superior e progride conforme o tempo aumenta e a temperatura continua a diminuir; ao cruzar a curva inferior,

Tabela 13.1 Composições e Características de Alguns Vidros Comerciais Comuns

Tipo de Vidro	Composição (%p)						Características e Aplicações
	SiO_2	Na_2O	CaO	Al_2O_3	B_2O_3	Outros	
Sílica fundida	>99,5						Elevada temperatura de fusão, coeficiente de expansão muito pequeno (resistente a choques térmicos)
96% de Sílica (Vycor)	96				4		Resistente a choques térmicos e a ataques químicos — vidrarias de laboratório
Borossilicato (Pyrex)	81	3,5		2,5	13		Resistente a choques térmicos e a ataques químicos — usado em vidros para fornos
Recipientes (soda-cal)	74	16	5	1		4 MgO	Baixa temperatura de fusão, facilmente trabalhado e também durável
Fibra de vidro	55		16	15	10	4 MgO	Facilmente estirada na forma de fibras — compósitos de fibras de vidro e resina
Sílex óptico	54	1				37 PbO, 8 K_2O	Alta massa específica e alto índice de refração — lentes ópticas
Vitrocerâmica (Pyroceram)	43,5	14		30	5,5	6,5 TiO_2, 0,5 As_2O_3	Facilmente fabricada; resistente; resiste a choques térmicos — vidros para fornos

Figura 13.2 Diagrama de transformação por resfriamento contínuo para a cristalização de um vidro lunar (35,5%p SiO_2, 14,3%p TiO_2, 3,7%p Al_2O_3, 23,5%p FeO, 11,6%p MgO, 11,1%p CaO e 0,2%p Na_2O). Também estão superpostas neste gráfico duas curvas de resfriamento, identificadas como 1 e 2. (Reimpressa de UHLMANN, D. R. e KREIDL, N. J. (eds.). *Glass: Science and Technology*, vol. 1, "The Formation of Glasses", p. 22, copyright 1983, com permissão da Elsevier.)

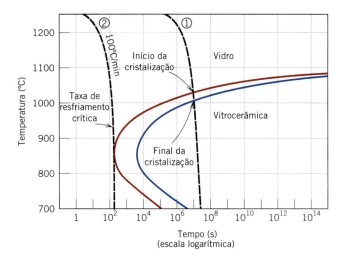

todo o vidro original já cristalizou. A outra curva de resfriamento (curva 2) quase toca a inflexão da curva de início da cristalização. Ela representa uma taxa de resfriamento crítica (para esse vidro, de 100°C/min) — isto é, a taxa de resfriamento mínima para a qual o produto final à temperatura ambiente é 100% vítreo; para taxas de resfriamento menores que essa, algum material vitrocerâmico vai se formar.

Com frequência se adiciona um agente de nucleação (em geral o dióxido de titânio) ao vidro para promover a cristalização. A presença de um agente de nucleação desloca as curvas de transformação para o início e o final do processo para tempos mais curtos.

Propriedades e Aplicações das Vitrocerâmicas

Os materiais vitrocerâmicos foram projetados para apresentar as seguintes características: resistências mecânicas relativamente elevadas; baixos coeficientes de expansão térmica (para evitar choques térmicos); propriedades para utilização em temperaturas relativamente elevadas; boas propriedades dielétricas (para aplicações em encapsulamento de componentes eletrônicos); e boa compatibilidade biológica. Algumas vitrocerâmicas podem ser fabricadas opticamente transparentes, enquanto outras são opacas. Possivelmente, o atributo mais atrativo dessa classe de materiais é a facilidade com que podem ser fabricados; as técnicas convencionais de conformação dos vidros podem ser convenientemente usadas na produção em massa de peças quase isentas de porosidade.

As vitrocerâmicas são fabricadas comercialmente sob os nomes comerciais de Pyroceram, CorningWare, Cercor e Vision. As aplicações mais comuns para esses materiais são como peças para irem ao forno, peças para irem à mesa, janelas de fornos e tampas de fogões de cozinha — principalmente por causa de sua resistência mecânica e excelente resistência a choques térmicos. Eles também servem como isolantes elétricos e como substratos para placas de circuitos impressos, e são utilizados como revestimentos em arquitetura e para trocadores de calor e regeneradores. Uma vitrocerâmica típica também está incluída na Tabela 13.1; a Figura 13.3 é uma micrografia eletrônica de varredura que mostra a microestrutura de um material vitrocerâmico.

Verificação de Conceitos 13.1   Explique sucintamente por que as vitrocerâmicas podem não ser transparentes. *Sugestão:* Você pode querer consultar o Capítulo 21.

[*A resposta está disponível no GEN-IO, ambiente virtual de aprendizagem do GEN.*]

13.4 PRODUTOS À BASE DE ARGILA

Uma das matérias-primas cerâmicas mais amplamente utilizadas é a argila. Esse insumo muito barato, encontrado naturalmente em grande abundância, é usado com frequência na forma como é extraído, sem nenhum beneficiamento de sua qualidade. Outra razão para sua popularidade está na facilidade com a qual os produtos à base de argila podem ser conformados; quando misturados nas

Figura 13.3 Micrografia eletrônica de varredura que mostra a microestrutura de um material vitrocerâmico. As partículas longas, aciculares e em forma de lâmina produzem um material que possui resistência e tenacidade não usuais. Ampliação de 40.000×.

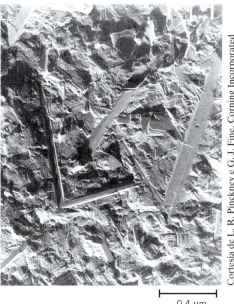

proporções corretas, a argila e a água formam uma massa plástica que é muito suscetível à modelagem. A peça modelada é seca para remover parte da umidade e depois é cozida em uma temperatura elevada para melhorar sua resistência mecânica.

A maioria dos produtos à base de argila enquadra-se em duas classificações abrangentes: os **produtos estruturais à base de argila** e as **louças brancas**. Os produtos estruturais à base de argila incluem os tijolos de construção, os azulejos e as tubulações de esgoto — aplicações nas quais a integridade estrutural é importante. As cerâmicas denominadas louças brancas tornam-se brancas após a **queima** ou **cozimento** em temperatura elevada. Nesse grupo estão incluídas as porcelanas, as louças de barro, as louças para mesa, as louças vitrificadas e os acessórios para encanamentos hidráulicos (louças sanitárias). Além da argila, muitos desses produtos contêm também aditivos não plásticos, os quais influenciam as mudanças que ocorrem durante os processos de secagem e queima, assim como as características da peça acabada (Seção 13.12).

produto estrutural à base de argila

louça branca

queima

13.5 REFRATÁRIOS

cerâmica refratária   Outra importante classe de cerâmicas utilizada em larga escala é a das **cerâmicas refratárias**. As propriedades características desses materiais incluem a capacidade de resistir a temperaturas elevadas sem fundir ou se decompor, e sua capacidade de permanecer não reativos e inertes quando expostos a ambientes severos (por exemplo, fluidos quentes e corrosivos). Além disso, sua habilidade em proporcionar isolamento térmico e suportar cargas mecânicas é, com frequência, uma consideração de importância, assim como sua resistência ao choque térmico (fratura causada por rápidas mudanças na temperatura). As aplicações típicas incluem revestimentos para fornos e fundidoras para refino de aço, alumínio e cobre, assim como de outros metais; fornos usados para fabricação de vidros e tratamentos térmicos metalúrgicos; fornos de cimento; e geradores de energia.

O desempenho de uma cerâmica refratária depende da sua composição e de como ela é processada; as cerâmicas refratárias mais comuns são feitas a partir de materiais naturais — por exemplo, óxidos refratários tais como SiO_2, Al_2O_3, MgO, CaO, Cr_2O_3 e ZrO_2. Com base na composição, existem duas classificações gerais — *argiloso* e *não argiloso*. A Tabela 13.2 apresenta as composições para vários materiais refratários comerciais.

Refratários Argilosos

Os refratários argilosos são subclassificados em duas categorias: argila refratária e argila refratária com alto teor de alumina. As matérias-primas principais dos refratários à base de argila são argilas refratárias de alta pureza — misturas de alumina e sílica contendo geralmente entre 25 e 45%p de alumina. De acordo com o diagrama de fases SiO_2-Al_2O_3, Figura 12.25, nessa faixa de composições a maior temperatura possível sem a formação de uma fase líquida é de 1587°C (2890°F). Abaixo dessa temperatura, as fases presentes em equilíbrio são a mulita e a sílica (cristobalita). Durante o uso em serviço do refratário, a presença de uma pequena quantidade de fase líquida pode ser

398 · **Capítulo 13**

Tabela 13.2 Composições de Sete Materiais Cerâmicos Refratários

Tipo de Material Refratário	Composição (%p)					
	Al_2O_3	SiO_2	MgO	Fe_2O_3	CaO	Outros
Argila refratária	25–45	70–50	<1	<1	<1	1–2 TiO_2
Argila refratária com alto teor de alumina	50–87,5	45–10	<1	1–2	<1	2–3 TiO_2
Sílica	<1	94–96,5	<1	<1,5	<2,5	
Periclásio	<1	<3	>94	<1,5	<2,5	
Ultra alto teor de alumina	87,5–99+	<10	—	<1	—	<3 TiO_2
Zirconita	—	34–31		<0,3		63–66 ZrO_2
Carbeto de silício	12–2	10–2	—	<1	—	80–90 SiC

permitida sem comprometimento da integridade mecânica. Acima de 1587°C, a fração de fase líquida presente depende da composição do refratário. O aumento no teor de alumina aumenta a temperatura máxima de serviço, permitindo a formação de uma pequena quantidade de líquido.

A matéria-prima principal dos refratários com alto teor de alumina é a bauxita, um mineral de ocorrência natural composto principalmente por hidróxido de alumínio $Al(OH)_3$ e argilas cauliníticas; o teor de alumina varia entre 50 e 87,5%p. Esses materiais são mais robustos em temperaturas elevadas do que as argilas refratárias e podem ser expostos a ambientes mais severos.

Refratários Não Argilosos

As matérias primas para os refratários não argilosos são outras que não os minerais à bases de argila. Os refratários incluídos nesse grupo são os materiais à base de sílica, periclásio, muito alta concentração de alumina, zirconita e carbeto de silício.

A principal matéria-prima dos refratários à base de sílica, às vezes denominados *refratários ácidos*, é a sílica. Esses materiais, bastante conhecidos por sua capacidade de suportar cargas em temperaturas elevadas, são usados comumente nos tetos em arco dos fornos para a fabricação de aços e vidros; nessas aplicações, podem ser atingidas temperaturas tão elevadas quanto 1650°C (3000°F). Sob essas condições, uma pequena fração do tijolo, na realidade, existe como líquido. A presença de concentrações de alumina, mesmo pequenas, tem uma influência negativa sobre o desempenho desses refratários, o que pode ser explicado pelo diagrama de fases sílica-alumina, Figura 12.25. Uma vez que a composição eutética (7,7%p Al_2O_3) está muito próxima da extremidade da sílica no diagrama de fases, mesmo pequenas adições de Al_2O_3 reduzem a temperatura *liquidus* de maneira significativa, o que implica que quantidades substanciais de líquido podem estar presentes em temperaturas acima de 1600°C (2910°F). Dessa forma, o teor de alumina deve ser mantido em um mínimo, normalmente até entre 0,2 e 1,0%p. Esses materiais refratários também são resistentes a escórias ricas em sílica (chamadas *escórias ácidas*) e são usados com frequência como vasos de contenção para elas. Entretanto, eles são facilmente atacados por escórias com alta proporção de CaO e/ou MgO (escórias básicas), e o contato com esses óxidos deve ser evitado.

Os refratários ricos em periclásio (a forma mineral da magnésia, MgO), minérios de cromo e misturas desses dois minerais são denominados *básicos*; eles também podem conter compostos de cálcio e ferro. A presença de sílica é prejudicial ao seu desempenho em temperaturas elevadas. Os refratários básicos são especialmente resistentes ao ataque por escórias que contêm concentrações elevadas de MgO; esses materiais encontram larga aplicação no processo básico a oxigênio para fabricação de aço (BOP — *basic oxygen process*) e em fornos elétricos a arco.

Os refratários com *muito alta concentração de alumina* possuem altas concentrações de alumina — entre 87,5%p e mais de 99%p. Esses materiais podem ser expostos a temperaturas acima de 1800°C sem experimentar a formação de uma fase líquida; além disso, são altamente resistentes a choques térmicos. Aplicações comuns incluem o uso em fornos de vidro, fundições de ferro, incineradores de resíduos e revestimentos de fornos cerâmicos.

Outro refratário não argiloso é o mineral zirconita, ou silicato de zircônio ($ZrO_2 \cdot SiO_2$); as faixas de composição para esses refratários comerciais estão indicadas na Tabela 13.2. A característica refratária mais notável da zirconita é sua resistência à corrosão por vidros fundidos em temperaturas elevadas. Além disso, a zirconita possui uma resistência mecânica relativamente elevada e é resistente a choques térmicos e à fluência. Sua aplicação mais comum é na construção de fornos para a fusão de vidros.

Figura 13.4 Fotografia de um trabalhador removendo uma amostra de aço fundido de um forno a alta temperatura que está revestido com uma cerâmica refratária.

O carbeto de silício (SiC), outra cerâmica refratária, é produzido por um processo denominado colagem por reação — reagindo areia e coque[1] em um forno elétrico em uma temperatura elevada (entre 2200°C e 2480°C). Areia é a fonte de silício e o coque a fonte de carbono. As características de resistência a cargas em temperaturas elevadas exibidas pelo SiC *são excelentes, ele possui uma condutividade térmica excepcionalmente alta, e é muito resistente a choques térmicos que podem resultar de rápidas variações na temperatura.* O principal uso do SiC é em equipamentos de fornos para suportar e separar peças cerâmicas que estão sendo queimadas.

O carbono e a grafita são muito refratários, mas têm uma aplicação limitada por causa de sua susceptibilidade à oxidação em temperaturas acima de aproximadamente 800°C (1470°F).

As cerâmicas refratárias estão disponíveis em formas pré-moldadas, que são facilmente instaladas e de uso econômico. Os produtos pré-moldados incluem tijolos, cadinhos e peças estruturais de fornos.

Os refratários monolíticos são comercializados tipicamente como pós ou massas plásticas que são instalados (moldados, vertidos, bombeados, borrifados, alimentados) no local. Os tipos de refratários monolíticos incluem os seguintes: argamassas, plásticos, moldáveis, deformáveis e adesivos.

A Figura 13.4 mostra um trabalhador removendo uma amostra de aço fundido de um forno a alta temperatura que está revestido com uma cerâmica refratária.

Verificação de Conceitos 13.2 Considerando o diagrama de fases para o sistema SiO_2-Al_2O_3 (Figura 12.25) para o seguinte par de composições, qual composição você julga possuir as características refratárias mais desejáveis? Justifique a sua escolha.

20%p Al_2O_3– 80%p SiO_2

25%p Al_2O_3– 75%p SiO_2.

[*A resposta está disponível no GEN-IO, ambiente virtual de aprendizagem do GEN.*]

13.6 ABRASIVOS

cerâmica abrasiva

As **cerâmicas abrasivas** (em forma particulada) são usadas para desgastar, esmerilhar ou cortar outros materiais, os quais têm obrigatoriamente menor dureza. A ação abrasiva ocorre pela ação de fricção do abrasivo, sob pressão, contra a superfície a ser desgastada, cuja superfície é removida. O requisito principal para esse grupo de materiais é a dureza ou resistência ao desgaste; a maioria dos materiais abrasivos possui uma dureza de Mohs de pelo menos 7. Além disso, um elevado grau de tenacidade é essencial para assegurar que as partículas abrasivas não fraturem com facilidade. Ainda, podem ser produzidas temperaturas elevadas a partir das forças abrasivas de atrito, tal que também são desejáveis algumas propriedades refratárias. As aplicações comuns para os abrasivos incluem o esmerilhamento, o polimento, a lapidação, a perfuração, o corte, a afiação, o arredondamento e o lixamento. Uma gama de indústrias de fabricação e de alta tecnologia usam esses materiais.

---

[1]Coque é produzido pelo aquecimento de carvão em um forno deficiente de oxigênio, tal que todas as impurezas constituintes voláteis são eliminadas.

Os materiais abrasivos são às vezes classificados como de ocorrência natural (minerais que são extraídos) e fabricados (criados através de um processo de fabricação); alguns abrasivos (por exemplo, diamante) se enquadram em ambas as classificações. Os abrasivos de ocorrência natural incluem os seguintes: diamante, coríndon (óxido de alumínio), esmeril (coríndon impuro), granada, calcita (carbonato de cálcio), pedra-pomes, *rouge* (um óxido de ferro) e areia. Aqueles que se encaixam na categoria dos fabricados são os seguintes: diamante, coríndon, borazon (nitreto de boro cúbico ou CBN — *cubic boron nitride*), carborundum (carbeto de silício), zircônia-alumina e carbeto de boro. Aqueles abrasivos fabricados extremamente duros (por exemplo, diamante, borazon e carbeto de boro) são às vezes denominados *superabrasivos*. O abrasivo selecionado para uma aplicação específica dependerá da dureza do material a ser trabalhado, do seu tamanho e da sua forma, assim como do acabamento desejado.

Vários fatores influenciam a taxa de remoção da superfície e o grau de acabamento da superfície. Esses incluem os seguintes:

- Diferença na dureza entre o abrasivo e a peça a ser esmerilhada/polida. Quanto maior essa diferença, mas rápida e profunda a ação de corte.
- Tamanho do grão — quanto maiores (mais grosseiros) os grãos, mais rápida a abrasão e mais grosseira a superfície esmerilhada. Meios abrasivos contendo grãos pequenos (finos) são usados para produzir superfícies lisas e altamente polidas na peça trabalhada. Além disso, todos os meios abrasivos consistem em uma distribuição de tamanhos de grãos (partículas). O tamanho médio das partículas de abrasivos varia entre aproximadamente 1 μm e 2 mm (2000 μm) para os grãos finos e grosseiros, respectivamente.
- A força de contato criada entre o abrasivo e a superfície da peça sendo trabalhada; quanto maior essa força, mais rápida a taxa de abrasão.

Os abrasivos são usados em três formas — como abrasivos colados, abrasivos revestidos e grãos soltos.

- Os abrasivos colados consistem em grãos abrasivos que estão presos dentro de algum tipo de matriz e estão tipicamente colados a um disco (discos de esmerilhamento, polimento e corte) — a ação abrasiva é obtida pela rotação do disco. Os materiais de resina/colagem incluem cerâmicas vítreas, resinas poliméricas, gomas-lacas e borrachas. A estrutura da superfície deve conter alguma porosidade; um escoamento contínuo de correntes de ar ou de refrigerantes líquidos dentro dos poros que envolvem os grãos do refratário previne um aquecimento excessivo. A Figura 13.5 mostra a microestrutura de um abrasivo colado, revelando os grãos do abrasivo, a fase de colagem e os poros. As aplicações dos abrasivos colados incluem as serras para cortar concreto, asfalto, metais e para dividir amostras para análises metalográficas; e discos para esmerilhar, afiar e desbastar. A fotografia na Figura 13.6 é de uma placa de pressão de revestimento de embreagem que está sendo esmerilhada com um disco de esmeril.

Figura 13.5 Fotomicrografia de um abrasivo cerâmico colado à base de óxido de alumínio. As regiões claras mostram os grãos abrasivos de Al$_2$O$_3$; as áreas cinzentas e escuras são a fase de colagem e a porosidade, respectivamente. Ampliação de 100×.
(De KINGERY, W. D. BOWEN, H. K. e UHLMANN, D. R. *Introduction to Ceramics*, 2ª ed., p. 568. Copyright © 1976 por John Wiley & Sons. Reimpressa sob permissão de John Wiley & Sons, Inc.)

Figura 13.6 Fotografia de uma placa de pressão de revestimento de embreagem que está sendo esmerilhada com um disco de esmeril.

- Os abrasivos revestidos são aqueles em que partículas abrasivas são fixadas (usando um adesivo) a algum tipo de material de base de tecido ou papel; a lixa de papel é provavelmente o exemplo mais conhecido. Os materiais de base típicos incluem o papel e vários tipos de tecidos — por exemplo, rayon, algodão, poliéster e náilon; os materiais de base podem ser flexíveis ou rígidos. Polímeros são usando comumente como adesivo entre o material de base e as partículas — por exemplo, fenólicos, epóxis, acrilatos e colas. Componentes abrasivos possíveis são a alumina, alumina-zircônia, carbeto de silício, granada e os superabrasivos. As aplicações típicas para os abrasivos revestidos são em cintas abrasivas, ferramentas abrasivas manuais e em lapidação (isto é, polimento) de madeira, equipamentos oftálmicos, vidro, plásticos, joias e materiais cerâmicos.
- Moinhos, lixas e discos de polimento empregam, com frequência, grãos soltos de materiais abrasivos, os quais são liberados em algum tipo de meio à base de água ou óleo. As partículas não estão ligadas a outra superfície, mas estão livres para rolar ou deslizar; seus tamanhos ficam na faixa do micrômetro e do submicrômetro. Os processos com abrasivos soltos são usados tipicamente em operações de acabamento de alta precisão. Os objetivos da lapidação e do polimento são diferentes. Enquanto o polimento é usado para reduzir a rugosidade da superfície, o propósito da lapidação é melhorar a precisão da forma de um objeto — por exemplo, para aumentar o nivelamento de objetos planos e a esfericidade de esferas. As aplicações típicas para os abrasivos soltos incluem os selos mecânicos, os rolamentos de relógios, os cabeçotes de gravação magnéticos, os substratos de circuitos eletrônicos, as peças automotivas, os instrumentos cirúrgicos e os conectores de fibras óticas.

Deve ser observado que os abrasivos colados (serras de corte), abrasivos revestidos e grãos de abrasivos soltos são usados para cortar, esmerilhar e polir amostras para exames ao microscópio, como discutido na Seção 4.10.

13.7 CIMENTOS

cimento

Vários materiais cerâmicos conhecidos são classificados como **cimentos** inorgânicos: cimento, gesso de paris e cal, os quais, como um grupo, são produzidos em quantidades extremamente grandes. A característica especial desses materiais é que, quando são misturados com água, formam uma pasta que, em seguida, pega e endurece. Esse comportamento é especialmente útil no sentido de que estruturas sólidas e rígidas com praticamente qualquer forma podem ser moldadas com rapidez. Além disso, alguns desses materiais atuam como uma fase de união, que aglutina quimicamente agregados particulados para formar uma única estrutura coesa. Sob tais circunstâncias, o papel do cimento é semelhante ao da fase vítrea de união que se forma quando produtos à base de argila e alguns tijolos refratários são cozidos. Uma diferença importante, no entanto, é o fato de que no cimento a ligação se desenvolve à temperatura ambiente.

402 • Capítulo 13

Desse grupo de materiais, o cimento portland é o consumido em maiores quantidades. Ele é produzido pela moagem e mistura íntima de argila e minerais contendo cal em proporções adequadas e, então, pelo aquecimento da mistura em um forno rotativo até aproximadamente 1400°C (2550°F); esse processo, às vezes chamado de **calcinação**, produz mudanças físicas e químicas nas matérias-primas. O produto resultante, o "clínquer", é então moído na forma de um pó muito fino, ao qual se adiciona uma pequena quantidade de gesso ($CaSO_4$–$2H_2O$) para retardar o processo de pega. Esse produto é o cimento Portland. As propriedades do cimento Portland, incluindo o tempo de pega e a resistência final, dependem em grande parte da sua composição.

calcinação

Vários constituintes diferentes são encontrados no cimento Portland, dos quais os principais são o silicato tricálcico ($3CaO$–SiO_2) e o silicato dicálcico ($2CaO$–SiO_2). A pega e o endurecimento desse material resultam de reações de hidratação relativamente complicadas, que ocorrem entre os vários constituintes do cimento e a água que é adicionada. Por exemplo, uma reação de hidratação envolvendo o silicato dicálcico é a seguinte:

$$2CaO\text{–}SiO_2 + xH_2O \rightarrow 2CaO\text{–}SiO_2\text{–}xH_2O \tag{13.1}$$

em que x é variável e depende da quantidade de água disponível. Esses produtos hidratados estão na forma de substâncias cristalinas ou géis complexos que formam as ligações no cimento. As reações de hidratação começam imediatamente após a adição da água ao cimento. Essas reações se manifestam primeiro na pega (isto é, no enrijecimento da pasta que antes era plástica) e ocorrem logo após a mistura, geralmente em um intervalo de várias horas. O endurecimento da massa prossegue como resultado de uma hidratação adicional, em um processo relativamente lento, que pode continuar durante períodos tão longos quanto vários anos. Deve ser enfatizado que o processo pelo qual o cimento endurece não é um processo de secagem, mas de hidratação, no qual a água participa efetivamente em uma reação química de união.

O cimento Portland é denominado um *cimento hidráulico*, pois sua dureza se desenvolve por reações químicas com a água. Ele é empregado principalmente em argamassa e em concreto, para aglutinar, em uma massa coesa, agregados de partículas inertes (areia e/ou cascalho); esses são considerados materiais compósitos (veja a Seção 16.2). Outros cimentos, tais como a cal, não são hidráulicos — isto é, outros compostos que não a água (por exemplo, o CO_2) estão envolvidos na reação de endurecimento.

> ✓ **Verificação de Conceitos 13.3** Explique por que é importante moer o cimento na forma de um pó fino.
>
> [*A resposta está disponível no GEN-IO, ambiente virtual de aprendizagem do GEN.*]

13.8 BIOMATERIAIS CERÂMICOS

Os materiais cerâmicos também são usados em uma variedade de aplicações biomédicas. As propriedades que tornam esses materiais desejáveis para uso como biomateriais incluem inércia química, dureza, resistência ao desgaste e baixo coeficiente de atrito; seu principal inconveniente é a disposição à fratura frágil (isto é, baixos valores da tenacidade à fratura). Aquelas cerâmicas usadas tipicamente para implantes (isto é, *biocerâmicas*) incluem materiais óxidos cristalinos, vidros e vitrocerâmicas. Os seguintes são exemplos típicos do uso de materiais biocerâmicos:

- Óxido de alumínio denso e de alta pureza, uma cerâmica altamente inerte e não reativa, é usado em algumas aplicações ortopédicas que exigem suporte de carga (envolvendo lesões do esqueleto) — por exemplo, em próteses da bacia. Uma forma altamente porosa de alumina é usada para o reparo dos ossos e para assistir no processo de cura. O implante atua como um esqueleto estrutural; um novo tecido ósseo cresce no seu interior e infiltra em seus poros (mas não substitui a alumina).

- Zircônia (a forma tetragonal), parcialmente estabilizada com ítria [às vezes denominada Y-TZP (*yttria tetragonal zirconia polycrystal* = zircônia tetragonal policristalina estabilizada com ítria)] é usada em algumas aplicações ortopédicas e dentárias. Algumas cabeças de fêmur para próteses da bacia são compostas por alumina densa de alta pureza à qual foram adicionadas pequenas partículas de Y-TZP.[2] Esse tipo de zircônia encontrou outro nicho como material para restauração dentária (por exemplo, para uso em coroas dentárias).

---

[2]Esse material possui uma tenacidade à fratura relativamente alta como resultado do fenômeno de *aumento da tenacidade por transformação*, que é discutido na Seção 16.10.

Aplicações e Processamento das Cerâmicas • **403**

- Quando colocadas no interior do corpo humano, as superfícies de alguns materiais vítreos e vitrocerâmicos interagem com e se ligam aos tecidos vizinhos (em especial os ossos). Mecanicamente, essas ligações interfaciais são muito fortes, com frequência equivalentes ou até mais fortes que a resistência do tecido ou do implante cerâmico. Por isso esses vidros/vitrocerâmicas são usados extensivamente como revestimentos sobre outros materiais para promover ligação — por exemplo, como revestimentos sobre alguns implantes metálicos ortopédicos e dentários.
- Para algumas lesões ósseas, é desejável implantar um material que seja gradualmente infiltrado e substituído por tecido ósseo natural durante o processo de cura. O implante ao final se dissolve e fica absorvido (ou reabsorvido) no interior do corpo do hospedeiro. Dois tipos de materiais à base de fosfato de cálcio são usados tipicamente para esses implantes reabsorvíveis: *fosfato tricálcico* $[Ca_3(PO_4)_2]$ e *hidroxiapatita* $[Ca_{10}(PO_4)_6(OH)_2]$.[3] A principal aplicação dessas cerâmicas reabsorvíveis é como enxertos ósseos porosos, os quais são usados para substituir perdas ósseas ou para assistir no reparo de fraturas ósseas. Esses materiais também são usados para sistemas implantáveis de administração de remédios.

13.9 CARBONOS

A Seção 12.4 apresentou as estruturas cristalinas de duas formas polimórficas do carbono — diamante e grafita. Além disso, as fibras são feitas de materiais à base de carbono que possuem outras estruturas. Nessa seção, discutimos essas estruturas e, adicionalmente, as importantes propriedades e aplicações para essas três formas de carbono.

Diamante

As propriedades físicas do diamante são extraordinárias. Quimicamente, ele é muito inerte e resistente ao ataque por uma gama de meios corrosivos. De todos os materiais brutos conhecidos, o diamante é o mais duro — como resultado das suas ligações interatômicas dos orbitais do tipo sp^3, as quais são extremamente fortes. Além disso, de todos os sólidos, ele possui o mais baixo coeficiente de atrito por deslizamento. Sua condutividade térmica é extremamente elevada, as suas propriedades elétricas são notáveis e, oticamente, ele é transparente nas regiões visível e infravermelha do espectro eletromagnético — de fato, ele possui a mais ampla faixa de transmissão espectral entre todos os materiais. O alto índice de refração e o brilho ótico dos monocristais tornam o diamante a pedra preciosa de maior valor. Várias propriedades importantes do diamante, assim como de outros materiais à base de carbono, estão listadas na Tabela 13.3. Deve ser observado que o alto módulo de elasticidade e a massa específica relativamente baixa do diamante significam que ele é extremamente desejável para algumas aplicações que exigem alta rigidez específica (razão módulo de elasticidade-massa específica).

As técnicas sob alta pressão e alta temperatura (HPHT — *high-pressure high-temperature*) para produção de diamantes sintéticos foram desenvolvidas a partir da metade da década de 1950. Essas técnicas foram refinadas a tal ponto que atualmente uma grande proporção dos diamantes de qualidade industrial são sintéticos, assim como alguns usados em pedras preciosas. O processo HPHT também pode ser usado para aprimorar a qualidade de diamantes naturais de baixa qualidade; além disso, os diamantes naturais podem ser coloridos pela incorporação de átomos de impurezas por difusão.

Os diamantes de grau industrial são usados para uma gama de aplicações que exploram a dureza extrema, a resistência ao desgaste e o baixo coeficiente de atrito do diamante. Essas aplicações incluem as pontas de brocas e serras revestidas com diamante, as matrizes para trefilação de arames e como abrasivos usados em equipamentos de corte, esmerilhamento e polimento (Seção 13.6).

Diamante Policristalino

O *diamante policristalino* (*PCD* — *polycrystalline diamond*) — um agregado sólido de muitos pequenos cristais ou grãos de diamante — é usado para algumas aplicações industriais. Essa forma de diamante é criada submetendo pós de diamante sintético a altas temperaturas e altas pressões (similar à técnica de HPHT usada para fabricação de diamantes sintéticos), um processo que sinteriza as partículas pulverizadas umas com as outras e forma uma massa coesa. O processo de sinterização é conduzido tipicamente com a massa pulverizada de diamante em contato com um substrato de base de suporte de uma mistura carbeto de tungstênio/cobalto. Durante a sinterização, o cobalto difunde a partir da base ao longo de todo o pó de diamante; esse processo remove impurezas do diamante, assim como catalisa a reação de ligação ente as partículas de diamante. Além disso, se forma uma ligação muito forte entre o substrato de carbeto e a camada de PCD como resultado de processos de difusão.

---

[3] Alguns tecidos do corpo (encontrados nos ossos e nos dentes) são compósitos naturais que contêm um material à base de fosfato de cálcio similar à hidroxiapatita.

404 · Capítulo 13

Tabela 13.3 Propriedades do Diamante, Grafita e Carbono (para Fibras)

| | | Material | | |
| | | Grafita | | |
Propriedade	Diamante	No Plano	Fora do Plano	Carbono (Fibras)
Massa Específica (g/cm³)	3,51	2,26		1,78–2,15
Módulo de Elasticidade (GPa)	700–1200	350	36,5	230–725[a]
Resistência (MPa)	1050	2500	—	1500–4500[a]
Condutividade Térmica (W/m · K)	2000–2500	1960	6,0	11–70[a]
Coeficiente, Expansão Térmica (10^{-6} K⁻¹)	0,11–1,2	–1	+29	–0,5– –0,6[a] 7–10[b]
Resistividade Elétrica (Ω · m)	10^{11}–10^{14}	$1,4 \times 10^{-5}$	1×10^{-2}	$9,5 \times 10^{-6}$–17×10^{-6}

[a]Direção longitudinal da fibra.
[b]Direção transversal (radial) da fibra.

Os tamanhos das partículas de pó estão tipicamente na faixa do micrômetro, e duas ou mais faixas de tamanho podem ser usadas para facilitar a compactação. A temperatura de sinterização é de cerca de 1400°C, e são exigidas pressões da ordem de 1300 atm. Tipicamente, as peças PCD são fabricadas como inserções individuais ou blocos que são integrados no interior e fixados a cortadores, furadeiras ou mancais multicomponentes. Dessa forma, exige-se um mecanismo de fixação, o qual encontra-se na forma de um substrato de carbeto de tungstênio que é colado integralmente à inserção/bloco de PCD durante seu tratamento HPHT; o substrato também atua como uma base durável e proporciona suporte mecânico ao PCD. A fixação da unidade substrato/inserção/bloco PCD é possível através de soldagem, adesivos, ou meios mecânicos.

As propriedades dos monocristais de diamante (e de cada grão em um diamante policristalino) são anisotrópicas — isto é, as propriedades variam com a direção cristalográfica. Isso é especialmente verdadeiro para o que é chamado *clivagem* — a tendência de um cristal (de diamante) em se dividir ou quebrar ao longo de um plano cristalográfico específico em resposta a uma tensão aplicada sobre aquele plano. Uma vez que as orientações cristalográficas dos grãos em um diamante policristalino são aleatórias, ele é isotrópico em relação à clivagem — isto é, a susceptibilidade a clivagem é uniforme em todas as direções (isto é, não existe uma direção de clivagem preferencial). Dessa forma, essa resistência a clivagem dos materiais PCD leva a altos níveis de resistência, dureza e resistência ao desgaste.

Os usos principais para os produtos à base de PCD são na exploração de óleo/gás e nas indústrias de mineração de rochas duras — por exemplo, ferramentas e brocas de perfuração, cortadores e mancais de fundo de poço. Outras aplicações incluem ferramentas de corte para a usinagem de metais e matrizes para o estiramento de arames. A extrema resistência à abrasão combinada com a elevada condutividade térmica do diamante torna o PCD um material ideal para a mineração de rochas duras. A elevada condutividade térmica do diamante reduz a temperatura na aresta de corte da inserção de PCD, o que, por sua vez, reduz a taxa de desgaste da aresta. Além disso, embora o diamante seja um material frágil, o uso da base de carbeto de tungstênio melhora a tenacidade da inserção de diamante.

Grafita

Como consequência da sua estrutura (Figura 12.17), a grafita é altamente anisotrópica — os valores das propriedades dependem da direção cristalográfica ao longo da qual elas são medidas. Por exemplo, as resistividades elétricas nas direções paralela e perpendicular ao plano do grafeno são, respectivamente, da ordem de 10^{-5} e 10^{-2} Ω · m. Os elétrons não localizados são altamente móveis, e os seus movimentos em resposta à presença de um campo elétrico que esteja sendo aplicado em uma direção paralela ao plano são responsáveis pela resistência relativamente baixa (isto é, alta condutividade) naquela direção. Ainda, como consequência das fracas ligações interplanares de van der Waals, é relativamente fácil para os planos se deslizarem uns em relação aos outros, o que explica as excelentes propriedades de lubrificação da grafita.

Existe uma disparidade significativa entre as propriedades da grafita e do diamante, como pode ser observado na Tabela 13.3. Por exemplo, mecanicamente, a grafita é muito macia e quebradiça, e possui um módulo de elasticidade significativamente menor. Sua condutividade elétrica no plano é 10^{16} a 10^{19} vezes aquela do diamante, enquanto as condutividades térmicas são aproximadamente as mesmas. Além disso, enquanto o coeficiente de expansão térmica para o diamante é relativamente pequeno e positivo, o valor no plano para a grafita é pequeno e negativo, enquanto o coeficiente perpendicular ao plano é positivo e relativamente grande. A grafita é oticamente opaca com uma coloração negra-prateada. Outras propriedades desejáveis da grafita incluem uma boa estabilidade química em temperaturas elevadas e em atmosferas não oxidantes, alta resistência ao choque térmico, alta adsorção de gases e boa usinabilidade.

As aplicações para a grafita são muitas, variadas e incluem lubrificantes, lápis, eletrodos de baterias, materiais para fricção (por exemplo, sapatas de freio), elementos aquecedores para fornos elétricos, eletrodos de solda, cadinhos metalúrgicos, refratários e isolantes para altas temperaturas, turbinas a jato, vasos reatores químicos, contatos elétricos (por exemplo, escovas) e dispositivos para a purificação do ar.

Fibras de Carbono

Fibras de pequeno diâmetro, alta resistência e alto módulo, compostas por carbono são usadas como reforços em compósitos com matriz de polímero (Seção 16.8). O carbono nessas fibras se encontra na forma de camadas de grafeno. Contudo, dependendo do precursor (isto é, do material a partir do qual as fibras foram feitas) e do tratamento térmico, existem diferentes arranjos estruturais dessas camadas de grafeno. Para o que é denominado fibras de *carbono grafíticas*, as camadas de grafeno assumem a estrutura ordenada da grafita — os planos são paralelos uns aos outros e possuem ligações interplanares de van der Waals relativamente fracas. Alternativamente, uma estrutura mais desordenada resulta quando, durante a fabricação, as lâminas de grafeno ficam aleatoriamente dobradas, inclinadas e contorcidas para formar o que é denominado *carbono turbostrático*. Também podem ser sintetizadas fibras híbridas grafítico-turbostráticas que são compostas por regiões com ambos os tipos de estruturas. A Figura 13.7, uma representação estrutural esquemática de uma fibra híbrida, mostra tanto a estrutura grafítica quanto a turbostrática.[4] As fibras grafíticas possuem tipicamente módulos de elasticidade maiores do que as fibras turbostráticas, enquanto as fibras turbostráticas tendem a ser mais resistentes. Além disso, as propriedades das fibras de carbono são anisotrópicas — os valores para a resistência e o módulo de elasticidade são maiores na direção paralela ao eixo da fibra (a direção longitudinal) do que na direção perpendicular ao eixo da fibra (a direção transversal ou radial). A Tabela 13.3 também lista valores típicos para as propriedades das fibras de carbono.

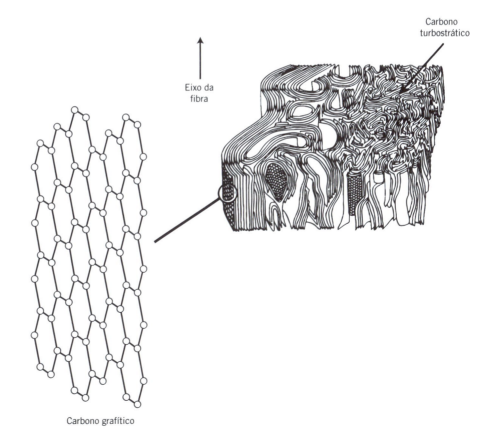

Figura 13.7 Diagrama esquemático de uma fibra de carbono que mostra tanto a estrutura grafítica quanto a estrutura turbostrática do carbono. (Adaptada de BENNETT, S. C. e JOHNSON, D. J. *Structural Heterogeneity in Carbon Fibres*, "Proceedings of the Fifth London International Carbon and Graphite Conference", vol. I. Society of Chemical Industry, London, 1978. Reimpressa sob permissão de S. C. Bennett e D. J. Johnson.)

---

[4]Outra forma de carbono turbostrático — o *carbono pirolítico* — possui propriedades isotrópicas. Ele é usado extensivamente como um biomaterial em razão de sua biocompatibilidade com alguns tecidos do corpo.

406 • **Capítulo 13**

Uma vez que a maioria dessas fibras é composta tanto pela forma grafítica quanto pela forma turbostrática, o termo *carbono*, em lugar de *grafita*, é usado para denominar essas fibras.

Dos três tipos de fibras de reforço mais comuns que são usados em compósitos poliméricos reforçados (carbono, vidro e aramida), as fibras de carbono são as que possuem os maiores módulos de elasticidade e resistência; adicionalmente, elas são as mais caras. As propriedades desses três materiais de fibras (assim como de outros) são comparadas na Tabela 16.4. Além disso, os compósitos poliméricos reforçados com fibras de carbono possuem excepcionais razões entre o módulo de elasticidade e o peso e entre a resistência e o peso.

13.10 CERÂMICAS AVANÇADAS

Embora as cerâmicas tradicionais discutidas anteriormente correspondam à maior parte da produção, o desenvolvimento de novas cerâmicas, denominadas *cerâmicas avançadas*, teve início e continuará a estabelecer um nicho proeminente em nossas tecnologias de ponta. Em particular, as propriedades elétricas, magnéticas e ópticas, assim como combinações de propriedades exclusivas das cerâmicas, têm sido exploradas em uma gama de novos produtos; alguns desses produtos são discutidos nos Capítulos 18, 20 e 21. As cerâmicas avançadas incluem materiais que são usados em sistemas microeletromecânicos, assim como os nanocarbonos (fullerenos, nanotubos de carbono e grafeno). Esses são discutidos na sequência.

Sistemas Microeletromecânicos (MEMS — *Microelectromechanical Systems*)

sistema microeletromecânico

Os **sistemas microeletromecânicos** (abreviado *MEMS*, do inglês) são sistemas "inteligentes" em miniatura (Seção 1.5) e consistem em um grande número de dispositivos mecânicos integrados a grandes quantidades de elementos elétricos em um substrato de silício. Os componentes mecânicos são microssensores e microatuadores. Os microssensores coletam informações do ambiente pela medição de fenômenos mecânicos, térmicos, químicos, ópticos e/ou magnéticos. Os componentes microeletrônicos então processam essas informações dos sensores e, na sequência, retornam decisões que direcionam as respostas dos dispositivos microatuadores — dispositivos que executam tais respostas, como posicionamento, movimentação, bombeamento, regulagem ou filtragem. Esses dispositivos de atuação incluem alavancas, sulcos, engrenagens, motores e membranas, que têm dimensões microscópicas, da ordem de apenas alguns micrômetros de tamanho. A Figura 13.8 é uma micrografia eletrônica de varredura de um MEMS de acionamento de redução para as engrenagens de um trilho linear.

O processamento do MEMS é virtualmente o mesmo utilizado para a produção dos circuitos integrados à base de silício; isso inclui tecnologias de fotolitografia, de implantação de íons, de ataques químicos e de deposição, as quais estão bem estabelecidas. Adicionalmente, alguns componentes mecânicos são fabricados usando técnicas de microusinagem. Os componentes dos MEMS são muito sofisticados, confiáveis e de dimensões minúsculas. Além disso, uma vez que as técnicas de fabricação envolvem operações em batelada, a tecnologia dos MEMS é muito econômica e eficiente em termos de custos.

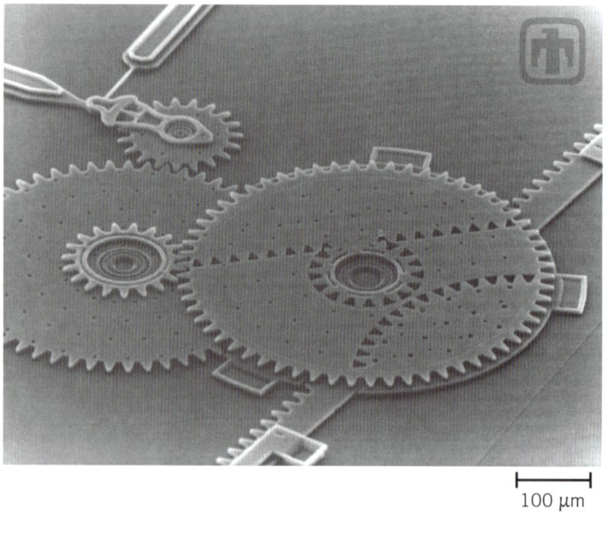

Figura 13.8 Micrografia eletrônica de varredura mostrando um MEMS de acionamento de redução para as engrenagens de um trilho linear. Essa cadeia de engrenagens converte o movimento de rotação da engrenagem superior esquerda em movimento linear para acionar o trilho linear (canto inferior direito). Ampliação de aproximadamente 100×.
(Cortesia da Sandia National Laboratories, SUMMiT* Technologies, www.sandia.gov.)

Existem algumas limitações quanto ao uso do silício nos MEMS. O silício apresenta baixa tenacidade à fratura ($\sim$0,90 MPa$\sqrt{m}$), uma temperatura de amolecimento relativamente baixa (600°C) e é altamente reativo na presença de água e oxigênio. Por isso no momento estão sendo conduzidas pesquisas que visam o emprego de materiais cerâmicos — que são mais tenazes, mais refratários e mais inertes — para alguns componentes de MEMS, especialmente para dispositivos de alta velocidade e em nanoturbinas. Os materiais cerâmicos que estão sendo considerados são os carbonitretos de silício amorfos (ligas de carbeto de silício e nitreto de silício), que podem ser produzidos usando precursores organometálicos.

Um exemplo de aplicação prática dos MEMS é em um acelerômetro (sensor de aceleração/desaceleração), usado na ativação de sistemas de *air bag* em acidentes de automóveis. Para essa aplicação, o componente microeletrônico importante é um microeixo autoportante. Comparado aos sistemas convencionais de *air bag*, as unidades MEMS são menores, mais leves, mais confiáveis e são produzidas a um custo consideravelmente menor.

Aplicações potenciais para os MEMS incluem mostradores eletrônicos, unidades de armazenamento de dados, dispositivos de conversão de energia, detectores para produtos químicos (para agentes químicos e biológicos perigosos e para a detecção de drogas) e microssistemas para amplificação e identificação do DNA. Sem dúvida alguma, existem ainda muitos empregos não identificados para essa tecnologia de MEMS, os quais no futuro terão um impacto profundo sobre nossa sociedade; esses impactos provavelmente ofuscarão os efeitos dos circuitos integrados microeletrônicos ocorridos durante as quatro últimas décadas.

Nanocarbonos

nanocarbono

Uma classe de materiais de carbono recentemente descoberta, os **nanocarbonos**, possui propriedades novas e excepcionais; eles estão sendo atualmente utilizados em algumas tecnologias de ponta, e sem dúvida terão um papel importante em aplicações futuras de alta tecnologia. Três nanocarbonos que pertencem a essa classe são os fullerenos, os nanotubos de carbono e o grafeno. O prefixo "nano" indica que o tamanho da partícula é menor que aproximadamente 100 nanômetros. Além disso, os átomos de carbono em cada nanopartícula estão ligados uns aos outros por meio de orbitais híbridos sp^2.[5]

Fullerenos

Um tipo de fullereno, descoberto em 1985, consiste em um aglomerado esférico oco contendo 60 átomos de carbono; uma única molécula é representada por C_{60}. Os átomos de carbono se ligam uns aos outros para formar configurações geométricas tanto hexagonais (com seis átomos de carbono) quanto pentagonais (com cinco átomos de carbono). Uma dessas moléculas, mostrada na Figura 13.9, consiste em 20 hexágonos e 12 pentágonos, os quais estão arranjados de maneira tal que não existem dois pentágonos compartilhando um mesmo lado; a superfície molecular exibe, dessa forma, a simetria de uma bola de futebol. O material composto por moléculas de C_{60} é conhecido como *buckminsterfullerene* (ou, abreviadamente, *buckyball* = bola de *Bucky*), em homenagem a R. Buckminster Fuller, que inventou o domo geodésico; cada molécula de C_{60} é simplesmente uma réplica em escala molecular desse tipo de domo. O termo *fullereno* é usado para identificar a classe dos materiais compostos por esse tipo de molécula.[6]

No estado sólido, as unidades C_{60} formam uma estrutura cristalina e se compactam segundo uma matriz cúbica centrada nas faces. Esse material é chamado *fullerita*, e a Tabela 13.4 lista algumas das suas propriedades.

Foram desenvolvidos vários compostos do tipo fullereno que possuem características químicas, físicas e biológicas não usuais e que estão sendo usados, ou que possuem o potencial para serem usados, em uma gama de novas aplicações. Alguns desses compostos envolvem átomos ou grupos de átomos que estão encapsulados no interior da jaula de átomos de carbono (e são denominados fullerenos endoédricos). Em outros compostos, átomos, íons ou aglomerados de átomos estão fixados ao lado exterior da casca de fullereno (fullerenos exoédricos).

Os usos e aplicações potenciais dos fullerenos incluem antioxidantes em produtos de cuidado pessoal, biofarmacêuticos, catalisadores, células solares orgânicas, baterias de vida longa, supercondutores para altas temperaturas e imãs moleculares.

---

[5]Como ocorre com a grafita, elétrons não localizados estão associados a essas ligações dos orbitais sp^2; essas ligações estão confinadas ao interior da molécula.

[6]Existem moléculas de fullereno além das C_{60} (por exemplo, C_{50}, C_{70}, C_{76}, C_{84}) que também formam aglomerados ocos em forma de esfera. Cada uma dessas é composta por doze pentágonos, enquanto o número de hexágonos é variável.

Figura 13.9 Estrutura de uma molécula de fulereno C$_{60}$ (esquemática).

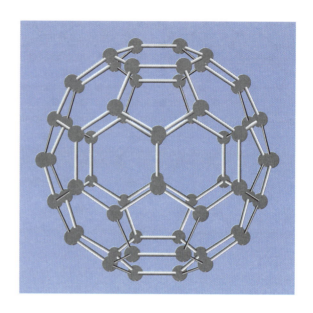

Tabela 13.4
Propriedades de Nanomateriais à Base de Carbono

Propriedade	C$_{60}$ (Fullerita)	Nanotubos de Carbono (Parede Única)	Grafeno (No Plano)
Massa Específica (g/cm³)	1,69	1,33–1,40	—
Módulo de Elasticidade (GPa)	—	1000	1000
Resistência (MPa)	—	13.000–53.000	130.000
Condutividade Térmica (W/m · K)	0,4	~2000	3000–5000
Coeficiente, Expansão Térmica (10^{-6} K^{-1})	—	—	~–6
Resistividade Elétrica (Ω · m)	10^{14}	10^{-6}	10^{-8}

Nanotubos de Carbono

Foi descoberta recentemente outra forma molecular do carbono com algumas propriedades únicas e tecnologicamente promissoras. Sua estrutura consiste em uma única lâmina de grafita (isto é, grafeno), enrolada na forma de um tubo, e que está representada esquematicamente na Figura 13.10; o termo *nanotubo de carbono com parede única* (abreviado do inglês como SWCNT = *single-walled carbon nanotube*) é usado para definir essa estrutura. Cada nanotubo é uma única molécula composta por milhões de átomos; o comprimento dessa molécula é muito maior (da ordem de milhares de vezes maior) que seu diâmetro. Também existem nanotubos de carbono com paredes múltiplas (MWCNT = *multiple-walled carbon nanotubes*), que são compostos por cilindros concêntricos.

Os nanotubos são extremamente resistentes e rígidos, além de serem relativamente dúcteis. Para os nanotubos com uma única parede, os limites de resistência à tração medidos variam entre 13 e 53 GPa (aproximadamente uma ordem de grandeza acima daqueles das fibras de carbono — quais sejam, entre 2 e 6 GPa); esse é um dos materiais mais resistentes conhecidos. Os valores para o módulo de elasticidade são da ordem de um terapascal [TPa (1 TPa = 10³ GPa)], com deformações na fratura entre aproximadamente 5 e 20%. Além disso, os nanotubos apresentam massas específicas relativamente baixas. Várias propriedades de nanotubos com parede única são apresentadas na Tabela 13.4.

Com base nas suas resistências extraordinariamente altas, os nanotubos de carbono têm potencial para serem usados em aplicações estruturais. A maioria das aplicações atuais, no entanto, está limitada ao uso de nanotubos no estado bruto — conjuntos desorganizados de segmentos de tubos. Dessa forma, os materiais compostos por nanotubos no estado bruto muito provavelmente jamais atingirão resistências comparáveis às dos tubos individuais. Os nanotubos em estado bruto estão sendo utilizados atualmente como reforços em nanocompósitos com matriz polimérica (Seção 16.16) para melhorar não apenas a resistência mecânica, mas também as propriedades térmicas e elétricas.

Figura 13.10 Estrutura de um nanotubo de carbono com parede única (esquemática).

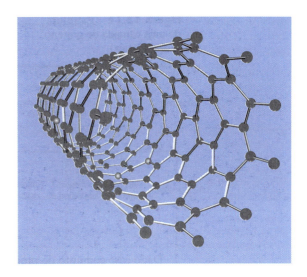

Os nanotubos de carbono também apresentam características elétricas únicas e que são sensíveis à estrutura. Dependendo da orientação das unidades hexagonais no plano do grafeno (isto é, na parede do tubo) em relação ao eixo do tubo, o nanotubo pode comportar-se eletricamente tanto como um metal quanto como um semicondutor. Como um metal, eles têm potencial para serem usados como fiação em circuitos de pequena escala. No estado semicondutor, eles podem ser usados para transistores e diodos. Além disso, os nanotubos são excelentes emissores de campo elétrico. Como tal, eles podem ser usados em monitores de tela plana (por exemplo, em telas de televisão e monitores de computador).

Outras aplicações potenciais são várias e numerosas, e incluem as seguintes:

- Células solares mais eficientes
- Capacitores melhores para substituir baterias
- Aplicações envolvendo a remoção de calor
- Tratamentos de câncer (para alvejar e destruir células cancerosas)
- Aplicações como biomateriais (por exemplo, pele artificial, para monitorar e avaliar tecidos engenheirados)
- Armadura para o corpo
- Estações municipais de tratamento de água (para uma remoção mais eficiente de poluentes e contaminantes)

Grafeno

O grafeno, o mais novo membro dos nanocarbonos, consiste em uma única camada atômica de grafita, composta por átomos de carbono hexagonalmente ligados por meio de ligações de orbitais sp^2 (Figura 13.11). Essas ligações são extremamente resistentes, e ainda assim flexíveis, o que permite que as lâminas se dobrem. O primeiro material à base de grafeno foi produzido pelo desfolhamento ou esfoliação de uma peça de grafita, camada por camada, usando uma fita adesiva plástica até que restasse uma única camada de carbono.[7] Embora o grafeno puro ainda seja produzido usando essa técnica (que é muito cara), foram desenvolvidos outros processos que produzem grafeno de alta qualidade a custos muito menores.

Duas características do grafeno o tornam um material excepcional. Em primeiro lugar, a ordem perfeita que é encontrada nas suas lâminas — não existem defeitos atômicos, tais como lacunas; além disso, essas lâminas são extremamente puras — estão presentes apenas átomos de carbono. A segunda característica está relacionada com a natureza dos elétrons não ligados: à temperatura ambiente, eles se movem muito mais rapidamente que os elétrons de condução nos metais e materiais semicondutores ordinários.[8]

Em termos das suas propriedades (algumas das quais estão listadas na Tabela 13.4), o grafeno poderia ser chamado de o "material definitivo". Ele é o material mais resistente conhecido (~130 GPa), o melhor condutor térmico (~5000 W/m · K), e possui a mais baixa resistividade elétrica (10^{-8} Ω · m) — ou seja, é o melhor condutor elétrico. Adicionalmente, ele é transparente, quimicamente inerte e possui um módulo de elasticidade comparável ao de outros nanocarbonos (~1 TPa).

---

[7] Esse processo é conhecido como *esfoliação micromecânica*, ou o *método da fita adesiva*.
[8] Esse fenômeno é chamado *condução balística*.

REFERÊNCIAS

BLACK, J. T. e KOHSER, R. A. *Degarmo's Materials and Processes in Manufacturing*, 11ª ed. Hoboken, NJ: John Wiley & Sons, 2012.

DOREMUS, R. H. *Glass Science*, 2ª ed. Nova York: Wiley, 1994.

Engineered Materials Handbook, vol. 4, *Ceramics and Glasses*. Materials Park, OH: ASM International, 1991.

HEWLETT, P. C. *Lea's Chemistry of Cement & Concrete*, 5ª ed. Oxford: Elsevier Butterworth-Heinemann, 2017.

KINGERY, W. D., BOWEN, H. K. e UHLMANN, D. R. *Introduction to Ceramics*, 2ª ed. Nova York: John Wiley & Sons, 1976. Capítulos 1, 10, 11 e 16.

REED, J. S. *Principles of Ceramic Processing*, 2ª ed. Nova York: John Wiley & Sons, 1995.

RICHERSON, D. W. *Modern Ceramic Engineering*, 3ª ed. Boca Raton, FL: CRC Press, 2006.

RIEDEL, R. e CHEN, I. W. (eds.). *Ceramic Science and Technology*, vol. 3, *Synthesis and Processing*. Weinheim, Alemanha: Wiley-VCH, 2012.

SCHACT, C. A. (ed.). *Refractories Handbook*. Nova York: Marcel Dekker, 2004.

SHELBY, J. E. *Introduction to Glass Science and Technology*, 2ª ed. Cambridge: Royal Society of Chemistry, 2005.

VARSHNEYA, A. K. *Fundamentals of Inorganic Glasses*, 2ª ed. Sheffield, Reino Unido: Society of Glass Technology, 2013.

Capítulo 14 Estruturas dos Polímeros

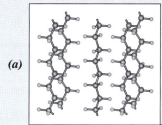

(a) Representação esquemática do arranjo das cadeias moleculares para uma região cristalina do polietileno. As esferas pretas e cinzas representam, respectivamente, os átomos de carbono e hidrogênio.

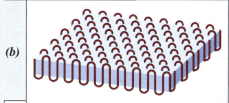

(b) Diagrama esquemático de um cristalito com cadeias poliméricas dobradas — uma região cristalina em forma de lâmina na qual as cadeias moleculares (linhas/curvas vermelhas) se dobram repetidamente sobre elas mesmas; essas dobras ocorrem nas faces do cristalito.

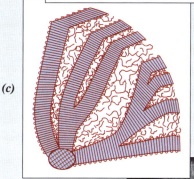

(c) Estrutura de uma esferulita encontrada em alguns polímeros semicristalinos (esquemático). Os cristalitos com cadeias dobradas irradiam para fora a partir de um centro comum. Regiões de material amorfo separam e conectam esses cristalitos, em que as cadeias moleculares (curvas vermelhas) assumem configurações desalinhadas e desordenadas.

(d) Micrografia eletrônica de transmissão mostrando a estrutura esferulítica. Cristalitos lamelares com cadeia dobrada (linhas brancas), com aproximadamente 10 nm de espessura, se estendem em direções radiais a partir do centro. Ampliação de 12.000×.

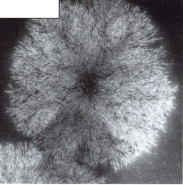

(e) Uma sacola em polietileno contendo algumas frutas.

[A fotografia na Figura (d) foi fornecida por P. J. Phillips. Publicada pela primeira vez em BARTNIKAS, R. e EICHHORN, R. M. *Engineering Dielectrics*, vol. IIA, *Electrical Properties of Solid Insulating Materials: Molecular Structure and Electrical Behavior*, 1983. Copyright ASTM, 1916 Race Street, Filadélfia, PA 19103. Reimpressa com permissão.]

POR QUE ESTUDAR *Estruturas dos Polímeros?*

Um número relativamente grande de características químicas e estruturais afeta as propriedades e os comportamentos dos materiais poliméricos. Algumas dessas influências são as seguintes:

1. Grau de cristalinidade de polímeros semicristalinos — sobre a massa específica, rigidez, resistência e ductilidade (Seções 14.11 e 15.8).

2. Grau de ligações cruzadas — sobre a rigidez de materiais emborrachados (Seção 15.9).

3. Química dos polímeros — sobre as temperaturas de fusão e de transição vítrea (Seção 15.14).

Objetivos do Aprendizado

Após estudar este capítulo, você deverá ser capaz de fazer o seguinte:

1. Descrever uma molécula polimérica típica em termos da estrutura da sua cadeia e, além disso, descrever como a molécula pode ser gerada a partir de unidades repetidas.

2. Desenhar as unidades repetidas para o polietileno, poli(cloreto de vinila), politetrafluoroetileno, polipropileno e poliestireno.

3. Para um dado polímero, calcular os pesos moleculares numérico médio e ponderal médio, assim como o grau de polimerização.

4. Citar e descrever de maneira sucinta:

   (a) os quatro tipos gerais de estruturas moleculares encontrados nos polímeros,

   (b) os três tipos de estereoisômeros,

   (c) as duas espécies de isômeros geométricos e

   (d) os quatro tipos de copolímeros.

5. Citar as diferenças no comportamento e na estrutura molecular entre os polímeros termoplásticos e os termofixos.

6. Descrever sucintamente o estado cristalino nos materiais poliméricos.

7. Descrever/esboçar na forma de diagramas, de maneira sucinta, a estrutura esferulítica para um polímero semicristalino.

14.1 INTRODUÇÃO

Os polímeros que ocorrem naturalmente — aqueles derivados de plantas e animais — têm sido usados há muitos séculos; esses materiais incluem madeira, borracha, algodão, lã, couro e seda. Outros polímeros naturais, como proteínas, enzimas, amidos e celulose, são importantes em processos biológicos e fisiológicos nas plantas e nos animais. As ferramentas modernas de pesquisa científica tornaram possíveis a determinação das estruturas moleculares desse grupo de materiais e o desenvolvimento de inúmeros polímeros que são sintetizados a partir de moléculas orgânicas pequenas. Muitos plásticos, borrachas e materiais fibrosos que nos são úteis são polímeros sintéticos. Na realidade, desde o término da Segunda Guerra Mundial, o campo dos materiais foi virtualmente revolucionado pelo advento dos polímeros sintéticos. Os materiais sintéticos podem ser produzidos a baixos custos, e suas propriedades podem ser moldadas a valores que tornam muitos deles superiores aos seus análogos naturais. Em algumas aplicações, as peças metálicas e de madeira foram substituídas por plásticos, os quais têm propriedades satisfatórias e podem ser produzidos a custos mais baixos.

Como ocorre para os metais e as cerâmicas, as propriedades dos polímeros estão relacionadas de maneira complexa com os elementos estruturais do material. Este capítulo explora as estruturas moleculares e cristalinas dos polímeros; o Capítulo 15 discute as relações entre a estrutura e algumas das propriedades físicas e químicas, juntamente com aplicações típicas e métodos de conformação.

14.2 MOLÉCULAS DE HIDROCARBONETOS

Uma vez que a maioria dos polímeros é de origem orgânica, vamos fazer uma breve revisão dos conceitos básicos relacionados com as estruturas de suas moléculas. Em primeiro lugar, muitos materiais orgânicos são *hidrocarbonetos* — isto é, são compostos por hidrogênio e carbono. Além disso, as ligações intramoleculares são covalentes. Cada átomo de carbono possui quatro elétrons que podem participar de ligações covalentes, enquanto cada átomo de hidrogênio possui apenas um elétron de ligação. Uma ligação covalente simples existe quando cada um dos dois átomos da ligação contribui com um elétron, como representado esquematicamente na Figura 2.12 para uma molécula de hidrogênio (H_2). As ligações duplas e triplas entre dois átomos de carbono envolvem o compartilhamento

Estruturas dos Polímeros • **429**

de dois e três pares de elétrons, respectivamente.[1] Por exemplo, no etileno, que tem a fórmula química C_2H_4, os dois átomos de carbono estão ligados um ao outro por meio de uma ligação dupla, e cada átomo de carbono também está ligado por ligação simples a dois átomos de hidrogênio, como representado pela fórmula estrutural

$$
\begin{array}{cc}
H & H \\
| & | \\
C & = C \\
| & | \\
H & H
\end{array}
$$

em que — e = representam, respectivamente, ligações covalentes simples e duplas. Um exemplo de ligação tripla é encontrado no acetileno, C_2H_2:

$$H - C \equiv C - H$$

insaturado

As moléculas com ligações covalentes duplas e triplas são denominadas **insaturadas** — isto é, cada átomo de carbono não está ligado ao número máximo possível (quatro) de outros átomos. Portanto, é possível outro átomo ou grupo de átomos ligar-se à molécula original. Além disso, em um hidrocarboneto **saturado**, todas as ligações são simples, e nenhum átomo adicional pode unir-se à molécula sem a remoção de outros átomos que já estejam ligados.

saturado

Alguns dos hidrocarbonetos simples pertencem à família das parafinas; as moléculas com cadeias do tipo da parafina incluem metano (CH_4), etano (C_2H_6), propano (C_3H_8) e butano (C_4H_{10}). As composições e as estruturas moleculares para as moléculas de parafinas são demonstradas na Tabela 14.1. As ligações covalentes em cada molécula são fortes, porém apenas fracas ligações de hidrogênio e de van der Waals existem entre as moléculas e, portanto, esses hidrocarbonetos têm pontos de fusão e de ebulição relativamente baixos. No entanto, as temperaturas de ebulição aumentam com o aumento do peso molecular (Tabela 14.1).

isomerismo

Hidrocarbonetos com mesma composição podem apresentar arranjos atômicos diferentes, em um fenômeno denominado **isomerismo**. Por exemplo, existem dois isômeros para o butano; o butano normal tem estrutura

$$
\begin{array}{ccccccc}
 & H & & H & & H & & H \\
 & | & & | & & | & & | \\
H - & C & - & C & - & C & - & C & - H \\
 & | & & | & & | & & | \\
 & H & & H & & H & & H
\end{array}
$$

Tabela 14.1
Composições e Estruturas Moleculares para Alguns Compostos Parafínicos: C_nH_{2n+2}

Nome	Composição	Estrutura	Ponto de Ebulição (°C)
Metano	CH_4	$H - \overset{\overset{H}{\mid}}{\underset{\underset{H}{\mid}}{C}} - H$	−164
Etano	C_2H_6	$H - \overset{\overset{H}{\mid}}{\underset{\underset{H}{\mid}}{C}} - \overset{\overset{H}{\mid}}{\underset{\underset{H}{\mid}}{C}} - H$	−88,6
Propano	C_3H_8	$H - \overset{\overset{H}{\mid}}{\underset{\underset{H}{\mid}}{C}} - \overset{\overset{H}{\mid}}{\underset{\underset{H}{\mid}}{C}} - \overset{\overset{H}{\mid}}{\underset{\underset{H}{\mid}}{C}} - H$	−42,1
Butano	C_4H_{10}		−0,5
Pentano	C_5H_{12}		36,1
Hexano	C_6H_{14}		69,0

[1] No esquema de ligações híbridas para o carbono (Seção 2.6), um átomo de carbono forma orbitais híbridos sp^3 quando todas as suas ligações são simples; um átomo de carbono com uma ligação dupla possui orbitais híbridos sp^2; e um átomo de carbono com uma ligação tripla possui hibridização sp.

430 · **Capítulo 14**

enquanto uma molécula de isobutano é representada da seguinte maneira:

$$
\begin{array}{c}
\text{H} \\
| \\
\text{H}-\text{C}-\text{H} \\
| \qquad\qquad | \\
\text{H}-\text{C}-\text{C}-\text{C}-\text{H} \\
| \quad\ | \quad\ | \\
\text{H} \quad \text{H} \quad \text{H}
\end{array}
$$

Algumas das propriedades físicas dos hidrocarbonetos dependerão de seu estado isomérico; por exemplo, as temperaturas de ebulição para o butano normal e para o isobutano são de –0,5°C e –12,3°C (31,1°F e 9,9°F), respectivamente.

Há inúmeros outros grupos orgânicos, muitos dos quais estão envolvidos nas estruturas de polímeros. Vários desses grupos mais comuns são apresentados na Tabela 14.2, na qual R e R′ representam grupos orgânicos, tais como CH_3, C_2H_5 e C_6H_5 (metil, etil e fenil).

> ✓ **Verificação de Conceitos 14.1**   Faça a distinção entre polimorfismo (veja o Capítulo 3) e isomerismo.
>
> [*A resposta está disponível no GEN-IO, ambiente virtual de aprendizagem do GEN.*]

Tabela 14.2
Alguns Grupos Hidrocarbonetos Comuns

Família	Unidade Característica	Composto Representativo
Álcoois	R—OH	Álcool metílico
Éteres	R—O—R′	Éter dimetílico
Ácidos	R—C(=O)OH	Ácido acético
Aldeídos	R—C(H)=O	Formaldeído
Hidrocarbonetos aromáticos[a]	(anel fenila com R)	Fenol

[a] A estrutura simplificada (anel) representa um grupo fenila,

$$
\begin{array}{c}
| \\
\text{C} \\
\text{H}-\text{C} \quad\quad \text{C}-\text{H} \\
\| \qquad\qquad \| \\
\text{H}-\text{C} \quad\quad \text{C}-\text{H} \\
\text{C} \\
|
\end{array}
$$

14.3 MOLÉCULAS DE POLÍMEROS

macromolécula

As moléculas nos polímeros são gigantescas em comparação às moléculas dos hidrocarbonetos discutidas até aqui; por causa de seu tamanho, elas são chamadas, com frequência, de **macromoléculas**. Em cada molécula, os átomos estão ligados entre si por meio de ligações interatômicas covalentes. Para os polímeros com cadeias de carbono, a estrutura de cada cadeia é uma série de átomos de carbono. Muitas vezes, cada átomo de carbono se liga por ligações simples a dois átomos de carbono adjacentes, um em cada lado, o que pode ser representado esquematicamente em duas dimensões da seguinte maneira:

$$-C-C-C-C-C-C-C-$$

Cada um dos dois elétrons de valência restantes em cada átomo de carbono pode estar envolvido em ligações laterais com átomos ou radicais que estejam posicionados adjacentes à cadeia. Obviamente, também são possíveis ligações duplas tanto na cadeia quanto nas laterais.

**unidade repetida
monômero**

Essas longas moléculas são compostas por entidades estruturais chamadas **unidades repetidas**, que se repetem sucessivamente ao longo da cadeia.[2] O termo **monômero** refere-se à pequena molécula a partir da qual um polímero é sintetizado. Dessa forma, *monômero* e *unidade repetida* significam coisas diferentes, mas às vezes o termo *monômero* ou *unidade monomérica* é empregado em lugar do termo mais apropriado, *unidade repetida*.

14.4 A QUÍMICA DAS MOLÉCULAS DOS POLÍMEROS

Considere novamente o hidrocarboneto etileno (C_2H_4), que é um gás à temperatura e pressão ambientes e que apresenta a seguinte estrutura molecular:

$$\begin{array}{cc} H & H \\ | & | \\ C & = C \\ | & | \\ H & H \end{array}$$

Se o gás etileno reagir sob condições apropriadas, ele vai transformar-se em polietileno (PE), que é um material polimérico sólido. Esse processo começa quando um centro ativo é formado pela reação entre um iniciador ou catalisador ($R\cdot$) e o monômero etileno, como mostrado a seguir:

$$R\cdot + \begin{array}{cc} H & H \\ | & | \\ C & = C \\ | & | \\ H & H \end{array} \longrightarrow R - \begin{array}{cc} H & H \\ | & | \\ C & - C\cdot \\ | & | \\ H & H \end{array} \tag{14.1}$$

A cadeia polimérica forma-se então pela adição sequencial de unidades monoméricas a essa cadeia molecular ativa em crescimento. O sítio ativo, ou elétron não emparelhado (representado por ·), é transferido para cada monômero terminal sucessivo conforme esse monômero se liga à cadeia. Isso pode ser representado esquematicamente da seguinte maneira:

$$R - \begin{array}{cc} H & H \\ | & | \\ C & - C\cdot \\ | & | \\ H & H \end{array} + \begin{array}{cc} H & H \\ | & | \\ C & = C \\ | & | \\ H & H \end{array} \longrightarrow R - \begin{array}{cccc} H & H & H & H \\ | & | & | & | \\ C & - C & - C & - C\cdot \\ | & | & | & | \\ H & H & H & H \end{array} \tag{14.2}$$

---

polímero

[2]Uma unidade repetida às vezes também é denominada um *mero*. *Mero* origina-se da palavra grega *meros*, que significa "parte"; o termo **polímero** foi criado para significar "muitos meros".

Figura 14.1
Para o polietileno, (a) uma representação esquemática da unidade repetida e das estruturas da cadeia e (b) uma perspectiva da molécula, indicando a estrutura em zigue-zague da cadeia.

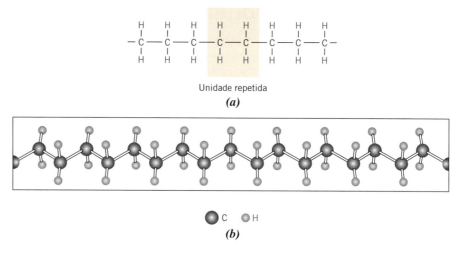

O resultado final, após a adição de muitas unidades monoméricas de etileno, é a molécula de polietileno.[3] Uma parte de uma dessas moléculas e a unidade repetida do polietileno são mostradas na Figura 14.1a. Essa estrutura em cadeia do polietileno também pode ser representada como

$$-\left(\begin{array}{cc} H & H \\ | & | \\ C - C \\ | & | \\ H & H \end{array}\right)_n-$$

ou, alternativamente, como

$$-(CH_2 - CH_2)_n-$$

Nessa representação, as unidades repetidas são colocadas entre parênteses, e o subscrito n indica o número de vezes que ela se repete.[4]

A representação na Figura 14.1a não está estritamente correta, no sentido de que o ângulo entre os átomos de carbono ligados por ligações simples não é de 180°, como mostrado, mas em vez disso está próximo a 109°. Um modelo tridimensional mais preciso é aquele no qual os átomos de carbono formam um padrão em zigue-zague (Figura 14.1b), com o comprimento da ligação C—C sendo de 0,154 nm. Nessa discussão, a representação das moléculas dos polímeros é simplificada frequentemente pelo uso do modelo de cadeia linear mostrado na Figura 14.1a.

Obviamente, também são possíveis estruturas poliméricas com outros grupos químicos. Por exemplo, o monômero tetrafluoroetileno, $CF_2=CF_2$, pode polimerizar para formar o *politetrafluoroetileno* (PTFE) da seguinte maneira:

$$n\begin{bmatrix} F & F \\ | & | \\ C=C \\ | & | \\ F & F \end{bmatrix} \longrightarrow -\left(\begin{array}{cc} F & F \\ | & | \\ C-C \\ | & | \\ F & F \end{array}\right)_n- \tag{14.3}$$

O politetrafluoroetileno (que possui o nome comercial Teflon) pertence a uma família de polímeros denominada *fluorocarbonos*.

O monômero cloreto de vinila ($CH_2=CHCl$) é uma ligeira variação daquele do etileno, em que um dos quatro átomos de H é substituído por um átomo de Cl. Sua polimerização é representada como

$$n\begin{bmatrix} H & H \\ | & | \\ C=C \\ | & | \\ H & Cl \end{bmatrix} \longrightarrow -\left(\begin{array}{cc} H & H \\ | & | \\ C-C \\ | & | \\ H & Cl \end{array}\right)_n- \tag{14.4}$$

e leva ao *poli(cloreto de vinila)* (PVC), outro polímero comum.

---
[3] Uma discussão mais detalhada das reações de polimerização, incluindo tanto o mecanismo de adição quanto o de condensação, é dada na Seção 15.21.
[4] As terminações das cadeias/grupos terminais (isto é, os Rs na Equação 14.2) geralmente não são representados nas estruturas das cadeias.

Estruturas dos Polímeros • **433**

Figura 14.2 Unidades repetidas e estruturas da cadeia para (*a*) politetrafluoroetileno, (*b*) poli(cloreto de vinila) e (*c*) polipropileno.

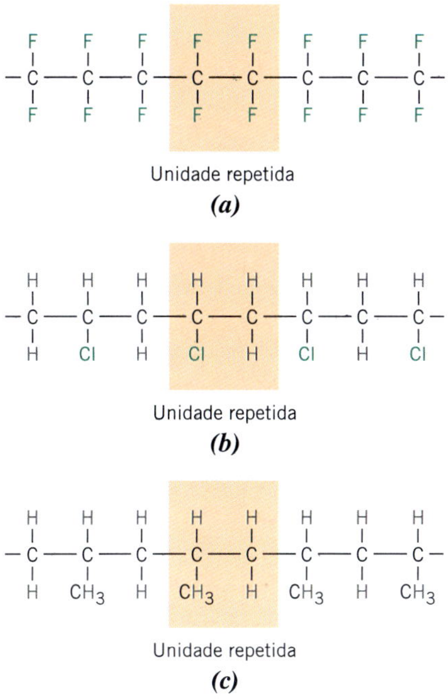

Unidade repetida
(a)

Unidade repetida
(b)

Unidade repetida
(c)

Alguns polímeros podem ser representados usando a seguinte forma genérica:

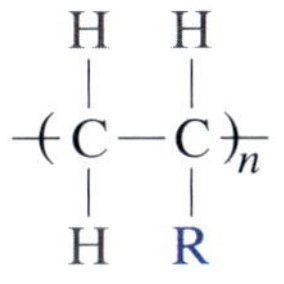

$$-\left(\begin{array}{c}H\\|\\C\\|\\H\end{array}-\begin{array}{c}H\\|\\C\\|\\R\end{array}\right)_n-$$

em que o **R** representa tanto um átomo [isto é, H ou Cl, para o polietileno ou para o poli(cloreto de vinila), respectivamente] ou um grupo orgânico, tal como CH_3, C_2H_5 e C_6H_5 (metil, etil, fenil). Por exemplo, quando R representa um grupo CH_3, o polímero é o *polipropileno* (PP). As estruturas das cadeias para o poli(cloreto de vinila) e o polipropileno também estão representadas na Figura 14.2. A Tabela 14.3 lista unidades repetidas para alguns dos polímeros mais comuns; como pode ser observado, alguns deles — por exemplo, náilon, poliéster e policarbonato — são relativamente complexos. As unidades repetidas para um grande número de polímeros relativamente comuns são dadas no Apêndice D.

Tabela 14.3
Unidades Repetidas para 10 dos Materiais Poliméricos Mais Comuns

Polímero	*Unidade Repetida*
Polietileno (PE)	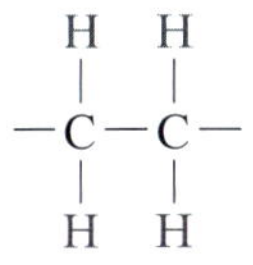 $-\overset{\displaystyle H}{\underset{\displaystyle H}{C}}-\overset{\displaystyle H}{\underset{\displaystyle H}{C}}-$
Poli(cloreto de vinila) (PVC)	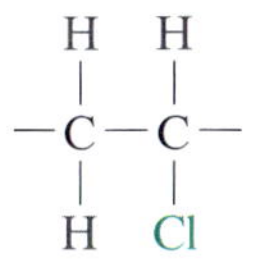 $-\overset{\displaystyle H}{\underset{\displaystyle H}{C}}-\overset{\displaystyle H}{\underset{\displaystyle Cl}{C}}-$
Politetrafluoroetileno (PTFE)	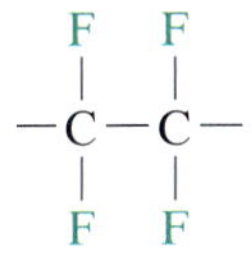 $-\overset{\displaystyle F}{\underset{\displaystyle F}{C}}-\overset{\displaystyle F}{\underset{\displaystyle F}{C}}-$

(continua)

434 · **Capítulo 14**

Tabela 14.3 Unidades Repetidas para 10 dos Materiais Poliméricos Mais Comuns (*Continuação*)

Polímero	Unidade Repetida
Polipropileno (PP)	
Poliestireno (PS)	
Poli(metacrilato de metila) (PMMA)	
Fenol-formaldeído (Baquelite)	
Poli(hexametileno adipamida) (náilon 6,6)	
Poli(tereftalato de etileno) (PET, um poliéster)	
Policarbonato (PC)	

[a] O símbolo representa um grupo fenila,

Quando todas as unidades repetidas ao longo de uma cadeia são do mesmo tipo, o polímero resultante é denominado um **homopolímero**. As cadeias podem ser compostas por duas ou mais unidades repetidas diferentes, formando o que é denominado **copolímero** (veja a Seção 14.10).

homopolímero
copolímero

bifuncional
funcionalidade
trifuncional

Os monômeros discutidos até o momento apresentam uma ligação ativa que pode reagir para formar duas ligações covalentes com outros monômeros, formando uma estrutura molecular bidimensional em forma de cadeia, como indicado anteriormente para o etileno. Esse tipo de monômero é denominado **bifuncional**. Em geral, a **funcionalidade** é o número de ligações que um dado monômero pode formar. Por exemplo, monômeros como o fenol-formaldeído (veja a Tabela 14.3) são **trifuncionais**; eles têm três ligações ativas, a partir das quais resulta uma estrutura molecular tridimensional em rede.

Verificação de Conceitos 14.2 Com base nas estruturas apresentadas na seção anterior, esboce a estrutura da unidade repetida para o fluoreto de polivinila.

[*A resposta está disponível no GEN-IO, ambiente virtual de aprendizagem do GEN.*]

14.5 PESO MOLECULAR

Nos polímeros com cadeias muito longas são observados pesos moleculares[5] extremamente elevados. Durante o processo de polimerização, nem todas as cadeias dos polímeros crescerão até um mesmo comprimento; isso resulta em uma distribuição de comprimentos de cadeias ou de pesos molares. Normalmente, é especificado um peso molecular médio, o qual pode ser determinado pela medição de várias propriedades físicas, tais como viscosidade e pressão osmótica.

Existem várias maneiras de definir o peso molecular médio. O peso molecular numérico médio $\overline{M}_n$ é obtido dividindo-se as cadeias em diversas faixas de tamanhos e, então, determinando-se a fração numérica de cadeias em cada faixa de tamanhos (Figura 14.3a). O peso molecular numérico médio é expresso como

Peso molecular numérico médio

$$\overline{M}_n = \Sigma x_i M_i \tag{14.5a}$$

em que M_i representa o peso molecular médio (no meio) da faixa de tamanhos i, e x_i é a fração do número total de cadeias nessa faixa de tamanhos correspondente.

Figura 14.3
Distribuições hipotéticas do tamanho das moléculas de um polímero com base nas frações (*a*) do número de moléculas e (*b*) do peso das moléculas.

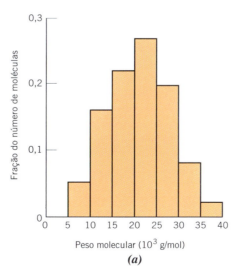
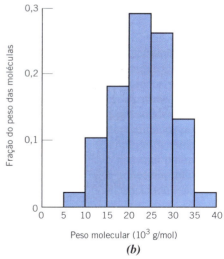

(a) (b)

---

[5]Os termos *massa molecular*, *massa molar* e *massa molecular relativa* são às vezes usados e são, na realidade, termos mais apropriados que *peso molecular* no contexto da presente discussão — de fato, estamos tratando com massas e não com pesos. Entretanto, o termo peso molecular é encontrado com maior frequência na literatura sobre polímeros, e dessa forma é o utilizado neste livro.

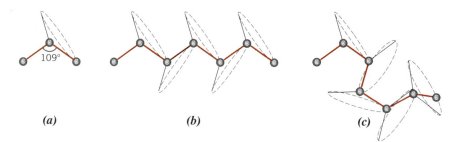

(a) (b) (c)

Figura 14.5 Representações esquemáticas de como a forma da cadeia polimérica é influenciada pelo posicionamento dos átomos de carbono na cadeia principal (círculos cinza). Em (a), o átomo mais à direita pode localizar-se em qualquer posição sobre o círculo tracejado, e ainda assim subtender um ângulo de 109° com a ligação entre os outros dois átomos. Segmentos de cadeia em linha reta e retorcidos são gerados quando os átomos na cadeia principal estão posicionados como em (b) e (c), respectivamente.

Figura 14.6 Representação esquemática de uma única cadeia de molécula polimérica, com numerosas contorções e dobras aleatórias, produzidas por rotações das ligações entre os átomos na cadeia.

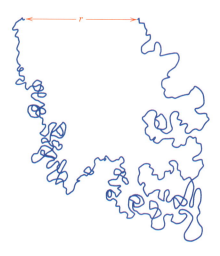

rotação quando ocorre uma rotação dos átomos da cadeia para outras posições, como está ilustrado na Figura 14.5c.[6] Dessa forma, uma molécula composta por uma única cadeia contendo muitos átomos pode assumir forma semelhante àquela que está representada esquematicamente na Figura 14.6, contendo grande quantidade de dobras, torções e contorções.[7] Também está indicada nessa figura a distância de uma extremidade à outra da cadeia polimérica, r; essa distância é muito menor que o comprimento total da cadeia.

Os polímeros consistem em grandes números de cadeias moleculares, cada uma das quais pode dobrar, enrolar e contorcer da maneira mostrada na Figura 14.6. Isso leva a um extenso entrelace e embaraço entre as moléculas de cadeias vizinhas, criando situação semelhante à de uma linha de pesca altamente embaraçada. Esses espirais e embaraços moleculares aleatórios são responsáveis por uma grande quantidade de características importantes dos polímeros, incluindo as grandes extensões elásticas exibidas pelas borrachas.

Algumas das características mecânicas e térmicas dos polímeros são uma função da habilidade dos segmentos da cadeia em sofrer rotação em resposta a tensões aplicadas ou a vibrações térmicas. A flexibilidade rotacional depende da estrutura e da formulação química da unidade repetida. Por exemplo, a região de um segmento de cadeia que tem uma ligação dupla (C=C) é rígida para rotações. Além disso, a introdução de um grupo lateral de átomos grande ou volumoso restringe o movimento de rotação. Por exemplo, as moléculas de poliestireno, que apresentam um grupo lateral fenil (Tabela 14.3), são mais resistentes ao movimento de rotação que as cadeias de polietileno.

14.7 ESTRUTURA MOLECULAR

As características físicas de um polímero dependem não apenas de seu peso molecular e de sua forma, mas também de diferenças nas estruturas das cadeias moleculares. As técnicas modernas de

---

[6]Para alguns polímeros, a rotação dos átomos de carbono na cadeia principal dentro do cone de revolução pode ser dificultada pela presença de elementos laterais volumosos em cadeias vizinhas.
[7]Com frequência, o termo *conformação* é empregado em relação ao perfil físico de uma molécula, ou à forma molecular, que só pode ser mudado pela rotação dos átomos da cadeia ao redor de ligações simples.

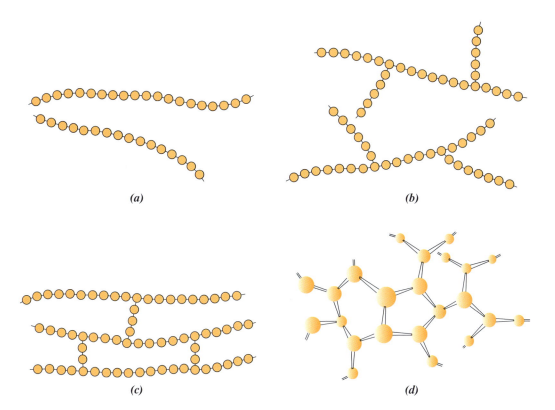

Figura 14.7 Representações esquemáticas de estruturas moleculares (*a*) linear, (*b*) ramificada, (*c*) com ligações cruzadas e (*d*) em rede (tridimensional). Os círculos representam unidades repetidas individuais.

síntese dos polímeros permitem um controle considerável sobre várias possibilidades estruturais. Esta seção discute várias estruturas moleculares, entre elas as estruturas lineares, ramificadas, com ligações cruzadas e em rede, além de várias configurações isoméricas.

Polímeros Lineares

polímero linear

Os **polímeros lineares** são aqueles nos quais as unidades repetidas estão unidas entre si extremidade a extremidade em cadeias únicas. Essas longas cadeias são flexíveis e podem ser consideradas como se fossem uma massa de espaguete, como representado esquematicamente na Figura 14.7*a*, em que cada círculo representa uma unidade repetida. Nos polímeros lineares, podem existir muitas ligações de van der Waals e de hidrogênio entre as cadeias. Alguns dos polímeros comuns que se formam com estruturas lineares são o polietileno, o poli(cloreto de vinila), o poliestireno, o poli(metacrilato de metila), o náilon e os fluorocarbonos.

Polímeros Ramificados

Podem ser sintetizados polímeros nos quais cadeias de ramificações laterais estão ligadas às cadeias principais, como indicado esquematicamente na Figura 14.7*b*; esses polímeros são chamados apropriadamente de **polímeros ramificados**. As ramificações, consideradas como parte da molécula da cadeia principal, podem resultar de reações paralelas que ocorrem durante a síntese do polímero. A eficiência de compactação da cadeia é reduzida pela formação de ramificações laterais, o que resulta em uma redução na massa específica do polímero. Polímeros que formam estruturas lineares também podem ser ramificados. Por exemplo, o polietileno de alta densidade (PEAD) é primariamente um polímero linear, enquanto o polietileno de baixa densidade (PEBD) contém ramificações curtas em sua cadeia.

polímero ramificado

Polímeros com Ligações Cruzadas

polímero com ligações cruzadas

Nos **polímeros com ligações cruzadas**, cadeias lineares adjacentes estão unidas umas às outras em várias posições por meio de ligações covalentes, como representado na Figura 14.7*c*. O processo de formação de ligações cruzadas é conseguido ou durante a síntese do polímero ou por meio de uma reação química irreversível. Com frequência, essa formação de ligações cruzadas é obtida

440 · **Capítulo 14**

pela adição de átomos ou moléculas que se ligam covalentemente às cadeias. Muitos dos materiais elásticos do tipo borracha têm ligações cruzadas; nas borrachas, a formação das ligações cruzadas é conhecida como vulcanização, um processo que está descrito na Seção 15.9.

Polímeros em Rede

polímero em rede

Monômeros multifuncionais com três ou mais ligações covalentes ativas formam redes tridimensionais (Figura 14.7d) e são denominados **polímeros em rede**. Na realidade, um polímero que tenha muitas ligações cruzadas também pode ser classificado como polímero em rede. Esses materiais apresentam propriedades mecânicas e térmicas distintas; as resinas epóxi, as poliuretanas e os fenol-formaldeídos pertencem a esse grupo.

Em geral, os polímeros não são compostos por um único tipo estrutural específico. Por exemplo, um polímero predominantemente linear pode ter uma quantidade limitada de ramificações e ligações cruzadas.

14.8 CONFIGURAÇÕES MOLECULARES

Para os polímeros com mais que um átomo ou grupo de átomos lateral ligados à sua cadeia principal, a regularidade e a simetria do arranjo do grupo lateral podem influenciar de maneira significativa as propriedades. Considere a unidade repetida

em que R representa um átomo ou grupo lateral diferente do hidrogênio (por exemplo, Cl, CH_3). Um arranjo possível é quando os grupos laterais R de unidades repetidas sucessivas estão ligados a átomos de carbono alternados, da seguinte maneira:

Essa configuração[8] é designada "cabeça-cauda" (*head-to-tail*). Seu complemento, a configuração "cabeça-cabeça" (*head-to-head*), ocorre quando os grupos R estão ligados a átomos adjacentes na cadeia:

Na maioria dos polímeros, a configuração "cabeça-cauda" é predominante; com frequência, ocorre repulsão polar entre os grupos R em uma configuração "cabeça-cabeça".

O isomerismo (Seção 14.2) também é encontrado nas moléculas poliméricas, nas quais são possíveis diferentes configurações atômicas para uma mesma composição. Duas subclasses isoméricas — o estereoisomerismo e o isomerismo geométrico — são tópicos de discussão nas próximas seções.

Estereoisomerismo

estereoisomerismo

O **estereoisomerismo** representa a situação na qual os átomos estão ligados uns aos outros segundo uma mesma ordem ("cabeça-cauda"), mas que diferem em seus arranjos espaciais. Para um dos estereoisômeros, todos os grupos R estão localizados em um mesmo lado da cadeia, da seguinte maneira:

---

[8]O termo *configuração* é empregado em referência aos arranjos das unidades ao longo do eixo da cadeia ou a posições atômicas que não podem ser alteradas exceto pela quebra e subsequente formação de novas ligações primárias.

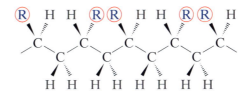

configuração isotática

Esse arranjo é chamado **configuração isotática**. Esse diagrama mostra o padrão em zigue-zague dos átomos de carbono na cadeia. Além disso, a representação da geometria estrutural em três dimensões é importante, como indicado pelas ligações em forma de cunha; as cunhas cheias representam ligações que se projetam para fora do plano da página, e as cunhas tracejadas representam ligações que se projetam para dentro da página.[9]

configuração sindiotática

Em uma **configuração sindiotática**, os grupos R estão em lados alternados da cadeia:[10]

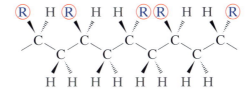

e, para um posicionamento aleatório,

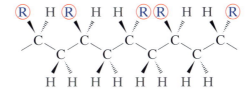

configuração atática

o termo usado é **configuração atática**.[11]

A conversão de um estereoisômero em outro (por exemplo, do isotático para o sindiotático) não é possível por meio de uma simples rotação ao redor das ligações simples na cadeia. Essas ligações têm, primeiro, que ser rompidas e então, após a uma rotação apropriada, ser refeitas.

Na realidade, um polímero específico não exibe apenas uma dessas configurações; a forma predominante depende do método de síntese.

---

[9] A configuração isotática é às vezes representada considerando o seguinte esquema linear (isto é, sem o zigue-zague) e bidimensional:

[10] O esquema linear e bidimensional para a configuração sindiotática é representado como

[11] Para a configuração atática, o esquema linear e bidimensional é

Isomerismo Geométrico

Outras importantes configurações de cadeia, ou isômeros geométricos, são possíveis em unidades repetidas que têm uma dupla ligação entre átomos de carbono na cadeia. Ligado a cada um dos átomos de carbono da ligação dupla existe um grupo lateral, que pode estar localizado em um dos lados da cadeia ou no seu lado oposto. Considere a unidade repetida do isopreno, que apresenta a estrutura

$$\begin{array}{c} CH_3 \quad\quad H \\ \diagdown \quad\quad \diagup \\ C=C \\ \diagup \quad\quad \diagdown \\ -CH_2 \quad\quad CH_2- \end{array}$$

cis (estrutura)

em que o grupo CH₃ e o átomo de H estão posicionados do mesmo lado da ligação dupla. Essa estrutura é denominada **cis**, e o polímero resultante, o poli(*cis*-isopreno), é a borracha natural. Para o isômero alternativo,

$$\begin{array}{c} CH_3 \quad\quad CH_2- \\ \diagdown \quad\quad \diagup \\ C=C \\ \diagup \quad\quad \diagdown \\ -CH_2 \quad\quad H \end{array}$$

trans (estrutura)

a estrutura *trans*, o grupo CH₃ e o átomo de H estão localizados em lados opostos da ligação dupla.[12] O poli(*trans*-isopreno), às vezes chamado de guta-percha, apresenta propriedades distintamente diferentes daquelas exibidas pela borracha natural, como resultado dessa diferença configuracional. A conversão de uma estrutura *trans* em *cis*, ou vice-versa, não é possível por meio de uma simples rotação das ligações na cadeia, uma vez que a dupla ligação na cadeia é extremamente rígida.

Resumindo as seções anteriores, as moléculas poliméricas podem ser caracterizadas em termos dos seus tamanhos, formas e estruturas. O tamanho molecular é especificado em termos do peso molecular (ou do grau de polimerização). A forma molecular está relacionada com o grau de torção, enrolamento e dobramento da cadeia. A estrutura molecular depende da maneira como as unidades estruturais estão unidas umas às outras. Estruturas lineares, ramificadas, com ligações cruzadas e em rede são, todas, possíveis, além de diversas configurações isoméricas (isotática, sindiotática, atática, *cis* e *trans*). Essas características moleculares são apresentadas no diagrama taxonômico mostrado na Figura 14.8. Deve ser observado que alguns dos elementos estruturais não são mutuamente exclusivos e pode ser necessário especificar a estrutura molecular em termos de mais que um único elemento estrutural. Por exemplo, um polímero linear também pode ser isotático.

Verificação de Conceitos 14.3   Qual é a diferença entre *configuração* e *conformação* no que se refere às cadeias poliméricas?

[*A resposta está disponível no GEN-IO, ambiente virtual de aprendizagem do GEN.*]

---

[12]Para o *cis*-isopreno, a representação linear da cadeia é a seguinte:

$$\begin{array}{c} H \quad CH_3 \; H \quad H \\ | \quad | \quad | \quad | \\ -C-C=C-C- \\ | \quad\quad\quad\quad | \\ H \quad\quad\quad\quad H \end{array}$$

enquanto a representação linear para a estrutura *trans* é

$$\begin{array}{c} H \quad CH_3 \quad H \\ | \quad | \quad\quad | \\ -C-C=C-C- \\ | \quad\quad | \quad | \\ H \quad\quad H \quad H \end{array}$$

Figura 14.8 Esquema de classificação para as características das moléculas de polímeros.

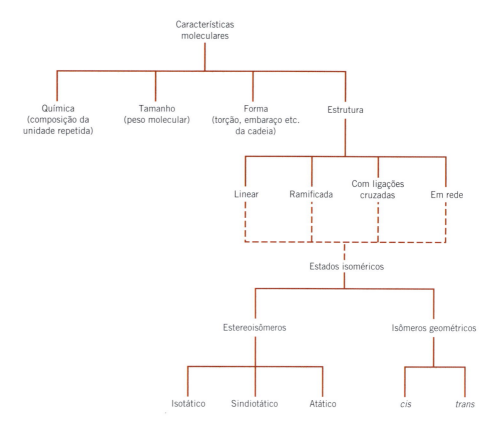

14.9 POLÍMEROS TERMOPLÁSTICOS E TERMOFIXOS

polímero termoplástico
polímero termofixo

A resposta de um polímero a forças mecânicas em temperaturas elevadas está relacionada com a sua estrutura molecular dominante. Na verdade, um esquema de classificação para esses materiais é feito de acordo com seu comportamento ante uma elevação na temperatura. Os *termoplásticos* (ou **polímeros termoplásticos**) e os *termofixos* (**polímeros termofixos** ou **polímeros termorrígidos**) são as duas subdivisões. Os termoplásticos amolecem (e posteriormente se liquefazem) quando são aquecidos e endurecem quando são resfriados — processos que são totalmente reversíveis e que podem ser repetidos. Em uma escala molecular, conforme a temperatura é elevada, as forças de ligação secundárias diminuem (pelo maior movimento das moléculas), tal que o movimento relativo de cadeias adjacentes é facilitado quando uma tensão é aplicada. Uma degradação irreversível ocorre quando a temperatura de um polímero termoplástico fundido é aumentada em excesso. Além disso, os termoplásticos são relativamente macios. A maioria dos polímeros lineares e aqueles que têm algumas estruturas ramificadas com cadeias flexíveis são termoplásticos. Esses materiais normalmente são fabricados com aplicação simultânea de calor e pressão (veja a Seção 15.23). Exemplos de polímeros termoplásticos comuns incluem o polietileno, o poliestireno, o poli(tereftalato de etileno) e o poli(cloreto de vinila).

Os polímeros termofixos são polímeros em rede. Eles se tornam permanentemente rígidos durante sua formação e não amolecem sob aquecimento. Os polímeros em rede apresentam ligações cruzadas covalentes entre as cadeias moleculares adjacentes. Durante os tratamentos térmicos, essas ligações prendem as cadeias umas às outras para resistir aos movimentos de vibração e de rotação da cadeia em temperaturas elevadas. Dessa forma, os materiais não amolecem quando são aquecidos. A densidade de ligações cruzadas é geralmente elevada, tal que entre 10 e 50% das unidades repetidas na cadeia têm ligações cruzadas. Apenas um aquecimento até temperaturas excessivas causará o rompimento dessas ligações cruzadas e a degradação do polímero. Os polímeros termofixos são, em geral, mais duros e mais resistentes que os termoplásticos, e possuem melhor estabilidade dimensional. A maioria dos polímeros com ligações cruzadas e em rede, os quais incluem as borrachas vulcanizadas, os epóxis, as resinas fenólicas e algumas resinas poliéster, são termofixos.

Verificação de Conceitos 14.4 Alguns polímeros (tais como os poliésteres) podem ser tanto termoplásticos quanto termofixos. Sugira uma razão para tal.

[*A resposta está disponível no GEN-IO, ambiente virtual de aprendizagem do GEN.*]

14.10 COPOLÍMEROS

Os químicos e cientistas de polímeros estão sempre procurando por novos materiais que possam ser fácil e economicamente sintetizados e fabricados, com melhores propriedades ou com melhores combinações de propriedades que aquelas oferecidas pelos homopolímeros que foram discutidos anteriormente. Um grupo desses materiais é o dos copolímeros.

Considere um copolímero composto por duas unidades repetidas, como representado pelos símbolos ● e ● na Figura 14.9. Dependendo do processo de polimerização e das frações relativas desses tipos de unidades repetidas, são possíveis diferentes sequências de arranjos das unidades repetidas ao longo das cadeias poliméricas. Em um desses arranjos, como mostra a Figura 14.9a, as duas unidades diferentes estão dispersas aleatoriamente ao longo da cadeia, formando o que é denominado um **copolímero aleatório**. Para um **copolímero alternado**, como o próprio nome sugere, as duas unidades repetidas alternam posições ao longo da cadeia, como ilustrado na Figura 14.9b. Um **copolímero em bloco** é aquele no qual as unidades repetidas idênticas ficam aglomeradas, em blocos, ao longo da cadeia (Figura 14.9c). Por fim, ramificações laterais de homopolímeros de um tipo podem ser enxertadas nas cadeias principais de homopolímeros compostos por uma unidade repetida diferente; tal material é denominado um **copolímero enxertado** (Figura 14.9d).

Ao se calcular o grau de polimerização para um copolímero, o valor m na Equação 14.6 é substituído pelo valor médio $\overline{m}$, que é determinado a partir de

Peso molecular médio da unidade repetida para um copolímero

$$\overline{m} = \Sigma f_j m_j \tag{14.7}$$

Nessa expressão, f_j e m_j são, respectivamente, a fração molar e o peso molecular da unidade repetida j na cadeia polimérica.

As borrachas sintéticas, discutidas na Seção 15.16, são com frequência copolímeros; as unidades químicas repetidas empregadas em algumas dessas borrachas são mostradas na Tabela 14.5.

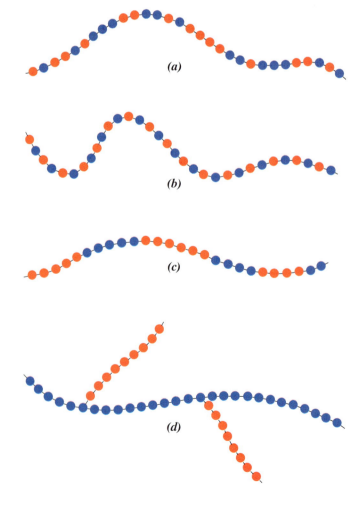

Figura 14.9 Representações esquemáticas dos copolímeros (a) aleatório, (b) alternado, (c) em bloco, e (d) enxertado. Os dois tipos de unidades repetidas diferentes são designados por círculos azuis e vermelhos.

Tabela 14.5
Unidades Químicas Repetidas que São Empregadas em Borrachas à Base de Copolímeros

Nome da Unidade Repetida	Estrutura da Unidade Repetida	Nome da Unidade Repetida	Estrutura da Unidade Repetida
Acrilonitrila	(estrutura)	Isopreno	(estrutura)
Estireno	(estrutura)	Isobutileno	(estrutura)
Butadieno	(estrutura)	Dimetilsiloxano	(estrutura)
Cloropreno	(estrutura)		

A borracha de estireno-butadieno (SBR — *styrene-butadiene rubber*) é um copolímero aleatório comum a partir do qual são feitos os pneus dos automóveis. A borracha nitrílica (NBR — *nitrile rubber*) é outro copolímero aleatório, composto por acrilonitrila e butadieno. Ela também é altamente elástica e, além disso, resistente ao inchamento em solventes orgânicos; as mangueiras de gasolina são feitas em NBR. O poliestireno modificado resistente ao impacto é um copolímero em bloco que consiste em blocos alternados de estireno e butadieno. Os blocos borrachosos de isopreno atuam para desacelerar a propagação de trincas através do material.

14.11 CRISTALINIDADE DOS POLÍMEROS

cristalinidade do polímero

O estado cristalino pode existir nos materiais poliméricos. Entretanto, uma vez que ele envolve moléculas em vez de apenas átomos ou íons, como nos metais e nas cerâmicas, os arranjos atômicos serão mais complexos para os polímeros. Consideramos a **cristalinidade dos polímeros** como a compactação de cadeias moleculares para produzir um arranjo atômico ordenado. As estruturas cristalinas podem ser especificadas em termos de células unitárias, as quais, com frequência, são bastante complexas. Por exemplo, a Figura 14.10 mostra a célula unitária para o polietileno e sua relação com a estrutura molecular da cadeia; essa célula unitária apresenta uma geometria ortorrômbica (Tabela 3.2). Obviamente, as cadeias das moléculas também se estendem além da célula unitária mostrada na figura.

As substâncias moleculares com moléculas pequenas (por exemplo, água e metano) são em geral totalmente cristalinas (como sólidos) ou totalmente amorfas (como líquidos). Em consequência dos seus tamanhos e da sua frequente complexidade, as moléculas dos polímeros são, em geral, apenas parcialmente cristalinas (ou semicristalinas), com regiões cristalinas dispersas no material amorfo restante. Qualquer desordem ou falta de alinhamento na cadeia resultará em uma região amorfa, condição que é muito comum, uma vez que as torções, dobras e enrolamentos das cadeias previnem a correta ordenação de todos os segmentos de todas as cadeias. Outros efeitos estruturais também têm influência na determinação da extensão da cristalinidade, como discutido abaixo.

O grau de cristalinidade pode variar desde completamente amorfo até quase totalmente (até cerca de 95%) cristalino; em comparação, as amostras de metais são quase sempre inteiramente cristalinas, enquanto muitas cerâmicas são ou totalmente cristalinas ou totalmente não cristalinas. Os polímeros semicristalinos são, em certo sentido, análogos às ligas metálicas bifásicas que foram discutidas anteriormente.

A massa específica de um polímero cristalino será maior que a de um polímero amorfo do mesmo material e com o mesmo peso molecular, uma vez que as cadeias estão mais densamente compactadas

Figura 14.10 Arranjo de cadeias moleculares em uma célula unitária para o polietileno.

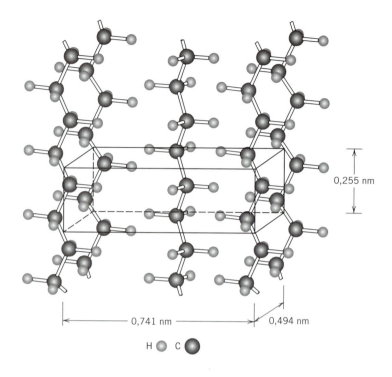

Porcentagem de cristalinidade (para polímeros semicristalinos) — dependência em relação à massa específica de uma amostra e às massas específicas dos materiais totalmente cristalino e totalmente amorfo

na estrutura cristalina. O grau de cristalinidade em relação ao peso pode ser determinado a partir de medições precisas da massa específica, de acordo com

$$\% \text{ cristalinidade} = \frac{\rho_c(\rho_e - \rho_a)}{\rho_e(\rho_c - \rho_a)} \times 100 \quad (14.8)$$

em que ρ_e é a massa específica de uma amostra para a qual a porcentagem de cristalinidade deve ser determinada, ρ_a é a massa específica do polímero totalmente amorfo e ρ_c é a massa específica do polímero perfeitamente cristalino. Os valores para ρ_a e ρ_c devem ser medidos por meio de outros métodos experimentais.

O grau de cristalinidade de um polímero depende da taxa de resfriamento durante a solidificação, assim como da configuração da cadeia. Durante a cristalização no resfriamento passando pela temperatura de fusão, as cadeias, que estão altamente aleatórias e entrelaçadas no líquido viscoso, devem adquirir uma configuração ordenada. Para que isso ocorra, deve ser dado tempo suficiente para que as cadeias se movam e se alinhem umas com as outras.

A estrutura química da molécula, assim como a configuração da cadeia, também influencia a habilidade de um polímero em cristalizar. A cristalização não é favorecida nos polímeros compostos por unidades repetidas quimicamente complexas (por exemplo, o poli-isopreno). Entretanto, a cristalização não é prevenida com facilidade nos polímeros quimicamente simples, tais como o polietileno e o politetrafluoroetileno, mesmo sob taxas de resfriamento muito rápidas.

Para os polímeros lineares, a cristalização é obtida com facilidade, pois existem poucas restrições para prevenir o alinhamento das cadeias. Qualquer ramificação lateral interfere com a cristalização, tal que os polímeros ramificados nunca são altamente cristalinos; de fato, a presença excessiva de ramificações pode prevenir por completo qualquer cristalização. A maioria dos polímeros em rede e com ligações cruzadas é quase totalmente amorfa, pois as ligações cruzadas previnem que as cadeias poliméricas se rearranjem e alinhem em uma estrutura cristalina. Uns poucos polímeros com ligações cruzadas são parcialmente cristalinos. Em relação aos estereoisômeros, os polímeros atáticos são difíceis de cristalizar; no entanto, os polímeros isotáticos e sindiotáticos cristalizam muito mais facilmente, pois a regularidade da geometria dos grupos laterais facilita o processo de "encaixe" de cadeias adjacentes. Além disso, quanto maiores ou mais volumosos forem os grupos de átomos nas cadeias laterais, menor será a tendência de cristalização.

Para os copolímeros, como regra geral, quanto mais irregulares e maior a aleatoriedade dos arranjos das unidades repetidas, maior a tendência de desenvolvimento de um material não cristalino. Para os copolímeros alternados e em bloco, existe alguma probabilidade de cristalização. Entretanto, os copolímeros aleatórios e com enxerto são, em geral, amorfos.

Até certo ponto, as propriedades físicas dos materiais poliméricos são influenciadas pelo grau de cristalinidade. Os polímeros cristalinos são, em geral, mais resistentes mecanicamente e mais resistentes à dissolução e ao amolecimento pelo calor. Algumas dessas propriedades são discutidas em capítulos subsequentes.

> ✓ **Verificação de Conceitos 14.5** (a) Compare o estado cristalino nos metais e nos polímeros. (b) Compare o estado não cristalino naquilo em que este se aplica aos polímeros e aos vidros cerâmicos.
>
> [*A resposta está disponível no GEN-IO, ambiente virtual de aprendizagem do GEN.*]

PROBLEMA-EXEMPLO 14.2

Cálculos da Massa Específica e da Porcentagem de Cristalinidade do Polietileno

(a) Calcule a massa específica do polietileno totalmente cristalino. A célula unitária ortorrômbica para o polietileno é mostrada na Figura 14.10; além disso, o equivalente a duas unidades repetidas de etileno está contido no interior de cada célula unitária.

(b) Usando a resposta para o item (a), calcule a porcentagem de cristalinidade de um polietileno ramificado que tem massa específica de $0,925$ g/cm³. A massa específica para o material totalmente amorfo é de $0,870$ g/cm³.

Solução

(a) A Equação 3.8, usada no Capítulo 3 para determinar as massas específicas de metais, também se aplica aos materiais poliméricos e é usada para resolver esse problema. Ela assume a mesma forma, qual seja,

$$\rho = \frac{nA}{V_C N_A}$$

em que n representa o número de unidades repetidas no interior da célula unitária (para o polietileno, $n = 2$) e A é o peso molecular da unidade repetida, que para o polietileno é

$$A = 2(A_C) + 4(A_H)$$
$$= (2)(12,01 \text{ g/mol}) + (4)(1,008 \text{ g/mol}) = 28,05 \text{ g/mol}$$

Além disso, V_C é o volume da célula unitária, que é simplesmente o produto dos comprimentos das três arestas da célula unitária na Figura 14.10; ou

$$V_C = (0,741 \text{ nm})(0,494 \text{ nm})(0,255 \text{ nm})$$
$$= (7,41 \times 10^{-8} \text{ cm})(4,94 \times 10^{-8} \text{ cm})(2,55 \times 10^{-8} \text{ cm})$$
$$= 9,33 \times 10^{-23} \text{ cm}^3/\text{célula unitária}$$

Agora, a substituição na Equação 3.8 desse valor, dos valores para n e A citados anteriormente, assim como do valor de N_A, leva a

$$\rho = \frac{nA}{V_C N_A}$$
$$= \frac{(2 \text{ unidades repetidas/célula unitária})(28,05 \text{ g/mol})}{(9,33 \times 10^{-23} \text{ cm}^3/\text{célula unitária})(6,022 \times 10^{23} \text{ unidades repetidas/mol})}$$
$$= 0,998 \text{ g/cm}^3$$

(b) Agora usamos a Equação 14.8 para calcular a porcentagem de cristalinidade do polietileno ramificado com $\rho_c = 0,998$ g/cm³, $\rho_a = 0,870$ g/cm³ e $\rho_e = 0,925$ g/cm³. Dessa forma,

$$\% \text{ cristalinidade} = \frac{\rho_c(\rho_e - \rho_a)}{\rho_e(\rho_c - \rho_a)} \times 100$$
$$= \frac{0,998 \text{ g/cm}^3 \, (0,925 \text{ g/cm}^3 - 0,870 \text{ g/cm}^3)}{0,925 \text{ g/cm}^3 \, (0,998 \text{ g/cm}^3 - 0,870 \text{ g/cm}^3)} \times 100$$
$$= 46,4\%$$

Figura 14.11 Micrografia eletrônica de um monocristal de polietileno. Ampliação de 20.000×.
[De KELLER, A., DOREMUS, R. H., ROBERTS, B. W. e TURNBULL, D. (eds.). *Growth and Perfection of Crystals*. General Electric Company and John Wiley & Sons, Inc., 1958, p. 498. Reimpressa com permissão de John Wiley & Sons, Inc.]

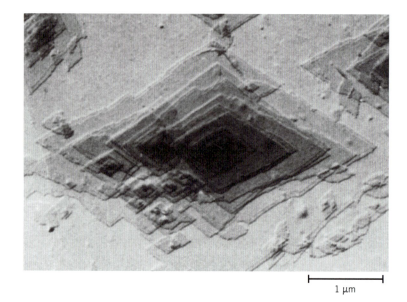

14.12 CRISTAIS POLIMÉRICOS

cristalito

Foi proposto que um polímero semicristalino consiste em pequenas regiões cristalinas (**cristalitos**), cada uma delas com um alinhamento preciso, as quais estão entremeadas por regiões amorfas compostas por moléculas com orientação aleatória. A estrutura das regiões cristalinas pode ser deduzida por um exame de monocristais do polímero, os quais podem crescer a partir de soluções diluídas. Esses cristais consistem em plaquetas finas (ou *lamelas*) com formato regular, com aproximadamente 10 a 20 nm de espessura e um comprimento da ordem de 10 μm. Com frequência, essas plaquetas formarão uma estrutura com múltiplas camadas, como aquela mostrada na micrografia eletrônica de um monocristal de polietileno na Figura 14.11. As cadeias moleculares dentro de cada plaqueta dobram-se para a frente e para trás sobre elas próprias, com as dobras ocorrendo nas faces; essa estrutura, denominada apropriadamente **modelo da cadeia dobrada**, está ilustrada esquematicamente na Figura 14.12. Cada plaqueta consiste em um grande número de moléculas; entretanto, o comprimento médio da cadeia é muito maior que a espessura da plaqueta.

modelo da cadeia dobrada

esferulita

Muitos polímeros volumosos que são cristalizados a partir de uma massa fundida são semicristalinos e formam uma estrutura denominada **esferulita**. Como o próprio nome indica, cada esferulita pode crescer até adquirir uma forma aproximadamente esférica; uma delas, encontrada na borracha natural, é mostrada na micrografia eletrônica de transmissão na figura na margem dessa página [e na fotografia (*d*) na página inicial deste capítulo]. A esferulita consiste em um agregado de cristalitos (lamelas) com cadeias dobradas em formato de fita, com cerca de 10 nm de espessura, que se estendem radialmente para fora a partir de um único sítio de nucleação localizado no centro. Nessa micrografia eletrônica, essas lamelas aparecem como finas linhas brancas. A estrutura detalhada de uma esferulita está ilustrada esquematicamente na Figura 14.13. Aqui são mostrados os cristais lamelares individuais com as cadeias dobradas, que se encontram separados por meio de material amorfo. Cadeias moleculares de ligação que atuam como elos de conexão entre lamelas adjacentes passam através dessas regiões amorfas.

Conforme a cristalização de uma estrutura esferulítica se aproxima de seu final, as extremidades de esferulitas adjacentes começam a se tocar umas contra as outras, formando contornos mais ou

Figura 14.12 Estrutura da cadeia dobrada para um cristalito de polímero em forma de plaqueta.

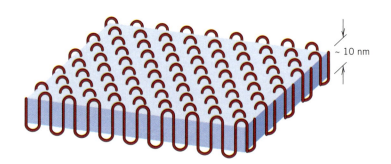

Micrografia eletrônica de transmissão mostrando a estrutura da esferulita em uma amostra de borracha natural. (Fotografia fornecida por P. J. Phillips. Publicada pela primeira vez em BARTNIKAS, R. e EICHHORN, R. M. *Engineering Dielectrics, vol. IIA, Electrical Properties of Solid Insulating Materials: Molecular Structure and Electrical Behavior*, 1983. Copyright ASTM, 1916 Race Street, Filadélfia, PA. Reimpressa com permissão.)

menos planos; antes desse estágio, elas mantêm suas formas esféricas. Essas fronteiras estão evidentes na Figura 14.14, que é uma fotomicrografia do polietileno usando luz polarizada cruzada. Um padrão característico de cruz de Malta aparece em cada esferulita. As bandas ou anéis na imagem da esferulita resultam da torção dos cristais lamelares conforme eles se estendem como fitas a partir do centro.

As esferulitas são consideradas os análogos poliméricos dos grãos nos metais e cerâmicas policristalinos. No entanto, como discutido anteriormente, cada esferulita é, na realidade, composta por muitos cristais lamelares diferentes e, além disso, algum material amorfo. Polietileno, polipropileno, poli(cloreto de vinila), politetrafluoroetileno e náilon formam uma estrutura esferulítica quando cristalizam a partir de uma massa fundida.

Figura 14.13 Representação esquemática da estrutura detalhada de uma esferulita.

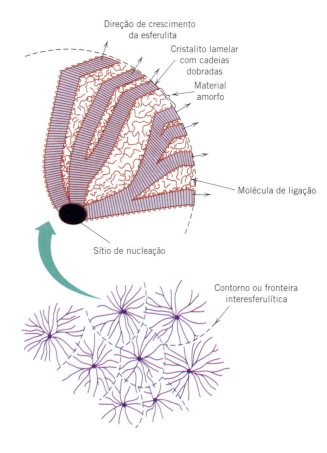

Figura 14.14 Fotomicrografia de transmissão (usando luz polarizada cruzada) que mostra a estrutura esferulítica do polietileno. Contornos lineares formam-se entre esferulitas adjacentes e em cada esferulita aparece um padrão de cruz de Malta. Ampliação de 525×.

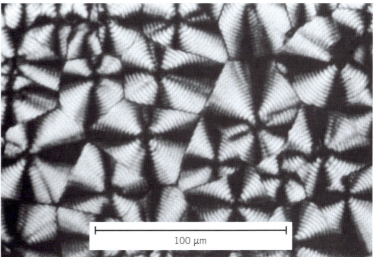

Figura 14.15 Representação esquemática de defeitos em cristalitos poliméricos.

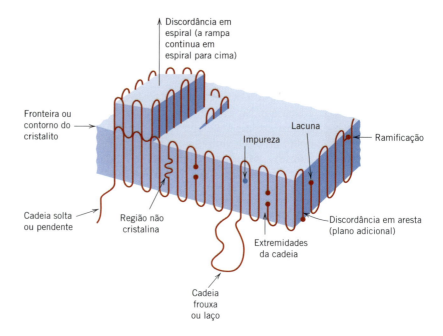

14.13 DEFEITOS EM POLÍMEROS

O conceito de defeito pontual é diferente nos polímeros em comparação aos metais (Seção 4.2) e às cerâmicas (Seção 12.5) em consequência das macromoléculas em forma de cadeia e da natureza do estado cristalino para os polímeros. Defeitos pontuais semelhantes àqueles encontrados nos metais foram observados nas regiões cristalinas de materiais poliméricos; esses defeitos incluem as lacunas e os átomos e íons intersticiais. As extremidades das cadeias são consideradas defeitos, visto que são quimicamente diferentes das unidades normais da cadeia. Lacunas também estão associadas às extremidades da cadeia (Figura 14.15). No entanto, defeitos adicionais podem resultar das ramificações na cadeia do polímero ou de segmentos de cadeia que emergem do cristal. Uma seção da cadeia pode deixar um cristal do polímero e reentrar nele em outro ponto, criando um laço, ou pode entrar em um segundo cristal para atuar como uma molécula de ligação (veja a Figura 14.13). Discordâncias em espiral também ocorrem nos cristais poliméricos (Figura 14.15). Átomos/íons de impurezas ou grupos de átomos/íons podem ser incorporados na estrutura molecular como intersticiais; eles também podem estar associados às cadeias principais ou como pequenas ramificações laterais.

Além disso, as superfícies de camadas com cadeias dobradas (Figura 14.13) são consideradas defeitos interfaciais, assim como as fronteiras entre duas regiões cristalinas adjacentes.

14.14 DIFUSÃO EM MATERIAIS POLIMÉRICOS

Nos materiais poliméricos, com frequência estamos interessados no movimento de difusão de pequenas moléculas externas (por exemplo, O_2, H_2O, CO_2, CH_4) entre as cadeias moleculares, em vez de no movimento de difusão dos átomos da cadeia na estrutura do polímero. As características de permeabilidade e de absorção de um polímero estão relacionadas com o grau no qual as substâncias externas se difundem para o interior do material. A penetração dessas substâncias externas pode levar ao inchamento e/ou a reações químicas com as moléculas do polímero e, muitas vezes, à degradação das propriedades mecânicas e físicas do material (Seção 17.11).

As taxas de difusão são maiores através das regiões amorfas que através das regiões cristalinas; a estrutura do material amorfo é mais "aberta". Esse mecanismo de difusão pode ser considerado análogo à difusão intersticial nos metais — isto é, nos polímeros, os movimentos de difusão ocorrem através de pequenos vazios entre as cadeias poliméricas, de uma região amorfa aberta para uma região aberta adjacente.

O tamanho da molécula externa também afeta a taxa de difusão: as moléculas menores difundem-se mais rapidamente que as moléculas maiores. Além disso, a difusão é mais rápida para as moléculas externas que são quimicamente inertes que para aquelas que interagem com o polímero.

Uma etapa da difusão através de uma membrana polimérica é a dissolução da espécie molecular no material da membrana. Essa dissolução é um processo que depende do tempo e, se for mais lento que o movimento de difusão, pode limitar a taxa global de difusão. Consequentemente, as propriedades de difusão dos polímeros são caracterizadas, com frequência, em termos de um *coeficiente de*

Tabela 14.6
Coeficiente de Permeabilidade P_M a 25°C para o Oxigênio, Nitrogênio, Dióxido de Carbono e Vapor de Água em Diversos Polímeros

Polímero	Acrônimo	P_M [× 10^{-13} (cm^3 CNTP)(cm)/($cm^2 \cdot s \cdot Pa$)]			
		O_2	N_2	CO_2	H_2O
Polietileno (baixa densidade)	LDPE	2,2	0,73	9,5	68
Polietileno (alta densidade)	HDPE	0,30	0,11	0,27	9,0
Polipropileno	PP	1,2	0,22	5,4	38
Poli(cloreto de vinila)	PVC	0,034	0,0089	0,012	206
Poliestireno	PS	2,0	0,59	7,9	840
Poli(cloreto de vinilideno)	PVDC	0,0025	0,00044	0,015	7,0
Poli(tereftalato de etileno)	PET	0,044	0,011	0,23	—
Poli(metacrilato de etila)	PEMA	0,89	0,17	3,8	2380

Fonte: Adaptada de BRANDRUP, J., IMMERGUT, E. H., GRULKE, E. A., ABE, A. e BLOCH, D. R. (eds.). *Polymer Handbook*, 4ª ed. Copyright © 1999 por John Wiley & Sons, Nova York. Reimpressa sob permissão de John Wiley & Sons, Inc.

permeabilidade (representado por P_M), no qual, para o caso de uma difusão em regime estacionário através de uma membrana polimérica, a primeira lei de Fick (Equação 5.2) é modificada para

$$J = -P_M \frac{\Delta P}{\Delta x} \tag{14.9}$$

Nessa expressão, J é o fluxo difusivo do gás através da membrana [(cm^3 CNTP)/($cm^2 \cdot s$)], P_M é o coeficiente de permeabilidade, Δx é a espessura da membrana e ΔP é a diferença na pressão do gás através da membrana. Para moléculas pequenas em polímeros não vítreos, o coeficiente de permeabilidade pode ser aproximado como o produto entre o coeficiente de difusão (D) e a solubilidade da espécie em difusão no polímero (S) — isto é,

$$P_M = DS \tag{14.10}$$

A Tabela 14.6 apresenta os coeficientes de permeabilidade do oxigênio, nitrogênio, dióxido de carbono e vapor de água em vários polímeros comuns.[13]

Para algumas aplicações, são desejáveis baixas taxas de permeabilidade através dos materiais poliméricos, tais como nas embalagens para alimentos e bebidas e nos pneus e câmaras de pneus de automóveis. As membranas poliméricas são usadas com frequência como filtros para separar seletivamente um componente químico de outro (ou outros) (isto é, na dessalinização da água). Em tais casos, em geral a taxa de permeação da substância a ser filtrada é significativamente maior que a(s) da(s) outra(s) substância(s).

PROBLEMA-EXEMPLO 14.3

Cálculos do Fluxo de Difusão do Dióxido de Carbono Através de um Vasilhame de Plástico para Bebidas e da Vida Útil em Prateleira da Bebida

As garrafas plásticas transparentes usadas para as bebidas carbonatadas (às vezes também chamadas de "soda", "refrigerante" ou "refri") são feitas de poli(tereftalato de etileno) (PET). O barulho de gás que se ouve ao abrir a garrafa resulta do dióxido de carbono (CO_2) dissolvido; uma vez que o PET é permeável ao CO_2, os refrigerantes armazenados em garrafas PET vão por fim ficar "chocos" (isto é,

---

[13]As unidades para os coeficientes de permeabilidade na Tabela 14.6 não são usuais, e são explicadas da seguinte forma: quando a espécie molecular em difusão está na fase gasosa, a solubilidade é igual a

$$S = \frac{C}{P}$$

em que C é a concentração da espécie em difusão no polímero [em unidades de (cm^3 CNTP)/cm^3 polímero] e P é a pressão parcial (em unidades de Pa). CNTP indica que esse é o volume do gás sob condições normais de temperatura e pressão [273 K (0°C) e 101,3 kPa (1 atm)]. Dessa forma, as unidades para S são (cm^3 CNTP)/Pa · cm^3. Uma vez que D é expresso em termos de cm^2/s, as unidades para o coeficiente de permeabilidade são (cm^3 CNTP)(cm)/($cm^2 \cdot s \cdot$ Pa).

452 • **Capítulo 14**

perderão seu gás). Uma garrafa de 20 oz (591 ml) de refrigerante tem uma pressão de CO_2 de aproximadamente 400 kPa dentro da garrafa, enquanto a pressão do CO_2 no lado de fora da garrafa é de 0,4 kPa.

(a) Supondo condições de regime estacionário, calcule o fluxo difusivo de CO_2 através da parede da garrafa.

(b) Se a garrafa tiver que perder 750 (cm³ CNTP) de CO_2 antes que o refrigerante fique choco, qual é o tempo de vida útil para uma garrafa de refrigerante?

Nota: Considere que cada garrafa tem uma área de superfície de 500 cm² e uma espessura de parede de 0,05 cm.

Solução

(a) Esse é um problema de permeabilidade em que a Equação 14.9 é empregada. O coeficiente de permeabilidade do CO_2 através do PET (Tabela 14.6) é de $0,23 \times 10^{-13}$ (cm³ CNTP)(cm)/(cm² · s · Pa). Dessa forma, o fluxo difusivo é igual a

$$J = -P_M \frac{\Delta P}{\Delta x} = -P_M \frac{P_2 - P_1}{\Delta x}$$

$$= -0{,}23 \times 10^{-13} \frac{(\text{cm}^3 \, \text{CNTP})(\text{cm})}{(\text{cm}^2)(\text{s})(\text{Pa})} \left[\frac{(400 \, \text{Pa} - 400.000 \, \text{Pa})}{0{,}05 \, \text{cm}} \right]$$

$$= 1{,}8 \times 10^{-7} \, (\text{cm}^3 \text{CNTP})/(\text{cm}^2 \cdot \text{s})$$

(b) A vazão de CO_2 através da parede da garrafa, $\dot{V}_{CO_2}$, é igual a

$$\dot{V}_{CO_2} = JA$$

em que A é a área superficial da garrafa (isto é, 500 cm²); portanto,

$$\dot{V}_{CO_2} = \left[1{,}8 \times 10^{-7} (\text{cm}^3 \text{CNTP})/(\text{cm}^2 \cdot \text{s}) \right] (500 \, \text{cm}^2) = 9{,}0 \times 10^{-5} \, (\text{cm}^3 \, \text{CNTP})/\text{s}$$

O tempo que levará para que um volume (V) de 750 (cm³ CNTP) escape é calculado como

$$\text{tempo} = \frac{V}{\dot{V}_{CO_2}} = \frac{750 \, (\text{cm}^3 \, \text{CNTP})}{9{,}0 \times 10^{-5} \, (\text{cm}^3 \, \text{CNTP})/\text{s}} = 8{,}3 \times 10^6 \, \text{s}$$

$$= 97 \, \text{dias (ou aproximadamente 3 meses)}$$

RESUMO

Moléculas de Polímeros

- A maioria dos materiais poliméricos é composta por cadeias moleculares muito grandes com grupos laterais formados por vários átomos (O, Cl etc.) ou grupos orgânicos, tais como os grupos metil, etil ou fenil.
- Essas macromoléculas são compostas por unidades repetidas, que são entidades estruturais menores que se repetem ao longo da cadeia.

A Química das Moléculas dos Polímeros

- Na Tabela 14.3, são apresentadas as unidades repetidas para alguns dos polímeros quimicamente simples [polietileno, politetrafluoroetileno, poli(cloreto de vinila), polipropileno etc.].
- Um *homopolímero* é um polímero para o qual todas as unidades repetidas são do mesmo tipo. Para os copolímeros, as cadeias são compostas por dois ou mais tipos de unidades repetidas.
- As unidades repetidas são classificadas de acordo com o número de ligações ativas (isto é, a funcionalidade):

  Para os monômeros bifuncionais, resulta uma estrutura em cadeia bidimensional a partir de um monômero que possui duas ligações ativas.

  Os monômeros trifuncionais apresentam três ligações ativas, a partir das quais se formam estruturas em rede tridimensionais.

Peso molecular

- Os pesos moleculares para os polímeros com cadeias mais longas podem exceder a casa do milhão. Uma vez que todas as moléculas não são do mesmo tamanho, existe uma distribuição de pesos moleculares.

Estruturas dos Polímeros • **453**

- O peso molecular é expresso, com frequência, em termos do número médio e das massas médias das moléculas; os valores desses parâmetros podem ser determinados usando as Equações 14.5a e 14.5b, respectivamente.
- O comprimento da cadeia também pode ser especificado pelo grau de polimerização — o número médio de unidades repetidas por molécula (Equação 14.6).

Forma Molecular
- Emaranhados moleculares ocorrem quando as cadeias assumem formas ou contornos torcidos, espiralados ou retorcidos em consequência de rotações das ligações na cadeia.
- A flexibilidade à rotação é reduzida quando ligações duplas estão presentes na cadeia e também quando grupos laterais volumosos fazem parte da unidade repetida.

Estrutura Molecular
- Quatro estruturas diferentes são possíveis para a cadeia molecular de um polímero: linear (Figura 14.7*a*), ramificada (Figura 14.7*b*), com ligações cruzadas (Figura 14.7*c*) e em rede (Figura 14.7*d*).

Configurações Moleculares
- Para as unidades repetidas com mais de um átomo ou grupo de átomos lateral ligado à cadeia principal:

  São possíveis configurações "cabeça-cabeça" e "cabeça-cauda".

  As diferenças nos arranjos espaciais desses átomos ou grupos de átomos laterais levam aos estereoisômeros isotáticos, sindiotáticos e atáticos.
- Quando uma unidade repetida contém uma ligação dupla na cadeia, são possíveis os isômeros geométricos *cis* e *trans*.

Polímeros Termoplásticos e Termofixos
- Em relação ao comportamento sob temperaturas elevadas, os polímeros são classificados como termoplásticos ou termofixos.

  Os polímeros *termoplásticos* têm estruturas lineares e ramificadas; eles amolecem quando são aquecidos e endurecem quando são resfriados.

  De maneira contrária, os polímeros *termofixos*, uma vez endurecidos, não amolecerão ao serem aquecidos; suas estruturas apresentam ligações cruzadas e em rede.

Copolímeros
- Os copolímeros incluem os tipos aleatório (Figura 14.9*a*), alternado (Figura 14.9*b*), em bloco (Figura 14.9*c*) e enxertado (Figura 14.9*d*).

Cristalinidade dos Polímeros
- Quando as cadeias moleculares estão alinhadas e compactadas em um arranjo atômico ordenado, diz-se que existe uma condição de cristalinidade.
- Também é possível a existência de polímeros amorfos, nos quais as cadeias estão desalinhadas e desordenadas.
- Além de poderem ser inteiramente amorfos, os polímeros também podem exibir graus variáveis de cristalinidade — isto é, regiões cristalinas estão dispersas no interior de áreas amorfas.
- A cristalinidade é facilitada para os polímeros que são quimicamente simples e que apresentam cadeias com estruturas regulares e simétricas.
- A porcentagem de cristalinidade de um polímero semicristalino é função da sua massa específica, assim como das massas específicas dos materiais totalmente cristalino e totalmente amorfo, de acordo com a Equação 14.8.

Cristais Poliméricos
- As regiões cristalinas (ou cristalitos) têm forma de plaquetas e uma estrutura com cadeias dobradas (Figura 14.12) — as cadeias dentro de uma plaqueta estão alinhadas e dobram-se para a frente e para trás sobre elas mesmas, com as dobras ocorrendo nas faces.
- Muitos polímeros semicristalinos formam esferulitas; cada esferulita consiste em um conjunto de cristalitos lamelares com cadeias dobradas em forma de fita que irradiam para fora a partir do seu centro.

Defeitos em Polímeros
- Embora o conceito de defeito pontual nos polímeros seja diferente daquele para os metais e as cerâmicas, foi determinada a existência de lacunas, átomos intersticiais e átomos/íons de impureza e grupos de átomos/íons como intersticiais nas regiões cristalinas.
- Outros defeitos incluem as extremidades das cadeias, cadeias pendentes e cadeias frouxas (laços) e discordâncias (Figura 14.15).

Difusão em Materiais Poliméricos
- Em relação à difusão nos polímeros, as pequenas moléculas de substâncias externas se difundem entre as cadeias moleculares por um mecanismo do tipo intersticial, de um vazio para um vazio adjacente.
- A difusão (ou permeação) de espécies gasosas é caracterizada com frequência em termos do coeficiente de permeabilidade, que é o produto do coeficiente de difusão e a solubilidade no polímero (Equação 14.10).
- As vazões de permeação são expressas usando uma forma modificada da primeira lei de Fick (Equação 14.9).

454 • Capítulo 14

Resumo das Equações

Número da Equação	Equação	Resolvendo para
14.5a	$\overline{M}_n = \Sigma x_i M_i$	Peso molecular numérico médio
14.5b	$\overline{M}_p = \Sigma w_i M_i$	Peso molecular ponderal médio
14.6	$GP = \dfrac{\overline{M}_n}{m}$	Grau de polimerização
14.7	$\overline{m} = \Sigma f_j m_j$	Para um copolímero, o peso molecular médio de uma unidade repetida
14.8	$\%\ \text{cristalinidade} = \dfrac{\rho_c(\rho_e - \rho_a)}{\rho_e(\rho_c - \rho_a)} \times 100$	Porcentagem de cristalinidade, em peso
14.9	$J = -P_M \dfrac{\Delta P}{\Delta x}$	Fluxo difusivo para a difusão em regime estacionário através de uma membrana polimérica

Lista de Símbolos

Símbolo	Significado
f_j	Fração molar da unidade repetida j em uma cadeia de um copolímero
m	Peso molecular da unidade repetida
M_i	Peso molecular médio na faixa de tamanhos i
m_j	Peso molecular da unidade repetida j em uma cadeia de um copolímero
ΔP	Diferença na pressão de um gás de um lado de uma membrana polimérica para o outro lado
P_M	Coeficiente de permeabilidade para a difusão em regime estacionário através de uma membrana polimérica
x_i	Fração do número total de cadeias moleculares que se encontra em uma faixa de tamanhos i
Δx	Espessura da membrana polimérica através da qual a difusão está ocorrendo
w_i	Fração mássica das moléculas que estão na faixa de tamanhos i
ρ_a	Massa específica de um polímero totalmente amorfo
ρ_c	Massa específica de um polímero completamente cristalino
ρ_e	Massa específica da amostra polimérica para a qual a porcentagem de cristalinidade deve ser determinada

Termos e Conceitos Importantes

bifuncional
cis (estrutura)
configuração atática
configuração isotática
configuração sindiotática
copolímero
copolímero aleatório
copolímero alternado
copolímero em bloco
copolímero enxertado
cristalinidade (polímero)
cristalito

esferulita
estereoisomerismo
estrutura molecular
funcionalidade
grau de polimerização
homopolímero
insaturado
isomerismo
macromolécula
modelo da cadeia dobrada
monômero
peso molecular

polímero
polímero com ligações cruzadas
polímero em rede
polímero linear
polímero ramificado
polímero termofixo
polímero termoplástico
química molecular
saturado
trans (estrutura)
trifuncional
unidade repetida

REFERÊNCIAS

BRAZEL, C. S. e ROSEN, S. L. *Fundamental Principles of Polymeric Materials*, 3ª ed. Hoboken, NJ: John Wiley & Sons, 2012.

CARRAHER, C. E., Jr. *Seymour/Carraher's Polymer Chemistry*, 9ª ed. Boca Raton, FL: CRC Press, 2013.

COWIE, J. M. G. e ARRIGHI, V. *Polymers: Chemistry and Physics of Modern Materials*, 3ª ed. Boca Raton, FL: CRC Press, 2007.

Engineered Materials Handbook, vol. 2, *Engineering Plastics*. Materials Park, OH: ASM International, 1988.

McCRUM, N. G., BUCKLEY, C. P. e BUCKNALL, C. B. *Principles of Polymer Engineering*, 2ª ed. Oxford: Oxford University Press, 1997, capítulos 0-6.

PAINTER, P. C. e COLEMAN, M. M. *Fundamentals of Polymer Science: An Introductory Text*, 2ª ed. Boca Raton, FL: CRC Press, 1997.

RODRIGUEZ, F., COHEN, C., OBER, C. K. e ARCHER, L. *Principles of Polymer Systems*, 6ª ed. Boca Raton, FL: CRC Press, 2015.

SPERLING, L. H. *Introduction to Physical Polymer Science*, 4ª ed. Hoboken, NJ: John Wiley & Sons, 2006.

YOUNG, R. J. e LOVELL, P. *Introduction to Polymers*, 3a ed. Boca Raton, FL: CRC Press, 2011.

Capítulo 15 Características, Aplicações e Processamento dos Polímeros

A fotografia (*a*) mostra bolas de bilhar feitas a partir de fenol-formaldeído (baquelite). O texto Materiais de Importância que vem após a Seção 15.15 discute a invenção do fenol-formaldeído e seu uso em substituição ao marfim em bolas de bilhar. A fotografia (*b*) mostra uma mulher jogando bilhar.

(a)

(b)

POR QUE ESTUDAR *Características, Aplicações e Processamento dos Polímeros?*

Existem várias razões por que um engenheiro deve saber algo sobre as características, as aplicações e o processamento dos materiais poliméricos. Os polímeros são usados em uma ampla variedade de aplicações, tais como em materiais de construção e no processamento de microeletrônicos. Dessa forma, a maioria dos engenheiros terá que trabalhar com polímeros em algum ponto de suas carreiras. A compreensão dos mecanismos pelos quais os polímeros se deformam elástica e plasticamente permite que seus módulos de elasticidade e suas resistências sejam alterados e controlados (Seções 15.7 e 15.8). Além disso, podem ser incorporados aditivos aos materiais poliméricos para modificar uma gama de propriedades, incluindo a resistência, resistência a abrasão, tenacidade, estabilidade térmica, rigidez, capacidade de deterioração, cor e resistência ao fogo (Seção 15.22).

Objetivos do Aprendizado

Após estudar este capítulo, você deverá ser capaz de fazer o seguinte:

1. Traçar gráficos esquemáticos para os três comportamentos tensão-deformação característicos observados nos materiais poliméricos.
2. Descrever/esboçar os vários estágios das deformações elástica e plástica de um polímero semicristalino (esferulítico).
3. Discutir a influência dos seguintes fatores sobre o módulo de tração e/ou limite de resistência à tração de um polímero: (a) peso molecular, (b) grau de cristalinidade, (c) pré-deformação e (d) tratamento térmico de materiais não deformados.
4. Descrever o mecanismo molecular pelo qual os polímeros elastoméricos deformam-se elasticamente.
5. Listar quatro características ou componentes estruturais de um polímero que afetam tanto sua temperatura de fusão quanto sua temperatura de transição vítrea.
6. Citar os sete tipos diferentes de aplicações dos polímeros e, para cada um deles, comentar suas características gerais.
7. Descrever sucintamente os mecanismos de polimerização por adição e por condensação.
8. Citar os cinco tipos de aditivos para polímeros e, para cada um deles, indicar como ele modifica as propriedades.
9. Citar e descrever sucintamente cinco técnicas de fabricação usadas para os polímeros plásticos.

15.1 INTRODUÇÃO

Este capítulo discute algumas características importantes dos materiais poliméricos e os vários tipos de polímeros e suas técnicas de processamento.

Comportamento Mecânico dos Polímeros

15.2 COMPORTAMENTO TENSÃO-DEFORMAÇÃO

As propriedades mecânicas dos polímeros são especificadas por muitos dos mesmos parâmetros que são usados para os metais — isto é, módulo de elasticidade, limite de escoamento e limite de resistência à tração. Para muitos materiais poliméricos, um simples ensaio tensão-deformação é empregado para caracterizar alguns desses parâmetros mecânicos.[1] As características mecânicas dos polímeros, em sua maioria, são altamente sensíveis à taxa de deformação, à temperatura e à natureza química do ambiente (presença de água, oxigênio, solventes orgânicos etc.). Para os polímeros, são necessárias algumas modificações nas técnicas de ensaio e nas configurações dos corpos de prova em comparação às que são usadas para os metais (Capítulo 6), sobretudo para materiais altamente elásticos, como as borrachas.

Tipicamente, são encontrados três tipos diferentes de comportamento tensão-deformação para os materiais poliméricos, como representado na Figura 15.1. A curva *A* ilustra o comportamento tensão-deformação para um polímero frágil, que fratura enquanto se deforma elasticamente. O comportamento para um material plástico, curva *B*, é semelhante ao de muitos materiais metálicos; a

---

[1] Norma ASTM D638, "Standard Test Method for Tensile Properties of Plastics" (Método Padronizado para Ensaio das Propriedades à Tração dos Plásticos).

458 • Capítulo 15

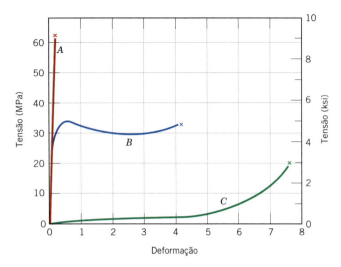

Figura 15.1 Comportamento tensão-deformação para polímeros frágeis (curva *A*), plásticos (curva *B*) e altamente elásticos (elastoméricos) (curva *C*).

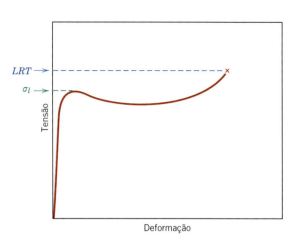

Figura 15.2 Curva tensão-deformação esquemática para um polímero plástico mostrando como são determinados os limites de escoamento e de resistência à tração.

elastômero

deformação inicial é elástica, seguida por escoamento e uma região de deformação plástica. Por fim, a deformação exibida pela curva *C* é totalmente elástica; essa elasticidade típica da borracha (grandes deformações recuperáveis e produzidas sob baixos níveis de tensão) é exibida por uma classe de polímeros denominada **elastômeros**.

O módulo de elasticidade (denominado *módulo de tração* ou às vezes apenas *módulo* para os polímeros) e a ductilidade, em termos da porcentagem de alongamento, são determinados para os polímeros da mesma maneira que para os metais (Seções 6.3 e 6.6). Para os polímeros plásticos (curva *B*, Figura 15.1), o limite de escoamento é tomado como o valor máximo na curva, que ocorre imediatamente após o término da região elástica linear (Figura 15.2). A tensão nesse ponto de máximo é o limite de escoamento (σ_l). O limite de resistência à tração (*LRT*) corresponde à tensão na qual ocorre a fratura (Figura 15.2); o valor de *LRT* pode ser maior ou menor que o valor de σ_l. A resistência, para esses polímeros plásticos, é tomada normalmente como o limite de resistência à tração. A Tabela 15.1 apresenta essas propriedades mecânicas para vários materiais poliméricos; listas mais abrangentes são fornecidas nas Tabelas B.2 a B.4, no Apêndice B.

Os polímeros são, em muitos aspectos, mecanicamente diferentes dos metais (Figuras 1.5, 1.6 e 1.7). Por exemplo, o módulo dos materiais poliméricos altamente elásticos pode ser tão baixo quanto 7 MPa (10^3 psi), mas também pode ser tão elevado quanto 4 GPa ($0,6 \times 10^6$ psi) para alguns dos polímeros muito rígidos; os valores dos módulos para os metais são muito maiores e variam entre 48 GPa e 410 GPa (7×10^6 psi a 60×10^6 psi). Os limites máximos de resistência à tração para os polímeros são da ordem de 100 MPa (15.000 psi), enquanto para algumas ligas metálicas eles atingem 4100 MPa (600.000 psi). Além disso, enquanto os metais raramente se alongam plasticamente além de 100%, alguns polímeros altamente elásticos podem apresentar alongamentos superiores a 1000%.

Ademais, as características mecânicas dos polímeros são muito mais sensíveis a mudanças na temperatura próximo à temperatura ambiente. Considere o comportamento tensão-deformação para o poli(metacrilato de metila) (Plexiglas) em várias temperaturas entre 4°C e 60°C (40°F e 140°F) (Figura 15.3). Um aumento na temperatura produz (1) redução no módulo de elasticidade, (2) redução no limite de resistência à tração e (3) melhora na ductilidade — a 4°C (40°F) o material é totalmente frágil, enquanto há uma deformação plástica considerável tanto a 50°C quanto a 60°C (122°F e 140°F).

A influência da taxa de deformação sobre o comportamento mecânico também pode ser importante. Em geral, uma diminuição na taxa de deformação tem a mesma influência sobre as características tensão-deformação que um aumento na temperatura; isto é, o material torna-se mais macio e mais dúctil.

15.3 DEFORMAÇÃO MACROSCÓPICA

Alguns aspectos da deformação macroscópica dos polímeros semicristalinos merecem nossa atenção. A curva tensão-deformação em tração para um material semicristalino que inicialmente não estava deformado é mostrada na Figura 15.4; também estão incluídas nessa figura as representações

Características, Aplicações e Processamento dos Polímeros • 459

Tabela 15.1 Características Mecânicas à Temperatura Ambiente de Alguns dos Polímeros Mais Comuns

Material	Gravidade Específica	Módulo em Tração [GPa (ksi)]	Limite de Resistência à Tração [MPa (ksi)]	Limite de Escoamento [MPa (ksi)]	Alongamento na Ruptura (%)
Polietileno (baixa densidade)	0,917–0,932	0,17–0,28 (25–41)	8,3–31,4 (1,2–4,55)	9,0–14,5 (1,3–2,1)	100–650
Polietileno (alta densidade)	0,952–0,965	1,06–1,09 (155–158)	22,1–31,0 (3,2–4,5)	26,2–33,1 (3,8–4,8)	10–1200
Poli(cloreto de vinila)	1,30–1,58	2,4–4,1 (350–600)	40,7–51,7 (5,9–7,5)	40,7–44,8 (5,9–6,5)	40–80
Politetrafluoroetileno	2,14–2,20	0,40–0,55 (58–80)	20,7–34,5 (3,0–5,0)	13,8–15,2 (2,0–2,2)	200–400
Polipropileno	0,90–0,91	1,14–1,55 (165–225)	31–41,4 (4,5–6,0)	31,0–37,2 (4,5–5,4)	100–600
Poliestireno	1,04–1,05	2,28–3,28 (330–475)	35,9–51,7 (5,2–7,5)	25,0–69,0 (3,63–10,0)	1,2–2,5
Poli(metacrilato de metila)	1,17–1,20	2,24–3,24 (325–470)	48,3–72,4 (7,0–10,5)	53,8–73,1 (7,8–10,6)	2,0–5,5
Fenol-formaldeído	1,24–1,32	2,76–4,83 (400–700)	34,5–62,1 (5,0–9,0)	—	1,5–2,0
Náilon 6,6	1,13–1,15	1,58–3,80 (230–550)	75,9–94,5 (11,0–13,7)	44,8–82,8 (6,5–12)	15–300
Poliéster (PET)	1,29–1,40	2,8–4,1 (400–600)	48,3–72,4 (7,0–10,5)	59,3 (8,6)	30–300
Policarbonato	1,20	2,38 (345)	62,8–72,4 (9,1–10,5)	62,1 (9,0)	110–150

Fonte: Baseado em *Modern Plastics Encyclopedia '96*. Copyright 1995, The McGraw-Hill Companies.

esquemáticas dos perfis do corpo de prova em vários estágios de deformação. Ficam evidentes na curva os limites de escoamento superior e inferior, os quais são seguidos por uma região aproximadamente horizontal. No limite de escoamento superior, um pequeno pescoço se forma na seção útil do corpo de prova. Nesse pescoço, as cadeias tornam-se orientadas (isto é, os eixos da cadeia ficam alinhados paralelamente à direção do alongamento, em uma condição que está representada esquematicamente na Figura 15.13*d*), o que leva a um aumento localizado da resistência. Como consequência, há nesse ponto uma resistência à continuidade da deformação, e o alongamento do corpo de prova

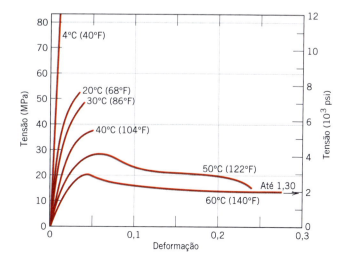

Figura 15.3 Influência da temperatura nas características tensão-deformação de um poli(metacrilato de metila).
(Reimpressa com permissão de CARSWELL, T. S. e NASON, H. K. "Effect of Environmental Conditions on the Mechanical Properties of Organic Plastics", em *Symposium on Plastics*. Copyright ASTM International, 100 Barr Harbor Drive, West Conshohocken, PA 19428.)

Figura 15.14 Influência do grau de cristalinidade e do peso molecular sobre as características físicas do polietileno.
(De RICHARDS, R. B. "Polyethylene — Structure, Crystallinity and Properties", *J. Appl. Chem.*, 1, 1951, p. 370.)

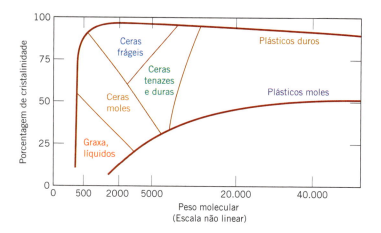

Além disso, o aumento da cristalinidade de um polímero, em geral, aumenta a sua resistência; o material também tende a tornar-se mais frágil. A influência da composição química e da estrutura da cadeia (ramificações, estereoisomerismo etc.) sobre o grau de cristalinidade foi discutida no Capítulo 14.

Os efeitos tanto da porcentagem de cristalinidade quanto do peso molecular sobre o estado físico do polietileno estão representados na Figura 15.14.

Pré-Deformação por Estiramento

Em termos comerciais, uma das técnicas mais importantes usadas para melhorar a resistência mecânica e o módulo de tração consiste em deformar permanentemente o polímero em tração. Esse procedimento é às vezes denominado *estiramento*, e corresponde ao processo de alongamento da estricção que foi ilustrado esquematicamente na Figura 15.4. Em termos de mudanças nas propriedades, o estiramento é o análogo dos polímeros ao encruamento para os metais. Essa é uma técnica importante de enrijecimento e aumento da resistência, empregada na produção de fibras e filmes. Durante o estiramento, as cadeias moleculares deslizam umas em relação às outras e ficam altamente orientadas; nos materiais semicristalinos, as cadeias assumem conformações semelhantes àquela que está representada esquematicamente na Figura 15.13*d*.

Os graus de aumento de resistência e enrijecimento dependem do nível de deformação (ou do alongamento) do material. Além disso, as propriedades dos polímeros estirados são altamente anisotrópicas. Nos materiais estirados sob tração uniaxial, os valores para o módulo de tração e o limite de resistência à tração são significativamente maiores na direção da deformação que nas demais direções. O módulo de tração na direção do estiramento pode ser aumentado por um fator de até aproximadamente três em relação ao material não estirado. Em um ângulo de 45° em relação ao eixo de tração, o módulo apresenta um valor mínimo; nessa orientação, o módulo tem um valor da ordem de um quinto daquele exibido pelo polímero não estirado.

O limite de resistência à tração em uma direção paralela à da orientação pode ser aumentado por um fator de pelo menos dois a cinco em comparação ao material não orientado. Entretanto, em uma direção perpendicular à do alinhamento, o limite de resistência à tração é reduzido algo entre um terço e a metade.

Para um polímero amorfo que tenha sido estirado em uma temperatura elevada, a estrutura molecular orientada é retida apenas quando o material é resfriado rapidamente até a temperatura ambiente; esse procedimento dá origem aos efeitos de aumento de resistência e enrijecimento que foram descritos no parágrafo anterior. No entanto, se após o estiramento o polímero for mantido na temperatura do estiramento, as cadeias moleculares relaxam e assumem conformações aleatórias, características do estado anterior à deformação; como consequência, o estiramento não terá nenhum efeito sobre as características mecânicas do material.

Tratamento Térmico

O tratamento térmico (ou recozimento) de polímeros semicristalinos pode levar a um aumento na porcentagem de cristalinidade e no tamanho e perfeição dos cristalitos, assim como a modificações na estrutura esferulítica. Para materiais não estirados submetidos a tratamentos térmicos com tempos constantes, o aumento da temperatura de recozimento leva ao seguinte: (1) aumento no módulo de tração, (2) aumento do limite de escoamento e (3) redução da ductilidade. Deve ser observado que esses efeitos do recozimento são opostos aos tipicamente observados para os materiais metálicos (Seção 7.12) — diminuição da resistência, amolecimento e melhoria da ductilidade.

Para algumas fibras poliméricas que foram estiradas, a influência do recozimento sobre o módulo de tração é contrária àquela dos materiais não estirados — isto é, o módulo diminui com o aumento da temperatura de recozimento por causa da perda na orientação da cadeia e à cristalinidade induzida pela deformação.

> *Verificação de Conceitos 15.3*   Para o seguinte par de polímeros, faça o seguinte: (1) estabeleça se é ou não possível decidir se um dos polímeros apresenta maior módulo de tração do que o outro; (2) se isso for possível, indique qual polímero apresenta o maior módulo de tração e, então, cite a(s) razão(ões) para essa escolha; e (3) se essa decisão não for possível explique por quê.
>
> - Poliestireno sindiotático com peso molecular numérico médio de 400.000 g/mol
> - Poliestireno isotático com peso molecular numérico médio de 650.000 g/mol.
>
> *Verificação de Conceitos 15.4*   Para o seguinte par de polímeros, faça o seguinte: (1) estabeleça se é ou não possível decidir se um dos polímeros apresenta maior limite de resistência à tração do que o outro; (2) se isso for possível, indique qual polímero possui o maior limite de resistência à tração e, então, cite a(s) razão(ões) para essa escolha; e (3) se essa decisão não for possível explique por quê.
>
> - Poliestireno sindiotático com peso molecular numérico médio de 600.000 g/mol
> - Poliestireno isotático com peso molecular numérico médio de 500.000 g/mol.
>
> [*As respostas estão disponíveis no GEN-IO, ambiente virtual de aprendizagem do GEN.*]

MATERIAIS DE IMPORTÂNCIA 15.1

Filmes Poliméricos Termorretráteis (com Capacidade de Encolhimento–Envolvimento — Shrink-Wrap Polymer Films)

Uma aplicação interessante do tratamento térmico em polímeros é o filme com capacidade de encolhimento-envolvimento usado em embalagens. O filme polimérico com capacidade de encolhimento-envolvimento é, geralmente, feito de poli(cloreto de vinila), polietileno ou poliolefinas (uma folha com múltiplas camadas contendo camadas alternadas de polietileno e polipropileno). De início, ele é deformado plasticamente (estirado a frio) em aproximadamente 20% a 300% para gerar um filme pré-estirado (alinhado). O filme é envolvido ao redor de um objeto a ser embalado e vedado nas extremidades. Quando aquecido até cerca de 100°C a 150°C, esse material pré-estirado encolhe para recuperar entre 80% e 90% da sua deformação inicial, o que proporciona um filme polimérico transparente firmemente esticado e isento de dobras. Por exemplo, os DVDs e muitos outros objetos que compramos são embalados com filmes com capacidade de encolhimento-envolvimento.

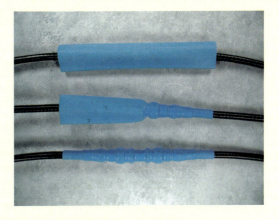

Em cima: Uma conexão elétrica posicionada dentro de uma seção de um tubo polimérico de encolhimento-envolvimento no seu estado original. No centro e embaixo: A aplicação de calor ao tubo fez com que seu diâmetro encolhesse. Nessa forma retraída, o tubo polimérico estabiliza a conexão e fornece isolamento elétrico.
(Essa fotografia é uma cortesia da Insulation Products Corporation.)

15.9 DEFORMAÇÃO DE ELASTÔMEROS

Uma das propriedades fascinantes dos materiais elastoméricos é sua elasticidade, que se assemelha à de uma borracha — isto é, eles possuem a habilidade de serem deformados até níveis de deformação bastante grandes e então retornarem elasticamente, como uma mola, às suas formas originais.

Figura 15.15 Representação esquemática de moléculas de cadeias poliméricas com ligações cruzadas (a) em um estado isento de tensões e (b) durante uma deformação elástica em resposta à aplicação de uma tensão de tração. (Adaptada de JASTRZEBSKI, Z. D. *The Nature and Properties of Engineering Materials*, 3ª ed. Copyright © 1987 por John Wiley & Sons, Nova York. Reimpressa sob permissão de John Wiley & Sons, Inc.)

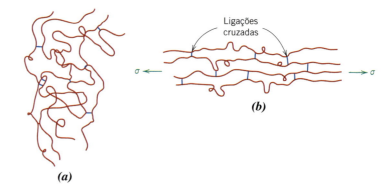

Isso resulta de ligações cruzadas no polímero, as quais proporcionam uma força para retornar as cadeias às suas conformações não deformadas. Provavelmente, o comportamento elastomérico foi observado pela primeira vez na borracha natural; entretanto, os últimos anos trouxeram a síntese de grande número de elastômeros com uma ampla variedade de propriedades. As características tensão-deformação típicas dos materiais elastoméricos são mostradas na Figura 15.1, curva *C*. Seus módulos de elasticidade são muito pequenos e, além disso, variam em função da deformação, uma vez que a curva tensão-deformação não é linear.

Em um estado isento de tensões, um elastômero será amorfo e composto por cadeias moleculares com ligações cruzadas que estão altamente torcidas, dobradas e espiraladas. A deformação elástica, pela aplicação de uma carga de tração, é simplesmente o desenrolamento, desdobramento e estreitamento parcial das cadeias, tendo como resultado o alongamento das cadeias na direção da tensão, um fenômeno que está representado na Figura 15.15. Com a liberação da tensão, as cadeias novamente se enrolam, voltando às suas conformações existentes antes da aplicação da tensão, e o objeto macroscópico retorna à sua forma original.

Parte da força motriz para a deformação elástica é um parâmetro termodinâmico chamado *entropia*, que é uma medida do grau de desordem em um sistema; a entropia aumenta com o aumento na desordem. Conforme um elastômero é esticado e suas cadeias ficam mais retilíneas e alinhadas, o sistema se torna mais ordenado. A partir desse estado, a entropia aumenta se as cadeias retornam aos seus estados originais, dobradas e torcidas. Dois fenômenos intrigantes resultam desse efeito da entropia. Em primeiro lugar, quando esticado, um elastômero apresenta um aumento na temperatura; em segundo lugar, o módulo de elasticidade aumenta com o aumento da temperatura, o que é um comportamento contrário ao encontrado em outros materiais (veja a Figura 6.8).

Vários critérios devem ser atendidos para que um polímero seja elastomérico: (1) Ele não deve cristalizar com facilidade; os materiais elastoméricos são amorfos, com cadeias moleculares que estão naturalmente espiraladas e dobradas em seu estado isento de tensões. (2) As rotações das ligações da cadeia devem estar relativamente livres para que as cadeias retorcidas possam responder de imediato à aplicação de uma força. (3) Para que os elastômeros apresentem deformações elásticas relativamente grandes, o surgimento da deformação plástica deve ser retardado. A restrição dos movimentos das cadeias umas em relação às outras por ligações cruzadas atende a esse objetivo. As ligações cruzadas atuam como pontos de ancoragem entre as cadeias e impedem o deslizamento das cadeias; o papel das ligações cruzadas no processo de deformação está ilustrado na Figura 15.15. Em muitos elastômeros, a formação das ligações cruzadas é realizada por um processo chamado vulcanização, que é discutido abaixo. (4) Por fim, o elastômero deve estar acima de sua temperatura de transição vítrea (Seção 15.13). A temperatura mais baixa até a qual o comportamento semelhante ao de uma borracha persiste para muitos dos elastômeros comuns encontra-se entre −50°C e −90°C (−60°F e −130°F). Abaixo de sua temperatura de transição vítrea, um elastômero torna-se frágil, tal que seu comportamento tensão-deformação se assemelha ao da curva *A* na Figura 15.1.

Vulcanização

vulcanização

O processo de formação de ligações cruzadas nos elastômeros é chamado de **vulcanização**, e é realizado por meio de uma reação química irreversível, conduzida normalmente em uma temperatura elevada. Na maioria das reações de vulcanização, compostos à base de enxofre são adicionados ao elastômero aquecido; cadeias de átomos de enxofre ligam-se às cadeias principais de polímeros adjacentes, formando ligações cruzadas entre elas, o que é obtido de acordo com a seguinte reação:

$$\begin{array}{c}\text{H CH}_3\text{ H H}\\|\ \ |\ \ |\ \ |\\-\text{C}-\text{C}=\text{C}-\text{C}-\\|\ \ \ \ \ \ \ \ \ \ |\\\text{H}\ \ \ \ \ \ \ \ \ \ \text{H}\\\\\text{H}\ \ \ \ \ \ \ \ \ \ \text{H}\\|\ \ \ \ \ \ \ \ \ \ |\\-\text{C}-\text{C}=\text{C}-\text{C}-\\|\ \ |\ \ |\ \ |\\\text{H CH}_3\text{ H H}\end{array} + (m+n)\,\text{S} \longrightarrow \begin{array}{c}\text{H CH}_3\text{ H H}\\|\ \ |\ \ |\ \ |\\-\text{C}-\text{C}-\text{C}-\text{C}-\\|\ \ |\ \ |\ \ |\\\text{H}\ \ (\text{S})_m\ (\text{S})_n\\\\\text{H}\ \ |\ \ |\ \ \text{H}\\|\ \ |\ \ |\ \ |\\-\text{C}-\text{C}-\text{C}-\text{C}-\\|\ \ |\ \ |\ \ |\\\text{H CH}_3\text{ H H}\end{array} \qquad (15.4)$$

em que as duas ligações cruzadas mostradas consistem em *m* e *n* átomos de enxofre. Os sítios que formam as ligações cruzadas nas cadeias principais consistem em átomos de carbono que apresentavam ligações duplas antes da vulcanização, mas que após a vulcanização passaram a ter ligações simples.

A borracha não vulcanizada, que contém muito poucas ligações cruzadas, é macia e pegajosa, e apresenta baixa resistência à abrasão. O módulo de elasticidade, o limite de resistência à tração e a resistência à degradação por oxidação são todos aumentados pela vulcanização. A magnitude do módulo de elasticidade é diretamente proporcional à densidade de ligações cruzadas. As curvas tensão-deformação para a borracha natural vulcanizada e sem vulcanização são apresentadas na Figura 15.16. Para produzir uma borracha capaz de grandes deformações sem ruptura das ligações primárias em suas cadeias, deve haver relativamente poucas ligações cruzadas, e essas devem estar bastante separadas. Borrachas úteis resultam quando aproximadamente uma a cinco partes (em peso) de enxofre são adicionadas a 100 partes de borracha. Isso corresponde a aproximadamente uma ligação cruzada a cada 10 a 20 unidades repetidas. Um aumento adicional no teor de enxofre endurece a borracha e também reduz seu alongamento. Além disso, uma vez que os materiais elastoméricos apresentam ligações cruzadas, eles são, por natureza, polímeros termofixos.

> ✓ *Verificação de Conceitos 15.5*   Para o seguinte par de polímeros, trace e identifique em um mesmo gráfico as curvas tensão-deformação esquemáticas.
>
> - Copolímero poli(estireno-butadieno) aleatório com peso molecular numérico médio de 100.000 g/mol e 10% dos sítios disponíveis com ligações cruzadas, testado a 20°C.
> - Copolímero poli(estireno-butadieno) aleatório com peso molecular numérico médio de 120.000 g/mol e 15% dos sítios disponíveis com ligações cruzadas, testado a –85°C. *Sugestão*: os copolímeros poli(estireno-butadieno) podem exibir comportamento elastomérico.

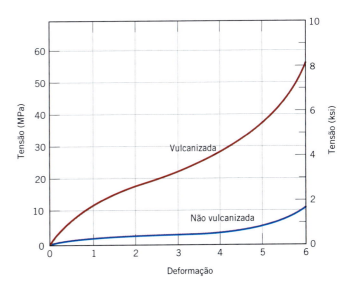

Figura 15.16 Curvas tensão-deformação até um alongamento de 600% para a borracha natural vulcanizada e não vulcanizada.

474 · **Capítulo 15**

> ***Verificação de Conceitos 15.6*** Em termos da estrutura molecular, explique por que o fenol-for-maldeído (baquelite) não será um elastômero. (A estrutura molecular para o fenol-formaldeído é apresentada na Tabela 14.3.)
>
> [*As respostas estão disponíveis no GEN-IO, ambiente virtual de aprendizagem do GEN.*]

Fenômenos de Cristalização, Fusão e Transição Vítrea em Polímeros

Três fenômenos importantes em relação ao projeto e ao processamento dos materiais poliméricos são a cristalização, a fusão e a transição vítrea. A cristalização é o processo pelo qual, no resfriamento, uma fase sólida ordenada (isto é, cristalina) é produzida a partir de um líquido fundido com estrutura molecular altamente aleatória. A transformação por fusão é o processo inverso, que ocorre quando um polímero é aquecido. O fenômeno da transição vítrea ocorre com os polímeros amorfos ou que não podem ser cristalizados, os quais, quando resfriados a partir de um líquido fundido, tornam-se sólidos rígidos, mas que ainda retêm a estrutura molecular desordenada que é característica do estado líquido. Obviamente, mudanças nas propriedades físicas e mecânicas acompanham a cristalização, a fusão e a transição vítrea. Além disso, para os polímeros semicristalinos, as regiões cristalinas apresentarão fusão (e cristalização), enquanto as áreas não cristalinas passam por uma transição vítrea.

15.10 CRISTALIZAÇÃO

Uma compreensão do mecanismo e da cinética da cristalização dos polímeros é importante, uma vez que o grau de cristalinidade influencia as propriedades mecânicas e térmicas desses materiais. A cristalização de um polímero fundido ocorre por processos de nucleação e crescimento, tópicos que foram discutidos no contexto das transformações de fases para os metais na Seção 10.3. Para os polímeros, no resfriamento através da temperatura de fusão, formam-se núcleos nos pontos onde pequenas regiões das moléculas embaraçadas e aleatórias tornam-se ordenadas e alinhadas na forma de camadas com cadeias dobradas (Figura 14.12). Em temperaturas acima da temperatura de fusão, esses núcleos são instáveis por causa das vibrações térmicas dos átomos, que tendem a romper os arranjos moleculares ordenados. Após a nucleação e durante o estágio de crescimento da cristalização, os núcleos crescem pela continuação da ordenação e do alinhamento de novos segmentos de cadeias moleculares; isto é, as camadas com cadeias dobradas permanecem com a mesma espessura, mas aumentam em suas dimensões laterais, ou, no caso das estruturas esferulíticas (Figura 14.13), existe um aumento no raio da esferulita.

A dependência da cristalização em relação ao tempo é a mesma que existe para muitas transformações no estado sólido (Figura 10.10); isto é, uma curva com forma sigmoidal resulta quando a fração transformada (isto é, a fração cristalizada) é traçada em função do logaritmo do tempo (a uma temperatura constante). Tal gráfico é apresentado na Figura 15.17 para a cristalização do polipropileno em três temperaturas. Matematicamente, a fração cristalizada y é uma função do tempo t de acordo com a equação de Avrami, Equação 10.17,

$$y = 1 - \exp(-kt^n) \tag{10.17}$$

em que k e n são constantes independentes do tempo, cujos valores dependem do sistema que está cristalizando. Normalmente, a extensão da cristalização é medida pelas mudanças no volume da amostra, uma vez que haverá uma diferença no volume para as fases líquida e cristalizada. A taxa de cristalização pode ser especificada da mesma maneira que para as transformações discutidas na Seção 10.3 e de acordo com a Equação 10.18; isto é, a taxa é igual ao inverso do tempo necessário para a cristalização prosseguir até 50% da sua conclusão. Essa taxa é dependente da temperatura de cristalização (Figura 15.17) e também do peso molecular do polímero; a taxa diminui com o aumento do peso molecular.

Para o polipropileno (assim como para qualquer outro polímero), não é possível a obtenção de 100% de cristalinidade. Portanto, na Figura 15.17 o eixo vertical está em uma escala de *fração cristalizada normalizada*. Um valor de 1,0 para esse parâmetro corresponde ao nível de cristalização mais elevado que é obtido durante os ensaios, o qual, na realidade, é menor que o equivalente a uma cristalização completa.

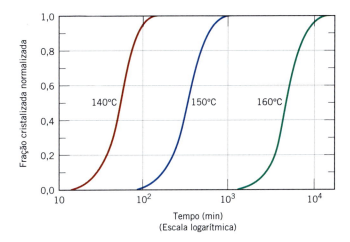

Figura 15.17 Gráfico da fração cristalizada normalizada em função do logaritmo do tempo para o polipropileno nas temperaturas constantes de 140°C, 150°C e 160°C.
(Adaptada de PARRINI, P. e CORRIERI, G. "The Influence of Molecular Weight Distribution on the Primary Recrystallization Kinetics of Isotactic Polypropylene", *Die Makromolekulare Chemie*, 1963, vol. 2, p. 89. Copyright Wiley-VCH Verlag GmbH & Co. KGaA. Reproduzida com permissão.)

15.11 FUSÃO

temperatura de fusão

A fusão de um cristal polimérico corresponde à transformação de um material sólido, que contém uma estrutura ordenada de cadeias moleculares alinhadas, em um líquido viscoso no qual a estrutura é altamente aleatória. Esse fenômeno ocorre, ao se aquecer, na **temperatura de fusão**, T_f. Existem várias características distintas na fusão dos polímeros que normalmente não são observadas nos metais e nas cerâmicas; essas características são consequência das estruturas moleculares dos polímeros e da sua morfologia cristalina lamelar. Em primeiro lugar, a fusão dos polímeros ocorre ao longo de uma faixa de temperaturas; esse fenômeno é discutido em mais detalhes adiante. Além disso, o comportamento do processo de fusão depende do histórico da amostra, em particular da temperatura na qual ela foi cristalizada. A espessura das lamelas com cadeias dobradas depende da temperatura de cristalização; quanto mais grossas forem as lamelas, maior será a temperatura de fusão. Impurezas no polímero e imperfeições nos cristais também diminuem a temperatura de fusão. Por fim, o comportamento aparente da fusão é uma função da taxa de aquecimento; o aumento dessa taxa resulta em uma elevação da temperatura de fusão.

Como foi observado na Seção 15.8, os materiais poliméricos respondem a tratamentos térmicos que produzem alterações estruturais e nas suas propriedades. Um aumento na espessura das lamelas pode ser induzido por um recozimento em uma temperatura imediatamente abaixo da temperatura de fusão. O recozimento também eleva a temperatura de fusão pela diminuição no número de lacunas e de outras imperfeições nos cristais poliméricos e pelo aumento da espessura dos cristalitos.

15.12 A TRANSIÇÃO VÍTREA

temperatura de transição vítrea

A transição vítrea ocorre em polímeros amorfos (ou vítreos) e semicristalinos, e é devida a uma redução no movimento de grandes segmentos de cadeias moleculares causada pela diminuição da temperatura. No resfriamento, a transição vítrea corresponde a uma transformação gradual de um líquido em um material borrachoso e, por fim, em um sólido rígido. A temperatura na qual o polímero apresenta a transição do estado borrachoso para o estado rígido é denominada **temperatura de transição vítrea**, T_v. Obviamente, essa sequência de eventos ocorre na ordem inversa quando um vidro rígido em uma temperatura abaixo de T_v é aquecido. Além disso, mudanças bruscas em outras propriedades físicas acompanham essa transição vítrea: por exemplo, a rigidez (Figura 15.7), a capacidade calorífica e o coeficiente de expansão térmica.

15.13 TEMPERATURAS DE FUSÃO E DE TRANSIÇÃO VÍTREA

As temperaturas de fusão e de transição vítrea são parâmetros importantes relacionados com as aplicações em serviço dos polímeros. Elas definem, respectivamente, os limites de temperatura superior e inferior para numerosas aplicações, especialmente para os polímeros semicristalinos. A temperatura de transição vítrea também pode definir a temperatura superior para o uso de materiais amorfos vítreos. Além disso, os valores de T_f e de T_v também influenciam os procedimentos de fabricação e de processamento para os polímeros e os compósitos de matriz polimérica. Essas questões estão discutidas em seções subsequentes deste capítulo.

As temperaturas nas quais a fusão e/ou a transição vítrea ocorrem para um polímero são determinadas da mesma maneira que para os materiais cerâmicos — a partir de um gráfico do volume

Figura 15.18 Gráfico do volume específico em função da temperatura no resfriamento a partir de um líquido fundido para polímeros totalmente amorfo (curva A), semicristalino (curva B) e cristalino (curva C).

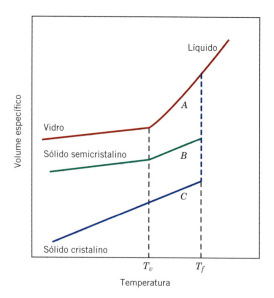

específico (o inverso da massa específica) em função da temperatura. A Figura 15.18 mostra um desses gráficos, onde as curvas A e C, para um polímero amorfo e um polímero cristalino, respectivamente, possuem as mesmas configurações que seus análogos cerâmicos (Figura 13.13).[5] Para o material cristalino, existe uma mudança descontínua no volume específico na temperatura de fusão, T_f. A curva para o material totalmente amorfo é contínua, mas apresenta uma ligeira diminuição em sua inclinação na temperatura de transição vítrea, T_v. Para um polímero semicristalino (curva B), o comportamento é intermediário entre esses dois extremos, sendo observados os fenômenos tanto da fusão quanto da transição vítrea; T_f e T_v são propriedades das respectivas fases cristalina e amorfa nesse material semicristalino. Como discutido anteriormente, os comportamentos representados na Figura 15.18 dependerão da taxa de resfriamento ou aquecimento. A Tabela 15.2 e o Apêndice E apresentam temperaturas de fusão e de transição vítrea representativas para diversos polímeros.

15.14 FATORES QUE INFLUENCIAM AS TEMPERATURAS DE FUSÃO E DE TRANSIÇÃO VÍTREA

Temperatura de Fusão

Durante a fusão de um polímero ocorre um rearranjo das moléculas na transformação de um estado molecular ordenado em um estado molecular desordenado. A composição química e a estrutura

Tabela 15.2 Temperaturas de Fusão e de Transição Vítrea para Alguns dos Materiais Poliméricos Mais Comuns

Material	Temperatura de Transição Vítrea [°C (°F)]	Temperatura de Fusão [°C (°F)]
Polietileno (baixa densidade)	−110 (−165)	115 (240)
Politetrafluoroetileno	−97 (−140)	327 (620)
Polietileno (alta densidade)	−90 (−130)	137 (279)
Polipropileno	−18 (0)	175 (347)
Náilon 6,6	57 (135)	265 (510)
Poli(tereftalato de etileno) (PET)	69 (155)	265 (510)
Poli(cloreto de vinila)	87 (190)	212 (415)
Poliestireno	100 (212)	240 (465)
Policarbonato	150 (300)	265 (510)

---

[5] Nenhum polímero de engenharia é 100% cristalino; a curva C foi incluída na Figura 15.18 para ilustrar o comportamento extremo que seria exibido por um material que fosse totalmente cristalino.

Figura 15.19 Dependência das propriedades dos polímeros, assim como das temperaturas de fusão e de transição vítrea, em relação ao peso molecular. (De BILLMEYER, F. W. Jr., *Textbook of Polymer Science*, 3ª ed. Copyright © 1984 por John Wiley & Sons, Nova York. Reimpressa sob permissão de John Wiley & Sons, Inc.)

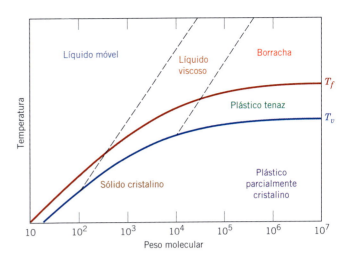

molecular influenciam a habilidade das moléculas da cadeia do polímero em realizar esses rearranjos e, portanto, também afetam a temperatura de fusão.

A rigidez da cadeia, que é controlada pela facilidade com que ocorre rotação ao redor das ligações químicas ao longo da cadeia, possui um efeito pronunciado. A presença de ligações duplas e de grupos aromáticos na cadeia principal do polímero reduz a flexibilidade da cadeia e causa um aumento na T_f. Além disso, o tamanho e o tipo dos grupos laterais influenciam a flexibilidade e a liberdade rotacional da cadeia; grupos laterais volumosos ou grandes tendem a restringir a rotação molecular e elevar a T_f. Por exemplo, o polipropileno apresenta uma temperatura de fusão mais elevada que o polietileno (175°C contra 115°C, Tabela 15.2); o grupo lateral metila, CH_3, no polipropileno é maior que o átomo de hidrogênio, H, encontrado no polietileno. A presença de grupos polares (Cl, OH e CN), embora não sendo excessivamente grandes, leva a forças de ligação intermoleculares significativas e a valores de T_f relativamente elevados. Isso pode ser verificado comparando as temperaturas de fusão do polipropileno (175°C) e do poli(cloreto de vinila) (212°C).

A temperatura de fusão de um polímero também depende do peso molecular. Para pesos moleculares relativamente baixos, um aumento no valor de $\overline{M}$ (ou do comprimento da cadeia) aumenta T_f (Figura 15.19). Além disso, a fusão de um polímero ocorre ao longo de uma faixa de temperaturas; dessa forma, há uma faixa de valores de T_f, em vez de uma única temperatura de fusão. Isso ocorre porque cada polímero é composto por moléculas que possuem uma variedade de pesos moleculares (Seção 14.5) e porque T_f depende do peso molecular. Para a maioria dos polímeros, essa faixa de temperaturas de fusão é normalmente da ordem de vários graus centígrados. As temperaturas de fusão citadas na Tabela 15.2 e no Apêndice E estão próximas às extremidades superiores dessas faixas.

O grau de ramificações também afeta a temperatura de fusão de um polímero. A introdução de ramificações laterais introduz defeitos no material cristalino e reduz a temperatura de fusão. O polietileno de alta densidade, sendo um polímero predominantemente linear, tem uma temperatura de fusão (137°C, Tabela 15.2) mais elevada que o polietileno de baixa densidade (115°C), que apresenta algumas ramificações.

Temperatura de Transição Vítrea

No aquecimento por meio da temperatura de transição vítrea, o polímero sólido amorfo transforma-se de um estado rígido em um estado borrachoso. De maneira correspondente, as moléculas que estão virtualmente congeladas em suas posições abaixo de T_v começam a apresentar movimentos de rotação e de translação acima de T_v. Dessa forma, o valor da temperatura de transição vítrea depende das características moleculares que afetam a rigidez da cadeia; a maioria desses fatores e de suas influências são os mesmos apresentados para a temperatura de fusão, conforme discutido anteriormente. Mais uma vez, a flexibilidade da cadeia é diminuída e o valor de T_v é aumentado pela presença do seguinte:

1. Grupos laterais volumosos; a partir da Tabela 15.2, os respectivos valores de T_v para o polipropileno e o poliestireno são de –18°C e 100°C.
2. Grupos polares; por exemplo, os valores de T_v para o poli(cloreto de vinila) e para o polipropileno são de 87°C e –18°C, respectivamente.
3. Ligações duplas e grupos aromáticos na cadeia principal, os quais tendem a enrijecer a cadeia polimérica.

O aumento do peso molecular também tende a aumentar a temperatura de transição vítrea, como observado na Figura 15.19. Uma pequena quantidade de ramificações tende a reduzir T_v; por outro lado, uma alta densidade de ramificações reduz a mobilidade da cadeia e eleva a temperatura de transição vítrea. Alguns polímeros amorfos apresentam ligações cruzadas, resultando em uma elevação de T_v; as ligações cruzadas restringem o movimento molecular. Com uma alta densidade de ligações cruzadas, o movimento molecular fica virtualmente impossibilitado; o movimento molecular em larga escala fica impedido, ao nível desses polímeros não apresentarem uma transição vítrea ou o seu consequente amolecimento.

A partir da discussão anterior, fica evidente que, essencialmente, as mesmas características moleculares aumentam e diminuem tanto a temperatura de fusão quanto de transição vítrea. Normalmente, o valor de T_v está situado entre $0{,}5T_f$ e $0{,}8T_f$ (em Kelvin). Por isso, para um homopolímero, não é possível variar de maneira independente T_f e T_v. Um maior grau de controle sobre esses dois parâmetros é possível pela síntese e a utilização de copolímeros.

Verificação de Conceitos 15.7   Para cada um dos dois polímeros a seguir, trace e legende uma curva esquemática do volume específico em função da temperatura (inclua ambas as curvas no mesmo gráfico):

- Polipropileno esferulítico com 25% de cristalinidade e peso molecular ponderal médio de 75.000 g/mol.
- Poliestireno esferulítico com 25% de cristalinidade e peso molecular ponderal médio de 100.000 g/mol.

[*A resposta está disponível no GEN-IO, ambiente virtual de aprendizagem do GEN.*]

Verificação de Conceitos 15.8   Para os dois polímeros a seguir: (1) diga se é ou não possível determinar se um polímero tem uma temperatura de fusão mais elevada que o outro; (2) se isso for possível, diga qual possui a maior temperatura de fusão e, então, cite a(s) razão(ões) para a sua escolha; e (3) se essa decisão não for possível, diga por quê.

- Poliestireno isotático com massa específica de 1,12 g/cm³ e peso molecular ponderal médio de 150.000 g/mol.
- Poliestireno sindiotático com massa específica de 1,10 g/cm³ e peso molecular ponderal médio de 125.000 g/mol.

[*A resposta está disponível no GEN-IO, ambiente virtual de aprendizagem do GEN.*]

Tipos de Polímeros

Existem muitos tipos diferentes de materiais poliméricos que nos são familiares e para os quais existe uma grande variedade de aplicações; na verdade, uma maneira de classificar esses materiais é de acordo com sua aplicação final. Dentro desse esquema, os vários tipos de polímeros compreendem os plásticos, os elastômeros (ou borrachas), as fibras, os revestimentos, os adesivos, as espumas e os filmes. Dependendo de suas propriedades, um polímero específico pode ser usado em duas ou mais dessas categorias de aplicação. Por exemplo, um plástico, se dotado de ligações cruzadas e usado acima da sua temperatura de transição vítrea, pode constituir-se em um elastômero satisfatório, ou um material fibroso pode ser usado como um plástico se não estiver estirado em filamentos. Esta parte do capítulo inclui uma discussão sucinta de cada um desses tipos de polímeros.

15.15 PLÁSTICOS

plástico

Possivelmente, o maior número de materiais poliméricos diferentes enquadra-se sob a classificação dos plásticos. Os **plásticos** são materiais com alguma rigidez estrutural sob carga e são empregados em aplicações de uso geral. Polietileno, polipropileno, poli(cloreto de vinila), poliestireno e os fluorocarbonos, epóxis, fenólicos e poliésteres podem, todos, ser classificados como plásticos. Eles apresentam uma ampla variedade de combinações de propriedades. Alguns plásticos são muito rígidos e frágeis (Figura 15.1, curva *A*). Outros são flexíveis, exibindo tanto deformações elásticas quanto plásticas quando submetidos a uma tensão, e às vezes apresentam uma deformação considerável antes de fraturar (Figura 15.1, curva *B*).

Características, Aplicações e Processamento dos Polímeros • 479

Os polímeros que se enquadram nessa classificação podem ter qualquer grau de cristalinidade, e todas as estruturas e configurações moleculares (linear, ramificada, isotática etc.) são possíveis. Os materiais plásticos podem ser termoplásticos ou termofixos; de fato, essa é a maneira como eles geralmente são subclassificados. Entretanto, para serem considerados plásticos, os polímeros lineares ou ramificados devem ser usados abaixo de suas temperaturas de transição vítrea (se forem amorfos), ou abaixo de suas temperaturas de fusão (se forem semicristalinos), ou devem ter ligações cruzadas suficientes para que suas formas sejam mantidas. Os nomes comerciais, as características e as aplicações típicas para uma variedade de plásticos são fornecidos na Tabela 15.3.

Vários plásticos exibem propriedades que são especialmente excepcionais. Para aplicações nas quais a transparência óptica é crítica, o poliestireno e o poli(metacrilato de metila) são especialmente bem adequados; entretanto, é essencial que o material seja altamente amorfo ou, se for semicristalino, que possua cristalitos muito pequenos. Os fluorocarbonos têm um baixo coeficiente de atrito e são extremamente resistentes ao ataque por uma gama de produtos químicos, mesmo em temperaturas relativamente elevadas. Eles são usados como revestimentos não aderentes em utensílios de cozinha, em mancais e buchas, e em componentes eletrônicos que operam em temperaturas elevadas.

Tabela 15.3 Nomes Comerciais, Características e Aplicações Típicas para uma Variedade de Materiais Plásticos

Tipo de Material	Nomes Comerciais	Principais Características de Aplicação	Aplicações Típicas
		Termoplásticos	
Acrilonitrila-butadieno-estireno (ABS)	Abson Cycolac Kralastic Lustran Lucon Novodur	Excepcionais resistência e tenacidade, resistente à distorção térmica; boas propriedades elétricas; inflamável e solúvel em alguns solventes orgânicos	Aplicações automotivas abaixo do capô, revestimentos de refrigeradores, gabinetes de computadores e televisores, brinquedos, dispositivos de segurança em autoestradas
Acrílicos [poli(metacrilato de metila)]	Acrylite Diakon Lucite Paraloid Plexiglas	Excepcional transmissão da luz e resistência às intempéries; propriedades mecânicas apenas regulares	Lentes, janelas transparentes em aeronaves, equipamentos de desenho, boxes de banheira e chuveiro
Fluorocarbonos (PTFE ou TFE)	Teflon Fluon Halar Hostaflon TF Neoflon	Quimicamente inertes em quase todos os ambientes, excelentes propriedades elétricas; baixo coeficiente de atrito; podem ser usados até 260°C (500°F); relativamente pouco resistentes e propriedades de escoamento a frio ruins	Vedações anticorrosivas, válvulas e tubulações para produtos químicos, mancais, isolamentos de fios e cabos, revestimentos antiadesivos, peças de componentes eletrônicos para altas temperaturas
Poliamidas (náilons)	Nylon Akulon Durethan Fostamid Nomex Ultramid Zytel	Boa resistência mecânica, resistência à abrasão e tenacidade; baixo coeficiente de atrito; absorvem água e alguns outros líquidos	Mancais, engrenagens, cames, buchas, puxadores, e revestimentos para fios e cabos, fibras para carpetes, mangueiras e reforços de correias
Policarbonatos	Calibre Iupilon Lexan Makrolon Novarex	Dimensionalmente estáveis; baixa absorção de água; transparentes; muito boa resistência ao impacto e ductilidade; a resistência química não é excepcional	Capacetes de segurança, lentes, globos de luz, bases para filmes fotográficos, carcaças de baterias de automóveis
Polietilenos	Alathon Alkathene Fortiflex Hifax Petrothene Rigidex Zemid	Quimicamente resistente e isolante elétrico; tenaz e com coeficiente de atrito relativamente baixo; baixa resistência e resistência ruim às intempéries	Garrafas flexíveis, brinquedos, copos, peças de baterias, bandejas de gelo, filmes para a embalagem de materiais, tanques de gasolina automotivos

(continua)

480 · **Capítulo 15**

Tabela 15.3 Nomes Comerciais, Características e Aplicações Típicas para uma Variedade de Materiais Plásticos (*Continuação*)

Tipo de Material	Nomes Comerciais	Principais Características de Aplicação	Aplicações Típicas
Polipropilenos	Hicor Meraklon Metocene Polypro Pro-fax Propak Propathene	Resistente à distorção térmica; excelentes propriedades elétricas e resistência à fadiga; quimicamente inerte; relativamente barato; resistência ruim à luz ultravioleta	Garrafas esterilizáveis, filmes para embalagens, painéis internos de automóveis, fibras, bagagens
Poliestirenos	Avantra Dylene Innova Lutex Styron Vestyron	Excelentes propriedades elétricas e clareza óptica; boa estabilidade térmica e dimensional; relativamente barato	Azulejos de paredes, caixas de baterias, brinquedos, painéis de iluminação interna, carcaças de utensílios, embalagens
Vinis	Dural Formolon Geon Pevikon Saran Tygon Vinidur	Bons materiais de custo reduzido para uso geral; normalmente rígidos, mas podem ser tornados flexíveis por plastificantes; com frequência copolimerizados; suscetíveis a distorção térmica	Revestimentos para pisos, tubulações, isolamento elétrico de fios, mangueiras de jardim, filme com capacidade de encolhimento-envolvimento
Poliésteres (PET ou PETE)	Crystar Dacron Eastapak HiPET Melinex Mylar Petra	Um dos filmes plásticos mais tenazes; excelentes resistências à fadiga e ao rasgamento, e resistência a umidade, ácidos, graxas, óleos e solventes	Filmes orientados, vestimentas, cabos de pneus de automóveis, recipientes de bebidas
Polímeros Termofixos			
Epóxis	Araldite Epikote Lytex Maxive Sumilite Vipel	Excelente combinação de propriedades mecânicas e resistência à corrosão; dimensionalmente estáveis; boa adesão; relativamente baratos; boas propriedades elétricas	Espelhos para tomadas elétricas, ralos, adesivos, revestimentos protetores, usados em laminados de fibra de vidro
Fenólicos	Bakelite Duralite Milex Novolac Resole	Excelente estabilidade térmica até acima de 150°C (300°F); podem ser combinados com um grande número de resinas, cargas etc.; baratos	Carcaças de motores, adesivos, placas de circuitos, tomadas elétricas
Poliésteres	Aropol Baygal Derakane Luytex Vitel	Excelentes propriedades elétricas e baixo custo; podem ser formulados para uso à temperatura ambiente ou em temperaturas elevadas; geralmente reforçados com fibras	Capacetes, barcos em fibra de vidro, componentes de carrocerias de automóveis, cadeiras, ventiladores
Poliuretanas	Austane Instantroll Lurathane Planthane Urethane	Ampla faixa de propriedades mecânicas, desde plásticos rígidos sólidos até espumas poliméricas de baixa densidade; alta resistência ao impacto e à abrasão; excelente isolante elétrico; ampla faixa de resiliência; resistente a óleos, graxas, produtos químicos e radiação; flexível em baixas temperaturas	Rolos de impressão, revestimentos de tecidos, fibras sintéticas, vernizes, para-choques de veículos, solas de sapato, espuma de isolamento, espuma de embalagem, almofadas de estofamentos, tubos medicinais

MATERIAIS DE IMPORTÂNCIA 15.2

Bolas de Bilhar Fenólicas

Até por volta de 1912, virtualmente todas as bolas de bilhar eram feitas de marfim obtido das presas de elefantes. Para que uma bola rolasse com perfeição, ela precisava ser confeccionada a partir de marfim de alta qualidade, proveniente do centro de presas isentas de defeitos — algo em torno de 1 presa em cada 50 apresentava a consistência de massa específica necessária. Naquela época, o marfim estava se tornando escasso e caro, conforme mais e mais elefantes eram mortos (e as bolas de bilhar tornavam-se cada vez mais populares). Além disso, havia então, e ainda há, uma séria preocupação em relação a reduções nas populações dos elefantes e na sua extinção final por causa dos caçadores de marfim, e alguns países impuseram (e ainda impõem) restrições severas à importação de marfim e de produtos à base de marfim.

Consequentemente, foram buscados substitutos para o marfim nas bolas de bilhar. Por exemplo, uma das primeiras alternativas foi uma mistura prensada de polpa de madeira e pó de osso; esse material mostrou-se bastante insatisfatório. A substituição mais adequada, e que ainda está sendo usada para as bolas de bilhar nos dias de hoje, é um dos primeiros polímeros sintéticos — o fenol-formaldeído, às vezes também chamado de *fenólico*.

A invenção desse material é um dos eventos importantes e interessantes nos anais dos polímeros sintéticos. O descobridor do processo para a síntese do fenol-formaldeído foi Leo Baekeland. Como um jovem e muito brilhante Ph.D. em química, ele emigrou da Bélgica para os Estados Unidos no início do século XX. Pouco após sua chegada, iniciou uma pesquisa para a criação de uma goma-laca sintética para substituir o material natural, que era relativamente caro para ser fabricado; a goma-laca era, e ainda é, usada como um laquê, um preservativo para a madeira e como um isolante elétrico na então emergente indústria elétrica. Seus esforços acabaram levando à descoberta de que um substituto adequado poderia ser sintetizado pela reação entre o fenol [ou ácido carbólico (C_6H_5OH), um material cristalino branco] e o formaldeído (HCHO, um gás incolor e venenoso) sob condições controladas de calor e pressão. O produto dessa reação era um líquido que na sequência endurecia para formar um sólido transparente de cor âmbar. Baekeland chamou seu novo material de "Bakelite" (baquelite); atualmente, utilizamos os nomes genéricos *fenol-formaldeído* ou simplesmente *fenólico*. Logo após sua descoberta, a baquelite foi identificada como o material sintético ideal para a fabricação de bolas de bilhar (ver as fotografias na abertura deste capítulo).

O fenol-formaldeído é um polímero termofixo com inúmeras propriedades desejáveis; para um polímero, ele é muito resistente ao calor e também muito duro; é menos frágil que muitos materiais cerâmicos; é muito estável e não reage com a maioria das soluções e solventes comuns; e não lasca, esmaece ou descolore com facilidade. Além disso, ele é um material relativamente barato, e os fenólicos modernos podem ser produzidos com uma grande variedade de cores. As características elásticas desse polímero são muito semelhantes àquelas do marfim, e quando bolas de bilhar fenólicas colidem, elas emitem o mesmo ruído de choque que as bolas de marfim. Outros usos desse importante material polimérico são dados na Tabela 15.3.

15.16 ELASTÔMEROS

As características e o mecanismo de deformação dos elastômeros foram tratados anteriormente (Seção 15.9). A discussão atual, portanto, enfoca os tipos de materiais elastoméricos.

A Tabela 15.4 lista as propriedades e as aplicações de elastômeros comuns; essas propriedades são típicas e dependem do grau de vulcanização e se algum reforço é utilizado. A borracha natural ainda é empregada em larga escala, pois tem uma combinação excepcional de propriedades desejáveis. Entretanto, o elastômero sintético mais importante é o SBR, que é usado predominantemente nos pneus de automóveis, reforçado com negro de fumo. O NBR, que é altamente resistente à degradação e ao inchamento, é outro elastômero sintético comum.

Para muitas aplicações (por exemplo, nos pneus de automóveis), as propriedades mecânicas até mesmo das borrachas vulcanizadas não são satisfatórias em termos do limite de resistência à tração, das resistências à abrasão e ao rasgamento e da rigidez. Essas características podem ser melhoradas por aditivos, tais como o negro de fumo (Seção 16.2).

Por fim, devem ser mencionadas as borrachas de silicone. Nesses materiais, a cadeia principal é feita de átomos alternados de silício e oxigênio:

$$\left(\!\!\begin{array}{c} R \\ | \\ Si-O \\ | \\ R' \end{array}\!\!\right)_n$$

482 • **Capítulo 15**

Tabela 15.4 Características Importantes e Aplicações Típicas para Cinco Elastômeros Comerciais

Natureza Química	*Nomes Comerciais (Comuns)*	*Alongamento (%)*	*Faixa de Temperaturas Útil [°C (°F)]*	*Principais Características de Aplicação*	*Aplicações Típicas*
Poli-isopreno natural	Borracha Natural (NR — Natural Rubber)	500–760	−60 a 120 (−75 a 250)	Excelentes propriedades físicas e adesão a metais; resistência razoável à abrasão; baixas resistências a intempéries, ozônio e óleos; excelentes propriedades elétricas	Pneus e tubos; saltos e solas; juntas; mangueira extrudada
Copolímero estireno-butadieno	GRS, Buna S (SBR)	450–500	−60 a 120 (−75 a 250)	Boas propriedades físicas e resistência à abrasão; resistência razoável a intempéries e ao ozônio; baixa resistência a óleos; propriedades elétricas razoáveis	As mesmas que a borracha natural
Copolímero acrilonitrila-butadieno	Buna A, Nitrile (NBR)	400–600	−50 a 150 (−60 a 300)	Propriedades físicas ruins; excelentes características de adesão; excelente resistência a óleos; resistência ruim a intempéries; resistência ao ozônio e propriedades elétricas razoáveis	Mangueiras para gasolina, produtos químicos e óleos; vedações e anéis *O-ring;* saltos e solas; brinquedos
Cloropreno	Neoprene (CR)	100–800	−50 a 105 (−60 a 225)	Propriedades físicas razoáveis; excelente resistência a intempéries; resistência razoável a óleos; excelente resistência a chamas; boa resistência ao ozônio e boas propriedades elétricas	Fios e cabos; revestimentos para tanques de produtos químicos; correias, mangueiras, vedações e gaxetas
Polissiloxano	Silicone (VMQ)	100–800	−115 a 315 (−175 a 600)	Excelente resistência a temperaturas altas e baixas; propriedades físicas ruins; excelente resistência a intempéries; excelentes propriedades elétricas	Isolamento para temperaturas altas e baixas; vedações e anéis *O-ring*; produtos cosméticos; tubos para aplicações médicas e com alimentos

em que R e R′ representam átomos ligados lateralmente, tais como o hidrogênio ou grupos de átomos, tais como o CH_3. Por exemplo, o polidimetilsiloxano possui a unidade repetida

$$\left(\!\!\begin{array}{c} CH_3 \\ | \\ Si - O \\ | \\ CH_3 \end{array}\!\!\right)_{n}$$

Obviamente, como elastômeros, esses materiais apresentam ligações cruzadas.

Os elastômeros de silicone apresentam um alto grau de flexibilidade em temperaturas baixas [de até –90°C (–130°F)] e ainda assim são estáveis até temperaturas tão elevadas quanto 250°C (480°F). Além disso, eles são resistentes às intempéries e aos óleos lubrificantes, o que os torna particularmente desejáveis para aplicações nos compartimentos de motores de automóveis. A biocompatibilidade é outra de suas vantagens e, portanto, eles são empregados com frequência em aplicações médicas, tais como em tubos para sangue. Uma característica atrativa adicional é que algumas borrachas de silicone vulcanizam na temperatura ambiente [borrachas RTV (RTV — *room temperature vulcanization*)].

> **Verificação de Conceitos 15.9**   Durante os meses de inverno, a temperatura em algumas partes do Alasca pode ser tão baixa quanto –55°C (–65°F). Dos elastômeros isopreno natural, estireno-butadieno, acrilonitrila-butadieno, cloropreno e polissiloxano, qual(is) seria(m) adequado(s) para pneus de automóveis sob essas condições? Por quê?
>
> **Verificação de Conceitos 15.10**   Os polímeros à base de silicone podem ser preparados para existir como líquidos à temperatura ambiente. Cite diferenças na estrutura molecular entre eles e os elastômeros de silicone. *Sugestão:* você pode querer consultar as Seções 14.5 e 15.9.
>
> [*A resposta está disponível no GEN-IO, ambiente virtual de aprendizagem do GEN.*]

15.17   FIBRAS

fibra

Os polímeros para **fibras** são capazes de ser estirados na forma de longos filamentos com uma razão entre o comprimento e o diâmetro de pelo menos 100:1. A maioria das fibras poliméricas comerciais é usada na indústria têxtil, sendo tecidas ou costuradas em panos ou tecidos. Além disso, as fibras aramidas são empregadas em materiais compósitos (Seção 16.8). Para ser útil como um material têxtil, uma fibra polimérica deve atender a uma gama de propriedades físicas e químicas mais ou menos rigorosas. Quando em uso, as fibras podem ser submetidas a uma variedade de deformações mecânicas — estiramento, torções, cisalhamento e abrasão. Consequentemente, elas devem ter um limite de resistência à tração elevado (ao longo de uma faixa de temperaturas relativamente ampla) e um alto módulo de elasticidade, assim como resistência à abrasão. Essas propriedades são controladas pela estrutura química das cadeias poliméricas e também pelo processo de estiramento das fibras.

Os pesos moleculares dos materiais que compõem as fibras devem ser relativamente elevados, ou o material fundido será muito pouco resistente e quebrará durante o processo de estiramento. Além disso, uma vez que o limite de resistência à tração aumenta com o grau de cristalinidade, a estrutura e a configuração das cadeias devem permitir a produção de um polímero altamente cristalino. Isso se traduz em uma exigência por cadeias lineares e sem ramificações, que sejam simétricas e que tenham unidades repetidas regulares. A presença de grupos polares no polímero também melhora as propriedades de conformação das fibras pelo aumento tanto da cristalinidade quanto das forças intermoleculares entre as cadeias.

A conveniência em se lavar e manter tecidos depende principalmente das propriedades térmicas da fibra polimérica, isto é, de suas temperaturas de fusão e de transição vítrea. Além disso, as fibras poliméricas devem exibir estabilidade química em uma variedade considerável de ambientes, incluindo meios ácidos e básicos, alvejantes, solventes de lavagem a seco e à luz do sol. Ademais, elas devem ser relativamente não inflamáveis e suscetíveis à secagem.

15.18   APLICAÇÕES DIVERSAS

Revestimentos

Com frequência, revestimentos são aplicados às superfícies de materiais para servir a uma ou mais das seguintes funções: (1) proteger o item de um ambiente que possa produzir reações corrosivas ou de deterioração; (2) melhorar a aparência do item; e (3) proporcionar isolamento elétrico. Muitos componentes presentes nos materiais usados como revestimentos são polímeros, a maioria dos quais é de origem orgânica. Esses revestimentos orgânicos enquadram-se em várias classificações diferentes: tintas, vernizes, esmaltes, lacas e gomas-lacas.

Muitos revestimentos comuns são de *látex*. Um látex é uma suspensão estável de pequenas partículas poliméricas insolúveis que estão dispersas em água. Esses materiais tornaram-se cada vez mais populares, pois não contêm grandes quantidades de solventes orgânicos que são emitidos para

484 • **Capítulo 15**

o meio ambiente — isto é, apresentam baixas emissões de compostos orgânicos voláteis (VOC — *volatile organic compound*). Os VOCs reagem na atmosfera para produzir *smog*.* Os grandes usuários de revestimentos, tais como os fabricantes de automóveis, continuam a reduzir suas emissões de VOC para atender às regulamentações ambientais.

Adesivos

adesivo

Um **adesivo** é uma substância usada para colar as superfícies de dois materiais sólidos (denominados *aderentes*). Existem dois tipos de mecanismos de adesão: mecânico e químico. Na adesão mecânica existe uma efetiva penetração do adesivo no interior dos poros e cavidades superficiais. A adesão química envolve forças intermoleculares entre o adesivo e o aderente, que podem ser covalentes e/ou de van der Waals; o grau de ligações de van der Waals é aumentado quando o material adesivo contém grupos polares.

Embora adesivos naturais (cola animal, caseína, amido e breu) ainda sejam usados para muitas aplicações, foi desenvolvida uma gama de novos materiais adesivos baseados em polímeros sintéticos; esses incluem poliuretanas, polissiloxanos (silicones), epóxis, poli-imidas, acrílicos e materiais à base de borrachas. Os adesivos podem ser usados para unir uma grande variedade de materiais — metais, cerâmicas, polímeros, compósitos, pele, e assim por diante — e a escolha de qual adesivo usar dependerá de fatores como (1) os materiais a serem unidos e suas porosidades; (2) as propriedades adesivas que são necessárias (isto é, se a colagem deve ser temporária ou permanente); (3) as temperaturas de exposição máxima e mínima; e (4) as condições de processamento.

Para todos os adesivos, à exceção daqueles sensíveis à pressão (que são discutidos a seguir), o material adesivo é aplicado como um líquido de baixa viscosidade, de forma a cobrir por igual e completamente as superfícies a serem aderidas e a permitir máximas interações de colagem. A efetiva junta adesiva se forma conforme o adesivo passa por uma transição de líquido para sólido (ou cura), o que pode ser obtido por meio ou de um processo físico (por exemplo, cristalização, evaporação do solvente) ou de um processo químico [por exemplo, polimerização (Seção 15.21), vulcanização]. As características de uma união bem feita devem incluir elevadas resistências ao cisalhamento, ao arrancamento e à fratura.

A união com adesivos oferece algumas vantagens em relação a outras tecnologias de união (por exemplo, rebitagem, aparafusagem e solda), que incluem pesos mais leves, a habilidade de unir materiais diferentes e componentes finos, melhor resistência à fadiga e menores custos de fabricação. Além disso, essa é a tecnologia escolhida quando são essenciais um posicionamento exato dos componentes e velocidade de processamento. A grande desvantagem das uniões por adesivo é a limitação da temperatura de serviço; os polímeros mantêm sua integridade mecânica apenas em temperaturas relativamente baixas, e a resistência diminui rapidamente com o aumento da temperatura. A temperatura máxima possível para o uso contínuo de alguns polímeros recentemente desenvolvidos é de 300°C. As juntas adesivas são encontradas em um grande número de aplicações, sobretudo nas indústrias aeroespacial, automotiva e de construção, em embalagens e em alguns produtos domésticos.

Uma classe especial desse grupo de materiais é a dos adesivos sensíveis à pressão (ou materiais autoadesivos), tais como aqueles encontrados nas fitas autoadesivas, em rótulos e em selos postais. Esses materiais são projetados para aderir a praticamente qualquer superfície, mediante o contato físico e a aplicação de uma leve pressão. Diferente dos adesivos descritos anteriormente, a ação de colagem não resulta de uma transformação física ou de uma reação química. Em vez disso, esses materiais contêm resinas poliméricas com pega; durante a separação das duas superfícies de colagem, pequenas fibrilas se formam, as quais ficam presas às superfícies e tendem a mantê-las unidas. Os polímeros empregados para os adesivos sensíveis à pressão incluem os acrílicos, os copolímeros estirênicos em bloco (Seção 15.20) e a borracha natural.

Filmes

Os materiais poliméricos encontraram uma ampla aplicação na forma de *filmes* finos. Filmes com espessuras entre 0,025 mm e 0,125 mm (0,001 in e 0,005 in) são fabricados e usados extensivamente como sacos para embalagem de produtos alimentícios e outros artigos, como produtos têxteis, e para uma gama de outras finalidades. Características importantes dos materiais produzidos e usados como filmes incluem baixa massa específica, alto grau de flexibilidade, elevados limites de resistência à tração e resistência ao rasgamento, resistência ao ataque pela umidade e por outros produtos químicos, e baixa permeabilidade a alguns gases, especialmente vapor d'água (Seção 14.14). Alguns dos polímeros que atendem a esses critérios e que são fabricados na forma de filmes são o polietileno, o polipropileno, o celofane e o acetato de celulose.

---

*A palavra *smog* é uma combinação das palavras em inglês *smoke* (fumaça) e *fog* (névoa). (N.T.)

Características, Aplicações e Processamento dos Polímeros • **485**

Espumas

espuma

As **espumas** são materiais plásticos que contêm uma porcentagem volumétrica relativamente elevada de pequenos poros e bolhas de gás aprisionadas. Tanto os materiais termoplásticos quanto os termofixos são empregados como espumas; esses incluem o poliuretano, a borracha, o poliestireno e o poli(cloreto de vinila). As espumas são usadas geralmente como almofadas em automóveis e móveis, assim como em embalagens e como isolamento térmico. O processo de formação de uma espuma é conduzido, com frequência, pela incorporação de um agente de insuflação em uma batelada do material, o qual, mediante aquecimento, decompõe-se com a liberação de um gás. Bolhas de gás são geradas em toda a massa fluida, permanecendo no sólido após o resfriamento e originando uma estrutura semelhante à de uma esponja. O mesmo efeito é produzido pela dissolução de um gás inerte em um polímero fundido sob alta pressão. Quando a pressão é reduzida rapidamente, o gás sai da solução e forma bolhas e poros que permanecem no sólido conforme esse é resfriado.

15.19 BIOMATERIAIS POLIMÉRICOS

Os polímeros têm um conjunto de características distintas que os tornam desejáveis para um grande número de aplicações biomédicas, uma vez que eles são química, estrutural e mecanicamente semelhantes à maioria dos tecidos do corpo. Na realidade, das três classes gerais de materiais (metais, cerâmicas e polímeros), os polímeros são os mais comumente usados em aplicações biomédicas.

Os biomateriais poliméricos podem ser divididos em duas classificações principais: *sintéticos* (feitos pelo homem) e *naturais* (derivados de plantas ou animais). Adicionalmente, em relação ao grau de estabilidade no ambiente corporal, eles podem ainda ser classificados como biodegradáveis ou não biodegradáveis. Após o implante, os polímeros biodegradáveis gradualmente se decompõem ou biodegradam e seus constituintes são removidos do corpo como um resultado de processos metabólicos normais. Por outro lado, os polímeros não biodegradáveis (ou bioestáveis) são projetados para serem não reativos com os fluidos e tecidos corporais; qualquer deterioração desses materiais é imperceptivelmente lenta. As características mecânicas e de bioperformance de todos os biomateriais poliméricos dependem da composição química, do peso molecular, da estrutura molecular, da configuração molecular, da presença de aditivos (tipos e concentrações) e, para os copolímeros, do arranjo de sequenciamento dos dois tipos de unidades repetidas.

Os polímeros discutidos até agora neste capítulo são tanto sintéticos quanto não biodegradáveis; portanto, optamos por restringir a nossa discussão a vários biomateriais poliméricos comuns que se enquadram nessas duas classificações.

Polietileno de Ultra-Alto Peso Molecular

O polietileno de ultra-alto peso molecular (um dos materiais poliméricos avançados discutidos na Seção 15.20) é usado em algumas importantes aplicações biomédicas. Quando dotado de ligações cruzadas (quimicamente ou por radiação ionizante), os materiais em PEUAPM (ou UHMWPE — *ultra-high-molecular-weight polyethylene*) são extremamente resistentes ao desgaste e à abrasão, possuem coeficientes de atrito muito baixos, e oferecem superfícies autolubrificantes e não aderentes. Essa combinação de propriedades torna esses materiais especialmente atrativos para superfícies que suportam cargas em implantes ortopédicos — quais sejam, taças acetabulares em próteses da bacia e componentes de próteses do joelho.

Poli(metacrilato de metila)

O poli(metacrilato de metila) e alguns dos seus copolímeros possuem vários atributos de bioperformance desejáveis que incluem dureza, inércia química, biocompatibilidade, transparência ótica (do material puro) e facilidade de síntese e fabricação à temperatura ambiente. O PMMA é altamente transparente (transmissividade de cerca de 92%), tem um índice de refração relativamente alto (1,49), é altamente biocompatível, e ainda é mecanicamente duro (mas também bastante frágil). O PMMA é o principal constituinte do cimento ósseo (para a firme fixação de próteses da bacia e do joelho ao tecido ósseo vivo); além disso, ele também é usado em lentes intraoculares e para lentes de contato rígidas.

Politetrafluoroetileno

O politetrafluoroetileno apresenta um alto grau de estabilidade química no ambiente do corpo como um resultado das suas fortes ligações interatômicas carbono-flúor; adicionalmente, o PTFE não é molhado pela água (é hidrofóbico) e possui um coeficiente de atrito extremamente baixo. Contudo, ele possui um módulo de elasticidade e valores do limite de resistência à tração relativamente baixos,

486 • **Capítulo 15**

além de uma má resistência ao desgaste. As únicas reações inflamatórias com o PTFE resultam de pequenas partículas de desgaste que são geradas a partir das forças de atrito e de abrasão. As aplicações biomédicas típicas para o PTFE incluem enxertos vasculares e próteses de tecidos moles (por exemplo, faciais).

Um tipo de PTFE, usado em muitos dispositivos cardiovasculares (por exemplo, enxertos vasculares e *stents*), é o politetrafluoroetileno expandido, ou e-PTFE. Esse material desenvolve uma estrutura porosa que é introduzida durante a operação de alongamento; o seu nome comercial é Gore-Tex.

Silicones

Os silicones possuem um conjunto diverso de biopropriedades desejáveis e são usados em uma ampla variedade de tipos de aplicações. Dependendo do grau de ligações cruzadas, os silicones podem ser preparados para existir como elastômeros, géis e fluidos. Como elastômeros, eles são altamente biocompatíveis quando em contato com o sangue, são bioduráveis, possuem baixos valores de tensão superficial (isto é, são capazes de molhar as superfícies da maioria dos materiais), possuem altas permeabilidades a drogas e a alguns gases (especialmente oxigênio e vapor d'água), e retêm essas características ao longo de uma ampla faixa de temperaturas. As principais limitações dos elastômeros à base de silicones incluem baixa resistência mecânica e baixa resistência ao rasgamento — características que podem ser melhoradas pela adição de materiais de enchimento. O material de enchimento mais comum é uma sílica amorfa (SiO_2). Adicionalmente, além de elastômeros, os silicones podem ser usados como adesivos, fluidos e resinas.

As bioaplicações dos silicones são muitas e diversas, e incluem as seguintes:

- Membranas permeáveis a gases em lentes de contato para uso prolongado e lentes intraoculares
- Cateteres, drenos e derivações
- Implantes ortopédicos — articulações das mãos e pés
- Implantes estéticos — seios e reconstruções de características faciais (por exemplo, nariz, queixo e orelha)
- Revestimentos para agulhas hipodérmicas, seringas e dispositivos de coleta de sangue
- Administração transdérmica de medicamentos
- Materiais de impressão dentária

Poli(tereftalato de etileno)

A propriedade biomaterial mais notável do poli(tereftalato de etileno) (que tem o nome comercial de Dacron) é a compatibilidade com o sangue — quando em contato com o sangue, o PET não promove coagulação. Ele é usado mais comumente na forma de tecidos tricotados ou entrelaçados em cirurgias vasculares — por exemplo, como enxertos vasculares e anéis de costura em válvulas coronárias artificiais. Outras aplicações incluem suturas, a fixação de implantes, o reparo de hérnias e a reconstrução de ligamentos.

Polipropileno

As propriedades de bioperformance relevantes do polipropileno incluem a baixa reatividade com os tecidos e uma excepcional vida útil em fadiga por flexão. Por outro lado, em alguns ambientes, ele sofre oxidação e pode trincar. A principal bioaplicação para o PP é na forma de suturas não biodegradáveis. Outros usos incluem próteses para as articulações dos dedos e telas cirúrgicas para reparos da parede abdominal.

15.20 MATERIAIS POLIMÉRICOS AVANÇADOS

Diversos novos polímeros com combinações únicas e desejáveis de propriedades foram desenvolvidos ao longo dos últimos anos; muitos desses encontraram nichos em novas tecnologias e/ou substituíram satisfatoriamente outros materiais. Alguns desses novos polímeros são o polietileno de ultra-alto peso molecular, os cristais líquidos poliméricos e os elastômeros termoplásticos. Cada um desses novos polímeros será agora discutido.

Polietileno de Ultra-Alto Peso Molecular

polietileno de ultra-alto peso molecular

O **polietileno de ultra-alto peso molecular** (PEUAPM ou UHMWPE — *Ultra-high-molecular-weight polyethylene*) é um polietileno linear com peso molecular extremamente elevado. Seu $\overline{M}_p$ típico é de aproximadamente 4×10^6 g/mol, que é uma ordem de grandeza maior que o do polietileno de alta densidade. Na forma de fibras, o UHMWPE encontra-se altamente alinhado e tem o nome comercial de Spectra. Algumas das características extraordinárias desse material são as seguintes:

1. Resistência extremamente elevada ao impacto
2. Resistência excepcional ao desgaste e à abrasão
3. Coeficiente de atrito muito baixo
4. Superfície autolubrificante e não aderente
5. Resistência química muito boa aos solventes normalmente encontrados
6. Excelentes propriedades a baixas temperaturas
7. Características excepcionais de amortecimento acústico e de absorção de energia
8. Isolante elétrico e excelentes propriedades dielétricas

No entanto, uma vez que esse material possui temperatura de fusão relativamente baixa, suas propriedades mecânicas diminuem rapidamente com o aumento da temperatura.

Essa combinação não usual de propriedades leva a numerosas e diversas aplicações para esse material, que incluem coletes à prova de balas, capacetes militares compósitos, linhas de pesca, superfícies inferiores de esquis, núcleos de bolas de golfe, superfícies de pistas de boliche e de rinques de patinação no gelo, próteses biomédicas, filtros para sangue, ponteiras de canetas marcadoras, equipamentos para o manuseio de materiais a granel (para carvão, grãos, cimento, cascalho etc.), buchas, rotores de bombas e gaxetas de válvulas.

Cristais Líquidos Poliméricos

cristal líquido polimérico

Os **cristais líquidos poliméricos** (LCP — *liquid crystal polymer*) são um grupo de materiais quimicamente complexos e estruturalmente distintos que possuem propriedades únicas e que são utilizados em diversas aplicações. A discussão da estrutura química desses materiais está além do escopo deste livro. É suficiente dizer que os LCPs são compostos por moléculas estendidas, rígidas e com formato de bastões. Em termos do arranjo molecular, esses materiais não se enquadram em nenhuma classificação convencional para líquidos, materiais amorfos, cristalinos ou semicristalinos, mas podem ser considerados um novo estado da matéria — o estado cristalino líquido, não sendo nem líquidos nem cristalinos. Na condição fundida (ou líquida), enquanto outras moléculas poliméricas estão orientadas aleatoriamente, as moléculas dos LCPs podem ficar alinhadas em configurações altamente ordenadas. No estado sólido, esse alinhamento molecular permanece e, além disso, as moléculas dispõem-se em domínios estruturais com espaçamentos intermoleculares característicos. Uma comparação esquemática entre os cristais líquidos, os polímeros amorfos e os polímeros semicristalinos tanto no estado fundido quanto no estado sólido está ilustrada na Figura 15.20. Existem três tipos de cristais líquidos com base na orientação e no ordenamento posicional — esmético, nemático e colestérico; as distinções entre esses tipos também estão além do escopo desta discussão.

O principal uso dos cristais líquidos poliméricos é em *mostradores de cristal líquido* (LCD — *liquid crystal display*) de relógios digitais, monitores de computador e televisões de tela plana, além de outros mostradores digitais. Aqui são empregados os LCPs do tipo colestérico, os quais, à temperatura ambiente, são líquidos fluidos, transparentes e opticamente anisotrópicos. Os mostradores são compostos por duas lâminas de vidro entre as quais está o material líquido cristalino. A face exterior de cada lâmina de vidro é revestida com um filme transparente e eletricamente condutor; além disso, no interior desse filme, no lado que deve ser visto, são gravados os elementos que formam os

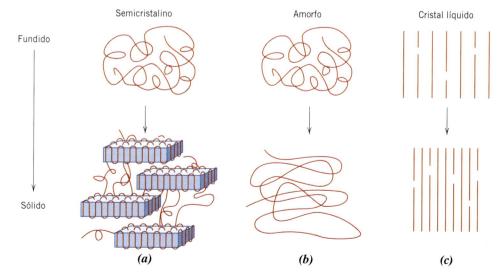

Figura 15.20
Representações esquemáticas das estruturas moleculares tanto no estado fundido quanto no estado sólido para polímeros (*a*) semicristalinos, (*b*) amorfos e (*c*) cristais líquidos.
(Adaptada de CALUNDANN, G. W. e JAFFE, M. "Anisotropic Polymers, Their Synthesis and Properties", Capítulo VII em *Proceedings of the Robert A. Welch Foundation Conferences on Polymer Research*, 26ª Conferência, Synthetic Polymers, Nov. 1982.)

caracteres alfanuméricos. A aplicação de uma voltagem através dos filmes condutores (e dessa forma entre essas duas lâminas de vidro) sobre uma dessas regiões com caracteres leva a um rompimento da orientação das moléculas dos LCPs nessa região, ao escurecimento desse material LCP e, por sua vez, à formação de um caractere visível.

Alguns dos cristais líquidos poliméricos do tipo nemático são sólidos rígidos à temperatura ambiente e, com base em uma combinação excepcional de propriedades e características de processamento, encontraram amplo uso em diversas aplicações comerciais. Por exemplo, esses materiais exibem os seguintes comportamentos:

1. Excelente estabilidade térmica; eles podem ser usados em temperaturas tão elevadas quanto 230°C (450°F).
2. Rigidez e resistência; seus módulos em tração variam entre 10 GPa e 24 GPa ($1,4 \times 10^6$ psi e $3,5 \times 10^6$ psi), e seus limites de resistência à tração estão entre 125 MPa e 255 MPa (18.000 psi e 37.000 psi).
3. Elevada resistência a impactos, que é mantida ao se resfriar o material até temperaturas relativamente baixas.
4. Inércia química frente a uma ampla variedade de ácidos, solventes, alvejantes etc.
5. Resistência inerente a chamas e geração de produtos de combustão que são relativamente atóxicos.

A estabilidade térmica e a inércia química desses materiais são explicadas por forças intermoleculares extremamente altas.

O seguinte pode ser dito a respeito de suas características de processamento e fabricação:

1. Todas as técnicas de processamento convencionais que estão disponíveis para os materiais termoplásticos podem ser empregadas.
2. Contração em volume e empenamento, que ocorrem durante a moldagem, são extremamente pequenos.
3. Excepcional repetitividade dimensional de uma peça para outra.
4. Baixa viscosidade do material fundido, o que permite a moldagem de seções finas e/ou de formas complexas.
5. Baixos calores de fusão; isso resulta em uma fusão rápida e um rápido resfriamento subsequente, o que reduz os tempos dos ciclos de moldagem.
6. As propriedades da peça acabada são anisotrópicas; os efeitos da orientação molecular são produzidos a partir do escoamento do material fundido durante a moldagem.

Esses materiais são empregados extensivamente pela indústria de componentes eletrônicos (dispositivos de interconexão, carcaças de relés e de capacitores, suportes etc.), pela indústria de equipamentos médicos (em componentes que devem ser esterilizados repetidamente) e em fotocopiadoras e componentes de fibras ópticas.

Elastômeros Termoplásticos

elastômero termoplástico

Os **elastômeros termoplásticos** (TPE ou TE — *thermoplastic elastomer*) são um tipo de material polimérico que, nas condições ambientes, exibe comportamento *elastomérico* (ou de borracha), mas que, no entanto, tem natureza termoplástica (Seção 14.9). Para fins de comparação, a maioria dos elastômeros discutidos até o momento é termofixa, uma vez que adquirem ligações cruzadas durante a vulcanização. Entre os diversos tipos de TPEs, um dos mais conhecidos e amplamente utilizados é um copolímero em bloco formado por segmentos de blocos de um termoplástico duro e rígido (em geral, o estireno [S]), que se alterna com segmentos de blocos de um material elástico mole e flexível (com frequência, o butadieno [B] ou o isopreno [I]). Para um TPE comum, os segmentos polimerizados duros estão localizados nas extremidades das cadeias, enquanto cada região central mole consiste em unidades polimerizadas de butadieno ou isopreno. Esses TPEs são frequentemente denominados *copolímeros estirênicos em bloco*, e as estruturas químicas da cadeia para os dois tipos (S-B-S e S-I-S) são mostradas na Figura 15.21.

Na temperatura ambiente, os segmentos centrais (butadieno ou isopreno), que são moles e amorfos, conferem ao material o comportamento elastomérico, semelhante ao de uma borracha. Além disso, em temperaturas abaixo de T_f do componente duro (estireno), os segmentos duros nas extremidades da cadeia de diversas cadeias adjacentes agregam-se para formar regiões rígidas de domínio cristalino. Esses domínios são *ligações cruzadas físicas* que atuam como pontos de fixação ou ancoragem que restringem os movimentos dos segmentos moles das cadeias; eles funcionam de maneira semelhante às *ligações cruzadas químicas* para os elastômeros termofixos. Uma ilustração esquemática para a estrutura desse tipo de TPE é apresentada na Figura 15.22.

O módulo em tração desse material TPE está sujeito a variações; o aumento no número de blocos do componente mole por cadeia leva a uma diminuição no módulo e, portanto, a uma diminuição da rigidez.

Figura 15.21 Representações das estruturas químicas da cadeia para os elastômeros termoplásticos (*a*) estireno-butadieno-estireno (S-B-S) e (*b*) estireno-isopreno-estireno (S-I-S).

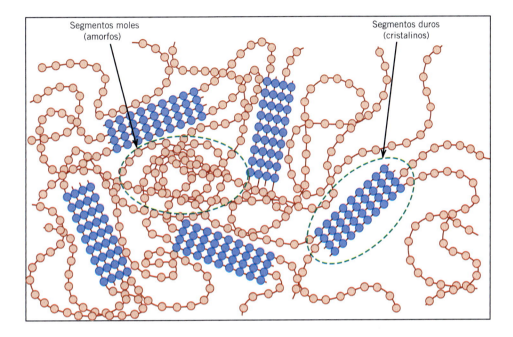

Figura 15.22 Representação esquemática da estrutura molecular para um elastômero termoplástico. Essa estrutura consiste em segmentos centrais na cadeia compostos por unidades repetidas "moles" (isto é, butadieno ou isopreno) e domínios (extremidades de cadeias) "duros" (isto é, estireno), que atuam como ligações cruzadas físicas à temperatura ambiente.

Além disso, a faixa de temperaturas útil encontra-se entre a T_v do componente mole e flexível e a T_f do componente duro e rígido. Para os copolímeros estirênicos em bloco, essa faixa está entre aproximadamente –70°C (–95°F) e 100°C (212°F).

Além dos copolímeros estirênicos em bloco, existem outros tipos de TPEs, incluindo olefinas termoplásticas, copoliésteres, poliuretanas termoplásticas e poliamidas elastoméricas.

A principal vantagem dos TPEs em relação aos elastômeros termofixos é que, no aquecimento acima de T_f da fase dura, eles se fundem (isto é, as ligações cruzadas físicas desaparecem) e, portanto, eles podem ser processados utilizando-se as técnicas convencionais para a conformação de termoplásticos [por exemplo, moldagem por sopro, moldagem por injeção, etc. (Seção 15.23)]; os polímeros termofixos não apresentam fusão e, consequentemente, sua conformação é normalmente mais difícil. Além disso, uma vez que para os elastômeros termoplásticos o processo de fusão-solidificação é reversível e pode ser repetido, as peças em TPE podem ser reconformadas em outras formas. Em outras palavras, eles são recicláveis; os elastômeros termofixos são, em grande parte, não recicláveis. Os refugos gerados durante os procedimentos de conformação também podem ser reciclados, o que resulta em menores custos de produção em comparação aos associados aos elastômeros termofixos. Além disso, no caso dos TPEs, podem ser mantidos controles mais rigorosos sobre as dimensões das peças e os TPEs apresentam menores massas específicas.

Em uma grande variedade de aplicações, os elastômeros termoplásticos substituíram os elastômeros termofixos convencionais. Empregos típicos para os TPEs incluem os acabamentos externos de automóveis (para-choques, abas etc.), os componentes que ficam sob o capô dos automóveis (isolamento e conexões elétricas, juntas e gaxetas), solas e saltos de sapatos, itens esportivos (por exemplo, câmaras de bolas de futebol e de futebol americano), revestimentos protetores e filmes usados como barreiras em medicina, e como componentes em materiais de vedação, calafetagem e adesivos.

490 • **Capítulo 15**

Síntese e Processamento de Polímeros

As grandes macromoléculas dos polímeros comercialmente úteis devem ser sintetizadas a partir de substâncias com moléculas menores, em um processo denominado polimerização. Além disso, as propriedades de um polímero podem ser modificadas e aprimoradas pela inclusão de aditivos. Por fim, uma peça acabada, na forma desejada, deve ser confeccionada durante uma operação de conformação. Essa seção trata dos processos de polimerização e dos vários tipos de aditivos, assim como de procedimentos de conformação específicos.

15.21 POLIMERIZAÇÃO

A síntese dessas grandes moléculas (polímeros) é denominada *polimerização*; ela é simplesmente o processo pelo qual os monômeros são ligados uns aos outros para gerar longas cadeias compostas por unidades repetidas. Na maioria das vezes, as matérias-primas para os polímeros sintéticos são derivadas de produtos originados do carvão, gás natural e petróleo. As reações pelas quais ocorre a polimerização são agrupadas em duas classificações gerais — adição e condensação — de acordo com o mecanismo da reação, como será discutido a seguir.

Polimerização por Adição

polimerização por adição

A **polimerização por adição** (às vezes chamada de *polimerização por reação em cadeia*) é um processo pelo qual as unidades monoméricas são ligadas, uma de cada vez, na forma de uma cadeia, para compor uma macromolécula linear. A composição do produto molecular resultante é um múltiplo exato do monômero reagente original.

Três estágios distintos — iniciação, propagação e terminação — estão envolvidos na polimerização por adição. Durante a etapa de iniciação, um centro ativo capaz de propagação é formado por uma reação entre um iniciador (ou catalisador) e uma unidade monomérica. Esse processo já foi demonstrado para o polietileno na Equação 14.1, que é repetida a seguir:

$$R\cdot + \underset{\overset{|}{H}}{\overset{\overset{H}{|}}{C}} = \underset{\overset{|}{H}}{\overset{\overset{H}{|}}{C}} \longrightarrow R - \underset{\overset{|}{H}}{\overset{\overset{H}{|}}{C}} - \underset{\overset{|}{H}}{\overset{\overset{H}{|}}{C}} \cdot \tag{15.5}$$

R· representa o iniciador ativo, e · é um elétron não emparelhado.

A propagação envolve o crescimento linear da cadeia polimérica pela adição sequencial de unidades do monômero a essa cadeia molecular com crescimento ativo. Isso pode ser representado, novamente para o polietileno, da seguinte maneira:

$$R - \underset{\overset{|}{H}}{\overset{\overset{H}{|}}{C}} - \underset{\overset{|}{H}}{\overset{\overset{H}{|}}{C}} \cdot + \underset{\overset{|}{H}}{\overset{\overset{H}{|}}{C}} = \underset{\overset{|}{H}}{\overset{\overset{H}{|}}{C}} \longrightarrow R - \underset{\overset{|}{H}}{\overset{\overset{H}{|}}{C}} - \underset{\overset{|}{H}}{\overset{\overset{H}{|}}{C}} - \underset{\overset{|}{H}}{\overset{\overset{H}{|}}{C}} - \underset{\overset{|}{H}}{\overset{\overset{H}{|}}{C}} \cdot \tag{15.6}$$

O crescimento da cadeia é relativamente rápido; o período necessário para o crescimento de uma molécula consistindo em, por exemplo, 1000 unidades repetidas, é da ordem de 10^{-2} a 10^{-3} s.

A propagação pode terminar ou acabar de diferentes maneiras. Em primeiro lugar, as extremidades ativas de duas cadeias que se propagam podem ligar-se uma à outra para formar uma molécula, de acordo com a seguinte reação:[6]

$$R \left(\underset{\overset{|}{H}}{\overset{\overset{H}{|}}{C}} - \underset{\overset{|}{H}}{\overset{\overset{H}{|}}{C}} \right)_m \underset{\overset{|}{H}}{\overset{\overset{H}{|}}{C}} - \underset{\overset{|}{H}}{\overset{\overset{H}{|}}{C}} \cdot + \cdot \underset{\overset{|}{H}}{\overset{\overset{H}{|}}{C}} - \underset{\overset{|}{H}}{\overset{\overset{H}{|}}{C}} \left(\underset{\overset{|}{H}}{\overset{\overset{H}{|}}{C}} - \underset{\overset{|}{H}}{\overset{\overset{H}{|}}{C}} \right)_n R \longrightarrow R \left(\underset{\overset{|}{H}}{\overset{\overset{H}{|}}{C}} - \underset{\overset{|}{H}}{\overset{\overset{H}{|}}{C}} \right)_m \underset{\overset{|}{H}}{\overset{\overset{H}{|}}{C}} - \underset{\overset{|}{H}}{\overset{\overset{H}{|}}{C}} - \underset{\overset{|}{H}}{\overset{\overset{H}{|}}{C}} - \underset{\overset{|}{H}}{\overset{\overset{H}{|}}{C}} \left(\underset{\overset{|}{H}}{\overset{\overset{H}{|}}{C}} - \underset{\overset{|}{H}}{\overset{\overset{H}{|}}{C}} \right)_n R \tag{15.7}$$

A outra possibilidade de terminação envolve duas moléculas que estão em crescimento e que reagem para formar duas "cadeias mortas", da seguinte forma:[7]

---

[6]Esse tipo de reação de terminação é conhecido como *combinação*.

[7]Esse tipo de reação de terminação é denominado *desproporcionamento*.

Características, Aplicações e Processamento dos Polímeros • 491

$$R \left(C - C \right)_m C - C \cdot + \cdot C - C \left(C - C \right)_n R \longrightarrow R \left(C - C \right)_m C - C - H + C = C \left(C - C \right)_n R \quad (15.8)$$

encerrando, assim, o crescimento de cada uma das cadeias.

O peso molecular é governado pelas taxas relativas da iniciação, propagação e terminação. Normalmente, elas são controladas para garantir a produção de um polímero com o grau de polimerização desejado.

A polimerização por adição é empregada na síntese do polietileno, polipropileno, poli(cloreto de vinila) e poliestireno, assim como de muitos dos copolímeros.

✔ **Verificação de Conceitos 15.11** Diga se o peso molecular de um polímero sintetizado por polimerização por adição será relativamente alto, médio ou relativamente baixo, para as seguintes situações:

(a) Iniciação rápida, propagação lenta e terminação rápida.

(b) Iniciação lenta, propagação rápida e terminação lenta.

(c) Iniciação rápida, propagação rápida e terminação lenta.

(d) Iniciação lenta, propagação lenta e terminação rápida.

[*A resposta está disponível no GEN-IO, ambiente virtual de aprendizagem do GEN.*]

Polimerização por Condensação

polimerização por condensação

A **polimerização por condensação** (ou *reação em etapas*) consiste na formação de polímeros por reações químicas intermoleculares que ocorrem em etapas, as quais podem envolver mais que uma espécie de monômero. Existe geralmente um subproduto com baixo peso molecular, tal como a água, que é eliminado (ou condensado). Nenhum componente reagente apresenta a fórmula química da unidade repetida, e a reação intermolecular ocorre toda vez que uma unidade repetida é formada. Por exemplo, considere a formação do poliéster poli(tereftalato de etileno) (PET) a partir da reação entre o tereftalato de dimetila e o etilenoglicol para formar uma molécula linear de PET com álcool metílico como subproduto; a reação intermolecular é a seguinte:

Tereftalato de dimetila   Etilenoglicol

$$n \left(H - \underset{H}{\overset{H}{C}} - O - \overset{O}{C} - \bigcirc - \overset{O}{C} - O - \underset{H}{\overset{H}{C}} - H \right) + n \left(HO - \underset{H}{\overset{H}{C}} - \underset{H}{\overset{H}{C}} - OH \right) \longrightarrow$$

(15.9)

$$\left(\underset{H}{\overset{H}{C}} - \underset{H}{\overset{H}{C}} - O - \overset{O}{C} - \bigcirc - \overset{O}{C} - O \right)_n \ + \ 2n \left(H - \underset{H}{\overset{H}{C}} - OH \right)$$

Poli(tereftalato de etileno)   Álcool metílico

Esse processo em etapas repete-se sucessivamente, produzindo uma molécula linear. Os tempos de reação para a polimerização por condensação são geralmente mais longos que para a polimerização por adição.

Na reação de condensação anterior, tanto o etilenoglicol quanto o tereftalato de dimetila são bifuncionais. No entanto, as reações de condensação podem incluir monômeros trifuncionais ou de maior funcionalidade, que são capazes de formar polímeros com ligações cruzadas e em rede. Os poliésteres e os fenóis-formaldeídos termofixos, os náilons e os policarbonatos são produzidos por meio de polimerização por condensação. Alguns polímeros, tais como o náilon, podem ser polimerizados por ambas as técnicas.

492 • **Capítulo 15**

✓ *Verificação de Conceitos 15.12*   O náilon 6,6 pode ser formado por meio de uma reação de polimerização de condensação em que o hexametilenodiamina [NH_2–$(CH_2)_6$–NH_2] e o ácido adípico reagem um com o outro, com a formação de água como um subproduto. Escreva essa reação da mesma maneira que a Equação 15.9. *Nota:* a estrutura do ácido adípico é a seguinte:

$$HO-\overset{\overset{\displaystyle O}{\|}}{C}-\overset{\overset{\displaystyle H}{|}}{\underset{\underset{\displaystyle H}{|}}{C}}-\overset{\overset{\displaystyle H}{|}}{\underset{\underset{\displaystyle H}{|}}{C}}-\overset{\overset{\displaystyle H}{|}}{\underset{\underset{\displaystyle H}{|}}{C}}-\overset{\overset{\displaystyle H}{|}}{\underset{\underset{\displaystyle H}{|}}{C}}-\overset{\overset{\displaystyle O}{\|}}{C}-OH$$

[*A resposta está disponível no GEN-IO, ambiente virtual de aprendizagem do GEN.*]

15.22 ADITIVOS PARA POLÍMEROS

A maioria das propriedades dos polímeros discutidas anteriormente neste capítulo é intrínseca — isto é, elas são características ou fundamentais para o polímero específico. Algumas dessas propriedades estão relacionadas com a estrutura molecular e são controladas por essa estrutura molecular. Muitas vezes, no entanto, é necessário modificar as propriedades mecânicas, químicas e físicas a um nível muito maior do que é possível pela simples alteração dessa estrutura molecular fundamental. Outras substâncias, chamadas de *aditivos*, são introduzidas intencionalmente para melhorar ou modificar muitas dessas propriedades e, portanto, tornar um polímero mais útil. Os aditivos típicos incluem materiais de carga, plastificantes, estabilizadores, corantes e retardantes de chama.

Cargas

carga

Na maioria das vezes, **cargas** são adicionadas aos polímeros para melhorar os limites de resistência à tração e à compressão, a resistência à abrasão, a tenacidade, as estabilidades dimensional e térmica, e outras propriedades. Os materiais empregados como cargas particuladas incluem pó de madeira (serragem finamente moída), pó e areia de sílica, vidro, argila, talco, calcário e mesmo alguns polímeros sintéticos. Os tamanhos das partículas variam desde 10 nm até dimensões macroscópicas. Os polímeros que contêm cargas também podem ser classificados como materiais compósitos, os quais são discutidos no Capítulo 16. Com frequência, as cargas são materiais baratos que substituem parte do volume do polímero, que é mais caro, reduzindo o custo do produto final.

Plastificantes

plastificante

A flexibilidade, a ductilidade e a tenacidade dos polímeros podem ser melhoradas com o auxílio de aditivos chamados **plastificantes**. Sua presença também produz reduções na dureza e na rigidez. Os plastificantes são, em geral, líquidos com baixas pressões de vapor e baixos pesos moleculares. As pequenas moléculas dos plastificantes ocupam posições entre as grandes cadeias poliméricas, aumentando efetivamente a distância entre as cadeias, com uma consequente redução nas ligações intermoleculares secundárias. Os plastificantes são usados comumente em polímeros que são intrinsecamente frágeis à temperatura ambiente, tais como o poli(cloreto de vinila) e alguns copolímeros à base de acetato. O plastificante reduz a temperatura de transição vítrea, de modo que em condições ambientes os polímeros podem ser usados em aplicações que requerem certo grau de flexibilidade e ductilidade. Essas aplicações incluem lâminas finas ou filmes, tubos, capas de chuva e cortinas.

✓ *Verificação de Conceitos 15.13*

(a) Por que a pressão de vapor de um plastificante deve ser relativamente baixa?

(b) Como a cristalinidade de um polímero será afetada pela adição de um plastificante? Por quê?

(c) Como a adição de um plastificante influencia o limite de resistência à tração de um polímero? Por quê?

[*A resposta está disponível no GEN-IO, ambiente virtual de aprendizagem do GEN.*]

Características, Aplicações e Processamento dos Polímeros • **493**

Estabilizantes

estabilizante

Alguns materiais poliméricos, sob condições ambientais normais, estão sujeitos a uma rápida deterioração, geralmente em termos de sua integridade mecânica. Os aditivos que atuam contra esses processos de deterioração são chamados **estabilizantes**.

Uma forma comum de deterioração resulta da exposição à luz [em particular, à radiação ultravioleta (UV)]. A radiação ultravioleta interage com algumas das ligações covalentes ao longo das cadeias moleculares, causando seu rompimento, o que pode resultar também na formação de algumas ligações cruzadas. Existem dois enfoques principais em relação à estabilização da radiação UV. O primeiro consiste em adicionar um material que absorve UV, com frequência como uma fina camada sobre a superfície. Essa camada atua essencialmente como uma barreira de proteção solar e bloqueia a radiação UV antes que ela possa penetrar no polímero e danificá-lo. O segundo enfoque consiste em adicionar materiais que reagem com as ligações que são quebradas pela radiação UV, antes que elas possam participar em outras reações que levem o polímero a danos adicionais.

Outro tipo importante de deterioração é a oxidação (Seção 17.12). Ela é uma consequência da interação química entre o oxigênio [tanto como oxigênio diatômico (O_2) quanto ozônio (O_3)] e as moléculas do polímero. Os estabilizantes que protegem contra a oxidação consomem o oxigênio antes dele atingir o polímero e/ou previnem a ocorrência de reações de oxidação que causariam danos adicionais ao material.

Corantes

corante

Os **corantes** conferem uma cor específica a um polímero; eles podem ser adicionados na forma de matizes ou pigmentos. As moléculas de matiz, na realidade, dissolvem-se no polímero. Os pigmentos são cargas que não se dissolvem, mas que permanecem como uma fase distinta; normalmente, eles têm um pequeno tamanho de partícula e um índice de refração próximo àquele do polímero ao qual são adicionados. Outros pigmentos podem conferir opacidade, assim como cor, ao polímero.

Retardantes de Chama

retardante de chama

A flamabilidade dos materiais poliméricos é uma preocupação importante, principalmente na fabricação de produtos têxteis e de brinquedos infantis. A maioria dos polímeros é inflamável na sua forma pura; as exceções incluem aqueles com teores elevados de cloro e/ou flúor, tais como o poli(cloreto de vinila) e o politetrafluoroetileno. A resistência ao fogo dos demais polímeros combustíveis pode ser melhorada por aditivos chamados **retardantes de chama**. Esses retardantes podem funcionar interferindo com o processo de combustão através da fase gasosa ou pela iniciação de uma reação de combustão diferente que gera menos calor, reduzindo, dessa forma, a temperatura; isso causa uma desaceleração ou a interrupção da queima.

15.23 TÉCNICAS DE CONFORMAÇÃO PARA PLÁSTICOS

Uma grande variedade de diferentes técnicas é empregada na conformação dos materiais poliméricos. O método usado para um polímero específico depende de diversos fatores: (1) se o material é termoplástico ou termofixo; (2) se ele for termoplástico, da temperatura na qual ele amolece; (3) a estabilidade atmosférica do material que está sendo conformado; e (4) a geometria e o tamanho do produto acabado. Existem inúmeras semelhanças entre algumas dessas técnicas e aquelas utilizadas para a fabricação de metais e cerâmicas.

A fabricação de materiais poliméricos ocorre normalmente em temperaturas elevadas e, com frequência, com a aplicação de pressão. Os termoplásticos são conformados acima de suas temperaturas de transição vítrea, se forem amorfos, ou acima de suas temperaturas de fusão, se forem semicristalinos. Uma pressão aplicada deve ser mantida enquanto a peça é resfriada, para que o item conformado retenha a sua forma. Um benefício econômico significativo de se usar termoplásticos é que eles podem ser reciclados; as peças descartadas de termoplásticos podem ser fundidas novamente e reconformadas em novas formas.

A fabricação de polímeros termofixos é realizada normalmente em dois estágios. Em primeiro lugar, ocorre a preparação de um polímero linear (às vezes chamado de *pré-polímero*) na forma de um líquido com baixo peso molecular. Esse material é convertido no produto final, duro e rígido, durante o segundo estágio, que é normalmente feito em um molde que possui a forma desejada. Esse segundo estágio, denominado *cura*, pode ocorrer durante um aquecimento e/ou pela adição de catalisadores e, frequentemente, sob pressão. Durante a cura, ocorrem alterações químicas e estruturais ao nível molecular: forma-se uma estrutura com ligações cruzadas ou em rede. Após a cura, os polímeros termofixos podem ser removidos de um molde enquanto ainda estão quentes, uma vez que agora possuem estabilidade dimensional. Os termofixos são difíceis de reciclar, não fundem, podem ser usados em temperaturas mais elevadas que os termoplásticos e, com frequência, são quimicamente mais inertes.

moldagem

A **moldagem** é o método mais comum para a conformação de polímeros plásticos. As várias técnicas de moldagem usadas incluem as moldagens por compressão, transferência, sopro, injeção e extrusão. Em cada uma delas, um plástico granulado ou finamente peletizado é forçado, em uma temperatura elevada e sob pressão, a escoar para o interior, preencher e assumir a forma da cavidade de um molde.

Moldagem por Compressão e por Transferência

Em uma moldagem por compressão, as quantidades apropriadas de polímero e dos aditivos necessários, completamente misturadas, são colocadas entre os elementos macho e fêmea do molde, como ilustrado na Figura 15.23. Ambas as peças do molde são aquecidas; no entanto, apenas uma delas é móvel. O molde é fechado, e calor e pressão são aplicados, fazendo com que o plástico se torne viscoso e escoe para se conformar à forma do molde. Antes da moldagem, as matérias-primas podem ser misturadas e prensadas a frio, formando um disco, que é chamado de *pré-forma*. O preaquecimento da pré-forma reduz o tempo e a pressão da moldagem, estende o tempo de vida da matriz e produz uma peça acabada mais uniforme. Essa técnica de moldagem aplica-se à fabricação tanto de polímeros termoplásticos quanto termofixos; entretanto, seu uso com termoplásticos demanda maior tempo e é mais cara que as técnicas mais comumente utilizadas de moldagem por extrusão ou injeção, discutidas a seguir.

Na moldagem por transferência — uma variação da moldagem por compressão — as matérias-primas sólidas são, em primeiro lugar, fundidas em uma câmara de transferência aquecida. Conforme o material fundido é injetado no interior da câmara do molde, a pressão é distribuída mais uniformemente sobre todas as superfícies. Esse processo é usado com polímeros termofixos e para peças com geometrias complexas.

Moldagem por Injeção

A moldagem por injeção — o análogo para os polímeros à fundição em matriz para os metais — é a técnica mais amplamente usada para a fabricação de materiais termoplásticos. Uma seção transversal esquemática do equipamento utilizado está ilustrada na Figura 15.24. A quantidade correta de material peletizado é alimentada a partir de uma moega de carregamento para o interior de um cilindro, pelo movimento de um êmbolo ou pistão. Essa carga é empurrada para a frente, para o interior de uma câmara de aquecimento, onde é forçada ao redor de um espalhador, de modo a ter melhor contato com a parede aquecida. Como resultado, o material termoplástico se funde para formar um líquido viscoso. Em seguida, o plástico fundido é impelido, novamente pelo movimento do êmbolo, através de um bico injetor, para o interior da cavidade do molde; a pressão é mantida até que o material moldado tenha solidificado. Por fim, o molde é aberto, a peça é ejetada, o molde é fechado e todo o ciclo é repetido. Provavelmente, a característica mais excepcional dessa técnica seja a velocidade na qual as peças podem ser produzidas. Para os termoplásticos, a solidificação da carga injetada é quase imediata; consequentemente, os tempos de ciclo para esse processo são curtos (comumente da ordem de 10 a 30 s). Os polímeros termofixos também podem ser moldados por injeção; a cura ocorre enquanto o material está sob pressão em um molde aquecido, o que resulta em ciclos com tempos mais longos do que para os termoplásticos. Esse processo é às vezes denominado *moldagem por injeção com reação* (RIM — *reaction injection molding*) e é empregado comumente para materiais como o poliuretano.

Figura 15.23 Diagrama esquemático de um equipamento de moldagem por compressão.
(De BILLMEYER, F. W. Jr. *Textbook of Polymer Science*, 3ª ed. Copyright © 1984 por John Wiley & Sons, Nova York. Reimpressa sob permissão de John Wiley & Sons, Inc.)

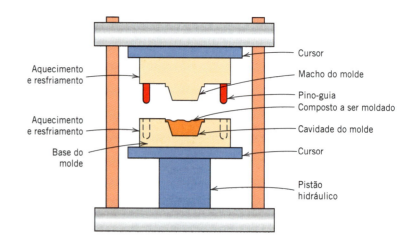

Figura 15.24 Diagrama esquemático de um equipamento de moldagem por injeção. (Adaptada de BILLMEYER, F. W. Jr. *Textbook of Polymer Science*, 2ª ed. Copyright © 1971 por John Wiley & Sons, Nova York. Reimpressa sob permissão de John Wiley & Sons, Inc.)

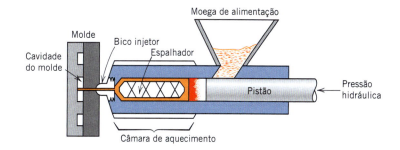

Extrusão

O processo de extrusão consiste na moldagem de um termoplástico viscoso sob pressão através de uma matriz com extremidade aberta, de maneira semelhante à extrusão de metais (Figura 11.9c). Uma rosca ou parafuso sem fim transporta o material peletizado através de uma câmara, onde ele é sucessivamente compactado, fundido e conformado como uma carga contínua de um fluido viscoso (Figura 15.25). A extrusão ocorre conforme essa massa fundida é forçada através de um orifício na matriz. A solidificação do segmento extrudado é acelerada por sopradores de ar, por um borrifo de água ou por um banho. A técnica é especialmente adaptada para produzir segmentos contínuos com seção transversal de geometria constante — por exemplo, barras, tubos, mangueiras, placas e filamentos.

Moldagem por Sopro

O processo de moldagem por sopro para a fabricação de recipientes de plástico é semelhante àquele usado para o sopro de garrafas de vidro, como foi representado na Figura 13.15. Em primeiro lugar, um *parison*, ou um segmento de tubo polimérico, é extrudado. Enquanto ainda está em um estado semifundido, o *parison* é colocado em um molde bipartido que apresenta a configuração desejada para o recipiente. A peça oca é conformada pelo sopro de ar ou de vapor sob pressão no interior do *parison*, forçando as paredes do tubo a se conformarem aos contornos do molde. Tanto a temperatura quanto a viscosidade do *parison* devem ser cuidadosamente reguladas.

Fundição

Da mesma forma que os metais, os materiais poliméricos também podem ser fundidos, como quando um material plástico fundido é vertido no interior de um molde e deixado solidificar. Tanto plásticos termoplásticos quanto termofixos podem ser fundidos. Para os termoplásticos, a solidificação ocorre mediante o resfriamento a partir do estado fundido; entretanto, para os polímeros termofixos, o endurecimento é consequência do verdadeiro processo de polimerização ou cura, que é realizado geralmente em uma temperatura elevada.

15.24 FABRICAÇÃO DE ELASTÔMEROS

As técnicas empregadas na efetiva fabricação de peças de borracha são essencialmente as mesmas já discutidas para os plásticos — isto é, moldagem por compressão, extrusão e assim por diante. Além disso, a maioria dos materiais à base de borracha é vulcanizada (Seção 15.9), e alguns são reforçados com negro de fumo (Seção 16.2).

Figura 15.25 Diagrama esquemático de uma extrusora.

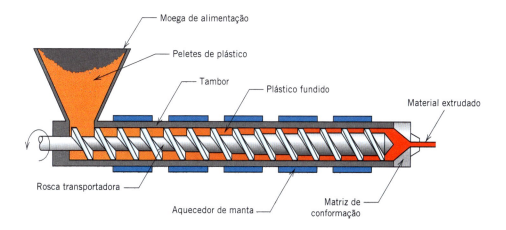

Verificação de Conceitos 15.14   Para um componente de borracha que, na sua forma final, deve estar vulcanizado, a vulcanização deve ser realizada antes ou após a operação de conformação? Por quê? *Sugestão:* pode ser útil consultar a Seção 15.9.

[*A resposta está disponível no GEN-IO, ambiente virtual de aprendizagem do GEN.*]

15.25 FABRICAÇÃO DE FIBRAS E FILMES

Fibras

fiação

O processo pelo qual as fibras são conformadas a partir de um material polimérico bruto é denominado **fiação**. Na maioria das vezes, as fibras são fiadas a partir do estado fundido, em um processo chamado de *fiação a partir do fundido*. O material a ser fiado é primeiro aquecido até formar um líquido relativamente viscoso. Em seguida, esse líquido é bombeado através de uma placa denominada fieira (*spinneret*), que contém numerosos orifícios pequenos e tipicamente redondos. Conforme o material fundido passa através de cada um desses orifícios, uma única fibra é formada, a qual se solidifica rapidamente ao ser resfriada com sopradores de ar ou em um banho de água.

A cristalinidade da fibra fiada depende da sua taxa de resfriamento durante a fiação. A resistência das fibras é melhorada por um processo de pós-conformação chamado *estiramento*, tal como discutido na Seção 15.8. De novo, o estiramento consiste simplesmente no alongamento mecânico permanente de uma fibra na direção do seu eixo. Durante esse processo, as cadeias moleculares tornam-se orientadas na direção do estiramento (Figura 15.13d), tal que o limite de resistência à tração, o módulo de elasticidade e a tenacidade são melhorados. A seção transversal das fibras fiadas a partir do fundido e estiradas é aproximadamente circular, e as propriedades são uniformes ao longo de toda a seção transversal.

Duas outras técnicas que envolvem a produção de fibras a partir de soluções de polímeros dissolvidos são a *fiação a seco* e a *fiação a úmido*. Na fiação a seco, o polímero é dissolvido em um solvente volátil. A solução polímero-solvente é então bombeada através de uma fieira para o interior de uma zona aquecida; ali as fibras solidificam-se conforme o solvente evapora. Na fiação a úmido, as fibras são formadas pela passagem de uma solução polímero-solvente através de uma fieira diretamente para o interior de um segundo solvente, que faz com que a fibra polimérica saia da solução (isto é, precipite). Em ambas as técnicas, primeiro há a formação de uma película sobre a superfície da fibra. Na sequência, ocorre alguma contração, tal que a fibra murcha (como uma passa); isso leva a um perfil de seção transversal muito irregular, que faz com que a fibra se torne mais rígida (isto é, aumenta o módulo de elasticidade).

Filmes

Muitos filmes são simplesmente extrudados através de um fino rasgo em uma matriz; isso pode ser seguido por uma operação de laminação (calandragem) ou de estiramento, que serve para reduzir a espessura e melhorar a resistência. Alternativamente, o filme pode ser soprado: um tubo contínuo é extrudado através de uma matriz anular; em seguida, pela manutenção de uma pressão de gás positiva cuidadosamente controlada no interior do tubo e pelo estiramento do filme na direção axial conforme ele emerge da matriz, o material se expande ao redor dessa bolha de ar aprisionada como se fosse um balão (Figura 15.26). Como resultado, a espessura da parede é continuamente reduzida para produzir um fino filme cilíndrico que pode ser selado na sua extremidade para fazer sacos de lixo, ou que pode ser cortado e tornado plano para compor um filme. Esse procedimento é denominado *processo de estiramento biaxial* e produz filmes resistentes em ambas as direções do estiramento. Alguns dos filmes mais modernos são produzidos por *coextrusão* — isto é, múltiplas camadas de mais de um tipo de polímero são extrudadas simultaneamente.

15.26 IMPRESSÃO 3D DE POLÍMEROS

Muitos materiais poliméricos podem ser fabricados em formas úteis usando técnicas de impressão 3D (manufatura aditiva). O procedimento para a geração de arquivos de programa que fornecem as instruções para a impressora é semelhante àquele que foi descrito na Seção 11.7 (para impressão 3D de metais). Em geral, os polímeros são mais suscetíveis a impressão 3D que os metais e as cerâmicas, uma vez que eles (os polímeros)

Figura 15.26 Diagrama esquemático de um equipamento usado para conformar filmes poliméricos finos.

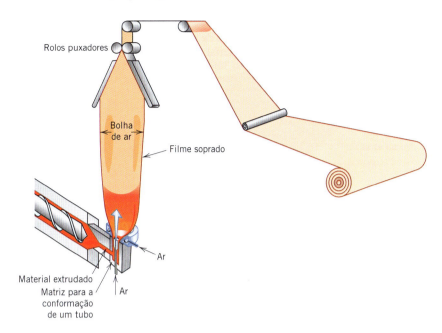

- possuem temperaturas de fusão/amolecimento relativamente baixas
- são relativamente flexíveis e dúcteis
- podem ser fotossensíveis (isto é, polimerizam quando expostos a uma fonte de luz, com frequência radiação ultravioleta)

Várias novas técnicas de impressão 3D são usadas para os materiais poliméricos; vamos descrever quatro das mais comuns — modelagem por deposição de material fundido, estereolitografia, impressão *polyjet* e produção contínua em interface líquida.

Modelagem por Deposição de Material Fundido

A *modelagem por deposição de material fundido* ou *modelagem por fusão e deposição* (FDM — *fused deposition modeling*)[8] foi uma das primeiras técnicas de impressão 3D desenvolvidas para os materiais poliméricos — especificamente para polímeros termoplásticos. Com essa técnica, ilustrada esquematicamente na Figura 15.27, um filamento ou arame do polímero de matéria-prima é alimentado ao bocal ou bico da impressora, que aquece o polímero até acima da sua temperatura de transição vítrea. Cada camada do objeto desejado é formada por extrusão, a partir do bocal, de um fio achatado do polímero fundido; o programa da impressora determina os locais em que o bocal deve "imprimir" ou distribuir o polímero para gerar o padrão exato para cada camada. As camadas adjacentes do polímero semifundido se aderem umas às outras; adicionalmente, o polímero endurece ao ser resfriado.

Para algumas formas complexas, pode ser necessário também imprimir apoios durante o processo de ereção para suportar partes do objeto que pode empenar ou colapsar durante a impressão e enquanto o polímero ainda estiver semifundido. Um polímero diferente (por exemplo, o álcool polivinílico) é impresso para essas estruturas de suporte, o qual é removido, após o processamento, por dissolução em um banho água-detergente.

Os polímeros comuns impressos usando essa técnica de FDM incluem o ácido polilático (PLA), a acrilonitrila-butadieno-estireno (ABS), o poli(tereftalato de etileno) (PET), o náilon, a poliuretana termoplástica (TPU) e o policarbonato (PC). Uma importante aplicação dos polímeros impressos por FDM é como apoios de PLA biodegradáveis para a engenharia de tecidos biomédicos. Outras áreas de aplicação incluem a aeroespacial, empacotamentos medicinais, eletrônica (materiais sensíveis a estática) e na produção de protótipos.

Estereolitografia

A técnica de impressão 3D *estereolitográfica* (SLA) para os polímeros é semelhante ao processo SLA que foi descrito na Seção 13.15 (Figura 13.27) para as cerâmicas — exceto pelo fato de que a resina polimérica não contém uma suspensão de partículas cerâmicas. A mistura de resinas fotossensível é

---

[8]*Fused deposition modeling* e *FDM* são marcas registradas da Stratasys, Inc. O termo genérico é *fabricação por filamentos fundidos* (FFF — *fused filament fabrication*); às vezes essa técnica também é chamada de *impressão por jato plástico* (PJP — *plastic jet printing*).

Figura 16.2 Esquema de classificação para os vários tipos de compósitos discutidos neste capítulo.

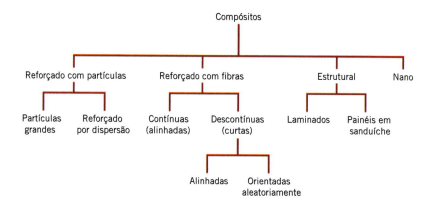

Compósitos Reforçados com Partículas

compósito com partículas grandes

compósito reforçado por dispersão

Como observado na Figura 16.2, os **compósitos com partículas grandes** e os **compósitos reforçados por dispersão** são as duas subclassificações dos compósitos reforçados com partículas. A distinção entre eles se baseia no mecanismo de reforço ou de aumento da resistência. O termo *grande* é usado para indicar que as interações partícula-matriz não podem ser tratadas ao nível atômico ou molecular; em vez disso, a mecânica do contínuo é empregada. Para a maioria desses compósitos, a fase particulada é mais dura e mais rígida que a matriz. Essas partículas de reforço tendem a restringir o movimento da fase matriz na vizinhança de cada partícula. Essencialmente, a matriz transfere parte da tensão aplicada às partículas, as quais suportam uma fração da carga. O grau de reforço ou de melhoria do comportamento mecânico depende de uma ligação forte na interface matriz-partícula.

Para os compósitos reforçados por dispersão, as partículas são, em geral, muito menores, com diâmetros entre 0,01 e 0,1 μm (10 nm e 100 nm). As interações partícula-matriz que levam ao aumento da resistência ocorrem no nível atômico ou molecular. O mecanismo do aumento da resistência é semelhante àquele do endurecimento por precipitação que foi discutido na Seção 11.10. Enquanto a matriz suporta a maior parte de uma carga aplicada, as pequenas partículas dispersas impedem ou dificultam o movimento das discordâncias. Dessa forma, a deformação plástica fica restrita de modo tal que os limites de escoamento e de resistência à tração, assim como a dureza, são melhorados.

16.2 COMPÓSITOS COM PARTÍCULAS GRANDES

Alguns materiais poliméricos aos quais foram adicionadas cargas (Seção 15.22) são, na realidade, compósitos com partículas grandes. Novamente, as cargas modificam ou melhoram as propriedades do material e/ou substituem uma parte do volume do polímero com um material mais barato — a carga.

Outro compósito com partículas grandes conhecido é o concreto, composto por cimento (a matriz), areia e brita (os particulados). O concreto é o tópico de discussão de uma seção posterior.

As partículas podem apresentar grande variedade de geometrias, mas devem ter aproximadamente as mesmas dimensões em todas as direções (equiaxiais). Para que o reforço seja efetivo, as partículas devem ser pequenas e estar distribuídas de forma homogênea ao longo de toda a matriz. Além disso, a fração volumétrica das duas fases influencia o comportamento; as propriedades mecânicas são melhoradas com o aumento do teor de partículas. Para um compósito bifásico, duas expressões matemáticas foram formuladas a fim de representar a dependência do módulo de elasticidade em relação à fração volumétrica das fases constituintes. Essas equações da **regra das misturas** estimam que o módulo de elasticidade deve ficar entre um limite superior representado por

regra das misturas

Para um compósito bifásico, a expressão para o limite superior do módulo de elasticidade

$$E_c(s) = E_m V_m + E_p V_p \qquad (16.1)$$

e um limite inferior

Para um compósito bifásico, a expressão para o limite inferior do módulo de elasticidade

$$E_c(i) = \frac{E_m E_p}{V_m E_p + V_p E_m} \qquad (16.2)$$

Nessas expressões, E e V representam o módulo de elasticidade e a fração volumétrica, respectivamente, enquanto os índices subscritos c, m e p representam, respectivamente, o compósito e as fases

Figura 16.3 Módulo de elasticidade em função da porcentagem volumétrica de tungstênio para um compósito que contém partículas de tungstênio dispersas em uma matriz de cobre. Os limites superior e inferior estão de acordo com as Equações 16.1 e 16.2, respectivamente; pontos experimentais também estão incluídos.
(Reimpressa com permissão de KROCK, R. H. *ASTM Proceedings*, vol. 63, 1963. Copyright ASTM International, 100 Barr Harbor Drive, West Conschohocken, PA 19428.)

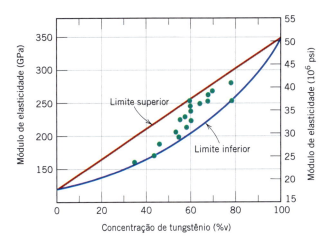

matriz e particulada. A Figura 16.3 mostra as curvas para os limites superior e inferior de E_c em função de V_p para um compósito cobre-tungstênio, no qual o tungstênio é a fase particulada; os pontos experimentais localizam-se entre as duas curvas. Equações análogas às Equações 16.1 e 16.2 para compósitos reforçados com fibras estão desenvolvidas na Seção 16.5.

Compósitos com partículas grandes são utilizados com todos os três tipos de materiais (metais, polímeros e cerâmicas). Os **cermetos** são exemplos de compósitos cerâmica-metal. O cermeto mais comum é o carbeto cimentado, que é composto por partículas extremamente duras de um carbeto cerâmico refratário, tal como o carbeto de tungstênio (WC) ou o carbeto de titânio (TiC), dispersas em uma matriz de um metal, tal como o cobalto ou o níquel. Esses compósitos são empregados extensivamente como ferramentas de corte para aços endurecidos. As duras partículas de carbeto proporcionam a superfície de corte; no entanto, como elas são extremamente frágeis, não são capazes de suportar por si só as tensões de corte. A tenacidade é aumentada pela sua inclusão em uma matriz metálica dúctil, que isola as partículas de carbeto umas das outras e previne a propagação de trincas de partícula para partícula. Tanto a fase matriz quanto a particulada são bastante refratárias, para suportar as altas temperaturas geradas pela ação de corte sobre materiais extremamente duros. Possivelmente, nenhum material individual poderia proporcionar a combinação de propriedades que um cermeto possui. Podem ser empregadas frações volumétricas relativamente grandes da fase particulada, frequentemente superiores a 90%v; dessa forma, a ação abrasiva do compósito é maximizada. Uma fotomicrografia de um carbeto cimentado WC-Co é mostrada na Figura 16.4.

Tanto elastômeros quanto plásticos são frequentemente reforçados com vários materiais particulados. O nosso emprego de muitas das borrachas modernas ficaria drasticamente restrito sem o reforço de materiais particulados, tal como o *negro de fumo*. O negro de fumo consiste em partículas muito

cermeto

Figura 16.4 Fotomicrografia de um carbeto cimentado WC-Co. As áreas claras são a matriz de cobalto; as regiões escuras são as partículas de carbeto de tungstênio. Ampliação de 100×.

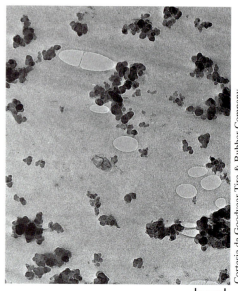

Figura 16.5 Micrografia eletrônica mostrando as partículas esféricas de reforço de negro de fumo em um composto que compõe a face de rolamento de um pneu de borracha sintética. As áreas que lembram marcas d'água consistem em minúsculos bolsões de ar na borracha. Ampliação de 80.000×.

pequenas e essencialmente esféricas de carbono, produzidas pela combustão de gás natural ou óleo em uma atmosfera com limitado suprimento de ar. Quando adicionado à borracha vulcanizada, esse material extremamente barato melhora o limite de resistência à tração, a tenacidade e as resistências ao rasgamento e à abrasão. Os pneus de automóveis contêm de 15% a 30%v de negro de fumo. Para que o negro de fumo proporcione um reforço significativo, o tamanho das partículas deve ser extremamente pequeno, com diâmetros entre 20 nm e 50 nm; além disso, as partículas devem estar distribuídas de forma homogênea por toda a borracha e devem formar uma forte ligação adesiva com a matriz de borracha. O reforço com partículas utilizando outros materiais (por exemplo, a sílica) é muito menos eficaz, pois não existe essa interação especial entre as moléculas de borracha e a superfície das partículas. A Figura 16.5 é uma micrografia eletrônica de uma borracha reforçada com negro de fumo.

Concreto

concreto

O **concreto** é um compósito comum com partículas grandes em que as fases matriz e dispersa são materiais cerâmicos. Já que os termos *concreto* e *cimento* são às vezes incorretamente trocados, torna-se apropriado fazer uma distinção entre eles. Em um sentido amplo, o termo concreto subentende um material compósito que consiste em um agregado de partículas ligadas umas às outras em um corpo sólido por algum tipo de meio de ligação, isto é, um cimento. Os dois tipos de concreto mais conhecidos são aqueles feitos com os cimentos portland e asfáltico, nos quais o agregado é a brita e a areia. O concreto asfáltico é amplamente utilizado, sobretudo como material para pavimentação, enquanto o concreto de cimento portland é largamente empregado como material estrutural de construção. Apenas esse último é tratado nesta discussão.

Concreto de Cimento Portland

Os componentes para esse concreto são o cimento portland, um agregado fino (areia), um agregado grosseiro (brita) e água. O processo pelo qual o cimento portland é produzido e o mecanismo da pega e do endurecimento foram discutidos muito sucintamente na Seção 13.7. As partículas dos agregados atuam como uma carga para reduzir o custo global do concreto produzido, uma vez que elas são baratas, enquanto o cimento é relativamente caro. Para atingir a resistência e a trabalhabilidade ótimas de uma mistura de concreto, os componentes devem ser adicionados nas proporções corretas. Um empacotamento denso do agregado e um bom contato interfacial são obtidos empregando-se partículas com dois tamanhos diferentes; as partículas finas de areia devem preencher os espaços vazios entre as partículas de brita. Normalmente, esses agregados compreendem entre 60% e 80% do volume total. A quantidade da pasta cimento-água deve ser suficiente para cobrir todas as partículas de areia e brita; de outra forma, a ligação de cimentação será incompleta. Além disso, todos os componentes devem ser completamente misturados. Uma ligação completa entre o cimento e as partículas do agregado depende da adição da quantidade correta de água. Muito pouca água leva a uma ligação incompleta, enquanto água demais resulta em uma porosidade excessiva; em ambos os casos, a resistência final é inferior à ótima.

A natureza das partículas de agregado é uma consideração importante. Em particular, a distribuição de tamanhos dos agregados influencia a quantidade da pasta cimento-água necessária. Além disso, as superfícies devem estar limpas e isentas de argila e sedimentos, os quais impedem a formação de uma ligação eficiente na superfície das partículas.

O concreto de cimento portland é um importante material de construção, principalmente porque pode ser vertido no local e porque endurece à temperatura ambiente, até mesmo quando submerso em água. No entanto, como um material estrutural, ele tem algumas limitações e desvantagens. Como a maioria dos materiais cerâmicos, o concreto de cimento portland é relativamente pouco resistente e extremamente frágil; seu limite de resistência à tração é de 10 a 15 vezes menor que sua resistência à compressão. Além disso, as grandes estruturas em concreto podem apresentar consideráveis expansões e contrações térmicas devido a variações na temperatura. A água também penetra nos poros externos, o que pode causar trincas severas em climas frios, como consequência de ciclos de congelamento e descongelamento. A maioria dessas desvantagens pode ser eliminada, ou pelo menos melhorada, por meio de reforços e/ou pela incorporação de aditivos.

Concreto Armado

A resistência do concreto de cimento portland pode ser aumentada por meio de um reforço adicional. Isso é obtido geralmente pelo emprego de vergalhões, arames, barras ou malhas de aço que são inseridos no concreto fresco e não curado. Dessa forma, o reforço torna a estrutura endurecida capaz de suportar maiores tensões de tração, compressão e cisalhamento. Mesmo se houver o desenvolvimento de trincas no concreto, um reforço considerável ainda é mantido.

O aço serve como um material de reforço adequado, pois seu coeficiente de expansão térmica é quase o mesmo do concreto. Além disso, o aço não é corroído rapidamente no ambiente do cimento, e uma ligação adesiva relativamente forte se forma entre ele e o concreto curado. Essa adesão pode ser melhorada pela incorporação de contornos na superfície do elemento de aço, o que permite maior grau de intertravamento mecânico.

O concreto de cimento portland também pode ser reforçado pela mistura, ao concreto fresco, de fibras de um material com alto módulo, tal como vidro, aço, náilon ou polietileno. Deve-se tomar cuidado na utilização desse tipo de reforço, uma vez que alguns materiais fibrosos sofrem rápida deterioração quando expostos ao ambiente do cimento.

Outra técnica de reforço para o aumento da resistência do concreto envolve ainda a introdução de tensões residuais de compressão no elemento estrutural; o material resultante é chamado **concreto protendido**. Esse método usa uma característica das cerâmicas frágeis — o fato de elas serem mais resistentes em compressão que em tração. Dessa forma, para fraturar um elemento de concreto protendido, a magnitude da tensão compressiva pré-introduzida deve ser excedida pela tensão de tração que estiver sendo aplicada.

concreto protendido

Em uma dessas técnicas de protensão, cabos de aço de alta resistência são posicionados dentro dos moldes vazios e são esticados com uma grande força de tração, que é mantida constante. Após o concreto ter sido colocado no molde e endurecido, a tração é liberada. Conforme os cabos se contraem, eles colocam a estrutura em um estado de compressão, pois a tensão é transmitida ao concreto por meio da ligação formada entre o concreto e o cabo.

Outra técnica, na qual as tensões são aplicadas após o concreto ter endurecido, é chamada apropriadamente de *pós-tracionamento*. Chapas metálicas ou tubos de borracha são posicionados dentro e passam através das formas de concreto, ao redor dos quais o concreto é moldado. Após o cimento ter endurecido, cabos de aço são inseridos através dos orifícios resultantes, e aplica-se tração aos cabos por meio de macacos presos e apoiados sobre as faces da estrutura. Novamente, uma tensão compressiva é imposta sobre a peça de concreto, dessa vez pelos macacos. Por fim, os espaços vazios dentro dos tubos são preenchidos com uma argamassa para proteger os cabos contra corrosão.

O concreto que é protendido deve ser de alta qualidade, com uma pequena contração e baixa taxa de fluência. Os concretos protendidos, geralmente pré-fabricados, são comumente empregados em pontes rodoviárias e ferroviárias.

16.3 COMPÓSITOS REFORÇADOS POR DISPERSÃO

Os metais e as ligas metálicas podem ter sua resistência aumentada e ser endurecidos pela dispersão uniforme de diversas porcentagens volumétricas de partículas finas de um material inerte e muito duro. A fase dispersa pode ser metálica ou não metálica; óxidos são usados com frequência. Novamente, o mecanismo de aumento da resistência envolve interações entre as partículas e as discordâncias na matriz, como ocorre no endurecimento por precipitação. O efeito do aumento da resistência por dispersão não é tão pronunciado quanto o do endurecimento por precipitação; entretanto, o aumento da resistência é mantido em temperaturas elevadas e por períodos de tempo prolongados, pois as partículas dispersas são escolhidas para não serem reativas com a fase matriz. Para as ligas endurecidas por precipitação, o aumento na resistência pode desaparecer com um tratamento térmico, como consequência do crescimento do precipitado ou da dissolução da fase precipitada.

A resistência a altas temperaturas das ligas de níquel pode ser melhorada significativamente pela adição de cerca de 3%v de tória (ThO_2) na forma de partículas finamente dispersas; esse material é conhecido como *níquel com tória dispersa* [ou níquel TD (*thoria-dispersed*)]. O mesmo efeito é produzido no sistema alumínio-óxido de alumínio. A formação de um revestimento muito fino e aderente de alumina é provocada sobre a superfície de flocos de alumínio extremamente pequenos (0,1 a 0,2 μm de espessura), os quais são dispersos em uma matriz de alumínio metálico; esse material é denominado *pó de alumínio sinterizado* (SAP — *sintered aluminum powder*).

Verificação de Conceitos 16.1 Cite a diferença geral no mecanismo de aumento da resistência entre os compósitos reforçados com partículas grandes e os reforçados por dispersão.

[*A resposta está disponível no GEN-IO, ambiente virtual de aprendizagem do GEN.*]

Compósitos Reforçados com Fibras

compósito reforçado com fibras
resistência específica
módulo específico

Tecnologicamente, os compósitos mais importantes são aqueles em que a fase dispersa está na forma de uma fibra. Os objetivos de projeto dos **compósitos reforçados com fibras** incluem, com frequência, alta resistência e/ou rigidez em relação ao peso. Essas características são expressas em termos dos parâmetros **resistência específica** e **módulo específico**, que correspondem, respectivamente, às razões entre o limite de resistência à tração e o peso específico, e entre o módulo de elasticidade e o peso específico. Compósitos reforçados com fibras com resistências e módulos específicos excepcionalmente elevados têm sido produzidos empregando materiais de baixa massa específica tanto para a fibra quanto para a matriz.

Como observado na Figura 16.2, os compósitos reforçados com fibras são subclassificados de acordo com o comprimento das fibras. Para os compósitos com fibras curtas, as fibras são demasiadamente curtas para produzir uma melhoria significativa na resistência.

16.4 INFLUÊNCIA DO COMPRIMENTO DA FIBRA

As características mecânicas de um compósito reforçado com fibras não dependem somente das propriedades da fibra, mas também do grau ao qual uma carga aplicada é transmitida para as fibras pela fase matriz. A magnitude da ligação interfacial entre as fases fibra e matriz é importante para a extensão dessa transferência de carga. Sob a aplicação de uma tensão, essa ligação fibra-matriz cessa nas extremidades da fibra, produzindo um padrão de deformação da matriz como o mostrado esquematicamente na Figura 16.6; em outras palavras, não existe nenhuma transmissão de carga pela matriz em cada uma das extremidades da fibra.

Comprimento crítico da fibra — dependência em relação à resistência e ao diâmetro da fibra e à força da ligação fibra-matriz (ou limite de escoamento em cisalhamento da matriz)

Um certo comprimento crítico de fibra é necessário para que haja aumento efetivo na resistência e na rigidez de um material compósito. Esse comprimento crítico l_c depende do diâmetro da fibra d e da sua resistência máxima (ou limite de resistência à tração) σ_f^*, assim como da resistência da ligação fibra-matriz (ou da tensão de escoamento ao cisalhamento da matriz, o que for menor) τ_c, de acordo com

$$l_c = \frac{\sigma_f^* d}{2\tau_c} \qquad (16.3)$$

Para inúmeras combinações matriz-fibra de vidro e matriz-fibra de carbono, esse comprimento crítico é da ordem de 1 mm, o que está entre 20 e 150 vezes o diâmetro da fibra.

Figura 16.6 Padrão de deformação na matriz ao redor de uma fibra que é submetida à aplicação de uma carga de tração.

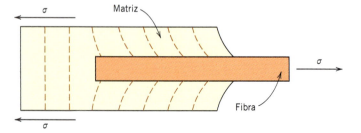

Figura 16.7 Perfis tensão-posição quando o comprimento da fibra *l* é (*a*) igual ao comprimento crítico l_c, (*b*) maior que o comprimento crítico e (*c*) menor que o comprimento crítico, para um compósito reforçado com fibras que está submetido a uma tensão de tração igual ao limite de resistência à tração da fibra σ_f^*.

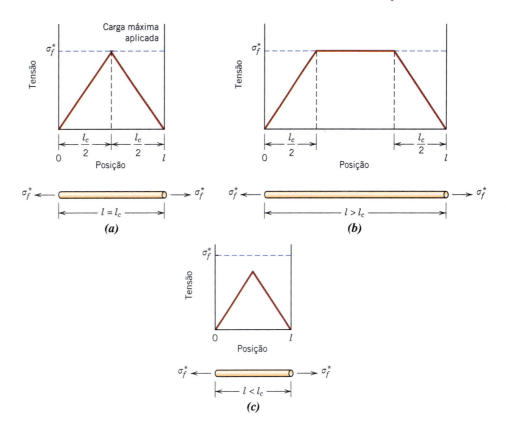

Quando uma tensão igual a σ_f^* é aplicada a uma fibra que possui exatamente esse comprimento crítico, tem-se como resultado o perfil tensão-posição mostrado na Figura 16.7a — isto é, a carga máxima na fibra é atingida somente no ponto central do eixo da fibra. Conforme o comprimento da fibra *l* aumenta, o reforço proporcionado pela fibra torna-se mais efetivo; isso é demonstrado na Figura 16.7b, que representa um perfil da tensão em função da posição axial para $l > l_c$ quando a tensão aplicada é igual à resistência da fibra. A Figura 16.7c mostra o perfil tensão-posição quando $l < l_c$.

As fibras para as quais $l \gg l_c$ (normalmente $l > 15l_c$) são denominadas *contínuas*; as *fibras descontínuas* ou *curtas* têm comprimentos menores que este. Para as fibras descontínuas com comprimentos significativamente menores que l_c, a matriz deforma-se ao redor da fibra tal que virtualmente não existe nenhuma transferência de tensão, e há apenas um pequeno reforço devido à fibra. Esses são, essencialmente, os compósitos particulados, como descritos antes. Para haver melhoria significativa na resistência do compósito, as fibras devem ser contínuas.

16.5 INFLUÊNCIA DA ORIENTAÇÃO E DA CONCENTRAÇÃO DAS FIBRAS

O arranjo ou a orientação das fibras umas em relação às outras, a concentração das fibras e sua distribuição apresentam uma influência significativa sobre a resistência e outras propriedades dos compósitos reforçados com fibras. Em relação à orientação, são possíveis dois extremos: (1) um alinhamento paralelo do eixo longitudinal das fibras em uma única direção e (2) um alinhamento totalmente aleatório. Normalmente, as fibras contínuas estão alinhadas (Figura 16.8a), enquanto as fibras descontínuas podem estar alinhadas (Figura 16.8b), orientadas aleatoriamente (Figura 16.8c) ou parcialmente orientadas. As melhores propriedades gerais dos compósitos são obtidas quando a distribuição das fibras é uniforme.

Compósitos com Fibras Contínuas e Alinhadas

Comportamento Tensão-Deformação em Tração — Carregamento Longitudinal

As respostas mecânicas desse tipo de compósito dependem de vários fatores, incluindo os comportamentos tensão-deformação das fases fibra e matriz, as frações volumétricas das fases e a direção na qual a tensão ou carga é aplicada. Além disso, as propriedades de um compósito cujas fibras estão alinhadas são altamente anisotrópicas, ou seja, dependem da direção na qual são medidas. Vamos primeiro considerar o comportamento tensão-deformação para a situação na qual a tensão é aplicada ao longo da direção do alinhamento, a **direção longitudinal**, que está indicada na Figura 16.8a.

direção longitudinal

Figura 16.8 Representações esquemáticas de compósitos reforçados com fibras (*a*) contínuas e alinhadas, (*b*) descontínuas e alinhadas e (*c*) descontínuas e orientadas aleatoriamente.

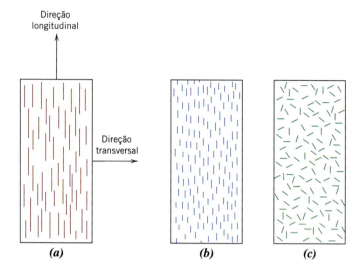

Para começar, considere os comportamentos tensão em função da deformação para as fases fibra e matriz, representados esquematicamente na Figura 16.9*a*; nesse tratamento, vamos considerar que a fibra seja totalmente frágil e que a fase matriz seja razoavelmente dúctil. Também estão indicadas nessa figura as resistências à fratura em tração para a fibra e a matriz, σ_f^* e σ_m^*, respectivamente, assim como suas correspondentes deformações na fratura, ε_f^* e ε_m^*; além disso, considera-se que $\varepsilon_m^* > \varepsilon_f^*$, o que normalmente é o caso.

Um compósito reforçado com fibras formado por esses materiais de fibra e matriz exibe a resposta tensão-deformação uniaxial ilustrada na Figura 16.9*b*; os comportamentos da fibra e da matriz mostrados na Figura 16.9*a* estão incluídos para dar perspectiva. Na região inicial, Estágio I, tanto a fibra quanto a matriz deformam-se elasticamente; em geral, essa parte da curva é linear. Tipicamente, para um compósito desse tipo, a matriz escoa e deforma-se plasticamente (em ε_{lm}, Figura 16.9*b*), enquanto as fibras continuam a se alongar elasticamente, uma vez que o limite de resistência à tração das fibras é significativamente maior que o limite de escoamento da matriz. Esse processo constitui o Estágio II, como indicado na figura; esse estágio está normalmente muito próximo da linearidade, porém com uma inclinação reduzida em comparação ao Estágio I. Ao passar do Estágio I para o Estágio II, a proporção da carga aplicada suportada pelas fibras aumenta.

O início da falha do compósito tem início conforme as fibras começam a fraturar, o que corresponde a uma deformação de aproximadamente ε_f^*, como assinalado na Figura 16.9*b*. A falha de um compósito não é catastrófica por duas razões. Em primeiro lugar, nem todas as fibras fraturam ao

Figura 16.9 (*a*) Curvas tensão-deformação esquemáticas para materiais com uma fibra frágil e uma matriz dúctil. As tensões e deformações na fratura para ambos os materiais estão assinaladas. (*b*) Curva tensão-deformação esquemática para um compósito reforçado com fibras alinhadas exposto a uma tensão uniaxial aplicada na direção do alinhamento; as curvas para os materiais da fibra e da matriz mostradas na parte (*a*) também estão superpostas.

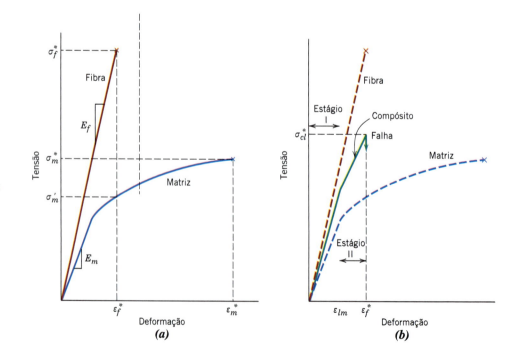

mesmo tempo, uma vez que sempre haverá uma variação considerável na resistência à fratura dos materiais fibrosos frágeis (Seção 12.8). Além disso, mesmo após a falha da fibra, a matriz ainda está intacta, já que $\varepsilon_f^* < \varepsilon_m^*$ (Figura 16.9a). Dessa forma, essas fibras fraturadas, que são mais curtas que as fibras originais, ainda estão envolvidas pela matriz intacta e, consequentemente, são capazes de suportar uma carga reduzida enquanto a matriz continua a deformar-se plasticamente.

Comportamento Elástico — Carregamento Longitudinal

Consideremos agora o comportamento elástico de um compósito com fibras contínuas e orientadas que é carregado na direção do alinhamento das fibras. Em primeiro lugar, presume-se que a ligação interfacial entre a fibra e a matriz é muito boa, tal que a deformação tanto da matriz quanto das fibras é a mesma (uma condição de *isodeformação*). Sob essas condições, a carga total suportada pelo compósito F_c é igual à soma das cargas suportadas pelas fases matriz F_m e fibra F_f, ou

$$F_c = F_m + F_f \tag{16.4}$$

A partir da definição de tensão, Equação 6.1, $F = \sigma A$; dessa forma, é possível desenvolver expressões para F_c, F_m e F_f em termos de suas respectivas tensões (σ_c, σ_m e σ_f) e áreas de seção transversal (A_c, A_m e A_f). A substituição dessas expressões na Equação 16.4 fornece

$$\sigma_c A_c = \sigma_m A_m + \sigma_f A_f \tag{16.5}$$

Dividindo todos os termos pela área total de seção transversal do compósito, A_c, temos

$$\sigma_c = \sigma_m \frac{A_m}{A_c} + \sigma_f \frac{A_f}{A_c} \tag{16.6}$$

em que A_m/A_c e A_f/A_c são as frações de área para as fases matriz e fibra, respectivamente. Se os comprimentos do compósito e das fases matriz e fibra forem todos iguais, A_m/A_c é equivalente à fração volumétrica da matriz, V_m, e de maneira análoga para as fibras, $V_f = A_f/A_c$. A Equação 16.6 torna-se então

$$\sigma_c = \sigma_m V_m + \sigma_f V_f \tag{16.7}$$

A hipótese anterior de um estado de isodeformação significa que

$$\varepsilon_c = \varepsilon_m = \varepsilon_f \tag{16.8}$$

e, quando cada termo na Equação 16.7 é dividido por sua respectiva deformação,

$$\frac{\sigma_c}{\varepsilon_c} = \frac{\sigma_m}{\varepsilon_m} V_m + \frac{\sigma_f}{\varepsilon_f} V_f \tag{16.9}$$

Além disso, se as deformações do compósito, da matriz e da fibra forem todas elásticas, então $\sigma_c/\varepsilon_c = E_c$, $\sigma_m/\varepsilon_m = E_m$ e $\sigma_f/\varepsilon_f = E_f$, em que E representa os módulos de elasticidade para as respectivas fases. A substituição na Equação 16.9 fornece uma expressão para o módulo de elasticidade de um compósito com fibras contínuas e alinhadas *na direção do alinhamento* (ou *direção longitudinal*), E_{cl}, como,

Para um compósito reforçado com fibras contínuas e alinhadas, o módulo de elasticidade na direção longitudinal

$$E_{cl} = E_m V_m + E_f V_f \tag{16.10a}$$

ou

$$E_{cl} = E_m(1 - V_f) + E_f V_f \tag{16.10b}$$

uma vez que o compósito compreende apenas as fases matriz e fibra; ou seja, $V_m + V_f = 1$.

Dessa forma, E_{cl} é igual à média ponderada pela fração volumétrica dos módulos de elasticidade das fases fibra e matriz. Outras propriedades, incluindo a massa específica, também apresentam essa dependência em relação às frações volumétricas. A Equação 16.10a para os compósitos reforçados

514 • **Capítulo 16**

com fibras é análoga à Equação 16.1, ou seja, ao limite superior para os compósitos reforçados com partículas.

Também pode ser mostrado que, para um carregamento longitudinal, a razão entre a carga suportada pelas fibras e a carga suportada pela matriz é

Razão entre a carga suportada pelas fibras e a carga suportada pela fase matriz em um carregamento longitudinal

$$\frac{F_f}{F_m} = \frac{E_f V_f}{E_m V_m} \tag{16.11}$$

Essa demonstração é deixada como um problema para o aluno resolver.

PROBLEMA-EXEMPLO 16.1

Determinações das Propriedades para um Compósito Reforçado com Fibras de Vidro — Direção Longitudinal

Um compósito reforçado com fibras de vidro contínuas e alinhadas consiste em 40%v de fibras de vidro com um módulo de elasticidade de 69 GPa (10×10^6 psi) e 60%v de uma resina poliéster que, quando endurecida, exibe um módulo de 3,4 GPa ($0,5 \times 10^6$ psi).

(a) Calcule o módulo de elasticidade desse compósito na direção longitudinal.

(b) Se a área de seção transversal é de 250 mm² (0,4 in²) e se uma tensão de 50 MPa (7250 psi) é aplicada nessa direção longitudinal, calcule a magnitude da carga suportada por cada uma das fases, a fibra e a matriz.

(c) Determine a deformação suportada por cada fase quando a tensão no item (b) é aplicada.

Solução

(a) O módulo de elasticidade do compósito é calculado usando a Equação 16.10a:

$$E_{cl} = (3,4\ \text{GPa})(0,6) + (69\ \text{GPa})(0,4)$$
$$= 30\ \text{GPa}\ (4,3 \times 10^6\ \text{psi})$$

(b) Para resolver essa parte do problema, deve-se, em primeiro lugar, determinar a razão entre a carga na fibra e a carga na matriz, utilizando a Equação 16.11; dessa forma,

$$\frac{F_f}{F_m} = \frac{(69\ \text{GPa})(0,4)}{(3,4\ \text{GPa})(0,6)} = 13,5$$

ou $F_f = 13,5\ F_m$.

Além disso, a força total suportada pelo compósito, F_c, pode ser calculada a partir da tensão aplicada σ e da área total da seção transversal do compósito A_c, de acordo com

$$F_c = A_c \sigma = (250\ \text{mm}^2)(50\ \text{MPa}) = 12.500\ \text{N}\ (2900\ \text{lb}_f)$$

No entanto, essa carga total é simplesmente a soma das cargas suportadas pelas fases fibra e matriz; ou seja,

$$F_c = F_f + F_m = 12.500\ \text{N}\ (2900\ \text{lb}_f)$$

A substituição de F_f na equação anterior fornece

$$13,5\ F_m + F_m = 12.500\ \text{N}$$

ou

$$F_m = 860\ \text{N}\ (200\ \text{lb}_f)$$

enquanto

$$F_f = F_c - F_m = 12.500\ \text{N} - 860\ \text{N} = 11.640\ \text{N}\ (2700\ \text{lb}_f)$$

Dessa forma, a fase fibra suporta a maior parte da carga aplicada.

Compósitos • **515**

(c) As tensões tanto para a fase fibra quanto para a fase matriz devem ser calculadas em primeiro lugar. Então, utilizando o módulo de elasticidade para cada fase [obtido no item (a)], os valores para a deformação podem ser determinados.

Para os cálculos da tensão, são necessárias as áreas das seções transversais das fases:

$$A_m = V_m A_c = (0,6)(250 \text{ mm}^2) = 150 \text{ mm}^2 \ (0,24 \text{ in}^2)$$

e

$$A_f = V_f A_c = (0,4)(250 \text{ mm}^2) = 100 \text{ mm}^2 \ (0,16 \text{ in}^2)$$

Dessa forma,

$$\sigma_m = \frac{F_m}{A_m} = \frac{860 \text{ N}}{150 \text{ mm}^2} = 5,73 \text{ MPa} \ (833 \text{ psi})$$

$$\sigma_f = \frac{F_f}{A_f} = \frac{11.640 \text{ N}}{100 \text{ mm}^2} = 116,4 \text{ MPa} \ (16.875 \text{ psi})$$

Por fim, as deformações são calculadas de acordo com

$$\varepsilon_m = \frac{\sigma_m}{E_m} = \frac{5,73 \text{ MPa}}{3,4 \times 10^3 \text{ MPa}} = 1,69 \times 10^{-3}$$

$$\varepsilon_f = \frac{\sigma_f}{E_f} = \frac{116.4 \text{ MPa}}{69 \times 10^3 \text{ MPa}} = 1,69 \times 10^{-3}$$

Portanto, as deformações para as fases matriz e fibra são idênticas, como deveriam ser, de acordo com a Equação 16.8 no desenvolvimento anterior.

Comportamento Elástico — Carregamento Transversal

direção transversal Um compósito com fibras contínuas e orientadas pode ser carregado na **direção transversal**; isto é, a carga é aplicada em um ângulo de 90° em relação à direção do alinhamento das fibras, como mostra a Figura 16.8a. Para essa situação, a tensão σ à qual o compósito e ambas as fases estão expostos é a mesma, ou seja,

$$\sigma_c = \sigma_m = \sigma_f = \sigma \tag{16.12}$$

Isso é denominado um estado de *isotensão*. A deformação do compósito como um todo ε_c é

$$\varepsilon_c = \varepsilon_m V_m + \varepsilon_f V_f \tag{16.13}$$

porém, uma vez que $\varepsilon = \sigma/E$,

$$\frac{\sigma}{E_{ct}} = \frac{\sigma}{E_m} V_m + \frac{\sigma}{E_f} V_f \tag{16.14}$$

em que E_{ct} é o módulo de elasticidade na direção transversal. Agora, dividindo toda a expressão por σ, tem-se

$$\frac{1}{E_{ct}} = \frac{V_m}{E_m} + \frac{V_f}{E_f} \tag{16.15}$$

que se reduz a

Para um compósito reforçado com fibras contínuas e alinhadas, o módulo de elasticidade na direção transversal

$$E_{ct} = \frac{E_m E_f}{V_m E_f + V_f E_m} = \frac{E_m E_f}{(1 - V_f)E_f + V_f E_m} \tag{16.16}$$

A Equação 16.16 é análoga à expressão para o limite inferior para os compósitos particulados, Equação 16.2.

516 · **Capítulo 16**

> ## PROBLEMA-EXEMPLO 16.2
>
> ### Determinação do Módulo de Elasticidade para um Compósito Reforçado com Fibras de Vidro — Direção Transversal
>
> Calcule o módulo de elasticidade do material compósito que foi descrito no Problema-Exemplo 16.1, porém considerando que a tensão seja aplicada perpendicularmente à direção do alinhamento das fibras.
>
> ### Solução
>
> De acordo com a Equação 16.16,
>
> $$E_{ct} = \frac{(3,4 \text{ GPa})(69 \text{ GPa})}{(0,6)(69 \text{ GPa}) + (0,4)(3,4 \text{ GPa})}$$
>
> $$= 5,5 \text{ GPa } (0,81 \times 10^6 \text{ psi})$$
>
> Esse valor para E_{ct} é ligeiramente maior que o da fase matriz, porém, a partir do Problema-Exemplo 16.1a, equivale a somente um quinto do módulo de elasticidade ao longo da direção da fibra (E_{cl}), o que indica o grau de anisotropia dos compósitos com fibras contínuas e orientadas.

Limite de Resistência à Tração Longitudinal

Consideremos agora as características de resistência dos compósitos reforçados com fibras contínuas e alinhadas que são carregados na direção longitudinal. Sob essas circunstâncias, a resistência é tomada normalmente como a tensão máxima na curva tensão-deformação, Figura 16.9b; com frequência, esse ponto corresponde à fratura da fibra e marca o início da falha do compósito. A Tabela 16.1 lista valores típicos para o limite de resistência à tração longitudinal de três compósitos fibrosos comuns. A falha desse tipo de material compósito é um processo relativamente complexo, e vários modos de falha diferentes são possíveis. O modo que ocorre para um compósito específico depende das propriedades das fibras e da matriz, além da natureza e da resistência da ligação interfacial entre a fibra e a matriz.

Se considerarmos que $\varepsilon_f^* < \varepsilon_m^*$ (Figura 16.9a), o que é o caso mais comum, então as fibras falharão antes da matriz. Uma vez que as fibras tenham fraturado, a maior parte da carga que era suportada pelas fibras será então transferida para a matriz. Sendo esse o caso, é possível adaptar a expressão para a tensão nesse tipo de compósito, Equação 16.7, à seguinte expressão para a resistência longitudinal do compósito, σ_{cl}^*:

Para um compósito reforçado com fibras contínuas e alinhadas, a resistência longitudinal em tração

$$\sigma_{cl}^* = \sigma_m'(1 - V_f) + \sigma_f^* V_f \tag{16.17}$$

Aqui, σ_m' é a tensão na matriz na falha da fibra (como está ilustrado na Figura 16.9a) e, como anteriormente, ε_f^* é o limite de resistência à tração da fibra.

Limite de Resistência à Tração Transversal

As resistências dos compósitos com fibras contínuas e unidirecionais são altamente anisotrópicas, e tais compósitos são projetados normalmente para serem carregados ao longo da direção longitudinal, de alta resistência. No entanto, durante as condições de serviço, também podem estar presentes cargas de tração transversais. Sob essas circunstâncias, podem ocorrer falhas prematuras, uma vez que a resistência na direção transversal é, em geral, extremamente baixa — às vezes ela é menor que o limite de resistência à tração da matriz. Dessa forma, o efeito de reforço introduzido pelas fibras é negativo. Os limites de resistência à tração transversais típicos para três compósitos unidirecionais também são apresentados na Tabela 16.1.

Enquanto a resistência longitudinal é dominada pela resistência da fibra, diversos fatores influenciarão significativamente a resistência transversal; esses fatores incluem as propriedades tanto da

Tabela 16.1

Limites de Resistência à Tração Longitudinal e Transversal Típicos para Três Compósitos Reforçados com Fibras Unidirecionais.[a]

Material	*Limite de Resistência à Tração Longitudinal (MPa)*	*Limite de Resistência à Tração Transversal (MPa)*
Vidro-poliéster	700	47–57
Carbono (alto módulo)-epóxi	1000–1900	40–55
Kevlar-epóxi	1200	20

[a]O teor de fibras para cada compósito é de aproximadamente 50%v.

Compósitos · **517**

fibra quanto da matriz, a resistência da ligação fibra-matriz e a presença de vazios. Os métodos que têm sido empregados para melhorar a resistência transversal desses compósitos envolvem geralmente a modificação das propriedades da matriz.

✓ Verificação de Conceitos 16.2

A tabela a seguir lista quatro compósitos hipotéticos reforçados com fibras alinhadas (identificados por A a D), juntamente com suas características. Com base nesses dados, classifique os quatro compósitos em ordem decrescente de resistência na direção longitudinal e depois justifique sua classificação.

Compósito	Tipo de Fibra	Fração Volumétrica das Fibras	Resistência das Fibras (MPa)	Comprimento Médio das Fibras (mm)	Comprimento Crítico (mm)
A	Vidro	0,20	$3,5 \times 10^3$	8	0,70
B	Vidro	0,35	$3,5 \times 10^3$	12	0,75
C	Carbono	0,40	$5,5 \times 10^3$	8	0,40
D	Carbono	0,30	$5,5 \times 10^3$	8	0,50

[*A resposta está disponível no GEN-IO, ambiente virtual de aprendizagem do GEN.*]

Compósitos com Fibras Descontínuas e Alinhadas

Embora a eficiência de reforço seja menor para as fibras descontínuas que para as fibras contínuas, os compósitos com fibras descontínuas e alinhadas (Figura 16.8*b*) estão se tornando cada vez mais importantes no mercado comercial. As fibras de vidro picadas são mais largamente usadas; entretanto, fibras descontínuas de carbono e aramida também são empregadas. Esses compósitos com fibras curtas podem ser produzidos tendo módulos de elasticidade e limites de resistência à tração que se aproximam, respectivamente, a 90% e 50% dos seus análogos com fibras contínuas.

Para um compósito com fibras descontínuas e alinhadas com uma distribuição uniforme das fibras e para o qual $l > l_c$, a resistência longitudinal (σ_{cd}^*) é dada pela relação

> Para um compósito reforçado com fibras descontínuas ($l > l_c$) e alinhadas, a resistência longitudinal em tração

$$\sigma_{cd}^* = \sigma_f^* V_f \left(1 - \frac{l_c}{2l} \right) + \sigma_m'(1 - V_f) \tag{16.18}$$

em que ε_f^* e σ_m' representam, respectivamente, a resistência à fratura da fibra e a tensão na matriz no momento em que o compósito falha (Figura 16.9*a*).

Se o comprimento da fibra for menor que o comprimento crítico ($l < l_c$), então a resistência longitudinal do compósito ($\sigma_{cd'}^*$) é dada por

> Para um compósito reforçado com fibras descontínuas ($l < l_c$) e alinhadas, a resistência longitudinal em tração

$$\sigma_{cd'}^* = \frac{l\tau_c}{d} V_f + \sigma_m'(1 - V_f) \tag{16.19}$$

em que d é o diâmetro da fibra e τ_c é o menor valor entre a resistência da ligação fibra-matriz e o limite de escoamento em cisalhamento da matriz.

Compósitos com Fibras Descontínuas e Orientadas Aleatoriamente

Em geral, quando a orientação da fibra é aleatória, são usadas fibras curtas e descontínuas; um reforço desse tipo é demonstrado esquematicamente na Figura 16.8*c*. Sob essas circunstâncias, pode ser utilizada uma expressão da *regra das misturas* para o módulo de elasticidade semelhante à Equação 16.10a, conforme a seguir:

> Para um compósito reforçado com fibras descontínuas e orientadas aleatoriamente, o módulo de elasticidade

$$E_{cd} = KE_f V_f + E_m V_m \tag{16.20}$$

Nessa expressão, K é um parâmetro de eficiência da fibra que depende de V_f e da razão E_f/E_m. Sua magnitude será menor que a unidade, ficando geralmente na faixa entre 0,1 e 0,6. Desse modo, para

518 • Capítulo 16

Tabela 16.2
Propriedades de Policarbonatos sem Reforço e Reforçados com Fibras de Vidro Orientadas Aleatoriamente

Propriedade	Sem Reforço	Valores para uma Dada Quantidade de Reforço (%v)		
		20	30	40
Gravidade específica	1,19–1.22	1,35	1,43	1,52
Limite de resistência à tração [MPa (Ksi)]	59–62 (8,5–9,0)	110 (16)	131 (19)	159 (23)
Módulo de elasticidade [GPa (10^6 psi)]	2,24–2,345 (0,325–0,340)	5,93 (0,86)	8,62 (1,25)	11,6 (1,68)
Alongamento (%)	90–115	4–6	3–5	3–5
Resistência ao impacto, Izod com entalhe (lb_f/in)	12–16	2,0	2,0	2,5

Fonte: Adaptada de *Materials Engineering's* Materials Selector, copyright © Penton/IPC.

um reforço de fibras aleatórias (da mesma forma como ocorre para as fibras orientadas), o módulo aumenta com o aumento da fração volumétrica da fibra. A Tabela 16.2, que fornece algumas propriedades mecânicas de policarbonatos sem reforço e reforçados com fibras de vidro descontínuas e orientadas aleatoriamente, dá uma ideia da magnitude do reforço que é possível de ser obtido.

Para resumir, então, os compósitos com fibras alinhadas são inerentemente anisotrópicos, tal que a resistência e o reforço máximos são obtidos ao longo da direção do alinhamento (longitudinal). Na direção transversal, o reforço devido às fibras é virtualmente inexistente: a fratura em geral ocorre sob níveis de tensões de tração relativamente baixos. Para outras orientações da tensão, a resistência do compósito fica entre esses dois extremos. A eficiência do reforço devido às fibras para várias situações é apresentada na Tabela 16.3; essa eficiência é tomada como igual à unidade para um compósito com fibras orientadas na direção do alinhamento e igual a zero perpendicularmente à direção do alinhamento.

Quando são impostas tensões multidirecionais em um único plano, frequentemente são usadas camadas com fibras alinhadas unidas umas sobre as outras em diferentes orientações. Esses materiais são denominados *compósitos laminados*, e são discutidos na Seção 16.14.

As aplicações que envolvem tensões totalmente multidirecionais costumam utilizar fibras descontínuas, orientadas aleatoriamente na matriz. A Tabela 16.3 mostra que a eficiência desse reforço é de apenas um quinto da eficiência na direção longitudinal de um compósito com fibras alinhadas; entretanto, as características mecânicas são isotrópicas.

A consideração em relação à orientação e ao comprimento da fibra para um compósito específico depende do nível e da natureza da tensão aplicada, assim como dos custos de fabricação. As taxas de produção para os compósitos com fibras curtas (tanto alinhadas quanto com orientação aleatória) são rápidas, e formas complexas podem ser conformadas, as quais não são possíveis com o reforço com fibras contínuas. Além disso, os custos de fabricação são consideravelmente menores que para as fibras contínuas e alinhadas; as técnicas de fabricação aplicadas aos materiais compósitos com fibras curtas incluem as moldagens por compressão, injeção e extrusão, que são descritas para os polímeros não reforçados na Seção 15.23.

✓ **Verificação de Conceitos 16.3** Cite uma característica desejável e uma característica menos desejável para (1) compósitos reforçados com fibras descontínuas e orientadas e (2) compósitos reforçados com fibras descontínuas e com orientação aleatória.

[*A resposta está disponível no GEN-IO, ambiente virtual de aprendizagem do GEN.*]

Tabela 16.3
Eficiência do Reforço de Compósitos Reforçados com Fibras para Diferentes Orientações das Fibras e em Várias Direções da Aplicação da Tensão

Orientação da Fibra	Direção da Tensão	Eficiência do Reforço
Todas as fibras paralelas	Paralela às fibras	1
	Perpendicular às fibras	0
Fibras distribuídas aleatória e uniformemente em um plano específico	Qualquer direção no plano das fibras	$\frac{3}{8}$
Fibras distribuídas aleatória e uniformemente nas três dimensões no espaço	Qualquer direção	$\frac{1}{5}$

Fonte: H. Krenchel, *Fibre Reinforcement*, Copenhagen: Akademisk Forlag, 1964 [33].

Compósitos • **519**

16.6 A FASE FIBRA

Uma característica importante da maioria dos materiais, especialmente dos frágeis, é a de que uma fibra com pequeno diâmetro é muito mais resistente que o material bruto. Como foi discutido na Seção 12.8, a probabilidade da presença de um defeito superficial crítico capaz de levar à fratura diminui com a redução do volume da amostra, e essa característica é empregada de forma vantajosa nos compósitos reforçados com fibras. Além disso, os materiais usados como fibras de reforço apresentam altos limites de resistência à tração.

whisker

Com base no diâmetro e na natureza, as fibras são agrupadas em três classificações diferentes: *whiskers (filamentos)*, *fibras* e *arames*. **Whiskers** são monocristais muito finos com razões comprimento-diâmetro extremamente grandes. Como consequência de suas pequenas dimensões, eles apresentam alto grau de perfeição cristalina e estão virtualmente livres de defeitos, o que lhes confere resistências excepcionalmente elevadas; eles estão entre os materiais mais resistentes conhecidos. Apesar dessas altas resistências, os *whiskers* não são utilizados como meio de reforço de forma extensiva, pois são extremamente caros. Além disso, é difícil e muitas vezes impraticável incorporar *whiskers* em uma matriz. Os materiais dos quais os *whiskers* são fabricados incluem a grafita, o carbeto de silício, o nitreto de silício e o óxido de alumínio; algumas características mecânicas desses materiais são apresentadas na Tabela 16.4.

Tabela 16.4 Características de Vários Materiais Fibrosos Usados como Reforço

Material	*Gravidade Específica*	*Limite de Resistência à Tração* [GPa (10^6 psi)]	*Resistência Específica* (GPa)	*Módulo de Elasticidade* [GPa (10^6 psi)]	*Módulo Específico* (GPa)
Whiskers					
Grafita	2,2	20 (3)	9,1	700 (100)	318
Nitreto de silício	3,2	5–7 (0,75–1,0)	1,56–2,2	350–380 (50–55)	109–118
Óxido de alumínio	4,0	10–20 (1–3)	2,5–5,0	700–1500 (100–220)	175–375
Carbeto de silício	3,2	20 (3)	6,25	480 (70)	150
Fibras					
Óxido de alumínio	3,95	1,38 (0,2)	0,35	379 (55)	96
Aramida (Kevlar 49)	1,44	3,6–4,1 (0,525–0,600)	2,5–2,85	131 (19)	91
Carbono[a]	1,78–2,15	1,5–4,8 (0,22–0,70)	0,70–2,70	228–724 (32–100)	106–407
Vidro-E	2,58	3,45 (0,5)	1,34	72,5 (10,5)	28,1
Boro	2,57	3,6 (0,52)	1,40	400 (60)	156
Carbeto de silício	3,0	3,9 (0,57)	1,30	400 (60)	133
UHMWPE (Spectra 900)	0.97	2,6 (0,38)	2,68	117 (17)	121
Arames Metálicos					
Aço de alta resistência	7,9	2,39 (0,35)	0,30	210 (30)	26,6
Molibdênio	10,2	2,2 (0,32)	0,22	324 (47)	31,8
Tungstênio	19,3	2,89 (0,42)	0,15	407 (59)	21,1

[a]Como explicado na Seção 13.9, uma vez que essas fibras são compostas tanto pela forma grafítica quanto turbostrática do carbono, o termo *carbono*, em lugar de *grafita*, é usado para identificar essas fibras.

520 • **Capítulo 16**

fibra

Os materiais classificados como **fibras** podem ser tanto policristalinos quanto amorfos e possuem diâmetros pequenos; os materiais fibrosos são geralmente polímeros ou cerâmicas (por exemplo, aramidas poliméricas, vidro, carbono, boro, óxido de alumínio e carbeto de silício). A Tabela 16.4 também apresenta alguns dados para uns poucos materiais usados na forma de fibras.

Os arames finos têm diâmetros relativamente grandes; materiais típicos incluem aço, molibdênio e tungstênio. Os arames são utilizados como um reforço radial de aço nos pneus de automóveis, nas carcaças de foguetes fabricados por enrolamento filamentar e em mangueiras de alta pressão enroladas com arame.

16.7 A FASE MATRIZ

A *fase matriz* dos compósitos fibrosos pode ser metal, polímero ou cerâmica. Em geral, os metais e polímeros são empregados como matrizes, pois é desejável alguma ductilidade; nos compósitos com matriz cerâmica (Seção 16.10), o componente de reforço é adicionado para melhorar a tenacidade à fratura. A discussão nesta seção enfoca as matrizes poliméricas e metálicas.

Nos compósitos reforçados com fibras, a fase matriz tem várias funções. Em primeiro lugar, ela liga as fibras umas às outras e atua como o meio pelo qual uma tensão aplicada externamente é transmitida e distribuída para as fibras; apenas uma proporção muito pequena de uma carga aplicada é suportada pela fase matriz. Além disso, o material da matriz deve ser dúctil. Ainda, o módulo de elasticidade da fibra deve ser muito maior que o da matriz. A segunda função da matriz é proteger as fibras individuais contra danos superficiais decorrentes de abrasão mecânica ou de reações químicas com o ambiente. Tais interações podem introduzir defeitos superficiais capazes de formar trincas, que podem levar a falhas sob baixos níveis de tensão de tração. Por fim, a matriz separa as fibras umas das outras e, em virtude de suas relativas maciez e plasticidade, previne a propagação de trincas frágeis de uma fibra para outra, o que poderia resultar em uma falha catastrófica; em outras palavras, a fase matriz serve como uma barreira à propagação de trincas. Embora algumas fibras individuais falhem, a fratura total do compósito não ocorrerá até que um grande número de fibras adjacentes, uma vez que tenham falhado, formem um aglomerado com dimensões críticas.

É essencial que as forças de ligação adesivas entre a fibra e a matriz sejam grandes para minimizar o arrancamento das fibras. De fato, a resistência da ligação é uma consideração importante na seleção da combinação fibra-matriz. A resistência máxima do compósito depende em grande parte da magnitude dessa ligação; uma ligação adequada é essencial para maximizar a transmissão da tensão de uma matriz de baixa resistência para as fibras mais resistentes.

16.8 COMPÓSITOS COM MATRIZ POLIMÉRICA

compósito com matriz polimérica

Os **compósitos com matriz polimérica** (CMP ou PMC — *polymer-matrix composite*) consistem em uma resina polimérica[2] como a fase matriz, com fibras como o meio de reforço. Esses materiais são usados na maior diversidade de aplicações dos compósitos, assim como nas maiores quantidades, como consequência das suas propriedades à temperatura ambiente, da facilidade de fabricação e do seu custo. Nesta seção, as várias classificações dos PMCs são discutidas de acordo com o tipo de reforço (isto é, vidro, carbono e aramida), juntamente com suas aplicações e as várias resinas poliméricas que são empregadas.

Compósitos Poliméricos Reforçados com Fibras de Vidro (CPRFV ou GFRP — *Glass Fiber-Reinforced Polymer*)

A expressão *fiberglass* ou fibra de vidro identifica simplesmente um compósito que consiste em fibras de vidro, contínuas ou descontínuas, contidas em uma matriz polimérica; esse tipo de compósito é produzido nas maiores quantidades. A composição do vidro mais comumente estirado na forma de fibras (às vezes chamado de Vidro-E) é apresentada na Tabela 13.1; os diâmetros das fibras variam normalmente entre 3 e 20 μm. O vidro é popular como um material de reforço na forma de fibra por várias razões:

1. Ele é estirado com facilidade em fibras de alta resistência a partir do seu estado fundido.
2. Ele é um material facilmente disponível e pode ser fabricado economicamente em um plástico reforçado com vidro, usando uma ampla variedade de técnicas de fabricação de compósitos.
3. Como uma fibra, ele é relativamente resistente e, quando incorporado em uma matriz de plástico, produz um compósito com resistência específica muito alta.

---

[2]O termo *resina* é usado nesse contexto para identificar um plástico de reforço com alto peso molecular.

4. Quando associado a diferentes plásticos, ele possui uma inércia química que torna o compósito útil em inúmeros ambientes corrosivos.

As características superficiais das fibras de vidro são extremamente importantes, pois mesmo diminutos defeitos superficiais podem afetar negativamente as propriedades de tração, como foi discutido na Seção 12.8. Os defeitos superficiais são introduzidos com facilidade pelo atrito ou abrasão da superfície com outro material duro. Além disso, as superfícies de vidro que tenham sido expostas à atmosfera normal, mesmo que por apenas curtos períodos de tempo, apresentam geralmente uma camada superficial enfraquecida que interfere na ligação com a matriz. As fibras, ao acabarem de ser estiradas, são geralmente revestidas durante o estiramento com uma *cobertura*, ou seja, uma fina camada de uma substância que protege a superfície da fibra contra danos e interações indesejáveis com o ambiente. Normalmente, essa cobertura é removida antes da fabricação do compósito, sendo substituída por um *agente de acoplamento* ou de acabamento, que produz uma ligação química entre a fibra e a matriz.

Existem várias limitações para esse grupo de materiais. Apesar de apresentarem resistências elevadas, eles não são muito rígidos e não exibem a rigidez necessária para algumas aplicações (por exemplo, como elementos estruturais para aviões e pontes). A maioria dos materiais em fibra de vidro está limitada a temperaturas de serviço abaixo de 200°C (400°F); em temperaturas mais altas, a maioria dos polímeros começa a escoar ou deteriorar. As temperaturas de serviço podem ser estendidas até aproximadamente 300°C (575°C) pelo uso de sílica fundida de alta pureza para as fibras e polímeros de alta temperatura, tais como as resinas poli-imidas.

Muitas das aplicações em fibras de vidro são conhecidas: carrocerias de automóveis e cascos de barcos, tubulações de plástico, recipientes para armazenamento e pisos industriais. As indústrias de transporte estão utilizando quantidades cada vez maiores de plásticos reforçados com fibras de vidro, em um esforço para reduzir o peso dos veículos e aumentar a eficiência dos combustíveis. Uma gama de novas aplicações está sendo empregada ou está atualmente sob investigação pela indústria automotiva.

Compósitos Poliméricos Reforçados com Fibras de Carbono (CPRFC ou CFRP — *Carbon Fiber-Reinforced Polymer*)

O carbono é uma fibra de alto desempenho, sendo o reforço mais comumente utilizado em compósitos avançados com matriz polimérica (isto é, que não usam fibras de vidro). As razões para tal são as seguintes:

1. As fibras de carbono têm altos módulo específico e resistência específica.
2. Elas retêm seus elevados módulos e resistências à tração mesmo sob temperaturas elevadas; a oxidação em altas temperaturas, no entanto, pode ser um problema.
3. Na temperatura ambiente, as fibras de carbono não são afetadas pela umidade ou por uma grande variedade de solventes, ácidos e bases.
4. Essas fibras exibem uma diversidade de características físicas e mecânicas, o que permite que os compósitos que incorporam essas fibras tenham propriedades especificamente projetadas.
5. Foram desenvolvidos processos de fabricação para as fibras e para os compósitos que são relativamente baratos e de boa relação custo-benefício.

Uma representação esquemática de uma fibra de carbono típica é mostrada na Figura 13.7, onde pode ser observado que a fibra é composta tanto por estruturas grafíticas (ordenadas), quanto turbostráticas (desordenadas).

As técnicas de fabricação para a produção de fibras de carbono são relativamente complexas e não são discutidas aqui. No entanto, três materiais orgânicos precursores diferentes são usados: raiom, poliacrilonitrila (PAN) e piche. A técnica de processamento varia de acordo com o precursor, da mesma forma como variam as características da fibra resultante.

Um sistema de classificação para as fibras de carbono é feito de acordo com seu módulo de tração; com base nesse critério, as quatro classes são as de módulos padrão, intermediário, alto e ultra-alto. Os diâmetros das fibras variam normalmente entre 4 μm e 10 μm; estão disponíveis tanto formas contínuas quanto picadas. Além disso, as fibras de carbono são normalmente revestidas com uma cobertura protetora de epóxi, a qual também melhora a adesão à matriz polimérica.

Atualmente, os compósitos poliméricos reforçados com fibras de carbono estão sendo empregados extensivamente em equipamentos esportivos e de recreação (varas de pescar, tacos de golfe), em carcaças de motores a jato fabricadas por enrolamento filamentar, em vasos de pressão e em componentes estruturais de aeronaves — tanto militares quanto comerciais, com asas fixas e em helicópteros (por exemplo, como componentes da asa, da fuselagem, dos estabilizadores e das empenagens).

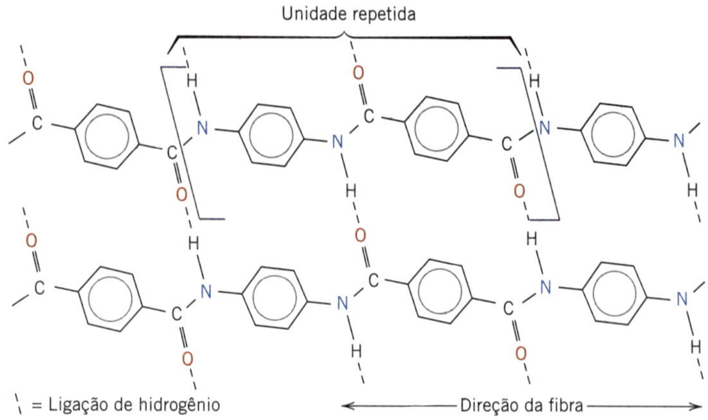

522 • **Capítulo 16**

Figura 16.10 Representação esquemática da unidade repetida e das estruturas das cadeias para as fibras de aramida (Kevlar). O alinhamento das cadeias com a direção das fibras e as ligações de hidrogênio que se formam entre cadeias adjacentes também são mostrados.

Compósitos Poliméricos Reforçados com Fibras de Aramida

As fibras de aramida são materiais de alta resistência e alto módulo que foram introduzidos no início da década de 1970. Elas são especialmente desejáveis devido às suas excepcionais relações resistência-peso, superiores àquelas dos metais. Quimicamente, esse grupo de materiais é conhecido como poli(parafenileno tereftalamida). Existe uma variedade de aramidas; os nomes comerciais para duas das mais comuns são Kevlar e Nomex. Para o primeiro, existem vários tipos (Kevlar 29, 49 e 149) que apresentam diferentes comportamentos mecânicos. Durante a síntese, as moléculas rígidas são alinhadas na direção do eixo das fibras, como domínios de cristais líquidos (Seção 15.20); a unidade repetida e o modo de alinhamento da cadeia estão representados na Figura 16.10. Mecanicamente, essas fibras têm módulos e limites de resistência à tração longitudinais (Tabela 16.4) que são maiores que os de outros materiais poliméricos fibrosos; no entanto, elas são relativamente pouco resistentes em compressão. Além disso, esse material é conhecido por sua tenacidade, resistência ao impacto, e resistências à fluência e à falha por fadiga. Embora as aramidas sejam termoplásticos, elas são, todavia, resistentes à combustão e estáveis até temperaturas relativamente elevadas; a faixa de temperaturas ao longo da qual as aramidas mantêm suas altas propriedades mecânicas está entre –200°C e 200°C (–330°F e 390°F). Quimicamente, elas estão suscetíveis à degradação por ácidos e bases fortes, mas são relativamente inertes em outros solventes e produtos químicos.

As fibras de aramida são utilizadas mais frequentemente em compósitos de matrizes poliméricas; materiais comuns para as matrizes são os epóxis e os poliésteres. Uma vez que as fibras são relativamente flexíveis e um tanto dúcteis, elas podem ser processadas usando-se a maioria das operações têxteis comuns. As aplicações típicas desses compósitos com aramidas são em produtos balísticos (coletes e blindagens à prova de balas, ou de proteção balística), artigos esportivos, pneus, cordas, carcaças de mísseis e vasos de pressão, e como um substituto para o amianto em freios automotivos e em revestimentos de embreagens e gaxetas.

As propriedades de compósitos com matriz epóxi reforçados com fibras contínuas e alinhadas de vidro, carbono e aramida estão incluídas na Tabela 16.5. Dessa forma, é possível comparar as características mecânicas desses três materiais, tanto para a direção longitudinal quanto para a transversal.

Tabela 16.5
Propriedades nas Direções Longitudinal e Transversal de Compósitos de Matriz Epóxi Reforçados com Fibras Contínuas e Alinhadas de Vidro, Carbono e Aramida[a]

Propriedade	*Vidro (Vidro-E)*	*Carbono (Módulo Padrão)*	*Aramida (Kevlar 49)*
Gravidade específica	2,1	1,6	1,4
Módulo de tração			
Longitudinal [GPa (10^6 psi)]	45 (6,5)	145 (21)	76 (11)
Transversal [GPa (10^6 psi)]	12 (1,8)	10 (1,5)	5,5 (0,8)
Limite de resistência à tração			
Longitudinal [MPa (ksi)]	1020 (150)	1520 (220)	1240 (180)
Transversal [MPa (ksi)]	40 (5,8)	41 (6)	30 (4,3)
Deformação no limite de resistência à tração			
Longitudinal	2,3	0,9	1,8
Transversal	0,4	0,4	0,5

[a]Em todos os casos, a fração volumétrica da fibra é de 0,60.

Outras Fibras Empregadas como Reforço

O vidro, o carbono e as aramidas são os reforços fibrosos mais comumente incorporados em matrizes poliméricas. Outros materiais fibrosos usados em muito menor frequência são boro, carbeto de silício e óxido de alumínio; os módulos de tração, limites de resistência à tração, resistências específicas e módulos específicos desses materiais quando na forma de fibras estão incluídos na Tabela 16.4. Os compósitos poliméricos reforçados com fibras de boro têm sido utilizados em componentes de aeronaves militares, nas pás de rotores de helicópteros e em alguns artigos esportivos. As fibras de carbeto de silício e óxido de alumínio são empregadas em raquetes de tênis, placas de circuitos, blindagens militares e ogivas de foguetes.

Matrizes Poliméricas

Os papéis desempenhados pela matriz polimérica estão resumidos na Seção 16.7. Além disso, com frequência é a matriz que determina a temperatura máxima de serviço, uma vez que ela normalmente amolece, funde ou degrada em uma temperatura muito mais baixa que a fibra de reforço.

As resinas poliméricas mais amplamente utilizadas e mais baratas são os poliésteres e os ésteres vinílicos.[3] Essas matrizes são usadas principalmente em compósitos reforçados com fibras de vidro. Um grande número de formulações de resinas proporciona uma ampla variedade de propriedades para esses polímeros. Os epóxis são mais caros e, além de aplicações comerciais, também são empregados extensivamente em PMCs para aplicações aeroespaciais; eles apresentam melhores propriedades mecânicas e maior resistência à umidade que as resinas poliésteres e vinílicas. Para aplicações em temperaturas elevadas, são empregadas resinas poli-imidas; seu limite superior de temperatura para utilização contínua é de aproximadamente 230°C (450°F). Por fim, as resinas termoplásticas para altas temperaturas oferecem potencial para serem usadas em futuras aplicações aeroespaciais; tais materiais incluem a poli(éter-éter-cetona) (PEEK — *polyetheretherketone*), o poli(sulfeto de fenileno) [PPS — *poly(phenylene sulfide)*] e a poli(éter-imida) (PEI — *polyetherimide*).

EXEMPLO DE PROJETO 16.1

Projeto de um Eixo Compósito Tubular

Um eixo compósito tubular deve ser projetado com um diâmetro externo de 70 mm (2,75 in), um diâmetro interno de 50 mm (1,97 in) e um comprimento de 1,0 m (39,4 in), conforme representado esquematicamente na Figura 16.11. A característica mecânica de importância fundamental é a rigidez à flexão em termos do módulo de elasticidade longitudinal; a resistência mecânica e a resistência à fadiga não são parâmetros significativos para essa aplicação quando são empregados compósitos filamentares. A rigidez deve ser especificada como a deflexão máxima admissível em flexão; quando o eixo é submetido a uma flexão em três pontos, como mostrado na Figura 12.30 (isto é, pontos de apoio em ambas as extremidades do tubo e aplicação de carga no ponto longitudinal central), uma carga de 1000 N (225 lb$_f$) deve produzir uma deflexão elástica não superior a 0,35 mm (0,014 in) na posição do ponto central.

Serão usadas fibras contínuas orientadas paralelamente ao eixo do tubo; as possíveis fibras são as de vidro e de carbono nas suas classes de módulo padrão, intermediário e alto. O material da matriz deve ser uma resina epóxi, e a fração volumétrica máxima permitida para a fibra é de 0,60.

Este problema de projeto requer que façamos o seguinte:

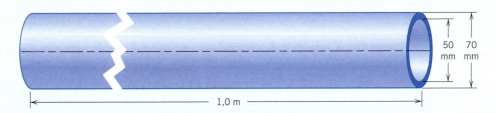

Figura 16.11 Representação esquemática de um eixo compósito tubular, objeto do Exemplo de Projeto 16.1.

---

[3]A estrutura química e as propriedades típicas de alguns dos materiais empregados como matriz discutidos nesta seção estão incluídas nos Apêndices B, D, e E.

Figura 16.16 O empilhamento (diagrama esquemático) em compósitos laminados. (*a*) Unidirecional; (*b*) cruzado; (*c*) camada em ângulo; e (*d*) multidirecional. (Adaptada de *ASM Handbook*, vol. 21, *Composites*, 2001. Reproduzida com permissão de ASM International, Materials Park, OH, 44073.)

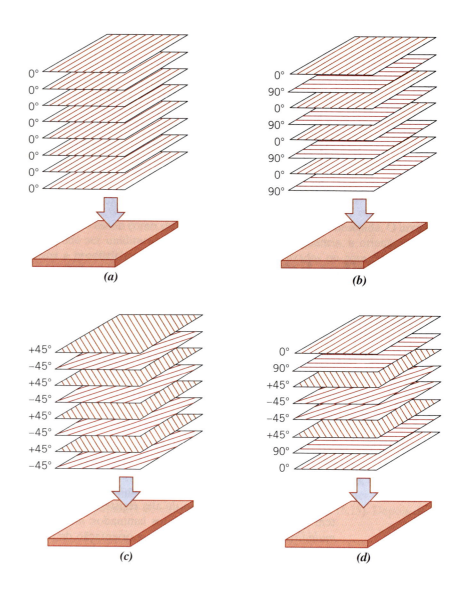

As aplicações que utilizam compósitos laminados são principalmente nos setores de aeronaves, automotivo, marinho e de construção e infraestrutura civil. Aplicações específicas incluem o seguinte: aeronaves — fuselagem, estabilizadores vertical e horizontal, porta do compartimento do trem de aterrissagem, pisos, carenagens e lâminas de rotores de helicópteros; automotivo — painéis de automóveis, carrocerias de carros esportivos e eixos de direção; marinho — cascos de navios, tampas de escotilhas, conveses, quilhas e propulsores; construção e infraestrutura civil — componentes de pontes, estruturas de telhados para grandes vãos, vigas, painéis estruturais, painéis de telhados e tanques.

Os laminados também são usados extensivamente em equipamentos esportivos e recreativos. Por exemplo, o esqui moderno (veja a ilustração na página inicial deste capítulo) consiste em uma estrutura laminada relativamente complexa.

16.15 PAINÉIS-SANDUÍCHE

painel-sanduíche Os **painéis-sanduíche**, considerados como uma classe de compósitos estruturais, são projetados para serem vigas ou painéis de baixo peso, com rigidez e resistência relativamente elevadas. Um painel-sanduíche consiste em duas lâminas externas, ou faces, que estão separadas e unidas por adesivo a um núcleo mais espesso (Figura 16.17). As lâminas externas são feitas de um material relativamente rígido e resistente, tipicamente ligas de alumínio, aço e aço inoxidável, plásticos reforçados com fibras, e madeira compensada; elas suportam as cargas de flexão que são aplicadas sobre o painel. Quando um painel-sanduíche é dobrado, uma face experimenta tensões de compressão, enquanto a outra experimenta tensões de tração.

O material do núcleo é leve e apresenta normalmente um baixo módulo de elasticidade. Estruturalmente, ele serve a várias funções. Em primeiro lugar, ele proporciona um suporte contínuo para as faces e as mantém unidas. Além disso, deve possuir suficiente resistência ao cisalhamento para resistir

Figura 16.17 Diagrama esquemático mostrando a seção transversal de um painel-sanduíche.

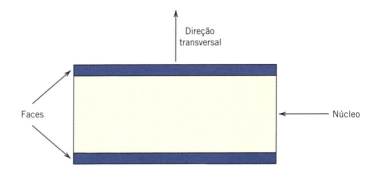

às tensões cisalhantes transversais, e também ser espesso o suficiente para prover alta rigidez cisalhante (para resistir à curvatura do painel). As tensões de tração e de compressão sobre o núcleo são muito menores do que sobre as faces. A rigidez do painel depende principalmente das propriedades do material do núcleo e da espessura do núcleo; a rigidez à flexão aumenta significativamente com o aumento da espessura do núcleo. Além disso, é essencial que as faces estejam fortemente coladas ao núcleo. O painel-sanduíche é um compósito eficiente em termos de custo, pois os materiais do núcleo são mais baratos do que os materiais usados nas faces.

Tipicamente, os materiais do núcleo enquadram-se em três categorias: espumas poliméricas rígidas, madeira e colmeias.

- Tanto polímeros termoplásticos quanto termofixos são usados como espumas rígidas; esses incluem (e estão ordenados em ordem crescente do custo) o poliestireno, fenol-formaldeído (fenólico), poliuretano, poli(cloreto de vinila), polipropileno, poli(éter-imida) e polimetacrilimida.
- A madeira balsa também é comumente usada como um material de núcleo por várias razões: (1) A sua massa específica é extremamente baixa (0,10 a 0,25 g/cm³), a qual, no entanto, é maior que a de alguns dos materiais de núcleo; (2) ela é relativamente barata; e (3) ela possui resistências à compressão e ao cisalhamento relativamente altas.
- Outro tipo de núcleo popular é uma estrutura em "colmeia" — finas folhas que foram moldadas como células interligadas (com formato hexagonal, assim como com outras configurações), com os eixos orientados perpendicularmente aos planos das faces; a Figura 16.18 mostra uma vista em corte de um painel-sanduíche com núcleo hexagonal de colmeia. As propriedades mecânicas das colmeias são anisotrópicas: as resistências à tração e à compressão são maiores em uma direção paralela ao eixo da célula; a resistência ao cisalhamento é maior no plano do painel. A resistência e a rigidez das estruturas em colmeia dependem do tamanho da célula, da espessura da parede da célula e do material a partir do qual é feita a colmeia. As estruturas em colmeia também possuem excelentes características de amortecimento do som e de vibrações, devido à alta fração volumétrica de espaços vazios no interior de cada célula. As colmeias são fabricadas a partir de lâminas delgadas. Os materiais usados para essas estruturas de núcleo

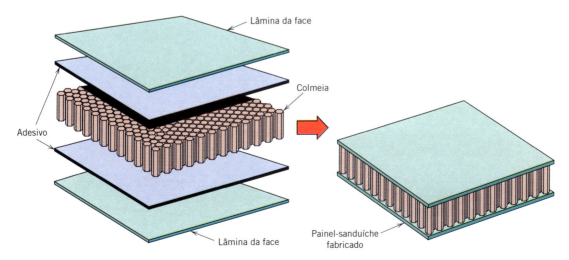

Figura 16.18 Diagrama esquemático mostrando a construção de um painel-sanduíche com núcleo de colmeia.
(Reimpressa com permissão de *Engineered Materials Handbook*, vol. 1, *Composites*. ASM International, Metals Park, OH, 1987.)

incluem as ligas metálicas — alumínio, titânio, à base de níquel e aços inoxidáveis; e polímeros — polipropileno, poliuretano, papel *kraft* (um papel marrom resistente usado em sacos de compras para serviços pesados e papelão) e fibras de aramida.

Os painéis-sanduíche são usados em uma ampla variedade de aplicações em aeronaves, construção, e indústrias automotiva e marinha, incluindo as seguintes: aeronaves — arestas dianteiras e traseiras, domos de radares, carenagens, carcaças de motores (seções de capota e dos dutos de ventilação ao redor dos motores das turbinas), *flaps*, lemes, estabilizadores e lâminas de rotores de helicópteros; construção — revestimento arquitetônico para edifícios, fachadas decorativas e superfícies interiores, sistemas de isolamento de telhados e paredes, painéis para ambientes herméticos e gabinetes embutidos; automotivo — revestimentos de teto, pisos de compartimentos de bagagens, coberturas de pneus sobressalentes e pisos de cabines; marinho — quilhas, mobílias e painéis de paredes, tetos e divisórias.

MATERIAIS DE IMPORTÂNCIA 16.1

Uso de Compósitos no Boeing 787 Dreamliner

Uma revolução no uso de materiais compósitos para aeronaves comerciais iniciou-se recentemente com o advento do Boeing 787 Dreamliner (Figura 16.19). Essa aeronave — um avião a jato com duas turbinas, de tamanho médio (capacidade de 210 a 290 passageiros) e longo alcance — é a primeira a usar materiais compósitos para a maior parte da sua construção. Dessa forma, ela é mais leve que as suas antecessoras, o que leva a uma maior eficiência em termos de combustível (uma redução em aproximadamente 20%), menores emissões e maiores autonomias de voo. Além disso, essa construção em compósito torna a experiência de voar mais confortável — os níveis de pressão e de umidade na cabine são maiores do que os dos seus antecessores e os níveis de ruídos foram reduzidos. Adicionalmente, os compartimentos de bagagem acima dos assentos são mais espaçosos e as janelas são maiores.

Os materiais compósitos correspondem a 50% (em peso) do Dreamliner, enquanto as ligas de alumínio correspondem a 20%. Já o Boeing 777 consiste em 11% compósitos e 70% ligas de alumínio. Esses teores de compósitos e alumínio, assim como os teores de outros materiais usados na construção tanto da aeronave 777 quanto da 787 (isto é, ligas de titânio, aço e outros) estão listados na Tabela 16.11.

Tabela 16.11 Tipos e Teores de Materiais para as Aeronaves Boeing 787 e 777

Aeronave	Teor de Materiais (Porcentagem em Peso)				
	Compósitos	Ligas de Al	Ligas de Ti	Aço	Outros
787	50	20	15	10	5
777	11	70	7	11	1

De longe, as estruturas compósitas mais comuns são os laminados de epóxi com fibras contínuas de carbono, a maioria das quais são usadas na fuselagem (Figura 16.20). Esses laminados são compostos por fitas prepreg que são colocadas umas sobre as outras segundo orientações predeterminadas usando uma máquina de colocação de fitas contínuas. Uma única seção de fuselagem (ou *tambor*) é confeccionada dessa maneira, a qual é subsequentemente curada sob pressão em uma enorme autoclave. Seis desses tambores são unidos uns aos outros para formar a fuselagem completa. Nas aeronaves comerciais anteriores, os principais componentes da estrutura da fuselagem eram lâminas de alumínio presas umas às outras por meio de rebites. As vantagens dessa estrutura em tambores de compósitos em relação aos projetos anteriores usando ligas de alumínio incluem o seguinte:

- Reduções nos custos de montagem — são eliminadas aproximadamente 1500 lâminas de alumínio que são presas umas às outras com cerca de 50.000 rebites.
- Reduções nos custos de manutenção e inspeções programadas para corrosão e trincas de fadiga.
- Reduções no arraste aerodinâmico — os rebites que saltam das superfícies aumentam a resistência ao vento e reduzem a eficiência em termos de combustível.

Figura 16.19 Um Boeing 787 Dreamliner.

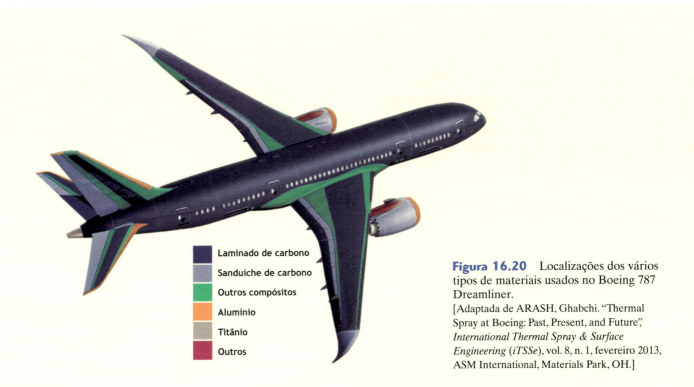

Figura 16.20 Localizações dos vários tipos de materiais usados no Boeing 787 Dreamliner.
[Adaptada de ARASH, Ghabchi. "Thermal Spray at Boeing: Past, Present, and Future", *International Thermal Spray & Surface Engineering (iTSSe)*, vol. 8, n. 1, fevereiro 2013, ASM International, Materials Park, OH.]

A fuselagem do *Dreamliner* foi a primeira tentativa de produzir em massa estruturas compósitas extremamente grandes compostas por fibras de carbono encerradas em um polímero termofixo (isto é, um epóxi). Dessa forma, foi necessário para a Boeing (e suas subcontratadas) desenvolver e implementar tecnologias de fabricação novas e inovadoras.

Como indicado na Figura 16.20, laminados de carbono também são usados nas estruturas da asa e da cauda. Os outros compósitos indicados nessa mesma ilustração são compósitos de epóxi reforçados com fibra de vidro e compósitos híbridos, os quais são compostos por fibras tanto de vidro quanto de carbono. Esses outros compósitos são usados principalmente nas estruturas da cauda e da parte traseira das asas.

Os painéis em sanduíche são usados nas *nacelas* ou suportes de motores (isto é, nas estruturas que envolvem os motores), assim como nos componentes das partes traseiras da cauda (Figura 16.20). As faces da maioria desses painéis são de laminados de epóxi com fibras de carbono, enquanto os núcleos consistem em estruturas em colmeia feitas tipicamente a partir de lâminas em liga de alumínio. A redução no ruído de alguns dos componentes das carcaças de motores é aumentada pela inserção de um material não metálico (ou material de "*cap*") no interior das células de colmeia.

16.16 NANOCOMPÓSITOS

nanocompósito

O mundo dos materiais está experimentando uma revolução com o desenvolvimento de uma nova classe de materiais compósitos — os **nanocompósitos**. Os nanocompósitos são compostos por partículas com tamanho nanométrico (ou *nanopartículas*)[5] que estão encerradas em um material de matriz. Eles podem ser projetados para possuírem propriedades mecânicas, elétricas, magnéticas, óticas, térmicas, biológicas e de transporte que são superiores às de materiais de enchimento convencionais; essas propriedades podem ser confeccionadas para uso em aplicações específicas. Por essas razões, os nanocompósitos estão se tornando parte de uma variedade de tecnologias modernas.[6]

Um novo e interessante fenômeno acompanha a diminuição no tamanho de uma nanopartícula — as suas propriedades físicas e químicas experimentam mudanças drásticas; além disso, o grau de mudança depende do tamanho da partícula (isto é, do número de átomos). Por exemplo,

---

[5] Para se qualificar como uma nanopartícula, a maior dimensão da partícula deve ser de uma ordem máxima de 100 nm.
[6] A borracha reforçada com negro de fumo (Seção 16.2) é um exemplo de um nanocompósito; os tamanhos das partículas variam normalmente entre 20 e 50 nm. A resistência e a tenacidade, assim como a resistência à ruptura e a abrasão, são melhoradas devido à presença das partículas de negro de fumo.

536 · **Capítulo 16**

o comportamento magnético permanente de alguns materiais [por exemplo, ferro, cobalto e óxido de ferro (Fe_3O_4)] desaparece para as partículas que possuem diâmetros menores do que aproximadamente 50 nm.[7]

Dois fatores são responsáveis por essas propriedades induzidas pelo tamanho apresentado pelas nanopartículas: (1) o aumento na razão entre a área da superfície e o volume das partículas; e (2) o tamanho das partículas. Como observado na Seção 4.6, os átomos na superfície se comportam de maneira diferente aos átomos localizados no interior de um material. Consequentemente, à medida que o tamanho de uma partícula diminui, a razão relativa entre os átomos na superfície e os átomos no volume aumenta; isso significa que os fenômenos de superfície começam a dominar. Para partículas extremamente pequenas, efeitos quânticos começam a aparecer.

Embora os materiais das matrizes de nanocompósitos possam ser metais e cerâmicas, as matrizes mais comuns são poliméricas. Nesses *nanocompósitos poliméricos* é usado um grande número de matrizes termoplásticas, termofixas e elastoméricas, incluindo resinas epóxi, poliuretanos, polipropileno, policarbonato, poli(tereftalato de etileno), resinas silicone, poli(metacrilato de metila), poliamidas (náilons), poli(cloreto de vinilideno), poli(etileno-co-álcool vinílico), borracha butílica e borracha natural.

As propriedades de um nanocompósito dependem não apenas das propriedades da matriz e da nanopartícula, mas também da forma e do teor das nanopartículas, assim como das características interfaciais matriz-nanopartícula. A maioria dos nanocompósitos comerciais atuais utiliza três tipos genéricos de nanopartículas: *nanocarbonos*, *nanoargilas* e *nanocristais particulados*.

- Estão incluídos no grupo dos nanocarbonos os nanotubos de carbono com parede única e paredes múltiplas, as lâminas ou folhas de grafeno (Seção 13.10) e as nanofibras de carbono.
- As nanoargilas consistem em silicatos em camadas (Seção 12.3); o tipo mais comum é a argila montmorilonita.
- A maioria dos nanocristais particulados consiste em óxidos inorgânicos, tais como a sílica, alumina, zircônia, háfnia e titânia.

As cargas de nanopartículas (isto é, os teores) variam significativamente e dependem da aplicação. Por exemplo, concentrações de nanotubos de carbono da ordem de 5%p podem levar a um aumento significativo na resistência e na rigidez. Entretanto, entre 15 e 20%p de nanotubos de carbono são exigidos para produzir as condutividades elétricas necessárias para algumas aplicações (por exemplo, para proteger uma estrutura de nanocompósitos contra descargas eletrostáticas).

Um dos principais desafios na produção de materiais nanocompósitos é o processamento. Para a maioria das aplicações, as partículas com dimensões nanométricas devem estar dispersas uniformemente e homogeneamente no interior da matriz. Novas técnicas de dispersão e de fabricação foram e estão sendo continuamente desenvolvidas para a produção de nanocompósitos com as propriedades desejadas.

Esses materiais nanocompósitos encontraram nichos em uma gama de diferentes tecnologias e indústrias, incluindo o seguinte:

- **Revestimentos de barreira contra gases** — O frescor e a vida em prateleira de alimentos e bebidas podem ser aumentados quando eles são embalados em sacos/recipientes feitos a partir de filmes delgados de nanocompósitos. Normalmente, esses filmes são compostos por partículas da nanoargila montmorilonita que foram *esfoliadas* (isto é, separadas umas das outras) e que durante a incorporação na matriz polimérica foram alinhadas tal que seus eixos laterais ficaram paralelos ao plano do revestimento. Além disso, os revestimentos podem ser transparentes. A presença de partículas de nanoargila é responsável pela habilidade do filme em efetivamente conter as moléculas de H_2O nos alimentos embalados (para preservar o frescor) e as moléculas de CO_2 nas bebidas carbonatadas (para reter o gás), e também por manter as moléculas de O_2 do ar do lado de fora (para proteger os alimentos embalados contra a oxidação). Essas partículas em forma de plaquetas atuam como barreiras multicamadas contra a difusão das moléculas de gás — isto é, elas desaceleram a taxa de difusão, uma vez que as moléculas de gás devem passar ao largo das partículas enquanto elas difundem através do revestimento. Outra vantagem desses revestimentos é o fato deles serem recicláveis.

  Os revestimentos à base de nanocompósitos também são usados para aumentar a retenção da pressão do ar nos pneus de automóveis e nas bolas esportivas (por exemplo, tênis, futebol). Esses revestimentos são compostos por pequenas plaquetas de vermiculita[8] esfoliada, as quais são encerradas no pneu/borracha de bolas esportivas. Além disso, as partículas em forma de plaquetas

---

[7]Esse fenômeno é denominado *superparamagnetismo*; partículas superparagnéticas encerradas em uma matriz são usadas para armazenamento magnético, o que é discutido na Seção 20.11.

[8]A vermiculita é outro membro do grupo dos silicatos em camadas discutido na Seção 12.3.

estão alinhadas da mesma maneira que nos revestimentos para alimentos/bebidas que foi descrito anteriormente, tal que é suprimida a difusão das moléculas de ar pressurizado através das paredes de borracha.

- **Armazenamento de energia** — Nanocompósitos à base de grafeno são usados nos anodos para baterias recarregáveis de íon lítio — as baterias que armazenam a energia elétrica em veículos elétricos híbridos. As áreas superficiais de eletrodos nanocompósitos que estão em contato com o eletrólito de lítio são maiores que para os eletrodos convencionais. A capacidade da bateria é maior, os ciclos de vida são mais longos, e o dobro da potência está disponível em altas taxas de carga/descarga quando são usados anodos em nanocompósitos de grafeno.

- **Revestimentos de barreira contra chamas** — Revestimentos delgados compostos por nanotubos de carbono com paredes múltiplas dispersos em matrizes de silicone exibem características excepcionais de barreira contra chamas (isto é, proteção contra combustão e decomposição). Além disso, eles oferecem resistência à abrasão e a arranhões; não produzem gases tóxicos; e são extremamente aderentes à superfície da maioria dos vidros, metais, madeiras, plásticos e compósitos. Os revestimentos de barreira contra chamas são usados em aplicações aeroespaciais, em aviação, em eletrônica e aplicações industriais, e são aplicados tipicamente sobre fios e cabos, espumas, tanques de combustível e compósitos reforçados.

- **Restaurações dentárias** — Alguns materiais de restauração dentária (isto é, enchimentos) recentemente desenvolvidos são nanocompósitos poliméricos. Os materiais cerâmicos de nano-enchimento usados incluem as nanopartículas de sílica (com aproximadamente 20 nm de diâmetro), e nanoaglomerados compostos por aglomerados fracamente presos compostos por partículas com nanodimensões tanto de sílica quanto de zircônia. A maioria dos materiais de matrizes poliméricas pertence à família do dimetacrilato. Esses materiais de restauração à base de nanocompósitos possuem altas tenacidades à fratura, são resistentes ao desgaste, possuem curtos tempos de cura e pequeno encolhimento durante a cura, e podem ser feitos para possuir a cor e a aparência natural dos dentes.

- **Aprimoramentos da resistência mecânica** — Nanocompósitos poliméricos de alta resistência e baixo peso são produzidos pela adição de nanotubos de carbono com paredes múltiplas no interior de resinas epóxi; normalmente são exigidos teores de nanotubos que variam entre 20 e 30%p. Esses nanocompósitos são usados em lâminas de turbinas de vento, assim como em alguns equipamentos esportivos (por exemplo, raquetes de tênis, bastões de beisebol, tacos de golfe, esquis, armações de bicicletas, e nos cascos e mastros de barcos).

- **Dissipação eletrostática** — O movimento de combustíveis altamente inflamáveis nas linhas de combustível poliméricas de automóveis e aeronaves pode levar à produção de cargas estáticas. Se não forem eliminadas, essas cargas impõem risco de geração de faíscas e a possibilidade de uma explosão. Entretanto, pode ocorrer a dissipação desses acúmulos de carga se as linhas de combustível forem condutoras elétricas. As condutividades adequadas podem ser obtidas pela incorporação de nanotubos de carbono com paredes múltiplas no interior do polímero. São exigidos teores de carga tão elevados quanto 15 a 20%p, os quais normalmente não comprometem as outras propriedades do polímero.

O número de aplicações comerciais dos nanocompósitos está em rápida aceleração, e podemos esperar uma explosão na quantidade e na diversidade de futuros nanocompósitos. As técnicas de produção vão melhorar e, além dos polímeros, materiais nanocompósitos com matrizes metálicas e cerâmicas sem dúvida serão desenvolvidos. Produtos nanocompósitos vão encontrar aplicação em uma variedade de setores comerciais [por exemplo, em células combustíveis, células solares, na administração de drogas, e nos setores biomédico, eletrônico, optoeletrônico e automotivo (lubrificantes, estruturas do corpo e sob o capô, tintas contra riscos)].

RESUMO

Introdução
- Os compósitos são materiais multifásicos produzidos artificialmente com combinações desejáveis das melhores propriedades das suas fases constituintes.
- Em geral, uma fase (a matriz) é contínua e envolve completamente a outra (a fase dispersa).
- Nesta discussão, os compósitos foram classificados como reforçados com partículas, reforçados com fibras, estruturais e nanocompósitos.

Compósitos com Partículas Grandes
- Os compósitos reforçados com partículas grandes e os reforçados por dispersão enquadram-se na classificação de compósitos reforçados com partículas.

538 • Capítulo 16

Compósitos Reforçados por Dispersão

- No aumento da resistência por dispersão, uma melhor resistência é obtida por partículas extremamente pequenas da fase dispersa, as quais inibem o movimento das discordâncias.

- O tamanho das partículas é geralmente maior nos compósitos com partículas grandes, cujas características mecânicas são melhoradas pela ação de reforço.

- Nos compósitos com partículas grandes, os valores para os módulos de elasticidade superior e inferior dependem dos módulos e das frações volumétricas das fases matriz e particulada, de acordo com as expressões da regra das misturas, Equações 16.1 e 16.2.

- O concreto, que é um tipo de compósito com partículas grandes, consiste em um agregado de partículas ligadas umas às outras pelo cimento. No caso do concreto de cimento portland, o agregado consiste em areia e brita; a ligação de cimentação desenvolve-se como resultado de reações químicas entre o cimento portland e a água.

- A resistência mecânica do concreto pode ser melhorada por métodos de reforço (por exemplo, inserção de barras de aço, arames etc. no concreto fresco).

Influência do Comprimento da Fibra

- Entre os vários tipos de compósitos, o potencial para a eficiência do reforço é maior para aqueles reforçados com fibras.

- Nos compósitos reforçados com fibras, uma carga aplicada é transmitida e distribuída entre as fibras pela fase matriz, que na maioria dos casos é pelo menos moderadamente dúctil.

- Um reforço significativo é possível apenas se a ligação matriz-fibra for forte. Uma vez que o reforço é interrompido nas extremidades das fibras, a eficiência do reforço depende do comprimento da fibra.

- Para cada combinação fibra-matriz existe um dado comprimento crítico (l_c), que depende do diâmetro e da resistência da fibra, além da força da ligação fibra-matriz, de acordo com a Equação 16.3.

- O comprimento das fibras contínuas excede em muito esse valor crítico (isto é, $l > 15l_c$), enquanto as fibras mais curtas são descontínuas.

Influência da Orientação e da Concentração das Fibras

- Com base no comprimento e na orientação das fibras, são possíveis três tipos diferentes de compósitos reforçados com fibras:

    Fibras contínuas e alinhadas (Figura 16.8*a*) — as propriedades mecânicas são altamente anisotrópicas. Na direção do alinhamento, o reforço e a resistência são máximos; perpendicular ao alinhamento, eles são mínimos.

    Fibras descontínuas e alinhadas (Figura 16.8*b*) — são possíveis resistências e rigidez significativas na direção longitudinal.

    Fibras descontínuas e com orientação aleatória (Figura 16.8*c*) — apesar de algumas limitações na eficiência de reforço, as propriedades são isotrópicas.

- Para os compósitos com fibras contínuas e alinhadas, foram desenvolvidas expressões da regra das misturas para o módulo nas orientações longitudinal e transversal (Equações 16.10 e 16.16). Além disso, também foi citada uma equação para a resistência longitudinal (Equação 16.17).

- Para os compósitos com fibras descontínuas e alinhadas, foram apresentadas equações para a resistência do compósito em duas situações diferentes:

    Quando $l > l_c$, a Equação 16.18 é válida.

    Quando $l < l_c$, é apropriado o uso da Equação 16.19.

- O módulo de elasticidade para compósitos com fibras descontínuas e orientadas aleatoriamente pode ser determinado usando a Equação 16.20.

A Fase Fibra

- Com base no diâmetro e no tipo de material, os reforços fibrosos são classificados da seguinte maneira:

    Whiskers (filamentos) — monocristais extremamente resistentes com diâmetros muito pequenos

    Fibras — normalmente polímeros ou cerâmicas que podem ser amorfos ou policristalinos.

    Arames — metais/ligas com diâmetros relativamente grandes

A Fase Matriz

- Embora todos os três tipos básicos de materiais sejam empregados para as matrizes, os mais comuns são os polímeros e os metais.

- A fase matriz desempenha normalmente três funções:

    Une as fibras e transmite uma carga aplicada externamente às fibras.

    Protege as fibras individuais contra danos superficiais.

    Previne a propagação de trincas de fibra para fibra.

- Os compósitos reforçados com fibras são às vezes classificados de acordo com o tipo da matriz; nesse esquema existem três classificações: compósitos com matriz polimérica, metálica e cerâmica.

Compósitos com Matriz Polimérica

- Os compósitos com matriz polimérica são os mais comuns; eles podem ser reforçados com fibras de vidro, carbono e aramidas.

Compósitos com Matriz Metálica

- As temperaturas de operação são maiores para os compósitos com matriz metálica (MMC) do que para os compósitos com matriz polimérica. Os MMCs também utilizam uma variedade de tipos de fibras e *whiskers*.

Compósitos • **539**

Compósitos com Matriz Cerâmica
• Para os compósitos com matriz cerâmica, o objetivo de projeto é uma maior tenacidade à fratura. Isso é obtido por interações entre as trincas que estão avançando e as partículas da fase dispersa.
• O aumento da tenacidade por transformação é uma das técnicas para melhorar K_{lc}.

Compósitos Carbono-Carbono
• Os compósitos carbono-carbono são compostos por fibras de carbono inseridas em uma matriz de carbono pirolisado.
• Esses materiais são caros e usados em aplicações que requerem elevadas resistência e rigidez (que são mantidas em altas temperaturas), resistência à fluência e boa tenacidade à fratura.

Compósitos Híbridos
• Os compósitos híbridos contêm pelos menos dois tipos de fibras diferentes. O emprego de compósitos híbridos possibilita projetar compósitos com os melhores conjuntos gerais de propriedades.

Processamento de Compósitos Reforçados com Fibras
• Foram desenvolvidas várias técnicas de processamento de compósitos que proporcionam distribuição uniforme e alto grau de alinhamento das fibras.
• Com a pultrusão, formam-se componentes com comprimento contínuo e seção transversal constante à medida que mechas de fibras impregnadas com resina são puxadas através de um molde.
• Os compósitos empregados em muitas aplicações estruturais são preparados comumente usando uma operação de empilhamento (manual ou automática), na qual camadas de fitas de prepreg são dispostas sobre uma superfície trabalhada e são subsequentemente curadas por completo pela aplicação simultânea de calor e pressão.
• Algumas estruturas ocas podem ser fabricadas utilizando procedimentos automatizados de enrolamento filamentar, nos quais fios, mechas ou fitas de prepreg revestidos com resina são enrolados continuamente sobre um mandril, seguido por uma operação de cura.

Compósitos Estruturais
• Dois tipos gerais de compósitos estruturais foram discutidos: os compósitos laminados e os painéis-sanduíche.
• Os compósitos laminados são compostos por um conjunto de lâminas bidimensionais que estão coladas umas às outras; cada lâmina possui uma direção de alta resistência.

As propriedades dos laminados ao longo do seu plano dependem do sequenciamento da direção de alta resistência de plano para plano — nesse sentido, existem quatro tipos de laminados: unidirecional, cruzado simétrico, com camadas em ângulo e multidirecional. Os laminados multidirecionais são os mais isotrópicos, enquanto os laminados unidirecionais possuem o maior grau de anisotropia.

Um material laminado comum é a fita prepreg unidirecional, a qual pode ser convenientemente assentada segundo orientações de alta resistência predeterminadas.

• Os painéis-sanduíche consistem em duas lâminas superficiais rígidas e resistentes que estão separadas por um material ou estrutura de núcleo. Essas estruturas combinam resistência e rigidez relativamente altas com baixas massas específicas.

Tipos de núcleo comuns são as espumas poliméricas rígidas, as madeiras de baixa massa específica e as estruturas em colmeia.

As estruturas em colmeia são compostas por células interligadas (com frequência com geometria hexagonal) feitas a partir de lâminas delgadas; os eixos das células estão orientados perpendicularmente às lâminas da face.

• A maior parte da construção do Boeing 787 Dreamliner utiliza materiais compósitos de baixa massa específica (isto é, estruturas em colmeia e laminados de resina epóxi com fibras contínuas de carbono).

Nanocompósitos
• Nanocompósitos — nanomateriais encerrados em uma matriz (mais frequentemente um polímero) — utilizam as propriedades não usuais de partículas com nanodimensões.
• Os tipos de nanopartículas incluem os nanocarbonos, as nanoargilas e os nanocristais particulados.
• A distribuição uniforme e homogênea das nanopartículas no interior da matriz é o maior desafio para a produção de nanocompósitos.

Resumo das Equações

Número da Equação	Equação	Resolvendo para
16.1	$E_c(s) = E_m V_m + E_p V_p$	Expressão para a regra das misturas — limite superior
16.2	$E_c(i) = \dfrac{E_m E_p}{V_m E_p + V_p E_m}$	Expressão para a regra das misturas — limite inferior

(continua)

540 · Capítulo 16

(continuação)

Número da Equação	Equação	Resolvendo para
16.3	$l_c = \dfrac{\sigma_f^* d}{2\tau_c}$	Comprimento crítico da fibra
16.10a	$E_{cl} = E_m V_m + E_f V_f$	Módulo de elasticidade para um compósito com fibras contínuas e alinhadas na direção longitudinal
16.16	$E_{ct} = \dfrac{E_m E_f}{V_m E_f + V_f E_m}$	Módulo de elasticidade para um compósito com fibras contínuas e alinhadas na direção transversal
16.17	$\sigma_{cl}^* = \sigma_m'(1 - V_f) + \sigma_f^* V_f$	Limite de resistência à tração na direção longitudinal para um compósito com fibras contínuas e alinhadas
16.18	$\sigma_{cd}^* = \sigma_f^* V_f \left(1 - \dfrac{l_c}{2l}\right) + \sigma_m'(1 - V_f)$	Limite de resistência à tração na direção longitudinal para um compósito com fibras descontínuas e alinhadas e $l > l_c$
16.19	$\sigma_{cd'}^* = \dfrac{l\tau_c}{d} V_f + \sigma_m'(1 - V_f)$	Limite de resistência à tração na direção longitudinal para um compósito com fibras descontínuas e alinhadas e $l < l_c$

Lista de Símbolos

Símbolo	Significado
d	Diâmetro da fibra
E_f	Módulo de elasticidade da fase fibra
E_m	Módulo de elasticidade da fase matriz
E_p	Módulo de elasticidade da fase particulada
l	Comprimento da fibra
l_c	Comprimento crítico da fibra
V_f	Fração volumétrica da fase fibra
V_m	Fração volumétrica da fase matriz
V_p	Fração volumétrica da fase particulada
σ_f^*	Limite de resistência à tração da fibra
σ_m'	Tensão na matriz na falha da fibra
τ_c	Resistência da ligação fibra-matriz ou limite de escoamento em cisalhamento da matriz

Termos e Conceitos Importantes

cermeto
compósito carbono-carbono
compósito com matriz cerâmica
compósito com matriz metálica
compósito com matriz polimérica
compósito com partículas grandes
compósito estrutural
compósito híbrido
compósito laminado

compósito reforçado com fibras
compósito reforçado por dispersão
concreto
concreto armado
concreto protendido
direção longitudinal
direção transversal
fase dispersa
fase matriz

fibra
módulo específico
nanocompósito
painel-sanduíche
prepreg
princípio da ação combinada
regra das misturas
resistência específica
whisker (filamento)

REFERÊNCIAS

AGARWAL, B. D., BROUTMAN, L. J. e CHANDRASHEKHARA, K. *Analysis and Performance of Fiber Composites*, 3ª ed. Hoboken, NJ: John Wiley & Sons, 2006.

ASHBEE, K. H. *Fundamental Principles of Fiber Reinforced Composites*, 2ª ed. Boca Raton, FL: CRC Press, 1993.

ASM Handbook, vol. 21, *Composites*. Materials Park, OH: ASM International, 2001.

BANSAL, N. P. e LAMON, J. *Ceramic Matrix Composites: Materials, Modeling and Technology*. Hoboken, NJ: John Wiley & Sons, 2015.

BARBERO, E. J. *Introduction to Composite Materials Design*, 2ª ed. Boca Raton, FL: CRC Press, 2010.

CANTOR, B., DUNNE, F. e STONE, I. (eds.). *Metal and Ceramic Matrix Composites*. Bristol, UK: Institute of Physics Publishing, 2004.

CHAWLA, K. K. *Composite Materials Science and Engineering*, 3ª ed. Nova York: Springer, 2012.

CHAWLA, N. e CHAWLA, K. K. *Metal Matrix Composites*, 2ª ed. Nova York: Springer, 2013.

CHUNG, D. D. L. *Composite Materials: Science and Applications*, 2ª ed. Nova York: Springer, 2010.

GAY, D. *Composite Materials: Design and Applications*, 3ª ed. Boca Raton, FL: CRC Press, 2015.

GERDEEN, J. C., LORD, H. W. e RORRER, R. A. L. *Engineering Design with Polymers and Composites*, 2ª ed. Boca Raton, FL: CRC Press, 2012.

HULL, D. e CLYNE, T. W. *An Introduction to Composite Materials*, 2ª ed. Nova York: Cambridge University Press, 1996.

LOOS, M. *Carbon Nanotube Reinforced Composites*. Oxford, Reino Unido: Elsevier, 2015.

MALLICK, P. K. (ed.). *Composites Engineering Handbook*. Nova York: Marcel Dekker, 1997.

MALLICK, P. K. *Fiber-Reinforced Composites: Materials, Manufacturing, and Design*, 3ª ed. Boca Raton, FL: CRC Press, 2008.

PARK, S. J. *Carbon Fibers*. Nova York: Springer, 2015.

STRONG, A. B. *Fundamentals of Composites: Materials, Methods, and Applications*, 2ª ed. Dearborn, MI: Society of Manufacturing Engineers, 2008.

Capítulo 17 Corrosão e Degradação dos Materiais

(a) Um Ford Sedan Deluxe 1936 que possui uma carroceria feita inteiramente em aço inoxidável não pintado. Seis desses carros foram fabricados para prover um teste definitivo quanto à durabilidade e resistência à corrosão dos aços inoxidáveis. Cada automóvel registrou centenas de milhares de quilômetros de direção diária. Embora o acabamento da superfície no aço inoxidável permanecesse essencialmente o mesmo de quando o carro deixou a linha de montagem do fabricante, outros componentes em materiais que não o aço inoxidável, tais como motor, amortecedores, freios, molas, embreagem, transmissão e engrenagens, tiveram que ser substituídos; por exemplo, um carro teve três motores.

(b) Em contraste, um automóvel clássico do mesmo período que o apresentado em (a), que está enferrujando em um campo em Bodie, Califórnia. Sua carroceria é feita em aço-carbono comum, que um dia foi pintada. Essa tinta oferecia uma proteção limitada para o aço, que é suscetível à corrosão em ambientes atmosféricos normais.

(a)

(b)

POR QUE ESTUDAR *Corrosão e Degradação dos Materiais?*

Com um conhecimento dos tipos e uma compreensão dos mecanismos e das causas da corrosão e da degradação é possível tomar medidas para prevenir que esses fenômenos ocorram. Por exemplo, podemos alterar a natureza do ambiente, selecionar um material que seja relativamente não reativo e/ou proteger o material contra uma deterioração apreciável.

Objetivos do Aprendizado

Após estudar este capítulo, você deverá ser capaz de fazer o seguinte:

1. Distinguir entre as reações eletroquímicas de *oxidação* e de *redução*.
2. Descrever o seguinte: par galvânico, semipilha padrão e eletrodo padrão de hidrogênio.
3. Calcular o potencial da pilha e escrever a direção espontânea da reação eletroquímica para dois metais puros que estejam conectados eletricamente e também submersos em soluções dos seus respectivos íons.
4. Determinar a taxa de oxidação de um metal dada a densidade de corrente da reação.
5. Citar e descrever sucintamente os dois tipos de polarização diferentes e especificar as condições sob as quais cada um controla a taxa de reação.
6. Para cada uma das oito formas de corrosão e de fragilização por hidrogênio, descrever a natureza do processo de deterioração e então mencionar o mecanismo proposto.
7. Listar cinco medidas comumente consideradas para prevenção da corrosão.
8. Explicar por que os materiais cerâmicos são, em geral, muito resistentes à corrosão.
9. Para os materiais poliméricos, discutir (a) dois processos de degradação que ocorrem quando eles são expostos a solventes líquidos e (b) as causas e as consequências da ruptura de ligações na cadeia molecular.

17.1 INTRODUÇÃO

Em maior ou menor grau, a maioria dos materiais apresenta algum tipo de interação com um grande número de ambientes diferentes. Com frequência, tais interações comprometem a utilidade de um material como resultado da deterioração de suas propriedades mecânicas (por exemplo, ductilidade e resistência), de outras propriedades físicas ou de sua aparência. Ocasionalmente, para o pesar de um engenheiro de projetos, o comportamento de um material à degradação para uma dada aplicação é ignorado, com consequências adversas.

corrosão

Os mecanismos de deterioração são diferentes para os três tipos de materiais. Nos metais, existe uma efetiva perda de material, quer seja ela por dissolução (**corrosão**) ou pela formação de uma incrustação ou filme não metálico (*oxidação*). Os materiais cerâmicos são relativamente resistentes à deterioração, que ocorre geralmente sob temperaturas elevadas ou em ambientes extremos; com frequência, o processo também é chamado de corrosão. Para os polímeros, os mecanismos e as consequências são diferentes daqueles exibidos pelos metais e cerâmicas, e o termo **degradação** é empregado com maior frequência. Os polímeros podem se dissolver quando expostos a um solvente líquido, ou podem absorver o solvente e inchar; além disso, a radiação eletromagnética (principalmente a ultravioleta) e o calor podem causar alterações em suas estruturas moleculares.

degradação

A deterioração de cada um desses tipos de materiais é discutida neste capítulo, com especial atenção para o mecanismo, a resistência ao ataque causado por vários ambientes e as medidas empregadas para prevenir ou reduzir a degradação.

Corrosão de Metais

A corrosão é definida como o ataque destrutivo e não intencional de um metal; esse ataque é eletroquímico e começa normalmente na superfície. O problema da corrosão metálica é de proporções significativas; em termos econômicos, foi estimado que aproximadamente 5% das receitas de uma nação industrializada sejam gastos na prevenção da corrosão e na manutenção ou substituição de produtos perdidos ou contaminados como resultado de reações de corrosão. As consequências da corrosão são muito comuns. Um exemplo conhecido é a ferrugem em carrocerias, radiadores e componentes de exaustão de automóveis.

544 • **Capítulo 17**

Os processos de corrosão também são aplicados ocasionalmente para se obter proveito. Por exemplo, os procedimentos de ataque químico, como os discutidos na Seção 4.10, fazem uso da reatividade química seletiva dos contornos dos grãos ou dos vários constituintes microestruturais.

17.2 CONSIDERAÇÕES ELETROQUÍMICAS

oxidação

Para os materiais metálicos, o processo de corrosão é normalmente eletroquímico, ou seja, consiste em uma reação química na qual há uma transferência de elétrons de uma espécie química para outra. Caracteristicamente, os átomos dos metais perdem ou cedem elétrons, no que é chamado uma reação de **oxidação**. Por exemplo, um metal hipotético M com uma valência de n (ou n elétrons de valência) pode sofrer oxidação de acordo com a reação

Reação de oxidação para o metal M

$$M \longrightarrow M^{n+} + ne^- \tag{17.1}$$

em que M se torna um íon carregado positivamente $n+$, que nesse processo perde seus n elétrons de valência; e^- é usado para simbolizar um elétron. Exemplos nos quais um metal se oxida são

$$Fe \longrightarrow Fe^{2+} + 2e^- \tag{17.2a}$$

$$Al \longrightarrow Al^{3+} + 3e^- \tag{17.2b}$$

anodo

O local onde ocorre a oxidação é chamado de **anodo**; a oxidação é às vezes chamada de reação anódica.

redução

Os elétrons gerados de cada átomo de metal que é oxidado devem ser transferidos para outra espécie química e tornar-se parte dela, no que é denominado uma reação de **redução**. Por exemplo, alguns metais sofrem corrosão em soluções ácidas, que apresentam concentrações elevadas de íons hidrogênio (H^+); os íons H^+ são reduzidos da seguinte maneira:

Redução de íons hidrogênio em uma solução ácida

$$2H^+ + 2e^- \longrightarrow H_2 \tag{17.3}$$

e gás hidrogênio (H_2) é liberado.

Outras reações de redução são possíveis, dependendo da natureza da solução à qual o metal é exposto. Para uma solução ácida contendo oxigênio dissolvido, provavelmente ocorrerá uma redução conforme a reação

Reação de redução em uma solução ácida contendo oxigênio dissolvido

$$O_2 + 4H^+ + 4e^- \longrightarrow 2H_2O \tag{17.4}$$

Reação de redução em uma solução neutra ou básica contendo oxigênio dissolvido

Para soluções aquosas neutras ou básicas nas quais também há oxigênio dissolvido,

$$O_2 + 2H_2O + 4e^- \longrightarrow 4(OH^-) \tag{17.5}$$

Redução de um íon metálico multivalente para um estado de valência menor

Quaisquer íons metálicos presentes na solução também podem ser reduzidos; para íons que podem existir em mais de um estado de valência (íons multivalentes), a redução pode ocorrer segundo

$$M^{n+} + e^- \longrightarrow M^{(n-1)+} \tag{17.6}$$

Redução de um íon metálico até o seu átomo eletricamente neutro

em que o íon metálico diminui seu estado de valência aceitando um elétron. Um metal pode ser totalmente reduzido de um estado iônico a um estado metálico neutro de acordo com

$$M^{n+} + ne^- \longrightarrow M \tag{17.7}$$

catodo

O local onde ocorre redução é chamado de **catodo**. É possível que ocorram simultaneamente duas ou mais das reações de redução precedentes.

Uma reação eletroquímica global deve consistir em pelo menos uma reação de oxidação e uma de redução, e será a soma delas; com frequência, as reações individuais de oxidação e de redução são denominadas *semirreações*. Não pode haver nenhum acúmulo líquido de cargas elétricas dos elétrons e íons — isto é, a taxa total de oxidação deve ser igual à taxa total de redução, ou todos os elétrons gerados através da oxidação devem ser consumidos pela redução.

Por exemplo, considere o metal zinco imerso em uma solução ácida contendo íons H^+. Em algumas regiões na superfície do metal, o zinco sofrerá oxidação ou corrosão, como ilustrado na Figura 17.1, de acordo com a reação

$$Zn \longrightarrow Zn^{2+} + 2e^- \quad (17.8)$$

Uma vez que o zinco é um metal e, portanto, um bom condutor elétrico, esses elétrons podem ser transferidos para uma região adjacente em que os íons H⁺ são reduzidos de acordo com

$$2H^+ + 2e^- \longrightarrow H_2 \text{ (gás)} \quad (17.9)$$

Se nenhuma outra reação de oxidação ou de redução ocorre, a reação eletroquímica total é simplesmente a soma das reações 17.8 e 17.9, ou

$$\begin{aligned} Zn &\longrightarrow Zn^{2+} + 2e^- \\ 2H^+ + 2e^- &\longrightarrow H_2 \text{ (gás)} \\ \hline Zn + 2H^+ &\longrightarrow Zn^{2+} + H_2 \text{ (gás)} \end{aligned} \quad (17.10)$$

Outro exemplo é a oxidação ou a ferrugem do ferro na água, a qual contém oxigênio dissolvido. Esse processo ocorre em duas etapas; primeiramente, o Fe é oxidado a Fe²⁺ [como Fe(OH)₂],

$$Fe + \tfrac{1}{2}O_2 + H_2O \longrightarrow Fe^{2+} + 2OH^- \longrightarrow Fe(OH)_2 \quad (17.11)$$

e, na segunda etapa, é oxidado a Fe³⁺ [como Fe(OH)₃], de acordo com

$$2Fe(OH)_2 + \tfrac{1}{2}O_2 + H_2O \longrightarrow 2Fe(OH)_3 \quad (17.12)$$

O composto Fe(OH)₃ é a tão conhecida ferrugem.

Como consequência da oxidação, os íons metálicos podem ou transferir-se para a solução corrosiva na forma de íons (reação 17.8) ou podem formar um composto insolúvel com elementos não metálicos como na reação 17.12.

> **Verificação de Conceitos 17.1** Você esperaria que o ferro sofresse corrosão em água de alta pureza? Por que sim ou por que não?
>
> [*A resposta está disponível no GEN-IO, ambiente virtual de aprendizagem do GEN.*]

Potenciais de Eletrodo

Nem todos os materiais metálicos se oxidam para formar íons com o mesmo grau de facilidade. Considere a pilha eletroquímica mostrada na Figura 17.2. No lado esquerdo está uma peça em ferro puro imersa em uma solução contendo íons Fe²⁺ em uma concentração de 1 *M*.[1] O outro lado da pilha consiste em um eletrodo de cobre puro em uma solução 1 *M* de íons Cu²⁺. As semipilhas estão separadas por uma membrana, que limita a mistura das duas soluções. Se os eletrodos de ferro e de cobre forem conectados eletricamente, a redução ocorrerá para o cobre à custa da oxidação do ferro, da seguinte maneira:

$$Cu^{2+} + Fe \longrightarrow Cu + Fe^{2+} \quad (17.13)$$

ou os íons Cu²⁺ depositarão (vão eletrodepositar) como cobre metálico sobre o eletrodo de cobre, enquanto o ferro se dissolve (corrói) no outro lado da pilha indo para a solução como íons Fe²⁺. Dessa forma, as reações para as duas semipilhas são representadas pelas relações

$$\begin{aligned} Fe &\longrightarrow Fe^{2+} + 2e^- \\ Cu^{2+} + 2e^- &\longrightarrow Cu \end{aligned} \quad (17.14)$$

Quando uma corrente passa através do circuito externo, os elétrons gerados na oxidação do ferro fluem para a pilha de cobre, para que os íons Cu²⁺ sejam reduzidos. Além disso, haverá um movimento resultante dos íons de cada pilha para a outra através da membrana. Isso é denominado um

---

molaridade

[1] A concentração de soluções líquidas é expressa com frequência em termos da **molaridade**, *M*, que é o número de moles de soluto por litro (1000 cm³) de solução.

546 • Capítulo 17

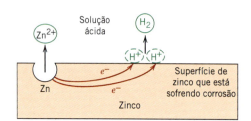

Figura 17.1 Reações eletroquímicas que estão associadas à corrosão do zinco em uma solução ácida.
(De TAN, Youngjun. *Heterogeneous Electrode Process and Localized Corrosion*. John Wiley and Sons, Inc., 2013, Figura 1.5a.)

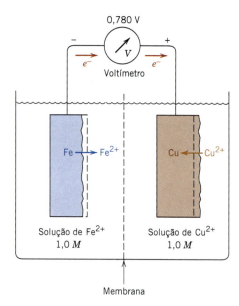

Figura 17.2 Uma pilha eletroquímica que consiste em eletrodos de ferro e cobre, cada qual imerso em uma solução 1 M dos seus íons. O ferro sofre corrosão, enquanto o cobre eletrodeposita.

eletrólito

par galvânico — dois metais que estão conectados eletricamente em um **eletrólito** líquido, no qual um metal torna-se um anodo e sofre corrosão, enquanto o outro atua como um catodo.

Um potencial elétrico ou voltagem existe entre as duas semipilhas, e sua magnitude pode ser determinada se um voltímetro for conectado no circuito externo. Um potencial de 0,780 V resulta para uma pilha galvânica cobre-ferro quando a temperatura é de 25°C (77°F).

Considere agora outro par galvânico que consiste na mesma semipilha de ferro conectada a um eletrodo de zinco metálico que está imerso em uma solução 1 M de íons Zn^{2+} (Figura 17.3). Nesse caso, o zinco é o anodo e sofre corrosão, enquanto o Fe torna-se o catodo. A reação eletroquímica é, dessa forma,

$$Fe^{2+} + Zn \longrightarrow Fe + Zn^{2+} \tag{17.15}$$

O potencial associado a essa reação de pilha é de 0,323 V.

Dessa forma, os diversos pares de eletrodos apresentam diferentes voltagens; a magnitude dessa voltagem pode ser considerada como representativa da força motriz para a reação eletroquímica de oxidação-redução. Consequentemente, os materiais metálicos podem ser classificados de acordo com sua tendência em sofrer oxidação quando acoplados a outros metais em soluções dos seus respectivos íons. Uma semipilha semelhante às descritas anteriormente [isto é, um eletrodo de um metal puro imerso em uma solução 1 M dos seus íons e a 25°C (77°F)] é denominada uma **semipilha padrão**.

semipilha padrão

A Série de Potenciais de Eletrodo Padrão

Essas voltagens de pilha medidas representam apenas diferenças no potencial elétrico e, portanto, é conveniente estabelecer um ponto de referência, ou uma pilha de referência, em relação à qual as outras semipilhas podem ser comparadas. Essa pilha de referência, escolhida arbitrariamente, é o eletrodo padrão de hidrogênio (Figura 17.4). Ele consiste em um eletrodo inerte de platina imerso em uma solução 1 M de íons H^+, saturada com gás hidrogênio, o qual é borbulhado através da solução a uma pressão de 1 atm e a uma temperatura de 25°C (77°F). A platina propriamente dita não participa na reação eletroquímica; ela atua apenas como uma superfície sobre a qual os átomos de hidrogênio podem ser oxidados ou os íons hidrogênio podem ser reduzidos. A **série de potenciais de eletrodo**, ou **de força eletromotriz — fem** (Tabela 17.1) é gerada pelo acoplamento de semipilhas padrão para vários metais ao eletrodo padrão de hidrogênio, seguido pela classificação dessas semipilhas de acordo com a voltagem medida. A Tabela 17.1 representa as tendências à corrosão para vários metais; aqueles na parte superior da tabela (isto é, o ouro e a platina) são *metais nobres*, ou quimicamente inertes. Ao mover-se para baixo na tabela, os metais tornam-se cada vez mais *ativos* — isto é, ficam mais suscetíveis à oxidação. O sódio e o potássio apresentam as maiores reatividades.

série de potenciais de eletrodo

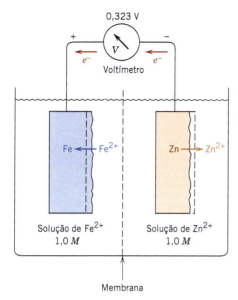

Figura 17.3 Pilha eletroquímica que consiste em eletrodos de ferro e de zinco, cada qual imerso em uma solução 1 M dos seus íons. O ferro eletrodeposita, enquanto o zinco sofre corrosão.

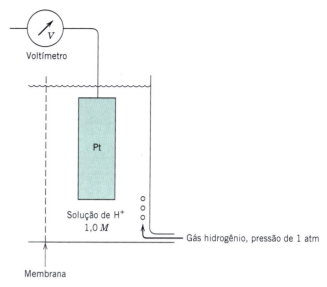

Figura 17.4 Semipilha padrão de referência de hidrogênio.

Tabela 17.1 A Série de Potenciais de Eletrodo padrão

Reação do Eletrodo	Potencial de Eletrodo padrão, V^0 (V)
$Au^{3+} + 3e^- \longrightarrow Au$	+1,420
$O_2 + 4H^+ + 4e^- \longrightarrow 2H_2O$	+1,229
$Pt^{2+} + 2e^- \longrightarrow Pt$	~+1,2
$Ag^+ + e^- \longrightarrow Ag$	+0,800
$Fe^{3+} + e^- \longrightarrow Fe^{2+}$	+0,771
$O_2 + 2H_2O + 4e^- \longrightarrow 4(OH^-)$	+0,401
$Cu^{2+} + 2e^- \longrightarrow Cu$	+0,340
$2H^+ + 2e^- \longrightarrow H_2$	0,000
$Pb^{2+} + 2e^- \longrightarrow Pb$	−0,126
$Sn^{2+} + 2e^- \longrightarrow Sn$	−0,136
$Ni^{2+} + 2e^- \longrightarrow Ni$	−0,250
$Co^{2+} + 2e^- \longrightarrow Co$	−0,277
$Cd^{2+} + 2e^- \longrightarrow Cd$	−0,403
$Fe^{2+} + 2e^- \longrightarrow Fe$	−0,440
$Cr^{3+} + 3e^- \longrightarrow Cr$	−0,744
$Zn^{2+} + 2e^- \longrightarrow Zn$	−0,763
$Al^{3+} + 3e^- \longrightarrow Al$	−1,662
$Mg^{2+} + 2e^- \longrightarrow Mg$	−2,363
$Na^+ + e^- \longrightarrow Na$	−2,714
$K^+ + e^- \longrightarrow K$	−2,924

Progressivamente mais inerte (catódico) ↑

Progressivamente mais ativo (anódico) ↓

Os potenciais na Tabela 17.1 são para as semirreações das *reações de redução*, com os elétrons no lado esquerdo da equação química; para a oxidação, a direção da reação é a inversa, e o sinal do potencial é trocado.

Considere as reações gerais envolvendo a oxidação de um metal M_1 e a redução do metal M_2, conforme

548 • **Capítulo 17**

$$M_1 \longrightarrow M_1^{n+} + ne^- \qquad\qquad -V_1^0 \qquad\qquad (17.16a)$$

$$M_2^{n+} + ne^- \longrightarrow M_2 \qquad\qquad +V_2^0 \qquad\qquad (17.16b)$$

em que os V^0 são os potenciais padrão obtidos da série de potenciais de eletrodo padrão. Uma vez que o metal M_1 é oxidado, o sinal de V_1^0 é oposto ao que aparece na Tabela 17.1. A soma das Equações 17.16a e 17.16b fornece

$$M_1 + M_2^{n+} \longrightarrow M_1^{n+} + M_2 \qquad\qquad (17.17)$$

Potencial da pilha eletroquímica para duas semipilhas-padrão que estão acopladas eletricamente

e o potencial global para a pilha, ΔV^0 é

$$\Delta V^0 = V_2^0 - V_1^0 \qquad\qquad (17.18)$$

Para essa reação ocorrer espontaneamente, ΔV^0 deve ser positivo; se ele for negativo, a direção espontânea para a reação da pilha é simplesmente a inversa à da Equação 17.17. Quando semipilhas padrão são acopladas entre si, o metal localizado mais abaixo na Tabela 17.1 experimenta oxidação (isto é, corrosão), enquanto o posicionado mais acima na tabela é reduzido.

Influência da Concentração e da Temperatura sobre o Potencial da Pilha

A série de potenciais de eletrodo aplica-se a pilhas eletroquímicas altamente idealizadas (isto é, a metais puros em soluções 1 M dos seus íons, a 25°C). Uma mudança na temperatura ou na concentração da solução, ou a utilização de eletrodos feitos de ligas em vez de metais puros, muda o potencial da pilha e, em alguns casos, a direção da reação espontânea pode ser revertida.

Equação de Nernst — Potencial da pilha eletroquímica para duas semipilhas que estão acopladas eletricamente e para as quais as concentrações dos íons na solução são diferentes de 1 M

Considere novamente a reação eletroquímica descrita pela Equação 17.17. Se os eletrodos M_1 e M_2 forem metais puros, o potencial da pilha depende da temperatura absoluta T e das concentrações molares dos íons $[M_1^{n+}]$ e $[M_2^{n+}]$, de acordo com a equação de Nernst:

$$\Delta V = (V_2^0 - V_1^0) - \frac{RT}{n\mathscr{F}} \ln \frac{[M_1^{n+}]}{[M_2^{n+}]} \qquad\qquad (17.19)$$

em que R é a constante dos gases, n é o número de elétrons que participam de cada uma das reações das semipilhas e $\mathscr{F}$ é a constante de Faraday, 96.500 C/mol — a magnitude de carga por mol ($6,022 \times 10^{23}$) de elétrons. A 25°C (aproximadamente a temperatura ambiente),

Forma simplificada da Equação 17.19 para $T = 25°C$ (temperatura ambiente)

$$\Delta V = (V_2^0 - V_1^0) - \frac{0.0592}{n} \log \frac{[M_1^{n+}]}{[M_2^{n+}]} \qquad\qquad (17.20)$$

para fornecer ΔV em volts. Novamente, para que a reação seja espontânea, ΔV deve ser positivo. Como esperado, para concentrações de 1 M de ambos os tipos de íons (isto é, para $[M_1^{n+}] = [M_2^{n+}] = 1$), a Equação 17.19 simplifica-se à Equação 17.18.

✓ **Verificação de Conceitos 17.2** Modifique a Equação 17.19 para o caso em que os metais M_1 e M_2 são ligas.

[A resposta está disponível no GEN-IO, ambiente virtual de aprendizagem do GEN.]

PROBLEMA-EXEMPLO 17.1

Determinação das Características da Pilha Eletroquímica

Metade de uma pilha eletroquímica consiste em um eletrodo de níquel puro em uma solução contendo íons Ni^{2+}; a outra metade é um eletrodo de cádmio imerso em uma solução de Cd^{2+}.

(a) Se a pilha é uma pilha padrão, escreva a reação global espontânea e calcule a voltagem gerada.

(b) Calcule o potencial da pilha a 25°C se as concentrações de Cd^{2+} e Ni^{2+} forem de 0,5 e 10^{-3} M, respectivamente. A direção da reação espontânea ainda é a mesma que a da pilha padrão?

Corrosão e Degradação dos Materiais • **549**

Solução

(a) O eletrodo de cádmio é oxidado e o eletrodo de níquel reduzido, uma vez que o cádmio está mais abaixo na série de potenciais de eletrodo; dessa forma, as reações espontâneas são

$$Cd \longrightarrow Cd^{2+} + 2e^-$$

$$\underline{Ni^{2+} + 2e^- \longrightarrow Ni}$$

$$Ni^{2+} + Cd \longrightarrow Ni + Cd^{2+} \tag{17.21}$$

A partir da Tabela 17.1, os potenciais da semipilha para o cádmio e para o níquel são, respectivamente, –0,403 V e –0,250 V. Portanto, a partir da Equação 17.18,

$$\Delta V = V_{Ni}^0 - V_{Cd}^0 = -0,250 \text{ V} - (-0,403 \text{ V}) = +0,153 \text{ V}$$

(b) Para esta parte do problema, a Equação 17.20 deve ser usada, uma vez que as concentrações das soluções das semipilhas não são mais 1 M. Nesse momento, é necessário fazer uma estimativa de qual espécie metálica vai oxidar (ou reduzir). Essa escolha será confirmada ou rejeitada com base no sinal de ΔV ao final dos cálculos. Para fins de argumentação, vamos supor que, ao contrário do item (a), o níquel seja oxidado e o cádmio reduzido, de acordo com

$$Cd^{2+} + Ni \longrightarrow Cd + Ni^{2+} \tag{17.22}$$

Dessa forma,

$$\Delta V = (V_{Cd}^0 - V_{Ni}^0) - \frac{RT}{n\mathscr{F}} \ln \frac{[Ni^{2+}]}{[Cd^{2+}]}$$

$$= -0,403 \text{ V} - (-0,250 \text{ V}) - \frac{0,0592}{2} \log\left(\frac{10^{-3}}{0,50}\right)$$

$$= -0,073 \text{ V}$$

Uma vez que o valor de ΔV é negativo, a direção da reação espontânea é oposta à indicada pela Equação 17.22, ou seja,

$$Ni^{2+} + Cd \longrightarrow Ni + Cd^{2+}$$

Isto é, o cádmio é oxidado e o níquel reduzido.

A Série Galvânica

série galvânica

Embora a Tabela 17.1 tenha sido gerada sob condições altamente idealizadas e possua utilidade limitada, ela, no entanto, indica as reatividades relativas dos metais. Uma classificação mais prática e realista é proporcionada pela **série galvânica**, Tabela 17.2. Ela representa as reatividades relativas de diversos metais e ligas comerciais na água do mar. As ligas próximas ao topo da lista são catódicas e não reativas, enquanto aquelas na parte de baixo são mais anódicas; nenhuma voltagem é fornecida. Uma comparação entre os potenciais de eletrodo padrão e a série galvânica revela alto grau de correspondência entre as posições relativas dos metais puros.

A maioria dos metais e ligas está sujeita à oxidação ou à corrosão em maior ou em menor grau em uma ampla variedade de ambientes — isto é, eles são mais estáveis em um estado iônico que como metais. Em termos termodinâmicos, há uma diminuição líquida na energia livre ao ir de um estado metálico para estados oxidados. Por isso, essencialmente todos os metais ocorrem na natureza como compostos — por exemplo, óxidos, hidróxidos, carbonatos, silicatos, sulfetos e sulfatos. Duas notáveis exceções são os metais nobres ouro e platina. Para eles, na maioria dos ambientes, a oxidação não é favorável e, portanto, eles podem existir na natureza no estado metálico.

17.3 TAXAS DE CORROSÃO

Os potenciais de semipilha listados na Tabela 17.1 são parâmetros termodinâmicos relacionados com sistemas em equilíbrio. Por exemplo, para as discussões relacionadas com as Figuras 17.2 e 17.3, foi considerado tacitamente que não existia nenhum fluxo de corrente através do circuito externo. Os sistemas reais, quando em corrosão, não estão em equilíbrio; há um fluxo de elétrons do anodo para o

Tabela 17.2
A Série Galvânica
[Água do Mar a 25°C (77°F)]

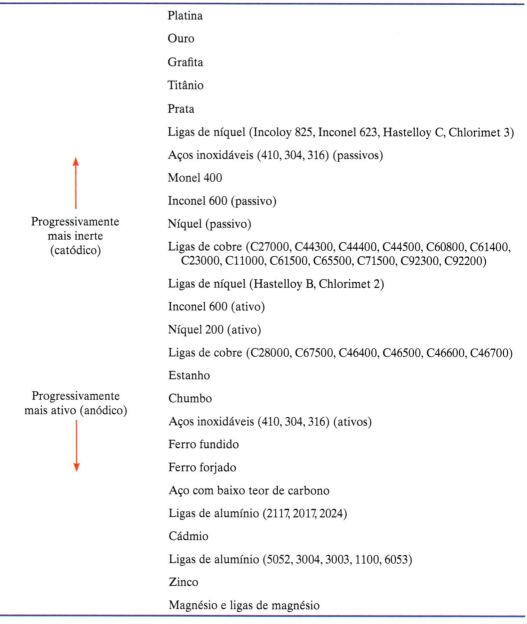

Platina
Ouro
Grafita
Titânio
Prata
Ligas de níquel (Incoloy 825, Inconel 623, Hastelloy C, Chlorimet 3)
Aços inoxidáveis (410, 304, 316) (passivos)
Monel 400
Inconel 600 (passivo)
Níquel (passivo)
Ligas de cobre (C27000, C44300, C44400, C44500, C60800, C61400, C23000, C11000, C61500, C65500, C71500, C92300, C92200)
Ligas de níquel (Hastelloy B, Chlorimet 2)
Inconel 600 (ativo)
Níquel 200 (ativo)
Ligas de cobre (C28000, C67500, C46400, C46500, C46600, C46700)
Estanho
Chumbo
Aços inoxidáveis (410, 304, 316) (ativos)
Ferro fundido
Ferro forjado
Aço com baixo teor de carbono
Ligas de alumínio (2117, 2017, 2024)
Cádmio
Ligas de alumínio (5052, 3004, 3003, 1100, 6053)
Zinco
Magnésio e ligas de magnésio

Progressivamente mais inerte (catódico) ↑
Progressivamente mais ativo (anódico) ↓

Fonte: Reimpressa com permissão de DAVIS, Joseph R. (ed.). *ASM Handbook, Corrosion*, vol. 13, ASM International, 1987, p. 83, Tabela 2.

catodo (correspondente ao curto-circuito das pilhas eletroquímicas nas Figuras 17.2 e 17.3), o que significa que os parâmetros dos potenciais das semipilhas (Tabela 17.1) não podem ser aplicados.

Além disso, esses potenciais de semipilha representam a magnitude de uma força motriz ou a tendência para que ocorra a reação da semipilha específica. No entanto, embora esses potenciais possam ser usados para determinar as direções da reação espontânea, eles não fornecem nenhuma informação sobre as taxas de corrosão. Ou seja, embora um potencial ΔV calculado para uma situação de corrosão específica empregando a Equação 17.20 possa ser um número positivo relativamente grande, a reação pode ocorrer apenas segundo uma taxa insignificantemente lenta. De uma perspectiva de engenharia, estamos interessados em estimar as taxas segundo as quais os sistemas corroem; isso requer a utilização de outros parâmetros, como discutido a seguir.

taxa de penetração da corrosão (TPC)

Taxa de penetração da corrosão — como uma função da perda de peso da amostra, da massa específica, da *área* e do tempo de exposição

A taxa de corrosão, ou a taxa de remoção de material como uma consequência da ação química, é um importante parâmetro de corrosão. Ela pode ser expressa como a **taxa de penetração da corrosão (TPC)** ou a perda de espessura do material por unidade de tempo. A fórmula para esse cálculo é

$$\text{TPC} = \frac{KW}{\rho At} \qquad (17.23)$$

em que W é a perda de peso após um tempo de exposição t; ρ e A representam, respectivamente, a massa específica e a área exposta da amostra, e K é uma constante cuja magnitude depende do sistema de unidades utilizado. A TPC é expressa convenientemente em termos ou de mils por ano (mpa) ou de milímetros por ano (mm/ano). No primeiro caso, $K = 534$ para fornecer a TPC em mpa (em que 1 mil = 0,001 in) e W, ρ, A e t são especificados em unidades de miligramas, gramas por centímetro cúbico, polegadas quadradas e horas, respectivamente. No segundo caso, $K = 87,6$ para mm/ano e as unidades para os outros parâmetros são as mesmas que para mils por ano, exceto pelo fato de A ser dada em centímetros quadrados. Para a maioria das aplicações, uma taxa de penetração da corrosão de menos de aproximadamente 20 mpa (0,50 mm/ano) é aceitável.

A seguinte tabela é um resumo das unidades para os dois esquemas de taxa de penetração da corrosão:

		Unidades			
Unidades da TPC	*Valor de K*	*W*	ρ	*A*	*t*
mpa	534	mg	g/cm^3	in^2	h
mm/ano	87,6	mg	g/cm^3	cm^2	h

Uma vez que existe uma corrente elétrica associada às reações de corrosão eletroquímicas, também podemos expressar a taxa de corrosão em termos dessa corrente ou, mais especificamente, da densidade de corrente — isto é, da corrente por unidade de área superficial do material que está sendo corroído —, a qual é designada por i. A taxa r, em unidades de $mol/m^2 \cdot s$, é determinada considerando a expressão

> Expressão que relaciona a taxa de corrosão e a densidade de corrente

$$r = \frac{i}{n\mathscr{F}} \tag{17.24}$$

em que, novamente, n é o número de elétrons associados à ionização de cada átomo metálico, enquanto $\mathscr{F}$ vale 96.500 C/mol.

17.4 ESTIMATIVA DAS TAXAS DE CORROSÃO

Polarização

Considere a pilha eletroquímica padrão Zn/H_2 mostrada na Figura 17.5, colocada em curto-circuito tal que ocorra a oxidação do zinco e a redução do hidrogênio nas respectivas superfícies de seus eletrodos. Os potenciais dos dois eletrodos não estão nos valores determinados pela Tabela 17.1, pois agora o sistema não está em equilíbrio. O deslocamento de cada potencial de eletrodo do seu valor de equilíbrio é denominado **polarização**, e a magnitude desse deslocamento é a *sobrevoltagem* (*sobretensão* ou *sobrepotencial*), representada normalmente pelo símbolo η. A sobrevoltagem é expressa em termos de mais ou menos volts (ou milivolts) em relação ao potencial de equilíbrio. Por exemplo, suponha que o eletrodo de zinco na Figura 17.5 tenha um potencial de –0,621 V após ter sido conectado ao eletrodo de platina. O potencial de equilíbrio é de –0,763 V (Tabela 17.1) e, portanto,

> polarização

$$\eta = -0,621 \text{ V} - (-0,763 \text{ V}) = +0,142 \text{ V}$$

Existem dois tipos de polarização — ativação e concentração. Discutiremos agora os seus mecanismos, pois eles controlam a taxa das reações eletroquímicas.

Polarização por Ativação

Todas as reações eletroquímicas consistem em uma sequência de etapas que ocorrem em série na interface entre o eletrodo metálico e a solução eletrolítica. A **polarização por ativação** refere-se à condição na qual a taxa de reação é controlada pela etapa na série que ocorre à taxa mais lenta. O termo *ativação* é aplicado a esse tipo de polarização, pois uma barreira de energia de ativação está associada a essa etapa mais lenta, que limita a taxa de reação.

> polarização por ativação

Para ilustrar, vamos considerar a redução de íons hidrogênio para formar bolhas de gás hidrogênio sobre a superfície de um eletrodo de zinco (Figura 17.6). É concebível que essa reação possa prosseguir de acordo com a seguinte sequência de etapas:

1. Migração de íons hidrogênio da solução para a superfície do zinco e adsorção sobre a superfície do zinco.
2. Movimento de elétrons para a interface.

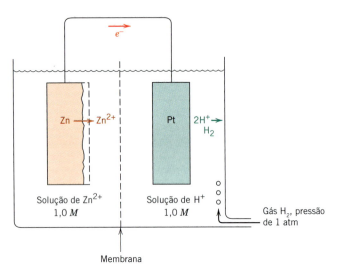

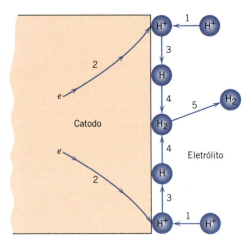

Figura 17.5 Pilha eletroquímica que consiste em eletrodos padrão de zinco e de hidrogênio colocados em curto-circuito.

Figura 17.6 Representação esquemática de possíveis etapas na reação de redução do hidrogênio, cuja taxa é controlada pela polarização por ativação. (De FLINN, Richard A. e TROJAN, Paul K. *Engineering Materials and Their Applications*, 4ª ed. John Wiley and Sons, Inc., 1990, S-18, Figura 18.7.)

3. Transferência de elétrons do zinco para formar um átomo de hidrogênio,

$$H^+ + e^- \longrightarrow H$$

4. Combinação de dois átomos de hidrogênio para formar uma molécula de hidrogênio,

$$2H \longrightarrow H_2$$

5. A coalescência de muitas moléculas de hidrogênio para formar uma bolha.

A mais lenta dessas etapas determina a taxa global da reação.

Para a polarização por ativação, a relação entre a sobrevoltagem η_a e a densidade de corrente i é

> A relação entre a sobrevoltagem e a densidade de corrente para a polarização por ativação

$$\eta_a = \pm \beta \log \frac{i}{i_0} \qquad (17.25)$$

em que β e i_0 são constantes para a semipilha específica. O parâmetro i_0 é denominado *densidade de corrente de troca* e merece uma explicação sucinta. O equilíbrio para uma reação de semipilha específica é realmente um estado dinâmico a nível atômico — isto é, os processos de oxidação e de redução estão ocorrendo, porém ambos à mesma taxa, tal que não existe uma reação líquida resultante. Por exemplo, para a pilha padrão de hidrogênio (Figura 17.4), a redução dos íons hidrogênio que estão em solução ocorrerá na superfície do eletrodo de platina, de acordo com

$$2H^+ + 2e^- \longrightarrow H_2$$

com uma taxa correspondente de r_{red}. De maneira semelhante, o gás hidrogênio na solução sofre oxidação conforme

$$M \longrightarrow M^{2+} + 2e^-$$

a uma taxa de r_{oxid}. O equilíbrio existe quando

$$r_{red} = r_{oxid}$$

Essa densidade de corrente de troca é simplesmente a densidade de corrente da Equação 17.24 em equilíbrio, ou seja,

> Igualdade das taxas de oxidação e de redução em condições de equilíbrio e as suas relações com a densidade de corrente de troca

$$r_{red} = r_{oxid} = \frac{i_0}{n\mathscr{F}} \qquad (17.26)$$

Figura 17.7 Gráfico da sobrevoltagem da polarização por ativação em função do logaritmo da densidade de corrente para as reações de oxidação e de redução para um eletrodo de hidrogênio.

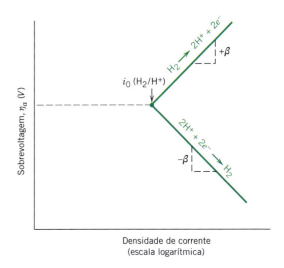

O emprego do termo *densidade de corrente* para i_0 é um pouco enganoso, uma vez que não existe nenhuma corrente resultante. Além disso, o valor para i_0 é determinado experimentalmente e varia de sistema para sistema.

De acordo com a Equação 17.25, quando a sobrevoltagem é traçada como uma função do logaritmo da densidade de corrente, tem-se como resultado segmentos de retas; eles são mostrados na Figura 17.7 para o eletrodo de hidrogênio. O segmento de reta com uma inclinação de $+\beta$ corresponde à semirreação de oxidação, enquanto a reta com uma inclinação de $-\beta$ corresponde à semirreação de redução. Também é importante observar que ambos os segmentos de reta têm origem em i_0 (H_2/H^+), a densidade de corrente de troca, e em uma sobrevoltagem de zero, uma vez que nesse ponto o sistema está em equilíbrio e não há nenhuma reação resultante.

Polarização por Concentração

polarização por concentração

A **polarização por concentração** existe quando a taxa da reação está limitada pela difusão na solução. Por exemplo, considere novamente a reação de redução com liberação de hidrogênio. Quando a taxa da reação é baixa e/ou a concentração de íons H^+ é alta, existe sempre um suprimento adequado de íons hidrogênio disponível na solução na região próxima à interface do eletrodo (Figura 17.8*a*). Entretanto, quando as taxas são elevadas e/ou a concentração de íons H^+ é baixa, pode haver formação de uma zona com escassez de íons hidrogênio na vizinhança da interface, uma vez que os íons H^+ não são repostos segundo uma taxa suficiente para manter a reação (Figura 17.8*b*). Dessa forma, a difusão dos íons H^+ para a interface é o que controla a taxa, e o sistema é dito estar polarizado por concentração.

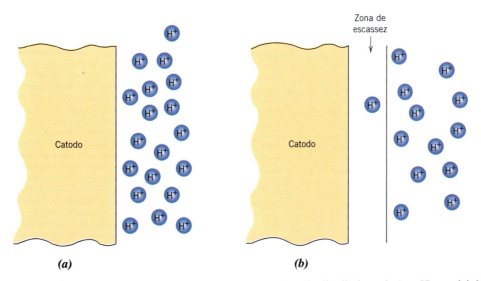

Figura 17.8 Para a redução do hidrogênio, representações esquemáticas da distribuição de íons H^+ na vizinhança do catodo para (*a*) baixas taxas de reação e/ou altas concentrações e (*b*) altas taxas de reação e/ou baixas concentrações, em que há formação de uma zona de escassez que dá origem à polarização por concentração.
(De FLINN, Richard A. e TROJAN, Paul K. *Engineering Materials and Their Applications*, 4th ed. John Wiley and Sons, Inc., 1990, S-17, Figura 18.5.)

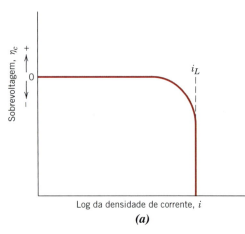 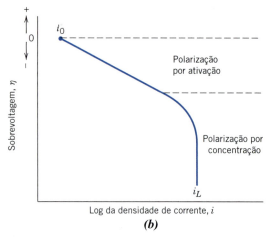

Figura 17.9 Para reações de redução, gráficos esquemáticos da sobrevoltagem em função do logaritmo da densidade de corrente para (*a*) polarização por concentração e (*b*) polarização combinada por ativação e concentração.

Os dados da polarização por concentração também são traçados normalmente como a sobrevoltagem em função do logaritmo da densidade de corrente; um desses gráficos está representado esquematicamente na Figura 17.9*a*.[2] Pode ser observado a partir dessa figura que a sobrevoltagem é independente da densidade de corrente até o valor de *i* se aproximar de i_L; nesse ponto, a magnitude de η_c diminui bruscamente.

Para as reações de redução, a polarização é possível tanto por concentração quanto por ativação. Sob essas circunstâncias, a sobrevoltagem total é simplesmente a soma de ambas as contribuições de sobrevoltagem. A Figura 17.9*b* mostra um gráfico esquemático desse tipo para η em função de log *i*.

✓ ***Verificação de Conceitos 17.3***   Explique sucintamente por que a polarização por concentração em geral não é responsável pelo controle da taxa em reações de oxidação.

[*A resposta está disponível no GEN-IO, ambiente virtual de aprendizagem do GEN.*]

Taxas de Corrosão a partir de Dados de Polarização

Vamos agora aplicar os conceitos desenvolvidos anteriormente para a determinação das taxas de corrosão. Dois tipos de sistemas são discutidos. No primeiro caso, tanto a reação de oxidação quanto a de redução têm suas taxas limitadas pela polarização por ativação. No segundo caso, tanto a polarização por concentração quanto a polarização por ativação controlam a reação de redução, enquanto apenas a polarização por ativação é importante para a oxidação. O primeiro caso será ilustrado considerando a corrosão de um metal divalente hipotético M imerso em uma solução ácida (semelhante à situação para a corrosão do Zn na Figura 17.1). A redução dos íons H⁺ para formar bolhas de H_2 gasoso ocorre na superfície do metal M, de acordo com a reação 17.3,

$$2H^+ + 2e^- \longrightarrow H_2$$

---

[2] A expressão matemática que relaciona a sobrevoltagem da polarização por concentração η_c com a densidade de corrente *i* é

A relação entre a sobrevoltagem e a densidade de corrente para a polarização por concentração

$$\eta_c = \frac{2{,}3RT}{n\mathcal{F}} \log\left(1 - \frac{i}{i_L}\right) \tag{17.27}$$

em que *R* e *T* são, respectivamente, a constante dos gases e a temperatura absoluta, *n* e $\mathcal{F}$ têm os mesmos significados dados anteriormente e i_L é a densidade de corrente limite para a difusão.

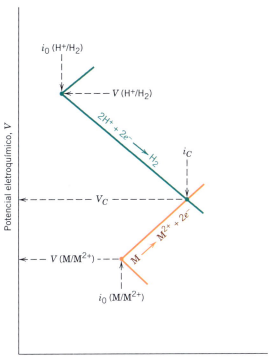

Figura 17.10 Diagrama esquemático do comportamento cinético de eletrodo para um metal M em uma solução ácida; tanto a reação de oxidação quanto a reação de redução têm sua taxa limitada pela polarização por ativação.

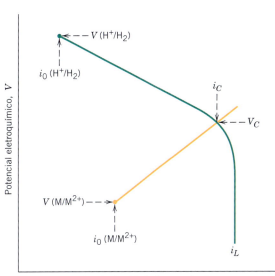

Figura 17.11 Diagrama esquemático do comportamento cinético de eletrodo para um metal M; a reação de redução está sob o controle combinado de polarização por ativação e polarização por concentração.

e o metal M oxida de uma maneira semelhante ao zinco conforme indicado na reação 17.8,

$$M \longrightarrow M^{2+} + 2e^-$$

Não pode haver nenhum acúmulo resultante de cargas a partir dessas duas reações; isto é, todos os elétrons gerados pela reação 17.8 devem ser consumidos pela reação 17.3, o que significa dizer que as taxas de oxidação e de redução devem ser iguais.

A polarização por ativação para ambas as reações está expressa graficamente na Figura 17.10, na forma do potencial de eletrodo em relação ao eletrodo padrão de hidrogênio (sem sobrevoltagem) em função do logaritmo da densidade de corrente.[3] Os potenciais das semipilhas de hidrogênio e do metal M quando não estão acopladas, $V(H^+/H_2)$ e $V(M/M^{2+})$, respectivamente, estão indicados, junto com suas respectivas densidades de corrente de troca, $i_0(H^+/H_2)$ e $i_0(M/M^{2+})$. São mostrados segmentos de reta para a redução do hidrogênio e a oxidação do metal M. Com a imersão, tanto o hidrogênio quanto o metal M apresentam polarização por ativação ao longo de suas respectivas linhas. Além disso, as taxas de oxidação e de redução devem ser iguais, como já explicado, o que só é possível na interseção dos dois segmentos de linha; essa interseção ocorre no potencial de corrosão, designado por V_C, e na densidade de corrente de corrosão, i_C. A taxa de corrosão do metal M (que também corresponde à taxa de liberação de hidrogênio) pode, dessa forma, ser calculada pela colocação desse valor de i_C na Equação 17.24.

O segundo caso de corrosão (polarização por ativação combinada com polarização por concentração para a redução do hidrogênio e polarização por ativação para a oxidação do metal M) é tratado de maneira semelhante. A Figura 17.11 mostra ambas as curvas de polarização; como no caso anterior, o potencial de corrosão e a densidade de corrente de corrosão correspondem ao ponto onde as linhas de oxidação e de redução se cruzam.

---

[3] Os gráficos do potencial eletroquímico em função da densidade de corrente, tais como a Figura 17.10, são às vezes chamados *diagramas de Evans*.

556 • **Capítulo 17**

PROBLEMA-EXEMPLO 17.2

Cálculo da Taxa de Oxidação

O zinco apresenta corrosão em uma solução ácida de acordo com a reação

$$Zn + 2H^+ \longrightarrow Zn^{2+} + H_2$$

As taxas para as semirreações de oxidação e de redução são controladas por polarização por ativação.

(a) Calcule a taxa de oxidação do Zn (em mol/cm² · s) dadas as seguintes informações de polarização por ativação:

Para o Zn	Para o Hidrogênio
$V_{(Zn/Zn^{2+})} = -0,763$ V	$V_{(H^+/H_2)} = 0$ V
$i_0 = 10^{-7}$ A/cm²	$i_0 = 10^{-10}$ A/cm²
$\beta = +0,09$	$\beta = -0,08$

(b) Calcule o valor do potencial de corrosão.

Solução

(a) Para calcular a taxa de oxidação para o Zn é necessário, em primeiro lugar, estabelecer relações na forma da Equação 17.25 para os potenciais das reações de oxidação e de redução. Em seguida, essas duas expressões são igualadas e resolvemos a equação resultante para o valor de i, que é a densidade de corrente de corrosão, i_C. Por fim, a taxa de corrosão pode ser calculada usando a Equação 17.24. As duas expressões para os potenciais são as seguintes: para a redução do hidrogênio,

$$V_H = V_{(H^+/H_2)} + \beta_H \log\left(\frac{i}{i_{0_H}}\right)$$

e, para a oxidação do zinco,

$$V_{Zn} = V_{(Zn/Zn^{2+})} + \beta_{Zn} \log\left(\frac{i}{i_{0_{Zn}}}\right)$$

Agora, colocando $V_H = V_{Zn}$, tem-se

$$V_{(H^+/H_2)} + \beta_H \log\left(\frac{i}{i_{0_H}}\right) = V_{(Zn/Zn^{2+})} + \beta_{Zn} \log\left(\frac{i}{i_{0_{Zn}}}\right)$$

Resolvendo para $\log i$ (isto é, $\log i_C$), obtém-se

$$\log i_C = \left(\frac{1}{\beta_{Zn} - \beta_H}\right)[V_{(H^+/H_2)} - V_{(Zn/Zn^{2+})} - \beta_H \log i_{0_H} + \beta_{Zn} \log i_{0_{Zn}}]$$

$$= \left[\frac{1}{0,09 - (-0,08)}\right][0 - (-0,763) - (-0,08)(\log 10^{-10})$$

$$+ (0,09)(\log 10^{-7})]$$

$$= -3,924$$

ou

$$i_C = 10^{-3,924} = 1,19 \times 10^{-4} \text{ A/cm}^2$$

A partir da Equação 17.24,

$$r = \frac{i_C}{nF}$$

$$= \frac{1,19 \times 10^{-4} \text{ C/s} \cdot \text{cm}^2}{(2)(96.500 \text{ C/mol})} = 6,17 \times 10^{-10} \text{ mol/cm}^2 \cdot \text{s}$$

(b) Agora, torna-se necessário calcular o valor do potencial de corrosão V_C. Isso é possível pelo emprego de qualquer uma das equações anteriores para V_H ou V_{Zn} com a substituição de i pelo valor determinado anteriormente para i_C. Dessa forma, aplicando a expressão para V_H, tem-se

$$V_C = V_{(H^+/H_2)} + \beta_H \log\left(\frac{i_C}{i_{0_H}}\right)$$

$$= 0 + (-0{,}08 \text{ V}) \log\left(\frac{1{,}19 \times 10^{-4} \text{ A/cm}^2}{10^{-10} \text{ A/cm}^2}\right) = -0{,}486 \text{ V}$$

17.5 PASSIVIDADE

passividade

Sob condições ambientais específicas, alguns metais e ligas normalmente ativos perdem sua reatividade química e se tornam extremamente inertes. Esse fenômeno, denominado **passividade**, é exibido pelo cromo, ferro, níquel, titânio e muitas das ligas desses metais. Acredita-se que esse comportamento passivo seja resultante da formação de um filme de óxido muito fino e altamente aderente sobre a superfície do metal, que serve como uma barreira de proteção contra corrosão adicional. Os aços inoxidáveis são altamente resistentes à corrosão em uma grande variedade de atmosferas, como resultado de passivação. Eles contêm pelo menos 11% de cromo, o qual, como um elemento de liga em solução sólida no ferro, minimiza a formação da ferrugem; em vez disso, um filme protetor superficial se forma em atmosferas oxidantes. (Os aços inoxidáveis são suscetíveis à corrosão em alguns ambientes e, portanto, não são sempre "inoxidáveis".) O alumínio é altamente resistente à corrosão em muitos ambientes, pois também sofre passivação. Se danificado, o filme protetor normalmente se refaz muito rápido. No entanto, uma alteração na natureza do ambiente (por exemplo, uma alteração na concentração da espécie corrosiva ativa) pode fazer com que um material passivado reverta para um estado ativo. Um dano subsequente a um filme passivo preexistente pode resultar em um aumento substancial na taxa de corrosão, por um fator de até 100.000 vezes.

Esse fenômeno de passivação pode ser explicado em termos das curvas do potencial de polarização em função do logaritmo da densidade de corrente que foram discutidas na seção anterior. A curva de polarização para um metal que se passiva tem o formato geral mostrado na Figura 17.12. Em valores de potencial relativamente baixos, na região "ativa", o comportamento é linear, como ocorre para os metais normais. Com o aumento do potencial, a densidade de corrente diminui repentinamente para um valor muito baixo, que permanece independente do potencial; essa é a região denominada "passiva". Por fim, em valores de potencial ainda maiores, a densidade de corrente aumenta novamente em função do potencial, na região "transpassiva".

A Figura 17.13 ilustra como um metal pode apresentar comportamento tanto ativo quanto passivo, dependendo do ambiente de corrosão. Está incluída nessa figura a curva de polarização

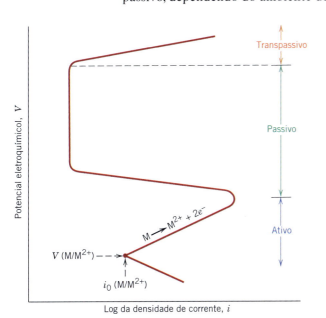

Figura 17.12 Curva esquemática de polarização para um metal que exibe uma transição ativa-passiva.

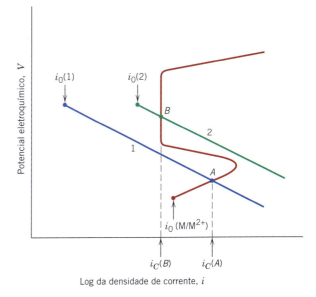

Figura 17.13 Demonstração de como um metal ativo-passivo pode exibir comportamentos à corrosão tanto ativo quanto passivo.

558 • Capítulo 17

para a oxidação, em forma de "S", para um metal ativo-passivo M, além das curvas de polarização para a redução para duas soluções diferentes, identificadas como 1 e 2. A curva 1 intercepta a curva de polarização para a oxidação na região ativa, no ponto A, produzindo uma densidade de corrente de corrosão $i_c(A)$. A interseção da curva 2 no ponto B ocorre na região passiva, em uma densidade de corrente $i_c(B)$. A taxa de corrosão do metal M na solução 1 é maior que na solução 2, uma vez que $i_c(A)$ é maior do que $i_c(B)$, e a taxa de corrosão é proporcional à densidade de corrente de acordo com a Equação 17.24. Essa diferença na taxa de corrosão entre as duas soluções pode ser significativa — de várias ordens de grandeza — considerando-se que a escala da densidade de corrente mostrada na Figura 17.13 é logarítmica.

17.6 EFEITOS DO AMBIENTE

As variáveis no ambiente de corrosão, que incluem velocidade, temperatura e composição do fluido, podem ter uma influência decisiva sobre as propriedades de corrosão dos materiais que estão em contato com esse ambiente. Na maioria das situações, um aumento na velocidade do fluido aumenta a taxa de corrosão devido a efeitos de erosão, como discutido posteriormente neste capítulo. As taxas da maioria das reações químicas aumentam com um aumento da temperatura; isso também é válido para a maioria das situações de corrosão. O aumento da concentração da espécie corrosiva (por exemplo, os íons H^+ nos ácidos) produz, em muitas situações, uma taxa de corrosão mais elevada. No entanto, para os materiais capazes de passivação, o aumento no teor do material corrosivo pode resultar em uma transição ativo-passivo, com uma redução considerável na corrosão.

O trabalho a frio ou uma deformação plástica de metais dúcteis é usado para aumentar a resistência mecânica; entretanto, um metal trabalhado a frio é mais suscetível à corrosão que o mesmo material em um estado recozido. Por exemplo, são empregados processos de deformação para conformar a cabeça e a ponta de um prego; consequentemente, essas posições são anódicas em relação à região da alma. Dessa forma, um trabalho a frio diferencial em uma estrutura deve ser levado em consideração sempre que um ambiente corrosivo puder ser encontrado durante o serviço.

17.7 FORMAS DE CORROSÃO

É conveniente classificar a corrosão de acordo com a maneira como ela se manifesta. A corrosão metálica é às vezes classificada em oito formas diferentes: uniforme, galvânica, em frestas, por pites, intergranular, por lixívia seletiva, erosão-corrosão e corrosão sob tensão. As causas e os meios para prevenção de cada uma dessas formas de corrosão são discutidos sucintamente. Além disso, optamos por discutir nesta seção o tópico da fragilização por hidrogênio. A fragilização por hidrogênio é, em um sentido mais correto, um tipo de falha, em vez de uma forma de corrosão; no entanto, ela é produzida com frequência pelo hidrogênio gerado a partir de reações de corrosão.

Ataque Uniforme

O ataque uniforme é uma forma de corrosão eletroquímica que ocorre com intensidade equivalente ao longo de toda a superfície que está exposta e, com frequência, gera uma incrustação ou um depósito. Do ponto de vista microscópico, as reações de oxidação e de redução ocorrem aleatoriamente sobre a superfície. Alguns exemplos conhecidos incluem a ferrugem generalizada no aço e no ferro, e o escurecimento em pratarias. Essa é provavelmente a forma mais comum de corrosão. Ela é também a menos questionada, uma vez que pode ser prevista e levada em consideração com relativa facilidade nos projetos.

Corrosão Galvânica

corrosão galvânica   A **corrosão galvânica** ocorre quando dois metais ou ligas com composições diferentes são acoplados eletricamente enquanto são expostos a um eletrólito. Esse é o tipo de corrosão ou de dissolução que foi descrito na Seção 17.2. O metal menos nobre, ou mais reativo, naquele ambiente específico sofre corrosão; o metal mais inerte, o catodo, fica protegido contra corrosão. Como exemplos, parafusos de aço corroem quando em contato com latão em um ambiente marinho, e se tubulações de cobre e de aço são unidas em um aquecedor de água doméstico, o aço corrói na vizinhança da junção. Dependendo da natureza da solução, uma ou mais das reações de redução, Equações 17.3 a 17.7, ocorre na superfície do material do catodo. A Figura 17.14 mostra a corrosão galvânica.

Figura 17.14 Fotografia que mostra a corrosão galvânica ao redor da entrada de uma bomba de drenagem de simples estágio encontrada em embarcações pesqueiras. A corrosão ocorreu na interface entre uma carcaça de magnésio e um núcleo de aço ao redor do qual o magnésio foi fundido.

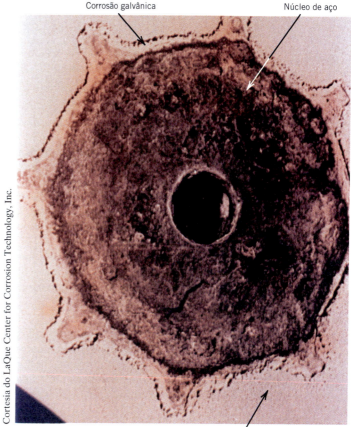

A série galvânica na Tabela 17.2 indica as reatividades relativas na água do mar de inúmeros metais e ligas. Quando duas ligas são unidas na água do mar, aquela localizada mais abaixo na série sofre corrosão. Também é importante observar nessa série que algumas ligas aparecem listadas duas vezes (por exemplo, o níquel e os aços inoxidáveis), em seus estados ativo e passivo.

A taxa do ataque galvânico depende da relação entre as áreas superficiais do anodo e do catodo que estão expostas ao eletrólito, e essa taxa está relacionada diretamente com a razão entre as áreas do catodo e do anodo — isto é, para uma dada área de catodo, um anodo menor corrói mais rapidamente que um anodo maior, uma vez que a taxa de corrosão depende da densidade de corrente (Equação 17.24), a corrente por unidade de área da superfície que está sendo corroída, e não simplesmente da corrente. Dessa forma, para o anodo, uma densidade de corrente elevada resulta quando sua área é pequena em comparação àquela do catodo.

Podem ser tomadas diversas medidas para reduzir significativamente os efeitos da corrosão galvânica, incluindo as seguintes:

1. Se for necessária a junção de metais diferentes, selecione dois metais que estejam próximos um do outro na série galvânica.
2. Evite uma razão desfavorável entre as áreas das superfícies do anodo e do catodo; utilize uma área superficial de anodo que seja tão grande quanto possível.
3. Isole eletricamente os metais diferentes uns dos outros.
4. Conecte eletricamente um terceiro metal com características anódicas em relação aos outros dois; essa é uma forma de *proteção catódica*, que é discutida na Seção 17.9.

Verificação de Conceitos 17.4 **(a)** A partir da série galvânica (Tabela 17.2), cite três metais ou ligas que podem ser usados para proteger galvanicamente o níquel em seu estado ativo.

(b) Às vezes, a corrosão galvânica é prevenida fazendo-se um contato elétrico entre ambos os metais no par e um terceiro metal que seja anódico em relação a esses dois. Considerando a série galvânica, cite um metal que possa ser usado para proteger um par galvânico cobre-alumínio.

> **Verificação de Conceitos 17.5** Cite dois exemplos de uso benéfico da corrosão galvânica. *Sugestão:* um exemplo é citado posteriormente neste capítulo.
>
> [*As respostas estão disponíveis no GEN-IO, ambiente virtual de aprendizagem do GEN.*]

Corrosão em Frestas

A corrosão eletroquímica também pode ocorrer como consequência de diferenças na concentração dos íons ou dos gases dissolvidos na solução eletrolítica e entre duas regiões da mesma peça metálica. Para uma *pilha de concentração* desse tipo, a corrosão ocorre no local que apresenta menor concentração. Um bom exemplo desse tipo de corrosão acontece em frestas e reentrâncias ou sob depósitos de sujeira ou de produtos de corrosão, onde a solução fica estagnada e existe uma exaustão localizada do oxigênio dissolvido. A corrosão que ocorre preferencialmente nessas posições é chamada **corrosão em frestas** (Figura 17.15). A fresta deve ser larga o suficiente para que a solução penetre, porém estreita o suficiente para que haja estagnação; geralmente, a largura da fresta é de vários milésimos de um centímetro.

corrosão em frestas

O mecanismo proposto para a corrosão em frestas está ilustrado na Figura 17.16. Após o oxigênio ter sido exaurido no interior da fresta, ocorre a oxidação do metal nessa posição de acordo com a Equação 17.1. Os elétrons dessa reação eletroquímica são conduzidos através do metal para regiões externas adjacentes, onde são consumidos em reações de redução — mais provavelmente de acordo com a reação 17.5. Em muitos ambientes aquosos, foi observado que a solução no interior da fresta desenvolve elevadas concentrações de íons H^+ e Cl^-, os quais são especialmente corrosivos. Muitas ligas que podem ser passivadas são suscetíveis à corrosão em frestas, pois os filmes protetores são destruídos com frequência pelos íons H^+ e Cl^-.

Figura 17.15 Sobre essa lâmina, que estava imersa na água do mar, ocorreu corrosão em frestas nas regiões que estavam cobertas por arruelas. (Essa fotografia é uma cortesia do LaQue Center for Corrosion Technology, Inc.)

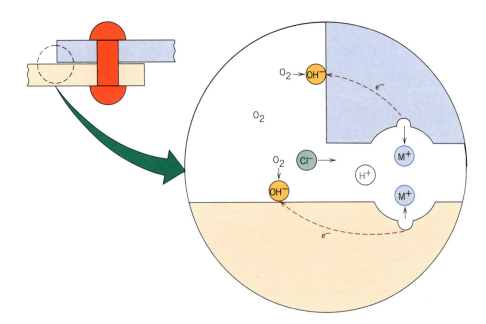

Figura 17.16 Ilustração esquemática do mecanismo da corrosão em frestas entre duas lâminas rebitadas.

A corrosão em frestas pode ser prevenida pelo uso de junções soldadas, em vez de rebitadas ou aparafusadas, pela utilização, sempre que possível, de juntas não absorventes, pela remoção frequente de depósitos acumulados e pelo projeto de vasos de contenção que evitem áreas de estagnação e que garantam uma drenagem completa.

Pites

pite

A corrosão por **pites** é outra forma muito localizada de ataque corrosivo na qual pequenos pites ou buracos se formam. Ordinariamente, eles penetram a partir do topo de uma superfície horizontal para o interior do material, em uma direção quase vertical. Esse é um tipo de corrosão extremamente traiçoeiro, que com frequência permanece sem ser detectado e com uma perda de material muito pequena até ocorrer a falha. Um exemplo de corrosão por pites está ilustrado na Figura 17.17.

O mecanismo para a corrosão por pites é provavelmente o mesmo da corrosão em frestas, no sentido de que a oxidação ocorre no interior do próprio pite, com uma redução complementar na superfície. Supõe-se que a força da gravidade faça com que os pites cresçam para baixo, com a solução na extremidade do pite tornando-se mais concentrada e densa conforme progride o crescimento do pite. Um pite pode ser iniciado por um defeito superficial localizado, tal como um arranhão ou uma pequena variação na composição. Na verdade, foi observado que amostras com superfícies polidas exibem maior resistência à corrosão por pites. Os aços inoxidáveis são razoavelmente suscetíveis a essa forma de corrosão; no entanto, a adição de cerca de 2% de molibdênio aumenta significativamente a resistência desses aços à corrosão.

> **Verificação de Conceitos 17.6** A Equação 17.23 é igualmente válida para as corrosões uniforme e por pites? Por que sim ou por que não?
>
> [*A resposta está disponível no GEN-IO, ambiente virtual de aprendizagem do GEN.*]

Corrosão Intergranular

corrosão intergranular

Como o nome sugere, a **corrosão intergranular** ocorre preferencialmente ao longo dos contornos de grão para algumas ligas e em ambientes específicos. O resultado final desse processo é uma amostra macroscópica que se desintegra ao longo dos seus contornos de grão. Esse tipo de corrosão ocorre, sobretudo, em alguns aços inoxidáveis. Quando aquecidas a temperaturas entre 500°C e 800°C (950°F e 1450°F) durante períodos de tempo suficientemente longos, essas ligas tornam-se sensíveis ao ataque intergranular. Acredita-se que esse tratamento térmico permita a formação de pequenas partículas de precipitados de carbeto de cromo ($Cr_{23}C_6$) pela reação entre o cromo e o carbono no aço inoxidável. Essas partículas se formam ao longo dos contornos de grão, como está ilustrado na Figura 17.18. Tanto o cromo quanto o carbono devem difundir-se até os contornos de grão para formar os precipitados, o que deixa uma zona pobre em cromo adjacente ao contorno de grão. Como consequência, essa região do contorno de grão fica então altamente suscetível à corrosão.

Figura 17.17 Pites na superfície de um tubo em aço inoxidável 316L causados por uma solução de fosfato.
(Essa fotografia é uma cortesia de Rick Adler/Adler Engineering LLC de Wyoming, EUA.)

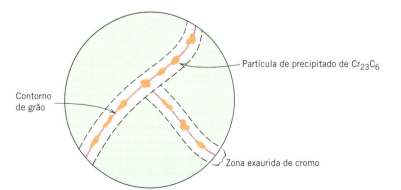

Figura 17.18 Ilustração esquemática de partículas de carbeto de cromo que se precipitaram ao longo dos contornos de grão no aço inoxidável, e as respectivas zonas exauridas de cromo.

Figura 17.19 Degradação da solda em um aço inoxidável. As regiões ao longo das quais as ranhuras se formaram foram sensibilizadas conforme a solda esfriava.
(De UHLIG, H. H. e REVIE, R. W. *Corrosion and Corrosion Control*, 3ª ed., Fig. 2, p. 307. Copyright © 1985 por John Wiley & Sons, Inc. Reimpressa sob permissão de John Wiley & Sons, Inc.)

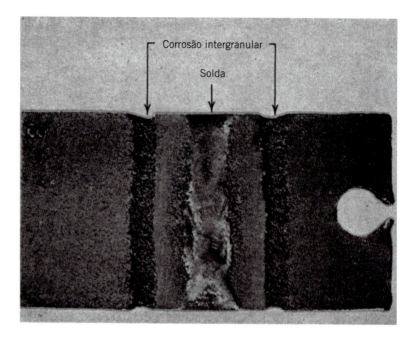

degradação da solda

A corrosão intergranular é um problema especialmente severo na soldagem de aços inoxidáveis, e com frequência é denominada **degradação da solda** (*weld decay*) ou **corrosão em torno do cordão de solda**. A Figura 17.19 mostra esse tipo de corrosão intergranular.

Os aços inoxidáveis podem ser protegidos contra a corrosão intergranular pelas seguintes medidas: (1) submetendo o material sensibilizado a um tratamento térmico em temperatura elevada em que todas as partículas de carbeto de cromo são redissolvidas; (2) reduzindo o teor de carbono abaixo de 0,03%p C, de modo que a formação de carbeto seja mínima; e (3) ligando o aço inoxidável com outro metal, tal como o nióbio ou titânio, que apresente maior tendência a formar carbetos que o cromo, de modo que o Cr permaneça em solução sólida.

Lixívia Seletiva

lixívia seletiva

A **lixívia ou corrosão seletiva** é encontrada em ligas por solução sólida e ocorre quando um elemento ou constituinte é removido preferencialmente como consequência de processos de corrosão. O exemplo mais comum é a dezincificação do latão, em que o zinco é lixiviado seletivamente de um latão (liga cobre-zinco). As propriedades mecânicas da liga ficam significativamente comprometidas, uma vez que apenas uma massa porosa de cobre permanece na região que foi dezincificada. Além disso, o material muda de uma coloração amarela para avermelhada ou semelhante à do cobre. A lixívia seletiva também pode ocorrer com outros sistemas de ligas nos quais alumínio, ferro, cobalto, cromo e outros elementos estão vulneráveis a uma remoção preferencial.

Erosão-Corrosão

erosão-corrosão

A **erosão-corrosão** surge da ação combinada de um ataque químico e da abrasão ou desgaste mecânico causado pelo movimento de um fluido. Virtualmente todas as ligas metálicas, em maior ou menor grau, são suscetíveis à erosão-corrosão. Ela é especialmente prejudicial para as ligas que são passivadas pela formação de um filme superficial protetor; a ação abrasiva pode erodir esse filme, deixando exposta uma superfície nua do metal. Se o revestimento não for capaz de se refazer de maneira rápida e contínua para recompor a barreira protetora, a corrosão pode ser severa. Os metais relativamente dúcteis, tais como o cobre e o chumbo, também são sensíveis a essa forma de ataque. Em geral, esse tipo de ataque pode ser identificado pela presença de ranhuras e ondulações superficiais, com contornos que são característicos do escoamento de um fluido.

A natureza do fluido pode ter forte influência sobre o comportamento da corrosão. O aumento da velocidade do fluido geralmente aumenta a taxa de corrosão. Além disso, uma solução é mais erosiva quando estão presentes bolhas e partículas sólidas em suspensão.

A erosão-corrosão é encontrada com frequência em tubulações, principalmente em curvas, cotovelos e mudanças bruscas no diâmetro da tubulação — posições nas quais o fluido muda de direção ou o escoamento torna-se repentinamente turbulento. Rotores, palhetas de turbinas, válvulas e bombas também são suscetíveis a essa forma de corrosão. A Figura 17.20 ilustra a falha por erosão-corrosão em uma conexão em curva.

Figura 17.20 Falha por erosão-corrosão de uma curva que fazia parte de uma linha de condensado de vapor. (Esta fotografia é uma cortesia de Mars G. Fontana. De FONTANA, M. G. *Corrosion Engineering*, 3ª ed. Copyright © 1986 por McGraw-Hill Book Company. Reproduzida sob permissão.)

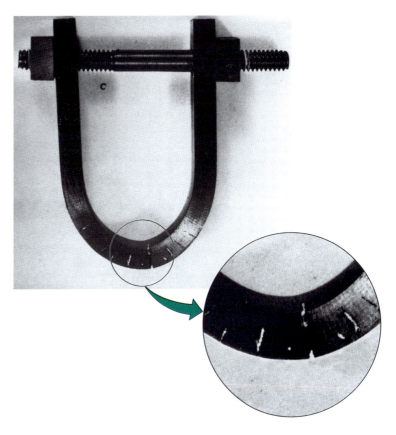

Figura 17.21 Uma barra de aço dobrada na forma de uma ferradura usando um conjunto de porca e parafuso. Enquanto imersa em água do mar, trincas de corrosão sob tensão se formaram ao longo da dobra naquelas regiões onde as tensões de tração eram maiores. (Esta fotografia é uma cortesia de F. L. LaQue. De LAQUE, F. L. *Marine Corrosion, Causes and Prevention*. Copyright © 1975 por John Wiley & Sons, Inc. Reimpressa sob permissão de John Wiley & Sons, Inc.)

Uma das melhores maneiras de se reduzir a erosão-corrosão consiste em modificar o projeto para eliminar os efeitos da turbulência e da colisão do fluido. Também podem ser utilizados outros materiais que sejam inerentemente resistentes à erosão. Além disso, a remoção de partículas e bolhas da solução reduz a capacidade dessa solução causar erosão.

Corrosão sob Tensão

corrosão sob tensão

A **corrosão sob tensão**, às vezes denominada *corrosão sob tensão fraturante* ou *trincamento por corrosão sob tensão*, resulta da ação combinada de uma tensão de tração e de um ambiente corrosivo; ambas as influências são necessárias. De fato, alguns materiais virtualmente inertes em um meio corrosivo específico tornam-se suscetíveis a essa forma de corrosão quando uma tensão é aplicada. Pequenas trincas se formam e então se propagam em uma direção perpendicular à da tensão (Figura 17.21), com o resultado de que pode acabar ocorrendo uma falha. O comportamento ao ocorrer a falha é característico daquele exibido por um material frágil, apesar de a liga metálica poder ser intrinsecamente dúctil. Além disso, as trincas podem se formar sob níveis de tensão relativamente baixos, significativamente menores que o limite de resistência à tração. A maioria das ligas é suscetível à corrosão sob tensão em ambientes específicos, especialmente sob níveis de tensão moderados. Por exemplo, a maioria dos aços inoxidáveis corrói sob tensão em soluções que contêm íons cloreto, enquanto os latões são especialmente vulneráveis quando expostos à amônia. A Figura 17.22 é uma fotomicrografia que mostra um exemplo de trincamento intergranular devido à corrosão sob tensão no latão.

A tensão que produz o trincamento por corrosão sob tensão não precisa ser aplicada externamente; ela pode ser uma tensão residual que resulte de variações rápidas na temperatura e de uma contração desigual, ou, no caso das ligas bifásicas, nas quais cada fase possua um coeficiente de expansão diferente. Além disso, os produtos de corrosão sólidos e gasosos que ficam presos internamente podem dar origem a tensões internas.

Figura 17.22 Fotomicrografia que mostra o trincamento devido à corrosão sob tensão intergranular no latão.
(De UHLIG, H. H. e REVIE, R. W. *Corrosion and Corrosion Control*, 3ª ed., Fig. 5, p. 335. Copyright 1985 por John Wiley & Sons, Inc. Reimpressa sob permissão de John Wiley & Sons, Inc.)

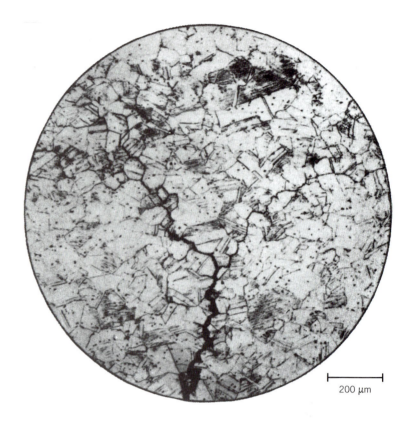

Provavelmente, a melhor medida a ser tomada para reduzir ou eliminar por completo a corrosão sob tensão seja diminuir a magnitude da tensão. Isso pode ser obtido pela redução da carga externa ou pelo aumento da área da seção transversal perpendicular à tensão aplicada. Além disso, um tratamento térmico apropriado pode ser usado para recozer e assim eliminar quaisquer tensões térmicas residuais.

Fragilização por Hidrogênio

fragilização por hidrogênio

Várias ligas metálicas, especificamente alguns aços, apresentam uma redução significativa na ductilidade e no limite de resistência à tração quando o hidrogênio atômico (H) penetra no material. Esse fenômeno é chamado apropriadamente de **fragilização por hidrogênio**; os termos *trincamento induzido pelo hidrogênio* e *trincamento sob tensão devido ao hidrogênio* também são por vezes empregados. Em termos objetivos, a fragilização por hidrogênio é um tipo de falha; em resposta a tensões de tração, aplicadas ou residuais, ocorre uma fratura frágil catastrófica conforme as trincas crescem e se propagam rapidamente. O hidrogênio em sua forma atômica (H, em contraste com sua forma molecular, H_2) difunde-se intersticialmente através da rede cristalina, e concentrações tão pequenas quanto algumas partes por milhão podem levar a um trincamento. Além disso, as trincas induzidas pelo hidrogênio são mais frequentemente transgranulares, embora sejam observadas fraturas intergranulares em alguns sistemas de ligas. Diversos mecanismos foram propostos para explicar a fragilização pelo hidrogênio; a maioria desses mecanismos se baseia na interferência ao movimento de discordâncias pelo hidrogênio dissolvido.

A fragilização por hidrogênio é semelhante à corrosão sob tensão, no sentido de que um metal normalmente dúctil apresenta uma fratura frágil quando exposto tanto a uma tensão de tração quanto a uma atmosfera corrosiva. No entanto, esses dois fenômenos podem ser distinguidos com base nas suas interações com correntes elétricas aplicadas. Enquanto a proteção catódica (Seção 17.9) reduz ou causa a interrupção da corrosão sob tensão, ela pode levar à iniciação ou a aumento na fragilização por hidrogênio.

Para que ocorra a fragilização por hidrogênio, alguma fonte de hidrogênio deve estar presente e, além disso, deve haver a possibilidade de formação de sua espécie atômica. Algumas situações em que essas condições são encontradas incluem as seguintes: decapagem[4] de aços em ácido sulfúrico,

---

[4] A *decapagem* é um procedimento aplicado para remover incrustações superficiais de óxidos em peças de aço, pela imersão dessas peças em um tanque contendo ácido sulfúrico ou ácido clorídrico diluído e quente.

eletrodeposição, e presença de atmosferas que contêm hidrogênio (incluindo o vapor d'água) em temperaturas elevadas, tal como ocorre durante a soldagem ou em tratamentos térmicos. Além disso, a presença de compostos denominados *venenos*, tais como os compostos à base de enxofre (isto é, H_2S) e arsênio, acelera a fragilização por hidrogênio; essas substâncias retardam a formação do hidrogênio molecular e, dessa maneira, aumentam o tempo de residência do hidrogênio atômico sobre a superfície do metal. O sulfeto de hidrogênio, provavelmente o veneno mais agressivo, é encontrado em fluidos de petróleo, no gás natural, em salmouras de poços de petróleo e em fluidos geotérmicos.

Os aços de alta resistência são suscetíveis à fragilização por hidrogênio, e uma maior resistência tende a aumentar a suscetibilidade do material. Os aços martensíticos são especialmente vulneráveis a esse tipo de falha; os aços bainíticos, ferríticos e globulizados são mais resistentes. Além disso, as ligas CFC (aços inoxidáveis austeníticos e as ligas de cobre, alumínio e níquel) são relativamente resistentes à fragilização por hidrogênio, sobretudo devido às suas ductilidades inerentemente elevadas. No entanto, o endurecimento por deformação dessas ligas aumenta a suscetibilidade à fragilização.

Algumas das técnicas comumente empregadas para reduzir a probabilidade de ocorrer fragilização por hidrogênio incluem a diminuição do limite de resistência à tração da liga mediante um tratamento térmico, a remoção da fonte de hidrogênio, o "cozimento" da liga em uma temperatura elevada para eliminar qualquer hidrogênio dissolvido e a substituição por uma liga mais resistente à fragilização.

17.8 AMBIENTES DE CORROSÃO

Os ambientes corrosivos incluem a atmosfera, soluções aquosas, solos, ácidos, bases, solventes inorgânicos, sais fundidos, metais líquidos e, por fim, mas não menos importante, o corpo humano. Em uma base ponderada, a corrosão atmosférica é responsável pelas maiores perdas. A umidade contendo oxigênio dissolvido é o principal agente corrosivo, mas outras substâncias, incluindo compostos à base de enxofre e o cloreto de sódio, também podem contribuir. Isso é especialmente verdadeiro em atmosferas marinhas, altamente corrosivas devido à presença do cloreto de sódio. Soluções de ácido sulfúrico diluído (chuva ácida) em ambientes industriais também podem causar problemas de corrosão. Os metais comumente utilizados em aplicações atmosféricas incluem as ligas de alumínio e de cobre, e o aço galvanizado.

Os ambientes aquosos também podem apresentar uma variedade de composições e de características de corrosão. A água doce contém normalmente oxigênio dissolvido, assim como minerais, vários dos quais são responsáveis pela dureza da água. A água do mar contém cerca de 3,5% de sal (predominantemente cloreto de sódio), assim como alguns minerais e matéria orgânica. A água do mar é, em geral, mais corrosiva que a água doce, produzindo com frequência as corrosões por pites e em frestas. Ferro fundido, aço, alumínio, cobre, latão e alguns aços inoxidáveis são, em geral, adequados para o uso em água doce, enquanto titânio, latão, alguns bronzes, ligas cobre-níquel e ligas níquel-cromo-molibdênio são altamente resistentes à corrosão em água do mar.

Os solos apresentam ampla variedade de composições e suscetibilidades à corrosão. As variáveis de composição incluem a umidade, o teor de oxigênio, o teor de sais, a alcalinidade e a acidez, assim como a presença de várias formas de bactérias. O ferro fundido e os aços-carbono comuns, tanto com ou sem revestimentos superficiais de proteção, são os materiais mais econômicos para estruturas subterrâneas.

Como existem muitos ácidos, bases e solventes orgânicos, não é feita nenhuma tentativa de discutir essas soluções neste texto. Estão disponíveis boas referências que tratam detalhadamente desses tópicos.

17.9 PREVENÇÃO DA CORROSÃO

Alguns métodos de prevenção da corrosão foram tratados na abordagem das oito formas de corrosão; no entanto, apenas as medidas específicas para cada um dos vários tipos de corrosão foram discutidas. Agora, são apresentadas algumas técnicas mais gerais; essas incluem a seleção de materiais, a alteração do ambiente, o projeto, os revestimentos e a proteção catódica.

Talvez a forma mais comum e mais fácil para prevenir a corrosão seja por meio de uma seleção criteriosa dos materiais após o ambiente corrosivo ter sido caracterizado. As referências padrão sobre corrosão são úteis nesse sentido. Em tal caso, o custo pode ser um fator significativo. Nem sempre é economicamente viável empregar o material que proporciona a resistência ótima à corrosão; às vezes, ou outra liga e/ou alguma outra medida deve ser empregada.

A mudança na natureza do ambiente, se possível, também pode influenciar significativamente a corrosão. A redução na temperatura do fluido e/ou da sua velocidade produz geralmente uma redução da taxa na qual a corrosão ocorre. Com frequência, um aumento ou uma diminuição na concentração de alguma espécie na solução terá um efeito positivo; por exemplo, o metal pode apresentar passivação.

566 • **Capítulo 17**

inibidor

Os **inibidores** são substâncias que, quando adicionadas ao ambiente em concentrações relativamente baixas, diminuem sua corrosividade. O inibidor específico depende tanto da liga quanto do ambiente corrosivo. Vários mecanismos podem ser responsáveis pela eficácia dos inibidores. Alguns reagem e virtualmente eliminam uma espécie quimicamente ativa presente na solução (tal como o oxigênio dissolvido). Outras moléculas de inibidores se fixam à superfície que está sendo corroída e interferem, ou com a reação de oxidação ou com a reação de redução, ou formam um revestimento protetor muito fino. Os inibidores são usados normalmente em sistemas fechados, tais como os radiadores de automóveis e caldeiras de vapor.

Vários aspectos relacionados com considerações de projeto já foram discutidos, especialmente em relação às corrosões galvânica e em frestas e à erosão-corrosão. Além disso, o projeto deve permitir uma drenagem completa no caso de uma parada, além de uma fácil lavagem. Como o oxigênio dissolvido pode aumentar a ação corrosiva de muitas soluções, o projeto deve, se possível, incluir recursos para exclusão do ar.

Barreiras físicas à corrosão são aplicadas sobre as superfícies na forma de filmes e revestimentos. Uma grande diversidade de materiais de revestimento, metálicos e não metálicos, está disponível. É essencial que o revestimento mantenha alto grau de adesão à superfície, o que sem dúvida requer um tratamento da superfície anterior à aplicação. Na maioria dos casos, o revestimento deve ser virtualmente não reativo no ambiente corrosivo e resistente a danos mecânicos que exponham o metal nu ao ambiente corrosivo. Todos os três tipos de materiais — metais, cerâmicas e polímeros — são empregados como revestimentos para os metais.

Proteção Catódica

proteção catódica

Um dos meios mais eficazes para a prevenção da corrosão é a **proteção catódica**; ela pode ser usada para prevenir todas as oito diferentes formas de corrosão discutidas anteriormente e pode, em algumas situações, interromper por completo a corrosão. De novo, a oxidação ou a corrosão de um metal M ocorre segundo a reação geral 17.1,

Reação de
oxidação para
o metal M

$$M \longrightarrow M^{n+} + ne^-$$

A proteção catódica envolve simplesmente o suprimento, a partir de uma fonte externa, de elétrons para o metal a ser protegido, tornando-o um catodo; a reação anterior é, dessa forma, forçada a prosseguir na direção inversa (ou de redução).

Outra técnica de proteção catódica emprega um par galvânico: o metal a ser protegido é conectado eletricamente a outro metal que é mais reativo naquele ambiente específico. Esse último metal apresenta oxidação e, ao ceder elétrons, protege o primeiro metal contra corrosão. O metal oxidado é **anodo de sacrifício** chamado com frequência de **anodo de sacrifício**, e o magnésio e o zinco são comumente usados para essa finalidade, visto que estão localizados na extremidade anódica da série galvânica. Essa forma de proteção galvânica, para estruturas enterradas no solo, está ilustrada na Figura 17.23a.

O processo de *galvanização* é simplesmente aquele no qual uma camada de zinco é aplicada sobre a superfície do aço por imersão a quente. Na atmosfera e na maioria dos ambientes aquosos, o zinco é anódico e, dessa forma, protegerá catodicamente o aço se houver qualquer dano superficial (Figura 17.24). Qualquer corrosão do revestimento de zinco prosseguirá a uma taxa extremamente lenta, pois a razão entre as áreas das superfícies do anodo e do catodo é bastante grande.

Em outro método de proteção catódica, a fonte dos elétrons é uma corrente imposta a partir de uma fonte de energia externa de corrente contínua, como está representado na Figura 17.23b para um tanque subterrâneo. O terminal negativo da fonte de energia está conectado à estrutura a ser protegida. O outro terminal está ligado a um anodo inerte (comumente grafita), o qual, nesse caso, está enterrado no solo; um material de aterro de alta condutividade proporciona um bom contato elétrico entre o anodo e o solo ao seu redor. Existe um percurso de corrente entre o catodo e o anodo através do solo, completando o circuito elétrico. A proteção catódica é especialmente útil na prevenção da corrosão em aquecedores de água, tubulações e tanques subterrâneos e equipamentos marinhos.

Verificação de Conceitos 17.7 As latas de estanho são feitas a partir de um aço cujo interior está revestido com uma fina camada de estanho. O estanho protege o aço contra a corrosão causada pelos produtos alimentícios da mesma maneira que o zinco protege o aço contra a corrosão atmosférica. Explique sucintamente como é possível essa proteção catódica nas latas de estanho, uma vez que o estanho é eletroquimicamente menos ativo que o aço na série galvânica (Tabela 17.2).

[*A resposta está disponível no GEN-IO, ambiente virtual de aprendizagem do GEN.*]

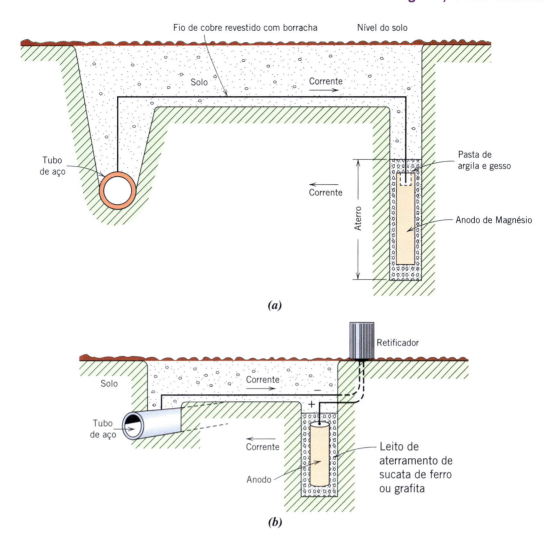

Figura 17.23 Proteção catódica de tubulações subterrâneas usando (*a*) um anodo de sacrifício de magnésio e (*b*) uma corrente impressa.
(De UHLIG, Herbert H. e REVIE, R. Winston. *Corrosion and Corrosion Control*, 3ª ed. John Wiley & Sons, Inc., 1985, pp. 219-220, Figuras 1 e 2.)

Figura 17.24 Proteção galvânica do aço proporcionada por um revestimento de zinco.

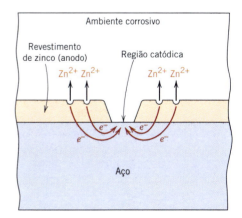

17.10 OXIDAÇÃO

A discussão da Seção 17.2 tratou da corrosão dos materiais metálicos em termos das reações eletroquímicas que ocorrem em soluções aquosas. Além disso, a oxidação das ligas metálicas também pode ocorrer em atmosferas gasosas, normalmente ao ar, onde uma camada de óxido ou incrustação se forma sobre a superfície do metal. Esse fenômeno é denominado com frequência *incrustação*, *deslustre* (*tarnishing*) ou *corrosão seca*. Nesta seção, discutimos possíveis mecanismos para esse tipo de corrosão, os tipos de camadas de óxidos que podem se formar e a cinética da formação dos óxidos.

Mecanismos

Como ocorre com a corrosão em meio aquoso, o processo de formação de uma camada de óxido é um processo eletroquímico, o qual pode ser expresso, para um metal divalente M, através da seguinte reação:[5]

$$M + \tfrac{1}{2}O_2 \longrightarrow MO \qquad (17.28)$$

A reação anterior consiste em semirreações de oxidação e de redução. A primeira, com a formação de íons metálicos,

$$M \longrightarrow M^{2+} + 2e^- \qquad (17.30)$$

ocorre na interface metal-incrustação. A semirreação de redução produz íons oxigênio da seguinte maneira:

$$\tfrac{1}{2}O_2 + 2e^- \longrightarrow O^{2-} \qquad (17.31)$$

e ocorre na interface incrustação-gás. Uma representação esquemática desse sistema metal-incrustação-gás é mostrada na Figura 17.25.

Para que a camada de óxido aumente em espessura de acordo com a Equação 17.28, é necessário que elétrons sejam conduzidos até a interface incrustação-gás, onde ocorre a reação de redução; além disso, os íons M^{2+} devem difundir para longe da interface metal-incrustação e/ou os íons O^{2-} devem difundir em direção a essa mesma interface (Figura 17.25).[6] Dessa forma, a incrustação de óxido serve tanto como um eletrólito através do qual os íons se difundem quanto como um circuito elétrico para a passagem dos elétrons. Além disso, a incrustação pode proteger o metal contra uma oxidação rápida, quando atua como uma barreira à difusão iônica e/ou à condução elétrica; a maioria dos óxidos metálicos é um forte isolante elétrico.

Tipos de Incrustação (Películas de Óxidos)

A taxa de oxidação (isto é, a taxa de aumento da espessura do filme) e a tendência do filme em proteger o metal contra uma oxidação adicional estão relacionadas com os volumes relativos do óxido e do metal.

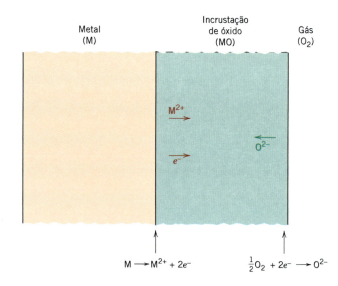

Figura 17.25 Representação esquemática dos processos envolvidos na oxidação por gases sobre uma superfície metálica.

---

[5]Para metais que não sejam divalentes, essa reação pode ser expressa como

$$aM + \frac{b}{2}O_2 \longrightarrow M_aO_b \qquad (17.29)$$

[6]Alternativamente, buracos eletrônicos (Seção 18.10) e lacunas podem difundir-se em vez dos elétrons e íons.

Corrosão e Degradação dos Materiais • **569**

Tabela 17.3 Razões de Pilling-Bedworth para uma Variedade de Metais/Óxidos Metálicos[a]

Protetor			Não Protetor		
Metal	*Óxido*	*Razão P–B*	*Metal*	*Óxido*	*Razão P–B*
Al	Al_2O_3	1,29	K	K_2O	0,46
Cu	Cu_2O	1,68	Li	Li_2O	0,57
Ni	NiO	1,69	Na	Na_2O	0,58
Fe	FeO	1,69	Ca	CaO	0,65
Be	BeO	1,71	Ag	AgO	1,61
Co	CoO	1,75	Ti	TiO_2	1,78
Mn	MnO	1,76	U	UO_2	1,98
Cr	Cr_2O_3	2,00	Mo	MoO_2	2,10
Si	SiO_2	2,14	W	WO_2	2,10
			Ta	Ta_2O_5	2,44
			Nb	Nb_2O_5	2,67

[a]Massas específicas dos metais e dos óxidos com base em *Handbook of Chemistry and Physics*, 85ª ed. (2004-2005).

razão de Pilling-Bedworth

Razão de Pilling-Bedworth para um metal divalente — dependência em relação às massas específicas e aos pesos atômicos/fórmula do metal e do seu óxido

A razão entre esses volumes, denominada **razão de Pilling-Bedworth**, pode ser determinada a partir da seguinte expressão:[7]

$$\text{Razão P–B} = \frac{A_O \rho_M}{A_M \rho_O} \qquad (17.32)$$

em que A_O é o peso molecular (ou peso-fórmula) do óxido, A_M é o peso atômico do metal, e ρ_O e ρ_M são, respectivamente, as massas específicas do óxido e do metal. Para os metais que possuem razões P–B menores que a unidade, o filme de óxido tende a ser poroso e não protetor, por ser insuficiente para cobrir totalmente a superfície do metal. Se essa razão for maior que a unidade, tensões de compressão resultam no filme à medida que ele se forma. Para uma razão maior que entre 2 e 3, o revestimento de óxido pode trincar e esfarelar, expondo continuamente uma superfície metálica nova e não protegida. A razão P–B ideal para a formação de um filme protetor de óxido é a unidade. A Tabela 17.3 apresenta razões P–B para metais que formam revestimentos protetores e para aqueles que não os formam. Pode ser observado a partir desses dados que os revestimentos protetores se formam, em geral, para os metais com razões P–B entre 1 e 2, enquanto revestimentos não protetores resultam em geral quando essa razão é menor que 1 ou maior que aproximadamente 2. Além da razão P–B, outros fatores também influenciam a resistência à oxidação que é conferida pelo filme; eles incluem um alto grau de aderência entre o filme e o metal, coeficientes de expansão térmica comparáveis para o metal e o óxido e, para o óxido, um ponto de fusão relativamente elevado e uma boa plasticidade em altas temperaturas.

Existem várias técnicas para melhorar a resistência à oxidação de um metal. Uma dessas técnicas envolve a aplicação de um revestimento superficial protetor feito de outro material com boa adesão ao metal e também resistente à oxidação. Em alguns casos, a adição de elementos de liga formará uma incrustação de óxido mais aderente e protetora, devido à produção de uma razão de Pilling-Bedworth mais favorável e/ou pela melhoria de outras características da incrustação.

Cinética

Uma das principais preocupações em relação à oxidação de um metal é a taxa segundo a qual a reação progride. Uma vez que normalmente a incrustação de óxido produzida na reação permanece sobre a superfície, a taxa da reação pode ser determinada medindo o ganho de peso por unidade de área em função do tempo.

---

[7]Para metais que não sejam divalentes, a Equação 17.32 torna-se

Razão de Pilling-Bedworth para um metal que não seja divalente

$$\text{Razão P–B} = \frac{A_O \rho_M}{a A_M \rho_O} \qquad (17.33)$$

em que a é o coeficiente da espécie metálica para a reação global de oxidação descrita pela Equação 17.29.

Figura 17.26 Curvas de crescimento para um filme de óxido para as taxas de reação linear, parabólica e logarítmica.

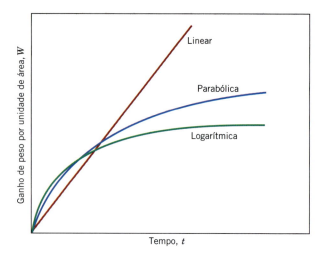

Expressão parabólica para a taxa de oxidação de um metal — dependência do ganho de peso (por unidade de área) em relação ao tempo

Quando o óxido que se forma não é poroso e se adere à superfície do metal, a taxa de crescimento da camada é controlada pela difusão iônica. Existe uma relação *parabólica* entre o ganho de peso por unidade de área W e o tempo t, conforme a seguir:

$$W^2 = K_1 t + K_2 \qquad (17.34)$$

em que, a uma dada temperatura, K_1 e K_2 são constantes independentes do tempo. Esse comportamento do ganho de peso em função do tempo está traçado esquematicamente na Figura 17.26. As oxidações do ferro, do cobre e do cobalto seguem essa expressão para a taxa de oxidação.

Na oxidação de metais em que a incrustação é porosa ou esfarela (isto é, para razões P–B menores que aproximadamente 1 ou maiores que aproximadamente 2), a expressão para a taxa de oxidação é *linear* — isto é,

Expressão linear para a taxa de oxidação de um metal

$$W = K_3 t \qquad (17.35)$$

em que K_3 é uma constante. Sob essas circunstâncias, o oxigênio está sempre disponível para a reação com uma superfície metálica não protegida, já que o óxido não atua como uma barreira à reação. Sódio, potássio e tântalo oxidam de acordo com essa expressão para a taxa de reação e, incidentalmente, apresentam razões P–B significativamente diferentes da unidade (Tabela 17.3). A cinética para a taxa de crescimento linear também está representada na Figura 17.26.

Uma terceira lei para a taxa de reação ainda tem sido observada para camadas de óxido muito finas (em geral menores que 100 nm) que se formam em temperaturas relativamente baixas. A dependência do ganho de peso em relação ao tempo é *logarítmica* e assume a forma

Expressão logarítmica para a taxa de oxidação de um metal

$$W = K_4 \log(K_5 t + K_6) \qquad (17.36)$$

Novamente, os Ks representam constantes. Esse comportamento de oxidação, que também é mostrado na Figura 17.26, foi observado para o alumínio, o ferro e o cobre em temperaturas próximas à ambiente.

Corrosão de Materiais Cerâmicos

Os materiais cerâmicos, por serem compostos entre elementos metálicos e não metálicos, podem ser considerados como já tendo sido corroídos. Dessa forma, eles são extremamente imunes à corrosão causada por quase todos os ambientes, sobretudo à temperatura ambiente. A corrosão dos materiais cerâmicos envolve, geralmente, uma simples dissolução química, ao contrário dos processos eletroquímicos encontrados nos metais, como antes descrito.

Os materiais cerâmicos são utilizados com frequência em virtude de sua resistência à corrosão. Por essa razão, o vidro é empregado frequentemente para armazenar líquidos. As cerâmicas refratárias não devem resistir apenas a temperaturas elevadas e proporcionar isolamento térmico, mas, em muitas situações, também devem resistir ao ataque em temperaturas elevadas por metais, sais, escórias e vidros fundidos. Algumas das novas tecnologias voltadas para a conversão de energia

Corrosão e Degradação dos Materiais • 571

de uma forma em outra mais útil requerem temperaturas relativamente altas, atmosferas corrosivas e pressões acima da pressão ambiente. Os materiais cerâmicos são muito mais adequados que os metais para suportar a maioria desses ambientes durante períodos de tempo razoáveis.

Degradação de Polímeros

Os materiais poliméricos também apresentam deterioração como consequência de interações com o ambiente. No entanto, uma interação indesejável é especificada como uma degradação, em vez de corrosão, pois esses processos são basicamente diferentes. Enquanto a maioria das reações de corrosão nos metais é eletroquímica, a degradação dos polímeros é, ao contrário, um processo físico-químico; isto é, envolve fenômenos físicos, assim como fenômenos químicos. Além disso, é possível uma grande variedade de reações e de consequências adversas para a degradação dos polímeros. Os polímeros podem deteriorar-se por inchamento e por dissolução. Também é possível a ruptura de ligações covalentes como resultado de energia térmica, de reações químicas e da radiação, normalmente com uma redução concomitante na integridade mecânica. Devido à complexidade química dos polímeros, seus mecanismos de degradação não são bem compreendidos.

Para citar sucintamente um par de exemplos de degradação de polímeros, o polietileno, se exposto a temperaturas elevadas em uma atmosfera rica em oxigênio, sofre uma deterioração das suas propriedades mecânicas, tornando-se frágil, e a utilidade do poli(cloreto de vinila) pode ficar limitada pelo fato desse material poder descolorar quando exposto a temperaturas elevadas, embora tais ambientes possam não afetar suas características mecânicas.

17.11 INCHAMENTO E DISSOLUÇÃO

Quando os polímeros são expostos a líquidos, as principais formas de degradação são o inchamento e a dissolução. Com o inchamento, o líquido ou o soluto difunde-se e é absorvido no interior do polímero; as pequenas moléculas de soluto ajustam-se no interior do polímero e ocupam posições entre as moléculas do polímero. Dessa forma, as macromoléculas são forçadas a separar-se, tal que a amostra se expande ou incha. Esse aumento na separação entre as cadeias resulta em uma redução das forças de ligação intermoleculares secundárias; como consequência, o material torna-se menos resistente e mais dúctil. O soluto líquido também diminui a temperatura de transição vítrea e se essa temperatura for reduzida para abaixo da temperatura ambiente, um material antes resistente perde sua resistência e torna-se borrachoso.

O inchamento pode ser considerado um processo de dissolução parcial, no qual existe apenas uma solubilidade limitada do polímero no solvente. A dissolução, que ocorre quando o polímero é completamente solúvel, pode ser considerada como uma continuação do inchamento. Como regra geral, quanto maior for a semelhança entre as estruturas químicas do solvente e do polímero, maior será a probabilidade de haver inchamento e/ou dissolução. Por exemplo, muitas borrachas à base de hidrocarbonetos absorvem, de imediato, hidrocarbonetos líquidos, tais como a gasolina, mas virtualmente não absorvem nenhuma água. As respostas de materiais poliméricos selecionados a solventes orgânicos são mostradas nas Tabelas 17.4 e 17.5.

Os comportamentos ao inchamento e à dissolução também são afetados pela temperatura, assim como pelas características da estrutura molecular. Em geral, o aumento do peso molecular, o aumento do grau de ligações cruzadas e da cristalinidade, e a diminuição da temperatura resultam em uma redução desses processos de deterioração.

Em geral, os polímeros são muito mais resistentes a ataques por soluções ácidas e alcalinas que os metais. Por exemplo, o ácido fluorídrico (HF) pode corroer muitos metais, assim como ataca quimicamente e dissolve o vidro, e assim ele é armazenado em frascos de plástico. Uma comparação qualitativa do comportamento de vários polímeros nessas soluções também é apresentada nas Tabelas 17.4 e 17.5. Os materiais que exibem uma resistência excepcional ao ataque por ambos os tipos de solução incluem o politetrafluoroetileno (e outros fluorocarbonos) e a poli(éter-éter-cetona).

✓ **Verificação de Conceitos 17.8** A partir de uma perspectiva molecular, explique por que o aumento no número de ligações cruzadas e na cristalinidade de um material polimérico melhora sua resistência ao inchamento e à dissolução. Você espera que o número de ligações cruzadas ou a cristalinidade tenha a maior influência? Justifique sua escolha. *Sugestão:* pode ser útil consultar as Seções 14.7 e 14.11.

[*A resposta está disponível no GEN-IO, ambiente virtual de aprendizagem do GEN.*]

572 • **Capítulo 17**

Tabela 17.4 Resistência à Degradação em Vários Ambientes de Materiais Plásticos Selecionados[a]

Material	Ácidos Não Oxidantes (20% H_2SO_4)	Ácidos Oxidantes (10% HNO_3)	Soluções Aquosas Salinas (NaCl)	Álcalis Aquosos (NaOH)	Solventes Polares (C_2H_5OH)	Solventes Não Polares (C_6H_6)	Água
Politetrafluoroetileno	S	S	S	S	S	S	S
Náilon 6,6	I	I	S	S	Q	S	S
Policarbonato	Q	I	S	I	S	I	S
Poliéster	Q	Q	S	Q	Q	I	S
Poli(éter-éter-cetona)	S	S	S	S	S	S	S
Polietileno de baixa densidade	S	S	S	—	S	Q	S
Polietileno de alta densidade	S	Q	S	—	S	Q	S
Poli(tereftalato de etileno)	S	Q	S	S	S	S	S
Poli(óxido de fenileno)	S	Q	S	S	S	I	S
Polipropileno	S	Q	S	S	S	Q	S
Poliestireno	S	Q	S	S	S	I	S
Poliuretano	Q	I	S	Q	I	Q	S
Epóxi	S	I	S	S	S	S	S
Silicone	Q	I	S	S	S	Q	S

[a]S = satisfatório; Q = questionável; I = insatisfatório.
Fonte: Adaptada de SEYMOUR, R. B. *Polymers for Engineering Applications*. Materials Park, OH: ASM International, 1987.

Tabela 17.5 Resistência à Degradação em Vários Ambientes de Materiais Elastoméricos Selecionados[a]

Material	Envelhecimento por Intemperismo-Luz do Sol	Oxidação	Trincamento pelo Ozônio	Álcalis Diluídos/Concentrados	Ácidos Diluídos/Concentrados	Hidrocarbonetos Clorados, Desengraxantes	Hidrocarbonetos Alifáticos, Querosene etc.	Óleos Animais e Vegetais
Poli-isopreno (natural)	D	B	NR	A/C-B	A/C-B	NR	NR	D-B
Poli-isopreno (sintético)	NR	B	NR	C-B/C-B	C-B/C-B	NR	NR	D-B
Butadieno	D	B	NR	C-B/C-B	C-B/C-B	NR	NR	D-B
Estireno-butadieno	D	C	NR	C-B/C-B	C-B/C-B	NR	NR	D-B
Neoprene	B	A	A	A/A	A/A	D	C	B
Nitrílica (alta)	D	B	C	B/B	B/B	C-B	A	B
Silicone (polissiloxano)	A	A	A	A/A	B/C	NR	D-C	A

[a]A = excelente, B = bom, C = razoável, D = usar com cautela, NR = não recomendado.
Fonte: *Compound Selection and Service Guide*, Seals Eastern, Inc., Red Bank, NJ, 1977.

17.12 RUPTURA DA LIGAÇÃO

cisão

Os polímeros também podem sofrer degradação por um processo denominado **cisão** — o rompimento ou a quebra de ligações nas cadeias moleculares. Isso causa uma separação de segmentos da cadeia no ponto de cisão e uma redução no peso molecular. Como discutido anteriormente (Capítulo 15), várias propriedades dos materiais poliméricos, incluindo a resistência mecânica e a

Corrosão e Degradação dos Materiais • **573**

resistência a ataques químicos, dependem do peso molecular. Consequentemente, algumas das propriedades físicas e químicas dos polímeros podem ser afetadas de maneira adversa por esse tipo de degradação. A ruptura da ligação pode resultar da exposição à radiação ou ao calor, assim como de uma reação química.

Efeitos da Radiação

Certos tipos de radiação [feixes de elétrons, raios X, raios β e γ, e a radiação ultravioleta (UV)] têm energia suficiente para penetrar em uma amostra de polímero e interagir com os átomos constituintes ou seus elétrons. Uma dessas reações é a *ionização*, em que a radiação remove um elétron de um orbital de um átomo específico, convertendo aquele átomo em um íon carregado positivamente. Como consequência, uma das ligações covalentes associadas àquele átomo específico é quebrada e ocorre um rearranjo de átomos ou de grupos de átomos naquele ponto. Essa quebra de ligação leva ou a uma cisão ou à formação de uma ligação cruzada no local da ionização, dependendo da estrutura química do polímero e também da dose de radiação. Podem ser adicionados estabilizantes (Seção 15.22) para proteger os polímeros contra os danos causados pela radiação. No uso diário, os maiores danos causados por radiação aos polímeros são devido à irradiação UV. Após uma exposição prolongada, a maioria dos filmes poliméricos torna-se frágil, descolore, trinca e falha. Por exemplo, as barracas de acampamento começam a rasgar, os painéis de automóveis desenvolvem trincas e as janelas de plástico ficam embaçadas. Os problemas causados pela radiação são mais graves para algumas aplicações. Os polímeros em veículos espaciais devem resistir à degradação após exposições prolongadas à radiação cósmica. De maneira semelhante, os polímeros empregados em reatores nucleares devem suportar níveis elevados de radiação nuclear. O desenvolvimento de materiais poliméricos que podem resistir esses ambientes extremos é um desafio contínuo.

Nem todas as consequências da exposição à radiação são negativas. A formação de ligações cruzadas pode ser induzida por irradiação para melhorar o comportamento mecânico e as características à degradação. Por exemplo, a radiação γ é usada comercialmente para formar ligações cruzadas no polietileno a fim de melhorar sua resistência ao amolecimento e ao escoamento em temperaturas elevadas; de fato, esse processo pode ser conduzido até mesmo em produtos que já foram fabricados.

Efeitos das Reações Químicas

Oxigênio, ozônio e outras substâncias podem causar ou acelerar a cisão da cadeia como resultado de reações químicas. Esse efeito é especialmente importante nas borrachas vulcanizadas que têm átomos de carbono com ligações duplas ao longo das suas cadeias moleculares principais e que são expostas ao ozônio (O_3), um poluente encontrado na atmosfera. Uma dessas reações de cisão pode ser representada por

$$-R-\underset{\underset{H}{|}}{C}=\underset{\underset{H}{|}}{C}-R'-\ +\ O_3\ \longrightarrow\ -R-\underset{\underset{H}{|}}{C}=O+O=\underset{\underset{H}{|}}{C}-R'-\ +\ O\cdot \qquad (17.37)$$

em que a cadeia é rompida no ponto da ligação dupla; R e R′ representam grupos de átomos que não são afetados durante a reação. Comumente, se a borracha está em um estado sem tensões, um filme de óxido vai se formar sobre a superfície, protegendo o material contra qualquer reação adicional. No entanto, quando esses materiais são submetidos a tensões de tração, trincas e frestas formam-se e crescem em uma direção perpendicular à tensão; posteriormente, pode ocorrer a ruptura do material. Essa é a razão por que as paredes laterais dos pneus de borracha de bicicleta desenvolvem trincas quando envelhecem. Aparentemente, essas trincas resultam de grandes números de cisões induzidas pelo ozônio. A degradação química é um problema particular para os polímeros usados em áreas com altos níveis de poluentes no ar, tais como *smog* e ozônio. Os elastômeros listados na Tabela 17.5 estão classificados de acordo com suas resistências à degradação pela exposição ao ozônio. Muitas dessas reações de cisão de cadeia envolvem grupos reativos denominados *radicais livres*. Estabilizantes (Seção 15.22) podem ser adicionados para proteger os polímeros contra a oxidação. Os estabilizantes tanto reagem preferencialmente e em sacrifício com o ozônio para consumi-lo quanto reagem e eliminam os radicais livres antes que estes possam causar maiores danos.

Efeitos térmicos

A degradação térmica corresponde à cisão de cadeias moleculares em temperaturas elevadas; como consequência, alguns polímeros sofrem reações químicas nas quais são produzidos gases. Essas reações ficam evidenciadas por uma perda de peso do material; a estabilidade térmica de um polímero é uma medida de sua resistência a essa decomposição. A estabilidade térmica está relacionada principalmente com a magnitude das energias de ligação entre os vários constituintes atômicos do polímero: maiores energias de ligação resultam em materiais termicamente mais estáveis. Por exemplo, a magnitude da ligação C–F é maior que a da ligação C–H, que por sua vez é maior que a magnitude da ligação C–Cl. Os fluorocarbonos, que possuem ligações C–F, estão entre os materiais poliméricos termicamente mais resistentes e podem ser usados em temperaturas relativamente elevadas. Entretanto, devido às fracas ligações C–Cl, quando o poli(cloreto de vinila) é aquecido a 200°C, mesmo durante poucos minutos, ele descolore e libera grandes quantidades de HCl, o que acelera a continuidade da decomposição. Estabilizantes (Seção 15.22), tais como o ZnO, podem reagir com o HCl, proporcionando maior estabilidade térmica para o poli(cloreto de vinila).

Alguns dos polímeros termicamente mais estáveis são os polímeros em escada.[8] Por exemplo, o polímero em escada que apresenta a estrutura

é tão termicamente estável que um tecido desse material pode ser aquecido diretamente em uma chama viva sem haver degradação. Os polímeros desse tipo são empregados no lugar do asbesto em luvas para uso em altas temperaturas.

17.13 INTEMPERISMO

Muitos materiais poliméricos são utilizados em aplicações que exigem sua exposição às condições de um ambiente externo. Qualquer degradação resultante é denominada *intemperismo*, que pode ser uma combinação de vários processos diferentes. Sob essas condições, a deterioração é principalmente um resultado de oxidação, iniciada pela radiação ultravioleta do sol. Alguns polímeros, tais como o náilon e a celulose, também são suscetíveis à absorção de água, o que produz uma redução em sua dureza e rigidez. A resistência ao intemperismo entre os vários polímeros é bastante diversa. Os fluorocarbonos são virtualmente inertes sob essas condições; no entanto, alguns materiais, incluindo o poli(cloreto de vinila) e o poliestireno, são suscetíveis ao intemperismo.

> *Verificação de Conceitos 17.9* Liste três diferenças entre a corrosão nos metais e cada um dos seguintes:
>
> (a) a corrosão nas cerâmicas.
>
> (b) a degradação dos polímeros.
>
> [A resposta está disponível no GEN-IO, ambiente virtual de aprendizagem do GEN.]

RESUMO

Considerações Eletroquímicas
- A corrosão metálica é tipicamente eletroquímica, envolvendo reações tanto de oxidação quanto de redução.
    - A oxidação é a perda dos elétrons de valência do átomo de um metal e ocorre no anodo; os íons metálicos resultantes podem ir para a solução corrosiva ou formar um composto insolúvel.
    - Durante a redução (que ocorre no catodo), esses elétrons são transferidos para pelo menos uma outra espécie química. A natureza do ambiente corrosivo estabelece qual, entre várias possíveis reações de redução, ocorrerá.
- Nem todos os metais se oxidam com o mesmo grau de facilidade, o que é demonstrado com um par galvânico.

---

[8] A estrutura da cadeia de um *polímero em escada* consiste em dois conjuntos de ligações covalentes ao longo de todo o seu comprimento unidos por ligações cruzadas.

Corrosão e Degradação dos Materiais • **575**

Em um eletrólito, um metal (o anodo) sofrerá corrosão, enquanto uma reação de redução ocorrerá no outro metal (o catodo).

A magnitude do potencial elétrico estabelecido entre o anodo e o catodo é indicativa da força motriz para a reação de corrosão.

- A série de potenciais de eletrodo padrão e a série galvânica são classificações dos materiais metálicos com base em sua tendência de corroer quando acoplados a outros metais.

Para a série de potenciais de eletrodo padrão, a classificação se baseia na magnitude da voltagem gerada quando a pilha padrão de um metal é acoplada ao eletrodo padrão de hidrogênio a 25°C (77°F).

A série galvânica consiste nas reatividades relativas dos metais e ligas na água do mar.

- Os potenciais de semipilha na série de potenciais de eletrodo padrão são parâmetros termodinâmicos que são válidos apenas em equilíbrio; os sistemas onde está havendo corrosão não estão em equilíbrio. Além disso, as magnitudes desses potenciais não fornecem nenhuma indicação das taxas segundo as quais ocorrem as reações de corrosão.

Taxas de Corrosão
- A taxa de corrosão pode ser expressa como uma taxa de penetração da corrosão, isto é, a perda de espessura de um material por unidade de tempo; a TPC pode ser determinada usando a Equação 17.23. Milésimos de polegada por ano e milímetros por ano são as unidades comuns para esse parâmetro.
- Alternativamente, a taxa é proporcional à densidade de corrente associada à reação eletroquímica, de acordo com a Equação 17.24.

Estimativa das Taxas de Corrosão
- Os sistemas em corrosão apresentarão polarização, que é o deslocamento de cada um dos potenciais de eletrodo do seu valor de equilíbrio; a magnitude do deslocamento é denominada *sobrevoltagem*.
- A taxa de corrosão de uma reação é limitada pela polarização, para a qual existem dois tipos — ativação e concentração.

A polarização por ativação está relacionada com sistemas em que a taxa de corrosão é determinada por aquela etapa que ocorre mais lentamente na série. Para a polarização por ativação, um gráfico da sobrevoltagem em função do logaritmo da densidade de corrente parecerá com a Figura 17.7.

A polarização por concentração prevalece quando a taxa de corrosão é limitada pela difusão na solução. Quando a sobrevoltagem é representada em função do logaritmo da densidade de corrente, a curva resultante parecerá com a que é apresentada na Figura 17.9a.

- A taxa de corrosão para uma reação específica pode ser calculada aplicando a Equação 17.24, incorporando a densidade de corrente associada ao ponto de interseção entre as curvas de polarização para a oxidação e a redução.

Passividade
- Diversos metais e ligas sofrem passivação, ou perdem sua reatividade química, sob algumas circunstâncias do ambiente. Acredita-se que esse fenômeno envolva a formação de um fino filme protetor de óxido. Os aços inoxidáveis e as ligas de alumínio exibem esse tipo de comportamento.
- O comportamento de transição ativo-passivo pode ser explicado pela curva em forma de "S" do potencial eletroquímico da liga em função do logaritmo da densidade de corrente (Figura 17.12). As interseções com as curvas de polarização para a reação de redução nas regiões ativa e passiva correspondem, respectivamente, a uma alta e uma baixa taxa de corrosão (Figura 17.13).

Formas de Corrosão
- A corrosão metálica é às vezes classificada de várias formas diferentes:

Ataque uniforme — o grau de corrosão é aproximadamente uniforme ao longo de toda a superfície exposta.

Corrosão galvânica — ocorre quando dois metais ou ligas diferentes são unidos eletricamente enquanto expostos a uma solução de eletrólito.

Corrosão em frestas — é a situação em que a corrosão ocorre sob frestas ou em outras áreas onde existe uma exaustão localizada de oxigênio.

Corrosão por pites — é um tipo de corrosão localizada na qual pites ou orifícios se formam a partir do topo de superfícies horizontais.

Corrosão intergranular — ocorre preferencialmente ao longo de contornos de grão para metais/ligas específicos (por exemplo, alguns aços inoxidáveis).

Lixívia seletiva — caso em que um elemento/constituinte de uma liga é removido seletivamente pela ação da corrosão.

Erosão-corrosão — ação combinada de um ataque químico e um desgaste mecânico como consequência do movimento de um fluido.

Corrosão sob tensão — formação e propagação de trincas (e uma possível falha) resultante dos efeitos combinados de corrosão e da aplicação de uma tensão de tração.

Fragilização por hidrogênio — redução significativa na ductilidade que acompanha a penetração de hidrogênio atômico no interior de um metal/liga.

578 · **Capítulo 17**

McCAFFERTY, E. *Introduction to Corrosion Science*. Nova York: Springer, 2010.

McCAULEY, R. A. *Corrosion of Ceramic Materials*, 3ª ed. Boca Raton, FL: CRC Press, 2013.

REVIE, R. W. e UHLIG, H. H. *Corrosion and Corrosion Control*, 4ª ed. Hoboken, NJ: John Wiley & Sons, 2008.

REVIE, R. W. (ed.). *Uhlig's Corrosion Handbook*, 3ª ed. Hoboken, NJ: John Wiley & Sons, 2011.

ROBERGE, P. R. *Corrosion Engineering: Principles and Practice*. Nova York: McGraw-Hill, 2008.

ROBERGE, P. R. *Handbook of Corrosion Engineering*, 2ª ed. Nova York: McGraw-Hill, 2012.

SCHWEITZER, P. A. (ed.). *Corrosion Engineering Handbook*, 2ª ed. Boca Raton, FL: CRC Press, 2007. Conjunto de três volumes.

SCHWEITZER, P. A. *Corrosion of Polymers and Elastomers*, 2ª ed. Boca Raton, FL: CRC Press, 2007.

SCHWEITZER, P. A. *Fundamentals of Corrosion: Mechanisms, Causes, and Preventive Methods*. Boca Raton, FL: CRC Press, 2010.

SCHWEITZER, P. A. *Fundamentals of Metallic Corrosion: Atmospheric and Media Corrosion of Metals*, 2ª ed. Boca Raton, FL: CRC Press, 2007.

TALBOT, D. E. J. e TALBOT, J. D. R. *Corrosion Science and Technology*, 2ª ed. Boca Raton, FL: CRC Press, 2007.

Capítulo 18 Propriedades Elétricas

O funcionamento dos cartões de memória *flash* modernos (e *pen drives*) usados para armazenar informações digitais depende das propriedades elétricas especiais do silício, um material semicondutor. (A memória *flash* é discutida na Seção 18.15.)

(*a*) Micrografia eletrônica de varredura de um circuito integrado, o qual é composto por silício e interconexões metálicas. Os componentes do circuito integrado são utilizados para armazenar informações em formato digital.

(*b*) Fotografias de três tipos de cartões de memória diferentes.

(*c*) Fotografia mostrando um cartão de memória sendo inserido em uma câmera digital. Esse cartão de memória armazenará imagens fotográficas (e em alguns casos, a localização GPS).

POR QUE ESTUDAR *Propriedades Elétricas dos Materiais?*

Considerações sobre as propriedades elétricas dos materiais são, com frequência, importantes durante o projeto de um componente ou estrutura, ao se fazer a seleção de materiais e se decidir a técnica de processamento. Por exemplo, quando consideramos uma placa de circuito integrado, os comportamentos elétricos dos vários materiais são distintos. Alguns precisam ser excelentes condutores elétricos (por exemplo, os fios de conexão), enquanto outros devem ser isolantes (por exemplo, o encapsulamento de proteção de circuitos).

Objetivos do Aprendizado

Após estudar este capítulo, você deverá ser capaz de fazer o seguinte:

1. Descrever as quatro estruturas possíveis das bandas eletrônicas para os materiais sólidos.
2. Descrever sucintamente os eventos de excitação eletrônica que produzem elétrons livres/buracos nos (a) metais, (b) semicondutores (intrínsecos e extrínsecos) e (c) isolantes.
3. Calcular as condutividades elétricas de metais, semicondutores (intrínsecos e extrínsecos) e isolantes, dadas as densidades e as mobilidades dos seus portadores de cargas.
4. Distinguir entre os materiais semicondutores *intrínsecos* e *extrínsecos*.
5. (a) Em um gráfico do logaritmo da concentração do portador (elétron, buraco) em função da temperatura absoluta, traçar curvas esquemáticas para materiais semicondutores tanto intrínsecos quanto extrínsecos.

(b) Na curva para o semicondutor extrínseco, determinar as regiões de congelamento (*freeze-out*) extrínseca e intrínseca.
6. Para uma junção *p–n*, explicar o processo de retificação em termos dos movimentos de elétrons e buracos.
7. Calcular a capacitância de um capacitor de placas paralelas.
8. Definir a constante dielétrica em termos das permissividades.
9. Explicar sucintamente como a capacidade de armazenamento de cargas de um capacitor pode ser aumentada pela inserção e pela polarização de um material dielétrico entre suas placas.
10. Citar e descrever os três tipos de polarização.
11. Descrever sucintamente os fenômenos da *ferroeletricidade* e *piezoeletricidade*.

18.1 INTRODUÇÃO

O principal objetivo deste capítulo é explorar as propriedades elétricas dos materiais, ou seja, suas respostas à aplicação de um campo elétrico. Começamos com o fenômeno da condução elétrica: os parâmetros pelos quais ela é expressa, o mecanismo da condução por elétrons e o modo como a estrutura da banda de energia eletrônica de um material influencia sua habilidade de condução elétrica. Esses princípios são estendidos aos metais, aos semicondutores e aos isolantes. É dada uma atenção particular às características dos semicondutores, e então aos dispositivos semicondutores. Também são tratadas as características dielétricas dos materiais isolantes. As seções finais são dedicadas aos fenômenos peculiares da ferroeletricidade e da piezoeletricidade.

Condução Elétrica

18.2 LEI DE OHM

lei de Ohm

Uma das características elétricas mais importantes de um material sólido é a facilidade com que ele transmite uma corrente elétrica. A **lei de Ohm** relaciona a corrente I — ou taxa de passagem de cargas ao longo do tempo — com a voltagem aplicada V da seguinte maneira:

Expressão da
lei de Ohm

$$V = IR \qquad (18.1)$$

em que R é a resistência do material através do qual a corrente está passando. As unidades para V, I e R são, respectivamente, volt (J/C), ampère (C/s) e ohm (V/A). O valor de R é influenciado pela

Figura 18.1 Representação esquemática de um sistema usado para medir a resistividade elétrica.

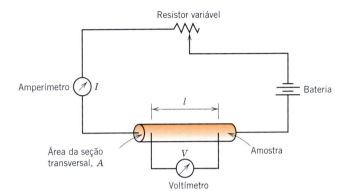

resistividade elétrica

Resistividade elétrica — dependência em relação à resistência, à área da seção transversal da amostra e à distância entre os pontos de medição

Resistividade elétrica — dependência em relação à voltagem aplicada, à corrente, à área da seção transversal da amostra e à distância entre os pontos de medição

configuração da amostra e, para muitos materiais, é independente da corrente. A **resistividade elétrica** ρ é independente da geometria da amostra, mas está relacionada com R pela expressão

$$\rho = \frac{RA}{l} \qquad (18.2)$$

em que l é a distância entre os dois pontos onde a voltagem é medida e A é a área da seção transversal perpendicular à direção da corrente. A unidade para ρ é o ohm-metro ($\Omega \cdot m$). A partir da expressão para a lei de Ohm e da Equação 18.2, tem-se

$$\rho = \frac{VA}{Il} \qquad (18.3)$$

A Figura 18.1 é um diagrama esquemático de um arranjo experimental para medição da resistividade elétrica.

18.3 CONDUTIVIDADE ELÉTRICA

condutividade elétrica

Relação inversa entre a condutividade elétrica e a resistividade

Expressão da lei de Ohm — em termos da densidade de corrente, condutividade e campo elétrico aplicado

Intensidade do campo elétrico

Às vezes a **condutividade elétrica** σ é considerada para especificar a natureza elétrica de um material. Ela é simplesmente o inverso da resistividade, ou seja,

$$\sigma = \frac{1}{\rho} \qquad (18.4)$$

e é indicativa da facilidade com que um material é capaz de conduzir uma corrente elétrica. A unidade para σ é o inverso de ohm-metro [$(\Omega \cdot m)^{-1}$].[1] As discussões a seguir sobre as propriedades elétricas utilizam tanto a resistividade quanto a condutividade.

Além da Equação 18.1, a lei de Ohm pode ser expressa como

$$J = \sigma \mathcal{E} \qquad (18.5)$$

em que J é a densidade de corrente — a corrente por unidade de área da amostra I/A — e $\mathcal{E}$ é a intensidade do campo elétrico, ou a diferença de voltagem entre dois pontos dividida pela distância que os separa — isto é,

$$\mathcal{E} = \frac{V}{l} \qquad (18.6)$$

A demonstração da equivalência entre as duas expressões da lei de Ohm (Equações 18.1 e 18.5) é deixada como um exercício.

Os materiais sólidos exibem uma faixa surpreendente de condutividades elétricas, estendendo-se ao longo de 27 ordens de grandeza; provavelmente, nenhuma outra propriedade física apresenta essa

---

[1] A unidade SI para a condutividade elétrica é o siemens por metro (S/m), em que 1 S/m = 1 $(\Omega \cdot m)^{-1}$. Por convenção, optamos por usar $(\Omega \cdot m)^{-1}$ — essa unidade é usada tradicionalmente em textos introdutórios de ciência e engenharia de materiais.

582 • **Capítulo 18**

metal

isolante

semicondutor

amplitude de variação. Na verdade, uma forma de classificar os materiais sólidos é de acordo com a facilidade com que eles conduzem uma corrente elétrica; nesse esquema de classificação, existem três grupos: *condutores*, *semicondutores* e *isolantes*. Os **metais** são bons condutores, apresentando tipicamente condutividades da ordem de 10^7 $(\Omega\cdot m)^{-1}$. No outro extremo estão materiais com condutividades muito baixas, variando entre 10^{-10} e 10^{-20} $(\Omega\cdot m)^{-1}$; esses materiais são os **isolantes** elétricos. Os materiais com condutividades intermediárias, geralmente entre 10^{-6} e 10^4 $(\Omega\cdot m)^{-1}$, são denominados **semicondutores**. As faixas de condutividade elétrica para os vários tipos de materiais estão comparadas no gráfico de barras da Figura 1.8.

18.4 CONDUÇÃO ELETRÔNICA E IÔNICA

Uma corrente elétrica resulta do movimento de partículas eletricamente carregadas em resposta a forças que atuam sobre elas a partir de um campo elétrico externamente aplicado. As partículas carregadas positivamente são aceleradas na direção do campo, enquanto as partículas carregadas negativamente são aceleradas na direção oposta. Na maioria dos materiais sólidos, uma corrente tem origem a partir do fluxo de elétrons, o que é denominado *condução eletrônica*. Além disso, nos materiais iônicos, é possível haver um movimento resultante de íons carregados, o que produz uma corrente; esse fenômeno é denominado **condução iônica**. A presente discussão trata da condução eletrônica; a condução iônica é tratada sucintamente na Seção 18.16.

condução iônica

18.5 ESTRUTURAS DAS BANDAS DE ENERGIA NOS SÓLIDOS

Em todos os condutores, semicondutores e em muitos materiais isolantes existe apenas a condução eletrônica, e a magnitude da condutividade elétrica é altamente dependente do número de elétrons disponível para participar no processo de condução. No entanto, nem todos os elétrons em cada átomo aceleram na presença de um campo elétrico. O número de elétrons disponíveis para a condução elétrica em um material particular está relacionado com o arranjo dos estados ou níveis eletrônicos em relação à energia e à maneira como esses estados estão ocupados pelos elétrons. Uma exploração aprofundada desses tópicos é complicada e envolve princípios da mecânica quântica que estão além do escopo deste livro; o desenvolvimento que se segue omite alguns conceitos e simplifica outros.

Os conceitos relacionados com os estados de energia dos elétrons, às suas ocupações e às configurações eletrônicas resultantes para átomos isolados foram discutidos na Seção 2.3. Para fins de revisão, para cada átomo individual existem níveis discretos de energia que podem ser ocupados pelos elétrons, os quais estão arranjados em camadas e subcamadas. As camadas são designadas por números inteiros (1, 2, 3 etc.), e as subcamadas por letras (*s*, *p*, *d* e *f*). Para cada uma das subcamadas *s*, *p*, *d* e *f* existem, respectivamente, um, três, cinco e sete estados. Os elétrons na maioria dos átomos preenchem somente aqueles estados que possuem as energias mais baixas — dois elétrons com *spins* opostos por estado, de acordo com o princípio da exclusão de Pauli. A configuração eletrônica de um átomo isolado representa o arranjo dos elétrons nos estados permitidos.

Vamos agora fazer uma extrapolação de alguns desses conceitos aos materiais sólidos. Um sólido pode ser considerado como consistindo em um grande número — digamos *N* — de átomos que se encontram inicialmente separados uns dos outros e que são mais tarde agrupados e ligados para formar o arranjo atômico ordenado encontrado no material cristalino. Em distâncias de separação relativamente grandes, cada átomo é independente de todos os demais e possui os níveis de energia atômica e a configuração eletrônica que teria se estivesse isolado. Entretanto, conforme os átomos ficam mais próximos uns dos outros, os elétrons são influenciados, ou *perturbados*, pelos elétrons e núcleos de átomos adjacentes. Essa influência é tal que, no sólido, cada estado atômico distinto pode ser dividido em uma série de estados eletrônicos espaçados, mas próximos entre si, para formar o que é denominado uma **banda de energia eletrônica**. A extensão dessa divisão depende da separação interatômica (Figura 18.2) e começa com as camadas eletrônicas mais externas, uma vez que são as primeiras a serem perturbadas conforme os átomos coalescem. Dentro de cada banda, os estados de energia são discretos, porém a diferença de energia entre os estados adjacentes é muito pequena. No espaçamento de equilíbrio, pode não ocorrer a formação de bandas para as subcamadas eletrônicas mais próximas ao núcleo, como está ilustrado na Figura 18.3*b*. Além disso, podem existir espaçamentos entre bandas adjacentes, como também está indicado na figura; normalmente, as energias dentro desses espaçamentos entre bandas não estão disponíveis para a ocupação por elétrons. A maneira convencional de se representar as estruturas das bandas eletrônicas nos sólidos é mostrada na Figura 18.3*a*.

O número de estados em cada banda é igual ao total da contribuição de todos os estados contribuídos pelos *N* átomos. Por exemplo, uma banda *s* consiste em *N* estados e uma banda *p* em 3*N* estados. Em relação à ocupação, cada estado de energia pode acomodar dois elétrons, que devem

**banda de energia
eletrônica**

Figura 18.2 Gráfico esquemático da energia dos elétrons em função da separação interatômica para um agregado de 12 átomos ($N = 12$). Conforme os átomos se aproximam, cada um dos estados atômicos 1s e 2s se divide para formar uma banda de energia eletrônica consistindo em 12 estados.

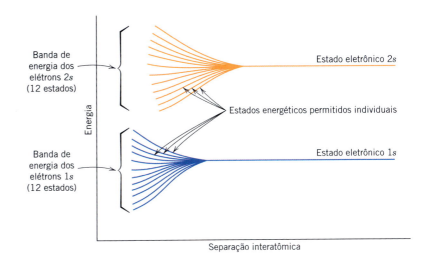

Figura 18.3
(*a*) Representação convencional da estrutura da banda de energia eletrônica para um material sólido na separação interatômica de equilíbrio. (*b*) A energia eletrônica em função da separação interatômica para um agregado de átomos, ilustrando como é gerada a estrutura da banda de energia na separação de equilíbrio em (*a*).
(De JASTRZEBSKI, Z. D. *The Nature and Properties of Engineering Materials*, 3ª ed. Copyright © 1987 por John Wiley & Sons, Inc. Reimpressa sob permissão de John Wiley & Sons, Inc.)

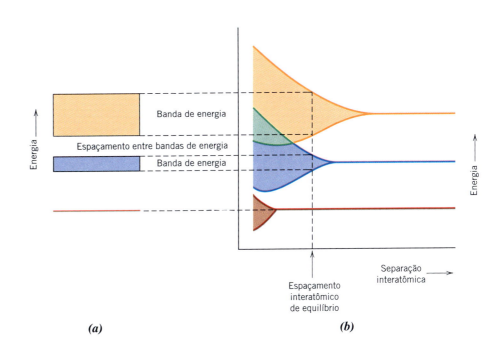

ter *spins* em direções opostas. Além disso, as bandas contêm os elétrons que estavam localizados nos níveis correspondentes dos átomos isolados; por exemplo, uma banda de energia 4s no sólido contém aqueles elétrons 4s dos átomos isolados. É claro que haverá bandas vazias e, possivelmente, bandas que estão apenas parcialmente preenchidas.

As propriedades elétricas de um material sólido são consequência da estrutura da sua banda eletrônica — isto é, do arranjo das bandas eletrônicas mais externas e da maneira como elas são preenchidas com elétrons.

Quatro tipos diferentes de estruturas de bandas são possíveis a 0 K. Na primeira (Figura 18.4*a*), uma banda mais externa está apenas parcialmente preenchida com elétrons. A energia correspondente ao estado preenchido mais elevado a 0 K é chamada de **energia de Fermi**, E_f, como indicado na figura. Essa estrutura de banda de energia é característica de alguns metais, em particular daqueles com um único elétron de valência s (por exemplo, o cobre). Cada átomo de cobre tem um único elétron 4s; entretanto, para um sólido composto por N átomos, a banda 4s é capaz de acomodar $2N$ elétrons. Dessa forma, apenas metade das posições eletrônicas disponíveis nessa banda 4s está preenchida.

Para a segunda estrutura de banda, também encontrada nos metais (Figura 18.4*b*), existe uma superposição de uma banda vazia com uma banda preenchida. O magnésio possui essa estrutura de banda. Cada átomo isolado de Mg tem dois elétrons 3s. Entretanto, quando um sólido é formado, as bandas 3s e 3p se superpõem. Nesse caso e a 0 K, a energia de Fermi é considerada como aquela energia abaixo da qual, para N átomos, N estados estão preenchidos, com dois elétrons por estado.

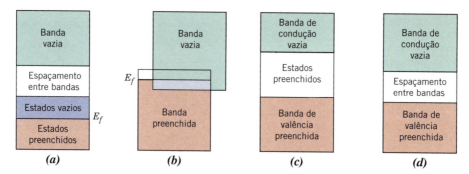

Figura 18.4 As várias estruturas possíveis de bandas eletrônicas nos sólidos a 0 K. (*a*) Estrutura de banda eletrônica encontrada em metais como o cobre, onde existem, na mesma banda, estados eletrônicos disponíveis acima e adjacentes aos estados preenchidos. (*b*) Estrutura de banda eletrônica de metais tais como o magnésio, onde existe uma superposição das bandas mais externas preenchidas e vazias. (*c*) Estrutura de banda eletrônica característica dos isolantes; a banda de valência preenchida está separada da banda de condução vazia por um espaçamento relativamente grande entre bandas (>2 eV). (*d*) Estrutura de banda eletrônica encontrada nos semicondutores, que é a mesma exibida pelos isolantes, exceto pelo fato de que o espaçamento entre bandas é relativamente estreito (<2 eV).

banda de valência
banda de condução
espaçamento entre bandas de energia

As duas últimas estruturas de banda são semelhantes; uma banda (a **banda de valência**) que está completamente preenchida com elétrons está separada de uma **banda de condução** vazia e existe um **espaçamento entre bandas de energia** (*energy band gap*) entre elas. Nos materiais muito puros, os elétrons não podem ter energias dentro desse espaçamento. A diferença entre as duas estruturas de banda está na magnitude do espaçamento entre as bandas; nos materiais isolantes, o espaçamento entre as bandas é relativamente amplo (Figura 18.4*c*), enquanto nos semicondutores ele é estreito (Figura 18.4*d*). A energia de Fermi para essas duas estruturas de banda está localizada dentro do espaçamento entre as bandas — próximo à região central.

18.6 CONDUÇÃO EM TERMOS DE BANDAS E MODELOS DE LIGAÇÃO ATÔMICA

Neste ponto da discussão, é vital a compreensão de outro conceito — o de que apenas os elétrons com energias maiores que a energia de Fermi podem ser influenciados e acelerados na presença de um campo elétrico. Esses são os elétrons que participam do processo de condução, os quais são denominados **elétrons livres**. Outra entidade eletrônica carregada, chamada de **buraco**, é encontrada nos semicondutores e isolantes. Os buracos têm energias menores que E_f e também participam na condução eletrônica. Como a discussão a seguir revela, a condutividade elétrica é uma função direta dos números de elétrons livres e de buracos. Além disso, a diferença entre condutores e não condutores (isolantes e semicondutores) está na quantidade desses portadores de carga, os elétrons livres e os buracos.

elétron livre
buraco

Metais

Para que um elétron se torne livre, ele deve ser excitado ou promovido para um dos estados de energia vazios e disponíveis acima de E_f. Para os metais com qualquer uma das estruturas de banda mostradas nas Figuras 18.4*a* e 18.4*b*, existem estados de energia vazios adjacentes ao estado preenchido mais elevado em E_f. Dessa forma, muito pouca energia é necessária para promover os elétrons para os estados de energia mais baixos que estão vazios, como mostra a Figura 18.5. Geralmente, a energia fornecida por um campo elétrico é suficiente para excitar grandes números de elétrons para dentro desses estados de condução.

Para o modelo de ligação metálica discutido na Seção 2.6, foi considerado que todos os elétrons de valência apresentam liberdade de movimento e formam um *gás eletrônico* que está distribuído de modo uniforme por toda a rede de núcleos iônicos. Embora esses elétrons não estejam ligados localmente a nenhum átomo específico, eles devem sofrer alguma excitação para tornarem-se elétrons de condução que sejam realmente livres. Dessa forma, apesar de apenas uma fração desses elétrons ser excitada, isso ainda dá origem a um número relativamente grande de elétrons livres e, em consequência, a uma alta condutividade.

Isolantes e Semicondutores

Para os isolantes e semicondutores, os estados vazios adjacentes ao topo da banda de valência preenchida não estão disponíveis. Para tornarem-se livres, portanto, os elétrons devem ser promovidos

Figura 18.5 Ocupação dos estados eletrônicos (*a*) antes e (*b*) depois de uma excitação dos elétrons em um metal.

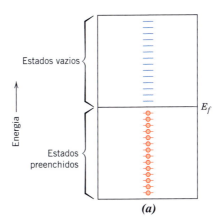
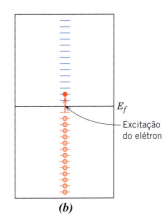

através do espaçamento entre bandas de energia para estados vazios na parte inferior da banda de condução. Isso só é possível dando a um elétron a diferença de energia entre esses dois estados, que é aproximadamente igual à energia do espaçamento entre as bandas, E_e. Esse processo de excitação é demonstrado na Figura 18.6.[2] Para muitos materiais, esse espaçamento entre bandas tem uma largura equivalente a vários elétrons-volt. Mais frequentemente, a energia de excitação vem de uma fonte não elétrica, tal como o calor ou a luz, geralmente a primeira.

O número de elétrons termicamente excitados (por energia térmica) para a banda de condução depende da largura do espaçamento entre as bandas de energia e da temperatura. Em uma dada temperatura, quanto maior for o valor de E_e, menor é a probabilidade de um elétron de valência ser promovido para um estado de energia dentro da banda de condução; isso resulta em menos elétrons de condução. Em outras palavras, quanto maior o espaçamento entre as bandas, menor é a condutividade elétrica em uma dada temperatura. Dessa forma, a diferença entre semicondutores e isolantes está na largura do espaçamento entre as bandas; nos semicondutores esse espaçamento é estreito, enquanto nos isolantes ele é relativamente amplo.

O aumento da temperatura tanto de semicondutores quanto de isolantes resulta em um aumento na energia térmica disponível para a excitação dos elétrons. Assim, mais elétrons são promovidos para a banda de condução, o que dá origem a uma maior condutividade.

A condutividade dos isolantes e semicondutores também pode ser vista a partir da perspectiva dos modelos de ligação atômica discutidos na Seção 2.6. Nos materiais isolantes elétricos, a ligação interatômica é iônica ou fortemente covalente. Dessa forma, os elétrons de valência estão firmemente ligados ou são compartilhados entre os átomos individuais. Em outras palavras, esses elétrons estão altamente localizados e não estão, em qualquer sentido, livres para vagar pelo cristal. A ligação nos semicondutores é covalente (ou predominantemente covalente) e relativamente fraca, o que significa que os elétrons de valência não estão tão firmemente ligados aos átomos. Como consequência, esses elétrons são mais facilmente removidos por excitação térmica que aqueles nos isolantes.

Figura 18.6 Ocupação dos estados eletrônicos (*a*) antes e (*b*) depois de uma excitação dos elétrons da banda de valência para dentro da banda de condução para um isolante ou semicondutor, em que tanto um elétron livre quanto um buraco são gerados.

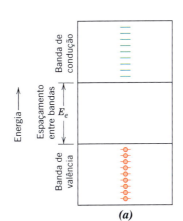
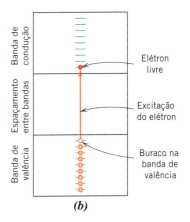

---

[2] As magnitudes da energia do espaçamento entre bandas e das energias entre níveis adjacentes, tanto na banda de valência quanto na banda de condução na Figura 18.6, não estão em escala. Enquanto a energia do espaçamento entre bandas é da ordem de 1 elétron-volt, esses níveis estão separados por energias da ordem de 10^{-10} e V.

Figura 18.7 Diagrama esquemático que mostra a trajetória de um elétron defletido por eventos de espalhamento.

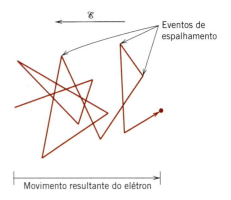

18.7 MOBILIDADE ELETRÔNICA

Quando um campo elétrico é aplicado, uma força atua sobre os elétrons livres; como consequência, todos eles sofrem aceleração em uma direção oposta à do campo, em virtude de suas cargas negativas. De acordo com a mecânica quântica, não existe nenhuma interação entre um elétron em aceleração e os átomos em uma rede cristalina perfeita. Sob tais circunstâncias, todos os elétrons livres devem acelerar enquanto o campo elétrico estiver sendo aplicado, o que deveria originar uma corrente elétrica continuamente crescente ao longo do tempo. Entretanto, sabemos que uma corrente atinge um valor constante no instante em que um campo é aplicado, indicando que existe o que pode ser denominado *forças de fricção*, as quais se contrapõem a essa aceleração devida ao campo externo. Essas forças de fricção resultam do espalhamento dos elétrons por imperfeições da rede cristalina, que incluem átomos de impurezas, lacunas, átomos intersticiais, discordâncias e até mesmo vibrações térmicas dos próprios átomos. Cada evento de espalhamento faz com que um elétron perca energia cinética e mude a direção do seu movimento, como representado esquematicamente na Figura 18.7. Existe, no entanto, um movimento resultante dos elétrons na direção oposta ao campo, e esse fluxo de carga é a corrente elétrica.

O fenômeno do espalhamento manifesta-se como uma resistência à passagem de uma corrente elétrica. Vários parâmetros são considerados para descrever a extensão desse espalhamento; esses incluem a *velocidade de arraste* e a **mobilidade** de um elétron. A velocidade de arraste v_a representa a velocidade média do elétron na direção da força imposta pelo campo elétrico aplicado. Ela é diretamente proporcional ao campo elétrico, de acordo com:

$$v_a = \mu_e \mathscr{E} \tag{18.7}$$

A constante de proporcionalidade μ_e é chamada *mobilidade eletrônica* e é uma indicação da frequência dos eventos de espalhamento; sua unidade é metro quadrado por volt-segundo (m²/V·s).

A condutividade σ para a maioria dos materiais pode ser expressa como

$$\sigma = n|e|\mu_e \tag{18.8}$$

em que n é o número de elétrons livres ou de condução por unidade de volume (por exemplo, por metro cúbico) e $|e|$ é a magnitude absoluta da carga elétrica de um elétron ($1,6 \times 10^{-19}$ C). Assim, a condutividade elétrica é proporcional tanto ao número de elétrons livres quanto à mobilidade dos elétrons.

Verificação de Conceitos 18.1 Se um material metálico é resfriado através da sua temperatura de fusão a uma taxa extremamente rápida, ele forma um sólido não cristalino (isto é, um vidro metálico). A condutividade elétrica do metal não cristalino será maior ou menor que a do seu análogo cristalino? Por quê?

[*A resposta está disponível no GEN-IO, ambiente virtual de aprendizagem do GEN.*]

Tabela 18.1
Condutividades Elétricas à Temperatura Ambiente para Nove Metais e Ligas Comuns

Metal	Condutividade Elétrica [$(\Omega \cdot m)^{-1}$]
Prata	$6,8 \times 10^7$
Cobre	$6,0 \times 10^7$
Ouro	$4,3 \times 10^7$
Alumínio	$3,8 \times 10^7$
Latão (70 Cu-30 Zn)	$1,6 \times 10^7$
Ferro	$1,0 \times 10^7$
Platina	$0,94 \times 10^7$
Aço-carbono comum	$0,6 \times 10^7$
Aço inoxidável	$0,2 \times 10^7$

18.8 RESISTIVIDADE ELÉTRICA DOS METAIS

Como mencionado antes, os metais são, em sua maioria, extremamente bons condutores de eletricidade; as condutividades à temperatura ambiente para vários dos metais mais comuns são apresentadas na Tabela 18.1. (A Tabela B.9 no Apêndice B lista as resistividades elétricas de um grande número de metais e ligas.) Novamente, os metais têm altas condutividades em razão dos grandes números de elétrons livres que foram excitados para os estados vazios acima da energia de Fermi. Dessa forma, n apresenta um valor elevado na expressão para a condutividade, Equação 18.8.

Nesta altura, é conveniente discutir a condução nos metais em termos da resistividade, que é o inverso da condutividade; a razão para essa mudança deve ficar aparente durante a discussão que se segue.

Uma vez que os defeitos cristalinos servem como centros de espalhamento para os elétrons de condução nos metais, o aumento de seu número aumenta a resistividade (ou diminui a condutividade). A concentração dessas imperfeições depende da temperatura, da composição e do grau de trabalho a frio da amostra do metal. De fato, observa-se experimentalmente que a resistividade total de um metal é a soma das contribuições das vibrações térmicas, das impurezas e da deformação plástica — isto é, os mecanismos de espalhamento atuam de maneira independente uns dos outros. Isso pode ser representado em termos matemáticos da seguinte forma:

> Regra de Matthiessen — para um metal, a resistividade elétrica total é igual à soma das contribuições térmicas e de impurezas e deformações
>
> **regra de Matthiessen**

$$\rho_{\text{total}} = \rho_t + \rho_i + \rho_d \tag{18.9}$$

em que ρ_t, ρ_i e ρ_d representam, respectivamente, as contribuições individuais da resistividade térmica e das resistividades devidas às impurezas e às deformações. A Equação 18.9 é às vezes conhecida como **regra de Matthiessen**. A influência da temperatura e do teor de impurezas sobre a resistividade total é demonstrada na Figura 18.8, na forma de um gráfico da resistividade em função da temperatura para o cobre de alta pureza e várias ligas cobre-níquel. Para todos os quatro metais, a resistividade aumenta com o aumento da temperatura. Além disso, em uma temperatura específica (por exemplo, –100°C), a resistividade para as três ligas Cu-Ni é maior do que para o cobre "puro" e aumenta com o teor de níquel.

Influência da Temperatura

Para o metal puro e todas as ligas cobre-níquel mostradas na Figura 18.8, a resistividade aumenta linearmente com a temperatura acima de aproximadamente –200°C. Dessa forma,

> Dependência da contribuição da resistividade térmica em relação à temperatura

$$\rho_t = \rho_0 + aT \tag{18.10}$$

em que ρ_0 e a são constantes para cada metal específico. Essa dependência do componente térmico da resistividade em relação à temperatura deve-se ao aumento das vibrações térmicas e de outras irregularidades da rede (por exemplo, lacunas), que servem como centros de espalhamento dos elétrons, com o aumento da temperatura.

Influência das Impurezas

Para as adições de uma única impureza que forma uma solução sólida, a resistividade devida às impurezas ρ_i está relacionada com a concentração das impurezas c_i em termos da fração atômica (%a/100) da seguinte maneira:

Figura 18.8 Resistividade elétrica em função da temperatura para o cobre e três ligas cobre-níquel. (Baseada em dados tirados de LINDE, J. O. *Ann. Physik*, 5, 1932, p. 219.)

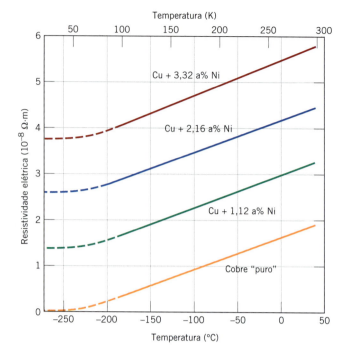

Contribuição da resistividade devido às impurezas (para soluções sólidas) — dependência em relação à concentração de impurezas (fração atômica)

$$\rho_i = Ac_i(1 - c_i) \quad (18.11)$$

em que A é uma constante independente da composição, a qual é uma função tanto do metal hospedeiro quanto da impureza. A influência de adições de impurezas de níquel na resistividade do cobre à temperatura ambiente é demonstrada na Figura 18.9 para até 50%p Ni; nessa faixa de composições, o níquel é completamente solúvel no cobre (Figura 9.3a). Novamente, os átomos de níquel no cobre atuam como centros de espalhamento, e um aumento da concentração de níquel no cobre resulta em um aumento da resistividade.

Para uma liga bifásica que consista nas fases α e β, uma expressão do tipo regra das misturas pode ser usada para aproximar a resistividade, da seguinte maneira:

Contribuição da resistividade devido às impurezas (para ligas bifásicas) — dependência em relação às frações volumétricas e às resistividades das duas fases

$$\rho_i = \rho_\alpha V_\alpha + \rho_\beta V_\beta \quad (18.12)$$

em que os termos V e ρ representam as frações volumétricas e as resistividades individuais para as respectivas fases.

Figura 18.9 Resistividade elétrica à temperatura ambiente em função da composição para ligas cobre-níquel.

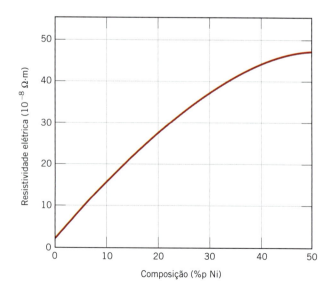

Influência da Deformação Plástica

A deformação plástica também aumenta a resistividade elétrica como resultado do maior número de discordâncias que causam o espalhamento dos elétrons. Além disso, a sua influência é muito mais fraca do que aquela resultante do aumento da temperatura ou da presença de impurezas.

Verificação de Conceitos 18.2   As resistividades elétricas à temperatura ambiente do chumbo puro e do estanho puro são de $2{,}06 \times 10^{-7}$ e $1{,}11 \times 10^{-7}$ $\Omega \cdot m$, respectivamente.

(a) Trace um gráfico esquemático da resistividade elétrica à temperatura ambiente em função da composição para todas as composições entre o chumbo puro e o estanho puro.

(b) Nesse mesmo gráfico, trace esquematicamente a resistividade elétrica em função da composição a 150°C.

(c) Explique as formas dessas duas curvas, assim como quaisquer diferenças que existem entre elas.

Sugestão: você pode querer consultar o diagrama de fases chumbo-estanho, Figura 9.8.

[*A resposta está disponível no GEN-IO, ambiente virtual de aprendizagem do GEN.*]

18.9 CARACTERÍSTICAS ELÉTRICAS DE LIGAS COMERCIAIS

As propriedades elétricas, assim como outras propriedades, tornam o cobre o condutor metálico mais amplamente utilizado. O cobre de alta condutividade isento de oxigênio (OFHC — *oxygen-free high-conductivity*), que apresenta teores de oxigênio e de outras impurezas extremamente baixos, é produzido para muitas aplicações elétricas. O alumínio, com uma condutividade de apenas metade daquela do cobre, também é empregado com frequência como condutor elétrico. A prata tem uma condutividade elétrica maior do que tanto o cobre quanto ao alumínio; entretanto, seu uso é restrito com base no seu custo.

Ocasionalmente, é necessário melhorar a resistência mecânica de uma liga metálica sem comprometer de maneira significativa sua condutividade elétrica. Tanto a formação de ligas por solução sólida (Seção 7.9) quanto o trabalho a frio (Seção 7.10) melhoram a resistência, porém ao custo de perda da condutividade; dessa forma, deve haver um equilíbrio entre essas duas propriedades. Com maior frequência, a resistência é melhorada pela introdução de uma segunda fase que não tenha um efeito tão adverso sobre a condutividade. Por exemplo, as ligas cobre-berílio são endurecidas por precipitação (Seção 11.10); porém, mesmo assim, a condutividade é reduzida por um fator de aproximadamente 5 em relação ao cobre de alta pureza.

Para algumas aplicações, tais como nos elementos de aquecimento de fornos, é desejável uma resistividade elétrica elevada. A perda de energia pelos elétrons que são espalhados é dissipada como energia térmica. Tais materiais não devem apresentar apenas resistividade elevada, mas também resistência à oxidação em temperaturas elevadas e, obviamente, ponto de fusão elevado. O nicromo, uma liga níquel-cromo, é empregado comumente em elementos de aquecimento.

Semicondutividade

A condutividade elétrica dos materiais semicondutores não é tão elevada quanto a dos metais; entretanto, eles apresentam algumas características elétricas especiais que os tornam especialmente úteis. As propriedades elétricas desses materiais são extremamente sensíveis à presença de impurezas, mesmo em concentrações muito pequenas. Os **semicondutores intrínsecos** são aqueles nos quais o comportamento elétrico tem por base a estrutura eletrônica inerente ao metal puro. Quando as características elétricas são ditadas pelos átomos de impurezas, o semicondutor é dito ser **extrínseco**.

semicondutor intrínseco
semicondutor extrínseco

18.10 SEMICONDUÇÃO INTRÍNSECA

Os semicondutores intrínsecos são caracterizados pela estrutura de banda eletrônica mostrada na Figura 18.4d: a 0 K, uma banda de valência completamente preenchida está separada de uma banda de condução vazia por um espaçamento entre bandas proibido relativamente estreito, em geral

Tabela 18.2
Energias dos Espaçamentos entre Bandas, Mobilidades dos Elétrons e dos Buracos, e Condutividades Elétricas Intrínsecas à Temperatura Ambiente para Materiais Semicondutores

Material	Espaçamento entre Bandas (eV)	Mobilidade do Elétron ($m^2/V \cdot s$)	Mobilidade do Buraco ($m^2/V \cdot s$)	Condutividade Elétrica (Intrínseca) $(\Omega \cdot m)^{-1}$
Elementos				
Ge	0,67	0,39	0,19	2,2
Si	1,11	0,145	0,050	$3,4 \times 10^{-4}$
Compostos III-V				
AlP	2,42	0,006	0,045	—
AlSb	1,58	0,02	0,042	—
GaAs	1,42	0,80	0,04	3×10^{-7}
GaP	2,26	0,011	0,0075	—
InP	1,35	0,460	0,015	$2,5 \times 10^{-6}$
InSb	0,17	8,00	0,125	2×10^4
Compostos II-VI				
CdS	2,40	0,040	0,005	—
CdTe	1,56	0,105	0,010	—
ZnS	3,66	0,060	—	—
ZnTe	2,4	0,053	0,010	—

Fonte: Esse material é reproduzido com permissão da John Wiley & Sons, Inc.

inferior a 2 eV. Os dois semicondutores elementares são o silício (Si) e o germânio (Ge), que apresentam energias de espaçamento entre bandas de aproximadamente 1,1 eV e 0,7 eV, respectivamente. Ambos estão localizados no Grupo IVA da tabela periódica (Figura 2.8) e se ligam por ligações covalentes.[3] Além disso, uma gama de materiais semicondutores compostos também exibe comportamento intrínseco. Um desses grupos é formado entre elementos dos Grupos IIIA e VA, por exemplo, o arseneto de gálio (GaAs) e o antimoneto de índio (InSb); esses são, com frequência, chamados de compostos III-V. Os compostos constituídos por elementos dos Grupos IIB e VIA também exibem comportamento semicondutor; esses incluem o sulfeto de cádmio (CdS) e o telureto de zinco (ZnTe). Conforme os dois elementos que formam esses compostos ficam mais separados em relação às suas posições relativas na tabela periódica (isto é, as eletronegatividades tornam-se mais diferentes, Figura 2.9), a ligação atômica torna-se mais iônica e a magnitude da energia do espaçamento entre as bandas aumenta — os materiais tendem a tornar-se mais isolantes. A Tabela 18.2 fornece os espaçamentos entre bandas para alguns compostos semicondutores.

Verificação de Conceitos 18.3 Entre o ZnS e o CdSe, qual possui a maior energia de espaçamento entre bandas E_e? Cite a(s) razão(ões) para a escolha.

[*A resposta está disponível no GEN-IO, ambiente virtual de aprendizagem do GEN.*]

Conceito de um Buraco

Nos semicondutores intrínsecos, cada elétron excitado para a banda de condução resulta na falta de um elétron em uma das ligações covalentes ou, no esquema de bandas, há um estado eletrônico vazio na banda de valência, como mostra a Figura 18.6b.[4] Sob a influência de um campo elétrico, a posição desse elétron ausente na rede cristalina pode ser considerada como se estivesse se movendo por

---
[3] As bandas de valência no silício e no germânio correspondem a níveis de energia híbridos sp^3 para o átomo isolado; essas bandas de valência hibridizadas estão completamente preenchidas a 0 K.
[4] Os buracos (além dos elétrons livres) são criados nos semicondutores e isolantes quando ocorrem transições eletrônicas de estados preenchidos na banda de valência para estados vazios na banda de condução (Figura 18.6). Nos metais, as transições eletrônicas ocorrem normalmente de estados preenchidos para estados vazios *dentro da mesma banda* (Figura 18.5), sem a criação de buracos.

Figura 18.10 Modelo de ligação eletrônica para a condução elétrica no silício intrínseco: (*a*) antes da excitação; (*b*) e (*c*) após a excitação (os movimentos subsequentes do elétron livre e do buraco em resposta a um campo elétrico externo).

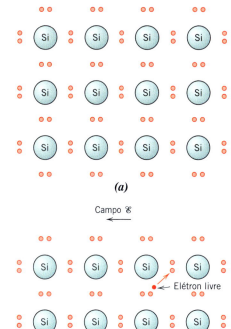

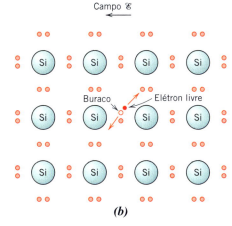

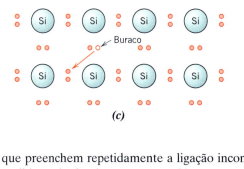

causa do movimento de outros elétrons de valência que preenchem repetidamente a ligação incompleta (Figura 18.10). Esse processo pode ser compreendido mais simplesmente se o elétron ausente na banda de valência for tratado como uma partícula carregada positivamente, chamada de *buraco*. Considera-se que um buraco apresenta uma carga com a mesma magnitude daquela de um elétron, porém com o sinal oposto (+1,6 × 10⁻¹⁹ C). Dessa forma, na presença de um campo elétrico, os elétrons excitados e os buracos movem-se em direções opostas. Além disso, nos semicondutores, tanto os elétrons quanto os buracos são espalhados pelas imperfeições na rede.

Condutividade Intrínseca

Uma vez que existem dois tipos de portadores de carga (os elétrons livres e os buracos) em um semicondutor intrínseco, a expressão para a condução elétrica, Equação 18.8, deve ser modificada para incluir um termo que leve em consideração a contribuição da corrente devida aos buracos. Portanto, podemos escrever

Condutividade elétrica para um semicondutor intrínseco — dependência em relação às concentrações de elétrons/buracos e às mobilidades dos elétrons/buracos

$$\sigma = n|e|\mu_e + p|e|\mu_b \tag{18.13}$$

em que p é o número de buracos por metro cúbico e μ_b é a mobilidade dos buracos. A magnitude de μ_b é sempre menor que a de μ_e para os semicondutores. Para os semicondutores intrínsecos, cada elétron promovido através do espaçamento entre bandas deixa para trás um buraco na banda de valência; dessa forma,

$$n = p = n_i \tag{18.14}$$

em que n_i é conhecido como a *concentração de portadores intrínsecos*. Além disso,

A condutividade em termos da concentração de portadores intrínsecos para um semicondutor intrínseco

$$\begin{aligned}\sigma &= n|e|(\mu_e + \mu_b) = p|e|(\mu_e + \mu_b) \\ &= n_i|e|(\mu_e + \mu_b)\end{aligned} \tag{18.15}$$

As condutividades intrínsecas à temperatura ambiente e as mobilidades dos elétrons e dos buracos para vários materiais semicondutores também são apresentadas na Tabela 18.2.

592 • Capítulo 18

PROBLEMA-EXEMPLO 18.1

Cálculo da Concentração de Portadores Intrínsecos à Temperatura Ambiente para o Arseneto de Gálio

Para o arseneto de gálio intrínseco, a condutividade elétrica à temperatura ambiente é de 3×10^{-7} $(\Omega \cdot m)^{-1}$; as mobilidades dos elétrons e dos buracos são, respectivamente, de 0,80 e 0,04 $m^2/V \cdot s$. Calcule a concentração de portadores intrínsecos n_i à temperatura ambiente.

Solução

Uma vez que o material é intrínseco, a concentração de portadores pode ser calculada usando a Equação 18.15, tal que

$$n_i = \frac{\sigma}{|e|(\mu_e + \mu_b)}$$

$$= \frac{3 \times 10^{-7}\,(\Omega \cdot m)^{-1}}{(1,6 \times 10^{-19}\,C)\left[(0,80 + 0,04)\,m^2/V \cdot s\right]}$$

$$= 2,2 \times 10^{12}\,m^{-3}$$

18.11 SEMICONDUÇÃO EXTRÍNSECA

Virtualmente todos os semicondutores comerciais são *extrínsecos* — isto é, o comportamento elétrico é determinado pelas impurezas que, quando presentes mesmo em concentrações mínimas, introduzem um excesso de elétrons ou de buracos. Por exemplo, uma concentração de impurezas de 1 átomo em cada 10^{12} átomos é suficiente para tornar o silício extrínseco à temperatura ambiente.

Semicondução Extrínseca do Tipo *n*

Para ilustrar como a semicondução extrínseca é obtida, considere novamente o semicondutor elementar de silício. Um átomo de Si apresenta quatro elétrons, cada um dos quais está ligado covalentemente a um de quatro átomos de Si adjacentes. Agora, suponha que um átomo de impureza com valência 5 seja adicionado como uma impureza substitucional; as possibilidades incluem os átomos da coluna do Grupo VA da tabela periódica (isto é, P, As e Sb). Apenas quatro dos cinco elétrons de valência desses átomos de impurezas podem participar da ligação, pois existem apenas quatro ligações possíveis com átomos vizinhos. O elétron adicional, que não forma ligações, fica fracamente preso à região em torno do átomo de impureza por uma atração eletrostática fraca, como ilustrado na Figura 18.11*a*. A energia de ligação desse elétron é relativamente pequena (da ordem de 0,01 eV); dessa forma, ele é removido com facilidade do átomo de impureza e se torna um elétron livre ou de condução (Figuras 18.11*b* e 18.11*c*).

O estado de energia de um elétron desse tipo pode ser visto a partir da perspectiva do esquema do modelo de bandas eletrônicas. Para cada um dos elétrons fracamente ligados existe um único nível de energia, ou estado de energia, que está localizado dentro do espaçamento proibido entre bandas, imediatamente abaixo da parte inferior da banda de condução (Figura 18.12*a*). A energia de ligação do elétron corresponde à energia necessária para excitar o elétron desde um desses estados da impureza até um estado dentro da banda de condução. Cada evento de excitação (Figura 18.12*b*) fornece ou doa um único elétron para a banda de condução; uma impureza desse tipo é chamada apropriadamente de *doadora*. Uma vez que cada elétron doado é excitado a partir de um nível da impureza, nenhum buraco correspondente é criado na banda de valência.

À temperatura ambiente, a energia térmica disponível é suficiente para excitar um grande número de elétrons a partir dos **estados doadores**; além disso, ocorrem algumas transições intrínsecas da banda de valência para a banda de condução, como mostra a Figura 18.6*b*, mas em intensidade desprezível. Dessa forma, o número de elétrons na banda de condução excede em muito o número de buracos na banda de valência (ou $n \gg p$), e o primeiro termo no lado direito da Equação 18.13 suplanta o segundo — isto é,

estado doador

Dependência da condutividade em relação à concentração e à mobilidade dos elétrons para um semicondutor extrínseco do tipo *n*

$$\sigma \cong n|e|\mu_e \tag{18.16}$$

Um material desse tipo é dito ser um semicondutor extrínseco do *tipo n*. Os elétrons são os *portadores majoritários* em virtude de sua densidade ou concentração; os buracos, por outro lado, são os

Figura 18.11 Modelo de semicondução extrínseca do tipo *n* (ligação eletrônica). (*a*) Um átomo de impureza tal como o fósforo, que possui cinco elétrons de valência, pode substituir um átomo de silício. Isso resulta em um elétron de ligação extra, que está ligado e orbita o átomo de impureza. (*b*) Excitação para formar um elétron livre. (*c*) O movimento desse elétron livre em resposta a um campo elétrico.

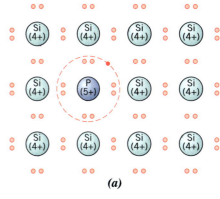

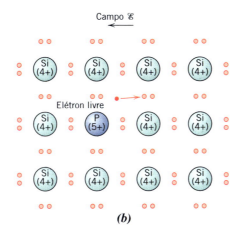
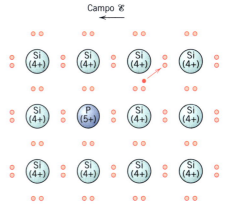

Figura 18.12 (*a*) Esquema da banda de energia eletrônica para um nível de impureza doadora localizado dentro do espaçamento entre bandas e imediatamente abaixo do nível inferior da banda de condução. (*b*) Excitação a partir de um estado doador no qual um elétron livre é gerado na banda de condução.

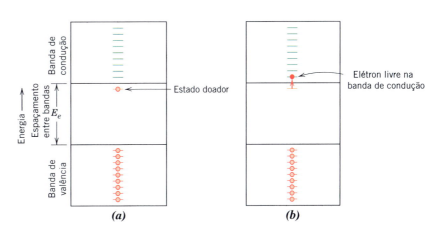

portadores de carga minoritários. Nos semicondutores do tipo *n*, o nível de Fermi é deslocado para cima no espaçamento entre bandas, até a vizinhança do estado doador; sua posição exata é uma função tanto da temperatura quanto da concentração de doadores.

Semicondução Extrínseca do Tipo *p*

Um efeito oposto é produzido pela adição ao silício ou ao germânio de impurezas substitucionais trivalentes, tais como alumínio, boro e gálio, do Grupo IIIA da tabela periódica. Uma das ligações covalentes ao redor de cada um desses átomos fica deficiente em um elétron; tal deficiência pode ser vista como um buraco que está fracamente ligado ao átomo de impureza. Esse buraco pode ser liberado do átomo de impureza pela transferência de um elétron de uma ligação adjacente, como ilustrado na Figura 18.13. Essencialmente, o elétron e o buraco trocam de posições. Um buraco em movimento é considerado como estando em um estado excitado e participa no processo de condução de maneira análoga à de um elétron doador excitado, como descrito anteriormente.

As excitações extrínsecas, nas quais são gerados os buracos, também podem ser representadas usando o modelo de bandas. Cada átomo de impureza desse tipo introduz um nível de energia dentro

Figura 18.13 Modelo de semicondução extrínseca do tipo *p* (ligação eletrônica). (*a*) Um átomo de impureza tal como o boro, com três elétrons de valência, pode substituir um átomo de silício. Isso resulta na falta de um elétron de valência, ou um buraco, que está associado ao átomo de impureza. (*b*) O movimento desse buraco em resposta a um campo elétrico.

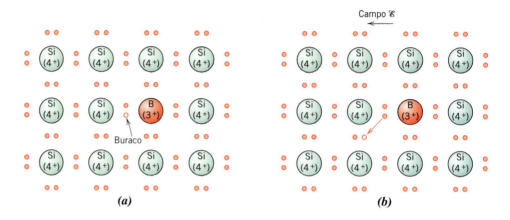

do espaçamento entre bandas, localizado acima, porém muito próximo, à parte superior da banda de valência (Figura 18.14*a*). Imagina-se que um buraco seja criado na banda de valência pela excitação térmica de um elétron da banda de valência para esse estado eletrônico da impureza, como demonstrado na Figura 18.14*b*. Em uma transição desse tipo, apenas um portador é produzido — um buraco na banda de valência; um elétron livre *não* é criado nem no nível da impureza nem na banda de condução. Uma impureza desse tipo é chamada de *receptora* ou *aceitadora*, pois é capaz de aceitar um elétron da banda de valência, deixando para trás um buraco. Segue-se que o nível de energia introduzido no espaçamento entre bandas por esse tipo de impureza é chamado de **estado receptor**.

estado receptor

Para esse tipo de condução extrínseca, os buracos estão presentes em concentrações muito maiores que os elétrons (*isto é*, $p \gg n$), e sob essas circunstâncias um material é denominado do *tipo p*, pois partículas carregadas positivamente são as principais responsáveis pela condução elétrica. Obviamente, os buracos são os portadores majoritários, enquanto os elétrons estão presentes em concentrações minoritárias. Isso dá origem a uma predominância do segundo termo no lado direito da Equação 18.13, ou seja,

Dependência da condutividade em relação à concentração e à mobilidade dos buracos para um semicondutor extrínseco do tipo *p*

$$\sigma \cong p|e|\mu_b \quad (18.17)$$

Nos semicondutores do tipo *p*, o nível de Fermi está posicionado dentro do espaçamento entre bandas e próximo ao nível do receptor.

Os semicondutores extrínsecos (tanto do tipo *n* quanto do tipo *p*) são produzidos a partir de materiais que a princípio apresentam purezas extremamente elevadas, contendo em geral teores totais de impurezas da ordem de 10^{-7} %a. Concentrações controladas de doadores ou receptores específicos são então adicionadas intencionalmente, usando diferentes técnicas. Tal processo de formação de ligas em materiais semicondutores é denominado **dopagem**.

dopagem

Nos semicondutores extrínsecos, grandes números de portadores de carga (elétrons ou buracos, dependendo do tipo de impureza) são criados à temperatura ambiente pela energia térmica disponível. Como consequência, nos semicondutores extrínsecos são obtidas condutividades elétricas relativamente elevadas à temperatura ambiente. A maioria desses materiais é projetada para aplicações em dispositivos eletrônicos que operam em condições ambientes.

Figura 18.14 (*a*) Esquema da banda de energia para um nível de impureza receptor localizado dentro do espaçamento entre bandas e imediatamente acima do topo da banda de valência. (*b*) Excitação de um elétron para dentro do nível receptor, deixando para trás um buraco na banda de valência.

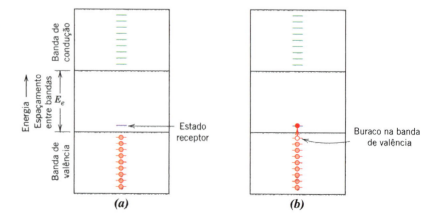

Verificação de Conceitos 18.4   Em temperaturas relativamente elevadas, os materiais semicondutores dopados tanto com doadores quanto com receptores exibem comportamento intrínseco (Seção 18.12). Com base nas discussões da Seção 18.5 e desta seção, trace um gráfico esquemático da energia de Fermi em função da temperatura para um semicondutor do tipo *n* até uma temperatura na qual ele se torna intrínseco. Indique também nesse gráfico as posições de energia correspondentes ao topo da banda de valência e à parte inferior da banda de condução.

Verificação de Conceitos 18.5   O Zn atua como um doador ou um receptor quando adicionado ao composto semicondutor GaAs? Por quê? (Considere o Zn como uma impureza substitucional.)

[*As respostas estão disponíveis no GEN-IO, ambiente virtual de aprendizagem do GEN.*]

18.12   DEPENDÊNCIA DA CONCENTRAÇÃO DE PORTADORES EM RELAÇÃO À TEMPERATURA

A Figura 18.15 traça o logaritmo da concentração de portadores *intrínsecos* n_i em função da temperatura tanto para o silício quanto para o germânio. Duas características nesse gráfico merecem ser comentadas. Em primeiro lugar, as concentrações de elétrons e de buracos aumentam com a temperatura, pois, dessa forma, mais energia térmica está disponível para excitar os elétrons da banda de valência para a banda de condução (de acordo com a Figura 18.6*b*). Além disso, em todas as temperaturas, a concentração de portadores no Ge é maior que no Si. Esse efeito é devido ao menor espaçamento entre bandas do germânio (0,67 eV contra 1,11 eV, Tabela 18.2); dessa forma, para o Ge, em qualquer temperatura, mais elétrons serão excitados através do seu espaçamento entre bandas.

Entretanto, o comportamento da concentração de portadores em função da temperatura para um semicondutor *extrínseco* é muito diferente. Por exemplo, o gráfico da concentração de elétrons em função da temperatura para o silício dopado com 10^{21} m^{-3} átomos de fósforo está traçado na Figura 18.16. [Para comparação, a curva tracejada mostrada na figura representa o Si intrínseco (tirada da Figura 18.15).][5] Três regiões podem ser observadas na curva para o material extrínseco. Nas temperaturas intermediárias (entre aproximadamente 150 K e 475 K), o material é do tipo *n* (uma vez que P é uma impureza doadora), e a concentração de elétrons é constante; essa é a denominada *região de temperatura extrínseca*.[6] Os elétrons na banda de condução são excitados a partir do estado doador do fósforo (conforme a Figura 18.12*b*), e uma vez que a concentração de elétrons é aproximadamente igual ao teor de P (10^{21} m^{-3}), virtualmente todos os átomos de fósforo foram ionizados (isto é, doaram elétrons). Além disso, as excitações intrínsecas através do espaçamento entre bandas são insignificantes em comparação a essas excitações devidas aos doadores extrínsecos. A faixa de temperaturas ao longo da qual essa região extrínseca existe depende da concentração de impurezas; além disso, a maioria dos dispositivos em estado sólido é projetada para operar dentro dessa faixa de temperaturas.

Em baixas temperaturas, abaixo de aproximadamente 100 K (Figura 18.16), a concentração de elétrons cai drasticamente com a diminuição da temperatura e se aproxima de zero a 0 K. Ao longo dessas temperaturas, a energia térmica é insuficiente para excitar os elétrons do nível doador do P para a banda de condução. Essa é denominada *região de temperatura de congelamento* (*freeze-out*), uma vez que os portadores carregados (isto é, os elétrons) estão "congelados" com os átomos de dopagem.

Por fim, na extremidade superior da escala de temperaturas na Figura 18.16, a concentração de elétrons aumenta acima do teor de P e aproxima-se assintoticamente da curva para o material intrínseco conforme a temperatura aumenta. Essa é denominada a *região de temperatura intrínseca*, uma vez que nessas temperaturas elevadas o semicondutor torna-se intrínseco — isto é, conforme a temperatura aumenta, as concentrações de portadores de carga resultantes das excitações dos elétrons através do espaçamento entre bandas primeiro tornam-se iguais e então superam por completo a contribuição dos portadores dos doadores.

---

[5]Observe que as formas da curva para o Si na Figura 18.15 e da curva para n_i na Figura 18.16 não são as mesmas, embora parâmetros idênticos estejam sendo traçados em ambos os casos. Essa disparidade se deve às escalas dos eixos dos gráficos: os eixos da temperatura (isto é, horizontais) em ambos os gráficos estão em escala linear; no entanto, o eixo da concentração de portadores na Figura 18.15 é logarítmico, enquanto esse mesmo eixo na Figura 18.16 é linear.
[6]Para semicondutores dopados com doadores, essa região é às vezes chamada de região de *saturação*; para os materiais dopados com receptores, ela é denominada com frequência região de *exaustão*.

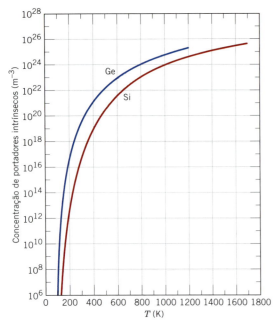

Figura 18.15 Concentração de portadores intrínsecos (escala logarítmica) em função da temperatura para o germânio e o silício.
(De THURMOND, C. D. "The Standard Thermodynamic Functions for the Formation of Electrons and Holes in Ge, Si, GaAs and GaP", *Journal of The Electrochemical Society*, 122, [8], 1975, p. 1139. Reimpressa sob permissão da The Electrochemical Society, Inc.)

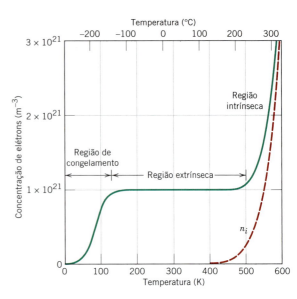

Figura 18.16 Concentração de elétrons em função da temperatura para o silício (do tipo *n*) dopado com 10^{21} m^{-3} átomos de uma impureza doadora e para o silício intrínseco (linha tracejada). Os regimes de temperaturas de congelamento (*freeze-out*), extrínseca e intrínseca estão indicados no gráfico.
(De SZE, S. M. *Semiconductor Devices, Physics and Technology*. Copyright © 1985 por Bell Telephone Laboratories, Inc. Reimpressa sob permissão de John Wiley & Sons, Inc.)

> ✓ **Verificação de Conceitos 18.6** Com base na Figura 18.16, conforme o nível de dopagem aumenta, você espera que a temperatura na qual um semicondutor torna-se intrínseco aumente, permaneça essencialmente a mesma ou diminua? Por quê?
>
> [A resposta está disponível no GEN-IO, ambiente virtual de aprendizagem do GEN.]

18.13 FATORES QUE AFETAM A MOBILIDADE DOS PORTADORES

A condutividade (ou resistividade) de um material semicondutor, além de depender das concentrações de elétrons e/ou buracos, também é uma função das mobilidades dos portadores de carga (Equação 18.13) — isto é, da facilidade com que os elétrons e os buracos são transportados através do cristal. Além disso, as magnitudes das mobilidades dos elétrons e dos buracos são influenciadas pela presença daqueles mesmos defeitos cristalinos que são responsáveis pelo espalhamento dos elétrons nos metais: as vibrações térmicas (isto é, a temperatura) e os átomos de impurezas. Vamos explorar agora a maneira como o teor de impurezas dopantes e a temperatura influenciam as mobilidades, tanto dos elétrons quanto dos buracos.

Influência do Teor de Dopante

A Figura 18.17 representa a dependência das mobilidades dos elétrons e dos buracos no silício em função do teor de dopante (tanto receptor quanto doador) à temperatura ambiente; note que nesse gráfico ambos os eixos estão em escala logarítmica. Em concentrações de dopante menores que aproximadamente 10^{20} m^{-3}, as mobilidades de ambos os portadores estão em seus níveis máximos e são independentes da concentração de dopante. Além disso, ambas as mobilidades diminuem com o aumento do teor de impurezas. Também é importante observar que a mobilidade dos elétrons é sempre maior que a mobilidade dos buracos.

Figura 18.17 Dependência das mobilidades dos elétrons e dos buracos (escala logarítmica) em relação à concentração de dopante (escala logarítmica) para o silício à temperatura ambiente.
(Adaptada de GÄRTNER, W. W. "Temperature Dependence of Junction Transistor Parameters", *Proc. of the IRE*, 45, 1957, p. 667. Copyright © 1957 IRE agora IEEE.)

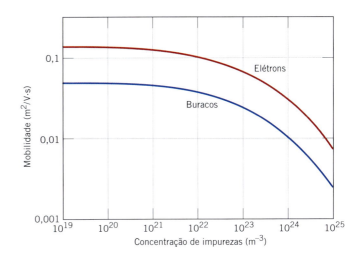

Influência da Temperatura

As dependências em relação à temperatura das mobilidades dos elétrons e dos buracos para o silício são apresentadas nas Figuras 18.18a e 18.18b, respectivamente. As curvas para vários teores de impurezas dopantes são mostradas para ambos os tipos de portadores; note que ambos os conjuntos de eixos estão em escala logarítmica. A partir desses gráficos, é possível observar que, para concentrações de dopante iguais ou menores que 10^{24} m^{-3}, a mobilidade tanto dos elétrons quanto a dos buracos diminui em magnitude com o aumento da temperatura; novamente, esse efeito se deve ao maior espalhamento térmico dos portadores. Tanto para os elétrons quanto para os buracos, em níveis de dopante menores que 10^{20} m^{-3}, a dependência da mobilidade em relação à temperatura é independente da concentração de receptores/doadores (isto é, é representada por uma única curva). Além disso, para concentrações maiores que 10^{20} m^{-3}, as curvas em ambos os gráficos são deslocadas para valores de mobilidade progressivamente mais baixos com o aumento do nível de dopante. Esses dois últimos efeitos são consistentes com os dados apresentados na Figura 18.17.

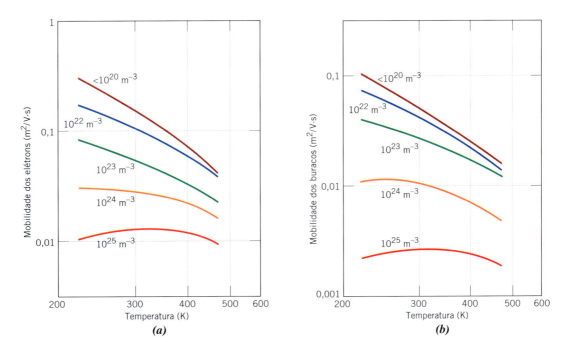

Figura 18.18 Dependência em relação à temperatura das mobilidades (a) dos elétrons e (b) dos buracos para o silício dopado com várias concentrações de doadores e receptores. Ambos os conjuntos de eixos estão em escala logarítmica.
(De GÄRTNER, W. W. "Temperature Dependence of Junction Transistor Parameters", *Proc. of the IRE*, 45, 1957, p. 667. Copyright © 1957 IRE agora IEEE.)

606 • **Capítulo 18**

Semicondutores nos Computadores

Além da sua habilidade em amplificar um sinal elétrico imposto, os transistores e os diodos também podem atuar como dispositivos interruptores, uma característica utilizada para operações aritméticas e lógicas, e também para o armazenamento de informações em computadores. Os números e as funções nos computadores são expressos em termos de um código binário (isto é, números escritos na base 2). Nessa estrutura, os números são representados por uma série de dois estados (às vezes designados por 0 e 1). Assim, os transistores e os diodos em um circuito digital operam como interruptores que também têm dois estados — ligado e desligado (*on/off*), ou condutor e não condutor; "desligado" corresponde a um estado do número binário, enquanto "ligado" corresponde ao outro estado. Assim, um único número pode ser representado por um conjunto de elementos de circuito contendo transistores que são comutados de uma maneira apropriada.

Memória Flash (Drive de Estado Sólido)

Uma tecnologia de armazenamento de informações relativamente nova que está se desenvolvendo rapidamente e que usa dispositivos semicondutores é a memória *flash*. A memória *flash* é programada e apagada eletronicamente, como foi descrito no parágrafo anterior. Além disso, essa tecnologia *flash* é *não volátil* — isto é, não é necessária energia elétrica para reter a informação armazenada. Não existem partes móveis (como é o caso nos discos rígidos magnéticos e nas fitas magnéticas, Seção 20.11), o que torna a memória *flash* especialmente atraente para armazenamento geral e transferência de dados entre dispositivos portáteis, tais como câmeras digitais, computadores *laptop*, telefones celulares, tocadores de áudio digitais e consoles de jogos. Além disso, a tecnologia *flash* é apresentada na forma de cartões de memória [ver as figuras (*b*) e (*c*) na abertura deste capítulo], *drives* em estado sólido e *drives flash* USB. Diferente da memória magnética, a memória *flash* é extremamente durável e capaz de suportar extremos de temperatura relativamente amplos, assim como a imersão em água. Ademais, com o passar do tempo e a evolução dessa tecnologia de memória *flash*, a capacidade de armazenamento continuará a aumentar, o tamanho físico do *chip* a diminuir e o preço da memória a cair.

O mecanismo de operação da memória *flash* é relativamente complicado e está além do escopo dessa discussão. Em essência, as informações são armazenadas em um *chip* que é composto por um número muito grande de células de memória. Cada célula consiste em uma matriz de transistores semelhantes aos MOSFETs descritos anteriormente neste capítulo; a principal diferença é que os transistores na memória *flash* possuem duas portas, em vez de apenas uma, como para os MOSFETs (Figura 18.25). A memória *flash* é um tipo especial de memória apenas para leitura, eletronicamente apagável e programável (EEPROM = *electronically erasable, programmable, read-only memory*). O apagamento dos dados é muito rápido para blocos inteiros das células, o que torna esse tipo de memória ideal para aplicações que exigem atualizações frequentes de grandes quantidades de dados (como ocorre com as aplicações indicadas no parágrafo anterior). O apagamento leva a uma limpeza do conteúdo das células, tal que elas podem ser reescritas; isso ocorre mediante uma mudança na carga eletrônica em uma das portas, o que ocorre muito rapidamente — isto é, em um "piscar de olhos", ou *flash* — daí o nome da memória.

Circuitos Microeletrônicos

Ao longo dos últimos anos, o advento dos circuitos microeletrônicos, em que milhões de componentes e circuitos eletrônicos são incorporados em um espaço muito pequeno, revolucionou o campo da eletrônica. Essa revolução foi precipitada, em parte, pela tecnologia aeroespacial, que precisava de computadores e dispositivos eletrônicos pequenos e com baixa demanda de energia. Como resultado do refinamento das técnicas de processamento e fabricação, ocorreu uma surpreendente redução no custo dos circuitos integrados. Consequentemente, os computadores pessoais se tornaram acessíveis a grandes segmentos da população em muitos países. Além disso, o uso de **circuitos integrados** tornou-se presente em muitos outros aspectos das nossas vidas — em calculadoras, nas comunicações, nos relógios, na produção e controle industrial, e em todas as fases da indústria de eletrônicos.

Circuitos microeletrônicos de baixo custo são produzidos em massa empregando algumas técnicas de fabricação muito engenhosas. O processo começa com o crescimento de monocristais cilíndricos relativamente grandes de silício de alta pureza, a partir dos quais são cortadas pastilhas (*wafers*) circulares finas. Muitos circuitos microeletrônicos ou integrados, às vezes chamados *chips*, são preparados em uma única pastilha. Um *chip* é retangular, tipicamente da ordem de 6 mm (1/4 in) de lado, e contém milhões de elementos de circuitos: diodos, transistores, resistores e capacitores. Na Figura 18.26 são apresentadas fotografias ampliadas e mapas de elementos de um *chip* microprocessador; essas micrografias revelam a complexidade dos circuitos integrados. No momento atual, estão sendo

Figura 18.26 (*a*) Micrografia eletrônica de varredura de um circuito integrado. (*b*) Um mapa de pontos do silício no circuito integrado acima, mostrando as regiões em que os átomos de silício estão concentrados. Silício dopado é o material semicondutor a partir do qual são feitos os elementos de um circuito integrado. (*c*) Um mapa de pontos do alumínio. O alumínio metálico é um condutor elétrico e, como tal, faz a ligação elétrica entre os elementos do circuito. Ampliação de aproximadamente 200×.

Nota: a discussão na Seção 4.10 mencionou que uma imagem é gerada em um microscópio eletrônico de varredura quando um feixe de elétrons varre a superfície da amostra que está sendo examinada. Os elétrons nesse feixe fazem com que alguns dos átomos na superfície da amostra emitam raios X; a energia de um fóton de raios X depende do átomo específico a partir do qual ele se irradia. É possível filtrar de maneira seletiva todos os raios X emitidos, à exceção daqueles emitidos por um tipo específico de átomo. Quando projetados em um tubo de raios catódicos, são produzidos pequenos pontos brancos que indicam as localizações daquele tipo específico de átomo; dessa forma, é gerado um *mapa de pontos* da imagem.

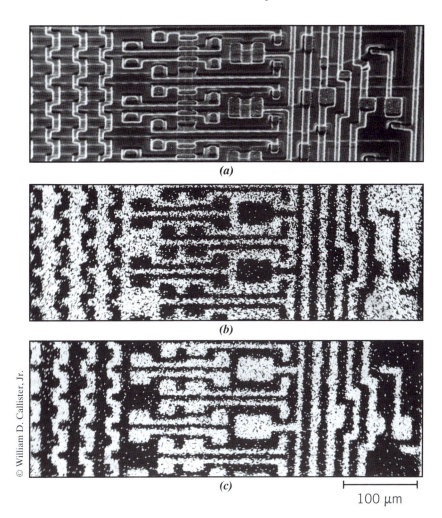

produzidos *chips* microprocessadores com densidades que se aproximam de um bilhão de transistores, e esse número dobra a aproximadamente cada 18 meses.

Os circuitos microeletrônicos consistem em muitas camadas dispostas dentro da pastilha de silício ou que estão empilhadas sobre essa pastilha de silício segundo um padrão precisamente detalhado. Empregando técnicas fotolitográficas, para cada camada, elementos muito pequenos são protegidos por máscaras segundo um padrão microscópico específico. Os elementos do circuito são construídos pela introdução seletiva de materiais específicos [por difusão (Seção 5.6) ou pela implantação de íons] nas regiões não protegidas, para criar áreas localizadas do tipo *n*, do tipo *p*, de alta resistividade ou condutoras. Esse procedimento é repetido camada a camada, até que todo o circuito integrado tenha sido fabricado, como está ilustrado no diagrama esquemático para o MOSFET (Figura 18.25). Elementos de circuitos integrados são mostrados na Figura 18.26 e na fotografia (*a*) na página inicial deste capítulo.

Condução Elétrica em Cerâmicas Iônicas e em Polímeros

A maioria dos polímeros e das cerâmicas iônicas são materiais isolantes à temperatura ambiente e, portanto, apresentam estruturas da banda de energia eletrônica semelhantes àquela representada na Figura 18.4*c*; uma banda de valência preenchida está separada de uma banda de condução vazia por um espaçamento entre bandas relativamente grande, em geral maior que 2 eV. Dessa forma, em temperaturas normais, apenas muito poucos elétrons podem ser excitados através do espaçamento entre bandas pela energia térmica disponível, o que é responsável por valores de condutividade muito pequenos; a Tabela 18.3 fornece as condutividades elétricas à temperatura ambiente para vários desses materiais. (As resistividades elétricas de um grande número de materiais cerâmicos e poliméricos são fornecidas na Tabela B.9, no Apêndice B.) Muitos materiais são usados com base em sua capacidade de isolamento e, dessa forma, é desejável uma resistividade elétrica elevada. Com o aumento da temperatura, os materiais isolantes apresentam um aumento da condutividade elétrica, que pode, ao final, ser maior que a exibida por semicondutores.

608 • **Capítulo 18**

Tabela 18.3
Condutividades Elétricas Típicas à Temperatura Ambiente para Treze Materiais Não Metálicos

Material	Condutividade Elétrica [$(\Omega \cdot m)^{-1}$]
Grafita	$3 \times 10^{4}\text{--}2 \times 10^{5}$
Cerâmicas	
Concreto (seco)	10^{-9}
Vidro de cal de soda	$10^{-10}\text{--}10^{-11}$
Porcelana	$10^{-10}\text{--}10^{-12}$
Vidro borossilicato	$\sim 10^{-13}$
Óxido de alumínio	$<10^{-13}$
Sílica fundida	$<10^{-13}$
Polímeros	
Fenol-formaldeído	$10^{-9}\text{--}10^{-10}$
Poli(metacrilato de metila)	$<10^{-12}$
Náilon 6,6	$10^{-12}\text{--}10^{-13}$
Poliestireno	$<10^{-14}$
Polietileno	$10^{-15}\text{--}10^{-17}$
Politetrafluoroetileno	$<10^{-17}$

18.16 CONDUÇÃO EM MATERIAIS IÔNICOS

Tanto os cátions quanto os ânions nos materiais iônicos apresentam uma carga elétrica e, como consequência, são capazes de migrar ou experimentar difusão quando está presente um campo elétrico. Dessa forma, uma corrente elétrica é gerada pelo movimento resultante desses íons carregados, corrente essa que está presente em adição à corrente devido a qualquer movimento dos elétrons. As migrações dos ânions e dos cátions são em direções opostas. A condutividade total de um material iônico σ_{total} é, portanto, igual à soma das contribuições tanto eletrônica quanto iônica, como indicado a seguir:

A condutividade é igual à soma das contribuições eletrônica e iônica para os materiais iônicos

$$\sigma_{total} = \sigma_{eletrônica} + \sigma_{iônica} \tag{18.22}$$

Qualquer uma das contribuições pode ser predominante, dependendo do material, de sua pureza e da temperatura.

Uma mobilidade μ_I pode ser associada a cada espécie iônica da seguinte maneira:

Cálculo da mobilidade para uma espécie iônica

$$\mu_I = \frac{n_I e D_I}{kT} \tag{18.23}$$

em que n_I e de D_I representam, respectivamente, a valência e o coeficiente de difusão de um íon específico; e, k e T representam os mesmos parâmetros que foram explicados anteriormente neste capítulo. Assim, a contribuição iônica para a condutividade total aumenta com o aumento na temperatura, como ocorre para o componente eletrônico. Entretanto, apesar das duas contribuições para a condutividade, a maioria dos materiais iônicos permanece isolante, mesmo em temperaturas elevadas.

18.17 PROPRIEDADES ELÉTRICAS DOS POLÍMEROS

A maioria dos materiais poliméricos é má condutora de eletricidade (Tabela 18.3), em razão da indisponibilidade de grandes números de elétrons livres para participar no processo de condução; os elétrons nos polímeros estão fortemente ligados em ligações covalentes. O mecanismo da condução elétrica nesses materiais não é bem compreendido, mas acredita-se que a condução nos polímeros de alta pureza seja de natureza eletrônica.

Polímeros Condutores

Materiais poliméricos com condutividades elétricas comparáveis às dos condutores metálicos têm sido sintetizados; eles são apropriadamente denominados *polímeros condutores*. Foram obtidas para esses materiais condutividades tão elevadas quanto $1,5 \times 10^{7}$ $(\Omega \cdot m)^{-1}$; em termos volumétricos, esse valor corresponde a um quarto da condutividade do cobre ou, em termos de peso, a duas vezes a sua condutividade.

Esse fenômeno é observado em aproximadamente uma dúzia de polímeros, como poliacetileno, poliparafenileno, polipirrol e polianilina. Cada um desses polímeros contém em sua cadeia polimérica um sistema que alterna ligações simples e ligações duplas e/ou unidades aromáticas. Por exemplo, a estrutura da cadeia do poliacetileno é a seguinte:

Unidade
repetida

Os elétrons de valência associados às ligações simples e duplas alternadas na cadeia não estão localizados, o que significa que eles são compartilhados pelos átomos na cadeia principal do polímero — semelhante à maneira como os elétrons em uma banda parcialmente preenchida de um metal são compartilhados pelos núcleos iônicos. Além disso, a estrutura da banda de um polímero condutor é característica daquela para um isolante elétrico (Figura 18.4c) — a 0 K existe uma banda de valência preenchida separada de uma banda de condução vazia por um espaçamento entre bandas de energia proibido. Em suas formas puras, esses polímeros, que tipicamente possuem energias do espaçamento entre bandas maiores do que 2 eV, são semicondutores ou isolantes. Contudo, eles se tornam condutores quando são dopados com impurezas apropriadas, tais como AsF_5, SbF_5 ou iodo. Como ocorre com os semicondutores, os polímeros condutores podem ser do tipo n (isto é, com a dominância de elétrons livres) ou do tipo p (isto é, com a dominância de buracos), dependendo da dopagem. No entanto, ao contrário dos semicondutores, os átomos ou moléculas do dopante não substituem ou repõem nenhum dos átomos do polímero.

O mecanismo pelo qual grandes números de elétrons livres e buracos são gerados nesses polímeros condutores é complexo e não é bem compreendido. Em termos muito simples, parece que os átomos do dopante levam à formação de novas bandas de energia que se superpõem às bandas de valência e de condução do polímero intrínseco, dando origem a uma banda parcialmente preenchida e à produção de uma alta concentração de elétrons livres ou buracos à temperatura ambiente. A orientação das cadeias poliméricas durante a síntese, seja mecanicamente (Seção 15.7) ou magneticamente, resulta em um material altamente anisotrópico, que possui condutividade máxima ao longo da direção da orientação.

Esses polímeros condutores têm potencial para serem usados em uma gama de aplicações, uma vez que apresentam baixa massa específica e são flexíveis. Estão sendo fabricadas baterias recarregáveis e células de combustíveis que empregam eletrodos poliméricos. Em muitos aspectos, essas baterias são superiores aos seus análogos metálicos. Outras possíveis aplicações incluem as fiações em aeronaves e em componentes aeroespaciais, revestimentos antiestática para vestimentas, materiais para filtragem eletromagnética e dispositivos eletrônicos (por exemplo, transistores e diodos). Vários polímeros condutores exibem o fenômeno da *eletroluminescência* — isto é, a emissão de luz estimulada por uma corrente elétrica. Os polímeros eletroluminescentes estão sendo usados em aplicações como painéis solares e mostradores com painel plano (ver a seção de Materiais de Importância sobre diodos emissores de luz no Capítulo 21).

Comportamento Dielétrico

dielétrico
dipolo elétrico

Um material **dielétrico** é um isolante elétrico (não metálico) e exibe ou pode ser produzido para exibir uma estrutura de **dipolo elétrico** — isto é, no nível molecular ou atômico, há uma separação entre as entidades eletricamente carregadas positivas e negativas. Esse conceito de um dipolo elétrico foi introduzido na Seção 2.7. Como resultado das interações do dipolo com campos elétricos, os materiais dielétricos são empregados nos capacitores.

18.18 CAPACITÂNCIA

Quando uma voltagem é aplicada através de um capacitor, uma placa fica carregada positivamente, enquanto a outra fica carregada negativamente, com o campo elétrico correspondente direcionado

capacitância

Capacitância em termos da carga armazenada e da voltagem aplicada

da placa com carga positiva para a com carga negativa. A **capacitância** C está relacionada com a quantidade de carga armazenada em cada uma das placas Q pela relação

$$C = \frac{Q}{V} \tag{18.24}$$

em que V é a voltagem aplicada através do capacitor. A unidade para a capacitância é o coulomb por volt, ou farad (F).

Considere agora um capacitor de placas paralelas com vácuo na região entre as placas (Figura 18.27a). A capacitância pode ser calculada a partir da relação

Capacitância para um capacitor de placas paralelas no vácuo

$$C = \varepsilon_0 \frac{A}{l} \tag{18.25}$$

em que A representa a área das placas e l é a distância entre elas. O parâmetro ε_0, denominado **permissividade** do vácuo, é uma constante universal com valor de $8{,}85 \times 10^{-12}$ F/m.

permissividade

Se um material dielétrico for inserido na região entre as placas (Figura 18.27b), então

Capacitância para um capacitor de placas paralelas com material dielétrico

$$C = \varepsilon \frac{A}{l} \tag{18.26}$$

em que ε é a permissividade desse meio dielétrico, que é maior em magnitude que ε_0. A permissividade relativa ε_r, chamada com frequência de **constante dielétrica**, é igual à razão

constante dielétrica

Definição da constante dielétrica

$$\varepsilon_r = \frac{\varepsilon}{\varepsilon_0} \tag{18.27}$$

Figura 18.27 Um capacitor de placas paralelas (a) quando há vácuo entre as placas e (b) quando há um material dielétrico entre as placas. (De RALLS, K. M., COURTNEY, T. H. e WULFF, J. *Introduction to Materials Science and Engineering*. Copyright © 1976 por John Wiley & Sons, Inc. Reimpressa sob permissão de John Wiley & Sons, Inc.)

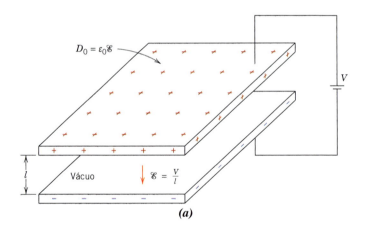

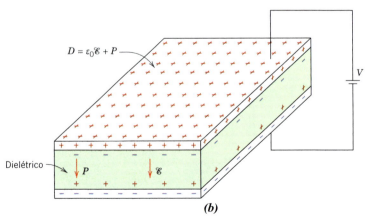

Propriedades Elétricas • **611**

Tabela 18.4
Constantes e Resistências Dielétricas para Alguns Materiais Dielétricos

Material	Constante Dielétrica		Resistência Dielétrica (V/mil)[a]
	60 Hz	1 MHz	
Cerâmicas			
Cerâmicas à base de titanato	—	15–10.000	50–300
Mica	—	5,4–8,7	1000–2000
Esteadita (MgO-SiO$_2$)	—	5,5–7,5	200–350
Vidro de soda-cal	6,9	6,9	250
Porcelana	6,0	6,0	40–400
Sílica fundida	4,0	3,8	250
Polímeros			
Fenol-formaldeído	5,3	4,8	300–400
Náilon 6,6	4,0	3,6	400
Poliestireno	2,6	2,6	500–700
Polietileno	2,3	2,3	450–500
Politetrafluoroetileno	2,1	2,1	400–500

[a]Um mil = 0,001 in. Esses valores para a resistência dielétrica são valores médios, em que a magnitude depende da espessura e da geometria da amostra, assim como da taxa de aplicação e da duração da aplicação do campo elétrico.

que é maior que a unidade e representa o aumento na capacidade de armazenamento de cargas pela inserção do meio dielétrico entre as placas. A constante dielétrica é uma das propriedades dos materiais de consideração prioritária no projeto de um capacitor. Os valores de ε_r para inúmeros materiais dielétricos são apresentados na Tabela 18.4.

18.19 VETORES DE CAMPO E POLARIZAÇÃO

Talvez a melhor forma de explicar o fenômeno da capacitância seja com o auxílio de vetores de campo. Para começar, para cada dipolo elétrico existe uma separação entre uma carga elétrica positiva e uma negativa, como está demonstrado na Figura 18.28. Um momento de dipolo elétrico p está associado a cada dipolo, como a seguir:

Momento de dipolo elétrico

$$p = qd \qquad (18.28)$$

em que q é a magnitude de cada carga do dipolo e d é a distância de separação entre elas. Um *momento de dipolo* é um vetor que está direcionado da carga negativa para a carga positiva, como indicado na Figura 18.28. Na presença de um campo elétrico E, que também é uma grandeza vetorial, uma força (ou torque) atua sobre um dipolo elétrico para orientá-lo em relação ao campo aplicado; esse fenômeno está ilustrado na Figura 18.29. O processo de alinhamento de um dipolo é denominado **polarização**.

polarização

Novamente, retornando ao capacitor, a densidade de cargas na superfície D, ou a quantidade de cargas por unidade de área da placa do capacitor (C/m^2), é proporcional ao campo elétrico. Quando vácuo está presente, então

Deslocamento dielétrico (densidade de carga na superfície) no vácuo

$$D_0 = \varepsilon_0 \mathscr{E} \qquad (18.29)$$

em que a constante de proporcionalidade é ε_0. Além disso, existe uma expressão análoga para o caso de um dielétrico — isto é,

Deslocamento dielétrico quando um meio dielétrico está presente

$$D = \varepsilon \mathscr{E} \qquad (18.30)$$

deslocamento dielétrico

Às vezes D também é chamado de **deslocamento dielétrico**.

O aumento na capacitância, ou constante dielétrica, pode ser explicado usando um modelo de polarização simplificado no interior de um material dielétrico. Considere o capacitor mostrado na Figura 18.30*a* — o caso com o vácuo — onde está armazenada uma carga $+Q_0$ na placa superior e

Figura 18.28 Representação esquemática de um dipolo elétrico gerado por duas cargas elétricas (de magnitude q) separadas pela distância d; o vetor polarização p associado também é mostrado.

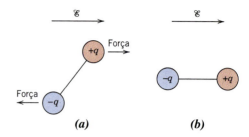

Figura 18.29 (a) Forças impostas (e o torque) que atuam sobre um dipolo devido a um campo elétrico. (b) Alinhamento final do dipolo com o campo.

uma carga $-Q_0$ na placa inferior. Quando um dielétrico é introduzido e um campo elétrico é aplicado, todo o sólido na região entre as placas fica polarizado (Figura 18.30c). Como resultado dessa polarização, existe um acúmulo resultante de cargas negativas com magnitude $-\Delta Q$ na superfície do dielétrico próxima à placa carregada positivamente e, de maneira semelhante, existe um excesso de cargas positivas $+\Delta Q$ na superfície adjacente à placa negativa. Nas regiões do dielétrico distantes dessas superfícies, os efeitos da polarização não são importantes. Dessa forma, se cada placa e sua superfície dielétrica adjacente forem consideradas como uma única entidade, a carga induzida a partir do dielétrico ($+\Delta Q$ ou $-\Delta Q$) pode ser considerada como se estivesse anulando parte da carga que existia originalmente na placa com vácuo ($-Q_0$ ou $+Q_0$). A voltagem imposta através das placas é mantida no valor para o vácuo aumentando a carga na placa negativa (ou inferior) por uma quantidade $-\Delta Q$ e na placa superior por $+\Delta Q$. Os elétrons são forçados a fluir da placa positiva para a negativa pela fonte de voltagem externa, tal que é restabelecida a voltagem apropriada. Assim, a carga em cada placa passa a ser $Q_0 + \Delta Q$, tendo sido aumentada por uma quantidade ΔQ.

Na presença de um dielétrico, a densidade de cargas entre as placas, que é igual à densidade de cargas na superfície das placas de um capacitor, também pode ser representada por

Deslocamento dielétrico — dependência em relação à intensidade do campo elétrico e à polarização (do meio dielétrico)

$$D = \varepsilon_0 \mathscr{E} + P \tag{18.31}$$

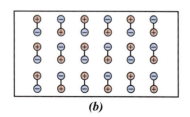

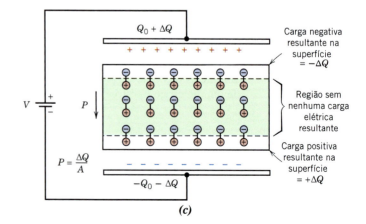

Figura 18.30 Representações esquemáticas (a) da carga armazenada nas placas de um capacitor com vácuo, (b) do arranjo dos dipolos em um dielétrico não polarizado e (c) do aumento da capacidade de armazenamento de cargas que resulta da polarização de um material dielétrico.

Propriedades Elétricas • **613**

Tabela 18.5
Unidades Primárias e Derivadas para Vários Parâmetros Elétricos e Vetores de Campo

| Grandeza | Símbolo | Unidades SI | |
		Derivada	Primária
Potencial elétrico	V	volt	kg·m²/s²·C
Corrente elétrica	I	ampère	C/s
Resistência do campo elétrico	$\mathscr{E}$	volt/metro	kg·m/s²·C
Resistência	R	ohm	kg·m²/s·C²
Resistividade	ρ	ohm-metro	kg·m³/s·C²
Condutividade[a]	σ	(ohm-metro)⁻¹	s·C²/kg·m³
Carga elétrica	Q	coulomb	C
Capacitância	C	farad	s²·C²/kg·m²
Permissividade	ε	farad/metro	s²·C²/kg·m³
Constante dielétrica	ε_r	adimensional	adimensional
Deslocamento dielétrico	D	farad-volt/m²	C/m²
Polarização elétrica	P	farad-volt/m²	C/m²

[a] A unidade SI derivada para a condutividade é o siemens por metro (S/m).

em que P é a *polarização*, ou o aumento na densidade de cargas acima daquela para o vácuo devido à presença do dielétrico; ou, a partir da Figura 18.30c, $P = \Delta Q/A$, em que A é a área de cada placa. A unidade de P é a mesma que a de D (C/m²).

A polarização P também pode ser entendida como o momento de dipolo total por unidade de volume do material dielétrico, ou como um campo elétrico de polarização dentro do dielétrico que resulta do alinhamento mútuo de muitos dipolos atômicos ou moleculares com o campo aplicado externamente $\mathscr{E}$. Para muitos materiais dielétricos, P é proporcional a $\mathscr{E}$ de acordo com a relação

> Polarização de um meio dielétrico — dependência em relação à constante dielétrica e à intensidade do campo elétrico

$$P = \varepsilon_0(\varepsilon_r - 1)\mathscr{E} \tag{18.32}$$

em cujo caso ε_r é independente da magnitude do campo elétrico.

A Tabela 18.5 lista parâmetros dielétricos juntamente com suas unidades.

PROBLEMA-EXEMPLO 18.5

Cálculos das Propriedades de Capacitores

Considere um capacitor de placas paralelas com uma área de $6,45 \times 10^{-4}$ m² (1 in²) e uma separação entre placas de 2×10^{-3} m (0,08 in) por meio do qual é aplicado um potencial de 10 V. Se um material com uma constante dielétrica de 6,0 for colocado na região entre as placas, calcule o seguinte:

(a) A capacitância

(b) A magnitude da carga armazenada em cada placa

(c) O deslocamento dielétrico D

(d) A polarização

Solução

(a) A capacitância é calculada usando a Equação 18.26; entretanto, primeiro a permissividade do meio dielétrico ε deve ser determinada a partir da Equação 18.27, da seguinte maneira:

$$\varepsilon = \varepsilon_r\varepsilon_0 = (6,0)(8,85 \times 10^{-12}\,\text{F/m})$$
$$= 5,31 \times 10^{-11}\,\text{F/m}$$

Assim, a capacitância é dada por

$$C = \varepsilon\frac{A}{l} = (5,31 \times 10^{-11}\,\text{F/m})\left(\frac{6,45 \times 10^{-4}\,\text{m}^{-2}}{20 \times 10^{-3}\,\text{m}}\right)$$
$$= 1,71 \times 10^{-11}\,\text{F}$$

(b) Uma vez que a capacitância tenha sido determinada, a carga armazenada pode ser calculada usando a Equação 18.24, de acordo com

$$Q = CV = (1{,}71 \times 10^{-11}\,\text{F})(10\,\text{V}) = 1{,}71 \times 10^{-10}\,\text{C}$$

(c) O deslocamento dielétrico é calculado a partir da Equação 18.30, o que fornece

$$D = \varepsilon \mathscr{E} = \varepsilon \frac{V}{l} = \frac{(5{,}31 \times 10^{-11}\,\text{F/m})(10\,\text{V})}{2 \times 10^{-3}\,\text{m}}$$

$$= 2{,}66 \times 10^{-7}\,\text{C/m}^2$$

(d) Considerando a Equação 18.31, a polarização pode ser determinada da seguinte maneira:

$$P = D - \varepsilon_0 \mathscr{E} = D - \varepsilon_0 \frac{V}{l}$$

$$= 2{,}66 \times 10^{-7}\,\text{C/m}^2 - \frac{(8{,}85 \times 10^{-12}\,\text{F/m})(10\,\text{V})}{2 \times 10^{-3}\,\text{m}}$$

$$= 2{,}22 \times 10^{-7}\,\text{C/m}^2$$

18.20 TIPOS DE POLARIZAÇÃO

Novamente, a polarização é o alinhamento de momentos de dipolo atômicos ou moleculares, permanentes ou induzidos, com um campo elétrico aplicado externamente. Existem três tipos ou fontes de polarização: eletrônica, iônica e de orientação. Os materiais dielétricos exibem normalmente pelo menos um desses tipos de polarização, dependendo do material e da maneira como é aplicado o campo externo.

Polarização Eletrônica

polarização eletrônica

A **polarização eletrônica** pode ser induzida em maior ou em menor grau em todos os átomos. Ela resulta de um deslocamento do centro da nuvem eletrônica carregada negativamente em relação ao núcleo positivo de um átomo por um campo elétrico (Figura 18.31a). Esse tipo de polarização é encontrado em todos os materiais dielétricos e existe apenas enquanto um campo elétrico está presente.

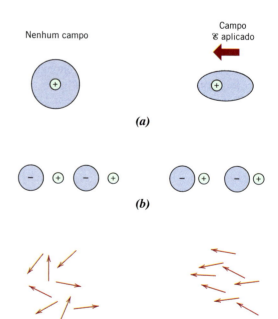

Figura 18.31 (a) Polarização eletrônica resultante da distorção de uma nuvem eletrônica de um átomo devido a um campo elétrico. (b) Polarização iônica resultante dos deslocamentos relativos de íons eletricamente carregados em resposta a um campo elétrico. (c) Resposta de dipolos elétricos permanentes (setas) à aplicação de um campo elétrico, produzindo polarização de orientação.

Propriedades Elétricas • **615**

Polarização Iônica

polarização iônica

A **polarização iônica** ocorre somente nos materiais iônicos. Um campo aplicado atua no deslocamento dos cátions em uma direção e dos ânions na direção oposta, o que dá origem a um momento de dipolo resultante. Esse fenômeno está ilustrado na Figura 18.31b. A magnitude do momento de dipolo para cada par iônico p_i é igual ao produto do deslocamento relativo d_i pela carga de cada íon, ou seja,

Momento de dipolo elétrico para um par de íons

$$p_i = qd_i \qquad (18.33)$$

Polarização de Orientação

polarização de orientação

O terceiro tipo, a **polarização de orientação**, é encontrado somente em substâncias com momentos de dipolo permanentes. A polarização resulta de uma rotação dos momentos permanentes na direção do campo aplicado, como está representado na Figura 18.31c. Essa tendência de alinhamento é contraposta pelas vibrações térmicas dos átomos, tal que a polarização diminui com o aumento da temperatura.

A polarização total P de uma substância é igual à soma das polarizações eletrônica, iônica e de orientação (P_e, P_i e P_o, respectivamente), ou

A polarização total de uma substância é igual à soma das polarizações eletrônica, iônica e de orientação

$$P = P_e + P_i + P_o \qquad (18.34)$$

É possível que uma ou mais dessas contribuições para a polarização total esteja ausente ou tenha magnitude desprezível em comparação às demais. Por exemplo, não há polarização iônica nos materiais com ligações covalentes, nos quais não existem íons.

✓ ***Verificação de Conceitos 18.9*** No titanato de chumbo sólido ($PbTiO_3$), qual(is) tipo(s) de polarização é(são) possível(is)? Por quê? *Nota:* o titanato de chumbo tem a mesma estrutura cristalina que o titanato de bário (Figura 18.34).

[*A resposta está disponível no GEN-IO, ambiente virtual de aprendizagem do GEN.*]

18.21 DEPENDÊNCIA DA CONSTANTE DIELÉTRICA EM RELAÇÃO À FREQUÊNCIA

Em muitas situações práticas, a corrente é alternada (CA) — isto é, a voltagem ou o campo elétrico aplicado muda de direção com o tempo, como indicado na Figura 18.22a. Considere um material dielétrico que esteja sujeito à polarização por um campo elétrico CA. Com cada inversão da direção, os dipolos tentam se reorientar com o campo, como ilustrado na Figura 18.32, em um processo que requer algum tempo finito. Para cada tipo de polarização existe um tempo mínimo de reorientação, o qual depende da facilidade com que os dipolos específicos são capazes de se realinhar. Uma **frequência de relaxação** é tomada como o inverso desse tempo mínimo de reorientação.

frequência de relaxação

Um dipolo não consegue manter a mudança na direção de sua orientação quando a frequência do campo elétrico aplicado excede sua frequência de relaxação e, dessa forma, não vai contribuir para a constante dielétrica. A dependência de ε_r em relação à frequência do campo está representada esquematicamente na Figura 18.33 para um meio dielétrico que exibe todos os três tipos de polarização; observe que o eixo da frequência está em escala logarítmica. Como indicado na Figura 18.33, quando um mecanismo de polarização deixa de funcionar, existe uma queda brusca na constante dielétrica; de outra forma, ε_r é virtualmente independente da frequência. A Tabela 18.4 fornece valores para a constante dielétrica a 60 Hz e 1 MHz; esses dados dão uma indicação dessa dependência em relação à frequência na extremidade inferior do espectro de frequências.

A absorção de energia elétrica por um material dielétrico que está sujeito a um campo elétrico alternado é denominada *perda dielétrica*. Essa perda pode ser importante em frequências do campo elétrico na vizinhança da frequência de relaxação para cada um dos tipos de dipolo operacionais em um material específico. Deseja-se uma baixa perda dielétrica na frequência de utilização.

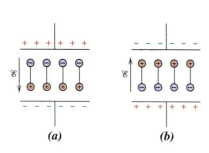

Figura 18.32 Orientações do dipolo para (a) uma polaridade de um campo elétrico alternado e (b) para a polaridade inversa.
(De FLINN, Richard A. e TROJAN, Paul K. *Engineering Materials and Their Applications*, 4ª ed. Copyright © 1990 por John Wiley & Sons, Inc. Adaptada sob permissão de John Wiley & Sons, Inc.)

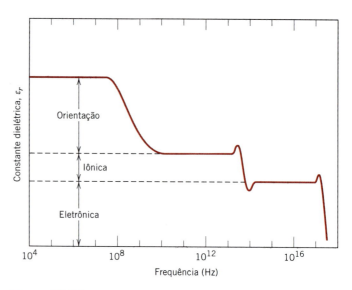

Figura 18.33 Variação da constante dielétrica em função da frequência de um campo elétrico alternado. Estão indicadas as contribuições das polarizações eletrônica, iônica e de orientação para a constante dielétrica.

18.22 RESISTÊNCIA DIELÉTRICA

Quando campos elétricos muito grandes são aplicados através de materiais dielétricos, um grande número de elétrons pode repentinamente ser excitado para energias dentro da banda de condução. Como resultado, a corrente através do dielétrico resultante do movimento desses elétrons aumenta drasticamente; às vezes uma fusão, queima ou vaporização localizada produz uma degradação irreversível e talvez até mesmo a falha do material. Esse fenômeno é conhecido como *ruptura do dielétrico*. A **resistência dielétrica**, às vezes chamada de *resistência à ruptura*, representa a magnitude do campo elétrico necessária para produzir a ruptura. A Tabela 18.4 apresenta as resistências dielétricas para vários materiais.

resistência dielétrica

18.23 MATERIAIS DIELÉTRICOS

Inúmeros materiais cerâmicos e polímeros são usados como isolantes e/ou em capacitores. Muitas das cerâmicas, incluindo o vidro, a porcelana, a esteadita e a mica, apresentam constantes dielétricas na faixa de 6 a 10 (Tabela 18.4). Esses materiais também exibem alto grau de estabilidade dimensional e de resistência mecânica. Suas aplicações típicas incluem o isolamento elétrico e de linhas de transmissão de energia, bases de interruptores e bocais de lâmpadas. A titânia (TiO_2) e as cerâmicas à base de titanato, tais como o titanato de bário ($BaTiO_3$), podem ser fabricadas com constantes dielétricas extremamente altas, o que as torna especialmente úteis para algumas aplicações em capacitores.

A magnitude da constante dielétrica para a maioria dos polímeros é menor que para as cerâmicas, uma vez que essas últimas podem exibir maiores momentos de dipolo: os valores de ε_r para os polímeros ficam em geral entre 2 e 5. Esses materiais são empregados normalmente para o isolamento de fios, cabos, motores, geradores e assim por diante, e, além disso, para alguns capacitores.

Outras Características Elétricas dos Materiais

Duas outras características elétricas novas e relativamente importantes encontradas em alguns materiais merecem uma breve menção — a ferroeletricidade e a piezoeletricidade.

18.24 FERROELETRICIDADE

ferroelétrico

O grupo de materiais dielétricos chamado de **ferroelétricos** exibe *polarização espontânea* — isto é, polarização na ausência de um campo elétrico. Eles são os análogos dielétricos aos materiais ferromagnéticos, os quais podem exibir um comportamento magnético permanente. Devem existir dipolos

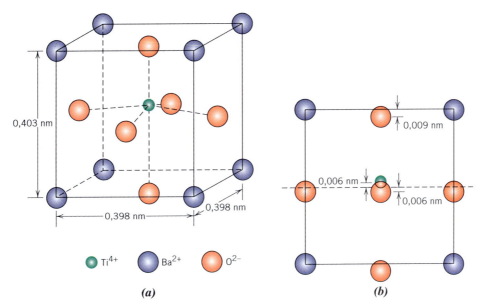

Figura 18.34 Uma célula unitária de titanato de bário (BaTiO₃) (*a*) em uma projeção isométrica e (*b*) vista lateral de uma das faces, a qual mostra os deslocamentos dos íons Ti⁴⁺ e O²⁻ em relação ao centro da face.

elétricos permanentes nos materiais ferroelétricos, cuja origem é explicada para o titanato de bário, um dos materiais ferroelétricos mais comuns. A polarização espontânea é consequência do posicionamento dos íons Ba²⁺, Ti⁴⁺ e O²⁻ na célula unitária, como está representado na Figura 18.34. Os íons Ba²⁺ estão localizados nos vértices da célula unitária, que possui *simetria tetragonal* (um cubo que foi ligeiramente alongado em uma direção). O momento de dipolo resulta dos deslocamentos relativos dos íons O²⁻ e Ti⁴⁺ de suas posições simétricas, como é mostrado na vista lateral da célula unitária. Os íons O²⁻ estão localizados próximos, porém ligeiramente abaixo, dos centros de cada uma das seis faces, enquanto o íon Ti⁴⁺ está deslocado para cima a partir do centro da célula unitária. Dessa forma, um momento de dipolo iônico permanente está associado a cada célula unitária (Figura 18.34*b*). Entretanto, quando o titanato de bário é aquecido acima da sua *temperatura de Curie ferroelétrica* [120°C (250°F)], a célula unitária torna-se cúbica e todos os íons assumem posições simétricas na célula unitária cúbica; o material possui agora uma estrutura cristalina da perovskita (Seção 12.6) e o comportamento ferroelétrico deixa de existir.

A polarização espontânea desse grupo de materiais resulta como uma consequência de interações entre dipolos permanentes adjacentes, que se alinham mutuamente, todos na mesma direção. Por exemplo, com o titanato de bário, os deslocamentos relativos dos íons O²⁻ e Ti⁴⁺ são na mesma direção para todas as células unitárias em uma dada região do volume da amostra. Outros materiais exibem ferroeletricidade; esses incluem o sal de Rochelle (NaKC₄H₄O₆·4H₂O), o di-hidrogenofosfato de potássio (KH₂PO₄), o niobato de potássio (KNbO₃) e o zirconato-titanato de chumbo (Pb[ZrO₃, TiO₃]). Os materiais ferroelétricos possuem constantes dielétricas extremamente elevadas sob frequências relativamente baixas do campo aplicado; por exemplo, à temperatura ambiente, ε_r para o titanato de bário pode chegar a 5000. Por isso os capacitores feitos a partir desses materiais podem ser significativamente menores que capacitores feitos a partir de outros materiais dielétricos.

18.25 PIEZOELETRICIDADE

Um fenômeno não usual exibido por alguns poucos materiais cerâmicos (assim como alguns polímeros) é a *piezoeletricidade* — literalmente, a eletricidade pela pressão. A polarização elétrica (isto é, um campo elétrico ou voltagem) é induzida no cristal piezoelétrico como resultado de uma deformação mecânica (alteração dimensional) produzida pela aplicação de uma força externa (Figura 18.35). A inversão do sinal da força (por exemplo, de tração para compressão) inverte a direção do campo. O efeito piezoelétrico inverso também é exibido por esse grupo de materiais — isto é, uma deformação mecânica resulta da imposição de um campo elétrico.

piezoelétrico   Os materiais **piezoelétricos** podem ser usados como transdutores entre as energias elétrica e mecânica. Um dos primeiros usos das cerâmicas piezoelétricas foi em sistemas de sonares, em que objetos submersos (por exemplo, submarinos) são detectados e as suas posições são determinadas usando um

Figura 18.35 (*a*) Dipolos no interior de um material piezoelétrico. (*b*) Uma voltagem é gerada quando o material é submetido a uma tensão de compressão.
(De VAN VLACK, L. H. *A Textbook of Materials Technology*, Addison-Wesley, 1973. Reproduzida com permissão do espólio de Lawrence H. Van Vlack.)

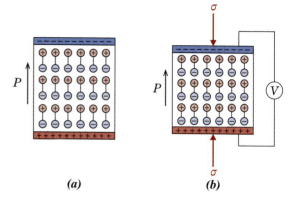

sistema de emissão e recepção ultrassônico. Um cristal piezoelétrico é feito oscilar por meio de um sinal elétrico, que produz vibrações mecânicas de alta frequência as quais são transmitidas através da água. Ao encontrar um objeto, os sinais são refletidos, e outro material piezoelétrico recebe essa energia vibracional refletida, que ele então converte novamente em um sinal elétrico. A distância entre a fonte ultrassônica e o corpo refletor é determinada a partir do tempo que passa entre os eventos de envio e de recepção.

Mais recentemente, o uso de dispositivos piezoelétricos cresceu drasticamente como consequência do aumento na automatização e da atração dos consumidores por aparelhos sofisticados modernos. Os dispositivos piezoelétricos estão sendo usados em muitas das aplicações atuais, incluindo nas indústrias automotiva — balanceamentos de rodas, alarmes de cinto de segurança, indicadores de desgaste da banda de rolamento de pneus, portas sem chave e sensores de *air-bag*; de computadores/eletrônica — microfones, alto-falantes, microatuadores para discos rígidos e transformadores de *notebooks*; comercial/de consumo – cabeçotes de impressão jato de tinta, medidores de deformação, soldadores ultrassônicos e detectores de fumaça; médica — bombas de insulina, terapia ultrassônica e dispositivos ultrassônicos para remoção de catarata.

Os materiais piezoelétricos cerâmicos incluem os titanatos de bário e chumbo ($BaTiO_3$ e $PbTiO_3$), o zirconato de chumbo ($PbZrO_3$), o zirconato-titanato de chumbo (PZT) [$Pb(Zr,Ti)O_3$], e o niobato de potássio ($KNbO_3$). Essa propriedade é característica de materiais que apresentam estruturas cristalinas complexas e com baixo grau de simetria. O comportamento piezoelétrico de uma amostra policristalina pode ser aprimorado pelo aquecimento acima da sua temperatura de Curie seguido pelo seu resfriamento até a temperatura ambiente sob um forte campo elétrico.

MATERIAL DE IMPORTÂNCIA 18.1

Cabeçotes em Cerâmica Piezoelétrica para Impressoras Jato de Tinta

Os materiais piezoelétricos são usados em um tipo de cabeçote de impressora jato de tinta que possui componentes e um modo de operação que estão representados nos diagramas esquemáticos nas Figuras 18.36*a* a 18.36*c*. Um componente do cabeçote é um disco flexível com duas camadas que consiste em uma cerâmica piezoelétrica (região laranja) colada a um material deformável não piezoelétrico (região verde); a tinta líquida e o seu reservatório estão representados pelas áreas em azul nesses diagramas. As pequenas setas horizontais dentro do material piezoelétrico apontam a direção do momento de dipolo permanente.

A operação do cabeçote da impressora (isto é, a ejeção de gotículas de tinta através do bocal) é o resultado do efeito piezoelétrico inverso — isto é, o disco com duas camadas é forçado a flexionar para trás e para a frente pela expansão e contração da camada piezoelétrica em resposta a mudanças na polarização de uma voltagem que está sendo aplicada. Por exemplo, a Figura 18.36*a* mostra como a imposição de uma voltagem com polarização direta faz com que o disco com duas camadas flexione de maneira tal que a tinta seja puxada (succionada) do reservatório para o interior da câmara do bocal. A inversão da polarização da voltagem força o disco com duas camadas a flexionar na direção oposta — em direção ao bocal — de forma a ejetar uma gota de tinta (Figura 18.36*b*). Por fim, a remoção da voltagem faz com que o disco retorne à sua configuração não flexionada (Figura 18.36*c*) em preparação para outra sequência de ejeção.

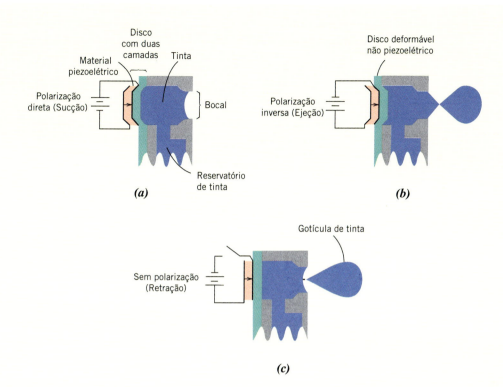

Figura 18.36 Sequência de operação de um cabeçote de impressora jato de tinta com cerâmica piezoelétrica (diagrama esquemático). (*a*) A imposição de uma voltagem com polarização direta succiona tinta para o interior da câmara do bocal, à medida que o disco com duas camadas se flexiona em uma direção. (*b*) Ejeção de uma gota de tinta pela inversão da polarização da voltagem, que força o disco a flexionar na direção oposta. (*c*) A remoção da voltagem retrai o disco com duas camadas à sua configuração não dobrada em preparação para a próxima sequência. (Imagens fornecidas sob cortesia da Epson America, Inc.)

RESUMO

Lei de Ohm
Condutividade Elétrica

- A facilidade com que um material é capaz de transmitir uma corrente elétrica é expressa em termos da condutividade elétrica ou do seu inverso, a resistividade elétrica (Equações 18.2 e 18.3).
- A relação entre a voltagem aplicada, a corrente e a resistência é a lei de Ohm (Equação 18.1). Uma expressão equivalente, a Equação 18.5, relaciona a densidade de corrente, a condutividade e a intensidade do campo elétrico.
- Com base em sua condutividade, um material sólido pode ser classificado como metal, semicondutor ou isolante.

Condução Eletrônica e Iônica

- Para a maioria dos materiais, uma corrente elétrica resulta do movimento de elétrons livres, os quais são acelerados em resposta à aplicação de um campo elétrico.
- Nos materiais iônicos também pode haver um movimento resultante de íons, o que também contribui para o processo de condução.

Estruturas das Bandas de Energia nos Sólidos
Condução em Termos de Bandas e Modelos de Ligação Atômica

- O número de elétrons livres depende da estrutura da banda de energia eletrônica do material.
- Uma banda eletrônica é uma série de estados eletrônicos com espaçamentos próximos uns dos outros em termos de energia, e pode existir uma dessas bandas para cada subcamada eletrônica encontrada no átomo isolado.
- A *estrutura da banda de energia eletrônica* se refere à maneira como as bandas mais externas estão arranjadas umas em relação às outras e então são preenchidas com elétrons.
    - Para os metais, são possíveis dois tipos de estrutura de banda (Figuras 18.4*a* e 18.4*b*) — estados eletrônicos vazios estão adjacentes a estados preenchidos.
    - As estruturas das bandas nos semicondutores e isolantes são semelhantes — ambas possuem uma zona proibida de espaçamento entre bandas de energia que, a 0 K, está localizada entre uma banda de valência preenchida e uma banda de condução vazia. A magnitude desse espaçamento entre bandas é relativamente grande (>2 eV) para os isolantes (Figura 18.4*c*) e relativamente estreita (<2 eV) para os semicondutores (Figura 18.4*d*).

620 • **Capítulo 18**

- Um elétron torna-se livre ao ser excitado de um estado preenchido para um estado vazio disponível em um nível de energia mais elevado.

  Energias relativamente pequenas são necessárias para as excitações eletrônicas nos metais (Figura 18.5), dando origem a um grande número de elétrons livres.

  Energias maiores são necessárias para as excitações eletrônicas nos semicondutores e isolantes (Figura 18.6), o que é responsável pelas suas concentrações menores de elétrons livres e pelos menores valores de condutividade.

Mobilidade Eletrônica
- Os elétrons livres movidos por um campo elétrico são espalhados por imperfeições na rede cristalina. A magnitude da mobilidade eletrônica é indicativa da frequência desses eventos de espalhamento.
- Em muitos materiais, a condutividade elétrica é proporcional ao produto da concentração de elétrons e da mobilidade (de acordo com a Equação 18.8).

Resistividade Elétrica dos Metais
- Nos materiais metálicos, a resistividade elétrica aumenta com a temperatura, com o teor de impurezas e com a deformação plástica. A contribuição de cada um desses fatores para a resistividade total é aditiva — de acordo com a regra de Matthiessen, Equação 18.9.
- As contribuições devidas à temperatura e às impurezas (tanto para soluções sólidas quanto para ligas bifásicas) são descritas pelas Equações 18.10, 18.11 e 18.12.

Semicondução Intrínseca
Semicondução Extrínseca
- Os semicondutores podem ser ou elementos (Si e Ge) ou compostos com ligações covalentes.
- Nesses materiais, além dos elétrons livres, os buracos (elétrons ausentes na banda de valência) também podem participar no processo de condução (Figura 18.10).
- Os semicondutores são classificados como intrínsecos ou extrínsecos.

  No comportamento intrínseco, as propriedades elétricas são inerentes ao material puro, e as concentrações de elétrons e de buracos são iguais. A condutividade elétrica pode ser calculada usando a Equação 18.13 (ou a Equação 18.15).

  Nos semicondutores extrínsecos, o comportamento elétrico é ditado pelas impurezas. Os semicondutores extrínsecos podem ser do tipo n ou do tipo p, dependendo se os elétrons ou os buracos, respectivamente, são os portadores de carga predominantes.
- Impurezas doadoras introduzem um excesso de elétrons (Figuras 18.11 e 18.12); as impurezas receptoras introduzem um excesso de buracos (Figuras 18.13 e 18.14).
- A condutividade elétrica em um semicondutor do tipo n pode ser calculada usando a Equação 18.16; para um semicondutor do tipo p, é empregada a Equação 18.17.

Dependência da Concentração de Portadores em Relação à Temperatura
Fatores que Afetam a Mobilidade dos Portadores
- Com o aumento da temperatura, a concentração de portadores intrínsecos aumenta drasticamente (Figura 18.15).
- Nos semicondutores extrínsecos, em um gráfico da concentração de portadores majoritários em função da temperatura, a concentração de portadores é independente da temperatura na *região extrínseca* (Figura 18.16). A magnitude da concentração de portadores nessa região é aproximadamente igual ao nível de impurezas.
- Nos semicondutores extrínsecos, a mobilidade dos elétrons e buracos (1) diminui com o aumento do teor de impurezas (Figura 18.17) e (2) em geral diminui com o aumento da temperatura (Figuras 18.18*a* e 18.18*b*).

O Efeito Hall
- Considerando um experimento para o efeito Hall, é possível determinar o tipo do portador de carga (isto é, elétrons ou buracos), assim como a concentração e a mobilidade do portador.

Dispositivos Semicondutores
- Inúmeros dispositivos semicondutores empregam a característica elétrica especial desses materiais de executar funções eletrônicas específicas.
- A junção retificadora p–n (Figura 18.20) é usada para transformar a corrente alternada em corrente contínua.
- Outro tipo de dispositivo semicondutor é o transistor, que pode ser empregado para a amplificação de sinais elétricos, assim como para dispositivos interruptores em circuitos de computadores. São possíveis os transistores de junção e os MOSFET (Figuras 18.23 a 18.25).

Condução Elétrica em Cerâmicas Iônicas e em Polímeros
- A maioria das cerâmicas iônicas e dos polímeros é isolante à temperatura ambiente. As condutividades elétricas variam entre aproximadamente 10^{-9} e 10^{-18} $(\Omega \cdot m)^{-1}$; para fins de comparação, para a maioria dos metais, σ é da ordem de 10^{7} $(\Omega \cdot m)^{-1}$.

Comportamento Dielétrico
- Diz-se que um *dipolo* existe quando há uma separação espacial resultante entre as entidades carregadas positiva e negativamente em um nível atômico ou molecular.

Capacitância
- A *polarização* é o alinhamento dos dipolos elétricos com um campo elétrico.

Vetores de Campo e Polarização
- Os *materiais dielétricos* são isolantes elétricos que podem ser polarizados quando um campo elétrico está presente.
- Esse fenômeno de polarização é responsável pela habilidade dos dielétricos em aumentar a capacidade de armazenamento de cargas dos capacitores.

Propriedades Elétricas • 621

- A capacitância é dependente da voltagem aplicada e da quantidade de carga armazenada, de acordo com a Equação 18.24.
- A eficiência do armazenamento de cargas de um capacitor é expressa em termos de uma constante dielétrica ou permissividade relativa (Equação 18.27).
- Para um capacitor de placas paralelas, a capacitância é uma função da permissividade do material que está entre as placas, assim como da área das placas e da distância de separação entre as placas, de acordo com a Equação 18.26.
- O deslocamento dielétrico em um meio dielétrico depende do campo elétrico aplicado e da polarização induzida de acordo com a Equação 18.31.
- Para alguns materiais dielétricos, a polarização induzida pela aplicação de um campo elétrico é descrita pela Equação 18.32.

Tipos de Polarização
- Os possíveis tipos de polarização incluem a eletrônica (Figura 18.31a), a iônica (Figura 18.31b) e a de orientação (Figura 18.31c); nem todos os tipos de polarização precisam estar presentes em um dielétrico específico.

Dependência da Constante Dielétrica em Relação à Frequência
- Para campos elétricos alternados, o fato de um tipo de polarização específico contribuir ou não para a polarização total, além da constante dielétrica, depende da frequência; cada mecanismo de polarização deixa de funcionar quando a frequência do campo aplicado excede sua frequência de relaxação (Figura 18.33).

Outras Características Elétricas dos Materiais
- Os materiais ferroelétricos exibem polarização espontânea — isto é, eles ficam polarizados na ausência de um campo elétrico.
- Um campo elétrico é gerado quando tensões mecânicas são aplicadas a um material piezoelétrico.

Resumo das Equações

Número da Equação	Equação	Resolvendo para
18.1	$V = IR$	Voltagem (lei de Ohm)
18.2	$\rho = \dfrac{RA}{l}$	Resistividade elétrica
18.4	$\sigma = \dfrac{1}{\rho}$	Condutividade elétrica
18.5	$J = \sigma \mathscr{E}$	Densidade de corrente
18.6	$\mathscr{E} = \dfrac{V}{l}$	Intensidade do campo elétrico
18.8, 18.16	$\sigma = n|e|\mu_e$	Condutividade elétrica (metal); condutividade para um semicondutor extrínseco do tipo n
18.9	$\rho_{total} = \rho_t + \rho_i + \rho_d$	Para os metais, a resistividade total (regra de Matthiessen)
18.10	$\rho_t = \rho_0 + aT$	Contribuição da resistividade térmica
18.11	$\rho_i = Ac_i(1 - c_i)$	Contribuição da resistividade devido às impurezas — liga monofásica
18.12	$\rho_i = \rho_\alpha V_\alpha + \rho_\beta V_\beta$	Contribuição da resistividade devido às impurezas — liga bifásica
18.13 18.15	$\sigma = n|e|\mu_e + p|e|\mu_b$ $= n_i|e|(\mu_e + \mu_b)$	Condutividade para um semicondutor intrínseco
18.17	$\sigma \cong p|e|\mu_b$	Condutividade para um semicondutor extrínseco do tipo p
18.24	$C = \dfrac{Q}{V}$	Capacitância
18.25	$C = \varepsilon_0 \dfrac{A}{l}$	Capacitância para um capacitor de placas paralelas no vácuo

(continua)

622 · **Capítulo 18**

(*continuação*)

Número da Equação	Equação	Resolvendo para
18.26	$C = \varepsilon \dfrac{A}{l}$	Capacitância para um capacitor de placas paralelas com um meio dielétrico entre as placas
18.27	$\varepsilon_r = \dfrac{\varepsilon}{\varepsilon_0}$	Constante dielétrica
18.29	$D_0 = \varepsilon_0 \mathscr{E}$	Deslocamento dielétrico no vácuo
18.30	$D = \varepsilon \mathscr{E}$	Deslocamento dielétrico em um material dielétrico
18.31	$D = \varepsilon_0 \mathscr{E} + P$	Deslocamento dielétrico
18.32	$P = \varepsilon_0 (\varepsilon_r - 1) \mathscr{E}$	Polarização

Lista de Símbolos

Símbolo	Significado
A	Área da placa para um capacitor de placas paralelas; constante independente da concentração
a	Constante independente da temperatura
c_i	Concentração em termos da fração atômica
$\|e\|$	Magnitude absoluta da carga de um elétron ($1,6 \times 10^{-19}$ C)
I	Corrente elétrica
l	Distância entre pontos de contato que são usados para medir a voltagem (Figura 18.1); distância de separação entre placas para um capacitor de placas paralelas (Figura 18.27a)
n	Número de elétrons livres por unidade de volume
n_i	Concentração de portadores intrínsecos
p	Número de buracos por unidade de volume
Q	Quantidade de carga armazenada em uma placa de capacitor
R	Resistência
T	Temperatura
V_α, V_β	Frações volumétricas das fases α e β
ε	Permissividade de um material dielétrico
ε_0	Permissividade do vácuo ($8,85 \times 10^{-12}$ F/m)
μ_e, μ_h	Mobilidades do elétron, buraco
ρ_α, ρ_β	Resistividades elétricas das fases α e β
ρ_0	Constante independente da concentração

Termos e Conceitos Importantes

banda de condução
banda de energia eletrônica
banda de valência
buraco
capacitância
circuito integrado
condução iônica
condutividade elétrica

constante dielétrica
deslocamento dielétrico
dielétrico
diodo
dipolo elétrico
dopagem
efeito Hall
elétron livre

energia de Fermi
espaçamento entre bandas de energia
estado doador (nível)
estado receptor (nível)
ferroelétrico
frequência de relaxação
isolante

(*continua*)

Termos e Conceitos Importantes (*continuação*)

junção retificadora
lei de Ohm
metal
mobilidade
MOSFET
permissividade
piezoelétrico

polarização
polarização de orientação
polarização direta
polarização eletrônica
polarização inversa
polarização iônica
regra de Matthiessen

resistência dielétrica
resistividade elétrica
semicondutor
semicondutor extrínseco
semicondutor intrínseco
transistor de junção

REFERÊNCIAS

HOFMANN, P. *Solid State Physics: An Introduction*, 2ª ed. Wiley-VCH, Weinheim, Germany, 2015.

HUMMEL, R. E. *Electronic Properties of Materials*, 4ª ed. Nova York: Springer, 2011.

IRENE, E. A. *Electronic Materials Science*. Hoboken, NJ: John Wiley & Sons, 2005.

JILES, D. C. *Introduction to the Electronic Properties of Materials*, 2ª ed. Boca Raton, FL: CRC Press, 2001.

KINGERY, W. D., BOWEN, H. K. e UHLMANN, D. R. *Introduction to Ceramics*, 2ª ed. New York: John Wiley & Sons, 1976. Capítulos 17 e 18.

KITTEL, C. *Introduction to Solid State Physics*, 8ª ed. Hoboken, NJ: John Wiley & Sons, 2005. Um tratamento avançado.

LIVINGSTON, J. *Electronic Properties of Engineering Materials*. Nova York: John Wiley & Sons, 1999.

PIERRET, R. F. *Semiconductor Device Fundamentals*. Boston: Addison-Wesley, 1996.

ROCKETT, A. *The Materials Science of Semiconductors*. Nova York: Springer, 2008.

SOLYMAR, L. e Walsh, D. *Electrical Properties of Materials*, 9ª ed. Nova York: Oxford University Press, 2014.

Capítulo 19   Propriedades Térmicas

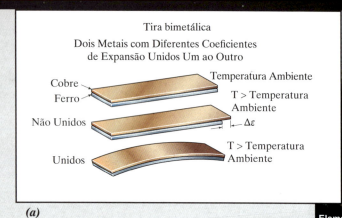

(a)

(b) Elemento Bimetálico em Espiral — Bulbo de Mercúrio

(c)

Um tipo de *termostato* — um dispositivo empregado para regular a temperatura — utiliza o fenômeno da *expansão térmica*: o alongamento de um material ao ser aquecido.[1] O coração desse tipo de termostato é uma *tira bimetálica* — tiras de dois metais com diferentes coeficientes de expansão térmica, os quais estão unidos ao longo de seus comprimentos. Uma alteração na temperatura faz com que a tira se curve; com o aquecimento, o metal com maior coeficiente de expansão alonga mais, produzindo a direção de flexão mostrada na Figura (*a*). No termostato mostrado na Figura (*b*), a tira bimetálica consiste em uma bobina ou espiral; essa configuração proporciona uma tira bimetálica relativamente longa, com mais deflexão para uma dada variação de temperatura e maior precisão. O metal que possui o maior coeficiente de expansão está localizado no lado inferior da tira, tal que, com o aquecimento, a bobina tende a desenrolar. Preso à extremidade da bobina encontra-se um *interruptor de mercúrio* — um pequeno bulbo de vidro que contém várias gotas de mercúrio [Figura (*b*)]. Esse interruptor está montado de maneira tal que, quando a temperatura varia, as deflexões da extremidade da bobina empurram o bulbo em uma direção ou em sua direção oposta; de maneira correspondente, o bolsão de mercúrio se desloca de uma extremidade à outra do bulbo. Quando a temperatura atinge o ponto de controle do termostato, é feito o contato elétrico, conforme o mercúrio se desloca para uma extremidade; isso liga a unidade de aquecimento ou de resfriamento (isto é, um forno ou ar-condicionado). A unidade desliga quando uma temperatura limite é atingida e, conforme o bulbo se inclina na outra direção, o bolsão de mercúrio se desloca para a outra extremidade e o contato elétrico é desfeito.

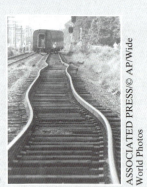

(d)

A Figura (*d*) mostra as consequências de temperaturas anormalmente elevadas em 24 de julho de 1978, próximo a Asbury Park, Nova Jersey: trilhos de trem retorcidos [que causaram o descarrilamento de um vagão de passageiros (no fundo)] como resultado das tensões provocadas por uma expansão térmica imprevista.

---

[1] Esse tipo é denominado um termostato *mecânico*. O outro tipo, *eletrônico*, opera usando componentes eletrônicos; eles também possuem mostradores digitais.

POR QUE ESTUDAR *Propriedades Térmicas dos Materiais?*

Dos três tipos de materiais principais, as cerâmicas são as mais suscetíveis a choques térmicos — fratura frágil que resulta de tensões internas geradas no interior de uma peça cerâmica como o resultado de rápidas mudanças na temperatura (normalmente mediante um resfriamento). Em geral o choque térmico é um evento indesejável, e a suscetibilidade de um material cerâmico a esse fenômeno é uma função de suas propriedades térmicas e mecânicas (coeficiente de expansão térmica, condutividade térmica, módulo de elasticidade e resistência à fratura). A partir de um conhecimento das relações entre os parâmetros do choque térmico e essas propriedades, é possível (1) em alguns casos fazer alterações apropriadas nas características térmicas e/ou mecânicas para tornar uma cerâmica mais resistente ao choque térmico; e (2) para um material cerâmico específico, estimar a variação máxima de temperatura permissível sem que ocorra fratura.

Objetivos do Aprendizado

Após estudar este capítulo, você deverá ser capaz de fazer o seguinte:

1. Definir *capacidade calorífica e calor específico.*
2. Indicar o mecanismo principal pelo qual a energia térmica é assimilada nos materiais sólidos.
3. Determinar o coeficiente linear de expansão térmica dada a alteração no comprimento que acompanha uma mudança de temperatura específica.
4. Explicar sucintamente o fenômeno da expansão térmica a partir de uma perspectiva atômica, utilizando um gráfico da energia potencial em função da separação interatômica.
5. Definir *condutividade térmica.*
6. Indicar os dois mecanismos principais para a condução de calor nos sólidos e comparar as magnitudes relativas dessas contribuições para os materiais metálicos, cerâmicos e poliméricos.

19.1 INTRODUÇÃO

Propriedade térmica refere-se à resposta de um material à aplicação de calor. Conforme um sólido absorve energia na forma de calor, sua temperatura e suas dimensões aumentam. A energia pode ser transportada para regiões mais frias da amostra caso existam gradientes de temperatura e, por fim, a amostra pode fundir. A capacidade calorífica, a expansão térmica e a condutividade térmica são propriedades que com frequência são críticas para a utilização prática dos sólidos.

19.2 CAPACIDADE CALORÍFICA

capacidade calorífica

Definição de *capacidade calorífica* — razão entre a variação de energia (energia ganha ou perdida) e a variação de temperatura resultante

calor específico

Um material sólido, quando aquecido, experimenta um aumento na temperatura, o que significa que alguma energia foi absorvida. A **capacidade calorífica** é uma propriedade indicativa da habilidade de um material em absorver calor de sua vizinhança; ela representa a quantidade de energia necessária para produzir um aumento unitário na temperatura. Em termos matemáticos, a capacidade calorífica C é expressa da seguinte maneira:

$$C = \frac{dQ}{dT} \tag{19.1}$$

em que dQ é a energia necessária para produzir uma variação dT na temperatura. Normalmente, a capacidade calorífica é especificada por mol do material (isto é, J/mol·K ou cal/mol·K). O **calor específico** (representado frequentemente por um c minúsculo) é às vezes usado; ele representa a capacidade calorífica por unidade de massa e possui várias unidades (J/kg·K, cal/g·K, Btu/lb$_m$·°F).

Existem duas maneiras pelas quais essa propriedade pode ser medida, de acordo com as condições ambientes que acompanham a transferência de calor. Uma é a capacidade calorífica enquanto se mantém constante o volume da amostra, C_v; a outra se aplica a uma pressão externa constante, C_p. A magnitude de C_p é sempre maior ou igual à de C_v; entretanto, essa diferença é muito pequena para a maioria dos materiais sólidos em temperaturas iguais ou abaixo da temperatura ambiente.

Capacidade Calorífica Vibracional

Na maioria dos sólidos, a principal maneira de assimilação de energia térmica é por um aumento na energia vibracional dos átomos. Os átomos nos materiais sólidos estão vibrando constantemente em frequências muito altas e com amplitudes relativamente pequenas. Em vez de serem independentes umas das outras, as vibrações de átomos adjacentes estão acopladas em virtude de suas ligações atômicas. Essas vibrações estão coordenadas de tal modo que são produzidas ondas que se propagam pela rede, um fenômeno que está representado na Figura 19.1. Essas ondas podem ser consideradas como ondas elásticas ou simplesmente ondas sonoras, com comprimentos de onda pequenos e frequências muito altas, que se propagam através do cristal na velocidade do som. A energia térmica vibracional para um material consiste em uma série dessas ondas elásticas, com uma faixa de distribuições e frequências. Apenas certos valores de energia são permitidos (a energia é dita estar *quantizada*), e um único *quantum* de energia vibracional é chamado um **fônon**. (Um fônon é o análogo ao *quantum* de radiação eletromagnética, o *fóton*.) Ocasionalmente, as próprias ondas vibracionais são denominadas *fônons*.

fônon

O espalhamento térmico dos elétrons livres durante a condução eletrônica (Seção 18.7) ocorre por meio dessas ondas vibracionais, e essas ondas elásticas também participam no transporte de energia durante a condução térmica (veja a Seção 19.4).

Dependência da Capacidade Calorífica em Relação à Temperatura

A variação da contribuição vibracional para a capacidade calorífica a um volume constante em função da temperatura para vários sólidos cristalinos relativamente simples é mostrada na Figura 19.2. O valor de C_v é zero à temperatura de 0 K, mas aumenta rapidamente com a temperatura; isso corresponde a uma maior habilidade das ondas na rede em elevar suas energias médias com o aumento da temperatura. Em baixas temperaturas, a relação entre C_v e a temperatura absoluta T é

Dependência da capacidade calorífica (a volume constante) em relação à temperatura, em baixas temperaturas (próximas a 0 K)

$$C_v = AT^3 \tag{19.2}$$

em que A é uma constante independente da temperatura. Acima do que é chamado *temperatura de Debye* θ_D, o valor de C_v se estabiliza, tornando-se essencialmente independente da temperatura e assumindo um valor igual a cerca de $3R$, em que R é a constante dos gases. Dessa forma, embora a energia total do material esteja aumentando com a temperatura, a quantidade de energia necessária para produzir uma variação de 1 grau na temperatura é constante. Para muitos materiais sólidos, o valor de θ_D é inferior à temperatura ambiente, e 25 J/mol·K é uma aproximação razoável para o valor de C_v à temperatura ambiente.[2] A Tabela 19.1 apresenta os calores específicos experimentais para diversos materiais; os valores de c_p para vários outros materiais estão relacionados na Tabela B.8 do Apêndice B.

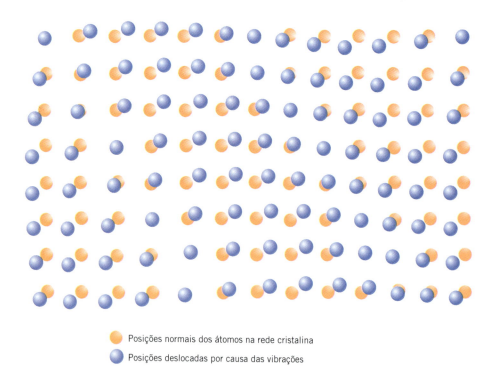

Figura 19.1 Representação esquemática da geração de ondas na rede de um cristal por meio de vibrações atômicas. (Adaptada de ZIMAN, J. "The Thermal Properties of Materials". Copyright © 1967 por Scientific American, Inc. Todos os direitos reservados.)

○ Posições normais dos átomos na rede cristalina
○ Posições deslocadas por causa das vibrações

---

[2] Para *elementos metálicos sólidos*, $C_v \cong 25$ J/mol·K; entretanto, esse não é o caso para todos os sólidos. Em uma temperatura maior que a sua θ_D, o valor de C_v para um material cerâmico é de aproximadamente 25 joules por mol de íons; a capacidade calorífica "molar", digamos, do Al_2O_3 é de aproximadamente $(5)(25$ J/mol·K$) = 125$ J/mol·K, dado que existem cinco íons (dois íons Al^{3+} e três íons O^{2-}) por unidade da fórmula de Al_2O_3.

Figura 19.2 Dependência da capacidade calorífica a volume constante em relação à temperatura; θ_D é a temperatura de Debye.

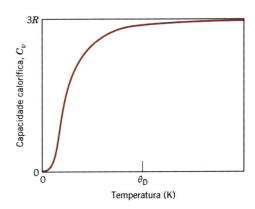

Tabela 19.1 Propriedades Térmicas para uma Variedade de Materiais

Material	c_p (J/kg·K)[a]	α_l [(°C)$^{-1}$ × 10^{-6}][b]	k (W/m·K)[c]	L [Ω·W/(K)² × 10^{-8}]
Metais				
Alumínio	900	23,6	247	2,20
Cobre	386	17,0	398	2,25
Ouro	128	14,2	315	2,50
Ferro	448	11,8	80	2,71
Níquel	443	13,3	90	2,08
Prata	235	19,7	428	2,13
Tungstênio	138	4,5	178	3,20
Aço 1025	486	12,0	51,9	—
Aço inoxidável 316	502	16,0	15,9	—
Latão (70Cu-30Zn)	375	20,0	120	—
Kovar (54Fe-29Ni-17Co)	460	5,1	17	2,80
Invar (64Fe-36Ni)	500	1,6	10	2,75
Super Invar (63Fe-32Ni-5Co)	500	0,72	10	2,68
Cerâmicas				
Alumina (Al$_2$O$_3$)	775	7,6	39	—
Magnésia (MgO)	940	13,5[d]	37,7	—
Espinélio (MgAl$_2$O$_4$)	790	7,6[d]	15,0[e]	—
Sílica fundida (SiO$_2$)	740	0,4	1,4	—
Vidro de soda-cal	840	9,0	1,7	—
Vidro borossilicato (Pyrex)	850	3,3	1,4	—
Polímeros				
Polietileno (alta densidade)	1850	106–198	0,46–0,50	—
Polipropileno	1925	145–180	0,12	—
Poliestireno	1170	90–150	0,13	—
Politetrafluoroetileno (Teflon)	1050	126–216	0,25	—
Fenol-formaldeído, fenólico	1590–1760	122	0,15	—
Náilon 6,6	1670	144	0,24	—
Poli-isopreno	—	220	0,14	—

[a] Para converter em cal/g·K, multiplique por 2,39 × 10^{-4}; para converter em Btu/lbm·°F, multiplique por 2,39 × 10^{-4}.
[b] Para converter em (°F)$^{-1}$, multiplique por 0,56.
[c] Para converter em cal/s·cm·K, multiplique por 2,39 × 10^{-3}; para converter em Btu/ft·h·°F, multiplique por 0,578.
[d] Valor medido a 100°C.
[e] Valor médio tomado na faixa de temperaturas entre 0°C e 1000°C.

628 · **Capítulo 19**

Outras Contribuições para a Capacidade Calorífica

Também existem outros mecanismos de absorção de energia que podem contribuir para a capacidade calorífica total de um sólido. Na maioria dos casos, no entanto, essas contribuições são pequenas quando comparadas à magnitude da contribuição vibracional. Há uma contribuição eletrônica em que os elétrons absorvem energia pelo aumento de sua energia cinética. Entretanto, isso é possível apenas para os elétrons livres — aqueles que foram excitados de estados preenchidos para estados vazios acima da energia de Fermi (Seção 18.6). Nos metais, apenas os elétrons em estados próximos à energia de Fermi são capazes de tais transições, e estes representam apenas uma fração muito pequena do número total de elétrons. Uma proporção ainda menor dos elétrons experimenta excitação nos materiais isolantes e semicondutores. Dessa forma, essa contribuição eletrônica é, em geral, insignificante, exceto em temperaturas próximas a 0 K.

Além disso, em alguns materiais, outros processos de absorção de energia ocorrem em temperaturas específicas — por exemplo, a transformação aleatória dos *spins* dos elétrons em um material ferromagnético quando este é aquecido acima de sua temperatura de Curie. Um grande pico é produzido na curva para a capacidade calorífica em função da temperatura na temperatura em que ocorre essa transformação.

19.3 EXPANSÃO TÉRMICA

A maioria dos materiais sólidos se expande quando é aquecida e se contrai quando é resfriada. A variação no comprimento em função da temperatura para um material sólido pode ser expressa da seguinte maneira:

> Para a expansão térmica, a dependência da variação fracional no comprimento do material em relação ao seu coeficiente linear de expansão térmica e à variação na temperatura

$$\frac{l_f - l_0}{l_0} = \alpha_l (T_f - T_0) \tag{19.3a}$$

ou

$$\frac{\Delta l}{l_0} = \alpha_l \Delta T \tag{19.3b}$$

coeficiente linear de expansão térmica

> Para a expansão térmica, a dependência da variação fracional no volume do material em relação ao coeficiente volumétrico de expansão térmica e à variação na temperatura

em que l_0 e l_f representam, respectivamente, os comprimentos inicial e final para uma variação de temperatura de T_0 até T_f. O parâmetro α_l é denominado **coeficiente linear de expansão térmica**; ele é uma propriedade do material que indica o grau pelo qual um material se expande quando é aquecido e possui unidades do inverso da temperatura [$(°C)^{-1}$ ou $(°F)^{-1}$]. O aquecimento ou o resfriamento afeta todas as dimensões de um corpo, com consequente alteração no volume. A variação do volume em função da temperatura pode ser calculada por

$$\frac{\Delta V}{V_0} = \alpha_v \Delta T \tag{19.4}$$

em que ΔV e V_0 são, respectivamente, a variação no volume e o volume original, e α_v simboliza o coeficiente volumétrico de expansão térmica. Em muitos materiais, o valor de α_v é anisotrópico; isto é, ele depende da direção cristalográfica ao longo da qual é medido. Para os materiais em que a expansão térmica é isotrópica, α_v vale aproximadamente $3\alpha_l$.

A partir de uma perspectiva atômica, a expansão térmica reflete um aumento na distância média entre os átomos. Esse fenômeno pode ser mais bem compreendido consultando-se a curva da energia potencial em função do espaçamento interatômico para um material sólido, a qual foi apresentada anteriormente (Figura 2.10*b*) e que está reproduzida na Figura 19.3*a*. A curva está na forma de um poço ou vale da energia potencial, e o espaçamento interatômico de equilíbrio a 0 K, r_0, corresponde ao ponto mínimo no poço. O aquecimento até temperaturas sucessivamente mais elevadas (T_1, T_2, T_3 etc.) aumenta a energia vibracional de E_1 para E_2, para E_3, e assim por diante. A amplitude média da vibração de um átomo corresponde à largura do poço em cada temperatura, e a distância interatômica média é representada pela posição intermediária, que aumenta em função da temperatura de r_0 para r_1, para r_2, e assim por diante.

A expansão térmica se deve à curvatura assimétrica desse poço de energia potencial e não às maiores amplitudes vibracionais dos átomos com o aumento da temperatura. Se a curva para a energia potencial fosse simétrica (Figura 19.3*b*), não haveria nenhuma variação resultante na separação interatômica e, consequentemente, não haveria expansão térmica.

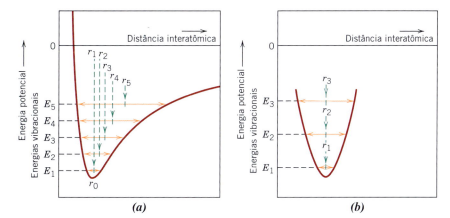

Figura 19.3 (a) Gráfico da energia potencial em função da distância interatômica, demonstrando o aumento na separação interatômica com a elevação da temperatura. No aquecimento, a separação interatômica aumenta de r_0 para r_1, para r_2, e assim por diante. (b) Para uma curva da energia potencial em função da distância interatômica com formato simétrico, não existe nenhum aumento na separação interatômica com uma elevação da temperatura (isto é, $r_1 = r_2 = r_3$).
(Adaptada de ROSE, R. M., SHEPARD, L. A. e WULFF, J. *The Structure and Properties of Materials*, vol. IV, *Electronic Properties*. John Wiley & Sons, 1966. Reproduzida com permissão de Robert M. Rose.)

Para cada classe de materiais (metais, cerâmicas e polímeros), quanto maior a energia da ligação atômica, mais profundo e mais estreito é esse poço de energia potencial. Como resultado, o aumento na separação interatômica em função de uma dada elevação na temperatura é menor, produzindo um menor valor de α_l. A Tabela 19.1 lista os coeficientes lineares de expansão térmica para vários materiais. No que se refere à dependência em relação à temperatura, a magnitude do coeficiente de expansão aumenta com a elevação da temperatura. Os valores na Tabela 19.1 foram tomados à temperatura ambiente, a menos que indicado ao contrário. Uma lista mais completa de coeficientes de expansão térmica é fornecida na Tabela B.6 do Apêndice B.

Metais

Como indicado na Tabela 19.1, os coeficientes lineares de expansão térmica para alguns dos metais mais comuns variam entre aproximadamente 5×10^{-6} e 25×10^{-6} (°C)$^{-1}$; esses valores são intermediários em magnitude entre os dos materiais cerâmicos e poliméricos. Como a seção Materiais de Importância a seguir explica, foram desenvolvidas várias ligas metálicas de baixa expansão e de expansão controlada, as quais são usadas em aplicações que exigem estabilidade dimensional ante variações na temperatura.

Cerâmicas

Em muitos materiais cerâmicos são encontradas forças de ligação interatômicas relativamente fortes, o que se reflete em coeficientes de expansão térmica comparativamente baixos; os valores variam em geral entre cerca de $0,5 \times 10^{-6}$ e 15×10^{-6} (°C)$^{-1}$. Para as cerâmicas não cristalinas e também para aquelas com estruturas cristalinas cúbicas, α_l é isotrópico. Nos demais casos, ele é anisotrópico; alguns materiais cerâmicos, ao serem aquecidos, contraem-se em algumas direções cristalográficas, enquanto se expandem em outras. Para os vidros inorgânicos, o coeficiente de expansão depende da composição. A sílica fundida (vidro de SiO$_2$ de alta pureza) possui um coeficiente de expansão pequeno, $0,4 \times 10^{-6}$ (°C)$^{-1}$. Isso é explicado por uma baixa densidade de compactação atômica, tal que a expansão interatômica produz alterações dimensionais macroscópicas relativamente pequenas.

Os materiais cerâmicos que devem ser submetidos a mudanças de temperatura devem apresentar coeficientes de expansão térmica relativamente pequenos e isotrópicos. De outra forma, esses materiais frágeis podem sofrer fratura em consequência de variações dimensionais não uniformes, no que é denominado **choque térmico**, como será discutido posteriormente neste capítulo.

choque térmico

Polímeros

Alguns materiais poliméricos apresentam expansões térmicas muito grandes ao serem aquecidos, como indicado por coeficientes que variam desde aproximadamente 50×10^{-6} até 400×10^{-6} (°C)$^{-1}$. Os maiores valores de α_l são encontrados para os polímeros lineares e com ramificações, pois as ligações intermoleculares secundárias são fracas e há uma quantidade mínima de ligações cruzadas. Com o aumento da quantidade de ligações cruzadas, a magnitude do coeficiente de expansão térmica diminui; os menores coeficientes são encontrados para os polímeros termofixos em rede, tais como o fenol-formaldeído, nos quais as ligações são quase inteiramente covalentes.

630 · **Capítulo 19**

MATERIAIS DE IMPORTÂNCIA 19.1

Invar e Outras Ligas de Baixa Expansão

Em 1896, Charles-Edouard Guillaume, da França, fez uma descoberta interessante e importante que lhe valeu o Prêmio Nobel de Física em 1920: uma liga ferro-níquel com um coeficiente de expansão térmica muito baixo (próximo a zero) entre a temperatura ambiente e aproximadamente 230°C. Esse material tornou-se o precursor de uma família de ligas metálicas de "baixa expansão" (às vezes chamadas de "expansão controlada"). Sua composição é de 64%p Fe-36%p Ni, e ele recebeu o nome comercial de Invar, uma vez que o comprimento de uma amostra desse material é virtualmente invariável com mudanças na temperatura. Seu coeficiente de expansão térmica próximo à temperatura ambiente é de $1,6 \times 10^{-6}$ (°C)$^{-1}$.

Pode-se supor que essa expansão próxima de zero seja explicada por uma simetria da curva para a energia potencial em função da distância interatômica (Figura 19.3b). Mas esse não é o caso; em vez disso, esse comportamento está relacionado com as características magnéticas do Invar. Tanto o ferro quanto o níquel são materiais ferromagnéticos (Seção 20.4). Um material ferromagnético pode ser levado a formar um ímã permanente e forte; no aquecimento, essa propriedade desaparece em uma temperatura específica, denominada *temperatura de Curie*, que varia de um material ferromagnético para o outro (Seção 20.6). Conforme uma amostra de Invar é aquecida, sua tendência em expandir é contrabalançada por um fenômeno de contração que está associado às suas propriedades ferromagnéticas (denominado *magnetostrição*). Acima de sua temperatura de Curie (aproximadamente 230°C), o Invar expande-se de maneira normal, e seu coeficiente de expansão térmica assume um valor muito maior.

O tratamento térmico e o processamento do Invar também afetam suas características de expansão térmica. Os menores valores de α_l são obtidos para amostras temperadas a partir de temperaturas elevadas (próximas a 800°C) e que foram então trabalhadas a frio. O recozimento leva a um aumento no valor de α_l.

Outras ligas de baixa expansão foram desenvolvidas. Uma delas é chamada Super Invar, pois seu coeficiente de expansão térmica $[0,72 \times 10^{-6}$ (°C)$^{-1}]$ é menor que o valor para o Invar. Entretanto, a faixa de temperaturas ao longo da qual suas características de baixa expansão persistem é relativamente estreita. Em termos da composição, no Super Invar uma parte do níquel no Invar é substituída por outro metal ferromagnético, o cobalto; o Super Invar contém 63%p Fe, 32%p Ni e 5%p Co.

Outra dessas ligas, com o nome comercial de Kovar, foi projetada para ter características de expansão próximas às do vidro borossilicato (ou Pyrex); quando unida ao Pyrex e submetida a variações na temperatura, são evitadas tensões térmicas e uma possível fratura nas junções. A composição do Kovar é 54%p Fe, 29%p Ni e 17% pCo.

Essas ligas de baixa expansão são empregadas em aplicações que requerem estabilidade dimensional frente a flutuações na temperatura, incluindo as seguintes:

- Pêndulos de compensação e rodas de balanceamento para relógios mecânicos.

- Componentes estruturais em sistemas de medição ópticos e a laser que requerem estabilidades dimensionais da ordem de um comprimento de onda da luz.

- Tiras bimetálicas usadas para atuar microinterruptores em sistemas de aquecimento de água.

- Máscaras de sombra em tubos de raios catódicos empregados para telas de monitores e de televisão; maior contraste, melhor brilho e definição mais nítida são possíveis com o emprego de materiais de baixa expansão.

- Vasos e tubulações para o armazenamento e o transporte de gás natural liquefeito.

✓ *Verificação de Conceitos 19.1*   **(a)** Explique por que um anel de latão na tampa de uma jarra de vidro afrouxa quando o conjunto é aquecido.

(b) Suponha que o anel seja feito de tungstênio, em vez de latão. Qual será o efeito do aquecimento da tampa e da jarra? Por quê?

[*A resposta está disponível no GEN-IO, ambiente virtual de aprendizagem do GEN.*]

19.4 CONDUTIVIDADE TÉRMICA

condutividade térmica

A *condução térmica* é o fenômeno pelo qual o calor é transportado das regiões de alta temperatura para as de baixa temperatura em uma substância. A propriedade que caracteriza a habilidade de um material transferir calor é a **condutividade térmica**. Ela é mais bem definida em termos da expressão

Propriedades Térmicas • 631

Dependência do fluxo de calor em relação à condutividade térmica e ao gradiente de temperatura para o transporte de calor em regime estacionário

$$q = -k \frac{dT}{dx} \tag{19.5}$$

em que q indica o *fluxo de calor*, ou o transporte de calor, por unidade de tempo por unidade de área (a área sendo tomada como aquela perpendicular à direção do fluxo), k é a condutividade térmica e dT/dx é o *gradiente de temperatura* através do meio de condução.

As unidades para q e k são W/m^2 ($Btu/ft^2 \cdot h$) e $W/m \cdot K$ ($Btu/ft \cdot h \cdot °F$), respectivamente. A Equação 19.5 é válida apenas para o transporte de calor em regime estacionário — isto é, para as situações nas quais o fluxo de calor não varia ao longo do tempo. O sinal de menos na expressão indica que a direção do transporte do calor é da região quente para a região fria, ou seja, no sentido oposto ao gradiente de temperatura.

A Equação 19.5 é semelhante em forma à primeira lei de Fick (Equação 5.2) para a difusão em regime estacionário. Nessas expressões, k é análogo ao coeficiente de difusão D, e o gradiente de temperatura corresponde ao gradiente de concentração, dC/dx.

Mecanismos da Condução de Calor

O calor é transportado nos materiais sólidos tanto por meio das ondas de vibração da rede (fônons) quanto por elétrons livres. Uma condutividade térmica está associada a cada um desses mecanismos, e a condutividade total é a soma das duas contribuições, ou seja

$$k = k_r + k_e \tag{19.6}$$

em que k_r e k_e representam, respectivamente, as condutividades térmicas devidas à vibração da rede e aos elétrons; em geral, uma ou outra é a predominante. A energia térmica associada aos fônons ou às ondas da rede é transportada na direção de seus movimentos. A contribuição de k_r é devida a um movimento resultante dos fônons das regiões de alta temperatura para as de baixa temperatura de um corpo, através das quais existe um gradiente de temperatura.

Os elétrons livres ou de condução participam da condução térmica eletrônica. Um ganho de energia cinética é transmitido aos elétrons livres em uma região quente da amostra. Eles migram então para áreas mais frias, onde uma parte dessa energia cinética é transferida para os átomos (na forma de energia de vibração), como consequência de colisões com os fônons ou com outras imperfeições no cristal. A contribuição relativa de k_e para a condutividade térmica total aumenta com o aumento das concentrações de elétrons livres, uma vez que mais elétrons estão disponíveis para participar desse processo de transferência de calor.

Metais

Nos metais de alta pureza, o mecanismo eletrônico de transporte de calor é muito mais eficiente que a contribuição dada pelos fônons, pois os elétrons não são tão facilmente espalhados como os fônons e possuem maiores velocidades. Além disso, os metais são condutores de calor extremamente bons, pois há um número relativamente grande de elétrons livres que participam da condução térmica. As condutividades térmicas de vários metais comuns estão listadas na Tabela 19.1; os valores variam geralmente entre cerca de 20 e 400 $W/m \cdot K$.

Lei de Wiedemann-Franz — para os metais, a razão entre a condutividade térmica e o produto da condutividade elétrica e a temperatura deve ser uma constante

Uma vez que os elétrons livres são responsáveis tanto pela condução elétrica quanto pela condução térmica nos metais puros, os tratamentos teóricos sugerem que as duas condutividades devem estar relacionadas entre si de acordo com a *lei de Wiedemann-Franz*:

$$L = \frac{k}{\sigma T} \tag{19.7}$$

em que σ é a condutividade elétrica, T é a temperatura absoluta e L é uma constante. O valor teórico de L, $2,44 \times 10^{-8} \ \Omega \cdot W/(K)^2$, deve ser independente da temperatura, e o mesmo para todos os metais se a energia térmica for transportada inteiramente por elétrons livres. Na Tabela 19.1 estão incluídos os valores experimentais de L para vários metais; observe que a concordância entre esses valores e o teórico é bastante razoável (dentro de um fator de 2).

A formação de ligas metálicas pela adição de impurezas resulta em uma redução na condutividade térmica, pela mesma razão que a condutividade elétrica é diminuída (Seção 18.8); qual seja, os átomos de impurezas, especialmente se estiverem em solução sólida, atuam como centros de espalhamento, reduzindo a eficiência do movimento dos elétrons. Um gráfico da condutividade térmica em função da composição para ligas cobre-zinco (Figura 19.4) mostra esse efeito.

Figura 19.4 Condutividade térmica em função da composição para ligas cobre-zinco.
[Adaptada de BAKER, H. (ed.). *Metals Handbook: Properties and Selection: Nonferrous Alloys and Pure Metals*, vol. 2, 9ª ed., 1979. Reproduzida sob permissão da ASM International, Materials Park, OH.]

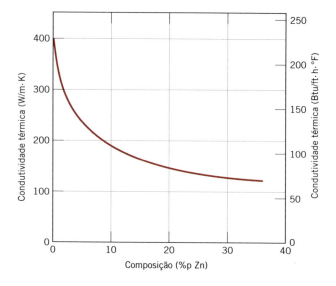

✓ ***Verificação de Conceitos 19.2*** A condutividade térmica de um aço-carbono comum é maior que a de um aço inoxidável. Por que isso ocorre? *Sugestão:* você pode querer consultar a Seção 11.2.

[*A resposta está disponível no GEN-IO, ambiente virtual de aprendizagem do GEN.*]

Cerâmicas

Os materiais não metálicos são isolantes térmicos, uma vez que não apresentam um grande número de elétrons livres. Dessa forma, os fônons são os principais responsáveis pela condutividade térmica: o valor de k_e é muito menor que o de k_r. Novamente, os fônons não são tão eficientes quanto os elétrons livres no transporte da energia térmica, como resultado do espalhamento muito eficiente dos fônons pelas imperfeições da rede.

Os valores para a condutividade térmica de diversos materiais cerâmicos são apresentados na Tabela 19.1; as condutividades térmicas à temperatura ambiente variam entre aproximadamente 2 e 50 W/m·K. O vidro e outras cerâmicas amorfas apresentam condutividades menores que as cerâmicas cristalinas, uma vez que o espalhamento dos fônons é muito mais efetivo quando a estrutura atômica é altamente desordenada e irregular.

O espalhamento das vibrações da rede torna-se mais pronunciado com o aumento da temperatura; assim, a condutividade térmica da maioria dos materiais cerâmicos costuma diminuir com o aumento da temperatura, pelo menos em temperaturas relativamente baixas (Figura 19.5). Como a Figura 19.5 indica, a condutividade começa a aumentar em temperaturas mais elevadas, o que se deve à transferência de calor por radiação: quantidades significativas de calor radiante infravermelho podem ser transportadas através de um material cerâmico transparente. A eficiência desse processo aumenta com a temperatura.

A porosidade nos materiais cerâmicos pode ter influência drástica sobre a condutividade térmica; na maioria das circunstâncias, o aumento no volume dos poros resulta em uma diminuição da condutividade térmica. De fato, muitos materiais cerâmicos usados como isolamento térmico são porosos. A transferência de calor através dos poros é normalmente lenta e ineficiente. Os poros internos, em geral, contêm ar estagnado, que tem uma condutividade térmica extremamente baixa — cerca de 0,02 W/m·K. Além disso, a convecção gasosa no interior dos poros também é comparativamente ineficiente.

✓ ***Verificação de Conceitos 19.3*** A condutividade térmica de uma amostra de cerâmica monocristalina é ligeiramente maior que a de uma amostra policristalina do mesmo material. Por que isso ocorre?

[*A resposta está disponível no GEN-IO, ambiente virtual de aprendizagem do GEN.*]

Figura 19.5 Dependência da condutividade térmica em relação à temperatura para vários materiais cerâmicos. (Adaptada de KINGERY, W. D., BOWEN, H. K. e UHLMANN, D. R. *Introduction to Ceramics*, 2ª ed. Copyright © 1976 por John Wiley & Sons, Nova York. Reimpressa sob permissão de John Wiley & Sons, Inc.)

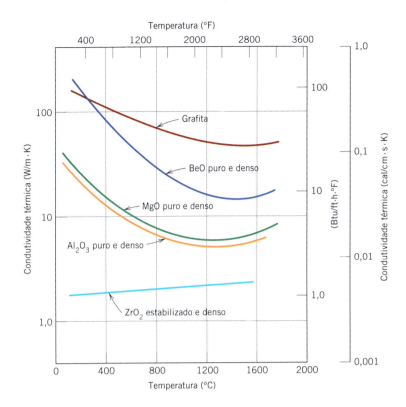

Polímeros

Como pode ser observado na Tabela 19.1, as condutividades térmicas para a maioria dos polímeros são da ordem de 0,3 W/m·K. Para esses materiais, a transferência de energia é realizada pela vibração e a rotação das moléculas da cadeia. A magnitude da condutividade térmica depende do grau de cristalinidade; um polímero com estrutura altamente cristalina e ordenada apresenta maior condutividade que o material amorfo equivalente. Isso se deve à vibração coordenada mais efetiva das cadeias moleculares no estado cristalino.

Os polímeros são empregados com frequência como isolantes térmicos em razão de suas baixas condutividades térmicas. Como ocorre com as cerâmicas, suas propriedades isolantes podem ser melhoradas ainda mais pela introdução de pequenos poros, os quais são introduzidos, em geral, por espumação (Seção 15.18). A espuma de poliestireno é usada comumente em copos de bebidas e em caixas isolantes.

> **Verificação de Conceitos 19.4** Entre um polietileno linear ($\overline{M}_n$ = 450.000 g/mol) e um polietileno levemente ramificado ($\overline{M}_n$ = 650.000 g/mol), qual apresenta maior condutividade térmica? Por quê? *Sugestão:* você pode querer consultar a Seção 14.11.
>
> **Verificação de Conceitos 19.5** Explique por que, em um dia frio, a maçaneta metálica da porta de um automóvel parece mais fria ao toque que um volante de plástico, apesar de ambos estarem à mesma temperatura.
>
> [*As respostas estão disponíveis no GEN-IO, ambiente virtual de aprendizagem do GEN.*]

19.5 TENSÕES TÉRMICAS

tensão térmica

Tensões térmicas são tensões induzidas em um corpo como resultado de variações na temperatura. É importante uma compreensão das origens e da natureza das tensões térmicas, pois elas podem levar à fratura ou a uma deformação plástica indesejável.

Tensões Resultantes da Restrição à Expansão e à Contração Térmica

Em primeiro lugar, vamos considerar uma barra sólida homogênea e isotrópica que é aquecida ou resfriada de maneira uniforme — isto é, não são impostos gradientes de temperatura. Na expansão

634 • **Capítulo 19**

Dependência da tensão térmica em relação ao módulo de elasticidade, ao coeficiente linear de expansão térmica e à variação da temperatura

ou contração livre, a barra está isenta de tensões. Se, no entanto, o movimento axial da barra for restringido por suportes rígidos nas extremidades, são introduzidas tensões térmicas. A magnitude da tensão σ que resulta de uma variação na temperatura de T_0 para T_f é de

$$\sigma = E\alpha_l(T_0 - T_f) = E\alpha_l\Delta T \tag{19.8}$$

em que E é o módulo de elasticidade e α_l é o coeficiente linear de expansão térmica. No aquecimento $(T_f > T_0)$, a tensão é compressiva $(\sigma < 0)$, uma vez que a expansão da barra foi restringida. Se a barra é resfriada $(T_f < T_0)$, uma tensão de tração é imposta $(\sigma > 0)$. Além disso, a tensão na Equação 19.8 é a mesma que seria necessária para comprimir (ou alongar) elasticamente a barra de volta ao seu comprimento original após ter sido permitido que ela alongasse (ou contraísse) livremente por causa de uma variação na temperatura $T_0 - T_f$.

PROBLEMA-EXEMPLO 19.1

Tensão Térmica Criada por Aquecimento

Uma barra de latão deve ser usada em uma aplicação que requer que suas extremidades sejam mantidas rígidas. Se à temperatura ambiente [20°C (68°F)] a barra estiver livre de tensões, qual será a temperatura máxima a que ela pode ser aquecida sem que uma tensão de compressão de 172 MPa (25.000 psi) seja excedida? Considere um módulo de elasticidade de 100 GPa ($14{,}6 \times 10^6$ psi) para o latão.

Solução

Use a Equação 19.8 para resolver este problema, no qual a tensão de 172 MPa é tomada como negativa. Além disso, a temperatura inicial T_0 é de 20°C, e a magnitude do coeficiente linear de expansão térmica obtido a partir da Tabela 19.1 é de $20{,}0 \times 10^{-6}$ (°C)$^{-1}$. Dessa forma, resolvendo a equação para a temperatura final T_f, tem-se

$$T_f = T_0 - \frac{\sigma}{E\alpha_l}$$

$$= 20°C - \frac{-172\ \text{MPa}}{(100 \times 10^3\ \text{MPa})[20 \times 10^{-6}\ (°C)^{-1}]}$$

$$= 20°C + 86°C = 106°C\ (223°F)$$

Tensões Resultantes de Gradientes de Temperatura

Quando um corpo sólido é aquecido ou resfriado, a distribuição interna de temperaturas depende do seu tamanho e da sua forma, da condutividade térmica do material e da taxa de variação da temperatura. Tensões térmicas podem ser geradas como um resultado de gradientes de temperatura ao longo de um corpo, os quais são causados, com frequência, por um aquecimento ou resfriamento rápido, em que a parte exterior varia de temperatura mais rapidamente que o interior; variações diferenciais nas dimensões restringem a expansão ou a contração livre de elementos de volume adjacentes no interior da peça. Por exemplo, em um aquecimento, o exterior de uma amostra está mais quente e, portanto, se expande mais que as regiões internas. Dessa forma, são induzidas tensões de compressão na superfície, as quais são equilibradas por tensões de tração internas. As condições de tensão nas regiões interna e externa se invertem em um resfriamento rápido, tal que a superfície é colocada em um estado de tração.

Choque Térmico de Materiais Frágeis

Para os polímeros e metais dúcteis, o alívio das tensões termicamente induzidas pode ocorrer por deformação plástica. No entanto, a falta de ductilidade da maioria das cerâmicas aumenta a possibilidade de fratura frágil por causa dessas tensões. O resfriamento rápido de um corpo frágil apresenta maior probabilidade de causar choque térmico que o aquecimento, uma vez que as tensões superficiais induzidas são de tração. A formação e a propagação de trincas a partir de defeitos na superfície são mais prováveis quando é imposta uma tensão de tração (Seção 12.8).

A capacidade de um material resistir a esse tipo de falha é denominada *resistência ao choque térmico*. Para um corpo cerâmico que é resfriado rapidamente, a resistência ao choque térmico depende não apenas da magnitude da variação da temperatura, mas também das propriedades mecânicas e

Propriedades Térmicas • **635**

térmicas do material. A resistência ao choque térmico é maior para as cerâmicas que apresentam elevadas resistências à fratura σ_f e altas condutividades térmicas, assim como baixos módulos de elasticidade e baixos coeficientes de expansão térmica. A resistência de muitos materiais a esse tipo de falha pode ser aproximada por um parâmetro de resistência ao choque térmico, RCT:

Definição do parâmetro de resistência ao choque térmico

$$RCT \cong \frac{\sigma_f k}{E\alpha_l} \qquad (19.9)$$

O choque térmico pode ser prevenido alterando-se as condições externas, até que as taxas de resfriamento e aquecimento sejam reduzidas e os gradientes de temperatura através de um corpo sejam minimizados. A modificação das características térmicas e/ou mecânicas na Equação 19.9 também pode melhorar a resistência ao choque térmico de um material. Desses parâmetros, o coeficiente de expansão térmica é provavelmente o mais facilmente modificado e controlado. Por exemplo, os vidros de soda-cal comuns, que têm um valor de α_l de cerca de 9×10^{-6} (°C)$^{-1}$, são particularmente suscetíveis a choques térmicos, como qualquer pessoa que já cozinhou pode provavelmente atestar. A redução nos teores de CaO e de Na$_2$O enquanto, ao mesmo tempo, adiciona-se B$_2$O$_3$ em quantidades suficientes para formar o vidro borossilicato (ou Pyrex) reduz o coeficiente de expansão térmica para aproximadamente 3×10^{-6} (°C)$^{-1}$; esse material é totalmente adequado aos ciclos de aquecimento e resfriamento que ocorrem nos fornos de cozinha.[3] A introdução de alguns poros relativamente grandes ou de uma segunda fase dúctil também pode melhorar as características de resistência ao choque térmico de um material; ambos os procedimentos impedem a propagação das trincas termicamente induzidas.

Com frequência, é necessário remover as tensões térmicas existentes nos materiais cerâmicos como um meio de melhorar suas resistências mecânicas e características ópticas. Isso pode ser realizado por meio de um tratamento térmico de recozimento, como foi discutido para os vidros na Seção 13.11.

RESUMO

Capacidade Calorífica

- A capacidade calorífica representa a quantidade de calor necessária para produzir um aumento unitário na temperatura para um mol de uma substância; em uma base por unidade de massa, ela é denominada *calor específico*.

- A maior parte da energia assimilada por muitos materiais sólidos está associada ao aumento da energia vibracional dos átomos.

- Apenas valores específicos de energia vibracional são permitidos (diz-se que a energia está quantizada); um único quantum de energia vibracional é denominado um *fônon*.

- Para muitos sólidos cristalinos e em temperaturas na vizinhança de 0 K, a capacidade calorífica medida a volume constante varia com o cubo da temperatura absoluta (Equação 19.2).

- Acima da temperatura de Debye, C_v torna-se independente da temperatura, assumindo um valor de aproximadamente $3R$.

Expansão Térmica

- Os materiais sólidos se expandem quando aquecidos e se contraem quando resfriados. A variação fracional do comprimento é proporcional à variação da temperatura, sendo a constante de proporcionalidade o coeficiente de expansão térmica (Equação 19.3).

- A expansão térmica se reflete por um aumento na separação interatômica média, a qual é uma consequência da natureza assimétrica do poço na curva da energia potencial em função do espaçamento interatômico (Figura 19.3a). Quanto maior a energia de ligação interatômica, menor será o coeficiente de expansão térmica.

- Os valores dos coeficientes de expansão térmica dos polímeros são tipicamente maiores que os dos metais, que por sua vez são maiores que os dos materiais cerâmicos.

Condutividade Térmica

- O transporte de energia térmica das regiões de alta temperatura para as de baixa temperatura de um material é denominado *condução térmica*.

- Para o transporte de calor em regime estacionário, o fluxo pode ser determinado aplicando a Equação 19.5.

- Nos materiais sólidos, o calor é transportado por elétrons livres e por ondas vibracionais da rede, ou fônons.

---

[3]Nos Estados Unidos, algumas peças de cozinha de vidro Pyrex são feitas atualmente a partir de vidros de soda-cal, mais baratos, os quais foram termicamente temperados. Essas peças de vidro não são tão resistentes ao choque térmico como um vidro borossilicato. Como consequência, várias dessas peças quebram quando submetidas a razoáveis variações de temperatura encontradas durante as atividades normais de cozimento, disparando cacos de vidro em todas as direções (e em alguns casos causando ferimentos). As peças de vidro Pyrex vendidas na Europa são muito mais resistentes ao choque térmico. Uma empresa diferente é proprietária dos direitos do nome Pyrex na Europa, e ela ainda usa o vidro borossilicato em sua fabricação.

636 • **Capítulo 19**

- As condutividades térmicas elevadas dos metais relativamente puros se devem ao grande número de elétrons livres e à eficiência com a qual esses elétrons transportam a energia térmica. De maneira contrária, as cerâmicas e os polímeros são maus condutores térmicos, pois as concentrações de elétrons livres são baixas e há predominância na condução por fônons.

Tensões Térmicas
- Tensões térmicas, que são introduzidas em um corpo como consequência de variações na temperatura, podem levar à fratura ou a uma deformação plástica indesejável.
- Uma fonte de tensões térmicas é a restrição à expansão (ou à contração) térmica de um corpo. A magnitude da tensão pode ser calculada usando a Equação 19.8.
- A geração das tensões térmicas resultantes de um aquecimento ou de um resfriamento rápido de um corpo de um material resulta dos gradientes de temperatura entre as regiões externa e do interior do corpo e das mudanças dimensionais diferenciais que acompanham esses gradientes.
- O *choque térmico* é a fratura de um corpo como resultado de tensões térmicas induzidas por rápidas variações na temperatura. Uma vez que os materiais cerâmicos são frágeis, eles são especialmente suscetíveis a esse tipo de falha.

Resumo das Equações

Número da Equação	Equação	Resolvendo para
19.1	$C = \dfrac{dQ}{dT}$	Definição da capacidade calorífica
19.3a	$\dfrac{l_f - l_0}{l_0} = \alpha_l(T_f - T_0)$	Definição do coeficiente linear de expansão térmica
19.3b	$\dfrac{\Delta l}{l_0} = \alpha_l \Delta T$	
19.4	$\dfrac{\Delta V}{V_0} = \alpha_v \Delta T$	Definição do coeficiente volumétrico de expansão térmica
19.5	$q = -k\dfrac{dT}{dx}$	Definição da condutividade térmica
19.8	$\sigma = E\alpha_l(T_0 - T_f)$ $= E\alpha_l \Delta T$	Tensão térmica
19.9	$RCT \cong \dfrac{\sigma_f k}{E\alpha_l}$	Parâmetro de resistência ao choque térmico

Lista de Símbolos

Símbolo	Significado
E	Módulo de elasticidade
k	Condutividade térmica
l_0	Comprimento original
l_f	Comprimento final
q	Fluxo de calor — transporte de calor por unidade de tempo por unidade de área
Q	Energia
T	Temperatura
T_f	Temperatura final
T_0	Temperatura inicial
α_l	Coeficiente linear de expansão térmica
α_v	Coeficiente volumétrico de expansão térmica
σ	Tensão térmica
σ_f	Resistência à fratura

Termos e Conceitos Importantes

calor específico
capacidade calorífica
choque térmico

coeficiente linear de expansão térmica
condutividade térmica

fônon
tensão térmica

REFERÊNCIAS

BAGDADE, S. D. *ASM Ready Reference: Thermal Properties of Metals*. Materials Park, OH: ASM International, 2002.

HUMMEL, R. E. *Electronic Properties of Materials*, 4ª ed. Nova York: Springer, 2011.

JILES, D. C. *Introduction to the Electronic Properties of Materials*, 2ª ed. Boca Raton, FL: CRC Press, 2001.

KINGERY, W. D., BOWEN, H. K. e UHLMANN, D. R. *Introduction to Ceramics*, 2ª ed. Nova York: John Wiley & Sons, 1976. Capítulos 12 e 16.

Capítulo 20 Propriedades Magnéticas

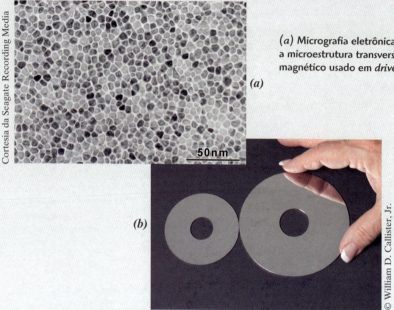

(a) Micrografia eletrônica de transmissão que mostra a microestrutura transversal do meio de gravação magnético usado em *drives* de disco rígido.

(b) Discos rígidos de armazenamento magnético usados em computadores tipo *laptop* (à esquerda) e *desktop* (à direita).

(c) O interior de um *drive* de disco rígido. O disco circular girará tipicamente em uma velocidade de 5400 ou 7200 revoluções por minuto.

(d) Um computador tipo *laptop*; um de seus componentes internos é um *drive* de disco rígido.

POR QUE ESTUDAR *Propriedades Magnéticas dos Materiais?*

Uma compreensão do mecanismo que explica o comportamento magnético permanente de alguns materiais pode nos permitir alterar e, em alguns casos, moldar as propriedades magnéticas.

Por exemplo, no Exemplo de Projeto 20.1, observamos como o comportamento de um material cerâmico magnético pode ser melhorado pela alteração de sua composição.

Objetivos do Aprendizado

Após estudar este capítulo, você deverá ser capaz de fazer o seguinte:

1. Determinar a magnetização de um material dadas a sua suscetibilidade magnética e a intensidade do campo magnético aplicado.
2. A partir de uma perspectiva eletrônica, indicar e explicar sucintamente as duas fontes de momentos magnéticos nos materiais.
3. Explicar sucintamente a natureza e a fonte (a) do diamagnetismo, (b) do paramagnetismo e (c) do ferromagnetismo.
4. Explicar a fonte do ferrimagnetismo para as ferritas cúbicas em termos da estrutura cristalina.
5. (a) Descrever a histerese magnética; (b) explicar por que os materiais ferromagnéticos e ferrimagnéticos apresentam histerese magnética; e (c) explicar por que esses materiais podem tornar-se ímãs permanentes.
6. Citar as características magnéticas que distinguem os materiais magnéticos moles dos materiais magnéticos duros.
7. Descrever o fenômeno da *supercondutividade*.

20.1   INTRODUÇÃO

O *magnetismo* — o fenômeno pelo qual os materiais exercem uma força ou influência de atração ou de repulsão sobre outros materiais — é conhecido há milhares de anos. Entretanto, os princípios e os mecanismos fundamentais que explicam o fenômeno magnético são complexos e sutis, e sua compreensão iludiu os cientistas até tempos relativamente recentes. Muitos de nossos dispositivos tecnológicos modernos dependem do magnetismo e de materiais magnéticos, entre eles os geradores e transformadores de energia elétrica, motores elétricos, rádios, televisões, telefones, computadores e componentes de sistemas de reprodução de som e vídeo.

O ferro, alguns aços e o mineral magnetita, de ocorrência natural, são exemplos bem conhecidos de materiais que exibem propriedades magnéticas. Não tão conhecido, no entanto, é o fato de que todas as substâncias são influenciadas, em maior ou em menor grau, pela presença de um campo magnético. Este capítulo fornece uma descrição sucinta da origem dos campos magnéticos e discute os vetores do campo magnético e parâmetros magnéticos; os fenômenos do diamagnetismo, paramagnetismo, ferromagnetismo e ferrimagnetismo; alguns dos diferentes materiais magnéticos; e a supercondutividade.

20.2   CONCEITOS BÁSICOS

Dipolos Magnéticos

As forças magnéticas são geradas pelo movimento de partículas carregadas eletricamente; essas forças magnéticas são aditivas a quaisquer forças eletrostáticas que possam existir. Com frequência, é conveniente pensar nas forças magnéticas em termos de campos. Linhas de força imaginárias podem ser traçadas para indicar a direção da força em posições na vizinhança da fonte do campo. As distribuições do campo magnético, como indicadas pelas linhas de força, são mostradas na Figura 20.1 para uma corrente circular e também para um ímã.

Dipolos magnéticos são encontrados nos materiais magnéticos, os quais, em alguns aspectos, são análogos aos dipolos elétricos (Seção 18.19). Os dipolos magnéticos podem ser considerados pequenos ímãs compostos por um polo norte e um polo sul, em vez de cargas elétricas positivas e negativas. Na presente discussão, os momentos de dipolos magnéticos são representados por setas, como mostrado na Figura 20.2. Os dipolos magnéticos são influenciados por campos magnéticos de maneira

639

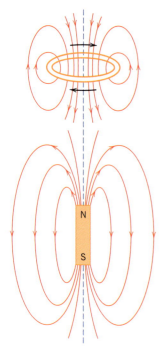

Figura 20.1 Linhas de força de um campo magnético ao redor de uma corrente circular e de um ímã.

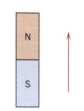

Figura 20.2 Momento magnético indicado por meio de uma seta.

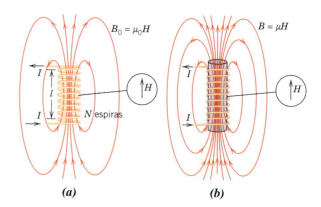

Figura 20.3 (*a*) O campo magnético *H* gerado por uma bobina cilíndrica é dependente da corrente *I*, do número de espiras *N* e do comprimento da bobina *l*, de acordo com a Equação 20.1. A densidade do fluxo magnético B_0 na presença do vácuo é igual a $\mu_0 H$, em que μ_0 é a permeabilidade do vácuo, $4\pi \times 10^{-7}$ H/m. (*b*) A densidade do fluxo magnético *B* no interior de um material sólido é igual a μH, em que μ é a permeabilidade do material sólido.

semelhante à forma como os dipolos elétricos são afetados pelos campos elétricos (Figura 18.29). No interior de um campo magnético, a força do próprio campo exerce um torque que tende a orientar os dipolos em relação ao campo. Um exemplo conhecido disso é a maneira como a agulha de uma bússola magnética alinha-se com o campo magnético da Terra.

Vetores do Campo Magnético

intensidade do campo magnético

Intensidade do campo magnético no interior de uma bobina — dependência em relação ao número de espiras, à corrente aplicada e ao comprimento da bobina

Antes de discutir a origem dos momentos magnéticos nos materiais sólidos, vamos descrever o comportamento magnético em termos de vários vetores de campo. O campo magnético aplicado externamente, às vezes denominado **intensidade do campo magnético**, é designado por *H*. Se o campo magnético for gerado por meio de uma bobina cilíndrica (ou solenoide) formada por *N* espiras de espaçamento compacto, com comprimento *l* e que conduz uma corrente com magnitude *I*, então

$$H = \frac{NI}{l} \qquad (20.1)$$

Um diagrama esquemático de um arranjo desse tipo é mostrado na Figura 20.3*a*. O campo magnético gerado pela corrente circular e pelo ímã na Figura 20.1 é um campo *H*. A unidade para *H* é o ampère-espira por metro, ou simplesmente o ampère por metro.

A **indução magnética**, ou **densidade do fluxo magnético**, indicada por *B*, representa a magnitude do campo interno no interior de uma substância que está sujeita a um campo *H*. A unidade para *B* é o *tesla* [ou weber por metro quadrado (Wb/m²)]. Tanto *B* quanto *H* são vetores de campo, caracterizados não apenas por sua magnitude, mas também por sua direção no espaço.

indução magnética densidade do fluxo magnético

Densidade do fluxo magnético em um material — dependência em relação à permeabilidade e à intensidade do campo magnético

A intensidade do campo magnético e a densidade do fluxo estão relacionadas de acordo com

$$B = \mu H \qquad (20.2)$$

permeabilidade

O parâmetro μ é chamado de **permeabilidade**, uma propriedade do meio específico através do qual o campo *H* passa e onde *B* é medido, como está ilustrado na Figura 20.3*b*. A permeabilidade tem dimensões de weber por ampère-metro (Wb/A·m) ou henry por metro (H/m).

Propriedades Magnéticas • **641**

No vácuo,

Densidade do fluxo magnético no vácuo

$$B_0 = \mu_0 H \tag{20.3}$$

em que μ_0 é a *permeabilidade do vácuo*, que é uma constante universal com o valor de $4\pi \times 10^{-7}$ ($1{,}257 \times 10^{-6}$) H/m. O parâmetro B_0 representa a densidade do fluxo no vácuo, como demonstrado na Figura 20.3a.

Vários parâmetros podem ser empregados para descrever as propriedades magnéticas dos sólidos. Um desses parâmetros é a razão entre a permeabilidade em um material e a permeabilidade no vácuo, ou seja

Definição da permeabilidade relativa

$$\mu_r = \frac{\mu}{\mu_0} \tag{20.4}$$

em que μ_r é chamado *permeabilidade relativa* e é um parâmetro adimensional. A permeabilidade ou a permeabilidade relativa de um material é uma medida do grau pelo qual o material pode ser magnetizado, ou da facilidade com a qual um campo B pode ser induzido na presença de um campo externo H.

magnetização

Outra grandeza de campo, M, denominada **magnetização** do sólido, é definida pela expressão

Densidade do fluxo magnético — como uma função da intensidade do campo magnético e da magnetização de um material

$$B = \mu_0 H + \mu_0 M \tag{20.5}$$

Na presença de um campo H, os momentos magnéticos no interior de um material tendem a ficar alinhados com o campo e a reforçá-lo em virtude de seus campos magnéticos; o termo $\mu_0 M$ na Equação 20.5 é uma medida dessa contribuição.

A magnitude de M é proporcional ao campo aplicado da seguinte maneira:

Magnetização de um material — dependência em relação à susceptibilidade e à intensidade do campo magnético

$$M = \chi_m H \tag{20.6}$$

e χ_m, que é um parâmetro adimensional, é chamado de **susceptibilidade magnética**.[1] A susceptibilidade magnética e a permeabilidade relativa estão relacionadas da seguinte forma:

susceptibilidade magnética

Relação entre a susceptibilidade magnética e a permeabilidade relativa

$$\chi_m = \mu_r - 1 \tag{20.7}$$

Há um análogo dielétrico para cada um dos parâmetros do campo magnético anteriores. Os campos B e H são, respectivamente, análogos ao deslocamento dielétrico D e ao campo elétrico $\mathscr{E}$, enquanto a permeabilidade μ é análoga à permissividade ε (compare as Equações 20.2 e 18.30). Além disso, a magnetização M e a polarização P são correlatas (Equações 20.5 e 18.31).

As unidades magnéticas podem ser uma fonte de confusão, pois há na realidade dois sistemas comumente utilizados. As unidades empregadas até o momento são do SI [sistema *MKS* (metro-quilograma-segundo) racionalizado]; as outras unidades são originárias do sistema *cgs-uem* (centímetro-grama-segundo-unidade eletromagnética). As unidades para ambos os sistemas, assim como os fatores de conversão apropriados, estão incluídos na Tabela 20.1.

Origens dos Momentos Magnéticos

As propriedades magnéticas macroscópicas dos materiais são uma consequência dos *momentos magnéticos* que estão associados aos elétrons individuais. Alguns desses conceitos são relativamente complexos e envolvem alguns princípios quântico-mecânicos que estão além do escopo desta discussão; consequentemente, foram feitas simplificações e alguns dos detalhes estão omitidos. Cada elétron em um átomo possui momentos magnéticos que se originam de duas fontes. Uma está relacionada ao seu movimento orbital ao redor do núcleo; sendo uma carga em movimento, um elétron pode ser considerado um pequeno circuito de corrente circular, que gera um campo magnético muito pequeno e que apresenta um momento magnético ao longo do seu eixo de rotação, como está ilustrado esquematicamente na Figura 20.4a.

---

[1] O parâmetro χ_m é tomado como a susceptibilidade volumétrica em unidades SI, a qual, quando multiplicada por H, fornece a magnetização por unidade de volume (metro cúbico) do material. Outras susceptibilidades também são possíveis; veja o Problema 20.3.

Tabela 20.1 Unidades Magnéticas e Fatores de Conversão para os Sistemas SI e cgs-uem

Grandeza	Símbolo	Unidades SI Derivada	Unidades SI Primária	Unidade cgs-uem	Conversão
Indução magnética (densidade do fluxo)	B	Tesla (Wb/m^2)^a	kg/s·C	Gauss	1 Wb/m^2 = 10^4 gauss
Intensidade do campo magnético	H	amp-espira/m	C/m·s	Oersted	1 amp-espira/m = $4\pi \times 10^{-3}$ oersted
Magnetização	M (SI) I (cgs-uem)	amp-espira/m	C/m·s	Maxwell/cm^2	1 amp-espira/m = 10^{-3} maxwell/cm^2
Permeabilidade do vácuo	μ_0	Henry/m^b	kg·m/C^2	Adimensional (uem)	$4\pi \times 10^{-7}$ henry/m = 1 emu
Permeabilidade relativa	μ_r (SI) μ' (cgs-uem)	Adimensional	Adimensional	Adimensional	$\mu_r = \mu'$
Suscetibilidade	χ_m (SI) χ'_m (cgs–emu)	Adimensional	Adimensional	Adimensional	$\chi_m = 4\pi\chi'$

^{a}As unidades do weber (Wb) são volt-segundo.
^{b}As unidades do henry são weber por ampère.

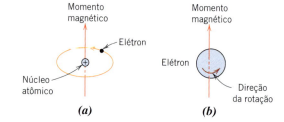

Figura 20.4 Demonstração do momento magnético associado a (*a*) um elétron em órbita e a (*b*) um elétron girando em torno de seu eixo.

Cada elétron também pode ser considerado como se estivesse girando ao redor de um eixo; o outro momento magnético tem sua origem nessa rotação do elétron e está direcionado ao longo do eixo de rotação, como mostra a Figura 20.4*b*. Os momentos magnéticos de *spin* podem estar apenas em uma direção "para cima" ou em uma direção antiparalela, "para baixo". Dessa forma, cada elétron em um átomo pode ser considerado como se fosse um pequeno ímã que possui momentos magnéticos permanentes orbital e de rotação (*spin*).

magnéton de Bohr   O momento magnético mais fundamental é o **magnéton de Bohr**, μ_B, que possui magnitude de $9{,}27 \times 10^{-24}$ A·m^2. Para cada elétron em um átomo, o momento magnético de *spin* é de $\pm\mu_B$ (sinal positivo para o *spin* para cima e negativo para o *spin* para baixo). Além disso, a contribuição do momento magnético orbital é igual a $m_l\mu_B$, em que m_l é o número quântico magnético do elétron, como foi mencionado na Seção 2.3.

Em cada átomo individual, os momentos orbitais de alguns pares eletrônicos se cancelam mutuamente; isso também é válido para os momentos de *spin*. Por exemplo, o momento de *spin* de um elétron com *spin* para cima cancela aquele de um elétron com *spin* para baixo. O momento magnético resultante de um átomo é, então, simplesmente a soma dos momentos magnéticos de cada um dos seus elétrons constituintes, incluindo tanto as contribuições orbitais quanto as de *spin*, e levando em consideração os cancelamentos de momentos. Para um átomo com camadas ou subcamadas eletrônicas completamente preenchidas, quando todos os elétrons são considerados, existe um cancelamento total tanto do momento orbital quanto do momento de *spin*. Dessa forma, os materiais compostos por átomos com camadas eletrônicas totalmente preenchidas não são capazes de ser permanentemente magnetizados. Essa categoria inclui os gases inertes (He, Ne, Ar etc.), assim como alguns materiais iônicos. Os tipos de magnetismo incluem o diamagnetismo, o paramagnetismo e o ferromagnetismo; além desses, o antiferromagnetismo e o ferrimagnetismo são considerados subclasses do ferromagnetismo. Todos os materiais exibem pelo menos um desses tipos, e o comportamento depende da resposta do elétron e dos dipolos magnéticos atômicos à aplicação de um campo magnético externo.

20.3 DIAMAGNETISMO E PARAMAGNETISMO

diamagnetismo

O **diamagnetismo** é uma forma muito fraca de magnetismo, que não é permanente e que persiste apenas enquanto um campo externo está sendo aplicado. Ele é induzido por uma mudança no movimento orbital dos elétrons causada pela aplicação de um campo magnético. A magnitude do momento magnético induzido é extremamente pequena e ocorre em uma direção oposta à do campo aplicado. Dessa forma, a permeabilidade relativa μ_r é menor que a unidade (entretanto, apenas muito pouco menor) e a suscetibilidade magnética é negativa — isto é, a magnitude do campo B no interior de um sólido diamagnético é menor que no vácuo. A suscetibilidade volumétrica χ_m para materiais sólidos diamagnéticos é da ordem de -10^{-5}. Quando colocados entre os polos de um eletroímã forte, os materiais diamagnéticos são atraídos em direção às regiões nas quais o campo é fraco.

A Figura 20.5a ilustra esquematicamente as configurações de dipolo magnético atômico para um material diamagnético, com e sem um campo externo; na figura, as setas representam os momentos de dipolo atômico, enquanto na discussão anterior as setas representavam somente os momentos eletrônicos. A dependência de B em relação ao campo externo H para um material que exibe comportamento diamagnético é apresentada na Figura 20.6. A Tabela 20.2 fornece as suscetibilidades de vários

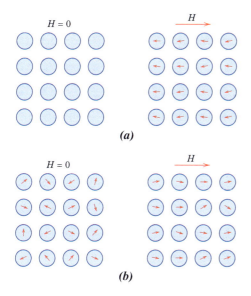

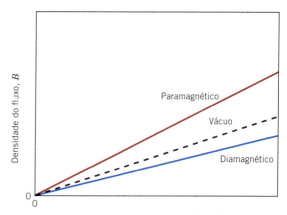

Figura 20.5 (a) Configuração do dipolo atômico para um material diamagnético com e sem a presença de um campo magnético. Na ausência de um campo externo, não há dipolos; na presença de um campo, são induzidos dipolos que são alinhados em uma direção oposta à direção do campo. (b) Configuração do dipolo atômico com e sem um campo magnético externo para um material paramagnético.

Figura 20.6 Representação esquemática da densidade do fluxo B em função da intensidade do campo magnético H para materiais diamagnéticos e paramagnéticos.

Tabela 20.2 Suscetibilidades Magnéticas à Temperatura Ambiente para Materiais Diamagnéticos e Paramagnéticos

Diamagnéticos		*Paramagnéticos*	
Material	Suscetibilidade χ_m (*volumétrica*) (*unidades SI*)	**Material**	Suscetibilidade χ_m (*volumétrica*) (*unidades SI*)
Óxido de alumínio	$-1{,}81 \times 10^{-5}$	Alumínio	$2{,}07 \times 10^{-5}$
Cobre	$-0{,}96 \times 10^{-5}$	Cromo	$3{,}13 \times 10^{-4}$
Ouro	$-3{,}44 \times 10^{-5}$	Cloreto de cromo	$1{,}51 \times 10^{-3}$
Mercúrio	$-2{,}85 \times 10^{-5}$	Sulfato de manganês	$3{,}70 \times 10^{-3}$
Silício	$-0{,}41 \times 10^{-5}$	Molibdênio	$1{,}19 \times 10^{-4}$
Prata	$-2{,}38 \times 10^{-5}$	Sódio	$8{,}48 \times 10^{-6}$
Cloreto de sódio	$-1{,}41 \times 10^{-5}$	Titânio	$1{,}81 \times 10^{-4}$
Zinco	$-1{,}56 \times 10^{-5}$	Zircônio	$1{,}09 \times 10^{-4}$

paramagnetismo

materiais diamagnéticos. O diamagnetismo é encontrado em todos os materiais, entretanto, por ser tão fraco, ele só pode ser observado quando outros tipos de magnetismo estão totalmente ausentes. Essa forma de magnetismo apresenta muito poucas aplicações práticas.

Em alguns materiais sólidos, cada átomo possui um momento de dipolo permanente em virtude de um cancelamento incompleto dos momentos magnéticos de *spin* e/ou orbital dos elétrons. Na ausência de um campo magnético externo, as orientações desses momentos magnéticos atômicos são aleatórias, tal que uma peça do material não apresenta nenhuma magnetização macroscópica resultante. Esses dipolos atômicos estão livres para girar, e o **paramagnetismo** resulta quando eles se alinham de alguma maneira preferencial, por rotação, com um campo externo, como mostra a Figura 20.5b. Esses dipolos magnéticos são acionados individualmente, sem nenhuma interação mútua entre dipolos adjacentes. Como os dipolos se alinham com o campo externo, eles o aumentam, dando origem a uma permeabilidade relativa μ_r que é maior que a unidade, e a uma suscetibilidade magnética que, apesar de ser relativamente pequena, é positiva. As suscetibilidades para os materiais paramagnéticos variam entre aproximadamente 10^{-5} e 10^{-2} (Tabela 20.2). Uma curva esquemática de B em função de H para um material paramagnético também é mostrada na Figura 20.6.

Tanto os materiais diamagnéticos quanto os paramagnéticos são considerados não magnéticos, pois exibem magnetização apenas quando estão na presença de um campo externo. Além disso, para ambos os tipos de materiais, a densidade do fluxo B em seu interior é quase a mesma que existiria no vácuo.

20.4 FERROMAGNETISMO

ferromagnetismo

Relação entre a densidade do fluxo magnético e a magnetização para um material ferromagnético

domínio

magnetização de saturação

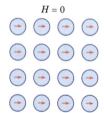

Figura 20.7 Ilustração esquemática do alinhamento mútuo de dipolos atômicos para um material ferromagnético, o qual existirá mesmo na ausência de um campo magnético externo.

Magnetização de saturação para o níquel

Certos materiais metálicos apresentam um momento magnético permanente na ausência de um campo externo e manifestam magnetizações muito grandes e permanentes. Essas são as características do **ferromagnetismo** e são exibidas pelos metais de transição ferro (como ferrita α CCC), cobalto, níquel e algumas terras-raras, tal como o gadolínio (Gd). São possíveis suscetibilidades magnéticas tão elevadas quanto 10^6 para os materiais ferromagnéticos. Consequentemente, $H \ll M$ e, a partir da Equação 20.5, podemos escrever

$$B \cong \mu_0 M \tag{20.8}$$

Os momentos magnéticos permanentes nos materiais ferromagnéticos resultam dos momentos magnéticos atômicos devidos aos *spins* dos elétrons que não são cancelados em consequência da estrutura eletrônica. Existe também uma contribuição do momento magnético orbital, que é pequena em comparação ao momento devido ao *spin*. Além disso, em um material ferromagnético, o acoplamento de interações faz com que os momentos magnéticos de *spin* resultantes de átomos adjacentes se alinhem uns com os outros, mesmo na ausência de um campo externo. Isso está ilustrado esquematicamente na Figura 20.7. A origem dessas forças de acoplamento não é completamente compreendida, mas acredita-se que ela surja da estrutura eletrônica do metal. Esse alinhamento mútuo de *spins* existe ao longo de regiões do volume do cristal relativamente grandes, denominadas **domínios** (veja a Seção 20.7).

A máxima magnetização possível, ou **magnetização de saturação** M_s, de um material ferromagnético representa a magnetização que resulta quando todos os dipolos magnéticos em uma peça sólida estão mutuamente alinhados com o campo externo; existe também uma correspondente densidade do fluxo de saturação B_s. A magnetização de saturação é igual ao produto entre o momento magnético resultante para cada átomo e o número de átomos presentes. Para o ferro, o cobalto e o níquel, os momentos magnéticos resultantes por átomo são de 2,22, 1,72 e 0,60 magnétons de Bohr, respectivamente.

PROBLEMA-EXEMPLO 20.1

Cálculos da Magnetização de Saturação e da Densidade do Fluxo de Saturação para o Níquel

Calcule **(a)** a magnetização de saturação e **(b)** a densidade do fluxo de saturação para o níquel, que possui massa específica de 8,90 g/cm³.

Solução

(a) A magnetização de saturação é o produto do número de magnétons de Bohr por átomo (0,60, como citado anteriormente), da magnitude do magnéton de Bohr μ_B e do número de átomos N por metro cúbico, ou seja,

$$M_s = 0{,}60\, \mu_B N \tag{20.9}$$

Propriedades Magnéticas • **645**

O número de átomos por metro cúbico está relacionado com a massa específica ρ, o peso atômico A_{Ni} e o número de Avogadro N_A da seguinte maneira:

Para o níquel, cálculo do número de átomos por unidade de volume

$$N = \frac{\rho N_A}{A_{Ni}} \tag{20.10}$$

$$= \frac{(8{,}90 \times 10^6 \, \text{g/m}^3)(6{,}022 \times 10^{23} \, \text{átomos/mol})}{58{,}71 \, \text{g/mol}}$$

$$= 9{,}13 \times 10^{28} \, \text{átomos/m}^3$$

Por fim,

$$M_s = \left(\frac{0{,}60 \, \text{magnéton de Bohr}}{\text{átomo}} \right)\left(\frac{9{,}27 \times 10^{-24} \, \text{A·m}^2}{\text{magnéton de Bohr}} \right)\left(\frac{9{,}13 \times 10^{28} \, \text{átomos}}{\text{m}^3} \right)$$

$$= 5{,}1 \times 10^5 \, \text{A/m}$$

(b) A partir da Equação 20.8, a densidade do fluxo de saturação é

$$B_s = \mu_0 M_s$$

$$= \left(\frac{4\pi \times 10^{-7} \, \text{H}}{\text{m}} \right)\left(\frac{5{,}1 \times 10^5 \, \text{A}}{\text{m}} \right)$$

$$= 0{,}64 \, \text{tesla}$$

20.5 ANTIFERROMAGNETISMO E FERRIMAGNETISMO

Antiferromagnetismo

O fenômeno de acoplamento do momento magnético entre átomos ou íons adjacentes também ocorre em materiais que não são ferromagnéticos. Em um desses grupos, esse acoplamento resulta em um alinhamento antiparalelo; o alinhamento dos momentos de *spin* de átomos ou íons vizinhos **antiferromagnetismo** em direções exatamente opostas é denominado **antiferromagnetismo**. O óxido de manganês (MnO) é um material que exibe esse comportamento. O óxido de manganês é um material cerâmico de natureza iônica que possui tanto íons Mn^{2+} quanto O^{2-}. Nenhum momento magnético resultante está associado aos íons O^{2-}, uma vez que existe um cancelamento total tanto do momento de *spin* quanto do momento orbital. Entretanto, os íons Mn^{2+} possuem um momento magnético resultante que é de origem predominantemente de *spin*. Esses íons Mn^{2+} estão arranjados na estrutura cristalina de modo tal que os momentos de íons adjacentes são antiparalelos. Esse arranjo está representado esquematicamente na Figura 20.8. Os momentos magnéticos opostos cancelam-se uns aos outros e, como consequência, o sólido como um todo não apresenta nenhum momento magnético resultante.

Ferrimagnetismo

ferrimagnetismo Alguns materiais cerâmicos também exibem uma magnetização permanente, denominada **ferrimagnetismo**. As características magnéticas macroscópicas dos ferromagnetos e dos ferrimagnetos são semelhantes; a distinção está na fonte de seus momentos magnéticos resultantes. Os princípios do ferrimagnetismo são ilustrados pelas ferritas cúbicas.[2] Esses materiais iônicos podem ser representados pela fórmula química MFe_2O_4, na qual M representa qualquer um entre vários elementos metálicos. A ferrita protótipo é o Fe_3O_4 — o mineral magnetita, que às vezes é chamado de pedra-ímã (*lodestone*).

A fórmula para o Fe_3O_4 pode ser escrita como $Fe^{2+}O^{2-}-(Fe^{3+})_2(O^{2-})_3$, na qual os íons Fe existem nos estados de valência +2 e +3 na razão de 1:2. Há um momento magnético de *spin* resultante para cada íon Fe^{2+} e Fe^{3+}, que corresponde a 4 e a 5 magnétons de Bohr, respectivamente, para os dois tipos de íons. Além disso, os íons O^{2-} são magneticamente neutros. Existem interações de acoplamento de *spins* antiparalelos entre os íons Fe, semelhantes em natureza ao antiferromagnetismo. Entretanto, o momento ferrimagnético resultante tem origem no cancelamento incompleto dos momentos de *spin*.

As ferritas cúbicas apresentam uma estrutura cristalina inversa à do espinélio, a qual possui simetria cúbica e é semelhante à estrutura do espinélio (Seção 12.2). A estrutura cristalina inversa

ferrita

---

[2] A ferrita no sentido magnético não deve ser confundida com a ferrita do ferro α, que foi discutida na Seção 9.18; no restante deste capítulo, o termo **ferrita** está relacionado com a cerâmica magnética.

Figura 20.11 Representação esquemática de domínios em um material ferromagnético ou ferrimagnético; as setas representam os dipolos magnéticos atômicos. Dentro de cada domínio, todos os dipolos estão alinhados, embora a direção do alinhamento varie de um domínio para outro.

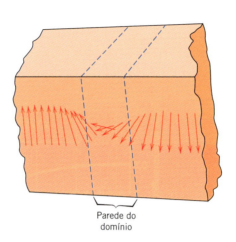

Figura 20.12 Variação gradual na orientação do dipolo magnético através da parede de um domínio. (De KINGERY, W. D., BOWEN, H. K. e UHLMANN, D. R. *Introduction to Ceramics*, 2ª ed. Copyright © 1976 por John Wiley & Sons, Nova York. Reimpressa sob permissão de John Wiley & Sons, Inc.)

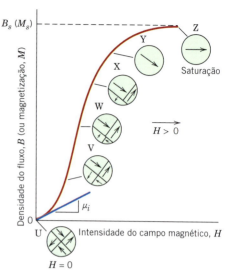

Figura 20.13 Comportamento de B em função de H para um material ferromagnético ou ferrimagnético que inicialmente estava desmagnetizado. Estão representadas as configurações dos domínios durante vários estágios da magnetização. A densidade do fluxo de saturação B_s, a magnetização M_s e a permeabilidade inicial μ_i também estão indicadas.

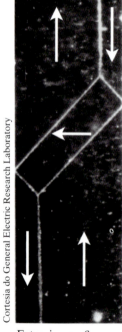

Fotomicrografia mostrando a estrutura do domínio de um monocristal de ferro (as setas indicam as direções da magnetização).

histerese

remanência

correspondente é a magnetização de saturação M_s mencionada anteriormente. Uma vez que a permeabilidade μ na Equação 20.2 é a inclinação da curva de B em função de H, pode-se observar a partir da Figura 20.13 que a permeabilidade é dependente de H. Ocasionalmente, a inclinação da curva de B em função de H no ponto $H = 0$ é especificada como uma propriedade do material, denominada *permeabilidade inicial* μ_i, como indicado na Figura 20.13.

Conforme um campo H é aplicado, os domínios mudam de forma e de tamanho em razão do movimento dos contornos dos domínios. Nos detalhes (identificados pelas letras U a Z) na Figura 20.13, estão representadas as estruturas esquemáticas dos domínios em vários pontos ao longo da curva de B em função de H. A princípio, os momentos dos domínios constituintes estão orientados aleatoriamente, tal que não existe nenhum campo B (ou M) resultante (detalhe U). Conforme o campo externo é aplicado, os domínios que estão orientados (ou que estão praticamente alinhados) em direções favoráveis em relação ao campo aplicado crescem à custa daqueles domínios que estão orientados desfavoravelmente (detalhes V a X). Esse processo continua com o aumento da intensidade do campo, até que a amostra macroscópica se torna um único domínio, o qual está praticamente alinhado com o campo (detalhe Y). A saturação é atingida quando esse domínio, por meio de rotação, fica orientado com o campo H (detalhe Z).

A partir da saturação — ponto S na Figura 20.14 —, conforme o campo H é reduzido pela inversão da direção do campo, a curva não retorna seguindo seu traçado original. É produzido um efeito de **histerese**, em que o campo B se defasa em relação ao campo H aplicado, ou diminui a uma taxa mais baixa. Em um campo H nulo (ponto R sobre a curva) existe um campo B residual que é denominado **remanência**, ou *densidade do fluxo remanescente*, B_r; o material permanece magnetizado na ausência de um campo externo H.

O comportamento de histerese e a magnetização permanente podem ser explicados pelos movimentos das paredes dos domínios. Com a inversão da direção do campo a partir da saturação (ponto S na Figura 20.14), o processo pelo qual a estrutura do domínio varia é invertido. Em primeiro lugar, existe uma rotação do único domínio com o campo invertido. Em seguida, são formados domínios que apresentam momentos magnéticos alinhados com o novo campo, os quais crescem à custa dos domínios originais. Crucial para essa explicação é a resistência ao movimento das paredes de domínio que ocorre em resposta ao aumento do campo magnético na direção oposta; isso é responsável pela defasagem de B em relação a H, ou a histerese. Quando o campo aplicado atinge zero, ainda há uma fração volumétrica resultante de domínios que está orientada na direção original, o que explica a existência da remanência B_r.

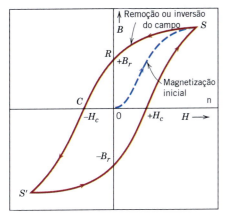

Figura 20.14 Densidade do fluxo magnético em função da intensidade do campo magnético para um material ferromagnético que está sujeito a saturações direta e reversa (pontos S e S'). O ciclo da histerese está representado pela curva contínua; a curva tracejada indica a magnetização inicial. A remanência B_r e a força coercitiva H_c também são mostradas.

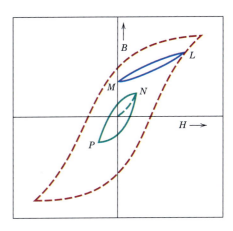

Figura 20.15 Curva de histerese em condições abaixo da saturação (curva NP) dentro do ciclo de saturação para um material ferromagnético. O comportamento B-H para a inversão do campo em uma condição diferente da de saturação está indicado pela curva LM.

coercividade

Para reduzir o campo B no interior da amostra até zero (ponto C na Figura 20.14), um campo H com magnitude $-H_c$ deve ser aplicado em uma direção oposta àquela do campo original; H_c é denominado **coercividade**, ou às vezes *força coercitiva*. Com a continuidade do campo aplicado nessa direção inversa, como está indicado na figura, a saturação é por fim atingida no sentido oposto, o que corresponde ao ponto S'. Uma segunda inversão do campo até o ponto da saturação inicial (ponto S) completa o ciclo simétrico da histerese e também produz tanto uma remanência negativa ($-B_r$) quanto uma coercividade positiva ($+H_c$).

A curva de B em função de H na Figura 20.14 representa um ciclo de histerese levado até a saturação. Não é necessário aumentar o campo H até a saturação antes de inverter a direção do campo; na Figura 20.15, o ciclo NP é uma curva de histerese que corresponde a um campo menor do que o de saturação. Além disso, é possível inverter a direção do campo em qualquer ponto ao longo da curva e gerar outros ciclos de histerese. Um desses ciclos está indicado na curva de saturação da Figura 20.15: para o ciclo LM, o campo H é invertido até zero. Um método para desmagnetizar um material ferromagnético ou ferrimagnético consiste em ciclá-lo repetidamente em um campo H que muda de direção e diminui em magnitude.

Nesta altura, é instrutivo comparar os comportamentos das curvas de B em função de H para materiais paramagnéticos, diamagnéticos e ferromagnéticos/ ferrimagnéticos; tal comparação é mostrada na Figura 20.16. A linearidade dos materiais paramagnéticos e diamagnéticos pode ser observada no pequeno gráfico em destaque, enquanto o comportamento de um material ferromagnético/ferrimagnético típico não é linear. A razão por que se rotulam os materiais paramagnéticos e diamagnéticos como materiais não magnéticos pode ser verificada pela comparação das escalas de B nos eixos verticais dos dois gráficos: em um campo H com intensidade de 50 A/m, a densidade do fluxo para materiais ferromagnéticos/ferrimagnéticos é da ordem de 1,5 tesla, enquanto para os materiais paramagnéticos e diamagnéticos ela é da ordem de 5×10^{-5} tesla.

> **Verificação de Conceitos 20.4** Esboce esquematicamente em um único gráfico o comportamento de B em função de H para um material ferromagnético (a) a 0 K, (b) em uma temperatura imediatamente abaixo de sua temperatura de Curie e (c) em uma temperatura imediatamente acima de sua temperatura de Curie. Explique em poucas palavras por que essas curvas têm formas diferentes.
>
> **Verificação de Conceitos 20.5** Esboce esquematicamente o comportamento de histerese para um material ferromagnético que está sendo gradualmente desmagnetizado por sua ciclagem em um campo H que muda de direção e diminui de magnitude.
>
> [*As respostas estão disponíveis no GEN-IO, ambiente virtual de aprendizagem do GEN.*]

Figura 20.16 Comparação entre os comportamentos de B em função de H para materiais ferromagnéticos/ferrimagnéticos e diamagnéticos/paramagnéticos (gráfico em destaque). Aqui pode ser observado que campos B extremamente pequenos são gerados nos materiais que apresentam apenas comportamento diamagnético/paramagnético, que é a razão por que eles são considerados materiais não magnéticos.

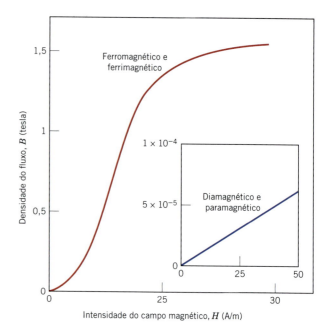

20.8 ANISOTROPIA MAGNÉTICA

As curvas de histerese magnética que foram discutidas na Seção 20.7 têm diferentes formas dependendo de diversos fatores: (1) se a amostra é um monocristal ou se é policristalina; (2) se for policristalina, se existe qualquer orientação preferencial dos grãos; (3) a presença de poros ou de partículas de uma segunda fase; e (4) de outros fatores, tais como a temperatura e, se uma tensão mecânica estiver sendo aplicada, do estado de tensão.

Por exemplo, a curva de B (ou de M) em função de H para um monocristal de um material ferromagnético depende de sua orientação cristalográfica em relação à direção do campo H aplicado. Esse comportamento é demonstrado na Figura 20.17 para monocristais de níquel (CFC) e de ferro (CCC), em que o campo de magnetização é aplicado nas direções cristalográficas [100], [110] e [111], e na Figura 20.18 para o cobalto (HC) nas direções [0001] e [10$\bar{1}$0]/[11$\bar{2}$0]. Essa dependência do comportamento magnético em relação à orientação cristalográfica é denominada *anisotropia magnética* (ou às vezes *anisotropia magnetocristalina*).

Para cada um desses materiais, existe uma direção cristalográfica na qual a magnetização é mais fácil — isto é, na qual a saturação (de M) é atingida para o menor campo H; essa é denominada uma direção de *fácil magnetização*. Por exemplo, para o Ni (Figura 20.17), essa direção é a [111], visto que a saturação ocorre no ponto A; para as orientações [110] e [100], os pontos de saturação correspondem, respectivamente, aos pontos B e C. De maneira correspondente, as

Figura 20.17 Curvas de magnetização para monocristais de ferro e de níquel. Para ambos os metais, uma curva diferente foi gerada quando o campo magnético foi aplicado em cada uma das direções cristalográficas [100], [110] e [111]. (Adaptada de HONDA, K. e KAYA, S. "On the Magnetisation of Single Crystals of Iron", *Sci. Rep. Tohoku Univ.*, 15, 1926, p. 721; e de KAYA, S. "On the Magnetisation of Single Crystals of Nickel", *Sci. Rep. Tohoku Univ.*, 17, 1928, p. 639.)

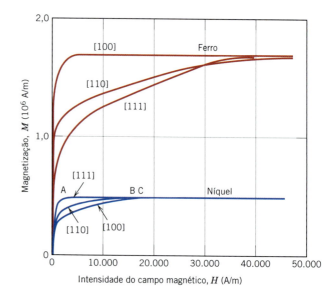

direções de fácil magnetização para o Fe e o Co são [100] e [0001], respectivamente (Figuras 20.17 e 20.18). Por outro lado, uma direção cristalográfica *dura* é aquela direção para a qual a magnetização de saturação é a mais difícil; as direções duras para Ni, Fe e Co são [100], [111] e [10$\bar{1}$0]/[11$\bar{2}$0].

Como foi observado na Seção 20.7, os detalhes na Figura 20.13 representam as configurações dos domínios em vários estágios ao longo da curva de B (ou de M) em função de H durante a magnetização de um material ferromagnético/ferrimagnético. Aqui, cada uma das setas representa uma direção de domínio de fácil magnetização; os domínios cujas direções de fácil magnetização estão mais aproximadamente alinhadas com o campo H crescem à custa dos outros domínios, que diminuem (detalhes V a X). Além disso, a magnetização do único domínio no detalhe Y também corresponde a uma direção fácil. A saturação é atingida conforme a direção desse domínio gira para longe da direção fácil, para a direção do campo aplicado (detalhe Z).

20.9 MATERIAIS MAGNÉTICOS MOLES

O tamanho e a forma da curva de histerese para os materiais ferromagnéticos e ferrimagnéticos têm importância prática considerável. A área no interior de um ciclo representa uma perda de energia magnética por unidade de volume do material por ciclo de magnetização-desmagnetização; essa perda de energia se manifesta como calor que é gerado no interior da amostra magnética e é capaz de elevar sua temperatura.

material magnético mole

Tanto os materiais ferromagnéticos quanto os ferrimagnéticos são classificados como *moles* ou *duros* com base em suas características de histerese. Os **materiais magnéticos moles** são empregados em dispositivos sujeitos a campos magnéticos alternados e nos quais as perdas de energia devem ser baixas; um exemplo conhecido são os núcleos de transformadores. Por esse motivo, a área relativa dentro do ciclo de histerese deve ser pequena; ela é caracteristicamente fina e estreita, como está representado na Figura 20.19. Consequentemente, um material magnético mole deve apresentar elevada permeabilidade inicial e baixa coercividade. Um material com essas propriedades pode atingir sua magnetização de saturação com a aplicação de um campo relativamente pequeno (isto é, pode ser magnetizado e desmagnetizado com facilidade) e ainda possui pequenas perdas de energia por histerese.

O campo ou magnetização de saturação é determinado apenas pela composição do material. Por exemplo, nas ferritas cúbicas, a substituição de um íon metálico divalente, tal como o Ni^{2+} pelo Fe^{2+} no FeO–Fe$_2$O$_3$, muda a magnetização de saturação. Entretanto, a suscetibilidade e a coercividade (H_c), que também influenciam a forma da curva de histerese, são sensíveis a variáveis estruturais, em lugar da composição. Por exemplo, um baixo valor de coercividade corresponde ao movimento fácil das

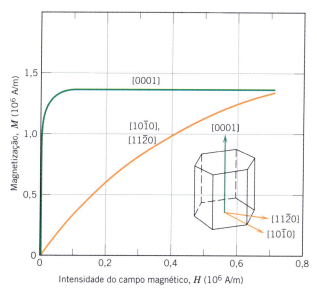

Figura 20.18 Curvas de magnetização para monocristais de cobalto. As curvas foram geradas quando o campo magnético foi aplicado nas direções cristalográficas [0001] e [10$\bar{1}$0]/[11$\bar{2}$0].
(Adaptada de S. KAYA, "On the Magnetisation of Single Crystals of Cobalt", *Sci. Rep. Tohoku Univ.*, 17, 1928, p. 1157.)

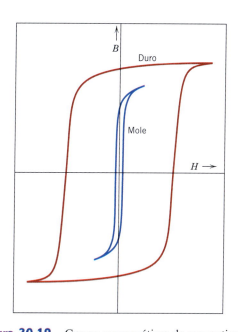

Figura 20.19 Curvas esquemáticas de magnetização para materiais magnéticos mole e duro.
(De RALLS, K. M., COURTNEY, T. H. e WULFF, J. *Introduction to Materials Science and Engineering*. Copyright © 1976 por John Wiley & Sons, Nova York. Reimpressa sob permissão de John Wiley & Sons, Inc.)

654 · **Capítulo 20**

Tabela 20.5 Propriedades Típicas de Vários Materiais Magnéticos Moles

Material	Composição (%p)	Permeabilidade Relativa Inicial μ_i	Densidade do Fluxo de Saturação B_s [tesla (gauss)]	Perda por Histerese/Ciclo [J/m³ (erg/cm³)]	Resistividade ρ (Ω·m)
Lingote de ferro comercial	99,95 Fe	150	2,14 (21.400)	270 (2700)	$1,0 \times 10^{-7}$
Ferro-silício (orientado)	97 Fe, 3 Si	1400	2,01 (20.100)	40 (400)	$4,7 \times 10^{-7}$
Permalloy 45	55 Fe, 45 Ni	2500	1,60 (16.000)	120 (1200)	$4,5 \times 10^{-7}$
Supermalloy	79 Ni, 15 Fe, 5 Mo, 0,5 Mn	75.000	0,80 (8000)	—	$6,0 \times 10^{-7}$
Ferroxcube A	48 $MnFe_2O_4$, 52 $ZnFe_2O_4$	1400	0,33 (3300)	~40 (~400)	2000
Ferroxcube B	36 $NiFe_2O_4$, 64 $ZnFe_2O_4$	650	0,36 (3600)	~35 (~350)	10^7

Fonte: Adaptada de BENJAMIN, D. (ed.). *Metals Handbook: Properties and Selection: Stainless Steels, Tool Materials and Special-Purpose Metals*, vol. 3, 9ª ed., 1980. Reproduzida sob permissão da ASM International, Materials Park, OH.

paredes dos domínios conforme o campo magnético muda de magnitude e/ou de direção. Os defeitos estruturais, tais como partículas de uma fase não magnética ou vazios no material magnético, tendem a restringir o movimento das paredes do domínio e, dessa forma, a aumentar a coercividade. Consequentemente, um material magnético mole deve estar isento de tais defeitos estruturais.

Outra consideração em relação às propriedades dos materiais magnéticos moles está relacionada com a resistividade elétrica. Além das perdas de energia por histerese descritas anteriormente, outras perdas de energia podem resultar das correntes elétricas induzidas em um material magnético por um campo magnético que varia em magnitude e em direção ao longo do tempo; essas são correntes chamadas *correntes parasitas* (ou de fuga — *eddy currents*, ou correntes de Foucault). É muito desejável minimizar essas perdas de energia nos materiais magnéticos moles pelo aumento da resistividade elétrica. Isso é obtido nos materiais ferromagnéticos mediante a formação de ligas por solução sólida; as ligas ferro-silício e ferro-níquel são exemplos. As ferritas cerâmicas são comumente utilizadas em aplicações que requerem materiais magnéticos moles, pois, intrinsecamente, elas são isolantes elétricos. No entanto, sua aplicabilidade é um tanto limitada, uma vez que suas suscetibilidades são relativamente pequenas. As propriedades de alguns materiais magnéticos moles são mostradas na Tabela 20.5.

As características de histerese dos materiais magnéticos moles podem ser melhoradas para algumas aplicações por meio de um tratamento térmico apropriado na presença de um campo magnético. Empregando tal técnica, pode-se produzir um ciclo de histerese com forma quadrada, o que é desejável em algumas aplicações com amplificadores magnéticos e transformadores de pulsos. Além disso, os materiais magnéticos moles são usados em geradores, motores, dínamos e circuitos de comutação.

MATERIAIS DE IMPORTÂNCIA 20.1

Uma Liga Ferro-Silício Usada nos Núcleos de Transformadores

Como mencionado anteriormente nesta seção, os núcleos de transformadores requerem o emprego de materiais magnéticos moles, os quais são magnetizados e desmagnetizados com facilidade (e também apresentam resistividades elétricas relativamente elevadas). Uma liga comumente utilizada para essa aplicação é a liga ferro-silício listada na Tabela 20.5 (97%p Fe-3%p Si). Os monocristais dessa liga são magneticamente anisotrópicos, assim como também o são os monocristais de ferro (como explicado anteriormente). Como consequência, as perdas de energia em transformadores podem ser minimizadas se seus núcleos forem fabricados a partir de monocristais, tal que uma direção do tipo [100] [a direção de fácil magnetização (Figura 20.17)] fique orientada paralelamente à direção do campo magnético aplicado; essa configuração para um núcleo de transformador está representada esquematicamente na Figura 20.20. Infelizmente, os monocristais são caros de preparar e, assim, essa não é uma situação economicamente viável. Uma alternativa melhor — usada comercialmente, pois é mais atrativa do ponto de vista econômico — consiste em fabricar os núcleos a partir de lâminas policristalinas anisotrópicas dessa liga.

Com frequência, os grãos em materiais policristalinos estão orientados de maneira aleatória, resultando em propriedades isotrópicas (Seção 3.15). No entanto, uma maneira de desenvolver anisotropia em metais policristalinos é por meio de deformação plástica, por exemplo, por laminação (Seção 11.4, Figura 11.9b); a laminação é a técnica pela qual são fabricadas as lâminas dos núcleos de transformadores. Diz-se que uma chapa plana que foi laminada apresenta *textura laminada* (ou em *lâmina*), ou existe uma orientação cristalográfica preferencial dos grãos. Para esse tipo de textura, durante a operação de laminação, para a maioria dos grãos na chapa, um plano cristalográfico específico (*hkl*) fica alinhado paralelamente (ou praticamente paralelo) à superfície da chapa e, além disso, uma direção [*uvw*] naquele plano fica paralela (ou praticamente paralela) à direção da laminação. Dessa forma, uma textura de laminação é indicada pela combinação plano-direção, (*hkl*)[*uvw*]. Para as ligas cúbicas de corpo centrado (para incluir a liga ferro-silício já mencionada), a textura da laminação é (110)[001], que está representada esquematicamente na Figura 20.21. Dessa forma, os núcleos de transformadores dessa liga ferro-silício são fabricados de modo que a direção na qual a chapa foi laminada (correspondendo a uma direção do tipo [001] para a maioria dos grãos) fica alinhada paralelamente à direção da aplicação do campo magnético.[3]

As características magnéticas dessa liga podem ser melhoradas ainda mais mediante uma série de procedimentos de deformação e tratamento térmico que produzem uma textura (100)[001].

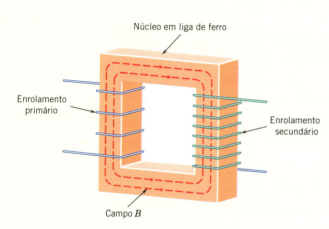

Figura 20.20 Diagrama esquemático de um núcleo de transformador, incluindo a direção do campo *B* que é gerado.

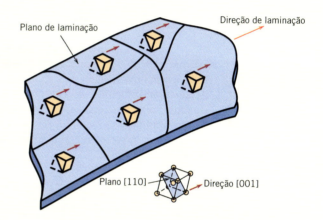

Figura 20.21 Representação esquemática da textura de laminação (110)[001] para o ferro com estrutura cúbica de corpo centrado.

---

[3]Para metais e ligas com estrutura cúbica de corpo centrado, as direções [100] e [001] são equivalentes (Seção 3.9) — isto é, ambas são direções de fácil magnetização.

20.10 MATERIAIS MAGNÉTICOS DUROS

material magnético duro

Os materiais magnéticos duros são empregados em ímãs permanentes, que devem apresentar alta resistência à desmagnetização. Em termos do comportamento de histerese, um **material magnético duro** apresenta elevadas remanência, coercividade e densidade do fluxo de saturação, assim como baixa permeabilidade inicial e grandes perdas de energia por histerese. As características de histerese exibidas pelos materiais magnéticos duros e moles são comparadas na Figura 20.19. As duas características mais importantes em relação às aplicações desses materiais são a coercividade e o que é denominado *produto de energia*, designado como $(BH)_{máx}$. Esse $(BH)_{máx}$ corresponde à área do maior retângulo *B-H* que pode ser construído dentro do segundo quadrante da curva de histerese, Figura 20.22; suas unidades são kJ/m³ (MGOe).[4] O valor do produto de energia é representativo da energia

---

[4]O MGOe é definido como

$$1 \text{ MGOe} = 10^6 \text{ gauss-oersted}$$

A conversão de unidades cgs-uem em unidades SI é realizada por meio da relação

$$1 \text{ MGOe} = 7{,}96 \text{ kJ/m}^3$$

Figura 20.22 Curva de magnetização esquemática que mostra a histerese. No segundo quadrante estão desenhados dois retângulos para o produto de energia B-H; a área do retângulo identificado como $(BH)_{máx}$ é a maior possível, que é maior que a área definida por B_d-H_d.

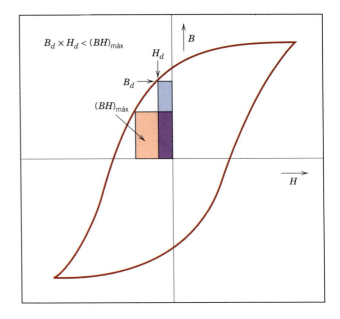

necessária para desmagnetizar um ímã permanente — isto é, quanto maior o valor de $(BH)_{máx}$, mais duro é o material em termos de suas características magnéticas.

O comportamento de histerese está relacionado com a facilidade com a qual os contornos dos domínios magnéticos se movem; impedindo o movimento das paredes dos domínios, a coercividade e a suscetibilidade são melhoradas, tal que é necessário um grande campo externo para a desmagnetização. Além disso, essas características estão relacionadas com a microestrutura do material.

> **Verificação de Conceitos 20.6** Para os materiais ferromagnéticos e ferrimagnéticos, é possível controlar de diversas maneiras (por exemplo, por alteração na microestrutura e adições de impurezas) a facilidade com a qual as paredes do domínio se movem conforme o campo magnético é variado. Esboce um ciclo de histerese esquemático de B em função de H para um material ferromagnético e superponha nesse gráfico as alterações que ocorreriam no ciclo se os movimentos dos contornos dos domínios fossem impedidos.
>
> [*A resposta está disponível no GEN-IO, ambiente virtual de aprendizagem do GEN.*]

Materiais Magnéticos Duros Convencionais

Os materiais magnéticos duros enquadram-se em duas categorias principais: convencional e de alta energia. Os materiais convencionais apresentam valores de $(BH)_{máx}$ que variam entre aproximadamente 2 e 80 kJ/m^3 (0,25 e 10 MGOe). Esses materiais incluem os materiais ferromagnéticos — aços-ímã, ligas cunife (Cu-Ni-Fe), ligas alnico (Al-Ni-Co) —, assim como as ferritas hexagonais (BaO-6Fe$_2$O$_3$). A Tabela 20.6 lista algumas das propriedades críticas de vários desses materiais magnéticos duros.

Os aços-ímãs duros são ligados normalmente com tungstênio e/ou cromo. Sob as condições apropriadas de tratamento térmico, esses dois elementos combinam-se facilmente com o carbono presente no aço para formar partículas de precipitado de carbeto de tungstênio e carbeto de cromo, que são particularmente eficazes na obstrução do movimento das paredes dos domínios. Para as outras ligas metálicas, um tratamento térmico apropriado forma partículas ferro-cobalto extremamente pequenas, compostas por um único domínio e altamente magnéticas, no interior de uma fase matriz não magnética.

Materiais Magnéticos Duros de Alta Energia

Os materiais magnéticos permanentes com produtos de energia superiores a aproximadamente 80 kJ/m^3 (10 MGOe) são considerados do tipo de alta energia. Esses materiais são compostos intermetálicos recentemente desenvolvidos, com uma variedade de composições; os dois que encontraram exploração comercial são o SmCo$_5$ e o Nd$_2$Fe$_{14}$B. Suas propriedades magnéticas também estão listadas na Tabela 20.6.

Propriedades Magnéticas • **657**

Tabela 20.6   Propriedades Típicas de Vários Materiais Magnéticos Duros

Material	Composição (%p)	Remanência Br [tesla (gauss)]	Coercividade Hc [amp·espira/m (Oe)]	$(BH)_{máx}$ [kJ/m³ (MGOe)]	Temperatura de Curie T_c [°C (°F)]	Resistividade ρ (Ω·m)
Aço ao tungstênio	92,8 Fe, 6 W, 0,5 Cr, 0,7 C	0,95 (9500)	5900 (74)	2,6 (0,33)	760 (1400)	$3,0 \times 10^{-7}$
Cunife	20 Fe, 20 Ni, 60 Cu	0,54 (5400)	44.000 (550)	12 (1,5)	410 (770)	$1,8 \times 10^{-7}$
Alnico 8 sinterizado	34 Fe, 7 Al, 15 Ni, 35 Co, 4 Cu, 5 Ti	0,76 (7600)	125.000 (1550)	36 (4,5)	860 (1580)	—
Ferrita 3 sinterizada	$BaO–6Fe_2O_3$	0,32 (3200)	240.000 (3000)	20 (2,5)	450 (840)	$\sim10^4$
Terra-rara de cobalto 1	$SmCo_5$	0,92 (9200)	720.000 (9000)	170 (21)	725 (1340)	$5,0 \times 10^{-7}$
Neodímio-ferro-boro sinterizado	$Nd_2Fe_{14}B$	1,16 (11.600)	848.000 (10.600)	255 (32)	310 (590)	$1,6 \times 10^{-6}$

Fonte: Adaptada de *ASM Handbook*, vol. 2, *Properties and Selection: Nonferrous Alloys and Special-Purpose Materials*. Copyright © 1990 por ASM International. Reimpressa sob permissão da ASM International, Materials Park, OH.

Ímãs Samário-Cobalto

O samário-cobalto, $SmCo_5$, é membro de um grupo de ligas que são combinações do cobalto ou do ferro com um elemento terra-rara leve; várias dessas ligas exibem comportamento magnético duro de alta energia, mas o $SmCo_5$ é o único com importância comercial. O produto de energia do $SmCo_5$ [entre 120 e 240 kJ/m³ (15 e 30 MGOe)] é consideravelmente maior que dos materiais magnéticos duros convencionais (Tabela 20.6); além disso, ele possui coercividades relativamente elevadas. Técnicas de metalurgia do pó são empregadas para fabricar os ímãs de $SmCo_5$. O material, com os elementos de liga apropriados, é primeiro moído até formar um pó fino; as partículas pulverizadas são alinhadas utilizando-se um campo magnético externo, e então são prensadas na forma desejada. A peça é, então, sinterizada em uma temperatura elevada, seguido por outro tratamento térmico que melhora suas propriedades magnéticas.

Ímãs Neodímio-Ferro-Boro

O samário é um material raro e relativamente caro; além disso, o preço do cobalto é variável e suas fontes não são confiáveis. Consequentemente, as ligas neodímio-ferro-boro, $Nd_2Fe_{14}B$, tornaram-se os materiais escolhidos para um grande número e uma ampla diversidade de aplicações que requerem materiais magnéticos duros. As coercividades e os produtos de energia desses materiais são comparáveis aos das ligas samário-cobalto (Tabela 20.6).

O comportamento de magnetização-desmagnetização desses materiais é função da mobilidade das paredes dos domínios, a qual, por sua vez, é controlada pela microestrutura final — isto é, pelo tamanho, forma e orientação dos cristalitos ou grãos, assim como pela natureza e pela distribuição de quaisquer partículas de uma segunda fase que estiverem presentes. A microestrutura depende de como o material é processado. Duas técnicas de processamento diferentes estão disponíveis para a fabricação dos ímãs $Nd_2Fe_{14}B$: metalurgia do pó (sinterização) e solidificação rápida (fiação do material fundido). O procedimento empregado na metalurgia do pó é semelhante ao utilizado para as ligas $SmCo_5$. No caso da solidificação rápida, a liga fundida é resfriada muito rapidamente, produzindo uma fita sólida fina, amorfa ou com grãos muito finos. Esse material em forma de fita é então pulverizado, compactado na forma desejada e em seguida tratado termicamente. A solidificação rápida é o processo mais complexo entre os dois processos de fabricação; entretanto, é um processo contínuo, enquanto a metalurgia do pó é um processo em batelada, que apresenta suas inerentes desvantagens.

Esses materiais magnéticos duros de alta energia são empregados em uma gama de dispositivos diferentes, em diversos campos tecnológicos. Uma aplicação usual é em motores. Os ímãs permanentes são muito superiores aos eletroímãs, uma vez que seus campos magnéticos são mantidos continuamente, sem a necessidade de consumo de energia elétrica; além disso, nenhum calor é gerado

658 • **Capítulo 20**

durante a operação. Os motores que utilizam ímãs permanentes são muito menores que seus análogos com eletroímãs, e são utilizados extensivamente em unidades com potências de frações de um cavalo-vapor. Algumas aplicações conhecidas desses motores incluem as seguintes: furadeiras e chaves de parafuso sem fio; automóveis (na partida, em vidros elétricos, no limpador de para-brisas, no esguicho de água e nos motores de ventiladores); gravadores de áudio e vídeo; relógios; alto-falantes em sistemas de áudio, fones de ouvido leves, e aparelhos auditivos; e periféricos de computador.

20.11 ARMAZENAMENTO MAGNÉTICO

Os materiais magnéticos são importantes na área de armazenamento de informações; na verdade, a gravação magnética[5] tornou-se virtualmente a tecnologia universal para o armazenamento de informações eletrônicas. Isso fica evidenciado pela preponderância dos meios de armazenamento em disco [por exemplo, em computadores (tanto *desktop* quanto *laptop*), além de *drives* de disco rígido em filmadoras de alta definição], cartões de crédito/débito (tiras magnéticas), e assim por diante. Enquanto elementos semicondutores servem como a memória principal nos computadores, os discos rígidos magnéticos são usados normalmente como memórias secundárias, pois são capazes de armazenar maiores quantidades de informação e a um menor custo; no entanto, suas taxas de transferência são mais lentas. Além disso, as indústrias de gravação e de televisão dependem em larga escala das fitas magnéticas para o armazenamento e a reprodução de sequências de áudio e vídeo. Adicionalmente, fitas são usadas em grandes sistemas de computadores para o arquivamento de dados e como cópias de segurança.

Essencialmente, os *bytes* de computador, o som, ou as imagens visuais na forma de sinais elétricos são gravados magneticamente em segmentos muito pequenos do meio de armazenamento magnético — uma fita ou um disco. A transferência (isto é, "gravação") para e a recuperação (isto é, "leitura") da fita ou disco é obtida por meio de um sistema de gravação que consiste em cabeçotes de leitura e gravação. Nos *drives* de disco rígido, esse sistema de cabeçote é suportado acima e muito próximo do meio magnético por um mancal de ar que é autogerado conforme o meio passa por baixo em velocidades de rotação relativamente elevadas.[6] Já as fitas fazem um contato físico com os cabeçotes durante as operações de leitura e gravação. As velocidades da fita podem ser tão elevadas quanto 10 m/s.

Como já observado, existem dois tipos principais de meios magnéticos — *drives de disco rígido* (HDD — *hard disk drive*) e *fitas magnéticas* —, e discutiremos ambos sucintamente.

Drives de Disco Rígido

Os *drives* de armazenamento magnético de discos rígidos consistem em discos rígidos circulares com diâmetros que variam entre aproximadamente 65 mm (2,5 in) e 95 mm (3,75 in). Durante os processos de gravação e leitura, o disco gira em velocidades relativamente elevadas; são comuns velocidades de 5400 e 7200 rpm. São possíveis altas taxas de armazenamento e de recuperação de dados com os HDDs, assim como também são possíveis altas densidades de armazenamento.

Na tecnologia atual de HDD, os "*bits* magnéticos" apontam para cima ou para baixo perpendicularmente ao plano da superfície do disco; esse esquema é chamado apropriadamente de *gravação magnética perpendicular* (abreviado como PMR — *perpendicular magnetic recording*) e está representado esquematicamente na Figura 20.23.

Os dados (ou *bits*) são introduzidos (gravados) no meio de armazenamento usando um cabeçote de gravação indutivo. Em um projeto de cabeçote, mostrado na Figura 20.23, um fluxo magnético de gravação variável no tempo é gerado na extremidade da haste principal — um núcleo de material ferromagnético/ ferrimagnético ao redor do qual está enrolado o fio de uma bobina — por uma corrente elétrica (que também varia no tempo), a qual passa através da bobina. Esse fluxo penetra através da camada de armazenamento magnético para o interior de uma subcamada magneticamente mole, e então entra de novo no conjunto do cabeçote através de uma haste de retorno (Figura 20.23). Um campo magnético muito intenso é concentrado na camada de armazenamento abaixo da extremidade da haste principal. Nesse ponto, os dados são gravados na medida em que uma região muito pequena da camada de armazenamento fica magnetizada. Com a remoção do campo (isto é, conforme o disco continua sua rotação), a magnetização permanece — isto é, o sinal (isto é, os dados) foi guardado. O armazenamento de dados digital (isto é, na forma de "uns" e "zeros") encontra-se na forma de diminutos padrões de magnetização; os "uns" e "zeros" correspondem à presença ou à ausência de inversões na direção magnética entre regiões adjacentes.

---

[5]O termo *gravação magnética* é empregado com frequência para representar a gravação e o armazenamento de sinais de áudio e de áudio & vídeo, enquanto no campo da computação o termo *armazenamento magnético* é frequentemente preferido.
[6]Às vezes diz-se que o cabeçote "voa" sobre o disco.

Figura 20.23 Diagrama esquemático de um *drive* de disco rígido que emprega o meio de gravação magnética perpendicular; também são mostrados o cabeçote de gravação indutivo e o cabeçote de leitura magnetorresistivo. (Cortesia de HGST, uma empresa da Western Digital Company.)

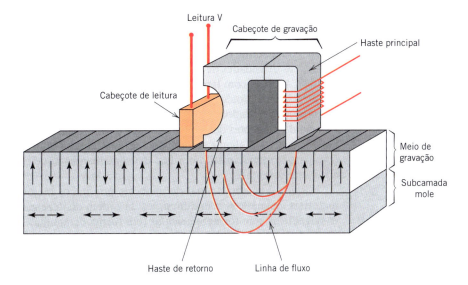

A recuperação de dados do meio de armazenamento é realizada empregando-se um cabeçote de leitura magnetorresistivo (Figura 20.23). Durante a leitura, os campos magnéticos dos padrões magnéticos gravados são sentidos por esse cabeçote; esses campos produzem mudanças na resistência elétrica. Os sinais resultantes são então processados para reproduzir os dados originais.

A camada de armazenamento é composta por um *meio granular* — uma película fina (15 a 20 nm de espessura) que consiste em grãos muito pequenos (~10 nm em diâmetro) e isolados de uma liga cobalto-cromo com estrutura HC, os quais são magneticamente anisotrópicos. Outros elementos de liga (notavelmente Pt e Ta) são adicionados para melhorar a anisotropia magnética, assim como para formar óxidos que segregam os contornos de grão, que isolam os grãos. A Figura 20.24 é uma micrografia eletrônica de transmissão que mostra a estrutura do grão da camada de armazenamento de um HDD. Cada grão é um único domínio que está orientado com o seu eixo *c* (isto é, a direção cristalográfica [0001]) perpendicular (ou praticamente perpendicular) à superfície do disco. Essa direção [0001] é a direção de fácil magnetização para o Co (Figura 20.18); dessa forma, quando magnetizado, a direção de magnetização de cada grão tem essa orientação perpendicular desejada. O armazenamento confiável de dados requer que cada *bit* gravado no disco englobe aproximadamente 100 grãos. Além disso, existe um limite inferior para o tamanho dos grãos; para tamanhos de grão abaixo desse limite, há a possibilidade de a direção de magnetização inverter-se espontaneamente devido aos efeitos da agitação térmica (Seção 20.6), o que causa uma perda dos dados armazenados.

As capacidades de armazenamento atuais dos HDDs perpendiculares são superiores a 100 Gbit/in^2 (10^{11} bit/in^2); a meta final para os HDDs é uma capacidade de armazenamento de 1 Tbit/in^2 (10^{12} bit/in^2).

Figura 20.24 Micrografia eletrônica de transmissão mostrando a microestrutura do meio de gravação magnético perpendicular usado em *drives* de disco rígido. Esse "meio granular" consiste em pequenos grãos de uma liga cobalto-cromo (regiões mais escuras) isolados uns dos outros por um óxido de segregação dos contornos de grão (regiões mais claras).

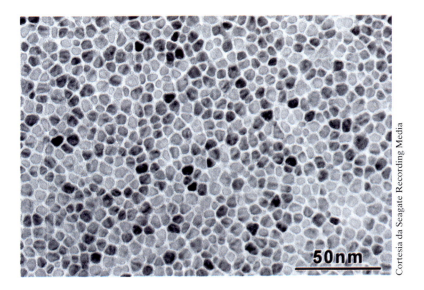

Figura 20.28 Representação do efeito Meissner. (*a*) Enquanto no estado supercondutor, um corpo de um material (círculo) exclui um campo magnético (setas) de seu interior. (*b*) O campo magnético penetra o mesmo corpo de material quando ele se torna um condutor normal.

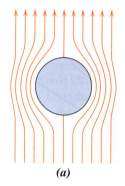
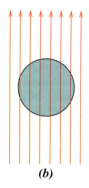

(*a*) (*b*)

ligas nióbio-titânio (Nb–Ti) e o composto intermetálico nióbio-estanho, Nb_3Sn. A Tabela 20.7 lista vários supercondutores dos tipos I e II, suas temperaturas críticas e as suas densidades do fluxo magnético críticas.

Recentemente, uma família de materiais cerâmicos que são normalmente isolantes elétricos revelou-se supercondutora, com temperaturas críticas anormalmente elevadas. A pesquisa inicial concentrou-se no óxido de ítrio, bário e cobre, $YBa_2Cu_3O_7$, que possui uma temperatura crítica de cerca de 92 K. Esse material apresenta estrutura cristalina complexa do tipo da perovskita (Seção 12.2). Novos materiais cerâmicos supercondutores com temperaturas críticas ainda mais elevadas foram relatados e estão sendo desenvolvidos na atualidade. Vários desses materiais e suas temperaturas críticas estão listados na Tabela 20.7. O potencial tecnológico para esses materiais é extremamente promissor, uma vez que suas temperaturas críticas estão acima de 77 K, o que possibilita o uso de nitrogênio líquido, um meio refrigerante que é muito barato em comparação ao hidrogênio líquido e ao hélio líquido. Esses novos supercondutores cerâmicos não estão isentos de desvantagens, das quais a principal é a sua natureza frágil. Essa característica limita a habilidade desses materiais serem fabricados em formas úteis, tais como fios.

O fenômeno da supercondutividade tem muitas implicações práticas importantes. Ímãs supercondutores capazes de gerar campos elevados com baixo consumo de energia estão sendo empregados atualmente em testes científicos e em equipamentos de pesquisa. Além disso, eles também estão sendo utilizados no campo da medicina em equipamentos de imagem por ressonância magnética (MRI — *magnetic resonance imaging*), como uma ferramenta para diagnósticos. As anormalidades em tecidos e órgãos do corpo podem ser detectadas com base na produção de imagens em corte transversal. A análise química de tecidos do corpo também é possível com o emprego da espectroscopia de ressonância magnética (MRS — *magnetic resonance spectroscopy*). Também há inúmeras outras aplicações potenciais para os materiais supercondutores. Algumas das áreas que estão sendo exploradas incluem: (1) transmissão de energia elétrica por meio de materiais supercondutores — as perdas de energia seriam extremamente baixas e os equipamentos operariam sob baixos níveis de voltagem; (2) ímãs para aceleradores de partículas de alta energia; (3) comutação e transmissão de sinais em maiores velocidades para computadores; e (4) trens de alta velocidade com levitação magnética, nos quais a levitação resulta da repulsão do campo magnético. O principal obstáculo à ampla aplicação desses materiais supercondutores está na dificuldade de se atingir e manter temperaturas extremamente baixas. Espera-se superar esse problema com o desenvolvimento de uma nova geração de supercondutores com temperaturas críticas razoavelmente elevadas.

Tabela 20.7 Temperaturas Críticas e Fluxos Magnéticos Críticos para Materiais Supercondutores Selecionados

Material	Temperatura Crítica, T_C (K)	Densidade do Fluxo Magnético Crítico B_C (tesla)[a]
Elementos[b]		
Tungstênio	0,02	0,0001
Titânio	0,40	0,0056
Alumínio	1,18	0,0105
Estanho	3,72	0,0305
Mercúrio (α)	4,15	0,0411
Chumbo	7,19	0,0803

(*continua*)

Propriedades Magnéticas • **663**

Tabela 20.7
Temperaturas Críticas e Fluxos Magnéticos Críticos para Materiais Supercondutores Selecionados (*Continuação*)

Material	Temperatura Crítica, T_C (K)	Densidade do Fluxo Magnético Crítico B_C (tesla)[a]
Compostos e Ligas[b]		
Liga Nb–Ti	10,2	12
Liga Nb–Zr	10,8	11
$PbMo_6S_8$	14,0	45
V_3Ga	16,5	22
Nb_3Sn	18,3	22
Nb_3Al	18,9	32
Nb_3Ge	23,0	30
Compostos Cerâmicos		
$YBa_2Cu_3O_7$	92	—
$Bi_2Sr_2Ca_2Cu_3O_{10}$	110	—
$Tl_2Ba_2Ca_2Cu_3O_{10}$	125	—
$HgBa_2Ca_2Cu_2O_8$	153	—

[a]A densidade do fluxo magnético crítico ($\mu_0 H_C$) para os elementos foi medida a 0 K. Para as ligas e os compostos, o fluxo é considerado como $\mu_0 H_{C2}$ (em tesla), medido a 0 K.
[b]**Fonte:** Adaptada de REED, R. P. e CLARK, A. F. (eds.). *Materials at Low Temperatures*, 1983. Reproduzida sob permissão da ASM International, Materials Park, OH.

RESUMO

Conceitos Básicos
- As propriedades magnéticas macroscópicas de um material são uma consequência de interações entre um campo magnético externo e os momentos de dipolo magnético dos átomos constituintes.
- A intensidade do campo magnético (H) em uma bobina de arame é proporcional ao número de espiras e à magnitude da corrente, e inversamente proporcional ao comprimento da bobina (Equação 20.1).
- A densidade do fluxo magnético e a intensidade do campo magnético são proporcionais uma à outra.
  - No vácuo, a constante de proporcionalidade é a permeabilidade do vácuo (Equação 20.3).
  - Quando algum material está presente, essa constante é a permeabilidade do material (Equação 20.2).
- Momentos magnéticos orbital e de *spin* estão associados a cada elétron individual.
  - A magnitude do momento magnético orbital de um elétron é igual ao produto entre o valor do magnéton de Bohr e o número quântico magnético do elétron.
  - O momento magnético de *spin* de um elétron é igual a mais ou menos o valor do magnéton de Bohr ("mais" para o *spin* para cima e "menos" para o *spin* para baixo).
- O momento magnético resultante para um átomo é a soma das contribuições de cada um dos seus elétrons, onde há um cancelamento dos momentos de *spin* e orbital de pares eletrônicos. Quando o cancelamento é completo, o átomo não possui momento magnético.

Diamagnetismo e Paramagnetismo
- O *diamagnetismo* resulta de mudanças no movimento orbital dos elétrons induzidas por um campo externo. O efeito é extremamente pequeno (com suscetibilidades da ordem de -10^{-5}) e é oposto ao campo aplicado. Todos os materiais são diamagnéticos.
- Os *materiais paramagnéticos* são aqueles com dipolos atômicos permanentes, influenciados individualmente e que estão alinhados na direção de um campo externo.
- Os materiais diamagnéticos e paramagnéticos são considerados não magnéticos, pois as magnetizações são relativamente pequenas e persistem apenas enquanto um campo está sendo aplicado.

Ferromagnetismo
- Magnetizações grandes e permanentes podem ser estabelecidas no interior dos metais ferromagnéticos (Fe, Co, Ni).
- Os momentos de dipolos magnéticos atômicos são de origem de *spin* e estão acoplados e mutuamente alinhados com os momentos de átomos adjacentes.

Antiferromagnetismo e Ferrimagnetismo
- O acoplamento antiparalelo de momentos de *spin* de cátions adjacentes é encontrado em alguns materiais iônicos. Aqueles em que há um cancelamento total dos momentos de *spin* são denominados *antiferromagnéticos*.

664 • **Capítulo 20**

- No ferrimagnetismo, é possível a magnetização permanente, uma vez que o cancelamento dos momentos de *spin* é incompleto.
- Para as ferritas cúbicas, a magnetização resultante é consequência dos íons divalentes (por exemplo, o Fe^{2+}) que estão localizados nos sítios octaédricos da rede, cujos momentos de *spin* estão todos mutuamente alinhados.

A Influência da Temperatura Sobre o Comportamento Magnético

- Com o aumento da temperatura, maiores vibrações térmicas tendem a contrabalançar as forças de acoplamento dos dipolos nos materiais ferromagnéticos e ferrimagnéticos. Por isso, a magnetização de saturação diminui gradualmente com a temperatura até a temperatura de Curie, em cujo ponto ela cai para próximo a zero (Figura 20.10).
- Acima de T_c, os materiais ferromagnéticos e ferrimagnéticos são paramagnéticos.

Domínios e Histereses

- Abaixo de sua temperatura de Curie, um material ferromagnético ou ferrimagnético é composto por *domínios* — regiões com pequeno volume onde todos os momentos de dipolo resultantes estão mutuamente alinhados e a magnetização está saturada (Figura 20.11).
- A magnetização total do sólido é simplesmente a soma vetorial apropriadamente ponderada das magnetizações de todos esses domínios.
- Conforme um campo magnético externo é aplicado, os domínios com vetores de magnetização orientados na direção do campo crescem à custa dos domínios que têm orientações de magnetização desfavoráveis (Figura 20.13).
- Na saturação total, todo o sólido é um único domínio e a magnetização está alinhada com a direção do campo.
- A mudança na estrutura do domínio com o aumento ou a inversão de um campo magnético é obtida pelo movimento das paredes do domínio. Tanto a histerese (o retardo do campo B em relação ao campo H aplicado) quanto a magnetização permanente (ou *remanência*) resultam da resistência ao movimento dessas paredes de domínio.
- A partir de uma curva de histerese completa para um material ferromagnético/ferrimagnético, pode-se determinar o seguinte:

  Remanência — o valor do campo B quando $H = 0$ (B_r, Figura 20.14)

  Coercividade — o valor do campo H quando $B = 0$ (H_c, Figura 20.14)

Anisotropia Magnética

- O comportamento de M (ou B) em função de H para um monocristal ferromagnético é *anisotrópico* — isto é, depende da direção cristalográfica ao longo da qual o campo magnético é aplicado.
- A direção cristalográfica para a qual M_s é atingida no menor campo H é uma direção de fácil magnetização.
- Para Fe, Ni e Co, as direções de fácil magnetização são, respectivamente, [100], [111] e [0001].
- As perdas de energia em núcleos de transformadores feitos a partir de ligas ferrosas magnéticas podem ser minimizadas tirando-se proveito do comportamento magnético anisotrópico.

Materiais Magnéticos Moles

- Nos materiais magnéticos moles, o movimento das paredes dos domínios é fácil durante a magnetização e a desmagnetização. Consequentemente, eles apresentam pequenos ciclos de histerese e baixas perdas de energia.

Materiais Magnéticos Duros

- O movimento das paredes do domínio é muito mais difícil para os materiais magnéticos duros, o que resulta em maiores ciclos de histerese; uma vez que são necessários campos maiores para a desmagnetização desses materiais, a magnetização é mais permanente.

Armazenamento Magnético

- O armazenamento de informações é obtido com o emprego de materiais magnéticos; os dois tipos principais de meios magnéticos são os *drives* de disco rígido e as fitas magnéticas.
- O meio de armazenamento para os *drives* de disco rígido é composto por grãos com dimensões nanométricas de uma liga cobalto-cromo com estrutura HC. Esses grãos estão orientados tal que sua direção de fácil magnetização (isto é, [0001]) é perpendicular ao plano do disco.
- No armazenamento de dados em fita são empregadas partículas metálicas ferromagnéticas em forma de agulhas ou partículas ferromagnéticas de bário-ferrita em forma de placas. O tamanho das partículas é da ordem de dezenas de nanômetros.

Supercondutividade

- A supercondutividade tem sido observada em diversos materiais; no resfriamento e na vizinhança da temperatura do zero absoluto, a resistividade elétrica desaparece (Figura 20.26).
- O estado supercondutor deixa de existir se a temperatura, o campo magnético ou a densidade de corrente exceder um valor crítico.
- Para os supercondutores do tipo I, a exclusão do campo magnético é completa abaixo de um campo crítico, e a penetração do campo é completa quando H_c é excedido. Essa penetração é gradual com o aumento do campo magnético para os materiais do tipo II.
- Estão sendo desenvolvidos novos óxidos cerâmicos complexos com temperaturas críticas relativamente elevadas os quais permitem que o nitrogênio líquido, que é de baixo custo, seja usado como meio refrigerante.

Resumo das Equações

Número da Equação	Equação	Resolvendo para
20.1	$H = \dfrac{NI}{l}$	Intensidade do campo magnético em uma bobina
20.2	$B = \mu H$	Densidade do fluxo magnético em um material
20.3	$B_0 = \mu_0 H$	Densidade do fluxo magnético no vácuo
20.4	$\mu_r = \dfrac{\mu}{\mu_0}$	Permeabilidade relativa
20.5	$B = \mu_0 H + \mu_0 M$	Densidade do fluxo magnético, em termos da magnetização
20.6	$M = \chi_m H$	Magnetização
20.7	$\chi_m = \mu_r - 1$	Suscetibilidade magnética
20.8	$B \cong \mu_0 M$	Densidade do fluxo magnético para um material ferromagnético
20.9	$M_s = 0{,}60\mu_B N$	Magnetização de saturação para o Ni
20.11	$M_s = N' \mu_B$	Magnetização de saturação para um material ferrimagnético

Lista de Símbolos

Símbolo	Significado
I	Magnitude da corrente que passa através de uma bobina magnética
l	Comprimento da bobina magnética
N	Número de espiras em uma bobina magnética (Equação 20.1); número de átomos por unidade de volume (Equação 20.9)
N'	Número de magnétons de Bohr por célula unitária
μ	Permeabilidade de um material
μ_0	Permeabilidade do vácuo
μ_B	Magnéton de Bohr ($9{,}27 \times 10\text{--}24\ \text{A·m}^2$)

Termos e Conceitos Importantes

antiferromagnetismo
coercividade
densidade do fluxo magnético
diamagnetismo
domínio
ferrimagnetismo
ferrita (cerâmica)
ferromagnetismo

histerese
indução magnética
intensidade do campo magnético
magnetização
magnetização de saturação
magnéton de Bohr
material magnético duro
material magnético mole

paramagnetismo
permeabilidade
remanência
supercondutividade
suscetibilidade magnética
temperatura de Curie

REFERÊNCIAS

BROCKMAN, F. G. "Magnetic Ceramics — A Review and Status Report", *American Ceramic Society Bulletin*, vol. 47, n. 2, fevereiro 1968, pp. 186-194.

COEY, J. M. D. *Magnetism and Magnetic Materials*. Cambridge: Cambridge University Press, 2009.

CULLITY, B. D. e GRAHAM, C. D. *Introduction to Magnetic Materials*, 2ª ed. Hoboken, NJ: John Wiley & Sons, 2009.

HILZINGER, R. e RODEWALD, W. *Magnetic Materials: Fundamentals, Products, Properties, Applications*. Hoboken, NJ: John Wiley & Sons, 2013.

JILES, D. *Introduction to Magnetism and Magnetic Materials*, 3ª ed. Boca Raton, FL: CRC Press, 2016.

SPALDIN, N. A. *Magnetic Materials: Fundamentals and Device Applications*, 2ª ed. Cambridge: Cambridge University Press, 2011.

Capítulo 21 Propriedades Ópticas

(a) Diagrama esquemático ilustrando a operação de uma célula solar fotovoltaica. A célula é feita de silício policristalino fabricado para formar uma junção p–n (veja as Seções 18.11 e 18.15). Fótons que se originam como luz do sol excitam elétrons para dentro da banda de condução no lado n da junção e criam buracos no lado p. Esses elétrons e buracos são conduzidos para longe da junção em direções opostas e tornam-se parte de uma corrente externa.

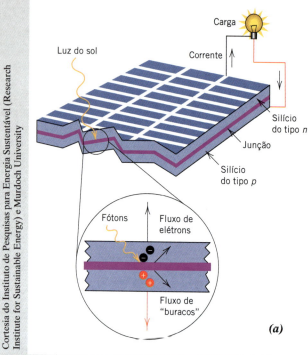

(c) Uma casa com vários painéis solares.

(c)

(b)

(b) Um conjunto de células fotovoltaicas de silício policristalino.

POR QUE ESTUDAR *as Propriedades Ópticas dos Materiais?*

Quando os materiais são expostos a uma radiação eletromagnética, às vezes é importante ser capaz de prever e alterar as respostas deles. Isso é possível quando estamos familiarizados com suas propriedades ópticas e compreendemos os mecanismos responsáveis por seus comportamentos ópticos. Por exemplo, na Seção 21.14, relacionada com os materiais usados em fibras ópticas em comunicações, observamos que o desempenho das fibras ópticas é aumentado pela introdução de uma variação gradual do índice de refração (isto é, um índice variável) na superfície externa da fibra. Isso é obtido pela adição de impurezas específicas em concentrações controladas.

Objetivos do Aprendizado

Após estudar este capítulo, você deverá ser capaz de fazer o seguinte:

1. Calcular a energia de um fóton dados a sua frequência e o valor da constante de Planck.
2. Descrever sucintamente a polarização eletrônica que resulta das interações entre a radiação eletromagnética e os átomos, e citar duas consequências da polarização eletrônica.
3. Explicar sucintamente por que os materiais metálicos são opacos à luz visível.
4. Definir *índice de refração*.
5. Descrever o mecanismo da absorção de fótons para (a) isolantes e semicondutores de alta pureza e (b) isolantes e semicondutores que contêm defeitos eletricamente ativos.
6. Para os materiais dielétricos inerentemente transparentes, citar três fontes de espalhamento interno que podem levar à translucidez e à opacidade.
7. Descrever sucintamente a construção e a operação de lasers de rubi e lasers semicondutores.

21.1 INTRODUÇÃO

Por *propriedade óptica* entende-se a resposta de um material à exposição a uma radiação eletromagnética e, em particular, à luz visível. Este capítulo discute, em primeiro lugar, alguns dos princípios e conceitos básicos relacionados com a natureza da radiação eletromagnética e com as suas possíveis interações com os materiais sólidos. A seguir, são explorados os comportamentos ópticos dos materiais metálicos e não metálicos em termos de suas características de absorção, reflexão e transmissão. As seções finais abordam a luminescência, a fotocondutividade e a amplificação da luz pela emissão estimulada de radiação (laser), além da utilização prática desses fenômenos e o emprego das fibras ópticas em comunicações.

Conceitos Básicos

21.2 RADIAÇÃO ELETROMAGNÉTICA

No sentido clássico, a radiação eletromagnética é considerada de natureza ondulatória, consistindo em componentes de campo elétrico e de campo magnético que são perpendiculares entre si e também à direção da propagação (Figura 21.1). A luz, o calor (ou energia radiante), o radar, as ondas de rádio e os raios X são todos formas de radiação eletromagnética. Cada uma é caracterizada, principalmente, por uma faixa específica de comprimentos de onda e, também, de acordo com a técnica pela qual ela é gerada. O *espectro eletromagnético* da radiação abrange a ampla faixa que vai desde os raios γ (emitidos por materiais radioativos), com comprimentos de onda da ordem de 10^{-12} m (10^{-3} nm), passando pelos raios X, ultravioleta, visível, infravermelho e, finalmente, até as ondas de rádio, com comprimentos de onda que chegam a 10^5 m. Esse espectro é mostrado em uma escala logarítmica na Figura 21.2.

A luz visível está localizada em uma região muito estreita do espectro, com comprimentos de onda que variam entre aproximadamente 0,4 μm (4×10^{-7} m) e 0,7 μm. A cor percebida é determinada pelo comprimento de onda; por exemplo, a radiação com um comprimento de onda de aproximadamente 0,4 μm possui aparência violeta, enquanto as cores verde e vermelho ocorrem em comprimentos de onda de cerca de 0,5 μm e 0,65 μm, respectivamente. As faixas espectrais para as diversas cores estão incluídas na Figura 21.2. A luz branca é a simples mistura de todas as cores.

Figura 21.1 Uma onda eletromagnética mostrando as componentes do campo elétrico $\mathcal{E}$ e do campo magnético H, assim como o comprimento de onda λ.

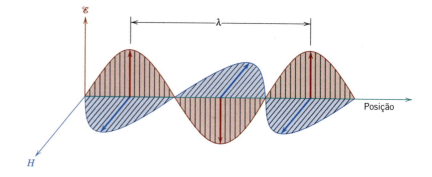

A discussão a seguir diz respeito principalmente a essa radiação visível, que é, por definição, a única radiação à qual a vista humana é sensível.

Toda radiação eletromagnética atravessa o vácuo à mesma velocidade, aquela da luz — qual seja, 3×10^8 m/s (186.000 mi/s). Essa velocidade, c, está relacionada com a permissividade elétrica do vácuo ε_0 e à permeabilidade magnética do vácuo μ_0 por meio da relação

No vácuo, a dependência da velocidade da luz em relação à permissividade elétrica e à permeabilidade magnética

$$c = \frac{1}{\sqrt{\varepsilon_0 \mu_0}} \quad (21.1)$$

Dessa forma, existe uma associação entre a constante eletromagnética c e essas constantes elétrica e magnética.

Além disso, a frequência ν e o comprimento de onda λ da radiação eletromagnética são uma função da velocidade de acordo com

Relação entre velocidade, comprimento de onda e frequência para uma radiação eletromagnética

$$c = \lambda \nu \quad (21.2)$$

A frequência é expressa em termos de hertz (Hz) e 1 Hz = 1 ciclo por segundo. As faixas de frequência para as várias formas de radiação eletromagnética também estão incluídas no espectro (Figura 21.2).

Às vezes é mais conveniente visualizar a radiação eletromagnética a partir de uma perspectiva quântico-mecânica, na qual a radiação, em vez de consistir em ondas, é composta por grupos ou

Figura 21.2 Espectro da radiação eletromagnética, incluindo as faixas de comprimentos de onda para as várias cores no espectro visível.

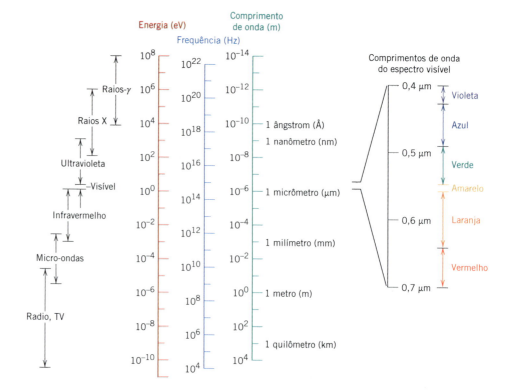

Propriedades Ópticas • **669**

fóton

Dependência da energia em relação à frequência e também à velocidade e ao comprimento de onda para um fóton de radiação eletromagnética

constante de Planck

pacotes de energia, denominados **fótons**. A energia E de um fóton é dita estar *quantizada*, ou seja, ela pode apresentar apenas alguns valores específicos, definidos pela relação

$$E = h\nu = \frac{hc}{\lambda} \tag{21.3}$$

em que h é uma constante universal denominada **constante de Planck**, que possui um valor de $6,63 \times 10^{-34}$ J·s. Dessa forma, a energia do fóton é proporcional à frequência da radiação, ou inversamente proporcional ao comprimento de onda. As energias dos fótons também estão incluídas no espectro eletromagnético (Figura 21.2).

Quando se descrevem os fenômenos ópticos envolvendo as interações entre a radiação e a matéria, normalmente a explicação fica mais fácil se a luz for tratada em termos de fótons. Em outras ocasiões, é preferível um tratamento ondulatório; dependendo da situação, ambos os enfoques são adotados na presente discussão.

> ✓ **Verificação de Conceitos 21.1** Discuta sucintamente as semelhanças e as diferenças entre os fótons e os fônons. *Sugestão:* Pode ser útil consultar a Seção 19.2.
>
> **Verificação de Conceitos 21.2** A radiação eletromagnética pode ser tratada a partir das perspectivas clássica ou da mecânica quântica. Compare sucintamente esses dois pontos de vista.
>
> [*As respostas estão disponíveis no GEN-IO, ambiente virtual de aprendizagem do GEN.*]

21.3 INTERAÇÕES DA LUZ COM OS SÓLIDOS

A intensidade do feixe incidente em uma interface é igual à soma das intensidades dos feixes transmitido, absorvido e refletido

Quando a luz passa de um meio para outro (por exemplo, do ar para o interior de uma substância sólida), várias coisas acontecem. Uma parcela da radiação luminosa pode ser transmitida através do meio, uma parcela será absorvida, e outra será refletida na interface entre os dois meios. A intensidade I_0 do feixe incidente à superfície do meio sólido deve ser igual à soma das intensidades dos feixes transmitido, absorvido e refletido, representados como I_T, I_A e I_R, respectivamente, ou

$$I_0 = I_T + I_A + I_R \tag{21.4}$$

A intensidade da radiação, expressa em watts por metro quadrado, corresponde à energia que está sendo transmitida por unidade de tempo através de uma área unitária que é perpendicular à direção de propagação.

Uma forma alternativa para a Equação 21.4 é

$$T + A + R = 1 \tag{21.5}$$

na qual T, A e R representam, respectivamente, a transmissividade (I_T/I_0), a absortividade (I_A/I_0) e a refletividade (I_R/I_0), ou as frações da luz incidente que são transmitidas, absorvidas e refletidas por um material; a soma dessas frações deve ser igual à unidade, uma vez que toda a luz incidente é transmitida, absorvida ou refletida.

transparente

translúcido

opaco

Os materiais capazes de transmitir a luz com absorção e reflexão relativamente pequenas são **transparentes** — pode-se ver através deles. Os materiais **translúcidos** são aqueles através dos quais a luz é transmitida de maneira difusa; ou seja, a luz é dispersa em seu interior uma vez que os objetos não são distinguidos com clareza ao serem observados através de uma amostra do material. Os materiais que são impermeáveis à transmissão da luz visível são denominados **opacos**.

Os metais, a partir de certa espessura, são opacos em todo o espectro da luz visível — isto é, toda a radiação luminosa ou é absorvida ou é refletida. Entretanto, os materiais isolantes elétricos podem ser fabricados para serem transparentes. Além disso, alguns materiais semicondutores são transparentes, enquanto outros são opacos.

21.4 INTERAÇÕES ATÔMICAS E ELETRÔNICAS

Os fenômenos ópticos que ocorrem no interior dos materiais sólidos envolvem ínterações entre a radiação eletromagnética e os átomos, íons e/ou elétrons. Duas das mais importantes dessas interações são a polarização eletrônica e as transições de energia dos elétrons.

Polarização Eletrônica

Um componente de uma onda eletromagnética é simplesmente um campo elétrico que oscila rapidamente (Figura 21.1). Para a faixa de frequências do espectro visível, esse campo elétrico interage com a nuvem eletrônica que envolve cada átomo em sua trajetória, de maneira a induzir uma polarização eletrônica ou a deslocar a nuvem eletrônica em relação ao núcleo do átomo com cada mudança na direção do componente do campo elétrico, como demonstra a Figura 18.31a. Duas consequências dessa polarização são as seguintes: (1) uma parcela da energia da radiação pode ser absorvida, e (2) as ondas de luz têm suas velocidades reduzidas conforme passam através do meio. A segunda consequência se manifesta como refração, um fenômeno que é discutido na Seção 21.5.

Transições Eletrônicas

A absorção e a emissão de radiação eletromagnética podem envolver transições eletrônicas de um estado de energia para outro. Para o propósito dessa discussão, considere um átomo isolado para o qual o diagrama de energia dos elétrons é representado na Figura 21.3. Um elétron pode ser excitado de um estado ocupado com energia E_2 para um estado vazio e de maior energia, representado por E_4, pela absorção de um fóton de energia. A variação de energia apresentada pelo elétron, ΔE, depende da frequência da radiação de acordo com:

Para uma transição eletrônica, a variação na energia é igual ao produto da constante de Planck e da frequência da radiação absorvida (ou emitida)

$$\Delta E = h\nu \qquad (21.6)$$

em que, novamente, h é a constante de Planck. Nesse ponto, é importante que vários conceitos sejam compreendidos: em primeiro lugar, uma vez que os estados de energia para os átomos são discretos, existem apenas valores específicos de ΔE entre os níveis de energia; dessa forma, apenas os fótons com frequências que correspondem aos possíveis valores de ΔE para o átomo podem ser absorvidos pelas transições eletrônicas. Além disso, toda a energia de um fóton é absorvida em cada evento de excitação.

Um segundo conceito importante é o de que um elétron estimulado não pode permanecer indefinidamente em um **estado excitado**; após um curto intervalo de tempo, ele cai ou decai novamente para seu **estado fundamental**, ou nível não excitado, com uma reemissão de radiação eletromagnética. Várias trajetórias de decaimento são possíveis, e essas são discutidas posteriormente. Em qualquer caso, deve haver conservação da energia nas transições eletrônicas de absorção e de emissão.

Como as discussões subsequentes mostram, as características ópticas dos materiais sólidos, que estão relacionadas com a absorção e a emissão de radiação eletromagnética, são explicadas em termos da estrutura da banda eletrônica do material (possíveis estruturas para as bandas foram discutidas na Seção 18.5) e dos princípios relacionados com as transições eletrônicas, como descrito nos dois parágrafos anteriores.

Propriedades Ópticas dos Metais

Considere os esquemas da banda de energia dos elétrons para os metais, conforme ilustrados nas Figuras 18.4a e 18.4b; em ambos os casos, uma banda de alta energia está apenas parcialmente preenchida com elétrons. Os metais são opacos, pois as radiações incidentes com frequências na faixa do espectro visível excitam os elétrons para estados de energia não ocupados acima da energia de Fermi,

Figura 21.3 Ilustração esquemática, para um átomo isolado, da absorção de um fóton pela excitação de um elétron de um estado de energia para outro. A energia do fóton ($h\nu_{42}$) deve ser exatamente igual à diferença de energia entre os dois estados ($E_4 - E_2$).

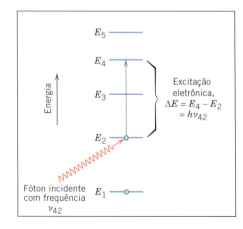

Figura 21.4 (*a*) Representação esquemática do mecanismo de absorção de um fóton para os materiais metálicos, nos quais um elétron é excitado para um estado não ocupado de maior energia. A variação na energia do elétron Δ*E* é igual à energia do fóton. (*b*) A reemissão de um fóton de luz pela transição direta de um elétron de um estado de alta energia para um de baixa energia.

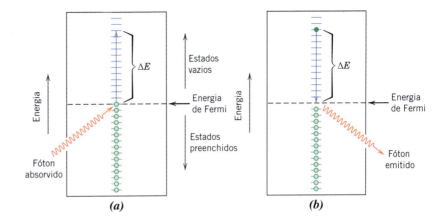

como demonstrado na Figura 21.4*a*; como consequência, a radiação incidente é absorvida de acordo com a Equação 21.6. A absorção total ocorre em uma camada externa muito fina, geralmente menor que 0,1 μm; assim, apenas filmes metálicos mais finos que 0,1 μm são capazes de transmitir a luz visível.

Todas as frequências da luz visível são absorvidas pelos metais em razão da disponibilidade contínua de estados eletrônicos vazios, o que possibilita transições eletrônicas como mostra a Figura 21.4*a*. Na verdade, os metais são opacos a todas as radiações eletromagnéticas na extremidade inferior do espectro de frequências, desde as ondas de rádio, passando pelas radiações infravermelha e visível, até aproximadamente a metade do espectro da radiação ultravioleta. Os metais são transparentes às radiações de alta frequência (raios X e γ).

A maior parte da radiação absorvida é reemitida a partir da superfície do metal na forma de luz visível com o mesmo comprimento de onda, que aparece como luz refletida; uma transição eletrônica acompanhada de uma reemissão de radiação é mostrada na Figura 21.4*b*. A refletividade para a maioria dos metais encontra-se entre 0,90 e 0,95; uma pequena fração da energia dos processos de decaimento dos elétrons é dissipada na forma de calor.

Uma vez que os metais são opacos e altamente reflexivos, a cor percebida é determinada pela distribuição dos comprimentos de onda da radiação que é refletida, e não da radiação que é absorvida. Uma aparência prateada brilhante quando o metal é exposto a uma luz branca indica que o metal é altamente reflexivo ao longo de toda a faixa do espectro visível. Em outras palavras, para o feixe refletido, a composição desses fótons reemitidos, em termos de frequência e de quantidade, é aproximadamente a mesma que a do feixe incidente. O alumínio e a prata são dois metais que exibem esse comportamento reflexivo. O cobre e o ouro têm aparência vermelho-alaranjada e amarelada, respectivamente, pois uma parcela da energia associada aos fótons de luz com menores comprimentos de onda não é reemitida na forma de luz visível.

> ✓ **Verificação de Conceitos 21.3** Por que os metais são transparentes às radiações de alta frequência, os raios X e os raios γ?
>
> [*A resposta está disponível no GEN-IO, ambiente virtual de aprendizagem do GEN.*]

Propriedades Ópticas dos Não Metais

Em virtude de suas estruturas das bandas de energia eletrônicas, os materiais não metálicos podem ser transparentes à luz visível. Portanto, além da reflexão e da absorção, os fenômenos da refração e da transmissão também precisam ser considerados.

21.5 REFRAÇÃO

refração
índice de refração

A luz transmitida para o interior de materiais transparentes experimenta uma diminuição em sua velocidade e, como resultado disso, é desviada (muda de direção) na interface; esse fenômeno é denominado **refração**. O **índice de refração** *n* de um material é definido como a razão entre a velocidade da luz no vácuo *c* e a velocidade da luz no meio *v*, ou seja,

Definição do índice de refração — a razão entre as velocidades da luz no vácuo e no meio de interesse

$$n = \frac{c}{v} \tag{21.7}$$

A magnitude de n (ou o grau de desvio) depende do comprimento de onda da luz. Esse efeito é demonstrado graficamente pela dispersão ou separação familiar de um feixe de luz branca em suas cores componentes por um prisma de vidro (como mostra a fotografia na margem da página). Cada cor é defletida segundo um diferente grau, conforme a luz entra e sai do vidro, o que resulta na separação das cores. O índice de refração não afeta apenas a trajetória óptica da luz, mas também, como explicado adiante, influencia a fração da luz incidente que é refletida na superfície.

Da mesma forma que a Equação 21.1 define a magnitude de c, uma expressão equivalente fornece a velocidade da luz v em um meio como

Velocidade da luz em um meio, em termos da permissividade elétrica e da permeabilidade magnética do meio

$$v = \frac{1}{\sqrt{\varepsilon\mu}} \tag{21.8}$$

em que ε e μ são, respectivamente, a permissividade e a permeabilidade da substância em questão. A partir da Equação 21.7, temos

Índice de refração de um meio — em termos da constante dielétrica e da permeabilidade magnética relativa do meio

$$n = \frac{c}{v} = \frac{\sqrt{\varepsilon\mu}}{\sqrt{\varepsilon_0\mu_0}} = \sqrt{\varepsilon_r\mu_r} \tag{21.9}$$

em que ε_r e μ_r são, respectivamente, a constante dielétrica e a permeabilidade magnética relativa. Uma vez que a maioria das substâncias é apenas ligeiramente magnética, $\mu_r \cong 1$, e

Relação entre o índice de refração e a constante dielétrica para um material não magnético

$$n \cong \sqrt{\varepsilon_r} \tag{21.10}$$

Dessa forma, para os materiais transparentes existe uma relação entre o índice de refração e a constante dielétrica. Como já mencionado, o fenômeno da refração está relacionado com a polarização eletrônica (Seção 21.4) nas frequências relativamente altas da luz visível; dessa forma, o componente eletrônico da constante dielétrica pode ser determinado a partir de medições do índice de refração, empregando-se a Equação 21.10.

Uma vez que o retardo da radiação eletromagnética em um meio resulta da polarização eletrônica, o tamanho dos átomos ou íons constituintes tem influência considerável sobre a magnitude desse efeito — em geral, quanto maior for um átomo ou íon, maior a polarização eletrônica, mais lenta a velocidade e maior o índice de refração. O índice de refração para um vidro de soda-cal típico é de aproximadamente 1,5. As adições ao vidro de íons grandes de bário e chumbo (na forma de BaO e PbO) aumentam significativamente o valor de n. Por exemplo, os vidros com altos teores de chumbo contendo 90%p PbO apresentam um índice de refração de cerca de 2,1.

Para as cerâmicas cristalinas com estruturas cristalinas cúbicas, assim como para os vidros, o índice de refração é independente da direção cristalográfica (isto é, ele é isotrópico). Os cristais não cúbicos, entretanto, apresentam um valor de n anisotrópico — ou seja, o índice é maior ao longo das direções com maior densidade de íons. A Tabela 21.1 fornece os índices de refração para vários vidros, cerâmicas transparentes e polímeros. Para as cerâmicas cristalinas com valor de n anisotrópico, são fornecidos valores médios.

A dispersão da luz branca conforme esta atravessa um prisma.
(© PhotoDisc/Getty Images.)

✓ ***Verificação de Conceitos 21.4*** Quais entre os seguintes óxidos, quando adicionados à sílica fundida (SiO_2), aumentam o seu índice de refração: Al_2O_3, TiO_2, NiO, MgO? Por quê? A Tabela 12.3 pode ser útil.

[*A resposta está disponível no GEN-IO, ambiente virtual de aprendizagem do GEN.*]

21.6 REFLEXÃO

Quando a radiação luminosa passa de um meio para outro com um índice de refração diferente, uma parcela da luz é espalhada na interface entre os dois meios, mesmo se ambos os materiais forem transparentes. A refletividade R representa a fração da luz incidente que é refletida na interface, ou seja,

Propriedades Ópticas • 673

Tabela 21.1
Índices de Refração para Alguns Materiais Transparentes

Material	Índice de Refração Médio
Cerâmicas	
Vidro de sílica	1,458
Vidro de borossilicato (Pyrex)	1,47
Vidro de soda-cal	1,51
Quartzo (SiO_2)	1,55
Vidro óptico e denso de sílex	1,65
Espinélio ($MgAl_2O_4$)	1,72
Periclásio (MgO)	1,74
Coríndon (Al_2O_3)	1,76
Polímeros	
Politetrafluoroetileno	1,35
Poli(metacrilato de metila)	1,49
Polipropileno	1,49
Polietileno	1,51
Poliestireno	1,60

Definição da *refletividade* — em termos das intensidades dos feixes refletido e incidente

$$R = \frac{I_R}{I_0} \tag{21.11}$$

em que I_0 e I_R são, respectivamente, as intensidades dos feixes incidente e refletido. Se a incidência da luz for normal (ou perpendicular) à interface, então

Refletividade (para uma incidência normal) na interface entre dois meios que possuem índices de refração n_1 e n_2.

$$R = \left(\frac{n_2 - n_1}{n_2 + n_1}\right)^2 \tag{21.12}$$

em que n_1 e n_2 são os índices de refração dos dois meios. Se a luz incidente não é normal à interface, R depende do ângulo de incidência. Quando a luz é transmitida do vácuo ou do ar para o interior de um sólido s, então

$$R = \left(\frac{n_s - 1}{n_s + 1}\right)^2 \tag{21.13}$$

uma vez que o índice de refração do ar é muito próximo à unidade. Dessa forma, quanto maior o índice de refração do sólido, maior é a refletividade. Para vidros de silicato típicos, a refletividade é de aproximadamente 0,05. Da mesma forma que o índice de refração de um sólido depende do comprimento de onda da luz incidente, a refletividade também varia em função do comprimento de onda. As perdas por reflexão para lentes e outros instrumentos ópticos são minimizadas significativamente recobrindo a superfície refletora com camadas muito finas de materiais dielétricos, tal como o fluoreto de magnésio (MgF_2).

21.7 ABSORÇÃO

Os materiais não metálicos podem ser opacos ou transparentes à luz visível; se forem transparentes, com frequência exibem uma aparência colorida. Em princípio, a radiação luminosa é absorvida nesse grupo de materiais por dois mecanismos básicos, que também influenciam as características de transmissão desses não metais. Um desses mecanismos é a polarização eletrônica (Seção 21.4). A absorção por polarização eletrônica é importante somente para frequências da luz na vizinhança da frequência de relaxação dos átomos constituintes. O outro mecanismo envolve transições eletrônicas da banda

674 • Capítulo 21

de valência para a banda de condução, que dependem da estrutura da banda de energia dos elétrons do material; as estruturas das bandas de materiais semicondutores e isolantes foram discutidas na Seção 18.5.

Condição para a absorção de um fóton (de radiação) por uma transição eletrônica em termos da frequência da radiação, para um material não metálico

A absorção de um fóton de luz pode ocorrer pela promoção ou excitação de um elétron de uma banda de valência praticamente preenchida, através do espaçamento entre bandas, para um estado de energia vazio na banda de condução, como demonstra a Figura 21.5a; são criados um elétron livre na banda de condução e um buraco na banda de valência. Novamente, a energia de excitação ΔE está relacionada com a frequência do fóton absorvido por meio da Equação 21.6. Essas excitações, com suas consequentes absorções de energia, podem ocorrer somente se a energia do fóton for maior que a do espaçamento entre bandas E_e — isto é, se

$$h\nu > E_e \quad (21.14)$$

Condição para a absorção de um fóton (de radiação) por uma transição eletrônica em termos do comprimento de onda da radiação, para um material não metálico

ou, em termos do comprimento de onda,

$$\frac{hc}{\lambda} > E_e \quad (21.15)$$

O comprimento de onda mínimo para a luz visível, λ (mín), é de aproximadamente 0,4 μm, e, uma vez que $c = 3 \times 10^8$ m/s e $h = 4{,}13 \times 10^{-15}$ eV·s, a energia máxima do espaçamento entre bandas E_e(máx) para a qual é possível a absorção da luz visível é

Máxima energia possível para o espaçamento entre bandas para a absorção de luz visível por transições eletrônicas da banda de valência para a banda de condução

$$E_e(\text{máx}) = \frac{hc}{\lambda(\text{mín})}$$

$$= \frac{(4{,}13 \times 10^{-15}\text{ eV·s})(3 \times 10^8\text{ m/s})}{4 \times 10^{-7}\text{ m}} \quad (21.16a)$$

$$= 3{,}1\text{ eV}$$

Em outras palavras, nenhuma luz visível é absorvida por materiais não metálicos que possuam energias do espaçamento entre bandas maiores que aproximadamente 3,1 eV; esses materiais, se forem de alta pureza, parecerão transparentes e incolores.

Entretanto, o comprimento de onda máximo para a luz visível, λ(máx), é de aproximadamente 0,7 μm; o cálculo da energia mínima do espaçamento entre bandas E_e(mín) para a qual existe absorção da luz visível fornece

Mínima energia possível para o espaçamento entre bandas para a absorção de luz visível por transições eletrônicas da banda de valência para a banda de condução

$$E_e(\text{mín}) = \frac{hc}{\lambda(\text{máx})}$$

$$= \frac{(4{,}13 \times 10^{-15}\text{ eV·s})(3 \times 10^8\text{ m/s})}{7 \times 10^{-7}\text{ m}} = 1{,}8\text{ eV} \quad (21.16b)$$

Figura 21.5 (*a*) Mecanismo da absorção de fótons para materiais não metálicos em que um elétron é excitado através do espaçamento entre bandas, deixando para trás um buraco na banda de valência. A energia do fóton absorvido é ΔE, que é necessariamente maior que a energia do espaçamento entre bandas, E_e. (*b*) Emissão de um fóton de luz por uma transição eletrônica direta através do espaçamento entre bandas.

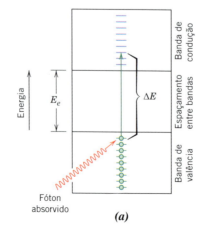
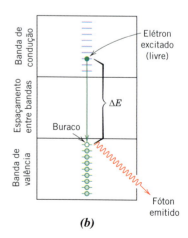

Esse resultado significa que toda a luz visível é absorvida por transições eletrônicas da banda de valência para a banda de condução nos materiais semicondutores que possuem energias do espaçamento entre bandas menores que aproximadamente 1,8 eV; dessa forma, esses materiais são opacos. Apenas uma fração do espectro visível é absorvida pelos materiais que possuem energias do espaçamento entre bandas entre 1,8 e 3,1 eV; consequentemente, esses materiais são coloridos.

Todo material não metálico se torna opaco em um dado comprimento de onda, o qual depende da magnitude da sua E_e. Por exemplo, o diamante, que possui uma energia do espaçamento entre bandas de 5,6 eV, é opaco para as radiações com comprimentos de onda menores que aproximadamente 0,22 μm.

Também podem ocorrer interações com a radiação luminosa nos sólidos dielétricos que possuem espaçamentos entre bandas mais amplos, envolvendo transições eletrônicas diferentes daquelas da banda de valência para a banda de condução. Se impurezas ou outros defeitos eletricamente ativos estiverem presentes, podem ser introduzidos níveis eletrônicos dentro do espaçamento entre bandas, tais como os níveis doador e receptor (Seção 18.11), exceto pelo fato de que eles se localizam mais próximos ao centro do espaçamento entre bandas. Uma radiação luminosa com comprimentos de onda específicos pode ser emitida como um resultado de transições eletrônicas envolvendo esses níveis dentro do espaçamento entre bandas. Por exemplo, considere a Figura 21.6a, que mostra a excitação eletrônica da banda de valência para a banda de condução para um material que possui um nível de impurezas dessa natureza. Novamente, a energia eletromagnética que é absorvida por essa excitação eletrônica deve ser dissipada de alguma maneira; diversos mecanismos são possíveis. Para um desses mecanismos, tal dissipação pode ocorrer pela recombinação direta de elétrons e buracos, de acordo com a reação

Reação que descreve a recombinação elétron-buraco com a geração de energia

$$\text{elétron} + \text{buraco} \longrightarrow \text{energia} \, (\Delta E) \tag{21.17}$$

que está representada esquematicamente na Figura 21.5b. Além disso, podem ocorrer transições eletrônicas em múltiplas etapas, as quais envolvem níveis de impurezas que estão localizados dentro do espaçamento entre bandas. Uma possibilidade, como indicado na Figura 21.6b, é a emissão de dois fótons; um é emitido quando o elétron decai de um estado na banda de condução para o nível da impureza, enquanto o outro é emitido quando ele decai de volta para a banda de valência. Alternativamente, uma das transições pode envolver a geração de um fônon (Figura 21.6c), na qual a energia associada é dissipada na forma de calor.

Intensidade da radiação não absorvida — dependência em relação ao coeficiente de absorção e à distância que a luz percorre através do meio absorvente

A intensidade da radiação absorvida resultante depende da natureza do meio, assim como do comprimento da trajetória em seu interior. A intensidade da radiação transmitida ou não absorvida I'_T diminui continuamente em função da distância x que a luz percorre:

$$I'_T = I'_0 e^{-\beta x} \tag{21.18}$$

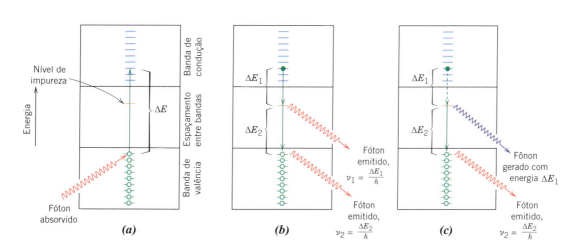

Figura 21.6 (a) Absorção de um fóton pela excitação eletrônica da banda de valência para a banda de condução em um material que possui um nível de impureza que está localizado dentro do espaçamento entre bandas. (b) Emissão de dois fótons envolvendo o decaimento do elétron, primeiro para o estado de energia de uma impureza e, finalmente, para o estado fundamental. (c) Geração tanto de um fônon quanto de um fóton conforme um elétron excitado decai primeiro para um nível de impureza e, finalmente, de volta ao seu estado fundamental.

em que I'_0 é a intensidade da radiação incidente não refletida e β, o *coeficiente de absorção* (em mm^{-1}), é característico de cada material específico; β varia em função do comprimento de onda da radiação incidente. O parâmetro de distância x é medido a partir da superfície na qual a radiação incide para o interior do material. Os materiais que possuem grandes valores de β são considerados altamente absorventes.

PROBLEMA-EXEMPLO 21.1

Cálculo do Coeficiente de Absorção para o Vidro

A fração da luz não refletida que é transmitida através de um vidro com espessura de 200 mm é de 0,98. Calcule o coeficiente de absorção desse material.

Solução

Este problema pede o cálculo do valor de β na Equação 21.18. Em primeiro lugar, rearranjamos essa expressão para

$$\frac{I'_T}{I'_0} = e^{-\beta x}$$

Então, aplicando o logaritmo em ambos os lados da equação acima, temos

$$\ln\left(\frac{I'_T}{I'_0}\right) = -\beta x$$

E, por fim, resolvendo para β, considerando que $I'_T/I'_0 = 0{,}98$ e $x = 200$ mm, obtemos

$$\beta = -\frac{1}{x}\ln\left(\frac{I'_T}{I'_0}\right)$$

$$= -\frac{1}{200\,\text{mm}}\ln(0{,}98) = 1{,}01 \times 10^{-4}\,\text{mm}^{-1}$$

✓ *Verificação de Conceitos 21.5* Os elementos semicondutores silício e germânio são transparentes à luz visível? Por que sim ou por que não? *Sugestão:* Pode ser útil consultar a Tabela 18.2.

[*A resposta está disponível no GEN-IO, ambiente virtual de aprendizagem do GEN.*]

21.8 TRANSMISSÃO

Os fenômenos de absorção, reflexão e transmissão podem ser aplicados à passagem da luz através de um sólido transparente, como mostra a Figura 21.7. Para um feixe incidente com intensidade I_0 que atinge a superfície anterior de uma amostra com espessura l e coeficiente de absorção β, a intensidade transmitida na face posterior I_T é

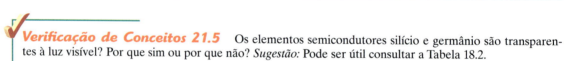

$$I_T = I_0(1 - R)^2 e^{-\beta l} \qquad (21.19)$$

Intensidade da radiação transmitida através de uma amostra com espessura l, levando em consideração todas as perdas por absorção e reflexão

em que R é a refletância; para essa expressão, considera-se que o mesmo meio exista fora tanto da face anterior quanto da posterior. O desenvolvimento da Equação 21.19 é deixado como um exercício para o aluno.

Dessa forma, a fração da luz incidente que é transmitida através de um material transparente depende das perdas causadas pela absorção e pela reflexão. Novamente, a soma da refletividade R, absortividade A e transmissividade T é igual à unidade, de acordo com a Equação 21.5. Além disso, cada uma das variáveis R, A e T depende do comprimento de onda da luz. Isso é demonstrado na Figura 21.8 ao longo da região do espectro visível para um vidro de cor verde. Por exemplo, para a luz com comprimento de onda de 0,4 μm, as frações transmitida, absorvida e refletida são de cerca de 0,90, 0,05 e 0,05, respectivamente. Entretanto, para a luz com comprimento de onda de 0,55 μm, as respectivas frações são de aproximadamente 0,50, 0,48 e 0,02.

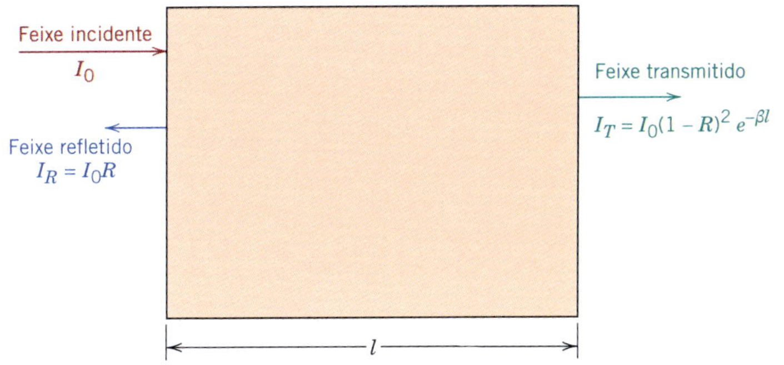

Figura 21.7 Transmissão da luz através de um meio transparente para o qual existe reflexão nas faces anterior e posterior, assim como absorção no interior do meio.
(Adaptada de ROSE, R. M., SHEPARD, L. A. e WULFF, J. *The Structure and Properties of Materials*, vol. IV. *Electronic Properties*. John Wiley & Sons, 1966. Reproduzida com permissão de Robert M. Rose.)

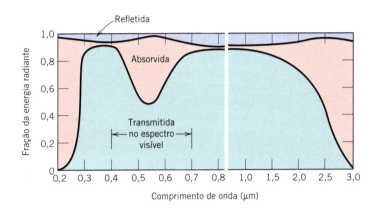

Figura 21.8 Variação das frações da luz incidente que são transmitidas, absorvidas e refletidas por um vidro verde em função do comprimento de onda.
(De KINGERY, W. D., BOWEN, H. K. e UHLMANN, D. R. *Introduction to Ceramics*, 2ª ed. Copyright © 1976 por John Wiley & Sons, Nova York. Reimpressa sob permissão de John Wiley & Sons, Inc.)

21.9 COR

cor

Os materiais transparentes parecem coloridos em consequência da absorção seletiva de faixas específicas de comprimentos de onda da luz; a **cor** observada é um resultado da combinação dos comprimentos de onda que são transmitidos. Se a absorção da luz é uniforme para todos os comprimentos de onda visíveis, o material é incolor; exemplos incluem os vidros inorgânicos de alta pureza e os monocristais de alta pureza de diamantes e safira.

Geralmente, qualquer absorção seletiva ocorre pela excitação de elétrons. Uma dessas situações envolve os materiais semicondutores com espaçamentos entre bandas na faixa de energia dos fótons para a luz visível (1,8 a 3,1 eV). Dessa forma, a fração da luz visível que possui energias maiores que E_e é absorvida seletivamente pelas transições eletrônicas da banda de valência para a banda de condução. Uma parcela dessa radiação absorvida é reemitida quando os elétrons excitados decaem de volta aos seus estados originais, de menor energia. Não é necessário que essa reemissão ocorra na mesma frequência em que ocorreu a absorção. Como resultado disso, a cor depende da distribuição das frequências dos feixes de luz tanto transmitidos quanto reemitidos.

Por exemplo, o sulfeto de cádmio (CdS) possui um espaçamento entre bandas de aproximadamente 2,4 eV; assim, ele absorve fótons com energias maiores que cerca de 2,4 eV, o que corresponde às frações azul e violeta do espectro visível; uma parcela dessa energia é reirradiada na forma de luz com outros comprimentos de onda. A luz visível não absorvida consiste em fótons com energias entre aproximadamente 1,8 e 2,4 eV. O sulfeto de cádmio adquire uma coloração amarelo-alaranjada por causa da composição do feixe de luz transmitido.

Com as cerâmicas isolantes, impurezas específicas também introduzem níveis eletrônicos dentro do espaçamento proibido entre bandas de energia, como foi discutido anteriormente. Fótons com energias menores que as do espaçamento entre bandas podem ser emitidos como consequência de processos de decaimento dos elétrons envolvendo átomos ou íons de impurezas, como demonstram as Figuras 21.6*b* e 21.6*c*. Novamente, a cor do material é uma função da distribuição dos comprimentos de onda encontrados no feixe transmitido.

Por exemplo, o monocristal de óxido de alumínio de alta pureza, ou safira, é incolor. O rubi, que apresenta uma coloração vermelha brilhante, é simplesmente a safira à qual foi adicionado um teor de óxido de cromo (Cr_2O_3) entre 0,5 e 2%. O íon Cr^{3+} substitui o íon Al^{3+} na estrutura cristalina do Al_2O_3, introduzindo níveis de impureza dentro do largo espaçamento entre bandas de energia da safira. A radiação luminosa é absorvida pelas transições eletrônicas da banda de valência para a banda de condução, uma parte da qual é então reemitida em comprimentos de onda específicos,

Figura 21.9 Transmissão da radiação luminosa em função do comprimento de onda para a safira (monocristal de óxido de alumínio) e o rubi (óxido de alumínio contendo algum óxido de cromo). A safira é incolor, enquanto o rubi possui coloração vermelha intensa devido à absorção seletiva ao longo de faixas específicas de comprimentos de onda.
(Adaptada de "The Optical Properties of Materials", por A. Javan. Copyright © 1967 por Scientific American, Inc. Todos os direitos reservados.)

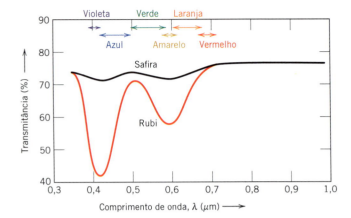

como consequência das transições eletrônicas para esses níveis de impureza e a partir desses níveis de impureza. As transmitâncias em função do comprimento de onda para a safira e para o rubi são apresentadas na Figura 21.9. Para a safira, a transmitância é relativamente constante em função do comprimento de onda ao longo do espectro visível, o que é responsável pela ausência de coloração desse material. Entretanto, ocorrem fortes picos de absorção (ou mínimos) para o rubi — um na região azul-violeta (cerca de 0,4 μm) e outro para a luz amarelo-esverdeada (em aproximadamente 0,6 μm). A luz não absorvida ou transmitida, misturada à luz reemitida, confere ao rubi a sua intensa coloração vermelha.

Os vidros inorgânicos são coloridos pela incorporação de íons de transição ou de terras-raras enquanto o vidro ainda está no estado fundido. Pares cor-íon representativos incluem o Cu^{2+}, azul-esverdeado; Co^{2+}, azul-violeta; Cr^{3+}, verde; Mn^{2+}, amarelo; e Mn^{3+}, púrpura. Esses vidros coloridos também são usados como esmaltes e revestimentos decorativos sobre peças cerâmicas.

Verificação de Conceitos 21.6   Compare os fatores que determinam as cores características dos metais e dos materiais não metálicos transparentes.

[*A resposta está disponível no GEN-IO, ambiente virtual de aprendizagem do GEN.*]

21.10 OPACIDADE E TRANSLUCIDEZ EM ISOLANTES

O nível de translucidez e de opacidade para os materiais dielétricos inerentemente transparentes depende em grande parte de suas características internas de refletância e transmitância. Muitos materiais dielétricos que são intrinsecamente transparentes podem ficar translúcidos ou até mesmo opacos por causa da reflexão e da refração em seu interior. Um feixe de luz transmitida é defletido em sua direção e exibe uma aparência difusa como resultado de múltiplos eventos de espalhamento. A opacidade resulta quando o espalhamento é tão intenso que virtualmente nenhuma fração do feixe incidente é transmitida, sem deflexão, para a superfície posterior do material.

Esse espalhamento interno pode resultar de várias fontes diferentes. As amostras policristalinas nas quais o índice de refração é anisotrópico apresentam normalmente uma aparência translúcida. Tanto a reflexão quanto a refração ocorrem nos contornos dos grãos, o que causa um desvio no feixe incidente. Isso resulta de uma pequena diferença nos índices de refração *n* entre grãos adjacentes que não possuem a mesma orientação cristalográfica.

O espalhamento da luz também ocorre em materiais bifásicos nos quais uma fase se encontra finamente dispersa na outra. Novamente, a dispersão do feixe ocorre nas fronteiras entre as fases quando há uma diferença no índice de refração para as duas fases; quanto maior for essa diferença, mais eficiente é o espalhamento. As vitrocerâmicas (Seção 13.3), que podem apresentar tanto uma fase cristalina quanto uma fase vítrea residual, exibem alta transparência se os tamanhos dos cristalitos forem menores que o comprimento de onda da luz visível e quando os índices de refração das duas fases são praticamente idênticos (o que é possível pelo ajuste da composição).

Como consequência da fabricação ou do processamento, muitas peças cerâmicas contêm alguma porosidade residual na forma de poros finamente dispersos. Esses poros também espalham de maneira efetiva a radiação luminosa.

Figura 21.10 A transmitância da luz em três amostras de óxido de alumínio. Da esquerda para a direita: um material monocristalino (safira), que é transparente; um material policristalino e totalmente denso (não poroso), que é translúcido; e um material policristalino que contém aproximadamente 5% de porosidade, que é opaco.
(Preparação das amostras, P. A. Lessing.)

A Figura 21.10 demonstra a diferença nas características de transmissão óptica de amostras de óxido de alumínio monocristalino, policristalino totalmente denso e poroso (~5% porosidade). Enquanto o monocristal é totalmente transparente, os materiais policristalino e poroso são, respectivamente, translúcido e opaco.

Para os polímeros intrínsecos (sem aditivos e impurezas), o grau de translucidez é influenciado principalmente pelo grau de cristalinidade. Ocorre algum espalhamento da luz visível nas fronteiras entre as regiões cristalinas e amorfas, mais uma vez como resultado de diferentes índices de refração. Nas amostras altamente cristalinas, esse grau de espalhamento é grande, o que leva à translucidez e, em alguns casos, até mesmo à opacidade. Os polímeros altamente amorfos são completamente transparentes.

Aplicações dos Fenômenos Ópticos

21.11 LUMINESCÊNCIA

luminescência

Alguns materiais são capazes de absorver energia e então reemitir luz visível, em um fenômeno denominado **luminescência**. Os fótons da luz emitida são gerados a partir de transições eletrônicas no sólido. Há absorção de energia quando um elétron é promovido para um estado de energia excitado; ocorre emissão de luz visível quando o elétron decai para um estado de menor energia se 1,8 eV < $h\nu$ < 3,1 eV. A energia absorvida pode ser suprida como radiação eletromagnética de maior energia (causando transições da banda de valência para a banda de condução, Figura 21.6a), tal como a luz ultravioleta; outras fontes, tais como elétrons de alta energia; ou por energia térmica, mecânica ou química. Além disso, a luminescência é classificada de acordo com a magnitude do tempo de retardo entre os eventos de absorção e de reemissão. Se a reemissão ocorrer em tempos muito menores que 1 s, o fenômeno é denominado **fluorescência**; para tempos mais longos, esse fenômeno é chamado **fosforescência**. Diversos materiais podem ser tornados fluorescentes ou fosforescentes, incluindo alguns sulfetos, óxidos, tungstatos e alguns poucos materiais orgânicos. Normalmente, os materiais puros não exibem esses fenômenos, e para induzi-los devem ser adicionadas impurezas em concentrações controladas.

fluorescência
fosforescência

A luminescência possui inúmeras aplicações comerciais. Por exemplo, as lâmpadas fluorescentes consistem em um invólucro de vidro que é revestido pelo lado de dentro com tungstatos ou silicatos especialmente preparados. É gerada luz ultravioleta no interior do tubo a partir de uma descarga incandescente de mercúrio, o que faz com que o revestimento fluoresça e emita luz branca. As novas luzes (ou lâmpadas) *fluorescentes compactas* (CFL — *compact fluorescent lamp*) estão substituindo as lâmpadas incandescentes nos serviços gerais. Essas lâmpadas CFL são construídas a partir de um tubo que é curvado ou dobrado de maneira tal a se ajustar no espaço originalmente ocupado por uma lâmpada incandescente e também para se encaixar nos seus bocais. As lâmpadas fluorescentes compactas emitem a mesma quantidade de luz visível, consomem entre um quinto e um terço da energia elétrica e possuem uma vida útil muito mais longa que as lâmpadas incandescentes. No entanto, são mais caras e o descarte dessas lâmpadas é mais complicado, uma vez que elas contêm mercúrio.

21.12 FOTOCONDUTIVIDADE

A condutividade dos materiais semicondutores depende do número de elétrons livres na banda de condução e também do número de buracos na banda de valência, de acordo com a Equação 18.13.

680 • Capítulo 21

fotocondutividade

A energia térmica associada às vibrações da rede pode promover excitações eletrônicas nas quais são criados elétrons livres e/ou buracos, como descrito na Seção 18.6. Portadores de carga adicionais podem ser gerados em consequência de transições eletrônicas induzidas por fótons nas quais há absorção de luz; o consequente aumento na condutividade é denominado **fotocondutividade**. Dessa forma, quando uma amostra de um material fotocondutivo é iluminada, a condutividade aumenta.

Esse fenômeno é empregado em fotômetros fotográficos. Uma corrente fotoinduzida é medida, e sua magnitude é função direta da intensidade da radiação luminosa incidente, ou da taxa na qual os fótons de luz atingem o material fotocondutivo. A radiação de luz visível deve induzir transições eletrônicas no material fotocondutor; o sulfeto de cádmio é usado com frequência em fotômetros.

A luz do sol pode ser convertida diretamente em energia elétrica nas células solares, as quais também empregam semicondutores. A operação desses dispositivos é, em certo sentido, inversa àquela dos diodos emissores de luz. É usada uma junção p-n na qual os elétrons fotoexcitados e os buracos são afastados da junção, em direções opostas, tornando-se parte de uma corrente externa, como está ilustrado no diagrama (a) na abertura deste capítulo.

✓ **Verificação de Conceitos 21.7** O material semicondutor seleneto de zinco (ZnSe), que possui um espaçamento entre bandas de 2,58 eV, é fotocondutor quando exposto a uma radiação de luz visível? Por que sim ou por que não?

[A resposta está disponível no GEN-IO, ambiente virtual de aprendizagem do GEN.]

MATERIAIS DE IMPORTÂNCIA 21.1

Diodos Emissores de Luz

eletroluminescência

diodo emissor de luz (LED — light-emitting diode)

Na Seção 18.15 discutimos as junções semicondutoras p-n e como elas podem ser usadas como diodos ou como retificadores de uma corrente elétrica.[1] Em algumas situações, quando um potencial de polarização direta com magnitude relativamente alta é aplicado através de um diodo de junção p-n, é emitida luz visível (ou radiação infravermelha). Essa conversão de energia elétrica em energia luminosa é denominada **eletroluminescência**, e o dispositivo que a produz é denominado **diodo emissor de luz (LED — light-emitting diode)**. O potencial de polarização direta atrai elétrons em direção à junção pelo lado n, na qual alguns deles passam (ou são "injetados") para o lado p (Figura 21.11a). Aqui, os elétrons são portadores de carga minoritários e, como tal, se "recombinam" ou são aniquilados pelos buracos na região próxima à junção, de acordo com a Equação 21.17, na qual a energia está na forma de fótons de luz (Figura 21.11b). Um processo análogo ocorre no lado p — os buracos deslocam-se para a junção e recombinam-se com os elétrons majoritários no lado n.

Os semicondutores elementares silício e germânio não são adequados para LEDs devido às naturezas específicas de suas estruturas do espaçamento entre bandas. Em vez disso, alguns dos compostos semicondutores do tipo III-V, tais

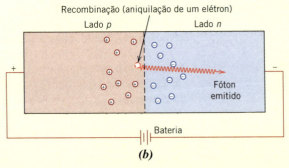

Figura 21.11 Diagrama esquemático de uma junção semicondutora do tipo p-n diretamente polarizada mostrando (a) a injeção de um elétron do lado n para o lado p, e (b) a emissão de um fóton de luz conforme esse elétron recombina-se com um buraco.

---

[1]Na Figura 18.20, estão apresentados diagramas esquemáticos que mostram as distribuições de elétrons e buracos em ambos os lados da junção sem a aplicação de nenhum potencial elétrico, assim como tanto para a polarização direta quanto para a polarização inversa. Além disso, a Figura 18.21 mostra o comportamento da corrente em função da voltagem para uma junção p-n.

como arseneto de gálio (GaAs), fosfeto de índio (InP) e ligas compostas por esses materiais (por exemplo, $GaAs_xP_{1-x}$, em que x é um número pequeno, menor que a unidade) são usados com frequência. O comprimento de onda (isto é, a cor) da radiação emitida está relacionado com o espaçamento entre as bandas do semicondutor (que é normalmente o mesmo tanto para o lado n quanto para o lado p do diodo). Por exemplo, as cores vermelho, laranja e amarelo são possíveis para o sistema GaAs-InP. LEDs com as cores azul e verde também foram desenvolvidos usando ligas semicondutoras (Ga,In)N. Assim, com esse complemento de cores, são possíveis telas com LEDs que exibem todas as cores.

As aplicações importantes dos LEDs semicondutores incluem os relógios digitais e os mostradores de relógios com iluminação, os *mouses* ópticos para computadores (dispositivos de entrada de computador) e os *scanners*. Os controles remotos eletrônicos (para televisores, reprodutores de DVD etc.) também empregam LEDs que emitem um feixe infravermelho; esse feixe transmite sinais codificados que são captados por detectores nos dispositivos receptores. Além disso, os LEDs estão sendo usados atualmente como fontes de luz. Eles são mais eficientes energeticamente que as lâmpadas incandescentes, geram muito pouco calor e possuem tempos de vida útil muito mais longos (uma vez que não existe um filamento que possa queimar). A maioria dos novos sinais de controle de trânsito utiliza LEDs em lugar de lâmpadas incandescentes.

Observamos na Seção 18.17 que alguns materiais poliméricos podem ser semicondutores (tanto do tipo n quanto do tipo p). Como consequência, são possíveis diodos emissores de luz feitos a partir de polímeros, dos quais existem dois tipos: (1) os *diodos emissores de luz orgânicos* (ou OLEDs — *organic light-emitting diodes*), que apresentam pesos moleculares relativamente baixos; e (2) os *diodos emissores de luz poliméricos* (ou PLEDs — *polymer light-emitting diodes*), de alto peso molecular. Para esses tipos de LED, são empregados polímeros amorfos na forma de finas camadas que são colocadas em sanduíche com contatos elétricos (anodos e catodos). Para que a luz seja emitida pelo LED, um dos contatos deve ser transparente. A Figura 21.12 é uma ilustração esquemática que mostra os componentes e a configuração de um OLED. É possível uma ampla variedade de cores com o emprego dos OLEDs e PLEDs, e mais de uma única cor pode ser produzida a partir de cada dispositivo (isso não é possível com os LEDs de semicondutores) — dessa forma, combinando-se cores é possível gerar a luz branca.

Embora os LEDs semicondutores possuam atualmente tempos de vida útil maiores que esses emissores orgânicos, os OLEDs/PLEDs apresentam vantagens específicas. Além de gerarem múltiplas cores, eles são mais fáceis de ser fabricados (pela "impressão" sobre seus substratos com uma impressora jato de tinta), são relativamente baratos, apresentam perfis mais delgados e podem ser projetados para gerar imagens de alta resolução e em todas as cores. Atualmente, as telas feitas com OLED estão sendo comercializadas para uso em câmeras digitais, telefones celulares e componentes de áudio de automóveis. As aplicações potenciais incluem telas de televisores, computadores e painéis de propaganda com maiores dimensões. Além

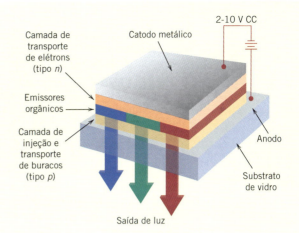

Figura 21.12 Diagrama esquemático que mostra os componentes e a configuração de um diodo emissor de luz orgânico (OLED).
(Reproduzida por acordo com a revista *Silicon Chip*.)

Fotografia que mostra uma grande tela de vídeo feita de diodos emissores de luz, a qual está localizada na esquina da Broadway com a Rua 43 na cidade de Nova York.

disso, usando a combinação correta de materiais, essas telas também podem ser flexíveis. Imagine ter um monitor de computador ou televisão que possa ser enrolado como uma tela de projeção, ou uma luminária que seja enrolada ao redor de uma coluna arquitetônica ou que seja montada sobre a parede de uma sala para compor um papel de parede que está em constante mudança.

21.13 LASERS

Todas as transições eletrônicas radiativas discutidas até o momento são *espontâneas* — isto é, um elétron decai de um estado de alta energia para um de menor energia sem nenhuma provocação externa. Esses eventos de transição ocorrem independentemente uns dos outros e em momentos aleatórios, produzindo uma radiação que é *incoerente* — isto é, as ondas de luz estão fora de fase umas com as outras. Com os lasers, no entanto, luz coerente é gerada pelas transições eletrônicas que são iniciadas por um estímulo externo — **laser** é simplesmente o acrônimo em inglês para amplificação da luz por emissão estimulada de radiação (*light amplification by stimulated emission of radiation*).

Embora existam vários tipos de laser diferentes, vamos explicar os princípios de operação usando o laser de rubi de estado sólido. O rubi é simplesmente um monocristal de Al_2O_3 (safira) ao qual foi adicionado um teor de íons Cr^{3+} da ordem de 0,05%. Como explicado anteriormente (Seção 21.9), esses íons conferem ao rubi sua coloração vermelha característica; ainda mais importante, eles fornecem estados eletrônicos que são essenciais para o funcionamento do laser. O laser de rubi tem a forma de um bastão, cujas extremidades são planas, paralelas e altamente polidas. Ambas as extremidades são recobertas com prata, de modo que uma é totalmente refletora, enquanto a outra é parcialmente transmissora.

O rubi é iluminado com a luz proveniente de uma lâmpada de *flash* de xenônio (Figura 21.13). Antes dessa exposição, virtualmente todos os íons Cr^{3+} estão nos seus estados fundamentais; isto é, os elétrons preenchem os níveis de menor energia, como é representado esquematicamente na Figura 21.14. Entretanto, os fótons com comprimento de onda de 0,56 μm da lâmpada de xenônio excitam os elétrons dos íons Cr^{3+} para estados de maior energia. Esses elétrons podem decair de volta ao seu estado fundamental por duas trajetórias diferentes. Alguns decaem diretamente; as emissões de fótons associadas a esse tipo de decaimento não fazem parte do feixe do laser. Outros elétrons decaem para um estado intermediário metaestável (trajetória *EM*, na Figura 21.14), onde eles podem ficar por até 3 ms (milissegundos) antes de haver uma emissão espontânea (trajetória *MG*). Em termos de processos eletrônicos, 3 ms é um tempo relativamente longo, o que significa que um grande número desses estados metaestáveis pode ficar ocupado. Essa situação é indicada na Figura 21.15*b*.

A emissão inicial espontânea de fótons por uns poucos desses elétrons é o estímulo que dispara uma avalanche de emissões dos demais elétrons no estado metaestável (Figura 21.15*c*). Dos fótons direcionados paralelamente ao maior eixo do bastão de rubi, alguns são transmitidos através da extremidade parcialmente recoberta com prata; outros, que incidem contra a extremidade totalmente recoberta com prata, são refletidos. Os fótons que não são emitidos nessa direção axial são perdidos. O feixe de luz viaja repetidamente para a frente e para trás ao longo do comprimento do bastão, e sua intensidade aumenta conforme mais emissões são estimuladas. Ao final, um feixe de alta intensidade, coerente e altamente colimado de luz laser, de curta duração, é transmitido através da extremidade do bastão parcialmente recoberta com prata (Figura 21.15*e*). Esse feixe monocromático de luz vermelha possui comprimento de onda de 0,6943 μm.

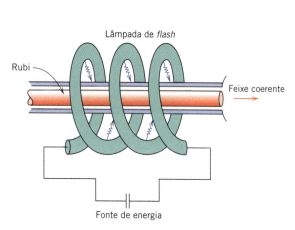

Figura 21.13 Diagrama esquemático do laser de rubi e da lâmpada de *flash* de xenônio.
(De ROSE, R. M., SHEPARD, L. A. e WULFF, J. *The Structure and Properties of Materials*, vol. IV. *Electronic Properties*. John Wiley & Sons, 1966. Reproduzida com permissão de Robert M. Rose.)

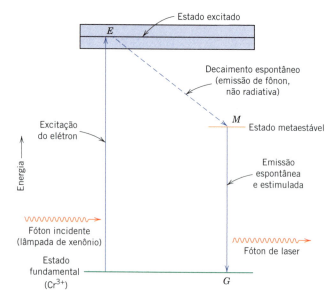

Figura 21.14 Diagrama energético esquemático para o laser de rubi, mostrando as trajetórias para a excitação e o decaimento dos elétrons.

Figura 21.15 Representações esquemáticas da emissão estimulada e da amplificação da luz para um laser de rubi.
(*a*) Os íons cromo antes da excitação.
(*b*) Os elétrons em alguns íons cromo são excitados para estados de maior energia pelo pulso da luz de xenônio. (*c*) A emissão dos estados eletrônicos metaestáveis é iniciada ou estimulada por fótons que são emitidos espontaneamente. (*d*) Com a reflexão nas extremidades prateadas, os fótons continuam a estimular emissões conforme eles percorrem o comprimento do bastão.
(*e*) O feixe coerente e intenso é por fim emitido através da extremidade parcialmente recoberta com prata.
(De ROSE, R. M., SHEPARD, L. A. e WULFF, J. *The Structure and Properties of Materials*, vol. IV. *Electronic Properties*. John Wiley & Sons, 1966. Reproduzida com permissão de Robert M. Rose.)

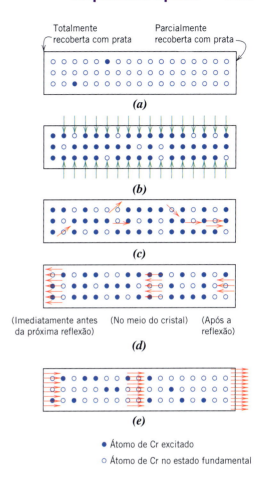

Os materiais semicondutores, tais como o arseneto de gálio, também podem ser usados como lasers em reprodutores de CDs e na moderna indústria de telecomunicações. Um requisito desses materiais semicondutores é que o comprimento de onda λ associado à energia do espaçamento entre bandas E_e deve corresponder à luz visível — isto é, a partir de uma modificação da Equação 21.3, qual seja,

$$\lambda = \frac{hc}{E_e} \qquad (21.20)$$

vemos que o valor de λ deve estar entre 0,4 e 0,7 μm. A aplicação de uma voltagem ao material excita os elétrons da banda de valência, através do espaçamento entre bandas, para dentro da banda de condução; de maneira correspondente, são criados buracos na banda de valência. Esse processo é demonstrado na Figura 21.16*a*, que mostra o esquema da banda de energia ao longo de uma região do material semicondutor, juntamente com vários buracos e elétrons excitados. Em seguida, uns poucos desses elétrons excitados e buracos recombinam-se espontaneamente. Para cada evento de recombinação é emitido um fóton de luz com um comprimento de onda dado pela Equação 21.20 (Figura 21.16*a*). Um desses fótons estimula a recombinação de outros pares elétron excitado-buraco (Figura 21.16*b-f*) e a produção de fótons adicionais que possuem o mesmo comprimento de onda, em que todos estão em fase uns com os outros e com o fóton original; dessa forma, tem-se como resultado um feixe monocromático e coerente. Como acontece com o laser de rubi (Figura 21.15), uma extremidade do laser semicondutor é totalmente refletora; nessa extremidade, o feixe é refletido de volta para dentro do material, de modo que recombinações adicionais serão estimuladas. A outra extremidade do laser é parcialmente refletora, o que permite que parte do feixe escape. Com esse tipo de laser, é produzido um feixe contínuo, uma vez que a aplicação de voltagem constante assegura que sempre haja uma fonte estável de buracos e elétrons excitados.

O laser semicondutor é composto por várias camadas de materiais semicondutores que apresentam diferentes composições e que são colocados em sanduíche entre um sorvedouro de calor e um condutor metálico; um arranjo típico está representado esquematicamente na Figura 21.17. As composições das camadas são escolhidas de modo a confinar tanto os elétrons excitados quanto os buracos, assim como o feixe de laser, dentro da camada central de arseneto de gálio.

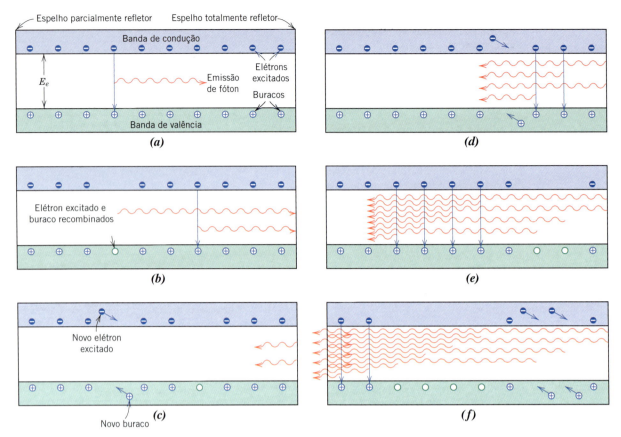

Figura 21.16 Representações esquemáticas para o laser semicondutor da recombinação estimulada de elétrons excitados na banda de condução com buracos na banda de valência, o que dá origem a um feixe de laser. (*a*) Um elétron excitado recombina-se com um buraco; a energia associada a essa recombinação é emitida como um fóton de luz. (*b*) O fóton emitido em (*a*) estimula a recombinação de outro elétron excitado e buraco, resultando na emissão de outro fóton de luz. (*c*) Os dois fótons emitidos em (*a*) e (*b*), com o mesmo comprimento de onda e em fase um com o outro, são refletidos pelo espelho totalmente refletor de volta para o interior do laser semicondutor. Além disso, novos elétrons excitados e novos buracos são gerados por uma corrente que passa através do semicondutor. (*d*) e (*e*) Ao prosseguir através do semicondutor, mais recombinações elétron excitado-buraco são estimuladas, o que dá origem a fótons de luz adicionais que também se tornam parte do feixe de laser monocromático e coerente. (*f*) Uma parte desse feixe de laser escapa através do espelho parcialmente refletor em uma das extremidades do material semicondutor.
(Adaptada de "Photonic Materials" por J. M. Rowell. Copyright © 1986 por Scientific American, Inc. Todos os direitos reservados.)

Inúmeras outras substâncias podem ser usadas para os lasers, incluindo alguns gases e vidros. A Tabela 21.2 lista vários lasers comuns e suas características. As aplicações dos lasers são diversas. Uma vez que os feixes de laser podem ser focados para produzir um aquecimento localizado, eles são utilizados em alguns procedimentos cirúrgicos e para o corte, soldagem e usinagem de metais. Os lasers também são usados como fontes de luz em sistemas de comunicação óptica. Além disso, uma vez que o feixe é altamente coerente, os lasers podem ser usados para fazer medições muito precisas de distância.

21.14 FIBRAS ÓPTICAS EM COMUNICAÇÕES

O campo das comunicações experimentou recentemente uma revolução com o desenvolvimento da tecnologia de fibras ópticas; hoje virtualmente todas as telecomunicações são transmitidas por esse meio, em vez de fios de cobre. A transmissão de sinais por um fio metálico condutor é eletrônica (isto é, por elétrons), enquanto quando são usadas fibras opticamente transparentes a transmissão do sinal é *fotônica*, ou seja, utiliza fótons de radiação eletromagnética ou luminosa. O emprego de sistemas de fibras ópticas melhorou a velocidade da transmissão, a densidade de informações e a distância de transmissão, ao mesmo tempo que reduziu a taxa de erros; além disso, não existe nenhuma interferência eletromagnética com as fibras. A largura de banda (isto é, a taxa de transferência de dados) das fibras ópticas é excepcional; em 1 s, uma fibra óptica pode transmitir 15,5 terabits de dados ao longo de uma distância de 7000 km (4350 mi); nessa taxa, tomariam aproximadamente 30 s para

Figura 21.17 Diagrama esquemático mostrando a seção transversal em camadas de um laser semicondutor de GaAs. Os buracos, os elétrons excitados e o feixe de laser estão confinados à camada de GaAs pelas camadas adjacentes dos tipos *n* e *p* de GaAlAs. (Adaptada de "Photonic Materials" por J. M. Rowell. Copyright © 1986 por Scientific American, Inc. Todos os direitos reservados.)

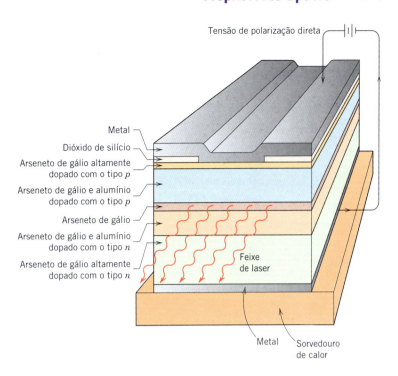

Tabela 21.2 Características e Aplicações de Vários Tipos de Lasers

Laser	Comprimentos de Onda (μm)	Faixa Média de Potências	Aplicações
Dióxido de carbono	10,6	Miliwatts a dezenas de quilowatts	Tratamento térmico, soldagem, corte, gravação e marcação
Nd:YAG	1,06 0,532	Miliwatts a centenas de watts Miliwatts a watts	Soldagem, perfuração de orifícios, corte
Nd:vidro	1,05	Watts[a]	Soldagem em pulsos, perfuração de orifícios
Diodos	Visível e infravermelho	Miliwatts a quilowatts	Leitura de código de barras, CDs e DVDs, comunicações ópticas
Argônio-íon	0,5415 0,488	Miliwatts a dezenas de watts Miliwatts a watts	Cirurgia, medições de distâncias, holografia
Fibra	Infravermelho	Watts a quilowatts	Telecomunicações, espectroscopia, armas de energia direcionada
Excimer	Ultravioleta	Watts a centenas de watts[b]	Cirurgia dos olhos, microusinagem, microlitografia

[a]Embora os lasers de vidro gerem potências médias relativamente baixas, eles quase sempre operam em modo pulsante, em que suas energias de pico podem atingir o nível do gigawatt.
[b]Os excimers também são lasers pulsantes e são capazes de potências de pico da ordem de dezenas de megawatts.
Fonte: Adaptada de BRECK, C., EWING, J. J. e HECHT, J. *Introduction to Laser Technology*, 4ª ed. Copyright © 2012 por John Wiley & Sons, Inc., Hoboken, NJ. Reimpressa com permissão de John Wiley & Sons, Inc.

transmitir todo o catálogo da iTunes de Nova Iorque para Londres. Uma única fibra é capaz de transmitir 250 milhões de conversas telefônicas a cada segundo. Seriam necessários 30.000 kg (30 toneladas) de cobre para transmitir a mesma quantidade de informação ao longo de uma milha (1,6 km) que apenas 0,1 kg ($\frac{1}{4}$ lb$_m$) de uma fibra óptica transmite.

O presente tratamento se concentra nas características das fibras ópticas; entretanto, em primeiro lugar, é importante discutir sucintamente os componentes e a operação do sistema de transmissão. Um diagrama esquemático mostrando esses componentes é apresentado na Figura 21.18. A informação (por exemplo, uma conversação telefônica) em formato eletrônico deve primeiro ser digitalizada em bits — isto é, em 1's e 0's; isso é realizado no codificador. Em seguida, é necessário converter esse sinal elétrico em um sinal óptico (fotônico), o que ocorre no conversor elétrico-óptico

Figura 21.18 Diagrama esquemático mostrando os componentes de um sistema de comunicações por fibra óptica.

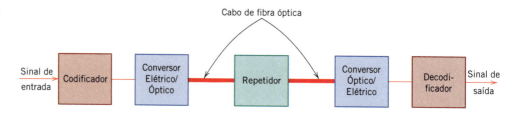

(Figura 21.18). Esse conversor consiste normalmente em um laser semicondutor, como descrito na seção anterior, que emite luz monocromática e coerente. O comprimento de onda fica normalmente entre 0,78 e 1,6 μm, que está na região infravermelha do espectro eletromagnético; as perdas por absorção são pequenas nessa faixa de comprimentos de onda. A saída desse conversor laser se dá na forma de pulsos de luz; um 1 binário é representado por um pulso de alta potência (Figura 21.19a), enquanto um 0 corresponde a um pulso de baixa potência (ou à ausência de um pulso) (Figura 21.19b). Esses sinais fotônicos em pulso são então alimentados e conduzidos através do cabo de fibra óptica (às vezes chamado de *guia de ondas*) até a extremidade receptora. Em transmissões de longa distância, podem ser necessários *repetidores*; esses dispositivos amplificam e regeneram o sinal. Finalmente, na extremidade receptora, o sinal fotônico é reconvertido em um sinal eletrônico e é então decodificado ("desdigitalizado").

O coração desse sistema de comunicações é a fibra óptica. Ela deve guiar esses pulsos de luz ao longo de grandes distâncias sem perda significativa na potência do sinal (isto é, atenuação) e sem distorção do pulso. Os componentes da fibra são o núcleo, o recobrimento e o revestimento; esses componentes estão representados no perfil de seção transversal mostrado na Figura 21.20. O sinal passa através do núcleo, enquanto o recobrimento que o envolve restringe a trajetória dos raios de luz ao interior do núcleo; o revestimento externo protege o núcleo e o recobrimento contra danos que possam resultar da abrasão e de pressões externas.

Usa-se vidro de sílica de alta pureza como o material da fibra; os diâmetros das fibras variam normalmente entre aproximadamente 5 e 100 μm. As fibras são relativamente isentas de defeitos e, dessa forma, são bastante resistentes; durante a produção, as fibras contínuas são testadas para assegurar que elas atendem a padrões mínimos de resistência.

A contenção da luz no interior do núcleo da fibra é possível devido à reflexão interna total — isto é, qualquer raio de luz que se desloque em um ângulo oblíquo ao eixo da fibra é refletido de volta ao interior do núcleo. A reflexão interna é obtida variando-se o índice de refração dos vidros do núcleo e do recobrimento. Nesse sentido, são empregados dois tipos de projeto. Em um desses tipos (denominado índice em degrau [*step-index*]), o índice de refração do recobrimento é ligeiramente menor que o do núcleo. O perfil do índice e o modo como ocorre a reflexão interna são mostrados nas Figuras 21.21b e 21.21d. Nesse projeto, o pulso de saída é mais largo que o pulso de entrada (Figuras 21.21c e 21.21e), o que é um fenômeno indesejável, uma vez que isso limita a taxa de transmissão. O alargamento do pulso resulta do fato de que, embora os vários raios de luz sejam injetados aproximadamente no mesmo instante, eles chegam ao ponto de saída em tempos diferentes, já que percorrem trajetórias diferentes e, dessa forma, têm comprimentos de percurso diferentes.

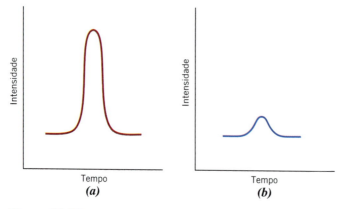

Figura 21.19 Esquema de codificação digital para comunicações ópticas. (*a*) Um pulso de fótons de alta potência corresponde a um "1" no formato binário. (*b*) Um pulso de fótons de baixa potência representa um "0".

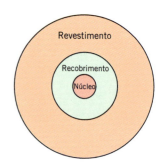

Figura 21.20 Seção transversal esquemática de uma fibra óptica.

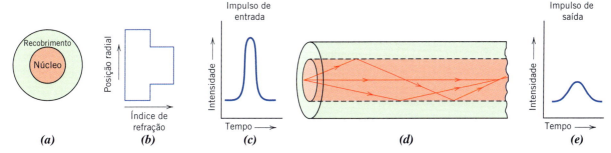

Figura 21.21 Projeto de fibra óptica com índice em degrau. (*a*) Seção transversal da fibra. (*b*) Perfil radial do índice de refração da fibra. (*c*) Pulso de luz na entrada. (*d*) Reflexão interna dos raios de luz. (*e*) Pulso de luz na saída.
(Adaptada de NAGEL, S. R. *IEEE Communications Magazine*, 25[4], 1987, p. 34.)

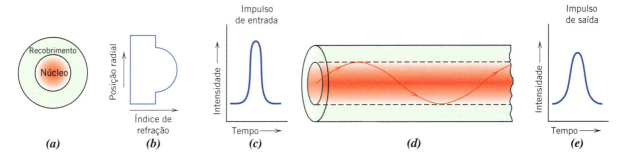

Figura 21.22 Projeto de fibra óptica com índice variável. (*a*) Seção transversal da fibra. (*b*) Perfil radial do índice de refração da fibra. (*c*) Pulso de luz na entrada. (*d*) Reflexão interna de um raio de luz. (*e*) Pulso de luz na saída.
(Adaptada de NAGEL, S. R. *IEEE Communications Magazine*, 25[4], 1987, p. 34.)

O alargamento dos pulsos é evitado em grande parte pela utilização do projeto com índice variável (*graded-index*). Nesse caso, impurezas, como o óxido de boro (B_2O_3) ou o dióxido de germânio (GeO_2), são adicionadas ao vidro de sílica tal que o índice de refração passa a variar parabolicamente ao longo da seção transversal (Figura 21.22*b*). Dessa forma, a velocidade da luz no interior do núcleo varia em função da posição radial, sendo maior na periferia do que no centro. Consequentemente, os raios de luz que percorrem trajetos mais longos através da periferia exterior do núcleo deslocam-se mais rápido nesse material com menor índice de refração e chegam ao ponto de saída aproximadamente ao mesmo tempo que os raios não desviados que passam através da fração central do núcleo.

Fibras excepcionalmente puras e de alta qualidade são fabricadas empregando-se técnicas de processamento avançadas e sofisticadas, as quais não são discutidas neste texto. As impurezas e outros defeitos que absorvem, espalham e, dessa maneira, atenuam o feixe de luz devem ser eliminados. A presença de cobre, ferro e vanádio é especialmente prejudicial; suas concentrações são reduzidas até a ordem de algumas partes por bilhão. Da mesma forma, os teores de água e de contaminantes à base de hidroxilas são extremamente baixos. A uniformidade das dimensões da seção transversal da fibra e o grau de circularidade do núcleo são cruciais; são possíveis tolerâncias desses parâmetros da ordem de 1 μm ao longo de 1 km (0,6 mi) de comprimento da fibra. Além disso, bolhas dentro do vidro e defeitos superficiais devem ser virtualmente eliminados. A atenuação da luz nesse vidro é imperceptivelmente pequena. Por exemplo, a perda de potência através de uma espessura de 16 km (10 mi) do vidro da fibra óptica é equivalente à perda de potência através de uma espessura de 25 mm (1 in) de um vidro de janela comum!

RESUMO

Radiação Eletromagnética
- O comportamento óptico de um material sólido é uma função das suas interações com a radiação eletromagnética que possui comprimentos de onda na região visível do espectro (aproximadamente 0,4 a 0,7 μm).
- A partir de uma perspectiva quântico-mecânica, a radiação eletromagnética pode ser considerada composta por fótons — grupos ou pacotes de energia que estão *quantizados* (isto é, eles só podem apresentar valores de energia específicos).
- A energia do fóton é igual ao produto entre a constante de Planck e a frequência da radiação (Equação 21.3).

688 • **Capítulo 21**

Interações da Luz com os Sólidos

- Os possíveis fenômenos interativos que podem ocorrer quando a radiação luminosa passa de um meio para outro são a refração, reflexão, absorção e transmissão.

- Em relação ao grau de transmissividade da luz, os materiais são classificados conforme a seguir:

  Transparente — a luz é transmitida através do material com muito pouca absorção e reflexão.

  Translúcido — a luz é transmitida de maneira difusa; existe algum espalhamento no interior do material.

  Opaco — virtualmente toda a luz é espalhada ou refletida, tal que nenhuma parcela é transmitida através do material.

Interações Atômicas e Eletrônicas

- Uma interação possível entre a radiação eletromagnética e a matéria é a polarização eletrônica — o componente de campo elétrico de uma onda de luz induz uma mudança na nuvem eletrônica ao redor de um átomo em relação ao seu núcleo (Figura 18.31a).

- Duas consequências da polarização eletrônica são a absorção e a refração da luz.

- A radiação eletromagnética pode ser absorvida pela excitação de elétrons de um estado de energia para outro de maior energia (Figura 21.3).

Propriedades Ópticas dos Metais

- Os metais são opacos como resultado da absorção e, então, reemissão da radiação luminosa por uma fina camada superficial exterior.

- A absorção ocorre pela excitação dos elétrons de estados de energia ocupados para estados não ocupados acima do nível da energia de Fermi (Figura 21.4a). A reemissão ocorre por transições de decaimento dos elétrons na direção inversa (Figura 21.4b).

- A cor percebida de um metal é determinada pela composição espectral da luz refletida.

Refração

- A radiação luminosa sofre refração nos materiais transparentes — isto é, a sua velocidade é reduzida e o feixe de luz é desviado ("dobrado") na interface.

- O fenômeno da refração é consequência da polarização eletrônica dos átomos ou íons. Quanto maior um átomo ou íon, maior o índice de refração.

Reflexão

- Quando a luz passa de um meio transparente para outro com um índice de refração diferente, parte da luz é refletida na interface.

- O grau de refletância depende dos índices de refração de ambos os meios, assim como do ângulo de incidência. Para uma incidência normal, a refletividade pode ser calculada usando a Equação 21.12.

Absorção

- Os materiais não metálicos puros ou são intrinsecamente transparentes ou são opacos.

  A opacidade resulta nos materiais com espaçamentos relativamente estreitos entre bandas ($E_e < 1,8$ eV), como consequência de uma absorção por meio da qual a energia de um fóton é suficiente para promover transições eletrônicas da banda de valência para a banda de condução (Figura 21.5).

  Os não metais transparentes apresentam espaçamentos entre bandas maiores que 3,1 eV.

  Para os materiais não metálicos que possuem espaçamento entre bandas entre 1,8 e 3,1 eV, apenas uma parcela do espectro visível é absorvida; esses materiais apresentam coloração.

- Ocorre alguma absorção da luz mesmo nos materiais transparentes, como consequência da polarização eletrônica.

- Nos materiais isolantes com largos espaçamentos entre bandas e que contêm impurezas, são possíveis processos de decaimento envolvendo elétrons excitados para estados dentro do espaçamento entre bandas com a emissão de fótons com energias menores que a energia do espaçamento entre bandas (Figura 21.6).

Cor

- Os materiais transparentes apresentam cor em consequência da absorção seletiva de faixas específicas de comprimentos de onda (geralmente pela excitação de elétrons).

- A cor percebida é um resultado da distribuição de faixas de comprimentos de onda no feixe transmitido.

Opacidade e Translucidez em Isolantes

- Os materiais normalmente transparentes podem tornar-se translúcidos ou até mesmo opacos se o feixe de luz incidente sofrer reflexão e/ou refração em seu interior.

- A translucidez e a opacidade, como resultado do espalhamento interno, podem ocorrer da seguinte maneira:

  (1) em materiais policristalinos com índices de refração anisotrópicos

  (2) em materiais bifásicos

  (3) em materiais que contêm pequenos poros

  (4) em polímeros altamente cristalinos

Luminescência

- Na luminescência, a energia é absorvida em consequência de excitações dos elétrons, a qual é reemitida subsequentemente como luz visível.

  Quando a luz é reemitida em menos de 1 s após a excitação, o fenômeno é denominado *fluorescência*.

  Para tempos de reemissão mais longos, o termo *fosforescência* é empregado.

- A *eletroluminescência* é o fenômeno pelo qual a luz é emitida como resultado de eventos de recombinação elétron-buraco que são induzidos em um diodo polarizado diretamente (Figura 21.11).

- O dispositivo que apresenta eletroluminescência é o diodo emissor de luz (LED).

Propriedades Ópticas • **689**

Fotocondutividade • A *fotocondutividade* é o fenômeno pelo qual a condutividade elétrica de alguns semicondutores pode ser melhorada por transições eletrônicas fotoinduzidas, nas quais são gerados elétrons livres e buracos adicionais.

Lasers • Feixes de luz coerentes e de alta intensidade são produzidos nos lasers por transições eletrônicas estimuladas.

• Em um laser de rubi, um feixe é gerado por elétrons que decaem retornando a seus estados fundamentais de Cr^{3+} a partir de estados excitados metaestáveis.

• O feixe de um laser semicondutor resulta da recombinação de elétrons excitados na banda de condução com buracos na banda de valência.

Fibras Ópticas em Comunicações • O emprego da tecnologia de fibras ópticas em nossas telecomunicações modernas proporciona uma transmissão de informações livre de interferências, rápida e intensa.

• Uma fibra óptica é composta pelos seguintes elementos:

Um núcleo através do qual os pulsos de luz se propagam

O recobrimento, que proporciona uma reflexão interna total e a contenção do feixe de luz no interior do núcleo

O revestimento, que protege o núcleo e o recobrimento contra danos.

Resumo das Equações

Número da Equação	Equação	Resolvendo para
21.1	$c = \dfrac{1}{\sqrt{\varepsilon_0 \mu_0}}$	A velocidade da luz no vácuo
21.2	$c = \lambda v$	Velocidade da radiação eletromagnética
21.3	$E = hv = \dfrac{hc}{\lambda}$	Energia de um fóton de radiação eletromagnética
21.6	$\Delta E = hv$	Energia absorvida ou emitida durante uma transição eletrônica
21.8	$\upsilon = \dfrac{1}{\sqrt{\varepsilon \mu}}$	Velocidade da luz em um meio
21.9	$n = \dfrac{c}{\upsilon} = \sqrt{\varepsilon_r \mu_r}$	Índice de refração
21.12	$R = \left(\dfrac{n_2 - n_1}{n_2 + n_1}\right)^2$	Refletividade na interface entre dois meios para uma incidência normal
21.18	$I'_T = I'_0 e^{-\beta x}$	Intensidade da radiação transmitida (perdas por reflexão não são consideradas)
21.19	$I_T = I_0 (1 - R)^2 e^{-\beta l}$	Intensidade da radiação transmitida (as perdas por reflexão são consideradas)

Lista de Símbolos

Símbolo	Significado
h	Constante de Planck ($6,63 \times 10^{-34}$ J·s)
I_0	Intensidade da radiação incidente
I'_0	Intensidade da radiação incidente não refletida
l	Espessura de um meio transparente
n_1, n_2	Índices de refração para os meios 1 e 2
υ	Velocidade da luz em um meio

(continua)

690 · Capítulo 21

(*continuação*)

Símbolo	Significado
x	Distância que a luz percorre em um meio transparente
β	Coeficiente de absorção
ε	Permissividade elétrica de um material
ε_0	Permissividade elétrica do vácuo ($8{,}85 \times 10^{-12}$ F/m)
ε_r	Constante dielétrica
λ	Comprimento de onda da radiação eletromagnética
μ	Permeabilidade magnética de um material
μ_0	Permeabilidade magnética do vácuo ($1{,}257 \times 10^{-6}$ H/m)
μ_r	Permeabilidade magnética relativa
ν	Frequência da radiação eletromagnética

Termos e Conceitos Importantes

absorção
constante de Planck
cor
diodo emissor de luz (LED — *light-emitting diode*)
eletroluminescência
estado excitado

estado fundamental
fluorescência
fosforescência
fotocondutividade
fóton
índice de refração
laser

luminescência
opaco
reflexão
refração
translúcido
transmissão
transparente

REFERÊNCIAS

FOX, M. *Optical Properties of Solids*, 2ª ed. Oxford: Oxford University Press, 2010.

FULAY, P. e LEE, J. K. *Electronic, Magnetic and Optical Materials*, 2ª ed. Boca Raton, FL: CRC Press, 2017.

GUPTA, M. C. e BALLATO, J. (editores). *The Handbook of Photonics*, 2ª ed. Boca Raton, FL: CRC Press, 2007.

HECHT, J. *Understanding Lasers: An Entry-Level Guide*, 3ª ed. Hoboken/Piscataway, NJ: Wiley-IEEE Press, 2008.

KINGERY, W. D., BOWEN, H. K. e UHLMANN, D. R. *Introduction to Ceramics*, 2ª ed. New York: John Wiley & Sons, 1976, Capítulo 13.

LOCHAROENRAT, K. *Optical Properties of Solids: An Introductory Textbook*. Boca Raton, FL: CRC Press, 2016.

ROGERS, A. *Essentials of Photonics*, 2ª ed. Boca Raton, FL: CRC Press, 2008.

SALEH, B. E. A. e TEICH, M. C. *Fundamentals of Photonics*, 2ª ed. Hoboken, NJ: John Wiley & Sons, 2007.

SVELTO, O. *Principles of Lasers*, 5ª ed. Nova York: Springer, 2010.

Capítulo 22 Questões Ambientais e Sociais na Ciência e Engenharia de Materiais

(a) Latas de bebidas feitas em uma liga de alumínio (à esquerda) e em aço (à direita). A lata de bebidas feita em aço sofreu corrosão significativa e, portanto, é biodegradável e não reciclável. Já a lata de alumínio não é biodegradável e é reciclável, uma vez que apresentou muito pouca corrosão.

(b) Um garfo feito a partir do polímero biodegradável poli(ácido lático) em vários estágios de degradação. Como observado, o processo completo de degradação tomou aproximadamente 45 dias.

(a)

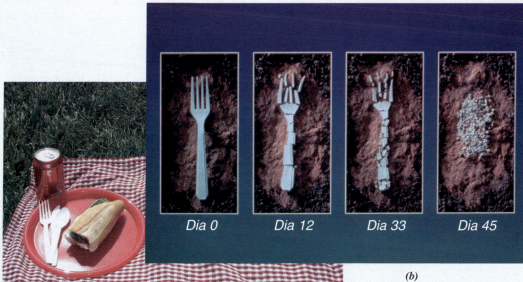

(b)

(c) Itens comuns de piquenique, alguns dos quais são recicláveis e/ou possivelmente biodegradáveis (um deles é comestível).

POR QUE ESTUDAR *Questões Ambientais e Sociais na Ciência e Engenharia de Materiais?*

Uma consciência das questões ambientais e sociais é importante para o engenheiro, uma vez que as demandas em relação aos recursos naturais do planeta estão aumentando a cada dia. Além disso, os níveis de poluição estão cada vez maiores. As decisões tomadas na engenharia de materiais têm impactos sobre o consumo de matérias-primas e de energia, a contaminação da nossa água e atmosfera, a saúde humana, a mudança global do clima e a capacidade de o consumidor reciclar ou descartar os produtos consumidos. A qualidade de vida para a geração atual e as gerações futuras depende, em certo grau, de como essas questões são abordadas pela comunidade mundial de engenharia.

Objetivos do Aprendizado

Após estudar este capítulo, você deverá ser capaz de fazer o seguinte:

1. Fazer um diagrama do ciclo total dos materiais e discutir sucintamente as questões relevantes que dizem respeito a cada estágio desse ciclo.

2. Listar as duas entradas e as cinco saídas para o esquema de análise/avaliação do ciclo de vida.

3. Citar questões relevantes para a filosofia de "projeto verde" no projeto de um produto.

4. Discutir as questões de reciclagem/descarte em relação aos (a) metais, (b) vidros, (c) plásticos e borrachas e (d) materiais compósitos.

22.1 INTRODUÇÃO

Em capítulos anteriores, tratamos de uma variedade de questões relacionadas com a ciência e engenharia de materiais, incluindo critérios que pudessem ser empregados em um processo de seleção de materiais. Muitos desses critérios de seleção estão relacionados com as propriedades dos materiais ou com uma combinação de propriedades — mecânicas, elétricas, térmicas, de corrosão, e assim por diante; o desempenho de um dado componente depende das propriedades do material a partir do qual ele foi fabricado. A capacidade de processamento ou a facilidade de fabricação de um componente também podem ter um papel importante no processo de seleção. Este livro em quase a sua totalidade, de uma maneira ou de outra, abordou essas questões relacionadas com as propriedades e com a fabricação.

Na prática da engenharia, outros critérios importantes também devem ser considerados no desenvolvimento de um produto comercializável. Alguns desses critérios envolvem questões ambientais e sociais, tais como poluição, descarte, reciclagem, toxicidade e energia. Este último capítulo oferece uma visão geral relativamente sucinta sobre considerações ambientais e sociais que são importantes na prática da engenharia.

22.2 CONSIDERAÇÕES AMBIENTAIS E SOCIAIS

As tecnologias modernas e a fabricação dos produtos a elas associados afetam a sociedade de várias maneiras — algumas são positivas, outras são adversas. Além disso, esses impactos são de natureza econômica e ambiental, e de abrangência internacional, uma vez que (1) os recursos necessários para uma nova tecnologia vêm, com frequência, de muitos países diferentes, (2) a prosperidade econômica resultante do desenvolvimento tecnológico é de âmbito global e (3) os impactos ambientais podem se estender além das fronteiras de um único país.

Os materiais têm um papel crucial nesse esquema tecnologia-economia-meio ambiente. Um material utilizado em algum produto final e que é então descartado passa por vários estágios ou fases; esses estágios estão representados na Figura 22.1, que é às vezes denominada *ciclo total dos materiais*, ou simplesmente *ciclo dos materiais*, e que representa o circuito de vida de um material, "do berço ao túmulo". Começando a partir da extremidade esquerda da Figura 22.1, as matérias-primas são extraídas de seus ambientes naturais no planeta por mineração, perfuração, cultivo e assim por diante. Essas matérias-primas são então purificadas, refinadas e convertidas em formas brutas, tais como metais, cimentos, petróleo, borrachas e fibras. A síntese e o processamento adicionais resultam em produtos que são o que pode ser denominado *materiais engenheirados*, tais como ligas metálicas, pós cerâmicos, vidros, plásticos, compósitos, semicondutores e elastômeros. Em seguida, esses materiais engenheirados são ainda conformados, tratados e montados em produtos, dispositivos e eletrodomésticos que estão prontos para o consumidor — isso constitui o estágio de

Figura 22.1
Representação esquemática do ciclo total dos materiais. (Adaptada de COHEN, M. *Advanced Materials & Processes*, 147[3], 1995, p. 70. Copyright © 1995 por ASM International. Reimpressa sob permissão de ASM International, Materials Park, OH.)

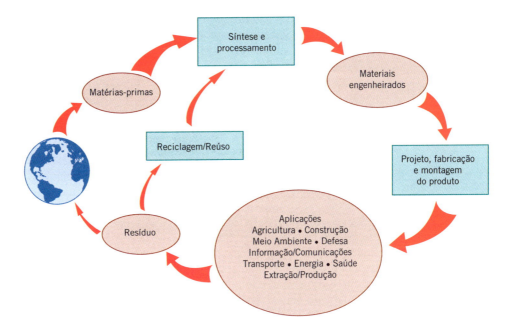

"projeto, fabricação e montagem do produto" na Figura 22.1. O consumidor adquire esses produtos e os utiliza (o estágio das "aplicações"), até que se deteriorem ou se tornem obsoletos e sejam descartados. Nessa hora, os constituintes do produto podem tanto ser reciclados/reutilizados (situação em que retornam ao ciclo dos materiais) ou eliminados como rejeito, sendo normalmente incinerados ou descartados como resíduos sólidos em aterros municipais — e, portanto, retornam para a terra e completam o ciclo dos materiais.

Foi estimado que em todo o mundo cerca de 15 bilhões de toneladas de matérias-primas são extraídas da terra a cada ano; algumas dessas matérias-primas são renováveis, enquanto outras não. Com o passar do tempo, está se tornando mais evidente que a Terra é virtualmente um sistema fechado em relação aos seus materiais constituintes e que seus recursos são finitos. Além disso, à medida que nossas sociedades amadurecem e as populações crescem, os recursos disponíveis tornam-se mais escassos, e maior atenção deve ser dada a uma utilização mais efetiva desses recursos em relação ao ciclo dos materiais.

É necessário suprir energia a cada estágio do ciclo; nos Estados Unidos, estimou-se que aproximadamente metade da energia consumida pelas indústrias manufatureiras seja gasta para produzir e fabricar materiais. A energia é um recurso que, em certo grau, possui um suprimento limitado, e medidas devem ser tomadas para conservá-la e utilizá-la de forma mais eficiente na produção, aplicação e descarte dos materiais.

Por fim, existem interações e impactos sobre o meio ambiente natural durante todos os estágios do ciclo dos materiais. As condições da atmosfera terrestre, da água e do solo dependem em grande parte do cuidado com o qual percorremos o ciclo dos materiais. Há certos danos ecológicos e deteriorações da paisagem que resultam indubitavelmente da extração das matérias-primas. Podem ser gerados poluentes que são liberados para o ar e para a água durante o estágio de síntese e processamento; além disso, quaisquer produtos químicos tóxicos que sejam produzidos precisam ser manejados ou descartados. O produto, dispositivo ou eletrodoméstico final deve ser projetado de forma que durante sua vida útil qualquer impacto sobre o meio ambiente seja mínimo; além disso, ao final de sua vida útil, deve-se fazer uma previsão para a reciclagem dos materiais que o compõem ou, pelo menos, para o descarte desses materiais com um mínimo de impacto ecológico (isto é, ele deve ser biodegradável).

A reciclagem de produtos usados, em vez do seu descarte como resíduo, é um procedimento desejável por diversas razões. Em primeiro lugar, o uso de materiais reciclados reduz a necessidade de extração de matérias-primas do planeta e, dessa forma, há conservação de recursos naturais e eliminação de quaisquer impactos ecológicos associados à fase de extração. Em segundo lugar, as necessidades de energia para o refino e o processamento de materiais reciclados são, normalmente, menores que as dos seus equivalentes naturais; por exemplo, aproximadamente 28 vezes mais energia é necessária para refinar minérios naturais de alumínio do que para reciclar as sucatas de latas de bebidas de alumínio. Por fim, não existe necessidade de descarte dos materiais reciclados.

Dessa forma, o ciclo dos materiais (Figura 22.1) é realmente um sistema que envolve interações e trocas entre materiais, energia e o meio ambiente. Além disso, os futuros engenheiros, em todo o mundo, devem compreender as inter-relações entre esses vários estágios, de modo a usar de maneira efetiva os recursos do planeta e minimizar os efeitos ecológicos adversos sobre nosso meio ambiente.

Em muitos países, os problemas e as questões ambientais estão sendo abordados pelo estabelecimento de normas impostas por agências governamentais de regulamentação (por exemplo, o uso de chumbo em componentes eletrônicos está sendo eliminado). De uma perspectiva industrial, a proposição de soluções viáveis para questões ambientais existentes e potenciais torna-se uma incumbência dos engenheiros.

A correção de qualquer problema ambiental que esteja associado ao processo de fabricação influencia o preço final do produto. Um conceito errado comum é o de que um produto ou processo mais ecologicamente correto será inerentemente mais caro que um não ecologicamente correto. Os engenheiros que utilizam raciocínios não usuais, "fora da caixa", podem gerar produtos/processos melhores e mais baratos. Outra consideração está relacionada a como se define o *custo*; nesse sentido, é essencial considerar a totalidade do ciclo de vida e todos os fatores relevantes (incluindo o descarte e questões relacionadas com o impacto ambiental).

Um procedimento que está sendo implementado pela indústria para melhorar o desempenho de seus produtos em relação ao meio ambiente é denominado *análise/avaliação do ciclo de vida*. Nesse procedimento para o projeto de um produto, é considerada a avaliação ambiental do produto desde "o berço até o túmulo", ou seja, desde a extração do material e a fabricação do produto até seu uso e, por fim, sua reciclagem e descarte; às vezes esse procedimento também é denominado *projeto verde*. Uma fase importante desse procedimento é a quantificação das várias entradas (isto é, materiais e energia) e saídas (isto é, rejeitos) para cada fase do ciclo de vida; isso está representado esquematicamente na Figura 22.2. Além disso, uma avaliação em relação aos impactos sobre o meio ambiente é conduzida, tanto no âmbito global quanto no local, em termos dos efeitos sobre a ecologia, a saúde humana e as reservas de recursos.

Um dos termos do momento em relação aos aspectos ambientais, econômicos e sociais é *sustentabilidade*. Nesse contexto, sustentabilidade representa a habilidade de manter um estilo de vida aceitável na atualidade e em um futuro indefinido ao mesmo tempo que se preserva o meio ambiente. Isso significa que, ao longo do tempo e conforme as populações crescem, os recursos do planeta devem ser usados em uma taxa tal que eles possam ser recuperados naturalmente e que os níveis de emissões de poluentes sejam mantidos sob condições aceitáveis. Para os engenheiros, o conceito de sustentabilidade se traduz em ser responsável pelo desenvolvimento de produtos sustentáveis. Um padrão aceito internacionalmente, a ISO 14001, foi estabelecido para auxiliar as organizações no cumprimento das leis e regulamentações aplicáveis e para abordar o equilíbrio delicado entre ser lucrativo e reduzir os impactos sobre o meio ambiente.[1]

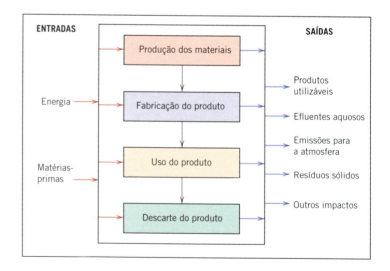

Figura 22.2 Representação esquemática de um inventário de entradas/saídas para a avaliação do ciclo de vida de um produto. (Adaptada de SULLIVAN, J. L. e YOUNG, S. B. *Advanced Materials & Processes*, 147[2], 1995, p. 38. Copyright © 1995 por ASM International. Reimpressa sob permissão da ASM International, Materials Park, OH.)

---

[1] A *International Organization for Standardization* (Organização Internacional de Padronização), também conhecida como *ISO*, é um organismo mundial composto por representantes de várias organizações nacionais de padronização que estabelece e dissemina padrões industriais e comerciais.

22.3 QUESTÕES SOBRE RECICLAGEM NA CIÊNCIA E ENGENHARIA DE MATERIAIS

A reciclagem e o descarte são estágios importantes do ciclo dos materiais nos quais a ciência e a engenharia dos materiais têm um papel significativo. As questões de reciclabilidade e descartabilidade são importantes quando novos materiais estão sendo projetados e sintetizados. Durante o processo de seleção de materiais, o descarte final dos materiais empregados deve ser um critério importante. Vamos concluir esta seção com uma discussão sucinta de várias dessas questões sobre reciclabilidade e descartabilidade.

A partir de uma perspectiva ambiental, o material ideal deveria ser ou totalmente reciclável ou completamente biodegradável. *Reciclável* significa que um material, após completar seu ciclo de vida em um componente, poderia ser reprocessado, reentrar no ciclo dos materiais e ser reutilizado em outro componente — em um processo que poderia ser repetido um número indefinido de vezes. Por *completamente biodegradável* queremos dizer que, por meio de interações com o meio ambiente (produtos químicos naturais, microrganismos, oxigênio, calor, luz do sol etc.), o material se deteriora e retorna virtualmente ao mesmo estado no qual existia antes de seu processamento inicial. Os materiais aplicados em engenharia exibem graus variáveis de reciclabilidade e biodegradabilidade.

Um desafio de reciclagem significativo é a separação de vários materiais recicláveis que se encontram misturados, encontrados em componentes multimateriais — por exemplo, automóveis, componentes eletrônicos e eletrodomésticos. Foram desenvolvidas técnicas de separação, a maioria das quais envolve processos de esmagamento, trituração, limpeza e moagem projetados para produzir partículas relativamente finas. Por exemplo, uma fonte comum de materiais recicláveis é o ferro-velho de automóveis. Equipamentos gigantescos, consistindo em guindastes, esteiras transportadoras, laminadoras e moinhos de martelo são capazes de triturar por completo um automóvel em aproximadamente 20 segundos. Além disso, algumas técnicas engenhosas foram concebidas para separar os vários materiais dos conglomerados de partículas trituradas. Por exemplo, a maioria das ligas ferrosas, uma vez que são ferromagnéticas, podem ser removidas usando técnicas de separação magnética. Um separador de corrente de Foucault (usando um forte eletroímã) fornece forças repulsivas e ejeta as ligas não ferrosas do conjunto restante de materiais misturados. Os itens feitos a partir de materiais de baixa massa específica podem ser separados daqueles de alta massa específica usando uma mesa densimétrica. À medida que os materiais misturados se movem ao longo de uma plataforma inclinada, um ventilador sopra ar pressurizado ao longo da superfície da plataforma, o que levanta os itens mais leves; a vibração da plataforma desvia os itens pesados para um lado e os itens mais leves para outro. Outras técnicas de separação continuam os processos de separação para os tipos gerais de materiais.

Metais

A maioria das ligas metálicas (por exemplo, aquelas com Fe ou Cu), em maior ou em menor grau, sofre corrosão e é biodegradável. Entretanto, alguns metais (por exemplo, Hg, Pb) são tóxicos e, quando colocados em aterros, podem representar um perigo à saúde. Além disso, embora as ligas da maioria dos metais sejam recicláveis, não é factível a reciclagem de todas as ligas de todos os metais. Adicionalmente, a qualidade das ligas recicladas tende a diminuir após cada ciclo (isto é, elas são deterioradas a cada ciclo, ou "*down-cycled*").

Os projetos dos produtos devem possibilitar a desmontagem de componentes compostos por diferentes ligas. A junção de ligas diferentes apresenta problemas de contaminação; por exemplo, se duas ligas semelhantes tiverem que ser unidas, é preferível uma soldagem em lugar da utilização de parafusos ou rebites. Os revestimentos (pinturas, camadas anodizadas, revestimentos metálicos de superfície etc.) também podem atuar como contaminantes e tornar o material não reciclável. Esses exemplos ilustram a razão por que é tão importante considerar a totalidade do ciclo de vida de um produto nos estágios iniciais de seu projeto.

As ligas de alumínio são muito resistentes à corrosão e, portanto, não são biodegradáveis. Felizmente, no entanto, elas podem ser recicladas; na verdade, o alumínio é o metal não ferroso reciclável mais importante. Uma vez que o alumínio não é corroído com facilidade, ele pode ser totalmente recuperado. Menos energia é necessária para refinar o alumínio reciclado em comparação à energia necessária para sua produção primária. Além disso, muitas ligas comercialmente disponíveis foram projetadas para acomodar a contaminação por impurezas. As principais fontes de alumínio reciclado são as latas de bebidas usadas e as sucatas de automóveis.

Vidro

O material cerâmico consumido nas maiores quantidades pelo público em geral é o vidro, na forma de recipientes. O vidro é um material relativamente inerte e, como tal, não se decompõe; dessa forma, ele não é biodegradável. Uma proporção significativa dos aterros municipais consiste em sucatas de vidros; isso também é verdade para os resíduos de incineradores. O vidro é um material reciclável ideal —pode ser reciclado várias vezes sem uma depreciação significativa da sua qualidade.

Os resíduos de vidro devem ser classificados pela cor (por exemplo, transparente, âmbar e verde) e pela composição [soda-cal, com chumbo e borossilicato (ou Pyrex)];[2] isso é seguido por um processo de lavagem para remover quaisquer contaminantes. O próximo estágio envolve o esmagamento e a moagem dos resíduos de vidro em pequenos pedaços denominados *cacos*. Podem ser usados aditivos para descolorir (remover qualquer cor) ou recolorir (mudar a cor) dos cacos. Por fim, os cacos podem ser fundidos e conformados em produtos úteis (por exemplo, recipientes de vidro) ou ser usados em outros mercados que incluem os seguintes: agregados no concreto, isolamento de paredes com fibras de vidro, bancadas, abrasivos e agentes fundentes em tijolos (durante o cozimento).

Plásticos e Borrachas

Uma das razões por que os polímeros sintéticos são tão populares como materiais de engenharia é sua inércia química e biológica. Em contrapartida, essa característica é realmente um problema quando se trata do descarte dos rejeitos. A maioria dos polímeros não é biodegradável e, como tal, não se biodegrada nos aterros sanitários; as principais fontes de rejeitos são as embalagens, as sucatas de automóveis, os pneus de automóveis e os produtos domésticos duráveis. Polímeros biodegradáveis têm sido sintetizados, mas sua produção é relativamente cara (veja o destaque de Materiais de Importância a seguir). Entretanto, uma vez que alguns polímeros são combustíveis e não emitem níveis apreciáveis de materiais tóxicos ou poluentes, eles podem ser descartados por incineração.

Termoplásticos

Os polímeros termoplásticos são suscetíveis à recuperação e à reciclagem, uma vez que podem ser novamente conformados mediante seu aquecimento. Além dos estágios de separação observados anteriormente (isto é, trituração, limpeza e moagem), é necessário classificar as partículas de plásticos pela cor e pela composição. A classificação pela cor pode ser conduzida por meio de um detector fotoelétrico, que identifica as partículas de uma cor específica; uma pistola de ar então sopra as partículas de todas as demais cores da corrente de resíduos. Uma técnica para a classificação pela composição utiliza técnicas de flotação emprestadas da indústria de processamento mineral; os materiais plásticos também são separados de seus contaminantes (por exemplo, cargas, Seção 15.22) usando técnicas similares.

Em alguns países, a classificação dos materiais de embalagens pelo tipo é facilitada pelo uso de um código de identificação numérico; por exemplo, o "1" representa o poli(tereftalato de etileno) (PET ou PETE). A Tabela 22.1 apresenta esses códigos numéricos de reciclagem e os respectivos materiais a eles associados. Também estão incluídas na tabela as aplicações para os materiais virgens e reciclados.

Um plástico reciclado custa menos que o material original, e a qualidade e a aparência são, em geral, reduzidas após cada ciclo de reciclagem.

Borrachas

As borrachas apresentam desafios para o descarte e reciclagem. Quando vulcanizadas, são materiais termofixos, o que torna difícil a reciclagem química. Além disso, também podem conter uma variedade de cargas. A principal fonte de sucatas de borrachas nos Estados Unidos vem dos pneus de automóveis descartados, que são altamente não biodegradáveis. O descarte em aterros sanitários não é, em geral, uma opção viável, pois eles são volumosos e flutuam quando imersos em água; adicionalmente, os incêndios que ocorrem em montes de pneus descartados são extremamente difíceis de apagar.

Apesar desses desafios, uma grande proporção dos pneus descartados nos Estados Unidos está sendo reciclada na forma de produtos úteis e inovadores. A reciclagem começa com a trituração dos pneus na forma de pedaços com aproximadamente 20 mm (3/4 in) de tamanho. Nesse ponto, o reforço de arame em aço é separado da corrente principal com o emprego de imãs e então é vendido como sucata. Os pedaços de borracha são reduzidos ainda mais em tamanho para formar partículas de "borracha ralada", tão pequenas que podem chegar a medir 600 μm.

---

[2]Os vidros termicamente resistentes, tais como os de borossilicato, precisam ser separados dos outros tipos, pois eles (os borossilicatos) possuem pontos de fusão relativamente altos e vão afetar a viscosidade de um vidro fluido em temperaturas elevadas (veja a Figura 13.14).

Questões Ambientais e Sociais na Ciência e Engenharia de Materiais • 697

Tabela 22.1 Códigos de Reciclagem, Usos para o Material Virgem e Produtos Reciclados para Vários Polímeros Comerciais

Código de Reciclagem	Nome do Polímero	Usos para o Material Virgem	Produtos Reciclados
♳ 1	Poli(tereftalato de etileno) (PET ou PETE)	Garrafas de refrigerantes, recipientes para alimentos, filmes para ir ao forno, recipientes para medicamentos	Fitas industriais, vestimentas, cordas, tecidos para estofamento, enchimento de fibras para casacos de inverno e sacos de dormir, carpetes, materiais de construção
♴ 2	Polietileno de alta densidade (HDPE ou PEAD)	Garrafas para leite, sacolas de supermercado, brinquedos, peças de baterias, recipientes de óleo para motor	Tubos de dreno e conexões de tubulações, tanques, tábuas de corte, latões de lixo para reciclagem, madeira plástica, corda
♵ 3	Poli(cloreto de vinila) (PVC) ou vinil (V)	Embalagens transparentes para produtos alimentícios, frascos para xampus, molduras de janela, tubos medicinais	Tubos de irrigação, laterais para construção de casas, cercas, mangueiras, corais artificiais
♶ 4	Polietileno de baixa densidade (LDPE ou PEBD)	Sacos plásticos transparentes, tampas para recipientes de alimentos, adesivos, brinquedos	Latões para compostagem, filmes plásticos, envelopes de remessa, filmes retráteis, mobília para gramados
♷ 5	Polipropileno (PP)	Frascos esterilizáveis, tampas de garrafa, bandejas de alimentos para ir ao micro-ondas, recipientes para alimentos (tais como potes de margarina), frascos medicinais, copos plásticos reutilizáveis	Compartimentos para armazenagem, contêineres e paletes para remessas, raspadores de gelo, vassouras e escovas, ancinhos de jardim, peças de automóveis, fibras para cobertores e enchimento de casacos, carpetes
♸ 6	Poliestireno (PS)	Itens para serviços de alimentação — copos, facas, colheres, garfos, carcaças de eletrônicos, embalagens de espuma, tais como recipientes para sanduíches de lanchonetes, capas de DVD	Espelhos de interruptores de luz, réguas, isolamento térmico, moldes arquitetônicos de plástico, bandejas de serviço de alimentação, copos descartáveis
♹ 7	Outros — Resina não está listada nos Códigos 1-6 acima [tal como o poli(ácido lático)] ou é uma mistura de vários tipos de resinas	Frascos de ketchup, embalagens para alimentos, sacos para cozimento em forno	Canetas, raspadores de gelo, madeira plástica

As aplicações para os pneus reciclados incluem as seguintes:

- Material à base de asfalto emborrachado para pavimentação de rodovias — contém entre 15% e 22% de borracha ralada, custa menos, dura mais e proporciona uma viagem mais suave e silenciosa.

- Superfícies para atividades esportivas (campos de futebol, pistas de corrida e trilhas equestres) — melhora a absorção de impacto e a elasticidade, reduz a presença de lodo e poeira, a superfície seca rapidamente, e existem menos danos durante um congelamento.

- Cobertura de borracha para paisagismo e áreas de lazer — longa durabilidade e não atrai cupins.

- Sandálias tipo chinelo.

- Combustível para algumas aplicações industriais (por exemplo, fábricas de cimento, usinas de energia e moinhos).

- Também usado em capachos de boas-vindas, quebra-molas portáveis para redução de velocidade e dormentes de ferrovias.

As alternativas recicláveis mais viáveis para as borrachas tradicionais são os elastômeros termoplásticos (Seção 15.20). Sendo de natureza termoplástica, eles não estão ligados quimicamente com ligações cruzadas e, dessa forma, são reconfigurados com facilidade. Além disso, as necessidades de energia para a produção das borrachas termoplásticas são menores que as das borrachas termofixas, uma vez que não é necessária uma etapa de vulcanização durante o processo de fabricação.

698 • **Capítulo 22**

Materiais Compósitos

Os compósitos são inerentemente difíceis de serem reciclados, pois são materiais multifásicos. As duas ou mais fases/materiais que constituem o compósito estão normalmente misturadas em uma escala muito fina, e a tentativa de separá-las durante a reciclagem é um processo difícil. A maioria das técnicas de reciclagem desenvolvidas é para compósitos com matriz polimérica reforçados com fibras de vidro e carbono. A matriz polimérica pode ser um termoplástico (que amolece quando aquecido e endurece quando resfriado) ou um termofixo (que após o endurecimento não vai amolecer ao ser aquecido). Três tipos de processos de reciclagem podem ser usados para matrizes tanto termoplásticas quanto termofixas, conforme a seguir:

- Mecânico — o material compósito é reduzido a partículas pequenas usando técnicas de trituração/moagem/fresamento. O reciclado pulverizado pode ser então incorporado a outro compósito para funcionar como um enchimento ou uma fase de reforço.
- Térmico — as fibras são recuperadas da matriz por meio de um tratamento térmico do compósito; em algumas técnicas, a matriz é vaporizada. Dessa forma, o objetivo da reciclagem térmica é obter fibras de alta qualidade que possam ser reusadas. As fibras recuperadas terão comprimentos pequenos e as suas propriedades podem estar depreciadas. Adicionalmente, pode ser gerada energia térmica útil.
- Químico — a separação das fibras e da matriz pode ser realizada por meio de uma reação química; a recuperação das fibras é o objetivo principal. A matriz pode ser convertida em outras substâncias, que podem ser perigosas e exigir um processamento adicional.

Tanto as técnicas térmicas quanto as químicas também podem ser precedidas por tratamentos mecânicos.

Os compósitos com matrizes termoplásticas podem ser remoldados sem ter que ser triturados ou moídos em pequenas partículas. Por outro lado, os reciclados com matriz termoplástica pulverizada também podem ser conformados por moldagem.

A moldagem não é possível para compósitos com matriz termofixa reforçados com fibras. Duas formas gerais de reciclagem utilizam esses materiais: (1) as fibras que foram extraídas desses materiais (termicamente ou quimicamente) podem ser recicladas – isto é, reusadas como materiais de reforço em outras aplicações; e (2) os reciclados pulverizados podem ser usados como constituintes (isto é, enchimentos e reforços substitutos) em novos compósitos.

Os compósitos de fibra de vidro reciclados são usados nas seguintes aplicações: materiais em madeira artificial, pisos, meios-fios e calçadas de concreto (para diminuir o encolhimento e aumentar a durabilidade); asfalto; piche para calafetação de telhados; e tampos de bancada fundidos. As aplicações para compósitos reforçados com fibras de carbono reciclados incluem as seguintes: blindagem eletromagnética, tintas e revestimentos antiestáticos, isolamento para altas temperaturas, ferramental para compósitos e componentes moldados para automóveis.

Resíduos Eletrônicos (e-Resíduos)

O advento dos nossos dispositivos eletrônicos modernos criou outro tipo de resíduo — o *resíduo eletrônico*, ou *e-resíduo*, que necessita ser descartado (em aterros ou incinerado) ou reciclado. Dispositivos eletrônicos obsoletos, ultrapassados, descartados e quebrados (por exemplo, computadores, laptops, telefones celulares, tablets, televisores, monitores, impressoras) tornam-se parte dessa corrente de resíduos eletrônicos. A rápida expansão da tecnologia e o crescente apetite por aparelhos eletrônicos novos, melhores e mais baratos resultaram na geração de e-resíduos a uma taxa impressionante.

Um grande número e uma ampla variedade de materiais são encontrados nos e-resíduos. Alguns desses são perigosos e/ou tóxicos e devem ser prevenidos de entrar no solo, no lençol freático e na atmosfera; os principais incluem os seguintes: chumbo, cádmio, cromo, mercúrio, retardantes de chamas à base de bromo (*brominated flame retardant* — *BFR*) (BFRs adicionados a polímeros) e óxido de berílio. Os materiais não perigosos incluem o cobre, alumínio, ouro, ferro, paládio, estanho, resinas epóxi, poli(cloreto de vinila) e fibras de vidro. Alguns materiais de ambos os tipos são suscetíveis à reciclagem.

Infelizmente, poucos e uma pequena quantidade desses materiais são reciclados. Com frequência, os resíduos eletrônicos enviados a recicladores nos Estados Unidos, Canadá e Europa são exportados para países em desenvolvimento. Lá, os resíduos são processados em ambientes que são virtualmente desregulamentados, usando tecnologias primitivas (por exemplo, o derretimento de placas de circuitos, a queima de revestimentos de cabos e a separação de metais que podem ser reciclados usando lixiviação com poço aberto). As substâncias tóxicas geradas usando essas técnicas representam sérios riscos à saúde dos recicladores. Além disso, muitos desses e-resíduos contendo materiais tóxicos são queimados ou despejados em aterros, o que leva a uma contaminação do meio ambiente que é muito perigosa aos residentes locais.

MATERIAIS DE IMPORTÂNCIA 22.1

Polímeros/Plásticos Biodegradáveis e Biorrenováveis

A maioria dos polímeros fabricados atualmente é sintética e à base de petróleo. Esses materiais sintéticos (por exemplo, polietileno, poliestireno) são extremamente estáveis e resistentes à degradação, sobretudo em ambientes úmidos. Nas décadas de 1970 e 1980, temia-se que o grande volume de resíduos plásticos que estavam sendo gerados contribuiria para o enchimento de toda a capacidade dos aterros disponíveis. Dessa forma, a resistência à degradação dos polímeros foi vista como um problema, em vez de uma vantagem. A introdução de polímeros biodegradáveis foi vislumbrada como um meio de eliminar parte desses resíduos dispostos em aterros, e a resposta da indústria dos polímeros foi o início do desenvolvimento de materiais biodegradáveis.

Os *polímeros biodegradáveis* são aqueles que se degradam naturalmente no meio ambiente, em geral por ação microbiana. Em relação ao mecanismo de degradação, os micróbios rompem as ligações nas cadeias poliméricas, o que leva a uma diminuição do tamanho da molécula; essas moléculas menores podem ser então ingeridas por micróbios, em um processo semelhante à compostagem de plantas. Obviamente, os polímeros naturais, tais como lã, algodão e madeira, são biodegradáveis, já que os micróbios podem digerir prontamente esses materiais.

A primeira geração desses materiais biodegradáveis foi baseada em polímeros comuns, tais como o polietileno. Eram adicionados compostos que faziam com que esses materiais se decompusessem pela luz solar (isto é, que ficassem fotodegradáveis), oxidassem pela reação com o oxigênio do ar e/ou degradassem biologicamente. Infelizmente, essa primeira geração não atendeu às expectativas. Eles degradavam lentamente (quando muito), e a redução antecipada nos resíduos destinados a aterros não foi conseguida. Essas decepções iniciais deram aos polímeros biodegradáveis uma má reputação, que impediu seu desenvolvimento. Como resposta, a indústria de polímeros instituiu padrões que medem com precisão a taxa de degradação, assim como caracterizam o modo de degradação. Esses desenvolvimentos levaram a um renovado interesse pelos polímeros biodegradáveis.

O desenvolvimento da geração atual de polímeros biodegradáveis está direcionado com frequência a aplicações específicas que se aproveitam de seus curtos tempos de vida. Por exemplo, sacos biodegradáveis para folhas e outros resíduos de jardim podem ser usados para conter matéria compostável, o que elimina a necessidade de se retirar o material dos sacos.

Outra aplicação importante dos plásticos biodegradáveis é como filmes de cobertura em agricultura (Figura 22.3). Nas regiões mais frias do mundo, a cobertura dos leitos de cultivo com filmes plásticos pode estender a temporada de cultura, aumentando os rendimentos das colheitas

Figura 22.3 Filmes de cobertura plástica biodegradável colocados sobre plantações que estão sendo cultivadas.

e, além disso, reduzindo custos. Os filmes plásticos absorvem calor, elevam a temperatura do solo e aumentam a retenção de umidade. Tradicionalmente, filmes pretos de polietileno (não biodegradáveis) eram usados. No entanto, ao final da temporada de crescimento, esses filmes tinham que ser recolhidos manualmente do campo e descartados, já que não se decompunham/biodegradavam. Mais recentemente, foram desenvolvidos plásticos biodegradáveis para serem empregados como filmes de cobertura. Após as safras serem colhidas, esses filmes são simplesmente arados, indo para o interior do solo e enriquecendo-o, à medida que se decompõem.

Existem outras oportunidades potenciais para esse grupo de materiais na indústria de lanchonetes (*fast-food*). Por exemplo, se todos os pratos, copos, embalagens e assim por diante forem feitos de materiais biodegradáveis, eles poderão ser misturados e triturados com os resíduos de alimentos e então compostados em operações de larga escala. Essas medidas não apenas reduziriam as quantidades de materiais colocados em aterros, mas, se os polímeros fossem derivados de materiais renováveis, elas também resultariam em uma redução nas emissões de gases do efeito estufa.

Com o objetivo de reduzir nossa dependência em relação ao petróleo e também as emissões de gases do efeito estufa, tem havido um grande esforço para desenvolver polímeros biodegradáveis que também sejam *biorrenováveis* — com base em materiais derivados de plantas (*biomassa*[3]). Esses novos materiais devem ser competitivos em termos de custo com os polímeros existentes e devem ser

---

[3]*Biomassa* refere-se a materiais biológicos, tais como caules, folhas e sementes de plantas, que podem ser usados como combustível ou como matéria-prima para a indústria.

capazes de serem processados por meio de técnicas convencionais (extrusão, moldagem por injeção etc.).

Ao longo dos últimos 30 anos, inúmeros polímeros biorrenováveis foram sintetizados com propriedades comparáveis às dos materiais derivados do petróleo; alguns são biodegradáveis, enquanto outros não. Talvez o mais conhecido entre esses polímeros bioderivados seja o *poli(ácido l-lático)* [abreviado PLA — *poly(l-lactic acid)*], que possui a seguinte estrutura de unidade repetida:

$$\left[\begin{array}{c} H \\ | \\ C \\ | \\ CH_3 \end{array} \begin{array}{c} O \\ \| \\ C \end{array} O \right]_n$$

Comercialmente, o PLA é derivado do ácido lático; no entanto, as matérias-primas para sua fabricação são produtos renováveis ricos em amido, tais como milho, açúcar de beterraba e trigo. Mecanicamente, o módulo de elasticidade e o limite de resistência à tração do PLA são comparáveis aos do poli(tereftalato de etileno), e a copolimerização com outros polímeros biodegradáveis {por exemplo, poli(ácido glicólico) [PGA — *poly(glycolic acid)*]} promove alterações em suas propriedades que viabilizam o emprego de processos de fabricação convencionais, tais como a moldagem por injeção, extrusão, moldagem por sopro e conformação em fibras. Outras de suas propriedades tornam o PLA desejável como um material para embalagens, especialmente para bebidas e produtos alimentícios — transparência, resistência ao ataque pela umidade e graxa, ausência de odor e características de impermeabilidade a odores. Além disso, o PLA também é *bioabsorvível*, significando que é assimilado (ou absorvido) em sistemas biológicos — por exemplo, o corpo humano. Dessa forma, ele tem sido usado em diversas aplicações biomédicas, incluindo suturas reabsorvíveis, implantes e a liberação controlada de drogas.

O principal obstáculo ao amplo uso do PLA e de outros polímeros biodegradáveis tem sido o alto custo, um problema comum associado à introdução de novos materiais. No entanto, o desenvolvimento de técnicas de síntese e de processamento mais eficientes e econômicas resultou em uma redução significativa no custo dessa classe de materiais, tornando-os mais competitivos em relação aos polímeros convencionais à base de petróleo.

Embora o PLA seja biodegradável, ele só degrada sob circunstâncias cuidadosamente controladas — isto é, sob as temperaturas elevadas geradas em instalações de compostagem comerciais. À temperatura ambiente e sob condições ambientes normais, ele é indefinidamente estável. Os produtos de sua degradação consistem em água, dióxido de carbono e matéria orgânica. Em seus estágios iniciais, o processo de degradação no qual um polímero de alto peso molecular é quebrado em partes menores não é realmente um processo de "biodegradação" conforme descrito antes; em vez disso, ele envolve uma clivagem hidrolítica da cadeia principal do polímero, havendo pouca ou nenhuma evidência de ação microbiana. No entanto, a degradação subsequente desses fragmentos de menor peso molecular é microbiana.

O poli(ácido lático) também é reciclável — com o equipamento correto, ele pode ser convertido novamente no monômero original e então ressintetizado para formar PLA.

Inúmeras outras características do PLA o tornam um material especialmente atrativo, sobretudo em aplicações têxteis. Por exemplo, ele pode ser fiado na forma de fibras com o emprego de processos convencionais de fiação do material fundido (Seção 15.25). Além disso, o PLA possui excelente dobradura e retenção das dobraduras, é resistente à degradação quando exposto à luz ultravioleta (isto é, resiste ao desbotamento) e é relativamente resistente ao fogo. Outras aplicações potenciais para esse material incluem mobiliário doméstico, tal como em cortinas, estofados e toldos, assim como em fraldas e panos industriais de limpeza.

Exemplos de aplicações para o poli(ácido lático) biodegradável/biorrenovável: filmes, embalagens e tecidos.

RESUMO

Considerações Ambientais e Sociais

- Os impactos ambientais e sociais do processo produtivo estão se tornando questões significativas na engenharia. Nesse sentido, o ciclo de vida de um material "do berço ao túmulo" é uma consideração importante.
- Esse ciclo "do berço ao túmulo" consiste nos estágios de extração, síntese/processamento, projeto/fabricação do produto, aplicação e descarte (Figura 22.1).
- A operação eficiente do ciclo dos materiais fica facilitada com o emprego de um inventário de entradas/saídas para a avaliação do ciclo de vida de um produto. Os materiais e a energia são os parâmetros de

entrada, enquanto as saídas incluem os produtos usáveis, os efluentes aquosos, as emissões para a atmosfera e os resíduos sólidos (Figura 22.2).

- A Terra é um sistema fechado, no sentido de que seus recursos materiais são finitos; em certo grau, o mesmo pode ser dito a respeito dos recursos energéticos. As questões ambientais envolvem os danos ecológicos, a poluição e o descarte de rejeitos.
- A reciclagem de produtos usados e a implantação de um projeto verde reduzem alguns desses problemas ambientais.

Questões Sobre Reciclagem na Ciência e Engenharia de Materiais

- As questões da reciclabilidade e da descartabilidade são importantes no contexto da ciência e engenharia dos materiais. De maneira ideal, um material deveria ser, na melhor das hipóteses, reciclável e, no mínimo, biodegradável ou descartável.
- Foram concebidas técnicas para separar os materiais recicláveis misturados em componentes multimateriais.
- Em relação à reciclabilidade/descartabilidade dos vários tipos de materiais:

    Entre as ligas metálicas, existem vários graus de reciclabilidade e biodegradabilidade (isto é, suscetibilidade à corrosão). Alguns metais são tóxicos e, portanto, não são descartáveis.

    O vidro é a cerâmica comercial mais comum. Ele não é biodegradável; entretanto, é possível a reciclagem em uma variedade de produtos comerciais.

    A maioria dos plásticos e borrachas não é biodegradável. Os polímeros termoplásticos são recicláveis; entretanto, a reciclagem de polímeros termofixos e de borrachas é um desafio. As sucatas de borracha trituradas de pneus de automóveis são recicladas em uma variedade de produtos inovadores.

    Os materiais compósitos são difíceis de reciclar, pois são compostos por duas ou mais fases que estão normalmente misturadas em uma escala muito fina. Alguns compósitos são moídos em partículas pequenas, as quais são usadas como enchimento em outros compósitos. Foram desenvolvidas técnicas térmicas e químicas para separar algumas combinações fibra-matriz.

- Atualmente, os resíduos eletrônicos de produtos eletrônicos obsoletos, ultrapassados e descartados estão sendo gerados a uma taxa impressionante e em constante crescimento. Alguns e-resíduos são perigosos e/ou tóxicos e não devem ser descartados em aterros ou incinerados. Outros materiais não perigosos são suscetíveis à reciclagem.

REFERÊNCIAS

Aspectos Sociais

COHEN, M. "Societal Issues in Materials Science and Technology", *Materials Research Society Bulletin*, setembro, 1994, pp. 3-8.

Aspectos Ambientais

ANDERSON, D. A. *Environmental Economics and Natural Resource Management*, 4ª edição. Nova York: Taylor & Francis, 2014.

ASHBY, M. F. *Materials and the Environment: Eco-Informed Material Choice*, 2ª edição. Oxford: Butterworth-Heinemann/Elsevier, 2012.

AZAPAGIC, A., EMSLEY, A. e HAMERTON, I. *Polymers, the Environment and Sustainable Development*. West Sussex, Reino Unido: John Wiley & Sons, 2003.

BAXI, R. S. *Recycling Our Future: A Global Strategy*. Caithness, Escócia: Whittles Publishing, 2014.

CONNETT, P. *The Zero Waste Solution*. White River Junction, VT: Chelsea Green Publishing, 2013.

DAVIS, M. L. e CORNWELL, D. A. *Introduction to Environmental Engineering*, 5ª edição. Nova York: McGraw-Hill, 2012.

MCDONOUGH, W. e BRAUNGART, M. *Cradle to Cradle: Remaking the Way We Make Things*. Nova York: North Point Press, 2002.

MIHELCIC, J. R. e ZIMMERMAN, J. B. *Environmental Engineering: Fundamentals, Sustainability, Design*, 2ª edição. Hoboken, NJ: John Wiley & Sons, 2014.

NEMEROW, N. L., AGARDY, F. J. e SALVATO, J. A. (eds.). *Environmental Engineering*, 6ª edição. Hoboken, NJ: John Wiley & Sons, 2009. Três volumes.

PORTER, R. C. *The Economics of Waste*. Nova York: Resources for the Future Press, 2002.

UNNISA, S. A. e RAV, S. B. *Sustainable Solid Waste Management*. Point Pleasant, NJ: Apple Academic Press, 2010.

YOUNG, G. C. *Municipal Solid Waste to Energy Conversion Processes: Economic, Technical and Renewable Comparisons*. Hoboken, NJ: John Wiley & Sons, 2010.

Questões e Problemas

CAPÍTULO 1 QUESTÕES E PROBLEMAS

1.1 Selecione um ou mais dos itens ou dispositivos modernos a seguir e faça uma busca na internet para determinar qual(is) material(is) específico(s) é(são) usado(s) e quais propriedades específicas esse(s) material(is) possui(em) para o dispositivo/item funcionar corretamente. Por fim, escreva um texto curto no qual relate suas descobertas.

    Baterias de telefone celular/câmera digital
    Telas de telefone celular
    Células solares
    Lâminas de turbinas eólicas
    Células a combustível
    Blocos de motores de automóveis (excluindo o ferro fundido)
    Carrocerias de automóveis (excluindo os aços)
    Espelhos de telescópio espacial
    Blindagem pessoal militar
    Equipamentos esportivos
      Bolas de futebol
      Bolas de basquete
      Bastões de esqui
      Botas de esqui
      Pranchas de *snowboard*
      Pranchas de surfe
      Tacos de golfe
      Bolas de golfe
      Caiaques
      Quadros leves de bicicleta

1.2 Liste três itens (além daqueles mostrados na Figura 1.9) feitos a partir de metais ou suas ligas. Para cada item, indique o metal ou liga específico que é usado e pelo menos uma característica que torna esse o material escolhido.

1.3 Liste três itens (além daqueles mostrados na Figura 1.10) feitos a partir de materiais cerâmicos. Para cada item, indique a cerâmica específica que é usada e pelo menos uma característica que torna esse o material escolhido.

1.4 Liste três itens (além daqueles mostrados na Figura 1.11) feitos a partir de materiais poliméricos. Para cada item, indique o polímero específico que é usado e pelo menos uma característica que torna esse o material escolhido.

1.5 Classifique cada um dos seguintes materiais em metal, cerâmica ou polímero. Justifique cada escolha: **(a)** latão; **(b)** óxido de magnésio (MgO); **(c)** Plexiglas®; **(d)** policloropreno; **(e)** carbeto de boro (B_4C); e **(f)** ferro fundido.

CAPÍTULO 2 QUESTÕES E PROBLEMAS

Conceitos Fundamentais

Elétrons nos Átomos

2.1 Cite a diferença entre *massa atômica* e *peso atômico*.

2.2 O cromo possui quatro isótopos de ocorrência natural: 4,34% de ^{50}Cr, com peso atômico de 49,9460 uma; 83,79% de ^{52}Cr, com peso atômico de 51,9405 uma; 9,50% de ^{53}Cr, com peso atômico de 52,9407 uma; e 2,37% de ^{54}Cr, com peso atômico de 53,9389 uma. Com base nesses dados, confirme que o peso atômico médio do Cr é de 51,9963 uma.

2.3 O háfnio possui seis isótopos de ocorrência natural: 0,16% de ^{174}Hf, com peso atômico de 173,940 uma; 5,26% de ^{176}Hf, com peso atômico de 175,941 uma; 18,60% de ^{177}Hf, com peso atômico de 176,943 uma; 27,28% de ^{178}Hf, com peso atômico de 177,944 uma; 13,62% de ^{179}Hf, com peso atômico de 178,946 uma; e 35,08% de ^{180}Hf, com peso atômico de 179,947 uma. Calcule o peso atômico médio do Hf.

2.4 O bromo possui dois isótopos de ocorrência natural: ^{79}Br, com peso atômico de 78,918 uma, e ^{81}Br, com peso atômico de 80,916 uma. Se o peso atômico médio do Br é de 79,903 uma, calcule a fração de ocorrência desses dois isótopos.

2.5 (a) Quantos gramas existem em 1 uma de um material?

(b) Mol, no contexto deste livro, é considerado em termos de unidades de grama-mol. Com base nisso, quantos átomos existem em um libra-mol de uma substância?

2.6 (a) Cite dois conceitos quântico-mecânicos importantes que estão associados ao modelo atômico de Bohr.

(b) Cite dois importantes refinamentos adicionais que resultaram do modelo atômico mecânico-ondulatório.

2.7 Em relação aos elétrons e aos estados eletrônicos, o que especifica cada um dos quatro números quânticos?

2.8 Para a camada K, os quatro números quânticos para cada um dos dois elétrons no estado $1s$, na ordem $nlm_l m_s$, são $100(\frac{1}{2})$ e $100(-\frac{1}{2})$. Escreva os quatro números quânticos para todos os elétrons nas camadas L e M, e destaque quais correspondem às subcamadas s, p e d.

2.9 Informe as configurações eletrônicas para os seguintes íons: Fe^{2+}, Al^{3+}, Cu^+, Ba^{2+}, Br^- e O^{2-}.

2.10 O cloreto de sódio (NaCl) exibe ligação predominantemente iônica. Os íons Na^+ e Cl^- possuem estruturas eletrônicas que são idênticas às estruturas de quais gases inertes?

Q-1

3.71 A tabela a seguir lista ângulos de difração para os três primeiros picos (primeira ordem) do difratograma de raios X de um dado metal. Foi usada radiação X monocromática com comprimento de onda de 0,1254 nm.

Número do Pico	Ângulo de Difração (2θ)
1	31,2°
2	44,6°
3	55,4°

(a) Determine se a estrutura cristalina desse metal é CFC, CCC ou diferente de CFC e CCC, e explique a razão para a sua escolha.

(b) Se a estrutura cristalina for CCC ou CFC, identifique qual dos metais na Tabela 3.1 exibe esse padrão de difração. Justifique a sua decisão.

Sólidos Não Cristalinos

3.72 Você esperaria que, ao solidificar, um material no qual as ligações atômicas são predominantemente iônicas tenha maior ou menor probabilidade de formar um sólido não cristalino em comparação a um material covalente? Por quê? (Veja a Seção 2.6.)

PROBLEMA COM PLANILHA ELETRÔNICA

3.1PE Para um difratograma de raios X (tendo todos os picos indexados a planos) de um metal que possui uma célula unitária com simetria cúbica, gere uma planilha que permita ao usuário entrar com o comprimento de onda dos raios X e então determinar, para cada plano, o seguinte:

(a) d_{hkl}
(b) O parâmetro da rede cristalina, a.

QUESTÕES E PROBLEMAS SOBRE FUNDAMENTOS DA ENGENHARIA

3.1FE Um metal hipotético possui a estrutura cristalina CCC, uma densidade de 7,24 g/cm³, e um peso atômico de 48,9 g/mol. O raio atômico desse metal é

(A) 0,122 nm   (C) 0,0997 nm
(B) 1,22 nm   (D) 0,154 nm

3.2FE Na célula unitária a seguir, qual vetor representa a direção [121]?

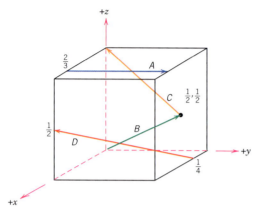

3.3FE Quais são os índices de Miller para o plano mostrado na célula unitária cúbica a seguir?

(A) (201)   (C) $(10\frac{1}{2})$
(B) $(1\infty\frac{1}{2})$ (D) (102)

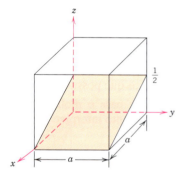

CAPÍTULO 4 QUESTÕES E PROBLEMAS

Lacunas e Autointersticiais

4.1 A fração em equilíbrio dos sítios da rede cristalina que estão vazios no ouro a 800°C é de 2,5 × 10⁻⁵. Calcule o número de lacunas (por metro cúbico) a 800°C. Considere uma massa específica de 18,45 g/cm³ para o Au (a 800°C).

4.2 Para um metal hipotético, o número de lacunas em condições de equilíbrio a 750°C é de 2,8 × 10²⁴ m⁻³. Se a massa específica e o peso atômico desse metal são de 5,60 g/cm³ e 65,6 g/mol, respectivamente, calcule a fração de lacunas para esse metal a 750°C.

4.3 (a) Calcule a fração dos sítios atômicos que estão vagos para o chumbo na sua temperatura de fusão de 327°C (600 K). Considere uma energia para a formação de lacunas de 0,55 eV/átomo.

(b) Repita esse cálculo para a temperatura ambiente (298 K).

(c) Qual é a razão de N_l/N (600 K) e N_l/N (298 K)?

4.4 Calcule o número de lacunas por metro cúbico no ferro a 850°C. A energia para a formação de lacunas é de 1,08 eV/átomo. A massa específica e o peso atômico para o Fe são de 7,65 g/cm³ e 55,85 g/mol, respectivamente.

4.5 Calcule a energia de ativação para a formação de lacunas no alumínio sabendo que o número de lacunas em equilíbrio a 500°C (773 K) é de 7,57 × 10²³ m⁻³. O peso atômico e a massa específica (a 500°C) para o alumínio são, respectivamente, 26,98 g/mol e 2,62 g/cm³.

Impurezas nos Sólidos

4.6 Na tabela a seguir, estão tabulados o raio atômico, a estrutura cristalina, a eletronegatividade e a valência mais comum para vários elementos; para os ametais, apenas os raios atômicos estão indicados.

Elemento	Raio Atômico (nm)	Estrutura Cristalina	Eletro-negatividade	Valência
Cu	0,1278	CFC	1,9	+2
C	0,071			
H	0,046			
O	0,060			
Ag	0,1445	CFC	1,9	+1
Al	0,1431	CFC	1,5	+3
Co	0,1253	HC	1,8	+2
Cr	0,1249	CCC	1,6	+3
Fe	0,1241	CCC	1,8	+2
Ni	0,1246	CFC	1,8	+2
Pd	0,1376	CFC	2,2	+2
Pt	0,1387	CFC	2,2	+2
Zn	0,1332	HC	1,6	+2

Com quais desses elementos seria esperada a formação do indicado a seguir com o cobre:

(a) Uma solução sólida substitucional com solubilidade total?

(b) Uma solução sólida substitucional com solubilidade parcial?

(c) Uma solução sólida intersticial?

4.7 Quais dos seguintes sistemas (isto é, par de metais) você esperaria exibir uma solubilidade sólida total? Explique as suas respostas.

(a) Cr-V

(b) Mg-Zn

(c) Al-Zr

4.8 (a) Calcule o raio r de um átomo de impureza que vai se ajustar exatamente no interior de um sítio octaédrico CFC em termos do raio atômico R do átomo hospedeiro (sem introduzir deformações na rede cristalina).

(b) Repita a parte (a) para o sítio tetraédrico na estrutura cristalina CFC (*Nota:* Você pode querer consultar a Figura 4.3a.)

4.9 Calcule o raio r de um átomo de impureza que vai se ajustar exatamente no interior de um sítio tetraédrico CCC em termos do raio atômico R do átomo hospedeiro (sem introduzir deformações na rede cristalina). (*Nota:* Você pode querer consultar a Figura 4.3b.)

4.10 (a) Usando o resultado do Problema 4.8(a), calcule o raio de um sítio intersticial octaédrico no ferro CFC.

(b) Com base nesse resultado e na resposta para o problema 4.9, explique por que uma maior concentração de carbono vai se dissolver no ferro CFC do que no ferro que possui uma estrutura cristalina CCC.

4.11 (a) Para o ferro CCC, calcule o raio do sítio intersticial tetraédrico. (Ver o resultado do Problema 4.9.)

(b) Quando esses sítios são ocupados por átomos de carbono, são impostas deformações na rede cristalina sobre os átomos de ferro que estão ao redor desse sítio. Calcule a magnitude aproximada dessa deformação tirando a diferença entre o raio do átomo de carbono e o raio do sítio e então dividindo essa diferença pelo raio do sítio.

Especificação da Composição

4.12 Desenvolva as seguintes equações:

(a) Equação 4.7a

(b) Equação 4.9a

(c) Equação 4.10a

(d) Equação 4.11b

4.13 Qual é a composição, em porcentagem atômica, de uma liga que consiste em 30%p Zn e 70%p Cu?

4.14 Qual é a composição, em porcentagem em peso, de uma liga que consiste em 6%a Pb e 94%a Sn?

4.15 Calcule a composição, em porcentagem em peso, de uma liga que contém 218,0 kg de titânio, 14,6 kg de alumínio e 9,7 kg de vanádio.

4.16 Qual é a composição, em porcentagem atômica, de uma liga que contém 98 g de estanho e 65 g de chumbo?

4.17 Qual é a composição, em porcentagem atômica, de uma liga que contém 99,7 lb_m de cobre, 102 lb_m de zinco e 2,1 lb_m de chumbo?

4.18 Converta a composição em porcentagem atômica do Problema 4.17 em porcentagem em peso.

4.19 Calcule o número de átomos por metro cúbico no alumínio.

4.20 A concentração de carbono em uma liga ferro-carbono é de 0,15%p. Qual é a concentração em quilogramas de carbono por metro cúbico da liga?

4.21 A concentração de gálio no silício é de $5,0 \times 10^{-7}$%a. Qual é a concentração em quilogramas de gálio por metro cúbico?

4.22 Determine a massa específica aproximada de um latão com alto teor de chumbo que possui uma composição de 64,5%p Cu, 33,5%p Zn e 2%p Pb.

4.23 Calcule o comprimento da aresta da célula unitária para uma liga 85%p Fe-15%p V. Todo o vanádio está em solução sólida e, à temperatura ambiente, a estrutura cristalina para essa liga é CCC.

4.24 Uma liga hipotética é composta por 12,5%p do metal A e 87,5%p do metal B. Se as massas específicas dos metais A e B são de 4,27 e 6,35 g/cm^3, respectivamente, enquanto seus respectivos pesos atômicos são de 61,4 e 125,7 g/mol, determine se a estrutura cristalina para essa liga é cúbica simples, cúbica de faces centradas ou cúbica de corpo centrado. Considere um comprimento da aresta da célula unitária de 0,395 nm.

4.25 Para uma solução sólida formada por dois elementos (designados como 1 e 2), às vezes é desejável determinar o número de átomos por centímetro cúbico de um elemento em uma solução sólida, N_1, dada a concentração daquele elemento especificada

Q-10 • Questões e Problemas

em porcentagem em peso, C_1. Esse cálculo é possível utilizando a seguinte expressão:

$$N_1 = \frac{N_A C_1}{\dfrac{C_1 A_1}{\rho_1} + \dfrac{A_1}{\rho_2}(100 - C_1)} \tag{4.21}$$

em que N_A é o número de Avogadro, ρ_1 e ρ_2 são as massas específicas dos dois elementos, e A_1 é o peso atômico do elemento 1.

Desenvolva a Equação 4.21 usando a Equação 4.2 e as expressões contidas na Seção 4.4.

4.26 O ouro forma uma solução sólida substitucional com a prata. Calcule o número de átomos de ouro por centímetro cúbico para uma liga prata-ouro que contém 10%p Au e 90%p Ag. As massas específicas para o ouro puro e a prata pura são 19,32 e 10,49 g/cm³, respectivamente.

4.27 O germânio forma uma solução sólida substitucional com o silício. Calcule o número de átomos de germânio por centímetro cúbico para uma liga germânio-silício que contém 15%p Ge e 85%p Si. As massas específicas do germânio puro e do silício puro são 5,32 e 2,33 g/cm³, respectivamente.

4.28 Considere uma liga ferro-carbono que contém 0,35%p C, em que todos os átomos de carbono residem em sítios intersticiais tetraédricos. Calcule a fração desses sítios que estão ocupados por átomos de carbono.

4.29 Para uma liga ferro-carbono com estrutura CCC que contém 0,15%p C, calcule a fração de células unitárias que contêm átomos de carbono.

4.30 Para o Si ao qual foi adicionado $1,5 \times 10^{-6}$%a de arsênio, calcule o número de átomos de As por metro cúbico.

4.31 Às vezes é desejável determinar a porcentagem em peso de um elemento, C_1, que produzirá uma concentração específica em termos do número de átomos por centímetro cúbico, N_1, para uma liga composta por dois tipos de átomos. Esse cálculo é possível utilizando a seguinte expressão:

$$C_1 = \frac{100}{1 + \dfrac{N_A \rho_2}{N_1 A_1} - \dfrac{\rho_2}{\rho_1}} \tag{4.22}$$

em que N_A é o número de Avogadro, ρ_1 e ρ_2 são as massas específicas dos dois elementos e A_1 é o peso atômico do elemento 1.

Desenvolva a Equação 4.22 usando a Equação 4.2 e as expressões contidas na Seção 4.4.

4.32 O molibdênio forma uma solução sólida substitucional com o tungstênio. Calcule a porcentagem em peso de molibdênio que deve ser adicionada ao tungstênio para produzir uma liga que contém $1,0 \times 10^{22}$ átomos de Mo por centímetro cúbico. As massas específicas do Mo puro e do W puro são 10,22 e 19,30 g/cm³, respectivamente.

4.33 O nióbio forma uma solução sólida substitucional com o vanádio. Calcule a porcentagem em peso de nióbio que deve ser adicionada ao vanádio para produzir uma liga que contém $1,55 \times 10^{22}$ átomos de Nb por centímetro cúbico. As massas específicas do Nb puro e do V puro são 8,57 e 6,10 g/cm³, respectivamente.

4.34 Os dispositivos eletrônicos encontrados em circuitos integrados são compostos por silício de pureza extremamente elevada ao qual foram adicionadas concentrações pequenas e muito controladas de elementos encontrados nos grupos IIIA e VA da tabela periódica. Para o Si ao qual foram adicionados $8,3 \times 10^{21}$ átomos por metro cúbico de antimônio, calcule **(a)** a porcentagem em peso e **(b)** a porcentagem atômica de Sb presente.

4.35 Tanto a prata quanto o paládio possuem estrutura cristalina CFC, e o Pd forma uma solução sólida substitucional para todas as concentrações à temperatura ambiente. Calcule o comprimento da aresta da célula unitária para uma liga com 75%p Ag-25%p Pd. A massa específica à temperatura ambiente do Pd é 12,02 g/cm³, e seu peso atômico e raio atômico são 106,4 g/mol e 0,138 nm, respectivamente.

Discordâncias — Defeitos Lineares

4.36 Cite as orientações para o vetor de Burgers em relação à linha da discordância nas discordâncias em aresta, em espiral e mista.

Defeitos Interfaciais

4.37 Para um monocristal CFC, você esperaria que a energia de superfície para um plano (100) fosse maior ou menor que para um plano (111)? Por quê? (*Nota*: Se necessário, consulte a solução para o Problema 3.58 do Capítulo 3.)

4.38 Para um monocristal CCC, você esperaria que a energia de superfície para um plano (100) fosse maior ou menor que para um plano (110)? Por quê? (*Nota*: Se necessário, consulte a solução para o Problema 3.59 do Capítulo 3.)

4.39 Para um monocristal de algum metal hipotético que possui a estrutura cristalina cúbica simples (Figura 3.3), você esperaria que a energia de superfície para um plano (100) fosse maior, igual ou menor que para um plano (110)? Por quê?

4.40 **(a)** Para um dado material, você esperaria que a energia de superfície fosse maior, igual ou menor que a energia do contorno de grão? Por quê?

(b) A energia do contorno de grão para um contorno de grão de baixo ângulo é menor que aquela para um contorno de grão de alto ângulo. Por que isso acontece?

4.41 **(a)** Descreva sucintamente uma macla e um contorno de macla.

(b) Cite a diferença entre as maclas de deformação e as maclas de recozimento.

4.42 Para cada uma das seguintes sequências de empilhamento encontradas nos metais CFC, cite o tipo de defeito planar que existe:

(a) ... *A B C A B C B A C B A* ...

(b) ... *A B C A B C B C A B C* ...

Copie as sequências de empilhamento e indique a(s) posição(ões) do(s) defeito(s) planar(es) com uma linha vertical tracejada.

Determinação do Tamanho de Grão

4.43 **(a)** Usando o método da interseção, determine o comprimento médio entre interseções, em milímetros, da amostra cuja microestrutura é mostrada na Figura 4.15b; use pelo menos sete segmentos de linhas retas.

(b) Estime o número do tamanho de grão ASTM para esse material.

4.44 (a) Empregando a técnica da interseção, determine o comprimento médio entre interseções para a amostra de aço cuja microestrutura é mostrada na Figura 9.25a; utilize pelo menos sete segmentos de linhas retas.

(b) Estime o número do tamanho de grão ASTM para esse material.

4.45 Para um tamanho de grão ASTM de 8, aproximadamente quantos grãos devem existir por polegada quadrada sob cada uma das seguintes condições?

(a) Em uma ampliação de 100×

(b) Sem nenhuma ampliação

4.46 Determine o número do tamanho de grão ASTM se são medidos 25 grãos por polegada quadrada sob uma ampliação de 600×.

4.47 Determine o número do tamanho de grão ASTM se são medidos 20 grãos por polegada quadrada sob uma ampliação de 50×.

4.48 A seguir é mostrada uma micrografia esquemática que representa a microestrutura de algum metal hipotético.

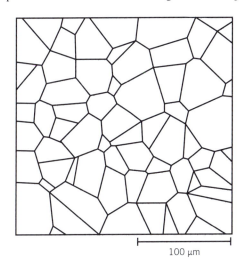

Determine o seguinte:

(a) Comprimento médio entre interseções

(b) Número do tamanho de grão ASTM, G

4.49 A seguir é mostrada uma micrografia esquemática que representa a microestrutura de algum metal hipotético.

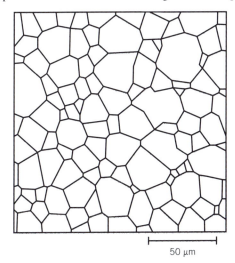

Determine o seguinte:

(a) Comprimento médio entre interseções

(b) Número do tamanho de grão ASTM, G

PROBLEMAS DE PROJETO

Especificação da Composição

4.P1 Ligas alumínio-lítio foram desenvolvidas pela indústria aeronáutica para reduzir o peso e melhorar o desempenho de suas aeronaves. Deseja-se obter um material para a fuselagem de uma aeronave comercial que possua uma massa específica de 2,55 g/cm³. Calcule a concentração de Li (em %p) necessária.

4.P2 O ferro e o vanádio possuem ambos a estrutura cristalina CCC, e o V forma uma solução sólida substitucional no Fe para concentrações de até aproximadamente 20%p V à temperatura ambiente. Determine a concentração em porcentagem em peso de V que deve ser adicionada ao ferro para produzir uma célula unitária com comprimento de aresta de 0,289 nm.

PROBLEMAS COM PLANILHA ELETRÔNICA

4.1PE Gere uma planilha eletrônica que permita ao usuário converter a concentração de um elemento de uma liga metálica contendo dois elementos de porcentagem em peso em porcentagem atômica.

4.2PE Gere uma planilha eletrônica que permita ao usuário converter a concentração de um elemento de uma liga metálica contendo dois elementos de porcentagem atômica em porcentagem em peso.

4.3PE Gere uma planilha eletrônica que permita ao usuário converter a concentração de um elemento de uma liga metálica contendo dois elementos de porcentagem em peso em número de átomos por centímetro cúbico.

4.4PE Gere uma planilha eletrônica que permita ao usuário converter a concentração de um elemento de uma liga metálica contendo dois elementos do número de átomos por centímetro cúbico em porcentagem em peso.

QUESTÕES E PROBLEMAS SOBRE FUNDAMENTOS DA ENGENHARIA

4.1FE Calcule o número de lacunas por metro cúbico a 1000°C para um metal que possui uma energia para a formação de lacunas de 1,22 eV/átomo, uma massa específica de 6,25 g/cm³ e um peso atômico de 37,4 g/mol.

(A) $1,49 \times 10^{18}$ m⁻³

(B) $7,18 \times 10^{22}$ m⁻³

(C) $1,49 \times 10^{24}$ m⁻³

(D) $2,57 \times 10^{24}$ m⁻³

4.2FE Qual é a composição, em porcentagem atômica, de uma liga que consiste em 4,5%p Pb e 95,5%p Sn? Os pesos atômicos do Pb e Sn são 207,19 g/mol e 118,71 g/mol, respectivamente.

Q-12 · Questões e Problemas

(A) 2,6%a Pb e 97,4%a Sn

(B) 7,6%a Pb e 92,4%a Sn

(C) 97,4%a Pb e 2,6%a Sn

(D) 92,4%a Pb e 7,6%a Sn

4.3FE Qual é a composição, em porcentagem em peso, de uma liga que consiste em 94,1%a Ag e 5,9%a Cu? Os pesos atômicos da Ag e Cu são 107,87 g/mol e 63,55 g/mol, respectivamente.

(A) 9,6%p Ag e 90,4%p Cu

(B) 3,6%p Ag e 96,4%p Cu

(C) 90,4%p Ag e 9,6%p Cu

(D) 96,4%p Ag e 3,6%p Cu

CAPÍTULO 5 QUESTÕES E PROBLEMAS

Introdução

5.1 Explique sucintamente a diferença entre *autodifusão* e *interdifusão*.

5.2 A autodifusão envolve o movimento de átomos que são todos de um mesmo tipo; portanto, ela não está sujeita à observação por meio de mudanças na composição, como acontece com a interdifusão. Sugira uma maneira pela qual a autodifusão possa ser monitorada.

Mecanismos de Difusão

5.3 (a) Compare os mecanismos atômicos para as difusões *intersticial* e por *lacunas*.

(b) Cite duas razões por que a difusão intersticial é normalmente mais rápida que a difusão por lacunas.

5.4 O carbono difunde no ferro via um mecanismo intersticial — para o ferro CFC, de um sítio octaédrico para um sítio adjacente. Na Seção 4.3 (Figura 4.3a), observamos que dois conjuntos gerais de coordenadas de pontos para esse sítio são $0\frac{1}{2}1$ e $\frac{1}{2}\frac{1}{2}\frac{1}{2}$. Especifique a família de direções cristalográficas na qual tem lugar essa difusão do carbono no ferro CFC.

5.5 O carbono difunde no ferro via um mecanismo intersticial — para o ferro CCC, de um sítio tetraédrico para um sítio adjacente. Na Seção 4.3 (Figura 4.3b), observamos que um conjunto geral de coordenadas de pontos para esse sítio é $1\frac{1}{2}\frac{1}{4}$. Especifique a família de direções cristalográficas na qual tem lugar essa difusão do carbono no ferro CCC.

Primeira Lei de Fick

5.6 Explique sucintamente o conceito de *regime estacionário* na medida em que este se aplica à difusão.

5.7 (a) Explique sucintamente o conceito de uma *força motriz*.

(b) Qual é a força motriz para a difusão em regime estacionário?

5.8 A purificação do gás hidrogênio por difusão através de uma lâmina de paládio foi discutida na Seção 5.3. Calcule o número de quilogramas de hidrogênio que passa, por hora, através de uma lâmina de paládio com 5 mm de espessura, com uma área de 0,20 m², a 500°C. Considere um coeficiente de difusão de $1,0 \times 10^{-8}$ m²/s, que as respectivas concentrações de hidrogênio nos lados à alta e à baixa pressão da lâmina são de 2,4 e 0,6 kg de hidrogênio por metro cúbico de paládio e que foram atingidas condições de regime estacionário.

5.9 Uma chapa de aço com 1,5 mm de espessura possui atmosferas de nitrogênio a 1200°C em ambos os lados, e permite-se que seja atingida uma condição de difusão em regime estacionário. O coeficiente de difusão do nitrogênio no aço a essa temperatura é de 6×10^{-11} m²/s, e o fluxo difusional vale $1,2 \times 10^{-7}$ kg/m²·s. Sabe-se ainda que a concentração de nitrogênio no aço na superfície à alta pressão é de 4 kg/m³. A que profundidade da chapa, a partir desse lado com pressão elevada, a concentração será de 2,0 kg/m³? Considere um perfil de concentrações linear.

5.10 Uma lâmina de ferro com estrutura cristalina CCC e 1 mm de espessura foi exposta a uma atmosfera gasosa carbonetante em um de seus lados e a uma atmosfera descarbonetante no outro lado, a 725°C. Após atingir o regime estacionário, o ferro foi resfriado rapidamente até a temperatura ambiente. As concentrações de carbono nas duas superfícies da lâmina foram determinadas como de 0,012 e 0,0075%p, respectivamente. Calcule o coeficiente de difusão se o fluxo difusional é de $1,4 \times 10^{-8}$ kg/m²·s. *Sugestão:* Use a Equação 4.9 para converter as concentrações de porcentagem em peso em quilogramas de carbono por metro cúbico de ferro.

5.11 Quando o ferro α é submetido a uma atmosfera de gás hidrogênio, a concentração de hidrogênio no ferro, C_H (em porcentagem em peso), é uma função da pressão de hidrogênio, P_{H_2} (em MPa), e da temperatura absoluta (T), de acordo com a seguinte expressão

$$C_H = 1,34 \times 10^{-2} \sqrt{p_{H_2}} \exp\left(-\frac{27,2 \text{ kJ/mol}}{RT}\right) \quad (5.14)$$

Além disso, os valores de D_0 e Q_d para esse sistema de difusão são de $1,4 \times 10^{-7}$ m²/s e 13.400 J/mol, respectivamente. Considere uma membrana delgada de ferro com 1 mm de espessura que está a 250°C. Calcule o fluxo difusional através dessa membrana se a pressão do hidrogênio em um dos lados da membrana é de 0,15 MPa (1,48 atm) e no outro é de 7,5 MPa (74 atm).

Segunda Lei de Fick — Difusão em Regime Não Estacionário

5.12 Demonstre que

$$C_x = \frac{B}{\sqrt{Dt}} \exp\left(-\frac{x^2}{4Dt}\right)$$

também é uma solução para a Equação 5.4b. O parâmetro B é uma constante, sendo independente tanto de x quanto de t.

Sugestão: A partir da Equação 5.4b, demonstre que

$$\frac{\partial\left[\frac{B}{\sqrt{Dt}}\exp\left(-\frac{x^2}{4Dt}\right)\right]}{\partial t}$$

é igual a

$$D\left\{\frac{\partial^2\left[\frac{B}{\sqrt{Dt}}\exp\left(-\frac{x^2}{4Dt}\right)\right]}{\partial x^2}\right\}$$

5.13 Determine o tempo de carbonetação necessário para atingir uma concentração de carbono de 0,45%p a 2 mm da superfície de uma liga ferro-carbono contendo inicialmente 0,20%p C. A concentração na superfície deve ser mantida em 1,30%p C e o tratamento deve ser conduzido a 1000°C. Use os dados de difusão para o Fe γ na Tabela 5.2.

5.14 Uma liga ferro-carbono com estrutura cristalina CFC contendo inicialmente 0,35%p C está exposta a uma atmosfera rica em oxigênio e virtualmente isenta de carbono a 1400 K (1127°C). Sob essas circunstâncias, o carbono se difunde da liga e reage na superfície com o oxigênio da atmosfera; isto é, a concentração de carbono na posição da superfície é mantida essencialmente em 0%p C. (Esse processo de esgotamento do carbono é conhecido como *descarbonetação*.) Em qual posição a concentração de carbono será de 0,15%p após 10 h de tratamento? O valor de D a 1400 K é de $6,9 \times 10^{-11}$ m²/s.

5.15 O nitrogênio de uma fase gasosa deve difundir no ferro puro a 700°C. Se a concentração na superfície for mantida em 0,1%p N, qual será a concentração a 1 mm da superfície após 10 h? O coeficiente de difusão para o nitrogênio no ferro a 700°C é de $2,5 \times 10^{-11}$ m²/s.

5.16 Considere um par de difusão composto por dois sólidos semi-infinitos do mesmo metal e que cada lado do par de difusão possui uma concentração diferente do mesmo elemento de impureza; além disso, considere que cada nível de impureza seja constante em todo o seu lado do par de difusão. Para essa situação, a solução da segunda lei de Fick (supondo que o coeficiente de difusão para a impureza seja independente da concentração) é a seguinte:

$$C_x = C_2 + \left(\frac{C_1 - C_2}{2}\right)\left[1 - \mathrm{erf}\left(\frac{x}{2\sqrt{Dt}}\right)\right] \quad (5.15)$$

O perfil de difusão esquemático na Figura 5.12 mostra esses parâmetros de concentração, assim como os perfis de concentrações nos tempos $t = 0$ e $t > 0$. Por favor, observe que, em $t = 0$, a posição $x = 0$ é tomada como a interface inicial do par de difusão, enquanto C_1 é a concentração de impurezas para $x < 0$, e C_2 é o teor de impurezas para $x > 0$.

Um par de difusão composto por duas ligas prata-ouro é formado; essas ligas têm composição de 98%p Ag -2%p Au e 95%p Ag-5%p Au. Determine o tempo que esse par de difusão deve ser aquecido a 750°C (1023 K) para que a composição seja de 2,5%p Au em uma posição de 50 μm para o interior do lado com 2%p Au do par de difusão. Os valores para a constante pré-exponencial e

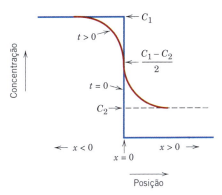

Figura 5.12 Perfil de concentrações esquemático na vizinhança da interface (localizada em $x = 0$) entre duas ligas metálicas semi-infinitas antes (isto é, $t = 0$) e após o tratamento térmico (isto é, $t > 0$). O metal de base para cada liga é o mesmo; as concentrações de um dado elemento de impureza são diferentes — C_1 e C_2 representam esses valores de concentração em $t = 0$.

para a energia de ativação para a difusão do Au na Ag são de $8,5 \times 10^{-5}$ m²/s e 202.100 J/mol, respectivamente.

5.17 Para uma liga de aço, foi determinado que um tratamento térmico de carbonetação com duração de 10 h elevará a concentração de carbono para 0,45%p em um ponto a 2,5 mm da superfície. Estime o tempo necessário para atingir a mesma concentração em uma posição a 5,0 mm da superfície para um aço idêntico e à mesma temperatura de carbonetação.

Fatores que Influenciam a Difusão

5.18 Cite os valores dos coeficientes de difusão para a interdifusão do carbono tanto no ferro α (CCC) quanto no ferro γ (CFC) a 900°C. Qual valor é maior? Explique por que isso acontece.

5.19 Usando os dados na Tabela 5.2, calcule o valor de D para a difusão do zinco no cobre a 650°C.

5.20 Em qual temperatura o coeficiente de difusão para a difusão do cobre no níquel tem um valor de $6,5 \times 10^{-17}$ m²/s? Use os dados de difusão na Tabela 5.2.

5.21 A constante pré-exponencial e a energia de ativação para a difusão do ferro no cobalto são de $1,1 \times 10^{-5}$ m²/s e 253.300 J/mol, respectivamente. Em qual temperatura o coeficiente de difusão vai apresentar um valor de $2,1 \times 10^{-14}$ m²/s?

5.22 A energia de ativação para a difusão do carbono no cromo é de 111.000 J/mol. Calcule o coeficiente de difusão a 1100 K (827°C), dado que o valor de D a 1400 K (1127°C) é de $6,25 \times 10^{-11}$ m²/s.

5.23 Os coeficientes de difusão para o ferro no níquel são dados para duas temperaturas:

T (K)	D (m²/s)
1273	$9,4 \times 10^{-16}$
1473	$2,4 \times 10^{-14}$

(a) Determine os valores de D_0 e da energia de ativação Q_d.

(b) Qual é a magnitude de D a 1100°C (1373 K)?

5.24 Os coeficientes de difusão para a prata no cobre são dados para duas temperaturas:

T (°C)	D (m²/s)
650	$5,5 \times 10^{-16}$
900	$1,3 \times 10^{-13}$

(a) Determine os valores de D_0 e Q_d.
(b) Qual é a magnitude de D a 875°C?

5.25 A figura a seguir mostra um gráfico do logaritmo (na base 10) do coeficiente de difusão em função do inverso da temperatura absoluta para a difusão do ferro no cromo. Determine os valores para a energia de ativação e para a constante pré-exponencial.

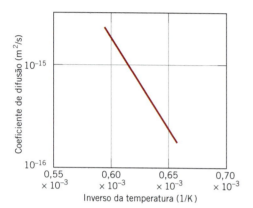

5.26 O carbono se difunde através de uma placa de aço com 15 mm de espessura. As concentrações de carbono nas duas faces são de 0,65 e 0,30 kg C/m³ Fe, as quais são mantidas constantes. Se a constante pré-exponencial e a energia de ativação são de $6,2 \times 10^{-7}$ m²/s e 80.000 J/mol, respectivamente, calcule a temperatura na qual o fluxo difusional é de $1,43 \times 10^{-9}$ kg/m² · s.

5.27 O fluxo difusional em regime estacionário através de uma placa metálica é de $5,4 \times 10^{-10}$ kg/m²·s em uma temperatura de 727°C (1000 K) e quando o gradiente de concentração é de –350 kg/m⁴. Calcule o fluxo difusional a 1027°C (1300 K) para o mesmo gradiente de concentração, considerando uma energia de ativação para a difusão de 125.000 J/mol.

5.28 Em aproximadamente qual temperatura uma amostra de ferro γ teria que ser carbonetada durante 2 h para produzir o mesmo resultado de difusão que é obtido em uma carbonetação a 900°C durante 15 h?

5.29 **(a)** Calcule o coeficiente de difusão para o cobre no alumínio a 500°C.

(b) Qual é o tempo exigido a 600°C para produzir o mesmo resultado de difusão (em termos da concentração em um ponto específico) obtido após 10 h a 500°C?

5.30 Um par de difusão cobre-níquel semelhante àquele mostrado na Figura 5.1a é confeccionado. Após um tratamento térmico durante 700 h a 1100°C (1373 K), a concentração de Cu é de 2,5%p em uma posição a 3,0 mm no interior do níquel. A qual temperatura o par de difusão deve ser aquecido para produzir essa mesma concentração (isto é, 2,5%p Cu) em uma posição a 2,0 mm após 700 h? A constante pré-exponencial e a energia de ativação para a difusão do Cu no Ni são dadas na Tabela 5.2.

5.31 Um par de difusão semelhante àquele mostrado na Figura 5.1a é preparado utilizando-se dois metais hipotéticos A e B. Após um tratamento térmico durante 30 h a 1000 K (e o subsequente resfriamento até a temperatura ambiente), a concentração de A em B é de 3,2%p em uma posição 15,5 mm no interior do metal B. Se outro tratamento térmico for conduzido em um par de difusão idêntico, porém a 800 K durante 30 h, em qual posição a composição será de 3,2%p A? Considere que a constante pré-exponencial e a energia de ativação para o coeficiente de difusão sejam iguais a $1,8 \times 10^{-5}$ m²/s e 152.000 J/mol, respectivamente.

5.32 A superfície externa de uma engrenagem de aço deve ser endurecida pelo aumento do seu teor de carbono. O carbono deve ser suprido a partir de uma atmosfera externa rica em carbono, a qual é mantida em uma temperatura elevada. Um tratamento térmico de difusão a 850°C (1123 K) durante 10 minutos aumenta a concentração de carbono para 0,90%p em uma posição localizada 1,0 mm abaixo da superfície. Estime o tempo de difusão necessário a 650°C (923 K) para atingir essa mesma concentração de carbono também em uma posição 1,0 mm abaixo da superfície. Considere que o teor de carbono na superfície seja o mesmo em ambos os tratamentos térmicos e que esse teor seja mantido constante. Use os dados de difusão na Tabela 5.2 para a difusão do C no Fe α.

5.33 Uma liga ferro-carbono com estrutura cristalina CFC contendo inicialmente 0,20%p C é carbonetada em uma temperatura elevada e sob uma atmosfera na qual a concentração de carbono na superfície é mantida em 1,0%p. Se após 49,5 h a concentração de carbono em uma posição 4,0 mm abaixo da superfície é de 0,35%p, determine a temperatura na qual o tratamento foi conduzido.

Difusão em Materiais Semicondutores

5.34 Átomos de fósforo devem ser difundidos para o interior de uma pastilha de silício usando tratamentos térmicos tanto de pré-deposição quanto de redistribuição; sabe-se que a concentração de fundo de P nesse material à base de silício é de 5×10^{19} átomos/m³. O tratamento de pré-deposição deve ser conduzido a 950°C durante 45 minutos; a concentração de P na superfície deve ser mantida em um nível constante de $1,5 \times 10^{26}$ átomos/m³. A difusão de redistribuição será conduzida a 1200°C durante um período de 2,5 h. Para a difusão do P no Si, os valores de Q_d e D_0 são de 3,40 eV e $1,1 \times 10^{-4}$ m²/s, respectivamente.

(a) Calcule o valor de Q_0.

(b) Determine o valor de x_j para o tratamento de difusão de redistribuição.

(c) Para o tratamento de redistribuição, calcule, ainda, a posição x na qual a concentração de átomos de P é de 10^{24} átomos/m³.

5.35 Átomos de alumínio devem ser difundidos para o interior de uma pastilha de silício usando tratamentos térmicos tanto de pré-deposição quanto de redistribuição;

Questões e Problemas • Q-15

sabe-se que a concentração de fundo de Al nesse material à base de silício é de 3×10^{19} átomos/m³. O tratamento de difusão de redistribuição deve ser conduzido a 1050°C durante um período de 4,0 h, o que dá uma profundidade de junção x_j de 3,0 μm. Calcule o tempo da difusão de pré-deposição a 950°C se a concentração na superfície for mantida sob um nível constante de 2×10^{25} átomos/m³. Para a difusão do Al no Si, os valores de Q_d e D_0 são de 3,41 eV e 1,38 × 10^{-4} m²/s, respectivamente.

PROBLEMAS DE PROJETO

Primeira Lei de Fick

5.P1 Deseja-se enriquecer a pressão parcial de hidrogênio em uma mistura gasosa hidrogênio-nitrogênio para a qual as pressões parciais de ambos os gases são de 0,1013 MPa (1 atm). Foi proposto realizar esse enriquecimento pela passagem de ambos os gases através de uma lâmina fina de algum metal em uma temperatura elevada. Na medida em que o hidrogênio se difunde através da lâmina a uma taxa mais alta que o nitrogênio, a pressão parcial do hidrogênio será maior no lado de saída da lâmina. O projeto pede pressões parciais de 0,0709 MPa (0,7 atm) e 0,02026 MPa (0,2 atm), respectivamente, para o hidrogênio e o nitrogênio. As concentrações de hidrogênio e de nitrogênio (C_H e C_N, em mol/m³) nesse metal são funções das pressões parciais dos gases (P_{H_2} e P_{N_2}, em MPa) e da temperatura absoluta, e são dadas pelas seguintes expressões:

$$C_H = 2,5 \times 10^3 \sqrt{p_{H_2}} \exp\left(-\frac{27.800 \text{ J/mol}}{RT}\right) \quad (5.16\text{a})$$

$$C_N = 2,75 \times 10^{-3} \sqrt{p_{N_2}} \exp\left(-\frac{37.600 \text{ J/mol}}{RT}\right) \quad (5.16\text{b})$$

Os coeficientes de difusão para a difusão de tais gases nesse metal são funções da temperatura absoluta de acordo com as expressões:

$$D_H(\text{m}^2/\text{s}) = 1,4 \times 10^{-7} \exp\left(-\frac{13.400 \text{ J/mol}}{RT}\right) \quad (5.17\text{a})$$

$$D_N(\text{m}^2/\text{s}) = 3,0 \times 10^{-7} \exp\left(-\frac{76.150 \text{ J/mol}}{RT}\right) \quad (5.17\text{b})$$

É possível purificar o gás hidrogênio dessa maneira? Se isso for possível, especifique uma temperatura na qual o processo possa ser realizado, assim como a espessura da lâmina metálica que seria necessária. Se tal procedimento não for possível, explique a(s) razão(ões) para tal.

5.P2 Uma mistura gasosa contém dois componentes diatômicos A e B para os quais as pressões parciais são de 0,05065 MPa (0,5 atm). Essa mistura deve ser enriquecida na pressão parcial do componente A pela passagem de ambos os gases através de uma lâmina fina de algum metal em uma temperatura elevada. A mistura enriquecida resultante deve possuir uma pressão parcial de 0,02026 MPa (0,2 atm) para o gás

A e 0,01013 MPa (0,1 atm) para o gás B. As concentrações de A e de B (C_A e C_B, em mol/m³) são funções das pressões parciais dos gases (P_{A_2} e P_{B_2}, em MPa) e da temperatura absoluta, de acordo com as seguintes expressões:

$$C_A = 200 \sqrt{p_{A_2}} \exp\left(-\frac{25.000 \text{ J/mol}}{RT}\right) \quad (5.18\text{a})$$

$$C_B = 1,0 \times 10^3 \sqrt{p_{B_2}} \exp\left(-\frac{30.000 \text{ J/mol}}{RT}\right) \quad (5.18\text{b})$$

Os coeficientes de difusão para a difusão desses gases no metal são funções da temperatura absoluta de acordo com as expressões:

$$D_A(\text{m}^2/\text{s}) = 4,0 \times 10^{-7} \exp\left(-\frac{15.000 \text{ J/mol}}{RT}\right) \quad (5.19\text{a})$$

$$D_B(\text{m}^2/\text{s}) = 2,5 \times 10^{-6} \exp\left(-\frac{24.000 \text{ J/mol}}{RT}\right) \quad (5.19\text{b})$$

É possível purificar o gás A desse modo? Se isso for possível, especifique uma temperatura na qual o processo possa ser realizado, assim como a espessura da lâmina metálica que seria necessária. Se esse procedimento não for possível, explique a(s) razão(ões) para tal.

Segunda Lei de Fick — Difusão em Regime Não Estacionário

5.P3 A resistência ao desgaste de um eixo de aço deve ser melhorada pelo endurecimento da sua superfície através do aumento do teor de nitrogênio na camada superficial mais externa, como resultado da difusão de nitrogênio no aço. O nitrogênio deve ser fornecido a partir de um gás externo rico em nitrogênio, a uma temperatura elevada e constante. O teor inicial de nitrogênio no aço é de 0,002%p, enquanto a concentração na superfície deve ser mantida em 0,50%p. Para que esse tratamento seja efetivo, um teor de nitrogênio de 0,10%p deve ser estabelecido em uma posição 0,40 mm abaixo da superfície. Especifique tratamentos térmicos apropriados em termos da temperatura e do tempo para temperaturas entre 475°C e 625°C. Ao longo dessa faixa de temperaturas, a constante pré-exponencial e a energia de ativação para a difusão do nitrogênio no ferro são de 3×10^{-7} m²/s e 76.150 J/mol, respectivamente.

Difusão em Materiais Semicondutores

5.P4 Um projeto de circuito integrado pede a difusão do arsênio para o interior de pastilhas de silício; a concentração de fundo do As no Si é de $2,5 \times 10^{20}$ átomos/m³. O tratamento térmico de pré-deposição deve ser conduzido a 1000°C durante 45 minutos, com uma concentração constante na superfície de 8×10^{26} átomos de As/m³. Para uma temperatura de tratamento de redistribuição de 1100°C, determine o tempo de difusão necessário para uma profundidade de junção de 1,2 μm. Para esse sistema, os valores de Q_d e D_0 são de 4,10 eV e $2,29 \times 10^{-3}$ m²/s, respectivamente.

Q-16 • Questões e Problemas

PROBLEMAS COM PLANILHA ELETRÔNICA

5.1PE Para uma situação de difusão em regime não estacionário (composição na superfície constante) na qual as composições na superfície e inicial são fornecidas, assim como o valor do coeficiente de difusão, desenvolva uma planilha eletrônica que permita ao usuário determinar o tempo de difusão necessário para atingir uma dada composição em alguma distância especificada a partir da superfície do sólido.

5.2PE Para uma situação de difusão em regime não estacionário (composição na superfície constante) na qual as composições na superfície e inicial são fornecidas, assim como o valor do coeficiente de difusão, desenvolva uma planilha eletrônica que permita ao usuário determinar a distância a partir da superfície na qual será atingida alguma composição especificada para algum tempo de difusão especificado.

5.3PE Para uma situação de difusão em regime não estacionário (composição na superfície constante) na qual as composições na superfície e inicial são fornecidas, assim como o valor do coeficiente de difusão, desenvolva uma planilha eletrônica que permita ao usuário determinar a composição em alguma distância especificada a partir da superfície para algum tempo de difusão especificado.

5.4PE Dado um conjunto de pelo menos dois valores do coeficiente de difusão e suas temperaturas correspondentes, desenvolva uma planilha eletrônica que permita ao usuário calcular o seguinte:

(a) a energia de ativação e

(b) a constante pré-exponencial

QUESTÕES E PROBLEMAS SOBRE FUNDAMENTOS DA ENGENHARIA

5.1FE Átomos de qual dos elementos a seguir vão se difundir mais rapidamente no ferro?

(A) Mo   (B) C   (C) Cr   (D) W

5.2FE Calcule o coeficiente de difusão para o cobre no alumínio a 600°C. Os valores para a constante pré-exponencial e a energia de ativação para esse sistema são de $6,5 \times 10^{-5}$ m²/s e 136.000 J/mol, respectivamente.

(A) $5,7 \times 10^{-2}$ m²/s   (C) $4,7 \times 10^{-13}$ m²/s

(B) $9,4 \times 10^{-17}$ m²/s   (D) $3,9 \times 10^{-2}$ m²/s

CAPÍTULO 6 QUESTÕES E PROBLEMAS

Conceitos de Tensão e Deformação

6.1 Usando os princípios da mecânica dos materiais (isto é, as equações de equilíbrio mecânico aplicadas a um diagrama de corpo livre), desenvolva as Equações 6.4a e 6.4b.

6.2 (a) As Equações 6.4a e 6.4b são expressões para as tensões normal (σ') e de cisalhamento (τ'), respectivamente, em função da tensão de tração aplicada (σ) e do ângulo de inclinação do plano no qual essas tensões são medidas (θ na Figura 6.4). Faça um gráfico em que sejam apresentados os parâmetros de orientação dessas expressões (isto é, $\cos^2\theta$ e sen $\theta \cos \theta$) em função de θ.

(b) A partir desse gráfico, para qual ângulo de inclinação a tensão normal é máxima?

(c) Além disso, em qual ângulo de inclinação a tensão cisalhante é máxima?

Comportamento Tensão–Deformação

6.3 Um corpo de prova de alumínio com seção transversal retangular de 10 mm × 12,7 mm (0,4 in × 0,5 in) é tracionado com uma força de 35.500 N (8000 lb$_f$), produzindo apenas deformação elástica. Calcule a deformação resultante.

6.4 Um corpo de provas cilíndrico de uma liga de titânio que possui um módulo de elasticidade de 107 GPa ($15,5 \times 10^6$ psi) e um diâmetro original de 3,8 mm (0,15 in) apresenta apenas deformação elástica quando uma carga de tração de 2000 N (450 lb$_f$) é aplicada. Calcule o comprimento máximo do corpo de provas antes da deformação se o alongamento máximo admissível é de 0,42 mm (0,0165 in).

6.5 Uma barra de aço com 100 mm (4,0 in) de comprimento e que possui uma seção transversal quadrada com 20 mm (0,8 in) de aresta é tracionada com uma carga de 89.000 N (20.000 lb$_f$) e apresenta um alongamento de 0,10 mm ($4,0 \times 10^{-3}$ in). Supondo que a deformação seja inteiramente elástica, calcule o módulo de elasticidade do aço.

6.6 Considere um arame cilíndrico de titânio com 3,0 mm (0,12 in) de diâmetro e $2,5 \times 10^4$ mm (1000 in) de comprimento. Calcule seu alongamento quando uma carga de 500 N (112 lb$_f$) é aplicada. Suponha que a deformação seja totalmente elástica.

6.7 Para uma liga de bronze, a tensão na qual a deformação plástica tem seu início é de 275 MPa (40.000 psi), e o módulo de elasticidade é de 115 GPa ($16,7 \times 10^6$ psi).

(a) Qual é a carga máxima que pode ser aplicada a um corpo de prova com área de seção transversal de 325 mm² (0,5 in²) sem que ocorra deformação plástica?

(b) Se o comprimento original do corpo de prova é de 115 mm (4,5 in), qual é o comprimento máximo ao qual ele pode ser esticado sem ocorrer deformação plástica?

6.8 Uma barra cilíndrica feita de cobre ($E = 110$ GPa, 16×10^6 psi) que possui um limite de escoamento de 240 MPa (35.000 psi) deve ser submetida a uma carga de 6660 N (1500 lb$_f$). Se o comprimento da barra for de 380 mm (15,0 in), qual deve ser seu diâmetro para permitir um alongamento de 0,50 mm (0,020 in)?

6.9 Calcule os módulos de elasticidade para as seguintes ligas metálicas: **(a)** titânio, **(b)** aço revenido, **(c)** alumínio e **(d)** aço-carbono. Como esses valores se comparam àqueles apresentados na Tabela 6.1 para os mesmos metais?

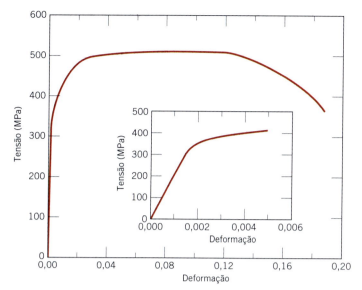

Figura 6.22 Comportamento tensão-deformação em tração para um aço.

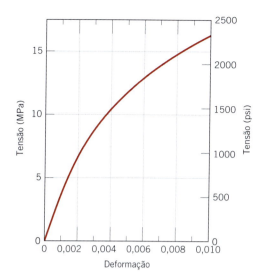

Figura 6.23 Comportamento tensão-deformação em tração para um ferro fundido cinzento.

6.10 Considere um corpo de prova cilíndrico feito de um aço (Figura 6.22) com 10,0 mm (0,39 in) de diâmetro e 75 mm (3,0 in) de comprimento, tracionado. Determine seu alongamento quando é aplicada uma carga de 20.000 N (4500 lb$_f$).

6.11 A Figura 6.23 mostra, para um ferro fundido cinzento, a curva tensão-deformação em tração na região elástica. Determine **(a)** o módulo tangente tomado a 10,3 MPa (1500 psi) e **(b)** o módulo secante tomado a 6,9 MPa (1000 psi).

6.12 Como observado na Seção 3.15, as propriedades físicas dos monocristais de algumas substâncias são *anisotrópicas* — isto é, elas são dependentes da direção cristalográfica. Uma dessas propriedades é o módulo de elasticidade. Para os monocristais cúbicos, o módulo de elasticidade em uma direção genérica [uvw], E_{uvw}, é descrito pela relação

$$\frac{1}{E_{uvw}} = \frac{1}{E_{\langle 100 \rangle}} - 3\left(\frac{1}{E_{\langle 100 \rangle}} - \frac{1}{E_{\langle 111 \rangle}}\right) \quad (6.30)$$
$$(\alpha^2\beta^2 + \beta^2\gamma^2 + \gamma^2\alpha^2)$$

em que $E_{\langle 100 \rangle}$ e $E_{\langle 111 \rangle}$ são os módulos de elasticidade nas direções [100] e [111], respectivamente; α, β e γ são os cossenos dos ângulos entre [uvw] e as respectivas direções [100], [010] e [001]. Verifique se os valores de $E_{\langle 110 \rangle}$ para o alumínio, o cobre e o ferro na Tabela 3.4 estão corretos.

6.13 Na Seção 2.6 foi observado que a energia de ligação resultante E_L entre dois íons isolados, um positivo e o outro negativo, é uma função da distância interiônica r de acordo com:

$$E_L = -\frac{A}{r} + \frac{B}{r^n} \quad (6.31)$$

em que A, B e n são constantes para o par de íons específico. A Equação 6.31 também é válida para a energia de ligação entre íons adjacentes nos materiais sólidos. O módulo de elasticidade E é proporcional à inclinação da curva força interiônica-separação na separação interiônica de equilíbrio; isto é,

$$E \propto \left(\frac{dF}{dr}\right)_{r_0}$$

Desenvolva uma expressão para a dependência do módulo de elasticidade em relação a esses parâmetros A, B e n (para o sistema com dois íons) usando o seguinte procedimento:

1. Estabeleça uma relação para a força F em função de r, tendo em mente que

$$F = \frac{dE_L}{dr}$$

2. Em seguida, tire a derivada dF/dr.

3. Desenvolva uma expressão para r_0, a separação de equilíbrio. Uma vez que r_0 corresponde ao valor de r no ponto mínimo da curva de E_L em função de r (Figura 2.10b), tire a derivada dE_L/dr, iguale a derivada a zero e resolva r, que corresponde a r_0.

4. Por fim, substitua essa expressão para r_0 na relação que foi obtida ao tirar dF/dr.

6.14 Usando a solução para o Problema 6.13, classifique em ordem decrescente as magnitudes dos módulos de elasticidade para os seguintes materiais hipotéticos X, Y e Z. Os parâmetros A, B e n (Equação 6.31) apropriados para esses três materiais são mostrados na tabela a seguir; eles fornecem E_L em unidades de elétron-volt e r em nanômetros:

Material	A	B	n
X	2,5	2,0 × 10⁻⁵	8
Y	2,3	8,0 × 10⁻⁶	10,5
Z	3,0	1,5 × 10⁻⁵	9

Propriedades Elásticas dos Materiais

6.15 Um corpo de prova cilíndrico de alumínio com diâmetro de 19 mm (0,75 in) e comprimento de 200 mm

Q-18 • **Questões e Problemas**

(8,0 in) é deformado elasticamente em tração com uma força de 48.800 N (11.000 lb$_f$). Considerando os dados da Tabela 6.1, determine o seguinte:

(a) Quanto esse corpo de prova vai se alongar na direção da tensão aplicada.

(b) A variação no diâmetro do corpo de prova. O diâmetro vai aumentar ou diminuir?

6.16 Uma barra cilíndrica de aço com 10 mm (0,4 in) de diâmetro deve ser deformada elasticamente pela aplicação de uma força ao longo do seu eixo. Aplicando os dados na Tabela 6.1, determine a força que produz uma redução elástica de 3×10^{-3} mm ($1,2 \times 10^{-4}$ in) no diâmetro.

6.17 Um corpo de prova cilíndrico de uma dada liga metálica com 8 mm (0,31 in) de diâmetro é tensionado elasticamente em tração. Uma força de 15.700 N (3530 lb$_f$) produz uma redução no diâmetro do corpo de prova de 5×10^{-3} mm (2×10^{-4} in). Calcule o coeficiente de Poisson para esse material se seu módulo de elasticidade for 140 GPa ($20,3 \times 10^6$ psi).

6.18 Um corpo de prova cilíndrico de uma liga metálica hipotética é tensionado em compressão. Se seus diâmetros original e final são 20,000 e 20,025 mm, respectivamente, e seu comprimento final é de 74,96 mm, calcule seu comprimento original se a deformação for totalmente elástica. Os módulos de elasticidade e de cisalhamento para essa liga são 105 GPa e 39,7 GPa, respectivamente.

6.19 Considere um corpo de prova cilíndrico de alguma liga metálica hipotética que possui um diâmetro de 8,0 mm (0,31 in). Uma força de tração de 1000 N (225 lb$_f$) produz uma redução elástica no diâmetro de $2,8 \times 10^{-4}$ mm ($1,10 \times 10^{-5}$ in). Calcule o módulo de elasticidade para essa liga, dado que o coeficiente de Poisson é 0,30.

6.20 Sabe-se que uma liga de latão possui um limite de escoamento de 275 MPa (40.000 psi), um limite de resistência à tração de 380 MPa (55.000 psi) e um módulo de elasticidade de 103 GPa ($15,0 \times 10^6$ psi). Um corpo de prova cilíndrico dessa liga com 12,7 mm (0,50 in) de diâmetro e 250 mm (10,0 in) de comprimento é tensionado em tração e se alonga 7,6 mm (0,30 in). Com base nas informações dadas, é possível calcular a magnitude da carga necessária para produzir essa alteração no comprimento? Caso isso seja possível, calcule a carga. Caso não seja possível, explique a razão.

6.21 Um corpo de prova metálico de formato cilíndrico com 12,7 mm (0,5 in) de diâmetro e 250 mm (10 in) de comprimento deve ser submetido a uma tensão de tração de 28 MPa (4000 psi). Nesse nível de tensão, a deformação resultante será totalmente elástica.

(a) Se o alongamento deve ser inferior a 0,080 mm ($3,2 \times 10^{-3}$ in), quais dos metais na Tabela 6.1 são candidatos adequados? Por quê?

(b) Se, além disso, a máxima redução permissível no diâmetro for de $1,2 \times 10^{-3}$ mm ($4,7 \times 10^{-5}$ in) quando a tensão de tração de 28 MPa é aplicada, quais dos metais que satisfazem o critério da parte (a) são candidatos adequados? Por quê?

6.22 Considere a liga de latão para a qual o comportamento tensão-deformação é mostrado na Figura 6.12. Um corpo de prova cilíndrico desse materiai com 6 mm (0,24 in) de diâmetro e 50 mm (2 in) de comprimento é tracionado com uma força de 5000 N (1125 lb$_f$). Se é sabido que essa liga possui um coeficiente de Poisson de 0,30, calcule: **(a)** o alongamento do corpo de prova e **(b)** a redução no diâmetro do corpo de prova.

6.23 Uma barra cilíndrica com 100 mm de comprimento e diâmetro de 10,0 mm deve ser deformada usando uma carga de tração de 27.500 N. Ela não deve sofrer deformação plástica ou uma redução em seu diâmetro de mais de $7,5 \times 10^{-3}$ mm. Entre os materiais listados a seguir, quais são possíveis candidatos? Justifique sua(s) escolha(s).

Material	Módulo de Elasticidade (GPa)	Limite de Escoamento (MPa)	Coeficiente de Poisson
Liga de alumínio	70	200	0,33
Latão	101	300	0,34
Aço	207	400	0,30
Liga de titânio	107	650	0,34

6.24 Uma barra cilíndrica com 380 mm (15,0 in) de comprimento e diâmetro de 10,0 mm (0,40 in) deve ser submetida a uma carga de tração. Se a barra não deve sofrer deformação plástica ou um alongamento de mais de 0,9 mm (0,035 in) quando a carga aplicada for de 24.500 N (5500 lb$_f$), quais dos quatro metais ou ligas listados na tabela a seguir são possíveis candidatos? Justifique sua(s) escolha(s).

Material	Módulo de Elasticidade (GPa)	Limite de Escoamento (MPa)	Limite de Resistência a Tração (MPa)
Liga de alumínio	70	255	420
Latão	100	345	420
Cobre	110	250	290
Aço	207	450	550

Propriedades em Tração

6.25 A Figura 6.22 mostra o comportamento tensão-deformação de engenharia em tração para um aço.

(a) Qual é o módulo de elasticidade?

(b) Qual é o limite de proporcionalidade?

(c) Qual é o limite de escoamento para uma pré-deformação de 0,002?

(d) Qual é o limite de resistência à tração?

6.26 Um corpo de prova cilíndrico de latão com comprimento de 60 mm (2,36 in) deve alongar apenas 10,8 mm (0,425 in) quando uma carga de tração de 50.000 N (11.240 lb$_f$) for aplicada. Sob essas circunstâncias, qual deve ser o raio do corpo de prova? Considere que esse latão exibe o comportamento tensão-deformação mostrado na Figura 6.12.

6.27 Uma carga de 85.000 N (19.100 lb$_f$) é aplicada a um corpo de prova cilíndrico de aço (que exibe o comportamento tensão-deformação mostrado na Figura 6.22) que possui uma seção transversal com diâmetro de 15 mm (0,59 in).

(a) O corpo de prova apresentará deformação elástica e/ou plástica? Por quê?

(b) Se o comprimento original do corpo de prova for 250 mm (10 in), quanto ele aumentará em comprimento quando essa carga for aplicada?

6.28 Uma barra de aço que exibe o comportamento tensão-deformação mostrado na Figura 6.22 é submetida a uma carga de tração; o corpo de prova possui 300 mm (12 in) de comprimento e seção transversal quadrada com 4,5 mm (0,175 in) de lado.

(a) Calcule a magnitude da carga necessária para produzir um alongamento de 0,45 mm (0,018 in).

(b) Qual será a deformação após a carga ter sido liberada?

6.29 Um corpo de prova cilíndrico de alumínio com diâmetro de 0,505 in (12,8 mm) e comprimento útil de 2,000 in (50,800 mm) é tracionado. Use as características carga-alongamento mostradas na tabela a seguir para completar os itens **(a)** a **(f)**.

Carga		Comprimento	
N	lb$_f$	mm	in
0	0	50,800	2,000
7330	1650	50,851	2,002
15.100	3400	50,902	2,004
23.100	5200	50,952	2,006
30.400	6850	51,003	2,008
34.400	7750	51,054	2,010
38.400	8650	51,308	2,020
41.300	9300	51,816	2,040
44.800	10.100	52,832	2,080
46.200	10.400	53,848	2,120
47.300	10.650	54,864	2,160
47.500	10.700	55,880	2,200
46.100	10.400	56,896	2,240
44.800	10.100	57,658	2,270
42.600	9600	58,420	2,300
36.400	8200	59,182	2,330
Fratura			

(a) Represente graficamente os dados da tensão de engenharia em função da deformação de engenharia.

(b) Calcule o módulo de elasticidade.

(c) Determine o limite de escoamento para uma pré-deformação de 0,002.

(d) Determine o limite de resistência à tração dessa liga.

(e) Qual é a ductilidade aproximada em termos do alongamento percentual?

(f) Calcule o módulo de resiliência.

6.30 Um corpo de prova em ferro fundido nodular com seção transversal retangular com dimensões de 4,8 mm × 15,9 mm (3/16 in × 5/8 in) é deformado em tração. Usando os dados carga-alongamento mostrados na tabela a seguir, complete os itens **(a)** a **(f)**.

Carga		Comprimento	
N	lb$_f$	mm	in
0	0	75,000	2,953
4740	1065	75,025	2,954
9140	2055	75,050	2,955
12.920	2900	75,075	2,956
16.540	3720	75,113	2,957
18.300	4110	75,150	2,959
20.170	4530	75,225	2,962
22.900	5145	75,375	2,968
25.070	5635	75,525	2,973
26.800	6025	75,750	2,982
28.640	6440	76,500	3,012
30.240	6800	78,000	3,071
31.100	7000	79,500	3,130
31.280	7030	81,000	3,189
30.820	6930	82,500	3,248
29.180	6560	84,000	3,307
27.190	6110	85,500	3,366
24.140	5430	87,000	3,425
18.970	4265	88,725	3,493
Fratura			

(a) Represente graficamente os dados da tensão de engenharia em função da deformação de engenharia.

(b) Calcule o módulo de elasticidade.

(c) Determine o limite de escoamento para uma pré-deformação de 0,002.

(d) Determine o limite de resistência à tração dessa liga.

(e) Calcule o módulo de resiliência.

(f) Qual é a ductilidade em termos do alongamento percentual?

6.31 Para a liga de titânio, determine o seguinte:

(a) o limite de escoamento aproximado (para uma pré-deformação de 0,002)

(b) o limite de resistência à tração

(c) a ductilidade aproximada em termos do alongamento percentual

Como esses valores se comparam àqueles das duas ligas Ti-6Al-4V apresentados na Tabela B.4 do Apêndice B?

6.32 Para o aço revenido, determine o seguinte:

(a) o limite de escoamento aproximado (para uma pré-deformação de 0,002)

(b) o limite de resistência à tração

(c) a ductilidade aproximada em termos do alongamento percentual

Como esses valores se comparam àqueles dos aços 4140 e 4340 temperados em óleo e revenidos apresentados na Tabela B.4 do Apêndice B?

6.33 Para a liga de alumínio, determine o seguinte:

(a) o limite de escoamento aproximado (para uma pré-deformação de 0,002)

Q-20 • Questões e Problemas

(b) o limite de resistência à tração

(c) a ductilidade aproximada em termos do alongamento percentual

Como esses valores se comparam àqueles da liga de alumínio 2024 (tratamento T351) apresentados na Tabela B.4 do Apêndice B?

6.34 Para a liga de aço-carbono (comum), determine o seguinte:

(a) o limite de escoamento aproximado

(b) o limite de resistência à tração

(c) a ductilidade aproximada em termos do alongamento percentual

6.35 Um corpo de prova metálico com formato cilíndrico com diâmetro original de 12,8 mm (0,505 in) e comprimento útil de 50,80 mm (2,000 in) é tracionado até sua fratura. O diâmetro no ponto de fratura é 6,60 mm (0,260 in) e o comprimento útil na fratura é de 72,14 mm (2,840 in). Calcule a ductilidade em termos da redução percentual na área e do alongamento percentual.

6.36 Calcule os módulos de resiliência para os materiais que possuem os comportamentos tensão-deformação mostrados nas Figuras 6.12 e 6.22.

6.37 Determine o módulo de resiliência para cada uma das seguintes ligas:

Material	Limite de Escoamento	
	MPa	psi
Aço	550	80.000
Latão	350	50.750
Liga de alumínio	250	36.250
Liga de titânio	800	116.000

Use os valores para o módulo de elasticidade na Tabela 6.1.

6.38 Um latão a ser usado como mola deve possuir um módulo de resiliência de pelo menos 0,75 MPa (110 psi). Qual deve ser seu limite de escoamento mínimo?

Tensão e Deformação Verdadeira

6.39 Mostre que as Equações 6.18a e 6.18b são válidas quando não existe nenhuma variação de volume durante a deformação.

6.40 Demonstre que a Equação 6.16, a expressão que define a deformação verdadeira, também pode ser representada por

$$\varepsilon_V = \ln\left(\frac{A_0}{A_i}\right)$$

quando o volume do corpo de provas permanece constante durante a deformação. Qual dessas duas expressões é mais válida durante a estricção (empescoçamento)? Por quê?

6.41 Considerando os dados no Problema 6.29 e as Equações 6.15, 6.16 e 6.18a, gere um gráfico tensão verdadeira-deformação verdadeira para o alumínio. A Equação 6.18a se torna inválida após o ponto em que tem início

a estricção; portanto, na tabela a seguir, são dados os diâmetros medidos para os quatro últimos pontos, que devem ser usados nos cálculos da tensão verdadeira.

Carga		Comprimento		Diâmetro	
N	lb_f	mm	in	mm	in
46.100	10.400	56,896	2,240	11,71	0,461
44.800	10.100	57,658	2,270	11,26	0,443
42.600	9600	58,420	2,300	10,62	0,418
36.400	8200	59,182	2,330	9,40	0,370

6.42 Um ensaio de tração é realizado em um corpo de prova metálico, e determina-se que uma deformação plástica verdadeira de 0,20 é produzida quando é aplicada uma tensão verdadeira de 575 MPa (83.500 psi); para o mesmo metal, o valor de K na Equação 6.19 é de 860 MPa (125.000 psi). Calcule a deformação verdadeira que resulta da aplicação de uma tensão verdadeira de 600 MPa (87.000 psi).

6.43 Para uma dada liga metálica, uma tensão verdadeira de 415 MPa (60.175 psi) produz uma deformação plástica verdadeira de 0,475. Se o comprimento original de um corpo de prova desse material é 300 mm (11,8 in), quanto ele se alongará quando for aplicada uma tensão verdadeira de 325 MPa (46.125 psi)? Considere um valor de 0,25 para o coeficiente de encruamento n.

6.44 Para um latão, as seguintes tensões verdadeiras produzem as deformações plásticas verdadeiras correspondentes:

Tensão Verdadeira (psi)	Deformação Verdadeira
50.000	0,10
60.000	0,20

Qual é a tensão verdadeira necessária para produzir uma deformação plástica verdadeira de 0,25?

6.45 Para um latão, as seguintes tensões de engenharia produzem as deformações plásticas de engenharia correspondentes, antes da estricção (empescoçamento):

Tensão de Engenharia (MPa)	Deformação de Engenharia
235	0,194
250	0,296

Com base nessa informação, calcule a *tensão de engenharia* necessária para produzir uma *deformação de engenharia* de 0,25.

6.46 Determine a tenacidade (ou a energia para causar a fratura) para um metal que apresenta tanto deformação elástica quanto plástica. Considere a Equação 6.5 para a deformação elástica, que o módulo de elasticidade é de 172 GPa (25×10^6 psi) e que a deformação elástica termina em uma deformação de 0,01. Para a deformação plástica, considere que a relação entre a tensão e a deformação é descrita pela Equação 6.19, em que os valores para K e n são de 6900 MPa (1×10^6 psi) e 0,30, respectivamente. Além disso, a deformação plástica ocorre entre valores de deformação de 0,01 e 0,75, em cujo ponto ocorre a fratura.

6.47 Para um ensaio de tração, pode ser demonstrado que a estricção começa quando

$$\frac{d\sigma_V}{d\varepsilon_V} = \sigma_V \qquad (6.32)$$

Considerando a Equação 6.19, determine uma expressão para o valor da deformação verdadeira para esse ponto de início da estricção.

6.48 Tirando o logaritmo de ambos os lados da Equação 6.19, tem-se

$$\log \sigma_V = \log K + n \log \varepsilon_V \qquad (6.33)$$

Dessa forma, um gráfico de log σ_V em função do log ε_V na região plástica, até a estricção, deve produzir uma linha reta com inclinação n e ponto de interseção (em log $\sigma_V = 0$) log K.

Usando os dados apropriados tabulados no Problema 6.29, trace um gráfico de log σ_V em função de log ε_V e determine os valores de n e K. Será necessário converter as tensões e deformações de engenharia em tensões e deformações verdadeiras usando as Equações 6.18a e 6.18b.

Recuperação Elástica após Deformação Plástica

6.49 Um corpo de prova cilíndrico feito de latão, com 7,5 mm (0,30 in) de diâmetro e 90,0 mm (3,54 in) de comprimento, é tracionado com uma força de 6000 N (1350 lb_f); em seguida, a força é liberada.

(a) Calcule o comprimento final do corpo de prova nesse instante. O comportamento tensão-deformação em tração para essa liga é mostrado na Figura 6.12.

(b) Calcule o comprimento final do corpo de prova quando a carga é aumentada para 16.500 N (3700 lb_f) e então liberada.

6.50 Um corpo de prova de aço com seção transversal retangular com dimensões de 12,7 mm × 6,4 mm (0,5 in × 0,25 in) possui o comportamento tensão-deformação mostrado na Figura 6.22. Esse corpo de prova é submetido a uma força de tração de 38.000 N (8540 lb_f).

(a) Determine os valores para as deformações elástica e plástica.

(b) Se seu comprimento original for de 460 mm (18,0 in), qual será seu comprimento final após a carga no item (a) ter sido aplicada e então liberada?

Dureza

6.51 (a) Um penetrador para dureza Brinell com 10 mm de diâmetro produziu uma impressão com diâmetro de 1,62 mm em um aço quando foi aplicada uma carga de 500 kg. Calcule a dureza HB desse material.

(b) Qual será o diâmetro de uma impressão para produzir uma dureza de 450 HB quando for aplicada uma carga de 500 kg?

6.52 (a) Calcule a dureza Knoop quando uma carga de 300 g produz uma impressão com comprimento diagonal de 150 μm.

(b) A dureza HK medida de um dado material é 300. Calcule a carga aplicada se a impressão tem um comprimento diagonal de 0,20 mm.

6.53 (a) Qual é o comprimento diagonal da impressão quando uma carga de 0,700 kg produz uma dureza Vickers HV de 650?

(b) Calcule a dureza Vickers quando uma carga de 500 g produz um comprimento diagonal de impressão de 0,085 mm.

6.54 Estime as durezas Brinell e Rockwell para os seguintes materiais:

(a) Latão naval para o qual o comportamento tensão-deformação é mostrado na Figura 6.12.

(b) Aço para o qual o comportamento tensão-deformação é mostrado na Figura 6.22.

6.55 Considerando os dados representados na Figura 6.19, especifique equações, semelhantes às Equações 6.20a e 6.20b para os aços, que relacionem o limite de resistência à tração e a dureza Brinell para o latão e o ferro fundido nodular.

Variabilidade nas Propriedades dos Materiais

6.56 Cite cinco fatores que levam a dispersões nas medidas das propriedades dos materiais.

6.57 A tabela a seguir dá alguns valores de dureza Rockwell B que foram medidos a partir de um único corpo de prova de aço. Calcule os valores para a dureza média e para o desvio padrão.

83,3	80,7	86,4
88,3	84,7	85,2
82,8	87,8	86,9
86,2	83,5	84,4
87,2	85,5	86,3

Fatores de Projeto/Segurança

6.58 Em quais três critérios são baseados os fatores de segurança?

6.59 Determine as tensões de trabalho para as duas ligas cujos comportamentos tensão-deformação são mostrados nas Figuras 6.12 e 6.22.

PROBLEMAS DE PROJETO

6.P1 Uma grande torre deve ser suportada por uma série de cabos de aço. Estima-se que a carga sobre cada cabo será de 11.100 N (2500 lb_f). Determine o diâmetro mínimo necessário para o cabo considerando um fator de segurança de 2,0 e um limite de escoamento de 1030 MPa (150.000 psi) para o aço.

6.P2 (a) Considere um tubo cilíndrico com paredes finas que possui raio de 65 mm e que deve ser usado para transportar um gás sob pressão. Se as pressões interna e externa do tubo são de 100 e 1,0 atm (10,13 e 0,1013 MPa), respectivamente, calcule a espessura mínima exigida para cada uma das seguintes ligas metálicas. Considere um fator de segurança de 3,5.

(b) Um tubo construído a partir de qual das ligas vai ter o menor custo?

Liga	Limite de Escoamento, σ_y (MPa)	Massa Específica, ρ (g/cm³)	Custo por Unidade de Massa, $\bar{c}$ (US$/kg)
Aço (comum)	375	7,8	1,65
Aço (liga)	1000	7,8	4,00
Ferro fundido	225	7,1	2,50
Alumínio	275	2,7	7,50
Magnésio	175	1,80	15,00

6.P3 (a) Hidrogênio gasoso sob uma pressão constante de 0,5065 MPa (5 atm) deve escoar pelo lado interno de um tubo cilíndrico de níquel com paredes finas que possui um raio de 0,1 m. A temperatura no tubo deve ser de 300°C, e a pressão do hidrogênio no lado de fora do tubo será mantida em 0,01013 MPa (0,1 atm). Calcule a espessura mínima da parede do tubo se o fluxo difusivo não puder ser superior a 1×10^{-7} mol/m²·s. A concentração de hidrogênio no níquel, C_H (em mols de hidrogênio por m³ de Ni), é uma função da pressão do hidrogênio, P_{H_2} (em MPa), e da temperatura absoluta T, segundo a relação

$$C_H = 30.8\sqrt{p_{H_2}} \exp\left(-\frac{12.300 \text{ J/mol}}{RT}\right) \quad (6.34)$$

Além disso, o coeficiente de difusão para a difusão do H no Ni depende da temperatura de acordo com

$$D_H(\text{m}^2/\text{s}) = 4,76 \times 10^{-7} \exp\left(-\frac{39.560 \text{ J/mol}}{RT}\right) \quad (6.35)$$

(b) Para tubos cilíndricos com paredes finas que estão pressurizados, a tensão circunferencial é uma função da diferença de pressão através da parede (Δp), do raio do cilindro (r) e da espessura do tubo (Δx) de acordo com a Equação 6.25, isto é,

$$\sigma = \frac{r \Delta p}{\Delta x} \quad (6.25a)$$

Calcule a tensão circunferencial à qual as paredes desse cilindro pressurizado estão expostas.
(*Nota:* O símbolo t é usado para a espessura da parede do cilindro na Equação 6.25 encontrada no Exemplo de Projeto 6.2; nessa versão da Equação 6.25 (isto é, Equação 6.25a), representamos a espessura da parede por Δx.)

(c) O limite de escoamento do Ni à temperatura ambiente é 100 MPa (15.000 psi), e σ_l diminui cerca de 5 MPa para cada 50°C de elevação na temperatura. Você espera que a espessura de parede calculada no item (b) seja adequada para esse cilindro de Ni a 300°C? Por que sim ou por que não?

(d) Se essa espessura for considerada adequada, calcule a espessura mínima que poderia ser usada sem deformação das paredes do tubo. Em quanto o fluxo difusivo iria aumentar com essa redução na espessura da parede? Por outro lado, se a espessura determinada no item (c) não for adequada, especifique uma espessura mínima que deveria ser usada. Nesse caso, qual seria a redução resultante no fluxo difusivo?

6.P4 Considere a difusão do hidrogênio em regime estacionário através das paredes de um tubo cilíndrico de níquel, conforme descrito no Problema 6.P3. Um projeto especifica um fluxo difusivo de 5×10^{-8} mol/m²·s, um tubo de raio 0,125 m e pressões interna e externa de 0,5065 MPa (5 atm) e 0,0203 MPa (0,2 atm), respectivamente; a temperatura máxima admissível é de 450°C. Especifique uma temperatura e uma espessura de parede apropriadas para dar esse fluxo difusivo e, ainda assim, assegurar que as paredes do tubo não terão nenhuma deformação permanente.

PROBLEMA COM PLANILHA ELETRÔNICA

6.1PE Para um corpo de prova metálico com formato cilíndrico carregado em tração até a fratura, dados um conjunto de dados de carga e seus comprimentos correspondentes, assim como o comprimento e o diâmetro antes da deformação, gere uma planilha que permitirá ao usuário representar graficamente **(a)** a tensão de engenharia em função da deformação de engenharia e **(b)** a tensão verdadeira em função da deformação verdadeira até o ponto de estricção.

QUESTÕES E PROBLEMAS SOBRE FUNDAMENTOS DA ENGENHARIA

6.1FE Um bastão de aço é tensionado em tração com uma tensão que é menor do que seu limite de escoamento. O módulo de elasticidade pode ser calculado como:

(A) Tensão axial dividida pela deformação axial
(B) Tensão axial dividida pela variação no comprimento
(C) Tensão axial vezes deformação axial
(D) Carga axial dividida pela variação no comprimento

6.2FE Um corpo de prova cilíndrico feito de latão e que possui um diâmetro de 20 mm, um módulo de tração de 110 GPa e um coeficiente de Poisson de 0,35 é tensionado em tração com uma força de 40.000 N. Se a deformação for totalmente elástica, qual será a deformação experimentada pelo corpo de prova?

(A) 0,00116   (C) 0,00463
(B) 0,00029   (D) 0,01350

6.3FE A figura a seguir mostra a curva tensão-deformação em tração para um aço-carbono comum.

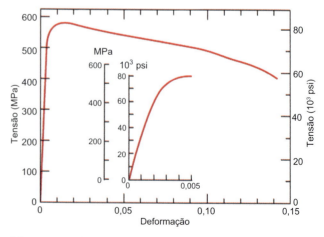

Reimpressa com permissão de John Wiley & Sons, Inc.

(a) Qual é o limite de resistência à tração dessa liga?
  (A) 650 MPa   (C) 570 MPa
  (B) 300 MPa   (D) 3.000 MPa

(b) Qual é o seu módulo de elasticidade?
  (A) 320 GPa   (C) 500 GPa
  (B) 400 GPa   (D) 215 GPa

(c) Qual é o limite de escoamento?
  (A) 550 MPa   (C) 600 MPa
  (B) 420 MPa   (D) 1000 MPa

6.4FE Um corpo de prova de aço possui seção transversal retangular com 20 mm de largura e 40 mm de espessura, um módulo de elasticidade de 207 GPa e um coeficiente de Poisson de 0,30. Se esse corpo de prova for tensionado em tração com uma força de 60.000 N, qual será a variação na largura se a deformação for totalmente elástica?
  (A) Aumento na largura de $3,62 \times 10^{-6}$ m
  (B) Diminuição na largura de $7,24 \times 10^{-6}$ m
  (C) Aumento na largura de $7,24 \times 10^{-6}$ m
  (D) Diminuição na largura de $2,18 \times 10^{-6}$ m

6.5FE Um corpo de prova cilíndrico de latão não deformado que possui um raio de 300 mm é deformado elasticamente até uma deformação de tração de 0,001. Se o coeficiente de Poisson para esse latão for de 0,35, qual será a variação no diâmetro do corpo de prova?
  (A) Aumento em 0,028 mm
  (B) Diminuição em $1,05 \times 10^{-4}$ m
  (C) Diminuição em $3,00 \times 10^{-4}$ m
  (D) Aumento em $1,05 \times 10^{-4}$ m

CAPÍTULO 7 QUESTÕES E PROBLEMAS

Conceitos Básicos

Características das Discordâncias

7.1 Para se ter uma perspectiva das dimensões dos defeitos atômicos, considere uma amostra metálica com uma densidade de discordâncias de 10^4 mm^{-2}. Suponha que todas as discordâncias em um volume de 1000 mm^3 (1 cm^3) tenham sido de alguma maneira removidas e unidas por suas extremidades. Qual seria o comprimento (em milhas) dessa cadeia? Agora suponha que a densidade seja aumentada para 10^{10} mm^{-2} por meio de trabalho a frio. Qual seria o comprimento da cadeia de discordâncias em 1000 mm^3 do material?

7.2 Considere duas discordâncias em aresta com sinais opostos e que possuem planos de escorregamento separados por várias distâncias atômicas, como indicado no diagrama a seguir. Descreva sucintamente o defeito resultante quando essas duas discordâncias ficam alinhadas uma com a outra.

7.3 É possível que duas discordâncias em espiral com sinais opostos se aniquilem mutuamente? Explique sua resposta.

7.4 Cite as relações entre a direção da aplicação da tensão cisalhante e a direção do movimento da linha da discordância para as discordâncias em aresta, em espiral e mista.

Sistemas de Escorregamento

7.5 (a) Defina um sistema de escorregamento.
  (b) Todos os metais possuem o mesmo sistema de escorregamento? Por que sim ou por que não?

7.6 (a) Compare as densidades planares (Seção 3.11 e Problema 3.58) para os planos (100), (110) e (111) da estrutura cristalina CFC.

(b) Compare as densidades planares (Problema 3.59) para os planos (100) e (110) da estrutura cristalina CCC.

7.7 Um sistema de escorregamento para a estrutura cristalina CCC é {110}<111>. De maneira semelhante à da Figura 7.6b, esboce um plano do tipo {110} para a estrutura CCC, representando as posições dos átomos com círculos. Depois, usando setas, indique duas direções de escorregamento <111> diferentes nesse plano.

7.8 Um sistema de escorregamento para a estrutura cristalina HC é {0001}<110>. De maneira semelhante à da Figura 7.6b, esboce um plano do tipo {0111} para a estrutura HC e, usando setas, indique três direções de escorregamento <110> diferentes nesse plano. A Figura 3.9 pode ser útil.

7.9 As Equações 7.1a e 7.1b, que são expressões para os vetores de Burgers em estruturas cristalinas CFC e CCC, são da forma

$$\mathbf{b} = \frac{a}{2}\langle uvw \rangle$$

em que a é o comprimento da aresta da célula unitária. As magnitudes desses vetores de Burgers podem ser determinadas a partir da seguinte equação:

$$|\mathbf{b}| = \frac{a}{2}(u^2 + v^2 + w^2)^{1/2} \qquad (7.11)$$

Determine os valores de $|\mathbf{b}|$ para o alumínio e o cromo. Pode ser útil consultar a Tabela 3.1.

7.10 (a) De maneira semelhante às Equações 7.1a a 7.1c, especifique o vetor de Burgers para a estrutura cristalina cúbica simples cuja célula unitária é mostrada na Figura 3.3. Além disso, a estrutura cristalina cúbica simples é a estrutura cristalina para a discordância em aresta na Figura 4.4 e para seu movimento, como apresentado na Figura 7.1. Pode ser útil consultar também a resposta para a Verificação de Conceitos 7.1.

Q-24 · **Questões e Problemas**

(b) Com base na Equação 7.11, formule uma expressão para a magnitude do vetor de Burgers, $|\mathbf{b}|$, para a estrutura cristalina cúbica simples.

Escorregamento em Monocristais

7.11 Às vezes $\cos \phi \cos \lambda$ na Equação 7.2 é denominado *fator de Schmid*. Determine a magnitude do fator de Schmid para um monocristal CFC orientado com sua direção [100] paralela ao eixo de carregamento.

7.12 Considere um monocristal metálico que está orientado tal que a normal ao plano de escorregamento e a direção de escorregamento formam ângulos de 43,1° e 47,9°, respectivamente, com o eixo de tração. Se a tensão cisalhante resolvida crítica é de 20,7 MPa (3000 psi), a aplicação de uma tensão de 45 MPa (6500 psi) causará o escoamento do monocristal? Em caso negativo, qual será a tensão necessária?

7.13 Um monocristal de alumínio está orientado para um ensaio de tração tal que a normal ao seu plano de escorregamento forma um ângulo de 28,1° com o eixo de tração. Três possíveis direções de escorregamento formam ângulos de 62,4°, 72,0° e 81,1° com o mesmo eixo de tração.

(a) Qual dessas três direções de escorregamento é a mais favorecida?

(b) Se a deformação plástica começa sob uma tensão de tração de 1,95 MPa (280 psi), determine a tensão cisalhante resolvida crítica para o alumínio.

7.14 Considere um monocristal de prata orientado tal que uma tensão de tração é aplicada ao longo da direção [001]. Se o escorregamento ocorre no plano (111) e em uma direção [$\bar{1}$01] e começa quando uma tensão de tração de 1,1 MPa (160 psi) é aplicada, calcule a tensão cisalhante resolvida crítica.

7.15 Um monocristal de um metal com estrutura cristalina CFC está orientado tal que uma tensão de tração é aplicada paralela à direção [110]. Se a tensão cisalhante resolvida crítica para esse material é de 1,75 MPa, calcule a(s) magnitude(s) da(s) tensão(ões) aplicada(s) necessária(s) para causar escorregamento no plano (111) nas direções [1$\bar{1}$0], [10$\bar{1}$] e [01$\bar{1}$].

7.16 **(a)** Um monocristal de um metal com estrutura cristalina CCC está orientado tal que uma tensão de tração é aplicada na direção [010]. Se a magnitude dessa tensão é de 2,75 MPa, calcule a tensão cisalhante resolvida na direção [$\bar{1}$11] nos planos (110) e (101).

(b) Com base nesses valores para a tensão cisalhante resolvida, qual(is) sistema(s) de escorregamento está(ão) orientado(s) da maneira mais favorável?

7.17 Considere um monocristal de algum metal hipotético com estrutura cristalina CFC, orientado tal que uma tensão de tração é aplicada ao longo de uma direção [$\bar{1}$02]. Se o escorregamento ocorre em um plano (111) e em uma direção [$\bar{1}$01], calcule a tensão na qual o cristal escoa se sua tensão cisalhante resolvida crítica é de 3,42 MPa.

7.18 A tensão cisalhante resolvida crítica para o ferro é de 27 MPa (4000 psi). Determine o maior limite de escoamento possível para um monocristal de Fe tensionado em tração.

Deformação por Maclação

7.19 Liste quatro diferenças principais entre a deformação por maclação e a deformação por escorregamento em relação ao mecanismo, às condições de ocorrência e ao resultado final.

Aumento da Resistência pela Redução do Tamanho de Grão

7.20 Explique sucintamente por que os contornos de grão com baixo ângulo não são tão efetivos em interferir com o processo de escorregamento quanto os contornos de grão com alto ângulo.

7.21 Explique sucintamente por que os metais HC são tipicamente mais frágeis que os metais CFC e CCC.

7.22 Descreva com suas próprias palavras os três mecanismos para aumento da resistência discutidos neste capítulo (isto é, a redução no tamanho do grão, o aumento da resistência por solução sólida e o encruamento). Certifique-se de explicar como as discordâncias estão envolvidas em cada uma dessas técnicas de aumento da resistência.

7.23 **(a)** A partir do gráfico do limite de escoamento em função do (diâmetro do grão)$^{-1/2}$ para o latão de cartucho 70 Cu-30 Zn, Figura 7.15, determine valores para as constantes σ_0 e k_l na Equação 7.7.

(b) Em seguida, estimc o limite de escoamento para essa liga quando o diâmetro médio de grão é de $1,0 \times 10^{-3}$ mm.

7.24 O limite de escoamento inferior para uma amostra de ferro com diâmetro médio de grão de 5×10^{-2} mm é de 135 MPa (19.500 psi). Em um diâmetro de grão de 8×10^{-3} mm, o limite de escoamento aumenta para 260 MPa (37.500 psi). Em qual diâmetro de grão o limite de escoamento inferior será de 205 MPa (30.000 psi)?

7.25 Se for admitido que o gráfico na Figura 7.15 é de um latão que não foi trabalhado a frio, determine o tamanho de grão na Figura 7.19; considere que sua composição seja a mesma da liga na Figura 7.15.

Aumento da Resistência por Solução Sólida

7.26 Da mesma forma das Figuras 7.17b e 7.18b, indique a localização na vizinhança de uma discordância em aresta em que seria esperado que um átomo de impureza intersticial se posicionasse. Em seguida, explique sucintamente em termos das deformações da rede por qual motivo ele estaria localizado nessa posição.

Encruamento

7.27 **(a)** Para um ensaio de tração, mostre que

$$\%\text{TF} = \left(\frac{\varepsilon}{\varepsilon + 1} \right) \times 100$$

se não houver nenhuma alteração no volume do corpo de prova durante o processo de deformação (isto é, se $A_0 l_0 = A_d l_d$).

(b) Considerando o resultado do item (a), calcule a porcentagem de trabalho a frio sofrido por um latão naval (cujo comportamento tensão-deformação é mostrado na Figura 6.12) quando é aplicada uma tensão de 400 MPa (58.000 psi).

7.28 Dois corpos de prova cilíndricos de uma liga, previamente sem deformação, devem ser encruados pela redução das áreas das suas seções transversais (enquanto são mantidas as formas circulares das suas seções transversais). Para um dos corpos de prova, os raios inicial e deformado são de 16 mm e 11 mm, respectivamente. O segundo corpo de prova, que possui um raio inicial de 12 mm, deve possuir a mesma dureza após a deformação que o primeiro corpo de prova. Calcule o raio do segundo corpo de prova após a deformação.

7.29 Dois corpos de prova de um mesmo metal, previamente sem deformação, devem ser deformados plasticamente pela redução das áreas das suas seções transversais. Um dos corpos de prova possui seção transversal circular, enquanto o outro tem seção retangular. Durante a deformação, a seção transversal circular deve permanecer circular, e a seção transversal retangular deve permanecer como tal. As dimensões originais e após a deformação são as seguintes:

	Circular (diâmetro, mm)	**Retangular** (mm)
Dimensões originais	15,2	125 × 175
Dimensões deformadas	11,4	75 × 200

Qual desses corpos de prova terá maior dureza após a deformação plástica, e por quê?

7.30 Um corpo de prova cilíndrico de cobre trabalhado a frio possui uma ductilidade (%AL) de 25%. Se o raio após o trabalho a frio é de 10 mm (0,40 in), qual era o raio antes da deformação?

7.31 (a) Qual é a ductilidade aproximada (%AL) de um latão que possui um limite de escoamento de 275 MPa (40.000 psi)?

(b) Qual é a dureza Brinell aproximada de um aço 1040 que possui um limite de escoamento de 690 MPa (100.000 psi)?

7.32 Foi observado experimentalmente para os monocristais de diversos metais que a tensão cisalhante resolvida crítica, τ_{terc}, é função da densidade de discordâncias ρ_D segundo a relação

$$\tau_{\text{terc}} = \tau_0 + A\sqrt{\rho_D}$$

em que τ_0 e A são constantes. Para o cobre, a tensão cisalhante resolvida crítica é de 2,10 MPa (305 psi) para uma densidade de discordâncias de 10^5 mm^{-2}. Se o valor de A para o cobre é de $6,35 \times 10^{-3}$ MPa-mm (0,92 psi-mm), calcule o valor de τ_{terc} para uma densidade de discordâncias de 10^7 mm^{-2}.

Recuperação Recristalização
Crescimento de Grão

7.33 Cite sucintamente as diferenças entre os processos de recuperação e de recristalização.

7.34 Estime a fração de recristalização na fotomicrografia da Figura 7.21c.

7.35 Explique as diferenças nas estruturas de grão de um metal que foi trabalhado a frio e de um que foi trabalhado a frio e então recristalizado.

7.36 (a) Qual é a força motriz para a recristalização?

(b) Qual é a força motriz para o crescimento de grão?

7.37 (a) A partir da Figura 7.25, calcule o tempo necessário para que o diâmetro médio de grão aumente de 0,01 para 0,1 mm a 500°C para esse latão.

(b) Repita o cálculo usando 600°C.

7.38 Considere um material hipotético que tenha um diâmetro de grão de $6,3 \times 10^{-2}$ mm. Após um tratamento térmico a 500°C durante 4 h, o diâmetro de grão aumentou para $1,10 \times 10^{-1}$ mm. Calcule o diâmetro de grão quando uma amostra desse mesmo material original (isto é, $d_0 = 6,3 \times 10^{-2}$ mm) é aquecida durante 5,5 h a 500°C. Considere que o expoente para o diâmetro de grão n possui um valor de 2,0.

7.39 Uma liga metálica hipotética possui um diâmetro de grão de $2,4 \times 10^{-2}$ mm. Após um tratamento térmico a 575°C durante 500 min, o diâmetro de grão aumentou para $7,3 \times 10^{-2}$ mm. Calcule o tempo exigido para que uma amostra desse mesmo material (isto é, $d_0 = 2,4 \times 10^{-2}$ mm) atinja um diâmetro de grão de $5,5 \times 10^{-2}$ mm ao ser aquecida a 575°C. Considere que o expoente para o diâmetro de grão n possui um valor de 2,2.

7.40 O diâmetro médio de grão para um latão foi medido em função do tempo a 650°C, o que é mostrado na tabela a seguir para dois tempos diferentes:

Tempo (min)	**Diâmetro de Grão** (mm)
30	$3,9 \times 10^{-2}$
90	$6,6 \times 10^{-2}$

(a) Qual era o diâmetro de grão original?

(b) Qual seria o diâmetro de grão esperado após 150 min a 650°C?

7.41 Um corpo de prova não deformado de alguma liga possui um diâmetro médio de grão de 0,040 mm. Você deve reduzir o diâmetro médio de grão para 0,010 mm. Isso é possível? Se for, explique os procedimentos que você usaria e cite os processos envolvidos. Caso não seja possível, explique o motivo.

7.42 O crescimento de grão é fortemente dependente da temperatura (isto é, a taxa de crescimento de grão aumenta com o aumento da temperatura); entretanto, a temperatura não aparece explicitamente na Equação 7.9.

(a) Em quais dos parâmetros dessa equação você esperaria que a temperatura estivesse incluída?

(b) Com base em sua intuição, cite uma expressão explícita para essa dependência em relação à temperatura.

7.43 Uma amostra de latão que não foi trabalhada a frio, com tamanho médio de grão de 0,008 mm, possui um limite de escoamento de 160 MPa (23.500 psi). Estime o limite de escoamento para essa liga após ela ter sido aquecida a 600°C durante 1000 s. Sabe-se que o valor de k_l é 12,0 MPa-mm$^{1/2}$ (1740 psi-mm$^{1/2}$).

Q-26 • Questões e Problemas

7.44 Os dados de limite de escoamento, diâmetro de grão e tempo de tratamento térmico (para o crescimento do grão) a seguir foram coletados para uma amostra de ferro que foi tratada termicamente a 750°C. Usando esses dados, calcule o limite de escoamento de uma amostra que foi aquecida a 750°C durante 1 h. Considere um valor de 2 para n, o expoente para o diâmetro de grão.

Diâmetro de Grão (mm)	Limite de Escoamento (MPa)	Tempo de Tratamento Térmico (h)
0,025	340	7,5
0,014	390	2

PROBLEMAS DE PROJETO

Encruamento

Recristalização

7.P1 Determine se é ou não possível trabalhar a frio um aço para obter uma dureza Brinell mínima de 225 e, ao mesmo tempo, ter uma ductilidade de pelo menos 12%AL. Justifique sua decisão.

7.P2 Determine se é ou não possível trabalhar a frio o latão para obter uma dureza Brinell mínima de 120 e, ao mesmo tempo, obter uma ductilidade de pelo menos 20%AL. Justifique sua decisão.

7.P3 Um corpo de prova cilíndrico de aço trabalhado a frio possui uma dureza Brinell de 250.

(a) Estime sua ductilidade em termos do alongamento percentual.

(b) Se o corpo de prova permaneceu cilíndrico durante a deformação e seu raio original era de 5 mm (0,20 in), determine o raio após a deformação.

7.P4 É necessário selecionar uma liga metálica para uma aplicação que requer um limite de escoamento de pelo menos 345 MPa (50.000 psi), ao mesmo tempo que se mantém uma ductilidade mínima (%AL) de 20%. Se o metal pode ser trabalhado a frio, decida quais, entre os seguintes materiais, são candidatos: cobre, latão e um aço 1040. Por quê?

7.P5 Uma barra cilíndrica de aço 1040 originalmente com 15,2 mm (0,60 in) de diâmetro deve ser trabalhada a frio por estiramento. A seção transversal circular será mantida durante a deformação. Um limite de resistência à tração superior a 840 MPa (122.000 psi) e uma ductilidade de pelo menos 12%AL são desejados após o trabalho a frio. Adicionalmente, o diâmetro final deve ser de 10 mm (0,40 in). Explique como isso pode ser conseguido.

7.P6 Uma barra cilíndrica de cobre originalmente com 16 mm (0,625 in) de diâmetro deve ser trabalhada a frio por estiramento. A seção transversal circular será mantida durante a deformação. Um limite de escoamento superior a 250 MPa (36.250 psi) e uma ductilidade de pelo menos 12%AL são desejados após

o trabalho a frio. Adicionalmente, o diâmetro final deve ser de 11,3 mm (0,445 in). Explique como isso pode ser conseguido.

7.P7 Uma barra cilíndrica de aço 1040 com um limite de resistência à tração mínimo de 865 MPa (125.000 psi), uma ductilidade de pelo menos 10%AL e um diâmetro final de 6,0 mm (0,25 in) é desejada. Uma peça de aço 1040 bruta com diâmetro de 7,94 mm (0,313 in) e que foi trabalhada a frio em 20% está disponível. Descreva o procedimento que você adotaria para obter o material com as características desejadas. Considere que o aço 1040 sofre trincamento quando deformado a 40%TF.

7.P8 Considere a liga de latão discutida no Problema 7.40. Dados os seguintes limites de escoamento para as duas amostras, calcule o tempo de tratamento térmico exigido a 650°C para produzir um limite de escoamento de 100 MPa. Considere um valor de 2 para n, o expoente para o diâmetro de grão.

Tempo (min)	Limite de Escoamento (MPa)
30	90
90	75

QUESTÕES E PROBLEMAS SOBRE FUNDAMENTOS DA ENGENHARIA

7.1FE A deformação plástica de um corpo de prova metálico em uma temperatura próxima à temperatura ambiente leva geralmente a quais das seguintes mudanças de propriedades?

(A) Um maior limite de resistência à tração e uma menor ductilidade

(B) Um menor limite de resistência à tração e uma maior ductilidade

(C) Um maior limite de resistência à tração e uma maior ductilidade

(D) Um menor limite de resistência à tração e uma menor ductilidade

7.2FE Uma discordância formada pela adição de um semiplano extra de átomos a um cristal é denominada como uma

(A) discordância em espiral

(B) discordância de lacuna

(C) discordância intersticial

(D) discordância em aresta

7.3FE Os átomos ao redor de uma discordância em espiral sofrem quais tipos de deformações?

(A) Deformações de tração

(B) Deformações de cisalhamento

(C) Deformações compressivas

(D) Tanto B quanto C

CAPÍTULO 8 QUESTÕES E PROBLEMAS

Princípios da Mecânica da Fratura

8.1 Qual é a magnitude da tensão máxima existente na extremidade de uma trinca interna que possui um raio de curvatura de $2,5 \times 10^{-4}$ mm (10^{-5} in) e um comprimento de trinca de $2,5 \times 10^{-2}$ mm (10^{-3} in) quando uma tensão de tração de 170 MPa (25.000 psi) for aplicada?

8.2 Estime a resistência à fratura teórica de um material frágil quando se sabe que a fratura ocorre pela propagação de uma trinca superficial de forma elíptica com comprimento de 0,25 mm (0,01 in) e raio de curvatura de $1,2 \times 10^{-3}$ mm ($4,7 \times 10^{-5}$ in), quando for aplicada uma tensão de 1200 MPa (174.000 psi).

8.3 Usando os dados na Tabela 12.5, calcule a tensão crítica necessária para a propagação de uma trinca superficial com comprimento de 0,05 mm se a energia específica de superfície para um vidro de soda-cal for de 0,30 J/m².

8.4 Um componente em poliestireno não deve falhar quando for aplicada uma tensão de tração de 1,25 MPa (180 psi). Determine o comprimento máximo admissível para uma trinca superficial se a energia de superfície do poliestireno for de 0,50 J/m² ($2,86 \times 10^{-3}$ in-lb$_f$ /in²). Considere um módulo de elasticidade de 3,0 GPa ($0,435 \times 10^6$ psi).

8.5 Um corpo de prova de aço 4340 com uma tenacidade à fratura em deformação plana de 45 MPa$\sqrt{m}$ (41 ksi$\sqrt{in}$) está exposto a uma tensão de 1000 MPa (145.000 psi). Sabendo-se que a maior trinca superficial existente possui o comprimento de 0,75 mm (0,03 in), diga se esse corpo de provas sofrerá fratura. Por que sim ou por que não? Considere que o valor do parâmetro Y seja 1,0.

8.6 Um componente de uma aeronave é fabricado em uma liga de alumínio que possui uma tenacidade à fratura em deformação plana de 35 MPa$\sqrt{m}$ (31,9 ksi$\sqrt{in}$). Foi determinado que a fratura ocorre em uma tensão de 250 MPa (36.250 psi) quando o comprimento máximo (ou crítico) de uma trinca interna for de 2,0 mm (0,08 in). Para esse mesmo componente e essa mesma liga, ocorrerá fratura sob um nível de tensão de 325 MPa (47.125 psi) quando o comprimento máximo de uma trinca interna for de 1,0 mm (0,04 in)? Por que sim ou por que não?

8.7 Suponha que um componente da asa de um avião seja fabricado em uma liga de alumínio com uma tenacidade à fratura em deformação plana de 40 MPa$\sqrt{m}$ (36,4 ksi$\sqrt{in}$). Foi determinado que a fratura ocorre em uma tensão de 365 MPa (53.000 psi) quando o comprimento máximo de uma trinca interna é de 2,5 mm (0,10 in). Para esse mesmo componente e essa mesma liga, calcule o nível de tensão no qual a fratura ocorrerá para um comprimento crítico de trinca interna de 4,0 mm (0,16 in).

8.8 Um componente estrutural é fabricado a partir de uma liga que possui uma tenacidade à fratura em deformação plana de 45 MPa$\sqrt{m}$. Foi determinado que esse componente falha sob uma tensão de 300 MPa quando o comprimento máximo de uma trinca superficial é de 0,95 mm. Qual é o comprimento máximo permissível para uma trinca superficial (em mm) sem a ocorrência de uma fratura para esse mesmo componente quando exposto a uma tensão de 300 MPa e quando o componente for feito a partir de outra liga com uma tenacidade à fratura em deformação plana de 57,5 MPa$\sqrt{m}$?

8.9 Uma grande chapa é fabricada em um aço que possui uma tenacidade à fratura em deformação plana de 55 MPa$\sqrt{m}$ (50 ksi$\sqrt{in}$). Se durante seu uso em serviço a chapa fica exposta a uma tensão de tração de 200 MPa (29.000 psi), determine o comprimento mínimo de uma trinca superficial que levará à fratura. Considere um valor de 1,0 para Y.

8.10 Calcule o comprimento máximo admissível para uma trinca interna em um componente feito de uma liga de alumínio 7075-T651 (Tabela 8.1) que está submetido a uma tensão equivalente à metade de seu limite de escoamento. Suponha que o valor de Y seja de 1,35.

8.11 Um componente estrutural na forma de uma chapa com grande largura deve ser fabricado em um aço que possua uma tenacidade à fratura em deformação plana de 77,0 MPa$\sqrt{m}$ (70,1 ksi$\sqrt{in}$) e um limite de escoamento de 1400 MPa (205.000 psi). O limite de resolução do tamanho de defeito do aparelho de detecção de defeitos é de 4,0 mm (0,16 in). Se a tensão de projeto é de metade do limite de escoamento e se o valor de Y é de 1,0, determine se um defeito crítico para essa chapa está ou não sujeito a detecção.

8.12 Após consultar outras referências, escreva um relatório sucinto sobre uma ou duas técnicas de ensaios não destrutivos usadas para detectar e medir defeitos internos e/ou superficiais em ligas metálicas.

Ensaios de Fratura por Impacto

8.13 Encontram-se tabulados a seguir os dados coletados a partir de diversos ensaios de impacto Charpy em uma liga de ferro fundido nodular.

Temperatura (°C)	Energia de Impacto (J)
−25	124
−50	123
−75	115
−85	100
−100	73
−110	52
−125	26
−150	9
−175	6

(a) Trace os dados na forma da energia de impacto em função da temperatura.

(b) Determine a temperatura de transição dúctil-frágil como a temperatura correspondente à média entre as energias de impacto máxima e mínima.

Q-28 • Questões e Problemas

(c) Determine a temperatura de transição dúctil-frágil como a temperatura na qual a energia de impacto é de 80 J.

8.14 Encontram-se tabulados a seguir os dados coletados a partir de diversos ensaios de impacto Charpy em um aço 4140 revenido.

Temperatura (°C)	Energia de Impacto (J)
100	89,3
75	88,6
50	87,6
25	85,4
0	82,9
−25	78,9
−50	73,1
−65	66,0
−75	59,3
−85	47,9
−100	34,3
−125	29,3
−150	27,1
−175	25,0

(a) Trace os dados na forma da energia de impacto em função da temperatura.

(b) Determine a temperatura de transição dúctil-frágil como a temperatura correspondente à média entre as energias de impacto máxima e mínima.

(c) Determine a temperatura de transição dúctil-frágil como a temperatura na qual a energia de impacto é de 70 J.

8.15 Qual é o teor máximo de carbono possível para um aço-carbono comum que deve possuir uma energia de impacto de pelo menos 150 J a 0°C?

Tensões Cíclicas (Fadiga)

A Curva S-N

8.16 Foi conduzido um ensaio de fadiga tal que a tensão média foi de 50 MPa (7250 psi) e a amplitude de tensão foi de 225 MPa (32.625 psi).

(a) Calcule os níveis de tensão máximo e mínimo.

(b) Calcule a razão entre as tensões.

(c) Calcule a magnitude do intervalo de tensões.

8.17 Uma barra cilíndrica de uma liga de magnésio EQ21A-T6 é submetida a ensaios de flexão rotativa e ciclos de tensões alternadas; os resultados dos ensaios (isto é, o comportamento S-N) são mostrados na Figura 8.21. Se o diâmetro da barra é de 12,5 mm, determine a carga cíclica máxima que pode ser aplicada para assegurar que não vai ocorrer uma falha por fadiga. Suponha um fator de segurança de 2,75 e distância entre os pontos de suporte da carga de 65,0 mm.

8.18 Uma barra cilíndrica em ferro fundido nodular é submetida a ciclos de tensões alternadas por flexão rotativa,

que produziram os resultados dos ensaios apresentados na Figura 8.21. Se a carga máxima aplicada é de 1250 N, calcule o diâmetro mínimo permissível para a barra para assegurar que não vai ocorrer uma falha por fadiga. Considere um fator de segurança de 2,45 e distância entre os pontos de suporte da carga de 47,5 mm.

8.19 Uma barra cilíndrica em liga de titânio Ti-5Al-2,5Sn é submetida a um ciclo de tensões de tração e de compressão ao longo do seu eixo; os resultados desses ensaios são mostrados na Figura 8.21. Se o diâmetro da barra é de 17,0 mm, calcule a amplitude de carga máxima permissível (em N) para assegurar que não vai ocorrer uma falha por fadiga em 10^7 ciclos. Considere um fator de segurança de 3,5, que os dados na Figura 8.21 foram tomados a partir de ensaios alternados axiais de tração e de compressão e que S seja a amplitude da tensão.

8.20 Uma barra cilíndrica com 9,5 mm de diâmetro fabricada a partir de uma liga de alumínio 2014-T6 é submetida a ciclos de carregamento por flexão rotativa; os resultados dos ensaios (na forma do comportamento S-N) são mostrados na Figura 8.21. Se as cargas máxima e mínima forem de +400 N e –400 N, respectivamente, determine sua vida em fadiga. Considere que a distância de separação entre os pontos de suporte da carga seja de 72,5 mm.

8.21 Uma barra cilíndrica com 12,5 mm de diâmetro fabricada a partir de um latão 70Cu-30Zn (Figura 8.21) é submetida a um ciclo de aplicação de cargas repetidas de tração e de compressão ao longo do seu eixo. Calcule as cargas máxima e mínima que deverão ser aplicadas para produzir uma vida em fadiga de $1,0 \times 10^6$ ciclos. Considere que os dados na Figura 8.21 tenham sido tomados a partir de ensaios com cargas axiais repetidas de tração e de compressão, que a tensão indicada no eixo vertical seja a amplitude de tensão e que os dados tenham sido obtidos para uma tensão média de 30 MPa.

8.22 Os dados de fadiga para um latão são dados a seguir:

Amplitude de Tensões (MPa)	Ciclos até a Falha
310	2×10^5
223	1×10^6
191	3×10^6
168	1×10^7
153	3×10^7
143	1×10^8
134	3×10^8
127	1×10^9

(a) Trace um gráfico S-N (amplitude de tensão em função do logaritmo do número de ciclos até a falha) usando esses dados.

(b) Determine a resistência à fadiga a 5×10^5 ciclos.

(c) Determine a vida em fadiga para 200 MPa.

8.23 Suponha que os dados de fadiga para o latão no Problema 8.22 tenham sido obtidos a partir de ensaios de torção e que um eixo feito dessa liga deve ser usado como um acoplamento que está fixado a um motor

Questões e Problemas • Q-29

elétrico que opera a 1500 rpm. Determine a amplitude de tensão máxima de torção que é possível para cada uma das seguintes vidas do acoplamento:

(a) 1 ano   **(c)** 1 dia

(b) 1 mês   **(d)** 2 horas

8.24 Os dados de fadiga para um ferro fundido nodular são fornecidos a seguir:

Amplitude de Tensões [MPa (ksi)]	Ciclos até a Falha
248 (36,0)	1×10^5
236 (34,2)	3×10^5
224 (32,5)	1×10^6
213 (30,9)	3×10^6
201 (29,1)	1×10^7
193 (28,0)	3×10^7
193 (28,0)	1×10^8
193 (28,0)	3×10^8

(a) Trace um gráfico *S-N* (amplitude da tensão em função do logaritmo do número de ciclos até a falha) usando esses dados.

(b) Qual é o limite de resistência à fadiga dessa liga?

(c) Determine as vidas em fadiga para as amplitudes de tensão de 230 MPa (33.500 psi) e 175 MPa (25.000 psi).

(d) Estime as resistências à fadiga a 2×10^5 e 6×10^6 ciclos.

8.25 Suponha que os dados de fadiga para o ferro fundido no Problema 8.24 tenham sido obtidos a partir de ensaios de flexão rotativa e que uma barra dessa liga deva ser utilizada em um eixo de automóvel que gira a uma velocidade de rotação média de 750 revoluções por minuto. Determine as vidas máximas admissíveis para uma direção contínua para os seguintes níveis de tensão:

(a) 250 MPa (36.250 psi)

(b) 215 MPa (31.000 psi)

(c) 200 MPa (29.000 psi)

(d) 150 MPa (21.750 psi)

8.26 Três corpos de prova de fadiga idênticos (identificados como A, B e C) são fabricados a partir de uma liga não ferrosa. Cada um é submetido a um dos ciclos de tensão máxima-mínima listados na tabela a seguir; a frequência é a mesma em todos os três ensaios.

Corpo de Provas	$\sigma_{máx}$ (MPa)	$\sigma_{mín}$ (MPa)
A	+450	−350
B	+400	−300
C	+340	−340

(a) Classifique em ordem decrescente (da mais longa para a mais curta) as vidas em fadiga desses três corpos de prova.

(b) Em seguida justifique essa classificação usando um gráfico *S-N* esquemático.

8.27 Cite cinco fatores que podem levar à dispersão em dados da vida em fadiga.

Iniciação e Propagação de Trincas

Fatores que Afetam a Vida em Fadiga

8.28 Explique sucintamente a diferença entre as estrias de fadiga e as marcas de praia em termos **(a)** do tamanho e **(b)** da origem.

8.29 Liste quatro medidas que podem ser tomadas para aumentar a resistência à fadiga de uma liga metálica.

Comportamento Geral em Fluência

8.30 Determine a temperatura aproximada na qual a deformação por fluência se torna uma consideração importante para cada um dos seguintes metais: níquel, cobre, ferro, tungstênio, chumbo e alumínio.

8.31 Os seguintes dados de fluência foram obtidos para uma liga de alumínio a 400°C (750°F) sob uma tensão constante de 25 MPa (3660 psi). Trace um gráfico mostrando os dados em termos da deformação em função do tempo e então determine a taxa de fluência estacionária ou taxa de fluência mínima. *Observação:* A deformação inicial e instantânea não está incluída.

Tempo (min)	Deformação	Tempo (min)	Deformação
0	0,000	16	0,135
2	0,025	18	0,153
4	0,043	20	0,172
6	0,065	22	0,193
8	0,078	24	0,218
10	0,092	26	0,255
12	0,109	28	0,307
14	0,120	30	0,368

Efeitos da Tensão e da Temperatura

8.32 Um corpo de prova com 750 mm (30 in) de comprimento feito em uma liga S-590 (Figura 8.33) deve ser exposto a uma tensão de tração de 80 MPa (11.600 psi) a 815°C (1500°F). Determine seu alongamento após 5000 h. Suponha que o valor total do alongamento instantâneo mais o alongamento da fluência primária seja de 1,5 mm (0,06 in).

8.33 Qual é a carga de tração necessária para produzir um alongamento total de 145 mm (5,7 in) após 2000 h a 730°C (1350°F) para um corpo de prova cilíndrico da liga S-590 (Figura 8.33) originalmente com 10 mm (0,40 in) de diâmetro e 500 mm (20 in) de comprimento? Suponha que a soma dos alongamentos instantâneo e da fluência primária seja de 8,6 mm (0,34 in).

8.34 Um componente cilíndrico com 75 mm de comprimento, construído a partir de uma liga S-590 (Figura 8.33), deve ser exposto a uma carga de tração de 20.000 N. Qual é o diâmetro mínimo exigido para que ele não apresente um alongamento superior a 10,2 mm após uma exposição durante 1250 h a 815°C? Suponha que a soma dos alongamentos instantâneo e da fluência primária seja de 0,7 mm.

Q-30 · Questões e Problemas

8.35 Um corpo de prova cilíndrico com 7,5 mm de diâmetro de uma liga S-590 deve ser exposto a uma carga de tração de 9000 N. Em aproximadamente qual temperatura a fluência estacionária será de 10^{-2} h^{-1}?

8.36 Se um componente fabricado a partir de uma liga S-590 (Figura 8.32) deve ser exposto a uma tensão de tração de 300 MPa (43.500 psi) a 650°C (1200°F), estime seu tempo de vida até a ruptura.

8.37 Um componente cilíndrico construído a partir de uma liga S-590 (Figura 8.32) possui um diâmetro de 12 mm (0,50 in). Determine a carga máxima que pode ser aplicada para que esse componente sobreviva 500 h a 925°C (1700°F).

8.38 Um componente cilíndrico construído a partir de uma liga S-590 (Figura 8.32) deve ser exposto a uma carga de tração de 10.000 N. Qual é o diâmetro mínimo necessário para que ele possua um tempo de vida até a ruptura de pelo menos 10 h a 730°C?

8.39 A partir da Equação 8.21, se o logaritmo de $\dot{\epsilon}_r$ for traçado em função do logaritmo de σ, o resultado deverá ser então uma linha reta, cuja inclinação equivale ao expoente de tensão n. Considerando a Figura 8.33, determine o valor de n para a liga S-590 a 925°C e para os segmentos de linha reta iniciais (isto é, para temperaturas mais baixas) nas temperaturas de 650°C, 730°C e 815°C.

8.40 (a) Estime a energia de ativação para a fluência (isto é, Q_f na Equação 8.22) para a liga S-590 que apresenta o comportamento de fluência estacionária mostrado na Figura 8.33. Use os dados obtidos sob um nível de tensão de 300 MPa (43.500 psi) e nas temperaturas de 650°C e 730°C. Suponha que o expoente de tensão n seja independente da temperatura.

(b) Estime $\dot{\epsilon}_r$ para 600°C (873 K) e 300 MPa.

8.41 Na tabela a seguir são fornecidos os dados da taxa de fluência estacionária para o níquel a 1000°C (1273 K):

$\dot{\epsilon}_r(s^{-1})$	σ [MPa (psi)]
10^{-4}	15 (2175)
10^{-6}	4,5 (650)

Se a energia de ativação para a fluência é de 272.000 J/mol, calcule a taxa de fluência estacionária a uma temperatura de 850°C (1123 K) e um nível de tensão de 25 MPa (3625 psi).

8.42 Os dados obtidos para a fluência estacionária de um aço inoxidável sob um nível de tensão de 70 MPa (10.000 psi) são os seguintes:

$\dot{\epsilon}_r(s^{-1})$	T (K)
$1,0 \times 10^{-5}$	977
$2,5 \times 10^{-3}$	1089

Se o valor do expoente de tensão n para essa liga vale 7,0, calcule a taxa de fluência estacionária a 1250 K e sob um nível de tensão de 50 MPa (7250 psi).

8.43 (a) Usando a Figura 8.32, calcule a vida até a ruptura de uma liga S-590 que está exposta a uma tensão de tração de 100 MPa a 925°C.

(b) Compare esse valor ao determinado a partir do gráfico de Larson-Miller na Figura 8.34, que é para essa mesma liga S-590.

Ligas para Uso em Altas Temperaturas

8.45 Cite três técnicas metalúrgicas/de processamento empregadas para melhorar a resistência à fluência de ligas metálicas.

PROBLEMAS DE PROJETO

8.P1 Cada aluno (ou grupo de alunos) deve obter um objeto/estrutura/componente que tenha falhado. Ele pode vir da sua casa, de uma oficina mecânica de automóveis, de uma oficina de usinagem e assim por diante. Conduza uma investigação para determinar a causa e o tipo de falha (isto é, fratura simples, fadiga, fluência). Além disso, proponha medidas que possam ser tomadas para prevenir futuros incidentes com esse tipo de falha. Por fim, apresente um relatório que aborde essas questões.

Princípios da Mecânica da Fratura

8.P2 Um vaso de pressão cilíndrico com paredes finas semelhante àquele do Exemplo de Projeto 8.1 deve ter um raio de 80 mm (0,080 m), uma espessura de parede de 10 mm e deve conter um fluido a uma pressão de 0,50 MPa. Supondo um fator de segurança de 2,5, determine quais dos polímeros listados na Tabela B.5 do Apêndice B satisfazem o critério de vazamento antes da ruptura. Use os valores de tenacidade à fratura mínimos quando forem especificadas faixas.

8.P3 Calcule o valor mínimo de tenacidade à fratura em deformação plana exigido de um material para satisfazer o critério de vazamento antes da ruptura para um vaso de pressão cilíndrico semelhante àquele mostrado na Figura 8.11. Os valores para o raio do vaso e a espessura da parede são de 250 mm e 10,5 mm, respectivamente, e a pressão do fluido é de 3,0 MPa. Considere um valor de 3,5 para o fator de segurança.

A Curva S–N de Fadiga

8.P4 Uma barra metálica cilíndrica deve ser submetida a um ciclo de tensões alternadas por flexão rotativa. Não deve ocorrer uma falha por fadiga até pelo menos 10^7 ciclos quando a carga máxima for de 250 N. Possíveis materiais para essa aplicação são as sete ligas que possuem os comportamentos S-N mostrados na Figura 8.21. Classifique essas ligas da mais barata para a mais cara para essa aplicação. Considere um fator de segurança de 2,0 e que a distância entre os pontos de suporte de carga seja de 80,0 mm (0,0800 m). Utilize os dados de custo encontrados no Apêndice C para essas ligas conforme a seguir:

Designação da Liga (Figura 8.21)	Designação da Liga (Dados de custo para uso — Apêndice C)
Q21A-T6 Mg	Mg AZ31B (extrudado)
Latão 70Cu-30Zn	Liga C26000
2014-T6 Al	Liga 2024-T3
Ferro fundido dúctil (nodular)	Ferros dúcteis (nodulares) (todas as classes)
Aço 1045	Chapa de aço 1040, laminada a frio
Aço 4340	Barra de aço 4340, normalizada
Titânio Ti-5Al-2,5Sn	Liga Ti-5Al-2,5Sn

Dados úteis também podem ser encontrados no Apêndice B.

Métodos de Extrapolação de Dados

8.P5 Um componente em ferro S-590 (Figura 8.34) deve possuir um tempo de vida até a ruptura por fluência de pelo menos 100 dias a 500°C (773 K). Calcule o nível máximo de tensão admissível.

8.P6 Considere um componente em ferro S-590 (Figura 8.34) que está submetido a uma tensão de 200 MPa (29.000 psi). Em qual temperatura seu tempo de vida até a ruptura será de 500 h?

8.P7 Para um aço inoxidável 18-8 com Mo (Figura 8.36), estime o tempo de vida até a ruptura para um componente que está sujeito a uma tensão de 80 MPa (11.600 psi) a 700°C (973 K).

8.P8 Considere um componente em aço inoxidável 18-8 com Mo (Figura 8.36) que está exposto a uma temperatura de 500°C (773 K). Qual é o nível máximo de tensão admissível para um tempo de vida útil até a ruptura de 5 anos? E para 20 anos?

PROBLEMAS COM PLANILHA ELETRÔNICA

8.1PE Dado um conjunto de dados para a amplitude de tensão de fadiga e o número de ciclos até a falha, desenvolva uma planilha eletrônica que permita ao usuário gerar um gráfico de S em função do log N.

8.2PE Dado um conjunto de dados para a deformação de fluência e o tempo, desenvolva uma planilha eletrônica que permita ao usuário gerar um gráfico da deformação em função do tempo e então calcular a taxa de fluência estacionária.

QUESTÕES E PROBLEMAS SOBRE FUNDAMENTOS DA ENGENHARIA

8.1FE O corpo de prova metálico a seguir foi ensaiado em tração até a ruptura.

Qual tipo de metal experimentaria esse tipo de falha?

(A) Muito dúctil

(B) Indeterminado

(C) Frágil

(D) Moderadamente dúctil

8.2 FE Qual tipo de fratura está associado à propagação intergranular de uma trinca?

(A) Dúctil

(B) Frágil

(C) Tanto dúctil quanto frágil

(D) Nem dúctil nem frágil

8.3FE Estime a resistência à fratura teórica (em MPa) de um material frágil se é de conhecimento que a fratura ocorre pela propagação de uma trinca superficial com formato elíptico que possui 0,25 mm de comprimento e um raio de curvatura na extremidade da trinca de 0,004 mm quando uma tensão de 1060 MPa é aplicada.

(A) 16.760 MPa

(B) 8380 MPa

(C) 132.500 MPa

(D) 364 MPa

8.4FE Uma barra cilíndrica em aço 1045 (Figura 8.21) é submetida a um ciclo repetido de tensões de tração e de compressão ao longo do seu eixo. Se a amplitude de carga é de 23.000 N, calcule o diâmetro mínimo admissível para a barra (em mm) para assegurar que não vai ocorrer uma falha por fadiga. Considere um fator de segurança de 2,0.

(A) 19,4 mm

(B) 9,72 mm

(C) 17,4 mm

(D) 13,7 mm

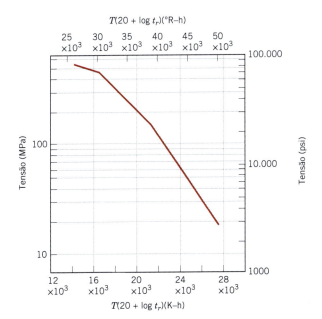

Figura 8.36 Logaritmo da tensão em função do parâmetro de Larson-Miller para um aço inoxidável 18-8 com Mo.
(De F. R. Larson e J. Miller, *Trans. ASME*, 74, 1952, p. 765. Reimpressa sob permissão da ASME.)

Q-32 • Questões e Problemas

CAPÍTULO 9 QUESTÕES E PROBLEMAS

Limite de Solubilidade

9.1 Considere o diagrama de fases açúcar-água da Figura 9.1.

(a) Que quantidade de açúcar se dissolverá em 1500 g de água a 90°C (194°F)?

(b) Se a solução líquida saturada da parte (a) for resfriada até 20°C (68°F), parte do açúcar precipitará como um sólido. Qual será a composição da solução líquida saturada (em %p açúcar) a 20°C?

(c) Que quantidade do açúcar sólido sairá da solução no resfriamento até 20°C?

9.2 A 700°C, qual é a solubilidade máxima:

(a) de Cu em Ag

(b) de Ag em Cu

Microestrutura

9.3 Cite três variáveis que determinam a microestrutura de uma liga.

Equilíbrios de Fases

9.4 Qual é a condição termodinâmica que deve ser atendida para que exista um estado de equilíbrio?

Diagramas de Fases de um Componente (ou Unários)

9.5 Considere uma amostra de gelo a –10°C e 1 atm de pressão. Usando a Figura 9.2, que mostra o diagrama de fases pressão-temperatura para H_2O, determine a pressão à qual a amostra deve ser elevada ou reduzida para fazer com que ela (a) se funda e (b) sublime.

9.6 Em uma pressão de 0,01 atm, determine (a) a temperatura de fusão para o gelo e (b) a temperatura de ebulição para a água.

Sistemas Isomorfos Binários

9.7 A seguir são dadas as temperaturas *solidus* e *liquidus* para o sistema germânio-silício. Construa o diagrama de fases para esse sistema e identifique cada região.

Composição (%p Si)	Temperatura Solidus (°C)	Temperatura Liquidus (°C)
0	938	938
10	1005	1147
20	1065	1226
30	1123	1278
40	1178	1315
50	1232	1346
60	1282	1367
70	1326	1385
80	1359	1397
90	1390	1408
100	1414	1414

9.8 Quantos quilogramas de níquel devem ser adicionados a 5,66 kg de cobre para produzir uma temperatura *liquidus* de 1200°C?

9.9 Quantos quilogramas de níquel devem ser adicionados a 2,43 kg de cobre para produzir uma temperatura *solidus* de 1300°C?

Interpretação de Diagramas de Fases

9.10 Cite as fases presentes e as composições das fases que estão presentes para as seguintes ligas:

(a) 90%p Zn-10%p Cu a 400°C (750°F)

(b) 75%p Sn-25%p Pb a 175°C (345°F)

(c) 55%p Ag-45%p Cu a 900°C (1650°F)

(d) 30%p Pb-70%p Mg a 425°C (795°F)

(e) 2,12 kg Zn e 1,88 kg Cu a 500°C (930°F)

(f) 37 lb_m Pb e 6,5 lb_m Mg a 400°C (750°F)

(g) 8,2 mol Ni e 4,3 mol Cu a 1250°C (2280°F)

(h) 4,5 mol Sn e 0,45 mol Pb a 200°C (390°F)

9.11 É possível haver uma liga cobre-níquel que, em equilíbrio, consista em uma fase líquida com composição de 20%p Ni-80%p Cu e também uma fase α com composição de 37%p Ni-63%p Cu? Se isso for possível, qual será a temperatura aproximada da liga? Se não for possível, explique a razão.

9.12 É possível haver uma liga cobre-zinco que, em equilíbrio, consista em uma fase ε com composição de 80%p Zn-20%p Cu e também uma fase líquida com composição de 95%p Zn-5%p Cu? Se isso for possível, qual será a temperatura aproximada da liga? Se não for possível, explique a razão.

9.13 Uma liga cobre-níquel com composição de 70%p Ni-30%p Cu é aquecida lentamente a partir de uma temperatura de 1300°C (2370°F).

(a) Em qual temperatura se forma a primeira fração da fase líquida?

(b) Qual é a composição dessa fase líquida?

(c) Em qual temperatura ocorre a fusão completa da liga?

(d) Qual é a composição da última fração de sólido remanescente antes da fusão completa?

9.14 Uma liga com 50%p Pb-50%p Mg é resfriada lentamente desde 700°C (1290°F) até 400°C (750°F).

(a) Em qual temperatura se forma a primeira fração da fase sólida?

(b) Qual é a composição dessa fase sólida?

(c) Em qual temperatura ocorre a solidificação do líquido?

(d) Qual é a composição dessa última fração da fase líquida?

9.15 Para uma liga com composição de 74%p Zn-26%p Cu, cite as fases presentes e suas composições nas seguintes temperaturas: 850°C, 750°C, 680°C, 600°C e 500°C.

9.16 Determine as quantidades relativas (em termos de frações mássicas) das fases para as ligas e temperaturas dadas no Problema 9.10.

9.17 Uma amostra com 1,5 kg de uma liga com 90%p Pb-10%p Sn é aquecida a 250°C (480°F); nessa temperatura, ela consiste totalmente em uma solução sólida da fase α (Figura 9.8). A liga deve ser fundida até que 50% da amostra fique líquida, permanecendo o restante como fase α. Isso pode ser feito pelo aquecimento da liga ou pela alteração da sua composição enquanto a temperatura é mantida constante.

(a) Até que temperatura a amostra deve ser aquecida?

(b) Quanto estanho deve ser adicionado à amostra de 1,5 kg a 250°C para alcançar esse estado?

9.18 Uma liga magnésio-chumbo com massa de 5,5 kg consiste em uma fase α sólida com uma composição ligeiramente abaixo do limite de solubilidade a 200°C (390°F).

(a) Qual é a massa de chumbo na liga?

(b) Se a liga for aquecida a 350°C (660°F), qual é a quantidade adicional de chumbo que poderá ser dissolvida na fase α sem exceder o limite de solubilidade dessa fase?

9.19 Uma liga contendo 90%p Ag-10%p Cu é aquecida até uma temperatura na região das fases β + líquido. Se a composição da fase líquida é de 85%p Ag, determine:

(a) a temperatura da liga

(b) a composição da fase β

(c) as frações mássicas de ambas as fases

9.20 Uma liga contendo 30%p Sn-70%p Pb é aquecida até uma temperatura na região das fases α + líquido. Se a fração mássica de cada fase é de 0,5, estime:

(a) a temperatura da liga

(b) as composições das duas fases

9.21 Para ligas de dois metais hipotéticos A e B, existe uma fase α, rica em A, e uma fase β, rica em B. A partir das frações mássicas de ambas as fases para duas ligas diferentes dadas na tabela a seguir (e que estão na mesma temperatura), determine a composição da fronteira entre as fases (ou o limite de solubilidade) tanto para a fase α quanto para a fase β nessa temperatura.

Composição da Liga	Fração da Fase α	Fração da Fase β
60%p A-40%p B	0,57	0,43
30%p A-70%p B	0,14	0,86

9.22 Uma liga hipotética A-B com composição de 55%p B-45%p A em uma dada temperatura consiste em frações mássicas de 0,5 para as fases α e β. Se a composição da fase β é de 90%p B-10%p A, qual é a composição da fase α?

9.23 É possível haver uma liga cobre-prata com composição de 50%p Ag-50%p Cu a qual, em equilíbrio, consista nas fases α e β com frações mássicas de $W_\alpha = 0{,}60$ e $W_\beta = 0{,}40$? Se isso for possível, qual será a temperatura aproximada da liga? Se tal liga não for possível, explique a razão.

9.24 Para 11,20 kg de uma liga magnésio-chumbo com composição de 30%p Pb-70%p Mg, é possível, em equilíbrio, haver as fases α e Mg_2Pb com massas de 7,39 kg e 3,81 kg, respectivamente? Se isso for possível, qual será a temperatura aproximada da liga? Se tal liga não for possível, explique a razão.

9.25 Desenvolva as Equações 9.6a e 9.7a, que podem ser usadas para converter a fração mássica em fração volumétrica, e vice-versa.

9.26 Determine as quantidades relativas (em termos de frações volumétricas) das fases para as ligas e temperaturas dadas nos Problemas 9.10a, b, e c. A tabela a seguir fornece as massas específicas aproximadas para os vários metais nas temperaturas das ligas:

Metal	Temperatura (°C)	Massa Específica (g/cm³)
Ag	900	9,97
Cu	400	8,77
Cu	900	8,56
Pb	175	11,20
Sn	175	7,22
Zn	400	6,83

Desenvolvimento da Microestrutura em Ligas Isomorfas

9.27 (a) Descreva sucintamente o fenômeno da formação de estruturas zonadas e por que ele ocorre.

(b) Cite uma consequência indesejável da formação de estruturas zonadas.

Propriedades Mecânicas de Ligas Isomorfas

9.28 Deseja-se produzir uma liga cobre-níquel que apresente um limite de resistência à tração mínimo sem trabalho a frio de 350 MPa (50.750 psi) e uma ductilidade de pelo menos 48%AL. Uma liga com essas características pode ser obtida? Em caso positivo, qual deve ser sua composição? Caso tal não seja possível, explique a razão.

Sistemas Eutéticos Binários

9.29 Uma liga contendo 45%p Pb-55%p Mg é resfriada rapidamente desde uma temperatura elevada até a temperatura ambiente tal que a microestrutura que existia à temperatura elevada fique preservada. Verificou-se que essa microestrutura é composta pela fase α e por Mg_2Pb, com frações mássicas de 0,65 e 0,35, respectivamente. Determine a temperatura aproximada a partir da qual a liga foi resfriada.

Desenvolvimento da Microestrutura em Ligas Eutéticas

9.30 Explique sucintamente por que, na solidificação, uma liga com a composição eutética forma uma microestrutura que consiste em camadas alternadas das duas fases sólidas.

9.31 Qual é a diferença entre uma fase e um microconstituinte?

9.32 É possível a existência de uma liga cobre-prata a 775°C (1425°F) em que as frações mássicas das fases β primária e β total sejam de 0,68 e 0,925, respectivamente? Por que sim ou por que não?

9.33 Para 6,70 kg de uma liga magnésio-chumbo a 460°C (860°F), é possível haver massas de α primária e α total de 4,23 kg e 6,00 kg, respectivamente? Por que sim ou por que não?

9.34 Para uma liga cobre-prata com composição de 25%p Ag-75%p Cu a 775°C (1425°F), faça o seguinte:

(a) Determine as frações mássicas das fases α e β.

(b) Determine as frações mássicas dos microconstituintes α primário e eutético.

(c) Determine a fração mássica de α eutético.

9.35 A microestrutura de uma liga chumbo-estanho a 180°C (355°F) consiste nas estruturas β primária e eutética. Se as frações mássicas desses dois microconstituintes são de 0,57 e 0,43, respectivamente, determine a composição da liga.

9.36 Considere um diagrama de fases eutético hipotético para os metais A e B, que é semelhante àquele para o sistema chumbo-estanho (Figura 9.8). Suponha que: (1) as fases α e β existem, respectivamente, nas extremidades A e B do diagrama de fases; (2) a composição eutética é de 47%p B-53%p A; e (3) a composição da fase β na temperatura eutética é de 92,6%p B-7,4%p A. Determine a composição de uma liga que vai gerar frações mássicas de α primária e α total de 0,356 e 0,693, respectivamente.

9.37 Para uma liga contendo 85%p Pb-15%p Mg, faça esboços esquemáticos das microestruturas que seriam observadas em condições de resfriamento muito lento nas seguintes temperaturas: 600°C (1110°F), 500°C (930°F), 270°C (520°F) e 200°C (390°F). Identifique todas as fases e indique suas composições aproximadas.

9.38 Para uma liga contendo 68%p Zn-32%p Cu, faça esboços esquemáticos das microestruturas que seriam observadas em condições de resfriamento muito lento nas seguintes temperaturas: 1000°C (1830°F), 760°C (1400°F), 600°C (1110°F) e 400°C (750°F). Identifique todas as fases e indique suas composições aproximadas.

9.39 Para uma liga contendo 30%p Zn-70%p Cu, faça esboços esquemáticos das microestruturas que seriam observadas em condições de resfriamento muito lento nas seguintes temperaturas: 1100°C (2010°F), 950°C (1740°F), 900°C (1650°F) e 700°C (1290°F). Identifique todas as fases e indique suas composições aproximadas.

9.40 Com base na fotomicrografia (isto é, nas quantidades relativas dos microconstituintes) para a liga chumbo-estanho mostrada na Figura 9.17 e no diagrama de fases Pb-Sn (Figura 9.8), estime a composição da liga e então compare essa estimativa com a composição dada na legenda da Figura 9.17. Considere as seguintes hipóteses: (1) a fração da área de cada fase e microconstituinte na fotomicrografia é igual à sua fração volumétrica; (2) as massas específicas das fases α e β, assim como da estrutura eutética, são de 11,2, 7,3 e 8,7 g/cm³, respectivamente; e (3) essa fotomicrografia representa a microestrutura em equilíbrio a 180°C (355°F).

9.41 Os limites de resistência à tração do chumbo puro e do estanho puro à temperatura ambiente são de 16,8 MPa e 14,5 MPa, respectivamente.

(a) Faça um gráfico esquemático do limite de resistência à tração na temperatura ambiente em função da composição para todas as composições entre o chumbo puro e o estanho puro. (*Sugestão:* Você pode querer consultar as Seções 9.10 e 9.11, assim como a Equação 9.24 no Problema 9.70.)

(b) Nesse mesmo gráfico, trace esquematicamente o limite de resistência à tração em função da composição a 150°C.

(c) Explique as formas dessas duas curvas, assim como quaisquer diferenças que existam entre elas.

Diagramas de Equilíbrio Contendo Fases ou Compostos Intermediários

9.42 Dois compostos intermetálicos, AB e AB₂, existem para os elementos A e B. Se as composições para AB e AB₂ são de 34,3%p A-67,5%p B e 20,7%p A-79,3%p B, respectivamente, e se o elemento A é o potássio, identifique o elemento B.

9.43 Um composto intermetálico é encontrado no sistema magnésio-gálio o qual possui uma composição de 41,1%p Mg-58,9%p Ga. Especifique a fórmula desse composto.

9.44 Especifique as temperaturas *liquidus*, *solidus* e *solvus* para as seguintes ligas:

(a) 50%p Ni-50%p Cu

(b) 10%p Sn-90%p Pb

(c) 55%p Zn-45%p Cu

(d) 50%p Pb-50%p Mg

(e) 1,5%p C-98,5%p Fe

Transformações de Fases Congruentes
Reações Eutetoide e Peritética

9.45 Qual é a principal diferença entre as transformações de fases congruentes e incongruentes?

9.46 A Figura 9.36 é o diagrama de fases alumínio-neodímio, para o qual apenas as regiões monofásicas estão identificadas. Especifique os pontos temperatura-composição em que ocorrem todos os eutéticos, eutetoides, peritéticos e transformações de fases congruentes. Além disso, para cada um desses pontos, escreva a reação que ocorre no resfriamento.

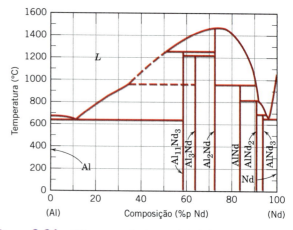

Figura 9.36 Diagrama de fases alumínio-neodímio.
(Adaptada de *ASM Handbook*, vol. 3, *Alloy Phase Diagrams*, H. Baker (ed.), 1992. Reimpressa sob permissão da ASM International, Materials Park, OH.)

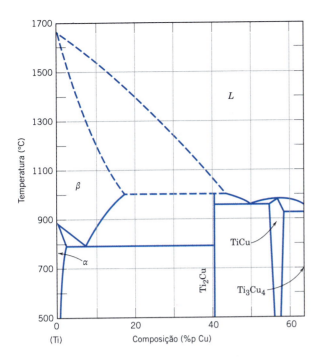

Figura 9.37 Diagrama de fases titânio-cobre.
(Adaptada de *Phase Diagrams of Binary Titanium Alloys*, J. L. Murray (ed.), 1987. Reimpressa sob permissão da ASM International, Materials Park, OH.)

9.47 A Figura 9.37 é uma região do diagrama de fases titânio-cobre para o qual apenas as regiões monofásicas estão identificadas. Especifique todos os pontos temperatura-composição em que ocorrem os eutéticos, eutetoides, peritéticos e transformações de fases congruentes. Além disso, para cada um desses pontos, escreva a reação que ocorre no resfriamento.

9.48 Construa o diagrama de fases hipotético para os metais A e B entre as temperaturas de 600°C e 1000°C dadas as seguintes informações:
- A temperatura de fusão do metal A é de 940°C.
- A solubilidade de B em A é desprezível em todas as temperaturas.
- A temperatura de fusão do metal B é de 830°C.
- A solubilidade máxima de A em B é de 12%p A e ocorre a 700°C.
- A 600°C, a solubilidade de A em B é de 8%p A.
- Um eutético ocorre a 700°C e 75%p B-25%p A.
- Um segundo eutético ocorre a 730°C e 60%p B-40%p A.
- Um terceiro eutético ocorre a 755°C e 40%p B-60%p A.
- Um ponto de fusão congruente ocorre a 780°C e 51%p B-49%p A.
- Um segundo ponto de fusão congruente ocorre a 755°C e 67%p B-33%p A.
- O composto intermetálico AB existe a 51%p B-49%p A.
- O composto intermetálico AB_2 existe a 67%p B-33%p A.

A Regra das Fases de Gibbs

9.49 A Figura 9.38 mostra o diagrama de fases pressão-temperatura para H_2O. Aplique a regra das fases de Gibbs

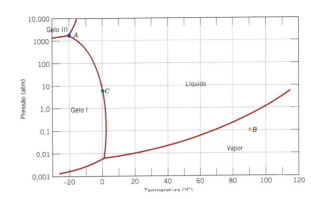

Figura 9.38 Diagrama de fases do logaritmo da pressão em função da temperatura para H_2O.

para os pontos A, B e C e especifique o número de graus de liberdade em cada um desses pontos — isto é, o número de variáveis controláveis externamente que precisam ser especificadas para definir por completo o sistema.

9.50 Especifique o número de graus de liberdade para as seguintes ligas:
(a) 95%p Ag-5%p Cu a 780°C
(b) 80%p Ni-20%p Cu a 1400°C
(c) 44,9%p Ti-55,1%p Ni a 1310°C
(d) 61,9%p Sn-38,1%p Pb a 183°C
(e) 2,5%p C-97,5%p Fe a 1000°C

O Diagrama de Fases Ferro-Carbeto de Ferro ($Fe-Fe_3C$)
Desenvolvimento da Microestrutura em Ligas Ferro-Carbono

9.51 Calcule as frações mássicas da ferrita α e da cementita na perlita.

9.52 (a) Qual é a distinção entre os aços hipoeutetoides e os hipereutetoides?
(b) Em um aço hipoeutetoide, existe tanto ferrita eutetoide quanto proeutetoide. Explique a diferença entre elas. Qual será a concentração de carbono em cada uma delas?

9.53 Qual é a concentração de carbono em uma liga ferro-carbono para a qual a fração de ferrita total é de 0,94?

9.54 Qual é a fase proeutetoide para uma liga ferro-carbono em que as frações mássicas de ferrita total e de cementita total são de 0,92 e 0,08, respectivamente? Por quê?

9.55 Considere 1,0 kg de austenita contendo 1,15%p C, a qual é resfriada até abaixo de 727°C (1341°F).
(a) Qual é a fase proeutetoide?
(b) Quantos quilogramas de cementita e de ferrita totais se formam?
(c) Quantos quilogramas da fase proeutetoide e de perlita se formam?
(d) Esboce esquematicamente e identifique a microestrutura resultante.

Q-36 · Questões e Problemas

9.56 Considere 2,5 kg de austenita contendo 0,65%p C, a qual é resfriada até abaixo de 727°C (1341°F).

(a) Qual é a fase proeutetoide?

(b) Quantos quilogramas de cementita e de ferrita totais se formam?

(c) Quantos quilogramas da fase proeutetoide e de perlita se formam?

(d) Esboce esquematicamente e identifique a microestrutura resultante.

9.57 Com base na fotomicrografia (isto é, nas quantidades relativas dos microconstituintes) para a liga ferro-carbono mostrada na Figura 9.30 e no diagrama de fases Fe-Fe$_3$C (Figura 9.24), estime a composição da liga e então compare essa estimativa com a composição dada na legenda da Figura 9.30. Faça as seguintes hipóteses: (1) a fração da área de cada fase e microconstituinte na fotomicrografia é igual à sua fração volumétrica; (2) as massas específicas da ferrita proeutetoide e da perlita são de 7,87 e 7,84 g/cm^3, respectivamente; e (3) essa fotomicrografia representa a microestrutura em equilíbrio a 725°C.

9.58 Calcule as frações mássicas de ferrita proeutetoide e de perlita que se formam em uma liga ferro-carbono contendo 0,25%p C.

9.59 A microestrutura de uma liga ferro-carbono consiste em ferrita proeutetoide e perlita; as frações mássicas desses dois microconstituintes são de 0,286 e 0,714, respectivamente. Determine a concentração de carbono nessa liga.

9.60 As frações mássicas de ferrita total e de cementita total em uma liga ferro-carbono são de 0,88 e 0,12, respectivamente. Essa é uma liga hipoeutetoide ou hipereutetoide? Por quê?

9.61 A microestrutura de uma liga ferro-carbono consiste em ferrita proeutetoide e perlita; as frações mássicas desses microconstituintes são de 0,20 e 0,80, respectivamente. Determine a concentração de carbono nessa liga.

9.62 Considere 2,0 kg de uma liga que contém 99,6%p Fe-0,4%p C e que é resfriada até uma temperatura imediatamente abaixo da eutetoide.

(a) Quantos quilogramas de ferrita proeutetoide se formam?

(b) Quantos quilogramas de ferrita eutetoide se formam?

(c) Quantos quilogramas de cementita se formam?

9.63 Calcule a fração mássica máxima de cementita proeutetoide que é possível para uma liga ferro-carbono hipereutetoide.

9.64 É possível existir uma liga ferro-carbono para a qual as frações mássicas de ferrita total e de cementita proeutetoide sejam de 0,846 e 0,049, respectivamente? Por que sim ou por que não?

9.65 É possível existir uma liga ferro-carbono para a qual as frações mássicas de cementita total e de perlita sejam de 0,039 e 0,417, respectivamente? Por que sim ou por que não?

9.66 Calcule a fração mássica de cementita eutetoide em uma liga ferro-carbono que contenha 0,43%p C.

9.67 A fração mássica de cementita *eutetoide* em uma liga ferro-carbono é de 0,104. Com base nessa informação, é possível determinar a composição da liga? Se isso for possível, qual é a sua composição? Se isso não for possível, explique a razão.

9.68 A fração mássica de ferrita *eutetoide* em uma liga ferro-carbono é de 0,82. Com base nessa informação, é possível determinar a composição da liga? Se isso for possível, qual é a sua composição? Se isso não for possível, explique a razão.

9.69 Para uma liga ferro-carbono com composição de 5%p C-95%p Fe, faça esboços esquemáticos da microestrutura que seria observada sob condições de resfriamento muito lento nas seguintes temperaturas: 1175°C (2150°F), 1145°C (2095°F) e 700°C (1290°F). Identifique as fases e indique suas composições (aproximadas).

9.70 Com frequência, as propriedades das ligas multifásicas podem ser aproximadas pela relação

$$E \text{ (liga)} = E_\alpha V_\alpha + E_\beta V_\beta \qquad (9.24)$$

na qual E representa uma propriedade específica (módulo de elasticidade, dureza etc., e V é a fração volumétrica. Os índices subscritos α e β representam as fases ou os microconstituintes existentes. Empregue essa relação para determinar a dureza Brinell aproximada de uma liga com 99,80%p Fe-0,20%p C. Considere durezas Brinell de 80 e 280 para a ferrita e a perlita, respectivamente, e que as frações volumétricas possam ser aproximadas pelas frações mássicas.

A Influência de Outros Elementos de Liga

9.71 Um aço contém 97,5%p Fe, 2,0%p Mo e 0,5%p C.

(a) Qual é a temperatura eutetoide dessa liga?

(b) Qual é a composição eutetoide?

(c) Qual é a fase proeutetoide?

Suponha que não existam alterações nas posições das outras fronteiras entre fases por causa da adição do Mo.

9.72 Sabe-se que um aço contém 93,8%p Fe, 6,0%p Ni e 0,2%p C.

(a) Qual é a temperatura eutetoide aproximada dessa liga?

(b) Qual é a fase proeutetoide quando essa liga é resfriada até uma temperatura imediatamente abaixo da eutetoide?

(c) Calcule as quantidades relativas da fase proeutetoide e de perlita.

Suponha que não existam alterações nas posições das outras fronteiras entre fases com a adição do Ni.

QUESTÕES E PROBLEMAS SOBRE FUNDAMENTOS DA ENGENHARIA

9.1FE Uma vez que um sistema esteja em um estado de equilíbrio, uma mudança no equilíbrio pode resultar de uma alteração em qual dos seguintes itens?

(A) Pressão

(B) Temperatura

(C) Composição

(D) Todos os itens acima

9.2FE Um diagrama de fases binário composição-temperatura para um sistema isomorfo é composto por regiões que contêm qual das seguintes fases e/ou combinações de fases?

(A) Líquida 　　　　　　(C) α

(B) Líquida + α 　　　(D) α, líquida e líquida + α

9.3FE A partir do diagrama de fases para o sistema chumbo-estanho (Figura 9.8), qual das seguintes fases/combinações de fases está presente em uma liga com composição de 46%p Sn-54%p Pb que se encontra em equilíbrio a 44°C?

(A) α 　　　　　　　　(C) β + líquida

(B) $\alpha + \beta$ 　　　　　(D) $\alpha + \beta$ + líquida

9.4FE Para uma liga chumbo-estanho com composição de 25%p Sn-75%p Pb, selecione a partir da seguinte lista a(s) fase(s) presente(s) e a(s) sua(s) composição(ões) a 200°C. (O diagrama de fases para o sistema Pb-Sn aparece na Figura 9.8.)

(A) $\alpha = 17$%p Sn-83%p Pb; $L = 55,7$%p Sn-44,3%p Pb

(B) $\alpha = 25$%p Sn-75%p Pb; $L = 25$%p Sn-75%p Pb

(C) $\alpha = 17$%p Sn-83%p Pb; $\beta = 55,7$%p Sn-44,3%p Pb

(D) $\alpha = 18,3$%p Sn-81,7%p Pb; $\beta = 97,8$%p Sn-2,2%p Pb

CAPÍTULO 10 QUESTÕES E PROBLEMAS

A Cinética das Transformações de Fases

10.1 Cite os dois estágios envolvidos na formação das partículas de uma nova fase. Descreva sucintamente cada um desses estágios.

10.2 (a) Reescreva a expressão para a variação na energia livre total para a nucleação (Equação 10.1) para o caso de um núcleo cúbico com comprimento de aresta a (em vez de uma esfera com raio r). Agora derive essa expressão em relação a a (conforme a Equação 10.2) e resolva tanto o comprimento crítico da aresta do cubo, a^*, quanto ΔG^*.

(b) ΔG^* é maior para um cubo ou para uma esfera? Por quê?

10.3 Se o cobre (que possui um ponto de fusão de 1085°C) nucleia de maneira homogênea a 849°C, calcule o raio crítico dados os valores de $-1,77 \times 10^9$ J/m^3 e 0,200 J/m^2, respectivamente, para o calor latente de fusão e a energia livre de superfície.

10.4 (a) Para a solidificação do ferro, calcule o raio crítico r^* e a energia livre de ativação ΔG^* se a nucleação é homogênea. Os valores para o calor latente de fusão e a energia livre de superfície são de $-1,85 \times 10^9$ J/m^3 e 0,204 J/m^2, respectivamente. Use o valor de super-resfriamento encontrado na Tabela 10.1.

(b) Em seguida, calcule o número de átomos encontrado em um núcleo com o tamanho crítico. Suponha um parâmetro de rede de 0,292 nm para o ferro sólido na sua temperatura de fusão.

10.5 (a) Considere para a solidificação do ferro (Problema 10.4) que a nucleação seja homogênea e que o número de núcleos estáveis seja de 10^6 núcleos por metro cúbico. Calcule o raio crítico e o número de núcleos estáveis existentes nos seguintes graus de super-resfriamento: 200 e 300 K.

(b) O que é significativo em relação às magnitudes desses raios críticos e aos números de núcleos estáveis?

10.6 Para uma dada transformação com uma cinética que obedece à equação de Avrami (Equação 10.17), sabe-se que o parâmetro n tem valor de 1,7. Se após 100 s a reação está 50% completa, quanto tempo (tempo total) será necessário para que a transformação atinja 99% da sua totalidade?

10.7 Calcule a taxa de uma dada reação que obedece à cinética de Avrami, supondo que as constantes n e k têm valores de 3,0 e de 7×10^{-3}, respectivamente, sendo o tempo expresso em segundos.

10.8 Sabe-se que a cinética da recristalização para uma dada liga obedece à equação de Avrami e que o valor de n na exponencial é de 2,5. Se a uma dada temperatura a fração recristalizada equivale a 0,40 depois de 200 min, determine a taxa de recristalização nessa temperatura.

10.9 Sabe-se que a cinética de uma dada transformação obedece à equação de Avrami e que o valor de k é de $6,0 \times 10^{-8}$ (para o tempo em minutos). Se a fração transformada é de 0,75 depois de 200 min, determine a taxa dessa transformação.

10.10 A cinética da transformação da austenita em perlita obedece à relação de Avrami. Usando os dados fornecidos a seguir para a fração transformada em função do tempo, determine o tempo total necessário para 95% da austenita se transformar em perlita.

Fração Transformada	Tempo (s)
0,2	12,6
0,8	28,2

10.11 A seguir estão relacionados os dados da fração recristalizada em função do tempo para a recristalização a 600°C de um aço previamente deformado. Supondo que a cinética desse processo obedeça à relação de Avrami, determine a fração recristalizada após um tempo total de 22,8 min.

Fração Transformada	Tempo (min)
0,20	13,1
0,70	29,1

10.12 (a) A partir das curvas mostradas na Figura 10.11 e usando a Equação 10.18, determine a taxa de recristalização para o cobre puro nas várias temperaturas.

(b) Trace um gráfico de ln(taxa) em função do inverso da temperatura (em K^{-1}) e determine a energia de ativação para esse processo de recristalização. (Veja a Seção 5.5.)

(c) Estime, por extrapolação, o tempo necessário para a recristalização de 50% à temperatura ambiente, 20°C (293 K).

10.13 Determine os valores para as constantes n e k (Equação 10.17) para a recristalização do cobre (Figura 10.11) a 102°C.

Q-38 · Questões e Problemas

Estados Metaestáveis Versus Estados de Equilíbrio

10.14 Em termos do tratamento térmico e do desenvolvimento da microestrutura, quais são as duas principais limitações do diagrama de fases ferro-carbeto de ferro?

10.15 (a) Descreva sucintamente os fenômenos de superaquecimento e de super-resfriamento.

(b) Por que esses fenômenos ocorrem?

Diagramas de Transformações Isotérmicas

10.16 Suponha que um aço de composição eutetoide seja resfriado desde 760°C (1400°F) até 550°C (1020°F) em menos de 0,5 s e que seja mantido nessa temperatura.

(a) Quanto tempo levará até que a reação da austenita em perlita atinja 50% da sua totalidade? E para atingir 100%?

(b) Estime a dureza da liga que se transformou completamente em perlita.

10.17 Cite sucintamente as diferenças entre perlita, bainita e esferoidita em relação às suas microestruturas e propriedades mecânicas.

10.18 Qual é a força motriz para a formação da esferoidita?

10.19 Considerando o diagrama de transformação isotérmica para uma liga ferro-carbono com composição eutetoide (Figura 10.23), especifique a natureza da microestrutura final (em termos dos microconstituintes presentes e das porcentagens aproximadas de cada um deles) para uma pequena amostra que tenha sido submetida aos tratamentos tempo-temperatura a seguir. Para cada caso, suponha que a amostra estivesse a 760°C (1400°F) e que foi mantida nessa temperatura durante tempo suficiente para atingir uma estrutura totalmente austenítica e homogênea.

(a) Resfriamento rápido até 700°C (1290°F), manutenção por 10^4 s e então têmpera até a temperatura ambiente.

(b) Reaquecimento da amostra na parte (a) até 700°C (1290°F) e manutenção nessa temperatura durante 20 h.

(c) Resfriamento rápido até 600°C (1110°F), manutenção nessa temperatura durante 4 s, resfriamento rápido até 450°C (840°F), manutenção nessa temperatura durante 10 s e então têmpera até a temperatura ambiente.

(d) Resfriamento rápido até 400°C (750°F), manutenção nessa temperatura durante 2 s e então têmpera até a temperatura ambiente.

(e) Resfriamento rápido até 400°C (750°F), manutenção nessa temperatura durante 20 s e então têmpera até a temperatura ambiente.

(f) Resfriamento rápido até 400°C (750°F), manutenção nessa temperatura durante 200 s e então têmpera até a temperatura ambiente.

(g) Resfriamento rápido até 575°C (1065°F), manutenção nessa temperatura durante 20 s, resfriamento rápido até 350°C (660°F), manutenção nessa temperatura durante 100 s e então têmpera até a temperatura ambiente.

(h) Resfriamento rápido até 250°C (480°F), manutenção nessa temperatura durante 100 s e então têmpera em água até a temperatura ambiente. Reaquecimento

até 315°C (600°F) e manutenção nessa temperatura durante 1 h, seguido pelo resfriamento lento até a temperatura ambiente.

10.20 Faça uma cópia do diagrama de transformação isotérmica para uma liga ferro-carbono com composição eutetoide (Figura 10.23) e depois esboce e identifique nesse diagrama as trajetórias tempo-temperatura para produzir as seguintes microestruturas:

(a) 100% perlita fina

(b) 100% martensita revenida

(c) 25% perlita grosseira, 50% bainita e 25% martensita

10.21 Usando o diagrama de transformação isotérmica para um aço contendo 0,45%p C (Figura 10.40), determine a microestrutura final (em termos somente dos microconstituintes presentes) de uma pequena amostra que tenha sido submetida aos tratamentos tempo-temperatura a seguir. Para cada caso, suponha que a amostra estivesse inicialmente a 845°C (1550°F) e que ela foi mantida nessa temperatura durante tempo suficiente para atingir uma estrutura totalmente austenítica e homogênea.

(a) Resfriamento rápido até 250°C (480°F), manutenção por 10^3 s e então têmpera até a temperatura ambiente.

(b) Resfriamento rápido até 700°C (1290°F), manutenção por 30 s e então têmpera até a temperatura ambiente.

(c) Resfriamento rápido até 400°C (750°F), manutenção por 500 s e então têmpera até a temperatura ambiente.

(d) Resfriamento rápido até 700°C (1290°F), manutenção nessa temperatura durante 10^5 s e então têmpera até a temperatura ambiente.

(e) Resfriamento rápido até 650°C (1200°F), manutenção nessa temperatura durante 3 s, resfriamento rápido até 400°C (750°F), manutenção por 10 s e então têmpera até a temperatura ambiente.

(f) Resfriamento rápido até 450°C (840°F), manutenção por 10 s e então têmpera até a temperatura ambiente.

(g) Resfriamento rápido até 625°C (1155°F), manutenção por 1 s e então têmpera até a temperatura ambiente.

(h) Resfriamento rápido até 625°C (1155°F), manutenção nessa temperatura durante 10 s, resfriamento rápido até 400°C (750°F), manutenção nessa temperatura durante 5 s e então têmpera até a temperatura ambiente.

10.22 Para os itens (a), (c), (d), (f) e (h) do Problema 10.21, determine as porcentagens aproximadas dos microconstituintes formados.

10.23 Faça uma cópia do diagrama de transformação isotérmica para uma liga ferro-carbono contendo 0,45%p C (Figura 10.40) e então esboce e identifique nesse diagrama as trajetórias tempo-temperatura para produzir as seguintes microestruturas:

(a) 42% ferrita proeutetoide e 58% perlita grosseira

(b) 50% perlita fina e 50% bainita

(c) 100% martensita

(d) 50% martensita e 50% austenita

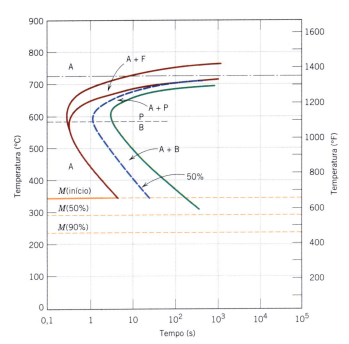

Figura 10.40 Diagrama de transformação isotérmica para uma liga ferro-carbono contendo 0,45%p C: A, austenita; B, bainita; F, ferrita proeutetoide; M, martensita; P, perlita.
[Adaptada de *Atlas of Time-Temperature Diagrams for Irons and Steels*, G. F. Vander Voort (ed.), 1991. Reimpressa sob permissão da ASM International, Materials Park, OH.]

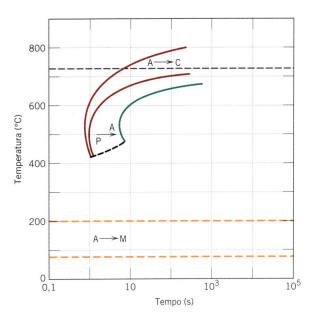

Figura 10.41 Diagrama de transformação por resfriamento contínuo para uma liga ferro-carbono contendo 1,13%p C.

Diagramas de Transformações por Resfriamento Contínuo

10.24 Nomeie os produtos microestruturais de amostras da liga ferro-carbono eutetoide (0,76%p C) que são primeiro completamente transformadas em austenita e, em seguida, resfriadas até a temperatura ambiente nas seguintes taxas:

(a) 200°C/s

(b) 100°C/s

(c) 20°C/s

10.25 A Figura 10.41 mostra o diagrama de transformação por resfriamento contínuo para uma liga ferro-carbono contendo 1,13%p C. Faça uma cópia dessa figura e depois esboce e identifique as curvas de resfriamento contínuo para produzir as seguintes microestruturas:

(a) Perlita fina e cementita proeutetoide

(b) Martensita

(c) Martensita e cementita proeutetoide

(d) Perlita grosseira e cementita proeutetoide

(e) Martensita, perlita fina e cementita proeutetoide

10.26 Cite duas diferenças importantes entre os diagramas de transformação por resfriamento contínuo para os aços-carbono comuns e os aços-liga.

10.27 Explique sucintamente por que não existe uma região de transformação da bainita no diagrama de transformação por resfriamento contínuo para uma liga ferro-carbono com composição eutetoide.

10.28 Nomeie os produtos microestruturais de amostras de aço-liga 4340 que são primeiro transformadas completamente em austenita e então resfriadas até a temperatura ambiente de acordo com as seguintes taxas:

(a) 10°C/s   (c) 0,1°C/s

(b) 1°C/s   (d) 0,01°C/s

10.29 Descreva sucintamente o procedimento de tratamento térmico por resfriamento contínuo mais simples que poderia ser utilizado para converter um aço 4340 de uma microestrutura na outra:

(a) (Martensita + bainita) em (ferrita + perlita)

(b) (Martensita + bainita) em esferoidita

(c) (Martensita + bainita) em (martensita + bainita + ferrita)

10.30 Com base em considerações de difusão, explique por que a perlita fina se forma sob resfriamento moderado da austenita por meio da temperatura eutetoide, enquanto a perlita grosseira é o produto sob taxas de resfriamento relativamente lentas.

Comportamento Mecânico de Ligas Ferro-Carbono

Martensita Revenida

10.31 Explique sucintamente por que a perlita fina é mais dura e mais resistente que a perlita grosseira, a qual, por sua vez, é mais dura e mais resistente que a esferoidita.

10.32 Cite duas razões por que a martensita é tão dura e frágil.

10.33 Classifique as seguintes ligas ferro-carbono e suas microestruturas associadas em ordem decrescente de dureza:

(a) 0,25%p C com esferoidita

(b) 0,25%p C com perlita grosseira

(c) 0,60%p C com perlita fina

(d) 0,60%p C com perlita grosseira

Justifique essa classificação.

Q-40 · **Questões e Problemas**

10.34 Explique sucintamente por que a dureza da martensita revenida diminui com o tempo de revenido (sob uma temperatura constante) e com o aumento da temperatura (com um tempo de revenido constante).

10.35 Descreva sucintamente o procedimento de tratamento térmico mais simples que poderia ser usado para converter um aço contendo 0,76%p C de uma microestrutura na outra, conforme a seguir:

(a) Esferoidita em martensita revenida

(b) Martensita revenida em perlita

(c) Bainita em martensita

(d) Martensita em perlita

(e) Perlita em martensita revenida

(f) Martensita revenida em perlita

(g) Bainita em martensita revenida

(h) Martensita revenida em esferoidita

10.36 (a) Descreva sucintamente a diferença microestrutural entre a esferoidita e a martensita revenida.

(b) Explique por que a martensita revenida é muito mais dura e resistente.

10.37 Estime as durezas Rockwell para amostras de uma liga ferro-carbono com composição eutetoide que foram submetidas aos tratamentos térmicos descritos nos itens (b), (d), (f), (g) e (h) do Problema 10.19.

10.38 Estime as durezas Brinell para amostras de uma liga ferro-carbono contendo 0,45%p C que foram submetidas aos tratamentos térmicos descritos nos itens (a), (d) e (h) do Problema 10.21.

10.39 Determine os limites de resistência à tração aproximados para amostras de uma liga ferro-carbono eutetoide que sofreram os tratamentos térmicos descritos nos itens (a) e (c) do Problema 10.24.

10.40 Para um aço eutetoide, descreva tratamentos isotérmicos que seriam exigidos para produzir amostras com as seguintes durezas Rockwell:

(a) 93 HRB

(b) 40 HRC

(c) 27 HRC

PROBLEMAS DE PROJETO

Diagramas de Transformações por Resfriamento Contínuo

Comportamento Mecânico de Ligas Ferro-Carbono

10.P1 É possível produzir uma liga ferro-carbono com composição eutetoide que tenha uma dureza mínima de 90 HRB e uma ductilidade mínima de 35%RA? Se isso for possível, descreva o tratamento térmico por resfriamento contínuo a que a liga deveria ser submetida para conseguir essas propriedades. Se não for possível, explique por quê.

10.P2 Para um aço eutetoide, descreva tratamentos térmicos isotérmicos que seriam exigidos para produzir amostras com as seguintes combinações de limite de resistência à tração e ductilidade (%RA):

(a) 1000 MPa e 34%RA

(b) 800 MPa e 28%RA

10.P3 É possível produzir ligas ferro-carbono com composição eutetoide que, usando tratamentos térmicos isotérmicos, possuam as combinações de limite de resistência à tração e ductilidade (%RA) a seguir? Caso isso seja possível, para cada combinação, descreva o tratamento térmico exigido para atingir essas propriedades. Ou, caso não seja possível, explique por quê.

(a) 1750 MPa e 42%RA

(b) 1600 MPa e 40%RA

(c) 1500 MPa e 45%RA

10.P4 Para um aço eutetoide, descreva tratamentos térmicos por resfriamento contínuo que seriam exigidos para produzir amostras com as seguintes combinações de dureza Brinell e ductilidade (%RA):

(a) 680 HB e ~0%RA

(b) 260 HB e 20%RA

(c) 200 HB e 28%RA

(d) 160 HB e 67%RA

10.P5 É possível produzir uma liga ferro-carbono que tenha um limite de resistência à tração mínimo de 690 MPa (100.000 psi) e uma ductilidade mínima de 40%RA? Se isso for possível, qual será sua composição e sua microestrutura (as perlitas grosseira e fina e a esferoidita são alternativas)? Se não for possível, explique por quê.

10.P6 Deseja-se produzir uma liga ferro-carbono com uma dureza mínima de 175 HB e uma ductilidade mínima de 52%RA. Essa liga é possível? Se esse for o caso, qual será sua composição e sua microestrutura (as perlitas grosseira e fina e a esferoidita são alternativas)? Se isso não for possível, explique por quê.

Martensita Revenida

10.P7 (a) Para um aço 1080 que foi temperado em água, estime o tempo de revenido a 425°C (800°F) para atingir uma dureza de 50 HRC.

(b) Qual será o tempo de revenido a 315°C (600°F) necessário para atingir a mesma dureza?

10.P8 Um aço-liga (4340) deve ser usado em uma aplicação que exige um limite de resistência à tração mínimo de 1380 MPa (200.000 psi) e uma ductilidade mínima de 43%RA. Uma têmpera em óleo seguida por revenido deve ser usada. Descreva sucintamente o tratamento térmico de revenido.

10.P9 Para uma liga de aço 4340, descreva tratamentos térmicos por resfriamento contínuo e revenido que seriam exigidos para produzir amostras que possuem as seguintes combinações das propriedades limite de escoamento/limite de resistência à tração e ductilidade:

(a) limite de resistência à tração de 1100 MPa, ductilidade de 50%RA

(b) limite de escoamento de 1200 MPa, ductilidade de 45%RA

(c) limite de resistência à tração de 1300 MPa, ductilidade de 45%RA

10.P10 É possível produzir um aço 4340 temperado em óleo e revenido com limite de escoamento mínimo de 1400 MPa (203.000 psi) e uma ductilidade de pelo menos 42%RA? Se isso for possível, descreva o tratamento térmico de revenido. Se não for possível, explique por quê.

PROBLEMA COM PLANILHA ELETRÔNICA

10.1PE Para uma determinada transformação de fases, dados pelo menos dois valores das frações transformadas e seus tempos correspondentes, gere uma planilha que permitirá ao usuário determinar o seguinte:

(a) os valores de n e k na equação de Avrami

(b) o tempo necessário para a transformação prosseguir até um determinado grau de fração transformada

(c) a fração transformada depois de decorrido um tempo específico

QUESTÕES E PROBLEMAS SOBRE FUNDAMENTOS DA ENGENHARIA

10.1FE Qual dos seguintes itens descreve a recristalização?

(A) Dependente da difusão com uma mudança na composição das fases

(B) Sem difusão

(C) Dependente da difusão sem nenhuma mudança na composição das fases

(D) Todas as alternativas acima

10.2FE As microestruturas esquemáticas à temperatura ambiente para quatro ligas ferro-carbono são apresentadas ao lado. Classifique essas microestruturas (por letras) da mais dura para a mais mole (ordem decrescente de dureza).

(A) A > B > C > D

(B) C > D > B > A

(C) A > B > D > C

(D) Nenhuma das alternativas acima

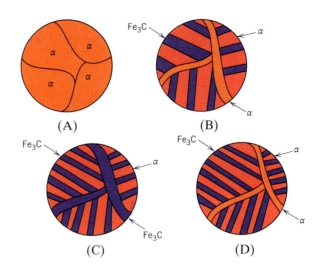

(A) (B) (C) (D)

10.3FE Com base no diagrama de transformação isotérmica para uma liga ferro-carbono com 0,45%p C (Figura 10.40), qual tratamento térmico poderia ser usado para converter isotermicamente uma microestrutura que consiste em ferrita proeutetoide e perlita fina em uma microestrutura composta por ferrita proeutetoide e martensita?

(A) Austenitizar a amostra a aproximadamente 700°C, resfriar rapidamente até aproximadamente 675°C, manter nessa temperatura durante 1 a 2 s e então resfriar rapidamente (temperar) até a temperatura ambiente.

(B) Aquecer rapidamente a amostra até aproximadamente 675°C, manter nessa temperatura durante 1 a 2 s e então resfriar rapidamente (temperar) até a temperatura ambiente.

(C) Austenitizar a amostra a aproximadamente 775°C, resfriar rapidamente até aproximadamente 500°C, manter nessa temperatura durante 1 a 2 s e então resfriar rapidamente (temperar) até a temperatura ambiente.

(D) Austenitizar a amostra a aproximadamente 775°C, resfriar rapidamente até aproximadamente 675°C, manter nessa temperatura durante 1 a 2 s e então resfriar rapidamente (temperar) até a temperatura ambiente.

CAPÍTULO 11 QUESTÕES E PROBLEMAS

Ligas Ferrosas

11.1 (a) Liste as quatro classificações dos aços.

(b) Para cada classificação, descreva sucintamente as propriedades e aplicações típicas.

11.2 (a) Cite três razões por que as ligas ferrosas são tão largamente usadas.

(b) Cite três características das ligas ferrosas que limitam sua utilização.

11.3 Qual é a função dos elementos de liga nos aços-ferramenta?

11.4 Calcule a porcentagem volumétrica da grafita, V_{Gr}, em um ferro fundido com 3,5%p C, supondo que todo o carbono exista como grafita. Considere as massas específicas de 7,9 e 2,3 g/cm³ para a ferrita e a grafita, respectivamente.

11.5 Com base na microestrutura, explique sucintamente por que o ferro cinzento é frágil e pouco resistente em tração.

11.6 Compare os ferros fundidos cinzento e maleável em relação a

(a) composição e tratamento térmico

(b) microestrutura

(c) características mecânicas

11.7 Compare os ferros fundidos branco e nodular em relação a

(a) composição e tratamento térmico

(b) microestrutura

(c) características mecânicas

11.8 É possível produzir ferro fundido maleável em peças tendo seções transversais de grandes dimensões? Por que sim ou por que não?

Q-42 • Questões e Problemas

Ligas Não Ferrosas

11.9 Qual é a diferença principal entre as ligas forjadas e as fundidas?

11.10 Por que os rebites em uma liga de alumínio 2017 devem ser refrigerados antes de serem usados?

11.11 Qual é a principal diferença entre as ligas tratáveis e não tratáveis termicamente?

11.12 Informe as características distintas, as limitações e as aplicações dos seguintes grupos de ligas: ligas de titânio, metais refratários, superligas e metais nobres.

Operações de Conformação

11.13 Cite vantagens e desvantagens do trabalho a quente e do trabalho a frio.

11.14 (a) Cite vantagens da conformação de metais por extrusão em comparação à conformação por laminação.

(b) Cite algumas desvantagens.

Fundição

11.15 Liste quatro situações nas quais a fundição é a técnica de fabricação preferível.

11.16 Compare as técnicas de fundição em molde de areia, com matriz, de precisão, de espuma perdida e contínua.

Técnicas Diversas

11.17 Se for considerado que para os aços a taxa média de resfriamento da zona termicamente afetada na vizinhança de uma solda é de 10°C/s, compare as microestruturas resultantes e as propriedades a elas associadas nas ZTAs das ligas 1080 (eutetoide) e 4340.

11.18 Descreva um problema que pode existir com a solda de um aço que tenha sido resfriada muito rapidamente.

Processos de Recozimento

11.19 Com suas próprias palavras, descreva os procedimentos de tratamento térmico para aços a seguir e, para cada um deles, a microestrutura final pretendida:

(a) recozimento pleno   **(c)** têmpera

(b) normalização   **(d)** revenido

11.20 Cite três fontes de tensões internas residuais em componentes metálicos. Quais são duas possíveis consequências adversas dessas tensões?

11.21 Informe a temperatura mínima aproximada na qual é possível austenitizar cada uma das seguintes ligas ferro-carbono durante um tratamento térmico de normalização:

(a) 0,20%p C   **(b)** 0,76%p C   **(c)** 0,95%p C

11.22 Informe a temperatura aproximada até a qual é desejável aquecer cada uma das seguintes ligas ferro-carbono durante um tratamento térmico de recozimento pleno:

(a) 0,25%p C   **(c)** 0,85%p C

(b) 0,45%p C   **(d)** 1,10%p C

11.23 Qual é o propósito de um tratamento térmico de esferoidização? Em quais classes de ligas esse tratamento é normalmente utilizado?

Tratamento Térmico de Aços

11.24 Explique sucintamente a diferença entre *dureza* e *temperabilidade*.

11.25 Qual é a influência que a presença de elementos de liga (sem ser o carbono) tem sobre a forma de uma curva de temperabilidade? Explique sucintamente esse efeito.

11.26 Que efeito você esperaria que uma diminuição no tamanho do grão da austenita tivesse sobre a temperabilidade de um aço? Por quê?

11.27 Cite duas propriedades térmicas de um meio líquido que influenciam sua eficácia como um meio de têmpera.

11.28 Construa perfis radiais de dureza para os seguintes casos:

(a) Uma amostra cilíndrica com 50 mm (2 in) de diâmetro de um aço 8640 que foi temperada em óleo sob agitação moderada.

(b) Uma amostra cilíndrica com 75 mm (3 in) de diâmetro de um aço 5140 que foi temperada em óleo sob agitação moderada.

(c) Uma amostra cilíndrica com 65 mm (2 1/2 in) de diâmetro de um aço 8620 que foi temperada em água sob agitação moderada.

(d) Uma amostra cilíndrica com 70 mm (2 3/4 in) de diâmetro de um aço 1040 que foi temperada em água sob agitação moderada.

11.29 Compare a eficácia de uma têmpera em água sob agitação moderada e em óleo sob agitação moderada colocando em um único gráfico os perfis radiais de dureza para amostras cilíndricas com 65 mm (2 1/2 in) de diâmetro de um aço 8630 que foram temperadas em ambos os meios.

Endurecimento por Precipitação

11.30 Compare o endurecimento por precipitação (Seção 11.10) com o endurecimento de um aço por têmpera e revenido (Seções 10.5, 10.6 e 10.8) em relação ao seguinte:

(a) O procedimento completo de tratamento térmico

(b) As microestruturas desenvolvidas

(c) Como as propriedades mecânicas mudam durante os vários estágios do tratamento térmico

11.31 Qual é a principal diferença entre os processos de envelhecimento natural e artificial?

PROBLEMAS DE PROJETO

Ligas Ferrosas

Ligas Não Ferrosas

11.P1 A seguir tem-se uma lista de metais e ligas:

Aço-carbono comum	Magnésio
Latão	Zinco
Ferro fundido cinzento	Aço-ferramenta
Platina	Alumínio
Aço Inoxidável	Tungstênio
Liga de titânio	

Selecione a partir dessa lista o metal ou a liga que é mais adequado(a) para cada uma das seguintes aplicações e cite pelo menos uma razão para sua escolha:

(a) O bloco de um motor a combustão interna

(b) Trocador de calor para condensação de vapor

(c) Lâminas das turbinas de motores a jato

(d) Broca de perfuração

(e) Recipiente criogênico (isto é, para temperaturas muito baixas)

(f) Como um pirotécnico (isto é, em sinalizadores e fogos de artifício)

(g) Elementos para fornos de altas temperaturas a serem usados em atmosferas oxidantes

11.P2 Um grupo de novos materiais são os vidros metálicos (ou metais amorfos). Escreva um texto sobre esses materiais no qual sejam abordadas as seguintes questões:

(a) composições de alguns dos vidros metálicos comuns

(b) características desses materiais que os tornam tecnologicamente atrativos

(c) características que limitam sua utilização

(d) empregos atuais e potenciais

(e) pelo menos uma técnica que seja usada para produzir vidros metálicos

11.P3 Entre as ligas a seguir, selecione aquela(s) que pode(m) ter sua(s) resistência(s) aumentada(s) por tratamento térmico, por trabalho a frio ou por ambos: titânio R50500, magnésio AZ31B, alumínio 6061, bronze fosforado C51000, chumbo, aço 6150, aço inoxidável 304 e cobre-berílio C17200.

11.P4 Um elemento estrutural com 100 mm (4 in) de comprimento deve ser capaz de suportar uma carga de 50.000 N (11.250 lb$_f$) sem apresentar nenhuma deformação plástica. De acordo com os dados a seguir para latão, aço, alumínio e titânio, classifique esses materiais do menor para o maior peso conforme esses critérios.

Liga	Limite de Escoamento [MPa (ksi)]	Massa Específica (g/cm³)
Latão	415 (60)	8,5
Aço	860 (125)	7,9
Alumínio	310 (45)	2,7
Titânio	550 (80)	4,5

11.P5 Discuta se seria aconselhável trabalhar a quente ou a frio os metais e ligas a seguir com base na temperatura de fusão, resistência à oxidação, limite de escoamento e grau de fragilidade: estanho, tungstênio, ligas de alumínio, ligas de magnésio e um aço 4140.

Tratamento Térmico dos Aços

11.P6 Uma peça cilíndrica de aço com 25 mm (1,0 in) de diâmetro deve ser temperada em óleo sob agitação moderada. As durezas na superfície e no centro devem ser de pelo menos 55 e 50 HRC, respectivamente. Qual(is) das seguintes ligas satisfaz(em) essas exigências: 1040, 5140, 4340, 4140 e 8640? Justifique sua(s) escolha(s).

11.P7 Uma peça cilíndrica de aço com 75 mm (3 in) de diâmetro deve ser austenitizada e temperada tal que uma dureza mínima de 40 HRC seja produzida em toda a peça. Entre as ligas 8660, 8640, 8630 e 8620, qual(is)

vai(vão) se qualificar se o meio de têmpera for **(a)** água sob agitação moderada e **(b)** óleo sob agitação moderada? Justifique sua(s) escolha(s).

11.P8 Uma peça cilíndrica de aço com 38 mm (1 1/2 in) de diâmetro deve ser austenitizada e temperada tal que uma microestrutura consistindo em pelo menos 80% de martensita seja produzida em toda a peça. Entre as ligas 4340, 4140, 8640, 5140 e 1040, qual(is) vai(vão) se qualificar se o meio de têmpera for **(a)** óleo sob agitação moderada e **(b)** água sob agitação moderada? Justifique sua(s) escolha(s).

11.P9 Uma peça cilíndrica de aço com 90 mm (3 1/2 in) de diâmetro deve ser temperada em água sob agitação moderada. As durezas na superfície e no centro devem ser de pelo menos 55 e 40 HRC, respectivamente. Qual(is) das seguintes ligas vai(vão) satisfazer essas exigências: 1040, 5140, 4340, 4140, 8620, 8630, 8640 e 8660? Justifique suas escolhas.

11.P10 Uma peça cilíndrica de aço 4140 deve ser austenitizada e temperada em óleo sob agitação moderada. Se a microestrutura deve consistir em pelo menos 50% de martensita em toda a peça, qual é o diâmetro máximo admissível? Justifique sua resposta.

11.P11 Uma peça cilíndrica de aço 8640 deve ser austenitizada e temperada em óleo sob agitação moderada. Se a dureza na superfície da peça deve ser de pelo menos 49 HRC, qual é o diâmetro máximo admissível? Justifique sua resposta.

11.P12 É possível revenir um eixo cilíndrico em aço 4140 temperado em óleo com 100 mm (4 in) de diâmetro para obter um limite de resistência à tração mínimo de 850 MPa (125.000 psi) e uma ductilidade mínima de 21%AL? Se isso for possível, especifique uma temperatura para o revenido. Se não for possível, então explique a razão.

11.P13 É possível revenir um eixo cilíndrico de aço 4140 temperado em óleo com 12,5 mm (0,5 in) de diâmetro para obter um limite de escoamento mínimo de 1000 MPa (145.000 psi) e uma ductilidade mínima de 16%AL? Se isso for possível, especifique uma temperatura para o revenido. Se não for possível, então explique a razão.

Endurecimento por Precipitação

11.P14 As ligas cobre-berílio ricas em cobre são endurecíveis por precipitação. Após consultar a região do diagrama de fases mostrada na Figura 11.33, faça o seguinte:

(a) Especifique a faixa de composições ao longo da qual essas ligas podem ser endurecidas por precipitação.

(b) Descreva sucintamente os procedimentos de tratamento térmico (em termos de temperaturas) que seriam usados para endurecer por precipitação uma liga que tenha uma composição de sua escolha, mas que esteja compreendida na faixa de composições especificada no item (a).

11.P15 Uma liga de alumínio 2014 tratada termicamente por solubilização deve ser endurecida por precipitação para ter um limite de resistência à tração mínimo de 450 MPa (65.250 psi) e uma ductilidade de pelo menos 15%AL. Especifique um tratamento térmico de precipitação que seja prático em termos da temperatura e do tempo que gerariam essas características mecânicas. Justifique sua resposta.

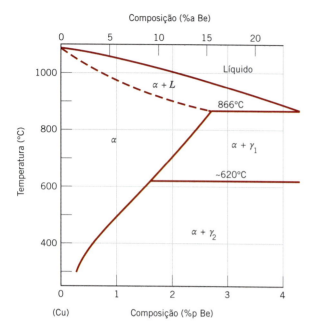

Figura 11.33 Região rica em cobre do diagrama de fases cobre-berílio.
[Adaptada de *Binary Alloy Phase Diagrams*, 2ª ed., vol. 2, T. B. Massalski (ed.), 1990. Reimpressa sob permissão da ASM International, Materials Park, OH.]

11.P16 É possível a produção de uma liga de alumínio 2014 endurecida por precipitação tendo um limite de resistência à tração mínimo de 425 MPa (61.625 psi) e uma ductilidade de pelo menos 12%AL? Se isso for possível, especifique o tratamento térmico de precipitação. Se não for possível, então explique a razão.

QUESTÕES E PROBLEMAS SOBRE FUNDAMENTOS DA ENGENHARIA

11.1FE Qual dos seguintes elementos é o principal constituinte das ligas ferrosas?
(A) Cobre
(B) Carbono
(C) Ferro
(D) Titânio

11.2FE Qual(is) dos seguintes microconstituintes/fases é(são) encontrado(s) tipicamente nos aços com baixo teor de carbono?
(A) Austenita
(B) Perlita
(C) Ferrita
(D) Tanto a perlita quanto a ferrita

11.3FE Qual das seguintes características distingue os aços inoxidáveis dos outros tipos de aços?
(A) Eles são mais resistentes à corrosão.
(B) Eles possuem maior resistência mecânica.
(C) Eles são mais resistentes ao desgaste.
(D) Eles são mais dúcteis.

11.4FE O trabalho a quente tem lugar em uma temperatura acima da
(A) temperatura de fusão de um metal
(B) temperatura de recristalização de um metal
(C) temperatura eutetoide de um metal
(D) temperatura de transição vítrea de um metal

11.5FE Qual(is) dos seguintes itens pode(m) ocorrer durante um tratamento térmico de recozimento?
(A) As tensões podem ser aliviadas.
(B) A ductilidade pode aumentar.
(C) A tenacidade pode aumentar.
(D) Todos os itens acima.

11.6FE Qual dos seguintes itens influencia a temperabilidade de um aço?
(A) Composição do aço
(B) Tipo do meio de têmpera
(C) Característica do meio de têmpera
(D) Tamanho e forma da amostra

CAPÍTULO 12 QUESTÕES E PROBLEMAS

Estruturas Cristalinas

12.1 Para um composto cerâmico, quais são as duas características dos íons componentes que determinam a estrutura cristalina?

12.2 Mostre que a razão mínima entre os raios do cátion e do ânion para um número de coordenação de 4 vale 0,225.

12.3 Mostre que a razão mínima entre os raios do cátion e do ânion para um número de coordenação de 6 vale 0,414. [*Sugestão:* Use a estrutura cristalina do NaCl (Figura 12.2) e considere que os ânions e cátions apenas se tocam ao longo das arestas do cubo e através das diagonais das faces.]

12.4 Demonstre que a razão mínima entre os raios do cátion e do ânion para um número de coordenação de 8 vale 0,732.

12.5 Com base nas cargas iônicas e nos raios iônicos dados na Tabela 12.3, estime as estruturas cristalinas para os seguintes materiais:
(a) CsI   (c) KI
(b) NiO   (d) NiS
Justifique suas escolhas.

12.6 Quais dos cátions da Tabela 12.3 você estima que formem iodetos com a estrutura cristalina do cloreto de césio? Justifique suas escolhas.

12.7 Gere (e imprima) uma célula unitária tridimensional para o dióxido de titânio, TiO_2, dadas as seguintes informações: (1) a célula unitária é tetragonal com $a = 0,459$ nm e $c = 0,296$ nm, (2) átomos de oxigênio estão localizados nos pontos com os seguintes índices:

Questões e Problemas • **Q-45**

| 0,356 | 0,356 | 0 | | 0,856 | 0,144 | $\frac{1}{2}$ |
| 0,664 | 0,664 | 0 | | 0,144 | 0,856 | $\frac{1}{2}$ |

e (3) os átomos de Ti estão localizados nos pontos com os seguintes índices:

$$
\begin{array}{ll}
0\,0\,0 & 1\,0\,1 \\
1\,0\,0 & 0\,1\,1 \\
0\,1\,0 & 1\,1\,1 \\
0\,0\,1 & \frac{1}{2}\,\frac{1}{2}\,\frac{1}{2} \\
1\,1\,0 &
\end{array}
$$

12.8 A estrutura cristalina da blenda de zinco é aquela que pode ser gerada a partir de planos compactos de ânions.

(a) A sequência de empilhamento para essa estrutura será CFC ou HC? Por quê?

(b) Os cátions ocuparão posições tetraédricas ou octaédricas? Por quê?

(c) Qual será a fração das posições ocupadas?

12.9 A estrutura cristalina do coríndon, encontrada para o Al_2O_3, consiste em um arranjo HC de íons O^{2-}; os íons Al^{3+} ocupam posições octaédricas.

(a) Qual fração das posições octaédricas disponíveis é preenchida com íons Al^{3+}?

(b) Esboce dois planos compactos de íons O^{2-} empilhados na sequência *AB* e destaque as posições octaédricas que serão preenchidas com os íons Al^{3+}.

12.10 O sulfeto de ferro (FeS) pode formar uma estrutura cristalina que consiste em um arranjo HC de íons S^{2-}.

(a) Qual é o tipo de sítio intersticial que os íons Fe^{2+} ocuparão?

(b) Qual fração desses sítios intersticiais disponíveis será ocupada pelos íons Fe^{2+}?

12.11 O silicato de magnésio, Mg_2SiO_4, forma-se na estrutura cristalina olivina, que consiste em um arranjo HC de íons O^{2-}.

(a) Qual tipo de sítio intersticial os íons Mg^{2+} ocuparão? Por quê?

(b) Qual tipo de sítio intersticial os íons Si^{4+} ocuparão? Por quê?

(c) Qual fração do total dos sítios tetraédricos será ocupada?

(d) Qual fração do total dos sítios octaédricos será ocupada?

12.12 Para cada uma das estruturas cristalinas a seguir, represente o plano indicado do modo feito nas Figuras 3.11 e 3.12, mostrando tanto os ânions quanto os cátions:

(a) plano (100) para a estrutura cristalina do sal-gema

(b) plano (110) para a estrutura cristalina do cloreto de césio

(c) plano (111) para a estrutura cristalina da blenda de zinco

(d) plano (110) para a estrutura cristalina da perovskita

Cálculos da Massa Específica das Cerâmicas

12.13 Calcule o fator de empacotamento atômico para a estrutura cristalina do sal-gema para a qual $r_C/r_A = 0,414$.

12.14 A célula unitária para o $MgFe_2O_4$ (MgO-Fe_2O_3) apresenta simetria cúbica com um comprimento de aresta da célula unitária de 0,836 nm. Se a massa específica desse material é de 4,52 g/cm³, calcule seu fator de empacotamento atômico. Para esse cálculo, você necessitará usar os raios iônicos listados na Tabela 12.3.

12.15 Calcule o fator de empacotamento atômico para o cloreto de césio usando os raios iônicos da Tabela 12.3 e supondo que os íons se toquem ao longo das diagonais do cubo.

12.16 Calcule a massa específica do FeO sabendo-se que ele tem a estrutura cristalina do sal-gema.

12.17 O óxido de magnésio FeO tem a estrutura cristalina do sal-gema e uma massa específica de 3,58 g/cm³.

(a) Determine o comprimento da aresta da célula unitária.

(b) Como esse resultado se compara ao comprimento da aresta determinado a partir dos raios na Tabela 12.3 considerando que os íons Mg^{2+} e O^{2-} apenas se tocam ao longo das arestas?

12.18 O sulfeto de cádmio (CdS) apresenta uma célula unitária cúbica e, a partir de dados de difração de raios X, sabe-se que o comprimento da aresta da célula unitária é de 0,582 nm. Se a massa específica medida for de 4,82 g/cm³, quantos íons Cd^{2+} e S^{2-} existem em cada célula unitária?

12.19 (a) Usando os raios iônicos na Tabela 12.3, calcule a massa específica teórica do CsCl. (*Sugestão:* Use uma modificação do resultado do Problema 3.3.)

(b) A massa específica medida é de 3,99 g/cm³. Como você explica a ligeira discrepância entre o valor calculado e o medido?

12.20 A partir dos dados na Tabela 12.3, calcule a massa específica teórica do CaF_2, que apresenta a estrutura da fluorita.

12.21 Sabe-se que um material cerâmico hipotético do tipo AX tem massa específica de 2,65 g/cm³ e uma célula unitária com simetria cúbica com comprimento da aresta de 0,43 nm. Os pesos atômicos dos elementos A e X são de 86,6 e 40,3 g/mol, respectivamente. Com base nessas informações, qual(is) das seguintes estruturas cristalinas é(são) possível(eis) para esse material: sal-gema, cloreto de césio ou blenda de zinco? Justifique sua(s) escolha(s).

12.22 A célula unitária para o Cr_2O_3 apresenta simetria hexagonal com parâmetros da rede cristalina de $a = 0,4961$ nm e $c = 1,360$ nm. Se a massa específica desse material é de 5,22 g/cm³, calcule seu fator de empacotamento atômico. Para esse cálculo, considere raios iônicos de 0,062 e 0,140 nm, respectivamente, para o Cr^{3+} e O^{2-}.

Cerâmicas à Base de Silicatos

12.23 Em termos de ligações, explique por que os silicatos têm massas específicas relativamente baixas.

12.24 Determine o ângulo entre as ligações covalentes em um tetraedro de SiO_4^{4-}.

Carbono

12.25 Calcule a massa específica teórica do diamante dado que a distância C—C e o ângulo de ligação são de 0,154 nm e 109,5°, respectivamente. Como esse valor se compara à massa específica medida?

Q-46 · Questões e Problemas

12.26 Calcule a massa específica teórica do ZnS dado que a distância Zn-S e o ângulo de ligação são de 0,234 nm e 109,5°, respectivamente. Como esse valor se compara à massa específica medida?

12.27 Calcule o fator de empacotamento atômico para a estrutura cristalina cúbica do diamante (Figura 12.16). Considere que os átomos da ligação tocam uns nos outros, que o ângulo entre ligações adjacentes é de 109,5° e que cada átomo no interior da célula unitária está posicionado a $a/4$ da distância a partir das duas faces mais próximas da célula (a é o comprimento da aresta da célula unitária).

Imperfeições nas Cerâmicas

12.28 Você espera que existam concentrações relativamente elevadas de defeitos de Frenkel dos ânions em cerâmicas iônicas? Por que sim ou por que não?

12.29 Calcule a fração dos sítios da rede cristalina que são defeitos de Schottky para o cloreto de sódio na sua temperatura de fusão (801°C). Considere uma energia para formação do defeito de 2,3 eV.

12.30 Calcule o número de defeitos de Frenkel por metro cúbico no óxido de zinco a 1000°C. A energia para a formação do defeito é de 2,51 eV, enquanto a massa específica do ZnO é de 5,55 g/cm³ a 1000°C.

12.31 Usando os dados a seguir, que se relacionam com a formação de defeitos de Schottky em alguns óxidos cerâmicos (com fórmula química MO), determine o seguinte:

T (°C)	ρ (g/cm³)	Ns (m⁻³)
750	5,50	$9,21 \times 10^{19}$
1000	5,44	?
1250	5,37	$5,0 \times 10^{22}$

(a) A energia para a formação de defeitos (em eV)

(b) O número de defeitos de Schottky em equilíbrio, por metro cúbico, a 1000°C

(c) A identidade do óxido (isto é, qual é o metal M?)

12.32 Defina sucintamente o termo *estequiométrico* com suas próprias palavras.

12.33 Se o óxido cúprico (CuO) for exposto a atmosferas redutoras em temperaturas elevadas, alguns dos íons Cu^{2+} se tornarão íons Cu^+.

(a) Sob essas circunstâncias, cite um defeito cristalino cuja formação seria esperada para a manutenção da neutralidade de cargas.

(b) Quantos íons Cu^+ são necessários para a criação de cada defeito?

(c) Como poderia ser expressa a fórmula química para esse material não estequiométrico?

12.34 Diga se as regras de Hume-Rothery (Seção 4.3) também se aplicam aos sistemas cerâmicos. Explique a sua resposta.

12.35 Qual dos óxidos a seguir você espera que forme soluções sólidas substitucionais com solubilidade completa (isto é, 100%) com o MnO? Explique as suas respostas.

(a) MgO   **(c)** BeO

(b) CaO   **(d)** NiO

12.36 (a) Suponha que o Li_2O seja adicionado ao CaO como uma impureza. Se os íons Li^+ substituem os íons Ca^{2+}, seria esperada a formação de qual tipo de lacuna? Quantas dessas lacunas são criadas para cada íon Li^{2+} adicionado?

(b) Suponha que o $CaCl_2$ seja adicionado ao CaO como uma impureza. Se os íons Cl^- substituem os íons O^{-2}, seria esperada a formação de qual tipo de lacuna? Quantas dessas lacunas são criadas para cada íon Cl^- adicionado?

12.37 Quais defeitos pontuais são possíveis para o Al_2O_3 como uma impureza no MgO? Quantos íons Al^{3+} devem ser adicionados para formar cada um desses defeitos?

Diagramas de Fases das Cerâmicas

12.38 Para o sistema ZrO_2-CaO (Figura 12.24), escreva todas as reações eutéticas e eutetoides no resfriamento.

12.39 A partir da Figura 12.23, que mostra o diagrama de fases para o sistema MgO-Al_2O_3, pode ser observado que a solução sólida do espinélio existe em uma faixa de composições, o que significa que ele é não estequiométrico em todas as composições diferentes de 50%mol MgO-50%mol Al_2O_3.

(a) A não estequiometria máxima no lado rico em Al_2O_3 do campo de fases do espinélio ocorre a aproximadamente 2000°C (3630°F) e corresponde a aproximadamente 82%mol (92%p) de Al_2O_3. Determine o tipo do defeito por lacunas que é produzido e a porcentagem de lacunas que existem nessa composição.

(b) A não estequiometria máxima no lado rico em MgO do campo de fases do espinélio ocorre a aproximadamente 2000°C (3630°F) e corresponde a aproximadamente 39%mol (62%p) de Al_2O_3. Determine o tipo do defeito por lacunas que é produzido e a porcentagem de lacunas que existem nessa composição.

12.40 Quando a argila caulinita $[Al_2(Si_2O_5)(OH)_4]$ é aquecida até uma temperatura suficientemente elevada, a água quimicamente ligada (de hidratação) é eliminada.

(a) Sob essas circunstâncias, qual é a composição do produto remanescente (em porcentagem em peso de Al_2O_3)?

(b) Quais são as temperaturas *liquidus* e *solidus* desse material?

Fratura Frágil das Cerâmicas

12.41 Explique sucintamente o seguinte:

(a) Por que pode haver uma dispersão significativa na resistência à fratura para alguns materiais cerâmicos?

(b) Por que a resistência à fratura aumenta com a redução do tamanho da amostra?

12.42 O limite de resistência à tração de materiais frágeis pode ser determinado usando uma variação da Equação 8.1. Calcule o raio crítico da extremidade de uma trinca em uma amostra de Al_2O_3 que sofre fratura por tração sob uma tensão aplicada de 275 MPa (40.000 psi). Considere um comprimento crítico da trinca superficial de 2×10^{-3} mm e uma resistência teórica à fratura de $E/10$, em que E é o módulo de elasticidade.

Questões e Problemas • **Q-47**

12.43 A resistência à fratura do vidro pode ser aumentada por um ataque químico que remove uma fina camada superficial. Acredita-se que o ataque químico pode alterar a geometria das trincas superficiais (isto é, reduzir o comprimento da trinca e aumentar o raio da extremidade da trinca). Calcule a razão entre o raio original e o raio da extremidade da trinca após o ataque químico para um aumento de oito vezes na resistência à fratura, considerando que dois terços do comprimento da trinca foi removido.

Comportamento Tensão-Deformação

12.44 Um ensaio de flexão em três pontos é realizado em uma amostra de vidro que possui uma seção transversal retangular com altura $d = 5$ mm (0,2 in) e largura $b = 10$ mm (0,4 in); a distância entre os pontos de apoio é de 45 mm (1,75 in).

(a) Calcule a resistência à flexão se a carga na fratura é de 290 N (65 lb$_f$).

(b) O ponto com deflexão máxima Δy ocorre no centro da amostra e pode ser descrito pela relação

$$\Delta y = \frac{FL^3}{48EI} \qquad (12.11)$$

em que E é o módulo de elasticidade e I é o momento de inércia da seção transversal. Calcule Δy para uma carga de 266 N (60 lb$_f$).

12.45 Uma amostra circular de MgO é carregada usando um ensaio de flexão em três pontos. Calcule o raio mínimo possível da amostra para que não ocorra uma fratura, dado que a carga aplicada é de 425 N (95,5 lb$_f$), a resistência à flexão é de 105 MPa (15.000 psi) e a separação entre os pontos de aplicação da carga é de 50 mm (2,0 in).

12.46 Um ensaio de flexão em três pontos foi realizado com uma amostra de óxido de alumínio com seção transversal circular de 3,5 mm (0,14 in) de raio. O corpo de provas fraturou sob uma carga de 950 N (215 lb$_f$) quando a distância entre os pontos de apoio era de 50 mm (2,0 in). Outro ensaio deve ser realizado em uma amostra desse mesmo material, porém com seção transversal quadrada com 12 mm (0,47 in) de comprimento em cada aresta. Sob qual carga seria esperada a fratura dessa amostra se a separação entre os pontos de apoio é de 40 mm (1,6 in)?

12.47 (a) Um ensaio de flexão transversal em três pontos é conduzido com uma amostra cilíndrica de óxido de alumínio que apresenta uma resistência à flexão de 390 MPa (56.600 psi). Se o raio da amostra for de 2,5 mm (0,10 in) e a distância de separação entre os pontos de apoio de 30 mm (1,2 in), estime se o corpo de prova vai ou não fraturar quando uma carga de 620 N (140 lb$_f$) for aplicada. Justifique sua estimativa.

(b) Você teria 100% de certeza em relação à sua estimativa para o item (a)? Por que sim ou por que não?

Mecanismos de Deformação Plástica

12.48 Cite uma razão por que os materiais cerâmicos são, em geral, mais duros, porém mais frágeis, que os metais.

Considerações Mecânicas Diversas

12.49 O módulo de elasticidade para o óxido de berílio (BeO) com 5%vol de porosidade é de 310 GPa (45 × 10^6 psi).

(a) Calcule o módulo de elasticidade para o material sem porosidade.

(b) Calcule o módulo de elasticidade para o material com 10%vol de porosidade.

12.50 O módulo de elasticidade para o carbeto de boro (B$_4$C) com 5%vol de porosidade é de 290 GPa (42 × 10^6 psi).

(a) Calcule o módulo de elasticidade para o material sem porosidade.

(b) Em qual porcentagem volumétrica da porosidade o módulo de elasticidade será de 235 GPa (34 × 10^6 psi)?

12.51 Considerando os dados na Tabela 12.5, faça o seguinte:

(a) Determine a resistência à flexão para o MgO isento de porosidade supondo um valor de 3,75 para n na Equação 12.10.

(b) Calcule a fração volumétrica da porosidade na qual a resistência à flexão para o MgO é de 62 MPa (9000 psi).

12.52 A resistência à flexão e a fração volumétrica da porosidade a ela associada para duas amostras do mesmo material cerâmico são as seguintes:

$\sigma_{rf}(MPa)$	P
100	0,05
50	0,20

(a) Calcule a resistência à flexão para uma amostra desse material completamente sem porosidade.

(b) Calcule a resistência à flexão para uma fração volumétrica da porosidade de 0,10.

PROBLEMAS DE PROJETO

Estruturas Cristalinas

12.P1 O arseneto de gálio (GaAs) e o fosfeto de gálio (GaP) têm ambos a estrutura cristalina da blenda de zinco e são solúveis um no outro em todas as concentrações. Determine a concentração em porcentagem em peso de GaP que deve ser adicionada ao GaAs para produzir um comprimento de aresta da célula unitária de 0,5570 nm. As massas específicas do GaAs e do GaP são de 5,316 e 4,130 g/cm^3, respectivamente.

Comportamento Tensão-Deformação

12.P2 É necessário selecionar um material cerâmico para ser submetido à tensão usando um dispositivo de aplicação de carga em três pontos (Figura 12.30). A amostra deve ter uma seção transversal circular e um raio de 2,5 mm (0,10 in) e não deve fraturar ou ter uma deflexão superior a $6,2 \times 10^{-2}$ mm ($2,4 \times 10^{-3}$ in) no seu centro quando uma carga de 275 N (162 lb$_f$) for aplicada. Se a distância entre os pontos de apoio é de 45 mm (1,77 in), quais dos materiais listados na Tabela 12.5 são possíveis candidatos? A magnitude da deflexão no ponto central pode ser calculada usando a Equação 12.11.

Q-48 · **Questões e Problemas**

QUESTÕES E PROBLEMAS SOBRE FUNDAMENTOS DA ENGENHARIA

12.1FE Quais dos seguintes números de coordenação são os mais comuns para os materiais cerâmicos?

(A) 2 e 3

(B) 6 e 12

(C) 6, 8 e 12

(D) 4, 6 e 8

12.2FE Um composto cerâmico AX possui a estrutura cristalina do sal-gema. Se os raios dos íons A e X são de 0,137 e 0,241 nm, respectivamente, e os pesos atômicos são de 22,7 e 91,4 g/mol, qual é a massa específica (em g/cm³) desse material?

(A) 0,438 g/cm³

(B) 0,571 g/cm³

(C) 1,75 g/cm³

(D) 3,50 g/cm³

CAPÍTULO 13 QUESTÕES E PROBLEMAS

Vidros

Vitrocerâmicas

13.1 Cite as duas características desejáveis para os vidros.

13.2 (a) O que é cristalização?

(b) Cite duas propriedades que podem ser melhoradas pela cristalização.

Refratários

13.3 Para os materiais cerâmicos refratários, cite três características que melhoram e duas características que são afetadas adversamente por um aumento na porosidade.

13.4 Determine a temperatura máxima até a qual os dois materiais refratários à base de magnésia-alumina a seguir podem ser aquecidos antes do aparecimento de uma fase líquida.

(a) Um material de alumina ligado a espinélio e composição de 95%p Al_2O_3-5%p MgO.

(b) Um espinélio de magnésia-alumina com composição de 65%p Al_2O_3-35%p MgO. Consulte a Figura 12.23.

13.5 Considerando o diagrama de fases SiO_2-Al_2O_3, Figura 12.25, para cada par da lista de composições a seguir, diga qual composição você julga ser o refratário mais desejável. Justifique suas escolhas.

(a) 20%p Al_2O_3-80%p SiO_2 e 25%p Al_2O_3-75%p SiO_2

(b) 70%p Al_2O_3-30%p SiO_2 e 80%p Al_2O_3-20%p SiO_2

13.6 Calcule as frações mássicas de líquido nos seguintes materiais refratários a 1600°C (2910°F):

(a) 6%p Al_2O_3-94%p SiO_2

(b) 10%p Al_2O_3-90%p SiO_2

(c) 30%p Al_2O_3-70%p SiO_2

(d) 80%p Al_2O_3-20%p SiO_2

13.7 Para o sistema MgO-Al_2O_3, qual é a máxima temperatura possível sem haver formação de uma fase líquida? Em qual composição ou ao longo de qual faixa de composições essa temperatura máxima será atingida?

Cimentos

13.8 Compare a maneira como as partículas de um agregado unem-se entre si nas misturas à base de argila durante a queima e, nos cimentos, durante a pega.

Fabricação e Processamento dos Vidros e das Vitrocerâmicas

13.9 Soda e cal são adicionadas a uma batelada de vidro na forma de soda barrilha (Na_2CO_3) e calcário ($CaCO_3$). Durante o aquecimento, esses dois componentes se decompõem para liberar dióxido de carbono (CO_2), tendo como produtos resultantes a soda e a cal. Calcule os pesos de soda barrilha e de calcário que devem ser adicionados a 100 lb_m de quartzo (SiO_2) para produzir um vidro com composição de 75%p SiO_2, 15%p Na_2O e 10%p CaO.

13.10 Qual é a distinção entre a *temperatura de transição vítrea* e a *temperatura de fusão*?

13.11 Compare as temperaturas nas quais os vidros de soda-cal, borossilicato, 96% de sílica e de sílica fundida podem ser recozidos.

13.12 Compare os pontos de amolecimento para os vidros com 96% de sílica, borossilicato e de soda-cal.

13.13 A viscosidade η de um vidro varia em função da temperatura de acordo com a relação

$$\eta = A \exp\left(\frac{Q_{vis}}{RT}\right)$$

em que Q_{vis} é a energia de ativação para o escoamento viscoso, A é uma constante independente da temperatura, e R e T são, respectivamente, a constante dos gases e a temperatura absoluta. Um gráfico de ln η em função de $1/T$ deve ser praticamente linear, com inclinação igual a Q_{vis}/R. Considerando os dados na Figura 13.14,

(a) faça um gráfico desse tipo para o vidro borossilicato e

(b) determine a energia de ativação entre as temperaturas de 500° e 900°C.

13.14 Para muitos materiais viscosos, a viscosidade η pode ser definida em termos da expressão

$$\eta = \frac{\sigma}{d\varepsilon/dt}$$

em que σ e $d\varepsilon/dt$ são, respectivamente, a tensão de tração e a taxa de deformação. Uma amostra cilíndrica de um vidro de soda-cal com diâmetro de 5 mm (0,2 in) e comprimento de 100 mm (4 in) é submetida a uma força de tração de 1 N (0,224 lb_f) ao longo do seu eixo. Se sua deformação após o período de uma semana deve ser inferior a 1 mm (0,04 in), considerando a Figura 13.14 determine a temperatura máxima até a qual a amostra pode ser aquecida.

Questões e Problemas • **Q-49**

13.15 (a) Explique por que são introduzidas tensões térmicas residuais em uma peça de vidro quando esta é resfriada.

(b) Tensões térmicas são introduzidas no aquecimento? Por que sim ou por que não?

13.16 Os vidros do tipo borossilicato e de sílica fundida são resistentes a choques térmicos. Por que isso ocorre?

13.17 Descreva sucintamente, com suas próprias palavras, o que acontece quando uma peça de vidro é temperada termicamente.

13.18 As peças de vidro também podem ter sua resistência aumentada por uma têmpera química. Nesse procedimento, a superfície do vidro é colocada em um estado de compressão pela troca de alguns dos cátions próximos à superfície por outros cátions com maior diâmetro. Sugira um tipo de cátion que, por substituição do Na^+, induz uma têmpera química em um vidro de soda-cal.

Fabricação e Processamento dos Produtos à
Base de Argila

13.19 Cite as duas características desejáveis dos minerais argilosos em relação aos processos de fabricação.

13.20 A partir de uma perspectiva molecular, explique sucintamente o mecanismo pelo qual os minerais argilosos tornam-se hidroplásticos quando água é adicionada.

13.21 (a) Quais são os três principais componentes de uma cerâmica do tipo louça branca, tal como a porcelana?

(b) Qual é o papel de cada um desses componentes nos procedimentos de conformação e queima?

13.22 (a) Por que é tão importante controlar a taxa de secagem de um corpo cerâmico que foi conformado hidroplasticamente ou por colagem de barbotina?

(b) Cite três fatores que influenciam a taxa de secagem e explique como cada um afeta essa taxa.

13.23 Cite uma razão para que a contração durante a secagem seja maior para os produtos hidroplásticos ou de uma colagem de barbotina que possuam partículas de argila menores.

13.24 (a) Cite três fatores que influenciam o grau em que ocorre a vitrificação em peças cerâmicas à base de argila.

(b) Explique como a massa específica, a distorção devido à queima, a resistência, a resistência à corrosão e a condutividade térmica são afetadas pelo grau de vitrificação.

Prensagem de Pós

13.25 Alguns materiais cerâmicos são fabricados por prensagem isostática a quente. Cite algumas limitações e dificuldades associadas a essa técnica.

PROBLEMA DE PROJETO

13.P1 Alguns dos nossos utensílios de cozinha modernos são feitos de materiais cerâmicos.

(a) Liste pelo menos três características importantes exigidas de um material para que ele seja usado em aplicações desse tipo.

(b) Compare as propriedades relativas e o custo de três materiais cerâmicos.

(c) Com base nessa comparação, selecione o material mais adequado para ser usado como utensílio de cozinha.

QUESTÕES E PROBLEMAS SOBRE FUNDAMENTOS DA ENGENHARIA

13.1FE Na medida em que a porosidade de um tijolo de cerâmica refratária aumenta,

(A) a resistência mecânica diminui, a resistência química diminui, e o isolamento térmico aumenta

(B) a resistência mecânica aumenta, a resistência química aumenta, e o isolamento térmico diminui

(C) a resistência mecânica diminui, a resistência química aumenta, e o isolamento térmico diminui

(D) a resistência mecânica aumenta, a resistência química aumenta, e o isolamento térmico aumenta

13.2FE Quais dos seguintes itens são os dois principais constituintes das argilas?

(A) Alumina (Al_2O_3) e calcário ($CaCO_3$)

(B) Calcário ($CaCO_3$) e óxido cúprico (CuO)

(C) Sílica (SiO_2) e calcário ($CaCO_3$)

(D) Alumina (Al_2O_3) e sílica (SiO_2)

CAPÍTULO 14 QUESTÕES E PROBLEMAS

Moléculas de Hidrocarbonetos

Moléculas Poliméricas

A Química das Moléculas dos Polímeros

14.1 Com base nas estruturas apresentadas neste capítulo, esboce as estruturas das unidades repetidas para os seguintes polímeros:

(a) policlorotrifluoroetileno

(b) poli(álcool vinílico).

Peso molecular

14.2 Calcule os pesos moleculares das unidades repetidas para os seguintes polímeros:

(a) poli(cloreto de vinila)

(b) poli(tereftalato de etileno)

(c) policarbonato

(d) polidimetilsiloxano

14.3 O peso molecular numérico médio de um polipropileno é de 1.000.000 g/mol. Calcule o grau de polimerização.

14.4 (a) Calcule o peso molecular da unidade repetida do poliestireno.

(b) Calcule o peso molecular numérico médio para um poliestireno para o qual o grau de polimerização é de 25.000.

Q-50 · Questões e Problemas

14.5 A tabela a seguir lista os dados do peso molecular para um material feito em polipropileno. Calcule o seguinte:

(a) o peso molecular numérico médio

(b) o peso molecular ponderal médio, e

(c) o grau de polimerização

Faixa de Peso Molecular (g/mol)	x_i	w_i
8000–16.000	0,05	0,02
16.000–24.000	0,16	0,10
24.000–32.000	0,24	0,20
32.000–40.000	0,28	0,30
40.000–48.000	0,20	0,27
48.000–56.000	0,07	0,11

14.6 Os dados do peso molecular para um dado polímero estão representados a seguir. Calcule o seguinte:

(a) o peso molecular numérico médio

(b) o peso molecular ponderal médio

(c) Se é sabido que o grau de polimerização desse material é de 710, qual dos polímeros listados na Tabela 14.3 é esse polímero? Por quê?

Faixa de Peso Molecular (g/mol)	x_i	w_i
15.000–30.000	0,04	0,01
30.000–45.000	0,07	0,04
45.000–60.000	0,16	0,11
60.000–75.000	0,26	0,24
75.000–90.000	0,24	0,27
90.000–105.000	0,12	0,16
105.000–120.000	0,08	0,12
120.000–135.000	0,03	0,05

14.7 É possível haver um homopolímero de poli(metacrilato de metila) com a seguinte distribuição de pesos moleculares molares e um grau de polimerização de 527? Por que sim ou por que não?

Faixa de Peso Molecular (g/mol)	x_i	w_i
8000–20.000	0,02	0,05
20.000–32.000	0,08	0,15
32.000–44.000	0,17	0,21
44.000–56.000	0,29	0,28
56.000–68.000	0,23	0,18
68.000–80.000	0,16	0,10
80.000–92.000	0,05	0,03

14.8 O polietileno de alta densidade pode ser clorado pela indução de uma substituição aleatória de átomos de cloro em lugar dos átomos de hidrogênio.

(a) Determine a concentração de Cl (em %p) que deve ser adicionada se essa substituição ocorrer para 5% de todos os átomos de hidrogênio originais.

(b) Sob quais aspectos esse polietileno clorado difere do poli(cloreto de vinila)?

Forma Molecular

14.9 Para uma molécula de polímero linear, o comprimento total da cadeia L depende do comprimento da ligação entre os átomos da cadeia d, do número total de ligações na molécula N e do ângulo entre átomos adjacentes na cadeia principal θ, de acordo com:

$$L = Nd \operatorname{sen}\left(\frac{\theta}{2}\right) \qquad (14.11)$$

Além disso, a distância média de uma extremidade à outra para uma série de moléculas poliméricas, r, conforme a Figura 14.6, é igual a

$$r = d\sqrt{N} \qquad (14.12)$$

Um politetrafluoroetileno linear tem peso molecular numérico médio de 500.000 g/mol; calcule os valores médios de L e r para esse material.

14.10 Usando as definições para o comprimento total da cadeia molecular L (Equação 14.11) e a distância média de uma extremidade à outra da cadeia r (Equação 14.12), determine o seguinte para um polietileno linear:

(a) o peso molecular numérico médio para $L = 2500$ nm

(b) o peso molecular numérico médio para $r = 20$ nm

Configurações Moleculares

14.11 Esboce partes de uma molécula linear de poliestireno que sejam **(a)** sindiotática, **(b)** atática e **(c)** isotática. Use diagramas esquemáticos bidimensionais conforme a nota de rodapé 9 deste capítulo.

14.12 Esboce as estruturas *cis* e *trans* para o **(a)** polibutadieno e o **(b)** policloropreno. Use diagramas esquemáticos bidimensionais conforme a nota de rodapé 12 deste capítulo.

Polímeros Termoplásticos e Termofixos

14.13 Faça comparações entre os polímeros termoplásticos e os termofixos **(a)** em termos das características mecânicas ao serem aquecidos e **(b)** de acordo com as possíveis estruturas moleculares.

14.14 (a) É possível triturar e depois reutilizar o fenol-formaldeído? Por que sim ou por que não?

(b) É possível triturar e depois reutilizar o polipropileno? Por que sim ou por que não?

Copolímeros

14.15 Esboce a estrutura repetida para cada um dos seguintes copolímeros alternados: **(a)** poli(butadieno-cloropreno), **(b)** poli(estireno-metacrilato de metila) e **(c)** poli(acrilonitrila-cloreto de vinila).

14.16 O peso molecular numérico médio de um copolímero alternado de poli(estireno-butadieno) é de 1.350.000 g/mol; determine o número médio de unidades repetidas de estireno e butadieno por molécula.

14.17 Calcule o peso molecular numérico médio de uma borracha nitrílica aleatória [copolímero poli(acrilonitrila-butadieno)] para a qual a fração de unidades repetidas de butadieno é de 0,30; suponha que essa concentração corresponda a um grau de polimerização de 2000.

Questões e Problemas • Q-51

14.18 Sabe-se que um copolímero alternado apresenta um peso molecular numérico médio de 250.000 g/mol e um grau de polimerização de 3420. Se uma das unidades repetidas for o estireno, qual, entre o etileno, o propileno, o tetrafluoroetileno e o cloreto de vinila, será a outra unidade repetida? Por quê?

14.19 (a) Determine a razão entre as unidades repetidas de butadieno e estireno em um copolímero que tem um peso molecular numérico médio de 350.000 g/mol e um grau de polimerização de 4425.

(b) Qual(is) será(ão) o(s) tipo(s) desse copolímero, considerando as seguintes possibilidades: aleatório, alternado, enxertado e em bloco? Por quê?

14.20 Copolímeros com ligações cruzadas, consistindo em 60%p etileno e 40%p propileno podem ter propriedades elásticas semelhantes àquelas da borracha natural. Para um copolímero com essa composição, determine a fração de ambos os tipos de unidades repetidas.

14.21 Um copolímero aleatório poli(isobutileno-isopreno) apresenta peso molecular numérico médio de 200.000 g/mol e grau de polimerização de 3000. Calcule a fração de unidades repetidas de isobutileno e isopreno nesse copolímero.

Cristalinidade dos Polímeros

14.22 Explique sucintamente por que a tendência que um polímero tem em cristalizar diminui com o aumento do peso molecular.

14.23 Para cada um dos pares de polímeros a seguir, faça o seguinte: (1) diga se é possível determinar se um polímero tem maior probabilidade de cristalizar que o outro; (2) Se isso for possível, diga qual apresenta a maior probabilidade e então cite a(s) razão(ões) para sua escolha; e (3) se não for possível fazer essa determinação, diga o porquê.

(a) Poli(cloreto de vinila) linear e sindiotático; poliestireno linear e isotático.

(b) Fenol-formaldeído em rede; poli(*cis*-isopreno) linear e com elevado grau de ligações cruzadas

(c) Polietileno linear; polipropileno isotático com poucas ramificações

(d) Copolímero alternado poli(estireno-etileno); copolímero aleatório poli(cloreto de vinila-tetrafluoroetileno)

14.24 A massa específica do polipropileno totalmente cristalino à temperatura ambiente é de 0,946 g/cm³. Além disso, à temperatura ambiente, a célula unitária para esse material é monoclínica com os seguintes parâmetros de rede:

$a = 0,666$ nm	$\alpha = 90°$
$b = 2,078$ nm	$\beta = 99,62°$
$c = 0,650$ nm	$\gamma = 90°$

Se o volume de uma célula unitária monoclínica, V_{mono}, é uma função desses parâmetros de rede de acordo com

$$V_{mono} = abc \operatorname{sen} \beta$$

determine o número de unidades repetidas por célula unitária.

14.25 As massas específicas e as porcentagens de cristalinidade associadas a dois materiais de politetrafluoroetileno são as seguintes:

ρ (g/cm³)	Cristalinidade (%)
2,144	51,3
2,215	74,2

(a) Calcule as massas específicas do politetrafluoroetileno totalmente cristalino e do totalmente amorfo.

(b) Determine a porcentagem de cristalinidade de uma amostra que tem massa específica de 2,26 g/cm³.

14.26 As massas específicas e porcentagens de cristalinidade associadas a dois materiais de náilon 6,6 são as seguintes:

ρ (g/cm³)	Cristalinidade (%)
1,188	67,3
1,152	43,7

(a) Calcule as massas específicas do náilon 6,6 totalmente cristalino e do totalmente amorfo.

(b) Determine a massa específica de uma amostra com cristalinidade de 55,4%.

Difusão em Materiais Poliméricos

14.27 Considere a difusão de vapor d'água através de uma lâmina de polipropileno (PP) com 2 mm de espessura. As pressões de H_2O nas duas faces são de 1 kPa e 10 kPa, as quais são mantidas constantes. Supondo condições de regime estacionário, qual é o fluxo difusivo [em (cm³ CNTP)/cm²·s] a 298 K?

14.28 O argônio se difunde através de uma lâmina de polietileno de alta densidade (PEAD) com 40 mm de espessura a uma taxa de $4,0 \times 10^{-7}$ (cm³ CNTP)/cm²·s a 325 K. As pressões de argônio nas duas faces são de 5000 kPa e 1500 kPa, as quais são mantidas constantes. Supondo condições de regime estacionário, qual é o coeficiente de permeabilidade a 325 K?

14.29 O coeficiente de permeabilidade de um tipo de molécula gasosa pequena em um polímero depende da temperatura absoluta de acordo com a seguinte equação:

$$P_M = P_{M_0} \exp\left(-\frac{Q_p}{RT}\right)$$

em que e Q_p são constantes para um dado par gás-polímero. Considere a difusão de hidrogênio através de uma lâmina de poli(dimetilsiloxano) (PDMSO) com 20 mm de espessura. As pressões de hidrogênio nas duas faces são de 10 kPa e 1 kPa, as quais são mantidas constantes. Calcule o fluxo difusivo [em (cm³ CNTP)/cm²·s] a 350 K. Para esse sistema de difusão

$$P_{M_0} = 1,45 \times 10^{-8} \text{ (cm}^3 \text{ STP)(cm)/cm}^2 \cdot \text{s} \cdot \text{Pa}$$

$$Q_p = 13.700 \text{ J/mol}$$

Considere, ainda, uma condição de difusão em regime estacionário.

PROBLEMA COM PLANILHA ELETRÔNICA

14.1PE Para um polímero específico, dados pelo menos dois valores de massa específica e suas porcentagens de cristalinidade correspondentes, desenvolva uma planilha eletrônica que permita ao usuário determinar o seguinte:

(a) a massa específica do polímero totalmente cristalino

(b) a massa específica do polímero totalmente amorfo

(c) a porcentagem de cristalinidade para uma dada massa específica

(d) a massa específica para uma porcentagem de cristalinidade específica

QUESTÕES E PROBLEMAS SOBRE FUNDAMENTOS DA ENGENHARIA

14.1FE Qual(is) tipo(s) de ligação(ões) é(são) encontrado(s) entre os átomos dentro das moléculas de hidrocarbonetos?

(A) Ligações iônicas

(B) Ligações covalentes

(C) Ligações de van der Waals

(D) Ligações metálicas

14.2FE Como as massas específicas de polímeros cristalinos e amorfos de um mesmo material e com pesos moleculares idênticos se comparam?

(A) Massa específica do polímero cristalino < massa específica do polímero amorfo

(B) Massa específica do polímero cristalino = massa específica do polímero amorfo

(C) Massa específica do polímero cristalino > massa específica do polímero amorfo

14.3FE Qual é o nome do polímero representado pela seguinte unidade repetida?

(A) Poli(metacrilato de metila)

(B) Polietileno

(C) Polipropileno

(D) Poliestireno

CAPÍTULO 15 QUESTÕES E PROBLEMAS

Comportamento Tensão-Deformação

15.1 A partir dos dados tensão-deformação para o poli(metacrilato de metila) mostrados na Figura 15.3, determine o módulo de elasticidade e o limite de resistência à tração à temperatura ambiente [20°C (68°F)] e compare esses valores com aqueles fornecidos na Tabela 15.1.

15.2 Calcule os módulos de elasticidade para os polímeros a seguir:

(a) polietileno de alta densidade

(b) náilon

(c) fenol-formaldeído (baquelite).

Como esses valores se comparam àqueles apresentados na Tabela 15.1 para os mesmos polímeros?

15.3 Para o náilon, determine o seguinte:

(a) O limite de escoamento

(b) A ductilidade aproximada, em alongamento percentual

Como esses valores se comparam àqueles para o náilon apresentados na Tabela 15.1?

15.4 Para o fenol-formaldeído (baquelite), determine o seguinte:

(a) O limite de resistência à tração

(b) A ductilidade aproximada, em alongamento percentual

Como esses valores se comparam àqueles para o fenol-formaldeído apresentados na Tabela 15.1?

Deformação Viscoelástica

15.5 Descreva sucintamente com suas próprias palavras o fenômeno da viscoelasticidade.

15.6 Para alguns polímeros viscoelásticos submetidos a ensaios de relaxação de tensão, a tensão decai com o tempo de acordo com

$$\sigma(t) = \sigma(0) \exp\left(-\frac{t}{\tau}\right) \quad (15.10)$$

em que $\sigma(t)$ e $\sigma(0)$ representam, respectivamente, as tensões dependente do tempo e inicial (isto é, tempo = 0), e t e τ representam o tempo decorrido e o tempo de relaxação; τ é uma constante independente do tempo, característica do material. Uma amostra de determinado polímero viscoelástico cuja relaxação de tensão obedece à Equação 15.10 foi repentinamente tracionada até uma deformação de 0,6; a tensão necessária para manter essa deformação constante foi medida em função do tempo. Determine o valor de $E_r(10)$ para esse material se o nível de tensão inicial era de 2,76 MPa (400 psi) e caiu para 1,72 MPa (250 psi) após 60 s.

15.7 Na Figura 15.29 está representado o logaritmo de $E_r(t)$ em função do logaritmo do tempo para o poli-isobutileno em várias temperaturas. Trace um gráfico de $E_r(10)$ em função da temperatura e então estime seu valor de T_v.

15.8 Com base nas curvas da Figura 15.5, esboce gráficos esquemáticos deformação-tempo para os seguintes poliestirenos nas temperaturas especificadas:

(a) Amorfo a 120°C

(b) Com ligações cruzadas a 150°C

(c) Cristalino a 230°C

(d) Com ligações cruzadas a 50°C

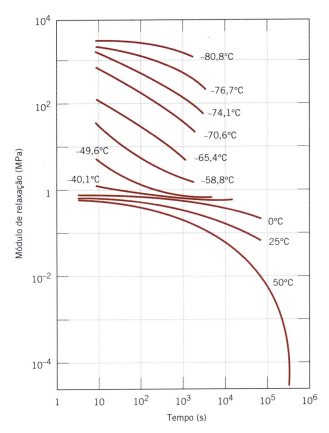

Figura 15.29 Logaritmo do módulo de relaxação em função do logaritmo do tempo para o poli-isobutileno entre –80 e 50°C.
(Adaptada de E. Catsiff e A. V. Tobolsky, "Stress-Relaxation of Polyisobutylene in the Transition Region [1,2]", *J. Colloid Sci.*, 10, 1955, p. 377. Reimpressa sob permissão da Academic Press, Inc.)

15.9 (a) Contraste as maneiras como os ensaios de relaxação de tensão e de fluência viscoelástica são conduzidos.

(b) Para cada um desses ensaios, cite o parâmetro experimental de interesse e como ele é determinado.

15.10 Trace dois gráficos esquemáticos do logaritmo do módulo de relaxação em função da temperatura para um polímero amorfo (curva *C* na Figura 15.8).

(a) Em um desses gráficos, demonstre como o comportamento muda com o aumento do peso molecular.

(b) No outro gráfico, indique a mudança no comportamento com o aumento das ligações cruzadas.

Fratura de Polímeros

Características Mecânicas Diversas

15.11 Para os polímeros termoplásticos, cite cinco fatores que favorecem a fratura frágil.

15.12 (a) Compare os limites de resistência à fadiga para o poliestireno (Figura 15.11) e o ferro fundido para o qual foram fornecidos dados de fadiga no Problema 8.24.

(b) Compare as resistências à fadiga em 10^6 ciclos para o poli(tereftalato de etileno) (PET, Figura 15.11) e o latão 70Cu-30Zn (Figura 8.21).

Deformação de Polímeros Semicristalinos

15.13 Com suas próprias palavras, descreva os mecanismos pelos quais

(a) os polímeros semicristalinos deformam elasticamente

(b) os polímeros semicristalinos deformam plasticamente

(c) os elastômeros deformam elasticamente

Fatores que Influenciam as Propriedades Mecânicas dos Polímeros Semicristalinos

Deformação de Elastômeros

15.14 Explique sucintamente como e por que cada um dos seguintes fatores influencia o módulo de tração de um polímero semicristalino:

(a) peso molecular

(b) grau de cristalinidade

(c) deformação por estiramento

(d) recozimento de um material não deformado

(e) recozimento de um material estirado

15.15 Explique sucintamente como e por que cada um dos seguintes fatores influencia os limites de resistência à tração ou de escoamento de um polímero semicristalino:

(a) peso molecular

(b) grau de cristalinidade

(c) deformação por estiramento

(d) recozimento de um material não deformado

15.16 O butano normal e o isobutano apresentam temperaturas de ebulição de –0,5°C e –12,3°C (31,1°F e 9,9°F), respectivamente. Explique sucintamente esse comportamento com base em suas estruturas moleculares, que foram apresentadas na Seção 14.2.

15.17 O limite de resistência à tração e o peso molecular numérico médio para dois materiais de poli(metacrilato de metila) são os seguintes:

Limite de Resistência à Tração (MPa)	Peso Molecular Numérico Médio (g/mol)
107	40.000
170	60.000

Estime o limite de resistência à tração para um peso molecular numérico médio de 30.000 g/mol.

15.18 O limite de resistência à tração e o peso molecular numérico médio para dois materiais de polietileno são os seguintes:

Limite de Resistência à Tração (MPa)	Peso Molecular Numérico Médio (g/mol)
85	12.700
150	28.500

Estime o peso molecular numérico médio necessário para produzir um limite de resistência à tração de 195 MPa.

15.19 Para cada um dos pares de polímeros a seguir, faça o seguinte: (1) diga se é possível decidir se um dos polímeros tem maior módulo de tração que o outro; (2) se

Q-54 · Questões e Problemas

isso for possível, indique qual apresenta o maior módulo de tração e então cite a(s) razão(ões) para a sua escolha; e (3) se não for possível decidir, então explique por quê.

(a) Copolímero aleatório acrilonitrila-butadieno com 10% dos sítios possíveis com ligações cruzadas; copolímero alternado acrilonitrila-butadieno com 5% dos sítios possíveis com ligações cruzadas.

(b) Polipropileno ramificado e sindiotático com um grau de polimerização de 5000; polipropileno linear e isotático com um grau de polimerização de 3000.

(c) Polietileno ramificado com um peso molecular numérico médio de 250.000 g/mol; poli(cloreto de vinila) linear e isoltático com um peso molecular numérico médio de 200.000 g/mol.

15.20 Para cada um dos pares de polímeros a seguir, faça o seguinte: (1) diga se é possível decidir se um dos polímeros tem maior limite de resistência à tração que o outro; (2) se isso for possível, indique qual apresenta o maior limite de resistência à tração e então cite a(s) razão(ões) para a sua escolha; e (3) se não for possível decidir, então explique por quê.

(a) Poliestireno sindiotático com um peso molecular numérico médio de 600.000 g/mol; poliestireno atático com um peso molecular numérico médio de 500.000 g/mol.

(b) Copolímero acrilonitrila-butadieno aleatório com 10% dos sítios possíveis com ligações cruzadas; copolímero acrilonitrila-butadieno em bloco com 5% dos sítios possíveis com ligações cruzadas.

(c) Poliéster em rede; polipropileno levemente ramificado.

15.21 Você esperaria que o limite de resistência à tração do policlorotrifluoroetileno fosse maior, igual ou menor que aquele de uma amostra de politetrafluoroetileno com o mesmo peso molecular e o mesmo grau de cristalinidade? Por quê?

15.22 Para cada um dos pares de polímeros a seguir, trace e identifique em um mesmo gráfico as curvas esquemáticas tensão-deformação [isto é, trace gráficos separados para os itens (a), (b) e (c)].

(a) Polipropileno isotático e linear com um peso molecular ponderal médio de 120.000 g/mol; polipropileno atático e linear com um peso molecular ponderal médio de 100.000 g/mol.

(b) Poli(cloreto de vinila) ramificado com um grau de polimerização de 2000; poli(cloreto de vinila) com elevado grau de ligações cruzadas com um grau de polimerização de 2000.

(c) Copolímero aleatório poli(estireno-butadieno) com um peso molecular numérico médio de 100.000 g/mol e 10% dos sítios disponíveis com ligações cruzadas e ensaiado a 20°C; copolímero aleatório poli(estireno-butadieno) com um peso molecular numérico médio de 120.000 g/mol e 15% dos sítios disponíveis com ligações cruzadas e ensaiado a –85°C. *Sugestão:* Os copolímeros à base de poli(estireno-butadieno) podem exibir comportamento elastomérico.

15.23 Liste as duas características moleculares que são essenciais para os elastômeros.

15.24 Entre os materiais a seguir, quais você espera que sejam elastômeros e quais espera que sejam polímeros termofixos à temperatura ambiente? Justifique cada escolha.

(a) Epóxi com uma estrutura em rede

(b) Copolímero aleatório poli(estireno-butadieno) levemente dotado de ligações cruzadas que apresenta uma temperatura de transição vítrea de –50°C

(c) Politetrafluoroetileno semicristalino e levemente dotado de ramificações que apresenta uma temperatura de transição vítrea de –100°C

(d) Copolímero aleatório poli(etileno-propileno) altamente dotado de ligações cruzadas que apresenta uma temperatura de transição vítrea de 0°C

(e) Elastômero termoplástico que apresenta uma temperatura de transição vítrea de 75°C

15.25 Dez quilogramas de polibutadieno são vulcanizados com 4,8 kg de enxofre. Qual fração dos possíveis sítios para ligações cruzadas está ligada por pontes de enxofre, supondo que, na média, 4,5 átomos de enxofre participam de cada ligação cruzada?

15.26 Calcule a porcentagem em peso de enxofre que deve ser adicionada para formar todas as ligações cruzadas possíveis em um copolímero cloropreno-acrilonitrila alternado, considerando que cinco átomos de enxofre participam de cada ligação cruzada.

15.27 A vulcanização do poli-isopreno é realizada com átomos de enxofre de acordo com a Equação 15.4. Se 57%p de enxofre são combinados com o poli-isopreno, quantas ligações cruzadas estarão associadas a cada unidade repetida de isopreno se for pressuposto que, na média, seis átomos de enxofre participam de cada ligação cruzada?

15.28 Para a vulcanização do poli-isopreno, calcule a porcentagem em peso de enxofre que deve ser adicionada para assegurar que 8% dos sítios possíveis formarão ligações cruzadas; considere que, na média, três átomos de enxofre estão associados a cada ligação cruzada.

15.29 Demonstre, de maneira semelhante à da Equação 15.4, como a vulcanização pode ocorrer em uma borracha de butadieno.

Cristalização

15.30 Determine os valores para as constantes n e k (Equação 10.17) na cristalização do polipropileno (Figura 15.17) a 160°C.

Temperaturas de Fusão e de Transição Vítrea

15.31 Diga qual(is) dos seguintes polímeros seria(m) adequado(s) para a fabricação de copos para café quente: polietileno, polipropileno, poli(cloreto de vinila), poliéster PET e policarbonato. Por quê?

15.32 Entre os polímeros listados na Tabela 15.2, qual(is) seria(m) mais adequado(s) para uso como bandeja para cubos de gelo. Por quê?

Questões e Problemas · **Q-55**

Fatores que Influenciam as Temperaturas de Fusão e de Transição Vítrea

15.33 Para cada um dos pares de polímeros a seguir, trace e identifique em um mesmo gráfico as curvas esquemáticas do volume específico em função da temperatura [isto é, trace gráficos separados para os itens (a), (b) e (c)].

(a) Polipropileno esferulítico, com 25% de cristalinidade e com um peso molecular ponderal médio de 75.000 g/mol; poliestireno esferulítico, com 25% de cristalinidade e com um peso molecular ponderal médio de 100.000 g/mol

(b) Copolímero poli(estireno-butadieno) enxertado com 10% dos sítios disponíveis com ligações cruzadas; copolímero poli(estireno-butadieno) aleatório com 15% dos sítios disponíveis com ligações cruzadas

(c) Polietileno com uma massa específica de 0,985 g/cm³ e um grau de polimerização de 2500; polietileno com uma massa específica de 0,915 g/cm³ e um grau de polimerização de 2000

15.34 Para cada um dos pares de polímeros a seguir, faça o seguinte: (1) diga se é ou não possível determinar se um polímero apresenta maior temperatura de fusão que o outro; (2) se isso for possível, diga qual possui a maior temperatura de fusão e então cite a(s) razão(ões) para sua escolha; e (3) se não for possível decidir isso, então explique por quê.

(a) Poliestireno isotático com uma massa específica de 1,12 g/cm³ e um peso molecular ponderal médio de 150.000 g/mol; poliestireno sindiotático com uma massa específica de 1,10 g/cm³ e um peso molecular ponderal médio de 125.000 g/mol

(b) Polietileno linear com um grau de polimerização de 5000; polipropileno linear e isotático com um grau de polimerização de 6500

(c) Poliestireno ramificado e isotático com um grau de polimerização de 4000; polipropileno linear e isotático com um grau de polimerização de 7500

15.35 Faça um gráfico esquemático mostrando como o módulo de elasticidade de um polímero amorfo depende da temperatura de transição vítrea. Suponha que o peso molecular seja mantido constante.

Elastômeros
Fibras
Aplicações Diversas

15.36 Explique sucintamente a diferença que existe na química molecular entre os polímeros à base de silicone e outros materiais poliméricos.

15.37 Liste duas características importantes para os polímeros que são usados em aplicações como fibras.

15.38 Cite cinco características importantes para os polímeros que são empregados em aplicações como filmes e películas delgadas.

Polimerização

15.39 Cite as principais diferenças entre as técnicas de polimerização por adição e por condensação.

15.40 (a) Quanto etileno glicol deve ser adicionado a 47,3 kg de tereftalato de dimetila para produzir uma estrutura com cadeia linear de poli(tereftalato de etileno) de acordo com a Equação 15.9?

(b) Qual é a massa do polímero resultante?

15.41 O náilon 6,6 pode ser formado por meio de uma reação de polimerização por condensação na qual o hexametileno diamina [NH$_2$-(CH$_2$)$_6$-NH$_2$] e o ácido adípico reagem um com o outro com a formação de água como subproduto. Quais são as massas de hexametileno diamina e ácido adípico necessárias para produzir 37,5 kg de náilon 6,6 completamente linear? (*Observação:* A equação química para essa reação é a resposta da Verificação de Conceitos 15.12.)

Aditivos para Polímeros

15.42 Qual é a diferença entre um *corante de tintura (matiz)* e um *corante de pigmento*?

Técnicas de Conformação para Plásticos

15.43 Cite quatro fatores que determinam a técnica de fabricação a ser usada para conformar materiais poliméricos?

15.44 Compare as técnicas de moldagem por compressão, injeção e transferência, que são usadas para conformar materiais plásticos.

Fabricação de Fibras e Filmes

15.45 Por que os materiais usados para fabricar fibras que são fiados no estado fundido e depois são estirados devem ser termoplásticos? Cite duas razões.

15.46 Qual dos seguintes filmes finos de polietileno deve apresentar as melhores características mecânicas: (1) aqueles conformados por sopro ou (2) aqueles conformados por extrusão e então laminados? Por quê?

QUESTÕES DE PROJETO

15.P1 (a) Liste várias vantagens e desvantagens de usar materiais poliméricos transparentes como lentes para óculos.

(b) Cite quatro propriedades (além do fato de ser transparente) que são importantes para essa aplicação.

(c) Cite três polímeros que podem ser candidatos para fabricar lentes de óculos e então construa uma tabela com os valores das propriedades citadas no item (b) para esses três materiais.

15.P2 Escreva uma redação sobre materiais poliméricos que são usados nas embalagens de produtos alimentícios e bebidas. Inclua uma lista das características gerais necessárias para os materiais que são usados nessas aplicações. Em seguida, cite um material específico que seja usado para cada um de três tipos de recipientes diferentes e o raciocínio por trás de cada escolha.

Q-56 • Questões e Problemas

15.P3 Escreva uma redação sobre a substituição de componentes metálicos de automóveis por polímeros e materiais compósitos. Aborde as seguintes questões: (1) Quais componentes automotivos (por exemplo, virabrequim) utilizam atualmente polímeros e/ou compósitos? (2) Especificamente, quais materiais (por exemplo, polietileno de alta densidade) estão sendo empregados na atualidade? (3) Quais são as razões para essas substituições.

PERGUNTA SOBRE FUNDAMENTOS DA ENGENHARIA

15.1FE Os termoplásticos amorfos são conformados acima das(dos) suas(seus):

(A) temperaturas de transição vítrea
(B) pontos de amolecimento
(C) temperaturas de fusão
(D) nenhum dos itens acima

CAPÍTULO 16 QUESTÕES E PROBLEMAS

Compósitos com Partículas Grandes

16.1 As propriedades mecânicas do alumínio podem ser melhoradas pela incorporação de partículas finas de óxido de alumínio (Al_2O_3). Dado que os módulos de elasticidade desses materiais são, respectivamente, 69 GPa (10×10^6 psi) e 393 GPa (57×10^6 psi), trace o gráfico do módulo de elasticidade em função da porcentagem volumétrica de Al_2O_3 no Al entre 0 e 100%v, usando as expressões para os limites superior e inferior.

16.2 Estime os valores máximo e mínimo da condutividade térmica de um cermeto que contém 85%v de partículas de carbeto de titânio (TiC) em uma matriz de cobalto. Considere as condutividades térmicas de 27 e 69 W/m·K para o TiC e o Co, respectivamente.

16.3 Deve ser preparado um compósito com partículas grandes que consiste em partículas de tungstênio no interior de uma matriz de cobre. Se as frações volumétricas de tungstênio e de cobre são de 0,60 e 0,40, respectivamente, estime o limite superior para a rigidez específica desse compósito a partir dos dados a seguir.

	Gravidade Específica	Módulo de Elasticidade (GPa)
Cobre	8,9	110
Tungstênio	19,3	407

16.4 (a) Qual é a diferença entre *cimento* e *concreto*?

(b) Cite três limitações importantes que restringem o emprego do concreto como um material estrutural.

(c) Explique sucintamente três técnicas que são usadas para aumentar a resistência do concreto empregando-se um reforço.

Compósitos Reforçados por Dispersão

16.5 Cite uma semelhança e duas diferenças entre o endurecimento por precipitação e o aumento da resistência por dispersão.

Influência do Comprimento da Fibra

16.6 Para uma combinação fibra de vidro-matriz epóxi, a razão crítica entre o comprimento e o diâmetro da fibra é de 50. Usando os dados na Tabela 16.4, determine a resistência da ligação fibra-matriz.

16.7 (a) Para um compósito reforçado com fibras, a eficiência do reforço η depende do comprimento das fibras l segundo a relação

$$\eta = \frac{l - 2x}{l}$$

em que x representa o comprimento da fibra em cada extremidade que não contribui para a transferência da carga. Trace um gráfico de η em função de l para valores de l até $l = 40$ mm (1,6 in), supondo que $x = 0,75$ mm (0,03 in).

(b) Qual é o comprimento necessário para uma eficiência de reforço de 0,80?

Influência da Orientação e da Concentração das Fibras

16.8 Um compósito reforçado com fibras contínuas e alinhadas deve ser produzido com 30%v de fibras de aramida e 70%v de uma matriz de policarbonato; as características mecânicas desses dois materiais são as seguintes:

	Módulo de Elasticidade [GPa (psi)]	Limite de Resistência à Tração [MPa (psi)]
Fibra de aramida	131 (19×10^6)	3600 (520.000)
Policarbonato	2,4 ($3,5 \times 10^5$)	65 (9425)

A tensão sobre a matriz de policarbonato quando as fibras de aramida falham é de 45 MPa (6500 psi).

Para esse compósito, calcule o seguinte:

(a) o limite de resistência à tração longitudinal, e

(b) o módulo de elasticidade longitudinal

16.9 É possível produzir um compósito com matriz epóxi e fibras de aramida contínuas e orientadas com módulos de elasticidade longitudinal e transversal de 57,1 GPa ($8,28 \times 10^6$ psi) e 4,12 GPa (6×10^5 psi), respectivamente? Por que isso é ou não possível? Considere que o módulo de elasticidade do epóxi seja de 2,4 GPa ($3,50 \times 10^5$ psi).

16.10 Para um compósito reforçado com fibras contínuas e orientadas, os módulos de elasticidade nas direções longitudinal e transversal são de 19,7 e 3,66 GPa ($2,8 \times 10^6$ e $5,3 \times 10^5$ psi), respectivamente. Determine os módulos de elasticidade das fases fibra e matriz se a fração volumétrica das fibras é de 0,25.

16.11 (a) Verifique se a Equação 16.11, a expressão para a razão entre as cargas na fibra e na matriz (F_f/F_m), é válida.

(b) Qual é a razão F_f/F_c em termos de E_f, E_m e V_f?

Questões e Problemas • Q-57

16.12 Em um compósito de náilon 6,6 reforçado com fibras de vidro contínuas e alinhadas, as fibras devem suportar 94% de uma carga aplicada na direção longitudinal.

(a) Considerando os dados fornecidos, determine a fração volumétrica de fibras que será necessária.

(b) Qual será o limite de resistência à tração desse compósito? Considere que a tensão na matriz no momento da falha da fibra seja de 30 MPa (4350 psi).

	Módulo de Elasticidade [*GPa (psi)*]	*Limite de Resistência à Tração* [*MPa (psi)*]
Fibra de vidro	72,5 $(10,5 \times 10^6)$	3400 (490.000)
Náilon 6,6	3,0 $(4,35 \times 10^5)$	76 (11.000)

16.13 Considere que o compósito descrito no Problema 16.8 tenha uma área de seção transversal de 320 mm² (0,50 in²) e que seja submetido a uma carga longitudinal de 44.500 N (10.000 lb_f).

(a) Calcule a razão entre as cargas na fibra e na matriz.

(b) Calcule as cargas reais suportadas pelas fases fibra e matriz.

(c) Calcule a magnitude da tensão sobre cada uma das fases, fibra e matriz.

(d) Qual é a deformação sofrida pelo compósito?

16.14 Um compósito reforçado com fibras contínuas e alinhadas com uma área de seção transversal de 1130 mm² (1,75 in²) está submetido a uma carga externa de tração. Se as tensões suportadas pelas fases fibra e matriz são de 156 MPa (22.600 psi) e 2,75 MPa (400 psi), respectivamente, a força suportada pela fase fibra é de 74.000 N (16.600 lb_f), e a deformação longitudinal total é de $1,25 \times 10^{-3}$, determine o seguinte:

(a) a força suportada pela fase matriz

(b) o módulo de elasticidade do material compósito na direção longitudinal

(c) os módulos de elasticidade das fases fibra e matriz

16.15 Calcule a resistência longitudinal de um compósito com matriz epóxi e fibras de carbono alinhadas com uma fração volumétrica de fibras de 0,25, considerando o seguinte: (1) um diâmetro médio das fibras de 10×10^{-3} mm ($3,94 \times 10^{-4}$ in), (2) um comprimento médio das fibras de 5 mm (0,20 in), (3) uma resistência à fratura das fibras de 2,5 GPa ($3,625 \times 10^5$ psi), (4) uma resistência da ligação fibra-matriz de 80 MPa (11.600 psi), (5) uma tensão na matriz na falha da fibra de 10,0 MPa (1450 psi), e (6) um limite de resistência à tração da matriz de 75 MPa (11.000 psi).

16.16 Deseja-se produzir um compósito com matriz epóxi e fibras de carbono alinhadas com limite de resistência à tração longitudinal de 750 MPa (109.000 psi). Calcule a fração volumétrica de fibras necessária se (1) o diâmetro e o comprimento médios das fibras são de $1,2 \times 10^{-2}$ mm ($4,7 \times 10^{-4}$ in) e 1 mm (0,04 in), respectivamente; (2) a resistência à fratura das fibras é de 5000 MPa (725.000 psi); (3) a resistência da ligação fibra-matriz é de 25 MPa (3625 psi); e (4) a tensão na matriz na falha da fibra é de 10 MPa (1450 psi).

16.17 Calcule o limite de resistência à tração longitudinal de um compósito com matriz epóxi e fibras de vidro alinhadas no qual o diâmetro e o comprimento médios das fibras são de 0,010 mm (4×10^{-4} in) e 2,5 mm (0,10 in), respectivamente, e a fração volumétrica das fibras é de 0,40. Considere que (1) a resistência da ligação fibra-matriz é de 75 MPa (10.900 psi), (2) a resistência à fratura das fibras é de 3500 MPa (508.000 psi) e (3) a tensão na matriz na falha da fibra é de 8,0 MPa (1160 psi).

16.18 (a) A partir dos dados para os módulos de elasticidade na Tabela 16.2 para compósitos de policarbonato reforçados com fibras de vidro, determine o valor do parâmetro de eficiência da fibra para teores de fibras de 20, 30 e 40%v.

(b) Estime o módulo de elasticidade para 50%v de fibras de vidro.

A Fase Fibra

A Fase Matriz

16.19 Para um compósito de matriz polimérica reforçado com fibras:

(a) Liste três funções da fase matriz.

(b) Compare as características mecânicas desejadas para as fases matriz e fibra.

(c) Cite duas razões por que deve existir uma ligação forte entre a fibra e a matriz nas suas interfaces.

16.20 (a) Qual é a distinção entre as fases matriz e dispersa em um material compósito?

(b) Compare as características mecânicas das fases matriz e dispersa nos compósitos reforçados com fibras.

Compósitos com Matriz Polimérica

16.21 (a) Calcule e compare as resistências longitudinais específicas dos compósitos com matriz epóxi reforçados com fibras de vidro, fibras de carbono e fibras de aramida na Tabela 16.5 com as propriedades das seguintes ligas: aço inoxidável martensítico 440A revenido (315°C), aço-carbono comum 1020 normalizado, liga de alumínio 2014-T3, latão de fácil usinagem C36000 trabalhado a frio (tratamento H02), liga de magnésio AZ31B laminada e liga de titânio Ti-6Al-4V recozida.

(b) Compare os módulos específicos dos mesmos três compósitos com matriz epóxi reforçados com fibras com as mesmas ligas metálicas. As massas específicas (isto é, gravidades específicas), os limites de resistência à tração e os módulos de elasticidade para essas ligas metálicas podem ser encontrados nas Tabelas B.1, B.4 e B.2, respectivamente, no Apêndice B.

16.22 (a) Liste quatro razões por que as fibras de vidro são mais comumente utilizadas como reforço.

(b) Por que a perfeição da superfície das fibras de vidro é tão importante?

(c) Que medidas são tomadas para proteger a superfície das fibras de vidro?

16.23 Cite a diferença entre *carbono* e *grafita*.

16.24 (a) Cite várias razões por que os compósitos reforçados com fibras de vidro são extensivamente usados.

(b) Cite várias limitações desse tipo de compósito.

Q-58 • Questões e Problemas

Compósitos Híbridos

16.25 (a) O que é um compósito híbrido?

(b) Liste duas vantagens importantes dos compósitos híbridos em relação aos compósitos fibrosos comuns.

16.26 (a) Escreva uma expressão para o módulo de elasticidade para um compósito híbrido no qual todas as fibras de ambos os tipos estão orientadas na mesma direção.

(b) Usando essa expressão, calcule o módulo de elasticidade longitudinal de um compósito híbrido formado por fibras de aramida e de vidro em frações volumétricas de 0,30 e 0,40, respectivamente, em uma matriz de resina poliéster [$E_m = 2{,}5$ GPa ($3{,}6 \times 10^5$ psi)].

16.27 Desenvolva uma expressão geral análoga à Equação 16.16 para o módulo de elasticidade transversal de um compósito híbrido alinhado que consiste em dois tipos diferentes de fibras contínuas.

Processamento de Compósitos Reforçados com Fibras

16.28 Descreva sucintamente os processos de fabricação por *pultrusão*, *enrolamento filamentar* e *produção de prepregs*; cite as vantagens e desvantagens de cada um.

Compósitos Laminados

Painéis-Sanduíche

16.29 Descreva sucintamente os *compósitos laminados*. Qual é a principal razão para a fabricação desses materiais?

16.30 (a) Descreva sucintamente os painéis-sanduíche.

(b) Qual é a principal razão para a fabricação desses compósitos estruturais?

(c) Quais são as funções das faces e do núcleo?

PROBLEMAS DE PROJETO

16.P1 Os materiais compósitos estão sendo empregados extensivamente em equipamentos esportivos.

(a) Liste pelo menos quatro artigos esportivos diferentes que são feitos ou que contêm materiais compósitos.

(b) Para um desses artigos, escreva uma redação, fazendo o seguinte: (1) cite os materiais empregados nas fases matriz e dispersa e, se possível, as proporções de cada fase; (2) indique a natureza da fase dispersa (isto é, fibras contínuas); e (3) descreva o processo pelo qual o artigo é fabricado.

Influência da Orientação e da Concentração das Fibras

16.P2 Deseja-se produzir um compósito de epóxi reforçado com fibras contínuas e alinhadas contendo um máximo de 50%v de fibras. Além disso, é necessário um módulo de elasticidade longitudinal mínimo de 50 GPa ($7{,}3 \times 10^6$ psi), assim como um limite de resistência à tração mínimo de 1300 MPa (189.000 psi). Entre as fibras em vidro-E, carbono (PAN com módulo padrão) e aramida, quais são possíveis candidatos, e por quê? O epóxi tem um módulo de elasticidade de

3,1 GPa ($4{,}5 \times 10^5$ psi) e um limite de resistência à tração de 75 MPa (11.000 psi). Adicionalmente, considere os seguintes níveis de tensão sobre a matriz epóxi na falha da fibra: vidro-E — 70 MPa (10.000 psi); carbono (PAN com módulo padrão) — 30 MPa (4350 psi); e aramida — 50 MPa (7250 psi). Outros dados para as fibras estão contidos nas Tabelas B.2 e B.4 no Apêndice B. Para as fibras de aramida e de carbono, use o valor mínimo para a faixa de valores de resistência.

16.P3 Deseja-se produzir um compósito de epóxi reforçado com fibras de carbono contínuas e orientadas, com um módulo de elasticidade de pelo menos 83 GPa (12×10^6 psi) na direção do alinhamento das fibras. A gravidade específica máxima permissível é de 1,40. Dadas as informações a seguir, é possível tal compósito? Por que sim ou por que não? Considere que a gravidade específica do compósito possa ser determinada usando uma relação semelhante à Equação 16.10a.

	Gravidade Específica	Módulo de Elasticidade [GPa (psi)]
Fibra de carbono	1,80	260 (37×10^6)
Epóxi	1,25	2,4 ($3{,}5 \times 10^5$)

16.P4 Deseja-se fabricar um compósito de poliéster reforçado com fibras de vidro contínuas e alinhadas, com um limite de resistência à tração de pelo menos 1400 MPa (200.000 psi) na direção longitudinal. A gravidade específica máxima possível é de 1,65. Considerando os dados a seguir, determine se tal compósito é possível. Justifique sua decisão. Considere um valor de 15 MPa para a tensão na matriz na falha da fibra.

	Gravidade Específica	Limite de Resistência à Tração [MPa (psi)]
Fibra de vidro	2,50	3500 (5×10^5)
Poliéster	1,35	50 ($7{,}25 \times 10^3$)

16.P5 É necessário fabricar um compósito com matriz epóxi e fibras de carbono descontínuas e alinhadas, com um limite de resistência à tração longitudinal de 1900 MPa (275.000 psi), usando uma fração volumétrica de fibras de 0,45. Calcule a resistência à fratura necessária para as fibras considerando que o diâmetro e o comprimento médios das fibras são de 8×10^{-3} mm ($3{,}1 \times 10^{-4}$ in) e 3,5 mm (0,14 in), respectivamente. A resistência da ligação fibra-matriz é de 40 MPa (5800 psi) e a tensão na matriz na falha da fibra é de 12 MPa (1740 psi).

16.P6 Um eixo tubular semelhante ao mostrado na Fig. 16.11 deve ser projetado com um diâmetro externo de 80 mm (3,15 in) e um comprimento de 0,75 m (2,46 ft). A característica mecânica de maior importância é a rigidez à flexão em termos do módulo de elasticidade longitudinal. A rigidez deve ser especificada como a deflexão máxima admissível em flexão; quando submetido a uma flexão em três pontos, como na Figura 12.30, uma carga de 1000 N (225 lb$_f$) deve produzir uma deflexão elástica não superior a 0,40 mm (0,016 in) na posição central.

Serão empregadas fibras contínuas orientadas paralelamente ao eixo do tubo; os possíveis materiais para as fibras são vidro e carbono nas classes com módulo

Questões e Problemas · Q-59

padrão, intermediário e alto. O material da matriz deve ser uma resina epóxi, e a fração volumétrica da fibra é de 0,35.

(a) Decida quais das quatro fibras são possíveis candidatas para essa aplicação e, para cada candidata, determine o diâmetro interno necessário consistente com os critérios estipulados.

(b) Para cada candidata, determine o custo necessário e, com base nesse parâmetro, especifique a fibra que seria a menos cara para ser usada.

O módulo de elasticidade, a massa específica e os dados referentes aos custos para os materiais das fibras e da matriz estão incluídos na Tabela 16.6.

PROBLEMAS COM PLANILHA ELETRÔNICA

16.1PE Para um compósito com matriz polimérica e fibras alinhadas, desenvolva uma planilha eletrônica que permita ao usuário calcular o limite de resistência à tração longitudinal após entrar com os valores para os seguintes parâmetros: fração volumétrica das fibras, diâmetro médio das fibras, comprimento médio das fibras, resistência à fratura das fibras, resistência da ligação fibra-matriz, tensão na matriz na falha do compósito e limite de resistência à tração da matriz.

16.2PE Gere uma planilha eletrônica para o projeto de um eixo compósito tubular (Exemplo de Projeto 16.1) — isto é, para determinar quais dos materiais fibrosos disponíveis proporcionam a rigidez necessária e, entre essas possibilidades, qual custará menos. As fibras são contínuas e estão alinhadas paralelamente ao eixo do tubo. O usuário deve poder entrar com os valores para os seguintes parâmetros: diâmetros interno e externo do tubo, comprimento do tubo, deflexão máxima no ponto central axial para uma dada carga aplicada, fração volumétrica máxima de fibra, módulos de elasticidade da matriz e de todas as fibras, massas específicas da matriz e das fibras, e custo por unidade de massa para a matriz e todas as fibras.

QUESTÕES E PROBLEMAS SOBRE FUNDAMENTOS DA ENGENHARIA

16.1FE As propriedades mecânicas de alguns metais podem ser melhoradas pela incorporação de finas partículas dos seus óxidos. Se os módulos de elasticidade de um metal hipotético e do seu óxido são de 55 e 430 GPa, respectivamente, qual é o valor para o limite superior do módulo de elasticidade para um compósito que possui uma composição com 31%v de partículas de óxido?

(A) 48,8 GPa

(B) 75,4 GPa

(C) 138 GPa

(D) 171 GPa

16.2FE Como as fibras *contínuas* ficam normalmente orientadas nos compósitos fibrosos?

(A) Alinhadas

(B) Parcialmente orientadas

(C) Aleatoriamente orientadas

(D) Todas as respostas acima

16.3FE Em comparação a outros materiais cerâmicos, os compósitos com matriz cerâmica possuem melhor/mais alta:

(A) Resistência à oxidação

(B) Estabilidade em temperaturas elevadas

(C) Tenacidade à fratura

(D) Todos os itens acima

16.4FE Um compósito híbrido com fibras contínuas e alinhadas consiste em fibras de aramida e de vidro que se encontram no interior de uma matriz de resina polimérica. Calcule o módulo de elasticidade longitudinal desse material se as respectivas frações volumétricas forem de 0,24 e 0,28, sendo fornecidos os seguintes dados:

Material	*Módulo de Elasticidade (GPa)*
Poliéster	2,5
Fibras de aramida	131
Fibras de vidro	72,5

(A) 5,06 GPa

(B) 32,6 GPa

(C) 52,9 GPa

(D) 131 GPa

CAPÍTULO 17 QUESTÕES E PROBLEMAS

Considerações Eletroquímicas

17.1 (a) Explique sucintamente a diferença entre as reações eletroquímicas de oxidação e redução.

(b) Qual reação ocorre no anodo e qual ocorre no catodo?

17.2 (a) Escreva as possíveis semirreações de oxidação e de reação que ocorrem quando o magnésio é imerso em cada uma das seguintes soluções: (i) HCl, (ii) uma solução de HCl contendo oxigênio dissolvido e (iii) uma solução de HCl contendo oxigênio dissolvido e, além disso, íons Fe^{2+}.

(b) Em qual dessas soluções você esperaria que o magnésio oxidasse mais rapidamente? Por quê?

17.3 Demonstre que **(a)** o valor de na Equação 17.19 é de 96.500 C/mol, **(b)** a 25°C (298 K),

$$\frac{RT}{n\mathscr{F}} \ln x = \frac{0,0592}{n} \log x$$

17.4 (a) Calcule a voltagem a 25°C de uma pilha eletroquímica que consiste em cádmio puro imerso em uma solução 2×10^{-3} M de íons Cd^{2+} e ferro puro em uma solução 0,4 M de íons Fe^{2+}.

(b) Escreva a reação eletroquímica espontânea.

Q-60 · Questões e Problemas

17.5 Uma pilha de concentração Zn/Zn^{2+} é construída na qual ambos os eletrodos são de zinco puro. A concentração de Zn^{2+} para uma das semipilhas é de 1,0 M, enquanto para a outra é de 10^{-2} M. Será gerada uma voltagem entre as duas semipilhas? Se esse for o caso, qual será sua magnitude e qual eletrodo oxidará? Se nenhuma voltagem for produzida, explique esse resultado.

17.6 Uma pilha eletroquímica é composta por eletrodos de cobre puro e chumbo puro imersos em soluções dos seus respectivos íons divalentes. Para uma concentração de Cu^{2+} de 0,6 M, o eletrodo de chumbo é oxidado, gerando um potencial da pilha de 0,507 V. Calcule a concentração de íons Pb^{2+} se a temperatura for de 25°C.

17.7 Uma pilha eletroquímica é construída tal que em um dos lados um eletrodo de níquel puro está em contato com uma solução contendo íons Ni^{2+} em uma concentração de 3×10^{-3} M. A outra semipilha consiste em um eletrodo de Fe puro imerso em uma solução de íons Fe^{2+} com concentração de 0,1 M. Em qual temperatura o potencial gerado entre os dois eletrodos será de +0,140 V?

17.8 Para os pares de ligas a seguir que estão acoplados na água do mar, antecipe a possibilidade de corrosão; se a corrosão for provável, cite qual metal/liga sofrerá corrosão.

(a) Alumínio e magnésio

(b) Zinco e um aço com baixo teor de carbono

(c) Inconel 600 e níquel 200

(d) Titânio e aço inoxidável 304

(e) Ferro fundido e aço inoxidável 316

17.9 (a) A partir da série galvânica (Tabela 17.2), cite três metais ou ligas que podem ser usados para proteger galvanicamente o aço inoxidável 304 em seu estado ativo.

(b) Como observado na Verificação de Conceitos 17.4(b), a corrosão galvânica é prevenida fazendo-se um contato elétrico entre ambos os metais no par e um terceiro metal que é anódico em relação aos outros dois. Considerando a série galvânica, cite um metal que poderia ser empregado para proteger um par galvânico liga de cobre-liga de alumínio.

Taxas de Corrosão

17.10 Demonstre que a constante K na Equação 17.23 terá valores de 534 e 87,6 para a TPC em unidades de mpa e mm/ano, respectivamente.

17.11 Uma peça de chapa em aço corroída foi encontrada em um navio submerso no oceano. Foi estimado que a área original da chapa era de 10 in^2 e que aproximadamente 2,6 kg foram corroídos durante o tempo submerso. Supondo uma taxa de penetração da corrosão de 200 mpa para essa liga na água do mar, estime em anos o tempo que a chapa permaneceu submersa. A massa específica do aço é de 7,9 g/cm^3.

17.12 Uma chapa grossa de aço com área de 400 cm^2 está exposta ao ar próximo ao oceano. Após o período de um ano, verificou-se que a placa perdeu 375 g por causa da corrosão. Isso corresponde a qual taxa de corrosão, tanto em mpa quanto em mm/ano?

17.13 (a) Demonstre que a TPC está relacionada com a densidade de corrente de corrosão i (A/cm^2) por meio da expressão

$$TPC = \frac{KAi}{n\rho} \qquad (17.38)$$

em que K é uma constante, A é o peso atômico do metal que está sofrendo corrosão, n é o número de elétrons associados à ionização de cada átomo metálico e ρ é a massa específica do metal.

(b) Calcule o valor da constante K para a TPC em mpa e i em $\mu A/cm^2$ (10^{-6} A/cm^2).

17.14 Usando os resultados do Problema 17.13, calcule a taxa de penetração da corrosão, em mpa, para a corrosão do ferro no ácido cítrico (para formar íons Fe^{2+}), se a densidade de corrente de corrosão é de $1,15 \times 10^{-5}$ A/cm^2.

Estimativa das Taxas de Corrosão

17.15 (a) Cite as principais diferenças entre as polarizações por ativação e por concentração.

(b) Sob quais condições a polarização por ativação controla a taxa de reação?

(c) Sob quais condições a polarização por concentração controla a taxa de reação?

17.16 (a) Descreva o fenômeno do equilíbrio dinâmico em relação às reações eletroquímicas de oxidação e de redução.

(b) O que é a densidade de corrente de troca?

17.17 O chumbo sofre corrosão em uma solução ácida de acordo com a reação

$$Pb + 2H^+ \longrightarrow Pb^{2+} + H_2$$

As taxas das semirreações de oxidação e redução são controladas pela polarização por ativação.

(a) Calcule a taxa de oxidação do Pb (em $mol/cm^2 \cdot s$) dados os seguintes valores para a polarização por ativação:

Para o Chumbo	Para o Hidrogênio
$V_{(Pb/Pb^{2+})} = -0,126$ V	$V_{(H^+/H_2)} = 0$ V
$i_0 = 2 \times 10^{-9}$ A/cm^2	$i_0 = 1,0 \times 10^{-8}$ A/cm^2
$\beta = +0,12$	$\beta = -0,10$

(b) Calcule o valor do potencial de corrosão.

17.18 A taxa de corrosão para um dado metal divalente M em uma solução contendo íons hidrogênio deve ser determinada. Os seguintes dados de corrosão são conhecidos para o metal e a solução:

Para o Metal M	Para o Hidrogênio
$V_{(M/M^{2+})} = -0,47$ V	$V_{(H^+/H_2)} = 0$ V
$i_0 = 5 \times 10^{-10}$ A/cm^2	$i_0 = 2 \times 10^{-10}$ A/cm^2
$\beta = +0,15$	$\beta = -0,12$

(a) Supondo que a polarização por ativação controla tanto a reação de oxidação quanto a de redução, determine a taxa de corrosão para o metal M (em $mol/cm^2 \cdot s$).

(b) Calcule o potencial de corrosão para essa reação.

Questões e Problemas • Q-61

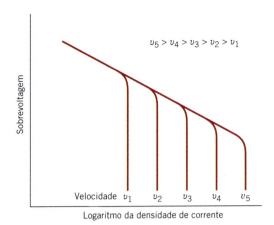

Figura 17.27 Gráfico da sobrevoltagem em função do logaritmo da densidade de corrente para uma solução que apresenta polarização combinada por ativação e por concentração em várias velocidades da solução.

17.19 A influência do aumento da velocidade da solução sobre o comportamento da sobrevoltagem em relação ao logaritmo da densidade de corrente para uma solução que apresenta uma polarização combinada por ativação e por concentração está indicada na Figura 17.27. Com base nesse comportamento, faça um gráfico esquemático da taxa de corrosão em função da velocidade da solução para a oxidação de um metal; considere que a reação de oxidação é controlada pela polarização por ativação.

Passividade

17.20 Descreva sucintamente o fenômeno da passividade. Cite dois tipos comuns de ligas que sofrem passivação.

17.21 Por que o cromo nos aços inoxidáveis torna esses aços mais resistentes à corrosão do que os aços-carbono comuns em muitos ambientes?

Formas de Corrosão

17.22 Para cada forma de corrosão, excluindo a uniforme, faça o seguinte:

(a) Descreva por que, onde e sob quais condições a corrosão ocorre.

(b) Cite três medidas que podem ser tomadas para prevenir ou controlar a corrosão.

17.23 Explique sucintamente por que os metais trabalhados a frio são mais suscetíveis à corrosão que os metais que não foram trabalhados a frio.

17.24 Explique sucintamente por que, para uma pequena razão entre as áreas do anodo e do catodo, a taxa de corrosão será maior que para uma grande razão entre essas áreas.

17.25 Para uma pilha de concentração, explique sucintamente por que a corrosão ocorre naquela região com menor concentração.

Prevenção da Corrosão

17.26 (a) O que são inibidores?

(b) Quais são os possíveis mecanismos responsáveis pela sua eficiência?

17.27 Descreva sucintamente as duas técnicas empregadas para proteção galvânica.

Oxidação

17.28 Para cada um dos metais listados na tabela a seguir, calcule a razão de Pilling-Bedworth. Além disso, com base nesse valor, especifique se você espera que a incrustação de óxido que se forma sobre a superfície seja protetora e então justifique sua decisão. Os dados para a massa específica tanto do metal quanto do seu óxido também estão listados na tabela.

Metal	Massa Específica do Metal (g/cm³)	Óxido Metálico	Massa Específica do Óxido Metálico (g/cm³)
Zr	6,51	ZrO_2	5,89
Sn	7,30	SnO_2	6,95
Bi	9,80	Bi_2O_3	8,90

17.29 De acordo com a Tabela 17.3, o revestimento de óxido formado sobre a prata deve ser não protetor, mas ainda assim a Ag não se oxida de uma maneira apreciável à temperatura ambiente e ao ar. Como você explica essa aparente discrepância?

17.30 Na tabela a seguir são apresentados os dados para o ganho de peso em função do tempo para a oxidação do cobre em uma temperatura elevada.

W (mg/cm²)	Tempo (min)
0,316	15
0,524	50
0,725	100

(a) Determine se a cinética da oxidação obedece a uma expressão para a taxa linear, parabólica ou logarítmica.

(b) Agora calcule o valor de W após um período de 450 min.

17.31 Na tabela a seguir são apresentados os dados para o ganho de peso em função do tempo para a oxidação de um determinado metal em uma temperatura elevada.

W (mg/cm²)	Tempo (min)
4,66	20
11,7	50
41,1	175

(a) Determine se a cinética de oxidação obedece a uma expressão para a taxa linear, parabólica ou logarítmica.

(b) Agora calcule o valor de W após um período de 1000 min.

17.32 Na tabela a seguir são apresentados os dados para o ganho de peso em função do tempo para a oxidação de um determinado metal em uma temperatura elevada.

W (mg/cm²)	Tempo (min)
1,90	25
3,76	75
6,40	250

Q-62 · Questões e Problemas

(a) Determine se a cinética de oxidação obedece a uma expressão para a taxa linear, parabólica ou logarítmica.

(b) Agora calcule o valor de W após um período de 3500 min.

Ruptura da Ligação

17.33 As poliolefinas, tais como o polietileno, sofrem uma lenta degradação quando são colocadas ao ar. A degradação ocorre por meio de reações com o oxigênio atmosférico, que levam à formação de grupos carbonila (grupos que contêm oxigênio), a uma cisão gradual da cadeia (redução no peso molecular) e à perda de resistência. A concentração de grupos carbonila pode ser monitorada ao longo do tempo usando a absorbância do pico espectroscópico infravermelho em 1741 cm^{-1}. Na tabela a seguir são apresentados os dados para a absorbância da carbonila em 1741 cm^{-1} em função do tempo para a oxidação de um filme de polietileno de baixa densidade (PEBD) com 200 μm de espessura a 373 K.

Absorbância (A)	Tempo (h)
0,02	90
0,10	140
0,27	210
0,49	240

(a) A cinética para essa reação obedece à expressão para a lei das potências com a forma

$$A = K_7 t^{K_8} \qquad (17.39)$$

em que A é a absorbância, t representa o tempo, e K_7 e K_8 são constantes. Usando os dados na tabela acima, determine os valores de K_7 e K_8.

(b) Calcule o tempo exigido para uma absorbância de 0,20.

PROBLEMAS DE PROJETO

17.P1 Uma solução de salmoura é usada como meio de resfriamento em um trocador de calor fabricado em aço. A salmoura é circulada no interior do trocador de calor e contém algum oxigênio dissolvido. Sugira três métodos, excluindo a proteção catódica, para reduzir a corrosão do aço pela salmoura. Explique o raciocínio para cada sugestão.

17.P2 Sugira um material apropriado para cada uma das aplicações a seguir e, se necessário, recomende medidas que devam ser tomadas para prevenção da corrosão. Justifique suas sugestões.

(a) Frascos de laboratório para acondicionar soluções relativamente diluídas de ácido nítrico.

(b) Tonéis para armazenar benzeno.

(c) Tubulação para o transporte de soluções alcalinas (básicas) quentes.

(d) Tanques subterrâneos para a armazenagem de grandes quantidades de água de alta pureza.

(e) Remates de arquitetura para prédios muito altos.

17.P3 Cada aluno (ou grupo de alunos) deve encontrar um problema de corrosão da vida real que ainda não tenha sido resolvido, conduzir uma investigação completa sobre a(s) causa(s) e o(s) tipo(s) de corrosão e, por fim, propor possíveis soluções para o problema, indicando qual das soluções é a melhor e por quê. Entregue um relatório abordando essas questões.

PROBLEMAS COM PLANILHA ELETRÔNICA

17.1PE Gere uma planilha eletrônica que determine a taxa de oxidação (em mol/$cm^2 \cdot$s) e o potencial de corrosão para um metal que está imerso em uma solução ácida. O usuário deve poder entrar com os seguintes parâmetros para cada uma das duas semipilhas: o potencial de corrosão, a densidade de corrente de troca e o valor de β.

17.2PE Para a oxidação de algum metal, dado um conjunto de valores de ganho de peso e seus tempos correspondentes (pelo menos três valores), gere uma planilha eletrônica que permita ao usuário determinar o seguinte:

(a) se a cinética de oxidação obedece a uma expressão para a taxa de reação linear, parabólica ou logarítmica

(b) os valores das constantes na expressão apropriada para a taxa de reação

(c) o ganho de peso após um dado tempo.

QUESTÕES E PROBLEMAS SOBRE FUNDAMENTOS DA ENGENHARIA

17.1FE Qual(is) das seguintes reações é(são) reação(ões) de redução?

(A) $Fe^{2+} \longrightarrow Fe^{3+} + e^-$

(B) $Al^{3+} + 3e^- \longrightarrow Al$

(C) $H_2 \longrightarrow 2H^+ + 2e^-$

(D) Tanto A quanto C

17.2FE Uma pilha eletroquímica é composta por eletrodos de níquel puro e de ferro puro imersos em soluções dos seus respectivos íons divalentes. Se as concentrações dos íons Ni^{2+} e Fe^{2+} são de 0,002 M e 0,40 M, respectivamente, qual é a tensão gerada a 25°C? (Os respectivos potenciais de redução padrão para o Ni e o Fe são de –0,250 V e –0,440 V.)

(A) –0,76 V   (C) +0,12 V

(B) –0,26 V   (D) +0,76 V

17.3FE Qual dos seguintes itens descreve a corrosão em frestas?

(A) Corrosão que ocorre preferencialmente ao longo dos contornos dos grãos.

(B) Corrosão que resulta da ação combinada de uma tensão de tração que está sendo aplicada e de um ambiente corrosivo.

(C) Corrosão localizada que pode ser iniciada em um defeito da superfície.

(D) Corrosão que é produzida por uma diferença na concentração de íons ou de gases dissolvidos no eletrólito.

17.4FE A deterioração de polímeros por inchamento pode ser reduzida por qual das opções a seguir?

(A) Aumento da quantidade de ligações cruzadas, aumento do peso molecular e aumento do grau de cristalinidade

(B) Diminuição da quantidade de ligações cruzadas, diminuição do peso molecular e diminuição do grau de cristalinidade

(C) Aumento da quantidade de ligações cruzadas, aumento do peso molecular e diminuição do grau de cristalinidade

(D) Diminuição da quantidade de ligações cruzadas, aumento do peso molecular e aumento do grau de cristalinidade

CAPÍTULO 18 QUESTÕES E PROBLEMAS

Lei de Ohm

Condutividade Elétrica

18.1 (a) Calcule a condutividade elétrica de uma amostra cilíndrica de silício com diâmetro de 5,1 mm (0,2 in) e comprimento de 51 mm (2 in) através da qual passa uma corrente de 0,1 A na direção axial. Uma voltagem de 12,5 V é medida entre duas sondas que estão separadas por 38 mm (1,5 in).

(b) Calcule a resistência ao longo de toda a extensão de 51 mm (2 in) da amostra.

18.2 Um fio de cobre com 100 m de comprimento deve apresentar uma queda de voltagem de menos de 1,5 V quando uma corrente de 2,5 A passar através dele. Considerando os dados na Tabela 18.1, calcule o diâmetro mínimo do fio.

18.3 Um fio de alumínio com 4 mm de diâmetro deve oferecer uma resistência não superior a 2,5 Ω. Considerando os dados na Tabela 18.1, calcule o comprimento máximo do fio.

18.4 Demonstre que as duas expressões para a lei de Ohm, Equações 18.1 e 18.5, são equivalentes.

18.5 (a) Usando os dados na Tabela 18.1, calcule a resistência de um fio de cobre com 3 mm (0,12 in) de diâmetro e 2 m (78,7 in) de comprimento. **(b)** Qual seria o fluxo de corrente se a queda de potencial entre as extremidades do fio fosse de 0,05 V? **(c)** Qual é a densidade da corrente? **(d)** Qual é a magnitude do campo elétrico através das extremidades do fio?

Condução Eletrônica e Iônica

18.6 Qual é a diferença entre condução *eletrônica* e *iônica*?

Estruturas das Bandas de Energia nos Sólidos

18.7 Como a estrutura eletrônica de um átomo isolado difere daquela de um material sólido?

Condução em Termos de Bandas e Modelos de Ligação Atômica

18.8 Discuta razões para a diferença entre as condutividades elétricas dos metais, semicondutores e isolantes em termos da estrutura das bandas de energia eletrônica.

Mobilidade Eletrônica

18.9 Explique sucintamente o que significam a *velocidade de arraste* e a *mobilidade* de um elétron livre.

18.10 (a) Calcule a velocidade de arraste dos elétrons no germânio à temperatura ambiente e quando a magnitude do campo elétrico é de 1000 V/m.

(b) Sob essas circunstâncias, quanto tempo um elétron leva para percorrer uma distância de 25 mm (1 in) no cristal?

18.11 À temperatura ambiente, a condutividade elétrica e a mobilidade eletrônica para o cobre são de $6,0 \times 10^7$ $(\Omega \cdot m)^{-1}$ e 0,0030 $m^2/V \cdot s$, respectivamente.

(a) Calcule o número de elétrons livres por metro cúbico para o cobre à temperatura ambiente.

(b) Qual é o número de elétrons livres por átomo de cobre? Considere uma massa específica de 8,9 g/cm³.

18.12 (a) Calcule o número de elétrons livres por metro cúbico para o ouro, supondo que exista 1,5 elétron livre por átomo de ouro. A condutividade elétrica e a massa específica para o Au são de $4,3 \times 10^7$ $(\Omega \cdot m)^{-1}$ e 19,32 g/cm³, respectivamente. **(b)** Em seguida, calcule a mobilidade eletrônica para o Au.

Resistividade Elétrica dos Metais

18.13 A partir da Figura 18.37, estime o valor de A na Equação 18.11 para o zinco como uma impureza em ligas cobre-zinco.

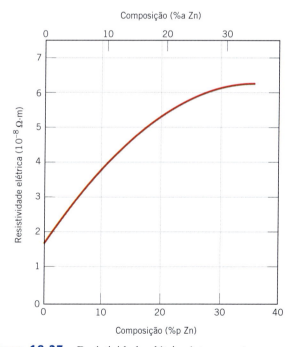

Figura 18.37 Resistividade elétrica à temperatura ambiente em função da composição para ligas cobre-zinco. [Adaptada de *Metals Handbook: Properties and Selection: Nonferrous Alloys and Pure Metals*, Vol. 2, 9ª ed., H. Baker (ed.), 1979. Reproduzida sob permissão da ASM International, Materials Park, OH.]

Q-64 · **Questões e Problemas**

18.14 (a) Considerando os dados na Figura 18.8, determine os valores de ρ_0 e a na Equação 18.10 para o cobre puro. Considere a temperatura T em graus Celsius. **(b)** Determine o valor de A na Equação 18.11 para o níquel como uma impureza no cobre, empregando os dados na Figura 18.8. **(c)** Usando os resultados dos itens (a) e (b), estime a resistividade elétrica do cobre contendo 1,75%a Ni a 100°C.

18.15 Determine a condutividade elétrica de uma liga Cu-Ni com limite de escoamento de 125 MPa (18.000 psi). A Figura 7.16 pode ser útil.

18.16 Um bronze de estanho tem composição de 92%p Cu e 8%p Sn e, à temperatura ambiente, consiste em duas fases: uma fase α composta por cobre contendo uma quantidade muito pequena de estanho em solução sólida, e uma fase ε, que contém aproximadamente 37%p Sn. Calcule a condutividade dessa liga à temperatura ambiente de acordo com os seguintes dados:

Fase	Resistividade Elétrica ($\Omega \cdot m$)	Massa Específica (g/cm^3)
α	$1,88 \times 10^{-8}$	8,94
ε	$5,32 \times 10^{-7}$	8,25

18.17 Um fio metálico cilíndrico com 2 mm (0,08 in) de diâmetro é necessário para conduzir uma corrente de 10 A com uma queda mínima de voltagem de 0,03 V por pé (300 mm) de fio. Quais dos metais e ligas listados na Tabela 18.1 são possíveis candidatos?

Semicondução Intrínseca

18.18 (a) Considerando os dados apresentados na Figura 18.15, determine o número de elétrons livres por átomo para o germânio e o silício intrínsecos à temperatura ambiente (298 K). As massas específicas para o Ge e o Si são de 5,32 e 2,33 g/cm^3, respectivamente.

(b) Agora explique a diferença entre esses valores para o número de elétrons livres por átomo.

18.19 Para os semicondutores intrínsecos, a concentração de portadores intrínsecos n_i depende da temperatura, da seguinte maneira:

$$n_i \propto \exp\left(-\frac{E_g}{2kT}\right) \qquad (18.35a)$$

ou, tomando os logaritmos naturais,

$$\ln n_i \propto -\frac{E_g}{2kT} \qquad (18.35b)$$

Dessa forma, um gráfico de $\ln n_i$ em função de $1/T$ (K)$^{-1}$ deve ser linear e ter uma inclinação de $-E_g/2k$. Considerando essas informações e os dados apresentados na Figura 18.15, determine a energia do espaçamento entre bandas para o silício e o germânio e compare esses valores com aqueles dados na Tabela 18.2.

18.20 Explique sucintamente a presença do fator 2 no denominador da Equação 18.35a.

18.21 A condutividade elétrica do PbTe à temperatura ambiente é de 500 $(\Omega \cdot m)^{-1}$, enquanto as mobilidades dos elétrons e dos buracos são de 0,16 e 0,075 $m^2/V \cdot s$, respectivamente. Calcule a concentração de portadores intrínsecos para o PbTe à temperatura ambiente.

18.22 É possível que compostos semicondutores exibam um comportamento intrínseco? Explique sua resposta.

18.23 Para cada um dos pares de semicondutores a seguir, decida qual terá a menor energia de espaçamento entre bandas, E_g, e então cite a razão para sua escolha:

(a) ZnS e CdSe

(b) Si e C (diamante)

(c) Al_2O_3 e ZnTe

(d) InSb e ZnSe

(e) GaAs e AIP

Semicondução Extrínseca

18.24 Defina os seguintes termos relacionados com os materiais semicondutores: *intrínseco*, *extrínseco*, *composto* e *elementar*. Em seguida, dê um exemplo de cada.

18.25 Sabe-se que um semicondutor do tipo n apresenta uma concentração de elétrons de 3×10^{18} m^{-3}. Se a velocidade de arraste do elétron é de 100 m/s em um campo elétrico de 500 V/m, calcule a condutividade desse material.

18.26 (a) Com suas próprias palavras, explique como as impurezas doadoras nos semicondutores dão origem a elétrons livres em números superiores aos gerados pelas excitações da banda de valência para a banda de condução.

(b) Explique também como as impurezas receptoras dão origem a buracos em números superiores aos gerados pelas excitações da banda de valência para a banda de condução.

18.27 (a) Explique por que nenhum buraco é gerado pela excitação eletrônica que envolve um átomo de impureza doador.

(b) Explique por que nenhum elétron livre é gerado pela excitação eletrônica que envolve um átomo de impureza receptor.

18.28 Estime se cada um dos elementos a seguir atua como doador ou como receptor quando é adicionado ao material semicondutor indicado. Considere que os elementos de impureza sejam substitucionais.

Impureza	Semicondutor
P	Ge
S	AlP
In	CdTe
Al	Si
Cd	GaAs
Sb	ZnSe

18.29 (a) A condutividade elétrica à temperatura ambiente de uma amostra de silício é de $5,93 \times 10^{-3}$ $(\Omega \cdot m)^{-1}$. Sabe-se que a concentração de buracos é de $7,0 \times 10^{17}$ m^{-3}. Considerando as mobilidades dos elétrons e dos buracos para o silício na Tabela 18.2, calcule a concentração de elétrons. **(b)** Com base no resultado obtido no item (a), a amostra é intrínseca, extrínseca do tipo n ou extrínseca do tipo p? Por quê?

18.30 O germânio ao qual foram adicionados 5×10^{22} m^{-3} átomos de Sb é um semicondutor extrínseco à temperatura ambiente, e virtualmente todos os átomos de Sb podem ser considerados como estando ionizados (isto é, existe um portador de carga para cada átomo de Sb).

(a) Esse material é do tipo n ou do tipo p?

(b) Calcule a condutividade elétrica desse material, supondo que as mobilidades dos elétrons e dos buracos sejam de 0,1 e 0,05 $m^2/V·s$, respectivamente.

18.31 As características elétricas a seguir foram determinadas à temperatura ambiente para o fosfeto de índio (InP) tanto intrínseco quanto extrínseco do tipo n:

	$\sigma\ (\Omega \cdot m)^{-1}$	$n\ (m^{-3})$	$p\ (m^{-3})$
Intrínseco	$2,5 \times 10^{-6}$	$3,0 \times 10^{13}$	$3,0 \times 10^{13}$
Extrínseco (tipo n)	$3,6 \times 10^{-5}$	$4,5 \times 10^{14}$	$2,0 \times 10^{12}$

Calcule as mobilidades dos elétrons e dos buracos.

Dependência da Concentração de Portadores em Relação à Temperatura

18.32 Calcule a condutividade do silício intrínseco a 100°C.

18.33 Em temperaturas próximas à temperatura ambiente, a dependência da condutividade em relação à temperatura para o germânio intrínseco foi determinada como

$$\sigma = CT^{-3/2} \exp\left(-\frac{E_e}{2kT}\right) \qquad (18.36)$$

em que C é uma constante independente da temperatura e T está em Kelvin. Considerando a Equação 18.36, calcule a condutividade elétrica intrínseca do germânio a 150°C.

18.34 Usando a Equação 18.36 e os resultados do Problema 18.33, determine a temperatura na qual a condutividade elétrica do germânio intrínseco é 22,8 $(\Omega \cdot m)^{-1}$.

18.35 Estime a temperatura na qual o GaAs apresenta uma condutividade elétrica de $3,7 \times 10^{-3}\ (\Omega \cdot m)^{-1}$, supondo a dependência de σ em relação à temperatura dada pela Equação 18.36. Os dados apresentados na Tabela 18.2 podem ser úteis.

18.36 Compare a dependência em relação à temperatura das condutividades dos metais e dos semicondutores intrínsecos. Explique sucintamente a diferença de comportamento.

Fatores que Afetam a Mobilidade dos Portadores

18.37 Calcule a condutividade elétrica à temperatura ambiente para o silício que foi dopado com 5×10^{22} m^{-3} átomos de boro.

18.38 Calcule a condutividade elétrica à temperatura ambiente para o silício que foi dopado com 2×10^{23} m^{-3} átomos de arsênio.

18.39 Estime a condutividade elétrica a 125°C para o silício que foi dopado com 10^{23} m^{-3} átomos de alumínio.

18.40 Estime a condutividade elétrica a 85°C para o silício que foi dopado com 10^{20} m^{-3} átomos de fósforo.

O Efeito Hall

18.41 Sabe-se que um metal hipotético possui uma resistividade elétrica de 4×10^{-8} $(\Omega \cdot m)$. Uma corrente de 30 A é passada através de uma amostra desse metal com 25 mm de espessura. Quando um campo magnético de 0,75 tesla é imposto simultaneamente em uma direção perpendicular à da corrente, uma voltagem de Hall de $-1,26 \times 10^{-7}$ V é medida. Calcule o seguinte:

(a) a mobilidade dos elétrons nesse metal

(b) o número de elétrons livres por metro cúbico.

18.42 Sabe-se que uma liga metálica possui valores de condutividade elétrica e de mobilidade dos elétrons de $1,5 \times 10^7$ $(\Omega \cdot m^{-1}$ e 0,0020 $m^2/V·s$, respectivamente. Uma corrente de 45 A é passada através de uma amostra dessa liga com 35 mm de espessura. Qual é o campo magnético que precisa ser imposto para gerar uma voltagem de Hall de $-1,0 \times 10^{-7}$ V?

Dispositivos Semicondutores

18.43 Descreva sucintamente os movimentos dos elétrons e dos buracos em uma junção p-n para as polarizações direta e inversa; em seguida, explique como esses movimentos levam à retificação.

18.44 Como é dissipada a energia na reação descrita pela Equação 18.21?

18.45 Quais são as duas funções que um transistor pode executar em um circuito eletrônico?

18.46 Cite as diferenças na operação e nas aplicações dos transistores de junção e dos MOSFETs.

Condução em Materiais Iônicos

18.47 Observamos na Seção 12.5 (Figura 12.20) que no FeO (wustita) os íons de ferro podem existir tanto no estado Fe^{2+} quanto Fe^{3+}. A quantidade de cada um desses tipos de íons depende da temperatura e da pressão ambiente do oxigênio. Além disso, também é observado que para manter a eletroneutralidade, uma lacuna de Fe^{2+} será criada para cada dois íons Fe^{3+} formados; consequentemente, para refletir a existência dessas lacunas, a fórmula da wustita é representada com frequência como $Fe_{(1-x)}O$, em que x é alguma pequena fração, menor que a unidade.

Nesse material $Fe_{(1-x)}O$ não estequiométrico, a condução é eletrônica e, de fato, ele se comporta como um semicondutor do tipo p. Isto é, os íons Fe^{3+} atuam como receptores eletrônicos, sendo relativamente fácil excitar um elétron da banda de valência para um estado receptor Fe^{3+}, com a consequente formação de um buraco. Determine a condutividade elétrica de uma amostra de wustita que tenha mobilidade dos buracos de $1,0 \times 10^{-5}$ $m^2/V·s$ e para a qual o valor de x é de 0,060. Considere que os estados receptores estejam *saturados* (isto é, existe um buraco para cada íon Fe^{3+}). A wustita apresenta a estrutura cristalina do cloreto de sódio com um comprimento da aresta da célula unitária de 0,437 nm.

Q-66 · Questões e Problemas

18.48 Em temperaturas entre 775°C (1048 K) e 1100°C (1373 K), a energia de ativação e a constante pré-exponencial para o coeficiente de difusão do Fe^{2+} no FeO são de 102.000 J/mol e $7,3 \times 10^{-8}$ m^2/s, respectivamente. Calcule a mobilidade para um íon Fe^{2+} a 1000°C (1273 K).

Capacitância

18.49 Um capacitor de placas paralelas que utiliza um material dielétrico com ε_r de 2,5 possui um espaçamento entre placas de 1 mm (0,04 in). Se outro material com uma constante dielétrica de 4,0 for usado e a capacitância tiver que permanecer inalterada, qual deverá ser o novo espaçamento entre as placas?

18.50 Um capacitor de placas paralelas com dimensões de 100 mm por 25 mm e com uma separação entre as placas de 3 mm deve ter uma capacitância mínima de 38 pF ($3,8 \times 10^{-11}$ F) quando um potencial CA de 500 V for aplicado em uma frequência de 1 MHz. Quais dos materiais listados na Tabela 18.4 são possíveis candidatos? Por quê?

18.51 Considere um capacitor de placas paralelas que possui uma área de 2500 mm^2, uma separação entre as placas de 2 mm, e um material com constante dielétrica de 4,0 posicionado entre as placas.

(a) Qual é a capacitância desse capacitor?

(b) Calcule o campo elétrico que deve ser aplicado para que 8×10^{-9} C seja armazenado em cada placa.

18.52 Explique, com suas próprias palavras, o mecanismo segundo o qual a capacidade de armazenamento de cargas é aumentada pela inserção de um material dielétrico entre as placas de um capacitor.

Vetores de Campo e Polarização

Tipos de Polarização

18.53 Para o NaCl, os raios iônicos dos íons Na^+ e Cl^- são de 0,102 e 0,181 nm, respectivamente. Se um campo elétrico aplicado externamente produz uma expansão de 5% na rede cristalina, calcule o momento de dipolo para cada par Na^+-Cl^-. Considere que esse material esteja completamente não polarizado na ausência de um campo elétrico.

18.54 A polarização P de um material dielétrico posicionado entre as placas de um capacitor de placas paralelas deve ser de $1,0 \times 10^{-6}$ C/m^2.

(a) Qual deve ser a constante dielétrica se um campo elétrico de 5×10^4 V/m for aplicado?

(b) Qual será o deslocamento dielétrico D?

18.55 Uma carga de $3,5 \times 10^{-11}$ C deve ser armazenada em cada placa de um capacitor de placas paralelas que apresenta uma área de 160 mm^2 (0,25 in^2) e uma separação entre placas de 3,5 mm (0,14 in).

(a) Qual é a voltagem necessária se um material com constante dielétrica de 5,0 for colocado entre as placas?

(b) Qual voltagem seria necessária se fosse utilizado o vácuo?

(c) Quais são as capacitâncias para os itens (a) e (b)?

(d) Calcule o deslocamento dielétrico para o item (a).

(e) Calcule a polarização para o item (a).

18.56 (a) Para cada um dos três tipos de polarização, descreva sucintamente o mecanismo pelo qual os dipolos são induzidos e/ou orientados pela ação de um campo elétrico aplicado.

(b) Qual(is) tipo(s) de polarização é(são) possível(is) para o titanato de chumbo sólido ($PbTiO_3$), neônio gasoso, diamante, KCl sólido e NH_3 líquida? Por quê?

18.57 (a) Calcule a magnitude do momento de dipolo associado a cada célula unitária de $BaTiO_3$, como ilustrado na Figura 18.34.

(b) Calcule a polarização máxima possível para esse material.

Dependência da Constante Dielétrica em Relação à Frequência

18.58 A constante dielétrica para um vidro de soda-cal medida em frequências muito altas (da ordem de 10^{15} Hz) é de aproximadamente 2,3. Que fração da constante dielétrica em frequências relativamente baixas (1 MHz) pode ser atribuída à polarização iônica? Despreze qualquer contribuição da polarização de orientação.

Ferroeletricidade

18.59 Explique sucintamente por que o comportamento ferroelétrico do $BaTiO_3$ deixa de existir acima da sua temperatura de Curie ferroelétrica.

PROBLEMAS DE PROJETO

Resistividade Elétrica dos Metais

18.P1 Sabe-se que uma liga 95%p Pt-5%p Ni possui resistividade elétrica de $2,35 \times 10^{-7}$ $\Omega \cdot m$ à temperatura ambiente (25°C). Calcule a composição de uma liga platina-níquel que à temperatura ambiente possui uma resistividade de $1,75 \times 10^{-7}$ $\Omega \cdot m$. A resistividade da platina pura à temperatura ambiente pode ser determinada a partir dos dados na Tabela 18.1; considere que a platina e o níquel formam uma solução sólida.

18.P2 Usando as informações contidas nas Figuras 18.8 e 18.37, determine a condutividade elétrica a –150°C de uma liga 80%p Cu-20%p Zn.

18.P3 É possível fazer uma liga de cobre com níquel que atinja um limite de resistência à tração mínimo de 375 MPa (54.400 psi) e que ainda mantenha uma condutividade elétrica de $2,5 \times 10^6$ $(\Omega \cdot m)^{-1}$? Se isso não for possível, diga por quê. Se isso for possível, qual é a concentração de níquel necessária? Pode ser útil consultar a Figura 7.16a.

Semicondução Extrínseca

Fatores que Afetam a Mobilidade dos Portadores

18.P4 Especifique um tipo de impureza receptora e sua concentração (em porcentagem em peso) que produzirá um material à base de silício do tipo p com condutividade elétrica à temperatura ambiente de 50 $(\Omega \cdot m)^{-1}$.

18.P5 Um projeto de circuito integrado pede a difusão de boro no silício de pureza muito alta em uma temperatura elevada. É necessário que a uma distância de 0,2 μm da superfície da pastilha de silício a condutividade elétrica à temperatura ambiente seja de $1,2 \times 10^3$ $(\Omega \cdot m)^{-1}$. A concentração de B na superfície do Si é mantida em um nível constante de $1,0 \times 10^{25}$ m^{-3}; além disso, supõe-se que a concentração de B no material à base de Si original seja desprezível e que à temperatura ambiente os átomos de boro estejam saturados. Especifique a temperatura na qual esse tratamento térmico de difusão deve ser conduzido se o tempo de tratamento deve ser de 1 h. O coeficiente de difusão para a difusão do B no Si é uma função da temperatura de acordo com

$$D(m^2/s) = 2,4 \times 10^{-4} \exp\left(-\frac{347.000 \text{ J/mol}}{RT}\right)$$

Dispositivos Semicondutores

18.P6 Um dos procedimentos na produção de circuitos integrados consiste na formação de uma fina camada isolante de SiO_2 sobre a superfície dos *chips* (veja a Figura 18.25). Isso é obtido pela oxidação da superfície do silício, submetendo-o a uma atmosfera oxidante (isto é, oxigênio gasoso ou vapor d'água) em uma temperatura elevada. A taxa de crescimento do filme de óxido é *parabólica* — isto é, a espessura da camada de óxido (x) é uma função do tempo (t) de acordo com a seguinte equação:

$$x^2 = Bt \qquad (18.37)$$

Aqui, o parâmetro B depende tanto da temperatura quanto da atmosfera oxidante.

(a) Para uma atmosfera de O_2 em uma pressão de 1 atm, a dependência de B em relação à temperatura (em unidades de $\mu m^2/h$) é a seguinte:

$$B = 800 \exp\left(-\frac{1,24 \text{ eV}}{kT}\right) \qquad (18.38a)$$

em que k é a constante de Boltzmann ($8,62 \times 10^{-5}$ eV/átomo) e T está em K. Calcule o tempo necessário para o crescimento de uma camada de óxido (em uma atmosfera de O_2) com 75 nm de espessura tanto a 750°C quanto a 900°C.

(b) Em uma atmosfera de H_2O (1 atm de pressão), a expressão para B (novamente em unidades de $\mu m^2/h$) é

$$B = 215 \exp\left(-\frac{0,70 \text{ eV}}{kT}\right) \qquad (18.38b)$$

Agora calcule o tempo necessário para crescer uma camada de óxido com 75 nm de espessura (em uma atmosfera de H_2O) tanto a 750°C quanto a 900°C, e compare esses tempos com aqueles calculados no item (a).

18.P7 O material semicondutor básico usado em virtualmente todos os circuitos integrados modernos é o silício. No entanto, o silício tem algumas limitações e restrições. Escreva uma redação comparando as propriedades e as aplicações (e/ou as aplicações potenciais) do silício e do arseneto de gálio.

Condução em Materiais Iônicos

18.P8 No Problema 18.47, observou-se que o FeO (wustita) pode se comportar como um semicondutor em virtude da transformação de íons Fe^{2+} em Fe^{3+} e a criação de lacunas de Fe^{2+}; a manutenção da eletroneutralidade requer que para cada dois íons Fe^{3+} seja formada uma lacuna. A existência dessas lacunas fica refletida na fórmula química dessa wustita não estequiométrica, $Fe_{(1-x)}O$, em que x é um número pequeno que possui um valor menor que a unidade. O grau de não estequiometria (isto é, o valor de x) pode ser variado por mudanças na temperatura e na pressão parcial de oxigênio. Calcule o valor de x necessário para produzir um material à base de $Fe_{(1-x)}O$ com condutividade elétrica do tipo p de 2000 $(\Omega \cdot m)^{-1}$; suponha que a mobilidade dos buracos seja de $1,0 \times 10^{-5}$ $m^2/V \cdot s$, que a estrutura cristalina do FeO seja igual à do cloreto de sódio (com um comprimento da aresta da célula unitária de 0,437 nm) e que os estados receptores estejam saturados.

QUESTÕES E PROBLEMAS SOBRE FUNDAMENTOS DA ENGENHARIA

18.1FE Para um metal que possui uma condutividade elétrica de $6,1 \times 10^7$ $(\Omega \cdot m)^{-1}$, calcule a resistência de um fio com 4,3 mm de diâmetro e 8,1 m de comprimento.

(A) $3,93 \times 10^{-5}$ Ω (C) $9,14 \times 10^{-3}$ Ω

(B) $2,29 \times 10^{-3}$ Ω (D) $1,46 \times 10^{11}$ Ω

18.2FE Qual é o valor/faixa de condutividade elétrica típico para materiais semicondutores?

(A) 10^7 $(\Omega \cdot m)^{-1}$ (C) 10^{-6} a 10^4 $(\Omega \cdot m)^{-1}$

(B) 10^{-20} a 10^7 $(\Omega \cdot m)^{-1}$ (D) 10^{-20} a 10^{-10} $(\Omega \cdot m)^{-1}$

18.3FE Sabe-se que uma liga metálica bifásica é composta pelas fases α e β, que possuem frações mássicas de 0,64 e 0,36, respectivamente. Usando a resistividade elétrica à temperatura ambiente e os dados de massa específica a seguir, calcule a resistividade elétrica dessa liga à temperatura ambiente.

Fase	Resistividade ($\Omega \cdot m$)	Massa Específica (g/cm³)
α	$1,9 \times 10^{-8}$	8,26
β	$5,6 \times 10^{-7}$	8,60

(A) $2,09 \times 10^{-7}$ $\Omega \cdot m$ (C) $3,70 \times 10^{-7}$ $\Omega \cdot m$

(B) $2,14 \times 10^{-7}$ $\Omega \cdot m$ (D) $5,90 \times 10^{-7}$ $\Omega \cdot m$

18.4FE Para um semicondutor do tipo n, onde está localizado o nível de Fermi?

(A) Na banda de valência

(B) No espaçamento entre bandas, imediatamente acima do topo da banda de valência

(C) No meio do espaçamento entre bandas

(D) No espaçamento entre bandas, imediatamente abaixo da parte inferior da banda de condução

18.5FE A condutividade elétrica à temperatura ambiente de uma amostra semicondutora é igual a $2,8 \times 10^4$ $(\Omega \cdot m)^{-1}$. Se a concentração de elétrons é de $2,9 \times 10^{22}$ m^{-3} e as mobilidades dos elétrons e dos buracos são de 0,14 e 0,023 $m^2/V \cdot s$, respectivamente, calcule a concentração de buracos.

(A) $1,24 \times 10^{24}$ m^{-3} (C) $7,60 \times 10^{24}$ m^{-3}

(B) $7,42 \times 10^{24}$ m^{-3} (D) $7,78 \times 10^{24}$ m^{-3}

Q-68 • Questões e Problemas

CAPÍTULO 19 QUESTÕES E PROBLEMAS

Capacidade Calorífica

19.1 Estime a energia necessária para elevar a temperatura de 2 kg (4,42 lb_m) dos seguintes materiais de 20°C até 100°C (68 a 212°F): alumínio, aço, vidro de soda-cal e polietileno de alta densidade.

19.2 Até que temperatura seria elevada uma amostra de 25 lb_m de aço a 25°C (77°F) se 125 Btu de calor fossem fornecidos?

19.3 (a) Determine as capacidades caloríficas à temperatura ambiente e à pressão constante para os seguintes materiais: alumínio, prata, tungstênio e latão 70Cu-30Zn.

(b) Como esses valores se comparam entre si? Como você explica isso?

19.4 Para o alumínio, a capacidade calorífica a volume constante, C_v, a 30 K é de 0,81 J/mol·K, e a temperatura de Debye é de 375 K. Estime o calor específico às seguintes temperaturas:

(a) 50 K

(b) 425 K

19.5 A constante A na Equação 19.2 é $12\pi^4 R/5\theta_D^3$, em que R é a constante dos gases e θ_D é a temperatura de Debye (K). Estime o valor de θ_D para o cobre, dado que o calor específico a 10 K é de 0,78 J/kg·K.

19.6 (a) Explique sucintamente por que C_v aumenta em função do aumento da temperatura em temperaturas próximas a 0 K.

(b) Explique sucintamente por que C_v torna-se virtualmente independente da temperatura em temperaturas bem afastadas de 0 K.

Expansão Térmica

19.7 Um fio de alumínio com 10 m (32,8 ft) de comprimento é resfriado de 38°C a –1°C (100°F a 30°F). Qual será a variação em comprimento desse fio?

19.8 Uma barra metálica com 0,1 m (3,9 in) alonga-se 0,2 mm (0,0079 in) ao ser aquecida de 20°C a 100°C (68°F a 212°F). Determine o valor do coeficiente linear de expansão térmica para esse material.

19.9 Explique sucintamente a *expansão térmica* usando a curva da energia potencial em função do espaçamento interatômico.

19.10 Calcule a massa específica para o níquel a 500°C, dado que sua massa específica à temperatura ambiente é de 8,902 g/cm³. Considere o coeficiente volumétrico de expansão térmica, α_v, igual a $3\alpha_l$.

19.11 Quando um metal é aquecido, sua massa específica diminui. Existem duas fontes que dão origem a essa diminuição no valor de ρ: (1) a expansão térmica do sólido e (2) a formação de lacunas (Seção 4.2). Considere uma amostra de cobre à temperatura ambiente (20°C) que apresenta massa específica de 8,940 g/cm³.

(a) Determine sua massa específica após o aquecimento a 1000°C quando apenas a expansão térmica é considerada.

(b) Repita o cálculo para quando a introdução de lacunas é levada em consideração. Suponha que a energia para a formação das lacunas seja de 0,90 eV/átomo e que o coeficiente volumétrico de expansão térmica α_v seja igual a $3\alpha_l$.

19.12 A diferença entre os calores específicos a pressão e a volume constantes é descrita pela expressão

$$c_p - c_v = \frac{\alpha_v^2 v_0 T}{\beta} \qquad (19.10)$$

em que α_v é o coeficiente volumétrico de expansão térmica, v_0 é o volume específico (isto é, o volume por unidade de massa, ou o inverso da massa específica), β é a compressibilidade e T é a temperatura absoluta. Calcule os valores de c_v à temperatura ambiente (293 K) para o cobre e o níquel aplicando os dados na Tabela 19.1, considerando que $\alpha_v = 3\alpha_l$ e dado que os valores de β para o Cu e o Ni são de $8,35 \times 10^{-12}$ e $5,51 \times 10^{-12}$ $(Pa)^{-1}$, respectivamente.

19.13 Até qual temperatura uma barra cilíndrica de tungstênio com 10,000 mm de diâmetro e uma placa de aço inoxidável 316 com um orifício circular de 9,988 mm de diâmetro devem ser aquecidas para que a barra se ajuste exatamente no orifício? Considere uma temperatura inicial de 25°C.

Condutividade Térmica

19.14 (a) Calcule o fluxo de calor através de uma chapa de aço com 10 mm (0,39 in) de espessura se as temperaturas nas duas faces forem de 300°C e 100°C (572°F e 212°F); considere um transporte de calor em regime estacionário.

(b) Qual é a perda de calor por hora se a área da chapa for de 0,25 m² (2,7 ft²)?

(c) Qual será a perda de calor por hora se um vidro de soda-cal for empregado no lugar do aço?

(d) Calcule a perda de calor por hora se aço for empregado e se a espessura for aumentada para 20 mm (0,79 in).

19.15 (a) Você espera que a Equação 19.7 seja válida para materiais cerâmicos e poliméricos? Por que sim ou por que não?

(b) Estime o valor para a constante de Wiedemann-Franz, L [em $\Omega \cdot W/(K)^2$], à temperatura ambiente (293 K) para os seguintes materiais não metálicos: silício (intrínseco), vitrocerâmica (Pyroderam), sílica fundida, policarbonato e politetrafluoroetileno. Consulte as Tabelas B.7 e B.9 no Apêndice B.

19.16 Explique sucintamente por que as condutividades térmicas são maiores para as cerâmicas cristalinas do que para as cerâmicas não cristalinas.

19.17 Explique sucintamente por que os metais são tipicamente melhores condutores térmicos que os materiais cerâmicos.

19.18 (a) Explique sucintamente por que a porosidade diminui a condutividade térmica dos materiais cerâmicos e poliméricos, tornando-os mais isolantes térmicos.

(b) Explique sucintamente como o grau de cristalinidade afeta a condutividade térmica dos materiais poliméricos e por quê.

Questões e Problemas • **Q-69**

19.19 Por que a condutividade térmica primeiro diminui e então aumenta com a elevação da temperatura para alguns materiais cerâmicos?

19.20 Para cada um dos pares de materiais a seguir, decida qual material possui a maior condutividade térmica. Justifique suas escolhas.

(a) Cobre puro; bronze de alumínio (95%p Cu-5%p Al).

(b) Sílica fundida; quartzo.

(c) Polietileno linear; polietileno ramificado.

(d) Copolímero poli(estireno-butadieno) aleatório; copolímero poli(estireno-butadieno) alternado.

19.21 Podemos considerar um material poroso como um compósito no qual uma das fases são os poros. Estime os limites superior e inferior para a condutividade térmica à temperatura ambiente de um material à base de óxido de magnésio que possui uma fração volumétrica de poros de 0,30, os quais estão preenchidos com ar estagnado.

19.22 O transporte de calor em regime não estacionário pode ser descrito pela seguinte equação diferencial parcial:

$$\frac{\partial T}{\partial t} = D_T \frac{\partial^2 T}{\partial x^2}$$

em que D_T é a difusividade térmica; essa expressão é o equivalente térmico à segunda lei da difusão de Fick (Equação 5.4b). A difusividade térmica é definida de acordo com

$$D_T = \frac{k}{\rho c_p}$$

Nessa expressão, k, ρ e c_p representam, respectivamente, a condutividade térmica, a massa específica e o calor específico à pressão constante.

(a) Quais são as unidades SI para D_T?

(b) Determine os valores de D_T para o alumínio, aço, óxido de alumínio, vidro de soda-cal, poliestireno e náilon 6,6 usando os dados na Tabela 19.1. Os valores para a massa específica estão incluídos na Tabela B.1, no Apêndice B.

Tensões Térmicas

19.23 Partindo da Equação 19.3, mostre a validade da Equação 19.8.

19.24 (a) Explique sucintamente por que podem ser introduzidas tensões térmicas em uma estrutura em razão de um aquecimento ou resfriamento rápido.

(b) Qual é a natureza das tensões superficiais no resfriamento?

(c) Qual é a natureza das tensões superficiais no aquecimento?

19.25 (a) Determine o tipo e a magnitude da tensão gerada se uma barra em aço 1025 com 0,5 m (19,7 in) de comprimento for aquecida de 20°C a 80°C (68°F a 176°F) enquanto suas extremidades são mantidas rígidas. Suponha que a 20°C a barra esteja isenta de tensões.

(b) Qual será a magnitude da tensão se for empregada uma barra com 1 m (39,4 in) de comprimento?

(c) Qual será o tipo e a magnitude da tensão resultante se a barra do item (a) for resfriada de 20°C a –10°C (68°F a 14°F)?

19.26 Um arame de cobre é esticado com uma tensão de 70 MPa (10.000 psi) a 20°C (68°F). Se o comprimento for mantido constante, até que temperatura o arame deve ser aquecido para que a tensão seja reduzida a 35 MPa (5000 psi)?

19.27 Determine a alteração no diâmetro de uma barra cilíndrica de níquel com 100,00 mm de comprimento e 8,000 mm de diâmetro se ela for aquecida de 20°C a 200°C enquanto suas extremidades são mantidas rígidas. *Sugestão:* Você pode querer consultar a Tabela 6.1.

19.28 As duas extremidades de uma barra cilíndrica de aço 1025 com 75,00 mm de comprimento e 10,000 mm de diâmetro são mantidas rígidas. Se a barra está inicialmente a 25°C, até que temperatura ela deve ser resfriada para apresentar uma redução de 0,008 mm em seu diâmetro?

19.29 Quais medidas podem ser tomadas para reduzir a probabilidade de choque térmico de uma peça cerâmica?

PROBLEMAS DE PROJETO

Expansão Térmica

19.P1 Trilhos de estradas de ferro fabricados em aço 1025 devem ser colocados no período do ano em que a temperatura média é de 10°C (50°F). Se uma folga de 4,6 mm (0,180 in) for deixada entre os trilhos-padrão com 11,9 m (39 ft) de comprimento, qual será a maior temperatura possível de ser tolerada sem a introdução de tensões térmicas?

Tensões Térmicas

19.P2 As extremidades de uma barra cilíndrica com 6,4 mm (0,25 in) de diâmetro e 250 mm (10 in) de comprimento estão montadas entre suportes rígidos. A barra está isenta de tensões à temperatura ambiente [20°C (68°F)]; no resfriamento até –40°C (–40°F), é possível gerar uma tensão de tração termicamente induzida máxima de 125 MPa (18.125 psi). Com quais dos seguintes metais ou ligas a barra pode ser fabricada: alumínio, cobre, latão, aço 1025 e tungstênio? Por quê?

19.P3 (a) Quais são as unidades para o parâmetro de resistência ao choque térmico (RCT)?

(b) Classifique os materiais cerâmicos a seguir de acordo com suas resistências ao choque térmico: vitrocerâmica (Pyroceram), zircônia parcialmente estabilizada e vidro borossilicato (Pyrex). Os dados apropriados podem ser encontrados nas Tabelas B.2, B.4, B.6 e B.7, no Apêndice B.

19.P4 A Equação 19.9, para a resistência ao choque térmico de um material, é válida para taxas de transferência de calor relativamente baixas. Quando a taxa é alta, no resfriamento de um corpo, a variação máxima de temperatura admissível sem choque térmico, ΔT_f, é de aproximadamente

$$\Delta T_f \cong \frac{\sigma_f}{E\alpha_l}$$

Q-70 • **Questões e Problemas**

em que σ_f é a resistência à fratura. Considerando os dados nas Tabelas B.2, B.4 e B.6 (Apêndice B), determine ΔT_f para uma vitrocerâmica (Pyroceram), zircônia parcialmente estabilizada e sílica fundida.

QUESTÕES E PROBLEMAS SOBRE FUNDAMENTOS DA ENGENHARIA

19.1FE Até qual temperatura seriam aquecidos 23,0 kg de algum material a 100°C se fossem fornecidos 255 kJ de calor ao material? Considere um valor de c_p de 423 J/kg·K para esse material.

(A) 26,2°C   (C) 126°C

(B) 73,8°C   (D) 152°C

19.2FE Uma barra de algum material com 0,50 m de comprimento alonga 0,40 mm ao ser aquecida de 50°C até 151°C. Qual é o valor do coeficiente linear de expansão térmica desse material?

(A) $5,30 \times 10^{-6}$ (°C)$^{-1}$

(B) $7,92 \times 10^{-6}$ (°C)$^{-1}$

(C) $1,60 \times 10^{-5}$ (°C)$^{-1}$

(D) $1,24 \times 10^{-6}$ (°C)$^{-1}$

19.3FE Qual entre os conjuntos de propriedades a seguir leva a um elevado grau de resistência ao choque térmico?

(A) Alta resistência à fratura

     Alta condutividade térmica

     Alto módulo de elasticidade

     Alto coeficiente de expansão térmica

(B) Baixa resistência à fratura

     Baixa condutividade térmica

     Baixo módulo de elasticidade

     Baixo coeficiente de expansão térmica

(C) Alta resistência à fratura

     Alta condutividade térmica

     Baixo módulo de elasticidade

     Baixo coeficiente de expansão térmica

(D) Baixa resistência à fratura

     Baixa condutividade térmica

     Alto módulo de elasticidade

     Alto coeficiente de expansão térmica

CAPÍTULO 20 QUESTÕES E PROBLEMAS

Conceitos Básicos

20.1 Uma bobina com 0,20 m de comprimento e que possui 200 espiras conduz uma corrente de 10 A.

(a) Qual é a magnitude da intensidade do campo magnético H?

(b) Calcule a densidade do fluxo B se a bobina estiver no vácuo.

(c) Calcule a densidade do fluxo dentro de uma barra de titânio que está posicionada no interior da bobina. A suscetibilidade para o titânio pode ser encontrada na Tabela 20.2.

(d) Calcule a magnitude da magnetização M.

20.2 Demonstre que a permeabilidade relativa e a suscetibilidade magnética estão relacionadas de acordo com a Equação 20.7.

20.3 É possível expressar a suscetibilidade magnética χ_m em várias unidades diferentes. Para a discussão deste capítulo, χ_m foi usado para designar a suscetibilidade volumétrica em unidades SI — isto é, a grandeza que fornece a magnetização por unidade de volume (m³) de material quando multiplicada por H. A suscetibilidade mássica χ_m (kg) fornece o momento magnético (ou a magnetização) por quilograma de material quando multiplicada por H; de maneira semelhante, a suscetibilidade atômica $\chi_m(a)$ fornece a magnetização por quilograma-mol. Essas duas últimas grandezas estão relacionadas com χ_m por meio das seguintes relações:

$$\chi_m = \chi_m(\text{kg}) \times \text{massa específica (em kg/m}^3)$$

$$\chi_m(a) = \chi_m(\text{kg}) \times \text{peso atômico (em kg)}$$

Quando se usa o sistema cgs-uem, existem parâmetros comparáveis, os quais podem ser designados por χ'_m, $\chi'_m(g)$ e $\chi'_m(a)$; os valores de χ_m e de χ'_m estão relacionados de acordo com a Tabela 20.1. A partir da Tabela 20.2, o valor de χ_m para a prata é de $-2,38 \times 10^{-5}$; converta esse valor nas outras cinco suscetibilidades.

20.4 (a) Explique as duas fontes de momentos magnéticos para os elétrons.

(b) Todos os elétrons têm um momento magnético resultante? Por que sim ou por que não?

(c) Todos os átomos têm um momento magnético resultante? Por que sim ou por que não?

Diamagnetismo e Paramagnetismo

Ferromagnetismo

20.5 A densidade do fluxo magnético no interior de uma barra de um dado material é de 0,435 tesla para um campo H de $3,44 \times 10^5$ A/m. Calcule os seguintes parâmetros para esse material: **(a)** a permeabilidade magnética e **(b)** a suscetibilidade magnética. **(c)** Qual(is) é(são) o(s) tipo(s) de magnetismo que você imagina estar(em) sendo exibido(s) por esse material? Por quê?

20.6 A magnetização no interior de uma barra de uma dada liga metálica é de $3,2 \times 10^5$ A/m para um campo H de 50 A/m. Calcule o seguinte: **(a)** a suscetibilidade magnética, **(b)** a permeabilidade e **(c)** a densidade do fluxo magnético no interior desse material. **(d)** Qual(is) é(são) o(s) tipo(s) de magnetismo que você imagina estar(em) sendo exibido(s) por esse material? Por quê?

20.7 Calcule **(a)** a magnetização de saturação e **(b)** a densidade do fluxo de saturação para o cobalto, que possui um momento magnético resultante por átomo de 1,72 magnéton de Bohr e uma massa específica de 8,90 g/cm³.

20.8 Confirme que há 2,2 magnétons de Bohr associados a cada átomo de ferro, dado que a magnetização de saturação é de $1,70 \times 10^6$ A/m, que o ferro apresenta estrutura cristalina CCC e que o comprimento da aresta da célula unitária é de 0,2866 nm.

20.9 Suponha que exista algum metal hipotético que exiba comportamento ferromagnético e que apresente (1) uma estrutura cristalina cúbica simples (Figura 3.3), (2) um raio atômico de 0,153 nm e (3) uma densidade do fluxo de saturação de 0,76 tesla. Determine o número de magnétons de Bohr por átomo para esse material.

20.10 Existe um momento magnético resultante associado a cada átomo nos materiais paramagnéticos e ferromagnéticos. Explique por que os materiais ferromagnéticos podem ser magnetizados de forma permanente, enquanto os materiais paramagnéticos não podem.

Antiferromagnetismo e Ferrimagnetismo

20.11 Consulte outra referência em que a regra de Hund seja discutida e, com base nessa regra, explique os momentos magnéticos resultantes para cada um dos cátions listados na Tabela 20.4.

20.12 Estime (a) a magnetização de saturação e (b) a densidade do fluxo de saturação para a ferrita de níquel [(NiFe$_2$O$_4$)$_8$], que possui um comprimento da aresta da célula unitária de 0,8337 nm.

20.13 A fórmula química para a ferrita de manganês pode ser escrita como (MnFe$_2$O$_4$)$_8$, pois existem oito unidades da fórmula em cada célula unitária. Se esse material tem uma magnetização de saturação de $5,6 \times 10^5$ A/m e uma massa específica de 5,00 g/cm³, estime o número de magnétons de Bohr associado a cada íon Mn^{2+}.

20.14 A fórmula para a granada de ítrio e ferro (Y$_3$Fe$_5$O$_{12}$) pode ser escrita na forma Y$_3^c$Fe$_2^a$Fe$_3^d$O$_{12}$, na qual os índices sobrescritos a, c e d representam diferentes sítios em que os íons Y^{3+} e Fe^{3+} estão localizados. Os momentos magnéticos de *spin* para os íons Y^{3+} e Fe^{3+} posicionados nos sítios a e c estão orientados paralelamente uns aos outros e antiparalelamente aos íons Fe^{3+} nos sítios d. Calcule o número de magnétons de Bohr associados a cada íon Y^{3+}, dadas as seguintes informações: (1) cada célula unitária consiste em oito unidades da fórmula (Y$_3$Fe$_5$O$_{12}$); (2) a célula unitária é cúbica e tem comprimento de aresta de 1,2376 nm; (3) a magnetização de saturação para esse material é de $1,0 \times 10^4$ A/m; e (4) há 5 magnétons de Bohr associados a cada íon Fe^{3+}.

Influência da Temperatura Sobre o Comportamento Magnético

20.15 Explique sucintamente por que a magnitude da magnetização de saturação diminui com o aumento da temperatura para os materiais ferromagnéticos e por que o comportamento ferromagnético deixa de existir acima da temperatura de Curie.

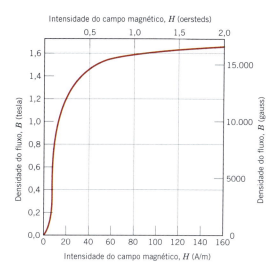

Figura 20.29 Curva de B em função de H para a magnetização inicial de uma liga ferro-silício.

Domínios e Histereses

20.16 Descreva sucintamente o fenômeno da histerese magnética e por que ela ocorre para os materiais ferromagnéticos e ferrimagnéticos.

20.17 Uma bobina de arame com 0,1 m de comprimento e que possui 15 espiras conduz uma corrente de 1,0 A.

(a) Calcule a densidade do fluxo se a bobina está no vácuo.

(b) Uma barra de uma liga ferro-silício, para a qual o comportamento B-H está mostrado na Figura 20.29, está posicionada no interior da bobina. Qual é a densidade do fluxo nessa barra?

(c) Suponha que uma barra de molibdênio seja agora colocada no interior da bobina. Qual corrente deve ser usada para produzir no Mo o mesmo campo B que foi produzido na liga ferro-silício (parte b) usando 1,0 A?

20.18 Um material ferromagnético apresenta uma remanência de 1,25 tesla e uma coercividade de 50.000 A/m. A saturação é atingida em uma intensidade do campo magnético de 100.000 A/m, na qual a densidade do fluxo é de 1,50 tesla. Considerando esses dados, esboce toda a curva de histerese no intervalo entre $H = -100.000$ e $H = +100.000$ A/m. Certifique-se de colocar a escala e de identificar ambos os eixos coordenados.

20.19 Os dados da tabela a seguir são para um aço de transformador:

H (A/m)	B (tesla)	H (A/m)	B (tesla)
0	0	200	1,04
10	0,03	400	1,28
20	0,07	600	1,36
50	0,23	800	1,39
100	0,70	1000	1,41
150	0,92		

(a) Construa um gráfico de B em função de H.

(b) Quais são os valores para a permeabilidade inicial e a permeabilidade relativa inicial?

(c) Qual é o valor da permeabilidade máxima?

(d) Em aproximadamente qual campo H ocorre essa permeabilidade máxima?

(e) A qual suscetibilidade magnética corresponde essa permeabilidade máxima?

20.20 Uma barra de um ímã de ferro com coercividade de 4000 A/m deve ser desmagnetizada. Se a barra for inserida no interior de uma bobina cilíndrica com 0,15 m de comprimento e 100 espiras, qual será a corrente elétrica exigida para gerar o campo magnético necessário?

20.21 Uma barra de uma liga ferro-silício com o comportamento B-H mostrado na Figura 20.29 é inserida no interior de uma bobina com 0,20 m de comprimento e 60 espiras, através da qual passa uma corrente de 0,1 A.

(a) Qual é o campo B no interior dessa barra?

(b) Nesse campo magnético:

   (i) Qual é a permeabilidade?

   (ii) Qual é a permeabilidade relativa?

   (iii) Qual é a suscetibilidade?

   (iv) Qual é a magnetização?

Anisotropia Magnética

20.22 Estime os valores de saturação de H para um monocristal de ferro nas direções [100], [110] e [111].

20.23 A energia (por unidade de volume) necessária para magnetizar um material ferromagnético até a saturação (E_s) é definida pela seguinte equação:

$$E_s = \int_0^{M_s} \mu_0 H \, dM$$

isto é, E_s é igual ao produto de μ_0 e a área sob uma curva de M em função de H, até o ponto de saturação referente ao eixo das ordenadas (ou eixo M) — por exemplo, na Figura 20.17, a área entre o eixo vertical e a curva de magnetização até M_s. Estime os valores de E_s (em J/m³) para um monocristal de níquel nas direções [100], [110] e [111].

Materiais Magnéticos Moles
Materiais Magnéticos Duros

20.24 Cite as diferenças entre os materiais magnéticos duros e moles em termos tanto de seus comportamentos de histerese quanto de suas aplicações típicas.

20.25 Suponha que o ferro comercial (99,95%p Fe) na Tabela 20.5 atinja exatamente o ponto de saturação quando inserido na bobina do Problema 20.1. Calcule a magnetização de saturação.

20.26 A Figura 20.30 mostra a curva de B em função de H para um aço.

(a) Qual é a densidade do fluxo de saturação?

(b) Qual é a magnetização de saturação?

(c) Qual é a remanência?

(d) Qual é a coercividade?

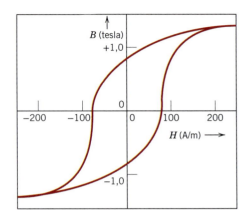

Figura 20.30 Ciclo completo de histerese magnética para um aço.

(e) Com base nos dados nas Tabelas 20.5 e 20.6, você classificaria esse material como magnético mole ou duro? Por quê?

Armazenamento Magnético

20.27 Explique sucintamente de que maneira as informações são armazenadas magneticamente.

Supercondutividade

20.28 Para um material supercondutor em uma temperatura T abaixo da temperatura crítica T_C, o campo crítico $H_C(T)$ depende da temperatura de acordo com a relação

$$H_C(T) = H_C(0)\left(1 - \frac{T^2}{T_C^2}\right) \quad (20.14)$$

em que $H_C(0)$ é o campo crítico a 0 K.

(a) Considerando os dados na Tabela 20.7, calcule os campos magnéticos críticos para o estanho a 1,5 e 2,5 K.

(b) Até qual temperatura o estanho deve ser resfriado em um campo magnético de 20.000 A/m para que ele seja supercondutor?

20.29 Considerando a Equação 20.14, determine quais dos elementos supercondutores na Tabela 20.7 são supercondutores a 3 K e em um campo magnético de 15.000 A/m.

20.30 Cite as diferenças entre os supercondutores do tipo I e do tipo II.

20.31 Descreva sucintamente o efeito Meissner.

20.32 Cite a principal limitação dos novos materiais supercondutores que têm temperaturas críticas relativamente elevadas.

PROBLEMAS DE PROJETO

Ferromagnetismo

20.P1 Deseja-se uma liga cobalto-níquel com magnetização de saturação de $1,3 \times 10^6$ A/m. Especifique sua composição em termos da porcentagem em peso de níquel. O cobalto apresenta estrutura cristalina HC com uma razão c/a de 1,623, enquanto a solubilidade máxima de

Ni no Co à temperatura ambiente é de aproximadamente 35%p. Suponha que o volume da célula unitária para essa liga seja o mesmo da célula unitária do Co puro.

Ferrimagnetismo

20.P2 Projete um material magnético à base de ferrita mista com estrutura cúbica que tenha uma magnetização de saturação de $4,6 \times 10^5$ A/m.

QUESTÕES E PROBLEMAS SOBRE FUNDAMENTOS DA ENGENHARIA

20.1FE A magnetização no interior de uma barra de uma dada liga metálica é de $4,6 \times 10^5$ A/m em um campo H de 52 A/m. Qual é a susceptibilidade magnética dessa liga?

(A) $1,13 \times 10^{-4}$

(B) $8,85 \times 10^3$

(C) $1,11 \times 10^{-2}$ H/m

(D) $5,78 \times 10^{-1}$ tesla

20.2FE Qual dos seguintes pares de materiais exibe um comportamento ferromagnético?

(A) Óxido de alumínio e cobre

(B) Alumínio e titânio

(C) MnO e Fe_3O_4

(D) Ferro (ferrita α) e níquel

CAPÍTULO 21 QUESTÕES E PROBLEMAS

Radiação Eletromagnética

21.1 A luz visível com comprimento de onda de 6×10^{-7} m apresenta aparência laranja. Calcule a frequência e a energia de um fóton dessa luz.

Interações da Luz com os Sólidos

21.2 Faça uma distinção entre os materiais opacos, translúcidos e transparentes em termos das suas aparências e da transmitância da luz.

Interações Atômicas e Eletrônicas

21.3 (a) Descreva sucintamente o fenômeno da polarização eletrônica pela radiação eletromagnética.

(b) Quais são as duas consequências da polarização eletrônica nos materiais transparentes?

Propriedades Ópticas dos Metais

21.4 Explique sucintamente por que os metais são opacos às radiações eletromagnéticas que apresentam energias do fóton na região visível do espectro.

Refração

21.5 Como o tamanho dos íons componentes afeta a extensão da polarização eletrônica nos materiais iônicos?

21.6 Um material pode ter um índice de refração menor que a unidade? Por que sim ou por que não?

21.7 Calcule a velocidade da luz no fluoreto de cálcio (CaF_2), o qual possui uma constante dielétrica ε_r de 2,056 (em frequências na faixa da luz visível) e uma suscetibilidade magnética de $-1,43 \times 10^{-5}$.

21.8 Os índices de refração da sílica fundida e do vidro de soda-cal no espectro visível são de 1,458 e 1,51, respectivamente. Considerando os dados na Tabela 18.4, determine a fração da constante dielétrica relativa a 60 Hz que é devida à polarização eletrônica para cada um desses materiais. Despreze qualquer efeito da polarização de orientação.

21.9 Considerando os dados na Tabela 21.1, estime as constantes dielétricas para o vidro borossilicato, periclase (MgO), poli(metacrilato de metila) e polipropileno, e compare esses valores com aqueles citados na tabela a seguir. Explique sucintamente quaisquer discrepâncias.

Material	Constante Dielétrica (1 MHz)
Vidro borossilicato	4,65
Periclase	9,65
Poli(metacrilato de metila)	2,76
Polipropileno	2,30

21.10 Descreva sucintamente o fenômeno da dispersão em um meio transparente.

Reflexão

21.11 Deseja-se que a refletividade da luz ao incidir em uma direção normal à superfície de um meio transparente seja inferior a 6,0%. Quais dos seguintes materiais na Tabela 21.1 são possíveis candidatos: vidro de sílica, vidro Pyrex, coríndon, espinélio, poliestireno e politetrafluoroetileno? Justifique sua(s) seleção(ões).

21.12 Explique sucintamente como as perdas por reflexão nos materiais transparentes são minimizadas por revestimentos superficiais finos.

21.13 O índice de refração do coríndon (Al_2O_3) é anisotrópico. Suponha que a luz visível esteja passando de um grão para outro com diferente orientação cristalográfica e com uma incidência normal ao contorno do grão. Calcule a refletividade no contorno se os índices de refração para os dois grãos são de 1,757 e 1,779 na direção da propagação da luz.

Absorção

21.14 O telureto de zinco possui um espaçamento entre bandas de 2,26 eV. Em qual faixa de comprimentos de onda da luz visível esse material é transparente?

Q-74 · Questões e Problemas

21.15 Explique sucintamente por que a magnitude do coeficiente de absorção (β na Equação 21.18) depende do comprimento de onda da radiação.

21.16 A fração da radiação não refletida que é transmitida através de uma espessura de 10 mm de um material transparente é de 0,90. Se a espessura for aumentada para 20 mm, qual fração da luz será transmitida?

Transmissão

21.17 Desenvolva a Equação 21.19, partindo de outras expressões dadas neste capítulo.

21.18 A transmissividade T de um material transparente com 20 mm de espessura à luz com incidência normal é de 0,85. Se o índice de refração desse material é de 1,6, calcule a espessura de material que produzirá uma transmissividade de 0,75. Todas as perdas por reflexão devem ser levadas em consideração.

Cor

21.19 Explique sucintamente o que determina a cor característica de **(a)** um metal e **(b)** um não metal transparente.

21.20 Explique sucintamente por que alguns materiais transparentes são coloridos enquanto outros são incolores.

Opacidade e Translucidez em Isolantes

21.21 Descreva sucintamente os três mecanismos de absorção nos materiais não metálicos.

21.22 Explique sucintamente por que os polímeros amorfos são transparentes, enquanto os polímeros predominantemente cristalinos são opacos ou, na melhor das hipóteses, translúcidos.

Luminescência
Fotocondutividade
Lasers

21.23 (a) Descreva sucintamente, com suas próprias palavras, o fenômeno da *luminescência*.

 (b) Qual é a diferença entre *fluorescência* e *fosforescência*?

21.24 Descreva sucintamente, com suas próprias palavras, o fenômeno da *fotocondutividade*.

21.25 Explique sucintamente a operação de um fotômetro fotográfico.

21.26 Descreva, com suas próprias palavras, como opera um laser de rubi.

21.27 Calcule a diferença de energia entre os estados eletrônicos metaestável e fundamental para o laser de rubi.

Fibras Ópticas em Comunicações

21.28 Ao final da Seção 21.14, foi observado que a intensidade da luz absorvida ao passar através de um comprimento de 16 km de uma fibra óptica de vidro é equivalente à intensidade da luz absorvida por uma janela de vidro comum com 25 mm de espessura. Calcule o coeficiente de absorção β da fibra óptica de vidro se o valor de β para o vidro da janela é de 5×10^{-4} mm^{-1}.

PROBLEMA DE PROJETO

Interações Atômicas e Eletrônicas

21.P1 O arseneto de gálio (GaAs) e o fosfeto de gálio (GaP) são compostos semicondutores com energias do espaçamento entre bandas à temperatura ambiente de 1,42 eV e 2,26 eV, respectivamente, e que formam soluções sólidas em todas as proporções. O espaçamento entre bandas da liga aumenta de forma aproximadamente linear com as adições de GaP (em %mol). As ligas desses dois materiais são usadas em diodos emissores de luz (LED) nos quais a luz é gerada pelas transições eletrônicas da banda de condução para a banda de valência. Determine a composição de uma liga GaAs-GaP que emitirá uma luz de cor vermelha com um comprimento de onda de 0,60 μm.

QUESTÕES E PROBLEMAS SOBRE FUNDAMENTOS DA ENGENHARIA

21.1FE Qual é a energia (em eV) de um fóton de luz que possui um comprimento de onda de $3,9 \times 10^{-7}$ m?

(A) 1,61 eV (C) 31,8 eV

(B) 3,18 eV (D) 9,44 eV

21.2FE Um polímero completamente amorfo e não poroso será:

(A) transparente

(B) translúcido

(C) opaco

(D) ferromagnético

CAPÍTULO 22 QUESTÕES DE PROJETO

PROBLEMA DE PROJETO

22.P1 O vidro, o alumínio e vários materiais plásticos são usados em recipientes (veja a fotografia na página inicial do Capítulo 1 e a fotografia que acompanha a seção Materiais de Importância deste capítulo). Faça uma lista das vantagens e das desvantagens de usar cada um desses três tipos de materiais; inclua fatores como o custo, a reciclabilidade e o consumo de energia para a produção do recipiente.

22.P2 Discuta por que é importante considerar a totalidade do ciclo de vida, em vez de apenas o primeiro estágio.

22.P3 Discuta como a engenharia de materiais pode desempenhar um papel importante no "projeto verde".

22.P4 Sugira outras ações dos consumidores que podem contribuir para minimizar o impacto ambiental, além de simplesmente reciclar.

Apêndice A   O Sistema Internacional de Unidades (SI)

As unidades no *Sistema Internacional de Unidades* se enquadram em duas classificações: básicas e derivadas. As unidades básicas são fundamentais e não podem ser reduzidas. A Tabela A.1 lista as unidades básicas de interesse na disciplina da ciência e engenharia de materiais.

As unidades derivadas são expressas em termos das unidades básicas, utilizando sinais matemáticos para multiplicação e divisão. Por exemplo, as unidades SI para a massa específica são o quilograma por metro cúbico (kg/m^3). Para algumas unidades derivadas, existem nomes e símbolos especiais; por exemplo, N é usado para representar o newton — a unidade de força —, que é equivalente a $1\ kg\cdot m/s^2$. A Tabela A.2 lista várias unidades derivadas importantes.

Às vezes é necessário, ou conveniente, formar nomes e símbolos que são múltiplos ou submúltiplos decimais das unidades SI. Apenas um prefixo é usado quando um múltiplo de uma unidade SI é formado, o qual deve estar no numerador. Esses prefixos e seus símbolos aprovados são dados na Tabela A.3.

Tabela A.1
As Unidades Básicas do SI

Grandeza	*Nome*	*Símbolo*
Comprimento	metro	m
Massa	quilograma	kg
Tempo	segundo	s
Corrente elétrica	ampère	A
Temperatura termodinâmica	kelvin	K
Quantidade de substância	mols	mol

A-2 • **Apêndice A**

Tabela A.2
Algumas Unidades Derivadas do SI

Grandeza	Nome	Fórmula	Símbolo Especial
Área	metro quadrado	m^2	—
Volume	metro cúbico	m^3	—
Velocidade	metro por segundo	m/s	—
Massa específica	quilograma por metro cúbico	kg/m^3	—
Concentração	mols por metro cúbico	mol/m^3	—
Força	newton	$kg \cdot m/s^2$	N
Energia	joule	$kg \cdot m^2/s^2$ N·m	J
Tensão	pascal	$kg/m \cdot s^2$, N/m^2	Pa
Deformação	—	m/m	—
Potência, fluxo radiante	watt	$kg \cdot m^2/s^3$, J/s	W
Viscosidade	pascal-segundo	$kg/m \cdot s$	Pa·s
Frequência (de um fenômeno periódico)	hertz	s^{-1}	Hz
Carga elétrica	coulomb	A·s	C
Potencial elétrico	volt	$kg \cdot m^2/s^2 \cdot C$	V
Capacitância	farad	$s^2 \cdot C^2/kg \cdot m^2$	F
Resistência elétrica	ohm	$kg \cdot m^2/s \cdot C^2$	Ω
Fluxo magnético	weber	$kg \cdot m^2/s \cdot C$	Wb
Densidade do fluxo magnético	tesla	$kg/s \cdot C$, Wb/m^2	(T)[a]

[a]T é um símbolo especial aprovado para o SI, mas não é usado neste livro; aqui, o nome *tesla* é usado em lugar do símbolo.

Tabela A.3
Prefixos Múltiplos e Submúltiplos do Sistema SI

Fator pelo Qual É Multiplicado	Prefixo	Símbolo
10^9	giga	G
10^6	mega	M
10^3	quilo	k
10^{-2}	centi[a]	c
10^{-3}	mili	m
10^{-6}	micro	μ
10^{-9}	nano	n
10^{-12}	pico	p

[a]Evitado quando possível.

Apêndice B Propriedades de Materiais de Engenharia Selecionados

B.1: Massa Específica	A-3
B.2: Módulo de Elasticidade	A-6
B.3: Coeficiente de Poisson	A-10
B.4: Resistência e Ductilidade	A-11
B.5: Tenacidade à Fratura em Deformação Plana	A-16
B.6: Coeficiente Linear de Expansão Térmica	A-17
B.7: Condutividade Térmica	A-21
B.8: Calor Específico	A-24
B.9: Resistividade Elétrica	A-26
B.10: Composições de Ligas Metálicas	A-30

Este apêndice compila propriedades importantes para aproximadamente 100 materiais comumente utilizados em engenharia. Cada tabela contém os valores dos dados para uma propriedade específica para esse conjunto de materiais selecionados; também está incluída uma lista das composições das várias ligas metálicas consideradas (Tabela B.10). Os dados estão listados por tipo de material (metais e ligas metálicas; grafita, cerâmicas e materiais semicondutores; polímeros; materiais fibrosos; e compósitos). Em cada classificação, os materiais estão listados em ordem alfabética.

Observe que os dados nas tabelas estão expressos ou como faixas de valores ou como valores únicos comumente medidos. Além disso, ocasionalmente, (*mín.*) está associado a um valor na tabela, indicando que o valor citado é um valor mínimo.

Tabela B.1
Valores de Massa Específica à Temperatura Ambiente para Vários Materiais de Engenharia

	Massa Específica	
Material	*g/cm³*	*lb$_m$/in³*
METAIS E LIGAS METÁLICAS		
Aços-Carbono Comuns e Aços de Baixa Liga		
Aço A36	7,85	0,283
Aço 1020	7,85	0,283
Aço 1040	7,85	0,283
Aço 4140	7,85	0,283
Aço 4340	7,85	0,283
Aços Inoxidáveis		
Liga inoxidável 304	8,00	0,289
Liga inoxidável 316	8,00	0,289
Liga inoxidável 405	7,80	0,282
Liga inoxidável 440A	7,80	0,282
Liga inoxidável 17-4PH	7,75	0,280
Ferros Fundidos		
Ferros cinzentos		
• Classe G1800	7,30	0,264
• Classe G3000	7,30	0,264
• Classe G4000	7,30	0,264

(continua)

A-3

A-4 · **Apêndice B**

Tabela B.1
(*Continuação*)

Material	Massa Específica	
	g/cm^3	lb_m/in^3
Ferros nodulares		
• Classe 60-40-18	7,10	0,256
• Classe 80-55-06	7,10	0,256
• Classe 120-90-02	7,10	0,256
Ligas de Alumínio		
Liga 1100	2,71	0,0978
Liga 2024	2,77	0,100
Liga 6061	2,70	0,0975
Liga 7075	2,80	0,101
Liga 356,0	2,69	0,0971
Ligas de Cobre		
C11000 (cobre eletrolítico tenaz)	8,89	0,321
C17200 (cobre-berílio)	8,25	0,298
C26000 (latão para cartuchos)	8,53	0,308
C36000 (latão de fácil usinagem)	8,50	0,307
C71500 (cobre-níquel, 30%)	8,94	0,323
C93200 (bronze para mancais)	8,93	0,322
Ligas de Magnésio		
Liga AZ31B	1,77	0,0639
Liga AZ91D	1,81	0,0653
Ligas de Titânio		
Comercialmente puro (ASTM classe 1)	4,51	0,163
Liga Ti–5Al–2,5Sn	4,48	0,162
Liga Ti–6Al–4V	4,43	0,160
Metais Preciosos		
Ouro (comercialmente puro)	19,32	0,697
Platina (comercialmente pura)	21,45	0,774
Prata (comercialmente pura)	10,49	0,379
Metais Refratários		
Molibdênio (comercialmente puro)	10,22	0,369
Tântalo (comercialmente puro)	16,6	0,599
Tungstênio (comercialmente puro)	19,3	0,697
Ligas Não Ferrosas Diversas		
Níquel 200	8,89	0,321
Inconel 625	8,44	0,305
Monel 400	8,80	0,318
Liga Haynes 25	9,13	0,330
Invar	8,05	0,291

(*continua*)

Propriedades de Materiais de Engenharia Selecionados · **A-5**

Tabela B.1
(*Continuação*)

Material	Massa Específica	
	g/cm^3	lb_m/in^3
Super invar	8,10	0,292
Kovar	8,36	0,302
Chumbo químico	11,34	0,409
Chumbo antimonial (6%)	10,88	0,393
Estanho (comercialmente puro)	7,17	0,259
Solda chumbo-estanho (60Sn-40Pb)	8,52	0,308
Zinco (comercialmente puro)	7,14	0,258
Zircônio, classe 702 para reatores	6,51	0,235

GRAFITA, CERÂMICAS E MATERIAIS SEMICONDUTORES

Material	g/cm^3	lb_m/in^3
Óxido de alumínio		
• 99,9% puro	3,98	0,144
• 96% puro	3,72	0,134
• 90% puro	3,60	0,130
Concreto	2,4	0,087
Diamante		
• Natural	3,51	0,127
• Sintético	3,20–3,52	0,116–0,127
Arseneto de gálio	5,32	0,192
Vidro, borossilicato (Pyrex)	2,23	0,0805
Vidro, soda-cal	2,5	0,0903
Vitrocerâmica (Pyroceram)	2,60	0,0939
Grafita		
• Extrudada	1,71	0,0616
• Conformada isostaticamente	1,78	0,0643
Sílica, fundida	2,2	0,079
Silício	2,33	0,0841
Carbeto de silício		
• Prensado a quente	3,3	0,119
• Sinterizado	3,2	0,116
Nitreto de silício		
• Prensado a quente	3,3	0,119
• Unido por reação	2,7	0,0975
• Sinterizado	3,3	0,119
Zircônia, 3% em mol de Y_2O_3, sinterizada	6,0	0,217

POLÍMEROS

Material	g/cm^3	lb_m/in^3
Elastômeros		
• Butadieno-acrilonitrila (nitrila)	0,98	0,0354
• Estireno-butadieno (SBR)	0,94	0,0339
• Silicone	1,1–1,6	0,040–0,058
Epóxi	1,11–1,40	0,0401–0,0505
Náilon 6,6	1,14	0,0412
Fenólico	1,28	0,0462

(*continua*)

A-6 · **Apêndice B**

Tabela B.1
(*Continuação*)

Material	Massa Específica	
	g/cm³	*lbₘ/in³*
Poli(tereftalato de butileno) (PBT)	1,34	0,0484
Policarbonato (PC)	1,20	0,0433
Poliéster (termofixo)	1,04–1,46	0,038–0,053
Poli(éter-éter-cetona) (PEEK)	1,31	0,0473
Polietileno • Baixa densidade (PEBD) • Alta densidade (PEAD) • Ultra-alto peso molecular (PEUAPM)	0,925 0,959 0,94	0,0334 0,0346 0,0339
Poli(tereftalato de etileno) (PET)	1,35	0,0487
Poli(metacrilato de metila) (PMMA)	1,19	0,0430
Polipropileno (PP)	0,905	0,0327
Poliestireno (PS)	1,05	0,0379
Politetrafluoroetileno (PTFE)	2,17	0,0783
Poli(cloreto de vinila) (PVC)	1,30–1,58	0,047–0,057
FIBRAS		
Aramida (Kevlar 49)	1,44	0,0520
Carbono • Módulo-padrão (precursor PAN) • Módulo intermediário (precursor PAN) • Módulo alto (precursor PAN) • Módulo ultra-alto (precursor piche)	1,78 1,78 1,81 2,12–2,19	0,0643 0,0643 0,0643 0,077–0,079
Vidro E	2,58	0,0931
MATERIAIS COMPÓSITOS		
Fibras de aramida-matriz epóxi ($V_f = 0{,}60$)	1,4	0,050
Fibras de carbono de módulo padrão-matriz epóxi ($V_f = 0{,}60$)	1,6	0,058
Fibras de vidro E-matriz epóxi ($V_f = 0{,}60$)	2,1	0,075
Madeira • Abeto de Douglas (12% de umidade) • Carvalho-vermelho (12% de umidade)	0,46–0,50 0,61–0,67	0,017–0,018 0,022–0,024

Fontes: *ASM Handbooks*, vols. 1 e 2, *Engineered Materials Handbook*, vol. 4, *Metals Handbook: Properties and Selection: Nonferrous Alloys and Pure Metals*, vol. 2, 9ª ed., e *Advanced Materials & Processes*, vol. 146, n. 4, ASM International, Materials Park, OH; *Modern Plastics Encyclopedia '96*, The McGraw-Hill Companies, Nova York, NY; e especificações técnicas de fabricantes dos materiais.

Tabela B.2
Valores de Módulo de Elasticidade à Temperatura Ambiente para Vários Materiais de Engenharia

Material	Módulo de Elasticidade	
	GPa	*10⁶ psi*
METAIS E LIGAS METÁLICAS **Aços-Carbono Comuns e Aços de Baixa Liga**		
Aço A36	207	30
Aço 1020	207	30
Aço 1040	207	30
Aço 4140	207	30
Aço 4340	207	30

(*continua*)

Propriedades de Materiais de Engenharia Selecionados • A-7

Tabela B.2
(Continuação)

Material	Módulo de Elasticidade	
	GPa	*10⁶ psi*
Aços Inoxidáveis		
Liga inoxidável 304	193	28
Liga inoxidável 316	193	28
Liga inoxidável 405	200	29
Liga inoxidável 440A	200	29
Liga inoxidável 17-4PH	196	28,5
Ferros Fundidos		
Ferros cinzentos		
• Classe G1800	66–97[a]	9,6–14[a]
• Classe G3000	90–113[a]	13,0–16,4[a]
• Classe G4000	110–138[a]	16–20[a]
Ferros nodulares		
• Classe 60-40-18	169	24,5
• Classe 80-55-06	168	24,5
• Classe 120-90-02	164	23,8
Ligas de Alumínio		
Liga 1100	69	10
Liga 2024	72,4	10,5
Liga 6061	69	10
Liga 7075	71	10,3
Liga 356,0	72,4	10,5
Ligas de Cobre		
C11000 (cobre eletrolítico tenaz)	115	16,7
C17200 (cobre-berílio)	128	18,6
C26000 (latão para cartuchos)	110	16
C36000 (latão de fácil usinagem)	97	14
C71500 (cobre-níquel, 30%)	150	21,8
C93200 (bronze para mancais)	100	14,5
Ligas de Magnésio		
Liga AZ31B	45	6,5
Liga AZ91D	45	6,5
Ligas de Titânio		
Comercialmente puro (ASTM classe 1)	103	14,9
Liga Ti–5Al–2,5Sn	110	16
Liga Ti–6Al–4V	114	16,5
Metais Preciosos		
Ouro (comercialmente puro)	77	11,2
Platina (comercialmente pura)	171	24,8
Prata (comercialmente pura)	74	10,7

(continua)

A-8 · **Apêndice B**

Tabela B.2
(Continuação)

Material	Módulo de Elasticidade	
	GPa	*10⁶ psi*
Metais Refratários		
Molibdênio (comercialmente puro)	320	46,4
Tântalo (comercialmente puro)	185	27
Tungstênio (comercialmente puro)	400	58
Ligas Não Ferrosas Diversas		
Níquel 200	204	29,6
Inconel 625	207	30
Monel 400	180	26
Liga Haynes 25	236	34,2
Invar	141	20,5
Super invar	144	21
Kovar	207	30
Chumbo químico	13,5	2
Estanho (comercialmente puro)	44,3	6,4
Solda chumbo-estanho (60Sn-40Pb)	30	4,4
Zinco (comercialmente puro)	104,5	15,2
Zircônio, classe 702 para reatores	99,3	14,4
GRAFITA, CERÂMICAS E MATERIAIS SEMICONDUTORES		
Óxido de alumínio		
• 99,9% puro	380	55
• 96% puro	303	44
• 90% puro	275	40
Concreto	25,4–36,6[a]	3,7–5,3[a]
Diamante		
• Natural	700–1200	102–174
• Sintético	800–925	116–134
Arseneto de gálio, monocristal		
• Na direção ⟨100⟩	85	12,3
• Na direção ⟨110⟩	122	17,7
• Na direção ⟨111⟩	142	20,6
Vidro, borossilicato (Pyrex)	70	10,1
Vidro, soda-cal	69	10
Vitrocerâmica (Pyroceram)	120	17,4
Grafita		
• Extrudada	11	1,6
• Conformada isostaticamente	11,7	1,7
Sílica, fundida	73	10,6
Silício, monocristal		
• Na direção ⟨100⟩	129	18,7
• Na direção ⟨110⟩	168	24,4
• Na direção ⟨111⟩	187	27,1
Carbeto de silício		
• Prensado a quente	207–483	30–70
• Sinterizado	207–483	30–70

(continua)

Propriedades de Materiais de Engenharia Selecionados • A-9

Tabela B.2
(Continuação)

Material	Módulo de Elasticidade	
	GPa	*10⁶ psi*
Nitreto de silício		
• Prensado a quente	304	44,1
• Unido por reação	304	44,1
• Sinterizado	304	44,1
Zircônia, 3% em mol de Y_2O_3	205	30
POLÍMEROS		
Elastômeros		
• Butadieno-acrilonitrila (nitrila)	$0,0034^b$	$0,00049^b$
• Estireno-butadieno (SBR)	$0,002–0,010^b$	$0,0003–0,0015^b$
Epóxi	2,41	0,35
Náilon 6,6	1,59–3,79	0,230–0,550
Fenólico	2,76–4,83	0,40–0,70
Poli(tereftalato de butileno) (PBT)	1,93–3,00	0,280–0,435
Policarbonato (PC)	2,38	0,345
Poliéster (termofixo)	2,06–4,41	0,30–0,64
Poli(éter-éter-cetona) (PEEK)	1,10	0,16
Polietileno		
• Baixa densidade (PEBD)	0,172–0,282	0,025–0,041
• Alta densidade (PEAD)	1,08	0,157
• Ultra-alto peso molecular (PEUAPM)	0,69	0,100
Poli(tereftalato de etileno) (PET)	2,76–4,14	0,40–0,60
Poli(metacrilato de metila) (PMMA)	2,24–3,24	0,325–0,470
Polipropileno (PP)	1,14–1,55	0,165–0,225
Poliestireno (PS)	2,28–3,28	0,330–0,475
Politetrafluoroetileno (PTFE)	0,40–0,55	0,058–0,080
Poli(cloreto de vinila) (PVC)	2,41–4,14	0,35–0,60
FIBRAS		
Aramida (Kevlar 49)	131	19
Carbono		
• Módulo-padrão (precursor PAN)	230	33,4
• Módulo intermediário (precursor PAN)	285	41,3
• Módulo alto (precursor PAN)	400	58
• Módulo ultra-alto (precursor piche)	520–940	75–136
Vidro E	72,5	10,5
MATERIAIS COMPÓSITOS		
Fibras de aramida-matriz epóxi ($V_f = 0,60$)		
Longitudinal	76	11
Transversal	5,5	0,8
Fibras de carbono de módulo padrão-matriz epóxi ($V_f = 0,60$)		
Longitudinal	145	21
Transversal	10	1,5
Fibras de vidro E-matriz epóxi ($V_f = 0,60$)		
Longitudinal	45	6,5
Transversal	12	1,8

(continua)

A-10 · Apêndice B

Tabela B.2
(Continuação)

Material	Módulo de Elasticidade	
	GPa	10^6 psi
Madeira		
• Abeto de Douglas (12% de umidade)		
Paralelo ao grão	10,8–13,6[c]	1,57–1,97[c]
Perpendicular ao grão	0,54–0,68[c]	0,078–0,10[c]
• Carvalho-vermelho (12% de umidade)		
Paralelo ao grão	11,0–14,1[c]	1,60–2,04[c]
Perpendicular ao grão	0,55–0,71[c]	0,08–0,10[c]

[a]Módulo secante tomado a 25% do limite de resistência.
[b]Módulo tomado a 100% de alongamento.
[c]Medido em flexão.

Fontes: *ASM Handbooks*, vols. 1 e 2, *Engineered Materials Handbooks*, vols. 1 e 4, *Metals Handbook: Properties and Selection: Nonferrous Alloys and Pure Metals*, vol. 2, 9ª ed., e *Advanced Materials & Processes*, vol. 146, n. 4, ASM International, Materials Park, OH; *Modern Plastics Encyclopedia '96*, The McGraw-Hill Companies, Nova York, NY; e especificações técnicas de fabricantes dos materiais.

Tabela B.3 Valores de Coeficiente de Poisson à Temperatura Ambiente para Vários Materiais de Engenharia

Material	Coeficiente de Poisson	Material	Coeficiente de Poisson
METAIS E LIGAS METÁLICAS		**Ligas de Cobre**	
Aços-Carbono Comuns e Aços de Baixa Liga		C11000 (cobre eletrolítico tenaz)	0,33
Aço A36	0,30	C17200 (cobre-berílio)	0,30
Aço 1020	0,30	C26000 (latão para cartuchos)	0,35
Aço 1040	0,30	C36000 (latão de fácil usinagem)	0,34
Aço 4140	0,30	C71500 (cobre-níquel, 30%)	0,34
Aço 4340	0,30	C93200 (bronze para mancais)	0,34
Aços Inoxidáveis		**Ligas de Magnésio**	
Liga inoxidável 304	0,30	Liga AZ31B	0,35
Liga inoxidável 316	0,30	Liga AZ91D	0,35
Liga inoxidável 405	0,30	**Ligas de Titânio**	
Liga inoxidável 440A	0,30	Comercialmente puro (ASTM classe 1)	0,34
Liga inoxidável 17-4PH	0,27	Liga Ti–5Al–2,5Sn	0,34
Ferros Fundidos		Liga Ti–6Al–4V	0,34
Ferros cinzentos		**Metais Preciosos**	
• Classe G1800	0,26	Ouro (comercialmente puro)	0,42
• Classe G3000	0,26	Platina (comercialmente pura)	0,39
• Classe G4000	0,26	Prata (comercialmente pura)	0,37
Ferros nodulares		**Metais Refratários**	
• Classe 60-40-18	0,29	Molibdênio (comercialmente puro)	0,32
• Classe 80-55-06	0,31	Tântalo (comercialmente puro)	0,35
• Classe 120-90-02	0,28	Tungstênio (comercialmente puro)	0,28
Ligas de Alumínio		**Ligas Não Ferrosas Diversas**	
Liga 1100	0,33	Níquel 200	0,31
Liga 2024	0,33	Inconel 625	0,31
Liga 6061	0,33	Monel 400	0,32
Liga 7075	0,33		
Liga 356,0	0,33		

Propriedades de Materiais de Engenharia Selecionados • A-11

Tabela B.3 *(Continuação)*

Material	*Coeficiente de Poisson*	*Material*	*Coeficiente de Poisson*
Chumbo químico	0,44	Nitreto de silício	
Estanho (comercialmente puro)	0,33	• Prensado a quente	0,30
Zinco (comercialmente puro)	0,25	• Unido por reação	0,22
Zircônio, classe 702 para reatores	0,35	• Sinterizado	0,28
		Zircônia, 3% em mol de Y_2O_3	0,31

GRAFITA, CERÂMICAS E MATERIAIS SEMICONDUTORES		**POLÍMEROS**	
Óxido de alumínio		Náilon 6,6	0,39
• 99,9% puro	0,22	Policarbonato (PC)	0,36
• 96% puro	0,21	Polietileno	
• 90% puro	0,22	• Baixa densidade (PEBD)	0,33–0,40
Concreto	0,20	• Alta densidade (PEAD)	0,46
Diamante		Poli(tereftalato de etileno) (PET)	0,33
• Natural	0,10–0,30	Poli(metacrilato de metila) (PMMA)	0,37–0,44
• Sintético	0,20	Polipropileno (PP)	0,40
Arseneto de gálio		Poliestireno (PS)	0,33
• Direção ⟨100⟩	0,30	Politetrafluoroetileno (PTFE)	0,46
Vidro, borossilicato (Pyrex)	0,20	Poli(cloreto de vinila) (PVC)	0,38
Vidro, soda-cal	0,23		
Vitrocerâmica (Pyroceram)	0,25	**FIBRAS**	
Sílica, fundida	0,17	Vidro E	0,22
Silício		**MATERIAIS COMPÓSITOS**	
• Direção ⟨100⟩	0,28	Fibras de aramida-matriz epóxi ($V_f = 0,6$)	0,34
• Direção ⟨111⟩	0,36	Fibras de carbono de módulo alto-matriz epóxi ($V_f = 0,6$)	0,25
Carbeto de silício			
• Prensado a quente	0,17		
• Sinterizado	0,16	Fibras de vidro E-matriz epóxi ($V_f = 0,6$)	0,19

Fontes: *ASM Handbooks*, vols. 1 e 2, e *Engineered Materials Handbooks*, vols. 1 e 4, ASM International, Materials Park, OH; e especificações técnicas de fabricantes dos materiais.

Tabela B.4 Valores Típicos de Limite de Escoamento, de Limite de Resistência à Tração e de Ductilidade (em Alongamento Percentual) à Temperatura Ambiente para Vários Materiais de Engenharia

Material/Condição	*Limite de Escoamento (MPa [ksi])*	*Limite de Resistência à Tração (MPa [ksi])*	*Alongamento Percentual*
METAIS E LIGAS METÁLICAS **Aços-Carbono Comuns e Aços de Baixa Liga**			
Aço A36			
• Laminado a quente	220–250 (32–36)	400–500 (58–72,5)	23
Aço 1020			
• Laminado a quente	210 (30) (mín)	380 (55) (mín)	25 (mín)
• Estirado a frio	350 (51) (mín)	420 (61) (mín)	15 (mín)
• Recozido (a 870°C)	295 (42,8)	395 (57,3)	36,5
• Normalizado (a 925°C)	345 (50,3)	440 (64)	38,5
Aço 1040			
• Laminado a quente	290 (42) (mín)	520 (76) (mín)	18 (mín)
• Estirado a frio	490 (71) (mín)	590 (85) (mín)	12 (mín)
• Recozido (a 785°C)	355 (51,3)	520 (75,3)	30,2
• Normalizado (a 900°C)	375 (54,3)	590 (85)	28,0

(continua)

A-12 • **Apêndice B**

Tabela B.4 *(Continuação)*

Material/Condição	Limite de Escoamento (MPa [ksi])	Limite de Resistência à Tração (MPa [ksi])	Alongamento Percentual
Aço 4140			
• Recozido (a 815°C)	417 (60,5)	655 (95)	25,7
• Normalizado (a 870°C)	655 (95)	1020 (148)	17,7
• Temperado em óleo e revenido (a 315°C)	1570 (228)	1720 (250)	11,5
Aço 4340			
• Recozido (a 810°C)	472 (68,5)	745 (108)	22
• Normalizado (a 870°C)	862 (125)	1280 (185,5)	12,2
• Temperado em óleo e revenido (a 315°C)	1620 (235)	1760 (255)	12
Aços Inoxidáveis			
Liga inoxidável 304			
• Acabada a quente e recozida	205 (30) (mín)	515 (75) (mín)	40 (mín)
• Trabalhada a frio ($\frac{1}{4}$ dureza)	515 (75) (mín)	860 (125) (mín)	10 (mín)
Liga inoxidável 316			
• Acabada a quente e recozida	205 (30) (mín)	515 (75) (mín)	40 (mín)
• Estirada a frio e recozida	310 (45) (mín)	620 (90) (mín)	30 (mín)
Liga inoxidável 405			
• Recozida	170 (25)	415 (60)	20
Liga inoxidável 440A			
• Recozida	415 (60)	725 (105)	20
• Revenido (a 315°C)	1650 (240)	1790 (260)	5
Liga inoxidável 17-4PH			
• Recozida	760 (110)	1030 (150)	8
• Endurecida por precipitação (a 482°C)	1172 (170)	1310 (190)	10
Ferros Fundidos			
Ferros cinzentos			
• Classe G1800 (como fundido)	—	124 (18) (mín)	—
• Classe G3000 (como fundido)	—	207 (30) (mín)	—
• Classe G4000 (como fundido)	—	276 (40) (mín)	—
Ferros nodulares			
• Classe 60-40-18 (recozido)	276 (40) (mín)	414 (60) (mín)	18 (mín)
• Classe 80-55-06 (como fundido)	379 (55) (mín)	552 (80) (mín)	6 (mín)
• Classe 120-90-02 (temperado em óleo e revenido)	621 (90) (mín)	827 (120) (mín)	2 (mín)
Ligas de Alumínio			
Liga 1100			
• Recozida (recozimento O)	34 (5)	90 (13)	40
• Endurecida por deformação a frio (tratamento H14)	117 (17)	124 (18)	15
Liga 2024			
• Recozida (recozimento O)	75 (11)	185 (27)	20
• Tratada termicamente e envelhecida (tratamento T3)	345 (50)	485 (70)	18
• Tratada termicamente e envelhecida (tratamento T351)	325 (47)	470 (68)	20
Liga 6061			
• Recozida (recozimento O)	55 (8)	124 (18)	30
• Tratada termicamente e envelhecida (tratamentos T6 e T651)	276 (40)	310 (45)	17
Liga 7075			
• Recozida (recozimento O)	103 (15)	228 (33)	17
• Tratada termicamente e envelhecida (tratamento T6)	505 (73)	572 (83)	11
Liga 356,0			
• Como fundida	124 (18)	164 (24)	6
• Tratada termicamente e envelhecida (tratamento T6)	164 (24)	228 (33)	3,5

(continua)

Propriedades de Materiais de Engenharia Selecionados · A-13

Tabela B.4 (*Continuação*)

Material/Condição	Limite de Escoamento (MPa [ksi])	Limite de Resistência à Tração (MPa [ksi])	Alongamento Percentual
Ligas de Cobre			
C11000 (cobre eletrolítico tenaz)			
• Laminado a quente	69 (10)	220 (32)	45
• Trabalhada a frio (tratamento H04)	310 (45)	345 (50)	12
C17200 (cobre-berílio)			
• Tratada termicamente por solubilização	195–380 (28–55)	195–380 (28–55)	35–60
• Tratada termicamente por solubilização e envelhecida (a 330°C)	965–1205 (140–175)	965–1205 (140–175)	4–10
C26000 (latão para cartuchos)			
• Recozida	75–150 (11–22)	300–365 (43,5–53,0)	54–68
• Trabalhada a frio (tratamento H04)	435 (63)	525 (76)	8
C36000 (latão de fácil usinagem)			
• Recozida	125 (18)	340 (49)	53
• Trabalhada a frio (tratamento H02)	310 (45)	400 (58)	25
C71500 (cobre-níquel, 30%)			
• Laminado a quente	140 (20)	380 (55)	45
• Trabalhada a frio (tratamento H80)	545 (79)	580 (84)	3
C93200 (bronze para mancais)			
• Fundida em areia	125 (18)	240 (35)	20
Ligas de Magnésio			
Liga AZ31B			
• Laminada	220 (32)	290 (42)	15
• Extrudada	200 (29)	262 (38)	15
Liga AZ91D			
• Como fundida	97–150 (14–22)	165–230 (24–33)	3
Ligas de Titânio			
Comercialmente puro (ASTM classe 1)			
• Recozida	170 (25) (mín)	240 (35) (mín)	24
Liga Ti–5Al–2,5Sn			
• Recozida	760 (110) (mín)	790 (115) (mín)	16
Liga Ti–6Al–4V			
• Recozida	830 (120) (mín)	900 (130) (mín)	14
• Tratada termicamente por solubilização e envelhecida	1103 (160)	1172 (170)	10
Metais Preciosos			
Ouro (comercialmente puro)			
• Recozido	nulo	130 (19)	45
• Trabalhado a frio (redução de 60%)	205 (30)	220 (32)	4
Platina (comercialmente pura)			
• Recozida	<13,8 (2)	125–165 (18–24)	30–40
• Trabalhada a frio (50%)	—	205–240 (30–35)	1–3
Prata (comercialmente pura)			
• Recozida	—	170 (24,6)	44
• Trabalhada a frio (50%)	—	296 (43)	3,5
Metais Refratários			
Molibdênio (comercialmente puro)	500 (72,5)	630 (91)	25
Tântalo (comercialmente puro)	165 (24)	205 (30)	40
Tungstênio (comercialmente puro)	760 (110)	960 (139)	2

(*continua*)

A-14 · Apêndice B

Tabela B.4 (Continuação)

Material/Condição	Limite de Escoamento (MPa [ksi])	Limite de Resistência à Tração (MPa [ksi])	Alongamento Percentual
Ligas Não Ferrosas Diversas			
Níquel 200 (recozido)	148 (21,5)	462 (67)	47
Inconel 625 (recozido)	517 (75)	930 (135)	42,5
Monel 400 (recozido)	240 (35)	550 (80)	40
Liga Haynes 25	445 (65)	970 (141)	62
Invar (recozido)	276 (40)	517 (75)	30
Super invar (recozido)	276 (40)	483 (70)	30
Kovar (recozido)	276 (40)	517 (75)	30
Chumbo químico	6–8 (0,9–1,2)	16–19 (2,3–2,7)	30–60
Chumbo antimonial (6%) (fundido em coquilha)	—	47,2 (6,8)	24
Estanho (comercialmente puro)	11 (1,6)	—	57
Solda chumbo-estanho (60Sn-40Pb)	—	52,5 (7,6)	30–60
Zinco (comercialmente puro) • Laminado a quente (anisotrópico) • Laminado a frio (anisotrópico)	— 	134–159 (19,4–23,0) 145–186 (21–27)	50–65 40–50
Zircônio, classe 702 para reatores • Trabalhado a frio e recozido	207 (30) (mín)	379 (55) (mín)	16 (mín)
GRAFITA, CERÂMICAS E MATERIAIS SEMICONDUTORES[a]			
Óxido de alumínio • 99,9% puro • 96% puro • 90% puro	— — —	282–551 (41–80) 358 (52) 337 (49)	— — —
Concreto[b]	—	37,3–41,3 (5,4–6,0)	—
Diamante • Natural • Sintético	— —	1050 (152) 800–1400 (116–203)	— —
Arseneto de gálio • Orientação {100}, superfície polida • Orientação {100}, superfície após o corte	— —	66 (9,6)[c] 57 (8,3)[c]	— —
Vidro, borossilicato (Pyrex)	—	69 (10)	—
Vidro, soda-cal	—	69 (10)	—
Vitrocerâmica (Pyroceram)	—	123–370 (18–54)	—
Grafita • Extrudada (na direção do grão) • Conformada isostaticamente	— 	13,8–34,5 (2,0–5,0) 31–69 (4,5–10)	—
Sílica, fundida	—	104 (15)	—
Silício • Orientação {100}, superfície após o corte • Orientação {100}, cortada a laser	— 	130 (18,9) 81,8 (11,9)	— —
Carbeto de silício • Prensado a quente • Sinterizado	— 	230–825 (33–120) 96–520 (14–75)	—
Nitreto de silício • Prensado a quente • Unido por reação • Sinterizado	— 	700–1000 (100–150) 250–345 (36–50) 414–650 (60–94)	
Zircônia, 3% em mol de Y_2O_3 (sinterizada)	—	800–1500 (116–218)	—

(continua)

Propriedades de Materiais de Engenharia Selecionados • **A-15**

Tabela B.4 *(Continuação)*

Material/Condição	Limite de Escoamento (MPa [ksi])	Limite de Resistência à Tração (MPa [ksi])	Alongamento Percentual
POLÍMEROS			
Elastômeros			
• Butadieno-acrilonitrila (nitrila)	—	6,9–24,1 (1,0–3,5)	400–600
• Estireno-butadieno (SBR)	—	12,4–20,7 (1,8–3,0)	450–500
• Silicone	—	10,3 (1,5)	100–800
Epóxi		27,6–90,0 (4,0–13)	3–6
Náilon 6,6			
• Seco, como moldado	55,1–82,8 (8–12)	94,5 (13,7)	15–80
• 50% de umidade relativa	358 (52)	75,9 (11)	150–300
Fenólico	—	34,5–62,1 (5,0–9,0)	1,5–2,0
Poli(tereftalato de butileno) (PBT)	56,6–60,0 (8,2–8,7)	56,6–60,0 (8,2–8,7)	50–300
Policarbonato (PC)	62,1 (9)	62,8–72,4 (9,1–10,5)	110–150
Poliéster (termofixo)	—	41,4–89,7 (6,0–13,0)	<2,6
Poli(éter-éter-cetona) (PEEK)	91 (13,2)	70,3–103 (10,2–15,0)	30–150
Polietileno			
• Baixa densidade (PEBD)	9,0–14,5 (1,3–2,1)	8,3–31,4 (1,2–4,55)	100–650
• Alta densidade (PEAD)	26,2–33,1 (3,8–4,8)	22,1–31,0 (3,2–4,5)	10–1200
• Ultra-alto peso molecular (PEUAPM)	21,4–27,6 (3,1–4,0)	38,6–48,3 (5,6–7,0)	350–525
Poli(tereftalato de etileno) (PET)	59,3 (8,6)	48,3–72,4 (7,0–10,5)	30–300
Poli(metacrilato de metila) (PMMA)	53,8–73,1 (7,8–10,6)	48,3–72,4 (7,0–10,5)	2,0–5,5
Polipropileno (PP)	31,0–37,2 (4,5–5,4)	31,0–41,4 (4,5–6,0)	100–600
Poliestireno (PS)	25,0–69,0 (3,63–10,0)	35,9–51,7 (5,2–7,5)	1,2–2,5
Politetrafluoroetileno (PTFE)	13,8–15,2 (2,0–2,2)	20,7–34,5 (3,0–5,0)	200–400
Poli(cloreto de vinila) (PVC)	40,7–44,8 (5,9–6,5)	40,7–51,7 (5,9–7,5)	40–80
FIBRAS			
Aramida (Kevlar 49)	—	3600–4100 (525–600)	2,8
Carbono			
• Módulo padrão (longitudinal) (precursor PAN)	—	3800–4200 (550–610)	2
• Módulo intermediário (longitudinal) (precursor PAN)	—	4650–6350 (675–920)	1,8
• Módulo alto (longitudinal) (precursor PAN)	—	2500–4500 (360–650)	0,6
• Módulo ultra-alto (longitudinal) (precursor piche)	—	2620–3630 (380–526)	0,30–0,66
Vidro E	—	3450 (500)	4,3
MATERIAIS COMPÓSITOS			
Fibras de aramida-matriz epóxi (alinhadas, $V_f = 0,6$)			
• Direção longitudinal	—	1240 (180)	1,8
• Direção transversal	—	30 (4,3)	0,5
Fibras de carbono de módulo padrão-matriz epóxi (alinhadas, $V_f = 0,6$)			
• Direção longitudinal	—	1520 (220)	0,9
• Direção transversal	—	41 (6)	0,4
Fibras de vidro E-matriz epóxi (alinhadas, $V_f = 0,6$)			
• Direção longitudinal	—	1020 (150)	2,3
• Direção transversal	—	40 (5,8)	0,4

(continua)

A-16 · **Apêndice B**

Tabela B.4 *(Continuação)*

Material/Condição	Limite de Escoamento (MPa [ksi])	Limite de Resistência à Tração (MPa [ksi])	Alongamento Percentual
Madeira			
• Abeto de Douglas (12% de umidade)			
Paralelo ao grão	—	108 (15,6)	—
Perpendicular ao grão	—	2,4 (0,35)	—
• Carvalho-vermelho (12% de umidade)			
Paralelo ao grão	—	112 (16,3)	—
Perpendicular ao grão	—	7,2 (1,05)	—

[a]As resistências da grafita, das cerâmicas e dos materiais semicondutores são consideradas como as resistências à flexão.
[b]A resistência do concreto é medida em compressão.
[c]Resistência à flexão em uma probabilidade de fratura de 50%.
Fontes: *ASM Handbooks*, vols. 1 e 2, *Engineered Materials Handbooks*, Volumes 1 e 4, *Metals Handbook: Properties and Selection: Nonferrous Alloys and Pure Metals,* vol. 2, 9ª ed., *Advanced Materials & Processes*, vol. 146, n. 4, e *Materials & Processing Databook (1985),* ASM International, Materials Park, OH; *Modern Plastics Encyclopedia '96*, The McGraw-Hill Companies, Nova York, NY; e especificações técnicas de fabricantes dos materiais.

Tabela B.5
Valores de Tenacidade à Fratura em Deformação Plana e de Resistência à Temperatura Ambiente para Vários Materiais de Engenharia

Material	Tenacidade à Fratura		Resistência[a] (MPa)
	$MPa\sqrt{m}$	$ksi\sqrt{in}$	
METAIS E LIGAS METÁLICAS			
Aços-Carbono Comuns e Aços de Baixa Liga			
Aço 1040	54,0	49,0	260
Aço 4140			
• Revenido a 370°C	55–65	50–59	1375–1585
• Revenido a 482°C	75–93	68,3–84,6	1100–1200
Aço 4340			
• Revenido a 260°C	50,0	45,8	1640
• Revenido a 425°C	87,4	80,0	1420
Aços Inoxidáveis			
Liga inoxidável 17-4PH			
• Endurecida por precipitação a 482°C	53	48	1170
Ligas de Alumínio			
Liga 2024-T3	44	40	345
Liga 7075-T651	24	22	495
Ligas de Magnésio			
Liga AZ31B			
• Extrudada	28,0	25,5	200
Ligas de Titânio			
Liga Ti–5Al–2,5Sn			
• Resfriada ao ar	71,4	65,0	876
Liga Ti–6Al–4V			
• Grãos equiaxiais	44–66	40–60	910
GRAFITA, CERÂMICAS E MATERIAIS SEMICONDUTORES			
Óxido de alumínio			
• 99,9% puro	4,2–5,9	3,8–5,4	282–551
• 96% puro	3,85–3,95	3,5–3,6	358
Concreto	0,2–1,4	0,18–1,27	—
Diamante			
• Natural	3,4	3,1	1050
• Sintético	6,0–10,7	5,5–9,7	800–1400

(continua)

Propriedades de Materiais de Engenharia Selecionados • A-17

Tabela B.5
(Continuação)

Material	Tenacidade à Fratura		Resistência[a] (MPa)
	$MPa\sqrt{m}$	$ksi\sqrt{in}$	
Arseneto de gálio			
• Na orientação {100}	0,43	0,39	66
• Na orientação {110}	0,31	0,28	—
• Na orientação {111}	0,45	0,41	—
Vidro, borossilicato (Pyrex)	0,77	0,70	69
Vidro, soda-cal	0,75	0,68	69
Vitrocerâmica (Pyroceram)	1,6–2,1	1,5–1,9	123–370
Sílica, fundida	0,79	0,72	104
Silício			
• Na orientação {100}	0,95	0,86	—
• Na orientação {110}	0,90	0,82	—
• Na orientação {111}	0,82	0,75	—
Carbeto de silício			
• Prensado a quente	4,8–6,1	4,4–5,6	230–825
• Sinterizado	4,8	4,4	96–520
Nitreto de silício			
• Prensado a quente	4,1–6,0	3,7–5,5	700–1000
• Unido por reação	3,6	3,3	250–345
• Sinterizado	5,3	4,8	414–650
Zircônia, 3% em mol de Y_2O_3	7,0–12,0	6,4–10,9	800–1500
POLÍMEROS			
Epóxi	0,6	0,55	—
Náilon 6,6	2,5–3,0	2,3–2,7	44,8–58,6
Policarbonato (PC)	2,2	2,0	62,1
Poliéster (termofixo)	0,6	0,55	—
Poli(tereftalato de etileno) (PET)	5,0	4,6	59,3
Poli(metacrilato de metila) (PMMA)	0,7–1,6	0,6–1,5	53,8–73,1
Polipropileno (PP)	3,0–4,5	2,7–4,1	31,0–37,2
Poliestireno (PS)	0,7–1,1	0,6–1,0	—
Poli(cloreto de vinila) (PVC)	2,0–4,0	1,8–3,6	40,7–44,8

[a]Para as ligas metálicas e os polímeros, a resistência é considerada como o limite de escoamento; para os materiais cerâmicos, é usada a resistência à flexão.
Fontes: *ASM Handbooks*, vols. 1 e 19, *Engineered Materials Handbooks*, vols. 2 e 4, e *Advanced Materials & Processes*, vol. 137, n. 6, ASM International, Materials Park, OH.

Tabela B.6
Valores de Coeficiente Linear de Expansão Térmica à Temperatura Ambiente para Vários Materiais de Engenharia

Material	Coeficiente de Expansão Térmica	
	10^{-6} $(°C)^{-1}$	10^{-6} $(°F)^{-1}$
METAIS E LIGAS METÁLICAS **Aços-Carbono Comuns e Aços de Baixa Liga**		
Aço A36	11,7	6,5
Aço 1020	11,7	6,5
Aço 1040	11,3	6,3
Aço 4140	12,3	6,8
Aço 4340	12,3	6,8

(continua)

A-18 · **Apêndice B**

Tabela B.6
(Continuação)

Material	Coeficiente de Expansão Térmica	
	10⁻⁶ (°C)⁻¹	*10⁻⁶ (°F)⁻¹*
Aços Inoxidáveis		
Liga inoxidável 304	17,2	9,6
Liga inoxidável 316	16,0	8,9
Liga inoxidável 405	10,8	6,0
Liga inoxidável 440A	10,2	5,7
Liga inoxidável 17-4PH	10,8	6,0
Ferros Fundidos		
Ferros cinzentos		
• Classe G1800	11,4	6,3
• Classe G3000	11,4	6,3
• Classe G4000	11,4	6,3
Ferros nodulares		
• Classe 60-40-18	11,2	6,2
• Classe 80-55-06	10,6	5,9
Ligas de Alumínio		
Liga 1100	23,6	13,1
Liga 2024	22,9	12,7
Liga 2024	23,6	13,1
Liga 7075	23,4	13,0
Liga 356,0	21,5	11,9
Ligas de Cobre		
C11000 (cobre eletrolítico tenaz)	17,0	9,4
C17200 (cobre-berílio)	16,7	9,3
C26000 (latão para cartuchos)	19,9	11,1
C36000 (latão de fácil usinagem)	20,5	11,4
C71500 (cobre-níquel, 30%)	16,2	9,0
C93200 (bronze para mancais)	18,0	10,0
Ligas de Magnésio		
Liga AZ31B	26,0	14,4
Liga AZ91D	26,0	14,4
Ligas de Titânio		
Comercialmente puro (ASTM classe 1)	8,6	4,8
Liga Ti–5Al–2,5Sn	9,4	5,2
Liga Ti–6Al–4V	8,6	4,8
Metais Preciosos		
Ouro (comercialmente puro)	14,2	7,9
Platina (comercialmente pura)	9,1	5,1
Prata (comercialmente pura)	19,7	10,9
Metais Refratários		
Molibdênio (comercialmente puro)	4,9	2,7
Tântalo (comercialmente puro)	6,5	3,6
Tungstênio (comercialmente puro)	4,5	2,5

(continua)

Propriedades de Materiais de Engenharia Selecionados • **A-19**

Tabela B.6
(Continuação)

Material	Coeficiente de Expansão Térmica	
	10^{-6} $(°C)^{-1}$	10^{-6} $(°F)^{-1}$
Ligas Não Ferrosas Diversas		
Níquel 200	13,3	7,4
Inconel 625	12,8	7,1
Monel 400	13,9	7,7
Liga Haynes 25	12,3	6,8
Invar	1,6	0,9
Super invar	0,72	0,40
Kovar	5,1	2,8
Chumbo químico	29,3	16,3
Chumbo antimonial (6%)	27,2	15,1
Estanho (comercialmente puro)	23,8	13,2
Solda chumbo-estanho (60Sn-40Pb)	24,0	13,3
Zinco (comercialmente puro)	23,0–32,5	12,7–18,1
Zircônio, classe 702 para reatores	5,9	3,3
GRAFITA, CERÂMICAS E MATERIAIS SEMICONDUTORES		
Óxido de alumínio		
• 99,9% puro	7,4	4,1
• 96% puro	7,4	4,1
• 90% puro	7,0	3,9
Concreto	10,0–13,6	5,6–7,6
Diamante (natural)	0,11–1,23	0,06–0,68
Arseneto de gálio	5,9	3,3
Vidro, borossilicato (Pyrex)	3,3	1,8
Vidro, soda-cal	9,0	5,0
Vitrocerâmica (Pyroceram)	6,5	3,6
Grafita		
• Extrudada	2,0–2,7	1,1–1,5
• Conformada isostaticamente	2,2–6,0	1,2–3,3
Sílica, fundida	0,4	0,22
Silício	2,5	1,4
Carbeto de silício		
• Prensado a quente	4,6	2,6
• Sinterizado	4,1	2,3
Nitreto de silício		
• Prensado a quente	2,7	1,5
• Unido por reação	3,1	1,7
• Sinterizado	3,1	1,7
Zircônia, 3% em mol de Y_2O_3	9,6	5,3
POLÍMEROS		
Elastômeros		
• Butadieno-acrilonitrila (nitrila)	235	130
• Estireno-butadieno (SBR)	220	125
• Silicone	270	150
Epóxi	81–117	45–65

(continua)

A-20 • **Apêndice B**

Tabela B.6
(Continuação)

Material	Coeficiente de Expansão Térmica	
	10^{-6} (°C)$^{-1}$	10^{-6} (°F)$^{-1}$
Náilon 6,6	144	80
Fenólico	122	68
Poli(tereftalato de butileno) (PBT)	108–171	60–95
Policarbonato (PC)	122	68
Poliéster (termofixo)	100–180	55–100
Poli(éter-éter-cetona) (PEEK)	72–85	40–47
Polietileno		
• Baixa densidade (PEBD)	180–400	100–220
• Alta densidade (PEAD)	106–198	59–110
• Ultra-alto peso molecular (PEUAPM)	234–360	130–200
Poli(tereftalato de etileno) (PET)	117	65
Poli(metacrilato de metila) (PMMA)	90–162	50–90
Polipropileno (PP)	146–180	81–100
Poliestireno (PS)	90–150	50–83
Politetrafluoroetileno (PTFE)	126–216	70–120
Poli(cloreto de vinila) (PVC)	90–180	50–100
FIBRAS		
Aramida (Kevlar 49)		
• Direção longitudinal	–2,0	–1,1
• Direção transversal	60	33
Carbono		
• Módulo-padrão (precursor PAN)		
Direção longitudinal	–0,6	–0,3
Direção transversal	10,0	5,6
• Módulo intermediário (precursor PAN)		
Direção longitudinal	–0,6	–0,3
• Módulo alto (precursor PAN)		
Direção longitudinal	–0,5	–0,28
Direção transversal	7,0	3,9
Módulo ultra-alto (precursor piche)		
• Direção longitudinal	–1,6	–0,9
• Direção transversal	15,0	8,3
Vidro E	5,0	2,8
MATERIAIS COMPÓSITOS		
Fibras de aramida-matriz epóxi ($V_f = 0,6$)		
• Direção longitudinal	–4,0	–2,2
• Direção transversal	70	40
Fibras de carbono de módulo alto-matriz epóxi ($V_f = 0,6$)		
• Direção longitudinal	–0,5	–0,3
• Direção transversal	32	18
Fibras de vidro E-matriz epóxi ($V_f = 0,6$)		
• Direção longitudinal	6,6	3,7
• Direção transversal	30	16,7
Madeira		
• Abeto de Douglas (12% de umidade)		
Paralelo ao grão	3,8–5,1	2,2–2,8
Perpendicular ao grão	25,4–33,8	14,1–18,8
• Carvalho-vermelho (12% de umidade)		
Paralelo ao grão	4,6–5,9	2,6–3,3
Perpendicular ao grão	30,6–39,1	17,0–21,7

Fontes: *ASM Handbooks*, vols. 1 e 2, *Engineered Materials Handbooks,* vols. 1 e 4, *Metals Handbook: Properties and Selection: Nonferrous Alloys and Pure Metals,* vol. 2, 9ª ed., e *Advanced Materials & Processes*, vol. 146, n. 4, ASM International, Materials Park, OH; *Modern Plastics Encyclopedia '96*, The McGraw-Hill Companies, Nova York, NY; e especificações técnicas de fabricantes dos materiais.

Propriedades de Materiais de Engenharia Selecionados • A-21

Tabela B.7
Valores de Condutividade Térmica à Temperatura Ambiente para Vários Materiais de Engenharia

Material	Condutividade Térmica	
	$W/m \cdot K$	$Btu/ft \cdot h \cdot °F$
METAIS E LIGAS METÁLICAS		
Aços-Carbono Comuns e Aços de Baixa Liga		
Aço A36	51,9	30
Aço 1020	51,9	30
Aço 1040	51,9	30
Aços Inoxidáveis		
Liga inoxidável 304 (recozida)	16,2	9,4
Liga inoxidável 316 (recozida)	15,9	9,2
Liga inoxidável 405 (recozida)	27,0	15,6
Liga inoxidável 440A (recozida)	24,2	14,0
Liga inoxidável 17-4PH (recozida)	18,3	10,6
Ferros Fundidos		
Ferros cinzentos		
• Classe G1800	46,0	26,6
• Classe G3000	46,0	26,6
• Classe G4000	46,0	26,6
Ferros nodulares		
• Classe 60-40-18	36,0	20,8
• Classe 80-55-06	36,0	20,8
• Classe 120-90-02	36,0	20,8
Ligas de Alumínio		
Liga 1100 (recozida)	222	128
Liga 2024 (recozida)	190	110
Liga 6061 (recozida)	180	104
Liga 7075-T6	130	75
Liga 356,0-T6	151	87
Ligas de Cobre		
C11000 (cobre eletrolítico tenaz)	388	224
C17200 (cobre-berílio)	105–130	60–75
C26000 (latão para cartuchos)	120	70
C36000 (latão de fácil usinagem)	115	67
C71500 (cobre-níquel, 30%)	29	16,8
C93200 (bronze para mancais)	59	34
Ligas de Magnésio		
Liga AZ31B	96[a]	55[a]
Liga AZ91D	72[a]	43[a]
Ligas de Titânio		
Comercialmente puro (ASTM classe 1)	16	9,2
Liga Ti–5Al–2,5Sn	7,6	4,4
Liga Ti–6Al–4V	6,7	3,9

(continua)

A-22 • **Apêndice B**

Tabela B.7
(Continuação)

Material	Condutividade Térmica	
	W/m · K	Btu/ft · h · °F
Metais Preciosos		
Ouro (comercialmente puro)	315	182
Platina (comercialmente pura)	71[b]	41[b]
Prata (comercialmente pura)	428	247
Metais Refratários		
Molibdênio (comercialmente puro)	142	82
Tântalo (comercialmente puro)	54,4	31,4
Tungstênio (comercialmente puro)	155	89,4
Ligas Não Ferrosas Diversas		
Níquel 200	70	40,5
Inconel 625	9,8	5,7
Monel 400	21,8	12,6
Liga Haynes 25	9,8	5,7
Invar	10	5,8
Super invar	10	5,8
Kovar	17	9,8
Chumbo químico	35	20,2
Chumbo antimonial (6%)	29	16,8
Estanho (comercialmente puro)	60,7	35,1
Solda chumbo-estanho (60Sn-40Pb)	50	28,9
Zinco (comercialmente puro)	108	62
Zircônio, classe 702 para reatores	22	12,7
GRAFITA, CERÂMICAS E MATERIAIS SEMICONDUTORES		
Óxido de alumínio • 99,9% puro • 96% puro • 90% puro	 39 35 16	 22,5 20 9,2
Concreto	1,25–1,75	0,72–1,0
Diamante • Natural • Sintético	 1450–4650 3150	 840–2700 1820
Arseneto de gálio	45,5	26,3
Vidro, borossilicato (Pyrex)	1,4	0,81
Vidro, soda-cal	1,7	1,0
Vitrocerâmica (Pyroceram)	3,3	1,9
Grafita • Extrudada • Conformada isostaticamente	 130–190 104–130	 75–110 60–75
Sílica, fundida	1,4	0,81

(continua)

Propriedades de Materiais de Engenharia Selecionados • **A-23**

Tabela B.7
(Continuação)

Material	Condutividade Térmica	
	W/m · K	*Btu/ft · h · °F*
Silício	141	82
Carbeto de silício		
• Prensado a quente	80	46,2
• Sinterizado	71	41
Nitreto de silício		
• Prensado a quente	29	17
• Unido por reação	10	6
• Sinterizado	33	19,1
Zircônia, 3% em mol de Y_2O_3	2,0–3,3	1,2–1,9
POLÍMEROS		
Elastômeros		
• Butadieno-acrilonitrila (nitrila)	0,25	0,14
• Estireno-butadieno (SBR)	0,25	0,14
• Silicone	0,23	0,13
Epóxi	0,19	0,11
Náilon 6,6	0,24	0,14
Fenólico	0,15	0,087
Poli(tereftalato de butileno) (PBT)	0,18–0,29	0,10–0,17
Policarbonato (PC)	0,20	0,12
Poliéster (termofixo)	0,17	0,10
Polietileno		
• Baixa densidade (PEBD)	0,33	0,19
• Alta densidade (PEAD)	0,48	0,28
• Ultra-alto peso molecular (PEUAPM)	0,33	0,19
Poli(tereftalato de etileno) (PET)	0,15	0,087
Poli(metacrilato de metila) (PMMA)	0,17–0,25	0,10–0,15
Polipropileno (PP)	0,12	0,069
Poliestireno (PS)	0,13	0,075
Politetrafluoroetileno (PTFE)	0,25	0,14
Poli(cloreto de vinila) (PVC)	0,15–0,21	0,08–0,12
FIBRAS		
Carbono (longitudinal)		
• Módulo padrão (precursor PAN)	11	6,4
• Módulo intermediário (precursor PAN)	15	8,7
• Módulo alto (precursor PAN)	70	40
• Módulo ultra-alto (precursor piche)	320–600	180–340
Vidro E	1,3	0,75
MATERIAIS COMPÓSITOS		
Madeira		
• Abeto de Douglas (12% de umidade)		
Perpendicular ao grão	0,14	0,08
• Carvalho-vermelho (12% de umidade)		
Perpendicular ao grão	0,18	0,11

[a]A 100°C.
[b]A 0°C.

Fontes: *ASM Handbooks,* vols. 1 e 2, *Engineered Materials Handbooks,* vols. 1 e 4, *Metals Handbook: Properties and Selection: Nonferrous Alloys and Pure Metals,* vol. 2, 9ª ed., e *Advanced Materials & Processes,* vol. 146, n. 4, ASM International, Materials Park, OH; *Modern Plastics Encyclopedia '96* e *Modern Plastics Encyclopedia 1977-1978,* The McGraw-Hill Companies, Nova York, NY; e especificações técnicas de fabricantes dos materiais.

A-24 • Apêndice B

Tabela B.8
Valores de Calor Específico à Temperatura Ambiente para Vários Materiais de Engenharia

Material	Calor Específico	
	$J/kg \cdot K$	$10^{-2} Btu/lb_m \cdot °F$
METAIS E LIGAS METÁLICAS		
Aços-Carbono Comuns e Aços de Baixa Liga		
Aço A36	486[a]	11,6[a]
Aço 1020	486[a]	11,6[a]
Aço 1040	486[a]	11,6[a]
Aços Inoxidáveis		
Liga inoxidável 304	500	12,0
Liga inoxidável 316	502	12,1
Liga inoxidável 405	460	11,0
Liga inoxidável 440A	460	11,0
Liga inoxidável 17-4PH	460	11,0
Ferros Fundidos		
Ferros cinzentos		
• Classe G1800	544	13
• Classe G3000	544	13
• Classe G4000	544	13
Ferros nodulares		
• Classe 60-40-18	544	13
• Classe 80-55-06	544	13
• Classe 120-90-02	544	13
Ligas de Alumínio		
Liga 1100	904	21,6
Liga 2024	875	20,9
Liga 6061	896	21,4
Liga 7075	960[b]	23,0[b]
Liga 356,0	963[b]	23,0[b]
Ligas de Cobre		
C11000 (cobre eletrolítico tenaz)	385	9,2
C17200 (cobre-berílio)	420	10,0
C26000 (latão para cartuchos)	375	9,0
C36000 (latão de fácil usinagem)	380	9,1
C71500 (cobre-níquel, 30%)	380	9,1
C93200 (bronze para mancais)	376	9,0
Ligas de Magnésio		
Liga AZ31B	1024	24,5
Liga AZ91D	1050	25,1
Ligas de Titânio		
Comercialmente pura (ASTM classe 1)	528[c]	12,6[c]
Liga Ti–5Al–2,5Sn	470[c]	11,2[c]
Liga Ti–6Al–4V	610[c]	14,6[c]

(continua)

Propriedades de Materiais de Engenharia Selecionados • **A-25**

Tabela B.8
(*Continuação*)

	Calor Específico	
Material	**J/kg · K**	**10^{-2} Btu/lbm · °F**
Metais Preciosos		
Ouro (comercialmente puro)	128	3,1
Platina (comercialmente pura)	132[d]	3,2[d]
Prata (comercialmente pura)	235	5,6
Metais Refratários		
Molibdênio (comercialmente puro)	276	6,6
Tântalo (comercialmente puro)	139	3,3
Tungstênio (comercialmente puro)	138	3,3
Ligas Não Ferrosas Diversas		
Níquel 200	456	10,9
Inconel 625	410	9,8
Monel 400	427	10,2
Liga Haynes 25	377	9,0
Invar	500	12,0
Super invar	500	12,0
Kovar	460	11,0
Chumbo químico	129	3,1
Chumbo antimonial (6%)	135	3,2
Estanho (comercialmente puro)	222	5,3
Solda chumbo-estanho (60Sn-40Pb)	150	3,6
Zinco (comercialmente puro)	395	9,4
Zircônio, classe 702 para reatores	285	6,8
GRAFITA, CERÂMICAS E MATERIAIS SEMICONDUTORES		
Óxido de alumínio		
• 99,9% puro	775	18,5
• 96% puro	775	18,5
• 90% puro	775	18,5
Concreto	850–1150	20,3–27,5
Diamante (natural)	520	12,4
Arseneto de gálio	350	8,4
Vidro, borossilicato (Pyrex)	850	20,3
Vidro, soda-cal	840	20,0
Vitrocerâmica (Pyroceram)	975	23,3
Grafita		
• Extrudada	830	19,8
• Conformada isostaticamente	830	19,8
Sílica, fundida	740	17,7
Silício	700	16,7
Carbeto de silício		
• Prensado a quente	670	16,0
• Sinterizado	590	14,1

(*continua*)

A-26 • **Apêndice B**

Tabela B.8
(Continuação)

Material	Calor Específico	
	J/kg · K	*10^{-2} Btu/lbm · °F*
Nitreto de silício		
• Prensado a quente	750	17,9
• Unido por reação	870	20,7
• Sinterizado	1100	26,3
Zircônia, 3% em mol de Y_2O_3	481	11,5
POLÍMEROS		
Epóxi	1050	25
Náilon 6,6	1670	40
Fenólico	1590–1760	38–42
Poli(tereftalato de butileno) (PBT)	1170–2300	28–55
Policarbonato (PC)	840	20
Poliéster (termofixo)	710–920	17–22
Polietileno		
• Baixa densidade (PEBD)	2300	55
• Alta densidade (PEAD)	1850	44,2
Poli(tereftalato de etileno) (PET)	1170	28
Poli(metacrilato de metila) (PMMA)	1460	35
Polipropileno (PP)	1925	46
Poliestireno (PS)	1170	28
Politetrafluoroetileno (PTFE)	1050	25
Poli(cloreto de vinila) (PVC)	1050–1460	25–35
FIBRAS		
Aramida (Kevlar 49)	1300	31
Vidro E	810	19,3
MATERIAIS COMPÓSITOS		
Madeira		
• Abeto de Douglas (12% de umidade)	2900	69,3
• Carvalho-vermelho (12% de umidade)	2900	69,3

[a] A temperaturas entre 50°C e 100°C.
[b] A 100°C.
[c] A 50°C.
[d] A 0°C.

Fontes: *ASM Handbooks*, vols. 1 e 2, *Engineered Materials Handbooks*, vols. 1, 2, e 4, *Metals Handbook: Properties and Selection: Nonferrous Alloys and Pure Metals*, vol. 2, 9ª ed., e *Advanced Materials & Processes*, vol. 146, n. 4, ASM International, Materials Park, OH; *Modern Plastics Encyclopedia 1977-1978*, The McGraw-Hill Companies, Nova York, NY; e especificações técnicas de fabricantes dos materiais.

Tabela B.9
Valores de Resistividade Elétrica à Temperatura Ambiente para Vários Materiais de Engenharia

Material	Resistividade Elétrica, $\Omega \cdot m$
METAIS E LIGAS METÁLICAS **Aços-Carbono Comuns e Aços de Baixa Liga**	
Aço A36[a]	$1,60 \times 10^{-7}$
Aço 1020 (recozido)[a]	$1,60 \times 10^{-7}$
Aço 1040 (recozido)[a]	$1,60 \times 10^{-7}$
Aço 4140 (temperado e revenido)	$2,20 \times 10^{-7}$
Aço 4340 (temperado e revenido)	$2,48 \times 10^{-7}$

(continua)

Propriedades de Materiais de Engenharia Selecionados • A-27

Tabela B.9
(Continuação)

Material	Resistividade Elétrica, $\Omega \cdot m$
Aços Inoxidáveis	
Liga inoxidável 304 (recozida)	$7,2 \times 10^{-7}$
Liga inoxidável 316 (recozida)	$7,4 \times 10^{-7}$
Liga inoxidável 405 (recozida)	$6,0 \times 10^{-7}$
Liga inoxidável 440A (recozida)	$6,0 \times 10^{-7}$
Liga inoxidável 17-4PH (recozida)	$9,8 \times 10^{-7}$
Ferros Fundidos	
Ferros cinzentos	
• Classe G1800	$15,0 \times 10^{-7}$
• Classe G3000	$9,5 \times 10^{-7}$
• Classe G4000	$8,5 \times 10^{-7}$
Ferros nodulares	
• Classe 60-40-18	$5,5 \times 10^{-7}$
• Classe 80-55-06	$6,2 \times 10^{-7}$
• Classe 120-90-02	$6,2 \times 10^{-7}$
Ligas de Alumínio	
Liga 1100 (recozida)	$2,9 \times 10^{-8}$
Liga 2024 (recozida)	$3,4 \times 10^{-8}$
Liga 6061 (recozida)	$3,7 \times 10^{-8}$
Liga 7075 (tratamento T6)	$5,22 \times 10^{-8}$
Liga 356,0 (tratamento T6)	$4,42 \times 10^{-8}$
Ligas de Cobre	
C11000 (cobre eletrolítico tenaz recozido)	$1,72 \times 10^{-8}$
C17200 (cobre-berílio)	$5,7 \times 10^{-8}$–$1,15 \times 10^{-7}$
C26000 (latão para cartuchos)	$6,2 \times 10^{-8}$
C36000 (latão de fácil usinagem)	$6,6 \times 10^{-8}$
C71500 (cobre-níquel, 30%)	$37,5 \times 10^{-8}$
C93200 (bronze para mancais)	$14,4 \times 10^{-8}$
Ligas de Magnésio	
Liga AZ31B	$9,2 \times 10^{-8}$
Liga AZ91D	$17,0 \times 10^{-8}$
Ligas de Titânio	
Comercialmente puro (ASTM classe 1)	$4,2 \times 10^{-7}$–$5,2 \times 10^{-7}$
Liga Ti–5Al–2,5Sn	$15,7 \times 10^{-7}$
Liga Ti–6Al–4V	$17,1 \times 10^{-7}$
Metais Preciosos	
Ouro (comercialmente puro)	$2,35 \times 10^{-8}$
Platina (comercialmente pura)	$10,60 \times 10^{-8}$
Prata (comercialmente pura)	$1,47 \times 10^{-8}$

(continua)

A-28 • **Apêndice B**

Tabela B.9
(Continuação)

Material	Resistividade Elétrica, $\Omega \cdot m$
Metais Refratários	
Molibdênio (comercialmente puro)	$5,2 \times 10^{-8}$
Tântalo (comercialmente puro)	$13,5 \times 10^{-8}$
Tungstênio (comercialmente puro)	$5,3 \times 10^{-8}$
Ligas Não Ferrosas Diversas	
Níquel 200	$0,95 \times 10^{-7}$
Inconel 625	$12,90 \times 10^{-7}$
Monel 400	$5,47 \times 10^{-7}$
Liga Haynes 25	$8,9 \times 10^{-7}$
Invar	$8,2 \times 10^{-7}$
Super invar	$8,0 \times 10^{-7}$
Kovar	$4,9 \times 10^{-7}$
Chumbo químico	$2,06 \times 10^{-7}$
Chumbo antimonial (6%)	$2,53 \times 10^{-7}$
Estanho (comercialmente puro)	$1,11 \times 10^{-7}$
Solda chumbo-estanho (60Sn-40Pb)	$1,50 \times 10^{-7}$
Zinco (comercialmente puro)	$62,0 \times 10^{-7}$
Zircônio, classe 702 para reatores	$3,97 \times 10^{-7}$
GRAFITA, CERÂMICAS E MATERIAIS SEMICONDUTORES	
Óxido de alumínio	
• 99,9% puro	$>10^{13}$
• 96% puro	$>10^{12}$
• 90% puro	$>10^{12}$
Concreto (seco)	10^{9}
Diamante	
• Natural	$10\text{--}10^{14}$
• Sintético	$1,5 \times 10^{-2}$
Arseneto de gálio (intrínseco)	10^{6}
Vidro, borossilicato (Pyrex)	$\sim 10^{13}$
Vidro, soda-cal	$10^{10}\text{--}10^{11}$
Vitrocerâmica (Pyroceram)	2×10^{14}
Grafita	
• Extrudada (na direção do grão)	$7 \times 10^{-6}\text{--}20 \times 10^{-6}$
• Conformada isostaticamente	$10 \times 10^{-6}\text{--}18 \times 10^{-6}$
Sílica, fundida	$>10^{18}$
Silício (intrínseco)	2500
Carbeto de silício	
• Prensado a quente	$1,0\text{--}10^{9}$
• Sinterizado	$1,0\text{--}10^{9}$
Nitreto de silício	
• Prensado isostaticamente a quente	$>10^{12}$
• Unido por reação	$>10^{12}$
• Sinterizado	$>10^{12}$
Zircônia, 3% em mol de Y_2O_3	10^{10}

(continua)

Propriedades de Materiais de Engenharia Selecionados • **A-29**

Tabela B.9
(Continuação)

Material	*Resistividade Elétrica, $\Omega \cdot m$*
POLÍMEROS	
Elastômeros	
• Butadieno-acrilonitrila (nitrila)	$3,5 \times 10^8$
• Estireno-butadieno (SBR)	6×10^{11}
• Silicone	10^{13}
Epóxi	10^{10}–10^{13}
Náilon 6,6	10^{12}–10^{13}
Fenólico	10^9–10^{10}
Poli(tereftalato de butileno) (PBT)	4×10^{14}
Policarbonato (PC)	2×10^{14}
Poliéster (termofixo)	10^{13}
Poli(éter-éter-cetona) (PEEK)	6×10^{14}
Polietileno	
• Baixa densidade (PEBD)	10^{15}–5×10^{16}
• Alta densidade (PEAD)	10^{15}–5×10^{16}
• Ultra-alto peso molecular (PEUAPM)	$>5 \times 10^{14}$
Poli(tereftalato de etileno) (PET)	10^{12}
Poli(metacrilato de metila) (PMMA)	$>10^{12}$
Polipropileno (PP)	$>10^{14}$
Poliestireno (PS)	$>10^{14}$
Politetrafluoroetileno (PTFE)	10^{17}
Poli(cloreto de vinila) (PVC)	$>10^{14}$
FIBRAS	
Carbono	
• Módulo padrão (precursor PAN)	17×10^{-6}
• Módulo intermediário (precursor PAN)	15×10^{-6}
• Módulo alto (precursor PAN)	$9,5 \times 10^{-6}$
• Módulo ultra-alto (precursor piche)	$1,35 \times 10^{-6}$–5×10^{-6}
Vidro E	4×10^{14}
MATERIAIS COMPÓSITOS	
Madeira	
• Abeto de Douglas (seco em forno)	
Paralelo ao grão	10^{14}–10^{16}
Perpendicular ao grão	10^{14}–10^{16}
• Carvalho-vermelho (seco em forno)	
Paralelo ao grão	10^{14}–10^{16}
Perpendicular ao grão	10^{14}–10^{16}

[a]A 0°C.

Fontes: *ASM Handbooks,* vols. 1 e 2, *Engineered Materials Handbooks*, vols. 1, 2 e 4, *Metals Handbook: Properties and Selection: Nonferrous Alloys and Pure Metals*, vol. 2, 9ª ed., e *Advanced Materials & Processes*, vol. 146, n. 4, ASM International, Materials Park, OH; *Modern Plastics Encyclopedia* 1977-1978, The McGraw-Hill Companies, Nova York, NY; e especificações técnicas de fabricantes dos materiais.

A-30 · **Apêndice B**

Tabela B.10 Composições de Ligas Metálicas Cujos Dados Estão Incluídos nas Tabelas B.1 a B.9

Liga (Especificação UNS)	*Composição (%p)*
AÇOS-CARBONO COMUNS E AÇOS DE BAIXA LIGA	
A36 (ASTM A36)	98,0 Fe (mín.), 0,29 C, 1,0 Mn, 0,28 Si
1020 (G10200)	99,1 Fe (mín.), 0,20 C, 0,45 Mn
1040 (G10400)	98,6 Fe (mín.), 0,40 C, 0,75 Mn
4140 (G41400)	96,8 Fe (mín.), 0,40 C, 0,90 Cr, 0,20 Mo, 0,9 Mn
4340 (G43400)	95,2 Fe (mín.), 0,40 C, 1,8 Ni, 0,80 Cr, 0,25 Mo, 0,7 Mn
AÇOS INOXIDÁVEIS	
304 (S30400)	66,4 Fe (mín.), 0,.08 C, 19,0 Cr, 9,25 Ni, 2,0 Mn
316 (S31600)	61,9 Fe (mín.), 0,08 C, 17,0 Cr, 12,0 Ni, 2,5 Mo, 2,0 Mn
405 (S40500)	83,1 Fe (mín.), 0,08 C, 13,0 Cr, 0,20 Al, 1,0 Mn
440A (S44002)	78,4 Fe (mín.), 0,70 C, 17,0 Cr, 0,75 Mo, 1,0 Mn
17-4PH (S17400)	Fe (restante), 0,07 C, 16,25 Cr, 4,0 Ni, 4,0 Cu, 0,3 Nb + Ta, 1,0 Mn, 1,0 Si
FERROS FUNDIDOS	
Classe G1800 (F10004)	Fe (restante), 3,4–3,7 C, 2,8–2,3 Si, 0,65 Mn, 0,15 P, 0,15 S
Classe G3000 (F10006)	Fe (restante), 3,1–3,4 C, 2,3–1,9 Si, 0,75 Mn, 0,10 P, 0,15 S
Classe G4000 (F10008)	Fe (restante), 3,0–3,3 C, 2,1–1,8 Si, 0,85 Mn, 0,07 P, 0,15 S
Classe 60-40-18 (F32800)	Fe (restante), 3,4–4,0 C, 2,0–2,8 Si, 0–1,0 Ni, 0,05 Mg
Classe 80-55-06 (F33800)	Fe (restante), 3,3–3,8 C, 2,0–3,0 Si, 0–1,0 Ni, 0,05 Mg
Classe 120-90-02 (F36200)	Fe (restante), 3,4–3,8 C, 2,0–2,8 Si, 0–2,5 Ni, 0–1,0 Mo, 0,05 Mg
LIGAS DE ALUMÍNIO	
1100 (A91100)	99,00 Al (mín.), 0,20 Cu (máx.)
2024 (A92024)	90,75 Al (mín.), 4,4 Cu, 0,6 Mn, 1,5 Mg
6061 (A96061)	95,85 Al (mín.), 1,0 Mg, 0,6 Si, 0,30 Cu, 0,20 Cr
7075 (A97075)	87,2 Al (mín.), 5,6 Zn, 2,5 Mg, 1,6 Cu, 0,23 Cr
356,0 (A03560)	90,1 Al (mín.), 7,0 Si, 0,3 Mg
LIGAS DE COBRE	
(C11000)	99,90 Cu (mín.), 0,04 O (máx.)
(C17200)	96,7 Cu (mín.), 1,9 Be, 0,20 Co
(C26000)	Zn (restante), 70 Cu, 0,07 Pb, 0,05 Fe (máx.)
(C36000)	60,0 Cu (mín.), 35,5 Zn, 3,0 Pb
(C71500)	63,75 Cu (mín.), 30,0 Ni
(C93200)	81,0 Cu (mín.), 7,0 Sn, 7,0 Pb, 3,0 Zn
LIGAS DE MAGNÉSIO	
AZ31B (M11311)	94,4 Mg (mín.), 3,0 Al, 0,20 Mn (mín.), 1,0 Zn, 0,1 Si (máx.)
AZ91D (M11916)	89,0 Mg (mín.), 9,0 Al, 0,13 Mn (mín.), 0,7 Zn, 0,1 Si (máx.)
LIGAS DE TITÂNIO	
Comercial, classe 1 (R50250)	99,5 Ti (mín.)
Ti–5Al–2,5Sn (R54520)	90,2 Ti (mín.), 5,0 Al, 2,5 Sn
Ti–6Al–4V (R56400)	87,7 Ti (mín.), 6,0 Al, 4,0 V

(continua)

Tabela B.10   *(Continuação)*

Liga (Especificação UNS)	Composição (%p)
	LIGAS DIVERSAS
Níquel 200	99,0 Ni (mín.)
Inconel 625	58,0 Ni (mín.), 21,5 Cr, 9,0 Mo, 5,0 Fe, 3,65 Nb + Ta, 1,0 Co
Monel 400	63,0 Ni (mín.), 31,0 Cu, 2,5 Fe, 0,2 Mn, 0,3 C, 0,5 Si
Liga Haynes 25	49,4 Co (mín.), 20 Cr, 15 W, 10 Ni, 3 Fe (máx.), 0,10 C, 1,5 Mn
Invar (K93601)	64 Fe, 36 Ni
Super invar	63 Fe, 32 Ni, 5 Co
Kovar	54 Fe, 29 Ni, 17 Co
Chumbo químico (L51120)	99,90 Pb (mín.)
Chumbo antimonial, 6% (L53105)	94 Pb, 6 Sb
Estanho (comercialmente puro) (ASTM B339A)	98,85 Pb (mín.)
Solda chumbo-estanho (60Sn-40Pb) (ASTM B32 classe 60)	60 Sn, 40 Pb
Zinco (comercialmente puro) (Z21210)	99,9 Zn (mín.), 0,10 Pb (máx.)
Zircônio, classe 702 para reatores (R60702)	99,2 Zr + Hf (mín.), 4,5 Hf (máx.), 0,2 Fe + Cr

Fontes: *ASM Handbooks*, vols. 1 e 2, ASM International, Materials Park, OH.

Apêndice C — Custos e Custos Relativos de Materiais de Engenharia Selecionados

Este apêndice contém informações sobre preços para o conjunto de materiais cujas propriedades foram apresentadas no Apêndice B. A coleta de dados de custos de materiais que sejam válidos é uma tarefa extremamente difícil, o que explica a escassez de informações sobre preços de materiais disponíveis na literatura. Uma razão para isso é que existem três grupos de preços: do fabricante, do distribuidor e do revendedor. Na maioria das circunstâncias, os preços citados são os dos distribuidores. Para alguns materiais (por exemplo, as cerâmicas especiais, como o carbeto de silício e o nitreto de silício), foi necessário utilizar os preços dos fabricantes. Além disso, pode haver uma variação significativa no custo para um material específico. Existem várias razões para isso. Em primeiro lugar, cada fornecedor tem sua própria política de preços. Além disso, o custo depende da quantidade de material comprado e, também, de como ele foi processado ou tratado. Esforçamo-nos para coletar dados válidos para pedidos relativamente grandes — isto é, para quantidades da ordem de 900 kg (2000 lb$_m$) para os materiais vendidos normalmente a granel — e, também, para condições de forma/tratamento comuns. Sempre que foi possível, coletamos os preços em pelo menos três distribuidores/fabricantes diferentes.

Essas informações de preços foram coletadas em janeiro de 2015. Os dados de custo estão em dólares norte-americanos por quilograma; além disso, esses dados estão expressos tanto em faixas de preços quanto em valores únicos. A ausência de uma faixa de preços (isto é, quando um único valor é citado) significa que ou a variação nos preços é pequena ou que, com base em uma fonte de dados limitada, não foi possível identificar uma faixa de preços. Além disso, como os preços dos materiais variam ao longo do tempo, decidiu-se utilizar um índice de custo relativo; esse índice representa o custo por unidade de massa (ou o custo médio por unidade de massa) de um material dividido pelo custo médio por unidade de massa de um material comumente utilizado em engenharia — o aço-carbono comum A36. Embora o preço de um determinado material possa variar ao longo do tempo, a razão entre os preços desse material e de outro vai, muito provavelmente, variar menos.

Material/Condição	Custo (US$/kg)	Custo Relativo
AÇOS-CARBONO E AÇOS DE BAIXA LIGA		
Aço A36		
• Chapa, laminada a quente	0,40–1,20	1,00
• Viga em L, laminada a quente	1,15–1,40	1,0
Aço 1020		
• Chapa, laminada a quente	0,50–2,00	1,2
• Chapa, laminada a frio	0,55–1,85	1,0
Aço 1045		
• Chapa, laminada a quente	0,50–2,85	1,2
• Chapa, laminada a frio	0,50–2,00	1,2
Aço 4140		
• Barra, normalizada	0,50–3,00	1,9
• Classe H (redonda), normalizada	0,60–2,50	1,4
Aço 4340		
• Barra, recozida	0,70–3,00	2,0
• Barra, normalizada	0,70–2,50	1,8

(continua)

Custos e Custos Relativos de Materiais de Engenharia Selecionados • A-33

(Continuação)

Material/Condição	Custo (US$/kg)	Custo Relativo
AÇOS INOXIDÁVEIS		
Liga inoxidável 304	1,50–4,30	3,4
Liga inoxidável 316	1,50–7,25	4,9
Liga inoxidável 17-4PH	1,80–8,00	4,9
FERROS FUNDIDOS		
Ferros cinzentos (todas as classes)	2,65–4,00	4,1
Ferros nodulares (todas as classes)	2,85–4,40	4,4
LIGAS DE ALUMÍNIO		
Alumínio (não ligado)	1,80–1,85	2,2
Liga 1100		
• Lâmina, recozida	0,75–3,00	1,6
Liga 2024		
• Lâmina, tratamento T3	1,80–4,85	3,9
• Barra, tratamento T351	2,00–11,00	5,8
Liga 5052		
• Lâmina, tratamento H32	2,50–4,65	4,2
Liga 6061		
• Lâmina, tratamento T6	2,00–7,70	4,7
• Barra, tratamento T651	3,35–6,70	5,6
Liga 7075		
• Lâmina, tratamento T6	2,20–5,00	4,6
Liga 356,0		
• Como fundida, alta produção	1,00–4,00	3,2
• Como fundida, peças personalizadas	5,00–20,00	12,9
• Tratamento T6, peças personalizadas	6,00–20,00	15,0
LIGAS DE COBRE		
Cobre (não ligado)	6,35–6,40	7,7
Liga C11000 (cobre eletrolítico tenaz), lâmina	6,50–10,00	10,1
Liga C17200 (cobre-berílio), lâmina	5,00–10,00	9,9
Liga C26000 (latão para cartuchos), lâmina	5,00–7,70	8,1
Liga C36000 (latão de fácil usinagem), lâmina, barra	4,70–7,15	7,1
Liga C71500 (cobre-níquel, 30%), lâmina	19,85–50,00	39,6
Liga C93200 (bronze para mancais)		
• Barra	8,60–9,25	10,7
• Como fundida, peça personalizada	10,00–100,00	66,1
LIGAS DE MAGNÉSIO		
Magnésio (não ligado)	2,50–2,55	3,0
Liga AZ31B		
• Lâmina (laminada)	10,00–50,00	38,0
• Extrudada	6,00–31,00	16,3
Liga AZ91D (como fundida)	2,80–5,50	4,5
LIGAS DE TITÂNIO		
Comercialmente puro		
• ASTM classe 1, recozido	20,00–70,00	42,1
• ASTM classe 2, recozido	14,00–64,00	31,6

(continua)

A-34 · **Apêndice C**

(*Continuação*)

Material/Condição	Custo (US$/kg)	Custo Relativo
Liga Ti–5Al–2,5Sn	19,00–60,00	45,7
Liga Ti–6Al–4V	20,00–45,00	35,3
METAIS PRECIOSOS		
Ouro, lingote	38.000–38.400	45.800
Platina, lingote	38.200–48.000	49.200
Prata, lingote	510–765	690
METAIS REFRATÁRIOS		
Molibdênio, pureza comercial	50–225	155
Tântalo, pureza comercial	150–800	525
Tungstênio, pureza comercial	160–235	237
LIGAS NÃO FERROSAS DIVERSAS		
Níquel, pureza comercial	15,00–15,65	18,4
Níquel 200	54,00–88,00	83,5
Inconel 625	24,25–50,00	43,2
Monel 400	30,00–52,00	41,8
Liga Haynes 25	10,00–25,00	17,1
Invar	33,00 66,00	56,8
Super invar	51,00–53,00	62,3
Kovar	29,00–84,00	59,2
Chumbo químico • Lingote • Chapa	 1,80–2,50 3,30–5,00	 2,4 5,0
Chumbo antimonial (6%) • Lingote • Chapa	 2,05–3,15 3,90–6,40	 3,1 6,1
Estanho, pureza comercial (> 99,91%), lingote	19,00–20,00	23,1
Solda (60Sn-40Pb), barra	25,00–38,00	38,9
Zinco, pureza comercial, lingote ou anodo	2,15–3,00	2,8
Zircônio, classe 702 para reatores (chapa)	70,00–95,00	99,4
GRAFITA, CERÂMICAS E MATERIAIS SEMICONDUTORES		
Óxido de alumínio • Pó calcinado, 99,8% de pureza, tamanho de partículas entre 0,4 e 5 μm • Meio para moinho de bolas, 99% puro, $1/4$ in de diâmetro • Meio para moinho de bolas, 90% puro, $1/4$ in de diâmetro	 0,95–2,90 47,00–64,00 15,50–19,50	 1,6 66,47 21,1
Concreto, misturado	0,065	0,081
Diamante • Sintético, 30-40 mesh, grau industrial • Sintético, policristalino • Sintético, $1/3$ quilate, grau industrial	 150–1500 15.000 200.000–1.500.000	 992 18.000 1.020.000
Arseneto de gálio • Grau mecânico, pastilhas com 150 mm de diâmetro, ~675 μm de espessura • Primeira classe, pastilhas com 150 mm de diâmetro, ~675 μm de espessura	 1800 3050	 2200 3670
Vidro, borossilicato (Pyrex), chapa	13,30–23,00	19,6

(*continua*)

Custos e Custos Relativos de Materiais de Engenharia Selecionados · **A-35**

(*Continuação*)

Material/Condição	*Custo (US$/kg)*	*Custo Relativo*
Vidro, soda-cal, chapa	1,80–9,10	6,4
Vitrocerâmica (Pyroceram), chapa	11,65–18,65	17,5
Grafita		
• Pulverizada, sintética, > 99% pureza, tamanho de partículas ~10 μm	0,20–1,00	0,87
• Peças prensadas isostaticamente, alta pureza, tamanho de partículas ~20 μm	130–175	186
Sílica, fundida, chapa	750–2800	2570
Silício		
• Classe para testes, não dopado, pastilhas com 150 mm de diâmetro, ~675 μm de espessura	420–1600	1020
• Primeira classe, não dopado, pastilhas com 150 mm de diâmetro, ~675 μm de espessura	630–2200	1710
Carbeto de silício		
• Meio para moinho de bolas, fase α, ¼ in de diâmetro, sinterizado	50–200	150
Nitreto de silício		
• Pó, tamanho de partículas submicrométrico	3,60–70,00	22,7
• Esferas, acabamento por polimento, diâmetro entre 0,25 e 0,25 in, prensado isostaticamente a quente	1.500–18.700	11.100
Zircônia (5% em mol de Y_2O_3), 15 mm de diâmetro, meio para moinho de bolas	25–80	45,1
POLÍMEROS		
Borracha butadieno-acrilonitrila (nitrila)		
• Crua e sem processamento	1,05–4,35	3,0
• Lâmina (¼-⅛ in de espessura)	3,00–18,00	12,0
Borracha estireno-butadieno (SBR)		
• Crua e sem processamento	1,40–7,00	3,6
• Lâmina (¼-⅛ in de espessura)	2,00–5,00	4,3
Borracha de silicone		
• Crua e sem processamento	2,60–8,50	6,1
• Lâmina (¼-⅛ in de espessura)	12,50–32,50	25,9
Resina epóxi, forma bruta	2,00–5,00	4,2
Náilon 6,6		
• Forma bruta	3,20–4,00	2,8
• Extrudado	3,00–6,50	5,9
Resina fenólica, forma bruta	2,00–2,80	2,8
Poli(tereftalato de butileno) (PBT)		
• Forma bruta	0,90–3,05	2,5
• Lâmina	8,00–40,00	18,6
Policarbonato (PC)		
• Forma bruta	0,80–5,30	3,4
• Lâmina	2,50–4,00	4,2
Poliéster (termofixo), forma bruta	1,90–4,30	4,4
Poli(éter-éter-cetona) (PEEK), forma bruta	100,00–280,00	246
Polietileno		
• Baixa densidade (PEBD), forma bruta	1,00–2,75	2,2
• Alta densidade (PEAD), forma bruta	0,90–2,65	2,2
• Ultra-alto peso molecular (PEUAPM), forma bruta	2,00–8,00	4,7
Poli(tereftalato de etileno) (PET)		
• Forma bruta	0,70–2,40	1,8
• Lâmina	1,60–2,55	2,4

(*continua*)

A-36 • **Apêndice C**

(*Continuação*)

Material/Condição	*Custo (US$/kg)*	*Custo Relativo*
Poli(metacrilato de metila) (PMMA)		
• Forma bruta	0,80–3,60	2,7
• Lâmina extrudada	2,00–3,80	3,8
Polipropileno (PP), forma bruta	0,70–2,60	2,1
Poliestireno (PS), forma bruta	0,80–2,95	2,4
Politetrafluoroetileno (PTFE)		
• Forma bruta	3,50–16,90	10,6
• Barra	5,60–9,85	9,60
Poli(cloreto de vinila) (PVC), forma bruta	0,80–2,55	1,9
FIBRAS		
Aramida (Kevlar 49), contínua	20–110	79,6
Carbono (precursor PAN), contínua		
• Módulo-padrão	21–66	45,9
• Módulo intermediário	44–132	106
• Módulo alto	66–200	155
• Módulo ultra-alto	165	198
Vidro E, contínua	0,90–1,65	1,5
MATERIAIS COMPÓSITOS		
Prepreg de epóxi com fibras contínuas de aramida (Kevlar 49)	65	79,5
Prepreg de epóxi com fibras contínuas de carbono		
• Módulo-padrão	30–40	42,4
• Módulo intermediário	65–100	99,4
• Módulo alto	110–190	180
Prepreg de epóxi com fibras contínuas de vidro E	44	53,0
Madeiras		
• Abeto de Douglas	0,65–0,95	1,1
• Pinus Ponderosa	1,20–2,45	2,3
• Carvalho-vermelho	3,75–3,85	4,6

Apêndice D — Estruturas de Unidades Repetidas para Polímeros Comuns

Denominação Química	Estrutura da Unidade Repetida
Epóxi (diglicidil éter de bisfenol A, DGEBA)	
Melamina-formaldeído (melamina)	
Fenol-formaldeído (fenólico)	
Poliacrilonitrila (PAN)	
Poli(amida-imida) (PAI)	

(continua)

A-38 · Apêndice D

(*Continuação*)

Denominação Química	Estrutura da Unidade Repetida
Polibutadieno	
Poli(tereftalato de butileno) (PBT)	
Policarbonato (PC)	
Policloropreno	
Policlorotrifluoroetileno	
Poli(dimetilsiloxano) (borracha de silicone)	
Poli(éter-éter-cetona) (PEEK)	
Polietileno (PE)	
Poli(tereftalato de etileno) (PET)	
Poli(hexametileno adipamida) (náilon 6,6)	

(*continua*)

Estruturas de Unidades Repetidas para Polímeros Comuns • G-39

(*Continuação*)

Denominação Química	Estrutura da Unidade Repetida
Poli-imida	
Poli-isobutileno	
Poli(*cis*-isopreno) (borracha natural)	
Poli(metacrilato de metila) (PMMA)	
Poli(óxido de fenileno) (PPO)	
Poli(sulfeto de fenileno) (PPS)	
Poli(parafenileno tereftalamida) (aramida)	
Polipropileno (PP)	
Poliestireno (PS)	

(*continua*)

A-40 · Apêndice D

(*Continuação*)

Denominação Química	Estrutura da Unidade Repetida
Politetrafluoroetileno (PTFE)	$\begin{bmatrix} & F & F \\ & | & | \\ -C & - & C- \\ & | & | \\ & F & F \end{bmatrix}$
Poli(acetato de vinila) (PVAc)	$\begin{bmatrix} & O \diagdown \diagup CH_3 \\ & C \\ & H & O \\ & | & | \\ -C & - & C- \\ & | & | \\ & H & H \end{bmatrix}$
Poli(álcool vinílico) (PVA)	$\begin{bmatrix} & H & H \\ & | & | \\ -C & - & C- \\ & | & | \\ & H & OH \end{bmatrix}$
Poli(cloreto de vinila) (PVC)	$\begin{bmatrix} & H & H \\ & | & | \\ -C & - & C- \\ & | & | \\ & H & Cl \end{bmatrix}$
Poli(fluoreto de vinila) (PVF)	$\begin{bmatrix} & H & H \\ & | & | \\ -C & - & C- \\ & | & | \\ & H & F \end{bmatrix}$
Poli(cloreto de vinilideno) (PVDC)	$\begin{bmatrix} & H & Cl \\ & | & | \\ -C & - & C- \\ & | & | \\ & H & Cl \end{bmatrix}$
Poli(fluoreto de vinilideno) (PVDF)	$\begin{bmatrix} & H & F \\ & | & | \\ -C & - & C- \\ & | & | \\ & H & F \end{bmatrix}$

Apêndice E — Temperaturas de Transição Vítrea e de Fusão para Materiais Poliméricos Comuns

Polímero	Temperatura de Transição Vítrea [°C (°F)]	Temperatura de Fusão [°C (°F)]
Aramida	375 (705)	~640 (~1185)
Poli-imida (termoplástico)	280–330 (535–625)	a
Poli(amida-imida)	277–289 (530–550)	a
Policarbonato	150 (300)	265 (510)
Poli(éter-éter-cetona)	143 (290)	334 (635)
Poliacrilonitrila	104 (220)	317 (600)
Poliestireno • Atático • Isotático	 100 (212) 100 (212)	 a 240 (465)
Poli(tereftalato de butileno)	—	220–267 (428–513)
Poli(cloreto de vinila)	87 (190)	212 (415)
Poli(sulfeto de fenileno)	85 (185)	285 (545)
Poli(tereftalato de etileno)	69 (155)	265 (510)
Náilon 6,6	57 (135)	265 (510)
Poli(metacrilato de metila) • Sindiotático • Isotático	 3 (35) 3 (35)	 105 (220) 45 (115)
Polipropileno • Isotático • Atático	 −10 (15) −18 (0)	 175 (347) 175 (347)
Poli(metacrilato de metila) • Atático	 −18 (0)	 175 (347)
Poli(fluoreto de vinila)	−20 (−5)	200 (390)
Poli(fluoreto de vinilideno)	−35 (−30)	—
Policloropreno (borracha de cloropreno ou neoprene)	−50 (−60)	80 (175)
Poli-isobutileno	−70 (−95)	128 (260)
Poli(cis-isopreno)	−73 (−100)	28 (80)
Polibutadieno • Sindiotático • Isotático	 −90 (−130) −90 (−130)	 154 (310) 120 (250)
Polietileno de alta densidade	−90 (−130)	137 (279)
Politetrafluoroetileno	−97 (−140)	327 (620)
Polietileno de baixa densidade	−110 (−165)	115 (240)
Poli(dimetilsiloxano) (borracha de silicone)	−123 (−190)	−54 (−65)

[a]Esses polímeros são normalmente pelo menos 95% amorfos.

Apêndice F

Características de Elementos Selecionados

Elemento	Símbolo	Número Atômico	Peso Atômico (uma)	Massa Específica do Sólido, 20°C	Estrutura Cristalina, 20°C	Raio Atômico (nm)	Raio Iônico (nm)	Valência Mais Comum	Ponto de Fusão (°C)
Alumínio	Al	13	26,98	2,71	CFC	0,143	0,053	3+	660,4
Argônio	Ar	18	39,95	—	—	—	—	Inerte	−189,2
Bário	Ba	56	137,33	3,5	CCC	0,217	0,136	2+	725
Berílio	Be	4	9,012	1,85	HC	0,114	0,035	2+	1278
Boro	B	5	10,81	2,34	Romboédrica	—	0,023	3+	2300
Bromo	Br	35	79,90	—	—	—	0,196	1−	−7,2
Cádmio	Cd	48	112,41	8,65	HC	0,149	0,095	2+	321
Cálcio	Ca	20	40,08	1,55	CFC	0,197	0,100	2+	839
Carbono	C	6	12,011	2,25	Hexagonal	0,071	~0,016	4+	Sublima a 3367
Césio	Cs	55	132,91	1,87	CCC	0,265	0,170	1+	28,4
Chumbo	Pb	82	207,2	11,35	CFC	0,175	0,120	2+	327
Cloro	Cl	17	35,45	—	—	—	0,181	1−	−101
Cobalto	Co	27	58,93	8,9	HC	0,125	0,072	2+	1495
Cobre	Cu	29	63,55	8,94	CFC	0,128	0,096	1+	1085
Cromo	Cr	24	52,00	7,19	CCC	0,125	0,063	3+	1875
Enxofre	S	16	32,06	2,07	Ortorrômbica	0,106	0,184	2−	113
Estanho	Sn	50	118,71	7,27	Tetragonal	0,151	0,071	4+	232
Ferro	Fe	26	55,85	7,87	CCC	0,124	0,077	2+	1538
Flúor	F	9	19,00	—	—	—	0,133	1−	−220
Fósforo	P	15	30,97	1,82	Ortorrômbica	0,109	0,035	5+	44,1
Gálio	Ga	31	69,72	5,90	Ortorrômbica	0,122	0,062	3+	29,8
Germânio	Ge	32	72,64	5,32	Cúbica do diamante	0,122	0,053	4+	937
Hélio	He	2	4,003	—	—	—	—	Inerte	−272 (a 26 atm)
Hidrogênio	H	1	1,008	—	—	—	0,154	1+	−259
Iodo	I	53	126,91	4,93	Ortorrômbica	0,136	0,220	1−	114
Lítio	Li	3	6,94	0,534	CCC	0,152	0,068	1+	181
Magnésio	Mg	12	24,31	1,74	HC	0,160	0,072	2+	649
Manganês	Mn	25	54,94	7,44	Cúbica	0,112	0,067	2+	1244
Mercúrio	Hg	80	200,59	—	—	—	0,110	2+	−38,8
Molibdênio	Mo	42	95,94	10,22	CCC	0,136	0,070	4+	2617
Neônio	Ne	10	20,18	—	—	—	—	Inerte	−248,7
Nióbio	Nb	41	92,91	8,57	CCC	0,143	0,069	5+	2468
Níquel	Ni	28	58,69	8,90	CFC	0,125	0,069	2+	1455
Nitrogênio	N	7	14,007	—	—	—	0,01–0,02	5+	−209,9
Ouro	Au	79	196,97	19,32	CFC	0,144	0,137	1+	1064
Oxigênio	O	8	16,00	—	—	—	0,140	2−	−218,4
Platina	Pt	78	195,08	21,45	CFC	0,139	0,080	2+	1772
Potássio	K	19	39,10	0,862	CCC	0,231	0,138	1+	63
Prata	Ag	47	107,87	10,49	CFC	0,144	0,126	1+	962
Silício	Si	14	28,09	2,33	Cúbica do diamante	0,118	0,040	4+	1410
Sódio	Na	11	22,99	0,971	CCC	0,186	0,102	1+	98
Titânio	Ti	22	47,87	4,51	HC	0,145	0,068	4+	1668
Tungstênio	W	74	183,84	19,3	CCC	0,137	0,070	4+	3410
Vanádio	V	23	50,94	6,1	CCC	0,132	0,059	5+	1890
Zinco	Zn	30	65,41	7,13	HC	0,133	0,074	2+	420
Zircônio	Zr	40	91,22	6,51	HC	0,159	0,079	4+	1852

A–42

Apêndice G

Valores de Constantes Físicas Selecionadas

Quantidade	Símbolo	Unidades SI	Unidades cgs
Carga do elétron	e	$1,602 \times 10^{-19}$ C	$4,8 \times 10^{-10}$ statcoul[b]
Constante de Boltzmann	k	$1,38 \times 10^{-23}$ J/átomo $\cdot$ K	$1,38 \times 10^{-16}$ erg/átomo $\cdot$ K
			$8,62 \times 10^{-5}$ eV/átomo $\cdot$ K
Constante de Planck	h	$6,63 \times 10^{-34}$ J $\cdot$ s	$6,63 \times 10^{-27}$ erg $\cdot$ s
			$4,13 \times 10^{-15}$ eV $\cdot$ s
Constante dos gases	R	$8,31$ J/mol $\cdot$ K	$1,987$ cal/mol $\cdot$ K
Magnéton de Bohr	μ_B	$9,27 \times 10^{-24}$ A $\cdot$ m^2	$9,27 \times 10^{-21}$ erg/gauss[a]
Massa do elétron	—	$9,11 \times 10^{-31}$ kg	$9,11 \times 10^{-28}$ g
Número de Avogadro	N_A	$6,022 \times 10^{23}$ moléculas/mol	$6,022 \times 10^{23}$ moléculas/mol
Permeabilidade do vácuo	μ_0	$1,257 \times 10^{-6}$ henry/m	unidade[a]
Permitividade do vácuo	μ_0	$8,85 \times 10^{-12}$ farad/m	unidade[b]
Velocidade da luz no vácuo	c	3×10^8 m/s	3×10^{10} cm/s

[a] Em unidades cgs-uem.
[b] Em unidades cgs-ues.

Abreviações de Unidades

A = ampère	in = polegada	MPa = megapascal
Å = angström	J = joule	N = newton
Btu = Unidade térmica britânica	K = kelvin	nm = nanômetro
°C = graus Celsius	kg = quilograma	P = poise
cal = caloria (grama)	lb$_f$ = libra-força	Pa = pascal
cm = centímetro	lb$_m$ = libra-massa	s = segundo
eV = elétron-volt	m = metro	T = temperatura
°F = graus Fahrenheit	Mg = megagrama	μm = micrômetro (mícron)
ft = pé	mm = milímetro	W = watt
g = grama	mol = mol	psi = libras por polegada quadrada

Prefixos de Múltiplos e Submúltiplos de SI

Fator pelo Qual É Multiplicado	Prefixo	Símbolo
10^9	giga	G
10^6	mega	M
10^3	quilo	k
10^{-2}	centi[a]	c
10^{-3}	milli	m
10^{-6}	micro	μ
10^{-9}	nano	n
10^{-12}	pico	p

[a] Evitado quando possível.

Apêndice H

Fatores de Conversão de Unidades

Comprimento

$1\text{ m} = 10^{10}\text{ Å}$	$1\text{ Å} = 10^{-10}\text{ m}$
$1\text{ m} = 10^{9}\text{ nm}$	$1\text{ nm} = 10^{-9}\text{ m}$
$1\text{ m} = 10^{6}\ \mu\text{m}$	$1\ \mu\text{m} = 10^{-6}\text{ m}$
$1\text{ m} = 10^{3}\text{ mm}$	$1\text{ mm} = 10^{-3}\text{ m}$
$1\text{ m} = 10^{2}\text{ cm}$	$1\text{ cm} = 10^{-2}\text{ m}$
$1\text{ mm} = 0{,}0394\text{ in}$	$1\text{ in} = 25{,}4\text{ mm}$
$1\text{ cm} = 0{,}394\text{ in}$	$1\text{ in} = 2{,}54\text{ cm}$
$1\text{ m} = 3{,}28\text{ ft}$	$1\text{ ft} = 0{,}3048\text{ m}$

Área

$1\text{ m}^2 = 10^{4}\text{ cm}^2$	$1\text{ cm}^2 = 10^{-4}\text{ m}^2$
$1\text{ mm}^2 = 10^{-2}\text{ cm}^2$	$1\text{ cm}^2 = 10^{2}\text{ mm}^2$
$1\text{ m}^2 = 10{,}76\text{ ft}^2$	$1\text{ ft}^2 = 0{,}093\text{ m}^2$
$1\text{ cm}^2 = 0{,}1550\text{ in}^2$	$1\text{ in}^2 = 6{,}452\text{ cm}^2$

Volume

$1\text{ m}^3 = 10^{6}\text{ cm}^3$	$1\text{ cm}^3 = 10^{-6}\text{ m}^3$
$1\text{ mm}^3 = 10^{-3}\text{ cm}^3$	$1\text{ cm}^3 = 10^{3}\text{ mm}^3$
$1\text{ m}^3 = 35{,}32\text{ ft}^3$	$1\text{ ft}^3 = 0{,}0283\text{ m}^3$
$1\text{ cm}^3 = 0{,}0610\text{ in}^3$	$1\text{ in}^3 = 16{,}39\text{ cm}^3$

Massa

$1\text{ Mg} = 10^{3}\text{ kg}$	$1\text{ kg} = 10^{-3}\text{ Mg}$
$1\text{ kg} = 10^{3}\text{ g}$	$1\text{ g} = 10^{-3}\text{ kg}$
$1\text{ kg} = 2{,}205\text{ lb}_m$	$1\text{ lb}_m = 0{,}4536\text{ kg}$
$1\text{ g} = 2{,}205 \times 10^{-3}\text{ lb}_m$	$1\text{ lb}_m = 453{,}6\text{ g}$

Massa Específica

$1\text{ kg/m}^3 = 10^{-3}\text{ g/cm}^3$	$1\text{ g/cm}^3 = 10^{3}\text{ kg/m}^3$
$1\text{ Mg/m}^3 = 1\text{ g/cm}^3$	$1\text{ g/cm}^3 = 1\text{ Mg/m}^3$
$1\text{ kg/m}^3 = 0{,}0624\text{ lb}_m/\text{ft}^3$	$1\text{ lb}_m/\text{ft}^3 = 16{,}02\text{ kg/m}^3$
$1\text{ g/cm}^3 = 62{,}4\text{ lb}_m/\text{ft}^3$	$1\text{ lb}_m/\text{ft}^3 = 1{,}602 \times 10^{-2}\text{ g/cm}^3$
$1\text{ g/cm}^3 = 0{,}0361\text{ lb}_m/\text{in}^3$	$1\text{ lb}_m/\text{in}^3 = 27{,}7\text{ g/cm}^3$

Força

$1\text{ N} = 10^{5}\text{ dinas}$	$1\text{ dina} = 10^{-5}\text{ N}$
$1\text{ N} = 0{,}2248\text{ lb}_f$	$1\text{ lb}_f = 4{,}448\text{ N}$

Tensão

$1\text{ MPa} = 145\text{ psi}$	$1\text{ psi} = 6{,}90 \times 10^{-3}\text{ MPa}$
$1\text{ MPa} = 0{,}102\text{ kg/mm}^2$	$1\text{ kg/mm}^2 = 9{,}806\text{ MPa}$
$1\text{ Pa} = 10\text{ dinas/cm}^2$	$1\text{ dina/cm}^2 = 0{,}10\text{ Pa}$
$1\text{ kg/mm}^2 = 1422\text{ psi}$	$1\text{ psi} = 7{,}03 \times 10^{-4}\text{ kg/mm}^2$

Tenacidade à Fratura

$$1\text{ psi}\sqrt{\text{in}} = 1{,}099 \times 10^{-3}\text{ MPa}\sqrt{\text{m}} \qquad\qquad 1\text{ MPa}\sqrt{\text{m}} = 910\text{ psi}\sqrt{\text{in}}$$

Energia

$1\text{ J} = 10^{7}\text{ ergs}$	$1\text{ erg} = 10^{-7}\text{ J}$
$1\text{ J} = 6{,}24 \times 10^{18}\text{ eV}$	$1\text{ eV} = 1{,}602 \times 10^{-19}\text{ J}$
$1\text{ J} = 0{,}239\text{ cal}$	$1\text{ cal} = 4{,}184\text{ J}$
$1\text{ J} = 9{,}48 \times 10^{-4}\text{ Btu}$	$1\text{ Btu} = 1054\text{ J}$
$1\text{ J} = 0{,}738\text{ ft} \cdot \text{lb}_f$	$1\text{ ft} \cdot \text{lbf} = 1{,}356\text{ J}$
$1\text{ eV} = 3{,}83 \times 10^{-20}\text{ cal}$	$1\text{ cal} = 2{,}61 \times 10^{19}\text{ eV}$
$1\text{ cal} = 3{,}97 \times 10^{-3}\text{ Btu}$	$1\text{ Btu} = 252{,}0\text{ cal}$

Apêndice H • A-45

Potência

1 W = 0,239 cal/s   1 cal/s = 4,184 W
1 W = 3,414 Btu/h   1 Btu/h = 0,293 W
1 cal/s = 14,29 Btu/h   1 Btu/h = 0,070 cal/s

Viscosidade

1 Pa-s = 10 P   1 P = 0,1 Pa-s

Temperatura, T

$T(K) = 273 + T(°C)$ $T(°C) = T(K) - 273$
$T(K) = \frac{5}{9}[T(°F) - 32] + 273$ $T(°F) = \frac{9}{5}[T() - 273] + 32$
$T(°C) = \frac{5}{9}[T(°F) - 32]$ $T(°F) = \frac{9}{5}[T(°C)] + 32$

Calor Específico

1 J/kg K = 2,39 × 10^{-4} cal/g · K   1 cal/g · °C = 4184 J/kg · K
1 J/kg K = 2,39 × 10^{-4} Btu/lb$_m$ · °F   1 Btu/lb$_m$ · °F = 4184 J/kg · K
1 cal/g C = 1,0 Btu/lb$_m$ · °F   1 Btu/lb$_m$ · °F = 1,0 cal/g · K

Condutividade Térmica

1 W/m · K = 2,39 × 10^{-3} cal/cm · s · K   1 cal/cm · s · K = 418,4 W/m · K
1 W/m · K = 0,578 Btu/ft · h · °F   1 Btu/ft · h · °F = 1,730 W/m · K
1 cal/cm · s · K = 241,8 Btu/ft · h · °F   1 Btu/ft · h · °F = 4,136 × 10^{-3} cal/cm · s · K

Tabela Periódica dos Elementos

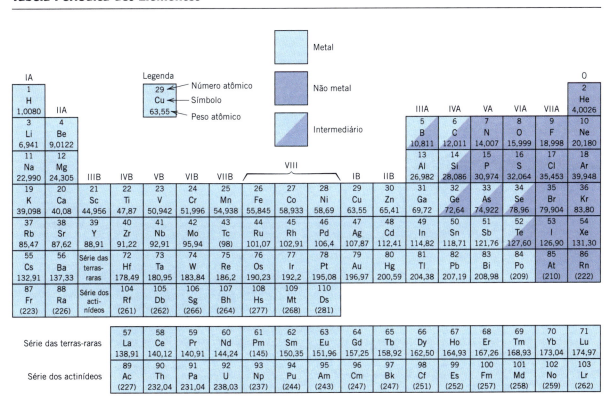

Glossário

A

abrasivo. Material duro e resistente ao desgaste (comumente uma cerâmica) usado para desgastar, moer ou cortar outro material.

absorção. Fenômeno óptico pelo qual a energia de um fóton de luz é assimilada no interior de uma substância, normalmente por polarização eletrônica ou por um evento de excitação de elétrons.

aço inoxidável. Um aço-liga altamente resistente à corrosão em inúmeros ambientes. O elemento de liga predominante é o cromo, que deve estar presente em uma concentração de pelo menos 11%p; também são possíveis adições de outros elementos de liga, que incluem o níquel e o molibdênio.

aço-carbono comum. Liga ferrosa na qual o carbono é o elemento de liga principal.

aço-liga. Liga ferrosa (ou à base de ferro) que contém concentrações apreciáveis de elementos de liga (outros elementos que não o C e quantidades residuais de Mn, Si, S e P). Esses elementos de liga são adicionados, em geral, para melhorar as propriedades mecânicas e de resistência à corrosão.

aços de alta resistência e baixa liga (ARBL). Aços relativamente resistentes que apresentam baixo teor de carbono, com um total de menos do que aproximadamente 10%p de elementos de liga.

adesivo. Substância que une, uma à outra, as superfícies de dois outros materiais (conhecidos como *aderentes*).

alívio de tensões. Tratamento térmico para a remoção de tensões residuais.

alotropia. Possibilidade de existência de duas ou mais estruturas cristalinas diferentes para uma substância (em geral, um sólido elementar).

amorfo. Que possui uma estrutura não cristalina.

ânion. Íon com carga negativa.

anisotrópico. Que exibe diferentes valores de uma propriedade em diferentes direções cristalográficas.

anodo de sacrifício. Um metal ou liga ativo que corrói preferencialmente e protege outro metal ou liga ao qual ele está acoplado eletricamente.

anodo. Eletrodo em uma célula eletroquímica ou em um par galvânico que sofre um processo de oxidação, ou que cede elétrons.

antiferromagnetismo. Fenômeno observado em alguns materiais (por exemplo, MnO); ocorre um cancelamento total do momento magnético como resultado de um acoplamento antiparalelo de átomos ou íons adjacentes. O sólido macroscópico não possui nenhum momento magnético resultante.

atática. Tipo de configuração da cadeia polimérica (estereoisômero) no qual os grupos laterais estão posicionados de maneira aleatória em um ou no outro lado da cadeia.

aumento de resistência por solução sólida. Endurecimento e aumento da resistência de metais resultante da presença de elementos de liga onde há a formação de uma solução sólida. A presença de átomos de impurezas restringe a mobilidade das discordâncias.

austenita. Ferro cúbico de faces centradas; também, ligas de ferro e aços que exibem uma estrutura cristalina CFC.

austenitização. Formação de austenita pelo aquecimento de uma liga ferrosa acima de sua temperatura crítica superior — até o interior da região da fase austenita no diagrama de fases.

autodifusão. Migração atômica em metais puros.

autointersticial. Átomo ou íon hospedeiro posicionado em um sítio intersticial da rede.

B

bainita. Produto da transformação austenítica encontrado em alguns aços e ferros fundidos. Ela se forma em temperaturas entre aquelas nas quais ocorrem as transformações perlítica e mantensítica. A microestrutura consiste em ferrita α e uma fina dispersão de cementita.

banda de condução. Para os materiais isolantes e semicondutores elétricos, é a banda de energia eletrônica mais baixa que se encontra vazia de elétrons a 0 K. Os elétrons de condução são aqueles que foram excitados para estados localizados no interior dessa banda.

banda de energia eletrônica. Uma série de estados de energia dos elétrons com espaçamentos muito próximos entre si em relação às suas energias.

banda de valência. Para os materiais sólidos, é a banda de energia eletrônica que contém os elétrons de valência.

bifuncional. Designa monômeros que podem reagir para formar duas ligações covalentes com outros monômeros a fim de criar uma estrutura molecular bidimensional em forma de cadeia.

bronze. Liga cobre-estanho rica em cobre; também são possíveis bronzes de alumínio, silício e níquel.

buraco (elétron). Para os semicondutores e isolantes, representa um estado eletrônico vazio na banda de valência que se comporta como um portador de cargas positivo em um campo elétrico.

C

calcinação. Reação em alta temperatura em que um material sólido se dissocia para formar um gás e outro sólido. É uma das etapas na produção do cimento.

calor específico (c_p, c_v). Capacidade calorífica por unidade de massa do material.

campo elétrico ($\mathscr{E}$). Gradiente de voltagem ou tensão.

capacidade calorífica (C_p, C_v). Quantidade de calor necessária para produzir uma elevação de temperatura unitária por mol de material.

capacitância (C). Habilidade de um capacitor em armazenar cargas, sendo definida como a magnitude da carga armazenada em cada uma das placas do capacitor dividida pela voltagem aplicada.

carbonetação. Processo pelo qual a concentração de carbono na superfície de uma liga ferrosa é aumentada pela difusão de carbono a partir do ambiente circunvizinho.

carga. Uma substância estranha inerte que é adicionada a um polímero para melhorar ou modificar as suas propriedades.

cátion. Íon com carga positiva.

catodo. Eletrodo em uma célula eletroquímica ou par galvânico no qual ocorre uma reação de redução; dessa forma, é o eletrodo que recebe elétrons de um circuito externo.

célula unitária. Unidade estrutural básica de uma estrutura cristalina. Em geral, ela é definida em termos das posições atômicas (ou iônicas) no volume de um paralelepípedo.

cementação. Endurecimento da superfície exterior (ou *casca*) de um componente de aço por processo de carbonetação ou nitretação; é usada para melhorar a resistência ao desgaste e à fadiga.

cementita. Carbeto de ferro (Fe_3C).

cementita globulizada (esferoidita). Microestrutura encontrada em aços que consiste em partículas de cementita com formato esférico em uma matriz de ferrita α. Ela é produzida por um tratamento térmico apropriado em temperatura elevada de perlita, bainita ou martensita, e tem dureza relativamente baixa.

cementita proeutetoide. Cementita primária que coexiste com a perlita em aços hipereutetoides.

cerâmica. Composto formado por elementos metálicos e não metálicos para o qual a ligação interatômica é predominantemente iônica.

cermeto. Material compósito que consiste em uma combinação de materiais cerâmicos e metálicos. Os cermetos mais comuns são os carbetos cimentados, compostos por uma cerâmica extremamente dura (por exemplo, WC, TiC), mantida colada por um metal dúctil, tal como o cobalto ou o níquel.

G-1

G-2 • Glossário

choque térmico. Fratura de um material frágil que ocorre como resultado das tensões introduzidas por uma rápida variação na temperatura.

cimento. Substância (com frequência uma cerâmica) que liga, por meio de reação química, agregados de particulados, formando uma estrutura coesa. Nos cimentos hidráulicos, a reação química é de hidratação, ou seja, envolve água.

cinética. Estudo das taxas de reação e dos fatores que as afetam.

circuito integrado. Milhões de elementos de circuitos eletrônicos (transistores, diodos, resistores, capacitores etc.) incorporados em um *chip* de silício muito pequeno.

cis. Para polímeros, é um prefixo que representa um tipo de estrutura molecular. Para alguns átomos de carbono insaturados na cadeia em uma unidade repetida, um átomo ou grupo lateral pode estar localizado em um dos lados da ligação dupla ou em uma posição diretamente oposta a esta, em uma rotação de 180°. Em uma estrutura cis, dois desses grupos laterais na mesma unidade repetida estão localizados do mesmo lado (por exemplo, *cis*-isopreno).

cisalhamento. Força aplicada que causa ou tende a causar um deslizamento relativo entre duas partes adjacentes de um mesmo corpo, em uma direção que é paralela ao seu plano de contato.

cisão. Processo de degradação de polímeros no qual as ligações da cadeia molecular são rompidas por reações químicas ou pela exposição à radiação ou ao calor.

coeficiente de difusão (D). Constante de proporcionalidade entre o fluxo difusivo e o gradiente de concentração na primeira lei de Fick. Sua magnitude é uma indicação da taxa de difusão atômica.

coeficiente de expansão térmica, linear (α_l). Variação fracional no comprimento dividida pela variação na temperatura.

coeficiente de Poisson (ν). Para a deformação elástica, é a razão negativa entre as deformações lateral e axial que resultam da aplicação de uma tensão axial.

coeficiente linear de expansão térmica. Veja coeficiente de expansão térmica, linear (α_l).

coercividade (ou campo coercitivo, H_c). É o campo magnético aplicado necessário para reduzir a zero a densidade do fluxo magnético de um material ferrimagnético ou ferromagnético magnetizado.

colagem de barbotina. Técnica de conformação usada para alguns materiais cerâmicos. Uma pasta, ou uma suspensão de partículas sólidas em água, é derramada no interior de um molde poroso. Uma camada sólida se forma sobre a parede interna conforme a água é absorvida pelo molde, formando uma casca (ou ao final do processo uma peça sólida) que tem a forma do molde.

componente. Constituinte químico (elemento ou composto) de uma liga que pode ser usado para especificar sua composição.

composição (C_i). Teor relativo de um elemento ou constituinte específico (i) em uma liga, expresso geralmente como porcentagem em peso ou porcentagem atômica.

compósito carbono-carbono. Compósito composto por fibras contínuas de carbono em uma matriz de carbono. A matriz era originalmente uma resina polimérica que foi subsequentemente pirolisada para formar carbono.

compósito com matriz cerâmica (CMC). Compósito para o qual tanto a fase matriz quanto a fase dispersa são materiais cerâmicos. A fase dispersa é adicionada normalmente para melhorar a tenacidade à fratura.

compósito com matriz metálica (CMM). Material compósito que exibe um metal ou uma liga metálica como a fase matriz. A fase dispersa pode ser composta por particulados, fibras ou *whiskers*, os quais são, em geral, mais rígidos, mais resistentes e/ou mais duros do que a matriz.

compósito com matriz polimérica (PMC — *polymer-matrix composite*). Material compósito para o qual a matriz é uma resina polimérica e que exibe fibras (normalmente de vidro, carbono ou aramida) como a fase dispersa.

compósito com partículas grandes. Tipo de compósito reforçado com partículas no qual as interações partícula-matriz não podem ser tratadas ao nível atômico; as partículas reforçam a fase matriz.

compósito estrutural. Compósito cujas propriedades dependem do projeto geométrico dos elementos estruturais. Os compósitos laminados e os painéis sanduíche são duas subclasses de compósitos estruturais.

compósito híbrido. Compósito reforçado por dois ou mais tipos de fibras (por exemplo, vidro e carbono).

compósito laminado. Uma série de lâminas bidimensionais em que cada uma tem uma direção de alta resistência preferencial, que são presas umas sobre as outras de acordo com diferentes orientações; a resistência no plano do laminado é altamente isotrópica.

compósito reforçado com fibras. Compósito no qual a fase dispersa está na forma de uma fibra (isto é, um filamento com uma grande razão entre o comprimento e o diâmetro).

compósito reforçado com partículas. Compósito para o qual a fase dispersa é equiaxial.

composto intermetálico. Composto formado por dois metais e que apresenta uma fórmula química específica. Em um diagrama de fases, ele aparece como uma fase intermediária que existe ao longo de uma faixa de composições muito estreita.

concentração. Veja **composição**.

concentração de tensão. Concentração ou amplificação de uma tensão aplicada na extremidade de um entalhe ou de uma pequena trinca.

concentração de tensões. Pequeno defeito (interno ou superficial) ou uma descontinuidade estrutural no qual uma tensão de tração aplicada será amplificada e a partir da qual trincas podem se propagar.

concreto. Material compósito que consiste em um agregado de partículas unidas em um corpo sólido por um cimento.

concreto armado. Concreto que é reforçado (ou que tem sua resistência à tração aumentada) pela incorporação de barras, arames ou telas de aço.

concreto protendido. Concreto em cujo interior foram introduzidas tensões de compressão pelo uso de vergalhões ou barras de aço.

condutividade elétrica. Veja **condutividade, elétrica (σ)**.

condutividade, elétrica (σ). Constante de proporcionalidade entre a densidade de corrente e o campo elétrico aplicado; também é uma medida da facilidade com a qual um material é capaz de conduzir uma corrente elétrica.

condutividade térmica (k). Para o escoamento de calor em regime estacionário, é a constante de proporcionalidade entre o fluxo de calor e o gradiente de temperatura. Também é um parâmetro que caracteriza a habilidade de um material em conduzir calor.

configuração eletrônica. Para um átomo, a maneira como os possíveis estados eletrônicos são preenchidos com elétrons.

conformação hidroplástica. Moldagem ou conformação de cerâmicas à base de argila que foram plastificadas e maleabilizadas pela adição de água.

constante de Boltzmann (k). Constante de energia térmica que exibe o valor de $1,38 \times 10^{-23}$ J/átomo · K ($8,62 \times 10^{-5}$ eV/átomo · K). Veja também **constante dos gases (R)**.

constante de Planck (h). Constante universal com um valor de $6,63 \times 10^{-34}$ J · s. A energia de um fóton de radiação eletromagnética é igual ao produto entre h e a frequência da radiação.

constante dielétrica (ε_r). Razão entre a permissividade de um meio e a permissividade do vácuo. Chamada com frequência de *constante dielétrica relativa* ou de *permissividade relativa*.

constante dos gases (R). Constante de Boltzmann por mol de átomos. $R = 8,31$ J/mol · K (1,987 cal/mol · K).

contorno de grão. Interface que separa dois grãos adjacentes que têm orientações cristalográficas diferentes.

copolímero. Polímero que consiste em duas ou mais unidades repetidas diferentes que estão combinadas ao longo de suas cadeias moleculares.

copolímero aleatório. Polímero em que duas unidades repetidas diferentes estão distribuídas de maneira aleatória ao longo da cadeia molecular.

copolímero alternado. Copolímero em que duas unidades repetidas diferentes alternam posições ao longo da cadeia molecular.

copolímero em bloco. Copolímero linear no qual unidades repetidas idênticas estão agrupadas em blocos ao longo da cadeia molecular.

copolímero enxertado. Copolímero no qual ramificações laterais homopoliméricas de um tipo de monômero são enxertadas nas cadeias principais homopoliméricas de um tipo de monômero diferente.

cor. Percepção visual estimulada pela combinação dos comprimentos de onda da luz que são transmitidos à vista.

corante. Aditivo que confere uma cor específica a um polímero.

corpo cerâmico verde. Peça cerâmica, conformada como um agregado de partículas, que foi seca, mas que não foi cozida.

corrosão. Perda por deterioração de um metal como resultado de reações de dissolução devidas ao ambiente.

Glossário • G-3

corrosão galvânica. Corrosão preferencial do metal mais quimicamente ativo entre dois metais que estão acoplados eletricamente e expostos a um eletrólito.

corrosão intergranular. Corrosão preferencial ao longo das regiões dos contornos dos grãos em materiais policristalinos.

corrosão por frestas. Forma de corrosão que ocorre no interior de frestas estreitas e sob depósitos de sujeira ou de produtos de corrosão (isto é, em regiões onde existe carência localizada de oxigênio na solução).

corrosão sob tensão (trincamento). Forma de falha que resulta da ação combinada de uma tensão de tração e de um ambiente corrosivo; ela ocorre em níveis de tensão menores do que os necessários quando o ambiente corrosivo não está presente.

crescimento (partícula). Durante uma transformação de fases e após a nucleação, é o aumento no tamanho da partícula de uma nova fase.

crescimento de grão. Aumento no tamanho médio de grão de um material policristalino; para a maioria dos materiais, é necessário um tratamento térmico a uma temperatura elevada.

cristal líquido polimérico (*LCP — liquid crystal polymer*). Grupo de materiais poliméricos com moléculas longas e em forma de bastão as quais, estruturalmente, não se enquadram nas classificações tradicionais de líquido, amorfo, cristalino ou semicristalino. No estado fundido (ou líquido), elas podem ficar alinhadas segundo conformações altamente ordenadas (semelhantes às de cristais). Eles são usados em mostradores digitais e em diversas aplicações nas indústrias eletrônicas e de equipamentos médicos.

cristalinidade. Para os polímeros, é o estado no qual se atinge um arranjo atômico periódico e repetido pelo alinhamento da cadeia molecular.

cristalino. Estado de um material sólido caracterizado por um arranjo tridimensional, periódico e repetido, de átomos, íons ou moléculas.

cristalito. Região em um polímero cristalino onde todas as cadeias moleculares estão ordenadas e alinhadas.

cristalização (vitrocerâmicas). Processo pelo qual um vidro (um sólido não cristalino ou vítreo) se transforma em um sólido cristalino.

cúbica de corpo centrado (CCC). Estrutura cristalina comum encontrada em alguns metais elementares. Na célula unitária cúbica, os átomos estão localizados nas posições dos vértices e do centro da célula.

cúbica de faces centradas (CFC). Estrutura cristalina encontrada em alguns dos metais elementares comuns. Na célula unitária cúbica, os átomos estão localizados em todas as posições dos vértices e no centro das faces.

D

defeito de Frenkel. Em um sólido iônico, consiste em um par cátion-lacuna e cátion-intersticial.

defeito de Schottky. Em um sólido iônico, é um defeito que consiste em um par cátion-lacuna e ânion-lacuna.

defeito pontual. Defeito cristalino associado a um ou a, no máximo, vários sítios atômicos.

deformação anelástica. Deformação elástica (não permanente) que varia com o tempo.

deformação cisalhante (γ). A tangente do ângulo de cisalhamento que resulta da aplicação de uma carga cisalhante.

deformação de engenharia. Veja **deformação, engenharia (ε)**.

deformação elástica. Deformação não permanente — isto é, uma deformação totalmente recuperada quando a tensão aplicada é liberada.

deformação plana. Condição, importante na análise mecânica de uma fratura, na qual, para uma carga de tração, não há nenhuma deformação em uma direção perpendicular tanto ao eixo da tensão quanto à direção de propagação da trinca; essa condição é encontrada em placas grossas, e a direção de deformação nula é aquela que está perpendicular à superfície da placa.

deformação plástica. Deformação permanente ou que não pode ser recuperada após a liberação da carga aplicada. Vem acompanhada de deslocamentos atômicos permanentes.

deformação verdadeira (ε_v). Logaritmo natural da razão entre o comprimento instantâneo e o comprimento padrão original de um corpo de provas que está sendo deformado por uma força uniaxial.

deformação, engenharia (ε). Variação no comprimento padrão de um corpo de provas (na direção em que uma tensão é aplicada) dividida pelo seu comprimento padrão original.

deformação, verdadeira. Veja **deformação verdadeira (ε_v)**.

deformações da rede. Pequenos deslocamentos de átomos em relação às suas posições normais na rede, em geral impostos por defeitos cristalinos, tais como discordâncias e átomos de impurezas intersticiais.

degradação. Termo usado para representar os processos de deterioração que ocorrem nos materiais poliméricos, incluindo inchamento, dissolução e cisão da cadeia.

degradação da solda. Corrosão intergranular que ocorre em alguns aços inoxidáveis soldados, em regiões adjacentes à solda.

densidade de discordâncias. Comprimento total de discordâncias por unidade de volume de um material; alternativamente, o número de discordâncias que intercepta uma unidade de área de uma seção aleatória de superfície.

densidade do fluxo magnético (*B*). Campo magnético produzido em uma substância por um campo magnético externo.

designação de estado. Código alfanumérico usado para especificar o tratamento mecânico e/ou térmico ao qual uma liga metálica foi submetida.

deslocamento dielétrico (*D*). Magnitude de carga por unidade de área da placa do capacitor.

diagrama de fases. Representação gráfica das relações entre as restrições do ambiente (por exemplo, temperatura e às vezes a pressão), a composição e as regiões de estabilidade das fases, ordinariamente sob condições de equilíbrio.

diagrama de transformação isotérmica (*T-T-T*). Gráfico da temperatura em função do logaritmo do tempo para um aço com composição definida. Ele é usado para determinar quando as transformações começam e terminam em um tratamento térmico isotérmico (a temperatura constante) de uma liga previamente austenitizada.

diagrama de transformação por resfriamento contínuo (*TRC*). Gráfico da temperatura em função do logaritmo do tempo para um aço com composição definida. Usado para indicar quando ocorrem transformações conforme um material inicialmente austenitizado é resfriado continuamente sob uma taxa específica; além disso, a microestrutura e as características mecânicas finais podem ser estimadas.

diagrama tempo-temperatura-transformação (*T-T-T*). Veja **diagrama de transformação isotérmica**.

diamagnetismo. Forma fraca de magnetismo induzido ou não permanente para a qual a susceptibilidade magnética é negativa.

die (pastilha). Um *chip* de circuito integrado individual com espessura da ordem de 0,4 mm (0,015 in) e com geometria quadrada ou retangular, cada lado medindo ao redor de 6 mm (0,25 in).

dielétrico. Qualquer material que seja um isolante elétrico.

difração (raios X). Interferência construtiva de feixes de raios X espalhados pelos átomos de um cristal.

difusão. Transporte de massa devido ao movimento de átomos.

difusão em regime estacionário. Condição de difusão para a qual não existe um acúmulo ou esgotamento resultante do componente que está se difundindo. O fluxo difusivo é independente do tempo.

difusão em regime não estacionário. Condição de difusão para a qual existe algum acúmulo ou consumo resultante do componente que se difunde. O fluxo difusivo depende do tempo.

difusão intersticial. Mecanismo de difusão em que o movimento atômico ocorre de um sítio intersticial para outro sítio intersticial.

difusão por lacunas. Mecanismo de difusão no qual a migração atômica resultante ocorre de um sítio da rede para uma lacuna adjacente.

diodo. Dispositivo eletrônico que retifica uma corrente elétrica — isto é, que permite a passagem da corrente em apenas uma direção.

diodo emissor de luz (*LED — light-emitting diode*). Diodo composto por um material semicondutor que é do tipo *p* em um dos lados e do tipo *n* do outro lado. Quando um potencial com polarização direta é aplicado através da junção entre os dois lados, ocorre uma recombinação de elétrons e buracos, com a emissão de radiação luminosa.

dipolo (elétrico). Um par de cargas elétricas iguais e de sinais opostos, separadas por uma pequena distância.

dipolo elétrico. Veja **dipolo (elétrico)**.

direção longitudinal. Dimensão ao longo do comprimento. Para uma barra ou uma fibra, é a direção ao longo do eixo mais longo.

direção transversal. Direção que cruza (em geral perpendicularmente) a direção longitudinal ou do comprimento.

discordância. Um defeito cristalino linear ao redor do qual existe desalinhamento atômico. A deformação plástica corresponde ao movimento de discordâncias em resposta à aplicação de uma tensão cisalhante. São possíveis discordâncias em aresta, em espiral e mista.

G-4 • Glossário

discordância em aresta. Defeito cristalino linear associado à distorção da rede produzida na vizinhança da extremidade de um semiplano extra de átomos no interior de um cristal. O vetor de Burgers é perpendicular à linha da discordância.

discordância em espiral. Defeito cristalino linear que está associado à distorção da rede criada quando planos normalmente paralelos são unidos entre si para formar uma rampa espiral. O vetor de Burgers é paralelo à linha da discordância.

discordância mista. Discordância que exibe componentes tanto aresta quanto espiral.

domínio. Uma região do volume de um material ferromagnético ou ferrimagnético onde todos os momentos magnéticos atômicos ou iônicos estão alinhados na mesma direção.

dopagem. Formação intencional de uma liga de materiais semicondutores com concentrações controladas de impurezas doadoras ou receptoras.

ductilidade. Medida da habilidade de um material em apresentar uma deformação plástica apreciável antes de fraturar; ela pode ser expressa como alongamento percentual (%AL) ou redução percentual na área (%RA) durante um ensaio de tração.

dureza. Medida da resistência de um material a uma deformação por indentação superficial ou abrasão.

E

efeito Hall. Fenômeno em que uma força é gerada sobre um elétron ou um buraco em movimento, devido à aplicação de um campo magnético perpendicular à direção do movimento. A direção da força é perpendicular tanto à direção do campo magnético quanto à do movimento da partícula.

elastômero. Material polimérico que pode apresentar deformações elásticas grandes e reversíveis.

elastômero termoplástico (TPE — thermoplastic elastomer). Material copolimérico que exibe comportamento elastomérico, mas que apresenta natureza termoplástica. À temperatura ambiente, ocorre a formação de domínios de um tipo de unidade repetida nas extremidades das cadeias moleculares, os quais cristalizam e atuam como ligações cruzadas físicas.

eletrólito. Solução através da qual uma corrente elétrica pode ser conduzida pelo movimento de íons.

eletroluminescência. Emissão de luz visível por uma junção *p-n* por meio da qual é aplicada uma tensão com polarização direta.

elétron livre. Elétron que foi excitado a um estado de energia acima da energia de Fermi (ou para o interior da banda de condução para os semicondutores e isolantes) e que pode participar do processo de condução elétrica.

eletronegativo. Para um átomo, é a tendência em aceitar elétrons de valência. Também empregado para descrever os elementos não metálicos.

eletroneutralidade. Estado de possuir exatamente os mesmos números de cargas elétricas positivas e negativas (iônicas e eletrônicas) — isto é, de ser eletricamente neutro.

elétrons de valência. Elétrons localizados na camada eletrônica ocupada mais externa, os quais participam das ligações interatômicas.

elétron-volt (eV). Unidade de energia conveniente para os sistemas atômicos e subatômicos. É equivalente à energia adquirida por um elétron quando ele se desloca através de um potencial elétrico de 1 volt.

eletropositivo. Para um átomo, a tendência em liberar elétrons de valência. Também um termo usado para descrever os elementos metálicos.

encruamento. Aumento na dureza e na resistência de um metal dúctil conforme ele é deformado plasticamente em uma temperatura abaixo da sua temperatura de recristalização.

endurecimento por envelhecimento. Veja **endurecimento por precipitação**.

endurecimento por precipitação. Endurecimento e aumento da resistência de uma liga metálica por partículas extremamente pequenas e uniformemente dispersas que são precipitadas a partir de uma solução sólida supersaturada; às vezes chamado de *endurecimento por envelhecimento*.

energia de ativação (Q). Energia necessária para iniciar uma reação, tal como a difusão.

energia de Fermi (E_f). Para um metal, é a energia que corresponde ao estado eletrônico preenchido mais elevado a 0 K.

energia de impacto (tenacidade ao entalhe). Medida da energia absorvida durante a fratura de um corpo de provas com dimensões e geometria padrões quando este é submetido a um carregamento muito rápido (impacto). Os ensaios de impacto Charpy e Izod são usados para medir esse parâmetro, que é importante na avaliação do comportamento da transição dúctil-frágil em um material.

energia de ligação. Energia necessária para separar dois átomos que estão ligados quimicamente um ao outro. Ela pode ser expressa em uma base por átomo ou por mol de átomos.

energia do espaçamento entre bandas (E_g). Para os semicondutores e isolantes, são as energias que se encontram entre as bandas de valência e de condução; nos materiais intrínsecos, não se permite que os elétrons tenham energias dentro dessa faixa.

energia livre. Grandeza termodinâmica que é uma função tanto da energia interna quanto da entropia (ou aleatoriedade) de um sistema. No equilíbrio, a energia livre é um valor mínimo.

ensaio Charpy. Um dos dois ensaios (veja também o **ensaio Izod**) que podem ser usados para medir a energia de impacto ou a tenacidade ao entalhe de uma amostra entalhada padrão. Um golpe de impacto é imposto ao corpo de provas por meio de um pêndulo com massa conhecida.

ensaio Izod. Um dos dois ensaios (veja também **ensaio Charpy**) que podem ser usados para medir a energia de impacto de uma amostra padrão entalhada. Um golpe súbito é impingido no corpo de provas por um pêndulo com massa conhecida.

ensaio Jominy da extremidade temperada. Ensaio padrão de laboratório usado para avaliar a temperabilidade de ligas ferrosas.

envelhecimento artificial. Para o endurecimento por precipitação, o envelhecimento que ocorre acima da temperatura ambiente.

envelhecimento natural. No endurecimento por precipitação, consiste no envelhecimento à temperatura ambiente.

equilíbrio (fases). Estado de um sistema em que as características das fases permanecem constantes por períodos de tempo indefinidos. Em condições de equilíbrio, a energia livre tem um valor mínimo.

equilíbrio de fases. Veja **equilíbrio (fases)**.

erosão-corrosão. Forma de corrosão que surge da ação combinada de um ataque químico e um desgaste mecânico.

escoamento. Início da deformação plástica.

escorregamento. Deformação plástica que resulta do movimento de discordâncias; também é o deslocamento por cisalhamento de dois planos de átomos adjacentes.

esferoidização. Para os aços, é um tratamento térmico conduzido normalmente em uma temperatura imediatamente abaixo da temperatura eutetoide no qual é produzida a microestrutura da cementita globulizada.

esferulita. Agregado de cristalitos poliméricos em forma de fita (lamelas) que se radiam a partir de um ponto de nucleação central comum; os cristalitos estão separados por regiões amorfas.

espaçamento entre bandas de energia. Veja **energia do espaçamento entre bandas (E_g)**.

espuma. Polímero que se tornou poroso (ou semelhante a uma esponja) pela incorporação de bolhas de um gás.

estabilizador. Aditivo polimérico que atua contra processos deteriorativos.

estado (nível) doador. Para um material semicondutor ou isolante, é um nível de energia que está localizado no interior do espaçamento entre as bandas de energia, porém próximo à sua parte superior, e a partir do qual os elétrons podem ser excitados para o interior da banda de condução. Ele é introduzido, em geral, por um átomo de impureza.

estado (nível) receptor. Para um material semicondutor ou isolante, consiste em um nível de energia localizado no espaçamento entre as bandas de energia, mas que está próximo à sua parte inferior e que pode aceitar elétrons da banda de valência, gerando buracos nela. O nível é introduzido normalmente por um átomo de impureza.

estado eletrônico (nível). Um entre um conjunto de estados de energia discretos e quantizados que são permitidos para os elétrons. Para os átomos, cada estado é especificado por quatro números quânticos.

estado excitado. Estado de energia do elétron que em geral não está ocupado e para o qual um elétron pode ser promovido (a partir de um estado de energia mais baixo) pela absorção de algum tipo de energia (por exemplo, calor, radiação).

estado fundamental. Estado de energia dos elétrons que normalmente está preenchido e a partir do qual pode ocorrer uma excitação eletrônica.

estequiometria. Para os compostos iônicos, é o estado de ter exatamente a razão de cátions para ânions especificada pela fórmula química.

Glossário · G-5

estereoisomerismo. Isomerismo de polímeros em que os grupos laterais das unidades repetidas estão ligados ao longo da cadeia molecular na mesma ordem, porém em arranjos espaciais diferentes.

estiramento (metais). Técnica de conformação utilizada para fabricar fios e tubos metálicos. A deformação é obtida pela passagem do material através de uma matriz, por meio de uma força de tração que é aplicada pelo lado de saída do material.

estiramento (polímeros). Técnica de deformação na qual a resistência de fibras de poliméricos é aumentada por meio de alongamento.

estrutura. Arranjo dos componentes internos da matéria: estrutura eletrônica (em um nível subatômico), estrutura cristalina (em um nível atômico) e microestrutura (em um nível microscópico).

estrutura cristalina. Para os materiais cristalinos, é a maneira como os átomos ou íons estão arranjados no espaço. Ela é definida em termos da geometria da célula unitária e das posições dos átomos no interior da célula unitária.

estrutura de defeitos. Relaciona-se aos tipos e às concentrações de lacunas e de intersticiais em um composto cerâmico.

estrutura eutética. Microestrutura bifásica que resulta da solidificação de um líquido que exibe a composição eutética; as fases existem como lamelas que se alternam uma com a outra.

estrutura molecular (polímero). Que está relacionado com os arranjos atômicos no interior das moléculas poliméricas e às interconexões entre essas moléculas.

extrusão. Técnica de conformação na qual um material é forçado, por compressão, através do orifício de uma matriz.

F

fadiga. Falha, em níveis de tensão relativamente baixos, de estruturas que são submetidas a tensões cíclicas e oscilantes.

fadiga associada à corrosão. Tipo de falha que resulta da ação simultânea de uma tensão cíclica e de um ataque químico.

fadiga térmica. Tipo de falha por fadiga onde as tensões cíclicas são introduzidas por tensões térmicas variáveis.

fase. Porção homogênea de um sistema que exibe características físicas e químicas uniformes.

fase dispersa. Para os compósitos e algumas ligas bifásicas, é a fase descontínua envolvida pela fase matriz.

fase eutética. Uma das duas fases encontradas na estrutura eutética.

fase matriz. Fase em um compósito ou na microestrutura de uma liga bifásica que é contínua ou que envolve completamente a outra fase (ou fase dispersa).

fase primária. Fase que coexiste com a estrutura eutética.

fator de empacotamento atômico (FEA). Fração do volume de uma célula unitária que está ocupada por átomos ou íons, considerando-os como *esferas rígidas*.

ferrimagnetismo. Magnetizações grandes e permanentes encontradas em alguns materiais cerâmicos. O ferrimagnetismo resulta do acoplamento antiparalelo de *spins* e do cancelamento incompleto dos momentos magnéticos.

ferrita (cerâmica). Óxidos cerâmicos compostos tanto por cátions divalentes quanto trivalentes (por exemplo, Fe^{2+} e Fe^{3+}), alguns dos quais são ferrimagnéticos.

ferrita (ferro). Ferro com estrutura cúbica de corpo centrado (CCC); também ligas de ferro e de aço que apresentam a estrutura cristalina CCC.

ferrita proeutetoide. Ferrita primária que coexiste com a perlita em aços hipoeutetoides.

ferro fundido. Genericamente, uma liga ferrosa cujo teor de carbono é maior do que a solubilidade máxima de carbono na austenita à temperatura do eutético. A maioria dos ferros fundidos comerciais contém entre 3,0 e 4,5%p C e entre 1 e 3%p Si.

ferro fundido branco. Ferro fundido com baixo teor de silício e muito frágil no qual o carbono está em uma forma combinada, como cementita; uma superfície fraturada tem aparência esbranquiçada.

ferro fundido cinzento. Ferro fundido ligado com silício no qual a grafita existe na forma de flocos. Uma superfície fraturada tem aparência cinzenta.

ferro fundido maleável. Ferro fundido branco tratado termicamente para converter a cementita em agregados de grafita; um ferro fundido relativamente dúctil.

ferro fundido vermicular. Ferro fundido que tem em sua composição silício e uma pequena quantidade de magnésio, cério ou outros aditivos, no qual a grafita existe como partículas com forma semelhante à de um verme.

ferro nodular. Ferro fundido ligado com silício e uma pequena concentração de magnésio e/ou cério e no qual existe grafita livre na forma nodular. Às vezes ele é chamado de *ferro dúctil*.

ferro nodular. Veja **ferro dúctil**.

ferroelétrico. Material dielétrico que pode exibir polarização na ausência de um campo elétrico.

ferromagnetismo. Magnetizações grandes e permanentes encontradas em alguns metais (por exemplo, Fe, Ni e Co), as quais resultam do alinhamento paralelo de momentos magnéticos vizinhos.

fiação. Processo pelo qual as fibras são formadas. Uma grande quantidade de fibras é fiada conforme o material fundido ou dissolvido é forçado através de um grande número de pequenos orifícios.

fibra. Qualquer polímero, metal ou cerâmica que tenha sido estirado na forma de um filamento longo e fino.

fibra óptica. É uma fibra de sílica fina (com diâmetro entre 5 e 100 μm) com pureza ultraelevada por meio da qual podem ser transmitidas informações via sinais fotônicos (de radiação luminosa).

fluência. Deformação permanente que varia ao longo do tempo e que ocorre sob tensão; para a maioria dos materiais, ela só é importante em temperaturas elevadas.

fluorescência. Luminescência que ocorre durante tempos muito menores do que 1 s após um evento de excitação de elétrons.

fluxo difusivo (J). Quantidade de massa em difusão que atravessa perpendicularmente, por unidade de tempo, uma área de seção transversal unitária do material.

fônon. Um único *quantum* de energia vibracional ou elástica.

força de Coulomb. Uma força entre partículas carregadas, tais como íons; quando as partículas têm cargas opostas, a força é de atração.

força motriz. Impulso que está por trás de uma reação, tal como a difusão, o crescimento do grão, ou uma transformação de fases. Em geral, a reação vem acompanhada da redução de algum tipo de energia (por exemplo, a energia livre).

forjamento. Conformação mecânica de um metal por aquecimento e martelamento.

fosforescência. Luminescência que ocorre em períodos de tempo maiores do que aproximadamente 1 s após um evento de excitação de elétrons.

fotocondutividade. Condutividade elétrica que resulta de excitações eletrônicas induzidas por fótons em que há a absorção de luz.

fotomicrografia. Fotografia feita com um microscópio que registra uma imagem da microestrutura.

fóton. Unidade quântica de energia eletromagnética.

fragilização por hidrogênio. Perda ou redução da ductilidade de uma liga metálica (com frequência, o aço) como resultado da difusão de hidrogênio atômico para o interior do material.

fratura dúctil. Modo de fratura que é acompanhado por uma extensa deformação plástica macroscópica.

fratura frágil. Fratura que ocorre por propagação rápida de uma trinca e sem uma deformação macroscópica apreciável.

fratura intergranular. Fratura de materiais policristalinos pela propagação de uma trinca ao longo dos contornos dos grãos.

fratura transgranular. Fratura de materiais policristalinos pela propagação de trincas através dos grãos.

frequência de relaxação. Inverso do tempo de reorientação mínimo para um dipolo elétrico em meio a um campo elétrico alternado.

funcionalidade. Número de ligações covalentes que um monômero pode formar quando reage com outros monômeros.

G

gradiente de concentração (dC/dx). Inclinação da curva do perfil da concentração em uma posição específica.

grão. Cristal individual em uma cerâmica ou um metal policristalino.

grau de polimerização (GP). Número médio de unidades repetidas por molécula de cadeia do polímero.

H

hexagonal compacta (HC). Estrutura cristalina encontrada em alguns metais. A célula unitária HC tem geometria hexagonal e é gerada pelo empilhamento de planos compactos de átomos.

histerese (magnética). Comportamento irreversível da densidade do fluxo magnético em função da força do campo magnético (B versus H) que é encontrado nos materiais ferromagnéticos e ferrimagnéticos; um ciclo B-H fechado é formado com a reversão do campo.

homopolímero. Polímero que exibe uma estrutura de cadeia na qual todas as unidades repetidas são do mesmo tipo.

G-6 · Glossário

I

imperfeição. Desvio da perfeição; normalmente é aplicado aos materiais cristalinos nos quais há um desvio na ordem e/ou na continuidade atômica/molecular.

índice de refração (n). Razão entre a velocidade da luz no vácuo e a velocidade da luz em um dado meio.

índices de Miller. Conjunto de três números inteiros (quatro para as estruturas hexagonais) que designam os planos cristalográficos, conforme determinados a partir dos inversos das frações das interseções com os eixos.

indução magnética (B). Veja densidade do fluxo magnético (B).

inibidor. Substância química a qual, quando adicionada em concentrações relativamente baixas, retarda uma reação química.

insaturado. Descreve os átomos de carbono que participam em ligações covalentes duplas ou triplas e que, portanto, não estão ligados ao número máximo de quatro outros átomos.

intensidade do campo magnético (H). Intensidade de um campo magnético aplicado externamente.

interdifusão. Difusão dos átomos de um metal em outro metal.

isolante (elétrico). Material não metálico que exibe uma banda de valência preenchida a 0 K e um espaçamento relativamente amplo entre as bandas de energia. Consequentemente, a condutividade elétrica à temperatura ambiente é muito baixa, inferior a aproximadamente 10^{-10} $(\Omega \cdot m)^{-1}$.

isomerismo. Fenômeno em que duas ou mais moléculas poliméricas ou unidades repetidas têm a mesma composição, porém arranjos estruturais e propriedades diferentes.

isomorfo. Que tem a mesma estrutura. No sentido de um diagrama de fases, *isomorficidade* significa ter a mesma estrutura cristalina ou uma solubilidade sólida completa para todas as composições (veja a Figura 9.3a).

isotático. Tipo de configuração da cadeia polimérica (estereoisômero) na qual todos os grupos laterais estão posicionados no mesmo lado da cadeia molecular.

isotérmico. A uma temperatura constante.

isótopos. Átomos do mesmo elemento que apresentam massas atômicas diferentes.

isotrópico. Que tem valores idênticos de uma propriedade em todas as direções cristalográficas

J

junção retificadora. Junção semicondutora *p-n* condutora para um fluxo de corrente em uma das direções e altamente resistiva para o fluxo na direção oposta.

L

lacuna. Uma posição da rede que normalmente está ocupada, mas onde falta um átomo ou íon.

laminação. Operação de conformação de metais que reduz a espessura de uma peça bruta ou tarugo; formas alongadas podem ser moldadas com o emprego de rolos circulares ranhurados.

laser. Acrônimo para amplificação da luz pela emissão estimulada de radiação (*light amplification by stimulated emission of radiation*) — uma fonte de luz que é coerente.

latão. Liga cobre-zinco rica em cobre.

lei de Bragg. Relação (Equação 3.20) que estipula a condição para a difração por um conjunto de planos cristalográficos.

lei de Ohm. A voltagem aplicada é igual ao produto entre a corrente e a resistência; de maneira equivalente, a densidade de corrente é igual ao produto entre a condutividade e a intensidade do campo elétrico.

liga. Substância metálica composta por dois ou mais elementos.

liga ferrosa. Liga metálica para a qual o ferro é o constituinte principal.

liga forjada (trabalhada). Liga metálica relativamente dúctil e suscetível a trabalho a quente ou trabalho a frio durante a fabricação.

liga hipereutetoide. Para um sistema de ligas que tem um eutetoide, é uma liga para a qual a concentração do soluto é maior do que a composição eutetoide.

liga hipoeutetoide. Para um sistema de ligas que tem um eutetoide, é uma liga para a qual a concentração de soluto é menor do que a composição eutetoide.

liga não ferrosa. Liga metálica para a qual o ferro *não* é o constituinte principal.

ligação covalente. Ligação interatômica primária formada pelo compartilhamento de elétrons entre átomos vizinhos.

ligação de hidrogênio. Forte ligação interatômica secundária que existe entre um átomo de hidrogênio ligado (seu próton sem proteção) e os elétrons de átomos adjacentes.

ligação de van der Waals. Ligação interatômica secundária entre dipolos moleculares adjacentes que podem ser permanentes ou induzidos.

ligação iônica. Ligação interatômica de Coulomb que existe entre dois íons adjacentes e com cargas opostas.

ligação metálica. Ligação interatômica primária que envolve o compartilhamento não direcional de elétrons de valência não localizados ("nuvem de elétrons") que são compartilhados por todos os átomos no sólido metálico.

ligações primárias. Ligações interatômicas relativamente fortes e para as quais as energias da ligação são relativamente grandes. Os tipos de ligações primárias são iônica, covalente e metálica.

ligações secundárias. Ligações interatômicas e intermoleculares relativamente fracas e para as quais as energias de ligação são relativamente pequenas. Em geral, estão envolvidos dipolos atômicos ou moleculares. Exemplos de tipos de ligações secundárias são as forças de van der Waals e a ligação de hidrogênio.

limite de durabilidade. Veja **limite de resistência à fadiga**.

limite de escoamento (σ_l). Tensão necessária para produzir uma quantidade de deformação plástica muito pequena e especificada; normalmente é utilizado um valor de deformação de 0,002.

limite de proporcionalidade. Ponto sobre uma curva tensão-deformação onde cessa a proporcionalidade linear entre a tensão e a deformação.

limite de resistência à fadiga. Para a fadiga, é o nível máximo de amplitude de tensão abaixo do qual um material pode suportar um número essencialmente infinito de ciclos de tensão sem sofrer falha.

limite de resistência à tração (LRT). Tensão de engenharia máxima em tração que pode ser suportada sem ocorrer fratura. É frequentemente denominado *limite de resistência à ruptura* (ou *à tração*).

limite de solubilidade. Concentração máxima de soluto que pode ser adicionada sem a formação de uma nova fase.

linha da discordância. Linha que se estende ao longo da extremidade do semiplano de átomos extra de uma discordância em aresta e ao longo do centro da espiral de uma discordância em espiral.

linha de amarração. Linha horizontal construída através de uma região bifásica em um diagrama de fases binário; suas interseções com os contornos de fases em ambas as extremidades representam as composições em equilíbrio das respectivas fases na temperatura em questão.

linha *liquidus*. Em um diagrama de fases binário, é a linha ou fronteira que separa as regiões das fases líquida e líquida + sólida. Em uma liga, a *temperatura liquidus* é a temperatura na qual primeiro se forma uma fase sólida em um resfriamento sob condições de equilíbrio.

linha *solidus*. Em um diagrama de fases, é o conjunto dos pontos onde a solidificação está completa no resfriamento sob condições de equilíbrio, ou então onde a fusão começa no aquecimento sob condições de equilíbrio.

linha *solvus*. Conjunto dos pontos em um diagrama de fases que representa o limite da solubilidade sólida em função da temperatura.

lixívia seletiva. Forma de corrosão em que um elemento ou um constituinte de uma liga é dissolvido de forma preferencial.

louças brancas. Produto cerâmico à base de argila que se torna branco após o cozimento a altas temperaturas; as louças brancas incluem a porcelana e as louças sanitárias.

luminescência. Emissão de luz visível como resultado do decaimento de um elétron a partir de um estado excitado.

M

macromolécula. Molécula gigantesca formada por milhares de átomos.

magnetização (M). Momento magnético total por unidade de volume do material. Também representa uma medida da contribuição ao fluxo magnético dada por algum material no interior de um campo H.

magnetização de saturação, densidade do fluxo de saturação (M_s, B_s). A magnetização (ou densidade do fluxo) máxima para um material ferromagnético ou ferrimagnético.

magnéton de Bohr (μ_B). Momento magnético mais fundamental, com magnitude de $9,27 \times 10^{-24}$ A · m².

martensita revenida. Produto microestrutural resultante do tratamento térmico por revenido de um aço martensítico. A microestrutura consiste em partículas de cementita extremamente pequenas e uniformemente dispersas em uma matriz contínua de ferrita α. A tenacidade e a ductilidade são melhoradas de maneira significativa pelo revenido.

Glossário · G-7

martensita. Fase metaestável do ferro supersaturada em carbono e que é o produto de uma transformação sem difusão (atérmica) da austenita.

material magnético duro. Material ferrimagnético ou ferromagnético que apresenta valores elevados do campo coercitivo e da remanência e é utilizado normalmente em aplicações em imãs permanentes.

material magnético mole. Material ferromagnético ou ferrimagnético que apresenta um ciclo de histerese $B \times H$ pequeno; ele pode ser magnetizado e desmagnetizado com relativa facilidade.

mecânica da fratura. Técnica de análise de fratura usada para determinar o nível de tensão sob o qual trincas preexistentes com dimensões conhecidas vão se propagar, levando à fratura.

mecânica quântica. Ramo da física que trata dos sistemas atômicos e subatômicos; ele permite apenas valores discretos de energia. Ao contrário, na mecânica clássica, são permitidos valores de energia contínuos.

metaestável. Estado fora de equilíbrio que pode persistir por um tempo muito longo.

metal. Elementos eletropositivos e ligas baseadas nesses elementos. A estrutura da banda eletrônica dos metais é caracterizada por uma banda eletrônica parcialmente preenchida.

metalurgia do pó (P/M — *powder metallurgy*). Técnica para a fabricação de peças metálicas com formas complexas e precisas pela compactação de pós metálicos, seguida por um tratamento térmico para o aumento da densidade.

microconstituinte. Elemento da microestrutura que apresenta uma estrutura identificável e característica. Ele pode consistir em mais do que uma fase, tal como ocorre com a perlita.

microestrutura. Características estruturais de uma liga (por exemplo, as estruturas dos grãos e das fases) sujeitas à observação sob um microscópio.

microscopia. Investigação de elementos microestruturais com o emprego de algum tipo de microscópio.

microscópio de varredura por sonda (MVS). Microscópio que não produz uma imagem usando radiação luminosa. Em lugar disso, uma sonda muito pequena e afilada faz uma varredura sobre a superfície da amostra; são monitoradas as deflexões planares fora da superfície em resposta às interações eletrônicas ou de outra natureza com a sonda, a partir das quais é produzido um mapa topográfico da superfície da amostra (em uma escala nanométrica).

microscópio eletrônico de transmissão (MET). Microscópio que produz uma imagem pelo uso de feixes de elétrons que são *transmitidos* através (passam através) da amostra. É possível a análise das características internas sob grandes ampliações.

microscópio eletrônico de varredura (MEV). Microscópio que produz uma imagem usando um feixe de elétrons o qual varre a superfície de uma amostra; uma imagem é produzida pelos feixes de elétrons refletidos. São possíveis análises sob grandes ampliações das características superficiais e/ou microestruturais.

mobilidade (elétron, μ_e, e buraco, μ_b). Constante de proporcionalidade entre a velocidade de arraste do portador e o campo elétrico aplicado; também é uma medida da facilidade do movimento dos portadores de cargas.

modelo atômico de Bohr. Modelo atômico antigo que considera os elétrons girando ao redor do núcleo em orbitais discretos.

modelo da cadeia dobrada. Para os polímeros cristalinos, é um modelo que descreve a estrutura de cristalitos em plaquetas. O alinhamento molecular é obtido por dobras da cadeia que ocorrem nas faces do cristalito.

modelo mecânico-ondulatório. Modelo atômico no qual os elétrons são tratados como se fossem ondas.

módulo de elasticidade (E). Razão entre a tensão e a deformação quando a deformação é totalmente elástica; também é uma medida da rigidez de um material.

módulo de relaxação [$E_r(t)$]. Para os polímeros viscoelásticos, é o módulo de elasticidade que varia em função do tempo. Ele é determinado a partir de medições da relaxação de tensões, como a razão entre a tensão (tomada em um dado momento após a aplicação da carga — normalmente 10 s) e a deformação.

módulo de Young. Veja **módulo de elasticidade (E)**.

módulo específico (rigidez específica). Razão entre o módulo de elasticidade e a massa específica de um material.

mol. Quantidade de uma substância que corresponde a $6,022 \times 10^{23}$ átomos ou moléculas.

molaridade (M). Concentração em uma solução líquida em termos do número de mols de um soluto dissolvido em 1 litro (10^3 cm^3) da solução.

moldagem (plásticos). Conformação de um material plástico no qual o material é forçado, sob pressão e a uma temperatura elevada, para o interior da cavidade de um molde.

molécula polar. Molécula em que existe um momento dipolo elétrico permanente em virtude de uma distribuição assimétrica de regiões carregadas positiva e negativamente.

monocristal. Sólido cristalino para o qual o padrão atômico periódico e repetido se estende ao longo de toda a sua extensão sem interrupções.

monômero. Molécula estável a partir da qual um polímero é sintetizado.

MOSFET. Transistor de efeito de campo metal-óxido-semicondutor (*metal-oxide-semiconductor field-effect transistor*), o qual é um elemento de circuitos integrados.

N

nanocarbono. Partícula que tem um tamanho menor do que aproximadamente 100 nm e que é composta por átomos de carbono que estão ligados entre si por meio de orbitais eletrônicos hibridizados sp^2. Três tipos de nanocarbonos são os fulerenos, os nanotubos de carbono e o grafeno.

nanocompósito. Compósito composto por partículas com dimensões nanométricas (ou seja, *nanopartículas*) envolvidas por um material de matriz. Os tipos de nanopartículas incluem os nanocarbonos, as nanoargilas e os nanocristais. Os materiais de matriz mais comuns são os polímeros.

não cristalino. Estado sólido no qual não há uma ordenação atômica de longo alcance. Às vezes os termos *amorfo*, *vitrificado* e *vítreo* são usados como sinônimos.

normalização. Para as ligas ferrosas, é a austenitização acima da temperatura crítica superior, seguida pelo resfriamento ao ar. O objetivo desse tratamento térmico é o de aumentar a tenacidade por um refino do tamanho do grão.

nucleação. Estágio inicial em uma transformação de fases. Ela fica evidenciada pela formação de pequenas partículas (núcleos) da nova fase que são capazes de crescer.

número atômico (Z). Para um elemento químico, é o número de prótons no interior do núcleo atômico.

número de coordenação. O número de vizinhos atômicos ou iônicos mais próximos.

números quânticos. Conjunto de quatro números cujos valores são usados para identificar possíveis estados eletrônicos. Três dos números quânticos são inteiros que especificam o tamanho, a forma e a orientação espacial da densidade de probabilidade de localização de um elétron; o quarto número designa a orientação do *spin* (rotação) do elétron.

O

opaco. Que é impermeável à transmissão da luz como um resultado da absorção, reflexão e/ou dispersão da luz incidente.

oxidação. Remoção de um ou mais elétrons de um átomo, íon ou molécula.

P

painel sanduíche. Tipo de compósito estrutural que consiste em duas faces externas rígidas e resistentes separadas entre si por um material leve.

paramagnetismo. Forma de magnetismo relativamente fraca que resulta do alinhamento independente de dipolos atômicos (magnéticos) com um campo magnético aplicado.

parâmetros da rede. Combinação de comprimentos de aresta da célula unitária e de ângulos interaxiais que define a geometria da célula unitária.

passividade. Perda, sob condições ambientais específicas, de reatividade química por alguns metais e ligas ativos, com frequência devido à formação de uma película protetora.

perfil de concentração. Curva que resulta quando a concentração de um componente químico é representada em função de sua posição em um dado material.

G-8 · Glossário

perlita. Microestrutura bifásica encontrada em alguns aços e ferros fundidos; ela resulta da transformação da austenita com composição eutetoide e consiste em camadas alternadas (ou *lamelas*) de ferrita α e cementita.

perlita fina. Perlita para a qual as camadas alternadas de ferrita e de cementita são relativamente finas.

perlita grosseira. Perlita para a qual as camadas alternadas de ferrita e de cementita são relativamente espessas.

permeabilidade (magnética, μ). Constante de proporcionalidade entre os campos B e H. O valor da permeabilidade do vácuo (μ_0) é de $1{,}257 \times 10^{-6}$ H/m.

permeabilidade magnética relativa (μ_r). Razão entre a permeabilidade magnética em um dado meio e a permeabilidade no vácuo.

permissividade (ε). Constante de proporcionalidade entre o deslocamento dielétrico D e o campo elétrico E. O valor da permissividade ε_0 para o vácuo é de $8{,}85 \times 10^{-12}$ F/m.

peso atômico (A). Média ponderada das massas atômicas dos isótopos de um átomo que ocorrem naturalmente. Pode ser expresso em termos de unidades de massa atômica (em uma base atômica) ou em termos da massa por mol de átomos.

peso molecular. Soma dos pesos atômicos de todos os átomos em uma molécula.

piezelétrico. Material dielétrico no qual a polarização é induzida pela aplicação de forças externas.

pite. Forma de corrosão muito localizada onde se formam pequenos pites ou buracos, geralmente na direção vertical.

plástico. Polímero orgânico sólido de alto peso molecular com alguma rigidez estrutural quando submetido a uma carga e que é empregado em aplicações de uso geral. Ele também pode conter aditivos, tais como cargas, plastificantes e retardantes de chamas.

plastificante. Aditivo polimérico de baixo peso molecular que melhora a flexibilidade e a trabalhabilidade, além de reduzir a rigidez e a fragilidade, resultando em uma diminuição na temperatura de transição vítrea T_v (ou T_g).

polarização (corrosão). Deslocamento de um potencial de eletrodo do seu valor de equilíbrio como resultado de um fluxo de corrente.

polarização (eletrônica). Para um átomo, é o deslocamento do centro da nuvem eletrônica carregada negativamente em relação ao núcleo positivo, o qual é induzido por um campo elétrico.

polarização (iônica). Polarização resultante do deslocamento de ânions e cátions em direções opostas.

polarização (orientação). Polarização resultante do alinhamento (por rotação) de momentos dipolo elétrico permanentes com um campo elétrico aplicado.

polarização (P). O momento dipolo elétrico total por unidade de volume do material dielétrico. Também é uma medida da contribuição ao deslocamento dielétrico total que é dada por um material dielétrico.

polarização direta. Tendência de condução para uma junção retificadora p-n em que o fluxo dos elétrons ocorre para o lado n da junção.

polarização inversa. tendência de isolamento para uma junção retificadora p-n; os elétrons fluem para o lado p da junção.

polarização por ativação. Condição na qual a taxa de uma reação eletroquímica é controlada pela etapa mais lenta em uma sequência de etapas que ocorrem em série.

polarização por concentração. Condição em que a taxa de uma reação eletroquímica está limitada pela taxa de difusão na solução.

policristalino. Materiais cristalinos compostos por mais de um cristal ou grão.

polietileno de ultra-alto peso molecular (PEUAPM). Polietileno que tem um peso molecular extremamente elevado (de aproximadamente 4×10^6 g/mol). As características que distinguem esse material incluem altas resistências ao impacto e à abrasão e baixo coeficiente de atrito.

polimerização por adição (ou reação em cadeia). Processo pelo qual unidades monoméricas se unem, uma de cada vez, na forma de uma cadeia, para formar uma macromolécula polimérica linear.

polimerização por condensação (ou reação em etapas). Formação de macromoléculas poliméricas por uma reação intermolecular, geralmente com a produção de um subproduto de baixo peso molecular, tal como a água.

polímero. Composto de alto peso molecular (normalmente orgânico) cuja estrutura é composta por cadeias de pequenas unidades repetidas.

polímero com ligações cruzadas. Polímero no qual as cadeias moleculares lineares adjacentes estão unidas em várias posições por ligações covalentes.

polímero de alto peso molecular. Material polimérico sólido que exibe peso molecular maior do que aproximadamente 10.000 g/mol.

polímero em rede. Polímero produzido a partir de monômeros multifuncionais que apresentam três ou mais ligações covalentes ativas, resultando na formação de moléculas tridimensionais.

polímero linear. Polímero produzido a partir de monômeros bifuncionais onde cada molécula de polímero consiste em unidades repetidas unidas extremidade a extremidade em uma única cadeia.

polímero ramificado. Polímero que apresenta uma estrutura molecular de cadeias secundárias que se estendem a partir das cadeias primárias principais.

polimorfismo. Habilidade de um material sólido existir em mais de uma forma ou estrutura cristalina.

ponto de amolecimento (vidro). Temperatura máxima na qual uma peça de vidro pode ser manuseada sem haver deformação permanente; isso corresponde a uma viscosidade de aproximadamente 4×10^6 Pa · s (4×10^7 P).

ponto de deformação (vidro). Temperatura máxima na qual um vidro fratura sem haver deformação plástica; isso corresponde a uma viscosidade de aproximadamente 3×10^{13} Pa · s (3×10^{14} P).

ponto de fusão (vidro). Temperatura na qual a viscosidade de um material vítreo é de 10 Pa · s (100 P).

ponto de recozimento (vidro). Temperatura na qual as tensões residuais em um vidro são eliminadas em cerca de 15 min; isso corresponde a uma viscosidade do vidro de aproximadamente 10^{12} Pa · s (10^{13} P).

ponto de trabalho (vidro). Temperatura na qual um vidro pode ser deformado com facilidade e que corresponde a uma viscosidade de 10^3 Pa · s (10^4 P).

porcentagem atômica (%a). Especificação da concentração com base no número de mols (ou átomos) de um elemento específico em relação ao número total de mols (ou átomos) de todos os elementos que compõem uma liga.

porcentagem em peso (%p). Especificação da concentração com base no peso (ou massa) de um elemento específico em relação ao peso (ou massa) total da liga.

posição octaédrica. Espaço vazio entre átomos ou íons, representados como esferas rígidas e compactas, para os quais existem seis vizinhos mais próximos. Um octaedro (pirâmide dupla) é circunscrito pelas linhas construídas a partir dos centros das esferas adjacentes.

posição tetraédrica. Espaço vazio entre átomos ou íons considerados esferas rígidas e dispostas de forma compacta, para o qual existem quatro átomos ou íons vizinhos mais próximos.

prepreg. Reforço com fibras contínuas que foram pré-impregnadas com uma resina polimérica que é então parcialmente curada.

primeira lei de Fick. Fluxo difusivo proporcional ao gradiente de concentração. Essa relação é empregada para os casos de difusão em regime estacionário.

princípio da ação combinada. Suposição, frequentemente válida, de que novas propriedades, melhores propriedades, melhores combinações de propriedades e/ou um maior nível de propriedades podem ser obtidos pela combinação racional de dois ou mais materiais distintos.

princípio da exclusão de Pauli. Postulado que determina que para um átomo individual um número máximo de dois elétrons, os quais possuem necessariamente *spins* opostos, pode ocupar o mesmo estado.

produtos estruturais à base de argila. Produtos cerâmicos feitos principalmente de argila e que são usados em aplicações onde a integridade estrutural é importante (por exemplo, em tijolos, azulejos, tubulações).

propriedade. Característica de um material expressa em termos da resposta que é medida à imposição de um estímulo específico.

proteção catódica. Meio para prevenção de corrosão em que são supridos elétrons à estrutura a ser protegida a partir de uma fonte externa, tal como outro metal mais reativo ou uma fonte de energia com corrente contínua.

Q

queima. Tratamento térmico a alta temperatura que aumenta a massa específica e a resistência de uma peça cerâmica.

química molecular (polímero). Que está relacionado apenas com a composição e não com a estrutura de uma unidade repetida.

R

razão de Pilling-Bedworth (razão P-B). Razão entre o volume de óxido metálico e o volume de metal; é usada para estimar se uma incrustação que se forma protegerá um metal contra uma oxidação adicional.

reação eutética. Reação na qual, no resfriamento, uma fase líquida se transforma isotérmica e reversivelmente em duas fases sólidas que estão intimamente misturadas.

reação eutetoide. Reação na qual, no resfriamento, uma fase sólida se transforma isotérmica e reversivelmente em duas novas fases sólidas que estão intimamente misturadas.

reação peritética. Reação na qual, no resfriamento, uma fase sólida e uma fase líquida se transformam, de maneira isotérmica e reversível, em uma fase sólida com uma composição diferente.

recozimento. Termo genérico usado para indicar um tratamento térmico em que a microestrutura e, consequentemente, as propriedades de um material são alteradas. *Recozimento* refere-se com frequência a um tratamento térmico no qual um metal previamente trabalhado a frio é amolecido por meio de sua recristalização.

recozimento intermediário. Recozimento de produtos que foram previamente trabalhados a frio (comumente aços na forma de chapas ou de arames) abaixo da temperatura crítica inferior (temperatura eutetoide).

recozimento pleno. Para ligas ferrosas, consiste na austenitização seguida por resfriamento lento até a temperatura ambiente.

recristalização. Formação de um novo conjunto de grãos isentos de deformação no interior de um material previamente trabalhado a frio; normalmente é necessário um tratamento térmico de recozimento.

recuperação. Alívio, geralmente por meio de um tratamento térmico, de uma parcela da energia de deformação interna de um metal previamente trabalhado a frio.

recuperação elástica. Deformação não permanente recuperada quando uma tensão mecânica é liberada.

rede. Arranjo geométrico regular de pontos no espaço cristalino.

redução. Adição de um ou mais elétrons a um átomo, íon ou molécula.

reflexão. Deflexão de um feixe de luz na interface entre dois meios.

reforço com fibras. Aumento da resistência ou reforço de um material de resistência relativamente baixa pela inserção de uma fase fibrosa resistente no interior da matriz pouco resistente.

reforço por dispersão. Modo para o aumento da resistência dos materiais em que partículas muito pequenas (em geral, menores que 0,1 μm) de uma fase dura e inerte são dispersas de maneira uniforme em uma fase matriz que é submetida à carga.

refração. Desvio de um feixe de luz ao passar de um meio para outro; a velocidade da luz é diferente nos dois meios.

refratário. Metal ou cerâmica que pode ser exposto a temperaturas extremamente elevadas sem sofrer uma rápida deterioração ou se fundir.

regra da alavanca. Expressão matemática, tal como a Equação 9.1b ou a Equação 9.2b, pela qual podem ser calculadas as quantidades relativas das fases em uma liga bifásica em equilíbrio.

regra das fases de Gibbs. Para um sistema em equilíbrio, é uma equação (Equação 9.16) que expressa a relação entre o número de fases presentes e o número das variáveis que podem ser controladas externamente.

regra das misturas. As propriedades de uma liga multifásica ou de um material compósito são uma média ponderada (geralmente com base no volume) das propriedades de seus constituintes individuais.

regra de Matthiessen. A resistividade elétrica total de um metal é igual à soma das contribuições que dependem da temperatura, das impurezas e do trabalho a frio.

remanência (indução remanescente, B_r). Para um material ferromagnético ou ferrimagnético, é a magnitude da densidade do fluxo residual que permanece quando um campo magnético é removido.

resiliência. Capacidade de um material absorver energia quando é submetido a uma deformação elástica.

resistência (ruptura) do dielétrico. Magnitude de um campo elétrico para provocar a passagem de uma corrente significativa através de um material dielétrico.

resistência à fadiga. Nível máximo de tensão que um material pode suportar sem falhar, para um número específico de ciclos.

resistência à flexão (σ_{rf}). Tensão no momento da fratura em um ensaio de dobramento (ou de flexão).

resistência à ruptura (tração). Veja **limite de resistência à tração (*LRT*)**.

resistência específica. Razão entre o limite de resistência à tração e a massa específica de um material.

resistividade (ρ). Inverso da condutividade elétrica; uma medida da resistência de um material à passagem de uma corrente elétrica.

retardante de chamas. Aditivo polimérico que aumenta a resistência ao fogo.

ruptura. Falha que ocorre acompanhada de deformação plástica significativa; frequentemente associada à falha por fluência.

S

saturado. Um átomo de carbono que participa apenas de ligações covalentes simples com quatro outros átomos.

segunda lei de Fick. A taxa de variação da concentração ao longo do tempo é proporcional à segunda derivada da concentração. Essa relação é empregada para os casos de difusão em regime não estacionário.

semicondutor. Material não metálico que apresenta uma banda de valência preenchida a 0 K e um espaçamento entre as bandas de energia relativamente estreito. A condutividade elétrica à temperatura ambiente varia entre aproximadamente 10^{-6} e 10^4 $(\Omega \cdot m)^{-1}$.

semicondutor do tipo *n*. Tipo de semicondutor para o qual os elétrons são os portadores de carga predominantes, responsáveis pela condução elétrica. Normalmente, são átomos de impurezas doadoras que dão origem ao excesso de elétrons.

semicondutor do tipo *p*. Tipo de semicondutor para o qual os portadores de carga predominantes, responsáveis pela condução elétrica, são os buracos. Em geral, são átomos de impurezas receptoras de elétrons que dão origem ao excesso de buracos.

semicondutor extrínseco. Material semicondutor para o qual o comportamento elétrico é determinado por impurezas.

semicondutor intrínseco. Material semicondutor para o qual o comportamento elétrico é característico do material puro — isto é, a condutividade elétrica depende apenas da temperatura e da energia do espaçamento entre bandas.

semipilha padrão. Pilha eletroquímica que consiste em um metal puro imerso em uma solução aquosa 1 M dos seus íons e que se encontra acoplada eletricamente ao eletrodo padrão de hidrogênio.

série de potenciais de eletrodo (fem). Classificação ordenada dos elementos metálicos de acordo com seus potenciais padrão de pilha eletroquímica.

série galvânica. Classificação ordenada de metais e ligas de acordo com suas reatividades eletroquímicas relativas na água do mar.

sindiotático. Tipo de configuração da cadeia polimérica (estereoisômero) na qual os grupos laterais alternam posições de maneira regular nos lados opostos da cadeia.

sinterização. Coalescência das partículas de um agregado pulverizado por difusão que é obtido pelo cozimento a uma temperatura elevada.

sistema. São possíveis dois significados: (1) um corpo específico de material sendo considerado e (2) uma série de ligas possíveis formadas pelos mesmos componentes.

sistema cristalino. É um modelo pelo qual as estruturas cristalinas são classificadas de acordo com a geometria da célula unitária. Essa geometria é especificada em termos das relações entre os comprimentos das arestas e dos ângulos entre os eixos. Existem sete sistemas cristalinos diferentes.

sistema de escorregamento. Combinação de um plano cristalográfico e, nesse plano, uma direção cristalográfica ao longo da qual ocorre o escorregamento (isto é, o movimento de discordâncias).

sistema microeletromecânico (MEMS — *microelectromechanical system*). Grande número de dispositivos mecânicos em miniatura que estão integrados a elementos elétricos em um substrato de silício. Os componentes mecânicos atuam como microssensores e microatuadores e estão na forma de barras, engrenagens, motores e membranas. Em resposta aos estímulos dos microssensores, os elementos elétricos tomam decisões que comandam respostas dos dispositivos de microatuação.

solda branca. Técnica para a junção de metais que utiliza uma liga metálica de adição com uma temperatura de fusão menor do que aproximadamente 425°C (800°F).

solda-brasagem. Técnica de junção de metais que emprega um metal de adição (enchimento) fundido com uma temperatura de fusão superior a aproximadamente 425°C (800°F).

G-10 · Glossário

soldagem. Técnica para a união de metais na qual ocorre uma verdadeira fusão das peças a serem unidas na vizinhança da ligação. Um metal de adição pode ser usado para facilitar o processo.

solução sólida. Fase cristalina homogênea que contém dois ou mais componentes químicos. São possíveis soluções sólidas tanto substitucionais quanto intersticiais.

solução sólida intermediária. Fase ou solução sólida que tem uma faixa de composições que não se estende até qualquer um dos componentes puros do sistema.

solução sólida intersticial. Solução sólida na qual átomos de soluto relativamente pequenos ocupam posições intersticiais entre os átomos de solvente ou hospedeiros.

solução sólida substitucional. Solução sólida na qual os átomos de soluto substituem os átomos hospedeiros.

solução sólida terminal. Solução sólida que existe em uma faixa de composições que se estende até uma ou outra extremidade da composição em um diagrama de fases binário.

soluto. Componente ou elemento de uma solução que está presente em menor concentração. Ele está dissolvido no solvente.

solvente. Componente de uma solução que está presente em maior quantidade. Ele é o componente que dissolve um soluto.

superaquecimento. Aquecimento até acima de uma temperatura de transição de fases sem ocorrer a transformação.

supercondutividade. Fenômeno observado em alguns materiais: o desaparecimento da resistividade elétrica em temperaturas próximas a 0 K.

superenvelhecimento. Durante o endurecimento por precipitação, é o envelhecimento além do ponto em que a resistência e a dureza estão nos seus pontos máximos.

super-resfriamento. Resfriamento até abaixo de uma temperatura de transição de fases sem ocorrer a transformação.

susceptibilidade magnética (χ_m) Constante de proporcionalidade entre a magnetização M e a força do campo magnético H.

T

tabela periódica. Arranjo dos elementos químicos em ordem crescente de número atômico de acordo com a variação periódica na estrutura eletrônica. Os elementos não metálicos estão posicionados na extremidade direita da tabela.

tamanho de grão. Diâmetro médio do grão, conforme determinado a partir de uma seção transversal aleatória.

taxa de penetração da corrosão (TPC). Perda da espessura de um material por unidade de tempo como resultado de corrosão; geralmente expressa em termos de mils (milésimos de polegada) por ano ou de milímetros por ano.

taxa de transformação. Inverso do tempo necessário para que uma reação atinja metade da sua conclusão.

têmpera (vidro). Veja **têmpera térmica**.

têmpera térmica. Aumento da resistência de uma peça de vidro pela introdução de tensões compressivas residuais na superfície externa por um tratamento térmico apropriado.

temperabilidade. Medida da profundidade até a qual uma liga ferrosa específica pode ser endurecida pela formação de martensita como o resultado de uma têmpera a partir de uma temperatura acima da temperatura crítica superior.

temperatura crítica inferior. Para um aço, é a temperatura abaixo da qual, sob condições de equilíbrio, toda a austenita se transformou nas fases ferrita e cementita.

temperatura crítica superior. Para um aço, é a temperatura mínima acima da qual, sob condições de equilíbrio, apenas a austenita está presente.

temperatura de Curie (T_c). Temperatura acima da qual um material ferromagnético ou ferrimagnético se torna paramagnético.

temperatura de fusão. Temperatura na qual, no aquecimento, uma fase sólida (e cristalina) se transforma em um líquido.

temperatura de recristalização. Para uma liga específica, é a temperatura mínima na qual ocorre recristalização completa em aproximadamente 1 h.

temperatura de transição vítrea (T_g). Temperatura na qual, no resfriamento, uma cerâmica ou um polímero não cristalino se transforma de um líquido super-resfriado em um vidro rígido.

tenacidade. Característica mecânica que pode ser expressa em três contextos: (1) a medida da resistência de um material à fratura quando uma trinca (ou outro defeito concentrador de tensões) está presente; (2) a habilidade de um material em absorver energia e se deformar plasticamente antes de fraturar; e (3) para um dado material, a área total sob a curva tensão de engenharia — deformação de engenharia em tração até a fratura.

tenacidade à fratura (K_c). Medida da resistência à fratura de um material quando uma trinca está presente.

tenacidade à fratura em deformação plana (K_{Ic}). Para a condição de deformação plana, é a medida da resistência de um material à fratura quando uma trinca está presente.

tensão admissível (σ_t). Tensão usada para fins de projeto; para os metais dúcteis, ela é o limite de escoamento dividido por um fator de segurança.

tensão cisalhante (τ). A carga de cisalhamento instantânea aplicada dividida pela área de seção transversal original sobre a qual ela está sendo aplicada.

tensão cisalhante resolvida. Componente cisalhante de uma tensão de tração ou de compressão aplicada e rebatida em um plano específico e em uma direção específica nesse plano.

tensão cisalhante resolvida crítica (τ_{tcrc}). Tensão cisalhante necessária para iniciar o escorregamento, rebatida no plano e na direção do escorregamento.

tensão de engenharia. Veja **tensão, engenharia (σ)**.

tensão de projeto (σ_p). Produto do nível de tensão calculado (com base na carga máxima estimada) e um fator de projeto (que apresenta um valor maior do que a unidade). Usada para proteger o material contra uma falha não prevista.

tensão residual. Tensão que persiste em um material livre de forças externas ou de gradientes de temperatura.

tensão térmica. Tensão residual introduzida em um corpo e que resulta de uma mudança na temperatura.

tensão verdadeira (σ_v). Carga instantânea aplicada dividida pela área da seção transversal instantânea de um corpo de provas.

tensão, engenharia (σ). Carga instantânea aplicada a uma amostra dividida pela sua área de seção transversal antes de ocorrer qualquer deformação.

tensão, verdadeira. Veja **tensão verdadeira (σ_v)**.

termofixo (polímero). Material polimérico que, uma vez curado (ou endurecido) por uma reação química, não amolecerá ou fundirá quando posteriormente aquecido.

termoplástico (polímero). Material polimérico semicristalino que amolece quando aquecido e endurece quando resfriado. Enquanto está no estado amolecido, pode ser conformado por moldagem ou extrusão.

trabalho a frio. Deformação plástica de um metal a uma temperatura abaixo daquela na qual ele se recristaliza.

trabalho a quente. Qualquer operação de conformação de um metal realizada acima da temperatura de recristalização do metal.

trans. Para polímeros, é um prefixo que representa um tipo de estrutura molecular. Para alguns átomos de carbono insaturados ao longo da cadeia e em uma unidade repetida, um único átomo ou grupo lateral pode estar localizado de um lado da ligação dupla ou em uma posição diretamente oposta a essa, em uma rotação de 180°. Em uma estrutura trans, dois desses grupos laterais na mesma unidade repetida estão localizados em lados opostos da ligação dupla (por exemplo, *trans*-isopreno).

transformação atérmica. Reação que não é ativada termicamente e que acontece geralmente sem difusão, como ocorre com a transformação martensítica. Normalmente, a transformação ocorre com grande velocidade (isto é, é independente do tempo) e a extensão da reação depende da temperatura.

transformação congruente. Transformação de uma fase em outra com a mesma composição.

transformação de fases. Mudança na quantidade e/ou na natureza das fases que constituem a microestrutura de uma liga.

transformação termicamente ativada. Reação que depende de flutuações térmicas dos átomos; os átomos que têm energias maiores do que uma dada energia de ativação reagem ou se transformam espontaneamente.

transição dúctil-frágil. Transição de um comportamento dúctil para frágil com a diminuição na temperatura, exibida por alguns aços de baixa resistência (CCC); a faixa de temperaturas ao longo da qual ocorre a transição é determinada por ensaios de impacto Charpy e Izod.

Glossário · G-11

transistor de junção. Dispositivo semicondutor composto por junções *n-p-n* ou *p-n-p* apropriadamente direcionadas, usado para amplificar um sinal elétrico.

translúcido. Que tem a propriedade de transmitir a luz, porém somente de forma difusa; os objetos vistos através de um meio translúcido não podem ser distinguidos com clareza.

transparente. Que tem a propriedade de transmitir a luz com relativamente pouca absorção, reflexão e espalhamento, de modo que os objetos vistos através de um meio transparente podem ser facilmente distinguidos.

tratamento térmico de precipitação. Tratamento térmico usado para precipitar uma nova fase a partir de uma solução sólida supersaturada. No endurecimento por precipitação, esse tratamento é denominado *envelhecimento artificial*.

tratamento térmico de solubilização. Processo usado para formar uma solução sólida pela dissolução das partículas de precipitado. Com frequência, a solução sólida está supersaturada e é metaestável nas condições ambientes, como resultado de um resfriamento rápido a partir de uma temperatura elevada.

trifuncional. Designa monômeros que podem reagir para formar três ligações covalentes com outros monômeros.

U

unidade de massa atômica (uma). Medida da massa atômica; corresponde a 1/12 da massa de um átomo de C^{12}.

unidade repetida. A unidade estrutural mais fundamental em uma cadeia polimérica. Uma molécula polimérica é composta por um grande número de unidades repetidas que estão ligadas entre si.

V

vetor de Burgers (b). Vetor que representa a magnitude e a direção da distorção da rede cristalina associada a uma discordância.

vibração atômica. Vibração de um átomo ao redor de sua posição normal em uma substância.

vida em fadiga (N_f). Número total de ciclos de tensão que causa uma falha por fadiga em uma amplitude de tensão específica.

viscoelasticidade. Tipo de deformação que exibe as características mecânicas de escoamento viscoso e deformação elástica.

viscosidade (η). Razão entre a magnitude da tensão cisalhante aplicada e o gradiente de velocidade que ela produz — isto é, uma medida da resistência de um material não cristalino a uma deformação permanente.

vitrificação. Durante o processo de cozimento de uma peça cerâmica, é a formação de uma fase líquida que, no resfriamento, torna-se uma matriz vítrea de ligação.

vitrocerâmica. Material cerâmico cristalino formado por grãos finos conformado como um vidro e subsequentemente cristalizado.

vulcanização. Reação química não reversível que envolve o enxofre ou outro agente adequado, onde são formadas ligações cruzadas entre as cadeias moleculares nas borrachas. O módulo de elasticidade e a resistência das borrachas são aumentados com a vulcanização.

W

***whisker* (filamento).** Monocristal muito fino, de elevado grau de perfeição e que tem uma razão comprimento/diâmetro extremamente grande. Os *whiskers* são usados como a fase de reforço em alguns compósitos.

Respostas de Problemas Selecionados

Capítulo 2

2.5 **(a)** $1,66 \times 10^{-24}$ g/uma;
(b) $2,73 \times 10^{26}$ átomos/lb·mol

2.18 **(b)** $\left(\dfrac{A}{nB}\right)^{1/(1-n)}$

(c) $E_0 = -\dfrac{A}{\left(\dfrac{A}{nB}\right)^{1/(1-n)}} + \dfrac{B}{\left(\dfrac{A}{nB}\right)^{n/(1-n)}}$

2.19 **(c)** $r_0 = 0,279$ nm, $E_0 = -4,57$ eV
2.25 63,2% para TiO_2; 1,0% para InSb
2.2FE (B) ligação metálica

Capítulo 3

3.2 $V_C = 6,62 \times 10^{-29}$ m³
3.9 $R = 0,136$ nm
3.12 **(a)** $V_C = 1,40 \times 10^{-28}$ m³;
(b) $a = 0,323$ nm, $c = 0,515$ nm
3.17 **(a)** $n = 8$ átomos/célula unitária;
(b) $\rho = 4,96$ g/cm³
3.20 $V_C = 8,63 \times 10^{-2}$ nm³
3.32 Direção 1: [012]
3.34 Direção A: $[01\bar{1}]$;
Direção C: [112]
3.35 Direção B: $[2\bar{3}2]$;
Direção D: $[136]$
3.38 **(b)** $[\bar{1}\bar{1}0]$, $[\bar{1}10]$ e $[1\bar{1}0]$
3.40 Direção A: $[10\bar{1}1]$
3.45 Plano B: $(\bar{1}\bar{1}2)$ ou $(11\bar{2})$
3.46 Plano A: $(32\bar{2})$
3.47 Plano B: (221)
3.48 **(c)** [010] ou $[0\bar{1}0]$
3.50 **(a)** $(0\bar{1}0)$ e $(\bar{1}00)$
3.54 **(b)** $(10\bar{1}0)$
3.56 **(a)** $\mathrm{DL}_{100} = \dfrac{1}{2R\sqrt{2}}$
3.57 **(b)** $\mathrm{DL}_{111}(W) = 3,65 \times 10^9$ m⁻¹
3.58 **(a)** $\mathrm{DP}_{111} = \dfrac{1}{2R^2\sqrt{3}}$
3.59 **(b)** $\mathrm{DP}_{110}(V) = 1,522 \times 10^{19}$ m⁻²
3.64 $d_{110} = 0,2862$ nm
3.65 $2\theta = 81,38°$
3.67 **(a)** $d_{321} = 0,1523$ nm;
(b) $R = 0,2468$ nm
3.1FE (A) 0,122 nm
3.3FE (D) plano (102)

Capítulo 4

4.3 **(a)** $N_l/N = 2,41 \times 10^{-5}$
4.5 $Q_l = 0,75$ eV/átomo
4.8 **(a)** $r = 0,41R$

4.10 **(a)** $r = 0,051$ nm
4.13 $C'_{Zn} = 29,4\%$a; $C'_{Cu} = 70,6\%$a
4.14 $C_{Pb} = 10,0\%$p; $C_{Sn} = 90,0\%$p
4.16 $C'_{Sn} = 72,5\%$a; $C'_{Pb} = 27,5\%$a
4.19 $N_{Al} = 6,05 \times 10^{28}$ átomos/m³
4.23 $a = 0,289$ nm
4.26 $N_{Au} = 3,36 \times 10^{21}$ átomos/cm³
4.33 $C_{Nb} = 35,2\%$p
4.43 **(a)** $\bar{\ell} = 0,066$ mm
4.45 **(b)** $N_M = 1.280.000$ grãos/in²
4.P1 $C_{Li} = 1,540\%$p
4.2FE (A) 2,6%a Pb e 97,4%a Sn

Capítulo 5

5.4 Família de direções <110>
5.8 $M = 2,6 \times 10^{-3}$ kg/h
5.10 $D = 3,95 \times 10^{-11}$ m²/s
5.13 $t = 19,7$ h
5.17 $t = 40$ h
5.20 $T = 1152$ K (879°C)
5.23 **(a)** $Q_d = 252.400$ J/mol,
$D_0 = 2,2 \times 10^{-5}$ m²/s;
(b) $D = 5,4 \times 10^{-15}$ m²/s
5.26 $T = 1044$ K (771°C)
5.31 $x = 1,6$ mm
5.35 $t_p = 47,4$ min
5.P1 Não é possível
5.2FE (C) $4,7 \times 10^{-13}$ m²/s

Capítulo 6

6.4 $l_0 = 255$ mm (10 in)
6.7 **(a)** $F = 89.375$ N (20.000 lb$_f$);
(b) $l = 115,28$ mm (4,511 in)
6.9 **(a)** E(liga de titânio) = 100,5 GPa
6.10 $\Delta l = 0,090$ mm (0,0036 in)
6.13 $\left(\dfrac{dF}{dr}\right)_{r_0} = -\dfrac{2A}{\left(\dfrac{A}{nB}\right)^{3/(1-n)}} + \dfrac{(n)(n+1)B}{\left(\dfrac{A}{nB}\right)^{(n+2)/(1-n)}}$
6.15 **(a)** $\Delta l = 0,50$ mm (0,02 in);
(b) $\Delta d = -1,6 \times 10^{-2}$ mm ($-6,2 \times 10^{-4}$ in), diminui
6.16 $F = 16.250$ N (3770 lb$_f$)
6.17 $\nu = 0,280$
6.19 $E = 170,5$ GPa ($24,7 \times 10^6$ psi)
6.22 **(a)** $\Delta l = 0,10$ mm ($4,0 \times 10^{-3}$ in);
(b) $\Delta d = -3,6 \times 10^{-3}$ mm ($-1,4 \times 10^{-4}$ in)
6.24 Aço
6.27 **(a)** Tanto elástico quanto plástico;
(b) $\Delta l = 3,4$ mm (0,135 in)
6.29 **(b)** $E = 62,5$ GPa ($9,1 \times 10^6$ psi);
(c) $\sigma_l = 285$ MPa (41.000 psi);
(d) $LRT = 370$ MPa (54.000 psi);
(e) %AL = 16%;
(f) $U_r = 0,65 \times 10^6$ J/m³ (93,8 in·lb$_f$/in³)

RP-1

RP-2 • Respostas de Problemas Selecionados

6.32 **(a)** $\sigma_l = 1450$ MPa
(c) Ductilidade = 14,0 %AL
6.34 **(a)** $\sigma_l = 225$ MPa, **(b)** $LRT = 275$ MPa
6.36 Figura 6.12: $U_r = 3,32 \times 10^5$ J/m³ (48,2 in·lb$_f$/in³)
6.38 $\sigma_l = 381$ MPa (55.500 psi)
6.42 $\varepsilon_V = 0,237$
6.44 $\sigma_V = 440$ MPa (63.700 psi)
6.46 Tenacidade = $3,65 \times 10^9$ J/m³ ($5,29 \times 10^5$ in·lb$_f$/in³)
6.48 $n = 0,136$
6.50 **(a)** ε(elástico) $\cong 0,00226$, ε(plástico) $\cong 0,00774$;
(b) $l_i = 463,6$ mm (18,14 in)
6.54 **(a)** 125 HB (70 HRB)
6.59 Figura 6.12: $\sigma_l = 125$ MPa (18.000 psi)
6.P2 t (aço comum) = 6,08 mm
Custo (aço comum) = US$ 33,50
6.P3 **(a)** $\Delta x = 1,67$ mm; **(b)** $\sigma = 30,0$ MPa
6.2FE (A) 0,00116
6.4FE (D) diminui em largura de $2,18 \times 10^{-6}$ m

Capítulo 7

7.9 Al: $|\mathbf{b}| = 0,2862$ nm
7.11 $\cos \lambda \cos \phi = 0,408$
7.13 **(b)** $\tau_{\text{tcrc}} = 0,80$ MPa (114 psi)
7.14 $\tau_{\text{tcrc}} = 0,45$ MPa (65,1 psi)
7.15 Para (111)–[1̄01]: $\sigma_l = 4,29$ MPa
7.24 $d = 1,48 \times 10^{-2}$ mm
7.25 $d = 6,94 \times 10^{-3}$ mm
7.28 $r_d = 8,25$ mm
7.30 $r_0 = 10,6$ mm (0,424 in)
7.32 $\tau_{\text{tcrc}} = 20,2$ MPa (2920 psi)
7.37 **(b)** $t \cong 150$ min
7.40 **(b)** $d = 0,085$ mm
7.P1 É possível
7.P6 Trabalho a frio até entre 21 e 23%TF [até $d'_0 \cong 12,8$ mm (0,50 in)], recozimento e então trabalho a frio para produzir um diâmetro final de 11,3 mm (0,445 in).
7.1FE (A) Um maior limite de resistência à tração e uma menor ductilidade

Capítulo 8

8.1 $\sigma_m = 2404$ MPa (354.000 psi)
8.3 $\sigma_c = 16,2$ MPa
8.6 A fratura não vai ocorrer
8.9 $a_c = 24$ mm (0,95 in)
8.11 Não está sujeito a detecção, uma vez que $a < 4,0$ mm
8.13 **(b)** –105°C; **(c)** –95°C
8.16 **(a)** $\sigma_{\text{máx}} = 275$ MPa (40.000 psi), $\sigma_{\text{mín}} = -175$ MPa (–25.500 psi);
(b) $R = -0,64$;
(c) $\sigma_r = 450$ MPa (65.500 psi)
8.22 **(b)** $S = 250$ MPa; **(c)** $N_f \cong 2 \times 10^6$ ciclos
8.23 **(a)** $\tau = 130$ MPa; **(c)** $\tau = 195$ MPa
8.25 **(a)** $t = 120$ min; **(c)** $t = 222$ h
8.31 $\Delta\varepsilon/\Delta t = 7,0 \times 10^{-3}$ min^{-1}
8.32 $\Delta l = 22,1$ mm (0,87 in)
8.36 $t_r = 600$ h
8.39 650°C: $n = 11,2$
8.40 **(a)** $Q_f = 480.000$ J/mol
8.42 $\dot{\varepsilon}_r = 0,118$ s^{-1}
8.P4 Mais barato: aço 1045
8.P6 $T = 991$ K (718°C)
8.P8 Para 5 anos: $\sigma = 260$ MPa (37.500 psi)
8.2FE (B) Frágil
8.4FE (D) $d_0 = 13,7$ mm

Capítulo 9

9.1 **(a)** $m_s = 5022$ g;
(b) $C_L = 64$%p açúcar;
(c) $m_s = 2355$ g
9.5 **(a)** A pressão deve ser elevada até aproximadamente 570 atm
9.10 **(a)** $\varepsilon + \eta$; $C_\varepsilon = 87$%p Zn-13%p Cu, $C_\eta = 97$%p Zn-3%p Cu;
(c) Líquido; $C_L = 55$%p Ag-45%p Cu;
(e) $\beta + \gamma$, $C_\beta = 49$%p Zn-51%p Cu, $C_\gamma = 58$%p Zn-42%p Cu;
(g) α; $C_\alpha = 63,8$%p Ni-36,2%p Cu
9.11 Não é possível
9.14 **(a)** $T = 560$°C (1040°F);
(b) $C_\alpha = 21$%p Pb-79%p Mg;
(c) $T = 465$°C (870°F);
(d) $C_L = 67$%p Pb-33%p Mg
9.16 **(a)** $W_\varepsilon = 0,70$, $W_\eta = 0,30$;
(c) $W_L = 1,0$;
(e) $W_\beta = 0,56$, $W_\gamma = 0,44$;
(g) $W_\alpha = 1,0$
9.17 **(a)** $T = 295$°C (560°F)
9.20 **(a)** $T \cong 230$°C (445°F);
(b) $C_\alpha = 15$%p Sn; $C_L = 43$%p Sn
9.21 $C_\alpha = 90$%p A-10%p B; $C_\beta = 20,2$%p A-79,8%p B
9.23 Não é possível
9.26 **(a)** $V_\varepsilon = 0,70$, $V_\eta = 0,30$
9.32 É possível
9.35 $C_0 = 82,4$%p Sn-17,6%p Pb
9.37 Os esboços esquemáticos das microestruturas pedidas são mostrados a seguir.

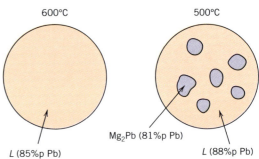

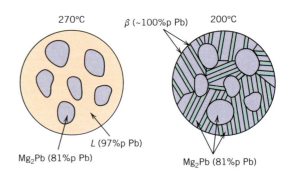

9.46 Eutéticos: (1) 12%p Nd, 632°C, $L \rightarrow$ Al + Al$_{11}$Nd$_3$; (2) 97%p Nd, 635°C, $L \rightarrow$ AlNd$_3$ + Nd;
Ponto de fusão congruente: 73%p Nd, 1460°C, $L \rightarrow$ Al$_2$Nd
Peritéticos: (1) 59%p Nd, 1235°C, L + Al$_2$Nd $\rightarrow$ Al$_{11}$Nd$_3$; (2) 84%p Nd, 940°C, L + Al$_2$Nd $\rightarrow$ AlNd; (3) 91%p Nd, 795°C, L + AlNd $\rightarrow$ AlNd$_2$; (4) 94%p Nd, 675°C, L + AlNd$_2$ $\rightarrow$ AlNd$_3$.
Não existem eutetoides presentes.

Respostas de Problemas Selecionados · RP-3

9.49 Para o ponto B, $F = 2$

9.53 $C_0' = 0,42\%$p C

9.56 **(a)** ferrita α; **(b)** 2,27 kg de ferrita, 0,23 kg de Fe_3C;
(c) 0,38 kg de ferrita proeutetoide, 2,12 kg de perlita

9.59 $C_0' = 0,55\%$p C

9.61 $C_0' = 0,61\%$p C

9.64 *É possível*

9.67 Duas respostas são possíveis: $C_0 = 1,11\%$p C e 0,72%p C

9.70 HB (liga) = 128

9.72 **(a)** T (eutetoide) = 650°C (1200°F);
(b) ferrita;
(c) $W_{\alpha'} = 0,68$, $W_p = 0,32$

9.1FE (D) Todos os itens acima

9.4FE (A) $\alpha = 17\%$p Sn-83%p Pb; $L = 55,7\%$p Sn-44,3%p Pb

Capítulo 10

10.3 $r^* = 1,30$ nm

10.6 $t = 305$ s

10.8 taxa $= 4,42 \times 10^{-3}$ min^{-1}

10.11 $y = 0,51$

10.12 **(c)** $t_{0,5} \cong 250$ dias

10.16 **(b)** 265 HB (27 HRC)

10.19 **(a)** 50% perlita grosseira e 50% martensita;
(d) 100% martensita;
(e) 40% bainita e 60% martensita;
(g) 100% perlita fina

10.21 **(a)** martensita; **(c)** bainita; **(e)** ferrita, perlita média, bainita e martensita; **(g)** ferrita proeutetoide, perlita e martensita

10.24 **(a)** martensita

10.28 **(a)** martensita;
(c) martensita, ferrita proeutetoide e bainita

10.37 **(b)** 87 HRB; **(g)** 27 HRC

10.39 **(c)** $LRT = 915$ MPa (132.500 psi)

10.40 **(a)** Resfriamento rápido até aproximadamente 675°C (1245°F), manutenção durante pelo menos 200 s, então resfriamento até a temperatura ambiente

10.P8 Revenido a uma temperatura entre 400 e 450°C (750 e 840°F) durante 1 h

10.2FE (B); C > D > B > A

Capítulo 11

11.4 $V_{Gr} = 11,1\%$vol

11.21 **(a)** Pelo menos 905°C (1660°F)

11.22 **(b)** 830°C (1525°F)

11.P10 Diâmetro máximo = 83 mm (3,3 in)

11.P11 Diâmetro máximo = 75 mm (3 in)

11.P15 Aquecimento durante entre 3 e 10 h a 149°C, ou entre aproximadamente 35 e 500 h a 121°C

11.2FE (D) Tanto a perlita quanto a ferrita

11.4FE (B) Temperatura de recristalização

11.6FE (A) Composição do aço

Capítulo 12

12.5 **(a)** cloreto de césio; **(c)** cloreto de sódio

12.8 **(a)** CFC; **(b)** tetraédrico; **(c)** metade

12.10 **(a)** octaédrico; **(b)** todos

12.13 FEA = 0,793

12.15 FEA = 0,684

12.17 **(a)** $a = 0,421$ nm; **(b)** $a = 0,424$ nm

12.19 **(a)** $\rho = 4,21$ g/cm^3

12.21 Cloreto de césio

12.22 FEA = 0,755

12.26 **(a)** ρ (calculada) = 4,11 g/cm^3;
(b) ρ (medida) = 4,10 g/cm^3

12.29 $N_s/N = 4,03 \times 10^{-6}$

12.36 **(a)** Lacuna de O^{2-}; uma lacuna de O^{2-} para cada dois Li^+ adicionados

12.39 **(a)** 8,1% de lacunas de Mg^{2+}

12.40 **(a)** $C = 45,9\%$p Al_2O_3-54,1%p SiO_2

12.42 $\rho_t = 0,39$ nm

12.45 $R = 4,0$ mm (0,16 in)

12.46 $F_f = 10.100$ N (2165 lb$_f$)

12.49 **(a)** $E_0 = 342$ GPa ($49,6 \times 10^6$ psi);
(b) $E = 280$ GPa ($40,6 \times 10^6$ psi)

12.51 **(b)** $P = 0,19$

12.2FE (C) 1,75 g/cm^3

Capítulo 13

13.4 **(a)** $T = 2000$°C (3630°F)

13.6 **(a)** $W_L = 0,86$; **(c)** $W_L = 0,66$

13.7 $T \cong 2800$°C; MgO puro

13.13 **(b)** $Q_{vis} = 364.000$ J/mol

13.2FE (D) Alumina (Al_2O_3) e sílica (SiO_2)

Capítulo 14

14.3 $GP = 23.760$

14.5 **(a)** $\overline{M}_n = 33.040$ g/mol; **(c)** $GP = 785$

14.8 **(a)** $C_{Cl} = 20,3\%$p

14.9 $L = 1254$ nm; $r = 15,4$ nm

14.16 8530 unidades repetidas tanto de estireno quanto de butadieno

14.18 Propileno

14.21 f(isopreno) = 0,88, f(isobutileno) = 0,12

14.25 **(a)** $\rho_a = 2,000$ g/cm^3; $\rho_c = 2,301$ g/cm^3;
(b) % cristalinidade = 87,9%

14.2FE (C) massa específica do polímero cristalino > massa específica do polímero amorfo

Capítulo 15

15.6 $E_r(10) = 4,25$ MPa (616 psi)

15.17 $LRT = 44$ MPa

15.25 Fração de sítios com ligações cruzadas = 0,180

15.27 Fração de sítios de unidades repetidas com ligações cruzadas = 0,470

15.1FE (A) Temperaturas de transição vítrea

Capítulo 16

16.2 $k_{máx} = 33,3$ W/m·K; $k_{mín} = 29,7$ W/m·K

16.6 $\tau_c = 34,5$ MPa

16.9 *É possível*

16.10 $E_f = 70,4$ GPa ($10,2 \times 10^6$ psi);
$E_m = 2,79$ GPa ($4,04 \times 10^5$ psi)

16.13 **(a)** $F_f/F_m = 23,4$;
(b) $F_f = 42.676$ N (9590 lb$_f$), $F_m = 1824$ N (410 lb$_f$);
(c) $\sigma_f = 445$ MPa (63.930 psi); $\sigma_m = 8,14$ MPa (1170 psi);
(d) $\varepsilon = 3,39 \times 10^{-3}$

16.15 $\sigma_{cl}^* = 633$ MPa (91.700 psi)

16.17 $\sigma_{cd}^* = 1340$ MPa (194.400 psi)

16.26 **(b)** $E_{cl} = 69,1$ GPa ($10,0 \times 10^6$ psi)

16.P2 Carbono (PAN com módulo padrão) e aramida

16.P3 Não é possível

16.1FE (D) 171 GPa

16.3FE (C) Tenacidade à fratura

RP-4 • Respostas de Problemas Selecionados

Capítulo 17

17.4 (a) $\Delta V = 0,031$ V;
(b) $Fe^{2+} + Cd \rightarrow Fe + Cd^{2+}$

17.6 $[Pb^{2+}] = 2,5 \times 10^{-2}$ M

17.11 $t = 10$ anos

17.14 TPC = 5,24 mpa

17.17 (a) $r = 8,03 \times 10^{-14}$ mol/cm^2·s;
(b) $V_C = -0,019$ V

17.28 Sn: razão P-B = 1,33; protetora

17.30 (a) Cinética parabólica;
(b) $W = 1,51$ mg/cm^2

17.2FE (C) +0,12 V

17.4FE (A) Aumento da quantidade de ligações cruzadas, aumento do peso molecular e aumento do grau de cristalinidade

Capítulo 18

18.2 $d = 1,88$ mm

18.5 (a) $R = 4,7 \times 10^{-3}$ Ω; (b) $I = 10,6$ A;
(c) $J = 1,5 \times 10^6$ A/m^2;
(d) $\mathscr{E} = 2,5 \times 10^{-2}$ V/m

18.11 (a) $n = 1,25 \times 10^{29}$ m^{-3};
(b) 1,48 elétron livre/átomo

18.14 (a) $\rho_0 = 1,58 \times 10^{-8}$ Ω·m, $a = 6,5 \times 10^{-11}$ (Ω·m)/°C;
(b) $A = 1,18 \times 10^{-6}$ Ω·m;
(c) $\rho = 4,25 \times 10^{-8}$ Ω·m

18.16 $\sigma = 7,31 \times 10^6$ (Ω·m)$^{-1}$

18.18 (a) para o Si, $1,40 \times 10^{-12}$; para o Ge, $1,13 \times 10^{-9}$

18.25 $\sigma = 0,096$ (Ω·m)$^{-1}$

18.29 (a) $n = 1,39 \times 10^{16}$ m^{-3};
(b) extrínseco do tipo p

18.31 $\mu_e = 0,50$ m^2/V·s; $\mu_b = 0,02$ m^2/V·s

18.33 $\sigma = 61,6$ (Ω·m)$^{-1}$

18.37 $\sigma = 224$ (Ω·m)$^{-1}$

18.39 $\sigma = 272$ (Ω·m)$^{-1}$

18.42 $B_z = 0,58$ tesla

18.49 $l = 1,6$ mm

18.53 $p_i = 2,26 \times 10^{-30}$ C·m

18.55 (a) $V = 17,3$ V; (b) $V = 86,5$ V;
(e) $P = 1,75 \times 10^{-7}$ C/m^2

18.58 Fração de ε_r devida a $P_i = 0,67$

18.P2 $\sigma = 2,44 \times 10^7$ (Ω·m)$^{-1}$

18.P3 É possível; 30%p < C_{Ni} < 32,5%p

18.1FE (C) $9,14 \times 10^{-3}$ Ω

18.4FE (D) No espaçamento entre bandas, imediatamente abaixo da parte inferior da banda de condução

18.5FE (B) $7,42 \times 10^{24}$ m^{-3}

Capítulo 19

19.2 $T_f = 49$°C (120°F)

19.4 (a) $c_v = 139$ J/kg·K; (b) $c_v = 923$ J/kg·K

19.7 $\Delta l = -9,2$ mm (−0,36 in)

19.13 $T_f = 129,5$°C

19.14 (b) $dQ/dt = 9,3 \times 10^8$ J/h ($8,9 \times 10^5$ Btu/h)

19.21 k(superior) = 26,4 W/m·K

19.25 (a) $\sigma = -150$ MPa (−21.800 psi); compressão

19.26 $T_f = 39$°C (101°F)

19.27 $\Delta d = 0,0251$ mm

19.P1 $T_f = 42,2$°C (108°F)

19.P4 Vitrocerâmica: $\Delta T_f = 317$°C

19.2FE (B) $7,92 \times 10^{-6}$ (°C)$^{-1}$

19.3FE (C)
Alta resistência à fratura
Alta condutividade térmica
Baixo módulo de elasticidade
Baixo coeficiente de expansão térmica

Capítulo 20

20.1 (a) $H = 10.000$ A·voltas/m;
(b) $B_0 = 1,257 \times 10^{-2}$ tesla;
(c) $B \cong 1,257 \times 10^{-2}$ tesla;
(d) $M = 1,81$ A/m

20.5 (a) $\mu = 1,2645 \times 10^{-6}$ H/m;
(b) $\chi_m = 6,0 \times 10^{-3}$

20.7 (a) $M_s = 1,45 \times 10^6$ A/m

20.13 4,6 magnétons de Bohr/íon Mn^{2+}

20.19 (b) $\mu_i \simeq 3 \times 10^{-3}$ H/m, $\mu_{ri} = 2387$;
(c) μ(máx) $\cong 8,70 \times 10^{-3}$ H/m

20.21 (b) (i) $\mu = 1,10 \times 10^{-2}$ H/m,
(iii) $\chi_m = 8750$

20.25 $M_s = 1,69 \times 10^6$ A/m

20.28 (a) 2,5 K: $1,33 \times 10^4$ A/m; (b) 1,56 K

20.1FE (B) $8,85 \times 10^3$

Capítulo 21

21.7 $v = 2,09 \times 10^8$ m/s

21.8 Sílica fundida: 0,53; vidro de soda-cal: 0,33

21.9 Vidro borossilicato: $\varepsilon_r = 2,16$; polipropileno: $\varepsilon_r = 2,22$

21.16 $I'_T/I'_0 = 0,81$

21.18 $l = 67,3$ mm

21.27 $\Delta E = 1,78$ eV

21.1FE (B) 3,18 eV

Índice Alfabético

A

Abrasivos, 399
  colados, 400
  revestidos, 400, 401
Absorção, 673
Ácidos, 430
Aço-carbono, 287
  comum, 310
Aço-liga, 287, 310
Aço(s), 310
  com alto teor de carbono, 313
  com baixo teor de carbono, 310
  com médio teor de carbono, 312
  de alta resistência, 519
    e baixa liga, 312
  inoxidável(veis), 313, 542
    martensíticos, 314
Acrílicos [poli(metacrilato de metila)], 479
Acrilonitrila, 445
Acrilonitrilabutadienoestireno (ABS), 479
Adesivos, 37, 484
Aditivos para polímeros, 492
Adsorção, 94
Agente de acoplamento, 521
Água, 37
Álcoois, 430
Aldeídos, 430
Algodão, 401
Alívio de tensão, 341
Alongamento percentual, 139
Alotropia, 50
Alta
  pressão e alta temperatura (HPHT), 403
  tecnologia, 12
Alterações microestruturais e das
  propriedades em ligas ferro-carbono, 281
Alumina, 8
Aluminato de magnésio, 367
Alumínio
  ligas, 322
  para interconexões de circuitos
    integrados, 122
Amorfos, 76
Análise/avaliação do ciclo de vida, 694
Anelasticidade, 132, 133
Ângulo de difração, 74
Ânion, 362
Anisotropia, 70
  magnética, 652
  magnetocristalina, 652
Anodo, 544
  de sacrifício, 566
Antiferromagnetismo, 645
Aprimoramentos da resistência mecânica, 537
Aramida (Kevlar 49), 519
Argila(s), 393
  características das, 415
Armazenamento
  de energia, 537
  magnético, 658
Arranjos atômicos, 64
Ataque
  químico, 97
  uniforme, 558
Atática, configuração, 441

Átomos hospedeiros, 83
Aumento(s)
  da resistência
    de polímeros, 466
    em metais, 172
    pela redução do tamanho de grão, 172
    por solução sólida, 173
  da tenacidade por transformação, 527
Austenita, 256, 295
Austenitização, 342
Autodifusão, 107
Autointersticial, 81, 82
Avaliação não destrutiva, 196

B

Bainita, 284, 292, 295, 300
Banda(s)
  de condução, 584
  de energia
    eletrônica, 582
    nos sólidos, 582
  de valência, 584
Baquelite, 434, 456
Barras de escala, 101
Bifuncionalidade, 435
Bioabsorvível, 700
Biocerâmicas, 402
Biocompatibilidade, 13
Bioimpressão, 340
Biomassa, 699
Biomateriais, 13
  cerâmicos, 402
  poliméricos, 485
Blenda de zinco, 365
Bolas de bilhar, 456
  fenólicas, 481
Borazon, 400
Boro, 519
Borossilicato, 395
Borracha(s), 400
  de estireno-butadieno, 445
  não vulcanizada, 473
  reciclagem, 696
  RTV, 483
Brasagem, 336
Bronze, 322
  ao alumínio, 323
  ao estanho, 323
  fosforoso, 323
Buckminsterfullerene, 407
Buraco (elétron), 584, 590
Butadieno, 445
Butano, 429

C

Cabeçotes em cerâmica piezoelétrica para
  impressoras jato de tinta, 618
CAD (computer-aided design), 336
Calandragem, 529
Calcinação, 402
Calcita, 400
Calor
  específico, 625
  latente de fusão, 272

Campo
  alfa, 229
  bifásico, 229
  elétrico, 582, 586, 612
  líquido, 229
Capacidade calorífica, 625, 628
  e temperatura, 626
  vibracional, 625
Capacitância, 609, 610
Características deteriorativas, 3
Carbeto
  de boro, 400
  de silício, 399, 519
Carbonato de cálcio, 400
Carbonetação, 112
Carbono(s), 256, 292, 373, 403, 519
  fibras de, grafíticas, 405
  turbostrático, 405
Cargas, 492
Carregamento
  longitudinal, 511, 513
  transversal, 515
Cartões de memória *flash*, 579
Catalisadores, 94
Cátion, 362
Catodo, 544
Célula(s)
  solar fotovoltaica, 666
  unitárias, 44
Cementita, 255, 256, 293
  globulizada, 285
  proeutetoide, 261
Cera perdida, 334
Cerâmica(s), 8, 361, 632
  à base de silicatos, 369
  abrasiva, 399
  avançadas, 406
  cristalinas, 387
  derivada de polímero, 423
  expansão térmica, 629
  fabricação e processamento das, 410
  não cristalinas, 387
  piezoelétricas, 13
  refratária, 397, 399
    argilosa, 397
    não argilosa, 398
  tipos e aplicações das, 395
  tradicionais, 8
  vítreas, 400
Cermeto, 507
Choque térmico, 413, 629
  de materiais frágeis, 634
Chumbo, 330
Ciclo
  de tensões
    aleatórias, 204
    alternadas, 204
    repetidas, 204
  dos materiais, 692
    total, 692
Ciência
  de cima para baixo, 14
  de materiais, 2, 4
Cimentação, 421
Cimento, 401
  hidráulico, 402
  Portland, 402

I-1

I-2 • Índice Alfabético

Cinética, 277
  das transformações de fases, 270
Circuito(s)
  integrado, 606
  microeletrônicos, 606
Cis (estrutura), 442
Cisalhamento, 130
Cisão, 572
Classificação dos materiais, 6
Clínquer, 402
Clivagem, 190, 404
Cloreto
  de césio, 365
  de sódio, 29, 365
Cloropreno, 445o, 482
Coalescimento, 342
Cobertura, 521
Cobre
  de alta condutividade isento de oxigênio
    (OFHC), 589
  eletrolítico tenaz, 323
  ligas, 322
Cobre
  - berílio, 323
  - níquel, 323
Coeficiente
  de absorção, 676
  de difusão, 109
  de encruamento, 143, 175
  de Hall, 600
  de permeabilidade, 451
  de Poisson, 131, 134
  linear de expansão térmica, 628
Coercividade, 651
Coextrusão, 496
Colagem
  com drenagem, 416
  de barbotina, 416
  de fita, 421
  sólida, 416
Combinação, 490
Completamente biodegradável, 695
Componente, 225
Comportamento
  dielétrico, 609
  elástico, 386, 513, 515
  geral em fluência, 214
  mecânico de ligas ferro-carbono, 293
  tensão-deformação, 130, 385, 457
    em tração, 511
Composição(ões), 86
  dos produtos à base de argila, 416
  média dos grãos, 236
Compósito(s), 10, 503
  carbono-carbono, 528
  com fibras
    contínuas e alinhadas, 511
    descontínuas e
      alinhadas, 517
      e orientadas aleatoriamente, 517
  com matriz
    cerâmica, 526, 527
    metálica, 525
    polimérica, 520
  com partículas grandes, 506
  estrutural, 531
  híbridos, 528
  laminado, 518, 531
  no Boeing 787 Dreamliner, 534
  poliméricos reforçados com fibras
    de aramida, 522
    de carbono, 521
    de vidro, 520

reforçados
  com fibras, 510
  com partículas, 506
  por dispersão, 506, 509
Composto(s)
  cerâmico não estequiométrico, 374
  intermetálico, 250
  orgânicos voláteis, 484
Comprimento
  da fibra, 510
  máximo permissível para um defeito, 196
Concentração
  de portadores e temperatura, 595
  de tensões, 191
Concentrador de tensão, 191
Concreto, 508
  armado, 509
  de cimento Portland, 508
  protendido, 509
Condução
  de calor, mecanismos da, 631
  elétrica, 580
    em cerâmicas iônicas e em polímeros, 607
  eletrônica, 582
  em materiais iônicos, 608
  em termos de bandas e modelos de ligação
    atômica, 584
  iônica, 582
  térmica, 630
Condutividade
  elétrica, 581
  intrínseca, 591
  térmica, 630
Condutores, 582
Configuração(ões), 440
  atática, 441
  eletrônicas, 23
    estáveis, 25
  isotática, 441
  sindiotática, 441
Conformação
  de chapas e fibras, 412
  do vidro, 412
  hidroplástica, 416
Constante
  de Boltzmann, 82
  de Planck, 669
  dielétrica, 610
    e frequência, 615
  dos gases, 216
Contorno(s)
  de fase, 93
  de grão, 69, 92
    de baixo (ou pequeno) ângulo, 92
  de inclinação, 92
  de macla, 93
  de torção, 92
Conversão(ões)
  da dureza, 149
  de porcentagem
    atômica para porcentagem em peso, 87
    em peso para
      massa por unidade de volume, 87
      porcentagem atômica, 86
  entre composições, 86
Coordenadas
  de posição da rede cristalina, 53
  dos pontos, 53
Copolímero, 434, 444
  acrilonitrilabutadieno, 482
  aleatório, 444
  alternado, 444
  em bloco copolímero enxertado, 444
  enxertado, 444
  estirenobutadieno, 482

Coque, 399
Cor, 677
Corantes, 493
Coríndon, 400
Corpo cerâmico verde, 417
Corrosão, 543
  ambientes de, 565
  de materiais cerâmicos, 570
  de metais, 543
  efeitos do ambiente, 558
  em frestas, 560
  estimativa das taxas de, 551
  formas de, 558
  galvânica, 558
  intergranular, 561
  por frestas, 186
  prevenção da, 565
  seca, 568
  seletiva, 562
  sob tensão, 563
    fraturante, 563
  taxas de, 549
Cozimento, 397
Crescimento, 270, 277
  de grão, 177, 182
Cristal(is)
  de caulinita, 372
  hexagonais, 64
  líquidos poliméricos, 487
  poliméricos, 448
Cristalinidade do polímero, 445
Cristalino, 43
Cristalito, 448
Cristalização, 395, 474
Cristobalita, 380
Cúbica
  de corpo centrado (CCC), 46
  de faces centradas (CFC), 45
Cúbico, 53
Cura, 493
Curva(s)
  de temperabilidade, 343
  S-N, 205

D

Defeito(s)
  cristalino, 81
  de Frenkel, 374
  de Schottky, 374
  em polímeros, 450
  interfaciais, 92
    diversos, 94
  lineares, 89
  pontual(is), 81
    atômicos, 374
  volumétricos ou de massa, 95
Deformação(ões), 127, 129
  anelástica, 157
  cisalhante, 146
  compressiva, 146
  da rede, 163
  de elastômeros, 471
  de engenharia, 128, 129
  de polímeros, 466
    semicristalinos, 467
  elástica, 130, 131, 467
    não permanente, 131
  plana, 195
  plástica, 136, 161, 162, 386, 467, 589
    dos materiais policristalinos, 169
  por maclação, 171
  termoelástica, 304
  torcional, 146
  verdadeira, 142, 143

Índice Alfabético • **I-3**

Degradação, 543
  da solda, 562
  de polímeros, 571
Densidade
  de corrente de troca, 552
  de discordâncias, 163
  do fluxo magnético, 640
  linear, 66
  planar, 66, 67
Deposição direta de energia, 338
Descarte, 695
Desempenho, 3
Designação de estado, 324
  para ligas de alumínio, 324
Deslocamento dielétrico, 611
Deslustre (*tarnishing*), 568
Desproporcionamento, 490
Dessecantes, 37
Desvio padrão, 152
Determinação
  das composições das fases, 231
  das quantidades das fases, 231
Diagrama(s)
  Ashby, 12
  de bolhas, 12
  de equilíbrio, 228
    contendo fases ou compostos
      intermediários, 249
  de fases, 231
    binários, 229
    das cerâmicas, 377
    de um componente, 228
    eutético(s), 239
      binário, 238
    ferro-carbeto de ferro, 255
    ternários e de materiais cerâmicos, 252
    unário, 228
  de propriedades dos materiais, 12
  de seleção de materiais, 12
  de transformações
    isotérmicas, 281, 282
    por resfriamento contínuo, 290
  pressão-temperatura, 228
  transformação-tempo-temperatura, 282
Diamagnetismo, 643
Diamante, 373, 400, 403
  policristalino, 403
Diâmetro médio de grão, 172
Dielétrico, 609
Difração, 71
  de raios X, 71
    e a Lei de Bragg, 72
Difratometria de raios X, 77
Difratômetro, 73
Difusão, 107
  de impurezas, 107
  de redistribuição, 120
  em materiais
    iônicos, 377
    poliméricos, 450
    semicondutores, 119
  em regime
    estacionário, 109
    não estacionário, 110
  fatores que influenciam a, 114
  intersticial, 108, 109
  mecanismo de, 107
  por lacunas, 108
Dimetilsiloxano, 445
Diodo(s), 602
  emissor de luz (LED), 680
    orgânicos, 680
    poliméricos, 680

Dióxido de silício, 370
Dipolo(s), 35
  elétrico, 609
  magnéticos, 639
Direção(ões), 52
  cristalográficas, 56
  longitudinal, 511
  nos cristais hexagonais, 58
  transversal, 515
Discordância(s), 89, 161
  características das, 163
  em aresta, 89
  em espiral, 89
  mista, 89
Dispositivos
  de estado sólido, 602
  semicondutores, 602
Dissipação eletrostática, 537
Dissolução, 571
Doença do estanho, 51
Domínio, 644, 649
Dopagem, 594
Drive(s)
  de disco rígido, 658
  de estado sólido, 606
Ductilidade, 26, 139
Dureza, 146, 150
  de cerâmicas, 389

E

Efeito(s)
  da superfície, 212
  da tensão e da temperatura, 216
  do ambiente, 214
  Hall, 600
  Meissner, 661
  térmicos, 573
Eixo de tração, 188
Elastômero(s), 12, 458, 481
  termoplásticos, 488
Elementos
  eletronegativos, 26
  eletropositivos, 26
Eletrólito, 546
Eletroluminescência, 609, 680
Elétron(s)
  de valência, 25
  livre, 584
  nos átomos, 20
  - volt, 30
Eletronegativo, 26
Eletroneutralidade, 374
Eletropositivo, 26
Embalagem plástica, 186
Embrião, 271
Empescoçamento, 137
Empilhamento, 530
Emulsificantes, 37
Encolhimento, 471
Encruamento, 175
Endurecimento, 354
  da camada superficial, 213
  por deformação, 175
  por envelhecimento, 351
  por precipitação, 351
  por trabalho, 175
Energia(s)
  atrativa e separação interatômica, 29
  de ativação, 114
    para o processo de fluência, 216
  de Fermi, 583
  de impacto, 200
  de ligação, 27, 28

  livre, 227, 270
    de ativação, 271
    de Gibbs, 270
  repulsiva e separação interatômica, 29
  secundárias, 28
Engenharia de materiais, 2, 4
Enrolamento filamentar, 530
Ensaio
  Charpy, 200
  de cisalhamento e de torção, 130
  de compressão, 129
  de dureza
    Brinell, 147
    Rockwell, 146
  de impacto, 201
  de microdureza Knoop e Vickers, 149
  de tenacidade à fratura, 200
  de tração, 127
  Izod, 200
  Jominy da extremidade temperada, 343
Entalpia, 270
Entropia, 227, 472
Envelhecimento, 354
  artificial, 357
  natural, 357
Envolvimento, 471
Epóxis, 480
Equação
  de Arrhenius para a taxa, 277
  de Avrami, 278
  de Hall-Petch, 173
  de Nernst, 548
Equilíbrio(s)
  de fases, 227
  energia livre, 227
  metaestável, 263
Erosão-corrosão, 562
Escala Mohs, 146
Escoamento, 136
  viscoso, 387
Escorregamento, 136, 162
  em monocristais, 166
Esfalerita, 365
Esferoidita, 285, 294, 300
Esferoidização, 342
Esferulita, 448
Esmeril, 400
Espaçamento entre bandas de energia, 584
Espécie em difusão, 114
Especificação da composição, 86
Espectro eletromagnético, 667
Espinélio, 367, 378
Espumas, 12, 485
Esqui moderno, 503
Estabilizador, 327, 328
Estabilizantes, 493
Estado(s)
  de energia, 20
  de equilíbrio, 280
  de não equilíbrio, 228
  de tensão, 130
  doador, 592
  eletrônicos, 23
  excitado, 670
  fundamental, 23, 670
  metaestável, 228, 280
  receptor, 594
Estanho, 51, 330
Estequiometria, 374
Éster cianeto, 499
Estereoisomerismo, 440
Estereolitografia, 422, 497

I-4 • Índice Alfabético

Estiramento, 412, 470, 496
metais, 334
polímeros, 469
Estireno, 445
Estrias, 210
Estricção, 137
Estrutura(s), 3
atômica, 3, 17, 18
cerâmicas, 361
cristalina, 43, 84, 362
a partir de ânions com arranjo compacto, 366
compactas, 67
cúbica
de corpo centrado, 46
de faces centradas, 45
do diamante, 373
simples, 47
da perovskita, 366
do tipo
AmBnX, 366
AmX, 366
AX, 365
dos metais, 44
hexagonal compacta, 47
da blenda de zinco, 365
de defeito, 374
do cloreto de césio, 365
do espinélio, 367
do sal-gema, 365
dos sólidos cristalinos, 42
eutética, 245
molecular (polímero), 431
subatômica, 3
zonada, 237
Estudo(s)
de caso
falhas dos navios classe Liberty, 5
recipientes para bebidas carbonatadas, 10
fractográficos, 189
Etano, 429
Etapa de pré-deposição, 120
Éteres, 430
Exames microscópicos, 96
Expansão térmica, 624, 628
Extrusão, 333, 495
de argila 3D, 423

F

Fabricação
de elastômeros, 495
de fibras e filmes, 496
de metais, 332
e processamento
das cerâmicas, 410
dos produtos à base de argila, 415
dos vidros e das vitrocerâmicas, 410
e tratamento térmico de vitrocerâmicas, 415
por filamentos fundidos, 497
Fadiga, 204, 465
associada à corrosão, 214
de alto ciclo, 208
de baixo ciclo, 208
estática, 381
fatores que afetam a vida em, 212
térmica, 214
Falha(s), 186
dos navios classe Liberty, 5
Fase(s), 226
austenita, 302
dispersa, 505
eutética, 247
fibra, 519

intermediárias, 249
matriz, 505, 520
presentes, 231
primária, 247
Fator(es)
de concentração de tensões, 193
de eletronegatividade, 84
de empacotamento atômico, 46
de projeto e segurança, 153
de segurança de projeto, 154
do tamanho atômico, 84
Feixe difratado, 71
Feldspato, 393
Fenol-formaldeído, 434, 456, 459
Fenólicos, 480
Fenômeno(s)
da difração, 71
da hibridação, 32
de superfície, 14
do limite de escoamento, 137
ópticos, 679
Ferrimagnetismo, 645
Ferrita(s), 255, 256, 645
eutetoide, 260
mistas, 646
proeutetoide, 260
Ferro
cinzento, 316
dúctil, 319, 320
fundido, 314
branco, 320
cinzento, 316
maleável, 320
vermicular, 320
nodular, 319, 320
Ferroeletricidade, 616
Ferromagnetismo, 644
Fiação
a partir do fundido, 496
a seco, 496
a úmido, 496
Fibra(s), 483, 496, 520
de carbono, 405
de vidro, 395
empregadas como reforço, 523
ópticas, 12
em comunicações, 684
Fibrilação, 464
Filmes, 484, 496
poliméricos termorretráteis, 471
Fissuramento (crazing), 464
Fitas magnéticas, 660
Flexibilidade à fluência, 463
Fluência, 214
de cerâmicas, 390
estacionária, 215
primária, 215
terciária, 215
transiente, 215
viscoelástica, 463
Fluidos eletrorreológicos e magnetorreológicos, 13
Fluorescência, 679
Fluorita, 366
Fluorocarbonos (PTFE ou TFE), 432, 479
Fluxo
de calor, 631
difusional, 109
Fônon, 626
Força-energia potencial para dois átomos, 28

Força(s)
atrativa, 27
coercitiva, 651
de Coulomb, 29
de ligação, 27
de van der Waals, 17
motriz, 109
repulsiva, 27
secundárias, 28
Forjamento, 333
Forma
bidirecional, 302
unidirecional, 302
Formadores de rede, 370
Fórmula unitária, 369
Fosfato tricálcico, 403
Fosforescência, 679
Fotocondutividade, 679, 680
Fotografia
de difração de raios X, 42
de Laue, 42
Fóton, 669
Fração(ões)
cristalizada normalizada, 474
mássicas, 232
Fractografia das cerâmicas, 382
Fragilização
por hidrogênio, 564
por revenido, 299
Fratura(s), 187
de polímeros, 464
dúctil, 188
frágil, 139, 188, 190
das cerâmicas, 381
fundamentos da, 187
intergranular, 190
retardada, 381
simples, 187
taça e cone, 188
tenacidade à, 194
transcristalina, 190
transgranular, 190
Frequência de relaxação, 615
Fullerenos, 407
Fullerita, 407
Funcionalidade, 435
Fundição, 334, 495
com drenagem, 416
com espuma perdida, 334
com matriz, 334
contínua, 335
de precisão, 334
em fita, 421
em molde de areia, 334
por lingotamento contínuo, 335
sólida, 416
Fusão, 475
de leito de pó, 338

G

Galvanização, 566
Gás(es)
eletrônico, 584
inertes, 26
Geometria da fase dispersa, 505
Globulização, 342
Gomas-lacas, 400
Gradiente de concentração, 109
Grafeno, 409
Grafita, 373, 404, 519
compactada, 320
Granada, 400

Índice Alfabético • I-5

Grão(s)
  equiaxiais, 170
  policristalino, 69
  soltos, 400, 401
Grau
  de cristalinidade, 469
  de polimerização, 436
Gravação magnética perpendicular, 658
Guia de ondas, 686

H

Halogênios, 26
Hexagonal, 53
  compacta, 47
Hexano, 429
Hibridação, 33
  da ligação no carbono, 32
Hidrocarbonetos, 428
  aromáticos, 430
Hidroplasticidade, 415
Hidroxiapatita, 403
Histereses, 649, 650
Homopolímero, 434

I

Idade do Bronze, 2, 381
Ímãs
  neodímio-ferro-boro, 657
  samário-cobalto, 657
Imperfeições, 80, 81
  nas cerâmicas, 374
Impressão
  3D, 336
    aplicações da, 339
      aeronáutica e aeroespacial, 339
      arquitetura, 340
      automotiva, 339
      biomédica, 340
      calçados, 340
      dental, 340
      médica, 340
      vestimentas, 340
    de materiais
      cerâmicos, 422
      metálicos, 338
    de polímeros, 496
    cerâmica a jato, 422
    polyjet, 498
    tridimensional, 336
Impurezas, 587
  nas cerâmicas, 376
  nos sólidos, 83
Inchamento, 571
Incrustação, 567, 568
Índice(s)
  de Miller, 61
  de refração, 671
  em degrau, 686
Indução magnética, 640
Inibidor, 566
Iniciação e propagação de trincas, 210
Insaturado, 429
Inspeção não destrutiva, 196
Intemperismo, 574
Intensidade do campo magnético, 640
Interações
  atômicas e eletrônicas, 669
  da luz com os sólidos, 669
Interdifusão, 107
Interruptor de mercúrio, 624
Invar, 630
Ionização, 573

Irídio, 330
Isobutileno, 445
Isodeformação, 513
Isolante, 582, 584
Isomerismo, 429
  geométrico, 442
Isomorfo, 229
Isopreno, 445
Isoterma, 231
  eutética, 239
Isotérmico, 282
Isótopos, 19
Isotrópico, 70
Ítria, 402

J

Jateamento, 213
  de fotopolímero, 498
Junção retificadora, 602

L

Lacunas, 81
Lagartixas, 17
Lamelas, 245
Lâmina niveladora (*doctor blade*), 529
Laminação, 333
Lâmpadas fluorescentes compactas, 679
Lasers, 682
Latão, 322
  amarelo com chumbo, 323
  para cartuchos, 323
Latas de bebidas de liga de alumínio, 691
Lei
  de Bragg, 72
  de Hooke, 130, 131, 136
  de Ohm, 580
  de Wiedemann-Franz, 631
Liga(s), 83
  com memória de forma, 13, 302
  comerciais, características elétricas de, 589
  de alumínio, 322
  de baixa expansão, 630
  de cobre, 322
  de titânio, 327
  ferro-silício usada nos núcleos de
    transformadores, 654
  ferrosas, 310
  forjada, 321
  fundidas, 321
  hipereutetoide, 261
  hipoeutetoide, 259
  metálica(s), 6
    tipos de, 309
    usadas para as moedas de euro, 331
  não ferrosas, 321
    diversas, 330
  para uso em altas temperatura, 219
Ligação(ões)
  atômica nos sólidos, 27
  covalente, 31
    direcional, 32
  cruzadas físicas, 488
  de dipolos
    induzidos flutuantes, 35
    permanentes, 36
  de hidrogênio, 35
  de orbitais híbridos, 33
  de van der Waals, 35
  entre moléculas polares e dipolos
    induzidos, 36
  interatômica(s), 17, 18
    primárias, 29

iônica, 29
  não direcional, 30
metálica, 34
mista, 38
primárias, 28
secundárias, 35
Limite
  de durabilidade, 206
  de escoamento, 137
    inferior, 137
  de proporcionalidade, 136
  de resistência
    à fadiga, 206, 465
    à tração, 137, 150
      longitudinal, 516
      transversal, 516
  de solubilidade, 226
Linha(s)
  da discordância, 89
  de amarração, 231
  de escorregamento, 167
  de Wallner, 385
  liquidus, 230, 235, 238
  solidus, 230, 235, 238
  solvus, 238
Lixívia seletiva, 562
Louça branca, 397
Luminescência, 679

M

Macla, 93
Maclação, 171
Macroestrutura, 3
Macromolécula, 431
Magnésio e suas ligas, 326
Magnetismo, 639
Magnetização, 641
  de saturação, 644
Magnéton de Bohr, 642
Magnetostrição, 630
Manufatura aditiva, 336
Mapas de mecanismos de deformação, 218
Marcas
  de conchas, 210
  de praia, 210
Martensita, 285, 295, 300
  revenida, 297, 300
Massa
  atômica, 18
  específica, 50, 87
    das cerâmicas, 368
    teórica para metais, 50
  molar, 435
  molecular, 435
    relativa, 435
Material(is)
  auxéticos, 134
  avançados, 12
  compósitos reciclagem, 698
  cristalino, 43, 69
  de importância
    água (sua expansão de volume durante o
      congelamento), 37
    alumínio para interconexões de circuitos
      integrados, 122
    bolas de bilhar fenólicas, 481
    cabeçotes em cerâmica piezoelétrica para
  impressoras jato de tinta, 618
    catalisadores, 94
    diodos emissores de luz, 680
    estanho, 51

I-6 • **Índice Alfabético**

filmes poliméricos termorretráteis, 471
invar e outras ligas de baixa expansão, 630
liga ferro-silício usada nos núcleos de
liga(s)
  com memória de forma, 302
  ferro-silício usada nos núcleos de trans-
    formadores, 654
  metálicas usadas para as moedas de
    euro, 331
  polímeros/plásticos biodegradáveis e
    biorrenováveis, 699
  soldas isentas de chumbo, 243
  uso de compósitos no Boeing 787
    Dreamliner, 534
dielétrico, 609, 616
do futuro, 12
engenheirados, 692
ferroelétricos, 616
inteligentes, 13
magnético(s)
  duro(s), 655
    convencionais, 656
    de alta energia, 656
  mole, 653
magnetoconstritivos, 13
metaloides, 38
não cristalinos ou amorfos, 43, 69
naturais, 12
opaco, 669
piezoelétricos, 617
policristalinos, 69
poliméricos avançados, 486
semicondutores, 2
semimetais, 38
translúcido, 669
transparente, 669
Matrizes poliméricas, 523
Mecânica
  da fratura, 190
  quântica, 20
Memória *flash*, 606
Mero, 431
Metaestável, 228
Metal(is), 6, 582, 584, 631
  de transição, 26
  expansão térmica, 629
  frágil, 139
  nobres, 330, 546
  policristalinos, 170
  reciclagem, 695
  refratários, 328
Metalográficas, 96
Metalurgia do pó, 335
Metano, 429
Método(s)
  de ensaio de microdureza, 149
  de extrapolação de dados, 218
Microconstituinte, 247
Microestrutura, 3, 96, 227
  em ligas
    eutéticas, 244
    ferro-carbono, 257
    isomorfas, 234
Microindentação, 149
Microscopia, 96
  conceitos básicos da, 96
  de varredura por sonda, 99
  eletrônica, 97
    de transmissão, 98
    de varredura, 98
  óptica, 96
Microscópio eletrônico
  de transmissão, 98
  de varredura, 98

Microvazios, 188
Mobilidade
  dos portadores, 596
  eletrônica, 586
Modelagem
  por deposição de material fundido, 497
  por fusão e deposição, 497
Modelo(s)
  atômico(s), 20
    da esfera rígida, 44
    de Bohr, 20
  da cadeia dobrada, 448
  mecânico-ondulatório, 20
Modificadores de rede, 370
Módulo
  de cisalhamento, 132
  de elasticidade, 131, 458
  de fluência, 463
  de relaxação viscoelástico, 461
  de resiliência, 140, 141
  de ruptura, 385
  de tração, 458
  de Young, 131
  específico, 510
  secante, 132
  tangente, 132
Mol, 19
Molaridade, 545
Moldagem, 494
  por compressão, 494
  por injeção, 494
    com reação, 494
  por sopro, 495
  por transferência, 494
Moléculas, 39
  de hidrocarbonetos, 428
  polares, 36
Molibdênio, 519
Momento(s)
  de dipolo elétrico, 611
  de *spin*, 23
  magnéticos, 641
Monel, 330
Monoclínico, 53
Monocristal, 3, 69
Monolítico, 504
Monômero, 431
MOSFET, 604, 605
Mostradores de cristal líquido (LCD), 12, 487
Mulita, 380

N

Náilon, 401
  6,6, 434, 459
Nanoargilas, 536
Nanocarbono, 407, 536
Nanocompósitos, 535
  poliméricos, 536
Nanocristais, 536
Nanoestrutura, 3
Nanomateriais, 13
Nanotecnologia, 14
Nanotubos de carbono, 408
  com parede(s)
    múltiplas, 408
    única, 408
Não cristalino, 410
Negro de fumo, 507
Neoprene, 482
Níquel, 330
  com tória dispersa, 510
Nitinol, 303
Nitreto de silício, 519
Níveis de energia, 20

Normalização, 342
Nucleação, 270
  heterogênea, 275
  homogênea, 270
Núcleo(s), 271
  iônicos, 34
Número(s)
  atômico, 18
  de coordenação, 46
  de graus de liberdade, 253
  de nêutrons, 18
  do tamanho de grão, 100
  quântico(s), 20
    azimutal, 22
    principal, 21

O

Opacidade em isolantes, 678
Opaco, 3, 4
Operações de conformação, 332
Orientação e da concentração das fibras, 511
Ortorrômbico, 53
Ósmio, 330
Ouro, 330
Oxidação, 543, 544, 567
Óxido(s)
  de alumínio, 3, 400, 402, 519
  de ítrio, 380
  de magnésio, 380
  intermediários, 370

P

P/M (*powder metallurgy*), 335
Painéis-sanduíche, 532, 534
Paládio, 330
Par galvânico, 546
Paradigma
  central da ciência, 4
  dos materiais, 4
Paramagnetismo, 644
Parâmetro(s)
  da rede cristalina, 51
  de Larson-Miller, 218
Parede de domínio, 94
Passividade, 557
Pedra-pomes, 400
Películas de óxidos, 568
Pentano, 429
Percursos de difusão de curto-circuito, 123
Perda dielétrica, 615
Perfil de concentrações, 109
Períodos, 25
Perlita, 257, 281, 293
  fina, 283, 300
  grosseira, 282, 300
Permeabilidade, 640
  do vácuo, 641
  relativa, 641
Permissividade, 610
Peso
  atômico, 19, 87
  copolímero, 444
    numérico médio, 435
    ponderal médio, 436
  molecular, 469
    médio da unidade repetida para um
Piezoeletricidade, 617
Pilha de concentração, 560
Pirâmide de diamante, 149
Pites, 561

Índice Alfabético · I-7

Plano(s)
  basal, 58
  cristalograficamente equivalentes, 64
  cristalográficos, 52, 61
  de escorregamento, 162, 165
Plástico(s), 478
  biodegradáveis, 699
  biorrenováveis, 699
  reciclagem, 696
Plastificantes, 492
Platina, 330
Pó de alumínio sinterizado, 510
Polarização, 551, 611, 614
  de orientação, 615
  de um meio dielétrico, 613
  direta, 602
  eletrônica, 614, 670
  espontânea, 616
  inversa, 602
  iônica, 615
  por ativação, 551
  por concentração, 553
Poli-isopreno natural, 482
Poli(cloreto de vinila) (PVC), 433, 459, 697
Poli(hexametileno adipamida), 434
Poli(metacrilato de metila) (PMMA), 434, 459, 485
Poli(tereftalato de etileno) (PET ou PETE), 434, 486, 697
Poliamidas (náilons), 479
Policarbonato (PC), 434, 459, 479
Poliésteres (PET ou PETE), 401, 459, 480
Poliestireno (PS), 434, 459, 480, 697
Polietileno (PE), 427, 433, 479
  de alta densidade (HDPE ou PEAD), 459, 697
  de baixa densidade, 459, 697
  de ultra-alto peso molecular, 485, 486
Polimerização, 490
  por adição, 490
  por condensação, 491
  por reação em cadeia, 490
Polímero(s), 9, 427, 428, 431, 633
  aplicações diversas, 483
  biodegradáveis, 699
  biorrenováveis, 699
  características, aplicações e processamento dos, 456
  com ligações cruzadas, 439
  comportamento mecânico dos, 457
  condutores, 608
  configurações moleculares, 440
  cristalinidade do, 445
  de alto peso molecular, 437
  defeitos em, 450
  deformação
    macroscópica, 458
    viscoelástica, 460
  em rede, 440
  estrutura molecular, 438
  expansão térmica, 629
  forma molecular, 437
  fratura de, 464
  linear, 439
  moléculas de, 431
    química das, 431
  peso molecular, 435
  propriedades elétricas dos, 608
  ramificado, 439
  reforçado com fibras de carbono (PRFC), 11
  semicristalinos, 469
  termofixo, 443
  termoplástico, 443
  termorrígido, 443
  tipos de, 478

Polimorfismo, 50
Polipropileno (PP), 433, 434, 459, 480, 486, 697
Polissiloxano, 482
Politetrafluoroetileno (PTFE), 432, 433, 459, 485
Poliuretanas, 480
Poliuretano
  elastomérico, 499
  flexível, 499
  rígido, 499
Ponto(s), 52
  de amolecimento, 412
  de deformação, 412
  de fusão, 412
  de recozimento, 412
  de trabalho, 412
  eutético, 239
  invariante, 228
  triplo, 228
Porcentagem
  atômica, 86
  de trabalho a frio, 175
  em peso, 86
Porosidade de cerâmicas, 388
Pós-tracionamento, 509
Posição
  octaédrica, 366
  tetraédrica, 366
Potenciais de eletrodo, 545
Prata, 330
Pré-deformação por estiramento, 470
Pré-forma, 494
Pré-polímero, 493
Precipitados, 351
Prensagem, 412
  de pós, 419
Prepreg, 529
Prevenção da corrosão, 565
Primeira lei de Fick, 109
Princípio
  da ação combinada, 504
  da exclusão de Pauli, 23
  da mecânica da fratura, 190
Processamento, 3
  de compósitos reforçados com fibras, 529
  térmico de metais, 340
Processo(s)
  de escorregamento, 67
  de estiramento biaxial, 496
  de produção de prepreg, 529
  de recozimento, 340
Produção contínua em interface líquida, 499
Produto(s)
  à base de argila, 396
  de energia, 655
  estrutural à base de argila, 397
Profundidade de junção, 120
Projeto(s)
  auxiliado por computador, 336
  utilizando a mecânica da fratura, 196
  verde, 694
Propano, 429
Propriedade(s), 3
  elásticas dos materiais, 134
  elétricas, 3
  em tração, 136
  magnéticas, 3, 638
  mecânicas, 3, 381
    de ligas isomorfas, 237
    dos materiais, 126
    dos metais, 125
  ópticas, 3, 666, 667
    dos metais, 670
    dos não metais, 671
  térmicas, 3, 624, 625
Proteção catódica, 559, 566

PSZ (*partially stabilized zirconia*), 380
Pultrusão, 529
Pyrex, 395
Pyroceram, 395

Q

Quartzo, 360, 393
Queima, 397, 417, 418
Questões ambientais e sociais, 691
Química molecular (polímero), 431

R

Radiação, 573
  eletromagnética, 667
Radicais livres, 573
Rayon, 401
Razão de Pilling-Bedworth, 569
Reação(ões)
  de oxidação para o metal M, 544
  em etapas, 491
  eutética, 239
    para o sistema ferro-carbeto de ferro, 257
  eutetoide, 250
    para o sistema ferro-carbeto de ferro, 257, 281
  invariante, 239
  peritética, 251
  químicas, 573
Reciclagem, 695
  de produtos usados, 693
Reciclável, 695
Recipientes, 395
  para bebidas carbonatadas, 10
Recozimento, 340, 413, 470
  de ligas ferrosas, 341
  intermediário, 341
  pleno, 342
  subcrítico, 341
Recristalização, 177, 178
Recuperação, 177, 178
  elástica, 145
Rede cristalina, 44
Redução percentual na área, 140
Refletividade, 673
Reflexão, 672
Reforço
  com fibras, 510
  por dispersão, 509
Refração, 671
Refratários, 397
  ácidos, 398
  argilosos, 397
  com muito alta concentração de alumina, 398
  monolíticos, 399
  não argilosos, 398
  ricos em periclásio, 398
Região
  coriácea, 462
  de temperatura
    de congelamento (*freeze-out*), 595
    extrínseca, 595
    intrínseca, 595
  de transição vítrea, 462
  espelhada, 383
  nebulosa, 383
  rugosa, 383
Regra
  da alavanca, 232, 241
    inversa, 232
  das fases de Gibbs, 253
  das misturas, 506
  de Hume-Rothery, 83
  de Matthiessen, 587
Relaxação de tensão, 461

I-8 • **Índice Alfabético**

Remanência, 650
Resfriamento
em equilíbrio, 234
fora do equilíbrio, 235, 263
Resiliência, 140
Resina(s)
matriz pirolisada, 528
poliméricas, 400
Resistência, 137
à dureza, 466
à fadiga, 206
estática, 382
à flexão, 385
à fratura, 385
à ruptura, 616
ao choque térmico, 634
ao dobramento, 385
ao escoamento, 136, 137
ao escorregamento, 174
ao impacto, 464
ao rasgamento, 466
dielétrica, 616
específica, 510
mecânica específica, 326
Resistividade elétrica, 581
dos metais, 587
Restaurações dentárias, 537
Retardantes de chama, 493
Revestimentos, 483
de barreira contra
chamas, 537
gases, 536
Ródio, 330
Romboédrico (trigonal), 53
Rouge, 400
Rubi, 682
Ruptura, 215
da ligação, 572
do dielétrico, 616
por fluência, 215
Rutênio, 330

S

Sal-gema, 365
Samário-cobalto, 657
Saturado, 429
Secagem, 417
Segregação, 237
Segunda lei de Fick, 110
Segundo número quântico, 22
Semicondução
extrínseca, 592
do tipo n, 592
do tipo p, 593
intrínseca, 589
Semicondutividade, 589
Semicondutor(es), 12, 582, 584
extrínseco, 589, 595
intrínseco, 589
nos computadores, 606
Semipilha padrão, 546
Semirreações, 544
Série
de força eletromotriz, 546
de potenciais de eletrodo padrão, 546
galvânica, 549
Severidade da têmpera, 346
Shrink-Wrap Polymer Films, 471
Sílex óptico, 395
Sílica, 8, 370, 398
fundida, 370, 395
vítrea, 370

Silicato(s), 369, 371
de zircônio, 398
dicálcico, 402
em camadas, 371
simples, 371
tricálcico, 402
Silicone, 482, 486
Sindiotático, 441
Sinterização, 339, 420
seletiva a laser, 339
Síntese e processamento de polímeros, 490
Sistema(s), 225
Al_2O_3-Cr_2O_3, 378
cristalino, 51, 52, 53
de canais de alimentação, 334
de coordenadas com quatro eixos, 58
de escorregamento, 165
de Miller-Bravais, 58, 64
de numeração unificado, 313
eutético(s), 239
binários, 238
ferro-carbono, 255
heterogêneos, 227
homogêneo, 227
isomorfos binários, 229
MgO-Al_2O_3, 378
microeletromecânico, 406
SiO_2-Al_2O_3, 380
ZrO_2-CaO, 378
Sítio intersticial, 82
Sobrepotencial, 551
Sobretensão, 551
Sobrevoltagem, 551
Soda-cal, 395
Solda(s)
branca, 336
eutética chumbo-estanho, 243
isentas de chumbo, 243
Soldagem, 335
Solidificação, 228
Sólidos não cristalinos, 76
Solução sólida, 83
intermediária, 249
intersticial, 83
ordenada, 249
substitucional, 83
terminal, 249
Soluto, 83
Solvente, 83
Sopro, 412
Sub-resfriamento, 274
Substância fundente, 416
Sulfeto de cádmio, 677
Super-resfriamento, 274, 280
Superabrasivos, 400
Superaquecimento, 280
Supercondutividade, 660
Supercondutores, 660
Superenvelhecimento, 354
Superfícies externas, 92
Superligas, 328
Superparamagnetismo, 536
Surfactantes, 37
Suscetibilidade magnética, 641
Sustentabilidade, 694

T

Tabela periódica, 25
Tamanho de grão, 99, 172

Taxa(s)
de corrosão a partir de dados de
polarização, 554
de difusão, 235, 273
de penetração da corrosão, 550
de transferência de massa, 109
de transformação, 269
Técnicas
de conformação para plásticos, 493
de difração, 73
de ensaio de impacto, 200
de microscopia, 96
Têmpera
do vidro, 414
térmica, 414
Temperabilidade, 343, 346
Temperatura, 114, 587, 597
constante, 239
crítica
inferior, 341
superior, 341
de Curie, 630, 649
ferroelétrica, 617
de Debye, 626
de fusão, 475, 476
de Néel, 649
de recristalização, 178
de transição vítrea, 410, 475, 477
isotérmica, 239, 282
sobre o comportamento magnético, 648
Tempo
de vida até a ruptura, 215
para a ruptura, 215
Tenacidade, 142
à fratura, 142, 194
em deformação plana, 195
ao entalhe, 142
Tensão(ões), 127, 128
admissível, 154
cíclicas, 204
cisalhante, 130
rebatidas, 166
resolvida, 166
crítica, 167
de engenharia, 128
de projeto, 154, 196
média, 212
residual, 563
resultantes
da restrição à expansão e à contração
térmica, 633
de gradientes de temperatura, 634
térmicas, 633
verdadeira, 143
Teor de dopante, 596
Termofixo (polímero), 629
Termoplásticos, 696
Termostato, 624
Tetraedro de ligação, 38
Tetragonal, 53
Textura magnética, 71
Tira bimetálica, 624
Titânio e suas ligas, 327
Torção, 130
Trabalho
a frio, 175, 333
a quente, 332
Tração, 127
Trans (estrutura), 442

Índice Alfabético • I-9

Transformação(ões)
atérmica, 287
congruente, 251
de fases, 229, 268, 269
e das propriedades mecânicas para ligas
ferro-carbono, 299
incongruentes, 251
martensítica, 286
no estado sólido, 277
termicamente ativada, 277
Transição(ões)
dúctil-frágil, 202
eletrônicas, 670
vítrea, 475
Transistor de junção, 604
Translucidez em isolantes, 678
Translúcido, 3, 4
Transmissão, 676
Transparente, 4
Tratamento
de recozimento, 177
de superfície, 213
térmico, 352, 470
de precipitação, 354
de solubilização, 353
dos aços, 343
dos vidros, 413
Trefilação, 334
Triclínico, 53

Trifuncionalidade, 435
Trinca(s)
estável, 188
instáveis, 188
Trincamento
induzido pelo hidrogênio, 564
por corrosão sob tensão, 563
sob tensão devido ao hidrogênio, 564
Tungstênio, 519

U

UHMWPE (Spectra 900), 519
Unidade
de massa atômica (uma), 19
monomérica, 431
repetida, 431

V

Valências, 84
Valores da média, 152
Vaporização, 228
Variabilidade nas propriedades dos
materiais, 151
Variáveis de projeto, 212
Vasilhame de bebidas, 1
Velocidade de arraste, 586
Vetor(es)
de Burgers, 90, 166
de campo, 611, 640
Vibrações atômicas, 95

Vida em fadiga, 206
Vidro(s), 395
à base de sílica, 370
- E, 519
fabricação e processamento dos, 410
propriedades dos, 410
reciclagem, 695
Vinis, 480, 697
Viscoelasticidade, 133, 460
Viscosidade, 387
Vitrificação, 418
Vitrocerâmicas, 395
fabricação
e processamento dos vidros e das, 410
e tratamento térmico de, 415
propriedades e aplicações das, 396
Vulcanização, 472
Vycor, 395

W

Whiskers, 194, 519

Z

Zinco, 331
Zircônia, 331, 402
- alumina, 400
parcialmente estabilizada, 380
Zirconita, 398
Zona termicamente afetada (ZTA), 335